Elektrotechnik auf Handelsschiffen

Von

Hans-Joachim Kosack und Albert Wangerin

Dipl.-Ing., Abteilungsdirektor der Siemens-Schuckertwerke AG. Erlangen

Dipl.-Ing., o. Professor an der Technischen Hochschule Hannover

Zweite neubearbeitete und erweiterte Auflage

Mit 569 Abbildungen

Springer-Verlag
Berlin Heidelberg GmbH

1964

ISBN 978-3-642-48457-5 ISBN 978-3-642-86562-6 (eBook)
DOI 10.1007/978-3-642-86562-6

Ursprünglich erschienen bei Springer-Verlag OHG, Berlin/Göttingen/Heidelberg 1963
Softcover reprint of the hardcover 1st edition 1963

Library of Congress Catalog Card Number: 63-22470

Vorwort zur zweiten Auflage

Die zweite Auflage des 1956 erschienenen Buches wurde der raschen Entwicklung der Schiffselektrotechnik folgend in *allen Abschnitten vollständig neu* bearbeitet, wobei allerdings der grundlegende Aufbau des Buches erhalten geblieben ist.

Dem Durchbruch der Drehstromtechnik im allgemeinen Bordnetz wurde weitgehend Rechnung getragen. Die zunehmende Bedeutung von Maschinen-, Transduktor- und Transistorverstärkern gab Veranlassung, diese auch im Grundsätzlichen in einem neuen Abschnitt zusammenfassend zu behandeln, ebenso wie die Technik der Mooring-, Baum- und Schleppwinden. Auch das wachsende Interesse am elektrischen Korrosionsschutz wurde durch einen neu aufgenommenen Abschnitt gewürdigt. Einer besonders gründlichen Überarbeitung wurden die Kapitel „Propellerantriebe mit Gleichstromübertragung“ und „Elektrische Schlupfkupplungen“ unterzogen, da in den letzten Jahren eine Reihe bemerkenswerter Neubauten neue Ausführungsmöglichkeiten und zusätzliche Erkenntnisse erbrachten. Die Technik der Propellerantriebe mit Ruderwirkung wurde in einem eigenen Kapitel zusammengefaßt. Das Kapitel „Propellerantriebe mit Kernenergie“ wurde erweitert. Schließlich wurde die Automatisierung des Schiffsbetriebes einschließlich Fernsteuerung und -überwachung kurz umrissen. In einem neuen Abschnitt werden die Einrichtungen zur Ermittlung von Schub- und Drehmoment der Schiffswelle behandelt.

Die Abbildungen wurden zu einem großen Teil erneuert, um den letzten Stand der Technik zu zeigen und die neuen Schaltbildnormen zu berücksichtigen; dabei wurde auch eine größere Anzahl von Schaltplänen neu ausgeführter Anlagen aufgenommen. Trotz des Bemühens, den Umfang des Buches nicht allzusehr zu vergrößern, mußten sowohl der Text als auch die Anzahl der Abbildungen vermehrt werden.

Die Aufteilung des zu behandelnden Stoffes blieb die gleiche wie in der ersten Auflage, wobei die Kapitel I und II im wesentlichen von dem links genannten und das Kapitel III von dem rechts genannten Verfasser übernommen wurden. Es wurde durch enge Zusammenarbeit jedoch angestrebt, eine einheitliche Form der Darstellung zu finden.

Wiederum sei dem großen Kreis der Fachleute, allen in- und ausländischen Firmen und den Mitarbeitern des Hauses *Siemens*, welche die Verfasser mit ihrem fachlichen Rat und durch Überlassen von Unterlagen unterstützten, sehr herzlich gedankt. Besonderer Dank gebührt den Herren Dipl.-Ing. GÜNTHER SCHMIEDING und Obering. ERWIN WEIDEMANN, die bei der Sichtung des Materials und bei der Anfertigung der Zeichnungen wertvolle Hilfe leisteten.

Die Verfasser sind dem Springer-Verlag für die sorgfältige Bearbeitung auch der zweiten Auflage und das Eingehen auf alle Wünsche und Vorschläge zu besonderem Dank verpflichtet.

Erlangen und Hannover, im Mai 1963

H.-J. Kosack und **A. Wangerin**

Aus dem Vorwort zur ersten Auflage

Das vorliegende Buch wendet sich insbesondere an die Ingenieure der Werften und Reedereien, denen die Besonderheiten und die Anwendungsmöglichkeiten der Schiffselektrotechnik für den Entwurf vollständiger Anlagen und die Beurteilung einzelner Bauelemente aufgezeigt werden sollen. Ebenso soll das Buch dem Ingenieur an Bord zum Selbststudium dienen und ihm bei der stark im Fluß befindlichen Entwicklung der Schiffselektrotechnik das Einarbeiten in die verschiedenen neuartigen Lösungen erleichtern. Schließlich soll auch den Lehrern und den Studierenden dieses Fachgebietes an Hoch- und Fachschulen ein Leitfaden für die Bearbeitung des Stoffes in die Hand gegeben werden.

Der Aufbau des Buches ist dem Bedürfnis des an den Anwendungen der Schiffselektrotechnik interessierten Ingenieurs angepaßt. Es ist daher von einer mathematischen bzw. formelmäßigen Behandlung des Gebietes abgesehen. Die Verfasser beschränkten sich bewußt auf die Elektrotechnik auf Handelsschiffen; Kriegsschiffstechnik ist nicht behandelt. Ebenso wurden Funk- und Radareinrichtungen nicht beschrieben, da sie in das Spezialgebiet der Hochfrequenztechnik gehören.

Erlangen und Hamburg, im September 1956

H.-J. Kosack und **A. Wangerin**

Inhaltsverzeichnis

Einleitung

I. Das allgemeine Bordnetz

II. Elektrische Propellerantriebe

III. Meß- und Anzeigeeinrichtungen; Befehls- und Meldeanlagen

Verzeichnis verwendeter Abkürzungen

ABS	American Bureau of Shipping
AIEE	American Institute of Electrical Engineers
Bb	Backbord
BRT	Bruttoregistertonne
BV	Bureau Veritas
DES	Dieselelektroschiff
DIN	Deutsche Industrie-Normen
DNA	Deutscher Normenausschuß
dwt	deadweight-Tonnage, d.h. Tragfähigkeit
ES	Elektroschiff
FNS	Fachnormenausschuß Schiffbau
FNS/E	Fachnormenausschuß Schiffbau/Elektrotechnik
GL	Germanischer Lloyd
HNA/E	Handelsschiff-Normenausschuß/Elektrotechnik
IEC	International Electrotechnical Commission
IEE	Institution of Electrical Engineers
kn	Knoten = Seemeilen/Stunde; 1 kn = 1,853 km/h
LRS	Lloyds Register of Shipping
MS	Motorschiff
NV	Norske Veritas
NS	Nuclear-Ship, d.h. Schiff mit Kernenergieantrieb
PCP	Polychloropren
PVC	Polyvinylchlorid
sm	Seemeile
Solas	Safety of Life at Sea
SSV	Schiffssicherheitsverordnung
Stb	Steuerbord
STG	Schiffbautechnische Gesellschaft
TES	Turboelektroschiff
TS	Turbinenschiff
VDE	Verband Deutscher Elektrotechniker
WPS	Wellen-Pferdestärken, d.h. PS am Propeller

Abkürzung von Firmennamen

A.B. Lyckeåborgs Bruk	Aktiebolaget Lyckeåborgs Bruk, Torkskors
Achgelis	Achgelis Söhne G.m.b.H., Bremerhaven
AEG	Allgemeine Elektricitäts-Gesellschaft, Berlin-Frankfurt/M.
AEI	Associated Electrical Industries Ltd., Rugby
A. G. Weser	Aktien-Gesellschaft „Weser“, Bremen
Anschütz	Anschütz & Co. G.m.b.H., Kiel-Wik
Arkas	Dansk Automatisk Ror-Kontrol A/S, Kopenhagen
ASEA	Allmänna Svenska Elektriska Aktiebolaget, Västerås
Atlas	Atlas-Werke A. G., Bremen
Baensch	Maschinenfabrik Willi Baensch, Hamburg

BBC	Brown, Boveri & Cie A. G., Mannheim
Brown	S. G. Brown, Ltd., Watford
B & V	Blohm & Voß A. G., Hamburg
Chernikeeff	The Submerged Log Co. Ltd., London
Daimler-Benz	Daimler-Benz A. G., Stuttgart-Untertürkheim
Donkin	Donkin & Co Ltd., New Castle
Dose	Karl Dose o.H.G., Hamburg-Altona
Elac	Elac – Electroacustic G.m.b.H., Kiel
Elwa	Elwa G.m.b.H., München
Fernsig	Fernsprech- und Signalbau, Essen
Hagenuk	Hagenuk, vormals Neufeldt & Kuhnke G.m.b.H., Kiel
Hatlapa	Uetersener Maschinenfabrik Hatlapa, Uetersen
H & B	Hartmann & Braun A. G., Frankfurt/Main
Hoppe	Hans Hoppe – Bordmeßtechnik, Hamburg 39
Jastram	Carl Jastram, Hamburger Motorenfabrik, Hamburg
v. Kaick	A. van Kaick i.H.G., Frankfurt/Main
Kampnagel	Kampnagel, vormals Nagel & Kaemp, Hamburg
Kelvin & Hughes	Kelvin & Hughes (Marine) Ltd., London
Laurence Scott	Laurence Scott & Elektromotors Ltd., Norwich
Metzenauer & Jung	Metzenauer & Jung G.m.b.H., Wuppertal-Varresbeck
NEL	Ingeniörforretningen Atlas A/S, Oslo
NSW	Rheinstahl Nordseewerke Emden G.m.b.H., Emden
Philips	Philips – Elektro Spezial G.m.b.H., Hamburg 1
Plath	C. Plath, Hamburg
Pleuger	Pleuger Unterwasserpumpen G.m.b.H., Hamburg-Wandsbek
Ruhrpumpen	Ruhrpumpen G.m.b.H., Witten-Annen
SAL	Svenska Ackumulator Aktiebolaget Jungner, Stockholm
Schärffe	Schärffe & Co., Hamburg
Sckell	Sckell – Feinmechanik, Hamburg
Sfindex	Sfindex A. G., Sarnen O.W.
Siemens Brothers	Siemens Brothers & Co., Ltd., London
S & H	Siemens & Halske A.G., Berlin-München
SSW	Siemens-Schuckertwerke A.G., Berlin–Erlangen
Sperry	Sperry Gyroscope Company Ltd., Brentford–New York
Stein Sohn	C. Wilh. Stein Sohn, Hamburg 11
Still	Hans Still A.G., Hamburg-Billstedt
Stromag	Maschinenfabrik Stromag, Unna (Westf.)
Tacke	Maschinenfabrik Tacke K.G., Rheine (Westf.)
Thrige	Thomas B. Thrige, Odense
VARTA	VARTA A.G., Frankfurt/Main
V & H	Voigt & Haeffner A.G., Frankfurt/Main
Voith	J. M. Voith G.m.b.H., Heidenheim
Vossloh	Vossloh-Werke G.m.b.H., Lüdenscheid
Westfalia	Westfalia Separator A.G., Oelde (Westf.)
Westinghouse	Westinghouse Electric Corporation, East Pittsburgh, P.A.

Einleitung

A. Allgemeine Betriebserfordernisse auf Seeschiffen[1]

Die elektrischen Einrichtungen eines seegehenden Schiffes sind in klimatischer und technologischer Hinsicht vielfach schwereren Betriebsbedingungen ausgesetzt als Anlagen an Land; sie müssen beim Bau vollständiger Anlagen ebenso wie bei der Herstellung der Maschinen und Geräte sorgfältig berücksichtigt werden.

Lufttemperaturen. Auf *Deck* und auch – während des Ladens oder Löschens der Fracht – in den *Laderäumen* können im Winter z. B. in der Ostsee oder im St.-Lorenz-Strom Lufttemperaturen von etwa – 20 °C auftreten. Eine schwere Vereisung an Deck befindlicher Geräte, wie sie Abb. 1 zeigt, kann die Folge sein. Dagegen wird in den *Maschinenräumen* auch bei starker Kälte eine Temperatur von 0 °C nicht unterschritten werden. – Die Temperaturen in indischen Häfen betragen im *Sommer* um 40 °C; im Roten Meer oder im Persischen Golf wurden Werte von 50 °C gemessen. Dabei kann das Deck durch die Einstrahlung der Sonne eine Temperatur von 70–75 °C annehmen. In den der Bordwand nahen Teilen eines Laderaumes treten dann Temperaturen von 50–60 °C, auf und in den Maschinenräumen finden sich zeitweise Werte um 60 °C. – Bei der

Abb. 1. Vereistes Deck eines Fischdampfers

[1] Dieser Abschnitt wurde unter Benutzung von Angaben des „Deutschen Wetterdienstes", Seewetteramt Hamburg, bearbeitet.

Fahrt von einem extrem kalten Küstenbereich in das offene Meer kann es zu einer schnellen Temperaturzunahme kommen, die allein während eines Tages bis zu 20 °C beträgt. Die langsame Erwärmung des Schiffsrumpfes hält mit dem dadurch bedingten raschen Ansteigen des Taupunktes der Luft dann nicht Schritt, und es tritt an den kalten Außenflächen eine Kondensation des Wasserdampfes der Luft ein. – Bei einer Reise von Westeuropa nach Westafrika erfolgt der Eintritt in die inneren Tropen recht unvermittelt; auch dann können Temperatursprünge von 10–14 °C mit der Folge starker Kondensation an den zunächst kühler bleibenden Schiffsteilen eintreten. Derartig scharfe Temperatursprünge ergeben sich auch, wenn ein aus kalten Zonen kommendes Schiff durch eine Warmfront fährt. – Bedingt durch längere Liegezeiten in den Häfen kann der ununterbrochene Aufenthalt im Bereich hoher Temperaturen mehrere Monate dauern.

Luftfeuchte. Die *relative Luftfeuchte* weist auf hoher See Werte zwischen 70 und 95% auf. In den Passatgebieten und z.B. im Roten Meer, wo allerdings auch schon Werte von mehr als 90% gemessen wurden, kann sich die relative Luftfeuchte auf 60%, in besonderen Fällen auf 40% und in den Häfen ausgesprochen trockener Gebiete, z.B. Suez, bis auf 20% vermindern. Demgegenüber beträgt z.B. im Küstengebiet von Kamerun die mittlere Jahresfeuchte der Luft etwas mehr als 90%, in der Regenzeit liegt sie oft tagelang nicht unter 95%. Dabei fallen dann sehr starke Regen. Beträgt z.B. in Hamburg die mittlere Niederschlagsmenge im Monat etwa 60 mm, so können in Duala, in Plätzen am Amazonasgebiet oder in Südasien Niederschläge mit einer Menge von mehr als 300 mm innerhalb 24 Stunden auftreten. – Die relative Feuchte über dem Meer ist nicht so sehr jahreszeitlich bedingt, sie hängt vielmehr von der jeweiligen Wetterlage, von der Richtung und Stärke des Windes sowie der Differenz zwischen den Luft- und Wassertemperaturen ab. Strömt kühle Luft über wärmeres Wasser, so geht die relative Feuchte merklich zurück: Passat. Warme Luft über kälterem Wasser ergibt hohe Feuchtigkeitswerte und oft Nebel. – Starker Seegang schleudert große Mengen feiner Wassertröpfchen in die Luft, und schließlich ist die untere Luftschicht bei Orkan vollständig mit Wasserspritzern angereichert. – In den meisten Räumen eines Schiffes ist die relative Feuchte wegen der dort herrschenden hohen Temperatur geringer als an Deck; im Extremfall können in den Räumen bis auf 20% absinkende Werte auftreten. – In den Laderäumen sind die Verhältnisse sehr unterschiedlich. Bei starker Sonneneinstrahlung geht die relative Feuchte in der Nähe der Bordwand stark zurück. Sie kann aber auch bei einer viel Feuchtigkeit abgebenden Ladung, oder wenn die Laderäume von außen stark abgekühlt werden, bis zur Sättigung ansteigen. Eine kalte Ladung schließlich kühlt bei einer Fahrt in die Tropen die sie umgebende Luft ab, so daß die relative

Feuchte dann unter Umständen bis zur Sättigung erhöht wird und Kondensation von Wasserdampf eintritt. – In den Maschinenräumen beträgt die relative Feuchte wegen der starken Lüftung und der durch die Abstrahlung von den Maschinen erhöhten Temperatur meist weniger als 60%, oft unter 40%; sie geht zeitweise bis auf 20% herunter.

Die *absolute Feuchte* ist unterschiedlich. Während bei – 20 °C in der Sättigung rund 1 g Wasser als Wasserdampf in 1 m³ Luft enthalten ist, ergeben sich zur Regenzeit in den inneren Tropen 26–30 g Wasser als Wasserdampf. Diese für die Außenluft geltenden Werte finden sich annähernd auch in den nichtklimatisierten Innenräumen eines Schiffes und im Maschinenraum. In einem Laderaum kann bei einer stark Feuchtigkeit abgebenden Ladung die absolute Feuchte zeitweise sogar etwas höher liegen als in der Außenluft. Es sind Unterschiede von 2–3 g/m³ gemessen worden.

Salzgehalt der Luft. Der wichtigste Faktor für das Entstehen von Korrosionsschäden ist der Salzgehalt des Meerwassers. Salz gelangt auf das Schiff einmal in Form von trockenen, in der Luft schwebenden Salzpartikeln, deren korrodierende Wirkung durch das Hinzutreten von Feuchtigkeit ausgelöst wird. Zum anderen kommen bei mittlerem Seegang Spritzwasser und bei grober See große Wassermengen als Brecher an Deck.

Der Gehalt der Luft an *schwebenden Salzpartikeln*[1] beträgt bei mittlerer Windstärke von 5–6 Beaufort etwa 0,01 mg/m³. In Küstennähe und bei Windstärke über 10 Beaufort steigt der Gehalt auf etwa 1 mg/m³ an. – Messungen aus dem Indischen Ozean, die in großer Küstenferne angestellt wurden, erbrachten trotz der hohen Temperatur und des starken Salzgehaltes des Wassers Werte, die von 0,05–9,5 mg/m³ streuen, deren Mittel aber 0,5 mg/m³ beträgt. Im Küstengebiet der Ostsee sind Werte bis 0,15 mg/m³ festgestellt worden.

Bei mittlerem Seegang wirft der Bug eines fahrenden Schiffes z.T. erhebliche Mengen Gischt auf, so daß ständig ein feiner Staub von Tröpfchen salzigen Wassers über das Schiff zieht. Bei schwerer See können sich nach Abb. 2 (s. S. 4) große Wassermengen über das Deck ergießen. Später verdunstet dann die an Deck zurückgebliebene Feuchtigkeit, und es bleibt ein Salzfilm zurück. Auch die tägliche Säuberung des Schiffes mit Seewasser hinterläßt immer wieder eine Salzhaut.

Auf die Wahl korrosionsfester Baustoffe, z. B. Silumin, Gießharz usw., muß deshalb besonderer Wert gelegt werden. – Bei Isolierstoffen kann die Seeluft ein Verziehen und Reißen sowie eine Verminderung des Isoliervermögens bzw. eine Kriechwegbildung zur Folge haben. Im allgemeinen gilt die Regel, daß die betriebswarme elektrische Maschine besser ge-

---

[1] Nach Junge [3].

schützt ist als die stillstehende. – Wenn ungeeignete Farben zum Anstrich benutzt werden, so kann Quellen und Schimmelbildung auftreten.

Ölgehalt der Luft. In der Umgebung von Dieselmotoren kann ein verhältnismäßig hoher Ölgehalt in der Luft sein, der unmittelbar über den Maschinen etwa 3–20 mg/m³ Luft beträgt. Niedrigere Werte finden sich

Abb. 2. Überkommende See bei einem Tanker

im Inneren elektrischer Maschinen, da beim Einströmen der Kühlluft Öl an Umlenkflächen, Abdeckungen, Sieben und Gittern abgeschieden wird. Befinden sich in der ölhaltigen Luft Kohleteilchen – Bürstenstaub – oder andere leitende Bestandteile, so kann diese Mischung den Maschinenwicklungen gefährlich werden.

Schiffsbewegungen. Die Betriebsfähigkeit aller Maschinen und Geräte muß auch beim Stampfen und Schlingern, also bei Bewegungen des Schiffskörpers um seine Quer- und Längsachse, gewährleistet sein. Im allgemeinen wird mit Stampfwinkeln bis 10° und Schlingerwinkeln bis etwa 25° gerechnet. Daneben treten Erschütterungen und Vibrationen auf, die durch den Betrieb der Hauptmaschinen, insbesondere der Dieselmotoren, ferner durch den Propeller, schließlich auch durch Seegang hervorgerufen sein können und bei denen die elektrische Anlage voll betriebsfähig bleiben muß.

Gefährdung durch den elektrischen Strom. Die Möglichkeiten zu schädlichen Wirkungen durch den elektrischen Strom sind für den Menschen an Bord meist eher gegeben als an Land. Der Widerstand des menschlichen Körpers, der seinen Sitz vor allem in der Haut hat, sinkt mit zunehmender Feuchtigkeit, z.B. Schweißbildung an der Hand. Auch die eisernen Decks, Flurplatten und Wände in den meist engen und niedrigen Räumen erhöhen die Gefahr. Es sind deshalb an Bord zum Teil über die VDE-Vorschriften, -Regeln und -Empfehlungen hinausgehende Sicherheitsmaßnahmen notwendig.

B. Bauüberwachung im Schiffbau

1. Staatliche Überwachung

Der Schiffbau für die Seeschiffahrt wird auf Grund des *Internationalen Schiffssicherheitsvertrages* von London aus dem Jahre 1948 durch die einzelnen Unterzeichnerstaaten überwacht. Dieser Vertrag, der den ursprünglichen Vertrag vom Jahre 1929 ersetzt, wurde auf der Internationalen Konferenz zum Schutz des menschlichen Lebens auf See[1] 1948 in London erarbeitet. Er ist am 1. 1. 1951 in Kraft getreten und gilt für alle nach diesem Termin auf Stapel gelegten Schiffe. Die Bundesrepublik Deutschland trat diesem Vertrag durch Bundesgesetz vom 31. 12. 1953 für alle Schiffe, die unter deutscher Flagge fahren, bei. In absehbarer Zeit wird der Vertrag von 1948 durch den Schiffssicherheitsvertrag von 1960, dessen Inhalt auf einer Konferenz im Juli 1960 in London festgelegt wurde, ersetzt[2]. – Die Ausführungsbestimmungen zu dem Vertrag von 1948 sind in der „Verordnung über Sicherheitseinrichtungen für Fahrgast- und Frachtschiffe" (Schiffssicherheitsverordnung – SSV) niedergelegt. Diese wurde am 3. Juni 1955 im Bundesgesetzblatt veröffentlicht. Sie enthält außer den im Schiffssicherheitsvertrag gemachten Angaben noch zusätzliche wichtige Bestimmungen. Bei Bauausführungen, Einrichtungen und Werkstoffen, die dem vom Bundesminister für Verkehr anerkannten Vorschriften des *Germanischen Lloyd* entsprechen, gilt diese Verordnung als erfüllt. Die Sicherstellung des Einhaltens der Verordnung, d.h. die Überwachung der Schiffe im Bau und nach ihrer Indienststellung ist der *See-Berufsgenossenschaft* übertragen, die in technischen Fragen vom Germanischen Lloyd beraten wird.

Die anderen Nationen haben entsprechend den Festlegungen im Schiffssicherheitsvertrag in gleicher Weise wie die Bundesrepublik staatliche oder halbstaatliche Organe mit der Ausführung des Vertrages beauftragt, z.B.

England:	das „Ministry of Transport",
Frankreich:	die „Commission Centrale de Securité de la Marine Marchande",
Niederlande:	die „Sheepvaart Inspectie",
USA:	die „Coast Guard".

[1] „International Conference on Safety of Life at Sea" (Solas).

[2] Im weiteren Text dieses Buches wird, soweit erforderlich, auf diesen Entwurf Bezug genommen.

Während der Schiffssicherheitsvertrag von 1948 nur Vorschriften für die elektrischen Anlagen auf *Fahrgastschiffen* enthält, also Schiffen, die für mehr als 12 Fahrgäste eingerichtet sind, wird sich der Vertrag von 1960 auch auf Frachtschiffe mit einer Tonnage von mehr als 500 BRT beziehen. Dabei sind Fischereifahrzeuge, Hilfskriegsschiffe und auch andere Spezialfahrzeuge ausgeschlossen. Die neuen Vorschriften sind in ihren Ansprüchen abgestuft nach

Fahrgastschiffen,
Frachtschiffen von 500–5000 BRT[1],
Frachtschiffen über 5000 BRT[1].

Sie enthalten ferner noch eine besondere Vorschrift für Tankschiffe.

2. Klassifikation[2]

Durch die Klassifikation eines Schiffes wird gewährleistet, daß sowohl der Schiffskörper als auch die Maschinenanlage für seinen Zweck und den Fahrtbereich qualifiziert ist; das Schiff erhält eine „*Klasse*". Diese Klasse soll dem Reeder, dem Hypothekengläubiger, dem Charterer, dem Befrachter, dem Schiffsmakler und vor allem dem Versicherer von Schiff und Ladung eine Gewähr für die Güte des Schiffes bieten. – Die Klassifikation wird durch die *Klassifikationsgesellschaften* wahrgenommen, welche auf privatrechtlicher Basis, und zwar nicht nur national, sondern auch international arbeiten. Die Vorschriften dieser Gesellschaften sind von den Regierungen der einzelnen Nationen anerkannt, und die von ihnen durchgeführten Besichtigungen werden oftmals staatlichen gleichgesetzt. Die Überwachung durch die Besichtiger beginnt bereits mit der Prüfung wichtiger Konstruktionszeichnungen und der Werkstoffprüfung in den Walzwerken. Sie wird beim Bau des Schiffes auf der Bauwerft sowie beim Bau der Maschinen in den Werkstätten der Lieferer fortgesetzt und endigt mit der Inbetriebnahme des Schiffes. Für die Erhaltung der Klasse eines in Fahrt befindlichen Schiffes sind nicht nur regelmäßige Besichtigungen in festgelegten Zeitabständen, sondern auch Besichtigungen nach eingetretenen Schäden am Schiff oder an der Maschine sowie nach deren Behebung notwendig.

Die wichtigsten Klassifikationsgesellschaften sind:

American Bureau of Shipping, gegründet 1867, New York (ABS).
Bureau Veritas, gegründet 1828, Paris (BV).
Det Norske Veritas, gegründet 1864, Oslo (NV).
Germanischer Lloyd, gegründet 1867, Hamburg-Berlin (GL).
Lloyd's Register of Shipping, gegründet 1760, wiedererrichtet 1834, London (LRS). (United with the British Corporation Register, gegründet 1890.)

---

[1] Lt. Vertragstext „Gross tons".

[2] Dieser Abschnitt wurde nach Angaben des Germanischen Lloyd bearbeitet.

Nippon Kaiji Kyokai, gegründet 1922, Tokio. (The Japanese Marine Corporation.)
Registro Italiano Navale, gegründet 1861, Rom.
Seeregister der UdSSR, Leningrad.

Auf die *technischen* Bestimmungen der Gesellschaften wird im einzelnen in den folgenden Kapiteln hingewiesen. Die in obiger Aufzählung in Klammern gesetzten Buchstaben sind dabei als Abkürzung verwendet. *Selbstverständlich können diese Angaben aber die Vorschriftenwerke im einzelnen in keiner Weise ersetzen.*

Einige der wichtigsten *allgemeinen* Bestimmungen des GL lauten:

Die *Klassifikation* umfaßt den Schiffskörper und die Maschinenanlagen einschl. der gesamten *elektrischen Anlagen.*

Das Klassenzeichen für die Maschinenanlage ist MC. Es wird erteilt, wenn die Hauptmaschinenanlage und die zum Betrieb der Hauptmaschinen erforderlichen Hilfsmaschinen und Einrichtungen, die *elektrische Anlage* und alle sonstigen von der Klassifikation erfaßten Einrichtungen den Vorschriften des GL entsprechen.

Maschinenanlagen, die nicht in allen Teilen den Vorschriften des GL entsprechen, können das Klassenzeichen $\overline{\mathrm{MC}}$ erhalten.

Schiffe und Maschinenanlagen, die unter Aufsicht des GL und aus vom GL geprüftem Werkstoff *gebaut* worden sind, erhalten das Zeichen „+“ vor dem Klassenzeichen.

Schiffe und Maschinenanlagen, die unter Aufsicht und nach den Vorschriften einer anderen anerkannten Klassifikationsgesellschaft *gebaut* worden sind, erhalten, wenn sie in die Klasse des GL übernommen werden, das Zeichen „$\dot{+}$“ vor dem Klassenzeichen.

Schiffskörper und Maschinenanlage haben stets denselben Klassenlauf. Die Klasse bleibt so lange gültig, wie Schiffskörper und Maschinenanlage allen vorgeschriebenen Besichtigungen unterzogen und etwa erforderliche Ausbesserungsarbeiten zur Zufriedenheit des GL ausgeführt werden.

Zeichnungen und Unterlagen sind dem GL im allgemeinen in dreifacher Ausfertigung in dem Umfang zur Prüfung einzureichen, wie es in den Bauvorschriften angegeben ist.

Für die Werkstoffe für Neubau, Ersatz und Reparaturteile muß entsprechend den Bauvorschriften die Prüfung nach den Werkstoffvorschriften des GL nachgewiesen werden.

Maschinen und Einrichtungen werden, soweit möglich, auf dem Prüfstand des Herstellers einer Betriebsprüfung unter bordmäßigen Bedingungen unterworfen. Bei neuartigen oder im Schiffsbetrieb noch nicht bewährten Maschinen, Einrichtungen und *elektrischen Anlagen* kann der GL eine Typenerprobung unter verschärften Bedingungen verlangen.

Nach Fertigstellung des Schiffes wird eine Erprobung aller schiff-, maschinenbaulichen und *elektrischen Einrichtungen* im Betrieb während der Probefahrt durchgeführt.

3. Fachverbände und Normenwesen

Zu den Bauvorschriften der Klassifikationsgesellschaften treten Empfehlungen, Regeln und Normen einzelner nationaler Fachverbände. In der Bundesrepublik ist für deren Bearbeitung der *Fachnormenausschuß Schiffbau* (FNS) im Deutschen Normenausschuß (DNA) zuständig, dessen Unterausschluß „Elektrotechnik“ (FNS/E) in Anlehnung an den *Fach-*

normenausschuß „Elektrotechnik“ (FNE) und den *Verband Deutscher Elektrotechniker* (VDE) die DIN 89001 „Elektrische Anlagen auf Seeschiffen – Vorschriften“ herausgegeben hat[1]. Der FNS/E hat damit die Arbeiten des früheren *Handelsschiffsnormenausschusses* (HNA/E) übernommen. Ferner gibt der DNA ebenfalls in Weiterführung der Arbeiten des HNA/E Normenblätter für Installationsmaterial, Kabel, Leitungen, Grundschaltpläne usw. heraus.

Im Rahmen der *Schiffbautechnischen Gesellschaft* (STG), deren Sitz Hamburg und Berlin ist, bearbeitet der Fachausschuß „Schiffselektrotechnik“ Grundsatzfragen dieses Gebietes.

In England hat *The Institution of Electrical Engineers* (IEE) „Regulations for the Electrical Equipment of Ships“ herausgegeben. Diesen entspricht in den USA das „Recommended Practice for Electrical Installations on Shipboards“, das vom *American Institute of Electrical Engineers* (AIEE) bearbeitet wird. – Auch andere Länder haben Schiffbaunormen herausgegeben, so z.B. Holland, Italien und Norwegen. Die Normenausschüsse der verschiedenen Länder arbeiten in der „International Standard Organization“ (ISO) zusammen.

Die *International Electrotechnical Commission* (IEC), Technical Committee 18, hat es übernommen, eine Vereinheitlichung der einzelnen nationalen Vorschriften und Anweisungen auf dem Gebiet der Schiffselektrotechnik herbeizuführen. Sie hat bereits im Jahre 1957 die Publication 92 „Empfehlungen für elektrische Anlagen auf Schiffen“ herausgegeben; diese sind inzwischen noch weiter überarbeitet worden. Der VDE ist Mitglied der IEC und hat mit seiner Vertretung im Ausschuß 18 den FNS/E beauftragt.

C. Automatisierung des Schiffsbetriebes

Unter Automatisierung[2] wird der selbsttätige Folgeablauf technischer Vorgänge nach vorgegebenen einstellbaren Sollwerten und/oder Programmen verstanden. Vornehmlich findet sich die Automatisierung bei der Produktion industrieller Erzeugnisse. Aber auch im Schiffsbetrieb gibt es schon seit langer Zeit automatisch ablaufende Betriebsvorgänge. So ist z.B. die Anwendung des Selbststeuers, durch welches ein Schiff auf einem einstellbaren Kurs gehalten wird, schon seit vielen Jahren ebenso gebräuchlich wie die selbsttätige Inbetriebnahme von Hilfsmaschinen im Störungsfalle. Auch der Einbau automatisch wirkender Kesselregelungen gehört genauso wie der von selbsttätig arbeitenden Ölaufbereitungsanlagen zum Standard der Schiffstechnik.

[1] Die DIN 89002 (Entwurf) behandeln die elektrischen Anlagen auf Binnenschiffen.

[2] Die Bezeichnung „Automation“ ist auch gebräuchlich.

Wenn in neuerer Zeit in zunehmendem Maße eine noch weitergehende Automatisierung des Schiffsbetriebes gefordert wird, so liegt dieser Forderung in erster Linie der *Zwang* zum *Einsparen* von *Personal* zugrunde, daneben aber auch der Wunsch, die durch die neuzeitliche Technik gegebenen Hilfsmittel, z.B. auf dem Gebiet der Elektronik, verstärkt anzuwenden. Nachstehend seien *einige Beispiele* hierfür angeführt:

Automatischer Ablauf des Seeklarmachens der gesamten Maschinenanlage.

Automatischer Ablauf des Umsteuervorganges für die Hauptmaschinen in Abhängigkeit von der Befehlsgabe der Maschinentelegrafen, wobei die einzelnen Betriebsvorgänge in richtiger, vorher programmierter Reihenfolge ablaufen und immer erst dann eingeleitet werden, wenn die vorhergehende Maßnahme mit Sicherheit ausgeführt ist.

Automatischer Startvorgang für die Hilfsdieselmotoren, verbunden mit automatischer Synchronisierung der zugehörigen Generatoren, wobei gegebenenfalls das Zuschalten von Einheiten in Abhängigkeit von der jeweiligen Belastung des Bordnetzes automatisch eingeleitet wird.

Automatisierung des Lenzens der Bilge und anderer Pumpaufgaben.

Von ganz besonderer Wichtigkeit wird die Automatisierung des Betriebes bei Schiffen mit Kernenergieantrieb sein, da deren Bedienung für das Personal ungewohnt und die strikte Einhaltung des durch Sicherheitsbestimmungen vorgeschriebenen Betriebsablaufes unerläßlich ist. – Ganz allgemein befindet sich aber die *umfassende* Automatisierung des Schiffsbetriebes noch in voller Entwicklung, und es bildet sich der technische Standard z.Z. erst heraus.

In den meisten Fällen wird die Automatisierung mit einer *Fernbedienung* und *Fernüberwachung* des Betriebes von einem zentralen Kommandoraum[1] zwangsläufig verbunden – evtl. unter Verwendung einer elektronischen Daten- und Störwerterfassung. – Das Anfahren und Umsteuern der Hauptmaschinen von der Kommandobrücke aus wird ebenfalls erwogen in ähnlicher Weise, wie die Drehzahl- und Drehrichtungseinstellung elektrischer Propellerantriebe mit Gleichstromübertragung schon seit langer Zeit gehandhabt wird.

Wenn durch eine Automatisierung auch die Zahl des für die Aufrechterhaltung des Betriebes erforderlichen Personals verringert werden kann, so steigen aber die Ansprüche an die Qualifikation des verbleibenden Personals. Dieser Gesichtspunkt muß bei allen Überlegungen mit Rücksicht auf die unumgängliche Sicherheit und Zuverlässigkeit im Schiffsbetrieb beachtet werden; er kann oftmals dazu führen, eine weniger umfassende aber dafür einfachere Lösung zu suchen.

Auf die technischen Möglichkeiten zur automatischen Durchführung von Betriebsvorgängen wird im einzelnen in den folgenden Abschnitten hingewiesen.

[1] „Centralized engine room control".

I. Das allgemeine Bordnetz

A. Energieerzeugung

1. Stromsysteme

Als die Elektrotechnik Ende der siebziger Jahre des vorigen Jahrhunderts an Bord von Seeschiffen eingeführt wurde, war Gleichstrom die einzige zur Verfügung stehende Stromart. Während dann aber nach der Jahrhundertwende das Drehstromsystem in Landanlagen den Gleichstrom weitgehend verdrängte, wurde letzterer an Bord von Schiffen noch sehr lange Zeit fast ausschließlich verwendet. Als die wesentlichsten Gründe hierfür galten:

Die an Land bestehende Notwendigkeit, die Energie über weite Entfernungen zu übertragen und sie dazu mittels Umspanner auf hohe Spannungen umzuformen, ist auf einem Schiff nicht gegeben.

Mit der Gleichstrommaschine können Steuerungsaufgaben, die auf Schiffen verhältnismäßig häufig vorliegen, gut gelöst werden. Derartige Aufgaben finden sich besonders bei den Decksmaschinen, wie z.B. den Ladewinden, Spillen, Kranen und Ruderanlagen.

Der Gleichstrom-Doppelschlußgenerator hat eine äußere Kennlinie, nach der sich die Spannung mit der Belastung nur wenig verändert. Bei dem Drehstrom-Synchrongenerator müssen zur Spannungshaltung besondere Regelgeräte benutzt oder Steuerverfahren angewendet werden.

Die Gefährdung des Menschen ist bei Wechselstrom der üblichen Frequenzen von 50 bzw. 60 Hz durch das hier mögliche Herzkammerflimmern größer als bei Gleichstrom, zumal in Drehstromanlagen mit höheren Spannungen gearbeitet wird. Die Verbesserung der Installationstechnik auf Schiffen ließ diesen Gesichtspunkt allerdings mit der Zeit in den Hintergrund treten.

Die starke Entwicklung, welche die Drehstromtechnik an Land im Laufe der Zeit durchmachte, ließ mehr und mehr das Bestreben aufkommen, Drehstrom auch möglichst weitgehend auf Schiffen anzuwenden. Der Asynchronmotor mit Käfigläufer hat in seinem Leistungsgewicht, seinem inneren Aufbau und seinem betrieblichen Verhalten einen so hohen Grad an Vollkommenheit erlangt, daß es schwer ist, auf diese Eigenschaften an Bord, wo es gerade auf Einfachheit und Robustheit der Maschinen entscheidend ankommt, zu verzichten. Dies gilt in besonderem Maße für die an Deck angeordneten Antriebe der Decksmaschinen. Dazu kommt, daß es heute für die Spannungshaltung in den Drehstrom-Bordzentralen verhältnismäßig einfache Steuer- und Regeleinrichtungen gibt, die in der Lage sind, die durch die Einschaltströme der Motoren bedingten Spannungsabsenkungen in kürzester Zeit auszusteuern. – Sehr zugunsten des Drehstroms spricht, daß der Aufwand für Wartung und Pflege der Maschinen und Schaltgeräte wesentlich geringer ist als bei Gleichstrom. Dazu trägt auch der ungleich geringere Ersatzteilbedarf bei.

Auf Tankern führte sich der Drehstrom am leichtesten ein, da bei diesen keine Ladewinden oder Bordkrane benötigt werden, also weniger Steuerungsprobleme als bei Trockenfrachtern vorliegen. Ähnlich ist es bei Fahrgastschiffen, wo Winden und Krane auch nur in geringer Anzahl verwendet werden. Hier liegt der wesentliche Anreiz zugunsten des Drehstroms in der großen Zahl motorischer Antriebe unter Deck ebenso wie in der Anwendung von Leuchtstofflampen in beträchtlichem Ausmaß für die Beleuchtung von Salons, Messen und Kammern. Für das ausgedehnte Kabelnetz dieser Schiffe spielt die bei Drehstrom mögliche Gewichtsverminderung eine nicht unbedeutende Rolle. – Später führte sich der Drehstrom aber auch auf Trockenfrachtern ein, nachdem brauchbare Lösungen für die Antriebe der Decksmaschinen gefunden wurden.

Mit dem Übergang vom Gleichstrom- zum Drehstromsystem im allgemeinen Bordnetz eines Schiffes sind eine große Anzahl von Problemen verbunden, die in den einzelnen Abschnitten des Teiles I erörtert werden. Beim Bau elektrischer Propellerantriebe muß die Frage des Stromsystems unter anderen Gesichtspunkten betrachtet werden als beim Bordnetz; hierauf wird im Teil II eingegangen.

Alle Klassifikationsgesellschaften lassen Drehstrom in Bordnetzen und bei Propellerantrieben für jeden Schiffstyp zu.

2. Spannungen und Frequenzen

Die ersten elektrischen Anlagen auf seegehenden Schiffen wurden mit Gleichstrom bei einer Spannung von 65 V versorgt. Diese niedrige Spannung wurde für die Speisung von Scheinwerfern mit Bogenlampen und auch aus Sicherheitsgründen gewählt. Die weitere Entwicklung, die besonders durch die weitgehende Einführung elektromotorischer Antriebe und die damit steigenden Kabelgewichte an Bord bestimmt wurde, ist im deutschen Schiffbau durch folgende Daten gekennzeichnet:

etwa um 1900 Einführung einer Spannung von 110 V Gleichstrom,
etwa um 1925 Einführung einer Spannung von 220 V Gleichstrom,
etwa um 1935 Einführung einer Spannung von 380 V Drehstrom.

Die Spannung an den Generatorklemmen liegt zum Ausgleich der Spannungsverluste im Verteilungsnetz um etwa 5% höher.

Gleichstromanlagen. Für Gleichstromanlagen hat sich fast ausschließlich eine Spannung von 220 V durchgesetzt, und zwar sowohl für Kraft- und Heizstromverbraucher als auch für die fest eingebaute Beleuchtung und die beweglich angeschlossenen Verbraucher. Lediglich auf Tankern war die Spannung für Beleuchtung bis etwa 1961 durchweg auf maximal 125 V begrenzt. Aus diesem Grunde wurde auf kleinen Tankern oft als Spannung für die *gesamte* Anlage 110 V gewählt; dadurch wurden Umformer vermieden und so der bei 110-V-Anlagen entstehende höhere Aufwand im Kabelnetz wieder ausgeglichen. In kleinen Anlagen, vor allem auf Fischerei- und Küstenschiffen, wird noch häufig eine Gleichspannung von 24 V verwendet. Dies geschieht mit Rücksicht auf eine Akkumulatorenbatterie, die bei Nacht im Hafen die Stromversorgung übernimmt. Batterien für 24 V sind leichter zu beschaffen und erfordern weniger Wartungsaufwand als Batterien für höhere Spannungen, z.B. 110 V. – Bei Propellerantrieben mit Gleichstromübertragung werden bedeutend höhere Spannungen als 220 V angewendet.

Drehstromanlagen. Für Drehstrom-Bordnetze sind Spannungen von 380 V bei einer Frequenz von 50 Hz und 440 V bei 60 Hz am gebräuchlichsten. Als maximale Spannung läßt der GL in Sonderfällen 500 V bei 50 Hz zu. Bei Propellerantrieben mit Drehstromübertragung wird oft Hochspannung in Verbindung mit verschiedenen Frequenzen angewendet.

Die Spannungen 380 bzw. 440 V und die Frequenzen 50 bzw. 60 Hz ergeben sich vor allem mit Rücksicht auf die Stromversorgung der Schiffe im Hafen über Landanschlüsse, aber auch aus Fragen der Ersatzteilbeschaffung. Im Gegensatz zu Europa, Afrika und Australien, wo die übliche Spannung in Landanlagen 380 V bei 50 Hz ist, wird in den USA allgemein und in Südamerika und Japan vornehmlich 440 V bei 60 Hz angewendet. In Indien findet sich auch eine Spannung von 440 V bei einer Frequenz von 50 Hz.

Für Verbraucher, die eine Spannung von 220 V benötigen, wie Einphasenmotoren mit geringer Leistung, Beleuchtung und kleine Wärmegeräte, sind bei Netzspannungen von 500 und 440 V, da hierbei die Sternspannungen 289 bzw. 254 V betragen, Zwischentransformatoren erforderlich. Bei einer Netzspannung von 380 V ergibt sich für die Sternspannung ein Wert von 220 V. Hier können diese Verbraucher unmittelbar angeschlossen werden. Dabei wird entweder der eiserne Schiffskörper als Sternpunktleiter benutzt oder aber, ähnlich wie in Landanlagen, der Sternpunktleiter isoliert verlegt. Im letzteren Fall muß der Sternpunkt der Generatoren mit dem Schiffskörper verbunden werden, damit bei Schiffsschluß eines Hauptleiters an den Verbrauchern keine höhere Spannung gegen den Schiffskörper als 220 V auftreten kann. Geschieht dies nicht, d.h. ist die Sternpunkterdung nicht zugelassen, so sind auch hier Zwischentransformatoren erforderlich.

Bei der Vielzahl der bei Gleichstrom, Drehstrom und Einphasen-Wechselstrom bisher vorgeschriebenen oder üblich gewesenen Spannungen geht heute das Streben der internationalen Schiffselektrotechnik dahin, sich bei größeren Seeschiffen aller Typen möglichst auf Verbraucher-Spannungen zu beschränken, wie sie in Tab. 1 zusammengestellt sind.

Tabelle 1. *Spannungen im Bordnetz*

Motoren, größere Wärmegeräte ab etwa 5 kW		Kleinere Motoren im Wohnbereich und für den Hotelbetrieb, kleinere Wärmegeräte, festeingebaute Beleuchtungsgeräte, Steckdosen	Steckdosen für Verbraucher mit besonders hohen Sicherheitsanforderungen (für Arbeiten in Kesseln, Tanks, Kurbelwannen, Trockenrasierer-Steckdosen u. dgl.)	
Gleichstrom	Drehstrom Einphasen-Wechselstrom		Gleichstrom	Einphasen-Wechselstrom
220 V	380 V/50 Hz *oder* 440 V/60 Hz	220 V *oder* 110 V	24 V *oder* 110 V *oder* 220 V	24 V *oder* 55 V *oder* 220 V *oder* 110 V über Trenntransformator für jede einzelne Steckdose mit voneinander isolierter Ober- und Unterspannungswicklung

3. Leistung – Energiebilanz

Um die auf einem Schiff einzubauende Generatorleistung festlegen zu können, wird eine Energiebilanz (E-Bilanz) aufgestellt, die über die gesamte installierte Leistung der Verbraucher einschließlich der fest angeschlossenen Reservemaschinen Aufschluß gibt. Bei motorischen Antrieben muß deren Wirkungsgrad berücksichtigt werden. Die E-Bilanz erfaßt also stets die dem Netz entnommene Verbraucherleistung. In der E-Bilanz sind *alle* vorkommenden *Betriebszustände* des Schiffes zu berücksichtigen, z.B.

Fahrt in See,
Fahrt auf langen Fluß- oder Kanalstrecken,
Fahrt im Revier oder im Hafen (Manövrierbetrieb),
Ladebetrieb im Hafen mit eigenem Ladegeschirr,
Ladebetrieb im Hafen mit Hafenkranen,
Liegezeit im Hafen ohne Ladebetrieb,
Havariebetrieb in See.

Bei *Fahrt in See* arbeiten die Hauptmaschinen für den Propellerantrieb ununterbrochen, die meisten zugehörigen Hilfsmaschinen ebenfalls. Auch ist ein Teil der Hilfsmaschinen für den allgemeinen Schiffsbetrieb, z. B. Lenzpumpen und Maschinenraumventilatoren, in Betrieb. Laderaumventilatoren, Ladungskühlanlagen, Wirtschaftseinrichtungen, Heizung, Beleuchtung, können eingeschaltet sein. Von den Decksmaschinen arbeitet nur die Ruderanlage, dazu kommen Navigationseinrichtungen wie Radar, Funkanlage usw. In Abb. 3 ist die Tagesbelastung im Seebetrieb aufgezeichnet, und zwar unter a) für das Trockenfrachtschiff mit Motorantrieb „Melilla“ (1706 BRT; 3010 tdw) und unter b) für das Trockenfrachtschiff mit Turbinenantrieb „Heidelberg“ (9185 BRT; 11299 tdw). Beide Schiffe haben ein Gleichstrom-Bordnetz.

Bei Fahrt auf Kanälen oder im *Revier*, d.h. bei Fahrt in engen und unübersichtlichen Gewässern, sowie beim Anlaufen von Häfen werden an die Hauptmaschinen erhöhte Anforderungen gestellt. Die Schiffsgeschwindigkeit kann oft wechseln. Häufig kommen Umsteuermanöver vor, d.h.

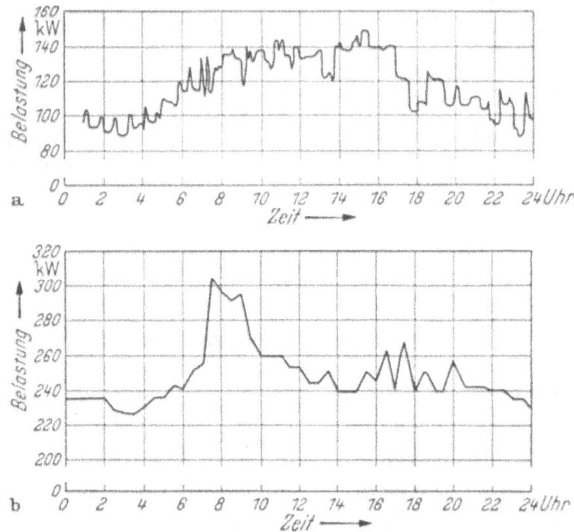

Abb. 3a u. b. Belastung im Seebetrieb
a) auf MS „Melilla" (nach HARDERS [13]); b) auf TS „Heidelberg" (nach Messungen von WANGERIN)

die Kompressoren zum Füllen der Anlaßluftflaschen für die Dieselmotoren springen häufig an. Für Ankerwinde und Verholspill muß genügend Generatorleistung zur Verfügung stehen. Der übrige Betrieb spielt sich im wesentlichen wie in See ab. Den Ausschnitt aus einer Tagesbelastungskurve für diesen Betriebsfall bei MS „Melilla" zeigt Abb. 4.

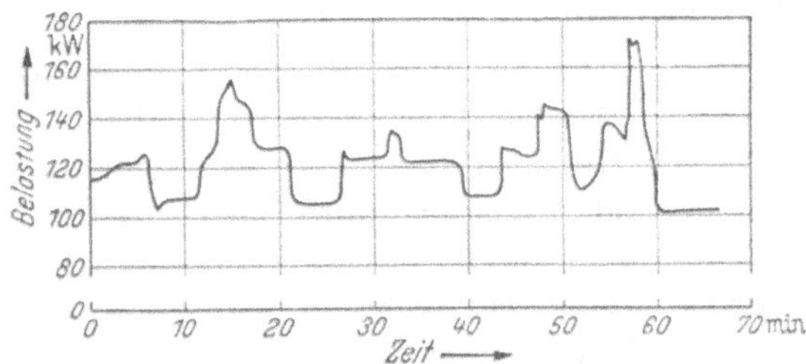

Abb. 4. Belastung im Revierbetrieb auf MS „Melilla"

Bei einer Liegezeit im *Hafen* ruht der Betrieb der Hauptmaschine und der zugehörigen Hilfsmaschinen. Bei Schiffen mit Turbinenantrieb ist jedoch das „Dampfaufmachen" vor der Ausreise bzw. das Nachkühlen der Hauptanlage nach der Ankunft zu beachten, da hierbei die Hilfsantriebe der Hauptmaschinenanlage zum Teil in Betrieb sind; es handelt sich also praktisch um einen eingeschränkten Seebetrieb. Ein Teil der Hilfsmaschinen für den Schiffsbetrieb ist eingeschaltet. Der Wirtschaftsbetrieb ist gering, wenn Mannschaft und Fahrgäste nicht vollzählig an Bord sind. – Eine starke Verbrauchergruppe stellen die Ladewinden dar, sofern mit eigenem Geschirr gearbeitet wird. Bei Ladebetrieb in der

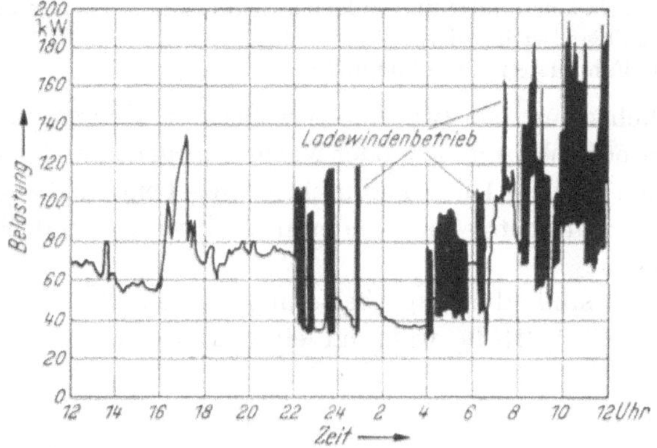

Abb. 5. Belastung im Hafen bei Ladebetrieb auf MS „Melilla"

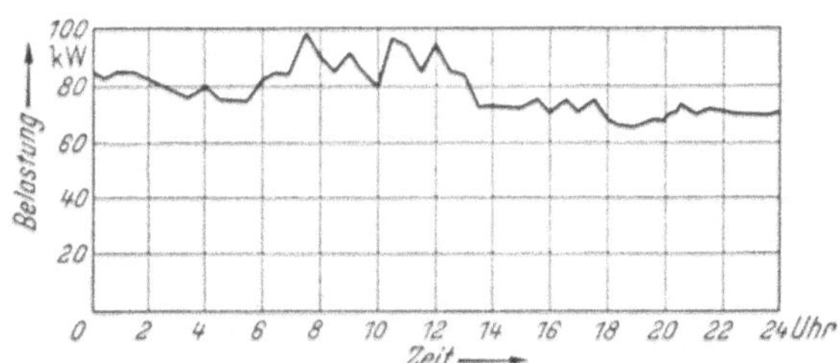

Abb. 6. Belastung im Hafen bei Ruhe auf TS „Heidelberg" (nach Messungen von WANGERIN)

Dunkelheit werden Oberdecksleuchten, z. B. die Sonnenbrenner, eingeschaltet. Die Rudermaschine steht still, dagegen sind die Werkstätten oft in Betrieb. Die stark schwankenden Belastungsverhältnisse bei Ladebetrieb gehen für MS „Melilla" aus Abb. 5 hervor. In Abb. 6 sind die Belastungsverhältnisse für TS „Heidelberg" im Hafen bei Ruhe aufgezeichnet; zu beachten ist, daß die Fahrgäste an Bord sind.

Bei *Havariebetrieb*, z. B. Feuer oder Leckagen im Schiff, sind Feuerlösch- oder Lenzpumpen von höchster Wichtigkeit. Dagegen wird ein Teil der Ventilatoren bei Feuer stillgesetzt. Die Hauptmaschinen und ihre Hilfsantriebe sowie die Hilfsmaschinen für den allgemeinen Schiffsbetrieb,

Ankerwinde, Ruderanlage usw. müssen voll betriebsklar sein. In diesem Betriebsfall kann ein sehr hoher Leistungsbedarf auftreten. Es besteht aber die Möglichkeit, die Generatoren durch Abschalten unwichtiger Verbraucher[1] zu entlasten.

Außer diesen Betriebszuständen lassen sich je nach der *Route*, dem *Verwendungszweck* des Schiffes usw. noch weitere Unterschiede machen, die auch gegebenenfalls untersucht werden müssen, z. B.:

Fahrt in den Tropen oder in kalten Zonen,

Fahrt mit beladenem oder unbeladenem Schiff, was besonders bei Schiffen mit Ladungskühlanlagen wichtig ist,

Fahrt mit Fahrgästen oder ohne diese.

Schließlich kann noch zwischen verschiedenen *Jahres-* und *Tageszeiten*, wie Sommer oder Winter, Tag oder Nacht, morgens, mittags oder abends unterschieden werden. Die in Landanlagen gegebene Möglichkeit, Bedarfsspitzen im Verbundbetrieb mit anderen Kraftwerken zu decken, scheidet an Bord aus.

In Abb. 7 sind die Tagesbelastungskurven des Fahrgastschiffes „Bremen" (32335 BRT) während einer Reise von New York nach

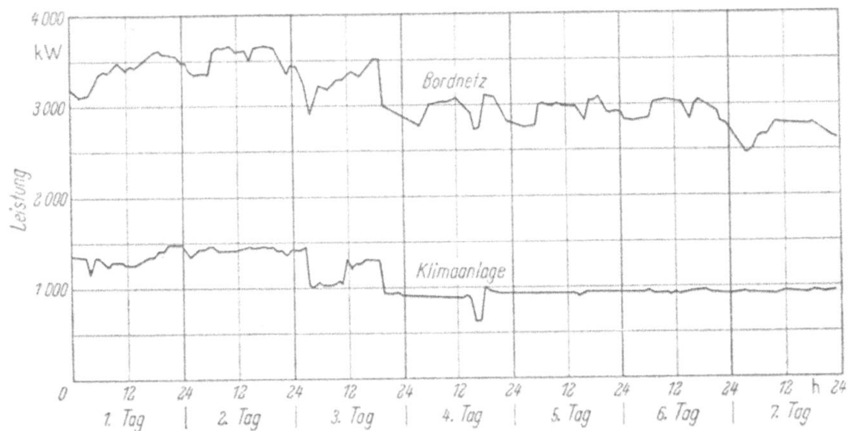

Abb. 7. Belastung im Seebetrieb auf TS „Bremen" während einer Reise von New York nach Bremerhaven

Bremerhaven aufgezeichnet. Man erkennt zunächst in der Verschiedenheit der einzelnen Tage den Einfluß des jeweiligen Fahrtgebietes: fährt das Schiff in warmen Zonen, so vermindert sich der Bedarf der Klimaanlage und die Gesamtbelastung der Zentrale sinkt ab. Infolge der aber stets vorhandenen hohen Grundlast durch den Bedarf der Klimaanlage sind in den Tagesbelastungen die Spitzenwerte nicht sehr ausgeprägt.

---

[1] Vgl. Sicherheitsschaltungen, S. 168.

Bei Drehstrom-Bordnetzen ist für die Auslegung der Generatoren neben der Höhe des Leistungsbedarfes auch der *Leistungsfaktor* auf der Verbraucherseite zu beachten. Genau so wie ein zu hoch angesetzter Leistungsfaktor im Betrieb zu Schwierigkeiten führt, ist auch die von vornherein vorsorglich getroffene Annahme eines zu schlechten $\cos\varphi$ zu vermeiden. Jede unnötige Sicherheit vergrößert die Abmessungen der Maschine, jede zu geringe Sicherheit beeinflußt die Spannungshaltung. – Der Leistungsfaktor wird für die *Gesamtanlage* berücksichtigt. Wenn die Anlagen in ihren einzelnen Bauelementen richtig bemessen sind, liegt der $\cos\varphi$ im Seebetrieb im allgemeinen zwischen 0,75 und 0,9 und sinkt nur in Sonderfällen unter 0,75 ab. Die in Abb. 8 für ein Drehstrom-Bordnetz wiedergegebenen Belastungsdiagramme, die Wirk- und Blindleistung sowie den Leistungsfaktor zeigen, gelten für das Trockenfrachtschiff mit Motorantrieb „Cap Blanco" (5929 BRT; 8137 tdw), das mit einer großen Ladungskühlanlage ausgerüstet ist. Es sind folgende Betriebsfälle erfaßt:

a) Seebetrieb mit Kühlanlage in tropischen Gewässern,
b) Seebetrieb ohne Kühlanlage in der Nordsee in warmer Jahreszeit,
c) im Hafen (ohne Ladebetrieb).

Für Ladebetrieb des gleichen Schiffes, bei dem die Winden durch polumschaltbare Drehstrommotoren mit Käfigläufer[1] angetrieben werden, sind die Belastungsdiagramme der Abb. 9a–c aufgenommen. Für Wirk- und Blindleistung sind die Spitzen- und Mittelwerte, für den Leistungsfaktor die oberen und unteren Grenzen, die zwischen 0,9 und 0,4 liegen, angegeben.

Außer dem Bedarf der Verbraucher muß von den Generatoren auch noch die Verlustleistung im Netz gedeckt werden, die mit etwa 3–5% des Leistungsbedarfs bei den einzelnen Betriebszuständen angesetzt werden kann.

Die installierte Gesamtleistung aller Strom*verbraucher* ist stets größer als die aller Generatoren, weil immer nur ein *Teil* der Verbraucher gleichzeitig in Betrieb ist. – Um aus der gesamten Verbraucherleistung die Generatorleistung festlegen zu können, wird aus Erfahrungswerten ein *Gleichzeitigkeitsfaktor* gebildet. Dieser soll hier – es gibt verschiedene andere Definitionen[2] – als

$$\frac{\text{max. gleichzeitiger Leistungsbedarf sämtlicher Verbraucher}}{\text{Anschlußwert sämtlicher Verbraucher}}$$

für *einen* bestimmten *Betriebszustand* angegeben werden. Das Festlegen des Gleichzeitigkeitsfaktors setzt eine genaue Kenntnis des Bordbetriebes voraus; für die einzelnen Schiffstypen ergeben sich verschiedene Werte. Im allgemeinen liegt der Gleichzeitigkeitsfaktor zwischen 0,6 und 0,7. Zur

[1] Vgl. Ladewinden, S. 248.
[2] Vgl. KREBS [*12*].

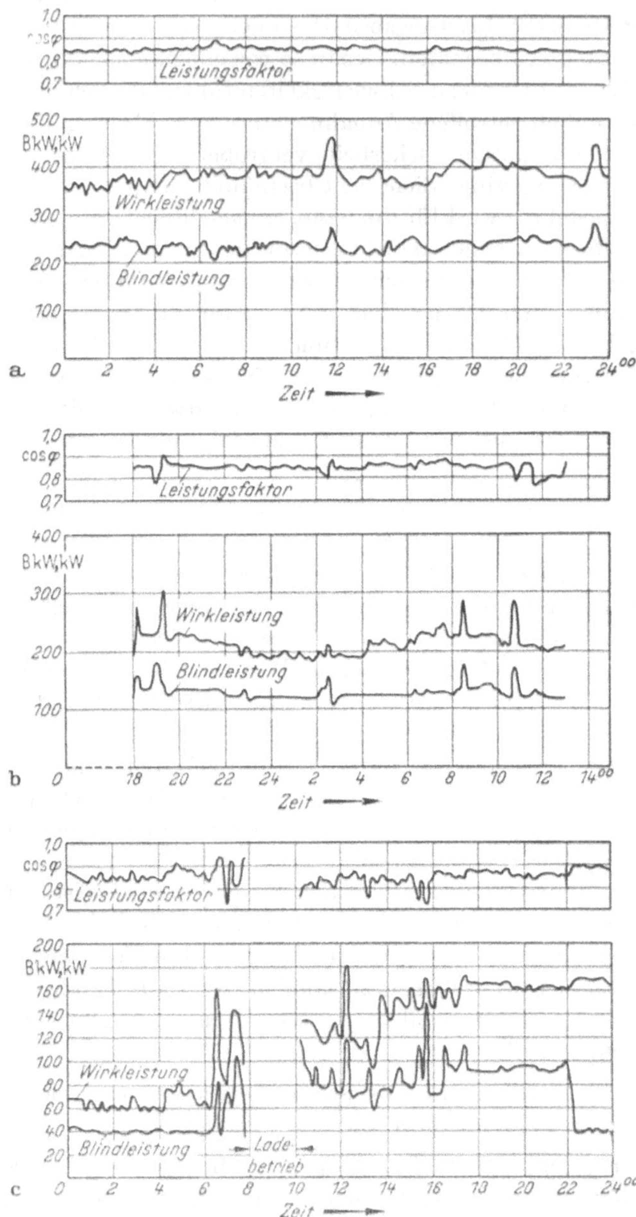

Abb. 8a–c. Belastung bei verschiedenen Betriebszuständen auf MS „Cap Blanco“ (nach Wangerin [29])

a) Seebetrieb mit Kühlanlage; b) Seebetrieb ohne Kühlanlage; c) im Hafen bei Ruhe

genaueren Ermittlung ist es zweckmäßig, die einzelnen Verbraucher in Gruppen zusammenzufassen und für diese die Gleichzeitigkeitsfaktoren anzugeben, da so die verschiedenen Einflüsse von Schiffsart, Schiffsroute,

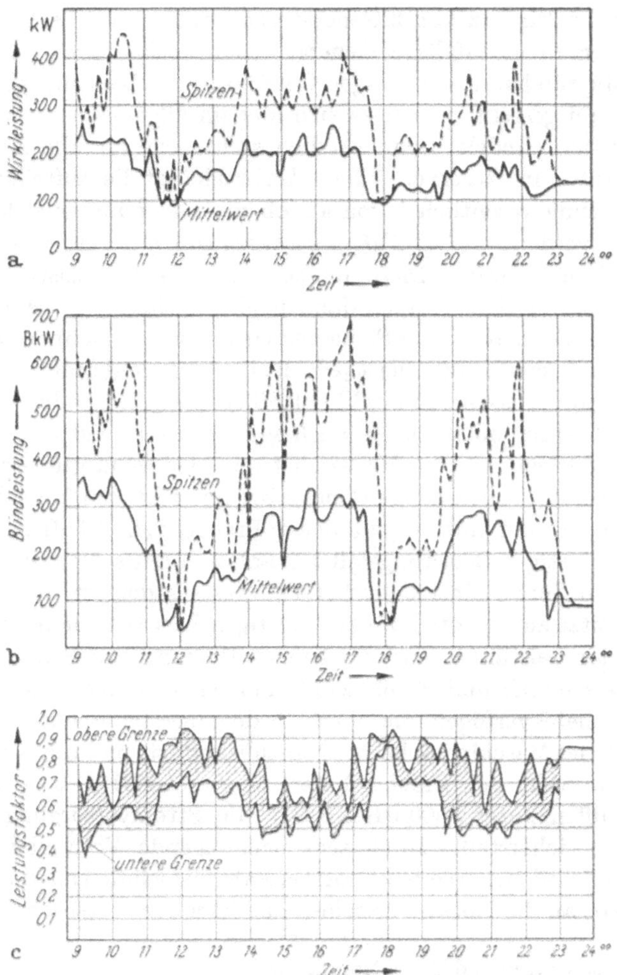

Abb. 9a–c. Belastung bei Ladebetrieb auf MS „Cap Blanco" (nach WANGERIN [29])
a) Wirkleistung; b) Blindleistung; c) Leistungsfaktor

Ladezustand usw. am besten erfaßt werden. Hieraus ist dann der Gleichzeitigkeitsfaktor des Schiffes insgesamt für den jeweiligen Betriebszustand zu ermitteln.

Die Generatorleistung wird meist auf mehrere Maschinen aufgeteilt. Diese sollen bei den einzelnen Betriebszuständen möglichst gut ausgelastet sein. Für *Fracht*schiffe hat sich eine Dreiteilung der Generatorleistung als zweckmäßig erwiesen, wobei *ein* Generator den Bedarf auf See deckt, während *zwei* Generatoren für den Bedarf im Hafen beim Laden oder Löschen mit eigenem Geschirr zur Verfügung stehen. Bei Frachtern mit großen elektrischen Heizungsanlagen kann in kalten Zonen auch der Einsatz von 2 Generatoren auf See erforderlich sein. Im Revier werden ebenfalls 2 Generatoren benötigt, doch wird oft aus Sicherheitsgründen in schwierigen Gewässern die Leistung aller 3 Generatoren bereitgestellt, zumal es sich hier im allgemeinen nur um kurze Betriebszeiten handelt. Grundsätzlich steht also für alle Betriebsfälle *ein* Generator in Reserve. – Bei *Tankern* hängt die Aufteilung der Generatorleistung wesentlich davon ab, ob die Ladepumpen elektrisch angetrieben werden. – Auf *Fahrgastschiffen* sollen mindestens 2 Generatoren vorhanden sein[1]. Diese müssen eine solche Leistung abgeben können, daß der Betrieb auch dann noch gesichert ist, wenn *eine* Maschine außer Betrieb ist. Aus Sicherheitsgründen werden in See *mindestens* 2 Generatoren eingesetzt, meist jedoch eine größere Anzahl.

An Hand der E-Bilanz muß kontrolliert werden, ob die vorgesehene Generatorleistung imstande ist, auch einen zeitweise auftretenden Überbedarf zu decken, z.B. im Havariebetrieb oder wenn größere Verbrauchergruppen mit einem hohen Gleichzeitigkeitsfaktor in Betrieb sind. Bei einem Frachtschiff mit empfindlicher Fracht, z.B. Südfrüchten, kann sich ein derartiger Belastungsfall bei Fahrt durch sehr kalte oder auch sehr warme Zonen einstellen. Bei Fahrgastschiffen ist die sogenannte Dinner-Spitze zu beachten. Zu der sonstigen Last tritt dann für Stunden ein erhöhter Leistungsbedarf für Küche, Heizung und Beleuchtung.

Fahrgastschiffe und Frachtschiffe müssen zusätzlich über eine Notenergiequelle[1,2] verfügen, die oberhalb des obersten Schottendecks und außerhalb des Maschinenschachtes einzubauen ist, und die bei Fahrgastschiffen 36 Std., bei Frachtschiffen über 5000 BRT 6 Std. und bei Frachtschiffen unter 5000 BRT 3 Std. die Stromversorgung für einen Notbetrieb sicherstellt. Mindestens nachfolgende Verbraucher müssen nach dem Schiffssicherheitsvertrag bei Fahrgastschiffen an die Notstromquelle bzw. an die Notsammelschiene angeschlossen werden:

Positionslaternen und Tages-Morselampe.

Notbeleuchtung für Brücke und Bootsdeck, Kartenhaus, FT-Räume, Rettungseinrichtungen, Gänge, Treppen, Ausgänge, wichtige Betriebsräume, z.B. Hauptmaschinenraum und Sicherheitsstationen.

Generalalarm.

Feuerlöschpumpe.	nur bei Fahrgastschiffen
Schottenschließanlage mit den Anzeige- und Warneinrichtungen	
Pumpen für die Sprinkleranlage.	

---

[1] Schiffssicherheitsvertrag.

[2] Vgl. Energiespeicher, S. 111.

Obwohl im Schiffssicherheitsvertrag nicht ausdrücklich erwähnt, dürfte es zweckmäßig sein, auch von der Notstromquelle gleichzeitig noch die folgenden Verbraucher zu speisen:

FT-Anlage, unabhängig von der vorgeschriebenen Reservebatterie zum Reserveempfänger.

Befehls- und Meldeanlagen.

Ortungs- und Navigationsgeräte.

Elektrisch angetriebene Ruderanlage, mit mindestens der Hälfte ihrer vollen Leistung.

Notlenzpumpe.

Kühlwasserpumpe für das Notaggregat, sofern diese elektrisch angetrieben wird.

Die Notstromquelle kann ein Akkumulator oder ein von einer „unabhängigen" Kraftmaschine angetriebener Generator sein. Im letzteren Falle muß auf Fahrgastschiffen noch zusätzlich eine Akkumulatorenbatterie für 1/2-stündigen Betrieb vorhanden sein, die bei Ausfall der Hauptversorgung selbsttätig die Speisung der Notbeleuchtung und der Antriebe sowie der Signal- und Steuereinrichtungen für die wasserdichten Türen übernimmt. – Bei den Frachtschiffen ist je nach Größe die Anzahl der von den Notbatterien zu versorgenden Verbraucher geringer. Der Einbauort der unabhängigen Notstromquelle muß oberhalb des ersten durchlaufenden Decks und außerhalb des Maschinenraums liegen.

Im allgemeinen besteht die maschinelle Notstromquelle aus einem bei Spannungsausfall im Bordnetz selbsttätig anlaufenden Dieselgenerator-Aggregat. Die für dessen Inbetriebnahme notwendigen Maßnahmen werden durch eine Selbststeuereinrichtung bewirkt. Diese enthält als Kernstück ein Selbststeuergerät, das durch Relais und Schrittschaltwerke alle Vorgänge, die für die sichere Stromversorgung der vom Notgenerator zu speisenden Verbraucher erforderlich sind, erfaßt und auswertet. Dazu gehören im wesentlichen:

Überwachen der Netzspannung.

Erteilen eines Anfahrbefehls bei Ausfall des Netzes nach einer Wartezeit von wenigen Sekunden.

Befehlsgabe für eine möglicherweise notwendige Anlaßhilfe, wie Glühkerzenheizung oder Einspritzung eines leicht entzündlichen Gemisches.

Wiederholen des Anfahrbefehls bei Nichteinspuren des Anlasser-Ritzels oder Nichtanspringen des Motors.

Umschalten der Notstromverbraucher auf den Notgenerator.

Selbsttätiges Stillsetzen bei Gefahr – z. B. bei zu geringem Öldruck – für das Aggregat.

Rückschalten der Notstromverbraucher auf das Netz bei Wiederkehr der normalen Bordnetzspannung und Stillsetzen des Aggregates.

Die Anwendung derartiger Selbststeuereinrichtungen ist jedoch nicht nur auf Notstromlagen beschränkt. Gelegentlich werden selbsttätig anlaufende Aggregate auch als Hafenaggregate oder sog. „Standby"-

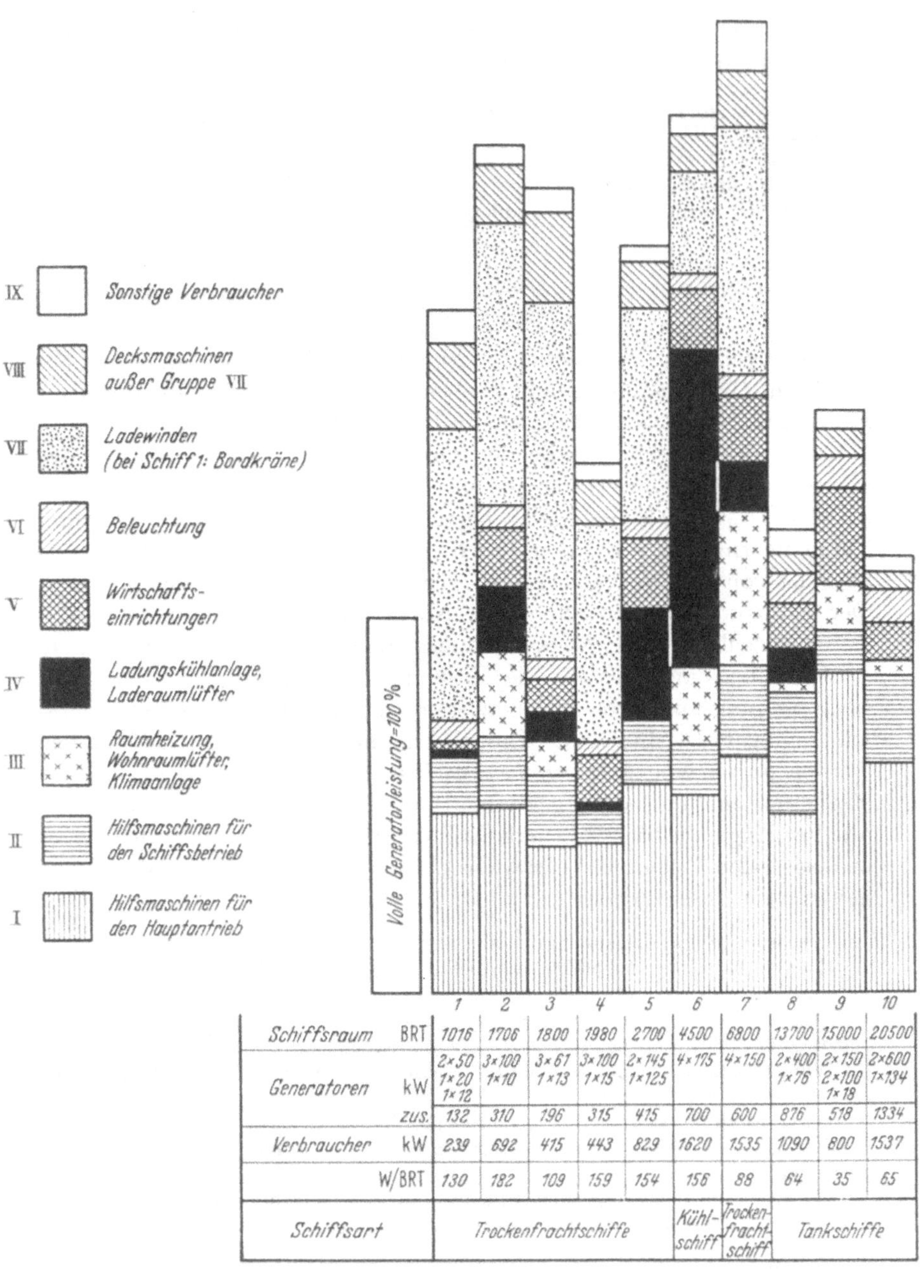

		1	2	3	4	5	6	7	8	9	10
Schiffsraum	BRT	1016	1706	1800	1980	2700	4500	6800	13700	15000	20500
Generatoren	kW	2×50 1×20 1×12	3×100 1×10	3×61 1×13	3×100 1×15	2×145 1×125	4×175	4×150	2×400 1×76	2×150 2×100 1×18	2×600 1×134
	zus.	132	310	196	315	415	700	600	876	518	1334
Verbraucher	kW	239	692	415	443	829	1620	1535	1090	800	1537
	W/BRT	130	182	109	159	154	156	88	64	35	65
Schiffsart		Trockenfrachtschiffe					Kühlschiff	Trockenfrachtschiff	Tankschiffe		

Abb. 10. Leistungsanteile einzelner Verbrauchergruppen bei verschiedenen Schiffen

Aggregate eingesetzt. Hier sind die Anlauf-, Überwachungs- und Steuerfunktionen sinngemäß, doch erfolgt dabei keine Umschaltung von Verbrauchergruppen, sondern der anlaufende Generator speist auf die normale Bordnetzsammelschiene. –

Im Zuge der *Automatisierung*[1] des Schiffsbetriebes wird das selbsttätig anlaufende Dieselaggregat eine zunehmende Bedeutung erlangen. Dabei wird der Anlauf der Aggregate in vorbestimmter Reihenfolge vorgenommen, nachdem vom Personal eine „Führungsmaschine" bestimmt worden ist. Der Befehl zum Anlassen wird dann in Abhängigkeit von der Belastung bzw. der Überlastung der in Betrieb befindlichen Generatoren gegeben – evtl. mit einer Zeitverzögerung von wenigen Sekunden, um ein Reagieren auf kurzzeitige Leistungsstöße zu vermeiden. Ein weiteres Aggregat wird dadurch auch immer dann selbsttätig angelassen, wenn ein in Betrieb befindliches ausfällt, z.B. durch Aufnahme von Rückleistung, bei einem länger dauernden Unterschreiten der Nennfrequenz, bei Ölmangel, Ausbleiben der Brennstoffzufuhr usw. – Darüberhinaus kann eine Abfrage-Automatik angewendet werden, durch die sichergestellt wird, daß große Verbraucher erst dann selbsttätig in Betrieb gehen, wenn die Zentrale deren Einschaltung „frei"-gegeben hat. Ergibt die „Rückfrage" bei der Zentrale, daß für diese Verbraucher nicht genügend Leistung zur Verfügung steht, so beginnt zuerst selbsttätig der Zuschaltprozeß für ein weiteres Stromerzeuger-Aggregat.

In Abb. 10 ist der Anschlußwert verschiedener Verbrauchergruppen einer mit 100% festgelegten Generatorleistung gegenübergestellt. Die Säulen 1–5 und 7 gelten für Trockenfrachter – geordnet nach steigender Tonnage. – In der Säule 6 ist die Aufteilung für ein Kühlschiff, in den Säulen 8–10 für Tanker wiedergegeben. Die einzelnen Säulen umfassen auch die Reservemaschinen; bei motorischen Verbrauchern ist der Wirkungsgrad berücksichtigt. Die Zusammenstellung läßt die Vielfalt der einzelnen Anlagen erkennen.

Für MS „Melilla" (Nr. 2 aus Abb. 10) zeigt Abb. 11 die E-Bilanz für verschiedene Betriebszustände. Diese wurde durch Messungen während einer mehrwöchigen Reise des Schiffes durch kalte und warme Zonen erhalten. Es ist zu erkennen, daß die für die Unterteilung der Generatorleistung üblichen Gesichtspunkte bei diesem Schiff erfüllt sind. *Ein* Generator steht stets in Reserve. Einige Verbraucher sind nur kurzzeitig in Betrieb, z.B. die Kompressoren für die Anlaßluft der Dieselmotoren. – Für Ruhebetrieb im Hafen ist im Sommer bei Nacht ein Hafengenerator geringer Leistung ausreichend.

Die zahlenmäßige Aufstellung einer E-Bilanz für das Trockenfrachtschiff „Wartenfels" mit Antrieb durch Dieselmotor ist in Tab. 2 wieder-

[1] Vgl. Automatisierung des Schiffsbetriebes, S. 8.

Tabelle 2. *E-Bilanz für das Motorschiff*

Verbraucher	Anzahl	Installierte Leistung je kW	In See kalte Zone kW	In See warme Zone kW
Gruppe I *Hilfsmaschinen für die Maschinenanlage (Dauerbetrieb)*[1]				
Seekühlwasserpumpe	1	50	47	49
Frischkühlwasserpumpe	1	79	63	70
Reservekühlwasserpumpe	1	79	—	—
See- und Frischkühlwasserpumpen für Hilfsdieselmotoren	2	13,7	—	—
Düsenkühlwasserpumpen	2	1,3	1	1
Schmierölpumpen	2	31	24	24
Schwerölzubringerpumpen	2	2,4	2,1	2
Speisewasserpumpen für Hilfskessel	2	4,1	3,5	3,5
Ölbrenner Hilfskessel	1	1,2	—	—
Maschinenraumventilatoren	4	5	13	18
Gruppenanschlußwert			153,6	167,5
Gleichzeitigkeitsfaktor			1	1
Voraussichtliche Leistungsspitze			153,6	167,5
Gruppe II *Hilfsmaschinen für die Maschinenanlage (Aussetzender Betrieb)*[1]				
Kompressoren	2	75	—	—
Schwerölseparatoren	3	8,9	16	16
Schmierölseparator	1	6,5	6	6
Treibölseparator	1	6,5	6	6
Schmierölseparator f. Hilfsdieselmotoren	1	3,3	3	3
Durchlauferhitzer für Wasser	1	3	—	—
Durchlauferhitzer für Treiböl	1	24	8	8
Durchlauferhitzer für Schmieröl der Hilfsdieselmotoren	1	36	12	12
Restepumpe	1	1,2	1	1
Ventilator für Separator	1	1,2	0,5	0,5
Schweröltrimmpumpe	1	19	17	17
Treiböltrimmpumpe	1	8,9	8	8
Drehvorrichtung	1	18,5	—	—
Gruppenanschlußwert			81,5	81,5
Gleichzeitigkeitsfaktor			0,3	0,3
Voraussichtliche Leistungsspitze			24,5	24,5
Gruppe III *Hilfsmaschinen für den Schiffsbetrieb (Aussetzender Betrieb)*[1]				
Ballastpumpe	1	10/20,5	—	—
Deckwasch- und Feuerlöschpumpe	1	37	—	—
Lenz- und Deckwaschpumpe	1	13,2/14,5	11	11
Hydroforpumpen	3	1,2	2	2
Warmwasserbereiter 500 l	1	15	—	—
Warmwasserbereiter 200 l	1	12	12	12

[1] Vgl. Grundlagen elektrischer Antriebstechnik, S. 187.

„Wartenfels",[2] *11800 tdw.*

Im Revier		Im Hafen bei Ladebetrieb		Im Hafen in Ruhe	
kalte	warme	kalte	warme	kalte	warme
Zone		Zone		Zone	
kW	kW	kW	kW	kW	kW
46	48	—	—	—	—
61	65	—	—	—	—
—	—	—	—	—	—
—	—	12	13	12	13
1	1	—	—	—	—
23	23	—	—	—	—
2,1	2	—	—	—	—
3,5	3,5	3,5	3,5	3,5	3,5
1	1	1	1	1	1
13	18	9	18	—	5
150,6	161,5	25,5	35,5	16,5	22,5
1	1	1	1	1	1
150,6	161,5	25,5	35,5	16,5	22,5
64	64	—	—	—	—
16	16	—	—	—	—
6	6	—	—	—	—
6	6	6	6	—	—
3	3	3	3	—	—
—	—	3	3	—	—
8	8	8	8	—	—
12	12	—	—	—	—
1	1	—	—	—	—
0,5	0,5	0,5	0,5	—	—
17	17	—	—	—	—
8	8	—	—	—	—
—	—	16	16	16	16
145,5	145,5	40,5	40,5	16	16
0,3	0,3	0,4	0,4	1	1
43,7	43,7	16,2	16,2	16	16
18	18	18	18	—	—
—	—	—	—	—	—
—	—	—	—	—	—
2	2	2	2	2	2
—	—	15	15	15	15
12	12	12	12	12	12

[2] Nach Angaben der A.G. Weser, Bremen.

Tabelle 2

Verbraucher	Anzahl	Installierte Leistung je kW	In See kalte Zone kW	In See warme Zone kW
Heißwasserumwälzpumpen	2	2,4	2	2
Warmwasserumwälzpumpen	2	0,5	—	—
Schmutzwasserpumpen	2	1,7	1,5	1,5
Verdampferluftpumpe	1	4,1	3,5	3,5
Verdampferumwälzpumpe	1	6,5	5,5	5,5
Verdampfer-Destillat-Pumpe	1	2,5	2	2
Gruppenanschlußwert			39,5	39,5
Gleichzeitigkeitsfaktor			0,3	0,3
Voraussichtliche Leistungsspitze			12	12
Gruppe IV *Heizung, Lüftung, Klimatisierung*				
Klimaanlage achtern				
Kompressoren	2	38	—	33
Kühlwasserpumpen	2	5	—	4,5
Solepumpen	2	3,3	—	3
Elektrische Heizung	2	62	55	—
Ventilatoren	2	5,5	10	10
Klimaanlage, mittschiffs				
Kompressor	1	13	—	11
Kühlwasserpumpe	1	5	—	4,5
Elektrische Heizung		19,3	17	—
Ventilatoren	1	5,5	5	5
Wohn- und Wirtschaftsraumventilatoren	10	ges. 5,2	5	5
Deckenfächer	13	0,35	—	4,5
Elektrische Heizung (einschließlich Maschinenraum)		61,5	55	—
Gruppenanschlußwert			147	80,5
Gleichzeitigkeitsfaktor			0,6	1
Voraussichtliche Leistungsspitze			88,2	80,5
Gruppe V				
Kühlanlagen				
Proviantkühlanlage				
Kompressoren	2	5	4,5	4,5
Kühlwasserpumpen	2	1,1	1	1
Ventilatoren	1	0,5	0,4	0,4
Abtauvorrichtung	1	3,8	—	—
Ladekühlanlage				
Kompressoren	2	38	32	32
Kühlwasserpumpen	2	3,3	3	3
Solepumpen	2	3,3	3	3
Ventilatoren	2	1,2	1	1
Soleerwärmer	1	50	—	—
Gruppenanschlußwert			44,9	44,9
Gleichzeitigkeitsfaktor			0,6	0,8
Voraussichtliche Leistungsspitze			27	36

Fortsetzung

Im Revier		Im Hafen bei Ladebetrieb		Im Hafen in Ruhe	
kalte Zone kW	warme Zone kW	kalte Zone kW	warme Zone kW	kalte Zone kW	warme Zone kW
—	—	—	—	—	—
—	—	0,5	0,5	0,5	0,5
1,5	1,5	—	—	—	—
3,5	3,5	—	—	—	—
5,5	5,5	—	—	—	—
2	2	—	—	—	—
44,5	44,5	47,5	47,5	29,5	29,5
0,4	0,4	0,3	0,3	0,4	0,4
17,8	17,8	14,2	14,2	11,8	11,8
—	33	—	33	—	33
—	4,5	—	4,5	—	4,5
—	3	—	3	—	3
55	—	55	—	55	—
10	10	10	10	10	10
—	11	—	11	—	11
—	4,5	—	4,5	—	4,5
17	—	17	—	17	—
5	5	5	5	5	5
5	5	5	5	5	5
—	4,5	—	4,5	—	4,5
55	—	55	—	55	—
147	80,5	147	80,5	147	80,5
0,6	1	0,6	1	0,8	1
88,2	80,5	88,2	80,5	117,6	80,5
4,5	4,5	4,5	4,5	4,5	4,5
1	1	1	1	1	1
0,4	0,4	0,4	0,4	0,4	0,4
—	—	—	—	—	—
64	64	64	64	—	—
3	3	3	3	—	—
3	3	3	3	—	—
1	1	1	1	—	—
—	—	—	—	—	—
76,9	76,9	76,9	76,9	5,9	5,9
0,9	0,9	0,9	0,9	0,8	0,8
69,2	69,2	69,2	69,2	4,8	4,8

Tabelle 2

Verbraucher	Anzahl	Installierte Leistung je kW	In See kalte Zone kW	In See warme Zone kW
Gruppe VI				
Decksmaschinen				
Ladewinden	7	44	—	—
Schwergutwinden	4	44	—	—
Hangerwinden	10	3,3	—	—
Krane	2	65	—	—
Verholspille	2	26,5	—	—
Ankerwinde	1	46	—	—
Süßölpumpen	2	24	—	—
Ruderanlagen	2	27,5	9	9
Gruppenanschlußwert			9	9
Gleichzeitigkeitsfaktor			1	1
Voraussichtliche Leistungsspitze			9	9
Gruppe VII				
Wirtschaftseinrichtungen				
Elektroherd	1	26	26	26
Backofen	1	10	10	10
Küchenmaschine	1	1	1	1
Teigkneter	1	1,5	1,2	1,2
Kartoffelschälmaschine	1	0,6	0,5	0,5
Kochendwasserbereiter	1	3	3	3
Kochendwasserbereiter	2	2	4	4
Kühlschränke 1000 l	2	1	1	1
Kühlschränke 500 l	2	0,6	0,6	0,6
Kleinherde	2	3	3	3
Waschmaschine	1	12,7	12,5	12,5
Wäscheschleuder	1	1,1	1	1
Hockerkocher	3	2,1	4	4
Gruppenanschlußwert			67,8	67,8
Gleichzeitigkeitsfaktor			0,3	0,3
Voraussichtliche Leistungsspitze			20,4	20,4
Gruppe VIII				
Maschinenwerkstatt				
Maschinenraumkran	1	8	—	—
Drehbank	1	2,6	2	2
Bohrmaschine	1	1,2	1	1
Schmirgelscheibe	1	0,7	0,5	0,5
Schweißumformer	1	12	10	10
Gruppenanschlußwert			13,5	13,5
Gleichzeitigkeitsfaktor			0,2	0,2
Voraussichtliche Leistungsspitze			2,7	2,7
Gruppe IX				
Beleuchtung				
Allgemeine Beleuchtung		30	30	30
Decksbeleuchtung		8,8	—	—

Fortsetzung

Im Revier kalte Zone kW	Im Revier warme Zone kW	Im Hafen bei Ladebetrieb kalte Zone kW	Im Hafen bei Ladebetrieb warme Zone kW	Im Hafen bei Ruhe kalte Zone kW	Im Hafen bei Ruhe warme Zone kW
—	—	308	308	—	—
—	—	176	176	—	—
—	—	—	—	—	—
—	—	84	84	—	—
15	15	—	—	—	—
30	30	—	—	—	—
—	—	40	40	—	—
9	9	—	—	—	—
54	54	608	608	—	—
0,7	0,7	0,25	0,25	—	—
38	38	152	152	—	—
26	26	26	26	15	15
10	10	10	10	5	5
1	1	1	1	1	1
1,2	1,2	1,2	1,2	—	—
0,5	0,5	0,5	0,5	0,5	0,5
3	3	3	3	3	3
4	4	4	4	4	4
1	1	1	1	1	1
0,6	0,6	0,6	0,6	0,6	0,6
3	3	3	3	1	1
12,5	12,5	12,5	12,5	—	—
1	1	1	1	—	—
4	4	4	4	—	—
67,8	67,8	67,8	67,8	31,1	31,1
0,3	0,3	0,3	0,3	0,4	0,4
20,4	20,4	20,4	20,4	12,4	12,4
—	—	7	7	7	7
2	2	2	2	2	2
1	1	1	1	1	1
0,5	0,5	0,5	0,5	0,5	0,5
10	10	10	10	10	10
13,5	13,5	20,5	20,5	20,5	20,5
0,2	0,2	0,3	0,3	0,3	0,3
2,7	2,7	6,1	6,1	6,1	6,1
30	30	30	30	25	25
—	—	8,8	8,8	5	5

Tabelle 2

Verbraucher	Anzahl	Installierte Leistung je kW	In See kalte Zone kW	In See warme Zone kW
Laderaumbeleuchtung (Steckdosen) . .		4	—	—
Suezkanal-Scheinwerfer	1	3	—	—
Gruppenanschlußwert			30	30
Gleichzeitigkeitsfaktor			0,4	0,4
Voraussichtliche Leistungsspitze . . .			12	12
Gruppe X				
Nautische Anlagen				
Funkanlage		3	3	3
Funkpeiler		1	1	1
Radar		1,5	1,5	1,5
Kreiselkompaß		2	2	2
Selbststeuer		0,2	0,2	0,2
Echolot		0,2	0,2	0,2
SAL-Log		0,2	0,2	0,2
Klarsichtsfenster	2	0,1	0,2	0,2
Befehls- und Meldeanlagen		4	4	4
Scheinwerfer	2	1	1	1
Gruppenanschlußwert			13,3	13,3
Gleichzeitigkeitsfaktor			0,3	0,3
Voraussichtliche Leistungsspitze . . .			4	4
Zusammenstellung				
Gruppe I: Hilfsmaschinen (Masch.) DB[1]			153,6	167,5
Gruppe II: Hilfsmaschinen (Masch.) AB[1].			24,5	24,5
Gruppe III: Hilfsmaschinen (Schiff) AB[1]			12	12
Gruppe IV: Heizung, Lüftung, Klimatisierung . .			88,2	80,5
Gruppe V: Kühlanlagen			27	36
Gruppe VI: Decksmaschinen			9	9
Gruppe VII: Wirtschaftseinrichtungen			20,4	20,4
Gruppe VIII: Werkstatt			2,7	2,7
Gruppe IX: Beleuchtung			12	12
Gruppe X: Nautische Anlagen			4	4
Gleichzeitiger Leistungsbedarf der Verbraucher (Leistungsspitze)			353,4	368,6
Leistungsfaktor der Anlage			0,85	0,85
Erforderliche Generatorleistung in kVA			415	435
In Betrieb befindliche Generatoren mit je 350 kVA . .			2	2

gegeben. Die Verbraucher sind in dieser E-Bilanz auf 10 Gruppen aufgeteilt, für die dann die Belastungsverhältnisse bei 8 Betriebszuständen ermittelt sind. Für jede Gruppe und jeden Belastungszustand ist der Gleichzeitigkeitsfaktor eingetragen. Ein Vergleich der sich aus der Zahl

[1] Vgl. Grundlagen elektrischer Antriebstechnik, S. 187.

Fortsetzung

Im Revier kalte Zone kW	Im Revier warme Zone kW	Im Hafen bei Ladebetrieb kalte Zone kW	Im Hafen bei Ladebetrieb warme Zone kW	Im Hafen in Ruhe kalte Zone kW	Im Hafen in Ruhe warme Zone kW
—	—	4	4	—	—
3	3	—	—	—	—
33	33	42,8	42,8	30	30
0,5	0,5	0,6	0,6	0,3	0,3
16,5	16,5	25,7	25,7	9	9
3	3	—	—	—	—
—	—	—	—	—	—
1,5	1,5	—	—	—	—
2	2	2	2	—	—
—	—	—	—	—	—
0,2	0,2	—	—	—	—
0,2	0,2	—	—	—	—
0,2	0,2	—	—	—	—
4	4	1	1	—	—
1	1	—	—	—	—
12,1	12,1	3	3	—	—
0,3	0,3	0,7	0,7	—	—
3,7	3,7	2,1	2,1	—	—
150,6	161,5	25,5	35,5	16,5	22,5
43,7	43,7	16,2	16,2	16	16
17,8	17,8	14,2	14,2	11,8	11,8
88,2	80,5	88,2	80,5	117,6	80,5
69,2	69,2	69,2	69,2	4,8	4,8
38	38	152	152	—	—
20,4	20,4	20,4	20,4	12,4	12,4
2,7	2,7	6,1	6,1	6,1	6,1
16,5	16,5	25,7	25,7	6	9
3,7	3,7	2,1	2,1	—	—
450,8	454,0	419,9	421,9	194,2	163,1
0,85	0,85	0,73	0,7	0,9	0,85
530	535	575	600	216	195
2	2	2	2	1	1

der einzelnen Verbraucher und ihrer installierten Leistung ergebenden Belastungswerte mit den bei den einzelnen Betriebszuständen angegebenen Werten ergibt, daß letztere um einen Faktor, den sogenannten *Lastfaktor* vermindert sind. Zum Beispiel ist in Gruppe II für die beiden Kompressoren mit einer installierten Leistung von je 75 kW bei „Fahrt im Revier in kalter Zone“ nur 64 kW eingetragen. Der Lastfaktor beträgt

Tabelle 3. *Spezifische Generatorleistungen*

Baujahr	Type	Schiffsname	Flagge	Tonnage BRT	Hauptmaschinen	Generatorleistung kW	Spezifische Generatorleistung W/BRT
			a) Geschichtlicher Überblick für Fahrgastschiffe				
1898	Fahrgastschiff	Graf Waldersee	Deutschland	12800	Kolbendampfmaschinen	66	5
1914	Fahrgastschiff	Vaterland	Deutschland	54300	Dampfturbinen	1490	27
1924	Fahrgastschiff	Monte Sarmiento	Deutschland	13600	Dieselmotoren	1800	132
1930	Fahrgastschiff	Europa	Deutschland	49800	Dampfturbinen	2280	46
1936	Fahrgastschiff	Pretoria	Deutschland	16700	Dampfturbinen	1860	111
1959	Fahrgastschiff	Rotterdam	Holland	38645	Dampfturbinen	5400	140
1961	Fahrgastschiff	France	Frankreich	67000	Dampfturbinen	11400	170
			b) Neuzeitliche Frachtschiffe				
				tdw			W/tdw
1955	Kombischiff[1]	Hannover	Deutschland	9300	Dieselmotor	800	86
1956	Kombischiff[1]	Jadotville	Belgien	10916	Dampfturbinen	1300	118
1955	Trockenfrachtschiff[2]	Cap Blanco	Deutschland	8207	Dieselmotor	720	88
1961	Trockenfrachtschiff[3]	Weißenfels	Deutschland	11800	Dieselmotor	800	68
1961	Trockenfrachtschiff[2]	Cap San Nicolas	Deutschland	10300	Dieselmotor	1240	120
1961	Trockenfrachtschiff[4]	Atlantic Trader	England	17300	Dieselmotor	800	46
1957	Tanker	Beaulieu	Liberia	18500	Dieselmotor	920	50
1961	Tanker	Elisabeth Entz	Deutschland	34500	Dampfturbinen	1335	38
1961	Tanker	Esso Pembrokeshire	England	80000	Dampfturbinen	2000	25

[1] Trockenfrachtschiff mit Einrichtungen für mehr als 12 Fahrgäste. – [2] Schiff hat Kühleinrichtung. – [3] Schwergutfrachter. [4] Bulkcarrier.

hier also 0,85. Dieser Faktor berücksichtigt, daß erfahrungsgemäß die einzelnen Verbraucher nicht dauernd ihre Nennleistung aufnehmen, auch wenn sie gleichzeitig in Betrieb sind.

Der Grad der Elektrifizierung eines Schiffes kann durch die *spezifische Generatorleistung*, das ist das Verhältnis

$$\frac{\text{installierte Generatorleistung}^1}{\text{Tonnage}} \text{ in } \frac{\text{W}}{\text{BRT}} \text{ oder } \frac{\text{W}}{\text{tdw}}$$

[1] Elektrische Propellerantriebe werden hierbei nicht berücksichtigt.

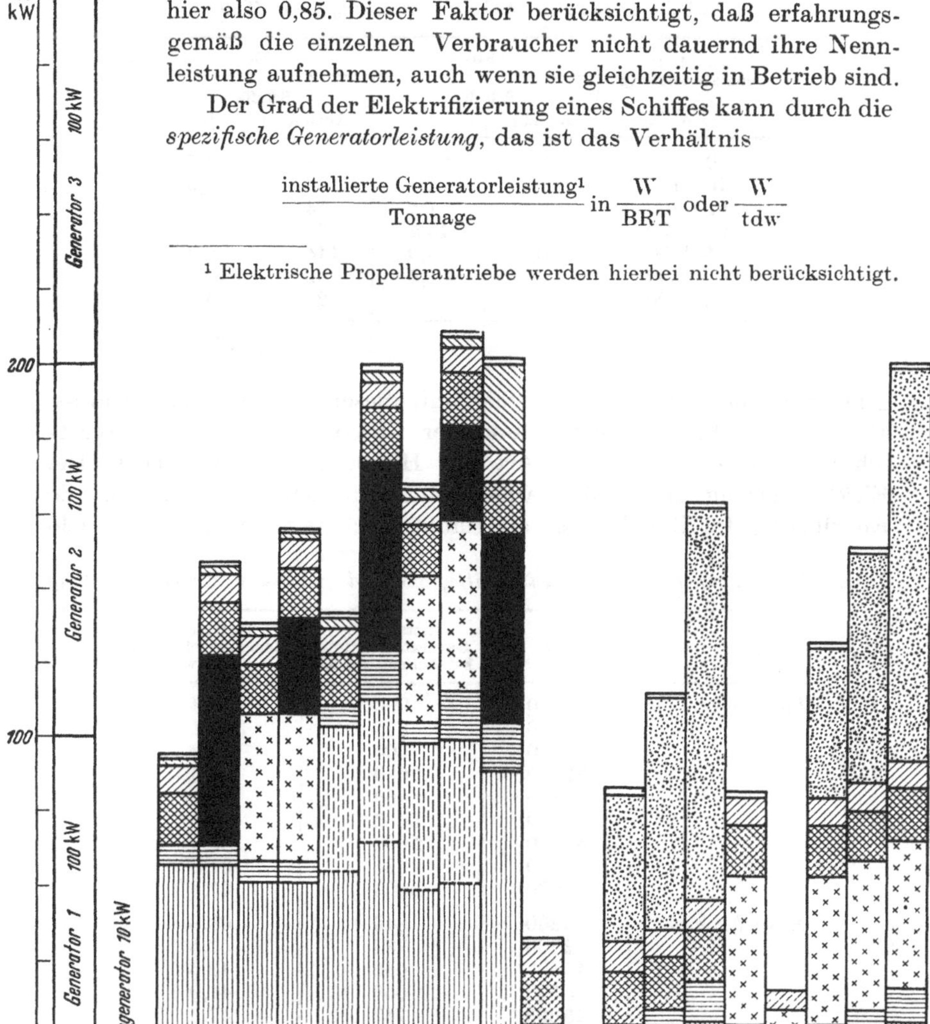

Abb. 11. E-Bilanz (nach Messungen auf MS „Melilla"). Die Bedeutung der verschiedenen Markierungen ist aus Abb. 10 ersichtlich

Tabelle 4. *Installierte Generatorleistung 1940–1960*

Installierte Generatorleistung kW	1940 Schiffe Anzahl	%	1960 Schiffe Anzahl	%
0– 15	54	26,5	23	4,7
16– 100	107	52,4	137	27,9
101– 200	3	1,5	53	10,8
201– 500	27	13,2	63	12,8
501–1000	10	4,9	144	29,3
1001–1500	3	1,5	49	10,0
über 1500	—	–	22	4,5
		100		100

gekennzeichnet werden. Tab. 3 zeigt mit diesen Verhältniszahlen unter a) die geschichtliche Entwicklung der Elektrifizierung für Fahrgastschiffe. Dabei ist auch die Art der Hauptmaschine vermerkt. Die Elektrifizierung der Schiffe erhielt einen starken Impuls durch die Einführung des Dieselmotors als Hauptmaschine im Jahre 1912. Viele

Tabelle 5. *Zusammenhang zwischen Schiffsgröße und spezifischer Generatorleistung*

	tdw	Installierte Generatorleistung kW bei $\cos\varphi = 0{,}8$	Spezifische Generatorleistung W/tdw
Turbinentanker	19300	900	46,5
	22400	875	39,2
	22400	900	40,2
	27100	1020	37,6
	27100	860	31,7
	36400	1550	42,5
	48700	1650	33,9
	48800	1525	31,3
	79600	2200	27,6
Motorfrachter	12200	840	68,8
	12700	733	57,5
	15300	665	43,6
	15500	650	41,9
	15600	740	47,5
	16950	860	50,6
Bulkcarrier	17100	729	42,5
	17500	685	39,2
	17600	685	39,0

wichtige Hilfsmaschinen, wie Winden, Spille, Pumpen, Rudermaschinen usw., die bis zu diesem Zeitpunkt auf Dampfschiffen mit Kolbendampfmaschinen angetrieben wurden, wurden nun vielfach auf elektrischen Antrieb umgestellt. Die dabei erzielten guten Ergebnisse führten später dazu, auch bei vielen Dampfschiffen den elektrischen Antrieb der Hilfsmaschinen anzuwenden. Unter b) sind die Werte für einige jüngere Schiffe der Weltflotte – unterteilt in *kombinierte* Trockenfracht- und Fahrgastschiffe, Trockenfrachter und Tanker – aufgeführt. Der hohe Grad der Elektrifizierung von Fahrgastschiffen wird bei Trockenfrachtern durch den starken Anteil der elektrischen Winden zu einem großen Teil ausgeglichen, während die Tanker durch den Fortfall der Winden erheblich geringere Werte für die spezifische Leistungszahl aufweisen.

Die in Tab. 4 gezeigte Aufstellung[1] läßt im besonderen das Anwachsen der installierten Generatorleistungen in den Jahren von 1940 bis 1960 erkennen. Lag 1940 der größte Prozentsatz mit 52,4% bei Generatorleistungen zwischen 16 und 100 kW, so liegt er 1960 mit 29,3% bei Leistungen zwischen 501 und 1000 kW.

Aus der Zusammenstellung in Tab. 5[2] ist der Einfluß der Schiffsgröße in tdw auf die spezifische Generatorleistung zu erkennen, wobei letztere mit steigender Schiffsgröße abnimmt.

4. Generatoren

a) Elektrische Ausführung

Beim Bau elektrischer Maschinen für den Schiffsbetrieb sind grundsätzlich die gleichen Gesichtspunkte zu beachten, die auch für Landanlagen gelten[3]. Darüberhinaus ergeben sich aber erhöhte Anforderungen, die nachstehend im einzelnen zusammengestellt sind, wobei die Angaben über die Isolierung und die Übertemperaturen für Generatoren mit denen für Motoren[4] in vieler Hinsicht übereinstimmen.

Isolierung. Für den Bordbetrieb ist die Isolierung der Wicklung von besonderer Wichtigkeit. Die *Güte* der Isolation legt in erster Linie die Lebensdauer fest. Die Haltbarkeit hängt dabei zunächst von der Temperatur in der Maschine ab, daneben allerdings auch von den äußeren Einflüssen der Umgebung. Letzteres gilt auch für geschlossene Maschinen. Bei diesen hat die Außenluft ebenfalls Zutritt zur Wicklung, da jede Maschine durch Erwärmen im Betrieb und beim Abkühlen im Stillstand atmet. Selbst wenn durch die Schutzart ein direktes Einwirken von Wasser auf die Wicklung verhindert wird, so soll die Isolierung doch durch einen wasserabweisenden Lacküberzug geschützt sein. Daneben ist die Isolierstoff*klasse* von Wichtigkeit, da durch diese das Leistungsgewicht der Maschinen wesentlich mitbestimmt wird. Je höher die Grenztemperatur liegt, desto höher können die Maschinen leistungsmäßig ausgenutzt werden und desto niedriger ist das Leistungsgewicht.

[1] Nach GRAY. [*11*]
[2] Nach GRÜTZEMACHER. [*12*]
[3] VDE 0530/3.59 „Regeln für elektrische Maschinen“.
[4] Vgl. Grundlagen elektrischer Antriebstechnik, S. 187.

Bei der Isolierstoffklasse A werden organische Stoffe wie Papier, Baum- und Zellwolle, Preßspan, Vulkanfiber, Kunst- und Naturseide verwendet. Mehr und mehr führt sich die Klasse E unter Benutzung von hitzebeständigem Lackdraht, Schellackpapier und Preßmassen mit organischen Füllstoffen ein, welche bei den meisten Klassifikationsgesellschaften entsprechend ihrer Wärmebeständigkeit[1] eingesetzt werden kann. Isolierstoffe der Klasse B bestehen im wesentlichen aus anorganischen Materialien, z.B. Glimmer, „Mikanit" („Mica"), Asbest und Glasseide. Auch Preßmassen mit anorganischen Füllstoffen finden Verwendung. Bei diesen wärmebeständigen Isolierstoffen ergeben sich naturgemäß höhere Gehäusetemperaturen, so daß oftmals ein Berühren der Maschinengehäuse mit der Hand nicht mehr möglich ist. Eine noch weitergehende Ausnutzung der Maschinen ist durch Benutzen von Isolierstoffen aus Glimmer, Asbest und Glas mit anorganischem Träger sowie Mikanit in Verbindung mit Silikonlacken möglich (Isolierstoffklassen F, H). Silikon ist ein hochwärmebeständiger Kunststoff, der chemisch zwischen den organischen und anorganischen Verbindungen liegt. Der im wesentlichen von Kohlenstoff freie Aufbau der Molekülkette ist der Grund für die thermisch so hervorragenden Eigenschaften dieses Stoffes. Der hohe preisliche Aufwand für diese Ausführung ergab allgemein bisher aus wirtschaftlichen Gründen nur begrenzte Anwendungsfälle, z.B. für Motoren mit sehr großer Schalthäufigkeit, extrem kleinen Abmessungen oder sehr hohen Kühlmitteltemperaturen. Für Maschinen an Bord, insbesondere für Generatoren, kommen diese Materialien nur wenig in Betracht. Ihre Anwendung kann aber für Schiffsmaschinen interessant werden, da mit Silikonen isolierte Wicklungen ziemlich unempfindlich gegen Feuchtigkeit sind.

Übertemperaturen. Die Gesamttemperatur T einer Maschine oder ihrer einzelnen Teile, z.B. der Wicklungen, errechnet sich nach der Beziehung

$$T = \text{Übertemperatur} + \text{Kühlmitteltemperatur}$$

Für die Übertemperatur ist auch der Begriff „*Erwärmung*" gebräuchlich. Die *höchst* zulässige Übertemperatur wird als Grenz-Übertemperatur bezeichnet. Die Kühlmitteltemperatur ist an Bord meist gleich der Raumtemperatur.

Der höchstzulässigen Dauertemperatur eines Isolierstoffes entspricht eine bestimmte zulässige Grenz-Übertemperatur der Wicklungen der Maschine. Ändert sich also die Kühlmitteltemperatur, so ändert sich auch die zulässige Grenz-Übertemperatur und damit die Leistung, für die eine bestimmte Maschinentype verwendet werden kann. Der Zusam-

[1] Bei Motoren für „wichtige Antriebe" nach LRS u.U. in Verbindung mit Hostaphanfolie.

menhang zwischen der Leistung und der Kühlmitteltemperatur ist für die Isolierstoffklassen A, B und E bei einer bestimmten Maschinentype in Abb. 12 dargestellt. Ein Generator, dessen Typenleistung z. B. bei

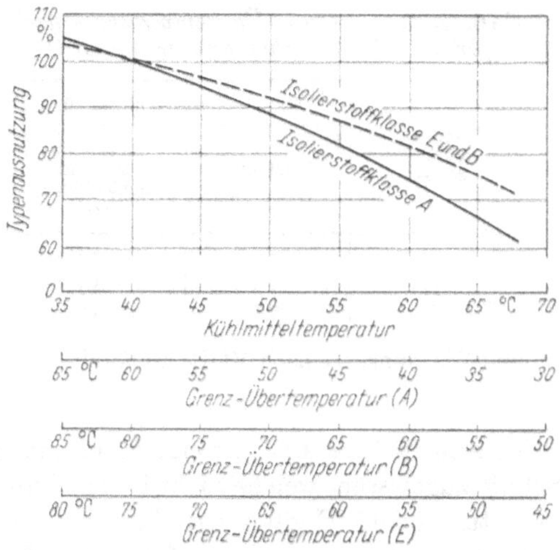

Abb. 12. Einfluß der Kühlmitteltemperatur auf die Ausnutzung elektrischer Maschinen (nach VDE 0530)

einer Kühlmitteltemperatur von 40 °C und Anwendung der Isolierstoffklasse A 100 kW beträgt, kann bei 50 °C nur noch 88 kW abgeben.

Nach VDE ist als höchste Kühlmitteltemperatur 40 °C[1] festgelegt. Bei den verschiedenen Isolierstoffklassen ergeben sich mit dieser Kühlmitteltemperatur Gesamttemperaturen[2], wie es die Zusammenstellung in Abb. 13 zeigt. Die von den Klassifikationsgesellschaften in Abweichung von den VDE-Bestimmungen getroffenen Festlegungen bezüglich Grenz-Über- und Kühlmitteltemperatur sind nachfolgend *auszugsweise* aufgeführt. Es wird angestrebt, unterschiedliche Auffassungen über die IEC[3] zu vereinheitlichen.

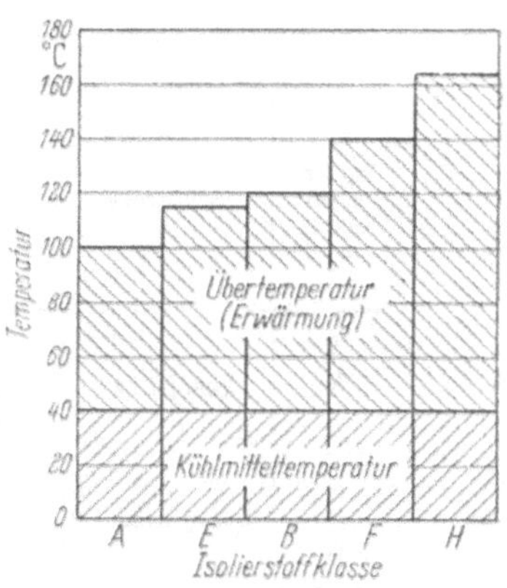

Abb. 13. Einfluß der Isolierstoffklassen auf die zulässige Erwärmung von elektrischen Maschinen

GL. Die Nennleistung muß im Dauerbetrieb (DB)[4] ohne Überschreiten

[1] In einer Höhenlage von 0–1000 m.

[2] Feldwicklungen z. T. ausgenommen, vgl. VDE 0530, § 33.

[3] Vgl. Fachverbände und Normenwesen, S. 7.

[4] Vgl. Grundlagen elektrischer Antriebstechnik, S. 187.

der zulässigen Grenz-Übertemperatur bei einer Kühlmitteltemperatur von 45 °C abgegeben werden können. In Sonderfällen kann eine niedrigere Kühlmitteltemperatur zugelassen werden.

Tabelle 6. *Zulässige Grenz-Übertemperaturen nach GL für eine Kühlmitteltemperatur von* 45 °C

Isolierstoffklasse	Grenz-Übertemperatur für	
	Wicklung °C[1]	Kommutator und Schleifringe °C[1]
A	55	55
E	70	55
B	75	55

[1] Meßmethoden und Wicklungsart nach VDE 0530/3/59 „Regeln für elektrische Maschinen".

LRS. In den Vorschriften des LRS ist eine Kühlmitteltemperatur von 40 °C nur für Schiffe zugelassen, welche nicht in den Tropen fahren. Eine Kühlmitteltemperatur von 45 °C gilt sonst allgemein für die Maschinenräume *aller* Schiffe bei Ozean- oder Tropenfahrt. Die Bedingungen sind für Gleichstrom- sowie Wechsel- und Drehstrommaschinen unterschiedlich.

Tabelle 7. *Zulässige Grenz-Übertemperaturen nach LRS für eine Kühlmitteltemperatur von* 45 °C[1]

a) Gleichstrommaschinen

Isolierstoffklasse	Schutzart	Grenz-Übertemperatur[2]			
		Ankerwicklungen °C	Reihenschluß-, Wendepol- und Kompensationswicklungen °C	Nebenschlußwicklungen °C	Kommutator °C
A	geschützt	40	50	40	55
E		50	65	50	55
B		60	75	60	55
A	geschlossen	45	50	45	55
E		55	65	55	55
B		65	75	65	55
A	mit Kühler ausgerüstet[3]	65	70	65	75
E		75	85	75	75
B		85	95	85	75

[1] Für eine Kühlmitteltemperatur von 40 °C bzw. einer Wassertemperatur von 25 °C (eingeschränkter Fahrtbereich) gelten Erwärmungen, die um 5 °C über den Tabellenwerten liegen. – [2] Werte bei Thermometermessung. – [3] Grenz-Übertemperaturen geben Erwärmung über Kühlwassertemperatur (30 °C) an.

b) Wechsel- bzw. Drehstrommaschinen

Isolierstoffklasse	Schutzart	Grenz-Übertemperatur[1]		
		Ständerwicklung[3] °C	Sonstige, vor allem Erregerwicklungen[4] °C	Schleifringe °C
A	geschützt	40	55	60
E		50	70	60
B		60	80	60
A	geschlossen	45	55	60
E		55	70	60
B		65	80	60
A	mit Kühler ausgerüstet[2]	65	75	80
E		75	90	80
B		85	100	80

[1] Werte bei Thermometermessung. – [2] Grenz-Übertemperaturen geben Erwärmung über Kühlwassertemperatur (30 °C) an. – [3] Werte für Maschinen mit Nennspannungen unter 1000 V. – [4] Nur für bestimmte Wicklungsarten.

Tabelle 8. *Zulässige Grenz-Übertemperaturen*[1] *nach BV für eine Kühlmitteltemperatur von* 50 °C[2]

Isolierstoffklasse	Schutzart	Grenz-Übertemperatur			
		Isolierte Wechselstromwicklungen °C[3]	Ankerwicklung mit Kollektoranschluß °C[4]	Sonstige Wicklungen °C[3,5]	Kommutatoren °C[3]
A	geschützt	40	50	55	50
E		50	60	70	55
B		55	70	80	60
A	geschlossen	45	50	55	50
E		55	60	70	55
B		60	70	80	60
A	wassergekühlt	60	70	75	70
E		70	80	90	75
B		80	90	100	80

[1] Werte nicht gültig bei Maschinen für elektrische Propellerantriebe. – [2] Für Kühlmitteltemperaturen von 45 bzw. 40 °C gelten Erwärmungen, die um 5 bzw. 10 °C über den Tabellenwerten liegen. – [3] Werte bei Thermometermessung. – [4] Werte bei Widerstandsmessung. – [5] Nur für bestimmte Wicklungsarten.

BV. In den Vorschriften des BV werden verschiedene Kühlmitteltemperaturen angegeben.

40 C° für alle Maschinen, die weder im Maschinenraum noch auf freiem Deck stehen, und zwar bei allen Schiffen (einschließlich Fährschiffen), soweit es keine Hochseeschiffe sind und sie außerhalb der Tropen fahren.

45 °C für alle Maschinen, die weder im Maschinenraum noch auf freiem Deck stehen, und zwar bei allen Hochseeschiffen und allen Schiffen innerhalb der Tropen.

50 °C für alle Maschinen in Maschinenräumen und auf freiem Deck, und zwar bei allen Hochseeschiffen und allen Schiffen innerhalb der Tropen.

Ein Unterschied zwischen Gleichstrom- und Drehstrommaschinen wird nicht gemacht. Bei Maschinen für elektrische Propellerantriebe gelten Sonderbestimmungen.

NV. Die Vorschriften von NV lehnen sich im wesentlichen an die Vorschriften von LRS an.

Tabelle 9. *Zulässige Grenz-Übertemperaturen*[1] *nach NV für eine Kühlmitteltemperatur von* 50 °C[2]

Isolier-stoff-klasse	Kühlung	Grenz-Übertemperatur		
		Einlagige Erregerwicklungen mit freiliegender Oberfläche °C[4]	Sonstige Wicklungen und Kerne °C[4]	Kommutatoren und Schleifringe °C[3]
A	luftgekühlte Maschinen	55	50	50
E		70	65	65
B		80	70	70
A	wasser-gekühlt	75	70	70
E		90	85	85
B		100	90	90

[1] Werte nicht gültig bei Maschinen für elektrische Propellerantriebe. – [2] Für eine Kühlmitteltemperatur von 40 °C bzw. Wassertemperatur von 25 °C (eingeschränkter Fahrtbereich) gelten Erwärmungen, die um 10 °C über den Tabellenwerten liegen. – [3] Werte bei Thermometermessung. – [4] Werte bei Widerstandsmessung.

ABS. Sehr eingehende Angaben enthalten die Vorschriften des ABS; die wichtigsten für Gleich-, Wechsel- und Drehstrommaschinen sind in Tab. 10 zusammengestellt.

Tabelle 10. *Zulässige Grenz-Übertemperaturen nach ABS für eine Kühlmitteltemperatur von* 50 °C[1]

a) Gleichstrommaschinen

Isolier-stoff-klasse	Kühlung	Grenz-Übertemperatur		
		Wicklungen[2,3] °C	Kommutatoren[3] und Schleifringe °C	Lager[3,5] °C
A	nicht ganz geschlossen	40	55	35
E		50	6	6
B		60	75	40
A	geschlossen[7]	45	55	40
E		55	6	6
B		65	75	45

Fußnoten siehe S. 41.

b) Wechsel- und Drehstrommaschinen

Isolierstoffklasse	Maschinenart	Grenz-Übertemperatur			
		Ankerwicklungen bis 1500 kVA °C[2,3]	Ankerwicklungen bis 750 kVA °C[2,3]	Isolierte Erregerwicklungen °C[4]	Schleifringe °C[3]
A	Generatoren	40	[6]	50	55
E	mit ausge-	50		60	[6]
B	prägten Polen	60		70	75
A	Generatoren	[6]	40		55
E	mit		50		[6]
B	Vollpolen		60	80	75

[1] Für Kühlmitteltemperaturen von 40 °C und weniger gelten Wicklungserwärmungen, die 10 °C über den Tabellenwerten liegen. Für Lager gelten nur um 5 °C höhere Werte. – [2] Nur für bestimmte Wicklungsarten. – [3] Werte bei Thermometermessung. – [4] Werte bei Widerstandsmessung. – [5] Werte gelten auch für Wechselstromgeneratoren. – [6] Keine Werte angegeben. – [7] Werte gelten nur für Motoren.

Überlastung. Die Grenz-Übertemperaturen gelten für den Dauerbetrieb der Generatoren. Darüber hinaus wird eine Überlastungsfähigkeit für bestimmte Zeiträume verlangt. Die hierfür bei den einzelnen Klassifikationsgesellschaften vorgeschriebenen Überlastbedingungen sind in Tab. 11 zusammengestellt.

Tabelle 11. *Überlastbedingungen*

	Überlaststrom in % vom Nennstrom	Zeitdauer	Bemerkungen
GL	150	2 min	nur für Generatoren
LRS	150	15 sek	
BV	150 120	1 min 1 Std.	
NV	150	15 sek	Gleichstromgeneratoren
	150	2 min	Wechselstromgeneratoren (bei einem Leistungsfaktor von 0,6)
	150[1]	15 sek	Gleichstrommotoren bei Nennspannung
	160[2]	15 sek	Wechselstrommotoren bei Nennspannung und Nennfrequenz
	150[1]	15 sek	Synchronmotoren bei Nennspannung, Nennfrequenz und Nennerregung
ABS	125	2 Std.	Keine Überlastbarkeit gefordert. Falls dennoch verlangt, darf die zulässige Grenz-Übertemperatur um nicht mehr als 15 °C überschritten werden.

[1] 150% Nenn*moment*. – [2] 160% Nenn*moment*.

Die Überlast soll von der Maschine abgegeben werden können, wenn sie bereits die für Dauerbetrieb zulässige Grenz-Übertemperatur erreicht hat. Während der Überlastung darf die auftretende Erwärmung nicht schädlich sein.

Spannungsverhalten. Bei Belastungsänderung soll sich die Nennspannung der Generatoren nur in bestimmten Grenzen ändern. Dieses kann nicht allein von der elektrischen Seite, sondern nur im Zusammenhang mit der Auslegung der Drehzahlregler bei den Kraftmaschinen sichergestellt werden. Die wichtigsten Festlegungen der Klassifikationsgesellschaften lauten hierfür:

Gleichstromgeneratoren

GL. Bei plötzlicher Verringerung der Nennlast um 50% und bei gleichbleibender Drehzahl darf die Spannungserhöhung bei Gleichstrom-*Nebenschluß*generatoren mit einer Leistung über 14 kW einen Wert von 8% und bei Gleichstrom-*Doppelschluß*generatoren beliebiger Leistung einen Wert von 4% ohne Verstellen des Nebenschlußstellers nicht überschreiten.

LRS. Bei Gleichstrom-*Nebenschluß*generatoren darf die Leerlaufspannung die Nennspannung bei Entlastung von der Nennleistung um nicht mehr als 15% überschreiten.

Bei *Doppelschluß*generatoren mit einer Leistung von 50 kW und darüber darf die Spannung im Bereich zwischen 20% der Nennlast und der Nennlast bei an- und absteigender Last um nicht mehr als ±4% vom Nennwert abweichen.

BV. *Nebenschluß*generatoren für Parallelbetrieb sollen bei Belastung von Leerlauf auf Nennlast und gleichbleibender Erregung keine größere Spannungsabweichung als −15% zeigen. Bei Belastung zwischen Leerlauf und Nennlast darf die Spannung auch bei Zwischenwerten keine höheren Werte als die Leerlaufspannung annehmen.

Bei *Doppelschluß*generatoren mit einer Leistung von 50 kW und darüber darf die Spannung im Bereich zwischen 20% Nennlast und der Nennlast bei an- und absteigender Last um nicht mehr als ±3% vom Nennwert abweichen.

NV. *Nebenschluß*generatoren sollen bei Belastung von Leerlauf auf Nennlast bei gleichbleibender Erregung keine größere Spannungsabweichung als −17% zeigen. Bei Belastung zwischen Leerlauf und Nennlast darf die Spannung auch bei Zwischenwerten keine höheren Werte als die Leerlaufspannung annehmen.

Bei *Doppelschluß*generatoren mit einer Leistung von 50 kW und darüber darf die Spannung im Bereich zwischen 20% Nennlast und der Nennlast bei an- und absteigender Last um nicht mehr als ±3% vom Nennwert abweichen.

ABS. Gleichstromgeneratoren sollen eine solche Spannungscharakteristik haben, daß die Spannung innerhalb der Grenzen ±4% der Nennspannung gehalten wird.

Drehstromgeneratoren

LRS und BV fordern beim Nennleistungsfaktor keine größere Abweichung der Spannung vom Nennwert zwischen Leerlauf und Nennlast als ±2,5% des Nennwertes. ABS gibt nur allgemein eine Toleranz von ±4% an. Auch NV sagt nichts über den Leistungsfaktor und den Belastungszustand aus.

Gleichstromgeneratoren. Der *Nebenschluß*maschine als selbsterregter Generator liegt das 1866 von WERNER SIEMENS angegebene *dynamoelektrische Prinzip* zugrunde[1]; bei ihr wird die Erregung durch einen von der Maschine selbst erzeugten Strom geliefert, wobei die Erregerwicklung parallel zum Anker liegt. – Wird die Erregerwicklung durch eine fremde Spannungsquelle gespeist, so bezeichnet man die Maschine als fremderregt. Eigenerregung liegt vor, wenn eine Erregermaschine, die im wesentlichen diesem Zweck dient, gemeinsam mit dem Hauptgenerator angetrieben wird. Selbsterregte Nebenschlußmaschinen werden an Bord nur in Sonderfällen, z.B. als Wellengeneratoren, verwendet. Fremderregte Maschinen finden auf Schiffen vor allem als Steuergeneratoren bei LEONARD-Sätzen[2] einen größeren Anwendungsbereich.

Bei *Haupt-* oder *Reihenschluß*maschinen wird die Erregung auch – wie bei der selbsterregten Nebenschlußmaschine – durch einen von der Maschine selbst erzeugten Strom geliefert; die Erregerwicklung liegt jedoch in Reihe mit dem Anker. Hauptschlußmaschinen werden als Generatoren fast nie und auf Schiffen auch als Motoren kaum benutzt.

Der normale Schiffsgenerator wird als *Doppelschlußmaschine* ausgeführt, bei der eine parallel und eine in Reihe mit dem Anker geschaltete Erregerwicklung vorhanden ist. Abb. 14 enthält eine Zusammenstellung der Schaltzeichen und Schaltbilder für Nebenschluß- und Doppelschlußmaschinen.

Für eine wirksame *Funkentstörung* mit einfachen Mitteln wird die Wendepolwicklung beiderseits der Ankerwicklung symmetrisch aufgeteilt. Die Induktivität dieser Wicklung bildet eine Sperre gegen hochfrequente Schwingungen. Außerdem werden die Maschinen mit Störschutzkondensatoren versehen, welche für die durch den Stromübergang zwischen Bürsten und Kommutator entstehenden Schwingungen ein Kurzschlußweg sind. Damit wird die in das Bordnetz gelangende Funkstörspannung herabgesetzt[3].

---

[1] Vgl. MAHR [*21*].
[2] Vgl. Grundlagen elektrischer Antriebstechnik, S. 187.
[3] Vgl. Funkentstörung, S. 142.

Von der Schaltung der Erregerwicklung hängt die Strom-Spannungs-Kennlinie des Generators – allgemein als *äußere Kennlinie* bezeichnet – ab. Diese Kennlinien geben also die Abhängigkeit der Klemmenspannung vom abgegebenen Strom wieder. Die Klemmenspannung der Nebenschlußmaschine sinkt mit zunehmender Belastung bei konstantem Widerstand des Erregerkreises ab. Bei dem fremderregten Generator ist der Spannungsverlust geringer, als bei der selbsterregten Maschine. Die Spannungskennlinie der Doppelschlußmaschine läßt sich so gestalten, daß die durch den Belastungsstrom auftretenden Spannungsänderungen in der Maschine durch die mit steigendem Strom einsetzende Feldverstärkung der vom Belastungsstrom durchflossenen Reihenschlußwicklung ganz (kompoundiert) oder teilweise (unterkompoundiert) ausgeglichen werden. Erhöht sich bei Nennlast die Klemmenspannung über die Leerlaufspannung, so wird die Maschine als überkompoundiert bezeichnet. Gegenkompoundierte Maschinen haben eine sehr „weiche" Kennlinie; die Spannung sinkt hier mit zunehmender Last je nach dem Grad der Gegenkompoundierung mehr oder weniger stark ab. Abb. 15 zeigt die nach GL ausgelegte Strom-Spannungs-Kennlinie einer Doppelschlußmaschine für eine Nennspannung von 230 V. Die maximale Differenz zwischen dem geradlinigen und dem wirklich vorhandenen gekrümmten Verlauf der Kennlinie wird die Pfeilhöhe der Maschine genannt.

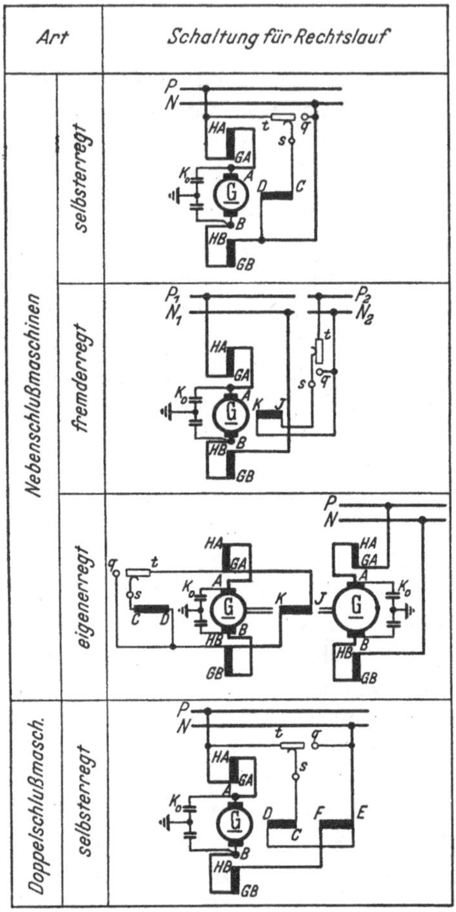

Abb. 14. Schaltzeichen und Schaltung von Gleichstromgeneratoren

A, *B* Ankerklemmen; – *GA–HA*, *GB–HB* Klemmen der Wendepole; – *E*, *F* Klemmen der Reihenschlußwicklung; *C*, *D* Klemmen der selbsterregten Wicklung; *J*, *K* Klemmen der fremderregten Wicklung; – *t*, *s*, *q* Klemmen des Nebenschlußstellers; – K_0 Kondensator zur Funkentstörung

Drehstromgeneratoren. Auf Schiffen werden Drehstromgeneratoren fast ausschließlich als gleichstromerregte *Synchron*maschinen ausgeführt. Diese können sowohl in *Stern* wie in Dreieck nach Abb. 16 geschaltet werden. Die übliche und zweckmäßigere Schaltung ist die Sternschaltung. Die Anwendung der Dreieckschaltung sollte mit Rücksicht

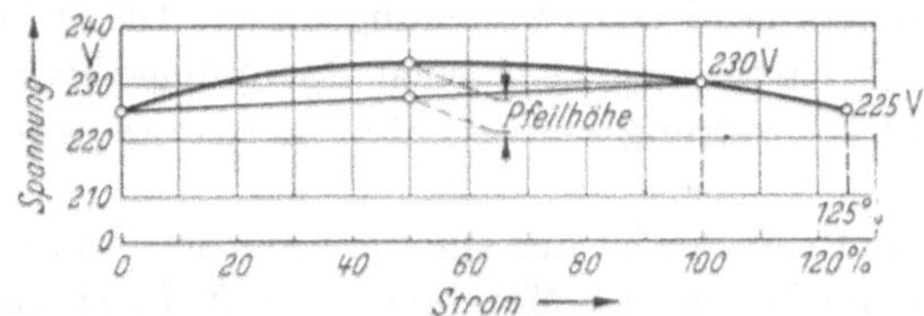

Abb. 15. Strom-Spannungs-Kennlinie eines Doppelschlußgenerators

auf eine dabei mögliche zusätzliche Erwärmung durch Ströme dreifacher Frequenz sowie die ungünstigere Form der Spannungskurve auf Sonderfälle beschränkt bleiben[1].

Während das Einhalten einer bei allen Belastungsänderungen annähernd konstanten Spannung bei Ausführung der Gleichstromgeneratoren als Doppelschlußmaschinen verhältnismäßig einfach

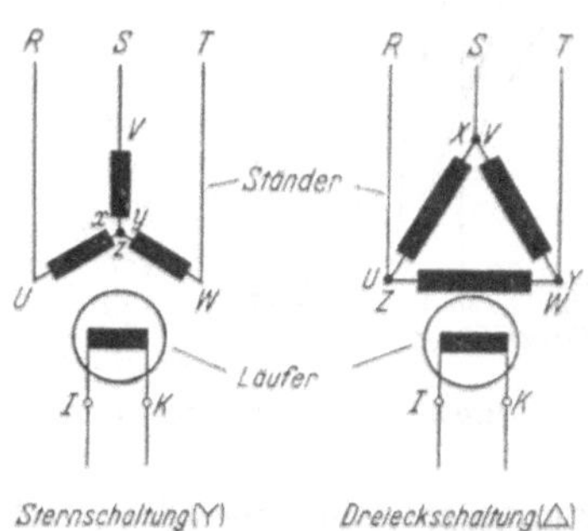

Abb. 16. Schaltung von Drehstrom-Synchrongeneratoren

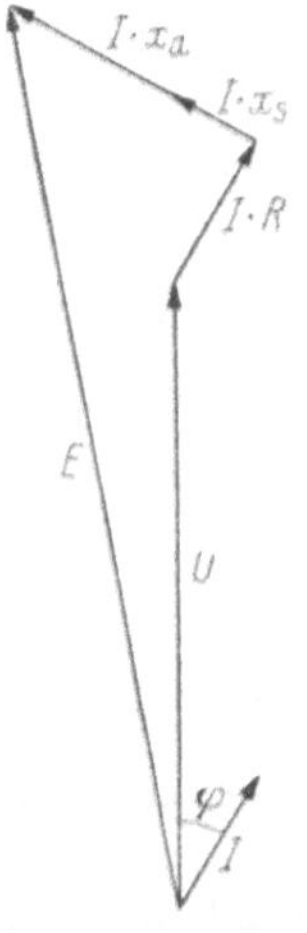

Abb. 17. Vereinfachtes Zeigerbild für einen Synchrongenerator

ist, bedarf es bei Drehstrom-Synchrongeneratoren hierzu besonderer Maßnahmen. Die EMK[2] eines Drehstromgenerators wird nicht nur von der Höhe des Belastungsstromes, sondern auch vom Leistungsfaktor $\cos\varphi$ beeinflußt, wie es das Spannungsdiagramm der Abb. 17 veran-

[1] Vgl. Parallelbetrieb von Drehstromgeneratoren, S. 69.

[2] Elektromotorische Kraft.

schaulicht. Zur Klemmenspannung U addiert sich geometrisch der durch den ohmschen Widerstand der Ständerwicklung gegebene Spannungsabfall JR. Diese Komponente liegt in Phase mit dem Ständerstrom J, der gegenüber der Spannung um den Winkel φ entsprechend dem jeweils vorliegenden Leistungsfaktor nacheilt. Um 90° gegenüber dem Stromzeiger verschoben addiert sich der durch die sogenannte *synchrone Reaktanz* X_d des Ständers bestimmte Spannungszeiger. Dieser setzt sich aus dem durch die Streureaktanz gegebenen Spannungsabfall $I\,x_s$ und der durch die Ankerrückwirkung verursachten Reaktanzspannung $I\,x_a$ zusammen[1].

Die synchrone Reaktanz ist der Quotient aus der Nennspannung und dem *Dauerkurz*schlußstrom der Maschine. Der *Stoßkurz*schlußstrom bestimmt sich dagegen aus der Nennspannung und der sogenannten *Anfangs*reaktanz, die auch *subtransiente Reaktanz* genannt wird. Diese ist durch die Streuung zwischen Ständer-, Erreger- und Dämpferwicklungen sowie anderen dämpfend wirkenden metallischen Bauteilen der Maschine gegeben. Schließlich sei die *Übergangs-* oder *transiente* Reaktanz erwähnt.

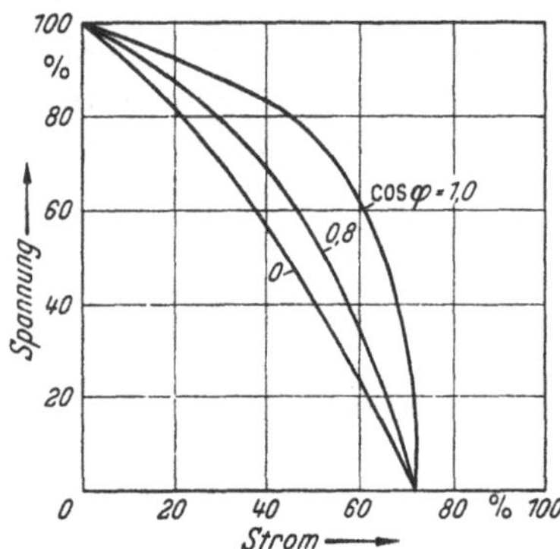

Abb. 18. Strom-Spannungs-Kennlinien eines Drehstrom-Synchrongenerators bei Leerlauferregung

Diese ist nur noch durch die Streuung zwischen Ständer- und Erregerwicklung bestimmt und sie ist maßgebend für die Größe des Kurzschlußstromes *nach* dem Abklingen des Stromes in der Dämpferwicklung. – Abb. 18 zeigt die Abhängigkeit der Spannung einer Synchronmaschine vom Belastungsstrom bei verschiedenen Leistungsfaktoren und *Leerlauf*erregung.

Um die Spannung eines Drehstromgenerators auf einem möglichst gleichbleibenden Wert zu halten, muß der Erregerstrom verändert werden. Dazu gibt es im wesentlichen folgende Möglichkeiten:

[1] VDE 0530/3.59 „Regeln für elektrische Maschinen", § 9.

Verwenden eines selbsttätig wirkenden Spannungsreglers.
Kompoundierung der Maschinen über Gleichrichter,
Sonderausführung der Maschinen.

Abb. 19 zeigt das Schaltbild eines Drehstromgenerators, dessen Spannung durch einen *Öldruckregler* in Verbindung mit einem Feldsteller geregelt wird. Das Regelprinzip für diesen auf Schiffen häufig verwendeten Regler ist ebenfalls aus dieser Abbildung zu ersehen. Eine von einem Elektromotor mit einer Leistung von etwa 125 W angetriebene Zahnradpumpe erzeugt in einem Ölkreislauf einen Druck von maximal 25 atü. Von einem durch die Spannung des Generators erregten Meßwerk wird ein Schieber so gesteuert, daß der Flügel des Stellmotors nach rechts oder links gedreht wird, je nachdem, ob die Generatorspannung den Sollwert über- oder unterschreitet. Damit wird der mit der Stellwelle gekuppelte Feldsteller bewegt und die Spannung des Generators auf den Sollwert gebracht. Das Rückführen des Steuerschiebers geschieht beim Abfallen des Ankers am Spannungsmeßwerk durch eine Feder. Ein Überdruckventil schützt das Regelsystem vor zu hohem Druck im Ölkreislauf.

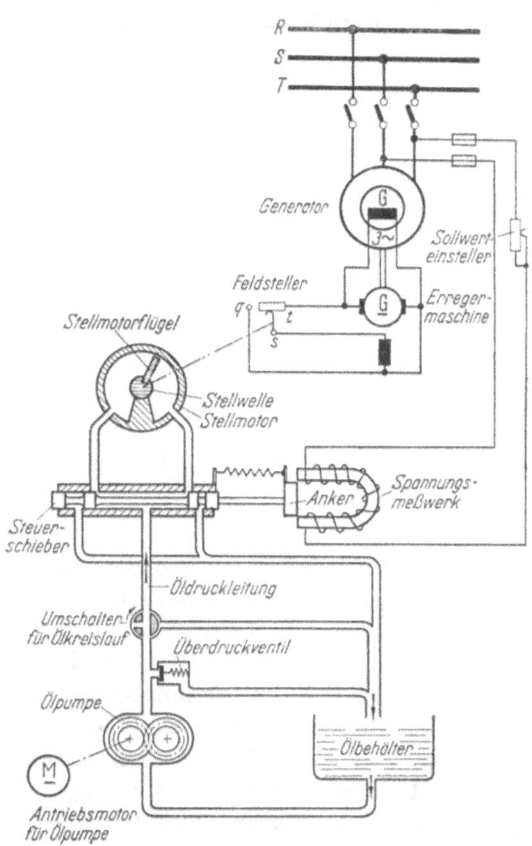

Abb. 19. Spannungsregelung durch Öldruckregler (Bauart Hagenuk)

Vor allem bei Küsten- und Binnenschiffen werden häufig auch *Kohledruckregler* verwendet. Hierfür gibt Abb. 20 das Prinzipschaltbild wieder. Bei einer aus Kohleplättchen aufgebauten Kohlesäule ändert sich mit fallendem oder steigendem Druck der Widerstand. Die Druckänderung wird durch ein Hebelsystem bewirkt, das von einem durch die Spannung des Generators erregten Magneten beeinflußt wird. Die Hebelmechanik muß so gebaut sein, daß ein einwandfreies Arbeiten auch bei Schräglagen des Schiffes gewährleistet ist.

Die Zeitkonstanten der Erregermaschine und des Synchrongenerators sowie die Totzeiten der Regelstrecke bedingen je nach der Größe des Generators für den Regelvorgang eine Zeit von insgesamt 0,5–5 sek. Bei den im Bordnetz vorliegenden Verhältnissen, die sich aus den meist kleinen Generatorleistungen und der im Verhältnis dazu großen Leistung

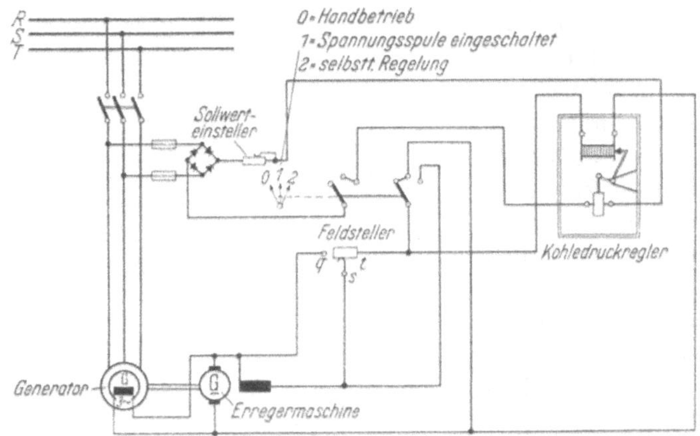

Abb. 20. Spannungsregelung durch Kohledruckregler

einzelner Verbraucher, insbesondere bei den Motoren, ergeben, sind kürzere Zeiten sehr wünschenswert, zum Teil unumgänglich notwendig. Dazu kann das bei der Gleichstrom-Doppelschlußmaschine angewendete System – die Erregung der Maschine durch ihren eigenen Laststrom zu steuern – auch auf Drehstrommaschinen übertragen werden. Der Laststrom des Generators wirkt dann über Gleichrichter auf die Erregerwicklung. Für dieses Prinzip sind verschiedene Verfahren entwickelt worden. In Abb. 21 ist eine Schaltung[1] wiedergegeben, deren wesentliche Bauelemente ein Mehrwicklungstransformator (Erregertransformator), eine Drosselspule, Kondensatoren und Halbleitergleichrichter – Selen- oder in zunehmendem Maße Siliziumgleichrichter[2] – sind. Die den Schleifringen des Generators über den Gleichrichter zugeführte Erregung wird aus verschiedenen Komponenten gebildet, die in der Wicklung *c* des Transformators geometrisch addiert werden. Die Primärwicklung *a* des Transformators wird vom Belastungsstrom durchflossen. Die Primärwicklung *b* des Transformators ist über eine Drosselspule an die Klemmenspannung angeschlossen. Damit die Selbsterregung mit Sicherheit zustandekommt, werden Kondensatoren vorgesehen, die so

[1] Vgl. Harz [*14*].

[2] Vgl. Stromrichter, S. 92.

ausgelegt sind, daß diese bereits bei einer Drehzahl, die etwas unterhalb der Betriebsdrehzahl liegt, einsetzt. Dies ist bei Resonanz der Fall, wenn

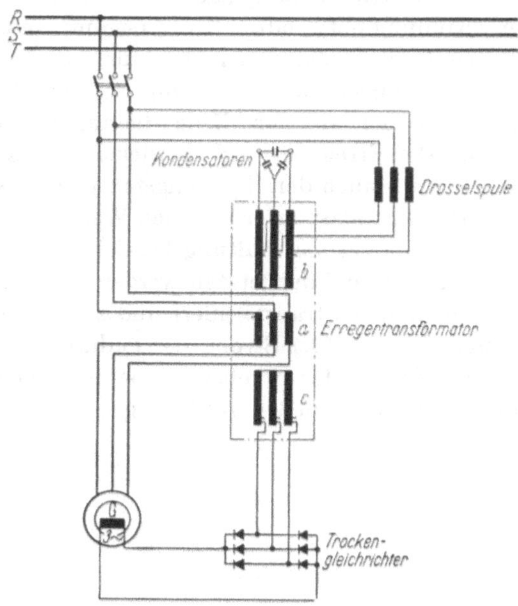

Abb. 21. Schaltung eines lastabhängig erregten Drehstrom-Synchrongenerators (Konstantspannungs-generator) (Bauart SSW)

also der induktive und der kapazitive Widerstand des Kreises gleich groß sind, sich daher kompensieren und nur der ohmsche Widerstand wirksam ist. Hierbei bringt die Verwendung von Siliziumgleichrichtern Vorteile, da die Schleusenspannung infolge der geringeren Zahl von hintereinandergeschalteten Elementen kleiner als beim Selengleichrichter ist; die Remanenzspannung muß aber – unter Berücksichtigung der Übersetzungsverhältnisses des Erregertransformators – die Schleusenspannung übersteigen.

Das vereinfachte Zeigerbild der Teilerregerströme ist in Abb. 22 wiedergegeben. Die lastabhängige Komponente i_G hebt die Ankerrückwirkung der Maschine auf; sie ist mit dem Strom in Phase. Die Komponente der Grunderregung i_D wird nach Größe und Phasenlage durch die Drosselspule festgelegt. Dem Gleichrichter wird der Summenstrom i_E in geometrischer Addition beider Komponenten zugeführt. Man kann in ungefährer Analogie zur Gleichstrommaschine die Komponente i_D als

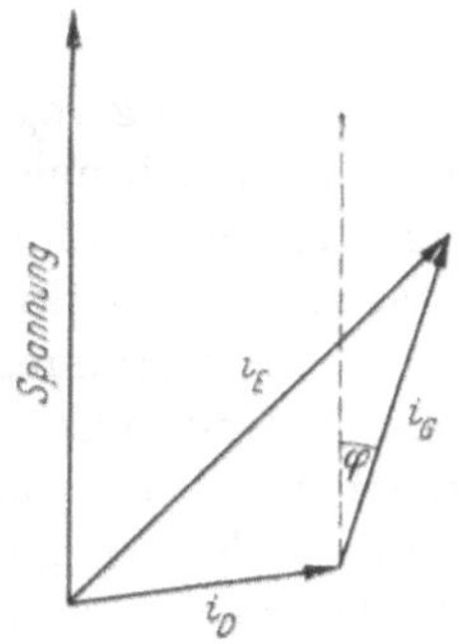

Abb. 22. Vereinfachtes Zeigerbild für einen Konstantspannungsgenerator

Erregung der Nebenschlußwicklung bezeichnen, da auch der Erregerstrom einer Synchronmaschine einen konstanten, von der Last unabhängigen und einen von der Last abhängigen Teil enthält. Der für das Konstanthalten der Spannung notwendige Erregerstrom nimmt mit abnehmenden induktiven Leistungsfaktor zu, d.h. für die gleiche Belastung muß bei $\cos\varphi = 0{,}8$ weniger Erregerleistung aufgebracht werden, als bei $\cos\varphi = 0{,}7$, wie es auch aus dem Zeigerdiagramm der Abb. 22 im Prinzip hervorgeht. Der Erregerstrom I_E berücksichtigt also sowohl die Größe der Belastung als auch den Leistungsfaktor und stellt sich auf den für die jeweilige Scheinlast erforderlichen Wert ein.

Die Schaltung wird als *Strom*schaltung bezeichnet, im Gegensatz zu einer *Spannungs*schaltung. Bei der letzten werden die Einflußgrößen in verhältnisgleiche Spannungen transformiert und zu einer resultierenden Spannung zusammengesetzt. Der Strom, der dadurch der Erregerwicklung zugeführt wird, ist bei der gegebenen Spannung vom Widerstand des Kreises und seinen eventuellen Änderungen abhängig. – Bei der

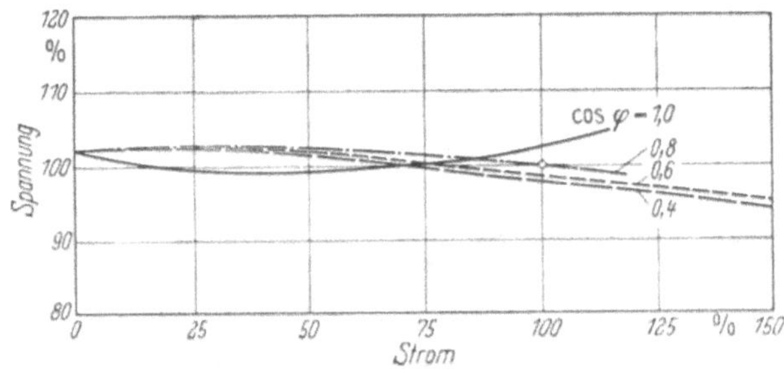

Abb. 23. Strom-Spannungs-Kennlinien für einen Konstantspannungsgenerator

Stromschaltung dagegen werden die Einflußgrößen in verhältnisgleiche Ströme transformiert und dann zusammengesetzt. Der Strom im Erregerkreis ist dann nur von den Strömen im Primärkreis abhängig und wird dem Erregerkreis unabhängig von dessen Widerstandswert eingeprägt. Die Spannung im Erregerkreis stellt sich dagegen selbsttätig nach dem Widerstandswert des Erregerkreises ein. Da im Erregerkreis bei dieser Schaltung ein aufgezwungener oder eingeprägter Strom fließt, ergibt sich ein günstigeres dynamisches Verhalten der Maschine, als bei der Spannungsschaltung. Durch die Kompoundierung wird der Erregerstrom praktisch verzögerungsfrei beeinflußt, wodurch die Maschine hoch überlastbar ist. – Die mit dieser Schaltung erzielten Strom-Spannungs-Kennlinien gibt Abb. 23 wieder. Mit zunehmender Belastung ergibt sich in Abhängigkeit vom Leistungsfaktor ein Aufspreizen der Kennlinien – besonders im Überlastbereich bei dem hier meist durch die Einschaltströme der Motoren bedingten schlechten

$\cos\varphi$. Ein Anheben der Spannung kann durch Schwenken des Zeigers für die Leerlauferregung erzielt werden. Dies geschieht z. B. nach Abb. 24a durch Anwenden der Zickzackschaltung[1] für die Wicklung b des Erregertransformators. Für einen bestimmten Generator lassen sich dann z. B. folgende 3 Betriebspunkte festlegen:

Nennspannung bei Leerlauf,

Nennspannung bei Nennstrom und $\cos\varphi = 0{,}8$,

Nennspannung beim 1,6fachen Nennstrom und $\cos\varphi = 0{,}4$.

In Abb. 24 ist unter b das gegenüber der Abb. 22 geänderte Zeigerdiagramm angegeben.

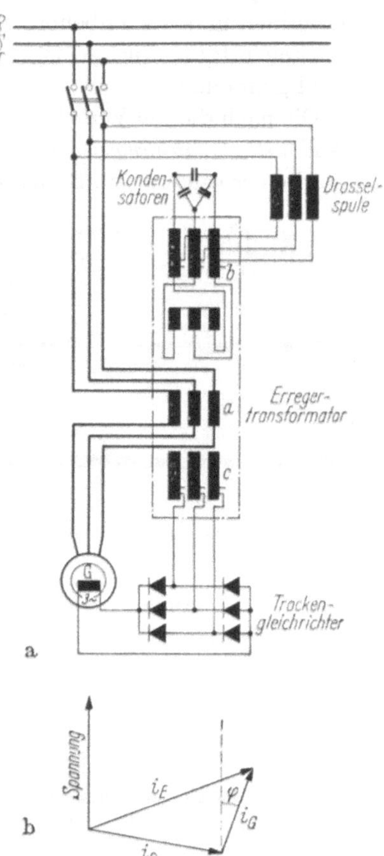

Abb. 24. Lastabhängig erregter Konstantspannungsgenerator mit Stern-Zickzack-Schaltung der drosselseitigen Wicklung des Gleichrichtertransformators (Bauart SSW) a) Schaltung; b) vereinfachtes Zeigerbild

Eine Beeinflussung dieser sich selbsttätig vollziehenden Spannungseinstellung kann durch einen *Sollwerteinsteller* geschehen. Meist wird dazu ein einstellbarer ohmscher Widerstand der Erregerwicklung parallelgeschaltet. Dann wird jedoch die Schaltung temperaturabhängig, da sich das Verhältnis der Teilströme über die Erregerwicklung bzw. über den Widerstand mit zunehmender Erwärmung der Maschine verändert. Bei Aufteilung der Erregerwicklung in zwei Teile, wie sie als Abhilfe vorgeschlagen ist wird ein zusätzlicher Schleifring erforderlich. – Vor allem gilt aber die Einstellung der Spannung durch einen Sollwerteinsteller nur für *einen* bestimmten Betriebspunkt; bei Änderung der Höhe der Belastung *oder* des Leistungsfaktors muß der Sollwerteinsteller nachgestellt werden. – Die Zuschaltung dieses Parallelwiderstandes hat schließlich eine Verschlechterung der dynamischen Eigenschaften des Generators zur Folge. Bei Belastungs*stößen* verteilt sich nämlich der mit dem Ständerstrom sprunghaft ansteigende Erregerstrom infolge der magnetischen Trägheit der Maschine nicht in

[1] Vgl. Transformatoren, S. 86.

gleichem Maße auf die Feldwicklung und den Widerstand wie im stationären Zustand. Der Generator erhält daher im ersten Moment nicht die volle Erregung und der Ausgleich des Spannungseinbruches nimmt eine längere Zeit in Anspruch als ohne Sollwerteinsteller. – Da die erreichbare Spannungsgenauigkeit der Schaltung bei richtiger Dimensionierung der Maschinen und des Zubehörs alle Bedingungen der Klassifikationsgesellschaften erfüllt, wird meist vom Einbau eines Sollwerteinstellers Abstand genommen.

Die nach diesem Verfahren arbeitenden Synchrongeneratoren werden als *Konstantspannungsgeneratoren* bezeichnet. Ihr dynamisches Verhalten läßt die Verwendung für Bordverhältnisse besonders angezeigt erscheinen,

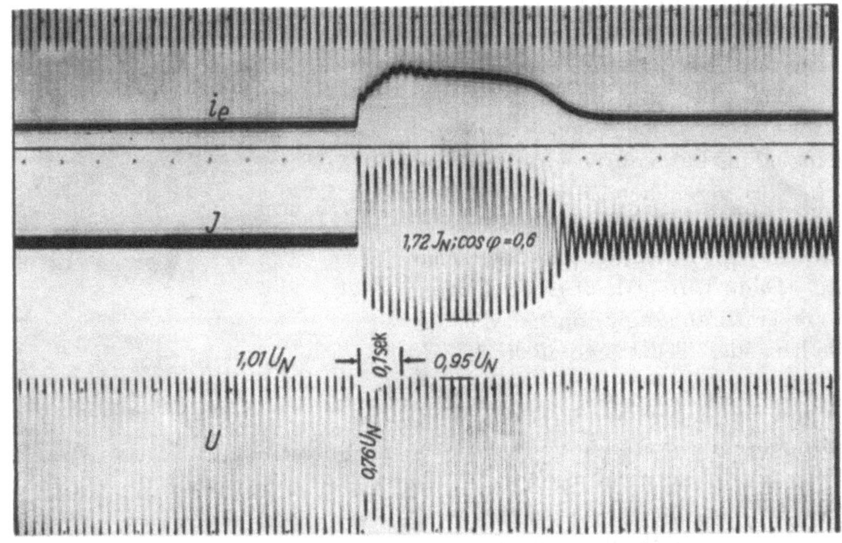

Abb. 25. Aufschalten eines Motors auf einen Konstantspannungsgenerator
J Ständerstrom; U Spannung; i_e Erregerstrom

wie es das Oszillogramm in Abb. 25 erkennen läßt. In diesem ist der Einschaltvorgang eines Drehstrommotors mit Käfigläufer ohne Stern-Dreieckschalter oder dgl. auf einen leerlaufenden Konstantspannungsgenerator gezeigt. Der Einschaltstrom des Motors beträgt 172% des Generatornennstromes bei einem Leistungsfaktor von 0,6. Der Stromanstieg sowie die Spannungsabsenkung beim Einschalten sind in Prozentwerten angegeben. Man erkennt auch das augenblickliche Reagieren des Erregerstromes. Der stationäre Zustand wird in nur wenigen Perioden wiederhergestellt. Dieses dynamische Verhalten der Konstantspannungsgeneratoren gestattet daher bei den verhältnismäßig kleinen Bordzentralen in den meisten Fällen ein *direktes* Einschalten aller Motoren.

Zum Vergleich ist in Abb. 26 noch die Auswertung zweier Oszillogramme aufgezeichnet. Die obere Kennlinie gilt für einen Synchrongenerator, dessen Spannung über eine Erregermaschine mit Hilfe eines Eilreglers auf dem Sollwert gehalten wird. Die untere Kennlinie zeigt das Verhalten eines Konstantspannungsgenerators. In beiden Fällen wurde von Null auf 110% der Nennleistung bei einem für die Spannungshaltung

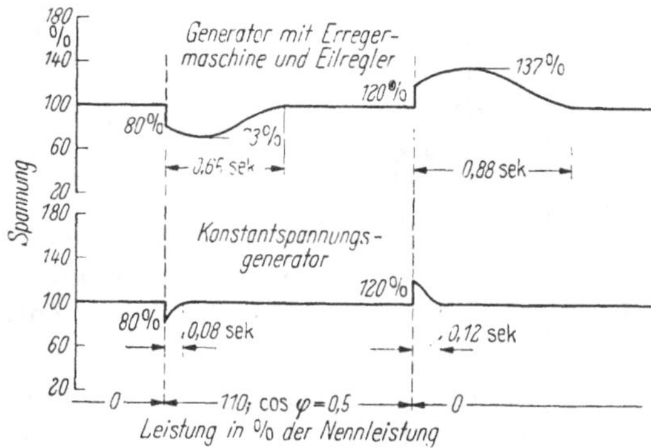

Abb. 26. Dynamisches Verhalten eines Generators mit Erregermaschine und Eilregler und eines Konstantspannungsgenerators

ungünstigen cos φ von 0,5 be- und entlastet. Während bei dem geregelten Generator die Ankerrückwirkung infolge der Trägheit des Reglers und der Zeitkonstante der Erregermaschine zum Teil noch wirksam ist und die Spannung dadurch über den im ersten Augenblick eintretenden Streuspannungsabfall von 20% hinaus auf 73% vermindert wird, sinkt die Spannung kurzzeitig bei dem Konstantspannungsgenerator auf 80%. Vor allem sind aber die Zeiten bis zum Wiedererreichen der Nennspannung bei dem Konstantspannungsgenerator mit 0,08 sek sehr viel kürzer als mit 0,65 sek der anderen Maschine, Ähnliche Verhältnisse liegen bei Entlastung vor.

Das Schaltbild eines ebenfalls über Gleichrichter erregten kompoundierten, zusätzlich aber *geregelten* Drehstrom-Synchrongenerators zeigt Abb. 27. Auch hierbei handelt es sich grundsätzlich um eine Stromschaltung wie sie bei der Ausführung nach Abb. 24 vorliegt. Über die Drosselspule *D 1* und den Gleichrichter erhält die Erregerwicklung des Generators den Leerlauferregerstrom. Hierzu wird der dem Generatorstrom proportionale Sekundärstrom des Stromtransformators geometrisch addiert. Bei reiner Wirklast stehen im Zeigerdiagramm beide Anteile nahezu senkrecht aufeinander und ergeben eine kleinere geometrische Summe als bei rein induktiver Blindlast, wo sich beide Anteile nahezu algebraisch addieren. Die Stromschaltung erzwingt auch hier bei jeder Änderung des Generatorstromes eine schnelle Änderung des Erregerstromes. – Durch die zusätzliche Regelung können kleine Abweichungen der Spannung vom

Sollwert noch ausgeregelt werden, wenn dies in besonderen Fällen erforderlich sein sollte. – Der Magnetisierungsstrom der luftspaltlosen Drosselspule *D2* verändert sich mit kleinen Spannungsänderungen stark und beeinflußt dadurch den Strom in den Arbeitswicklungen des Transduktors. Dieser fließt durch eine dritte Wicklung des Stromtransformators, die so geschaltet ist, daß in dessen Sekundärwicklung ein Strom hervorgerufen wird, der dem belastungsabhängigen Sekundärstrom entgegengerichtet ist. Der Steuerstrom des Transduktors wird den Anzapfungen der Drosselspule *D1* entnommen. Die Drosselspulen und der Stromtransformator sind so eingestellt, daß bei allen Belastungen und bei Leerlauf des Generators ein höherer Erregerstrom geliefert wird, als zum Erreichen der Nennspannung notwendig ist; der Überschuß, der je nach der Belastung mehr oder weniger groß ist, wird durch die Regelung so weit abgebaut, daß der Generator Nennspannung abgibt. Es ergibt sich eine gute Spannungshaltung bei Überlast. – Mit dem Sollwerteinsteller, der aus einem kleinen Spartransformator besteht, ist eine betriebsmäßige Einstellung der Generatorspannung möglich. Um den Parallelbetrieb zu stabilisieren, kann die Generatorspannung mit zunehmendem induktiven Blindstrom geringfügig abgesenkt werden. Zu diesem Zweck wird ein Widerstand[1] an einen Stromwandler angeschlossen und in den Steuerkreis des Transduktors geschaltet.

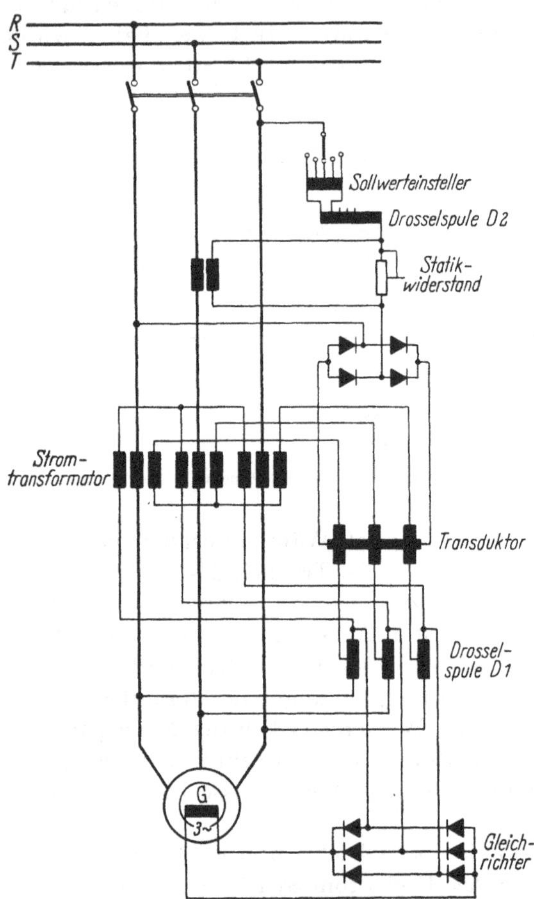

Abb. 27. Schaltung eines kompoundierten und geregelten Drehstrom-Synchrongenerators (Bauart AEG)

[1] Der Ausdruck „Statikwiderstand" ist auch gebräuchlich.

Bei einer Ausführung nach dem Schaltbild der Abb. 28 handelt es sich um einen durch einen Transduktorspannungsregler S in Verbindung mit einem Transduktorhauptregler H geregelten Drehstrom-Synchrongenerator[1]. Der Transduktorregler H ist mit 2 Steuerwicklungen versehen. Die eine Steuerwicklung St_1 führt einen Strom, der durch den Spannungsregler beeinflußt wird. Die andere Steuerwicklung St_2 führt den Erregerstrom

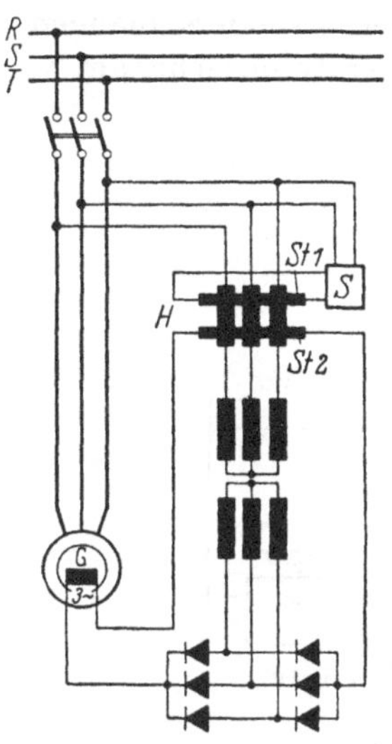

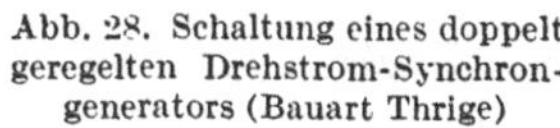
Abb. 28. Schaltung eines doppelt geregelten Drehstrom-Synchrongenerators (Bauart Thrige)

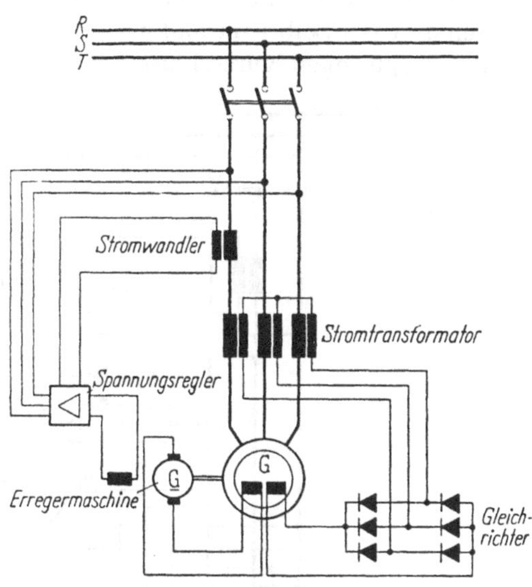

Abb. 29. Schaltung eines kompoundierten und geregelten Drehstrom-Synchrongenerators (Bauart Laurence Scott)

selbst und erzeugt den größten Teil des Steuerfeldes, so daß der vom Regler kommende Steuerstrom klein sein kann. Bei einer Laständerung setzt sich das Feld der Maschine durch Veränderung des Erregerstromes einer Spannungsänderung entgegen; die noch verbleibende Abweichung der Spannung wird durch den Spannungsregler S über den Haupttransduktorregler ausgeglichen. Der Spannungsregler besitzt seinerseits 2 Steuerwicklungen, die vom Ist- und vom Sollwert beeinflußt werden. Um beim Parallelarbeiten mehrerer Generatoren eine prozentual gleichmäßige Blindlastverteilung zu erzielen, wird eine sogenannte *Polygon*schaltung angewendet, bei der eine Kompoundierung der Spannungsregler über Stromwandler vorgenommen wird.

Bei dieser Schaltung handelt es sich im Grunde um eine reine Nebenschlußerregung. Die Klemmenspannung des Generators ist zugleich die treibende Spannung für den Erregerkreis. Bei den vorausgegangenen

[1] Vgl. Magnetverstärker, S. 104

Schaltungen liegt dagegen eine Kompounderregung vor, d.h. der Belastungsstrom wird als Störwert unmittelbar dem Erregerkreis aufgeschaltet. Dadurch wird den Generatoren auch bei starken Spannungseinbrüchen und auch im Kurzschluß ein großer Erregerstrom zugeführt. Infolgedessen entwickeln parallelarbeitende Generatoren auch im Störungsfall große synchronisierende Drehmomente, die ein Außertrittfallen der Generatoren mit Sicherheit verhindern, bis die Fehlerstelle abgeschaltet ist. Selbst im Fall eines im allgemeinen besonders unangenehmen zweiphasigen Kurzschlusses bleiben die Generatoren sicher am Netz.

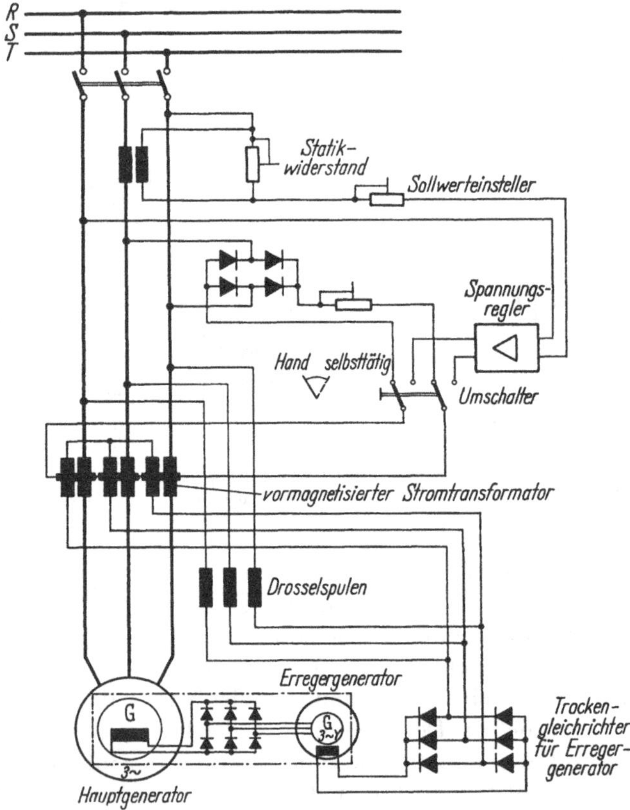

Abb. 30. Schaltung eines lastabhängig erregten und geregelten bürstenlosen Drehstrom-Synchrongenerators (Bauart AEI)

Die Schaltung eines Synchrongenerators, bei dessen Ausführung sowohl eine lastabhängige Erregung über Gleichrichter als auch eine Erregung über eine Erregermaschine in Verbindung mit einem Spannungsregler angewendet wird, zeigt Abb. 29. Die Erregerwicklung ist dazu in zwei Hälften aufgeteilt.

Bei der Schaltung nach Abb. 30 sind der Synchrongenerator und die Erregermaschine in einem gemeinsamen Ständergehäuse untergebracht; ihre Läufer befinden sich auf gemeinsamer Welle. Die Erregerwicklung der Erregermaschine, die auch als Drehstromgenerator ausgebildet ist, liegt im Ständer. Der in ihrem Läufer erzeugte Drehstrom wird über mitdrehende Halbleitergleichrichter dem Polrad der Hauptmaschine zugeführt; man vermeidet hierdurch die Schleifringe bzw. die Stromabnahme über Bürsten[1]. Das Feld der Erregermaschine wird über Gleichrichter gespeist, wobei der lastabhängige Teil einem vormagnetisierbaren Stromtransformator, der lastunabhängige Teil über eine Drosselspule dem Netz entnommen wird. Zusätzlich kann ein Spannungsregler über einen Umschalter in den Erregerkreis geschaltet werden. – Diese Ausführung lehnt sich an ähnliche in der Flugzeugtechnik gebräuchliche Konstruktionen an. Die Ausregelzeiten bei Laststößen werden durch die hinzukommende Zeitkonstante der Erregermaschine größer als bei normalen Konstantspannungsgeneratoren. Das größere Gewicht und die größeren Abmessungen sind ebenfalls als Nachteil anzusehen.

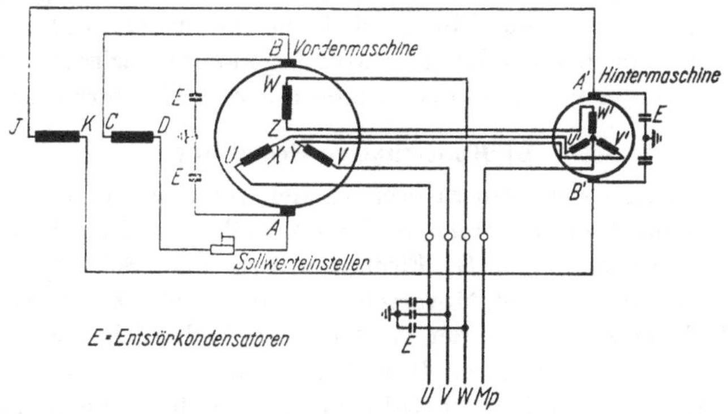

Abb. 31. Aufbau und Schaltung eines selbstregelnden Drehstrom-Synchrongenerators (Bauart v. Kaick)

Neben diesen und ähnlichen Verfahren besteht auch die Möglichkeit, selbsterregte und kompoundierte Maschinen mit mehreren Wicklungen zu bauen. Nach Abb. 31 besteht z. B. ein derartiger Generator, der als selbstregelnder Generator bezeichnet wird, aus der eigentlichen Synchronmaschine (Vordermaschine) und einer Zusatz-Erregermaschine (Hintermaschine). Beide Maschinen sind in einem gemeinsamen Gehäuse untergebracht und beide Läufer befinden sich auf einer gemeinsamen Welle. Die Läufer von Vorder- und Hintermaschine sind nach Art der Einankerumformer mit getrennten Drehstrom- und Gleichstromwicklungen versehen. Die Drehstromwicklungen beider Maschinen sind in Reihe

[1] brushless generator.

geschaltet, wobei der Sternpunkt in der Hintermaschine liegt. Die Anfänge der Wicklung der Vordermaschine sind an Schleifringe geführt; hier wird also die Leistung für das Netz entnommen. Beide Maschinen sind Außenpolmaschinen, deren Polachsen fluchten. Die Vordermaschine hat 2 Erregerwicklungen, die eine für Selbsterregung und die andere für Zusatzerregung aus der Hintermaschine. Die Pole der Hintermaschine sind unbewickelt. – Die Grunderregung erhält der Generator durch die Vordermaschine, deren Gleichstromwicklung A–B an einen Kommutator geführt ist und welche die selbsterregte Erregerwicklung C–D speist. Die in der Gleichstromwicklung der Hintermaschine A'–B' induzierte und über die Bürsten des Kommutators abgenommene Spannung ist dem Belastungsstrom verhältnisgleich und der Größe nach vom Leistungsfaktor abhängig. Durch Anschluß der Zusatzerregerwicklung J–K an diese Spannung wird bei allen Belastungen und Leistungsfaktoren der Vordermaschine eine annähernd gleichbleibende Spannung erzielt. Die Maschinen können durch Ändern der Zusatzerregung miteinander parallel arbeiten. Zum Einstellen der Blindlast wird in den Zusatzerregerkreis ein veränderlicher Widerstand geschaltet. – In Abwandlung dieser Ausführung gibt es auch Maschinen, bei denen die Grund- und die Zusatzerregung von dem gleichen Kommutator abgenommen wird, wodurch diese Maschinen kürzer bauen; sie benötigen nur *eine* Erregerwicklung.

b) Konstruktive Gestaltung

Zum Antrieb der Generatoren dienen im allgemeinen auf großen Dampfschiffen *Dampfturbinen* und zum Teil auch Dieselmotoren, auf kleinen Dampfschiffen z.B. Fischdampfern und Schleppern *Kolbendampfmaschinen* und auf Motorschiffen *Dieselmotoren*. Da der weitaus größte Teil der zur Zeit in der Welt im *Bau* befindlichen Schiffe Dieselmotoren zum Antrieb ihrer Propeller erhält, werden heute auch die Schiffsgeneratoren in der Mehrzahl für Antrieb durch Dieselmotoren gebaut. Die Art des Antriebes hat auf die mechanische Ausführung der Masehinen wesentlichen Einfluß.

Ungleichförmigkeitsgrad und Impulsfaktor. Bei Kolbenmaschinen – Dieselmotoren, Ottomotoren, Dampfkolbenmaschinen – ist das Drehmoment an der Welle nicht gleichmäßig. Es müssen deswegen Schwungmassen vorgesehen werden, welche den *Ungleichförmigkeitsgrad* in zulässigen Grenzen halten. Dieser Ungleichförmigkeitsgrad δ errechnet sich nach der Beziehung

$$\delta = \frac{n_{\max} - n_{\min}}{n_m}.$$

Darin bedeuten:

$n_{\max} - n_{\min}$ Drehzahlschwankung, hervorgerufen durch das pulsierende Moment der Kolbenmaschine und

$n_m = \dfrac{n_{\max} + n_{\min}}{2}$ mittlere Drehzahl.

Der zulässige Ungleichförmigkeitsgrad liegt in der Regel zwischen den Werten 1/100 bis 1/300.

Aus der Umdrehungszahl je Minute (n) und der Anzahl der Arbeitshübe aller Zylinder je Umdrehung – im folgenden mit i bezeichnet – errechnet sich der Impulsfaktor je Sekunde (f_i) mit

$$f_i = \frac{i\,n}{2}\,.$$

Die nachstehende Aufstellung gibt einen Überblick über den Wert von „i" bei verschiedenen Zylinder- und Taktzahlen von Dieselmotoren:

einfach wirkende Viertaktmotoren	*einfach wirkende Zweitaktmotoren*
mit 1 Zylinder $i = 0{,}5$	mit 4 Zylindern $i = 4$
mit 2 Zylindern $i = 1$	mit 6 Zylindern $i = 6$
mit 4 Zylindern $i = 2$	mit 8 Zylindern $i = 8$
mit 6 Zylindern $i = 3$	
mit 8 Zylindern $i = 4$	
doppelt wirkende Viertaktmotoren	*doppelt wirkende Zweitaktmotoren*
mit 4 Zylindern $i = 4$	mit 4 Zylindern $i = 8$
mit 8 Zylindern $i = 8$	mit 8 Zylindern $i = 16$

Jedes Generatoraggregat hat eine Eigenschwingungszahl, die von den elektrischen Daten des Generators und vom Schwungmoment der gesamten rotierenden Massen abhängt. Es muß bei der Berechnung des Wellensystems darauf geachtet werden, daß der Wert des Impulsfaktors f_i nicht im Bereich der Eigenschwingungszahl der Welle liegt, da dann Drehschwingungen angeregt werden, die zu Wellenbrüchen führen können. Derartige Schwingungen können bei Drehstrom-Synchrongeneratoren besonders unangenehm werden, da diese mechanische, z. B. durch Laststöße ausgelöste Schwingungen ausführen können, welche sich der Drehbewegung der Maschine überlagern. Diese können durch eine auf dem Polrad angebrachte Dämpferwicklung, in der zusätzliche Verluste auftreten, wirksam gedämpft werden. Die Anwendung von Dämpferwicklungen ist besonders bei parallelarbeitenden Drehstromgeneratoren erforderlich, da hierbei infolge von Resonanzwirkung der wirkliche Ungleichförmigkeitsgrad stets schlechter ist als im Einzellauf.

Die Schwankungen des Antriebsdrehmomentes der Kolbenmaschinen – durch den Ungleichförmigkeitsgrad δ und den Impulsfaktor f_i definiert – haben auch Schwankungen der Klemmenspannung des Generators zur Folge. Es muß verhindert werden, daß hierdurch ein Flimmern des Lichtes bei den von den Generatoren gespeisten Lampen auftritt. Das menschliche Auge ist besonders für den Bereich $f_i = 6$ bis $10\ \text{sek}^{-1}$ empfindlich. Der mit Rücksicht auf das Flimmern des Lichtes zulässige Ungleichförmigkeitsgrad ist von der verwendeten Lampenart abhängig.

Die betriebsmäßigen Impulse einer Kolbenmaschine werden für den Beharrungszustand durch zusätzliche *Schwungmassen* so ausgeglichen, daß ein einwandfreier Generatorbetrieb gewährleistet ist. Bei Drehstromgeneratoren sind bisweilen größere Schwungmassen als bei Gleichstromgeneratoren vorzusehen. Jede weitere zusätzliche durch den Kraftmaschinenregler verursachte taktmäßige Schwingung muß verhindert werden. Diese Frage ist besonders bei Drehstromgeneratoren zu beachten, da auch bei einer zu großen Empfindlichkeit des Reglers Pendelschwingungen auftreten können.

Drehzahl. Bei Drehstrom-Synchronmaschinen liegt die Antriebsdrehzahl (n) mit

$$n = \frac{f}{p}$$

durch die Frequenz in Hertz (f) und die Polpaarzahl (p) fest. Für die im Schiffsbetrieb am häufigsten vorkommenden Frequenzen von 50 und 60 Hz ergeben sich daraus die Drehzahlwerte der Tab. 12.

Tabelle 12
Synchrone Drehzahlen

Polzahl	Drehzahl n (U/min) bei 50 Hz	bei 60 Hz
2	3000	3600
4	1500	1800
6	1000	1200
8	750	900
10	600	720
12	500	600
14	428	514,2
16	375	450

Bei der Konstruktion der Maschinen müssen daneben die maximal zugelassenen Überdrehzahlen berücksichtigt werden, welche in den Klassifikationsbestimmungen im einzelnen festgelegt sind.

Hinsichtlich der Drehzahl, mit der Gleichstrommaschinen angetrieben werden, bestehen von der elektrischen Seite keine so bindenden Verknüpfungen wie sie bei der Synchronmaschine durch die Nennfrequenz gegeben sind. Mit Rücksicht auf die mechanische Ausführung wird man allerdings die Umfangsgeschwindigkeiten der Kollektoren nicht zu hoch wählen. Im allgemeinen wird die Drehzahl der Gleichstrommaschinen bei Maschinen bis 500 kW mit etwa 2000, bei größeren mit etwa 1500 bis 1800 U/min festgelegt werden können.

Schutzart[1]. Bei der Schutzart elektrischer Maschinen ist nach ihrem Schutz gegen Berührung, feste Fremdkörper und Wasser zu unterscheiden. Die Schutzarten elektrischer Maschinen werden durch den Buchstaben ***P*** und zwei nacheinanderfolgende Ziffern gekennzeichnet[2]. Die erste Ziffer charakterisiert den Berührungs- und Fremdkörperschutz, die zweite den Wasserschutz. Schiffsgeneratoren sollen mindestens die Schutzart P 11 haben, d.h. Schutz gegen große feste Fremdkörper, zufällige Berührung und Tropfwasser, wenn nicht mit Rücksicht auf einen

[1] Vgl. Konstruktive Gestaltung der Motoren, S. 206.
[2] DIN 40050, „Schutzarten", Oktober 1960.

ungünstigen Einbauort ein noch weitergehender Wasserschutz erforderlich ist. Die Spannung führenden Teile müssen vor allem gegen eine unbeabsichtigte Berührung, wie sie z.B. beim Schlingern des Schiffes auftreten kann, geschützt sein.

Belüftung. Die Verlustwärme der Maschinen wird durch eine geeignete Belüftung abgeführt. Es werden im wesentlichen unterschieden:

Eigenbelüftete Maschinen – Lüftung bewirkt durch ein auf die Läuferwelle gesetztes Ventilatorrad.

Fremdbelüftete Maschinen – Lüftung bewirkt durch einen außerhalb der Maschine befindlichen Ventilator mit gesondertem Antrieb.

Soweit möglich, wird Eigenbelüftung angewendet. Der Lufteintritt an den Generatoren soll so gelegt werden, daß die die Dieselmotoren umgebende ölgesättigte Luft nicht unmittelbar angesaugt wird. – Sind die Zu- und Abluftöffnungen unten am Gehäuse angeordnet, wie z.B. bei dem Generator der Abb. 36, so ist zu überprüfen, ob die Kühlluft durch Einbauten in einen Grundrahmen nicht behindert wird. – Die Luftöffnungen können auch oben angeordnet werden, wie z.B. bei dem Generator der Abb. 33 bzw. 35. Zur Erhaltung der Schutzart P 22 werden diese dann mit Luftstutzen und Abdeckhauben ausgerüstet. Befinden sich die Luftöffnungen an der Stirnseite der Lagerschilde, oberhalb der Wellen, wie z.B. bei dem Generator der Abb. 34, so muß beachtet werden, daß der Kühlluftaustritt durch das Schwungrad oder die Schwungradabdeckung nicht behindert wird.

Bei Maschinen höherer Leistung mit ihrer großen Verlustwärme ist im Maschinenraum des Schiffes dafür zu sorgen, daß genügend frische Luft zum Ansaugen zur Verfügung steht und daß die Abluft den Maschinenraum nicht zu sehr aufwärmt. Das kann durch Anschluß von Luftkanälen geschehen. Wird sowohl ein Zuluft- als auch ein Abluftkanal an der Maschine angeflanscht, so sind die Generatoren für Rohranschluß ausgeführt und die Schutzart ist P 33. Der unmittelbare Anschluß der Luftkanäle von Oberdeck kann bei kleinen Schiffen die Gefahr von Wassereinbrüchen, besonders im Stillstand, mit sich bringen, wenn nicht Wassersäcke vorgesehen werden. Reicht der Eigenlüfter der Maschine bei langen Rohrleitungen nicht aus, so muß ein Zusatzlüfter mit besonderem Antrieb eingesetzt, also eine kombinierte Eigen- und Fremdbelüftung angewendet werden. Eigen- und Fremdlüfter müssen in ihrer Fördermenge aufeinander abgestimmt sein. – Bei besonders engen Raumverhältnissen kann eine Kreislaufkühlung mit Rückkühlung der Warmluft in einem von Seewasser durchflossenen Kühler angewandt werden.

Bauform[1] und Lagerung. Die Generatoren werden in verschiedenen Bauformen meist mit waagerechter, in seltenen Fällen mit senkrechter

---

[1] Vgl. Konstruktive Gestaltung der Motoren, S. 206.

Welle, mit Schild- oder Stehlagern gebaut. Die Bauformen sind genormt[1]. Nach dieser Normung wird die Grundbauform durch einen Buchstaben wie folgt festgelegt:

A Maschinen ohne Lager, waagerechte Anordnung.
B Maschinen mit Schildlagern, waagerechte Anordnung.
C Maschinen mit Schild- und Stehlagern, waagerechte Anordnung.
D Maschinen mit Stehlagern, waagerechte Anordnung.
V Maschinen mit Schildlagern, senkrechte Anordnung.

Innerhalb dieser Gruppen wird die Gestaltung der Lagerung, die Ausführung von Gehäuse und Welle sowie die Befestigungs- bzw. Aufstellungsart durch Ziffern gekennzeichnet. – Bei Generatoren bestehen für die Anordnung der Lager und die Ausführung der Welle im wesentlichen drei Möglichkeiten, die in Abb. 32 für die Kupplung mit einem Dieselmotor angegeben sind. Unterhalb der Darstellung der Welle ist jeweils auch die Momentenfläche und die elastische Linie aufgezeichnet. Die Buchstabenbezeichnungen bedeuten:

A, B, C, D Druck an der Auflagerstelle; – a Außenlager des Dieselmotors; – b Wellenflansch; – c Gewicht des Schwungrades; – d Zwischenlager; – e elastische Kupplung; – f_B Generatorlager auf B-Seite (Bürstenseite); – f_C Generatorlager auf A-Seite (Antriebsseite); – g Gewicht des Ankers; – l Länge des Wellenstranges zwischen Außenlager a und Generatorlager f_B; – x größte Durchbiegung des Wellenstranges; – y Strecke, um welche die Lager gegenüber dem Außenlager a angehoben werden müssen.

Bei der Bauform B 2 oder B 16 werden Kraftmaschine und Generator starr gekuppelt, wobei der Generator nach Abb. 32a nur *ein* Lager besitzt. Dieses kann ein Wälz- oder ein Gleitlager sein. Die Flanschseite der Generatorwelle wird so mit der Welle des Dieselmotors gekuppelt, daß das Schwungrad zwischen den Flanschen b beider Wellen sitzt. Die Generatorwelle ist also antriebsseitig im Außenlager a des Dieselmotors gelagert und trägt deshalb das Schwungrad mit. Der Vorteil der Anordnung besteht in der kurzen Baulänge des Aggregates. Dagegen wird die Durchbiegung x der Generatorwelle verhältnismäßig groß. Der Wellenstrang zwischen den Lagern a und f_B kann dabei getrennt von der Welle des Dieselmotors behandelt werden, wenn man die vom Dieselmotor herrührenden Biegemomente vernachlässigt. Da das Gewicht des Schwungrades jedoch zum Teil von den Lagern des Dieselmotors getragen wird, erfährt auch dessen Welle eine Biegebeanspruchung. Diese darf mit Rücksicht auf die Kurbelkröpfung der Dieselwelle betriebsmäßig nicht bestehenbleiben. Die Wellenleitung wird deshalb nach Ankuppeln des Generators so ausgerichtet, daß sich die Kurbelwangenabstände bei einer

[1] DIN 42950, „Elektrische Maschinen, Bauformen", Okt. 1944.

Wellenumdrehung nicht über die zulässigen Toleranzen hinaus verändern, d.h. daß die Biegemomente der Dieselwelle durch das Schwungrad vernachlässigbar klein werden. Um dies zu erreichen, ist es notwendig, das B-seitige Generatorlager um den Betrag y zu heben. Wieweit ein Anheben der Generatorwelle zulässig ist, ist durch den Begriff der

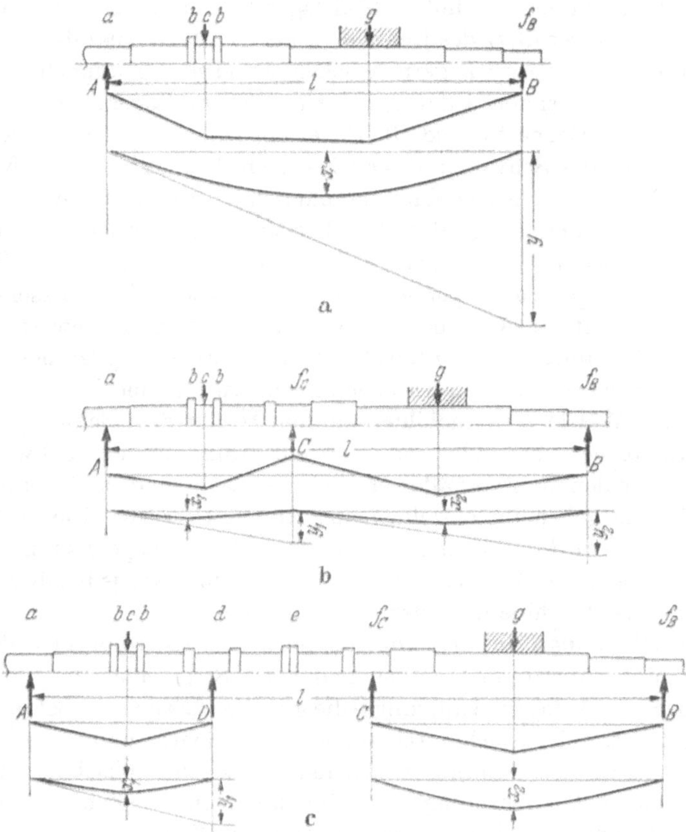

Abb. 32. Ausführung der Lagerung bei Generatoren (nach SCHIRMER/SEIFERT [23])

spezifischen Lagerüberhöhung festgelegt. Diese ist als Lagerüberhöhung in mm bezogen auf 1 m Generatorwellenlänge definiert und soll 0,3 mm maximal nicht überschreiten. – Die Durchbiegung der Welle ist durch ihre zulässige Beanspruchung, durch den Luftspalt und die Forderung begrenzt, daß die kritische Drehzahl genügend weit oberhalb der obersten Betriebsdrehzahl liegen muß. Erfahrungsgemäß wächst die zulässige Durchbiegung der Welle mit der Maschinenleistung nicht in dem Maße, wie der Lagerabstand zunimmt, so daß die spezifische Lagerüberhöhung bei größeren Maschinen im Verhältnis geringer ist als bei kleinen Maschinen.

Bei einem Generator in Bauform B 3 oder B 20, also einer Zweilagermaschine, kann eine starre *oder* eine elastische Kupplung mit der Kraftmaschine vorgenommen werden. Bei *starrer* Kupplung empfiehlt es sich, den Generator mit gleichartigen Lagern wie den Dieselmotor auszurüsten; da der Dieselmotor gewöhnlich Gleitlager hat, sind dann also auch die beiden Schildlager f_C, f_B des Generators als Gleitlager auszubilden. Wälzlager für den mit zwei Lagern versehenen und starr gekuppelten Stromerzeuger zu verwenden, ist wegen des ungleichen Lagerspieles zwischen Wälzlager am Generator und Gleitlager am Dieselmotor unzweckmäßig. Das Gewicht des Schwungrades c wird nach Abb. 32b zum großen Teil vom Außenlager a des Dieselmotors und dem antriebsseitigen Generatorlager f_C aufgenommen, so daß das B-seitige Generatorlager im wesentlichen nur noch den Anker g trägt. Auch in diesem Fall muß der Wellenstrang vom Lager a an so gehoben werden, daß die Welle in diesem Lager waagerecht liegt. Die Aufgabe wird hier jedoch dadurch erschwert, daß die beiden Generatorlager um unterschiedliche Beträge y_1, y_2 zu heben sind.

Wenn der Generator elastisch gekuppelt wird, können seine Lager als Gleit- *oder* Wälzlager ausgebildet werden. Hinter dem Schwungrad, sofern ein solches vorhanden ist, muß zur Aufnahme des Schwungradgewichtes in den meisten Fällen ein weiteres Lager eingebaut werden. Die Verhältnisse gehen im einzelnen aus Abb. 32c hervor. Die Welle des Dieselmotors wird durch Anheben des zusätzlichen Lagers d um den Betrag y_1 ausgerichtet. Die Generatorwelle richtet man wie jede mit 2 Lagern ausgerüstete Maschine nach der Kupplung aus.

Betrachtet man die drei angeführten Fälle, so ergibt sich, daß die erstgenannte Anordnung – Ausführung des Stromerzeugers mit *einem* Schildlager und starrer Kupplung – die günstige Lösung für Schiffsdieselaggregate ist, weil sie sich durch einfaches Ausrichten und kleinen Platzbedarf auszeichnet. Die oft beim Aufstellen solcher Maschinensätze an Land verwendete Anordnung nach Abb. 32c ist in bezug auf die Einfachheit des Kuppelns und Ausrichtens dem ersten Fall gleichwertig, hat jedoch den Nachteil eines verhältnismäßig großen Platzbedarfes. Die Ausführung des Generators mit 2 Lagern und starrer Kupplung führt zwar zu keiner wesentlichen Verlängerung des Maschinensatzes gegenüber dem ersten Fall, jedoch ist das Ausrichten des Wellenstranges bedeutend schwieriger. Das unterschiedliche Heben der Lager und das Fehlen einer Kontrollmöglichkeit am auszurichtenden Generator führt zu ungleich belasteten Lagern.

Schräglagen. Beim Bau der Generatoren sind die in den Vorschriften der verschiedenen Klassifikationsgesellschaften angegebenen Schräglagen zu berücksichtigen. Die wichtigsten sind bei:

GL; LRS; BV; NV.	15°	Neigung nach Bb und Stb dauernd,
	$22^1/_2$°	Neigung nach Bb und Stb beim Schlingern.
	10°	Neigung längsschiffs beim Stampfen.
ABS.	15°	Neigung nach Bb und Stb dauernd,
	$22^1/_2$°	Neigung nach Bb und Stb beim Schlingern,
	5°	Neigung längsschiffs beim Stampfen.

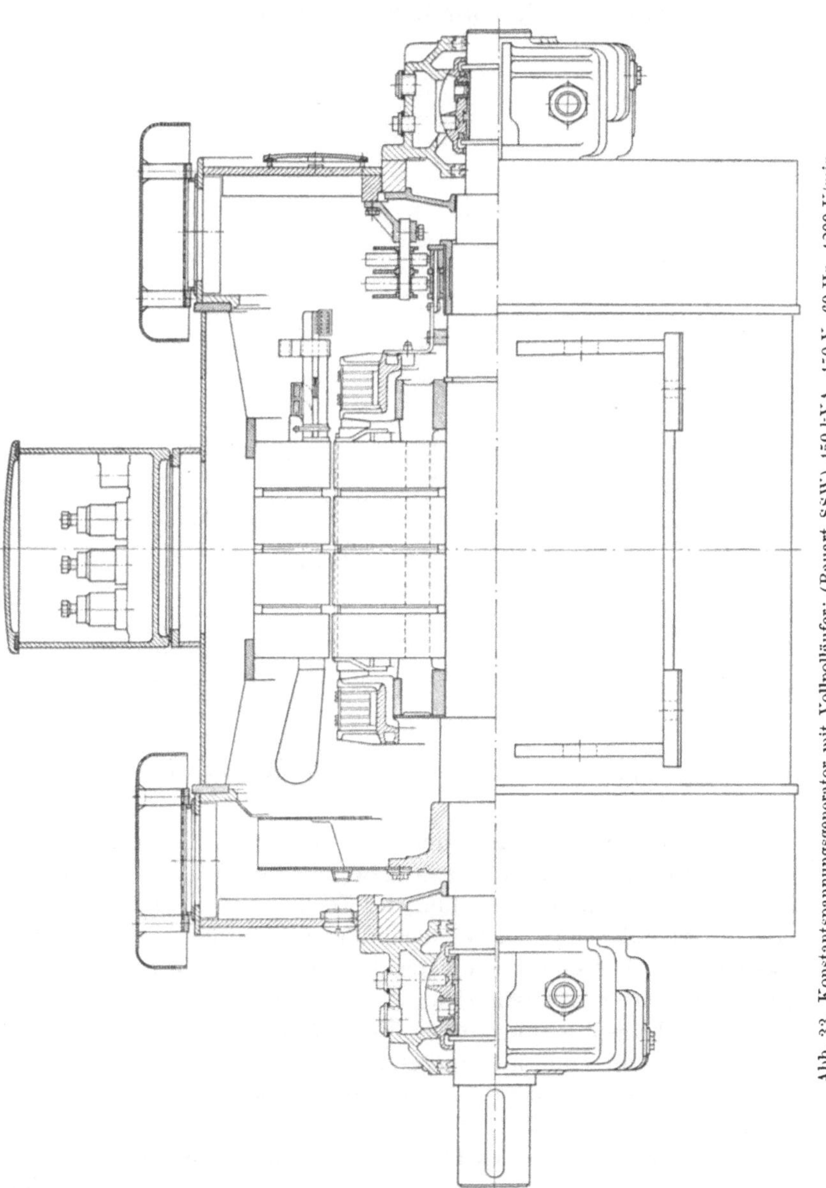

Abb. 33. Konstantspannungsgenerator mit Vollpolläufer: (Bauart SSW) 450 kVA, 450 V, 60 Hz, 1200 U/min

Im allgemeinen werden die Maschinen in Längsrichtung des Schiffes aufgestellt, um zusätzliche Beanspruchungen durch die Kreiselwirkung der umlaufenden Teile bei Schlingerbewegungen zu vermeiden.

Ausgeführte Maschinen. In Abb. 33 ist die Schnittzeichnung eines Drehstrom-Konstantspannungsgenerators in Schiffsausführung wiedergegeben. Die Maschine ist in Form B 20 gebaut und hat 2 Gleitlager. Der

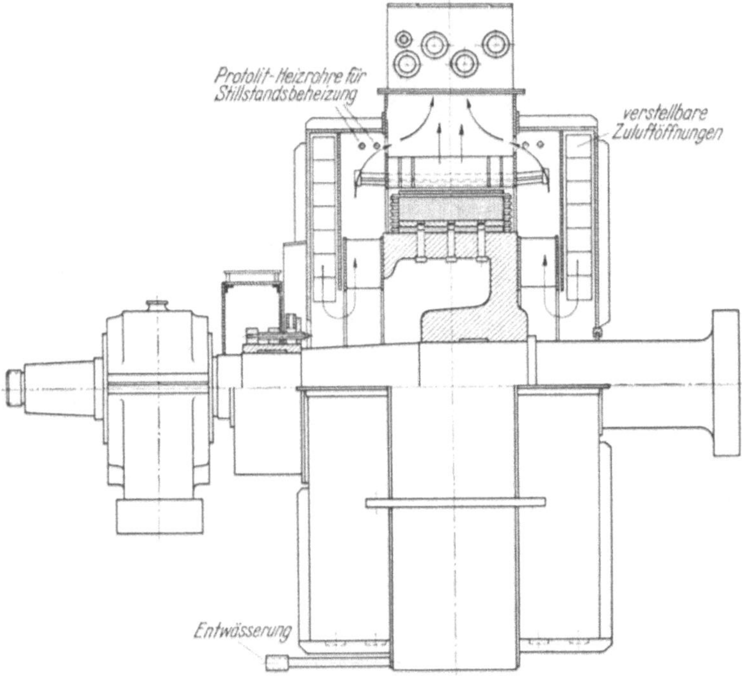

Abb. 34. Konstantspannungsgenerator; (Bauart SSW) 665 kVA, 450 V, 60 Hz, 275 U/min (nach VOGLER [26])

Läufer ist ein lamellierter Vollpolläufer, d.h. er besitzt keine ausgeprägten Pole. Diese Ausführung ist in einem gewissen Leistungsbereich zweckmäßig, weil sich wegen der Verteilung der Erregerwicklung in Nuten und der damit verbundenen guten Wärmeabführung eine höhere Ausnutzung des aktiven Materials – ohne eine Verschlechterung des Wirkungsgrades – erzielen läßt. Die Dämpferstäbe liegen in Nuten der Bleche und sind so gegen die Beanspruchung durch Fliehkräfte gut geschützt. Gegenüber einer Maschine mit ausgeprägten Polen ergibt sich infolge der Symmetrie des Vollpolläufers eine gute Spannungshaltung – gerade bei Konstantspannungsmaschinen.

Die Schnittzeichnung eines Drehstromgenerators, der für einen besonderen Verwendungszweck ähnlich wie ein Wellengenerator in den Zug der Wellenleitung zwischen Dieselmotor und Propeller eingebaut ist, gibt Abb. 34 wieder. Die Maschine ist als Einlagermaschine in Bauform D 1, also mit *einem Steh*lager, das als Gleitlager ausgebildet ist, gebaut. Die Drehzahl liegt mit 275 U/min verhältnismäßig niedrig. Der Generator hat ausgeprägte Pole, wobei zur Erzielung eines kleinen Durchmessers Langpole gewählt wurden. Die Maschine ist bis etwa Mitte Welle wasserdicht geschweißt, wie es oft für Schiffsgeneratoren gefordert wird. An tiefster Stelle befindet sich eine Entwässerungsöffnung. Die Lagerschilde sind geteilt, so daß die Hälften einzeln abgebaut werden können. Aus diesem Grunde wurde auch ein Stehlager verwendet. Hierbei muß ein besonders steifer Fundamentrahmen vorgesehen werden, damit keine Schäden durch Verbiegungen oder Verwindungen des Schiffskörpers im Seegang entstehen. Eine Erregermaschine entfällt, da auch bei dieser Maschine die Erregung über Erregertransformator, Drosselspule und Gleichrichter geliefert wird. – Im Stillstand der Maschine kann eine elektrische Beheizung mit Heizrohren eingeschaltet werden, um eine Schwitzwasserbildung zu verhindern. Die Luftführung ist aus der Schnittzeichnung zu ersehen. Die Zuluft tritt über verstellbare Zuluftöffnungen in die Maschine ein. Die Maschine entspricht den Vorschriften von LRS.

Abb. 35. Konstantspannungsgenerator mit Konstantspannungsgerät; (Bauart SSW) 750 kVA, 450 V, 60 Hz, 1200 U/min

Die sogenannten Konstantspannungsgeräte für die Erregung von Konstantspannungsgeneratoren, wie Erregertransformator, Drosselspule, Gleichrichter und Kondensatoren werden meist in einen besonderen Rahmen nach Abb. 35 angeordnet und in die zugehörige Schalttafel eingebaut[1]. Es finden sich aber auch zunehmend Ausführungen, bei denen

[1] Vgl. Hauptschalttafeln, S. 126.

die Geräte oben auf dem Rücken des Generators aufgebaut werden. Hierbei ist Sorge zu tragen, daß sowohl die Einzelgeräte als auch ihre Ver-

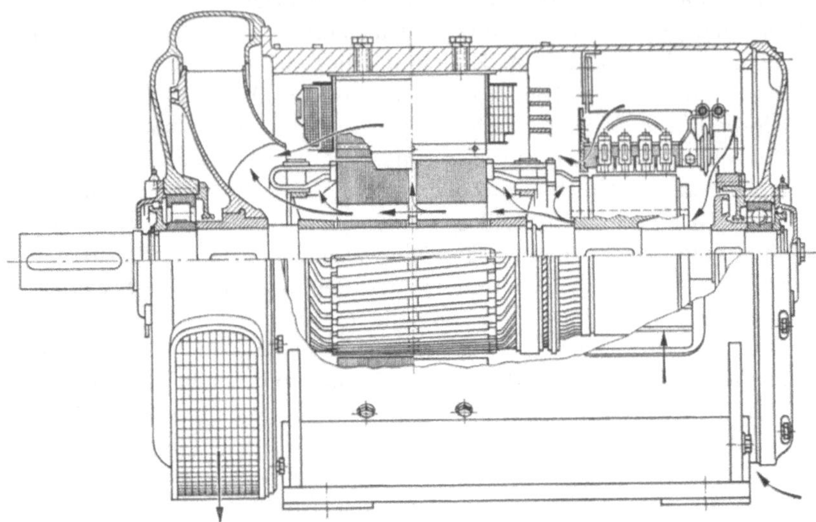

Abb. 36. Gleichstrom-Doppelschlußgenerator (Bauart Still) 60 kW, 230 V, 1000 U/min

bindungsleitungen und Schienen den möglicherweise von den Antriebsmaschinen der Generatoren herrührenden Erschütterungen standhalten.

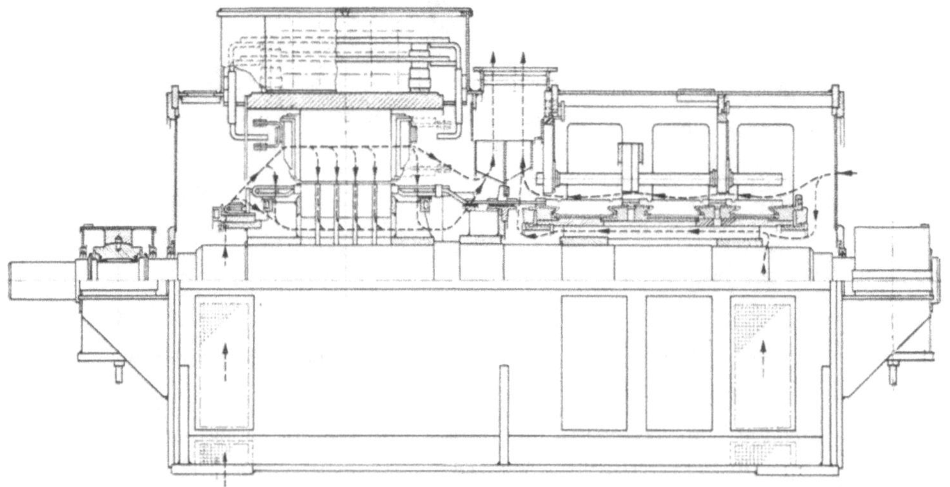

Abb. 37. Gleichstrom-Doppelschlußgenerator (Bauart SSW) 500 kW, 230 V, 1600 U/min

In Abb. 36 ist die Schnittzeichnung für einen vierpoligen Gleichstromgenerator mit Wendepolen wiedergegeben. Der Generator ist nach den

Vorschriften von NV in Bauform B 3 mit Wälzlagern in Schutzart P 12 gebaut. Die Drehzahl liegt bei 1000 U/min. Die Zuluft tritt über den Kommutator, der auf der B-Seite liegt, ein und verläßt die Maschine über die A-Seite, auf der sich das Ventilatorrad befindet. Die Luft wird also durch die Maschine hindurchgesaugt.

Bei großen Gleichstromgeneratoren wird oft ein geteiltes Polgehäuse vorgesehen, um den Läufer bei engen Raumverhältnissen zu Reparaturzwecken nach oben ausbauen zu können. So ist z.B. der Gleichstromgenerator der Abb. 37 gebaut, der durch eine Dampfturbine über ein Untersetzungsgetriebe angetrieben wird. Die Turbine arbeitet mit 10000, der Generator mit 1600 U/min. Die Maschine ist als Doppelkollektormaschine ausgeführt, um den Durchmesser des Kollektors mit Rücksicht auf die Fliehkräfte bei der genannten Drehzahl zu beschränken. Die Luftführung ist der Zeichnung zu entnehmen. Die Bauform der in Schutzart P 11 gebauten Maschine ist B 3, wobei *Gleit*lager verwendet werden. Die Ausführung des Generators entspricht den Vorschriften des GL.

5. Parallelbetrieb von Drehstromgeneratoren

Um einen Drehstrom-Synchrongenerator mit einem anderen oder dem Netz ohne Aufnahme von stoßartigen Ausgleichsströmen *parallelschalten* zu können, müssen Größe und Phasenlage der Spannungen sowie die Frequenzen beider Systeme übereinstimmen. Darüber hinaus muß bei der *ersten* Inbetriebnahme sichergestellt sein, daß die zeitliche Folge der Phasen aller Maschinen die gleiche ist; es müssen also jeweils die gleichnamigen Hauptleiter miteinander verbunden werden. In Schiffsanlagen kann das Abgleichen von Spannung, Phase und Frequenz dadurch erschwert sein, daß das Netz bei Lastschwankungen weniger ruhig ist, als ein großes Netz an Land.

Gleiche Effektivwerte der *Spannungen* werden durch Einstellen der Erregung bei der zuzuschaltenden Maschine erreicht und durch Spannungsmesser, die oft als Doppelspannungsmesser ausgeführt sind, angezeigt. Gleichheit der *Frequenzen* läßt sich durch Verändern der Drehzahl bei der Kraftmaschine bewirken und durch Doppelfrequenzmesser kontrollieren.

Gleiche *Phasenlage* ist an dem Verlöschen oder Aufleuchten von Lampen erkennbar. Wegen ihrer besonderen Einfachheit wird im Bordbetrieb die sogenannte *Dunkelschaltung*, seltener die *Hell*schaltung bevorzugt. Bei der Dunkelschaltung werden die Klemmen der zuzuschaltenden Maschine bei noch offenem Generatorschalter mit den Sammelschienen, d.h. den bereits in Betrieb befindlichen Maschinen über Lampen verbunden. Die Lampen leuchten periodisch auf, bis der Synchronismus errreicht wird. Dann ist die geometrische Differenzspannung beider Systeme gleich

Null, die Lampen erlöschen und der Schalter kann eingelegt werden. Die Lampen müssen bei unmittelbarem Anschluß für die doppelte Strangspannung des Generators bemessen oder über Vorwiderstände bzw. Transformatoren angeschlossen werden, damit sie in Phasenopposition, wenn sie an der doppelten Generatorspannung liegen, nicht durchbrennen. Für Schiffsanlagen hat sich eine einphasige Dunkelschaltung über Zwischentransformatoren nach Abb. 38 eingeführt. Die Schaltung ist verwendbar für Generatoren mit geerdetem *oder* ungeerdetem Sternpunkt. Bei dem Synchronisier*anzeigegerät*, das aus Abb. 39 zu erkennen ist, werden die Lampen beim Anfahren eines Generators ein- bzw. beim Stillsetzen abgeschaltet, so daß die Verwendung eines handbetätigten Vorwahlschalters entfällt; dazu erhält aber *jeder* Generator Synchronisierlampen. – *Synchronoskope* werden im Bordbetrieb seltener verwendet. Im Prinzip sind diese Geräte Drehstrommotoren, deren Ständerwicklung an das Netz und deren Läuferwicklung an den Generator angeschlossen werden. Dabei wird meist eine der beiden Wicklungen – seltener beide –, einphasig ausgeführt. – *Selbsttätig* wirkende *Parallelschaltgeräte*, wie sie in großen Landzentralen üblich sind, haben sich in Einzelfällen an Bord bei großen Generatoren, z. B. auf Fahrgastschiffen und für Propellerantriebe bewährt, wenn als Kontaktsystem keine Quecksilberschalter, die schräglageempfindlich sind, verwendet werden.

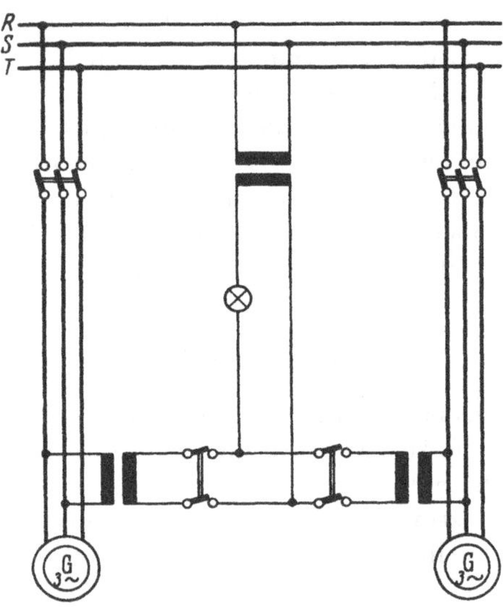

Abb. 38. Dunkelschaltung

Zur Vereinfachung des Parallelschaltens – besonders im Zuge der *Automatisierung* des Schiffsbetriebes – führt sich heute für den Bordbetrieb mehr und mehr das Synchronisieren über eine Drosselspule nach dem Prinzip der *Grobsynchronisation* ein. Das gilt insbesondere für Konstantspannungsgeneratoren, die über Transformatoren und Gleichrichter lastabhängig erregt werden. Bei diesen ist nur eine Angleichung der Frequenzen und gleiche Phasenlage erforderlich; die Nennspannung stellt sich durch die Erregerschaltung von selbst ein. Diese Synchronisiereinrichtungen sind so auszulegen, daß bei Frequenzabweichungen bis etwa 2 Hz auch mit Fehlwinkeln bis zu 180° – also sogar bei Phasenopposition – und auch bei starken Lastschwankungen synchronisiert werden kann. Der parallelzuschaltende Generator wird dabei nach dem Schaltbild der Abb. 39 durch ein Luftschütz über die – meist allen Generatoren gemeinsame – Synchronisierdoppelspule mit dem Netz elektrisch verbunden und schwingt je nach Schwungmoment, Phasenlage und Frequenzabweichung in wenigen Sekunden in den Synchronismus

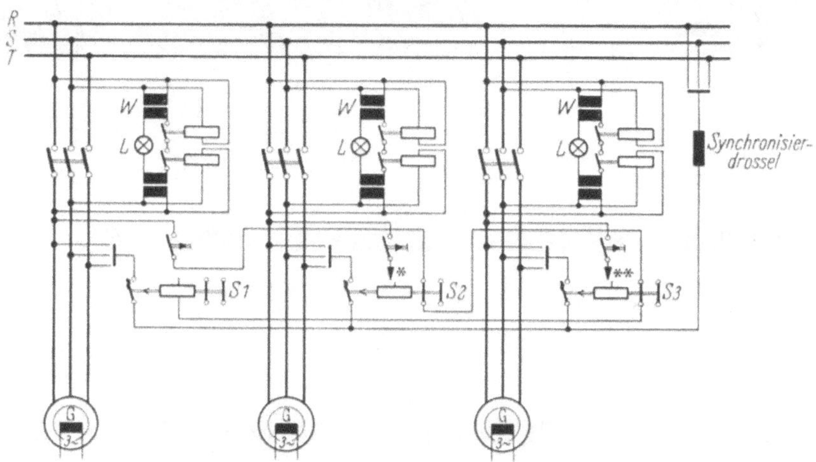

Abb. 39. Schaltung für das Synchronisieren von 3 Generatoren gleicher Leistung über eine Drosselspule
L Synchronisierlampen; *S* 1–3 Synchronisierschütz mit Abfallverzögerung durch Zeitrelais; *W* Spannungswandler; * Verriegelung durch *S* 1 und *S* 3; ** Verriegelung durch *S* 1 und *S* 2

ein. Die Drosselspule begrenzt dabei den Ausgleichstrom zwischen Generator und Netz auf einen zulässigen Wert. – In dieser Weise arbeitet z. B. auch die unter der Bezeichnung „*Synchromat*“[1] gebaute Synchronisiereinrichtung. Der parallel zu schaltende Generator wird dabei durch einen Vorwahlschalter angewählt. Bei dem System nach dem Schaltbild der Abb. 39 entfällt ein Wahlschalter, da die Synchronisierlampen schon durch die Druckknopfbetätigung selbsttätig aus- und eingeschaltet werden und die Synchronisierschütze gegeneinander verriegelt sind.

Das Oszillogramm der Abb. 40 zeigt den zeitlichen Verlauf von Spannung und Strom beim Grobsynchronisieren zweier durch Dieselmotoren angetriebener Konstantspannungsgeneratoren bei einer Abweichung der Phasenwinkel von 90° und einer Frequenzdifferenz von 1 Hz im Augenblick des Zusammenschaltens. Die obere Kurve zeigt jeweils die Meßspannung, die untere den Ausgleichsstrom in der Drosselspule. Beim Abklingen des Einschwingvorganges verbleibt nach etwa 2 sek noch eine Winkelabweichung von 7°; für das endgültige Parallelschalten der

[1] Bauart AEG.

Generatoren ist das aber bereits ohne Belang. Bei handbetätigtem Generatorschalter hält ein Zeitrelais das Synchronisierschütz so lange in eingeschaltetem Zustand, daß Zeit für das Einlegen des Schalters vorhanden ist. Bei fernbetätigtem Generatorschalter hingegen schaltet ein Zeitrelais den Schalter automatisch ein.

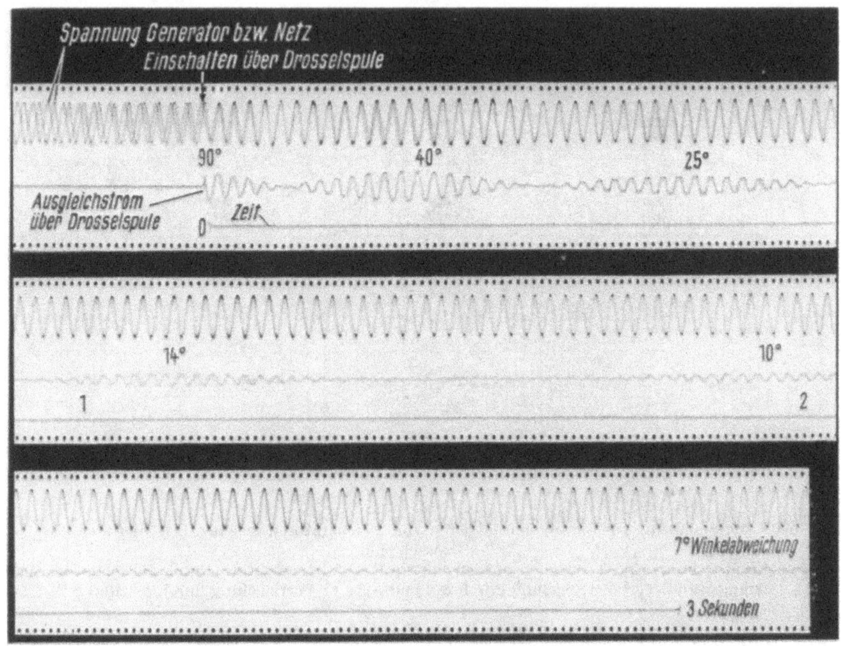

Abb. 40. Synchronisieren über Drosselspule (nach VOGLER/LÜTGE [27])

In Abb. 41 ist das Schaltbild für Parallelbetrieb von Drehstrom-Synchrongeneratoren mit angebauter Erregermaschine und den hierfür üblicherweise an Bord verwendeten Meß- und Schaltgeräten, jedoch ohne Synchronisierlampen, aufgezeichnet.

Ein einwandfreier Parallel*betrieb* von Drehstrom-Synchrongeneratoren erfordert, daß sich *Wirk- und Blind*leistung gleichmäßig bzw. entsprechend der Nennleistung der Maschinen aufteilen. Die *Wirk*leistung wird durch Veränderung des Sollwertes der Drehzahlregler der Kraftmaschinen eingestellt bzw. ergibt sich durch deren Charakteristik. In Abb. 42 sind die Drehzahlkennlinien a, b für zwei Maschinen aufgezeichnet. Sind die Generatoren parallel geschaltet, so ist es nicht möglich, durch Verstellung des Reglers die *Frequenz* nur für *eine* der Maschinen zu verändern. Bei gleicher Drehzahl n gibt somit Maschine 1 die Leistung P_1, Maschine 2 die Leistung P_2 ab. Um beiden Maschinen gleiche Leistung zu entnehmen, müssen die Kennlinien *a* und *b* durch Verstellung des Sollwertes des Drehzahlreglers zur Deckung gebracht werden. Bei Maschinen ungleicher Größe müssen die Regler so verstellt

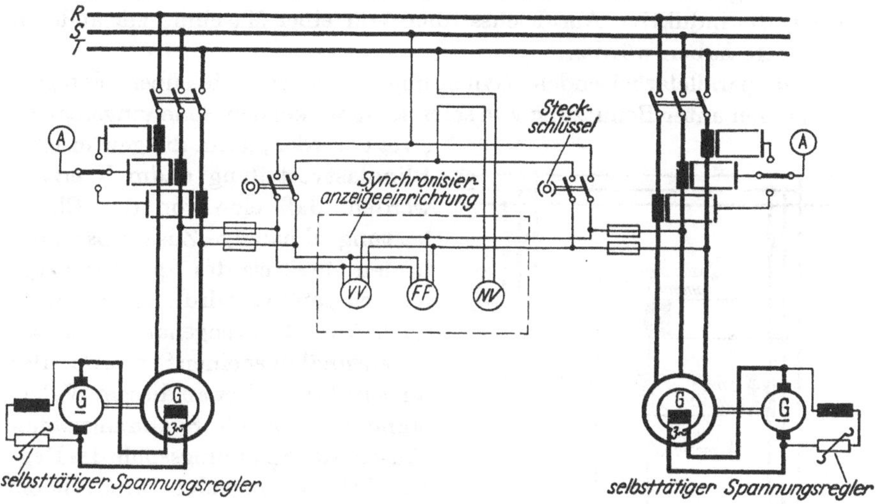

Abb. 41. Schaltung für parallel arbeitende Drehstrom-Synchrongeneratoren mit Erregermaschine

werden, daß jede Maschine entsprechend ihrer Leistungsfähigkeit belastet wird. – Einer bestimmten Drehzahl darf nur *eine* Leistung zugeordnet werden. Diese Bedingung wird dadurch erfüllt, daß die Drehzahlkennlinien aller parallel arbeitenden Maschinen einen gleichen Wert der *P*-Abweichung (Statik)[1] von Nennlast auf Leerlauf mit 3–5% aufweisen, wobei die Vollastdrehzahl für Nennfrequenz gilt. Die Drehzahlkennlinien müssen ferner über den gesamten Lastbereich möglichst geradlinig verlaufen. Die Regler der Kraftmaschinen dürfen nicht zu Pendelungen, die einen einwandfreien Parallelbetrieb unmöglich machen würden, neigen.

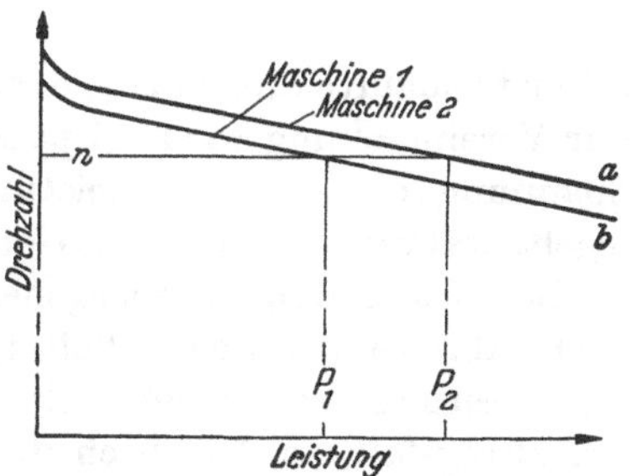

Abb. 42. Kennlinien von Drehzahlreglern

Die *Blind*leistungsabgabe kann nur durch die Erregung beeinflußt werden. Maschinen gleicher Nennleistung und gleicher Erregerdaten sollen in jedem Belastungszustand ungefähr gleich hoch erregt werden.

[1] Vgl. DIN 19226 „Regelungs- und Steuerungstechnik“, Jan. 1954.

Bei Maschinen nicht gleicher Nennleistung müssen die Erregerströme so groß sein, daß jede Maschine anteilig zur Blindleistungsabgabe herangezogen wird – ähnlich wie bei der Wirkleistungsverteilung. In beiden Fällen ergeben sich dann keine unterschiedlichen EMKe der Generatoren, die induktive Ausgleichsströme von einer Maschine zur anderen zur Folge haben würden.

Bei parallelarbeitenden Synchrongeneratoren, die über Erregermaschinen unter Benutzung von selbsttätig wirkenden Spannungsreglern erregt werden, kann die gewünschte Blindlastverteilung dadurch erzielt werden, daß eine von der Blindleistung abhängige Zusatzspannung in den Meßkreis des Spannungsreglers eingeführt wird. Hierzu wird nach Abb. 43 ein sogenannter *Statikwiderstand*[1] über einen Stromwandler angeschlossen. Der an diesem Widerstand entstehende Spannungsabfall täuscht der Spannungsspule des Reglers bei zunehmender Blindlast ein Ansteigen der Spannung vor, so daß der Regler versucht, die Generatorspannung herabzusetzen. Das Einschalten des Statikwiderstandes hat eine mit kleiner werdendem Leistungsfaktor größer werdende Neigung der Strom-Spannungs-Kennlinie zur Folge, die eine eindeutige Blindstromaufteilung auf die parallelarbeitenden Maschinen gewährleistet.

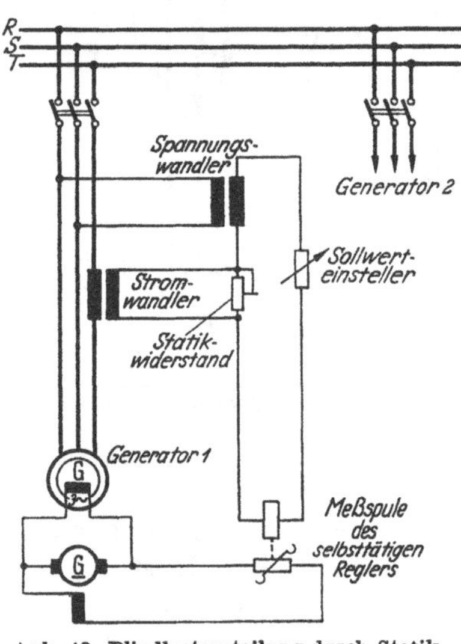

Abb. 43. Blindlastverteilung durch Statikwiderstand

Zur Vereinfachung wird bei parallelarbeitenden Generatoren oft nur die Spannung bzw. die Blindleistungsabgabe des einen selbsttätig ausgeregelt, während die anderen Generatoren ungeregelt mitlaufen.

Bei Konstantspannungsgeneratoren werden die Erregerwicklungen nach Abb. 44 parallelgeschaltet, sofern es sich um Maschinen *gleicher* Nennleistung bzw. gleicher Erregerdaten handelt. Dadurch ist in jedem Belastungsfall ein Ausgleich der Erregerströme gegeben; man kann in ungefährer Analogie zur Gleichstrommaschine auch hier den Begriff „Ausgleichsleitung“[2] prägen.

Für den Parallelbetrieb von Generatoren ungleicher Leistung und/oder ungleicher Drehzahl bzw. verschiedener Erregerdaten kann eine Schaltung nach Abb. 45 verwendet werden, bei der die Erregerwicklungen

[1] Vgl. Fußnote auf S. 54.

[2] Vgl. Parallelbetrieb von Gleichstromgeneratoren, S. 77

der Generatoren über eine vierpolige Ausgleichsleitung und Zusatzgleichrichter miteinander verbunden sind. Da jeweils der Zusatzgleichrichter des einen Generators mit der Erregerwicklung des anderen Generators parallelgeschaltet ist, wird bei nicht proportionaler Blindlastverteilung ein Ausgleichsstrom zu *dem* Generator fließen, der zu niedrige Blindlast führt und darum eine zu niedrige Erregung aufweist. Durch den Ausgleichsstrom wird die Erregung dieser Maschine so verstärkt, daß mit der wieder anwachsenden Blindleistungsabgabe eine Angleichung erfolgt.

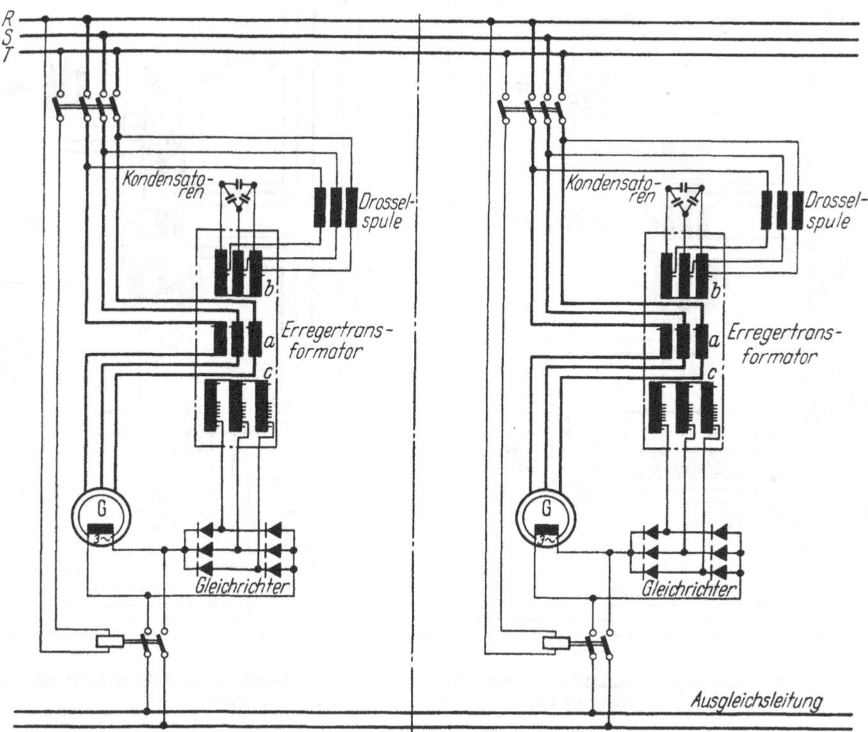

Abb. 44. Schaltung für parallel arbeitende Konstantspannungsgeneratoren gleicher Leistung

Haben die beiden in der Leistung ungleichen Generatoren gleiche oder nur unwesentlich verschiedene Erregerdaten, so ist auch mit einer zweipoligen Ausgleichsleitung zur Verbindung der Erregerwicklungen auszukommen, wie es in Abb. 44 für den Parallelbetrieb von Generatoren gleicher Leistung gezeigt ist. Dazu kann gegebenenfalls in Reihe zu der Erregerwicklung, die eine etwas kleinere Erregerspannung hat, ein ohmscher Widerstand geschaltet werden, so daß die Summe der Spannungsabfälle am Vorschaltwiderstand und der Wicklung gleich der Erregerspannung des anderen Generators wird.

Der zeitliche Verlauf der Spannungskurve kann bei Drehstromgeneratoren Abweichungen von der Sinusform aufweisen, wodurch auch Oberwellen höherer, insbesondere der dreifachen Frequenz auftreten. Diese Spannungen sind bei gleichen Generatoren in allen Phasen gleich groß und

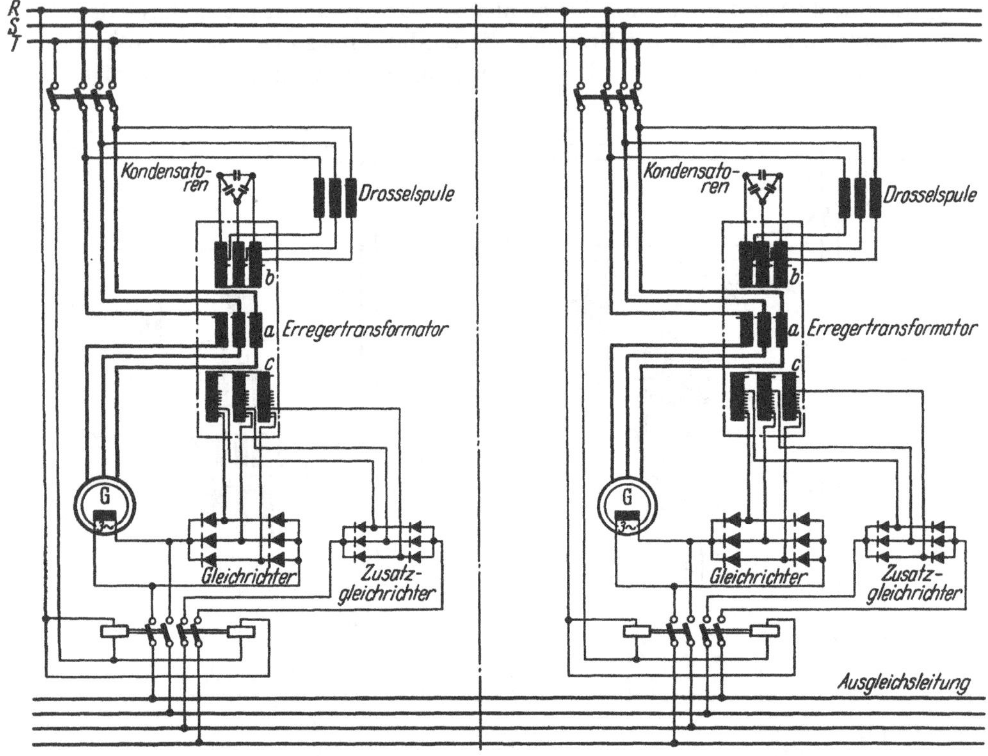

Abb. 45. Schaltung für parallel arbeitende Konstantspannungsgeneratoren ungleicher Leistung, ungleicher Drehzahl oder verschiedener Erregerdaten

liegen auch zeitlich in Phase. Bei symmetrischer Belastung haben auch die zugehörigen Ströme gleiche Größe und zeitlich gleiche Phasenlage und können bei Dreieckschaltung des Generators zu zusätzlichen Erwärmungen innerhalb der Maschine führen[1]. Bei Sternschaltung treten sie in der Leiterspannung nicht in Erscheinung; sie können aber bei Vierleitersystemen im Sternpunktleiter unzulässige Erwärmungen hervorrufen. – Bei Generatoren *gleicher* Leistung, Drehzahl und Konstruktion ergeben sich bei gleicher Belastung im Parallelbetrieb dadurch praktisch keine Schwierigkeiten, da sich die von den einzelnen Generatoren in gleicher

[1] Vgl. Generatoren, Elektrische Ausführung, S. 35.

Phasenlage kommenden gleich großen Oberwellenspannungen aufheben. Beim Parallelbetrieb von Generatoren *unterschiedlicher* Leistung, Drehzahl oder Konstruktion kann jedoch eine unzulässige Erwärmung der die Sternpunkte der Maschinen verbindenden Kabel durch Ausgleichsströme eintreten. Durch in den Sternpunkt der Generatoren geschaltete Drosselspulen lassen sich jedoch diese Ausgleichsströme auf zulässige Werte herabdrücken.

6. Parallelbetrieb von Gleichstromgeneratoren

Für das Parallel*schalten* von Gleichstromgeneratoren ist gleiche *Spannung* und gleiche *Polarität* aller Maschinen Voraussetzung. Das Ziel eines guten Parallellaufes ist eine der Leistungsfähigkeit der einzelnen Maschinen entsprechende Lastverteilung. Diese kann durch die Erregung der einzelnen Maschinen eingestellt werden. Im übrigen gilt auch hier, wie bei den Drehstromgeneratoren, daß die P-Abweichung der Regler an den Kraftmaschinen 5% nicht überschreiten soll. Eine größere Absenkung würde bei Lastanstieg zu einer zu großen Spannungsabsenkung führen.

Parallelbetrieb von Nebenschlußgeneratoren. Die Strom-Spannungs-Kennlinien (äußere Kennlinien) müssen bei Maschinen *gleicher* Leistung möglichst gleichartigen Verlauf haben. In Abb. 46 hat die Maschine 1 die Kennlinie a, die Maschine 2 die Kennlinie b. P ist der Nennlastpunkt, in dem sich der Laststrom gleichmäßig auf beide Maschinen verteilt. Sinkt die Nennspannung U infolge zunehmender Belastung auf U_1, so ergibt sich bei diesen ungleichen Kennlinien eine Leistungsverschiebung. Maschine 1 gibt den Strom I_1, Maschine 2 den Strom I_2 ab und es besteht die Möglichkeit der Überlastung des Generators *1*. Für die Lastverteilung ist somit die „Härte" der Maschinen maßgebend. Die härtere Maschine, deren Kennlinie also die schwächere Neigung aufweist, übernimmt den größeren Lastanteil, während die weichere Maschine schwächer belastet wird.

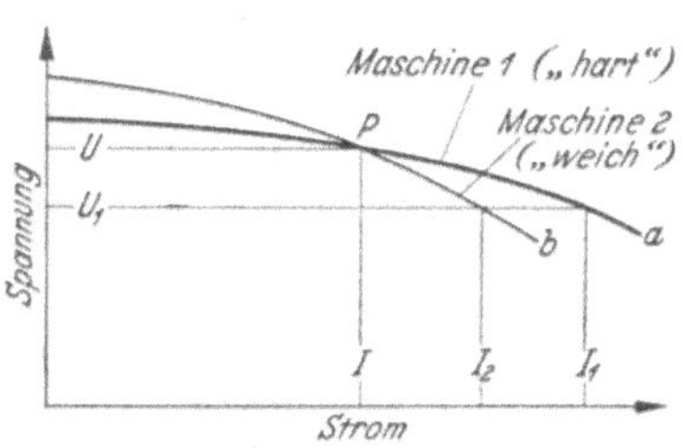

Abb. 46. Parallelbetrieb von Nebenschlußgeneratoren gleicher Leistung mit ungleichen Kennlinien

Generatoren *ungleicher* Leistung können, wie es aus Abb. 47 zu ersehen ist, nur dann einen ihrer Nennleistung verhältnisgleichen Lastanteil übernehmen, wenn sie dabei den gleichen inneren Spannungsabfall a haben. Die Bedingung $a_1 = a_2$ ist erfüllt, wenn sich die Belastungsströme $I_1:I_2$ wie die Nennleistungen der Generatoren $P_1 : P_2$ verhalten.

Eine gleichmäßige Lastverteilung beim Parallelbetrieb gleichgroßer Nebenschlußgeneratoren mit ungleichen Kennlinien kann auch dadurch erzielt werden, daß bei Verwendung von Öldruckreglern, welche die Nebenschlußfeldsteller betätigen, in das Spannungsmeßwerk dieser Regler Stromspulen eingebaut werden, die über eine Ausgleichsleitung verbunden sind. Durch diese Maßnahme wird eine Verschiebung der Kennlinien derart erzielt, daß sich die Betriebspunkte aller Maschinen decken. Auch der Parallelbetrieb von Generatoren ungleicher Leistung kann auf diese Art mit verhältnisgleichen Lastanteilen der Maschinen durchgeführt werden.

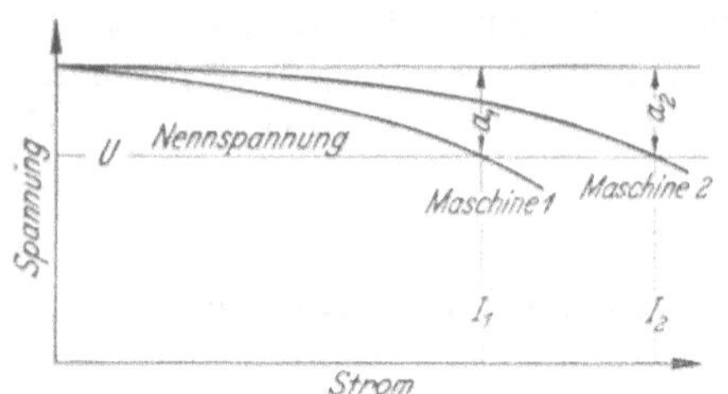

Abb. 47. Parallelbetrieb von Nebenschlußgeneratoren ungleicher Leistung

Parallelbetrieb von Doppelschlußgeneratoren. Bei Doppelschlußgeneratoren liegt für den Parallelbetrieb gegenüber den Nebenschlußmaschinen insofern noch eine Erschwerung vor, als eine Änderung der Lastströme auch eine Änderung der Erregungen verursacht. – Diese Verhältnisse veranschaulicht für Maschinen *gleicher* Leistung Abb. 48. Steigt die Spannung der Maschine 1 z.B. durch Erhöhen der Drehzahl an, so erhöht sich zunächst der von ihr abgegebene Belastungsstrom, wogegen der Strom der Maschine 2 entsprechend zurückgeht, wenn Netzbelastung und Netzspannung gleichbleiben. Das Ansteigen des Stromes bei Maschine 1 – im weiteren mit Differentialstrom ΔI bezeichnet – verstärkt deren Feld, was einen weiteren Spannungs- bzw. Stromanstieg nach sich zieht. Der Vorgang kann sich unter besonders ungünstigen Verhältnissen so weit „aufschaukeln", daß Maschine 1 die gesamte Last übernimmt oder sich in der Maschine 2 die Stromrichtung umkehrt, diese Maschine also Leistung aufnimmt und motorisch arbeitet. Wird nun zwischen die Klemmen F_1 und F_2 der Reihenschlußwicklungen beider Maschinen eine sogenannte *Ausgleichsleitung a* geschaltet, so verzweigt sich der Differenzstrom ΔI dadurch in die Ströme ΔI_a über die Ausgleichsleitung und ΔI_r über die in Serie liegenden Reihenschlußwicklungen. Dies hat zur Folge, daß das Reihenschlußfeld der Maschine 2 weniger geschwächt bzw. bei Maschine 1 in geringerem Maße verstärkt wird, als wenn der volle Differenzstrom ΔI

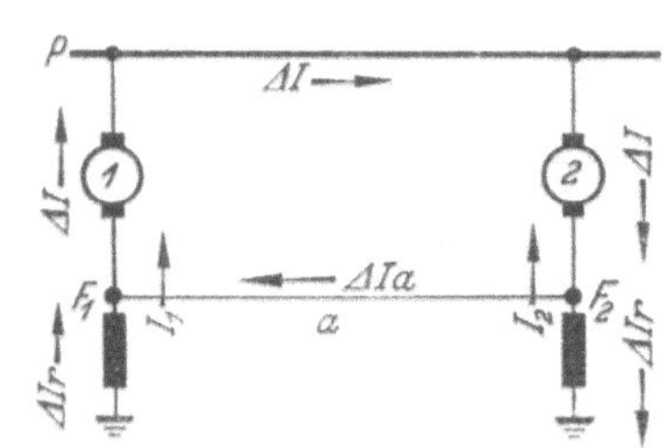

Abb. 48. Parallelbetrieb von Doppelschlußgeneratoren

über diese Wicklungen fließen würde. Die trotzdem noch verbleibende Differenz der Spannungen beider Maschinen wird zum Teil durch die in der Maschine 1 verstärkte, in Maschine 2 verminderte Ankerrückwirkung ausgeglichen. – Man kann diese Wirkung noch durch Aufbringen einer schwachen Gegenreihenschlußwicklung auf den Polen oder auch durch Bürstenverschiebung verstärken.

Bei ungünstigen Verhältnissen für den Parallellauf soll der Widerstand der Ausgleichsleitung durch Zusammenlegen in *einen* Punkt praktisch gleich Null gemacht werden. Dazu werden nach Abb. 49 die

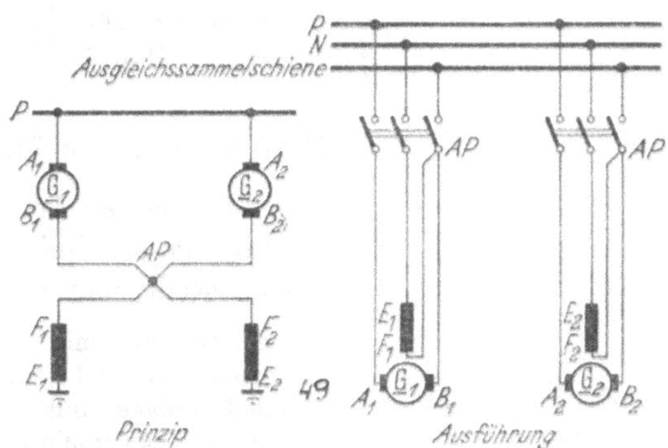

Abb. 49. Punktförmige Zusammenlegung der Ausgleichsleitung

Anschlüsse, B_1, B_2 der Anker und F_1, F_2 der Reihenschlußwicklungen in *einen* Punkt AP zusammengeführt bzw. an je einen Kontakt der Generatorschalter angeschlossen; die Gegenkontakte werden dann durch die Ausgleichsschiene verbunden. Dadurch sind die Widerstände der Reihenschlußkreise etwas vergrößert, was den Parallelbetrieb günstig beeinflußt. Es gilt die Regel: Der Parallelbetrieb wird um so besser, je kleiner der Widerstand der Ausgleichsleitung und je größer der der Reihenschlußkreise ist. Aus diesem Grunde soll in jedem Fall die Ausgleichsleitung *mindestens* den halben Querschnitt der Zuleitung zwischen Generator und Schalttafel haben.

Beim Parallelbetrieb von 2 Doppelschlußgeneratoren *ungleicher* Leistung oder verschiedener Bauart ist durch einen Zusatzwiderstand zu der Reihenschlußwicklung *einer* Maschine dafür zu sorgen, daß bei Nennlast in den Reihenschlußkreisen beider Maschinen ein gleichgroßer ohmscher Spannungsabfall auftritt. Im allgemeinen hat die Reihenschlußwicklung der Maschine größerer Leistung einen kleineren Widerstand als die der Maschine geringerer Leistung. Der Zusatzwiderstand muß also meist in den Kreis der größeren Maschine geschaltet werden.

Der Parallelbetrieb von Doppelschluß- und Nebenschlußgeneratoren miteinander läßt sich in ähnlicher Weise verwirklichen wie der Parallelbetrieb der Nebenschlußgeneratoren bei Verwendung von Öldruckreglern. Hierbei wird dem Nebenschlußgenerator, z. B. einem Wellengenerator, der mit einer zusätzlichen Stromspule versehene Öldruckregler zugeordnet. Die Potentiale hinter der Hauptschlußwicklung des Doppelschlußgenerators und hinter der Stromspule des zum Nebenschlußgenerator gehörigen Reglers müssen durch Widerstände auf gleiche Höhe gebracht und durch eine Ausgleichsleitung verbunden werden. Der Doppelschlußgenerator ist dann spannungsbestimmend; der Lastanteil des Nebenschlußgenerators stellt sich durch den Regler im Verhältnis der Nennleistung der parallelfahrenden Generatoren ein.

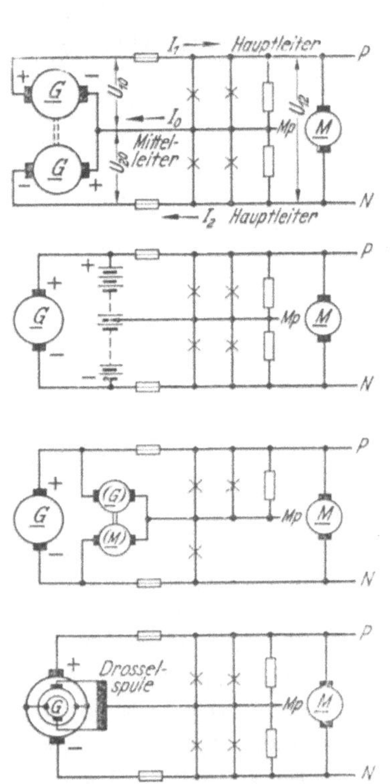

Abb. 50. Dreileiteranlagen

Es gilt stets: $I_0 = I_1 - I_2$ und $U_{10} + U_{20} = U_{12}$ Dreileiteranlage mit zwei in Reihe geschalteten Generatoren. Die Generatoren können einzeln oder gemeinsam angetrieben werden

Dreileiteranlage mit Spannungsteilung durch eine Akkumulatorenbatterie. Batterie immer eingeschaltet. Betriebsbereitschaft der Anlage von Batteriezustand abhängig

Dreileiteranlage mit Spannungsteilung durch Ausgleichmaschinen. Ausgleichsmaschine in der stärker belasteten Netzhälfte läuft als Generator und liefert Strom in diese Netzhälfte

Dreileitermaschine. Die Drosselspule liegt über Schleifringe an der Ankerwicklung

7. Dreileiteranlagen für Gleichstrom

Die wichtigsten Ausführungen von Dreileiteranlagen sind in Abb. 50 zusammengestellt, nämlich:

Dreileiteranlage mit zwei in Reihe geschalteten Generatoren.
Dreileiteranlage mit Spannungsteilung durch eine Akkumulatorenbatterie.
Dreileiteranlage mit Spannungsteilung durch Ausgleichsmaschinen.
Dreileitermaschine.

Die Spannung zwischen den Hauptleitern beträgt meist 220 V, zwischen einem Haupt- und dem Mittelleiter 110 V. Bei unterbrochenem Mittelleiter steigt die Spannung in der geringer belasteten Netzhälfte sehr stark an. Es ist deshalb nicht statthaft, den Mittelleiter abzusichern. – Zwischen den Hauptleitern werden die motorischen Verbraucher, zwischen Mittelleiter und Hauptleiter Beleuchtung, Küche, Heizung u. dgl. angeschlossen. Dreileiteranlagen kommen auch für Erregerschaltungen bei Drehstrom-Propellerantrieben zur Anwendung.

Die Möglichkeit, das Bordnetz mit 2 Spannungen zu betreiben, und die Ersparnis an Kabelgewicht gelten als die besonderen Vorzüge der Dreileiteranlagen. Aus diesem Grunde ist auch nur auf größeren Schiffen hiervon Gebrauch gemacht worden. Nachdem in den letzten Jahren von fast allen Klassifikationsgesellschaften auch für die Beleuchtung eine Spannung von 220 V zugelassen wurde, ist der Anwendungsbereich erheblich zurückgegangen.

8. Wellengeneratoren

Gleichstromanlagen. Wellengeneratoren werden von der Propellerwelle über ein Getriebe oder über einen Keilriemen bzw. Kettentrieb bei *Fahrt* des Schiffes angetrieben. Durch die Entnahme der für die Wellengeneratoren benötigten Antriebsenergie von der Antriebsmaschine des Propellers wird ein guter Gesamtwirkungsgrad erzielt, da die Hauptmaschinen mit günstigerem Brennstoffverbrauch arbeiten als die Hilfsmaschinen. Hinzukommt als wesentlicher Vorzug, daß die Hilfsdieselmotoren bei einem großen Teil der Fahrstrecke geschont werden und damit die Reparaturkosten sinken.

Wellengeneratoren können – bei Verwendung von Festpropellern[1] – nur bei Vorausfahrt und auch nur in einem bestimmten Drehzahlbereich

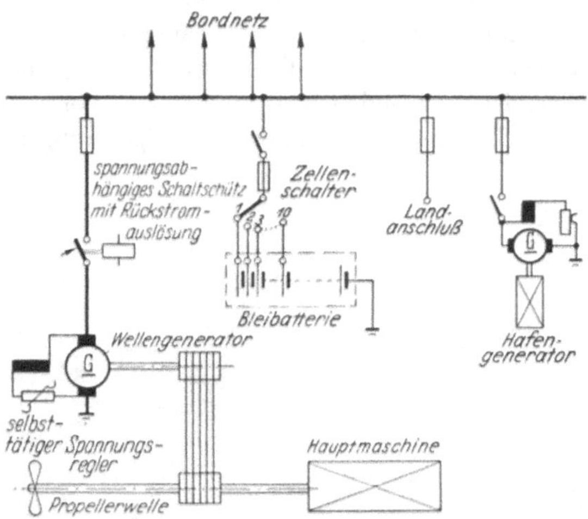

Abb. 51. Schaltung für einen Gleichstrom-Wellengenerator

der Propellerwelle bzw. Geschwindigkeitsbereich des Schiffes zur Speisung des Bordnetzes verwendet werden, im allgemeinen zwischen 70 und 100% der Propellerdrehzahl. Unterhalb der gewählten unteren Drehzahl sowie bei Rückwärtsfahrt des Schiffes müssen sie also abgeschaltet und das Bordnetz gleichzeitig auf eine andere Energiequelle umgeschaltet werden. Um eine hierbei mögliche längere Stromunter-

[1] Vgl. Ausführungsmöglichkeiten (für elektrische Propellerantriebe), S. 372

brechung zu verhindern, wird der Wellengenerator in Gleichstromanlagen oft in Pufferschaltung mit einer Akkumulatorenbatterie nach Abb. 51 betrieben. – Wenn ein Dieselgenerator als Ersatzstromquelle benutzt wird, so muß der Dieselmotor bei plötzlichen Manövern oder Unterschreiten der Drehzahlgrenze sofort angelassen werden, damit der Generator mit nur kurzer Unterbrechung die Last übernehmen kann. Nach GL soll die Stromversorgung nicht länger als 7 sek unterbrochen werden, wenn der Wellengenerator im Seebetrieb den gesamten Verbrauch deckt.

Der Wellengenerator muß im gesamten festgelegten Drehzahlbereich die volle Leistung bei Nennspannung abgeben. Wenn angenommen wird, daß die höchste Leistung, die der Generator aus Erwärmungsgründen bei höchstem Erregerstrom abzugeben vermag, verhältnisgleich mit der Drehzahl ansteigt, dann ist also die Maschine bei 100% Drehzahl mit etwa 40% überdimensioniert. Doppelschlußmaschinen können im allgemeinen nur für *eine* bestimmte Drehzahl, d.h. ein ganz bestimmtes Verhältnis der Durchflutungen der Nebenschluß- und Reihenschlußerregerwicklungen richtig kompoundiert werden; sie werden deshalb als Wellengeneratoren nicht verwendet. Bei einem *selbsterregten* Nebenschlußgenerator fällt die Spannung etwa quadratisch, bei einem *fremd*erregten Generator etwa linear mit sinkender Drehzahl ab. In jedem Fall ist es nötig, einen selbsttätig wirkenden Spannungsregler vorzusehen, um die Nennspannung des Bordnetzes zu halten. Als Spannungsregler können

Abb. 52. Gleichstrom-Wellengenerator in Ausführung als Doppelmaschine (Bauart SSW) 290 und 260 kW, 400 und 350 V, 180–250 U/min.

alle bekannten Systeme, sofern sie für den Schiffsbetrieb geeignet sind, verwendet werden. – Abb. 52 zeigt einen Gleichstrom-Wellengenerator – eingebaut zwischen dem Hauptdieselmotor und einem Verstellpropeller –

der als Doppelmaschine gebaut ist. Der eine Teil dient zur Versorgung des Bordnetzes mit einer Leistung von 290 kW bei einer Spannung von 400 V, der andere zur Speisung des Antriebsmotors einer Fischnetzwinde mit einer maximalen Leistung von 260 kW im Spannungsbereich von 230–350 V. Die Maschine läuft mit Drehzahlen zwischen 180 und 250 U/min.

Drehstromanlagen. Etwas schwieriger als bei Gleichstrom gestalten sich die Verhältnisse bei Verwendung von Drehstrom-Synchronmaschinen als Wellengeneratoren. Während beim Gleichstrom-Nebenschlußgenerator von der Drehzahl lediglich die Spannung beeinflußt wird, unterliegt bei einem Drehstromgenerator noch zusätzlich die Frequenz einer Änderung z. B. zwischen 35 und 50 Hz, entsprechend 70 und 100% Drehzahl.

Ein gleichmäßiges Absinken von Spannung und Frequenz ist für die *motorischen* Verbraucher erwünscht, da die Asynchronmotoren bei *Nenn-*

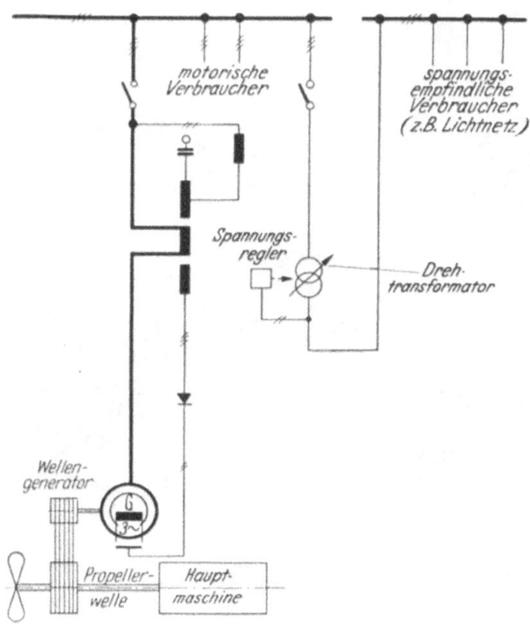

Abb. 53. Schaltung für einen Drehstrom-Wellengenerator

spannung und verminderter Frequenz einen zu hohen Magnetisierungsstrom dem Netz entnehmen und zu stark erwärmt würden. Die Generatoren müssen also bei allen Drehzahlen gleich hoch erregt werden, dann ist die Bedingung

$$\frac{\text{Spannung}}{\text{Frequenz}} = \text{konstant}$$

erfüllt. Wenn die Belüftung der Motoren bei den entsprechend der Frequenzabsenkung verminderten Drehzahlen ausreicht, so ergeben sich keine höheren Erwärmungen der Motoren als bei Nennspannung und Nennfrequenz. – Bei den üblicherweise an Bord verwendeten Arbeitsmaschinen sinkt die Leistung mindestens verhältnisgleich, wenn nicht mit der 3. Potenz der Drehzahl, so daß Überlastungen der Motoren im allgemeinen nicht zu befürchten sind. Es muß natürlich sichergestellt werden, daß die Förderleistung der *Arbeits*maschinen bei verminderter Drehzahl noch ausreicht.

Für das Lichtnetz, die elektrischen Kücheneinrichtungen, die Heizung usw. muß die Spannung dagegen bei allen Drehzahlen – wie bei einem Gleichstrom-Wellengenerator – auf dem Nennwert gehalten werden. Diese Verbraucher werden im allgemeinen über Drehtransformatoren (Drehregler)[1] gespeist. In Abb. 53 ist die Schaltung eines Drehstrom-

Abb. 54. Drehstrom-Asynchronmaschine als Wellengenerator; Bauart ASEA, 220 kVA

Wellengenerators in Verbindung mit einem Drehtransformator aufgezeichnet. Der Generator wird über Transformatoren, Drosselspulen und Gleichrichter so erregt, daß das Verhältnis Spannung/Frequenz nahezu gleichbleibt; die motorischen Verbraucher können also ohne weiteres angeschlossen werden. Der Drehtransformator wird abhängig von der Spannung über einen Öldruckregler verstellt.

---

[1] Vgl. Transformatoren, S. 86.

Abb. 54 zeigt einen Drehstrom-Asynchrongenerator für eine Leistung von 200 kVA als Wellengenerator. Die Maschine wird über einen Treibriemen von der Propellerwelle angetrieben; sie kann – zur Deckung ihres Magnetisierungsstromes – *nur* im Parallelbetrieb mit einem Drehstrom-Synchrongenerator mit einer Leistung von 400 kVA laufen. Der Arbeitsbereich liegt zwischen 47 und 51,5 Hz.

Wenn die Drehstrommaschine als Wellengenerator grundsätzlich auch nicht so gut geeignet ist wie die Gleichstrommaschine, so lassen sich aber doch – wie gezeigt – voll betriebsfähige Schaltungen hierfür angeben. Damit die aufgewendeten Hilfsmittel in einem richtigen Verhältnis zum Wert des Generators stehen, sollten die beschriebenen Anlagen nur bei größeren Leistungen ausgeführt werden. Bei kleiner Leistung des Wellengenerators, d.h. bei kleinen Schiffen, kann der Einbau eines Gleichstrom-Wellengenerators in Verbindung mit einem Gleichstrom-Drehstrom-Umformer zweckmäßig sein, wenn das Schiff ein Drehstrom-Bordnetz hat. – Der Antrieb eines Wellengenerators über ein stufenlos regelbares Getriebe, das die Drehzahländerungen der Propellerwelle ausgleicht, ist ebenfalls schon ausgeführt worden.

B. Energiewandler und -verstärker; Energiespeicher

1. Energiewandler

Das für ein Schiff im Bordnetz vorgesehene Stromsystem eignet sich häufig nicht für *alle* Verbraucher. Dann ist es erforderlich, für diese die Energie bei einer anderen Stromart, Spannung oder Frequenz bereitzustellen. Hierfür kommen im wesentlichen *rotierende* Umformer wie Motorgeneratoren und Einankerumformer oder *ruhende* Umformer wie Transformatoren (Umspanner) und Stromrichter zur Anwendung.

a) Rotierende Umformer

Die weitaus am meisten an Bord verwendeten rotierenden Umformer sind *Motorgeneratoren*, d.h. Maschinensätze, bei denen ein Elektromotor, der an das Bordnetz angeschlossen ist, einen oder mehrere Generatoren antreibt. Gegebenenfalls wird auch noch eine Erregermaschine angekuppelt. Die elektrische Energie wird also zunächst in mechanische und dann wieder in elektrische Energie umgewandelt. Motorgeneratoren werden an Bord z.B. zur Stromversorgung für die Sende- und Empfangseinrichtungen, für die Radaranlagen, die Kreiselkompasse, Echolote usw. aufgestellt. Verbreitet ist ihre Anwendung als Erregerumformer für elektrische Propellerantriebe, gegebenenfalls in Ausführung als Maschinenverstärker[1].

---

[1] Vgl. Maschinenverstärker, S. 102.

Zu den Motorgeneratoren gehören auch die LEONARD-Umformer[1], bei denen die konstante Bordnetzspannung (Drehstrom oder Gleichstrom) in eine einstellbare Gleichspannung umgeformt wird. Diese wurden im allgemeinen Bordnetz bisher vorwiegend für Ruderanlagen, Winden und Ankerspille verwendet, doch wird ihr Anwendungsgebiet zunehmend kleiner. Immerhin ist der LEONARD-Umformer die an Bord am meisten verwendete Ausführung des Motorgenerators.

Der Wirkungsgrad eines Motorgenerators ergibt sich als Produkt der Wirkungsgrade der einzelnen Maschinen. Er liegt daher ziemlich niedrig und erreicht nur bei größeren Maschinensätzen Werte über 75%.

Die Motorgeneratoren werden meist aus einem Motor in Bauform B 3, einem ebenso gebauten Generator mit elastischer Kupplung auf einer gemeinsamen Grundplatte zusammengebaut. Bei sehr beengten Raumverhältnissen kann auch eine vertikale Ausführung gewählt werden.

Die Umwandlung von Gleichstrom in Drehstrom oder von Drehstrom in Gleichstrom kann auch durch *Einankerumformer* geschehen. Diese sind wie Gleichstrommaschinen gebaut, sie besitzen aber außer dem Kollektor noch Schleifringe für den Drehstromanschluß. Für die Umformung von Gleichstrom in Drehstrom wird der Einankerumformer wie ein gewöhnlicher Gleichstrommotor betrieben. Bei der Umformung von Drehstrom in Gleichstrom verhält sich die Maschine wie ein Synchronmotor. Einankerumformer bauen leichter und kleiner als Motorgeneratoren; ihr Wirkungsgrad ist günstiger. Ein wesentlicher Nachteil des Einankerumformers gegenüber dem Motorgenerator ist jedoch, daß Wechsel- und Gleichspannung in einem festen Verhältnis zueinanderstehen. Es muß daher auf der Drehstromseite ein Transformator zum Erreichen der Spannung vorgesehen werden, der außerdem zum Herabsetzen des Anlaßstromes benutzbar ist. In Bordnetzen kommt der Einankerumformer nur noch selten zur Aufstellung.

Außer der Umformung von Gleichstrom in Wechsel- bzw. Drehstrom und umgekehrt wird bisweilen eine Umformung der Frequenz von 50 in 60 Hz an Bord benötigt. Als Frequenzumformer dienen Motorgeneratoren, bei denen zum Antrieb meist Asynchronmotoren verwendet werden. Unter Vernachlässigung des Schlupfes im Antriebsmotor verhält sich die Netzfrequenz zu der vom Generator abgegebenen Frequenz wie die Polzahlen von Antriebsmotor und Generator. Eine Umformung von 50 in 60 Hz läßt sich so z. B. durch Verwendung eines zehnpoligen Motors und eines zwölfpoligen Generators erzielen.

b) Transformatoren

Der Transformator ist durch die steigende Verwendung von Wechsel- und Drehstrom in Bordnetzen auch auf Schiffen zu einem wesentlichen Bauelement geworden.

---

[1] Vgl. Grundlagen elektrischer Antriebstechnik, S. 187.

*Niederspannungs*transformatoren, z. B. zur Übersetzung der Bordnetzspannung auf eine Kleinspannung, werden für die verschiedensten Zwecke benutzt, vor allem als Kleintransformatoren für die Steckdosenanschlüsse in den Maschinenräumen, zur Speisung von Meldeleuchten, Relaisspulen und Handlampen, als Isolierwandler zur galvanischen Trennung verschiedener Stromkreise, zum Anschluß von Stromrichtern usw. Diese Transformatoren werden bis zu Leistungen von etwa 100 kVA meist als *Trocken*transformatoren gebaut. Ihre Wicklunger hält eine zusätzliche Behandlung mit Speziallacken für die Bordverhältnisse. Bezüglich der zugelassenen Übertemperatur gelten ähnliche Bedingungen wie bei Motoren und Generatoren. – Kleinere Transformatoren dieser Art werden in die Hauptschalttafel oder in die Unterverteilung eingebaut. Dabei ist die Abfuhr der Verlustwärme durch geeignete Luftführung sicherzustellen und gegebenenfalls auch eine Reduzierung der Nennscheinleistung vorzunehmen.

Ein Umspannen von *Hoch-* auf Niederspannung kommt nur bei ausgedehnteren Bordnetzen, vor allem auf Schiffen mit Drehstrom-Propellerantrieb in Betracht[1]. Während in Europa meist *Drehstrom*transformatoren verwendet werden, ist in den USA die Zusammenstellung von *3 Einphasen*transformatoren zu einer „Transformatorbank" gebräuchlich, bei denen die Primär- und Sekundärseiten im Dreieck zusammengeschaltet sind. Die Aufstellung von 3 Einphasentransformatoren ist aufwendiger, ergibt jedoch den gerade an Bord interessanten Vorteil, daß bei eventuellem Ausfall *eines* der 3 Transformatoren noch ein Notbetrieb in einer offenen Dreieckschaltung – V-Schaltung – mit etwa 60% Leistung durchgeführt werden kann.

Für den Schiffsbetrieb muß die Betriebssicherheit bei Schräglagen sowie Schlinger- und Stampfbewegungen des Schiffes gewährleistet sein, außerdem sind Schutzmaßnahmen für den Brandfall zu beachten.

Für *Öl*transformatoren schreibt GL vor, daß bei Schräglagen bis zu 22,5° in beliebiger Richtung kein Öl auslaufen darf; nach den in den USA geltenden Vorschriften wird mit Neigungen bis 30° gerechnet. Bei Öltransformatoren mit Ausdehnungsgefäß empfiehlt sich der Einbau von Luftentfeuchtern. Weiterhin ist es zweckmäßig, das Ausdehnungsgefäß mit Staublechen auszurüsten, um ein übermäßiges Schäumen des Öles bei Stampf- und Schlingerbewegungen zu verhindern. Bei Kesselschäden soll das Öl – zur Vermeidung von Brandgefahren – unter dem Transformator in einer Ölwanne aufgefangen und nach Abb. 55 durch ein Schotterfilter in einen Ölbehälter, an den ein Luftrohr zur Entlüftung angeschlossen ist, abgeleitet werden. Mit diesen – auch vom GL vorgeschriebenen – Maßnahmen wird ein weitgehender Brandschutz erreicht.

---

[1] Vgl. Propellerantriebe mit Drehstromübertragung, S. 421.

Bei Verwendung von *Clophen*-Transformatoren können die Brandschutzmaßnahmen eingeschränkt werden. Clophen – eine Mischung aus chlorierten Diphenylen und Benzolen – ist eine wasserklare, chemisch sehr beständige Flüssigkeit, die flammwidrig und nicht explosionsgefährlich ist. Ähnliche Isolierflüssigkeiten für Transformatoren sind z. B. in den USA: Inerteen, *Pyranol*, Askarel; in Großbritannien: Arochlor; in der

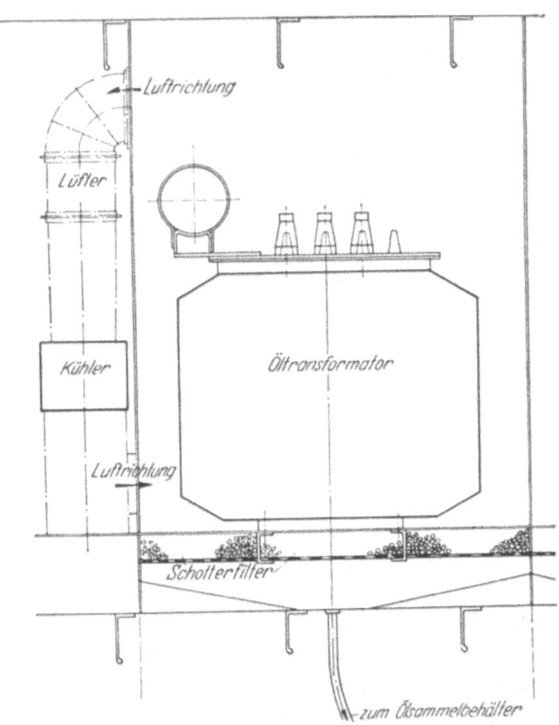

Abb. 55. Einbau eines Öltransformators an Bord

Schweiz: Nepolin. – Infolge seiner konstruktiven Gestaltung – hermetischer Abschluß der Isolierflüssigkeit von der Außenluft – ist der Clophentransformator gegen Schräglagen unempfindlich. Der Einbau von Luftentfeuchtern und der Schotterfilter vor dem Auffangbehälter erübrigen sich.

Trockentransformatoren werden heute in einem gewissen Spannungsbereich auch für Hochspannung gebaut. Für Aufstellung an Bord erhalten sie eine Spezialisolation. Sie sind nicht schräglageempfindlich und erfordern den kleinsten Raumbedarf. Obwohl das Isoliermaterial nicht völlig feuerbeständig ist, ist die mögliche Qualmentwicklung gering, so daß Brandschutzmaßnahmen leicht und ohne großen Aufwand durchzuführen sind.

Bei der Bemessung der Zellen, in denen die Transformatoren aufgestellt werden, ist zu beachten, daß die Verlustwärme in ausreichendem Maße abgeführt wird. Es werden daher für die Zuluft und die erwärmte Abluft Kanäle von genügend großem Querschnitt vorgesehen. Häufig werden auf Schiffen die Zellen mit einer Kreislaufbelüftung und Rückkühlung der Warmluft versehen, wie es auch Abb. 55 zeigt.

Alle Wechsel- und Drehstromtransformatoren – in Ausführung als Hochspannungs- *oder* Niederspannungstransformator – müssen für Parallelbetrieb gleiche Leerlauf- und Kurzschlußspannung haben, wenn sie eine ihrer Nennleistung prozentual gleiche Last übertragen sollen. Weiterhin muß der Phasenwinkel zwischen Sekundär- und Primärspannung gleich sein. Transformatoren, die dieser Bedingung genügen, gehören der gleichen *Schaltgruppe* an und können ohne besondere Maßnahmen bei Verbindung gleichnamiger Klemmen auf der Ober- und Unterspannungsseite parallel arbeiten. In Abb. 56 sind die Schaltgruppen[1] zusammengestellt. Zu ihrer Kennzeichnung dienen bei Drehstromtransformatoren *drei* Zeichen:

Ein großer Kennbuchstabe für die Schaltung der Oberspannungswicklung, z.B. D (Dreieck); Y (Stern).

Ein kleiner Kennbuchstabe für die Schaltung der Unterspannungswicklung, z.B. d (Dreieck); y (Stern); z (Zickzack).

Eine Kennzahl, die angibt, um welches Vielfache von 30° der Zeiger der Unterspannung gegen den der Oberspannung gleicher Klemmenbezeichnung nacheilt.

Für Schiffe hat sich die Dreieck-Stern-Schaltung Dy 5 als besonders zweckmäßig erwiesen. Bei dieser steht sekundärseitig ein Sternpunkt zur Verfügung, wodurch die Spannung gegen den Schiffskörper festgelegt werden kann. Das wäre zwar auch bei der sekundärseitigen Zickzackschaltung der Fall, doch ist diese Ausführung aufwendiger.

Die *Dreieck*-Stern-Schaltgruppe ist ferner zur Speisung von *Vierleiter*netzen mit unsymmetrischer Belastung geeignet. Auch kann sie für den *Landanschluß* verwendet werden, wenn das Schiff ein Drehstrom-Vierleiter-System mit isoliert verlegtem Sternpunktleiter oder den Schiffskörper als Sternpunktleiter hat und dieses aus einem Drehstrom-*Dreileiter-Land*netz *ohne* Sternpunktleiter gespeist werden soll.

Der Wirkungsgrad von Transformatoren liegt verhältnismäßig hoch. Es kann bei einem Leistungsfaktor von 0,8 und Vollast etwa mit folgenden Werten gerechnet werden:

Nennleistung: kVA	Wirkungsgrad: %
1	93
10	96
100	97
1000	98

[1] VDE 0532/7/59 „Regeln für Transformatoren".

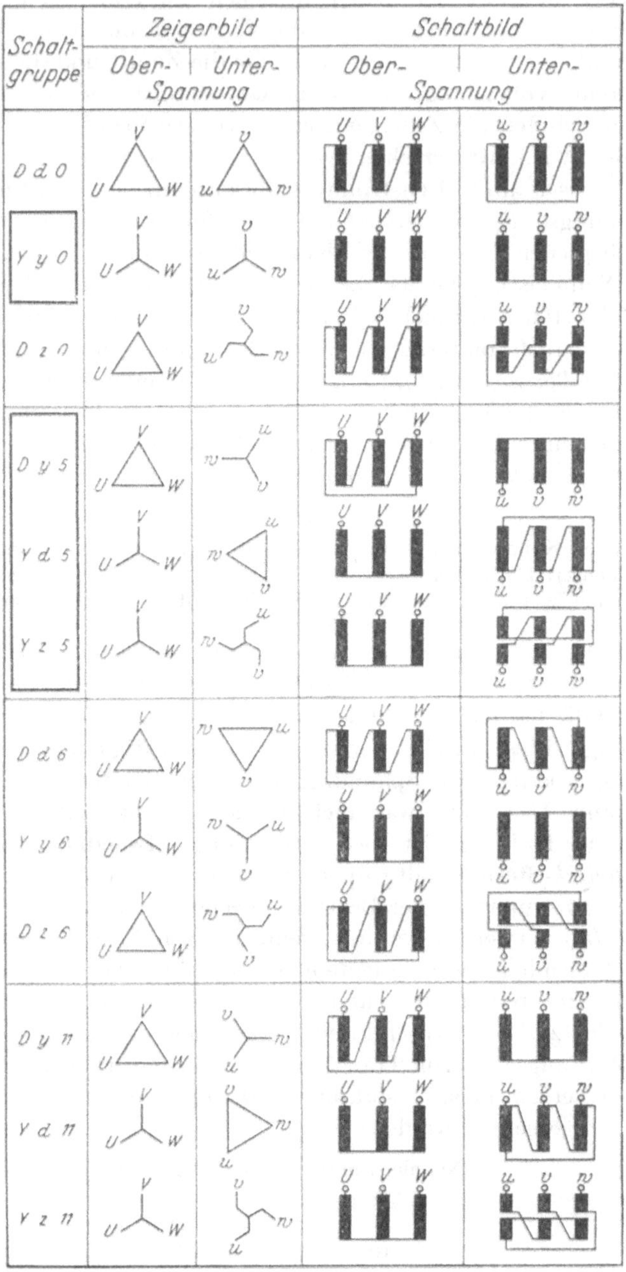

Schaltgruppe	Zeigerbild		Schaltbild	
	Ober- Spannung	Unter- Spannung	Ober- Spannung	Unter- Spannung
D d 0				
Y y 0				
D z 0				
D y 5				
Y d 5				
Y z 5				
D d 6				
Y y 6				
D z 6				
D y 11				
Y d 11				
Y z 11				

Abb. 56. Schaltgruppen für Transformatoren

Die gekennzeichneten Schaltungen sollen nach VDE in Landanlagen bevorzugt werden.

Der Schutz der Transformatoren gegen Überlastung und Kurzschluß wird primärseitig durch Sicherungen oder Überstromrelais und bei größeren Einheiten durch ein Differentialschutzsystem in Verbindung mit Leistungsschaltern bewirkt. *Buchholzrelais*, die in Landanlagen für Öl- und Clophen-Transformatoren fast stets verwendet werden, arbeiten bei Schräglagen nicht einwandfrei und sollten deshalb an Bord nicht eingebaut werden.

Eine *stetige Spannungsänderung*, wie bei einem Generator, ist beim Transformator im allgemeinen nicht möglich. Zu Beginn des Betriebs wird mit Hilfe von Anzapfungen ein mittlerer Spannungspegel eingestellt. Bei Schiffen, deren Bordnetzspannung betriebsmäßig veränderlich ist, wie es bei Anlagen mit zusammengeschaltetem Fahr- und Bordnetz vorkommt[1], wird mit Rücksicht auf die Fahranlage und die motorischen Verbraucher das Verhältnis Spannung/Frequenz konstantgehalten. Die Transformatoren, welche hierbei die Verbindung zwischen Fahr- und Bordnetz herstellen, können auch in gewissen Grenzen bei herabgesetzter Frequenz mit dem vollen Nennstrom belastet werden. Für Verbraucher,

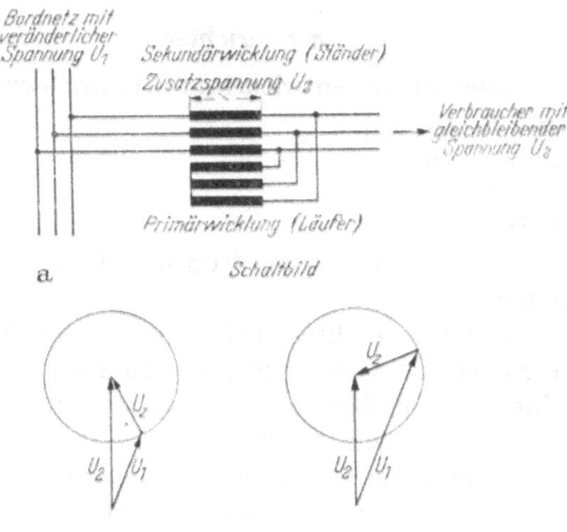

Abb. 57a u. b. Schaltung und Zeigerbild für einen Drehtransformator zum Konstanthalten der Ausgangsspannung bei veränderlicher Eingangsspannung

die, wie z.B. Glühlampen unabhängig von der Frequenz eine gleichbleibende Spannung benötigen, werden häufig Drehtransformatoren (Drehregler) in der Schaltung gemäß Abb. 57a verwendet. Diese gleichen in ihrer Wirkungsweise Transformatoren und entsprechen in ihrem Auf-

[1] Vgl. Versorgung der Landnetzverbraucher aus dem Fahrnetz, S. 440.

bau dem Drehstrom-Asynchronmotor mit Schleifringläufer, der aber nur um einen begrenzten Winkel verdrehbar ist. Zur Erzielung eines möglichst gleichbleibenden Magnetisierungsstromes wird die *Primärwicklung* im allgemeinen auf der *Verbraucher*seite mit der *Sekundärwicklung* verbunden, da hier die kleinsten Spannungsänderungen auftreten. In der Sekundärwicklung wird die dem Übersetzungsverhältnis der Wicklungen entsprechende – bei allen Drehwinkeln gleichbleibende – *Zusatzspannung* U_z induziert. Das Zeigerbild in Abb. 57b läßt erkennen, daß die geometrische Summe der veränderlichen Netzspannung U_1 und der Zusatzspannung U_z die gleichbleibende Verbraucherspannung U_2 ergibt. Die Drehung des Läufers kann von Hand oder über einen elektrischen Stellantrieb geschehen. Für die Bemessung eines Drehtransformators sind die *Durchgangsleistung* und der Maximalwert der Zusatzspannung maßgebend. Die Durchgangsleistung ist dabei gleich dem Leistungsbedarf der angeschlossenen Verbraucher. Die Modelleistung der Drehtransformatoren errechnet sich aus der Durchgangsleistung und dem Maximalwert der Zusatzspannung. Der Drehtransformator wird um so größer, je größer der auszuregelnde Spannungsbereich ist.

c) Stromrichter

Von den für Landanlagen entwickelten Stromrichtern:

Quecksilberdampfstromrichter,
Glühkathodenstromrichter,
Kontaktumformer,
Halbleiterstromrichter

werden an Bord von Schiffen gegenwärtig nur Halbleiterstromrichter in größerem Umfang verwendet.

Quecksilberdampf-Stromrichtergefäße bestehen aus einem evakuierten Kessel mit einer oder mehreren isoliert eingeführten Grafitanoden sowie einer Quecksilberkathode. Auf der Kathode wird über eine Hilfsanode ein Brennfleck aufrechterhalten, der Elektronen emittiert. Bei positiver Spannung an der Anode kann sich im Quecksilberdampf ein Lichtbogen ausbilden und es fließt ein Strom, wobei die Lichtbogenspannung 20–30 V beträgt; bei negativer Spannung an der Anode brennt kein Lichtbogen. Diese Stromrichtergefäße sind infolge der Beweglichkeit des Bodenquecksilbers schräglagenempfindlich. Es besteht dabei die Gefahr, daß das Quecksilber der Kathode eine leitende Verbindung mit dem Gehäuse herstellt. Auch können Betriebsunterbrechungen durch Quecksilberspritzer hervorgerufen werden, wobei die schwerwiegendste Störung dann gegeben ist, wenn ein Spritzer die Anode benetzt und dadurch Rückzündungen auftreten. Es ist der Versuch gemacht worden, durch kardanische Aufhängung der Geräte die Bewegungen des Schiffes auszugleichen, doch sind die hemmenden Wirkungen von Zuleitungen, Kühlschläuchen usw. meist zu stark, um einen einwandfreien Betrieb zu erzielen. Nach einem anderen Vorschlag werden im Innern der Gefäße Blenden oder dgl. angebracht, welche die Bewegungen des Quecksilbers dämpfen und Schräglagen des Schiffes in gewissen Grenzen zulassen.

Glühkathodenstromrichter werden als gasgefüllte oder Hochvakuumgefäße mit elektrisch geheizter Kathode ausgeführt. Sie sind bisher nur in Sonderfällen an Bord eingebaut worden und haben auf Handelsschiffen kaum Bedeutung.

Kontaktumformer, bei denen mit Hilfe mechanisch bewegter Schaltkontakte in Verbindung mit Schaltdrosselspulen Drehstrom in Gleichstrom umgeformt wird, sind auf Schiffen bisher nicht eingesetzt worden. Ihr Hauptanwendungsgebiet lag in der Erzeugung hoher Ströme; auf diesem Gebiet sind sie heute völlig vom Halbleiterstromrichter abgelöst.

Mit zunehmender Einführung des Drehstroms zur Energieversorgung der Bordnetze wächst für Anwendungsgebiete, die dem Gleichstrom auch weiterhin vorbehalten bleiben, die Bedeutung des *Halbleitergleichrichters*. Neben *Kupferoxydul*gleichrichtern für Meßzwecke werden heute fast ausschließlich *Silizium-* und *Germanium*gleichrichter verwendet, wenn auch für den lange Jahre vorwiegend gebräuchlichen *Selen*gleichrichter in der Schiffselektrotechnik noch ein Anwendungsfeld besteht.

Die Ausgangsmaterialien *Silizium* und *Germanium* für die nach ihnen benannten Gleichrichter sind sogenannte *Halbleiter*. Sie gehören zur *vierten* Gruppe des periodischen Systems der Elemente; ihre Atome bestehen aus einem vierfach positiv geladenen Kern mit 4 äußeren *Valenz*elektronen. Die Materialien müssen mit höchster Reinheit bzw. in einem genau definierten physikalischen und chemischen Zustand hergestellt werden. Bei einem völlig reinen Silizium- oder Germaniumkristall ist ein Stromtransport nur möglich, wenn durch einen äußeren Vorgang Elektronen aus ihren atomaren Bindungen gelöst werden oder wenn durch den Einbau von Atomen anderer Elemente eine Änderung der Leitfähigkeit bewirkt wird. Letzteres wird zur Erzielung des *Gleichrichtereffekts* angewendet, indem durch sogenannte *n-Dotierung* eine Zone mit Überschuß an Elektronen geschaffen wird – n-Leitungszone genannt – sowie durch p-Dotierung eine Zone, die als p-Leitungszone bezeichnet wird. Die n-Leitungszone erhält man durch Einbau von Fremdatomen der *fünften* Gruppe des periodischen Systems, z. B. von Antimon- oder Arsenatomen, bei denen ein Valenzelektron mehr als bei den Atomen der 4. Gruppe vorhanden ist. Dieses Überschußelektron kann sich im Kristallgitter frei bewegen. – Die p-Leitungszone wird durch Einbau von Fremdatomen der *dritten* Gruppe des periodischen Systems, z. B. von Aluminium oder Indiumatomen geschaffen, bei welchen gegenüber dem Silizium oder Germanium ein Valenzeelektron weniger vorhanden ist. Hierdurch entsteht ein Loch im Elektronengefüge des Kristalls. Diese

„Löcher“ können ebenfalls wandern und haben dieselbe Wirkung, wie wenn es positiv geladene Elektronen wären. Man spricht von *Defektelektronen* und bezeichnet das gesamte System als *pn*-Gleichrichter. Wird die *n*-dotierte, also mit überschüssigen Elektronen versehene Zone an den positiven Pol einer Spannungsquelle gelegt, so „zieht“ diese Spannung Elektronen heraus. Entsprechend „saugt“ eine negative Spannung an der *p*-dotierten Zone die positiven Defektelektronen ab. In der Mitte entsteht dadurch eine Zone, in der bewegliche Ladungsträger praktisch fehlen und die infolgedessen einen hohen Widerstand hat. Trotz hoher angelegter Spannung fließen nur minimale Ströme: Der Gleichrichter sperrt. Bei umgekehrter Polung wird die mittlere Zone mit Ladungsträgern angereichert: die Anordnung hat dann einen niedrigen Widerstand und es werden schon beim Anlegen einer kleinen Spannung große Ströme durchgelassen. Abb. 58 zeigt diese Vorgänge in schematischer Darstellung; aus ihr sind auch die Kennlinien für den Verlauf des Stromes in *Sperr-* und in *Durchlaß*richtung im grundsätzlichen zu ersehen.

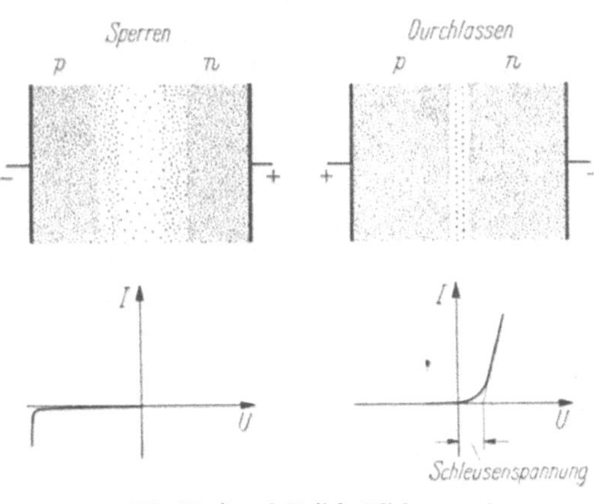

Abb. 58. Grundsätzliche Wirkungsweise eines pn-Gleichrichters

Das dotierte Material wird, wie es aus Abb. 59 für einen Siliziumgleichrichter hervorgeht, in einer gasdicht abgeschlossenen Metallkapsel

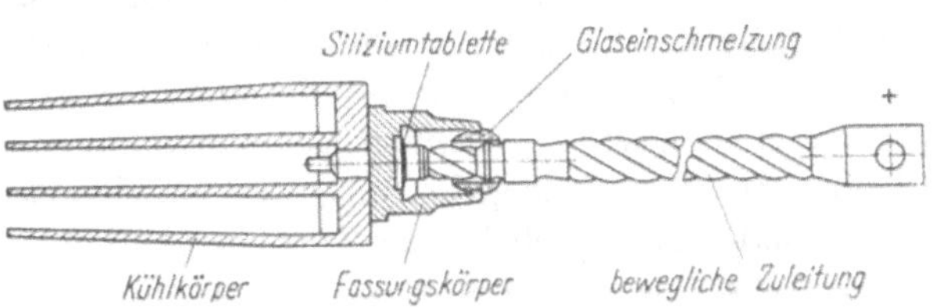

Abb. 59. Aufbau eines Siliziumgleichrichters

untergebracht; der positive Anschluß führt durch eine Glaseinschmelzung an die Siliziumtablette. Die mit einem Schutzgas gefüllte Kapsel selbst bildet den Minuspol. Die Belastbarkeit der Gleichrichter ist durch die Dimensionierung gegeben; sie kann durch Anbringen von Kühlrippen gesteigert werden, wie sie ebenfalls in Abb. 59 eingezeichnet sind. – Die geringen Abmessungen dieser Gleichrichter, sowie die luft- und staubdichte Kapselung und der damit verbundene Schutz gegen den Einfluß der Umgebung und gegen Fremdkörper machen diese für die Anwendung auf Schiffen besonders geeignet.

Das Silizium*stromtor*[1] ist ein *steuerbarer* Vierschichthalbleiter, dessen grundsätzlichen Aufbau aus 2 p- und 2 n-leitenden Zonen Abb. 60 aufzeigt. Analog zu steuerbaren Stromrichtern anderer Ausführung werden die 3 Elektroden auch hier als Anode, Kathode und Gitter bezeichnet. Das Gitter ist geöffnet, wenn ein Gitterstrom fließt; zum Steuern werden Strom*impulse* verwendet. Im Bereich negativer Anodenspannungen sperrt

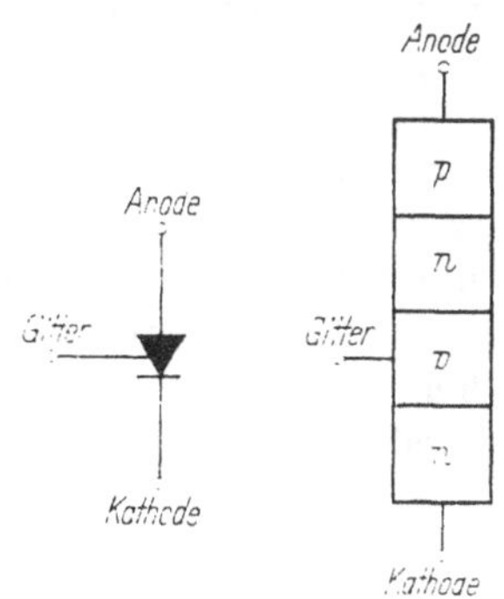

Abb. 60. Aufbau und Schaltzeichen eines Siliziumstromtores

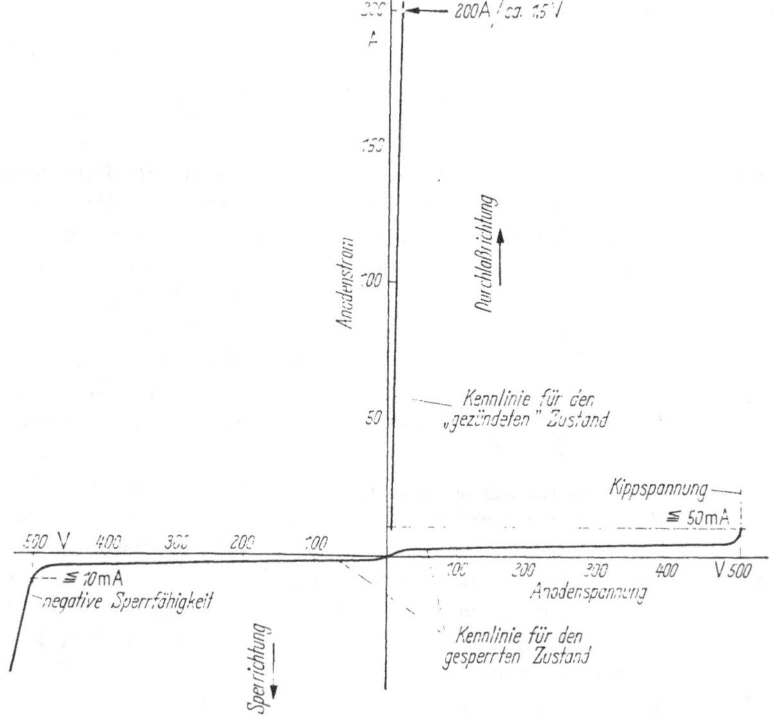

Abb. 61. Strom-Spannungs-Kennlinie eines Siliziumstromtores (Bauart SSW)

das Stromtor; auch bei positiver Spannung an der Anode fließt nur ein verschwindend kleiner Strom, dessen Größe von der angelegten Span-

[1] Andere Bezeichnungen sind Schaltdiode, Trinistor, Si-Thyratron.

nung fast unabhängig ist. Durch einen positiven Strom im *Gitter*kreis wird das Stromtor dagegen schlagartig leitend und kann in Durchlaßrichtung hohe Ströme bei geringem Spannungsabfall führen. Abb. 61 zeigt den prinzipiellen Verlauf der Kennlinie eines Stromtores. Nach erfolgter Durchsteuerung kann die Leitfähigkeit des Stromtores nur durch Abschalten der Anodenspannung (Spannungsnulldurchgang) gelöscht werden; über den Gitterstrom ist das einmal leitend gewordene Stromtor nicht mehr zu beeinflussen.

Mit Stromtoren lassen sich im jeweiligen Leistungsbereich grundsätzlich alle Aufgaben lösen, die auch mit steuerbaren Stromrichtern anderer Ausführung möglich sind. – Ein bedeutungsvolles Einsatzgebiet werden Stromtore in den bekannten Stromrichterschaltungen der elektrischen Antreibstechnik haben. Bei der in Abb. 62 angegebenen Schaltung sind zwei gesteuerte Stromrichter mit je sechs Stromtoren gegensinnig parallelgeschaltet. Diese Gegenparallelschaltung ist für Antriebe, die betriebsmäßig eine Änderung der Drehmomente sowie eine Umkehr der Drehrichtung verlangen, gut geeignet. Zur Aussteuerung der Gitter für die Stromtore dient hierbei für jeden Stromrichter ein eigenes Steuergerät, das Zündimpulse im Takt der Netzfrequenz erzeugt und mit deren Hilfe die abgegebene Gleichspannung verändert werden kann. – Abb. 63 zeigt einen Einphasen*wechselrichter* in einer Mittelpunktschaltung. Hier werden die Stromtore so gesteuert, daß durch die angelegte Gleichspannung die beiden Hälften der Primärwicklung P des Transformators T abwechselnd gegensinnig durchflutet werden. Dabei entsteht ein Wechselfeld, das in der Sekundärwicklung S eine Wechselspannung induziert. Zur Steuerung werden Taktgeber verwendet, die beispielsweise aus Transistoroszillatoren bestehen können. Derartige Wechselrichter können ebenso wie ähnlich geschaltete *Umrichter* in Schiffsanlagen künftig größere Bedeutung erlangen und die jetzt überwiegend verwendeten rotierenden Umformer allmählich verdrängen.

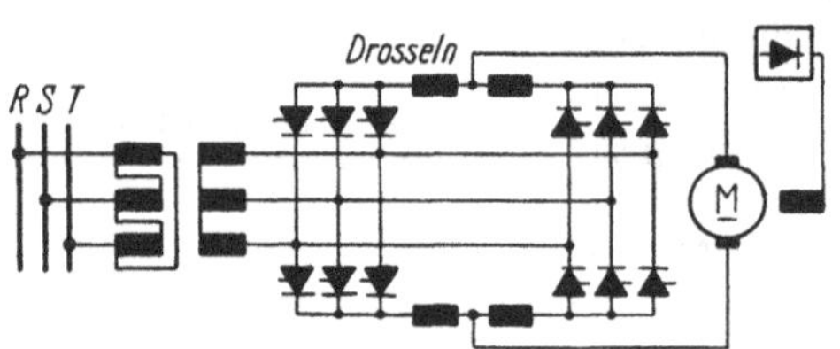

Abb. 62. Gegenparallelschaltung mit Siliziumstromtoren für Umkehrantriebe

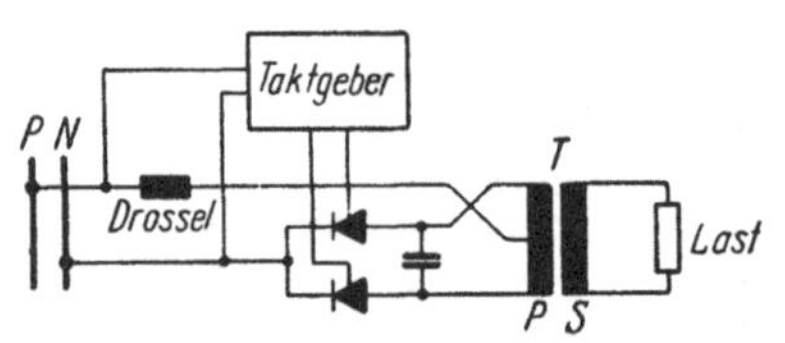

Abb. 63. Schaltung eines selbstgeführten Wechselrichters mit Siliziumstromtoren

Das *Selen* gehört der *siebenten* Gruppe des periodischen Systems der Elemente an und ist ebenfalls ein Halbleiter. In den physikalischen Zusammenhängen seiner Arbeitsweise ist der Selengleichrichter dem Siliziumgleichrichter durchaus verwandt. Auch vom Ausgangsmaterial Selen wird ein hoher Reinheitsgrad verlangt, wobei ebenfalls der Einbau bestimmter Fremdatome notwendig ist. Der Aufbau des Gleichrichters geht aus Abb. 64 hervor. Auf eine vernickelte Trägerplatte aus Eisen oder Aluminium wird eine Schicht Selen aufgedampft, die mit einer Zinn-Kadmium-Deckelektrode belegt ist. Zwischen dieser Deckelektrode und dem Selen bildet sich eine Sperrschicht aus, die bei entsprechender Polung den Strom sperrt. Umgekehrt ist ein Durchtritt des Stromes in der Durchlaßrichtung bei sehr geringem Spannungsabfall gegeben. – Die Platten der Selengleichrichter sollen bei Verwendung auf Schiffen, besonders in den Tropen mit einem Speziallack versehen werden; auch kann bei schwierigen Verhältnissen ein Einbau des Systems in einen Ölbehälter zweckmäßig sein.

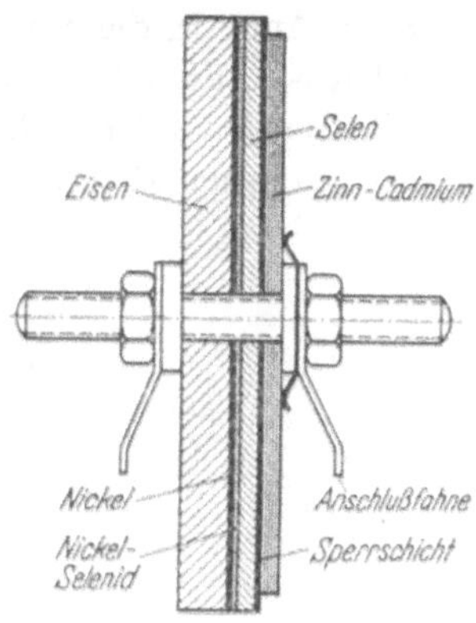

Abb. 64. Aufbau der Platte eines Selengleichrichters

Die Tabelle 13 gibt eine Zusammenstellung der wichtigsten Daten für die erwähnten Halbleitergleichrichter.

Tabelle 13. *Halbleitergleichrichter*

	Kupferoxydul	Selen	Germanium	Silizium
Spezifische Strombelastung[1]				
selbstbelüftet A/cm²	0,04	0,07	40	80
fremdbelüftet A/cm²	0,14	0,20	100	200
Effektivwert der Sperrspannung V	6	25	110	380
Max. Betriebstemperatur[2] °C	50	85	65	140
Wirkungsgrad[3] %	78	92	98,5	99,6
Raumbedarf bei gleicher Leistung[4]	30	15	3	1

[1] In „Einwegschaltung". – [2] Raumtemperatur *und* Erwärmung des Gleichrichters. – [3] Ohne Zusatzgeräte wie Transformatoren, Drosselspulen usw. – [4] Bezogen auf den Wert 1 beim Siliziumgleichrichter.

In Abb. 65 ist der Zusammenhang zwischen Strom und Spannung für einen Siliziumgleichrichter in beiden Spannungsrichtungen – Sperren und Durchlassen – aufgezeichnet, und zwar sind hier die Verhältnisse für einen Gleichrichter für 150 A Nennstrom zugrunde gelegt. Die Unterschiede der Maßstäbe in den Koordinaten sind dabei zu beachten. Man erkennt den hohen Wert der *Spitzen*sperrspannung (nicht Effektivwert) und den geringen Spannungsabfall in Durchlaßrichtung. In Abb. 66 ist die entsprechende Kennlinie für einen Selengleichrichter gezeigt. Für die auf der Ordinatenachse angegebenen Stromwerte ist die spezifische Belastung in A/cm² zugrunde gelegt. Die als Effektivwert angegebene Sperrspannung ist um eine Größenordnung geringer als beim Siliziumgleichrichter. Auch in diesem Schaubild sind die unterschiedlichen Maßstäbe in allen Koordinaten zu beachten.

Da die aktive Masse bei einem Silizium- oder Germaniumgleichrichter außerordentlich klein ist, sind diese Gleichrichter nicht in der Lage, eine

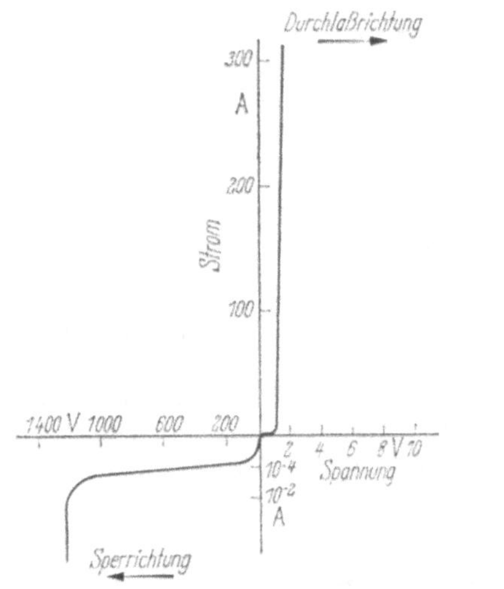

Abb. 65. Kennlinie für einen Siliziumgleichrichter

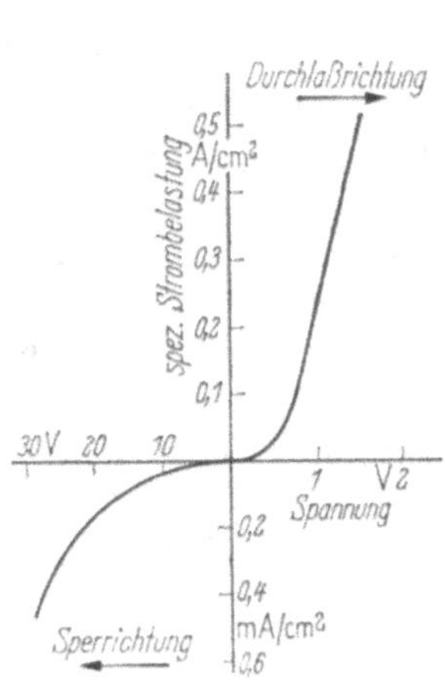

Abb. 66. Kennlinie für einen Selengleichrichter

zusätzliche über den Nennbetrieb hinausgehende Verlustwärme z. B. im Kurzschlußfall, auch nur kurzfristig zu speichern. Ein Schutz durch *flinke* Sicherungen ist deshalb oft erforderlich, wenn eine Überdimensionierung vermieden werden soll. Der Selengleichrichter ist infolge seiner größeren Dimensionen in dieser Hinsicht unempfindlicher.

Einige der wichtigsten Schaltungen für Trockengleichrichter und die sich dabei ergebenden Spannungskurven bei rein ohmscher Belastung sind in Abb. 67 zusammengestellt[1]. Die Einphasen-*Mittelpunkt*schaltung hat 2 Zweige und benutzt beide Halbwellen; sie erfordert immer die Zwischenschaltung eines Transformators. Die Einphasen-*Brücken*schaltung hat 4 Zweige und ergibt gleichstromseitig dieselbe Kurvenform wie die Mittelpunktschaltung. Für die *Stern*schaltung mit 3 Zweigen liegen – sinngemäß auf Dreiphasenbetrieb übertragen – die gleichen Verhältnisse wie bei der Einphasen-Mittelpunktschaltung vor. Die *Drehstrom-Brücken*schaltung mit 6 Zweigen ist in bezug auf Ausnutzung auch der nega-

[1] DIN 41761 „Trockengleichrichter-Stromrichter", Aug. 1951.

tiven Halbwellen wie die Einphasen-Brückenschaltung zu betrachten. Gegebenenfalls kann der Anschluß unmittelbar an ein Drehstromnetz ohne Sternpunktleiter erfolgen. Die Welligkeit der Spannung einer Drehstrom-Brückenschaltung entspricht der eines 6-Phasen-Gleich-

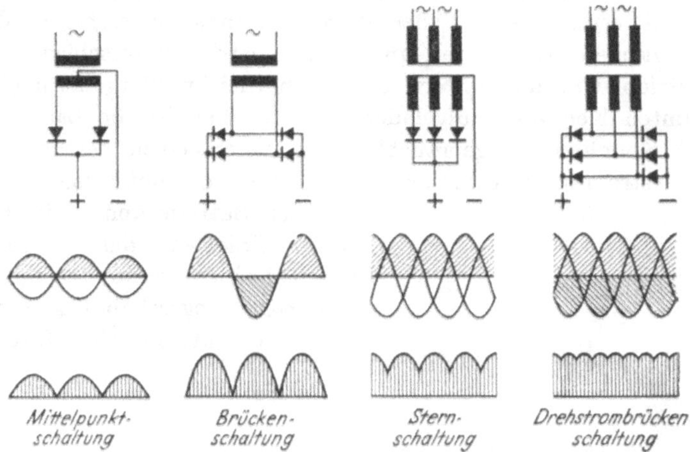

Abb. 67. Schaltung und Spannungskurven für Gleichrichter

richters. Mit Rücksicht auf die zu vermeidende Beeinflussung von Fernmeldeanlagen werden Drehstrom-Brückenschaltungen an Bord bevorzugt.

Das Anwendungsgebiet des Halbleitergleichrichters ist an Bord von Seeschiffen verhältnismäßig breit. Er wird für die Speisung von Gleichstromverbrauchern aller Art auf Schiffen mit Drehstromzentrale, für die lastabhängige Erregung von Drehstromgeneratoren, zum Anschluß von Magnetspulen bei Gleichstrom-Bremslüftern, als Bauelement für Steuer- und Regelkreise bei Winden und Ruderanlagen, zur Ladung von Akkumulatoren sowie in der Funk- und Meßtechnik verwendet. Beim Anschluß von Maschinen ist zu beachten, daß ein Rückspeisen auf das Netz nur bei Verwendung von Stromtoren in entsprechenden Schaltungen möglich ist.

Gleichrichter*geräte* umfassen außer den Gleichrichterelementen, dem Transformator und der Glättungsdrossel die notwendigen Schalt- und Regelorgane, die Meß- und Schutzapparate und für größere Leistungen die Kühleinrichtungen, falls die im Gleichrichter und Transformator entstehende Verlustwärme nicht allein durch Strahlung und Konvektion abgeführt werden kann. Die Gleichrichterelemente werden dabei je nach der erforderlichen Sperrspannung in Reihe und je nach der geforderten Belastung parallelgeschaltet. Für kleine Leistungen werden die Geräte als Wand-, für mittlere und größere Leistungen als Standgeräte in Stahlblechgehäusen ausgeführt. Wenn es die Verhältnisse an Bord verlangen, lassen sich die Geräte auch mit ihren einzelnen Teilen in Unterverteilungen bzw. Schalttafeln einbauen bzw. auf die zugehörigen Maschinen aufbauen.

Für die *Ladung von Akkumulatoren*[1] ist der Halbleitergleichrichter das meist verwendete Gerät, weil er im Aufbau und im Betrieb einfach und für die verschiedenen Ladesysteme sehr anpassungsfähig ist. Es wird dabei zwischen Ladebetrieb und Parallelbetrieb unterschieden[2]. Beim *Lade*betrieb wird die Batterie durch ein Gleichrichtergerät nach einer bestimmten Kennlinie aufgeladen. Auf Schiffen ist die Ladung nach einer *W*-Kennlinie am gebräuchlichsten, die mit einem bestimmten Anfangsladestrom beginnt und bei der der Ladestrom mit steigender Spannung der Batterie abnimmt[3]. Bei der *Wa*-Kennlinie[4] wird das Ladegerät bei Erreichen einer bestimmten Spannung der Batterie abgeschaltet, z.B. mittels eines Ladewächters. – Abb. 68 zeigt das

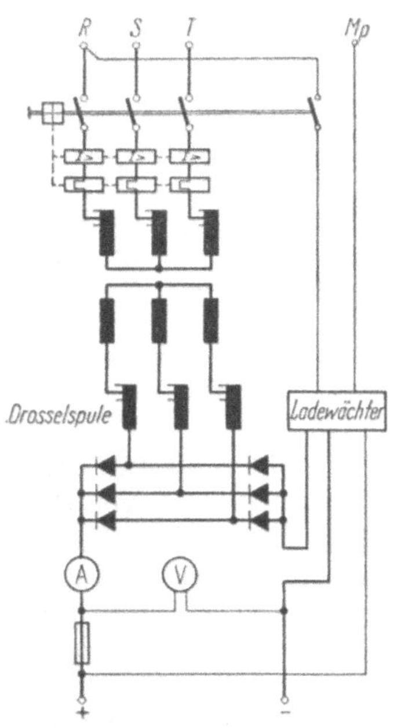

Abb. 68. Schaltplan für ein Gleichrichtergerät zum Laden einer Akkumulatorenbatterie

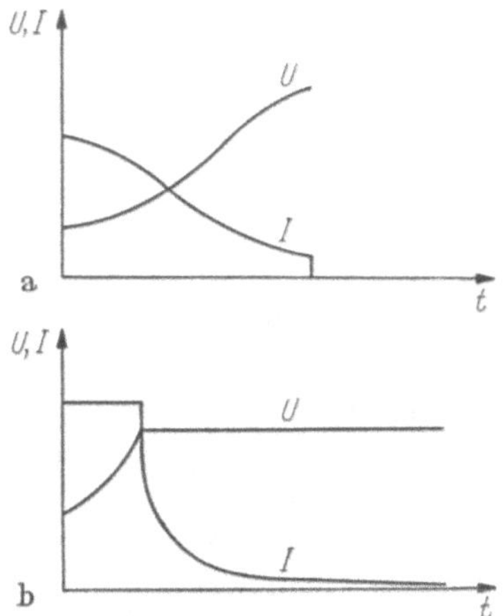

Abb. 69a u. b. Ladekennlinien
a) *Wa*-Ladung; b) *IU*-Ladung

Schaltbild eines Gleichrichtergerätes zum Laden einer Batterie nach der *Wa*-Kennlinie. Der Transformator hat 2 getrennte Wicklungen, da bei

[1] Vgl. Energiespeicher, S. 111.

[2] DIN 41750 „Trockengleichrichtergeräte und Anlagen, Benennungen". Nov. 1957.

[3] DIN 41772 „Halbleitergleichrichtergeräte und -Anlagen", Okt. 1960 (Entwurf).

[4] DIN 41774 „Geräte mit *W*-Kennlinie für das Laden von Bleibatterien", Sept. 1960 (Entwurf).

Ladegeräten das speisende Drehstromnetz und die Batterie galvanisch getrennt sein müssen. Außerdem besitzt die Primärwicklung Anzapfungen, um die Anfangsladespannung einstellen zu können. Die Drosselspule bestimmt die Neigung der W-Kennlinie, d.h. die Abnahme des Ladestromes mit steigender Spannung. Auch die Drosselspule hat Anzapfungen, um diese Neigung einstellen zu können. Abb. 69a zeigt den Verlauf von Strom und Spannung beim Laden einer Batterie nach der Wa-Kennlinie. – Die *Schnelladung* wird angewendet, wenn Batterien in sehr kurzer Zeit oder aber mehrere Batterien parallel aufgeladen werden sollen. Die Ladung erfolgt dann nach einer I-U-Kennlinie. Den Verlauf von Strom und Spannung zeigt Abb. 69b. Die Batterie wird zunächst mit konstantem Strom geladen, bis die Spannung die Gasungsspannung erreicht (2,4 V/Zelle), dann wird mit dieser Spannung weitergeladen, wobei der Strom exponentiell abfällt. Man erzielt diese Kennlinie durch Ausrüstung des Gleichrichtergerätes mit Transduktoren[1], wobei Strom und Spannung als steuernde Größen verwendet werden. – Bei der *Erhaltungsladung* wird die Batterie mit konstanter Spannung dauernd geladen (2,2 V/Zelle). Diese Ladung dient nur dazu, die Batterie in ihrem Ladezustand zu erhalten, deckt also lediglich die Verluste, die durch Selbstentladung der Batterie eintreten.

Beim *Parallelbetrieb* sind Gleichstromverbraucher und Batterie ständig parallelgeschaltet, das Gleichrichtergerät speist beide. Man unterscheidet Pufferbetrieb und Parallelbetrieb mit Konstantspannungskennlinie. Beim *Pufferbetrieb* deckt das Gleichrichtergerät den mittleren Strombedarf des Verbrauchers. Die Batterie wird wechselweise je nach Stromentnahme des Verbrauchers geladen oder entladen; sie dient also zur Spitzendeckung. Beim Parallelbetrieb mit *Konstantspannungskennlinie* deckt das Gleichrichtergerät den gesamten Energieverbrauch des Verbrauchers. Durch Konstanthalten der Spannung wird die Batterie auf vollem Ladungszustand gehalten. Sie wird lediglich bei Ausfall der netzseitigen Spannung zur Stromversorgung der Verbraucher herangezogen.

2. Energieverstärker

Elektrische Verstärkereinrichtungen werden auf Schiffen für die verschiedensten Anwendungsgebiete benutzt; sie finden sich bei elektrischen Propellerantrieben ebenso wie bei Rudersteuerungen, Windenantrieben, Einrichtungen zur Schlingerdämpfung u.a.m. Diesen verschiedenen Anwendungsgebieten entsprechend kommen auch verschiedene Verstärkungssysteme zur Verwendung, wie Maschinenverstärker, Magnetverstärker und in jüngster Zeit auch Transistorverstärker. Nachstehend werden die Wirkungsweise und der prinzipielle Aufbau dieser Systeme

[1] Vgl. Magnetverstärker, S. 104.

kurz umrissen. Die Anwendungen im Rahmen der Schiffselektrotechnik werden in den jeweils in Betracht kommenden Abschnitten behandelt.

a) Maschinenverstärker

Der Maschinenverstärker ist zumeist eine Gleichstrommaschine, wobei jeder fremderregte Gleichstromgenerator nach Abb. 70a bereits in dem als Leistungsverstärkung bezeichneten Verhältnis

$$\frac{\text{Ankerleistung}}{\text{Erregerleistung}}$$

eine *einstufige* elektrische Leistungsverstärkung aufweist. Die für die Verstärkung benötigte Energie wird dabei von der den Generator antreibenden

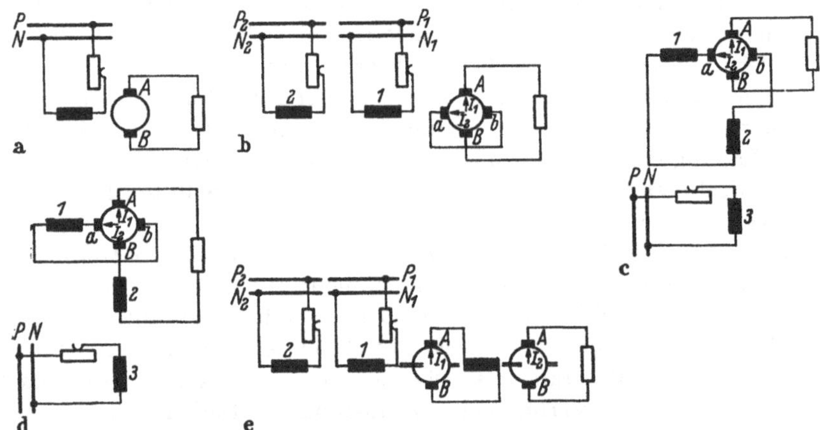

Abb. 70a–e. Schaltungen von Verstärkermaschinen
a) fremderregter Gleichstromgenerator; b) Querfeldmaschine; c) Metadyne; d) Amplidyne; e) Rapidyne

Kraftmaschine geliefert. – Bei der auf Schiffen häufig verwendeten LEONARD-Schaltung[1] wird die Leistung im gemeinsamen Ankerkreis von Steuergenerator und Arbeitsmotor durch die um mindestens eine Größenordnung kleinere Erregerleistung für diese Maschine beeinflußt. Auch bei der Konstantstromschaltung[2] wird der Strom im Konstantstromkreis und damit das von den Motoren abgegebene Drehmoment durch Beeinflussung der Erregung der Generatoren und Motoren eingestellt. Bei der LEONARD-Schaltung wird die Erregerenergie häufig, bei der Konstantstromschaltung meist einer Erregermaschine entnommen, wobei dann mit den Feldstellern nur noch die um eine weitere Größenordnung kleineren Erregerströme dieser Erregermaschinen einzustellen sind. Diese Anordnungen werden als Verstärkerschaltungen *zweiter Ordnung* bezeichnet.

[1] Vgl. Grundlagen elektrischer Antriebstechnik, S. 187.
[2] Vgl. Antriebe mit Konstantstromschaltung, S. 402.

Der Verstärkungsfaktor der einstufig wirkenden Gleichstrommaschinen ist begrenzt. Deswegen wurden Maschinen mit höherem Verstärkungsfaktor entwickelt; das sind die eigentlichen *Maschinenverstärker*. Häufig werden diese als *Querfeldmaschinen* ausgeführt, doch sind auch *Kaskaden*anordnungen gebräuchlich.

Querfeldmaschinen haben nach Abb. 70b außer dem in der neutralen Zone liegenden Bürstenpaar A–B noch ein 2. Bürstenpaar a–b, das in der Achse des Hauptfeldes liegt und kurzgeschlossen ist. Meist besitzt das Magnetgestell mehrere Erregerwicklungen – in Abb. 70b sind 2 Wicklungen *1* und *2* gezeichnet –, die von verschiedenen Strömen durchflossen werden bzw. verschiedenen Einflußgrößen unterliegen. Die Summe aller in dieser Feldachse liegenden Durchflutungen entspricht in der Wirkung derjenigen des Hauptfeldes in Abb. 70a. Über die Kurzschlußverbindung des Ankers a–b fließt ein Strom I_2, dessen Größe von der Gesamtdurchflutung des Hauptfeldes und dem ohmschen Widerstand des kurzgeschlossenen Ankerkreises abhängt. Dieser Ankerkreis baut seinerseits ein als Querfeld bezeichnetes Feld auf, das die Spannung für den eigentlichen Belastungskreis an den Bürsten A–B erzeugt. So entsteht eine *zweistufige* Verstärkung, wobei die erste Stufe von dem Hauptfeld, die zweite vom Anker aus erregt wird. Beispiele derartiger Maschinen sind die *Metadyne* und die *Amplidyne*.

Die von Pestarini vorgeschlagene *Metadyne* nach Abb. 70c ist ein stromsteuernder Generator. Sie wird dann benutzt, wenn ein – in Grenzen einstellbarer – konstanter Strom bei veränderlichem Belastungswiderstand erforderlich ist, z.B. bei Konstantstromanlagen für Propellerantriebe, insbesondere bei kleinen Leistungen. Die dem Bürstenpaar A–B des Belastungskreises – mit ihrer Rückwirkung auf die Steuererregung – zugeordnete Durchflutung in der Erregerwicklung *1* wird vom Strom I_2 des Ankerkurzschlußkreises erzeugt. Die dem Bürstenpaar a–b zugeordnete Durchflutung setzt sich aus 2 Komponenten zusammen: die Erregerwicklung *2* wird vom Strom I_2 durchflossen; ihre Durchflutung hat eine die Ankerrückwirkung aus dem Belastungskreis kompensierende Wirkung. Die Erregerwicklung *3* liegt an einer Fremdstromquelle; sie hat eine hohe Windungszahl, so daß der Steuerstrom bei gegebener Amperewindungszahl klein sein kann. Auch die Durchflutung dieser Wicklung ist gegen die des Ankerfeldes aus dem Belastungskreis gerichtet. Durch diese Überkompensation der Ankerrückwirkung entsteht eine auf kleinste Stromänderungen in Feld *3* reagierende Steuerwirkung für den Belastungskreis.

Die *Amplidyne* nach Abb. 70d wird dann verwendet, wenn ein in weiten Grenzen einstellbarer Strom bei gleichbleibendem Belastungswiderstand erforderlich ist, z.B. bei der Speisung der Erregerwicklung eines Generators. Die Schaltung ist ähnlich wie die der Metadyne. Die die Ankerrückwirkung des Belastungskreises kompensierende Erregerwicklung *2* wird hier vom Belastungsstrom I_1 durchflossen. Ihre Durchflutung hebt die Ankerrückwirkung in einem weiten Arbeitsbereich auf. Mit dieser Anordnung sind Verstärkungsfaktoren in der Größenordnung von 10^3 zu erzielen.

Konstruktiv ist bei diesen Maschinen zu beachten, daß jeder Pol aus 2 Teilpolen besteht; eine *elektrisch zwei*polige Maschine erhält also stets *mechanisch vier* Pole. Dabei werden die verschiedenen Wicklungen gleichmäßig auf diese Teilpole verteilt. Mit dieser Anordnung wird erreicht, daß sich die Durchflutungen der Erregerwicklung *1* einerseits sowie die der Erregerwicklungen *2* und *3* andererseits nicht gegenseitig störend beeinflussen.

Die bei der Querfeldmaschine erforderliche Kompensation der Ankerrückwirkung des Belastungskreises und die Unterdrückung der gegenseitigen Beeinflussung der verschiedenen Erregersysteme vermeidet eine unter dem Namen *Rapidyne* bekanntgewordene Kaskadenanordnung. Diese Kaskade besteht nach Abb. 70e aus zwei auf der gleichen Welle angeordneten gleichgroßen Gleichstromankern mit einem gemeinsamen Magnetgehäuse, jedoch mit getrennten magnetischen Kreisen. Der eine Maschinenteil liefert die Erregung für den anderen. Für die Erregung der 1. Stufe sind in Abb. 70e 2 verschiedenen Einflußgrößen unterliegende Teilerregungen *1* und *2* angenommen. Für die Ausgangsstufe wird eine Kompensationswicklung vorgesehen. Durch Lamellierung des Ankers und des Magnetgestelles werden sehr kleine Zeitkonstanten erreicht.

Der Vollständigkeit wegen sei noch die sowohl einstufig wie auch zweistufig gebaute, unter dem Namen *Rototrol* bekanntgewordene Unsymmetrie-Verstärkermaschine erwähnt, die als Gleichstrommaschine normaler Bauart meist in Verbindung mit einem Abstimmwiderstand verwendet wird.

b) Magnetverstärker

In seinem grundsätzlichen Aufbau besteht der Magnetverstärker – auch *Transduktor*[1] genannt – aus zwei oder mehreren lamellierten zwei- oder dreischenkligen Eisendrosseln ohne Luftspalt, die mit einer Arbeits- und mindestens einer Steuerwicklung versehen sind. Die Eisendrossel besitzt eine magnetische Kennlinie mit schmaler Magnetisierungsschleife und einem scharfen Knick im Sättigungsbereich. Die Arbeitswicklung wird an eine Wechsel-, die Steuerwicklung an eine Gleichspannung angeschlossen. Bei Dreischenkeldrosseln liegt die Steuerwicklung auf dem Mittelschenkel; die beiden Arbeitswicklungen befinden sich auf den Außenschenkeln. Bei zweiphasigen Drosseln gehören jeweils 2 Drosseln

[1] Unter den Begriffsbereich „Transduktor“ fallen alle steuerbaren Drosselspulen mit geknickter oder gekrümmter Magnetisierungskennlinie.

paarweise zusammen, wobei im allgemeinen die Arbeitswicklungen parallel, die Steuerwicklungen dagegen in Reihe geschaltet werden.

Der induktive Widerstand der Arbeitswicklung verändert sich mit der Sättigung des Eisenkernes; diese wiederum wird durch die über die Steuerwicklungen gegebene Gleichstrom-Vormagnetisierung beeinflußt. Es fließt im Verbraucherkreis ein um so größerer Strom, je stärker die Vormagnetisierung ist. Auf der Tatsache, daß zum Steuern der Eisensättigung nur eine verhältnismäßig kleine Gleichstromleistung notwendig ist, beruht die Verstärkerwirkung des Systems. Die Leistungsverstärkung

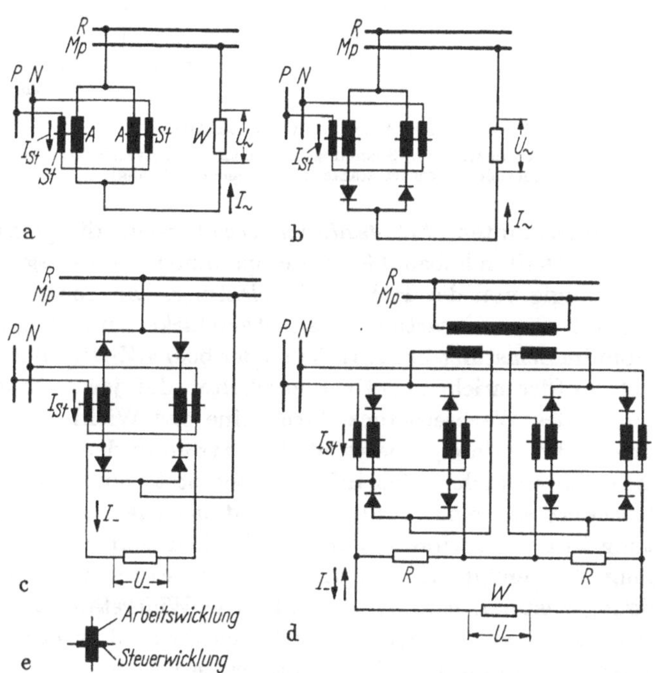

Abb. 71a–d. Schaltungen von Magnetverstärkern

a) Magnetverstärker mit einphasigem Wechselstrom im Belastungskreis, stromsteuernd; b) Magnetverstärker mit einphasigem Wechselstrom im Belastungskreis, spannungssteuernd; c) Magnetverstärker mit Gleichstrom im Belastungskreis; d) Magnetverstärker mit Gleichstrom im Belastungskreis in Gegentaktschaltung; e) vereinfachtes Schaltzeichen

spannungssteuernder Transduktoren liegt bei *einer* Stufe in der Größenordnung von 10^4. In Abb. 71 sind einige Schaltungen für Transduktorverstärker zusammengestellt[1].

Die Anordnung nach Abb. 71a ergibt einen Wechselstrom im Ausgangskreis. Der Strom im Belastungskreis I, der durch den Steuer-

[1] Vgl. DIN 40714 „Schaltzeichen für Transduktoren".

strom I_{St} eingestellt wird, ist nahezu unabhängig von der Größe des Belastungswiderstandes. Die Schaltung wird als *strom*steuernd bzw. die Anordnung als *Gleichstromwandler* bezeichnet; sie wird im wesentlichen zu meßtechnischen Zwecken verwendet. Abb. 72a zeigt die – symmetrisch zur Ordinate liegende – Steuerkennlinie, die den Zusammenhang von Steuerstrom und Belastungsstrom angibt.

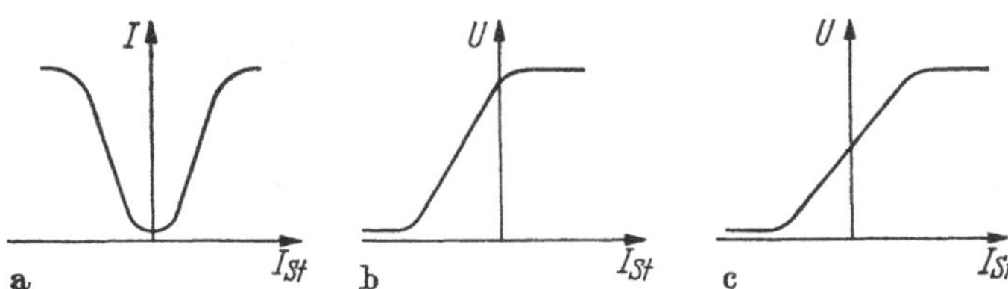

Abb. 72a–c. Kennlinien von Magnetverstärkern

a) Stromsteuernder Magnetverstärker; b) Spannungssteuernder Magnetverstärker; c) Spannungssteuernder Magnetverstärker mit Vormagnetisierung

Bei den sogenannten *Selbstsättigungsschaltungen*, die *spannungs*steuernde Eigenschaften haben, bleibt die Spannung U im Ausgangskreis nahezu unabhängig von der Höhe der Belastung. Die Schaltung nach Abb. 71b zeigt einen derartigen Magnetverstärker mit einphasigem Wechselstrom im Belastungskreis. In jeden der beiden Zweige der Arbeitswicklung ist ein Stromrichterventil so geschaltet, daß jeweils immer nur eine *Halb*welle des Wechselstroms durch eine der Wicklungen fließen kann, während die andere gesperrt ist. Der Strom in den beiden Teilen der Arbeitswicklung ändert sich infolgedessen stets nur von Null über einen Höchstwert auf Null, wird aber nicht negativ. Dabei wirkt die Durchflutung in der Arbeitswicklung im gleichen Sinn wie die Steuerdurchflutung. Es genügt also ein kleiner Steuerstrom, um die Drossel vom Sättigungszustand, bei dem der induktive Widerstand der Arbeitswicklung sehr klein ist, in einen ungesättigten Zustand zu bringen, dem ein Höchstwert des induktiven Widerstandes entspricht.

In Abb. 72b ist die Steuerkennlinie für derartige selbstsättigende Anordnungen angegeben; sie ist unsymmetrisch zur Ordinate und zeigt eine größere Steilheit als die der Abb. 72a. Die dadurch erreichbare höhere Verstärkung ist – neben bestimmten anderen Vorzügen – der Grund, weswegen diese spannungssteuernden Systeme heute weitgehend bevorzugt werden. Durch eine konstante Vormagnetisierung kann die Lage der Kennlinie zur Ordinate verschoben werden, wie es Abb. 72c zeigt; hier ist die Kennlinie so gelegt, daß eine gleichmäßige positive und negative Aussteuerung möglich ist.

In vielen Fällen soll der Ausgangskreis des Magnetverstärkers eine Gleichspannung haben. Dazu dient die Schaltung nach Abb. 71c.

Hier sind die Stromrichterventile nach Schaltung 71 b zu einer Gleichrichterbrückenschaltung *vereinigt*. Es könnte aber auch außerhalb des eigentlichen Transduktorenkreises eine selbständige Brückenschaltung angewendet werden.

Die Anordnungen der Abb. 71 b und c können auch *dreiphasig* ausgeführt werden, was besonders bei großen Leistungen zweckmäßig ist. Ebenso können bei allen Schaltungen Wechselstromsteuerwerte durch Gleichrichtung in Gleichstromsteuerwerte umgewandelt werden.

Für den Fall, daß die Polarität im Gleichstrom-Belastungskreis umgekehrt, d.h. von einem positiven Wert über Null zu einem negativen Wert gewechselt werden soll, wird die *Gegentaktschaltung* nach Abb. 71 d verwendet. Die Wirkung der Schaltung beruht darauf, daß der linke bzw. der rechte Magnetverstärker, je nach der Polarität der angelegten Steuerspannung öffnet. Die Widerstände *R* dienen zur Vorbelastung der Transduktorenausgänge, damit auch ein Strom in entgegengesetzter Richtung – bezogen auf den Lastwiderstand – möglich wird.

Bei einem sogenannten *Kipp*verstärker wird zusätzlich zu der Steuerwicklung noch eine *Mitkopplung* angewendet. Fließt in der Steuerwicklung ein kleiner Steuerstrom, so wird am Ausgang der Hauptwicklung eine Spannung abgegriffen und über einen Widerstand an die Mitkopplungswicklung gelegt. Der Strom in dieser Wicklung fließt im gleichen Sinn wie der in der Steuerwicklung und verursacht schlagartig ein volles Öffnen bzw. Schließen – Kippen – des Magnetverstärkers. Infolgedessen sind nur 2 stabile Betriebswerte möglich. Kippverstärker werden bevorzugt als kontaktlose Schaltelemente benutzt.

c) Transistoren

Transistoren sind neuzeitliche elektronische *Schalt-* und *Verstärker*elemente, die in vielen Fällen – im besonderen auch auf Schiffen – geeignet sind, manche bisher gebräuchlichen Bauelemente zu ersetzen. Das eigentliche aktive Transistorelement wird meist aus Germanium und in steigendem Maße aus Silizium hergestellt. Auch beim Transistor sind *p*- und *n*-dotierte Zonen vorhanden[1], jedoch besitzt der Transistor – im Gegensatz zum Gleichrichter – *drei* dotierte Zonen. Es gibt *pnp*- bzw. *npn*-Transistoren. Ein *pnp*-Transistor besteht z.B. in der ersten Zone aus Germaniumkristallen, die mit Indium dotiert werden, also *p*-leitend sind. Diese Zone wird als *Kollektorzone* bezeichnet. Die *n*-dotierte Zwischenzone – *Basis* genannt – ist z.B. mit Arsen dotiertes Germanium, und die zweite *p*-leitende Zone – *Emitterzone* – besteht wieder aus mit Indium dotiertem Germanium. Der Transistor kann als aus zwei entgegengesetzt gepolten, hintereinandergeschalteten Halbleitergleichrichtern bestehend angesehen

[1] Vgl. Stromrichter, S. 92.

werden, wobei aus den 2 Dioden mit zusammen 4 Anschlüssen eine Triode mit 3 Anschlüssen wird. Die Kollektorzone ist der Anode, die Emitterzone der Kathode, die Basis dem Steuergitter einer Elektronenröhre vergleichbar. Ein wesentlicher Vorzug des Transistors gegenüber der Röhre ist der Fortfall der Heizung der Kathode. Daneben gelten als besondere Vorteile die geringe Wärmeentwicklung, die extrem kleinen mechanischen Abmessungen sowie die lange Lebensdauer und hohe Festigkeit. Beim Betrieb des Transistors ist, wie beim Gleichrichter, zu beachten, daß sich seine Eigenschaften mit der Temperatur verändern. – Das Schaltzeichen eines *pnp*-Transistors zeigt Abb. 73. Der Emitteranschluß ist vom Kollektoranschluß durch die Pfeilspitze unterschieden.

Die *Verstärker*wirkung des Transistors beruht darauf, daß zum Aussteuern der Leistung im Kollektor-Emitter-Kreis nur eine geringe Steuerleistung an der Basis – Signalleistung – erforderlich ist.

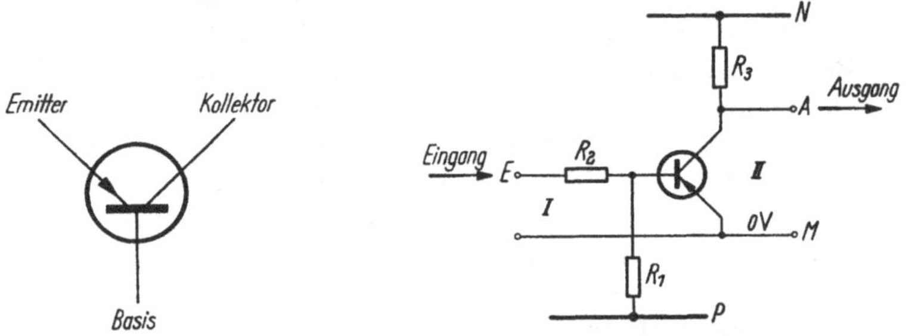

Abb. 73. Schaltzeichen für Transistoren (*pnp*-Ausführung)

Abb. 74. Transistorschaltkreis

Als *Schalt*transistor wird das Gerät – ähnlich wie der Transduktor-Kippverstärker – durch eine entsprechende Steuerung in den Grenzwerten „ein“ und „aus“ betrieben. Die „Schaltzahl“ dieser Schalttransistoren ist nahezu unbegrenzt, der Zeitverzug beträgt nur Bruchteile von Millisekunden. – Die Erfüllung bestimmter häufig vorkommender Schaltaufgaben wird durch die Kombination von Transistoren oder elektrischen Ventilen (Dioden) mit Widerständen und Kapazitäten ermöglicht. Derartige als „Gatter“ bezeichnete Kombinationen werden „aktiv“ genannt, wenn sie mit Transistoren bestückt sind, „passiv“ im gegenteiligen Fall. – In Abb. 74 ist als Beispiel eines aktiven Gatters der *Schaltkreis* einer „Umkehrfunktion“ dargestellt. Der Anschluß N liegt – bezogen auf den Anschluß M – an dem negativen, der Anschluß P an dem positiven Potential einer Spannungsquelle. Zwischen die Basis des Transistors und P ist ein Widerstand R_1 geschaltet, der den Kollektorreststrom abführt, wenn kein Basisstrom fließt, und der damit den Transistor sicher sperrt. Der vor die Basis geschaltete Widerstand R_2 schützt die Emitter-Basis-Strecke vor Überlastung. Der mit I bezeichnete Eingangskreis führt vom

Eingangsanschluß E über den Widerstand R_2 und die Basis-Emitter-Strecke nach M. Der Ausgangskreis II wird durch eine äußere Belastung, den Anschluß M, die Emitter-Kollektor-Strecke und den Ausgangsanschluß A gebildet. Die hochohmigen Widerstände R_1, R_2, R_3 unterscheiden sich in ihrem Widerstandswert jeweils um eine Zehnerpotenz, wobei R_1 den höchsten und R_3 den kleinsten Wert hat. – Wird der Eingang E mit einer negativen Spannung angesteuert – also z.B. mit N verbunden –, so ist der Transistor durchlässig und das Potential des Ausgangs A ist annähernd Null, d.h. dem von M gleich. Es wird dann von einem „0-Signal" am Ausgang gesprochen. Wird dagegen das Null-Potential von M an den Eingang E gelegt, so kann der Transistor nicht ausgesteuert werden. Er bleibt gesperrt, und der Ausgang A liegt annähernd auf dem Potential von N. Es wird dann von einem „L-Signal" gesprochen. Der in Abb. 74 gezeichnete Schaltkreis einer Umkehrfunktion kann also den Signalzustand umkehren:

0-Signal am Eingang bewirkt L-Signal am Ausgang,
L-Signal am Eingang bewirkt 0-Signal am Ausgang.

Viele der mit derartigen Kombinationen ausführbaren Schaltaufgaben lassen sich mit einigen *Grundfunktionen* – auch Gatter genannt – ausführen, deren wichtigste in Abb. 75 zusammengestellt sind:

Logische Funktionen

„Oder" Funktion (Abb. 75a)
„Umkehr" Funktion (Abb. 75b)
„Und" Funktion (Abb. 75c)

Zeitbedingte Funktionen

Gedächtnisfunktion (Abb. 75d)
Zeitfunktion (Abb. 75e)

Funktion der *Leistungsverstärkung* (Abb. 75f).

Die zur Erfüllung dieser Grundfunktionen notwendigen Bauelemente werden zu Bausteinen zusammengestellt, die im Rahmen eines Systems miteinander kombiniert werden können. Derartige Bausysteme sind z.B. unter den Namen SIMATIC[1] und LOGISTAT[2] bekannt. Bei dem ersten System werden die einzelnen auf Hartpapierplatten befestigten Bauelemente in Aluminiumbecher eingesetzt und mit Gießharz vergossen; die Verbindungen werden geätzt bzw. gedruckt. Diese Bauweise besitzt gerade für die Verwendung auf Schiffen durch ihre Schwingungs- und Klimafestigkeit besondere Vorteile.

---

[1] Eingetragenes Warenzeichen der SSW.
[2] Eingetragenes Warenzeichen der AEG.

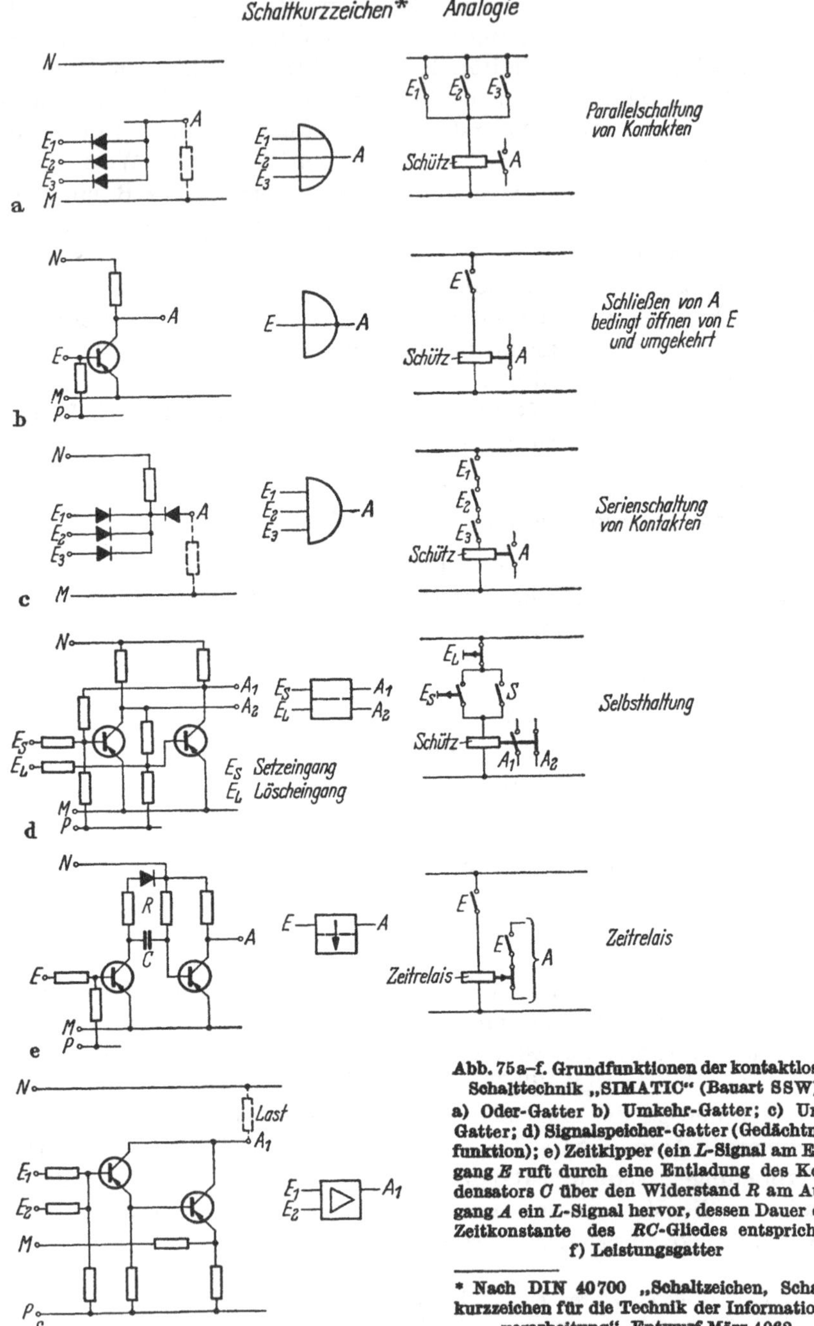

Abb. 75a–f. Grundfunktionen der kontaktlosen Schalttechnik „SIMATIC" (Bauart SSW)
a) Oder-Gatter b) Umkehr-Gatter; c) Und-Gatter; d) Signalspeicher-Gatter (Gedächtnisfunktion); e) Zeitkipper (ein *L*-Signal am Eingang *E* ruft durch eine Entladung des Kondensators *C* über den Widerstand *R* am Ausgang *A* ein *L*-Signal hervor, dessen Dauer der Zeitkonstante des *RC*-Gliedes entspricht); f) Leistungsgatter

* Nach DIN 40700 „Schaltzeichen, Schaltkurzzeichen für die Technik der Informationsverarbeitung". Entwurf März 1962.

3. Energiespeicher[1]

Als Speicher der elektrischen Energie findet man an Bord vor allem Akkumulatorenbatterien. Trockenbatterien spielen nur eine untergeordnete Rolle.

Man verwendet Akkumulatoren an Bord z.B.:

als Notenergiequelle für Fahrgast- oder Frachtschiffe,
als Energiequelle in Verbindung mit einem Wellengenerator,
als Energiequelle für den Ruhebetrieb im Hafen – vor allem bei kleineren Schiffen,
als Energiequelle für den elektrischen Propellerantrieb bei kleinen Booten,
als Energiequelle für das Starten von Verbrennungsmotoren.

Als *Notenergiequelle* für ein *Fahrgast*schiff kann an Stelle eines Notstromgenerators eine Akkumulatorenbatterie verwendet werden, die außerhalb des Bereiches des Maschinenschachtes und oberhalb Schottendeck aufgestellt ist[2]. Diese muß auf Fahrgastschiffen[3] die hierfür vorgesehenen Verbraucher für die Dauer von 36 Stunden ohne Zwischenladung und ohne unzulässigen Spannungsrückgang ununterbrochen speisen können. Bei Frachtschiffen beträgt diese Zeit 6 bzw. 3 Stunden für Schiffe die größer als 5000 BRT[4] bzw. kleiner als 5000 BRT[4] sind. Ist die Notenergiequelle auf Fahrgastschiffen ein Generator, so ist *zusätzlich* als provisorische Energiequelle eine Akkumulatorenbatterie vorzusehen, auf welche die Notbeleuchtungs- und die Schottenschließanlage, sofern diese elektrisch betätigt wird, bei Ausfall der Hauptenergieversorgung *vorübergehend* selbsttätig umgeschaltet wird. Diese Akkumulatorenbatterie soll in ihrer Kapazität so bemessen sein, daß die Notbeleuchtung während einer halben Stunde gespeist und die Schottenschließanlage betätigt werden kann.

Die für den Schiffsbetrieb verwendeten Akkumulatorenarten sind der Blei- und der Stahlakkumulator. Beim *Bleiakkumulator* ist der Elektrolyt verdünnte Schwefelsäure. Die Platten bestehen aus Blei und Bleiverbindungen. Man unterscheidet verschiedene Zellenbauarten, die nach der Art der positiven Platten bezeichnet werden. Die wichtigsten sind die Zellen mit positiven *Großoberflächenplatten*, positiven und negativen *Gitterplatten* sowie positiven *Panzerplatten*, deren technische Daten in Tab. 14 zusammengestellt sind. Sie unterscheiden sich vor allem durch Gewicht, Raumbedarf und Lebensdauer.

Alle Bleiakkumulatoren sind empfindlich gegen wiederkehrende heftige Erschütterungen, häufige Tiefentladungen und zu reichliches oder ungenügendes Laden. Im besonderen muß die Ladestromstärke nach Überschreiten der Gasungsspannung (2,4 V/Zelle) begrenzt werden. Am

---

[1] Dieser Abschnitt wurde nach Angaben der VARTA bearbeitet.
[2] Schiffssicherheitsvertrag.
[3] Vgl. Leistung-Energiebilanz, S. 13. – [4] Gross-tons.

Tabelle 14. *Betriebswerte von Bleiakkumulatoren*

	Zellen mit Großoberflächenplatten	Gitterplatten[3]	Panzerplatten
Positive Platte	Gro[1]	Gi[1]	PzS[1]
Negative Platte	Kastenplatte	Gi	Gi
Gewicht, kg je kWh Arbeitsvermögen[2]	86–125	35–46	33–38
Raum, Liter je kWh Arbeitsvermögen	30–50	14–18	12–14
Lebensdauer[3]			
der pos. Platten in Entladungen	1000-1200	300–350[4] (600–700)	1200–1500
der neg. Platten in Entladungen	2000–3000	900–1050 (1200–1400)	1200–1500
Ladefaktor[5]	1,1	1,1 (1,17)	1,2
Energiewirkungsgrad, %[6]	75	75 (70)	68
Mittlere Entladespannung, V[2]	1,9	1,93	1,93
Spannungsanstieg beim Laden bis zur Gasentwicklung, V	2,1–2,75	2,1–2,75	2,1–2,75
Spannung beim Puffern je nach Betriebsverhältnis, V	2,25–2,4	2,25–2,4	2,25–2,4
Zulässige Ladestromstärke nach Überschreiten der Gasungsspannung, je 100 Ah Nennkapazität			
a) konstante Stromstärke, A	10	2	5
b) fallende Stromstärke von/auf, A	14/7	8/4	8/4
Kapazitätsabnahme durch Selbstentladung, % je Tag	1	1	1

[1] Gro = Großoberflächenplatten; Gi = Gitterplatten; PzS = Panzerplatten. – [2] Bei Entladung mit dem 5-stündigen Strom (I_5). – [3] Bei mindestens täglicher Entladung; bei weniger häufiger Entladung geringere Lebensdauer. – [4] Ausführung Gi mit 2facher Plattenisolation (Werte in Klammern: Ausführung GiS mit 3facher Plattenisolation). – [5] Verhältnis: Ladestrommenge bis Volladung zu vorher entnommener Strommenge. – [6] Verhältnis: Entnommene Energie (kWh) zu hineingeladener Energie bis Volladung.

günstigsten verhalten sich hierbei Zellen mit Großoberflächenplatten. Zellen mit Gitterplatten dagegen sind zum Betrieb auf Schiffen im allgemeinen weniger geeignet, da sie eine sorgfältigere Wartung erfordern, geringere Lebensdauer haben und der Plattenersatz mit den Liegezeiten der Schiffe nicht immer in Einklang zu bringen ist. Sie werden jedoch teilweise zum Antrieb von Verkehrsbooten auf kleinen Seen verwendet; auch finden die mit dünnen Gitterplatten versehenen Kraftfahrzeug-Starterbatterien auf Binnenschiffen Anwendung. Bei Batterien, die im wesentlichen nur in Bereitschaft stehen oder im Pufferbetrieb arbeiten, sind Zellen mit positiven Großoberflächenplatten vorzuziehen, da diese Platten 10 Jahre und mehr halten (die negativen Platten doppelt so lange), während die anderen Zellenarten auch im Ruhezustand stärker dem Angriff der Säure ausgesetzt sind.

Die Kennlinien einer Bleizelle mit positiven Großoberflächenplatten bei „Laden“ und „Entladen“ zeigt Abb. 76. Ist beim Laden die Gasungsspannung 2,4 V/Zelle erreicht, so muß die Ladestromstärke herabgesetzt werden, weil die Zellen sonst zu stark gasen, wodurch feine Masseteilchen von den Platten losgerissen werden und eine zu hohe Erwärmung der

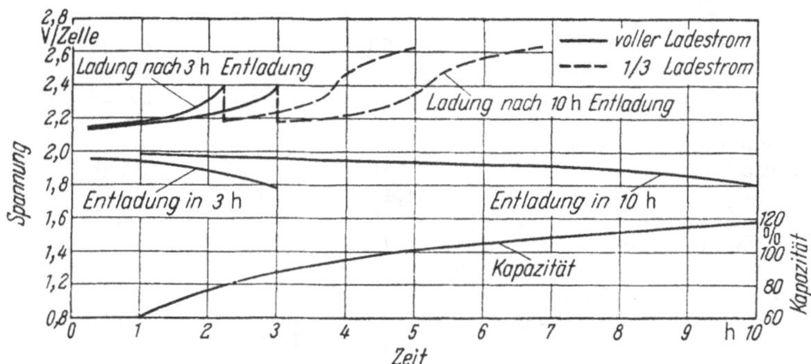

Abb. 76. Betriebsverhalten von Bleiakkumulatoren (Großoberflächentyp); nach Angaben der VARTA

Zellen auftritt. – Die Kapazität einer Bleibatterie ist, wie es ebenfalls aus Abb. 76 hervorgeht, um so größer, je größer die Entladedauer, d.h. je niedriger die Entladestromstärke ist.

Der *Stahlakkumulator* – auch *alkalischer* Akkumulator genannt – besitzt als Elektrolyt Kalilauge. Man unterscheidet die „*Nickel-Eisenzelle*“ (Ni–Fe) und die „*Nickel-Cadmiumzelle*“ (Ni–Cd). Beide haben positive Masse aus Nickelverbindungen und negative Masse aus Eisen (Fe) oder Cadmium (Cd) und sind äußerlich gleich. Entsprechend dem Aufbau der positiven Platten wird zwischen Röhrchenzellen, Taschenzellen und Sinterzellen unterschieden. Bei den *Röhrchenzellen* wird die positive wirksame Masse in zylindrischen Röhrchen und die negative wirksame Masse in flachen rechteckigen Taschen untergebracht. Bei den *Taschenzellen* dienen zur Aufnahme der wirksamen Masse bei den positiven und negativen Platten in gleicher Weise Taschen. *Sinterplattenzellen* haben positive und negative Sinterplatten, welche aus einem hochporösen gesinterten Masseträger bestehen, in den die Massen durch Tauchen in entsprechende Badlösungen eingebracht werden. Der Träger entsteht durch Auftragen von Nickelpulver auf ein feinmaschiges Gitter und anschließendes Sintern. Der innige Kontakt der Masse mit den Trägern verleiht diesen Platten eine besonders gute Leitfähigkeit und eine günstige Spannung bei Entladung mit hoher Stromstärke (Anlassen von Motoren, Erregen von Bremsmagneten) und eine günstige niedrige Ladespannung bei Pufferbetrieb. – Tab. 15 enthält die wichtigsten technischen Daten der verschiedenen Stahlzellenbauarten.

Tabelle 15. *Betriebswerte von Stahlakkumulatoren*

	Röhrchenzellen Ni–Cd (Ni–Fe)	Taschenzellen TN[1] Ni–Cd (Ni–Fe)	Taschenzellen TS[1] Ni–Cd –	Sinterzellen Ni–Cd –
Positive Platte[2]	R	T	T	S
Negative Platte[2]	T	T	T	S
Gewicht, kg je kWh Arbeitsvermögen[3]	35–50	35–50	50–60	53–64
Raum, Liter je kWh Arbeitsvermögen[3]	17–25	17–25	21–28	23–24
Lebensdauer der gesamten Zelle in Entladungen	4000	2500	2500	4000
Ladefaktor[4]	1,4	1,4	1,4	1,2
Energiewirkungsgrad, %[5,6]	50–56	55 (50)	60	70
Mittlere Entladespannung[3,6]	1,14–1,16	1,21	1,25	1,25
	(1,16–1,21)	—	—	—
Spannungsanstieg beim Laden[6] in d. Gasentwicklung (Strom I_5), V	1,45–1,85	1,35–1,85	1,30–1,75	1,30–1,70
	(1,60–1,85	(1,55–1,85)	—	—
Spannung beim Puffern je nach Betriebsart	1,45–1,60	1,45–1,60	1,45–1,55	1,40–1,50
Kapazitätsabnahme durch Selbstentladung[6]				
nach 7 Tagen, %		15 (25)		15
nach 14 Tagen, %		21 (23)		21
nach 30 Tagen, %		24 (42)		24
nach 90 Tagen, %		30 (95)		30

[1] TN Normalausführung; TS für Startzwecke mit verringertem Innenwiderstand und anderem Einbau. – [2] R Röhrchenplatte; T Taschenplatte; S Sinterplatte. – [3] Bei Entladung mit dem 5stündigen Strom (I_5). – [4] Verhältnis: Ladestrommenge bis Volladung zu vorher entnommener Strommenge. – [5] Energiewirkungsgrad: Entnommene Energie (kWh) zu hineingeladener Energie bis Volladung. – [6] Eingeklammerte Werte gelten für Ni–Fe-Zellen.

Stahlakkumulatoren haben eine große Unempfindlichkeit gegenüber mechanischer Beanspruchung, Überlastung und gegen zu reichliches oder ungenügendes Laden. Sie weisen eine lange Lebensdauer auf und erfordern nur geringe Unterhaltungsarbeiten. Röhrchenzellen und Sinterzellen haben wegen ihrer kräftigen und widerstandsfähigen Bauart die längste Lebensdauer.

An Bord von Schiffen werden vorwiegend Zellen mit negativer Cadmiummasse verwendet (Ni–Cd-Zellen). Ni–Fe-Zellen haben zwar eine etwas höhere Entladespannung, aber eine größere Selbstentladung und einen stärkeren Kapazitätsrückgang bei tiefen Temperaturen; sie können nur mit Stromstärken aufgeladen werden, die mindestens $1/3 \times I_5$ betragen. Daher sind sie für Parallelbetrieb mit anderen Stromquellen (Generatoren, Lichtmaschinen) nicht geeignet, auch nicht für sogenannte Erhaltungsladung; das ist ein dauerndes Laden in Ruhe stehender Batterien mit sehr geringem Strom, um die Verluste durch innere Selbstentladung auszugleichen. Werden die Batterien, z. B. auf Binnenschiffen, auch zum Starten verwendet, so sind mit Rücksicht auf möglichst geringen Spannungsabfall bei hohen Stromstärken die Taschenzellenbauart mit verringertem Innenwiderstand oder die Sinterzellenbauart zu verwenden. Sinterplattenzellen sind ferner besonders gut für Parallelbetrieb (Pufferbetrieb) geeignet, weil sie einen kleineren Ladefaktor haben und ihre Ladespannung niedriger liegt als bei den übrigen Stahlzellen; z. B. erfordern 19–20 Sinterzellen nur die gleiche Ladespannung wie 12 Bleizellen.

Abb. 77a zeigt die Spannungskennlinien einer Ni–Fe-Zelle in Röhrchenausführung für „Laden" und „Entladen". Auch ist die Kapazitätskennlinie eingetragen. Abb. 77b zeigt die entsprechenden Kennlinien für eine Ni–Cd-Zelle in Röhrchenausführung, Abb. 77c in Taschenausführung und Abb. 77d in Sinterausführung.

Stahlbatterien haben gegenüber Bleibatterien einen größeren Raumbedarf, größeres Gewicht und niedrigeren Wirkungsgrad (mit Ausnahme der Sinterzellen). Diese Nachteile werden jedoch durch größere Lebensdauer und geringere Ansprüche in bezug auf Wartung und Ladung aufgewogen. Für Pufferbetrieb sind Ni–Fe-Zellen grundsätzlich nicht geeignet; Ni–Cd-Röhrchenzellen und -taschenzellen sind für Pufferbetrieb nicht so gut geeignet wie Bleizellen, weil der Spannungsunterschied zwischen Entladung und Ladung relativ groß ist, was unter Umständen Sonderschaltungen erfordert. Sinterzellen sind sowohl für Pufferbetrieb als auch für reinen Entlade-/Ladebetrieb sehr gut geeignet.

Eine Weiterentwicklung des Stahlakkumulators stellt die gasdichte Zelle dar, die heute serienmäßig in Größen von 20 mAh (Knopfform) bis 23 Ah (prismatische Zellen) hergestellt wird. Die Hauptanwendungsgebiete dieser Typenreihe sind festmontierte Notlichtgeräte mit Einzelleuchten – auch auf Schiffen, tragbare Geräte für Funkempfänger und -sender, Meßgeräte, Signalgeräte, Steueranlagen usw. Die Zellen sind flüssigkeits- und gasdicht. Die bei der Ladung freiwerdenden Gase in der Zelle werden durch besondere Massenzusammensetzungen und Zellenkonstruktionen absorbiert.

Für Akkumulatorenbatterien an Bord wird gefordert, daß die Behälter für die einzelnen Zellen aus bruchfestem und nicht brennbarem Material bestehen und daß der Elektrolyt bei Schräglagen bis zu 40° nicht ausfließen kann. Mehrere Zellen können in einem Holzkasten zusammengefaßt werden, der seinerseits durch sorgfältiges Befestigen gegen ein Verschieben bei Schiffsbewegungen zu sichern ist. Akkumulatorenbatterien, deren Energieaufnahme beim Laden mehr als 2 kW (Nennladestrom × Nennladespannung) beträgt, sind bei Unterdeckaufstellung in einem besonderen *Raum* unterzubringen; bei Aufstellung an Deck wird Unterbringung in einem Schrank zugelassen. Kleinbatterien, d.h. solche mit einer Energieaufnahme beim Laden bis zu 2 kW, können auch unter Deck in einem Schrank oder Kasten eingebaut werden. Im Hinblick auf die Explosionsgefahr durch Knallgasbildung, vor allem beim Laden, ist für eine ausreichende Lüftung des Aufstellungsortes der Batterie zu sorgen,

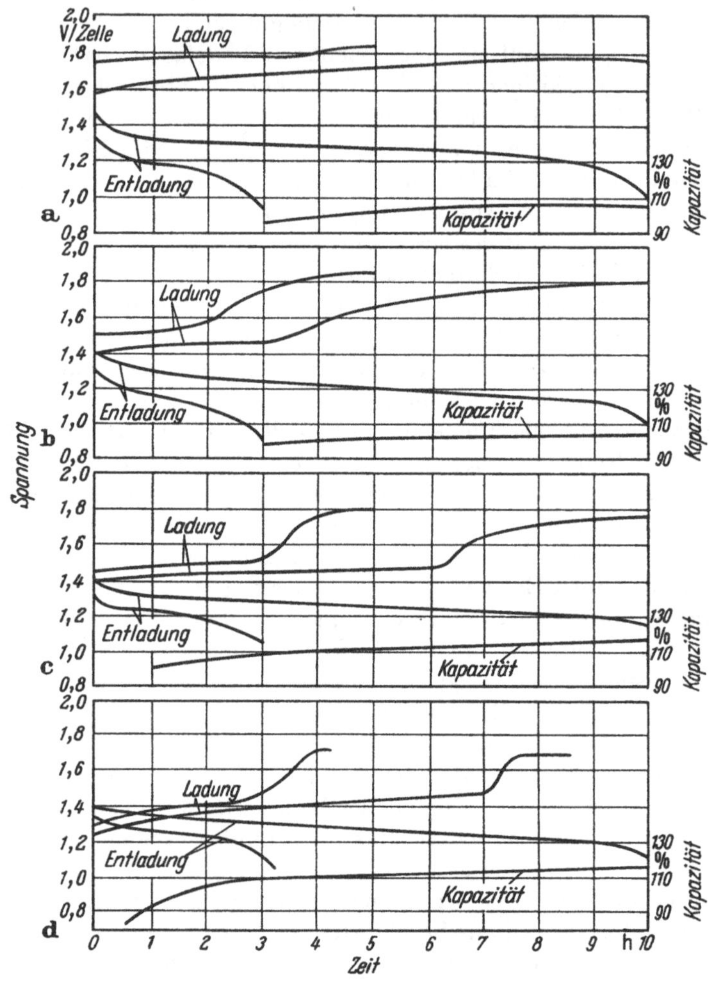

Abb. 77 a–d. Betriebsverhalten von Stahlakkumulatoren
a) Ni-Fe-Zelle; b) Ni-Cd-Zelle (Röhrchenausführung); c) Ni-Cd-Zelle (Taschenausführung); d) Ni-Cd-Zelle (Sinterausführung)

wobei allgemein mindestens ein 30facher stündlicher Luftwechsel gefordert wird. Nur bei Kleinstbatterien und reichlich bemessenen Batterieräumen wird natürliche Belüftung ausreichend sein. Der Raum selbst darf nur durch explosionsgeschützte Lampen beleuchtet werden, Schalter und Steckdosen sowie die Ventilatormotoren sind außerhalb dieses Raumes anzuordnen oder ebenfalls explosionsgeschützt auszuführen.

Zum Laden einer Batterie[1] in möglichst kurzer Ladezeit muß die Spannung der Ladestromquelle am Ende bis auf etwa 150% gesteigert werden, was durch Aufstellen eines entsprechend ausgelegten Ladegenerators erzielt werden kann. Oft ist jedoch ein besonderes Ladeaggregat für Bordverhältnisse zu aufwendig. Es wird dann so verfahren, daß die Batterie in 2 Hälften geteilt wird und diese Hälften nach dem Schaltbild der Abb. 78 über Ladewiderstände unmittelbar vom Bordnetz aus

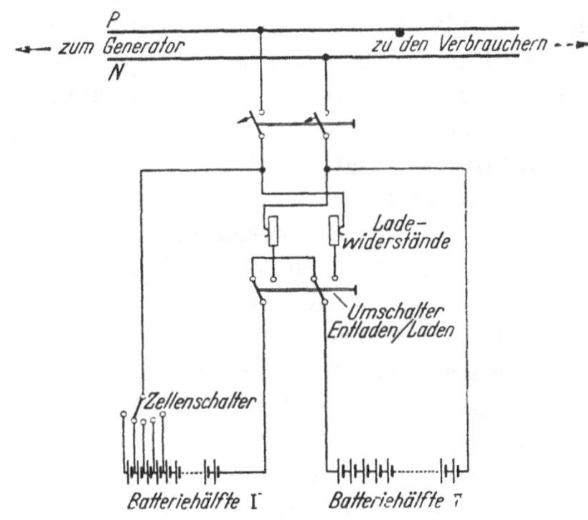

Abb. 78. Schaltung für Ladung einer Akkumulatorenbatterie in 2 Gruppen mit Einfachzellenschalter

in Parallelschaltung aufgeladen werden. – Bei konstanter Netzspannung und festem Ladewiderstand sinkt der Ladestrom mit steigender Zellenspannung ab. Selbsttätig wirkende Ladeeinrichtungen arbeiten daher oft mit Spannungsrelais, sogenannten „Ladewächtern", die bei der Gasspannung der Bleibatterien von 2,4 V/Zelle und der Stahlbatterien (Ni–Cd) von 1,65 V/Zelle ansprechen und ein Uhrwerk in Gang setzen, das den Ladevorgang nach einer einstellbaren Zeit unterbricht. Man macht sich dabei die Tatsache zunutze, daß eine Batterie von der *Gasspannung* an stets etwa die gleiche Energiemenge bis zur vollständigen Ladung ohne Rücksicht auf ihren vorherigen Entladungszustand benötigt.

Sehr häufig wird die Pufferschaltung an Bord angewendet. Hier arbeiten der Bordnetzgenerator und die Batterie parallel auf den Verbraucherkreis. Ist der Strombedarf klein, wird die Batterie geladen, während bei Stromstößen die Batterie Strom abgibt. Bei Bleibatterien genügt eine

[1] Vgl. Stromrichter, S. 92.

mittlere Spannung von etwa 2,25 V/Zelle und bei Stahlbatterien (Ni–Cd) von 1,4–1,5 V/Zelle, um die Batterie ständig auf genügender Kapazität zu halten. Die Pufferwirkung der Batterie wird um so stärker, je weicher die Spannungskennlinie des Generators ist. Die Pufferschaltung wird oft in Verbindung mit Wellengeneratoren[1] gebraucht.

Unterschiedliche Spannungen für das Licht- und Kraftnetz, wie sie z. B. noch auf Tankschiffen anzutreffen sind, bedingen Sonderschaltungen. Oft wird hier das 110-V-Lichtnetz von einem 220/110-V-Umformer gespeist. Zum Aufladen der Batterie für die Notbeleuchtung wird dann ein Zusatzgenerator – meist mit dem Umformer unmittelbar gekuppelt – aufgestellt. Dieser ist mit dem 110-V-Netz in Reihe geschaltet und liefert die zur vollen Aufladung der Batterie notwendige Spannung.

In Drehstromnetzen ist ein unmittelbarer Anschluß der Verbraucher des Notnetzes an die Batterie nicht möglich. Man beschränkt sich bei der Notbeleuchtung auf die notwendigste Ausstattung, die bis zur Lastübernahme durch den Notgenerator noch ausreichend ist. Die Notbeleuchtung wird dabei an eine 24-V-Batterie angeschlossen, die über Transformator und Gleichrichter stets in geladenem Zustand gehalten wird. Diese Ausführung bedingt ein besonderes Kabelnetz für die Notbeleuchtung. Es kann auch eine Batterie von normaler Netzspannung aufgestellt werden, auf die ein Teil der allgemeinen Beleuchtung, der im Normalbetrieb über Transformatoren gespeist wird, bei Ausfall der Netzspannung selbsttätig umgeschaltet wird.

Um die Verbraucherspannung beim Pufferbetrieb innerhalb vorgeschriebener Grenzen zu halten, kann die Batterie in Stammzellen und Zusatzzellen aufgeteilt werden, die nach Bedarf einzeln oder geschlossen zu- oder abgeschaltet werden. Dieses ist jedoch vielfach umständlich und erfordert besonders bei Bleibatterien meistens ein Überwachen der weniger stark beanspruchten Zusatzzellen während des Ladens. Einfacher ist in diesem Fall die Verwendung von Selen-Gegenzellen, die zwischen Batterie und Verbraucher geschaltet und nach Bedarf kurzgeschlossen werden. Diese liefern eine von der Stromstärke verhältnismäßig wenig abhängige Gegenspannung, die zwischen 0,6 und 1,0 V/Zelle liegt. Für einen einwandfreien Pufferbetrieb genügen z. B. bei einer 24-V-Anlage mit Bleibatterien oder Stahl-Sinterzellen-Batterien im allgemeinen 2–3 in Reihe geschaltete Selenzellen, wenn die Verbraucherspannung auf 24 V + 10% = 26,4 V nach oben begrenzt werden soll.

---

[1] Vgl. Wellengeneratoren, S. 81.

C. Kabel- und Leitungsnetz

1. Kabel

Die wichtigsten Anforderungen, denen Schiffskabel gewachsen sein müssen, sind:

Hoher Isolationswert – auch bei Einwirken von großer Luftfeuchtigkeit.

Druckfestigkeit der Isolierung – auch bei Wärme.

Alterungsbeständigkeit – auch bei tropischen Temperaturen.

Ausreichende mechanische Festigkeit gegen Stöße, vor allem bei Verlegungsarbeiten u. dgl. – auch bei Kälte.

Widerstandsfähigkeit gegen Öle – auch Heizöle, in bestimmten Grenzen auch gegen Säuren und Laugen.

Wasserdichtigkeit – möglichst weitgehend auch in Längsrichtung.

Erschwerte Entflammbarkeit der verwendeten Werkstoffe.

Über viele Jahrzehnte wurden in fast allen Ländern der Welt für die Verlegung auf Schiffen Gummibleikabel – in Deutschland als MK-Kabel bezeichnet – verwendet. Für die 3 wesentlichen Bestandteile *jedes* Kabels, nämlich dem *Leiter*, der *Isolierung* und der *Schutzhülle* gelten beim MK-Kabel im einzelnen folgende Festlegungen, wie es auch aus Abb. 79 hervorgeht.

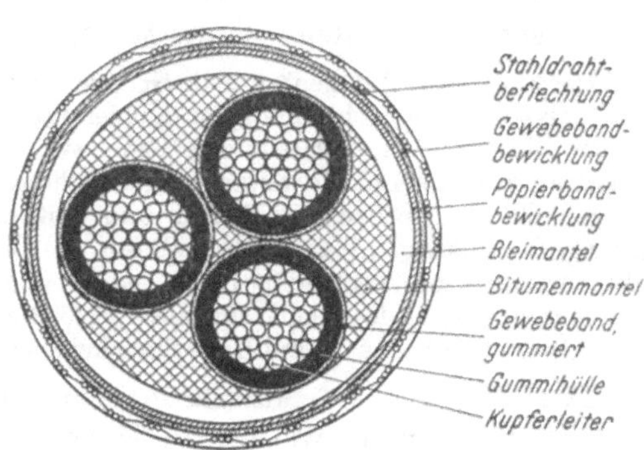

Abb. 79. Aufbau eines MK-Kabels

Adern. Es werden als Leiter nur verzinnte Kupferdrähte benutzt, die als Isolierung eine vulkanisierte Gummihülle besitzen. Um diese Gummihülle liegt ein gummiertes Gewebeband, das bei nahtloser Gummihülle wegbleiben kann. Bei dem Querschnitt 1,5 mm² werden die Leiter ein- *oder* mehrdrähtig, ab 2,5 mm² stets mehrdrähtig ausgeführt[1].

Kabelseele. Bei einadrigen Kabeln ist die Kabelseele gleich der Ader. Bei mehradrigen Kabeln besteht die Kabelseele aus den verseilten Adern, die mit einer Füllmischung zur Ausfüllung der Zwickel zwischen den einzelnen Adern sowie zwischen den Adern und dem Mantel umpreßt sind.

Bleimantel. Die Kabelseele wird mit einem nahtlosen Bleimantel umgeben, der Wasser- und Öldichtigkeit gewährleisten soll. Der Bleimantel wird gleichzeitig als Schutzleiter verwendet, darf aber betriebsmäßig keinen Strom führen. Um die Gefahr der interkristallinen Korrosion herabzumindern, wird nicht reines Blei, sondern eine Bleilegierung benutzt.

[1] Für Steuer- und Erregerleitungen sollen, ebenso wie bei den Ruder- und FT-Anlagen, nur Kabel mit mehrdrähtigen Leitern verlegt werden, um der Gefahr eines Bruchs zu begegnen.

Bewehrung. Der mechanisch verletzbare Bleimantel wird zunächst mit imprägniertem Papierband, sodann mit imprägniertem Gewebeband bewickelt. Darüber liegt eine dichte Beflechtung aus verzinkten Stahldrähten. Diese Drahtbeflechtung dient als mechanischer Schutz. Kabel ohne Bewehrung werden als MKO-Kabel bezeichnet. – Einadrige Kabel erhalten in Drehstrom- und Wechselstromanlagen bei Stromstärken über etwa 15 A eine Bewehrung aus unmagnetischem Material (meist Bronzedrähte). Hierdurch wird eine unzulässige Erwärmung durch Ummagnetisierungsverluste in der Drahtbeflechtung verhindert.

Die allgemein gewonnenen neueren Erkenntnisse der Kabeltechnik führten im letzten Jahrzehnt auch bei Schiffskabeln zu einer nicht unbeträchtlichen Anzahl von Neukonstruktionen, deren wichtigste neben dem MK-Kabel in Abb. 80 zusammengestellt sind.

Das MKOY-Kabel – Ausführung *b* in Abb. 80 –, hat einen ähnlichen Aufbau, wie das MK-Kabel. Es trägt jedoch über dem Bleimantel an Stelle der an feuchten Stellen leicht korrodierenden Stahldrahtbeflechtung einen Überzug aus *PVC-Material*, der das Verlegen der Kabel erleichtert und eventuelle Verletzungen des Montagepersonals hierbei verhindert.

Der Kunststoff PVC gehört in die Gruppe der Thermoplaste; er ist eine Mischung aus polymerisiertem chlorhaltigem Kohlenwasserstoff – Polyvinylchlorid – und einem Weichmacher, meist einem Ester von öliger Beschaffenheit. Das PVC-Material hat sich durch die weitgehende Erfüllung der eingangs erwähnten Anforderungen für den Aufbau von Kabeln und Leitungen gut eingeführt, nachdem es gelang, die zulässige „Wärmespanne", d.h. die Beständigkeit bei hohen und tiefen Temperaturen zu vergrößern. Insbesondere sind die auch bei Gleichstrom vorhandene Spannungsfestigkeit, sowie die gute Biegsamkeit (Kältebeständigkeit bis – 5 °C) und die Scheuer- und Kratzfestigkeit hervorzuheben.

Das MHK-Kabel – Ausführung *c* in Abb. 80 – hat einen praktisch gleichartigen Aufbau, wie das MK-Kabel; an Stelle von Naturgummi wird jedoch *Butylkautschuk* zur Isolierung verwendet.

Butylkautschuk ist ein Mischpolymerisat aus etwa 97% Isobutylen und 3% Isopren. Er besitzt sowohl gute Isoliereigenschaften als auch hohe Wärmebeständigkeit. So verträgt dieses Kabel kurzzeitig Leitertemperaturen von etwa 180 °C, stundenweise etwa 120 °C und im Dauerbetrieb etwa 90 °C, ohne daß die Isolierung Schaden erleidet. Bei der von fast allen Klassifikationsgesellschaften zugestandenen Leitertemperatur von 80 °C ergeben sich Belastungswerte, die eine wesentliche Verringerung der Leiterquerschnitte zulassen. – Butylkautschuk hat praktisch die gleiche Elastizität wie Naturkautschuk; die Wasseraufnahme beträgt aber nur etwa 1/10 der des Naturkautschuks, so daß eine Verschlechterung des Isolationswiderstandes durch Feuchtigkeit nur in geringem Maße eintreten kann. Die Neigung, mit Ozon zu reagieren, ist gering.

Die Isolierung des als *VC-Kabel* – Ausführung *d* in Abb. 80 – bezeichneten Lackbandkabels (varnished-cambric-insulated) besteht aus Lackbandgewebe, das in Form von Bändern um den Leiter gesponnen wird. Über dem Lackband und einem Beilauf aus Jute befindet sich der Bleimantel. Als äußerer Schutz ist wie beim MK-Kabel eine Beflechtung aus verzinkten Stahldrähten vorhanden. Der besondere Vorteil der Lackbandisolierung gegenüber einer Isolierung aus Naturgummi liegt in einer erhöhten Belastbarkeit, da infolge der größeren Wärmebeständigkeit der Lackbandisolierung für den Dauerbetrieb höhere Leitertemperaturen zugelassen werden können. Während die höchstzulässige Temperatur am Leiter bei Naturgummi 60 °C beträgt, kann bei Lackband – ähnlich wie bei Verwendung von Butylkautschuk – mit etwa 80 °C gerechnet werden. –

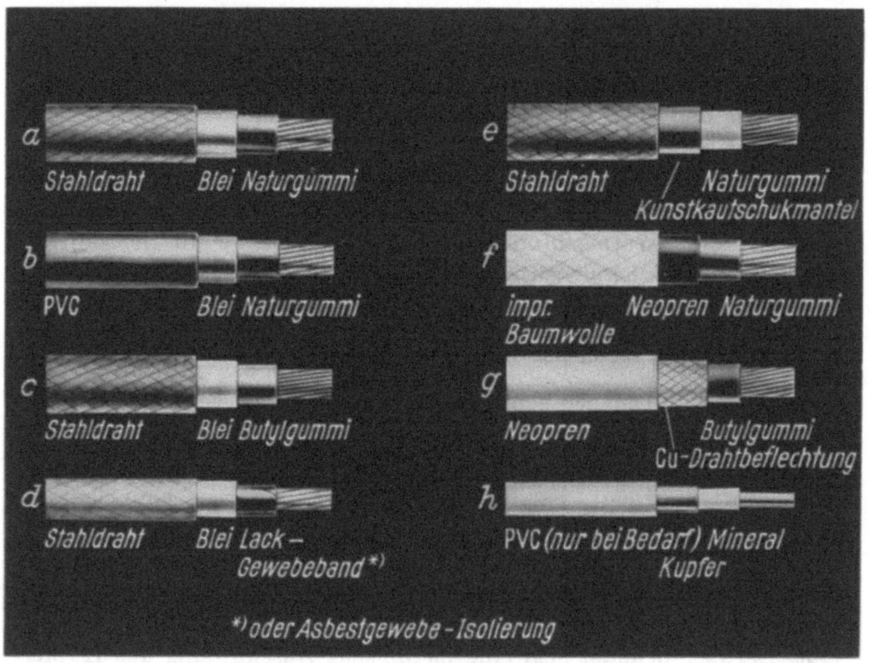

Abb. 80. Aufbau gebräuchlicher Schiffskabel

a MK-Kabel (Marinekabel); *b* MKOY-Kabel; *c* MKH-Kabel; *d* VC-Kabel; *e* MKK-Kabel; *f* HR-Kabel; *g* MGCG-Kabel; *h* Mineralisoliertes Kabel

Das Lackband und der Jutebeilauf haben eine verhältnismäßig hohe Wasseraufnahme. Bedingt durch das Lackbandgewebe ist das VC-Kabel weniger biegsam als Kabel mit einer Isolierung aus Gummi.

Während die Kabel der Ausführungen *a–d* in Abb. 80 sämtlich mit einem Bleimantel versehen sind, wird dieser bei den übrigen Ausführungen *e–h* vermieden und durch einen anderen Mantel ersetzt. Dies geschieht, weil der Bleimantel durch eine Auflösung des Kristallverbandes infolge von Erschütterungen – auch bei Blei*legierungen* – auf die Dauer brechen kann. Der wesentliche Grund zum Fortfall des Bleimantels ist aber der Wunsch nach Gewichtsersparnis; der Anteil des Bleimantels am Gesamtgewicht eines Schiffskabels beträgt 35–55% – abhängig von Aderzahl und -querschnitt.

Die Entwicklung zum bleimantellosen Kabel wurde insbesondere durch die Verwendung von synthetischen vulkanisierbaren Kautschukarten gefördert. Die elektrischen Eigenschaften dieser Kunstkautschuke werden durch Feuchtigkeit nicht beeinflußt, weswegen sich ihre Verwendung besonders bei Fortfall des Bleimantels anbietet. Mit einem derartigen, *Perbunan*[1] genannten Material an Stelle des Bleimantels wurde 1937 erstmals ein als MKK-Kabel (*Marine-Kunstkautschuk-Kabel*) bezeichnetes Kabel – Ausführung *e* in Abb. 80 – geschaffen, das als Vorläufer aller anderen derartigen Entwicklungen angesehen werden kann. Später führte sich – aus den USA kommend – ein als Neoprene bezeichnetes Polychloropren (PCP) als Kunstkautschuk ein. Dieses alterungsbeständige Neoprene ist besonders widerstandsfähig gegen Hitze, Öl und Schmierstoffe, Ozon, Licht und äußerst abriebfest, auch brennt es – wie das PVC-Material – ohne Wärmezufuhr nicht weiter. Das heute mit der Bezeichnung Perbunan C hergestellte PCP-Material hat den gleichen Aufbau wie Neoprene.

Das *HR*-Kabel (High resistance) – Ausführung *f* in Abb. 80 ist ein mit PCP an Stelle des Bleimantels gebautes Kabel, das bei Schiffen – mit Ausnahme von Tankschiffen – in Maschinenräumen verwendet werden kann, die nach LRS klassifiziert werden.

Ein neuzeitliches Kabel, das den Forderungen vieler Klassifikationsgesellschaften genügt, ist das bleimantellose, mit Butylkautschuk als Aderisolierung versehene Schiffskabel – Ausführung *g* in Abb. 80 –, dessen Innenmantel aus einer unvulkanisierbaren wärmefesten Kunstkautschukmischung besteht, die sich bei der Montage leicht ohne Werkzeuge und damit ohne Beschädigung der Aderisolierung entfernen läßt. Darüber befindet sich eine metallische Abschirmung aus Kupferdrahtgeflecht, die gleichzeitig als Schutzleiter und Bewehrung dient und die Verwendung dieses Kabels auch bei höheren Stromstärken in Dreh- und Wechselstromanlagen als *Ein*leiterkabel zuläßt. Der elastische PCP-Außenmantel dient als mechanischer Schutz und zur Verhinderung von Korrosionen. Eine Verlegung dieses Kabeltyps ist auch bei niedrigen Temperaturen möglich.

Einen grundsätzlich anderen Aufbau besitzen Kabel – Ausführung *h* in Abb. 80 –, bei denen die massiven Kupferleiter in eine feuerfeste Isolierhülle aus mineralischen Werkstoffen, z. B. Magnesiumoxyd, eingebettet werden. Der äußere Mantel wird durch ein Kupferrohr gebildet. Der Isolationswert und die mechanische Festigkeit dieser Leitungen liegt sehr hoch, doch erfordert ihre Verlegung infolge der großen Steifheit und insbesondere die Anfertigung der Endverschlüsse durch Verschraubungen besonderen Aufwand, da der Zutritt von Luftfeuchtigkeit zu dem hygroskopischen Isolierwerkstoff verhindert werden muß. Derartige Leitungen

[1] Hycar ist die amerikanische Bezeichnung für Perbunan.

werden des öfteren auf Tankschiffen wegen ihrer hohen Feuerbeständigkeit verlegt. Zum Schutz gegen Korrosion wird häufig über dem Kupfermantel noch eine PVC-Schutzhülle aufgebracht.

Folien mit hoher Durchschlagfestigkeit und hohem Isolationswiderstand bei niedrigen dielektrischen Verlusten haben sich trotz mannigfacher Versuche als Isoliermaterial für die Adern bisher in der Schiffs-

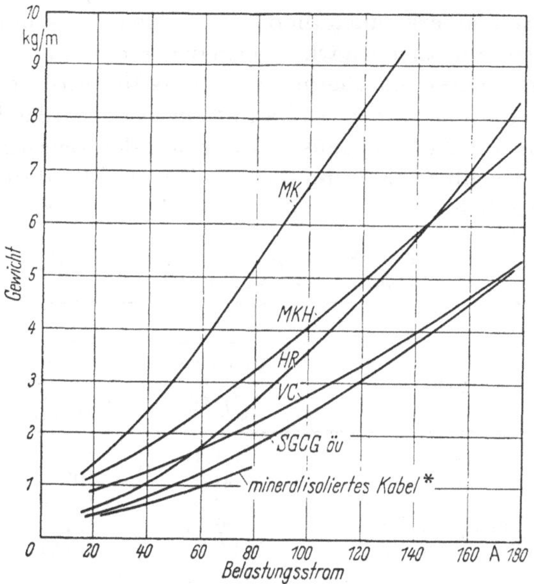

Abb. 81. Abhängigkeit des Kabelgewichts von Kabelart und Belastungsstrom
Die hier verwendete Typenbezeichnung SGCGöu wurde später durch die Normbezeichnung MGCG ersetzt. * Mineralisolierte Kabel mit größeren Querschnitten werden nicht gebaut

kabeltechnik noch nicht eingeführt; sie können aber zunehmend an Bedeutung gewinnen.

In Abb. 81 ist für einige der beschriebenen Kabel das Gewicht je Meter Kabel in Abhängigkeit von der Belastung in Drehstromanlagen aufgezeichnet. Man erkennt den großen Einfluß des Bleimantels beim MK-Kabel, der jedoch z. B. beim MKH-Kabel durch erhöhte Belastbarkeit infolge der Verwendung von Butylkautschuk als Leiterisolation zum Teil ausgeglichen werden kann. Das bleimantellose mit Butylkautschuk isolierte Kabel MGCG (SGCGöu) ergibt natürlich die kleinsten Werte.

Für die *Belastbarkeit* der Kabel sind, wie bereits erwähnt, die Grenzen durch die zulässige Erwärmung der Leiter infolge Stromwärme und Raumtemperatur sowie mit Rücksicht auf den zulässigen Spannungsverlust gezogen. In der Tab. 16 ist in Spalte 2 für die verschiedenen vorstehend erwähnten Isoliermaterialien die dauernd nach LRS zulässige

Leitertemperatur angegeben. Wird für einen bestimmten Querschnitt – in Spalte 3 der Tab. 16 ist 3 × 35 mm² angenommen – die Belastbarkeit mit 100% für eine Leiterisolierung aus Naturkautschuk angenommen, so kann diese je nach dem verwendeten Isoliermaterial bis auf 192% gesteigert werden. – Die einzelnen Klassifikationsgesellschaften haben Belastungstabellen für Kabel und Leitungen aufgestellt, bei denen meist eine Raumtemperatur von 45 °C zugrunde gelegt ist. In diesen Tabellen ist neben der Stromstärke auch die den jeweiligen Querschnitten zugeordnete größte Sicherungsstromstärke angegeben. Werden keine Sicherungen, sondern Selbstschalter mit thermisch verzögerten Auslösern in den einzelnen Abzweigen vorgesehen, so kann teilweise die zulässige Belastung erhöht werden. Die Auslöser müssen dabei auf den Belastungsstrom eingestellt sein. Das gilt auch, wenn nur mit Rücksicht auf die Kurzschlußfestigkeit des Schalters Sicherungen vorgeschaltet werden.

Tabelle 16. *Zulässige Leitertemperatur und Belastbarkeit von Schiffskabeln*

1	2	3
Isoliermaterial	Dauernd zulässige Leitertemperatur nach LRS	Vergleich: Belastbarkeit 3 × 35 mm² nach LRS
Naturkautschuk	60 °C	100%
PVC	60 °C	100%
Butylkautschuk	80 °C	157%
Varnished Cambric	80 °C	157%
Mineralien	95 °C	192%

Der *Spannungsverlust* zwischen dem entferntesten Stromverbraucher und seinem Anschluß in der Hauptschalttafel soll nach den Vorschriften von GL und der meisten anderen Klassifikationsgesellschaften folgende Werte nicht überschreiten:

Für Heizung und Beleuchtung maximal 5%,
für Motoren im DB[1] maximal 7%,
für Motoren im KB[1] und AB (DAB)[1] maximal 12%.

Für Fernmeldeanlagen, welche der Schiffsführung und der Schiffssicherheit dienen, sollen nach GL nur Kabel – keine Leitungen – verwendet werden, ebenso an den Stellen im Schiff, wo auch bei Starkstromanlagen nur Kabel zulässig sind. Für Fernsprechanlagen kommen Kabel der Type FMK oder FMKOY in Betracht, deren Aufbau im wesentlichen dem der MK-Kabel gleicht. Die Leiter, die als Litzenleiter ausgebildet sind, haben einen Querschnitt von 0,75 mm². Vier Adern sind zu einem – mehrfarbig gekennzeichneten – Sternvierer verseilt. Die gegenüberliegenden Adern eines Sternvierers gehören zu einem Sprechkreis. Im all-

[1] Vgl. Grundlagen elektrischer Antriebstechnik, S. 187.

gemeinen sind bis 14 Paare – 7 Sternvierer – in einem Kabel enthalten. Die Kabel sind für eine Wechselspannung von 250 V zugelassen. – Es ist auch bei diesen Kabeln beabsichtigt, den Bleimantel durch einen Kunstkautschukmantel zu ersetzen.

2. Leitungen

Wenn auch gerade die neuzeitliche Entwicklung der *allgemeinen* Kabeltechnik die Schiffskabeltechnik stark befruchten konnte, so lassen sich trotzdem Kabel der Landtechnik nicht ohne weiteres für Schiffe verwenden. Anders verhält es sich bei den *Leitungen*. Hier lassen sich einige aus der allgemein vorhandenen großen Anzahl von Typen ohne Änderungen auch für Schiffszwecke übernehmen – unter Beachtung der Bestimmungen der einzelnen Klassifikationsgesellschaften.

Leitungen werden auf Schiffen vor allem für 3 Verwendungszwecke gebraucht, und zwar:

für feste Verlegung in Salons, Messen, Kammern u. dgl.;
für Verlegung in Schalttafeln, Unterverteilungen u. dgl.;
zum Anschluß ortsveränderlicher Verbraucher.

Während früher Naturkautschuk das vorherrschende Isoliermaterial für den Aufbau von Leitungen war, setzen sich heute im in- und ausländischen Schiffbau neuzeitliche Isolierstoffe weitgehend durch. So wird PVC-Material[1] ebenso wie PCP-Material (Polychloroprene, speziell Neoprene[1]) und Butylkautschuk[1] in zunehmendem Maße verwendet und von den Klassifikationsgesellschaften zugelassen.

Im wesentlichen können die auf Schiffen benutzten Leitungen wie folgt beschrieben werden:

Normen-Gummiaderleitung, Type NGA

Die Leitung wurde bis etwa 1945 bevorzugt verwendet; heute ist sie nach GL nicht mehr zugelassen und nur bedingt bei den übrigen Klassifikationsgesellschaften.

Nennspannung 1000 V; in geerdeten Anlagen beträgt die höchstzulässige Betriebsspannung bei Wechselstrom 660 V bzw. Gleichstrom 750 V.

Die Leitung wird nur einadrig hergestellt. Der ein- oder mehrdrähtige, verzinnte Cu-Leiter ist mit einer ozonbeständigen Isolierhülle aus vulkanisiertem Naturkautschuk umgeben und bei Querschnitten bis 6 mm² mit einer Textilbeflechtung versehen. Bei größeren Querschnitten besteht die Umhüllung aus einer Bandbewicklung mit abschließender Textilbeflechtung. Die Faserstoffhüllen sind imprägniert.

Die Entwicklung des Butylkautschuks führte zu einer

Sondergummiaderleitung, Type NSGAF

Nennspannung 1000 V; in geerdeten Anlagen beträgt die höchstzulässige Betriebsspannung bei Wechselstrom 660 V bzw. Gleichstrom 750 V.

---

[1] Vgl. Kabel, S. 119.

Die Leitung wird nur einadrig hergestellt. Der feindrähtige verzinnte Cu-Leiter ist mit einer Isolierhülle aus Butylkautschuk umgeben. Darüber befindet sich ein Mantel aus schwarzem Neoprene.

Normen-Sonder-Kunststoffaderleitung, Type NSYAF

Nennspannung 1000 V; in geerdeten Anlagen beträgt die höchstzulässige Betriebsspannung bei Wechselstrom 660 V bzw. bei Gleichstrom 750 V.

Die Leitung wird nur einadrig hergestellt. Der feindrähtige Cu-Leiter ist mit einer Ioslierhülle aus thermoplastischem Kunststoff (PVC) umgeben. Die Isolierhülle ist aus mechanischen Gründen verstärkt. Die Verstärkung beträgt bei Querschnitten über 4 mm² 0,2 mm gegenüber den normalen Kunststoffaderleitungen; für die Querschnitte von 1,5 und 2,5 mm² ist eine Dicke der Isolierhülle von mindestens 1 mm vorgeschrieben.

Silikonkautschukleitung, Type SiAF

Nennspannung 500 V; in geerdeten Anlagen beträgt die höchstzulässige Betriebsspannung bei Wechsel- und Gleichstrom 250 V.

Die Leitung wird nur einadrig hergestellt. Der feindrähtige verzinnte Cu-Leiter ist mit einer hitzebeständigen Isolierhülle umgeben, welche auch gegen Feuchtigkeit unempfindlich und ozonfest ist.

Die hohe am Leiter zugelassene Temperatur macht die Leitung zur Verlegung in Kesselräumen, Waschanlagen, Saunas u.dgl. geeignet. Von LRS ist sie zur Einführung in Leuchten *vorgeschrieben*[1].

Normen-Kunststoffmantelleitung, Type NYM und NHYM

Nennspannung 250 V.

Die Leitung wird ein- und mehradrig hergestellt. Der ein- oder mehrdrähtige Cu-Leiter wird mit einer Isolierhülle aus thermoplastischem Kunststoff (PVC) umgeben. Zwei oder mehr Adern sind verseilt und mit einer plastischen Füllmischung so umpreßt, daß die Hohlräume ausgefüllt sind. Hierüber folgt ein weiterer Mantel aus PVC-Material. Die Type NHYM besitzt unter dem Außenmantel ein Abschirmgeflecht aus Kupfer und eine Gummilückenfüllung.

Die Leitung wird bevorzugt zur festen Verlegung in Räumen verwendet; sie darf jedoch allgemein nicht auf Tankschiffen verlegt werden.

Bleimantelleitung, Type NYBUY

Nennspannung 250 V.

Die Leitung wird nur mehradrig hergestellt. Der ein- oder mehrdrähtige Cu-Leiter wird mit einer Isolierhülle aus thermoplastischem Kunststoff (PVC) umgeben. Die Adern sind verseilt und mit einer plastischen Füllmischung so umpreßt, daß die Hohlräume ausgefüllt sind. Über dieser Isolierhülle befindet sich ein nahtloser Bleimantel, der durch einen Mantel aus PVC-Material abgedeckt wird.

Normen-Gummischlauchleitung in mittelschwerer Ausführung, Type NMH, NMHöu

Nennspannung 380 V.

Die Leitung wird mehradrig hergestellt. Der verzinnte, feindrähtige Cu-Leiter ist mit einer Isolierhülle aus vulkanisiertem Gummi umgeben und ab 2,5 mm² mit einem Textilband umwickelt. Die Adern werden verseilt und dann mit einem Gummimantel so umpreßt, daß die Hohlräume ausgefüllt sind. Dieser Gummimantel wird bei der Type NMHöu aus schwer brennbarem und ölbeständigem Kunstkautschuk (Neoprene) hergestellt.

Diese Leitung wird für den Anschluß ortsveränderlicher Verbraucher benutzt.

---

[1] Vgl. Betriebs- und Decksleuchten, S. 353

Normen-Gummischlauchleitung in schwerer Ausführung, Type NSH, NSHöu

Nennspannung 1000 V.

Die Leitung wird ein- und mehradrig hergestellt. Der verzinnte, feindrähtige Cu-Leiter ist mit einer Isolierhülle aus vulkanisiertem Gummi umgeben und mit einem Textilband umwickelt. Hierüber folgt bei einadrigen Leitungen ein Gummimantel, bei mehradrigen Leitungen werden zunächst die Adern verseilt und dann mit einem Gummimantel so umpreßt, daß die Hohlräume ausgefüllt sind. Dann folgt nochmals ein Textilband und oft ein zweiter Gummimantel. Letzterer wird bei der Type NSHöu aus schwer brennbarem und ölbeständigem Kunstkautschuk (bevorzugt Neoprene) hergestellt.

Diese Leitung wird für den Anschluß ortsveränderlicher Verbraucher benutzt.

3. Verlegungssysteme

Für die Verlegung des Kabel- und Leitungsnetzes an Bord sind bei Gleichstrom- ebenso wie bei Drehstromanlagen verschiedene Verlegungssysteme möglich und gebräuchlich, die in Abb. 82 zusammengestellt sind.

a) Gleichstromanlagen

Die möglichen Verlegungssysteme für Gleichstromanlagen gehen aus Abb. 82a–f hervor.

a) Eine zweipolige Anlage, bei der sowohl der Plus- als auch der Minusleiter isoliert verlegt sind.

b) Eine zweipolige Anlage, bei der Plus- und Minusleiter isoliert verlegt sind, der Minuspol an den Generatoren aber mit dem Schiffskörper verbunden ist.

c) Eine einpolige Anlage, bei welcher der Plusleiter isoliert verlegt ist und der Minuspol der Generatoren und Verbraucher mit dem Schiffskörper als Rückleiter verbunden ist.

d) Eine *Drei*leiteranlage, bei der Haupt- und Mittelleiter isoliert verlegt sind.

e) Eine *Drei*leiteranlage, bei der Haupt- und Mittelleiter isoliert verlegt sind, der Mittelpunkt aber mit dem Schiffskörper verbunden ist.

f) Eine *Drei*leiteranlage, bei der die Hauptleiter isoliert verlegt sind, als Mittelleiter aber der Schiffskörper benutzt wird.

Von den Verlegungssystemen a) bis c) sind im Schiffbau der Welt bei allen Schiffsarten überwiegend die zweipoligen *Anlagen nach* a) üblich. Für Tankschiffe *darf* nur a) verwendet werden, da bei diesen auf Grund internationaler Vorschriften jegliche Verbindung betriebsmäßig Spannung führender Teile mit dem Schiffskörper unzulässig ist. Für Fahrgastschiffe ist die Verwendung des Schiffskörpers als Rückleiter unter bestimmten Voraussetzungen zugelassen. So sollen z.B. die von den Verteilungstafeln ausgehenden Endstromkreise allpolig isoliert verlegt werden, um die Zahl der Erdungsanschlüsse zu beschränken.

Das *Verlegungssystem* b) bietet gegenüber a) die Möglichkeit, sämtliche Fehlerströme, die durch Isolationsfehler zwischen dem Plus- bzw. Minusleiter und dem Schiffskörper entstehen, an der mit M gekennzeichneten Stelle zu messen.

Im deutschen Handelsschiffbau herrscht dort, wo keine einschränkenden internationalen Vorschriften bestehen, also in erster Linie bei Trockenfrachtschiffen, das einpolige *Verlegungssystem nach* c) vor. Im Gegensatz zu Landanlagen, bei denen eine sichere Erdverbindung oft

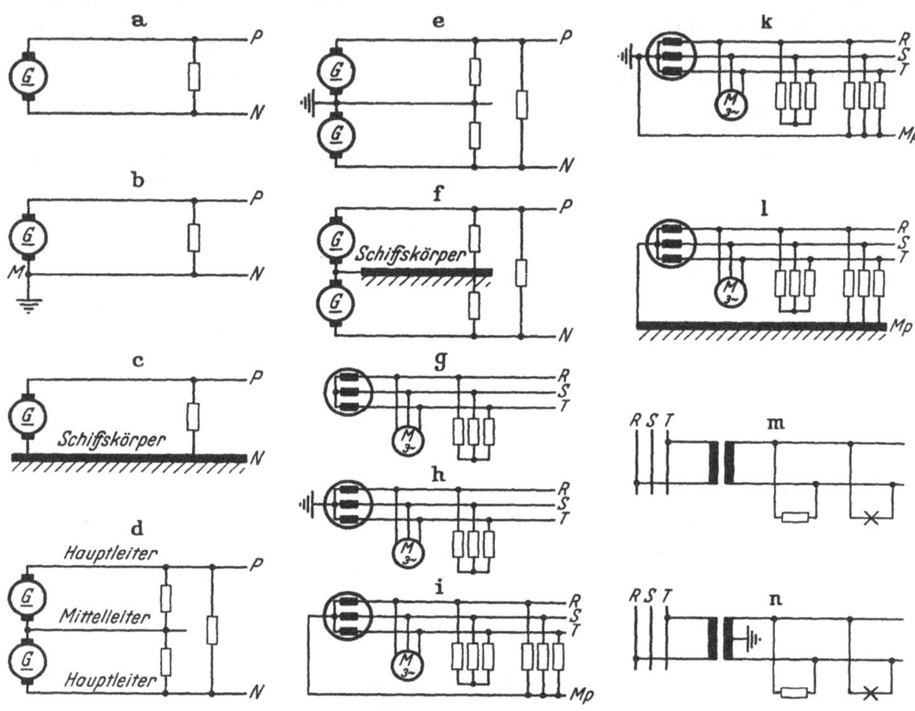

Abb. 82a–n. Verlegungssysteme

Schwierigkeiten bereitet, ist der eiserne Schiffskörper ein ausgezeichneter Rückleiter. Für den Fortfall des Minusleiters spricht vor allem das Vermeiden osmotischer Wirkungen, also der Aufnahme von Wasser aus der umgebenden Luft durch das Isoliermaterial. Diese führt zu einer Verschlechterung der Isolation und schließlich zu Schiffsschlüssen. Bei einem intakten Plusleitersystem ist nach Abb. 83a dadurch noch keine Gefahr für die Anlage gegeben. Eine solche ist vielmehr erst vorhanden, wenn sich zusätzlich eine Schadensstelle durch volkommenen Schiffsschluß im Plusleiter ergibt und besonders wenn die Schiffsschlüsse im Minusleiter an mehreren Stellen auftreten. Dann kann nach Abb. 83b die Summierung der unkontrollierbaren Fehlerströme an der Schadensstelle des *Plus*leiters zu einem größeren Gesamtfehlerstrom, zu örtlichen Erwärmungen und letzten Endes zu Branderscheinungen führen. Eine Gefährdung ist besonders deshalb gegeben, weil es sich meist im Minusleiter um unvollkommene und nicht um vollkommene Schiffsschlüsse handelt, so daß der Gesamtfehlerstrom die Höhe des Ansprechstromes der Sicherungen nicht erreicht. – In einpoligen Netzen wird dagegen jeder vollkommene Schiffsschluß im Plusleiter nach Abb. 83c zum Kurzschluß, so daß die vorgeschaltete Sicherung anspricht. Bei unvollkommenen Schiffsschlüssen, die die Sicherung nicht zum Ansprechen bringen, entfällt nach Abb. 83d eine Konzentration der Fehlerströme an der Schadensstelle des Plusleiters und damit das Auftreten örtlicher Übererwärmungen.

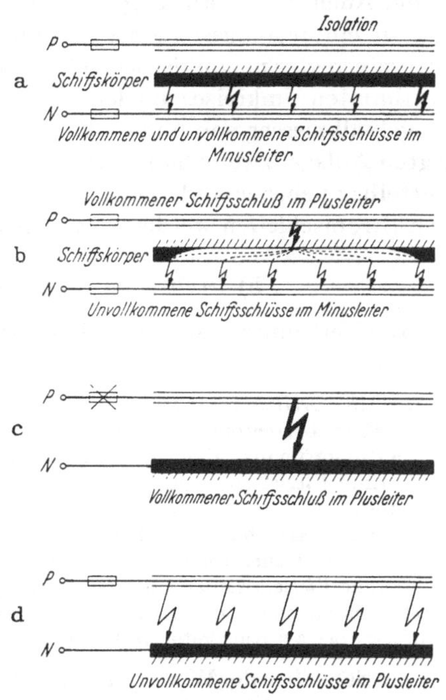

Abb. 83 a–d. Wirkung von Schiffsschlüssen in Gleichstromanlagen

Der Wegfall des Minusleiters setzt natürlich das Gewicht des Kabel- und Leitungsnetzes und der Schaltanlagen erheblich herab. Doch ist die Vermeidung des Auftretens osmotischer Erscheinungen der eigentliche Grund zur Bevorzugung des Systems c).

Hinsichtlich der Vermeidung von Funkstörungen ist das zweipolige Verlegungssystem infolge des Fortfalls von Stromschleifen günstiger als das einpolige. – Zugunsten der zweipoligen Verlegungsart spricht ferner die bessere Möglichkeit zur Messung des Isolationswiderstandes gegen den Schiffskörper. Wenn auch eine betriebsmäßige Messung[1] nur Anhaltswerte ergibt, so läßt sich doch in gewissen Zeitabständen in abgeschalteten Netzteilen eine exakte Messung verhältnismäßig leicht ausführen.

Werden Kunststoffe auf PVC-Basis oder dgl. als Isoliermaterial verwendet, dann treten osmotische Erscheinungen nicht auf; diese Materialien haben vielmehr eine hohe Gleichspannungsbeständigkeit. Die Gefahr einer mit der Zeit eintretenden Verschlechterung des Isolationswiderstandes am Minusleiter ist dadurch weitgehend vermieden. wodurch ein wesentlicher Gesichtspunkt zugunsten der Schiffskörperrückleitung fortfällt.

---

[1] Vgl. Überwachung des Isolationszustandes, S. 137.

Die Verlegungssysteme d), e) und f) spielen nur eine untergeordnete Rolle, da Dreileiteranlagen[1] ganz allgemein nur selten verwendet werden. Insbesondere wird das System d) kaum angewendet, weil hier die Spannung gegen den Schiffskörper höher sein kann, als die Verbraucherspannung. Auch die Anordnung f) findet sich auf Schiffen praktisch nicht.

Um ein Beeinflussen des Magnetkompasses durch ein vom elektrischen Strom erregtes magnetisches Feld zu verhindern, müssen innerhalb eines bestimmten Umkreises um den Magnetkompaß – nach GL z.B. mit einem Kugelhalbmesser von 5 m – alle Leiter, auch in einer sonst einpolig verlegten Anlage, zweipolig so verlegt werden, daß Hin- und Rückleiter unmittelbar nebeneinanderliegen. Die das magnetische Erdfeld verändernden Stromschleifen werden so vermieden.

b) Drehstrom- und Wechselstromanlagen

Die Verlegungssysteme für Drehstromanlagen gehen auch aus Abb. 82 hervor:

g) Ein *Drei*leiteranlage, bei der die Hauptleiter isoliert verlegt sind.

h) Eine *Drei*leiteranlage, bei der die Hauptleiter isoliert verlegt sind, der Generatorsternpunkt aber mit dem Schiffskörper verbunden ist.

i) Eine *Vier*leiteranlage, bei der die Haupt- und Sternpunktleiter isoliert verlegt sind.

k) Eine *Vier*leiteranlage, bei der die Haupt- und Sternpunktleiter isoliert verlegt sind, der Generatorsternpunkt aber mit dem Schiffskörper verbunden ist.

l) Eine *Vier*leiteranlage, bei der die Hauptleiter isoliert verlegt sind, der Generatorsternpunkt und die Anschlüsse der einphasigen Verbraucher aber mit dem Schiffskörper als Rückleiter verbunden sind.

Im Schiffbau der Welt sind meist Dreileiteranlagen nach den *Verlegungssystemen* g) *und* h) gebräuchlich. Für Tankschiffe werden vorzugsweise das System g), für Fahrgastschiffe die Systeme g), h), i) und k) verwendet. Im deutschen Schiffbau wird für Trockenfrachter – analog zur einpolig verlegten Anlage bei Gleichstrom – das System l) benutzt. Gesichtspunkte, wie sie zugunsten der einpoligen Gleichstromanlage sprechen, d.h. das Ausschalten gefährlicher Folgen osmotischer Erscheinungen spielten bei dieser Wahl keine Rolle, vielmehr wurde dieses System wegen der guten Erfahrungen mit den einpoligen Gleichstromanlagen verwendet – um so mehr als bei Drehstromanlagen die durch den Schiffskörper fließenden Ströme wesentlich geringer sind als beim Gleichstrom; es fließt nämlich nur die geometrische Summe der unsymmetrischen Belastungsströme der einphasigen Verbraucher.

Für die Verlegungssysteme h), k) *und* l) spricht allgemein, daß bei Schiffsschluß an einem Hauptleiter die Spannung gegen den Schiffskörper nicht den Wert der Leiterspannung, also den $\sqrt{3}$fachen Wert, annehmen

[1] Vgl. Dreileiteranlagen für Gleichstrom, S. 80.

kann. Die Gefahr für das Personal ist dadurch beim Betrieb von einphasigen Verbrauchern vermindert. In dieser Hinsicht ist das Verlegungssystem i) ungünstig und wird selten angewendet, da die Spannung gegen den Schiffskörper höher sein kann, als die Verbraucherspannung.

Die wichtigsten Verlegungssysteme für Einphasen-Wechselstromanlagen gehen aus Abb. 82m, n hervor.

m) Eine *Zwei*leiteranlage, bei der beide Leiter isoliert verlegt sind.

n) Eine *Zwei*leiteranlage, bei der beide Leiter isoliert verlegt sind, der Mittelpunkt des Transformators aber mit dem Schiffskörper verbunden ist.

Bei Tankschiffen muß das Verlegungssystem m) nach den internationalen Vorschriften angewendet werden. Für andere Schiffsarten wird das System n) bevorzugt. Hier ist die Spannung gegen den Schiffskörper auf den halben Wert der Leiterspannung festgelegt, die Gefahr bei Berührung also vermindert.

4. Einbau des Kabel- und Leitungsnetzes im Schiff

In den elektrischen Anlagen auf Schiffen sind die räumlichen Entfernungen zwischen den Stromerzeugern, der Hauptschalttafel, den Unter-

Abb. 84. Kabelverlegung am Schott

verteilungen und den Stromverbrauchern im allgemeinen viel geringer als in Anlagen an Land. Hieraus ergibt sich ein sehr dichtes Kabel- und Leitungsnetz, für dessen Unterbringung der in Landanlagen übliche Platz selten zur Verfügung steht. In den Maschinen- und Betriebsräumen müssen die Kabel vielmehr nach Abb. 84 auf engstem Raum zusammen mit Rohrleitungen aller Art, Ventilen, Luftkanälen und den vielen Vorrichtungen, Geräten und Meßinstrumenten, die zum Betrieb der Maschinenanlagen gehören, untergebracht werden. Wenn in Landanlagen die Übersichtlichkeit als Hauptgrundsatz der Verlegung gilt, so sind an Bord von Schiffen auch andere Gesichtspunkte gleich wichtig: die Kabel müssen so befestigt werden, daß sie den erhöhten mechanischen Beanspruchungen durch die Schiffsbewegungen gewachsen sind und daß sie für das Konservieren, Prüfen und Auswechseln zugänglich bleiben. Auch die Leitungen, die vornehmlich im Bereich der Kammern, Messen und Salons verlegt werden, sind ebenfalls auf engstem Raum unterzubringen, ohne daß die für die Anlage notwendige Sicherheit beeinträchtigt wird.

Abb. 85. Kabelverlegung auf Kabelböcken

Die Kabel werden soweit wie möglich in Bündeln zusammengefaßt, für deren Befestigung Kabelbahnen oder Kabelböcke vorgesehen werden. *Kabelbahnen* bestehen nach Abb. 85 entweder aus zwei längs der Bahn laufenden Winkeleisen, die in Abständen von 25–30 cm mit einem Flacheisensteg verbunden sind oder nach Abb. 86 aus U-förmigen – bei schmalen Bahnen oft perforierten – Blechen. *Kabelböcke*, wie sie aus Abb. 85 zu erkennen sind, werden aus Flacheisen gebildet, deren umgebogene Enden stumpf auf die Schiffskonstruktion aufgeschweißt werden. Die Kabelbündel werden mit einer *Kabelschelle* aus kräftigem Bandeisen, die nach dem Profil des Bündels angefertigt wird, auf diesen Halterungen befestigt. Wegen der Erwärmung können die Kabelbündel – auch *Kabelpakete* genannt – nicht beliebig groß gemacht werden. In den meisten Fällen werden nicht mehr als 2 Lagen übereinandergelegt. Auch sollen die Pakete nicht breiter als 35–40 cm werden.

An gefährdeten Stellen müssen die Kabel mechanisch geschützt werden. Je nach Gefährdung und Wichtigkeit werden sie mit Blechen von

3–10 mm Stärke oder mit Profileisen, z. B. U-Eisen, abgedeckt. In den Laderäumen werden die Kabel stets abgedeckt, um Beschädigungen beim Laden und Löschen zu vermeiden. Hierbei muß darauf geachtet werden, daß die Haken der Winden an der Bahn nicht hängenbleiben und daß sich keine Rückstände von Ladegut festsetzen können. Eine Kabelverlegung in Rohren soll wegen der dabei möglichen Schwitzwasserbildung tunlichst unterbleiben. Kurze Rohrstücke sind aber nicht immer zu ver-

Abb. 86. Kabelverlegung auf einer Kabelbahn aus Lochblechen

meiden, insbesondere bei Decksdurchführungen, bei der – selten vorkommenden – Verlegung von Kabeln in der Bilge und bei den Verbindungen frei an Deck stehender Motoren mit den anderweitig aufgestellten Schaltorganen, z. B. den Schalteinrichtungen der Ladewinden. Dann müssen Entwässerungseinrichtungen an den Rohren angebracht werden.

Zur Durchführung von Kabeln und Leitungen durch Schotte und Decks werden verschiedene Systeme verwendet, die in Abb. 87 zusammengestellt sind. Von besonderem Interesse ist die *wasserdichte* Durchführung von Kabel*bündeln* durch wasserdichte Schotte. Hierzu werden in letzter Zeit zunehmend Gießharzdurchführungen benutzt, wie es in Abb. 87 Mitte links angegeben ist. In die Schottwand wird ein meist rechteckiger Kasten nach Abb. 88 eingeschweißt, der oben ein Füllrohr zum Eingeben des Harzes und ein Steigrohr zum Austritt der Luft besitzt. Die Kabel werden lagenweise durchgezogen; damit sie genügend Abstand

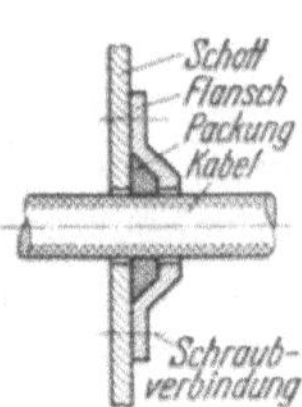

Kabeldurchführung für nichtwasserdichte Schotte bei Einzelkabeln (nach DIN 89282)

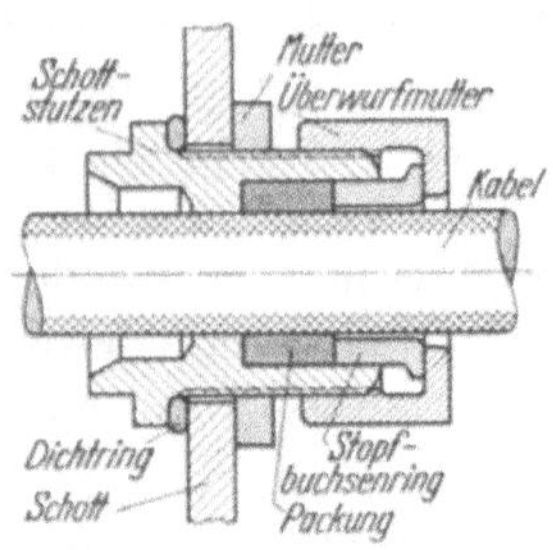

Kabeldurchführung für wasserdichte Schotte bei Einzelkabeln (nach DIN 89281)

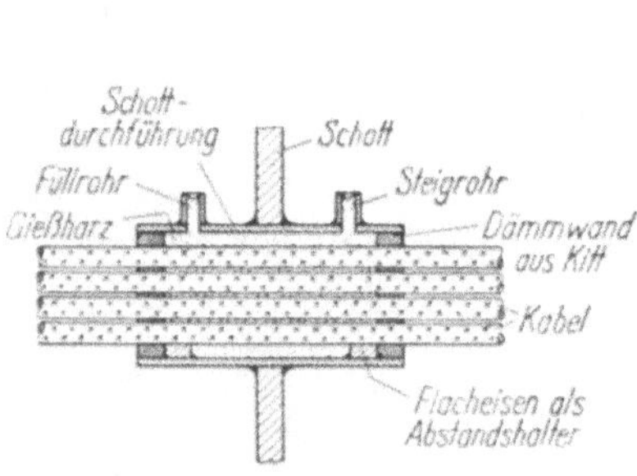

Kabeldurchführung mit Gießharz für wasserdichte Schotte

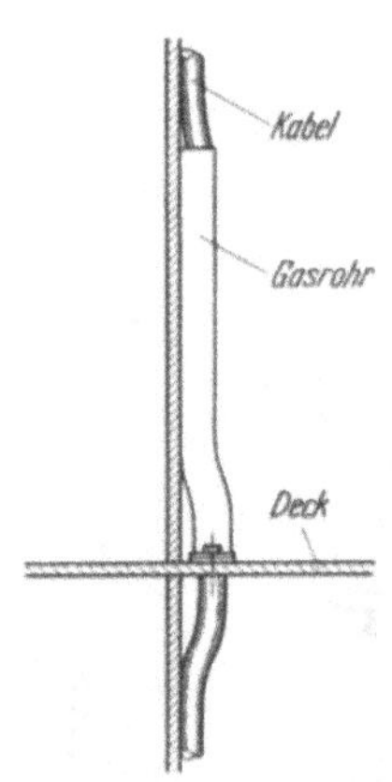

Decksdurchführung für Einzelkabel (nach DIN 89286, Entwurf Mai 1950)

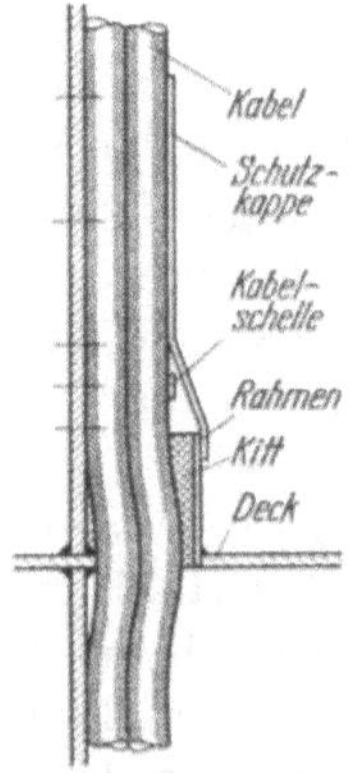

Decksdurchführung für Kabelbündel (nach DIN 89287, Entwurf Mai 1950)

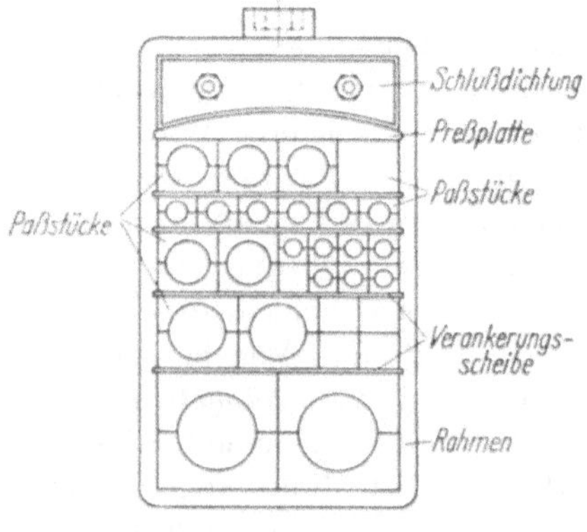

Kabeldurchführung für wasserdichte Schotte, System Brattberg (Bauart AB Lyckeåborgs Bruk)

Abb. 87. Schott- und Decksdurchführungen

von der Kastenwand haben, wird unten und seitlich ein Flacheisen eingeheftet. Nachdem beiderseitig eine Dämmwand aus dichtendem Kitt errichtet wurde, wird der Kasten mit Gießharz vergossen. Die Aushärtezeit beträgt etwa 4–8 Stunden; dabei tritt eine leichte Wärmeentwicklung ein. Bei Verwendung eines geeigneten Gießharzes ist die Durchführung nicht nur wasserdicht, sondern auch feuerfest.

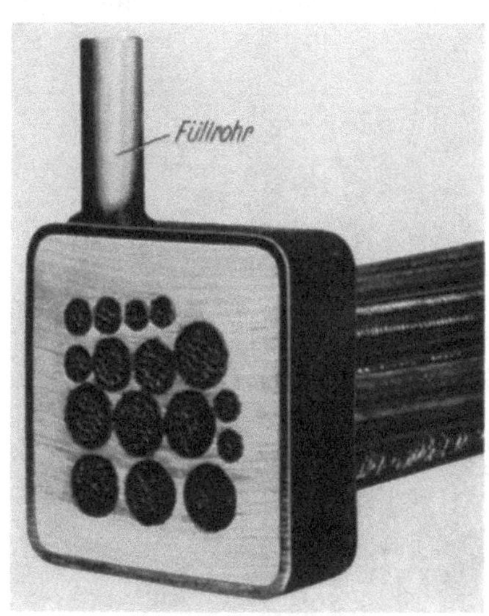

Abb. 88. Aufgeschnittene Kabeldurchführung mit Gießharz

Abb. 89. Wasserdichte Kabeleinführung
a Schraubbuchse; *b* Schraubstutzen; *c* Druckring; *d* Dichtring; *e* Erdungseinsatz

Eine andere wasserdichte und feuerfeste Schottdurchführung, die die Möglichkeit bietet, Kabel *nachträglich* einzulegen oder auszuwechseln, benutzt nach Abb. 87 unten rechts einen vorgefertigten in die Schottwand eingeschweißten Rahmen, in den Paßstücke aus ölbeständigem, feuerfestem Gummi eingesetzt werden. Jede Reihe wird mit Verankerungsscheiben abgestützt. Durch eine Preßplatte wird das ganze zusammengedrückt und dann durch eine Schlußdichtung abgeschlossen.

Decksdurchführungen für Einzelkabel bestehen aus Gasrohren mit aufgeschweißten Flanschen. Die Rohre werden mit unbrennbarem, unter Luftabschluß sich verfestigendem Kitt dicht gestopft. Auf freiem Deck ist das obere Stück mit Ausgußmasse zu vergießen. Bei Decksdurchführungen für Kabelbündel werden wieder Kästen verwendet, die mit dem Deck bzw. dem Schott verschweißt und in welche die Kabel lagenweise eingelegt bzw. in Kitt eingebettet werden. Grundsätzlich ist aber die

Planung der Anlagen unter dem Gesichtspunkt vorzunehmen, daß möglichst wenig Decksdurchbrüche vorhanden sind.

Aus Gründen der Feuersicherheit, zur Vermeidung von Berührungsspannungen und zur Funkentstörung ist eine Erdung der Kabel, das ist eine Verbindung mit dem Schiffskörper, durchzuführen. Außenliegende Geflechte sind meist zwangsläufig durch die Befestigungsschellen geerdet. Innenliegende Armierungen, z. B. Bleimäntel bei MK-Kabeln werden an jedem Kabelende, z. B. durch den Erdungseinsatz von Kabeleinführungen nach Abb. 89 oder durch aufgelötete Kupferdrähte geerdet. – Als

Abb. 90. Kabelverlegung am Laufsteg eines Tankschiffes

*Schutz*erdung für isoliert aufgestellte Geräte kann diese Erdung jedoch nicht angesehen werden. In derartigen Fällen ist die Schutzerdung des Gerätes usw. durch einen gesonderten Leiter im Kabel sicherzustellen.

Bei *Tank*schiffen werden die Kabel vom achtern liegenden Maschinenraum zum Brückenaufbau und vom Brückenaufbau zum Vorschiff längs des Laufsteges nach Abb. 90 geführt. Sie werden meist in einer senkrechten Kabelwanne verlegt, die im Betrieb abgedeckt wird. Da der Laufsteg die Durchbiegungen des Schiffskörpers bei Seegang mitmachen muß, sind die Kabel vor allem bei großen Schiffen an dieser Stelle besonders gefährdet. Um eine Beschädigung zu vermeiden, wird der Laufsteg an mindestens einem Punkt wie eine Schiebe-Stopfbuchse ausgebildet. An dieser Stelle muß dann auch für alle Rohre, Kabelbahnen usw. eine Ausgleichsstelle vorgesehen werden. Die Kabelbahn wird deshalb so unterbrochen, daß sich die Bleche gegeneinander in Längsrichtung verschieben können, wobei die Kabel auf einer Länge von mindestens 1 m nicht geschellt werden. Der dadurch entstehende Durchhang der Kabel genügt, um die Bewegungen bei Seegang aufzunehmen. Beim Eintritt der Kabelbahnen in die Decksaufbauten achtern und mittschiffs wird meist eine ähnliche Anordnung vorgesehen, wobei auch hier die Kabel ungeschellt bleiben. – In den Pumpen- und Kofferräumen sollen möglichst keine Kabel verlegt werden; wenn unbedingt notwendig, müssen sie durch Rohre geschützt sein.

Während früher im deutschen Schiffbau die *Leitungen* in den Kammerbereichen usw. in Holzleisten angebracht und in mit Wasserglas als Feuerschutzmittel gestrichenen Nuten eingebettet wurden, hat sich heute eine Verlegung von NYM-Leitungen durchgesetzt, wie es in Abb. 91 angegeben ist. Bei Drehstromanlagen soll nur *ein* Außenleiter in *einer* Kammer verlegt werden. Leitungen für Fernmeldeanlagen sind getrennt zu verlegen. – Vielfach finden sich im Schiffbau noch unbewehrte Kabel (MKO-Kabel) im Kammerbereich.

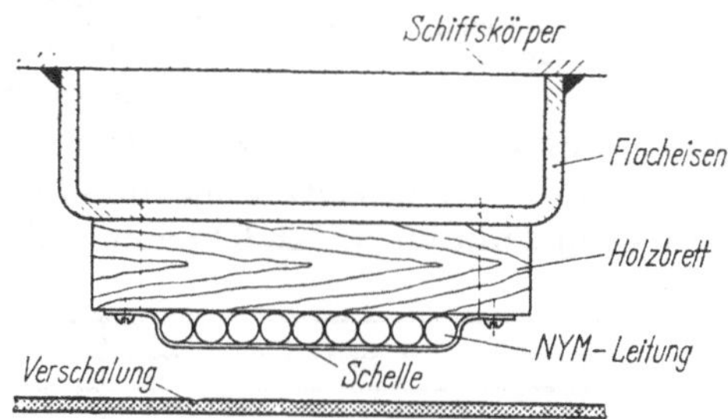

Abb. 91. Leitungsverlegung im Kammerbereich

Für den Anschluß der Kabel an Maschinen, Geräten u. dgl. wird bei größeren Querschnitten meist ein Kabelschuh auf den Leiter aufgebracht. Bis vor einiger Zeit herrschte die Lötverbindung vor, in den letzten Jahren setzte sich aber die Quetschverbindung durch. Hierbei wird der aus weichem Elektrolytkupfer bestehende Kabelschuh durch eine Presse in seinem zylindrischen Teil derart verformt, daß ein fließender Übergang des Materials vom Kabel zur Kabelschuhpreßstelle erreicht wird.

5. Überwachung des Isolationszustandes

Für Gleich- und Drehstromanlagen, bei denen alle Leiter isoliert verlegt sind und bei denen auch kein Netzpunkt geerdet ist, soll der Isolationszustand während des Betriebes überwacht werden. Dabei können jedoch nur die Fehlerströme, die von einem Leiter über den Schiffskörper zum anderen Leiter fließen, also die mehr oder weniger volkommenen Schiffschlüsse, erfaßt werden; die zwischen den Leitern unmittelbar z. B. innerhalb eines Kabels fließenden Fehlerströme sind dagegen bei Messungen während des Betriebes nicht feststellbar.

Hinsichtlich der Höhe des Isolationswiderstandes fordert z. B. der VDE[1], daß der Fehlerstrom je 100 m angefangene Leitungslänge – ohne angeschlossene Verbraucher – bei Nennspannung den Wert von 1 mA nicht überschreitet. Das entspricht bei einer Netzspannung von 220 V einem Isolationswiderstand von 220000 Ω. Für weitverzweigte Bordnetze mit vielen parallelen Stromkreisen, wie dies insbesondere auf Fahrgastschiffen vorkommt, ist der sich *insgesamt* ergebende zulässige Isolationswert oft so gering, daß mit einer zentralen Sammelmessung besonders gefährliche Verschlechterungen des Isolationszustandes an einzelnen Stellen nicht mehr einwandfrei zu erkennen sind. Bei 500 parallelen Stromkreisen ist z. B. bei einer Netzspannung von 220 V noch ein Gesamtisolationswiderstand von 440 Ω als zulässig zu erachten. Dieser Wert kann dadurch zustandekommen, daß jeder einzelne Stromkreis den

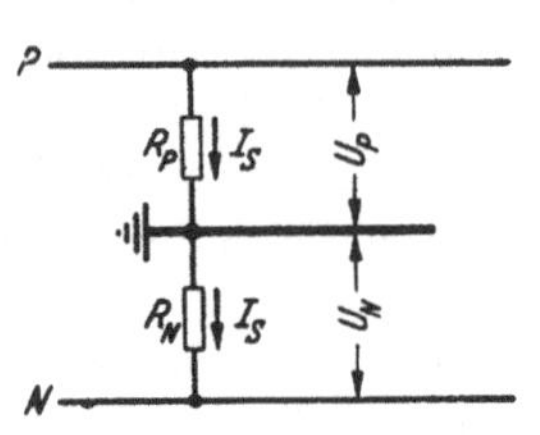

Abb. 92. Isolationsverhältnisse in einer Gleichstromanlage (nach VOGLER [70])

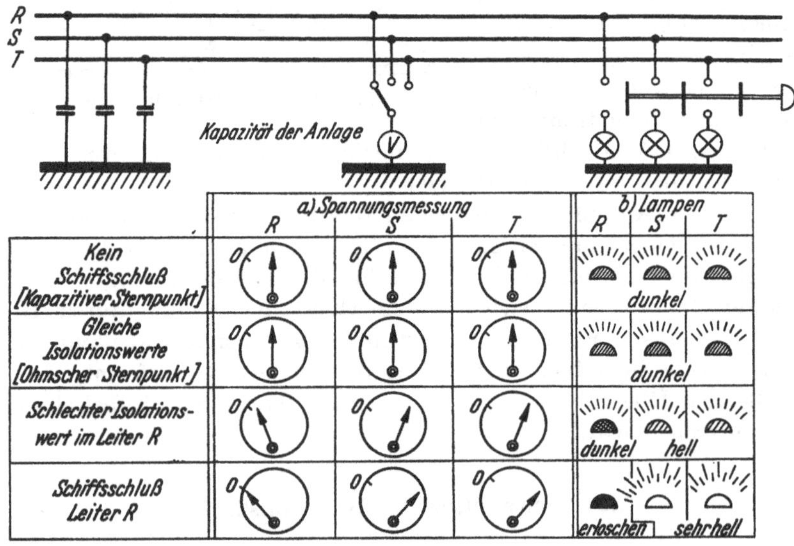

Abb. 93. Anzeige des Isolationszustandes in einer Drehstromanlage (nach VOGLER [70])

zulässigen Isolationswiderstand von 220000 Ω hat. Es ist aber auch möglich, daß bei der Mehrzahl der Stromkreise wesentlich höhere Werte vorliegen und nur eine geringe Anzahl einen sehr schlechten Isolationszustand aufweist. Je größer die Anlage ist, um so schwieriger wird es daher, mit

[1] VDE 0100/11/58 Bestimmungen für das Errichten von Starkstromanlagen mit Nennspannungen unter 1000 V.

einer zentralen Sammelmessung einzelne gefährliche Verschlechterungen des Isolationszustandes zu erkennen.

Nach Abb. 92 fließen in einer Gleichstromanlage die Fehlerströme I_s über die hintereinandergeschalteten Isolationswiderstände des positiven (R_P) und des negativen (R_N) Leiters. Je nach Größe dieser Widerstände stellen sich zwischen den beiden Leitern und dem Schiffskörper die Spannungen U_P und U_N ein, die verhältnisgleich zu den Isolationswiderständen sind. Letztere können deswegen durch Vergleich der Helligkeit zweier Lampen ermittelt werden, die in Reihe zwischen Plus und Minus geschaltet sind, wobei der Mittelpunkt während der Beobachtung geerdet ist. Eine im Vergleich zur anderen heller aufleuchtende Lampe zeigt einen schlechten Isolationszustand im gegenüberliegenden Leiter an. Jede Lampe muß für die volle Netzspannung bemessen sein. – An Stelle der Lampen können auch ein umschaltbarer bzw. zwei Spannungsmesser benutzt werden.

Bei einem *isoliert verlegten Drehstromnetz* bilden die Isolationswiderstände und Netzkapazitäten zwischen den 3 Hauptleitern und dem Schiffskörper ein Sternpunktpotential. Je nach der Höhe der Isolationswiderstände und der Fehlerströme ergeben sich gegen den Schiffskörper Potentialunterschiede, die ein Maß für die Isolationswerte sind. An Stelle der Spannungsmessung kann auch ein Vergleich der Helligkeit von Lampen treten. Das Meß- und Anzeigesystem ist für beide Fälle in Abb. 93 erläutert.

Genauer als mit den bisher beschriebenen Verfahren, welche den Potentialunterschied zwischen einem Leiter und dem Schiffskörper zur Überwachung verwenden, können die Isolationswerte mit Hilfe einer Strommessung erfaßt werden – eine Methode, die bevorzugt angewendet wird. Hierbei wird nach Abb. 94 ein Meßgerät zwischen dem Schiffskörper und einem Leiter angeschlossen.

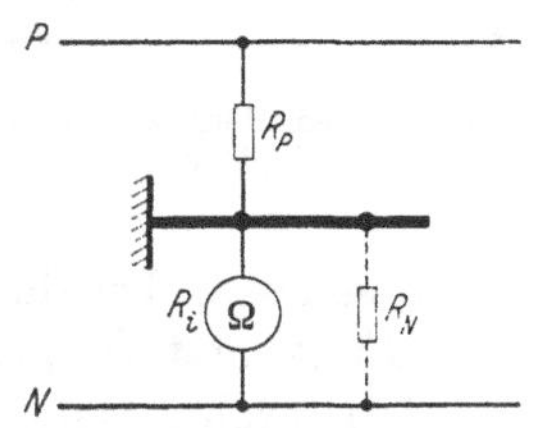

Abb. 94. Isolationsmessung in einer Gleichstromanlage mit Hilfe der Netzspannung

Bei gegebenem Eigenwiderstand des Meßgerätes R_i besteht ein fester Zusammenhang zwischen dem gemessenen Strom und dem zu messenden Widerstand, in Abb. 94 z. B. R_P. Die Skala des Gerätes kann deshalb in Ohm geeicht werden. Bei einer Netzspannung von 220 V und einem Eigenwiderstand des Meßgerätes von 3660 Ω ergeben sich nachstehende Werte:

Gemessener Strom mA	Isolationswiderstand (R_P) Ω
60	0
45	1220
30	3660
15	11000
0	∞

In Wirklichkeit ist jedoch nicht nur mit *einem* der beiden Isolationswiderstände R_P oder R_N zu rechnen, sondern stets mit beiden gleichzeitig. Durch einen infolgedessen auch parallel zum Meßgerät liegenden Widerstand – in Abb. 94 als R_N gestrichelt eingetragen – wird das Meßergebnis verfälscht. Je geringer der Eigenwiderstand des Meßgerätes im Verhältnis zu dem parallelliegenden Isolationswiderstand ist, um so genauer ist die Messung. Andererseits darf der Eigenwiderstand nicht zu niedrig gewählt werden, da dann bei einem vollkommenen Schiffsschluß zu hohe Meßströme fließen. Als unterste Grenze läßt z. B. LRS einen Eigenwiderstand von 3660 Ω bei einer Spannung von 220 V zu. Das entspricht einem Strom von 60 mA bei vollem Ausschlag des Gerätes, d. h. bei Messung eines vollen Schiffsschlusses.

Die bisher beschriebenen Überwachungseinrichtungen haben den Vorzug eines einfachen Aufbaues, geben aber nicht immer exakte Werte an. Genauere Ergebnisse werden erzielt, wenn zur Messung nicht die Netz-, sondern eine Hilfsspannung benutzt wird. Diese speist dann nach Abb. 95 einen Meßkreis, in dem das Netz, die Isolationswiderstände gegen den Schiffskörper und das Meßgerät hintereinandergeschaltet sind. Bei einem *Gleichstromnetz* wird als Hilfsspannung eine *Wechsel*spannung verwendet, die über einen Ankopplungskondensator angeschlossen wird. Die durch das Leitungsnetz, die Maschinen, vor allem aber die Funkentstörungskondensatoren entstehenden kapazitiven Ströme werden durch Ausgleichskondensatoren, die der Netzkapazität entgegengeschaltet sind, unwirksam gemacht. Die beim Zu- und Abschalten von Netzteilen und Maschinen auftretenden Veränderungen der Netzkapazität müssen durch Zu- und Abschalten von Kondensatoren kompensiert werden. Hierin liegt die Schwierigkeit, dieses Verfahren für große, weitverzweigte Netze mit häufig erfolgendem Zu- und Abschalten von Netzteilen anzuwenden, da hier betriebsmäßig oft Veränderungen der Netzkapazität auftreten. Mögliche Gegenmaßnahmen sind aufwendig.

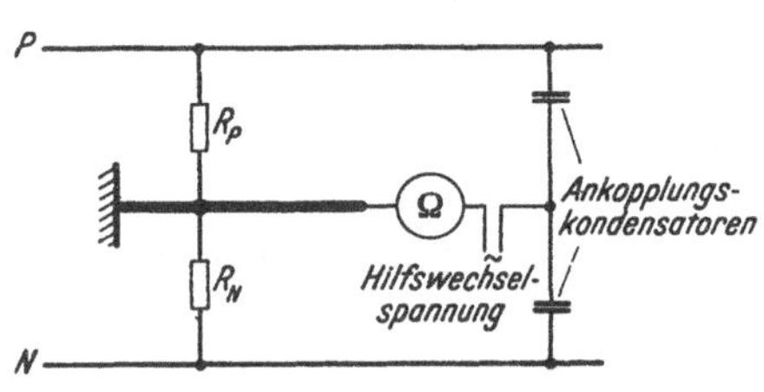

Abb. 95. Isolationsmessung in einer Gleichstromanlage mit Hilfe einer Hilfswechselspannung

In ähnlicher Weise kann auch nach Abb. 96 ein isoliert verlegtes *Drehstromnetz* überwacht werden. Hier wird ein Gleichstrom überlagert, der über Transformator und Gleichrichter aus dem Netz entnommen wird. Der Minuspol wird mit dem Schiffskörper fest verbunden, der Pluspol wird über einen in Ohm geeichten Strommesser wahlweise an die verschiedenen Netze – z. B. Primärnetz 450 V, Beleuchtungsnetz 220 V usw. –

geschaltet. Mit Hilfe dieser Einrichtung ist eine genaue Messung aller Isolationswiderstände gegen den Schiffskörper möglich.

Bei Anlagen, die in *Leonard*-[1] oder *Konstantstrom*schaltung[1] betrieben werden, läßt sich die veränderliche Netzspannung nicht ohne weiteres zur Isolationsmessung benutzen; hier wird ebenfalls eine Hilfswechselspannung verwendet. Die Potentialtrennung ist besonders dann zweckmäßig,

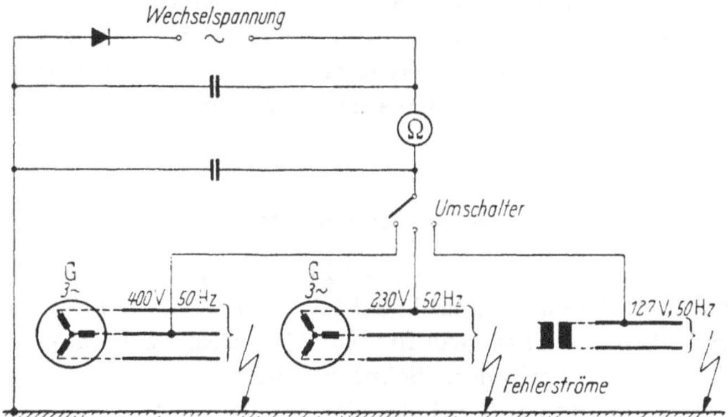

Abb. 96. Isolationsmessung in Drehstrom- oder Wechselstromnetzen mit Hilfe einer gleichgerichteten Wechselspannung

wenn derartige Anlagen mit höheren Spannungen betrieben werden. – Da die Zahl der zu- und abschaltbaren Stromkreise in derartigen Anlagen verhältnismäßig gering ist, können Veränderungen der Netzkapazität noch mit vertretbarem Aufwand kompensiert werden. – Einfacher ist es oft, statt der Messung lediglich eine Alarmeinrichtung einzubauen, wozu parallel zum Generator oder zu dem unmittelbar verbundenen Arbeitsmotor ein Spannungsteiler mit Anzapfung eingebaut wird. Die Anzapfung wird über ein Relais oder dgl. an den Schiffskörper angeschlossen. Tritt ein Schiffsschluß auf bzw. sind die Isolationswiderstände beider Leiter gegen den Schiffskörper ungleich, so verlagert sich die Spannung zwischen dem Mittelpunkt des Spannungsteilers und den beiden Hauptleitern, und es fließt ein Strom, der das Relais zum Ansprechen bringt. Eine *Messung* der *Größe* des Schiffsschlusses ist mit diesem Verfahren nicht möglich.

In Anlagen, bei denen der *Minuspol oder* der *Sternpunkt des Generators mit dem Schiffskörper verbunden* ist – nicht bei Systemen mit Schiffskörperrückleitung –, läßt sich in diese Verbindung eine Überwachungseinrichtung einbauen. Bei Zweileiteranlagen ist dadurch eine genaue Fehlerstrommessung möglich, bei Mehrleiteranlagen fließen an dieser Stelle nur Fehlerströme bei unsymmetrischen Schiffsschlüssen. Eine derartige An-

[1] Vgl. Grundlagen elektrischer Antriebstechnik, S. 187.

ordnung muß, da Fehlerströme im Bereich von wenigen mA bis zum vollen Kurzschlußstrom auftreten können, für mehrere Meßbereiche umschaltbar, außerdem kurzschlußfest sein.

In Gleichstromanlagen, bei denen der *Schiffskörper* zur *Rückleitung* benutzt wird, ist eine betriebsmäßige Kontrolle des Isolationszustandes zwischen dem isoliert verlegten Leiter und dem Schiffskörper nicht durchführbar, aber auch nicht notwendig. Hier wird jeder vollkommene Schiffsschluß zum Kurzschluß und führt zum Ansprechen der Sicherung: Die Anlage hält sich selbst rein. Bei *Drehstromanlagen* mit Verwendung des Schiffskörpers als Sternpunktleiter ist ebenfalls eine betriebsmäßige Erfassung des Isolationszustandes der einzelnen Hauptleiter gegen den Schiffskörper nicht möglich.

6. Funkentstörung[1]

Die unbehinderte Benutzung der Funkeinrichtungen, d.h. die volle Ausnutzung ihrer Leistungsfähigkeit ist für den normalen Betrieb eines Seeschiffes ebenso wichtig wie für Notfälle. Deshalb ist auch die Funkentstörung der elektrischen Schiffseinrichtungen im interessierenden Frequenzbereich eine wesentliche Voraussetzung für eine ordnungsgemäße Bedienung der Funkeinrichtung. Funkstörungen, d.h. die hochfrequenten Störungen des Funkempfanges werden durch Schaltvorgänge in elektrischen Stromkreisen verursacht und zusammen mit der Nutzenergie von der Empfangsantenne aufgenommen bzw. am Empfängerausgang erkennbar. Wiederholte Schaltvorgänge treten z.B. beim Kommutierungsvorgang an Gleichstrommaschinen, bei der Gasentladung von Leuchtstofflampen u. dgl. auf. – Sowohl die Wege als auch die Ausbreitungsbedingungen der Hochfrequenzstörungen von den Störquellen bis zu den Antennen sind mannigfaltig, da sie sich bei ihrer Ausbreitung nicht nur auf die unmittelbar von der Störquelle abgehenden Kabelverbindungen beschränken, sondern sich von dort aus auch über das übrige Kabel- und Leitungsnetz, über die Takelage, Drahtzüge usw., die dann als Sekundärstrahler auftreten, fortpflanzen. Die Übertragung auf die Empfangsantenne erfolgt dabei durch galvanische, induktive oder kapazitive Kopplung. Maßgebend für die von der Antenne aufgenommenen Funkstörungen ist die *Störfeldstärke* bzw. die *Störspannung* der Störquellen. Die Beeinträchtigung ist durch das Verhältnis von Nutzspannung zur Störspannung am Empfängereingang gekennzeichnet. Die über die Antenne aufgenommene Störspannung kann sich noch um den Teil vergrößern, der über die Stromversorgung vom Empfänger aufgenommen wird. Im allgemeinen befinden sich die Störquellen, die unmittelbar in die

[1] Dieser Abschnitt wurde unter Mitwirkung des „Wernerwerkes für Bauelemente“ der S & H bearbeitet.

Empfangsanlagen strahlen können, *oberhalb* des *Stahldecks*. Die überwiegende Zahl der Störquellen dagegen befindet sich unterhalb dieses Decks und beeinflußt die Empfangsanlage über das Kabel- und Leitungsnetz; dieses leitet die Funkstörungen praktisch über das ganze Schiff. – Entsprechend dem Aufstellungsort der als Störquellen in Betracht kommenden Einrichtungen *und* der Entfernung von der Empfangsanlage können unterschiedliche *Störgrade* festgelegt werden. Das Schiff wird dazu nach Abb. 97 in 3 Zonen eingeteilt, denen jeweils besondere Grenzwerte

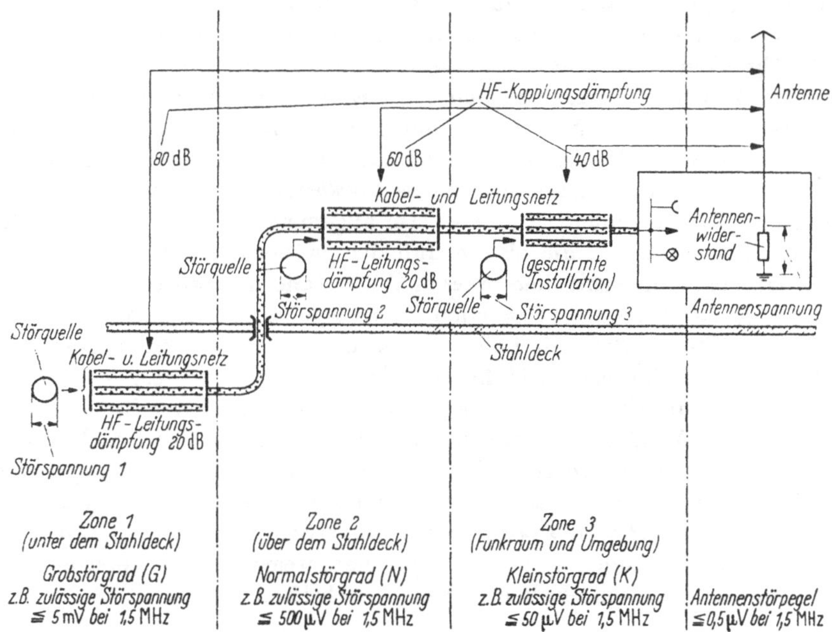

Abb. 97. Funkentstörung auf Schiffen
dB = Dezibel ($10 \lg P_1/P_2$). Verstärkungsmaß zwischen Eingangsleistung P_1 und Ausgangsleistuug P_2.

der zulässigen Funkstörspannung zugeordnet sind. Dies ermöglicht nicht nur eine systematische Absenkung des Störpegels vom tiefsten Punkt des Schiffes bis zur Empfangsanlage, sondern ergibt gleichzeitig die beste Entstörwirkung mit dem geringsten technischen und wirtschaftlichen Aufwand.

Die Verminderung hochfrequenter *Störspannungen* erfordert eine Beschaltung der von der Störquelle abgehenden Kabel mit Entstörelementen. Eine Verminderung der *Störstrahlung* bedingt Abschirmmaßnahmen. Da Störspannung und Störfeldstärke miteinander verkoppelt sind, wird durch ein Absenken der Störspannung auch die Störfeldstärke verringert.

Abschirmmaßnahmen sind zu treffen, wenn:

der erforderliche Störgrad durch Beschalten mit Funkentstörungsmitteln nicht eingehalten werden kann,

die Funktion des Betriebsmittels ein Beschalten mit Funkentstörmitteln unmittelbar an der Störquelle nicht zuläßt,

die Störenergie sich überwiegend durch Strahlung ausbreitet.

Der Aufwand für eine ausreichend wirksame Abschirmung richtet sich meist nach der Höhe der Störspannung auf den Leitungen. Dieser Aufwand kann für eine lückenlose Schirmung erheblich sein, weil Verbindungsstellen, Abzweigkästen, Schalttafeln usw. dann „hochfrequenzdicht" ausgeführt werden müssen. Eine Verminderung der Stör*spannungen* im Rahmen der elektrischen Installationsanlage bedeutet daher für die Abschirmmaßnahmen eine wesentliche Erleichterung.

Die Beschaltung der Leitungen mit Entstörungselementen ist – auch in Verbindung mit einer Abschirmung der *Störquelle* – wirtschaftlicher und sicherer durchzuführen, als ausgedehnte Leitungsnetze hinreichend hochfrequenzdicht abzuschirmen. Als *Entstörmittel*[1] werden Kondensatoren und Drosselspulen verwendet. Im allgemeinen genügen zur Entstörung *Kondensatoren*, die als Querglieder zwischen Leitung und Masse (Erde), zusammen mit dem inneren Widerstand der Störquelle oder den im Zuge der Leitungen liegenden Drosselspulen eine Spannungsteilung ergeben. Störquellen mit hohen Störspannungen oder kleinem inneren Widerstand erfordern zusätzlich die Anwendung von *Drosselspulen*. Als Drosselspulen wirken auch die beiderseits zu den Ankerklemmen geschalteten Wendepolwicklungen bei Gleichstrommaschinen[2]. Die Wirkung von Kondensatoren und Drosselspulen ist frequenzabhängig. Ihre elektrischen Werte sind so bemessen, daß sie die Betriebsverhältnisse der Anlage möglichst wenig beeinflussen. Außerdem müssen sie den betrieblichen Anforderungen an Bord entsprechen, weswegen von verschiedenen Klassifikationsgesellschaften hierfür Vorschriften aufgestellt sind.

D. Schaltanlagen

1. Schaltgeräte und Schutzeinrichtungen

a) Isolierstoffe

Isolierstoffe gehören zu der Gruppe der festen Stoffe, die nach ihrem spezifischen elektrischen Widerstand als Nichtleiter bezeichnet werden. Die beiden anderen Gruppen sind: Metallische Leiter und Halbleiter. Das Diagramm der Abb. 98 gibt eine zusammenfassende Übersicht über die Widerstandswerte dieser 3 Gruppen und einiger besonders wichtiger Materialien.

[1] Vgl. VDE 0875 „Regeln für die Funkentstörung von Geräten, Maschinen und Anlagen."

[2] Vgl. Generatoren, elektrische Ausführung, S. 35.

In der Klasse der Nichtleiter, also der isolierenden Stoffe, lassen sich ebenfalls weitreichende Unterschiede feststellen, die sich in elektrischer Hinsicht vor allem auf die Durchschlags- und Kriechstromfestigkeit sowie den dielektrischen Verlustwinkel beziehen. In mechanischer Hinsicht spielen die Biegefestigkeit, die Schlagzähigkeit und die Kerbzähigkeit u.a. eine Rolle, während bei thermischer Beanspruchung vor allem die Formbeständigkeit des Materials von Wichtigkeit ist. Für den Bordbetrieb ist die Unempfindlichkeit gegen Feuchtigkeitseinflüsse (Naßfestigkeit), gegen Öl und Öldämpfe sowie gegen den Angriff salzhaltiger Luft zu beachten. Eine möglichst geringe Brennbarkeit der Isolation ist ferner eine wünschenswerte Eigenschaft von Isolierstoffen, wobei es besonders darauf ankommt, daß der Stoff nach dem Aufhören der Wärmezufuhr nicht mehr weiterbrennt. Auch soll der Isolierstoff in brennendem Zustand keine gefährlichen Gase abgeben, was in den engen Schiffsräumen gefährlich sein kann.

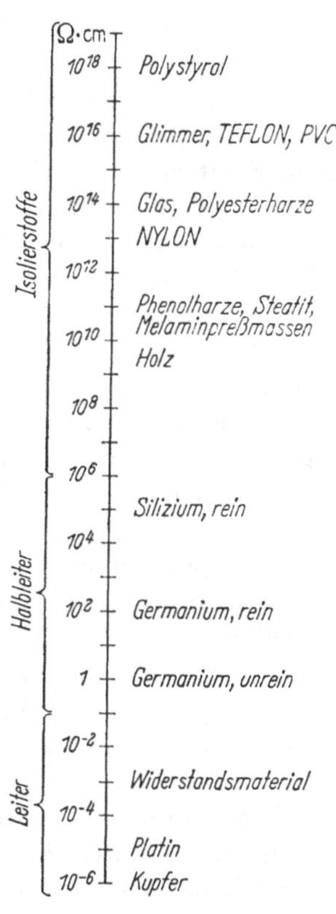

Abb. 98. Widerstände elektrischer Werkstoffe in $\Omega \cdot$ cm

Im Schaltgerätebau werden Isoliermaterialien vor allem als Träger für unter Spannung stehende Teile des Schalters, aber auch für Trennwände u. dgl. verwendet. Naturgegebene Isolierstoffe genügen den genannten Anforderungen nur in geringem Maße. Sie werden zunehmend durch künstliche Werkstoffe verdrängt, bei denen es durch Aufbau und Wahl der Ausgangsstoffe möglich ist, die Eigenschaften in bestimmten Richtungen zu beeinflussen.

Künstliche anorganische Isolierstoffe, die den Anforderungen weitgehend entsprechen, sind die *keramischen*, z.B. das „Steatit", das einen hohen spezifischen Widerstand von etwa $10^{11}\ \Omega \cdot$ cm hat. Die Aufbaustoffe sind Metalloxyde und Kieselsäure. Die Isolierteile werden bei Zimmertemperatur plastisch geformt und anschließend gebrannt (gesintert). Besonders kennzeichnende Eigenschaften keramischer Erzeugnisse sind ihre gute chemische Widerstandsfähigkeit und Hitzebeständigkeit, ihre große Kriechstromfestigkeit und ihre Isolierfähigkeit auch bei hohen Temperaturen. In mechanischer Hinsicht gelten sie zwar als druckfest; sie sind jedoch infolge der Sprödigkeit des Materials nicht stoßfest. Ihre dielektrischen Verluste sind gering. – Aus Gründen der besseren Verarbeitbarkeit und der höheren mechanischen Festigkeit, z. B. bei Zug- und Stoßbeanspruchungen, werden die Formpreßteile der Schalter meist aus Isolier*preß*stoffen hergestellt. Hierfür werden weitgehend *Phenoplaste* (Phenolharze, Bakelite) verwendet, die zu den ältesten künstlichen organischen Werkstoffen zählen. Das Phenolharz wird aus Phenol, das aus Steinkohlenteer oder synthetisch aus Benzol gewonnen wird, sowie aus Formaldehyd – einer Verbindung aus Kohlenoxyd und Wasserstoff – hergestellt. Die Mischung der Grundstoffe wird in Formen gebracht; beim Erhitzen schmilzt die Masse und nimmt dabei die gewünschte Gestalt an. Die Masse härtet in sehr kurzer Zeit aus. Kleine Metallteile, wie Schrauben oder Kontaktfedern, können in die Form eingelegt werden. Meist wird der Masse noch ein Füllstoff beigegeben. Art und Menge dieses Füllstoffes bestimmen den *Typ* des Materials. Im Schaltgerätebau ist der Typ 31 mit Holzmehl als Füllstoff am gebräuchlichsten. Der spezifische Widerstand dieses Stoffes liegt in der Größenordnung von $10^{11}\,\Omega \cdot \text{cm}$. Der Stoff ist bis zu einer Temperatur von 125 °C formbeständig; als dauernd zulässige Höchsttemperatur gilt 110 °C.

In ähnlicher Weise wie Phenol können auch Harnstoffe mit Formaldehyd reagieren. Man gelangt so zu den Harnstoffharzen oder Aminoplasten. In diese Gruppe gehören die *Melaminharze*, die eine gute Lichtbogen- und Kriechstromfestigkeit sowie Beständigkeit gegen Feuchtigkeit und Wärme und eine nur geringe Brennbarkeit aufweisen. Melaminharze werden oft mit Zellstoff als Füllmaterial verschnitten. Hinsichtlich ihres spezifischen Widerstandes und der Formbeständigkeit bei höheren Temperaturen unterscheiden sich die Melaminharze nur wenig von den Phenoplasten. Der wesentlichste Unterschied gegenüber den Phenolharzen liegt in der um Größenordnungen höheren Kriechstromfestigkeit. – In steigendem Maße finden auch *Polyesterharze* Anwendung, die bezüglich des Nachschwindens (Verziehens) bessere Eigenschaften als die Melaminharze aufweisen.

Gerade an Bord kann es unter dem Einfluß von Feuchtigkeit und durch Ablagerung von Öl, Staub u. dgl. auf der Oberfläche zu leitenden Verbindungen zwischen den Potentialträgern und damit zu Entladungen durch Funkenbildung oder zu elektrolytischen Zersetzungen kommen. Dies führt zu Einfressungen auf der Oberfläche des Materials und – als Folge einer Verkohlung – zur Ausbildung von Kriechwegen. Hinsichtlich der Festigkeit gegenüber Kriechströmen ist das Melamin den Phenoplasten wesentlich überlegen.

Die Vorschriften des GL sehen vor, daß als Träger spannungsführender Teile in elektrischen Schaltgeräten nach Möglichkeit keramische Stoffe verwendet werden, jedoch sind auch unter bestimmten Voraussetzungen Kunstharze zugelassen, wovon der Schaltgerätebau weitgehend Gebrauch macht.

b) Hebel-, Paket- und Trennschalter

Hebel- und *Paket*schalter (PACCOschalter) werden an Bord vorwiegend, *Trenn*schalter dagegen seltener eingebaut. Hebelschalter besitzen den Vorteil einer guten Zugänglichkeit und Sichtbarkeit ihrer Kontaktstellen, Paketschalter den einer besonders raumsparenden Bauweise.

Die Ansicht eines dreipoligen Paketschalters, bei dem die Schaltelemente in Kammern aus Isolierstoff gedrängt untergebracht sind, ist in Abb. 99 wiedergegeben; Abb. 100 erläutert den inneren Aufbau eines einpoligen Schalters. Der Schalter hat im allgemeinen ein Momentsprungwerk. Zunächst wird durch

Abb. 99. Dreipoliger Paketschalter (Bauart SSW)

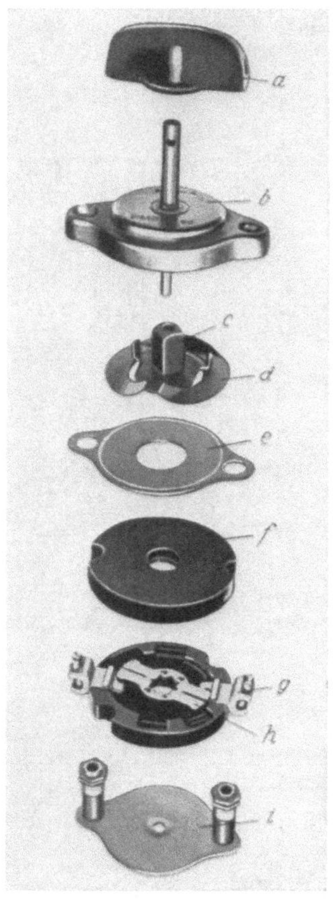

Abb. 100. Einpoliger Paketschalter, zerlegt (Bauart SSW)
a Drehgriff; *b* Kappe mit Sprungwerk; *c* Schaltachse; *d* Sperrfeder; *e* Abdeckscheibe; *f* Isolierscheibe; *g* Anschlußklemme; *h* Kontaktbrücke; *i* Grundplatte mit Hohlbolzen

Drehung des Schaltergriffes eine Feder gespannt, während die – nicht abgebildete – Vierkantwelle noch durch die Sperrfeder festgehalten ist, die erst unmittelbar vor Vollendung des Drehwinkels am Griff entriegelt wird. Hierdurch wird eine hohe Schaltgeschwindigkeit erzielt.

Während Hebelschalter nur als ein-, zwei- oder dreipolige Aus- bzw. Umschalter ausgeführt werden können, werden Paketschalter in großer Mannigfaltigkeit der Schaltungen auch als Steuerschalter benutzt. In

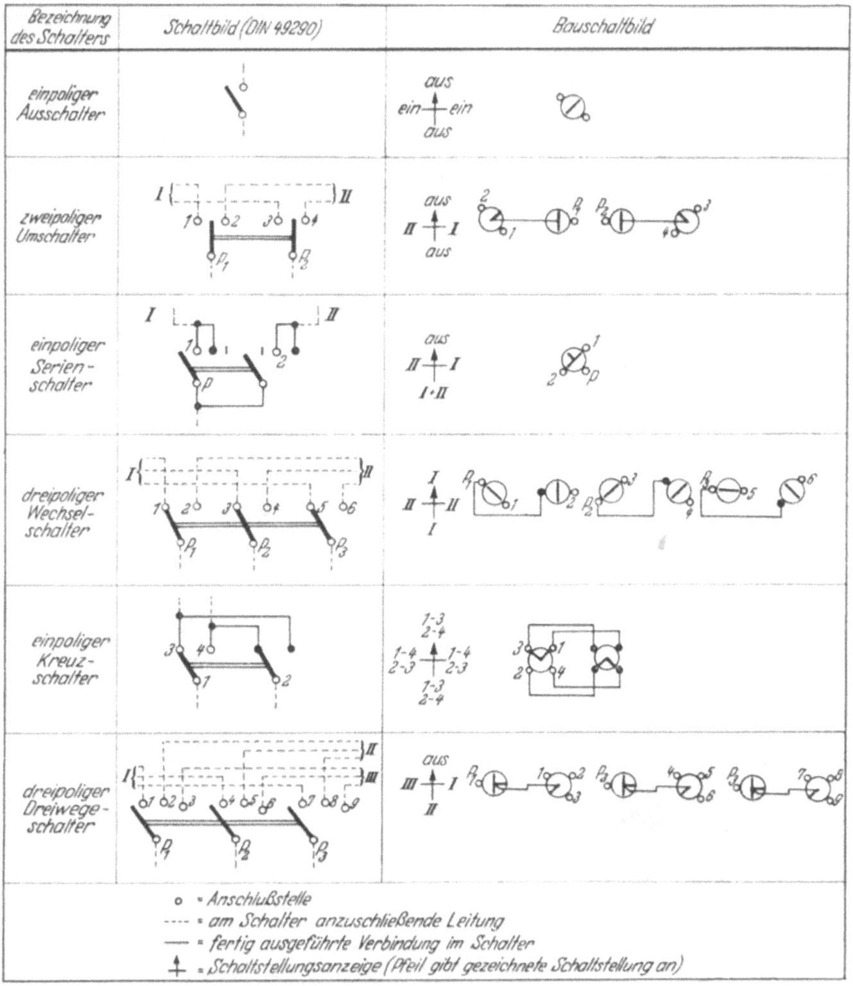

Bezeichnung des Schalters	Schaltbild (DIN 49290)	Bauschaltbild
einpoliger Ausschalter		
zweipoliger Umschalter		
einpoliger Serienschalter		
dreipoliger Wechselschalter		
einpoliger Kreuzschalter		
dreipoliger Dreiwegeschalter		

o = Anschlußstelle
---- = am Schalter anzuschließende Leitung
—— = fertig ausgeführte Verbindung im Schalter
Pfeilkreuz = Schaltstellungsanzeige (Pfeil gibt gezeichnete Schaltstellung an)

Abb. 101. Schaltung von Paketschaltern

Abb. 101 sind die Schaltbilder für einige der wichtigsten Schaltungen, die mit Paketschaltern ausgeführt werden können, zusammengestellt. Dabei sind auch die sog. Bauschaltbilder, die das wirkliche Paketierungsschema angeben, eingezeichnet. Bei diesen lassen sich durch eine gedachte Drehung der Kontaktbrücken um 90°, 180° bzw. 270° die einzelnen Schaltverbindungen erkennen.

Trennschalter sind *Leer*schalter[1], d.h. sie dienen nur zum annähernd stromlosen Schalten von Stromkreisen. Hebel- und Paketschalter gelten dagegen als *Last*schalter. Ihre Schalthäufigkeit ist jedoch begrenzt. – Für die *Schaltleistung* der Schalter beim *Ausschalten* ist die Art des Stromkreises, den sie zu schalten haben, von entscheidender Bedeutung. Induktive Stromkreise verursachen beim Ausschalten ein stärkeres Schaltfeuer als induktionsfreie Kreise. Bei Wechselstrom trägt der periodische Nulldurchgang des Stromes zur Unterbrechung bei, so daß die Schaltleistung der Schalter höher als in Gleichstromkreisen ist. Bei Gleichstrom kommt es zur Beherrschung der Schaltströme wesentlich auf die Schaltgeschwindigkeit an. Bei Paketschaltern kann durch entsprechende Paketierung an Stelle einer *ein*poligen auch eine *zwei*polige Abschaltung vorgesehen werden, wodurch sich die Schaltleistung erhöht; da das *Ein*schalten durch das Momentsprungwerk schnell erfolgt, tritt kein wesentlicher Abbrand der Kontakte auf.

Selbstverständlich können Hebel- und Paketschalter keine Kurzschlüsse schalten, wobei sie grundsätzlich beim Aufschalten auf einen Kurzschluß mehr gefährdet wären, als beim Abschalten eines Kurzschlusses. Zu ihrem Schutz sind Sicherungen zu verwenden, die entsprechend den an der Einbaustelle herrschenden Kurzschlußverhältnissen auszuwählen sind. Neuzeitliche Ausführungen von Hebelschaltern werden häufig mit Lichtbogenkammern – teilweise mit Deionisationsplatten – versehen.

c) Sicherungen und Leitungsschutzschalter

Im Gegensatz zu den Vorschriften des LRS, der auch offene Sicherungen (Streifensicherungen) zuläßt, dürfen bei den übrigen Klassifikationsgesellschaften nur Sicherungen mit geschlossenem Schmelzraum verwendet werden. Es werden handelsübliche, in jeder Landanlage verwendete Sicherungssysteme benutzt, bei denen die Schmelzleiter in einem druckfesten keramischen Körper mit beiderseits fest aufgesetzten Metallkappen für die Stromzuführung eingeschlossen sind. Die Schmelzeinsätze werden – leicht auswechselbar – in Sicherungselemente eingeschraubt, die die festen Stromzuführungen enthalten. Derartige Schmelzsicherungen können sehr hohe Kurzschlußströme sicher abschalten. Darüber hinaus kommen sogenannte Niederspannungs-Hochleistungssicherungen (NH-Sicherungen) in Betracht, deren grundsätzlichen Aufbau Abb. 102 zeigt. Der Zündsteg erzwingt eine gleichmäßige Teilnahme aller parallelen Leiter am Abschaltvorgang. Die Schmelzlotbrücke dient zur sicheren Fest-

[1] VDE 0660a/4/62 „Regeln für Schaltgeräte": § 5, c, 1. „*Leer*schalter sind Schalter, die zum annähernd stromlosen Schalten von Stromkreisen dienen." § 5, c, 2. „*Last*schalter sind Schalter mit einem Nenn-Ein- und -Ausschaltvermögen bis etwa zum doppelten Nennstrom."

legung der Abschmelzzeiten, sie liegt in der Mitte des verschraubungsfreien Strompfades im Gebiet der höchsten Erwärmung. Ein hoher Schmelzpunkt vermindert weitgehend den Einfluß von Änderungen der Raumtemperatur.

Leitungsschutzschalter, auch Kleinselbstschalter genannt, werden an Stelle von Sicherungen zum Schutz und zum Schalten von Lichtstrom-

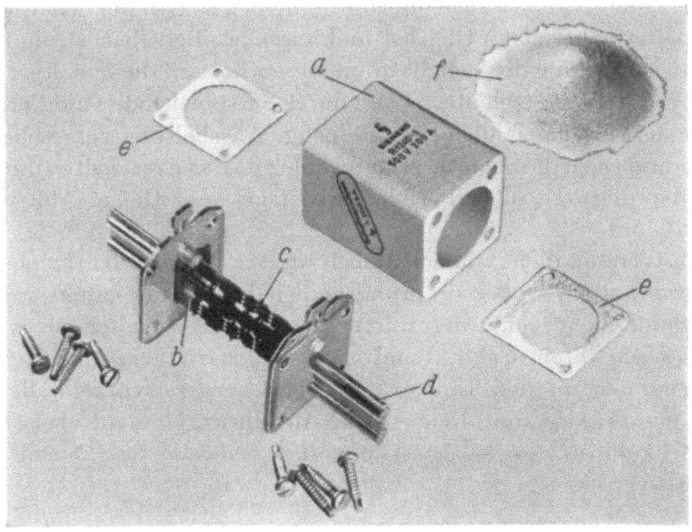

Abb. 102. Niederspannungs-Hochleistungssicherung (Bauart SSW)
a Keramikkörper; *b* Schmelzleiter; *c* Schmelzlotbrücke; *d* Messerkontakt; *e* Asbestdichtung; *f* Löschsand

kreisen, Heizstromkreisen und ähnlichem verwendet. Sie besitzen eine thermische Überstromauslösung und elektromagnetisch wirkende Kurzschlußschnellauslöser. Gegenüber Sicherungen besteht bei ihrer Verwendung der Vorteil, daß sie nach Beseitigung einer Störung sofort wieder eingeschaltet werden können; das Einsetzen neuer Sicherungspatronen entfällt. Da jeder von einer Hauptschalttafel oder Unterverteilung abgehende Stromkreis durch eine Sicherung *und* einen Hebel- oder Paketschalter *oder* an Stelle beider durch einen Selbstschalter geschützt und geschaltet werden muß, ergibt die Verwendung der letzteren eine Vereinfachung der Schalttafeln. – Diese Selbstschalter selbst sind jedoch im allgemeinen nur für wenige kA kurzschlußfest; deswegen werden die Schalter gruppenweise zusammengefaßt und durch eine gemeinsame Sicherung geschützt. Bei Verwendung von Kleinselbstschaltern braucht die Belastung von Kabeln und Leitungen nicht nach der dem jeweiligen Querschnitt zugeordneten *Sicherungs*stromstärke bemessen zu werden.

Einige Klassifikationsgesellschaften lassen hierfür höhere Belastungsströme zu als dies bei Verwendung von Sicherungen und Paketschaltern der Fall ist.

d) Motorschalter, Motorschutzschalter und Thermowächter

Hebel- und Paketschalter als *Motor*schalter[1] müssen ein Schaltvermögen aufweisen, das ausreicht, um auch einen im Anlauf begriffenen oder festgebremsten Motor sicher abzuschalten. Motorschalter für Drehstrom müssen demnach den 6–8fachen, Motorschalter für Gleichstrom mindestens den 1,5–2,5fachen Motornennstrom sicher unterbrechen können.

Gleichstrommotoren bis zu einer Leistung von etwa 40–50 kW werden an Bord meist mit Paket- oder Hebelschaltern geschaltet und durch Sicherungen oder in die Anlaßgeräte eingebaute Überstromauslöser geschützt. Für Drehstrommotoren werden dagegen allgemein Motorschutzschalter verwendet. Man verhindert dadurch einen z.B. durch Ausfall *einer* Sicherung hervorgerufenen einphasigen Lauf der Motoren und damit eine unzulässige Erwärmung. Um die Anlaßgeräte und Motorschutzschalter gelegentlich in spannungslosem Zustand untersuchen zu können, wird von den meisten Klassifikationsgesellschaften eine Trennstelle im oder in der Nähe des Anlassers gefordert. Es kann auch der entsprechende Hauptschalter auf der Hauptschalttafel oder der Unterverteilung als Trennstelle angesehen werden, wenn dieser entweder in Sichtnähe liegt oder aber gegen unbefugtes Einschalten gesichert werden kann.

Motorschutzschalter erhalten einen verzögert ansprechenden thermischen Auslöser (Bimetallauslöser) und eine unverzögert ansprechende elektromagnetisch wirkende Kurzschlußschnellauslösung. Die Kurzschlußfestigkeit von Motorschutzschaltern ist je nach der Größe verschieden. Übersteigt der an der Einbaustelle mögliche Kurzschlußstrom den für den Schalter zulässigen Wert, so sind entsprechende Sicherungen vorzuschalten. – Der *Bimetallauslöser* besteht aus zwei aufeinandergewalzten Metallen, deren Wärmeausdehnung unterschiedlich ist. Dadurch krümmt sich der Bimetallstreifen bei Erwärmung durch den durchfließenden Strom und veranlaßt die Ausschaltung des Schalters. Die Kennlinien eines derartigen Auslösers sind in Abb. 129 dargestellt. Zum Ausgleich schwankender Raumtemperaturen werden die Auslöser meist mit Temperaturkompensation ausgeführt, was auf Schiffen besonders wichtig ist und in den meisten Vorschriften gefordert wird.

Abb. 103 zeigt die Schnittzeichnung eines Motorschutzschalters für einen Dauerstrom von 25 A bei 500 V und ein Ein- und Ausschaltver-

[1] VDE 0660a/4/62 „Regeln für Schaltgeräte“: § 5, 3. „Motorschalter sind Schalter zum Schalten von Motoren mit einem Nenn-Einschalt- und Nenn-Ausschaltvermögen entsprechend dem Anlaufstrom von Motoren.“

mögen von 3 kA (Effektivwert). Der Schalter ist mit einer Lichtbogenkammer versehen, die allen 3 Strombahnen gemeinsam und mit Löschblechen ausgestattet ist. Diese Löschbleche sind – unter Ausnutzung des Nulldurchgangs des Wechselstromes – bestimmend für das Schaltvermögen des Schalters. – Im allgemeinen werden Motorschutzschalter von Hand betätigt, jedoch ist auch eine Fernbetätigung, z.B. durch Motorantrieb möglich. Motorschutzschalter erhalten, ebenso wie Selbstschalter, in ihrem Antrieb eine *Freiauslösung*. Dadurch wird das Bedienungselement, z.B. der Handgriff, beim Ansprechen des Kurzschlußauslösers von den Schaltstücken entkuppelt. Ein sofortiges Wiedereinschalten des Schalters ist nach einem Kurzschluß möglich, es kann dies aber durch eine Wiedereinschaltsperre verhindert werden.

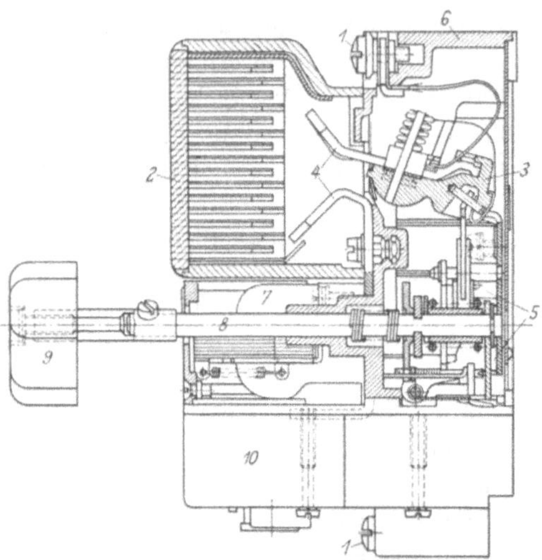

Abb. 103. Schnittbild eines Motorschutzschalters für 25 A (Bauart SSW)
1 Anschlußklemmen; *2* Lichtbogenkammer; *3* Schaltwelle; *4* Hauptschaltstücke; *5* Schaltschloß; *6* Grundplatte; *7* Unterspannungsauslöser bzw. Arbeitsstromauslöser; *8* Betätigungswelle; *9* Betätigungsknebel; *10* Überstrom- und Kurzschlußschnellauslöser

Das Wiedereinschalten eines Schalters, bei dem die Bimetallauslöser angesprochen haben, ist erst nach Abkühlung des Auslösers auf eine dem Nennstrom entsprechende Temperatur möglich. Diese Abkühlungszeit kann bis zu mehreren Minuten betragen. Um *wichtige* Verbraucher, z.B. die Ruderanlage, nach Behebung der zur Auslösung führenden Störung sofort wieder einschalten zu können, dürfen die Schalter dieser Verbraucher keine Bimetallauslöser erhalten. Häufig wird dann eine Überlast-Warn*anzeige* gefordert. – Die Bimetallauslöser arbeiten meist auf die Unterspannungsauslöser und bewirken so den Ausschaltvorgang. Unterspannungsauslöser sind bei größeren Motoren vorzusehen, um beim Wiedereinschalten der Generatoren nach kurzzeitigem Ausbleiben der Spannung zu verhindern, daß sämtliche Verbraucher gleichzeitig wieder anlaufen und durch die damit verbundene hohe Stromaufnahme – besonders in Drehstromanlagen – die Schutzeinrichtungen zum Ansprechen bringen. – Bei Motoren, welche nicht direkt eingeschaltet werden, sind die Motorschutzschalter mit den Anlaßgeräten – Anlasser, Stern-Dreieck-Schalter, Anlaßtransformator – so zu verriegeln, daß sie nach erfolgter Auslösung nur in der Anlaßstellung wieder eingeschaltet werden können.

Bei Motoren, die im Aussetzbetrieb[1] gefahren werden, lassen sich die Erwärmungsverhältnisse allein mit der Messung des Stromes durch die

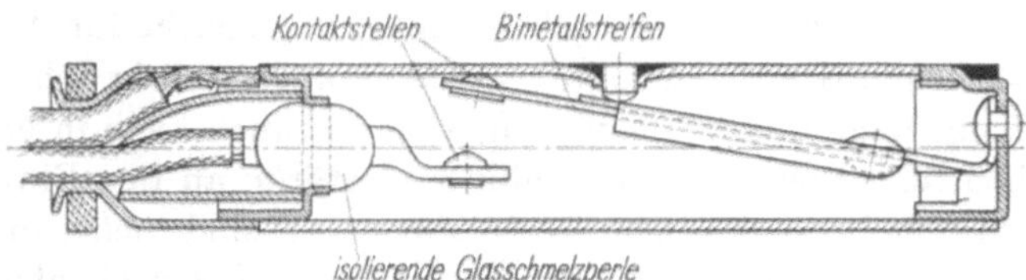

Abb. 104. Aufbau des Thermowächters „SENSOTHERM" (Bauart SSW)

Auslöseorgane nicht exakt erfassen. Um diese Maschinen gegen *Überlastung* zu schützen – den Kurzschlußschutz übernehmen Sicherungen – werden als *Thermowächter*[2] bezeichnete in Abb. 104 im Schnitt dargestellte Bi-

Abb. 105. Montage der Einbauhülse eines „SENSOTHERM"-Thermowächters der die Wicklung eines polumschaltbaren Motors

metallschalter in den Wickelkopf der Maschinen nach Abb. 105 eingebaut. Diese öffnen oder schließen bei Überschreiten der zugelassenen Temperatur in der Wicklung ihren Kontakt und schalten den Motor über ein Schütz ab.

[1] Vgl. Grundlagen elektrischer Antriebstechnik, S. 187.

[2] Vgl. Ladewinden, S. 248.

e) Leistungsschalter

Als Hauptschalter für Generatoren und Verbraucher*gruppen* werden Leistungsschalter[1] – meist *Selbstschalter* genannt – verwendet, welche auftretende Überlast- und Kurzschlußströme selbsttätig erfassen und innerhalb einer einstellbaren Zeit abschalten, in der schädliche Auswirkungen dieser Ströme in dynamischer und thermischer Hinsicht für die Anlage in ungefährlichen Grenzen gehalten werden können. – Die Schalter werden nicht nur nach ihrem Nennstrom, sondern auch nach ihrer Schalt*leistung* beurteilt. Falls die Kurzschlußstromstärke an der Einbaustelle die für den Schalter zulässigen Werte übersteigt, sind Sicherungen vorzuschalten. – Motor- und Leitungsschutzschalter fallen ebenfalls unter den Begriff eines Selbstschalters, doch ist hierfür diese Bezeichnung weniger gebräuchlich.

Je nachdem, ob es sich um eine einpolige bzw. zweipolige Gleichstromanlage oder um ein Drehstromnetz handelt, werden die Schalter mit 1, 2 oder 3 Kontakten versehen. Für die Schaltung von parallel arbeitenden Gleichstrom-Doppelschlußgeneratoren wird neben den Kontakten für die Hauptleiter ein zusätzlicher Kontakt benötigt. Dieser wird geringfügig voreilend vor den Hauptkontakten eingeschaltet, um die Ausgleichsleiter der Maschinen *vor* dem Parallelschalten zu verbinden[2].

Auf Handelsschiffen werden die Schalter fast ausschließlich von Hand mit einem Drehgriff, Kipphebel oder durch Gestängeantrieb unmittelbar betätigt, seltener motorisch über einen Servomotor oder mit Druckluft über ein elektrisch gesteuertes Ventil bzw. einen Druckluftkolben. Beim Auftreten von Überströmen, Kurzschlüssen, Rückströmen oder Spannungsrückgang werden die Schalter durch ihre Auslöser ausgeschaltet.

Die Schaltgeräte sind an Bord höheren Beanspruchungen in elektrischer und mechanischer Hinsicht ausgesetzt als in Schaltanlagen an Land. Diese müssen gerade bei den Selbstschaltern sorgfältig beachtet werden, da sie zu den wichtigsten Geräten einer elektrischen Schiffsanlage gehören; ihr Ausfall kann zu schweren Störungen des Schiffsbetriebes führen. Die wesentlichsten Punkte, in denen Schiffsselbstschalter von den Landkonstruktionen abweichen, sind:

Alle Teile, von welchen die Funktion des Schalters abhängt, wie z.B. Lager, Lagerbolzen, Wellen, Gelenke, müssen aus seeluft- und seewasserbeständigem Material, wie „*Remanit*", Messing-63 oder Bronze bestehen. Die übrigen Bauelemente aus Metall sollen mit einem Oberflächenschutz versehen sein, der eine Korrosion durch Seeluft und Seewasser verhindert. Häufig werden Eisenteile deshalb chromatiert.

---

[1] Nach VDE 0660a/4/62 „Regeln für Schaltgeräte". § 5, c, 4. sind Leistungsschalter Schalter, deren Nenn-Einschalt- und Nenn-Ausschaltvermögen bestimmte Bedingungen mit Rücksicht auf die Kurzschlußbelastung erfüllt.

[2] Vgl. Parallelbetrieb von Gleichstromgeneratoren, S. 77.

Die Auslösewellen und die Anker von Überstrom- und Spannungsauslösern sind auszuwuchten. Die Anker sollen ferner in ihren Ausgangsstellungen über Anschläge nach Abb. 106 abgefedert werden; beide Maßnahmen sollen verhindern, daß

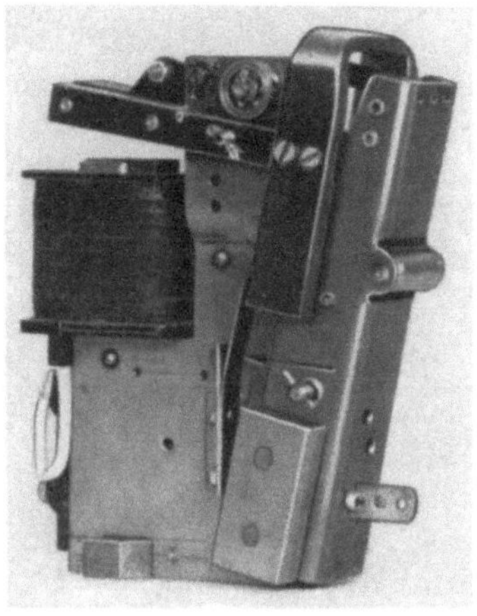

Abb. 106. Abfederung des Ankers eines Auslösers (Bauart SSW)

sich diese Teile durch Erschütterungen und Stöße in Bewegung setzen und dadurch die Schaltgeräte ungewollt auslösen. Abb. 107 zeigt eine durch zweckmäßige Anordnung der Massen ausgewuchtete Auslösewelle bei der Kontrolle auf Tarier-

Abb. 107. Tarierung einer Auslösewelle

scheiben, während Abb. 108 den ausgewuchteten Anker eines Schnellauslösers wiedergibt.

Es sollen nur mit Fett gefüllte, abgedichtete Kugellager verwendet werden, die gleich hohe Lebensdauer wie die Schalter selbst haben und während dieser Zeit keiner Wartung bedürfen.

Die Handantriebe der Schalter müssen in der Ein- und Ausschaltstellung so gerastet sein, daß diese nicht unbeabsichtigt, z.B. durch Angreifen eines Maschinisten bei Schlingerbewegungen des Schiffes, geschaltet werden können. Die Einrastung muß zwangsläufig erfolgen und die Entrastung handlich, leicht und schnell

Abb. 108. Tarierung eines Ankers

durchzuführen sein. Durch Herausziehen der Öse eines Sperrbolzens mit dem Mittelfinger wird z.B. nach Abb. 109 die Schaltbewegung freigegeben, in der Endstellung rastet der Sperrbolzen wieder selbsttätig ein. Bei einem anderen

Abb. 109. Schaltsperre mittels Sperrbolzen (Bauart SSW)

Ausführungsbeispiel nach Abb. 110 muß das Handrad zur Schalttafelfront gedrückt werden, ehe eine Schaltbewegung möglich ist.

Um ein unerwünschtes Ansprechen der Auslöser bei kurzen Belastungsstößen zu verhindern, werden die Schnellauslöser, vor allem an den Generatorschaltern, mit einer Kurzzeitverzögerung (200–500 msek) versehen, eventuell in Verbindung mit ebenfalls verzögert ansprechenden Nullspannungsauslösern. Bei dem Schema eines Schnellauslösers mit 2 Auslöseankern nach Abb. 111 setzt der Anker z bei

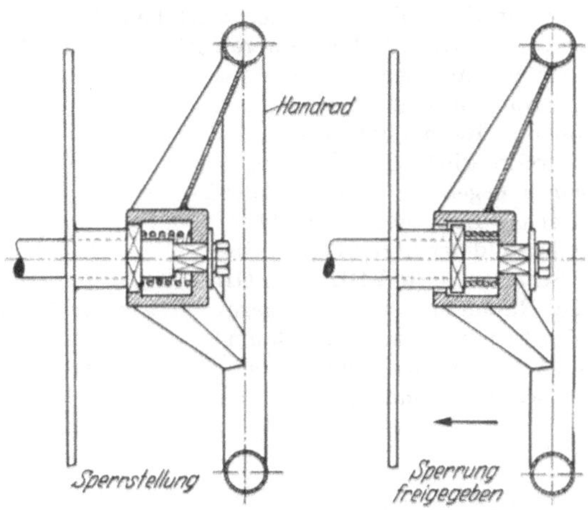

Abb. 110. Handrad mit Schaltsperre

Überstrom zunächst das Hemmwerk h in Bewegung; der Schalter wird dann nach Ablauf der eingestellten Zeitverzögerung ausgelöst. Der zweite Anker n bewirkt bei größeren Kurzschlüssen mit entsprechend höher eingestelltem Auslösestrom eine sofortige Auslösung des Schalters. Der Anker wird in der Auslösestellung mechanisch verriegelt und damit die Wiedereinschaltung des Schalters verhindert; erst durch Betätigung des Entriegelungsstößels e wird die Wiedereinschaltung des Schalters ermöglicht. – Der Auslöser kann auch beim Ansprechen zunächst auf eine Masse wirken, nach deren Beschleunigung der Schalter erst ausschaltet. – Während mit dem Hemmwerk eine festbestimmte Auslöseverzögerung eingestellt wird, wird bei dem anderen Verfahren die Verzögerung mit steigendem Strom, also größer werdender Anziehungskraft des Magneten, geringer, bis schließlich die Auslöser von einem bestimmten Stromwert ab praktisch unverzögert ansprechen. – Ein verzögertes Auslösen des Schalters kann auch durch Parallelschalten eines Kondensators zur Spule des Unterspannungsauslösers, auf den das Überstromglied wirkt, erzielt werden. Die in dem Kondensator gespeicherte Energie hat ein verzögertes Abfallen des Magneten zur Folge. Durch Verwenden von Kondensatoren verschiedener Kapazität lassen sich die Verzögerungszeiten verändern.

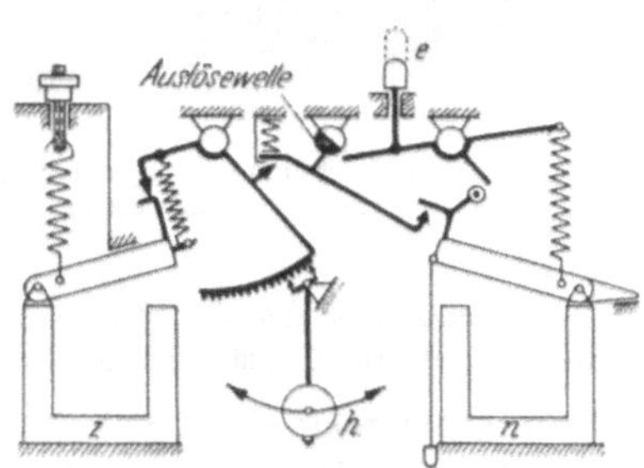

Abb. 111. Wirkschema eines Auslösers mit kurzzeitig verzögerter – und Schnellauslösung (Bauart SSW)
e Einschaltsperre; h Hemmwerk; n nicht verzögerter magnetischer Überstromauslöser; z kurzzeitig verzögerter magnetischer Überstromauslöser

Zur Erhöhung der Sicherheit im Schiffsbetrieb ist es oft zweckmäßig, die Überstromauslöser mit einer Verriegelungseinrichtung zu versehen, die verhindert, daß die Schalter erneut auf einen Kurzschluß geschaltet werden können – Wiedereinschaltsperre.

Als Träger von spannungsführenden Teilen müssen kriechstromfeste Isolierstoffe verwendet werden, die auch gleichzeitig stoß- und erschütterungsfest sein sollen. Hierfür kommen Keramik oder Isolierpreßstoffe auf Phenolharz-, Melamin- oder Polyesterbasis in Betracht[1]. Bei letzteren können nach Abb. 112 Keramikkörper an den Stellen, an denen spannungsführende Teile zur Auflage kommen, eingepreßt werden. Die höheren Raumtemperaturen an Bord machen es erforderlich, die Nennstromstärken der Schalter gegenüber der Landausführung herabzusetzen. Die Höhe der Reduzierung ist in dem Schaubild der Abb. 113 für eine Ausführung der Schalter nach VDE und GL bei verschiedenen Raumtemperaturen angegeben. Während die Schalter bei einer Raumtemperatur von 35 °C mit 100% ihres Nennstromes belastet werden können, sinkt die Belastbarkeit nach den GL-Vorschriften bei 40 °C auf 95% ab. Entsprechend vermindern sich die Belastbarkeiten bei weiterem Steigen der Raumtemperaturen.

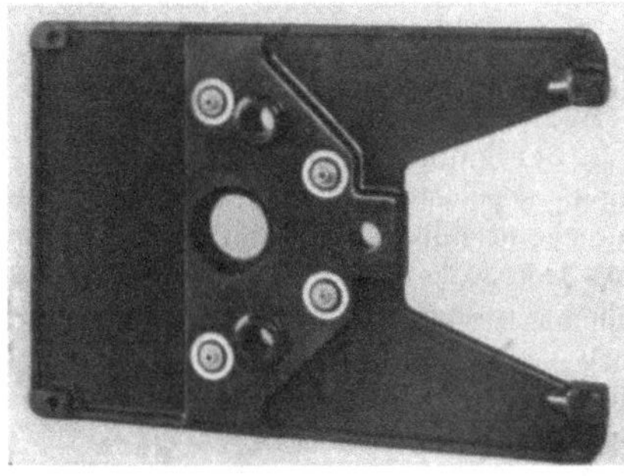

Abb. 112. Isolierteil mit eingepreßten Keramikkörpern (Bauart SSW)

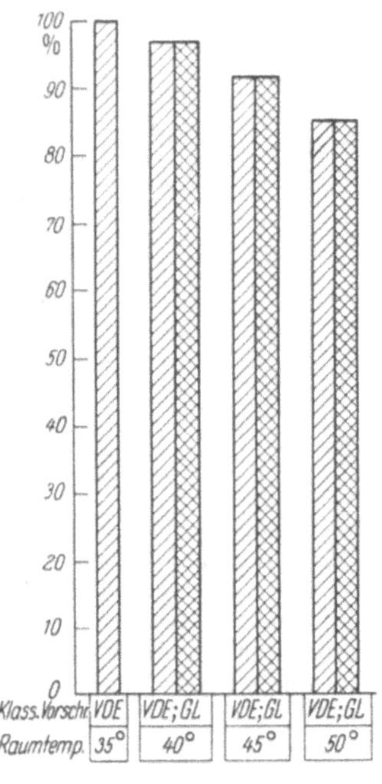

Abb. 113. Belastbarkeit von Schalterkontakten bei verschiedenen Raumtemperaturen nach VDE und GL

Abb. 114 zeigt einen Pol eines Selbstschalters, wie er für Schiffe verwendet wird. Die *Grundplatte* dient zur Aufnahme der Pole und des Schalterrahmens; sie ist aus Leichtmetall gefertigt und durch Verstärkungsrippen versteift. Die *Polsockel* bestehen aus einem Formstoff auf Meleminharzbasis. Die *Hauptschaltstücke* haben eine Silberauflage und mehrere unter hohem Druck stehende Berührungspunkte, wodurch auch bei Dauereinschaltung ein wesentliches Ansteigen des Kontaktwiderstandes verhindert wird. Die *Vorschaltstücke* führen beim Schaltvorgang eine Wälz-Gleit-Bewegung aus. Durch Auflagen aus Sinterwerkstoff sind sie abbrandfest. Um ein Abheben der Schaltstücke bei hohen Kurzschluß-

[1] Vgl. Isolierstoffe, S. 144.

strömen zu vermeiden, sind die Strombänder so geführt, daß der Kontaktdruck durch die Kurzschlußkräfte erhöht wird. Die *Lichtbogenkammer* wird von oben eingeschoben und sitzt – gegen den Schalterrahmen isoliert – zwischen dem Polsockel und einem federnden Klemmstück. Besonders ausgebildete Löschbleche, über denen Keramikplatten in der gleichen Ebene angeordnet sind, fördern die Löschung des Lichtbogens. Ein um die Kammer gelegter Stahlmantel treibt den Lichtbogen durch Verstärkung seines Eigenfeldes rasch zwischen die Löschbleche. Trennwände zwischen den Lichtbogenkammern verhindern Überschläge und erhöhen die Schaltleistung. – An Stelle der offenen, einfachen Lichtbogenkammern werden häufig auch Düsenkammern verwendet, bei denen die Löschung durch starke Kühlung des Lichtbogens auf kleinem Raum erfolgt.

Abb. 114. Pol eines Selbstschalters in Schiffsausführung, ohne Lichtbogenkammer (Bauart V. u. H.)
a Grundplatte; *b* Polsockel; *c* festes Vorschaltstück; *d* festes Hauptschaltstück; *e* bewegliches Hauptschaltstück; *f* bewegliches Vorschaltstück; *g* Lager für bewegliches Schaltstück; *h* Strombänder; *i* Auslöseelement

Bei diesen oder ähnlichen in *Gestell*bauweise ausgeführten Schaltern sind die Pole auf einer Grundplatte oder einem Grundrahmen mit verhältnismäßig großen Luftzwischenräumen aufgebaut. Bei den in neuerer Zeit entwickelten Schaltern in *Kompakt*bauweise (molded case breakers) werden alle Teile in einem Preßstoffgehäuse zusammengebaut, wodurch sich eine zwar gedrängte aber raumsparende Ausführung ergibt. Die daraus resultierende beschränkte thermische und dynamische Belastungsfähigkeit erfordert ein sehr schnelles strombegrenzendes Abschalten von Kurzschlüssen, wenn ein hohes Abschaltvermögen gewährleistet sein soll. Die Lösung von Selektivitätsaufgaben durch zeitliche Staffelung wird durch die begrenzte Stromtragfähigkeit erschwert, so daß diese Schalter vor allem für *Verbraucher* Anwendung finden, die im Falle eines Kurzschlusses sofort abgeschaltet werden können.

Einen grundsätzlich anderen Aufbau hat der Schiffsselbstschalter nach Abb. 115, dessen Kontaktsystem horizontal angeordnet ist. Der Lichtbogen wird nach hinten ausgeblasen. Dadurch ist die Möglichkeit gegeben, mehrere Schalter dicht übereinander anzuordnen und Raum in der Schaltanlage zu gewinnen. Der Schalter besitzt als Hauptkontakte Silberrollen, die eine hohe Stromtragfähigkeit aufweisen. Flexible Kupferbänder sind für den Anschluß nicht erforderlich. Beim Ausschalten wird der Strom nach Abheben der Rollenkontakte über Lichtbogenschaltstücke geleitet, die sich bei weiterer Schaltbewegung ebenfalls öffnen. Der an diesen Schaltstücken entstehende Lichtbogen läuft über Lichtbogenlauf-

Abb. 115. Selbstschalter in Schiffsausführung (Bauart SSW)
a oberer Anschluß; *b* Blasspule; *c* Schleifenkontakt; *d* Löschblechkammern; *e* unterer Anschluß; *f* bewegliches Lichtbogenschaltstück; *g* Löschbleche

hörner in die Kammern. Hier wird er durch Löschbleche in Teillichtbögen aufgeteilt und gelöscht – Deionisationsprinzip. Der Schalter ist für hohe Abschaltleistungen geeignet.

f) Rückstrom- und Rückleistungsschutz

Bei parallel arbeitenden Generatoren kann ein Rückfluten der Leistung dann auftreten, wenn z.B. die Drehzahl einer Kraftmaschine absinkt. Die Generatoren arbeiten dann als Motor und treiben die Kraftmaschine an, wobei sie einen hohen Strom dem Netz entnehmen können. Bei Gleichstromgeneratoren können weiterhin durch Absinken der Erregung und Verminderung der Klemmenspannung Rückströme fließen. Bei Drehstromgeneratoren beeinflußt eine Änderung der Erregung die Blindleistung, nicht die Wirkleistung. Während es in Gleichstromanlagen genügt, die *Strom*richtung zu überwachen, muß in Drehstromanlagen das Rückfluten der Wirk*leistung* erfaßt werden, wenn die Anlagen gegen die Richtungsumkehr geschützt werden sollen. Im ersten Falle werden entweder in den Selbstschalter Rückstrom*auslöser* eingebaut oder es werden zwischen Sammelschiene und Schalter Rückstrom*relais* geschaltet, die auf die Auslöser der Generatorselbstschalter wirken. Bei Drehstromanlagen werden ausschließlich außerhalb der Schalter angeordnete Rückleistungs*relais* verwendet.

Die Meßwerke der Rückstromauslöser und -relais bestehen im wesentlichen aus einem Elektromagneten, der von einer Strom- und einer Spannungsspule erregt wird. Bei normaler Stromrichtung wirken beide Spulen im gleichen Sinne magnetisierend, während bei einem Richtungswechsel des Stromes die Magnetisierung der Stromspule der der Spannungsspule entgegenwirkt. Damit wird der Anker zum Ansprechen gebracht. Abb. 116 zeigt das Wirkungsschema eines mit einem Überstromrelais kombinierten Rückstromrelais. Es besitzt je einen Anker für Über- und Rückstrom. Im Betrieb ist der Überstromanker in Bereitschaftsstellung, während der Rückstromanker angezogen ist. Bei Auftreten von Rückstrom wird der Fluß der Spannungsspule durch die dann entgegengesetzt gerichtete Erregung der Stromspule geschwächt bis die Wirkung der Rückzugsfeder am Rückstromanker die magnetische Haltekraft übersteigt und den Rückstromanker abzieht. Beim Abfallen wird ein Wechsler (Kontakt c, d, e) betätigt. Beim Einschalten des Stromkreises oder nach einer Rückstromauslösung wird der Rückstromanker durch einen besonderen Rückstellmagneten in die Bereitschaftsstellung gebracht. – Bei Überstrom wird der konstante Fluß der Spannungsspule durch die Erregung der Stromspule verstärkt bis der Überstromanker entgegen der Wirkung der Rückzugsfeder angezogen wird. Damit wird ein Schließer (Kontakt a, b) betätigt.

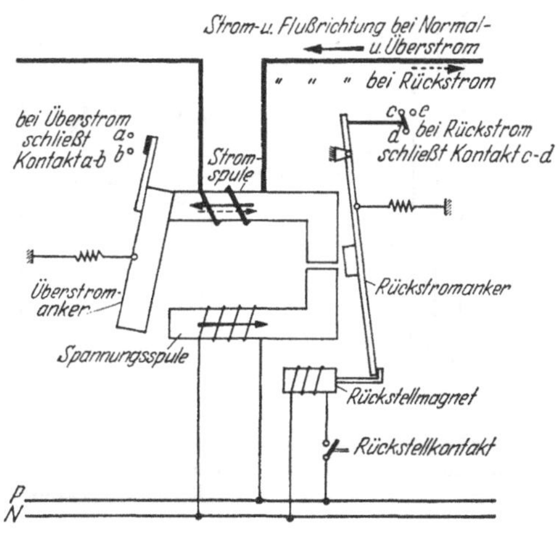

Abb. 116. Über- und Rückstromrelais (Bauart SSW)

Der Rückleistungsschutz für Drehstromgeneratoren erfordert einen etwas höheren Aufwand. In Abb. 117 ist die Schaltung einer derartigen Schutzeinrichtung dargestellt. Die von einem Strom- und einem Spannungswandler auf die Primärwicklungen von 2 Dreiwicklungsumspannern übertragenen Meßwerte werden in deren Sekundärwicklungen geometrisch zusammengesetzt und über Gleichrichter der Wicklung eines polarisierten Relais zugeführt, über dessen Kontakt der Selbstschalter ausgelöst wird. Ein zwischengeschaltetes Zeitrelais soll verhindern, daß die meist unmittelbar nach dem Parallelschalten auftretenden, kurzzeitigen Leistungspendelungen zur Auslösung des Generatorschalters führen. – Je nach der Art der Kraftmaschine – Dieselmotor, Turbine – muß der Ansprechwert des Gerätes eingestellt werden. – Als Betätigungsspannung für die Auslösung des Schalters dient die Netzspannung; es ist dabei eine

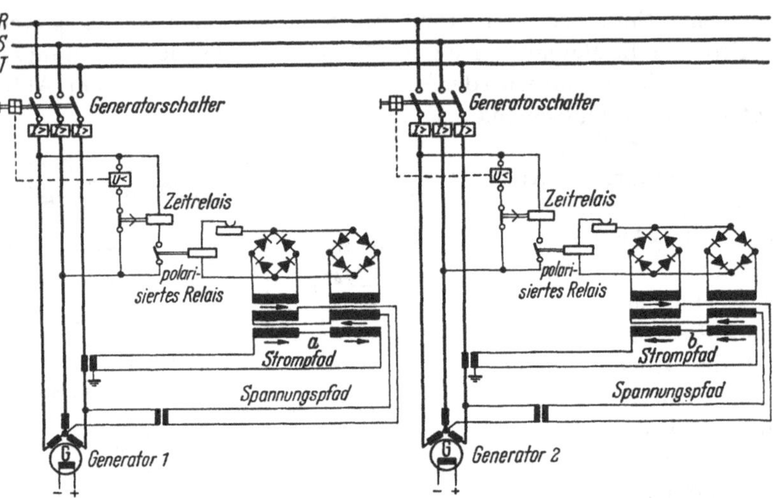

Abb. 117. Schaltung des Rückleistungsschutzes für Synchrongeneratoren (Bauart SSW) Strom- und Spannungspfeile gelten bei *a* für Normalbetrieb (Leistungsabgabe); bei *b* für Rückleistung (Leistungsaufnahme)

Abschaltung noch bis 50% der Nennspannung gewährleistet. Bei einer stärkeren Spannungsabsenkung würde ohnehin der Unterspannungsauslöser eine Abschaltung des Generators bewirken.

Beim Abschalten eines Generators durch Rückstrom oder Rückleistung kann es unter Umständen zweckmäßig sein, auch einen Teil der Verbraucher abzuschalten, um die im Betrieb verbleibenden Generatoren zu entlasten. Dazu können Sicherheitsschaltungen[1] vorgesehen werden

g) Schütze und Schützensteuerungen

Häufig werden zum Schalten von Motoren *Schütze*, d. h. elektromagnetisch betätigte Schaltgeräte für *hohe* Schalthäufigkeit verwendet, und zwar vor allem dann, wenn die Motoren von Hand oder durch selbsttätige Steuerglieder fernbetätigt werden sollen. Ein Schütz besteht aus einem von einer Spule erregten Magnetsystem mit einem feststehenden Teil und einem Anker. Letzterer ist mechanisch mit einem Schaltstückträger verbunden, in dem die beweglichen Schaltstücke gehaltert sind. Wird der Anker durch Erregen der Schützspule angezogen, so werden die beweg-

[1] Vgl. Sicherheitsschaltungen, S. 168.

lichen gegen feste Schaltstücke gepreßt. Ein kleines Drehstrom-Luftschütz, das durch die gedrängte formschlüssige Bauweise gut für Bordverhältnisse geeignet ist, zeigt Abb. 118. Das Magnetsystem sowie die festen Schaltstücke für die Haupt- und Hilfskontakte und der Schaltstückträger mit den beweglichen Schaltstücken sind in einem Sockel untergebracht. Als Kontaktmaterial werden Silber und Silberlegierungen verwendet; als Hilfskontakte stehen meist 2 Öffner und 2 Schließer zur Verfügung. Die Hauptstrombahnen werden durch Lichtbogenkammern

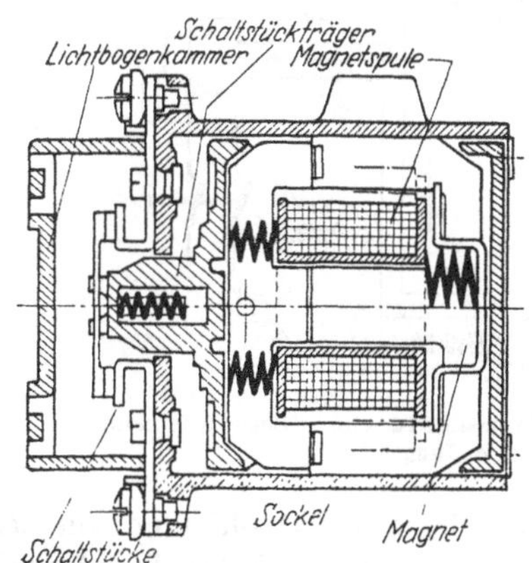

Abb. 118. Luftschütz (Bauart SSW)

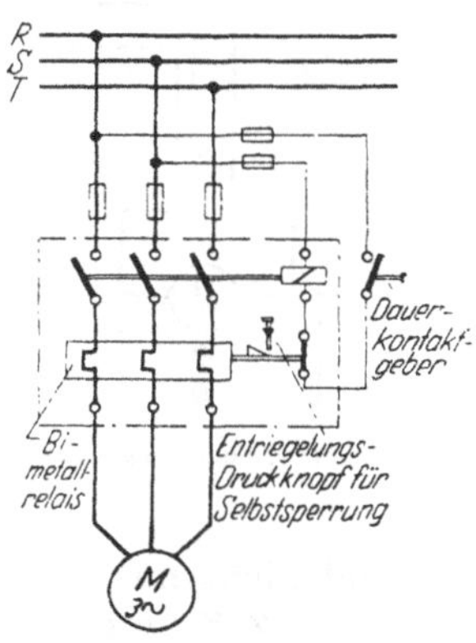

Abb. 119. Schaltung eines Drehstrommotors durch ein Luftschütz

aus Keramik abgedeckt; für Gleichstromschütze ist eine magnetische Blasung vorgesehen. Die beweglichen Schaltstücke unterbrechen beim Schalten den Strom in jedem Strompfad zweimal – Brückenanordnung der Kontakte. Diese Doppelunterbrechung hält den beim Schaltvorgang entstehenden Lichtbogen klein und bewirkt, daß auch der Abbrand an den Schaltstücken gering bleibt. Normalerweise hält ein Schaltstücksatz mehrere Millionen Schaltspiele aus, ehe er ausgewechselt werden muß. Wichtig ist es zur Herabsetzung des Abbrandes der Kontakte, daß die Kontakte prellfrei einschalten – Prelldauer kleiner als 1 msek.

Schütze lassen sich mit einem Überstromschutz (Bimetallauslöser) für das Schalten von Motoren kombinieren. Der Kurzschlußschutz wird meist von Sicherungen übernommen. Abb. 119 zeigt das Schaltbild für einen durch ein Schütz geschalteten Drehstrommotor. Die Selbstsperrung soll nach dem Ansprechen des Überstromschutzes ein selbsttätiges Wiedereinschalten des Motors verhindern (Pumpen des Schützes).

Im Zuge der *Automatisierung* des Schiffsbetriebes gewinnen *Schützensteuerungen* in zunehmendem Maße an Bedeutung. Als Beispiel für eine Schützensteuerung ist in Abb. 120 die Schaltung eines dreistufigen

Schützen-Selbstanlassers für einen Gleichstrommotor aufgezeichnet. Es sind 3 Widerstandsstufen und demgemäß 3 Stufenschütze sowie 1 Netzschütz vorgesehen. Die Anzahl der Stufen und die Größe der Wider-

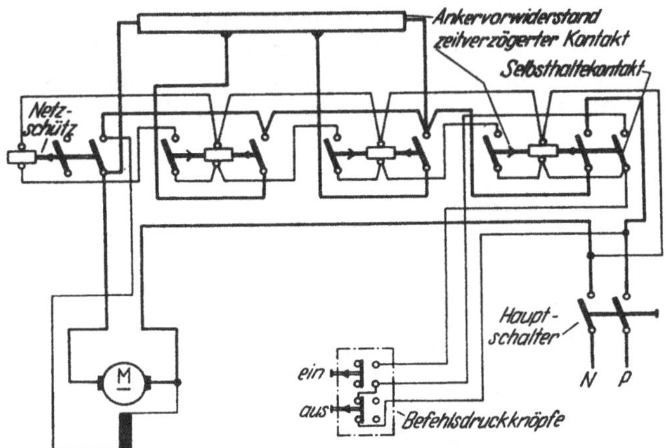

Abb. 120. Schaltung eines Schützen-Selbstanlassers für einen Gleichstrommotor (Bauart Metzenauer & Jung)

stände sind nicht nur von der Leistung des Motors abhängig, sondern auch von der Zeit, in der die Maschine hochläuft. Wird der Hauptschal-

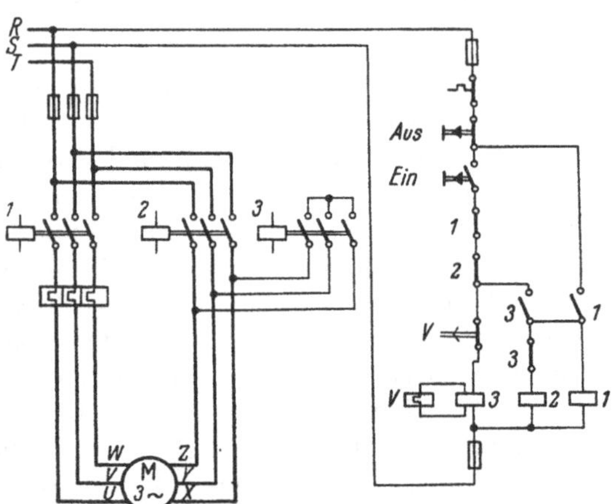

Abb. 121. Schaltung eines selbsttätigen Luftschütz-Sterndreieckschalters für einen Drehstrommotor (Bauart SSW)

ter des Motors eingelegt, so liegen zunächst sämtliche Stufen des Anlaßwiderstandes vor dem Anker. Mit Ausnahme des Netzschützes sind alle Schütze mit Zeitgliedern versehen, die das Schaltkommando nach festgelegten, einstellbaren Zeiten an das nächste Schütz weitergeben. Die Geräte können mit einer zusätzlichen, mechanischen Hand-Einschaltvorrichtung gebaut werden, die im Falle von Störungen die stufenweise Einschaltung des Anlassers auf mechanischem Wege von Hand ermöglicht.

Zum Schalten von Drehstrommotoren großer Leistung werden gelegentlich Schütz-Stern-Dreieck-Anlasser[1], deren Schaltung Abb. 121 zeigt, verwendet. Nach der Betätigung des Einschaltdruckknopfes zieht zunächst das Sternschütz *3*, dann das Netzschütz *1* und schließlich nach Ablauf eines Zeitgliedes, das Dreieckschütz *2* an. Das Ausschalten geschieht über den Ausschaltdruckknopf durch Auftrennung des Selbsthaltekreises am Netzschütz. – Durch Anordnung des Netzschützes *hinter* dem Abzweigpunkt zum Dreieckschütz wird erreicht, daß das Netzschütz nur für den $\frac{1}{\sqrt{3}}$fachen Nennstrom des Motors ausgelegt zu werden braucht.

In Bordnetzen ist es besonders erwünscht, ein Abfallen der Schütze bei kurzzeitigen Spannungsabsenkungen zu verhindern. Man kann dazu in Drehstromnetzen die Schützspulen über Gleichrichter erregen. Dann wird der Abbau des Magnetfeldes verzögert.

2. Meßgeräte[2]

Da die ordnungsgemäße Überwachung der elektrischen Anlagen eine wesentliche Voraussetzung für den ungestörten Betrieb ist, wird von den Klassifikationsgesellschaften für den allgemeinen Bordnetzbetrieb eine Mindestbestückung mit Meßgeräten vorgeschrieben. Für *Drehstrom*generatoren sind je 3 Strom- und Spannungsmesser oder jeweils *ein* Gerät mit Umschaltmöglichkeit auf die 3 Leiter vorzusehen. Dazu kommt ein Frequenzmesser für *größere* Generatoren oder bei *parallel* arbeitenden Maschinen ein Wirkleistungsmesser. Der Einbau eines Erregerstrommessers ist zweckmäßig, doch nicht allzu gebräuchlich. Zum Parallelschalten der Generatoren sind Synchronoskop, Synchronisierlampen oder Synchronisier-Anzeigeeinrichtungen üblich[3]. Für *Gleichstrom*generatoren werden Strom- und Spannungsmesser gebraucht; GL schreibt die Verwendung von Drehspulgeräten vor. – Die von den Schalttafeln abgehenden Stromkreise mit großem Stromverbrauch erhalten zur Überwachung der Stromverteilung meist einen oder mehrere in jeden Stromkreis zu schaltende Strommesser. An *einen* Meßgeräteumschalter sollen nicht mehr als 12 Stromkreise gelegt werden.

Die Meßgeräte sollen nach GL mindestens der Klasse 1,5 entsprechen. Der für Landanlagen übliche Neigungswert von $\pm 5°$ muß für Bordgeräte

[1] Vgl. Grundlagen elektrischer Antriebstechnik, S. 187.
[2] VDE 0410/10.59 „Regeln für elektrische Meßgeräte“.
[3] Vgl. Parallelbetrieb von Drehstromgeneratoren, S. 69.

wesentlich erweitert werden. Bei extremen Neigungswerten kann zwar der Anzeigefehler steigen, jedoch darf das Gerät keinen Schaden erleiden. – Auch hinsichtlich des Rütteleinflusses muß das Meßgerät auf Schiffen höheren Beanspruchungen als an Land gewachsen sein – ohne wesentliche Beeinträchtigung der Meßgenauigkeit. – Die vom Seegang herrührenden periodischen Bewegungen um die Schiffslängs- und -querachse dürfen die Geräte in ihrer Genauigkeit ebenfalls nicht beeinflussen.– Alle diese Beanspruchungen stellen an die Lagerung der drehbaren Teile hohe Anforderungen. Die *Spitzen*lagerung wird deswegen oft durch eine *Spannband*lagerung ersetzt – auch bei Meßwerken mit horizontaler Achslage. Das bewegliche Meßorgan – Drehspule oder Dreheisen – hängt hierbei nach Abb. 122 reibungslos an metallischen Torsionsbändern, die an Spannfedern festgelötet sind. „Abfänger" sichern den beweglichen Teil gegen Stöße in radialer und axialer Richtung. – Auch der *Befestigung* der *Geräte* in den Schalttafeln muß mit Rücksicht auf die Erschütterungen im Schiff besondere Beachtung geschenkt werden. In besonders ungünstigen Fällen kann eine Befestigung der Meßgeräte mit Schwingmetallabfederung vorgesehen werden, wenn nicht die gesamte Schalttafel auf Schwingmetallpuffer gesetzt wird. Die Befestigung soll dabei so gestaltet werden, daß die Geräte von der Vorderfront der Schalttafel aus ein- und ausgebaut werden können.

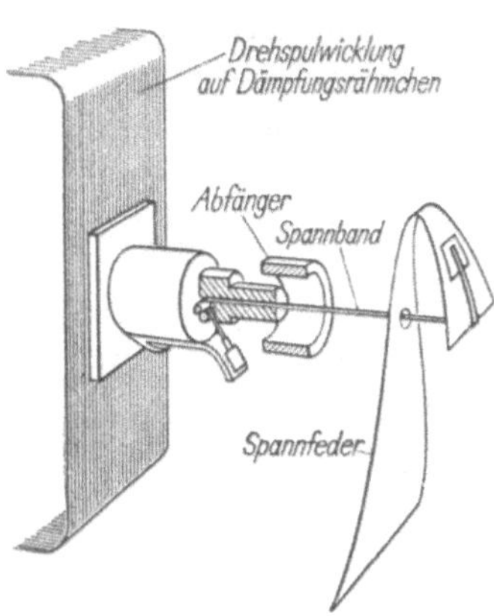

Abb. 122. Spannbandlagerung bei einem Drehspulgerät; (Bauart S & H) (nach SCHUH [75])

Eine häufiger diskutierte Frage, ob es zweckmäßig ist, den Verbrauch elektrischer Energie an Bord durch Zähler zu erfassen – gegebenenfalls auch nur für bestimmte Verbrauchergruppen – ist bisher von der Praxis im wesentlichen negativ entschieden worden. Beim Einbau von Zählern, die nach dem Ferraris-Prinzip arbeiten, ist der Schräglageneinfluß – Kreiselwirkung – hinsichtlich der Zuverlässigkeit der Anzeige besonders zu beachten.

Neben Erschütterungen und dem Seegang ist auf Schiffen der *Temperatureinfluß* der Umgebung auf die elektrischen Messungen zu berücksichtigen. Dies trifft vor allem für Messungen zu, bei denen die gemessene physikalische Größe in einen elektrischen Widerstandswert umgeformt wird. Meßleitungen, die z.B. den veränderlichen Temperaturen in den Laderäumen unterworfen sind, ermöglichen keine genauen Messungen. Wenn es – wie bei der Fruchtfahrt – darauf ankommt, Temperaturen besonders genau einzuhalten, werden Kompensationsmeßeinrichtungen eingesetzt. Derartige Meßverfahren und -geräte finden auch in den Maschinenräumen Verwendung. Thermoelemente und Widerstandsthermometer erfassen dort die Temperatur an Kesseln und Turbinen, elektrische Gasanalysegeräte bestimmen den CO_2- oder auch den O_2-Gehalt des Rauchgases. Elektrometrische Meßfühler – Leitfähigkeitsgeber, pH-Meßgeber – sind zum Überwachen des Kesselspeisewassers eingesetzt. Elektrische Höhenstands- und Durchflußmesser, Volumenzähler für den Heizöl- oder Treibölverbrauch, elektrische Kraftmeßdosen zum Messen mechanischer Beanspruchungen sind weitere Anwendungsgebiete der elektrischen Meßtechnik an Bord[1].

3. Netzgestaltung

a) Wahlschaltung

Bei der Schaltung der Bordnetze wurde lange Zeit mit Vorzug die „*Wahlschaltung*" angewendet. Die Generatoren werden dabei nicht parallel geschaltet, sondern jeder Generator arbeitet auf eine ihm zugeordnete Sammelschiene. Die Verbraucher sind in Hauptverbrauchergruppen aufgeteilt, die mittels Umschalter, Maschinenwähler genannt, wahlweise auf jede der Sammelschienen geschaltet werden können. Zwischen den Gruppen sind meist noch Querschaltungen möglich. Abb. 123 zeigt in stark vereinfachter Darstellung das Schaltbild des TS „Vater-

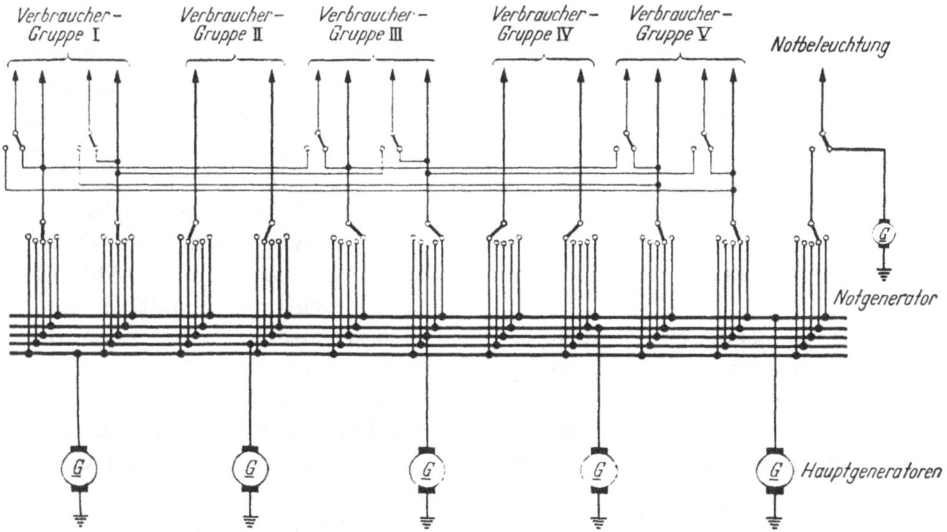

Abb. 123. Wahlschaltung bei einer Gleichstromanlage, Grundschaltplan des TS „Vaterland"

[1] Vgl. Teil III, Meß- und Anzeigeeinrichtungen, Befehls- und Meldeanlagen.

land". Hier arbeiten 5 Hauptgeneratoren auf ein Fünf-Sammelschienen-System. Der Notgenerator kann auf jede der Sammelschienen geschaltet werden. Bei dieser Anordnung ist es im allgemeinen nur schwer möglich, die einzelnen Generatoren voll auszulasten bzw. die nötige Generatorleistung in Reserve zu halten. Deshalb bestehen Querschaltmöglichkeiten zwischen den Verbrauchergruppen I, III und V.

Ein Vorzug der Wahlschaltung ist es, daß die Kurzschlußleistungen begrenzt sind und daß jede Störung auf *die* Sammelschienengruppe – Generator und Verbraucher – beschränkt bleibt, in der sie auftritt. Allerdings besteht die Gefahr, daß sich gerade bei der gestörten Gruppe jene Verbraucher befinden, die für den Schiffsbetrieb lebenswichtig sind, z. B. die Ruderanlage, die Beleuchtung usw. Die Wahlschaltung wurde deswegen verlassen und durch die Parallelschaltung der Generatoren ersetzt.

Die anfänglichen Schwierigkeiten im Parallelbetrieb von Gleichstrommaschinen waren wohl der wichtigste Grund, die Wahlschaltung anzuwenden. Der gleiche Vorgang wiederholte sich zunächst bei der Einführung des Drehstroms an Bord. Hier lag der Anlaß allerdings nicht in den Schwierigkeiten des Parallel*betriebes*, sondern in den dem Bordpersonal fremden Maßnahmen beim Parallel*schalten* der Generatoren. Besonders für kleine Schiffe mit Drehstromanlagen, die ohne Bordelektriker fahren, sind ähnliche Schaltungen deswegen schon des öfteren benutzt worden. Abb. 124 zeigt das Schaltbild einer Anlage, bei der ein Parallelbetrieb dadurch vermieden ist, daß jedem der beiden Generatoren eine eigene Sammelschiene mit *einer* Hälfte der Verbraucher fest zugeordnet wird. Diese beiden Sammelschienen werden durch einen Kuppelschalter selbsttätig gekuppelt, sobald ein Generator abgeschaltet wird, so daß dann sämtliche Verbraucher von *einem* Generator versorgt werden; sie werden getrennt, wenn *beide* Generatoren eingeschaltet sind. Diese Anordnung erfordert eine sorgfältige Aufteilung der Verbraucher, damit bei vollem Betrieb beide Generatoren gleichmäßig belastet werden.

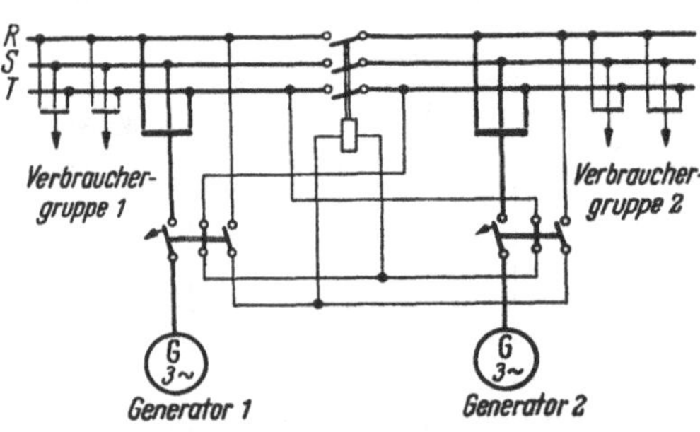

Abb. 124. Schaltung des Drehstrom-Bordnetzes auf kleinen Schiffen

b) Sicherheitsschaltungen

Wenn die Generatoren *parallel* arbeiten, wird bei Seeschiffen in den meisten Fällen auf der Verbraucherseite eine Aufteilung in Gruppen nach Maßgabe der Wichtigkeit vorgenommen, um bei Überlastung der Generatoren weniger wichtige Verbraucher zeitlich gestaffelt abschalten zu können. Dieses Prinzip ist zum ersten Male von CARL MEYER entwickelt und unter dem Namen „Meyer-Sicherheitsschaltung“ bekanntgeworden.

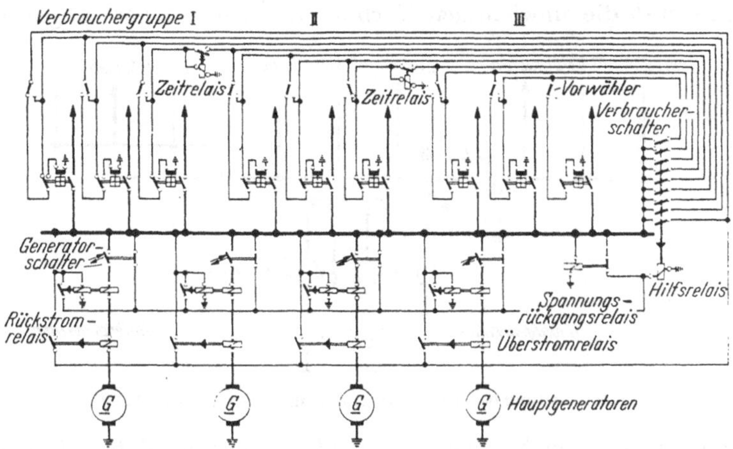

Abb. 125. Meyer-Sicherheitsschaltung, Grundschaltplan des TS „Europa“

Abb. 125 zeigt als Beispiel in vereinfachter Darstellung die Schaltung des TS „Europa“. Vier Generatoren arbeiten über Überstrom- und Rückstromrelais auf eine *gemeinsame* Sammelschiene. Die Verbraucher sind in 3 Hauptgruppen und diese wiederum in je 3 Untergruppen aufgeteilt. Beim Ansprechen der Überstromrelais durch Überlast wird der Schaltbefehl zunächst an die erste Untergruppe der Verbrauchergruppe I gegeben. Nach Abschalten dieser Gruppe geht der Schaltbefehl unverzögert über einen Abhängigkeitskontakt am Gruppenschalter an die *Unter*gruppe 2 und dann an die *Unter*gruppe 3 weiter, an die nächste *Haupt*verbrauchergruppe jedoch erst nach Ablauf einer durch ein Zeitrelais gegebenen Verzögerung. Voraussetzung für das Abschalten einer bestimmten Gruppe ist, daß ein als *Vorwähler* bezeichneter Schalter so gestellt ist, daß der Schaltbefehl durchgeht. Mit Hilfe dieses Vorwählers ist es also möglich, bestimmte Verbrauchergruppen aus der Schaltfolge auszuschließen und in Betrieb zu halten. Genügt die Abschaltung der ersten Gruppe, um die Generatoren auf ihren Nennstrom zu entlasten, so ist die Zwangsläufigkeit der Schalthandlungen beendet. – Bei Spannungsrückgang oder Auftreten von Rückstrom wird der Schaltbefehl unverzögert an *alle* Haupt- und Untergruppen über ein Hilfsrelais geleitet; aber auch hier ist er bei den durch die Vorwähler vorher bestimmten Gruppen nicht wirksam. *Diese* recht komplizierte Sicherheitsschaltung wird nicht mehr angewendet.

Heute hat sich eine vereinfachte Sicherheitsschaltung weitgehend durchgesetzt, deren Prinzip Abb. 126 zeigt. Hier unterteilt man die Verbraucher *nur* in *zwei Gruppen*: Die „wichtigen" und die „unwichtigen". Beim Ansprechen der Überstromauslöser werden über den Kuppelschalter zunächst die unwichtigen Verbraucher zeitverzögert abgeschaltet,

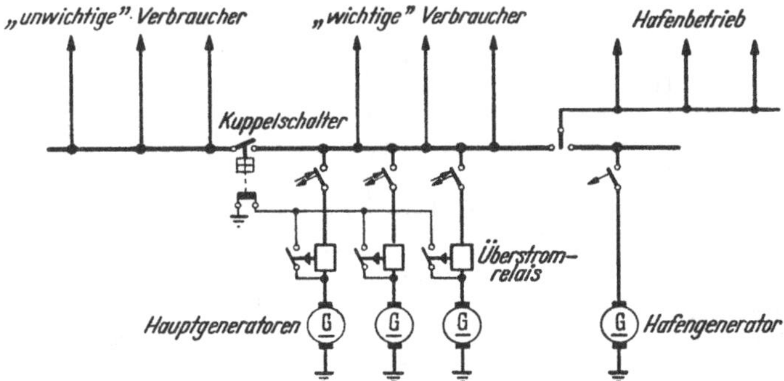

Abb. 126. Sicherheitsschaltung bei einer Gleichstromanlage, Grundschaltplan des MS „Ruhrort"

und nur wenn dies nicht genügt, um die Generatoren auf ihren Nennstrom zu entlasten, werden die Generatoren durch ihre Selbstschalter von der Sammelschiene abgetrennt, womit auch die wichtigen Verbraucher stromlos werden. Das Grundsätzliche ist also: die Auslöseorgane wirken zunächst nicht auf die Generator-, sondern auf den Kuppelschalter, und

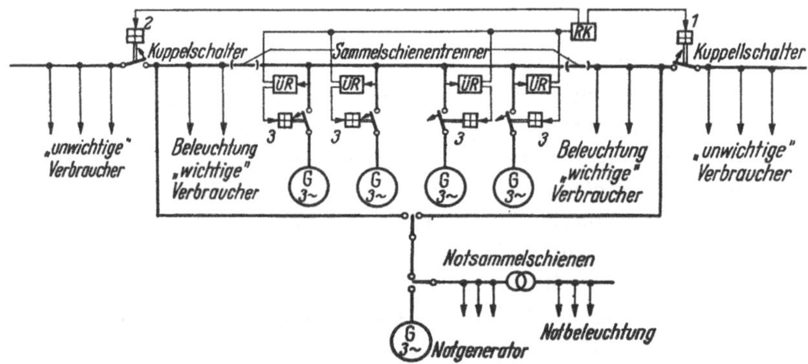

Abb. 127. Sicherheitsschaltung bei einer Drehstromanlage

nur, wenn von der Verbraucherseite her keine genügende Entlastungsmöglichkeit für die Generatoren besteht, werden diese abgeschaltet.

Abb. 127 zeigt die Schaltung für ein Schiff mit Drehstrom-Bordnetz, bei der das Prinzip der Sicherheitsschaltung ebenfalls angewendet wurde. Vier Generatoren arbeiten auf eine gemeinsame Sammelschiene, die durch Trennlaschen oder Trennschalter aufgetrennt werden kann und an die

die „wichtigen" Verbraucher angeschlossen sind. Die „unwichtigen" Verbraucher können über die Kuppelschalter *1* bzw. *2* abgetrennt werden, wenn die Überstromrelais *ÜR* ansprechen. Über *RK* ist eine Zeitverzögerung eingefügt. Der Notgenerator kann wahlweise auf eine der beiden Sammelschienenhälften einspeisen.

Als wichtige Verbraucher gelten solche, deren Betrieb im Interesse der Sicherheit der Schiffsführung, der Passagiere und Besatzung, der maschinellen Einrichtungen und der Ladung so lange wie möglich aufrechterhalten werden soll. Hierbei gibt es Grenzfälle, wonach man einzelne Verbraucher je nach dem Verwendungszweck des Schiffes, dem Aufbau der Anlage, der zur Verfügung stehenden Generatorleistung usw. zu den unwichtigen *oder* den wichtigen gruppieren wird. Die nachfolgend aufgeführten Verbraucher[1] werden jedoch stets zu den wichtigen gezählt:

Beleuchtungsanlage einschließlich Positionslaternen.

Ruderanlage.

FT-Anlage.

Schottenschließvorrichtung (bei Fahrgastschiffen).

BuM-Anlagen, wie Maschinentelegraf, Ruderlagenanzeiger, Feuermeldeeinrichtungen u.ä.

Schmieröl- und Kühlwasserpumpen (Frischwasser- und Seewasserpumpen) und eventuell die Treibölzubringerpumpe bei einem *Motor*schiff.

Schmieröl-, Kühlwasser-, Kondensat- und Heizölpumpen bei einem *Dampf*schiff, gegebenenfalls auch die Kesselspeisepumpe, falls diese elektrischen Antrieb hat.

c) Landanschluß

Während der Liegezeit von Schiffen im Hafen wird oft die schiffseigene Zentrale stillgesetzt und die Stromversorgung über ein bewegliches Kabel von Land vorgenommen. Hierzu wird meist an Deck oder im Maschinenschacht ein Anschlußkasten angebracht, in den das von Land kommende Kabel eingeführt wird. Von diesem Kasten wird eine feste Verbindung zu den Sammelschienen in der Hauptschalttafel verlegt. Nach den Vorschriften der Klassifikationsgesellschaften müssen zwischen dem Anschlußkasten und der Hauptschalttafel Sicherungen und ein Trennschalter oder ein Selbstschalter angeordnet werden. Außer einer Spannungsanzeige müssen bei Drehstromanlagen ein Drehfeldrichtungsanzeiger, bei Gleichstromanlagen eine Polaritätsanzeige vorgesehen werden.

Während bei Gleichstromanlagen nur sichergestellt werden muß, daß Bordnetz- und Landspannung übereinstimmen, ist bei Drehstromanlagen auch die Frequenz zu beachten. In der amerikanischen *Land*technik wird ein Drehstromsystem von 440 V mit einer Frequenz von 60 Hz und in der europäischen *Land*technik 380 V mit 50 Hz angewendet[2]. Ein an ein Netz mit 60 Hz angeschlossener Drehstrommotor wird um etwa 20% schneller

[1] Vgl. Leistung – Energiebilanz, S. 13

[2] Vgl. Spannungen und Frequenzen, S. 11.

laufen als bei Betrieb mit 50 Hz. Er wird dann unter Umständen eine wesentlich höhere Leistung aufnehmen, also überlastet. Umgekehrt werden die Hilfsmaschinen bei einer für 60 Hz gebauten Anlage weniger leisten, wenn sie an ein Netz mit 50 Hz angeschlossen sind. Hinsichtlich des von den Motoren aufgenommenen Magnetisierungsstromes ergeben sich keine Schwierigkeiten, da sich bei den beiden Systemen Spannung und Frequenz verhältnisgleich verändern; seine Größe ändert sich infolgedessen praktisch nur wenig. – Beleuchtungsanlagen mit Glühlampen müssen im Drehstromnetz bei Einspeisung mit einer abweichenden Spannung über einen Transformator angeschlossen werden. Der Frequenzunterschied spielt hier keine Rolle. Um Spannungspotentiale zwischen dem Schiffskörper und der Landerde zu vermeiden, die im Trockendock zur Gefährdung von Menschen, im Wasser zu Fehlerströmen zwischen Schiffskörper und Landerde führen können, sollte der Schiffskörper durch einen gesonderten Leiter stets gut leitend mit der Landerde verbunden werden.

d) Selektivität

Es ist bei hintereinander angeordneten Selbstschaltern[1] und Sicherungen für Generatoren und Verbraucher sicherzustellen, daß eine Störung an *einem* der Verbraucher nicht zur Auslösung der *übergeordneten* Schalter führt: die Anlage muß *selektiv* gestaffelt sein.

Die in einem Gleichstromnetz bei einem Kurzschluß auftretenden Verhältnisse lassen sich in einem Netzersatzbild nach Abb. 128 veranschaulichen. In diesem sind die Generatoren zu einer Einheit und die Verbraucher – unterteilt nach motorischer und ohmscher Belastung – zu 2 Ersatzlasten zusammengezogen. Lediglich der gestörte Motor ist gesondert eingezeichnet. Die Abb. 128a zeigt den Betriebszustand des Netzes vor dem Kurzschluß. Der Generatorstrom I teilt sich in die Teilströme I_1 bis I_3 auf. Beim Eintreten eines Kurzschlusses an der in Abb. 128b mit ⚡ bezeichneten Stelle bricht die Spannung an der Sammelschiene zusammen. Der Strom I_1 sinkt ab, da nur noch die Restspannung für die Belastung der ohmschen Verbraucher maßgebend ist. Der Strom I_2 kehrt seine Richtung um, da die Motoren jetzt generatorisch in den Kurzschluß speisen können. Die notwendige Energie entnehmen sie dazu ihren Schwungmassen und dem der angetriebenen Hilfsmaschinen. Mit abnehmender Drehzahl sinkt dann auch ihre Erregung, so daß die Rückspeisung – meist sehr schnell – aufhört. Die Motoren werden auf die der Restspannung entsprechende Drehzahl abgebremst. Nach dem Herausschalten des Kurzschlusses durch Auslösen des Schalters im rechten Abzweig gemäß Abb. 128c kehrt die Sammelschienenspan-

[1] Als Sammelbegriff für Leistungsschalter, Motorschutzschalter und Leitungsschutzschalter.

nung wieder. Durch das gleichzeitige Wiederanlaufen der Motoren steigt die Belastung der Generatoren zunächst noch einmal an; sie stellt sich dann auf den Dauerzustand entsprechend den Strömen I_1 und I_2 ein. – Der Stromverlauf während der Störung und des Wiedereinschwingens der Netzes auf den neuen Betriebszustand ist für die Beurteilung der Selektivverhältnisse sehr wichtig.

In Abb. 129 sind die Auslösekennlinien für Selbstschalter und Sicherungen als die Grundelemente einer selektiven Staffelung zusammengestellt. Diese Kennlinien stellen den Zusammenhang zwischen Belastungsstrom und Ausschaltverzug bei Selbstschaltern bzw. Schmelzzeit bei Sicherungen dar, wobei die Lichtbogendauer bzw. Löschzeit nicht eingeschlossen ist; die sich unter deren Einschluß ergebenden Gesamtausschaltzeiten müssen bei genauen Selektivitätsuntersuchungen beachtet werden. – Auch darf ein Schalter, der in der selektiven Staffelung mit Sicherheit nicht auslösen soll, nur bis zu einem Sperrstrom belastet werden, um zu vermeiden, daß noch nach Beseitigung der Störung eine Auslösung eintritt.

Folgende besonders wichtige Selektivitätsbedingungen lassen sich für ein Bordnetz aufstellen:

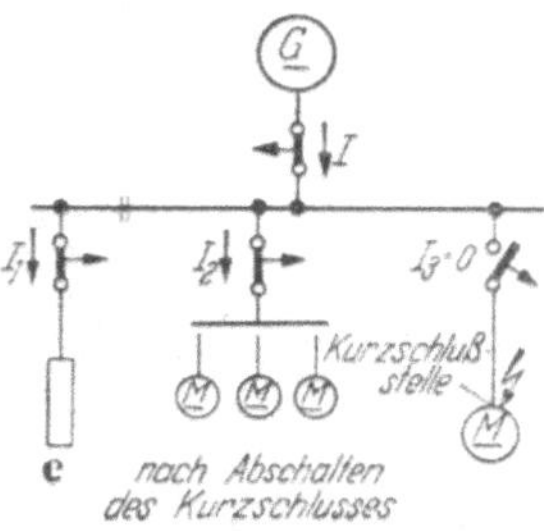

Abb. 128. Stromverhältnisse im Bordnetz bei einem Kurzschluß

Die Ansprechströme der Auslöser und die Auslösezeiten müssen so eingestellt sein, daß – vom *letzten* Verbraucher räumlich und zeitlich gesehen – der nächste Schalter stets bei einem *höheren* Wert auslöst. Die Schmelzzeit von Sicherungen, die hinter Selbstschaltern angeordnet sind, muß kleiner als die Sperrzeit des Selbstschalter, die dem Sperrstrom zugeordnet ist, sein. Die Gesamtausschaltzeit des Schalters, welcher die Abschaltung übernehmen soll, muß kleiner sein als die Sperrzeit des übergeordneten Schalters, der den Kurzschlußstrom zwar führen muß, aber nicht abschalten soll. Das gilt sinngemäß auch für hintereinander angeordnete Sicherungen.

Der Auslösestrom derjenigen Schalter, die nicht ansprechen sollen, muß höher liegen als der Belastungsstrom, der unmittelbar nach dem Herausschalten der Kurzschlußstelle fließen kann. Hier sind also auch die Ströme zu beachten, die beim Wiederanlaufen der Motoren auftreten können.

Sind Selbstschalter mit Unter- oder Nullspannungsauslösung versehen, so müssen diese eine Zeitverzögerung erhalten, damit sie nicht bei kurzzeitigem Zusammenbrechen der Spannung während eines Kurzschlusses im Netz auslösen.

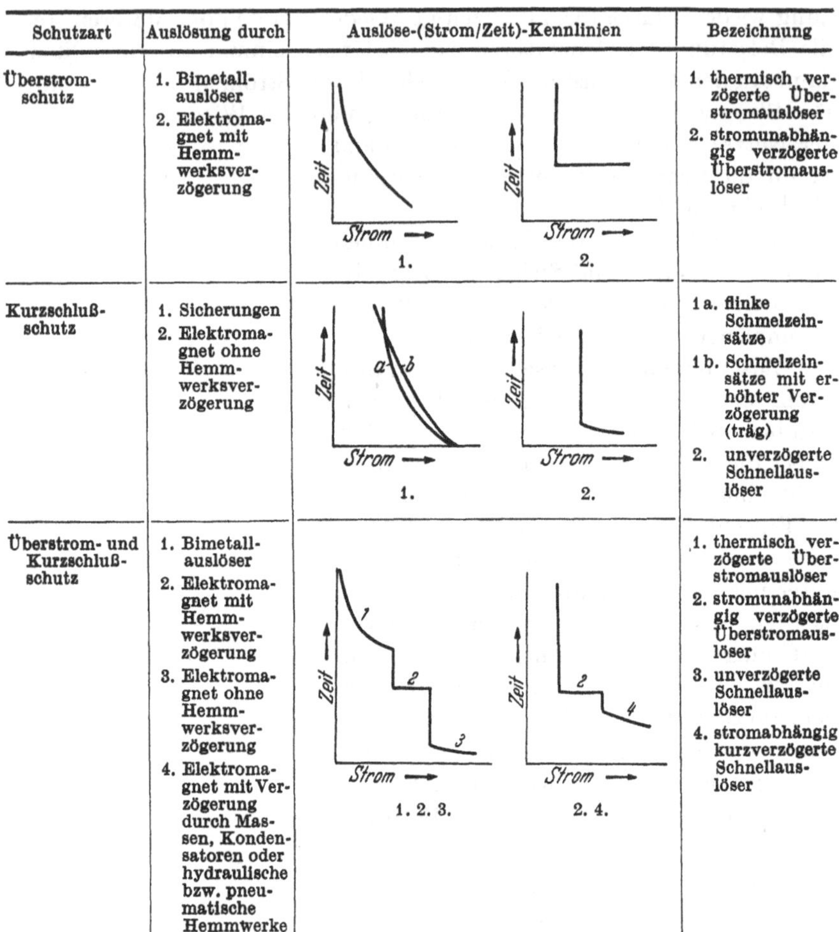

Schutzart	Auslösung durch	Auslöse-(Strom/Zeit)-Kennlinien	Bezeichnung
Überstromschutz	1. Bimetallauslöser 2. Elektromagnet mit Hemmwerksverzögerung	1. 2.	1. thermisch verzögerte Überstromauslöser 2. stromunabhängig verzögerte Überstromauslöser
Kurzschlußschutz	1. Sicherungen 2. Elektromagnet ohne Hemmwerksverzögerung	1. 2.	1 a. flinke Schmelzeinsätze 1 b. Schmelzeinsätze mit erhöhter Verzögerung (träg) 2. unverzögerte Schnellauslöser
Überstrom- und Kurzschlußschutz	1. Bimetallauslöser 2. Elektromagnet mit Hemmwerksverzögerung 3. Elektromagnet ohne Hemmwerksverzögerung 4. Elektromagnet mit Verzögerung durch Massen, Kondensatoren oder hydraulische bzw. pneumatische Hemmwerke	1. 2. 3. 2. 4.	1. thermisch verzögerte Überstromauslöser 2. stromunabhängig verzögerte Überstromauslöser 3. unverzögerte Schnellauslöser 4. stromabhängig kurzverzögerte Schnellauslöser

Abb. 129. Auslösekennlinien

Eine wichtige Frage bei der selektiven Gestaltung eines Bordnetzes ist das Kurzschlußverhalten der Generatoren und generatorisch arbeitenden Motoren. Bei einem fremderregten *Gleichstromgenerator* senkt sich der Kurzschlußstrom infolge der Ankerrückwirkung mit der Zeit ab. Reihenschluß- oder Kompensationswicklungen verringern die Ankerrückwirkung; bei derartigen Maschinen werden also die Kurzschlußströme über längere Zeit nur in geringerem Maße abklingen. Bei Gleichstrom-Nebenschluß*motoren* vermindert sich der Kurzschlußstrom mit dem Absinken der Energie der umlaufenden Massen von Motor und Arbeitsmaschine. – Bei *Drehstrom-Synchrongeneratoren*[1] tritt der *Stoß*kurzschlußstrom nur

[1] Vgl. Generatoren, elektrische Ausführung, S. 35.

im ersten Augenblick auf; mit dem Einsetzen der Ankerrückwirkung geht dieser in den *Dauer*kurzschlußstrom über.

Während bei eigen- oder fremderregten Synchrongeneratoren der Dauerkurzschlußstrom bei dreiphasigem Kurzschluß etwa 20% des Stoßkurzschlußstromes beträgt, liegen die Werte für den Dauerkurzschlußstrom der Konstantspannungsgeneratoren bei etwa 30–35% des Stoß-

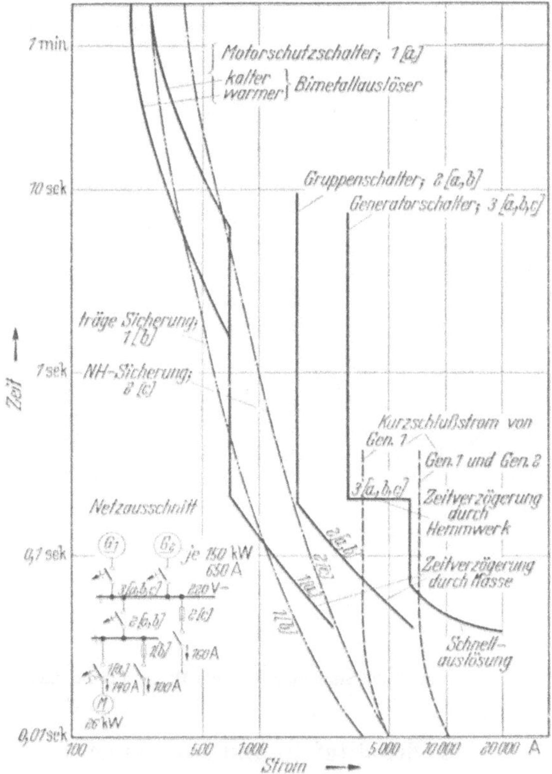

Abb. 130. Selektive Staffelung in einem Gleichstrom-Bordnetz

kurzschlußstromes. Dies ist im allgemeinen für die sichere selektive Staffelung der Auslöseorgane der den Generatorschaltern vorgeschalteten Gruppen- und Verbraucherschalter vorteilhaft. Es ist also die Ausführung des Generators für die Selektivitätsuntersuchung wichtig. – Drehstrom-Asynchron*motoren* gehen im Kurzschlußfall ebenfalls in den Generatorbetrieb über, ihre Felder klingen aber rasch ab.

In Abb. 130 ist ein einfaches Bordnetz mit Gleichstromversorgung und die zugehörige selektive Staffelung der verschiedenen Schalter und Siche-

rungen aufgezeichnet. Dazu sind auch die Kurzschlußströme der Generatoren angegeben. Abb. 131 zeigt die Verhältnisse bei einem Drehstrom-Bordnetz.

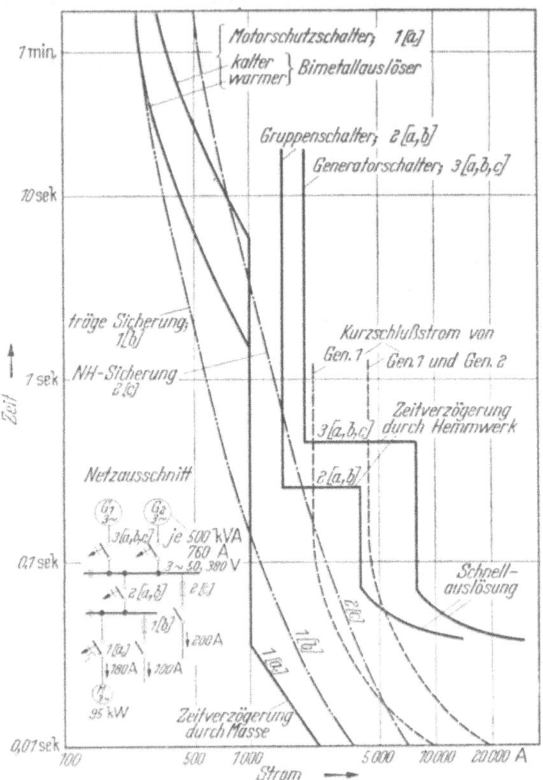

Abb. 131. Selektive Staffelung in einem Drehstrom-Bordnetz

4. Schalttafeln und Leitstände

a) Hauptschalttafeln

Die Hauptschalttafel stellt den Zentralpunkt der elektrischen Anlage dar. Eine Störung in der Tafel oder einzelner Teile bringt die Versorgung des Schiffes mit elektrischer Energie zum Erliegen und damit das Schiff in Gefahr. Die Hauptschalttafel soll möglichst querschiffs und in der Nähe der Generatoren – gleiche Feuerzone[1] – aufgestellt werden. Sind die Generatoren in mehreren Räumen untergebracht, so ist trotzdem nur *eine* Hauptschalttafel notwendig. Die Notschalttafel mit den Schaltgeräten für den Notgenerator und die von diesem gespeisten Ver-

[1] Schiffssicherheitsvertrag.

braucher *muß* dagegen oberhalb des Schottendecks und außerhalb des Maschinenschachtes angeordnet werden.

Nach den Vorschriften der Klassifikationsgesellschaften kann die Vorderfront der Schalttafeln aus Stahlblech, feuerfestem Isolierstoff oder Marmor bestehen. Auf der Vorderseite der Tafel sollen keine spannungführenden Teile vorgesehen werden, wenn die Spannung gegen den Schiffskörper 250 V bei Gleichstrom und 150 V bei Wechselstrom übersteigt[1]. Unter Spannung stehende Teile dürfen nicht tiefer als 250 mm über der Fußbodenhöhe angebracht werden. Hinter den Schalttafeln ist ein Kontrollgang anzuordnen, der durch 2 Türen abschließbar ist. Bei kurzen Schalttafellängen (etwa 4 m) kann die 2. Tür fortbleiben. Der Bau von Schiffsschalttafeln nach dem *offenen System* – spannungführende Teile auf der Vorderfront aus Marmor – ist kaum noch gebräuchlich. Die Stahlblechausführung („dead-front-type“) ist vielmehr allgemein üblich, und zwar sowohl aus Gründen der Bedienungssicherheit wie auch mit Rücksicht auf die zunehmende Größe der elektrischen Leistung an Bord.

Bei der im Schalttafelbau für Landanlagen üblichen *Stahlbinder*bauart handelt es sich um eine normalisierte Ausführung, die hinsichtlich des Aufbaues und der Konstruktion der Tafel, der Anordnung der Geräte, der Leitungsverlegung, der Montage, der Lagerhaltung usw., Vorteile bringt. Die einzelnen Teile der Tafel werden miteinander *verschraubt*, wodurch bei einer späteren Vergrößerung der Anlage gute Möglichkeiten zur Erweiterung gegeben sind. Im Schalttafelbau für Schiffe wird diese Ausführung seltener angewendet. Hier werden vornehmlich Konstruktionen benutzt, bei denen die Schalttafeln aus verschweißten *Profileisenrahmen* zusammengesetzt und vorderseitig mit Stahlblech verkleidet sind. Diese Ausführung ist steifer als die Stahlbindertafel.

Schiffsschalttafeln müssen sich in ihren Maßen stets den vorhandenen, meist sehr beschränkten Raumverhältnissen anpassen. Die anzustrebende Felderteilung mit normalisierten Maßen (600, 800, 1000 mm) läßt sich dabei nicht einheitlich durchführen. Sie muß vielmehr von Fall zu Fall gemäß dem zur Verfügung stehenden Raum und den betrieblichen Belangen festgelegt werden. Die meist engen Platzverhältnisse zwingen auch dazu, den innerhalb der Schalttafeln zur Verfügung stehenden Raum auf das äußerste auszunutzen. Dies hat zur Folge, daß die gesamte Vorderfront der Schalttafel mit wesentlich mehr Instrumenten und Geräten besetzt wird als bei der Landausführung. Auch können z. B. Schalterantriebe bis auf etwa 450 mm über Fußplattenhöhe angeordnet werden, was bei Landanlagen allgemein abgelehnt wird.

Zur Durchführung von Kontrollen, Wartungsarbeiten und gegebenenfalls auch Reparaturen müssen alle Geräte gut zugänglich angeordnet

[1] Schiffssicherheitsvertrag.

werden. Dies ist bei der offenen Schalttafel ohne weiteres möglich. Bei der Schalttafel mit Stahlblechfront können dazu die vorderen Abdeckplatten abgenommen werden. An Stelle der Abdeckplatten können auch mit Scharnieren versehene Klappen angebracht werden. Die Meßinstrumente werden häufig in derartige Klappen eingebaut. – Zur Erleichterung der Arbeiten, die während des Betriebes ausgeführt werden müssen, werden häufig Trennstellen in der Sammelschiene derart angeordnet, daß eine Hälfte der Hauptschalttafel oder mehrere Felder gemeinsam oder auch jedes einzelne Feld spannungslos gemacht werden können.

In neuerer Zeit führt sich in der Schalttafelkonstruktion die sog. *Blockbauweise* ein. Bei dieser werden – im besonderen auf den Feldern für die Verbraucher – die eingebauten Geräte in Kästen aus Stahlblech (Blöcke), die auf der Vorderseite durch Türen abschließbar sind, zusammengefaßt; die einzelnen Geräte bzw. die vollständigen Blöcke

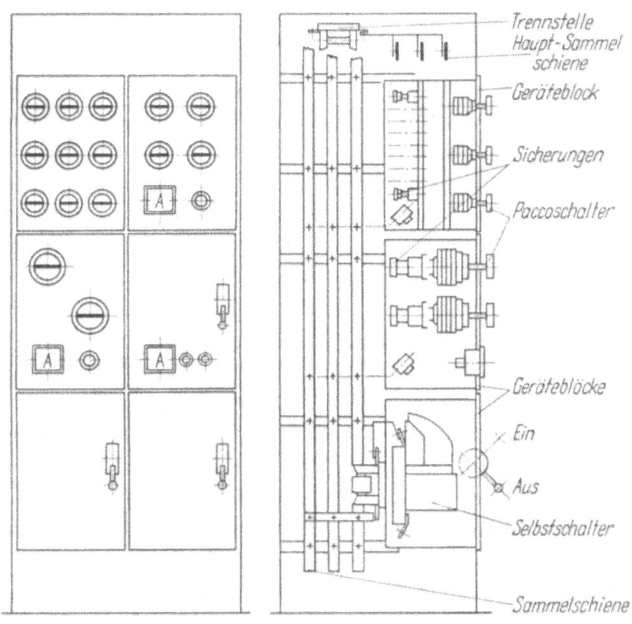

Abb. 132. Ansicht und Schnitt eines Verbraucherfeldes in Blockbauweise (Bauart SSW)

können nach Öffnen der jedem Feld zugeordneten Trennstellen und Lösen der Anschlüsse bei unter Spannung stehender Gesamtanlage, d.h. während des Betriebes von der Vorderseite der Schalttafel aus herausgenommen werden. Die Blöcke werden vor dem Einbau in das Schalttafelgerüst fertig montiert und verdrahtet. – Das in Abb. 132 im Schnitt gezeigte Schalttafelfeld enthält sechs in ihren Abmessungen gleiche

Geräteblöcke. In jedem sind die für die betreffenden Abgänge erforderlichen Schalter, Meßinstrumente, Meldeleuchten, Sicherungen usw. zusammengefaßt. Die Blöcke werden an die senkrechten Sammelschienen angeschlossen. Diese Schienen befinden sich im hinteren Teil in der Mitte des Feldes, – sie sind zum Schutz gegen Berührung mit einem isolierenden Mantel überzogen. – Diese Sammelschienen sind in jedem Feld über eine Trennstelle mit der Hauptsammelschiene verbunden. Während die einzelnen Geräte von der Vorderseite des Blocks zugängig sind, werden die Sicherungen meist so am Block angeordnet, daß sie von der Schalttafelrückseite aus besichtigt und ausgetauscht werden können. – Das Gerüst der Schalttafel ist *nicht* aus *Profileisen*, sondern aus abgekanteten und abgewinkelten Blechen zusammengebaut. Dadurch kann eine wesentliche Gewichtseinsparung erzielt werden.

Während in Landanlagen die sogenannte klassische Leitungsverlegung – „Leitung neben Leitung verschellt" – vorherrschend ist, werden die Leitungen im Schiffsschalttafelbau meist gebündelt oder in Kanälen aus Isolierstoff verlegt. Zur Erhöhung der mechanischen Festigkeit werden flexible Leitungen verwendet. Die Querschnitte sind nach den jeweiligen Bestimmungen der Klassifikationsgesellschaften festzulegen. Die Kabel können sowohl von unten als auch von oben in die Schalttafel eingeführt werden, während in Landanlagen die Kabel fast ausschließlich von unten kommen.

Um dem Bedienungspersonal bei bewegter See Halt und Schutz zu gewähren, werden an der Vorderseite der Tafel Handläufe und an der Rückseite Holzschutzleisten im Hand-, Knie- und Fußbereich angebracht. Hierdurch wird einmal vermieden, daß das Personal sich an Betätigungsorganen festhält; zum anderen wird ihm Schutz gegen Berührung mit spannungführenden Teilen gegeben. Vor und hinter die Tafeln werden isolierende Matten aus Gummi od. dgl. gelegt.

Bei einpoligen Gleichstrom-Schaltanlagen entfällt die Verlegung einer Sammelschiene für den negativen Pol. Sämtliche negativen Klemmen der Verbraucher werden gut leitend mit der Schalttafel und diese wiederum mit dem Schiffskörper verbunden. Um der Gefahr unvollkommener Schlüsse von der Schalttafel zum Schiffskörper wirkungsvoll zu begegnen, ist hier eine besonders sorgfältige Verbindung erforderlich. Bei mehrteiligen Schalttafeln muß zwischen den einzelnen Teilen ebenfalls eine gut leitende Verbindung angebracht sein.

In Abb. 133 ist das Schaltbild der Hauptschalttafel für ein Frachtschiff mit Drehstromanlage wiedergegeben. Die Anlage ist nach den Vorschriften des ABS gebaut. In Feld 3 und 4 sind die Steuer- und Meßgeräte, sowie die Schalt-, Synchronisier- und Schutzeinrichtungen für 2 Hauptgeneratoren, in Feld 5 für einen Hafengenerator untergebracht. In Feld 1 sind Schalt- und Meßgeräte für die „unwichtigen" und in

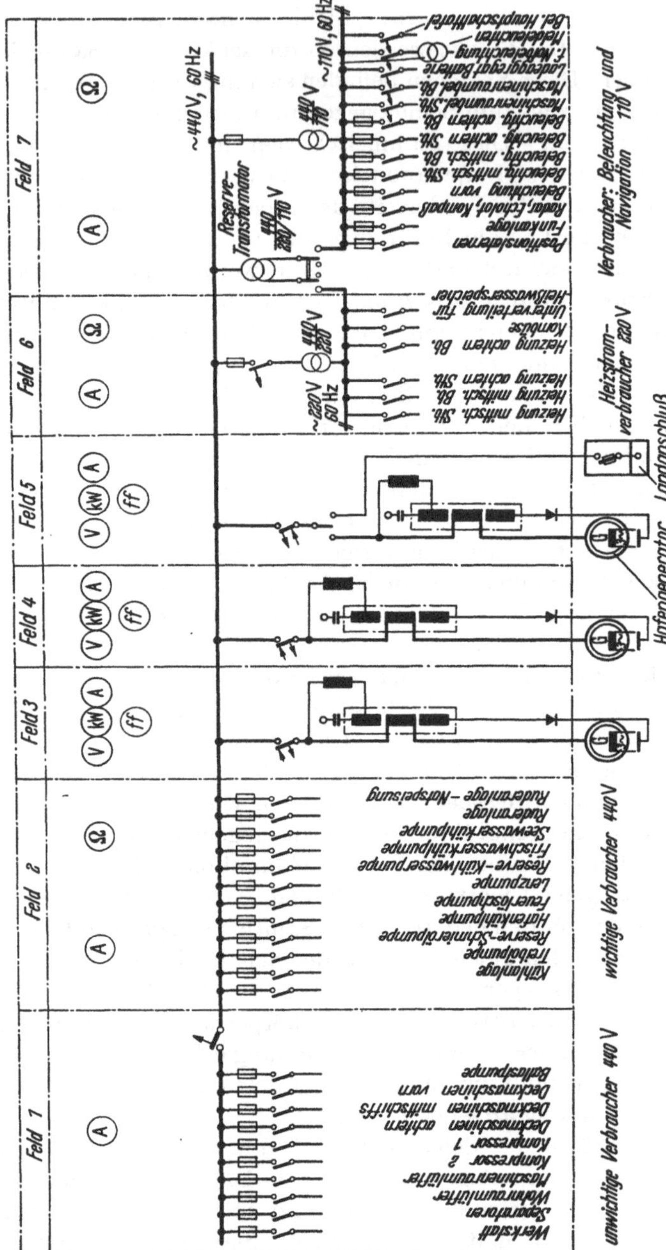

Abb. 133. Schaltplan für die Hauptschalttafel einer Drehstrom-Bordnetzanlage

Feld 2 für die „wichtigen“ Verbraucher eingebaut. Die Felder 6 und 7 enthalten Zwischentransformatoren und Schalter für den Anschluß der Heizkörper, Beleuchtungseinrichtungen und Navigationsgeräte. Die Stromkreise für die Verbraucher sind meist über Paketschalter, teilweise mit vorgeschalteten Sicherungen bzw. über Kleinselbstschalter abgezweigt.

Der grundsätzliche Aufbau eines *Generatorfeldes* bei einer Drehstrom-Schaltanlage ist aus Abb. 134c und d 123, 456 als Rückansicht und im

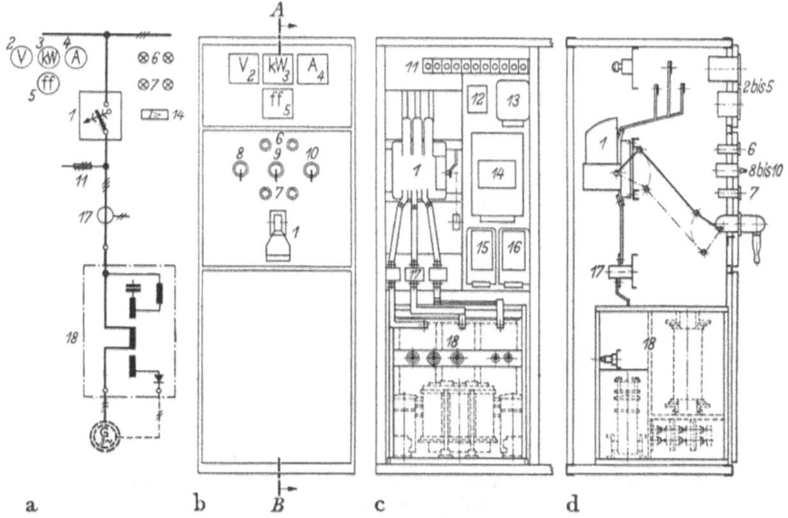

Abb. 134a–d. Aufbau eines Generatorfeldes für einen Drehstrom-Konstantspannungsgenerator (Bauart SSW)

a) Prinzipschaltbild; b) Frontansicht; c) Rückansicht; d) Schnitt A–B

1 Selbstschalter; *2* Spannungsmesser; *3* Leistungsmesser; *4* Strommesser; *5* Doppelfrequenzmesser; *6* Lampen der automatischen Synchronisieranzeige; *7* Meldeleuchten für Generatorschalter; *8* Spannungsmesserumschalter; *9* Drehzahlfernverstellung; *10* Strommesserumschalter; *11* Steuersicherungen; *12* Parallelschaltschütz für Erregung; *13* Synchronisieranzeigegerät; *14* Überstromzeitschutzgerät; *15* Rückleistungsschutz; *16* Verzögerungsgerät für den Spannungsrückgangsauslöser des Generatorschalters; *17* Stromwandler; *18* Konstantspannungsgerät

Schnitt zu ersehen. Die zugehörige Prinzipschaltung, die auch über die eingebauten Geräte Auskunft gibt, zeigt Abb. 134a. Neben den Selbstschaltern und den Meß-, Schutz- und Synchronisiergeräten sind vor allem die Transformatoren, Drosselspulen und Gleichrichter für die Erregung der Konstantspannungsgeneratoren in diesem Feld untergebracht. – Prinzipschaltbild und Schnittbild des *Verbraucher*feldes einer Drehstromanlage ist in Abb. 135a und b wiedergegeben. Die Gesamtansicht einer 5feldrigen Drehstromschalttafel, die nach diesen Gesichtspunkten aufgebaut ist, zeigt Abb. 136.

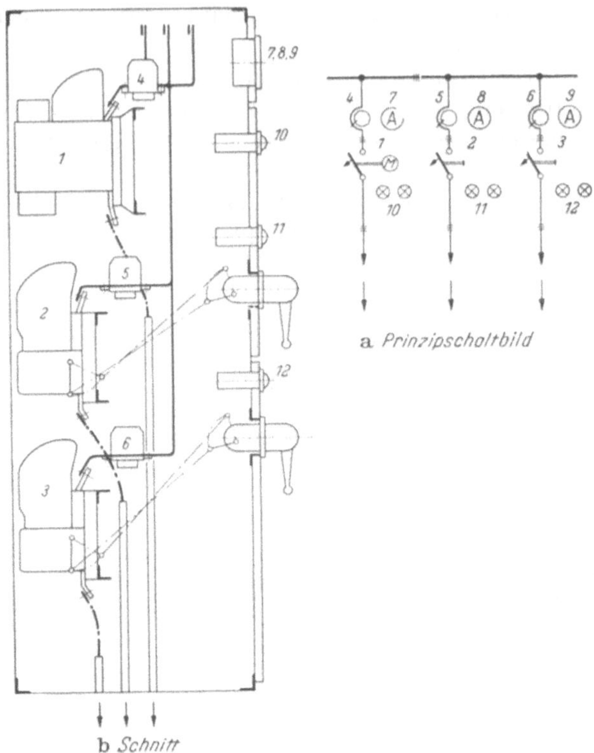

Abb. 135a u. b. Aufbau eines Verbraucherfeldes der Hauptschalttafel bei einer Drehstrom-Bordnetzanlage (Bauart SSW)

1 Selbstschalter mit Motorantrieb; *2, 3* Selbstschalter; *4, 5, 6* Stromwandler; *7, 8, 9* Strommesser; *10, 11, 12* Meldeleuchten

Abb. 136. Hauptschalttafel für ein Schiff mit einer Drehstrom-Bordnetzanlage (Bauart SSW)

Der grundsätzliche Aufbau eines Generatorfeldes in einer Gleichstrom-Schiffsschaltanlage sowie die Prinzipschaltung geht aus Abb. 137a und b hervor. Es handelt sich um eine zweipolig verlegte Anlage, die infolgedessen 2 Sammelschienen hat; eine 3. Schiene ist für die Ausgleichs-

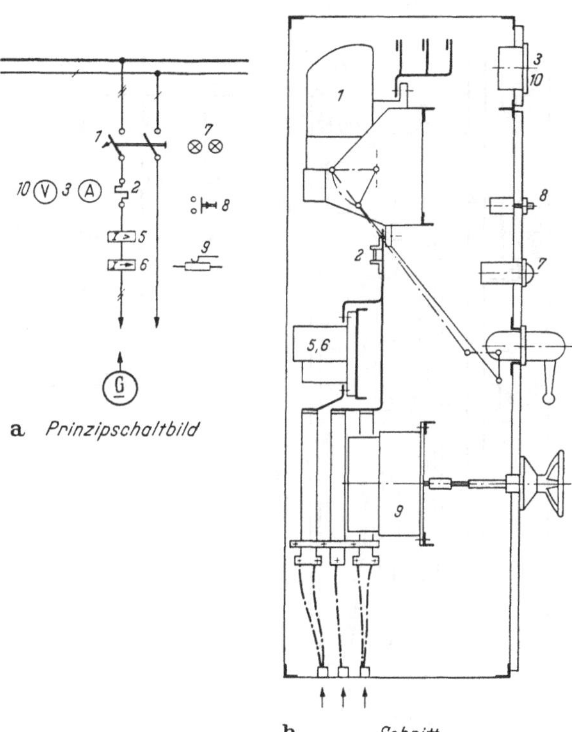

Abb. 137a u. b. Aufbau des Generatorfeldes der Hauptschalttafel bei einer Gleichstrom-Bordnetzanlage (Bauart SSW)
1 Selbstschalter; *2* Nebenwiderstand; *3* Strommesser; *5* Überstromrelais; *6* Rückstromrelais; *7* Meldeleuchten; *8* Umpoltaster; *9* Feldsteller; *10* Spannungsmesser

leitung vorgesehen. Der von der Vorderfront zu betätigende Feldsteller ist so eingebaut, daß die Kontaktplatte von der Rückseite aus gut zugänglich ist. – Bei dem in Abb. 138 wiedergegebenen Abzweigfeld einer Gleichstromanlage sind keine Selbst-, sondern Hebelschalter mit vorgeschalteten Sicherungen verwendet, wie es auch aus der Prinzipschaltung in Abb. 138a hervorgeht. Ein Strommesser kann mit Hilfe eines Meßgeräteumschalters in alle Stromkreise eingeschaltet werden.

b) Unterverteilungen

Es ist üblich, an den Verbrauchsschwerpunkten Unterverteilungen vorzusehen. Die Ausführungsformen sind den verschiedenen Zwecken angepaßt.

Im *Kammerbereich* werden in den Gängen die Unterverteilungen für die *Licht-* und *Heizstromkreise* meist in Wandschränken untergebracht. Hier können offene Gruppen verwendet werden, die eine leichte, raum-

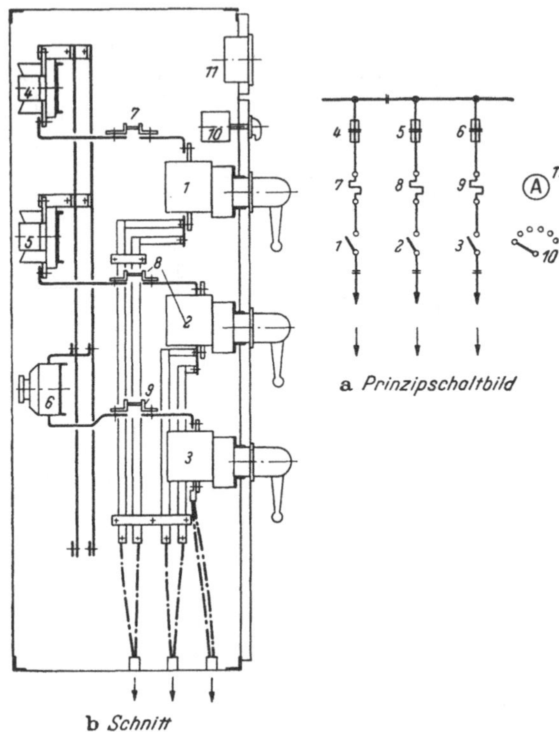

Abb. 138a u. b. Aufbau eines Verbraucherfeldes der Hauptschalttafel bei einer Gleichstrom-Bordnetzanlage (Bauart SSW)

1, 2, 3 Hebelausschalter; *4, 5, 6* Sicherungen; *7, 8, 9* Nebenwiderstände; *10* Strommesserumschalter; *11* Strommesser

sparende Ausführung ergeben. Bevorzugt werden Kleinselbstschalter eingebaut.

Für *größere Verbrauchergruppen* werden an Verbrauchsschwerpunkten in den Niedergängen oder im Maschinenraum stahlblechgekapselte Unterverteilungen nach Abb. 139 aufgestellt, in denen neben Paketschaltern, Kleinselbstschaltern und Sicherungen auch gegebenenfalls Meßgeräte angeordnet werden.

Häufig wird für derartige Unterverteilungen auch das in Landanlagen angewandte *Gußsystem* benutzt. Bei diesem werden nach Abb. 140 in den Maßen aufeinander abgestimmte Gußkästen, in welche Sicherungen, Sammelschienen, Schalt- und Meßgeräte u. dgl. eingebaut werden, zu Gruppen zusammengeschraubt. Auf Deck können diese Gußgruppen nur in den Deckshäusern, nicht im Freien angebracht werden.

Abb. 139. Stahlblechverteilung (Bauart SSW)
a Kleinselbstschalter für Verbraucherabgänge; *b* Sicherungen für Meldeleuchten und Steuerstromkreise; *c* Paketschalter für Verbraucherabgänge; *d* Einspeisungsumschalter; *e* Batteriehauptschalter

Für *Gruppen* von *4–6 Ladewinden* werden meist in den Deckshäusern Unterverteilungen aufgestellt; unmittelbar auf Deck angeordnete Ver-

Abb. 140. Wasserdichte Gußverteilung (Bauart SSW)

teilungen müssen überflutungssicher sein. Oft wird bei den Verteilungen für die vordere Ladeluke außer den Ladewinden auch die Ankerwinde, für die hintere Ladeluke auch das Heckverholspill angeschlossen.

Bei großen Drehstromanlagen, z. B. auf Passagierschiffen, können in den Schwerpunkten des Verbrauchs auch Transformatoren aufgestellt werden, zu denen die Energie von der Zentrale mit Hochspannung übertragen wird.

c) Schiffsleitstände

Die zur Führung von Seeschiffen auf der Schiffsbrücke notwendigen Befehls-, Überwachungs- und Meldegeräte[1] werden häufig in zentralen Leitständen zusammengefaßt. Für den in Abb. 141 wiedergegebenen

Abb. 141. Schiffsleitstand (Bauart SSW).
a Schreibplatte; *b* batterielose Fernsprechanlage; *c* Wechselsprechanlage; *d* Ruderlagenanzeiger; *e* Kurszahleinsteller; *f* Umdrehungsanzeiger (Propellerdrehzahl); *g* Selbststeueranlage; *h* Rudermaschinenalarmtafel; *i* Bordtelefon; *k* Schalt- und Kontrollfeld für Positionslaternen; *l* Schalt- und Kontrollgerät für Signallaternen; *m* Schaltgerät für Typhon und Navigationsverbraucher; *n* Maschinentelegraf; *o* Uhr

Schiffsleitstand sind die eingebauten Geräte in der Bildunterschrift im einzelnen aufgeführt. Bei Schiffen mit elektrischem Propellerantrieb, bei denen die Drehzahl und die Drehrichtung der Schiffsschrauben von der Brücke eingestellt werden können, werden auch die hierzu erforderlichen Steuereinrichtungen in einem solchen Leitstand angeordnet[2]. Das gleiche gilt auch, wenn im Zuge der *Automatisierung* des Schiffsbetriebes die Hauptmaschinen von der Brücke fernbedient werden. Wird der Leitstand unmittelbar am Brückenfenster aufgestellt – wie in Abb. 141 gezeigt – so hat das Wachpersonal von diesem Stand aus das erforderliche Sichtfeld nach vorn. – Im Leitstand eingebaute Heizwiderstände verhindern eine Schwitzwasserbildung.

---

[1] Vgl. Teil III Meß- und Anzeigeeinrichtungen, Befehls- und Meldeanlagen.

[2] Vgl. Schalttafeln und Fahrstände, S. 417 und Fahrtrichtungs-, Brems- und Erregerschalter, Fahrstände, S. 454.

E. Motorische Verbraucher

1. Grundlagen elektrischer Antriebstechnik

a) Anlaufverhältnisse und Anlaßverfahren

Das richtige Bemessen elektromotorischer Antriebe setzt eine genaue Kenntnis der technologischen Anforderungen der angetriebenen Arbeitsmaschinen und des Betriebsverhaltens der Elektromotoren voraus. Die *Arbeitsmaschinen* lassen sich nach ihrem Drehzahl/Drehmomenten-Verhalten beurteilen. Die an Bord verwendeten Maschinen entsprechen meistens hinsichtlich des Zusammenhanges von Drehmoment bzw. Leistung einerseits und Drehzahl andererseits den in Abb. 142 dargestellten Kennlinien *1* und *2*.

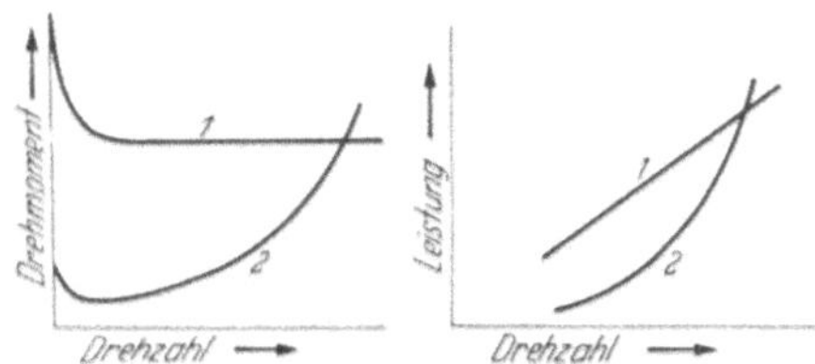

Abb. 142. Drehzahl/Drehmomenten-Kennlinien von Arbeitsmaschinen

Dabei bedeuten die

Kennlinien 1: Drehmoment praktisch gleichbleibend, Leistung verhältnisgleich mit der Drehzahl ansteigend (Hebezeuge, Kolbenpumpen und -verdichter bei Förderung gegen konstanten Druck, Kapselgebläse, Zahnradpumpen usw.).

Kennlinien 2: Drehmoment mit dem Quadrat der Drehzahl, Leistung mit der dritten Potenz ansteigend (Kreisel, Schrauben- und Propellerpumpen, Zentrifugalventilatoren und -gebläse, Kolbenmaschinen, die in ein offenes Netz fördern).

In Abb. 143 sind für die am häufigsten im Bordbetrieb vorkommenden Arten von *Elektromotoren* neben den Betriebskennlinien die Methoden für das Anlassen und Bremsen sowie für die Drehzahlveränderung zusammengestellt. Einzelheiten werden weiter unten noch erläutert.

Der Elektromotor muß imstande sein, im gesamten Drehzahlbereich das von den Arbeitsmaschinen verlangte Drehmoment abzugeben. Beim Anlauf ist dazu ein Beschleunigungsmoment, das durch die Schwungmomente von Motor und Arbeitsmaschine gegeben ist, aufzubringen. Als Beispiel für das Zusammenspiel von Last- und Motormoment ist in Abb. 144 der Antrieb einer Kreiselpumpe durch einen Drehstrommotor mit Käfigläufer dargestellt, und zwar in Abb. 144a für direkte Einschaltung und in Abb. 144b für Stern-Dreieck-Einschaltung. Man erkennt, daß in dem gezeichneten Beispiel bei geschlossenem Schieber in beiden Fällen ein Hochlaufen des Aggregates möglich ist. Bei offenem Schieber bleibt der Motor dagegen im Fall b „hängen". Die Differenz zwischen dem Motormoment und dem Lastmoment ist das Beschleunigungsmoment.

	Gleichstrom-Nebenschlußmotor	Gleichstrom-Reihenschlußmotor	Drehstrommotor mit Käfigläufer	Drehstrommotor mit Schleifringläufer
Schaltschema	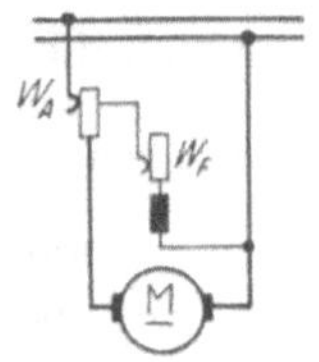 W_A, W_F, M	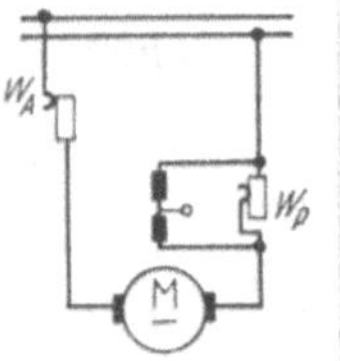 W_A, W_p, M	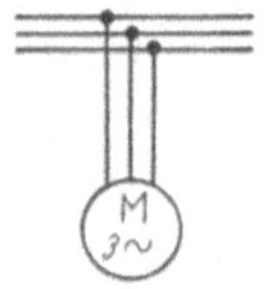 M 3~	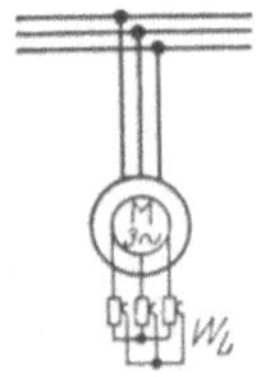 M 3~, W_L
Kennlinien	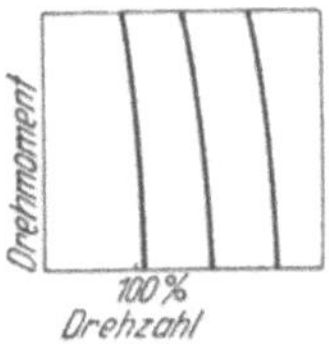 Drehmoment, 100 % Drehzahl	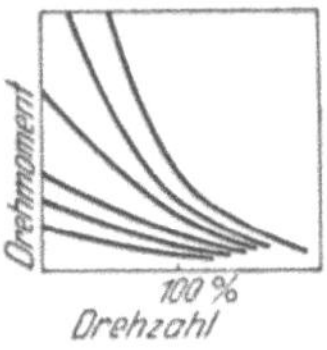 Drehmoment, 100 % Drehzahl	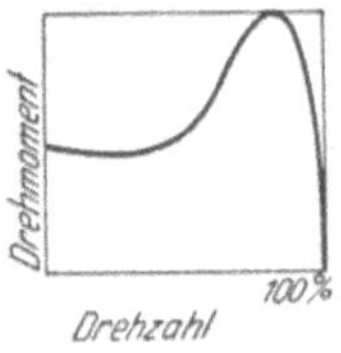 Drehmoment, 100 % Drehzahl	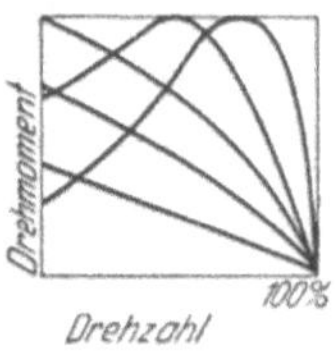 Drehmoment, 100 % Drehzahl
Anlassen durch	Widerstände im Ankerkreis (W_A)	Widerstände im Ankerkreis (W_A)	Direktes Einschalten, Stern-Dreieck-Anlauf, Anlaßtransformator, Sonderanlaßverfahren	Widerstände im Läuferkreis (W_L)
Drehzahländerung durch	Widerstände im Feldkreis (W_F), Widerstände im Ankerkreis (W_A)	Parallelwiderstände im Feldkreis (W_p) oder Anzapfen des Feldes, Widerstände im Hauptstromkreis (W_A)	Polumschaltung, Ändern der Frequenz	Widerstände im Läuferkreis (W_L)
Anzugsmoment	max. 2faches Nennmoment	2- bis 3faches Nennmoment	1,5- bis 3faches Nennmoment bei direktem Einschalten	0,5- bis 3faches Nennmoment (je nach der Höhe des Kippmomentes)
Anzugsstrom	2facher Nennstrom	1,5- bis 2facher Nennstrom	2,5- bis 7facher Nennstrom bei direktem Einschalten	0,5- bis 3facher Nennstrom
Elektrisches Bremsen durch	Gegenstrom, Ankerkurzschluß	Gegenstrom, Ankerkurzschluß	Gegenstrom, Gleichstrom, Sonderbremsverfahren, Übersynchrones (generatorisches) Bremsen	Gegenstrom, Gleichstrom, Sonderbremsverfahren

Abb. 143. Betriebsverhalten von Elektromotoren

Wenn es erforderlich ist, die von den Motoren beim Anlauf dem Netz entnommenen Ströme herabzusetzen, dann werden bei Drehstrommotoren mit Schleifringläufer und Gleichstrommotoren Anlasser, bei Drehstrommotoren mit Käfigläufer Stern-Dreieck-Schalter, Anlaßtransformatoren oder Ständeranlasser verwendet. Andere Anlaßverfahren, wie z.B. das Parallelschalten von Erregerwicklungen bei Gleichstrommotoren oder das Anwenden von Fliehkraftkupplungen zur Erzielung eines entlasteten Anlaufs, spielen an Bord nur eine geringe Rolle.

Das Drehmoment der Gleichstrommaschine ist dem durch den Luftspalt in den Anker eintretendem magnetischen Fluß sowie dem Ankerstrom proportional. Je stärker also das Feld der Maschine ist, desto kleiner kann bei gleichem Drehmoment der Anlaufstrom werden. Die

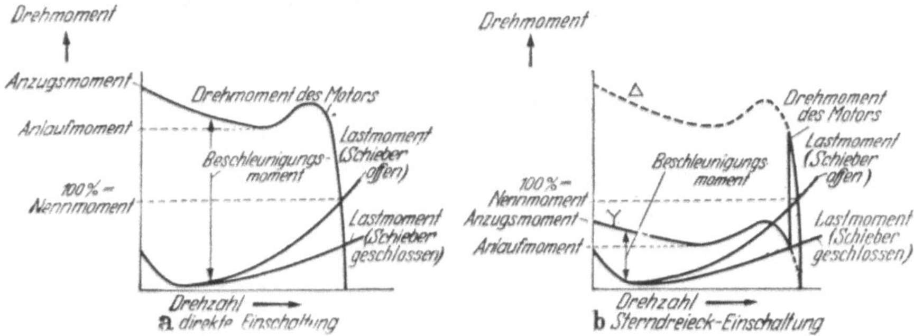

Abb. 144a u. b. Momentenverhältnisse beim Antrieb einer Kreiselpumpe

Erregerwicklung von Gleichstrom-Nebenschlußmotoren liegt daher auch während des Anlaßvorganges an der vollen Spannung. – Bei einer Netzspannung von 220 V können mit Rücksicht auf den Kollektor Gleichstrom-Nebenschlußmotoren nur bis zu einer Leistung von etwa 0,5 kW und Gleichstrom-Reihenschlußmotoren bis etwa 1,5 kW unter Last *direkt* eingeschaltet werden. Maschinen höherer Leistung werden über vor den Anker geschaltete Anlaßwiderstände hochgefahren. Das Schaltbild eines Gleichstrom-Doppelschlußmotors mit Anlasser zeigt Abb. 145. Beim Ausschalten des Motors muß die Erregerwicklung über den Anlaßwiderstand kurzgeschlossen werden, damit keine durch die Induktivität der Wicklung verursachten Überspannungen beim Zusammenbrechen des magnetischen Feldes auftreten. Die Anlasser werden so bemessen, daß der auf den einzelnen Stufen aufgenommene Strom I_{mittel} ein bestimmtes Verhältnis zum Nennstrom I_{nenn} nicht überschreitet. Dabei ist die Art des Anlaufes, die von der Arbeitsmaschine bestimmt wird, wichtig:

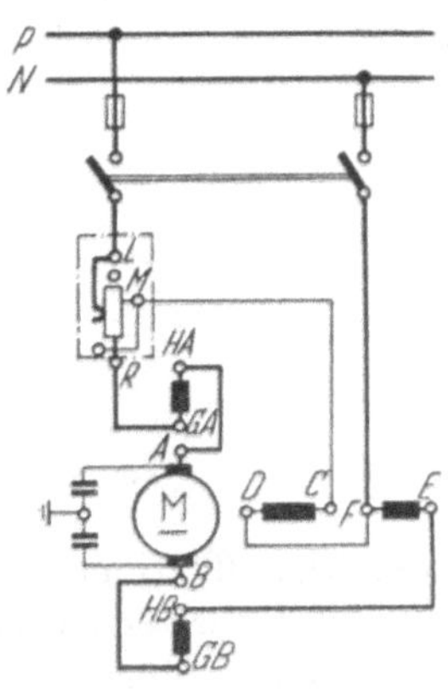

Abb. 145. Schaltung eines Gleichstrom-Doppelschlußmotors mit Anlasser

Halblastanlauf	I_{mittel}	0,65–0,75	I_{nenn}
Vollastanlauf	I_{mittel}	1,3–1,5	I_{nenn}
Schweranlauf	I_{mittel}	1,7–2,0	I_{nenn}

Die Größe des Anlassers wird außerdem durch die Anlaßzeit und die Anlaßhäufigkeit und schließlich den Dauerstrom, mit dem der Endkontakt belastet werden kann, bestimmt. Die *Anlaßzeit* ergibt sich aus dem Verhältnis Schwungmoment/Beschleunigungsmoment. Je größer das Beschleunigungsmoment ist, desto kürzer wird die Anlaßzeit. Die *Anlaßhäufigkeit* ist die Zahl der in etwa gleichen Abständen je Stunde durchgeführten Anlaßvorgänge. – Sämtliche Anlaßgeräte an Bord sind nach

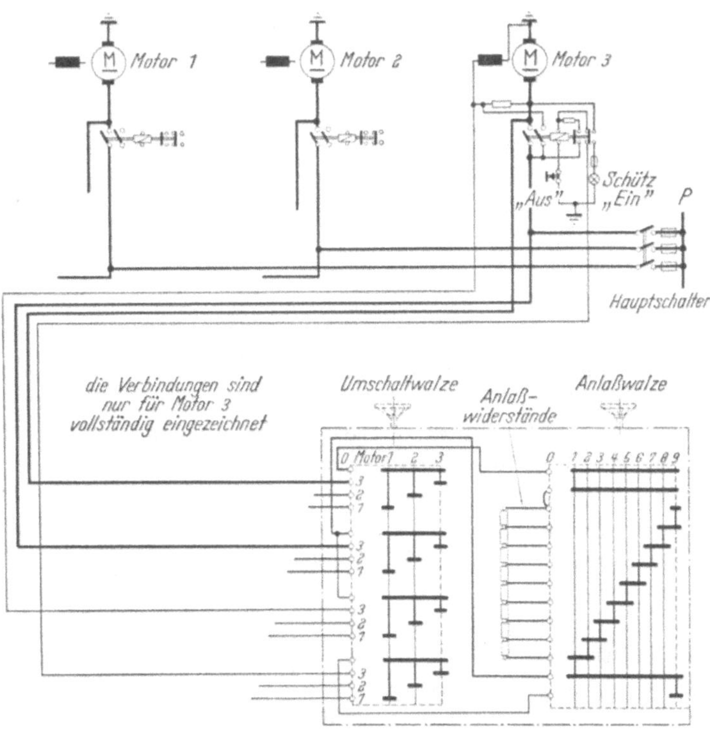

Abb. 146. Schaltung eines Dreifachanlassers (nach BOHN [78])

den Klassifikationsvorschriften mit Unterspannungsauslöser auszuführen. Dadurch wird erreicht, daß die Stromerzeuger bei dem Wiedereinschalten nach einer Störung nicht überlastet werden und die Sicherungen der Motoren nicht durchbrennen. – Alle Anlaßgeräte sind möglichst in luftgekühlter Ausführung zu bauen. Wasserwiderstände sind nicht zulässig.

Da die Handanlasser besonders für Motoren hoher Leistung einen verhältnismäßig großen Platz beanspruchen, ist der Vorschlag gemacht worden, Zweifach- oder Mehrfachanlasser zu verwenden. Bei diesen werden mehrere Motoren mit *einem* Anlaßgerät nacheinander hochgefahren, z. B. beim *Zweifachanlasser* so, daß bei Drehung des Bedienungshandrades nach rechts der eine, nach links der andere Motor anläuft. In der jeweiligen Endstellung wird der angelassene Motor unmittelbar über ein Schütz an das Netz gelegt. Der *Dreifachanlasser* nach der Schaltung in Abb. 146 ist die Kombination einer Anlaß- und einer Umschaltwalze. Mit der Umschaltwalze wird der anzulassende Motor gewählt, mit dem Anlasser der gewählte Motor hochgefahren. Nach dem Hochlaufen wird dieser Motor über ein Schütz unmittelbar an das Netz gelegt und so der Anlaßvorgang für den nächsten Motor freigegeben. *Mehrfachanlasser* für eine beliebige Zahl von Motoren arbeiten mit Schützen-Selbstanlassern. Derartige Einrichtungen kommen im allgemeinen nur dann in Betracht, wenn viele große Motoren etwa gleicher Leistung an Bord vorhanden sind.

Der *Drehstrommotor* mit *Käfigläufer* verlockt durch seinen einfachen Aufbau dazu, auch den Einschaltvorgang so einfach wie möglich zu gestalten. Die einfachste Form ist: *direkte Einschaltung* auf das Netz. Sie wird, soweit es die Netzverhältnisse irgendwie gestatten, angewendet. Auf Schiffen ist dabei zu beachten, daß die Leistung der Generatoren verhältnismäßig klein, d.h. das Verhältnis: Leistung eines Motors/Generatorleistung hoch ist. Die Verhältnisse können, von Notstromstationen u. dgl. abgesehen, mit den bei Landanlagen vorliegenden nicht verglichen werden. Eine allgemein gültige Regel, von welcher Leistungsgröße ab Anlaßgeräte für Drehstrommotoren an Bord verwendet werden müssen, läßt sich nicht aufstellen. Das hängt außer von der zur Verfügung stehenden Generatorleistung, von der Zahl der Motoren, der Grundlast, der Art der angetriebenen Arbeitsmaschine, der Leistung des größten Motors und vor *allem* von den bei der Spannungshaltung der Generatoren angewendeten Verfahren[1] ab. – Die *Läuferkäfige* der Drehstrommotoren werden in verschiedener, den einzelnen Verwendungszwecken angepaßter Ausführung gebaut, z.B. als Wirbelstrom-, Hochstab-, Doppelstab- oder Tiefnutläufer. Im wesentlichen unterscheiden sich diese Ausführungen durch das Verhältnis von Anzugsmoment zu Nennmoment bzw. Einschaltstrom zu Nennstrom. Einer in den USA gebräuchlichen Praxis[2] folgend werden die Motoren nicht nach der Benennung ihrer Läufer, sondern exakter nach dem zulässigen Lastmoment klassifiziert. Bei einem Motor mit der Bezeichnung „KL 7" z.B. ist während des Anlaufens bei direktem Einschalten das sichere Überwinden eines Lastmomentes von 70%, mit der Bezeichnung „KL 16" von 160% des Motor-Nennmomentes bei direktem Einschalten zulässig, ohne daß ein einwandfreies Hochlaufen in Frage gestellt ist. In Abb. 147 sind die Drehmomenten-Drehzahlkennlinien für Motoren mit Käfigläufer in Ausführung KL 7, KL 10 und KL 16 aufgezeichnet.

Die Höhe des Anlaufstromes eines Drehstrom-Ansynchronmotors hängt nicht vom Lastmoment ab, jedoch beeinflußt die beim Anlauf vorhandene Last die Zeit, in welcher der Anlaufstrom bis zum Betriebsstrom abklingt.

---

[1] Vgl. Generatoren, elektrische Ausführung, S. 35.

[2] Standards der National Electrical Manufacturers Association (NEMA).

Zur Begrenzung des Anlaufstromes von Drehstrommotoren mit Käfigläufer können auch *Anlaßtransformatoren* verwendet werden, und zwar auch bei Motoren, die betriebsmäßig in Stern geschaltet sind. Drehmoment

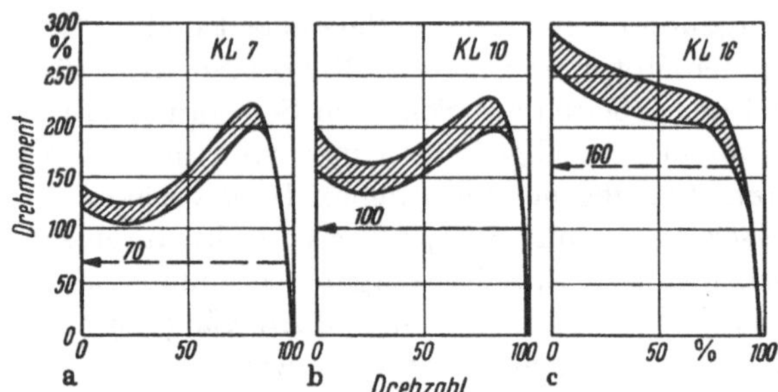

Abb. 147. Drehmoment/Drehzahl-Kennlinien von Drehstrommotoren mit Käfigläufer (nach HARDERS [*89*])

und Strom sinken dabei mit dem Quadrat der an die Motoren gelegten Spannung ab. In Abb. 148 ist das Schaltbild eines Anlaßtransformators in Stern-Sparschaltung – Korndörfer-Schaltung – gezeigt. Der Motor wird über den Transformator mit Teilspannung angelassen. Nach dem Hochlaufen bis nahe an die Nenndrehzahl wird der Sternpunkt des Transformators geöffnet; der dem Motor vorgeschaltete Wicklungsteil des Transformators wirkt jetzt als

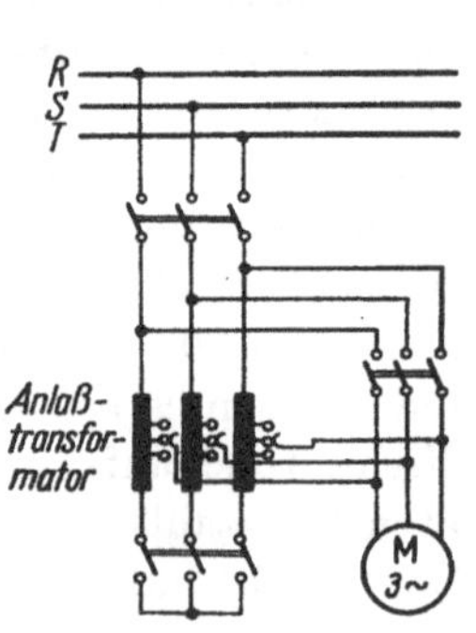

Abb. 148. Anlaßtransformator in Korndörfer Schaltung

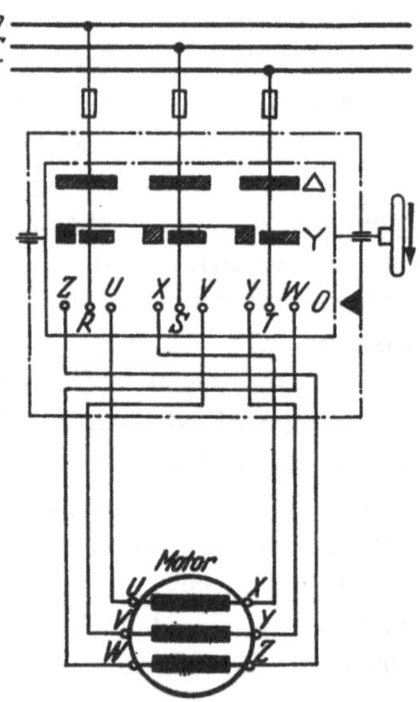

Abb. 149. Schaltung eines Stern-Dreieck-Schalters

Drosselspule. Dieser Schaltzustand wird nach kurzer Zeit durch Schließen des zweiten Schalters aufgehoben und der Motor unmittelbar an das Netz gelegt.

Ein häufig angewendetes Anlaßverfahren für Drehstrommotoren mit Käfigläufer ist das Anlassen mit *Stern-Dreieck-Schalter*. Abb. 149 zeigt die Schaltung eines Walzen-Stern-Dreieck-Schalters. In Abb. 121 ist eine Schützensteuerung für Stern-Dreieck-Einschaltung angegeben. Der Einschaltstrom und das Drehmoment des Motors sinken in der Sternschaltung auf ein Drittel der Nennwerte. Die Maschinen müssen für die Betriebsspannung in Dreieck geschaltet sein. Wichtig ist es, den Zeitpunkt der Überschaltung vom Stern- auf Dreieckbetrieb richtig, d.h. erst kurz vor dem Erreichen der Nenndrehzahl zu wählen, da sonst die Motoren doch noch einen zu hohen Einschaltstrom aufnehmen. Der Umschaltstrom soll nicht höher als der Anlaufstrom in der Sternschaltung sein. Bei Öl-Stern-Dreieck-Schaltern großer Leistung wird mittels Übergangswiderständen ohne Unterbrechung des Stromes umgeschaltet. Dadurch wird der Drehzahlabfall während des Umschaltens und der Stromstoß vermindert.

Erwähnt sei noch das seltener angewendete Verfahren, Widerstände oder Drosselspulen vor den Ständer des Motors zu schalten. Der Einschaltstrom sinkt dabei verhältnisgleich mit der an den Motorklemmen liegenden Spannung, das Anzugsmoment jedoch quadratisch.

Beim Drehstrom-Asynchronmotor mit *Schleifringläufer* wird das Anlassen über Anlaßwiderstände vollzogen, die in den Läuferkreis eingeschaltet sind. Das Schaltbild für einen über Anlasser eingeschalteten Motor mit Schleifringläufer zeigt Abb. 150. Der Motor kann mit einem Drehmoment bis zur Größe des Kippmomentes angefahren werden. Er erhält durch das Zuschalten der Widerstände ein weiches Drehzahlverhalten, d.h. mit zunehmender Last steigt der Schlupf der Maschine stark, und zwar um so mehr, je höher der vorgeschaltete Widerstand ist. Das kann bis zum Stillstand des Motors führen. Das Maximum des Kippmomentes verschiebt sich mit zunehmendem Widerstand in Richtung kleinerer Drehzahlen. Abb. 151 zeigt das Kennlinienfeld eines Motors mit Schleifringläufer, in das der Verlauf eines Anlaufvorganges eingezeichnet ist.

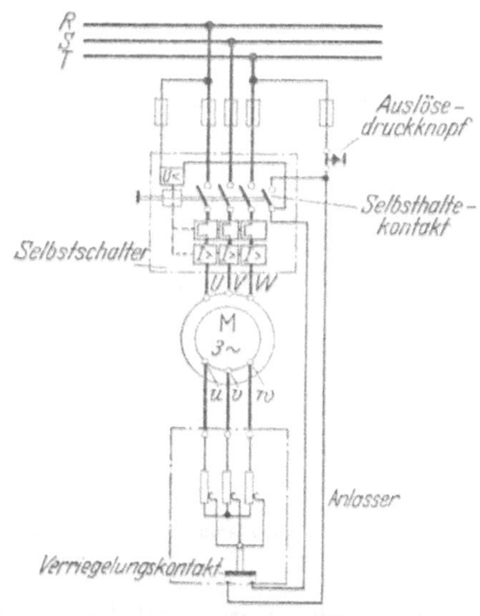

Abb. 150. Schaltung eines Drehstrommotors mit Schleifringläufer

Die Anlasser werden im wesentlichen nach gleichen Gesichtspunkten bemessen wie Gleichstromanlasser. Auch hier unterscheidet man zwischen Halblast-, Vollast- und Schwerlastanlauf. Der im Läuferkreis eingeschaltete Widerstand ist auf jeder Stellung des Anlassers in allen 3 Zu-

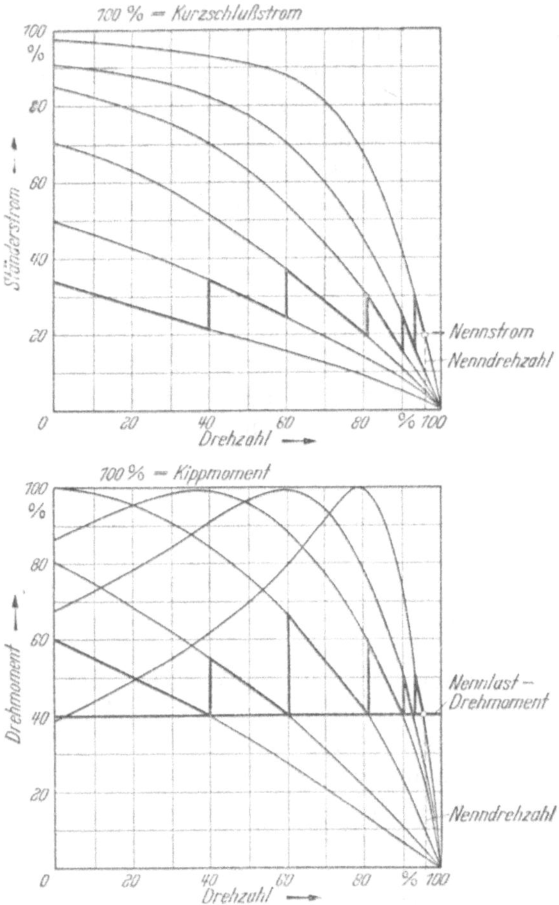

Abb. 151. Verlauf von Ständerstrom und Drehmoment beim Anlassen eines Drehstrommotors mit Schleifringläufer

leitungen gleich groß und damit auch der Strom in den 3 Wicklungen. Allerdings gibt es auch Widerstandsmaterial-sparende Sonderschaltungen, bei denen die Stromverteilung ungleich ist. Für die Bemessung der Anlasser sind folgende Kenngrößen wichtig:

Läuferstillstandsspannung, d.i. die Spannung, die von dem ans Netz gelegten Ständer bei Stillstand der Maschine und abgehobenen Bürsten im Läufer transformatorisch vom Drehfeld erzeugt wird und zwischen den Schleifringen auftritt.

Läuferstrom, d.i. der Nennstrom, der im Läufer bei Nennspannung und beim Nennmoment auftritt.

Drehstromkommutatormotoren, die neben einer stufenlosen verlustfreien Drehzahleinstellung ein Anfahren mit verhältnismäßig kleinem Strom und ausreichende Anzugsmomente gestatten, werden an Bord von Schiffen praktisch nicht angewendet. Der Wunsch, Drehstrom an Stelle von Gleichstrom an Bord einzuführen, entstand in starkem Maße aus dem Bestreben des Betriebes, Kollektoren an den Antriebsmotoren zu vermeiden. Diesem Wunsch wird der Drehstromkommutatormotor seinem Aufbau nach natürlich nicht gerecht.

Drehstrom-Synchronmotoren werden an Bord fast nur in Verbindung mit elektrischen Propellerantrieben verwandt[1].

b) Betriebsverhalten

Die Nenndrehzahl der Gleichstrommaschine kann in gewissen Grenzen so gewählt werden, wie sie für die Arbeitsmaschine am günstigsten liegt. Die synchrone Drehzahl des Drehstrommotors n_s ist dagegen durch die Netzfrequenz und die Polzahl der Maschine fest gegeben. Sie vermindert sich bei der Asynchronmaschine um den Schlupf s. Es gelten die in nachfolgender Tab. 17 angegebenen Werte:

Tabelle 17. *Zusammenhang zwischen Polzahl und Drehzahl*

Polzahl	Synchrone Drehzahl		Asynchrone Drehzahl	
	50 Hz	60 Hz	50 Hz	60 Hz
2	3000	3600	etwa 2925	etwa 3500
4	1500	1800	etwa 1450	etwa 1740
6	1000	1200	etwa 960	etwa 1160
8	750	900	etwa 725	etwa 875

Der Nennschlupf, ausgedrückt durch die Beziehung $s = \frac{n_s - n}{n_s}$ wird mit steigender Motorleistung prozentual kleiner.

Bei festliegender, von der Arbeitsmaschine geforderter Leistung und Drehzahl und bei gegebener Bordnetzspannung wird die Motorgröße vor allem nach der aus den Verlusten der Maschinen herrührenden Erwärmung bestimmt. Ferner ist die Raumtemperatur (Kühlmitteltemperatur) und die Betriebsart, in der der Motor gefahren werden soll, zu beachten. Für den Einfluß der Raumtemperatur und die Ausführung der Isolation sind die gleichen Bedingungen zu beachten, wie bei den Generatoren[2]. Für Drehstrommotoren kann sich bei erhöhten Raumtemperaturen gegenüber den Gleichstrommotoren neben der Leistungsreduktion auch eine Verringerung des Wirkungsgrades und des Leistungsfaktors der Maschine – in allerdings kleinen Grenzen – ergeben.

---

[1] Vgl. Propellerantriebe mit Drehstromübertragung, Aufbau und Wirkungsweise, S. 421. [2] Vgl. Generatoren, elektrische Ausführung, S. 35.

Als Betriebsarten[1] werden unterschieden:

a) Dauerbetrieb (DB): Die Betriebsdauer bei Nennleistung ist so lang, daß die Beharrungstemperatur praktisch erreicht wird.

b) Kurzzeitbetrieb (KB): Die vereinbarte Betriebsdauer bei Nennleistung ist so kurz, daß die Beharrungstemperatur nicht erreicht wird. Die Pause, in der die Maschinen nicht unter Spannung steht, ist so lang, daß sich die Maschine praktisch auf die Temperatur des Kühlmittels abkühlt.

c) Durchlaufbetrieb mit Kurzzeitbelastung (DKB): Die vereinbarte Belastungsdauer mit Nennleistung ist so kurz, daß die Beharrungstemperatur nicht erreicht wird. Die Pause, in der die Maschine leerläuft, ist so lang, daß die Maschine sich praktisch auf ihre Endtemperatur bei Leerlauf abkühlt.

d) Aussetzbetrieb (AB): Einschaltzeiten mit Nennleistung wechseln mit Pausen ab, in denen die Maschine spannungslos ist. Die Pausen sind so kurz, daß die Maschine sich nicht auf die Temperatur des Kühlmittels abkühlt.

e) Durchlaufbetrieb mit Aussetzbelastung (DAB): Belastungszeiten mit Nennleistung wechseln mit Leerlaufpausen ab, die so kurz sind, daß sich die Maschine nicht auf ihre Endtemperatur bei Leerlauf abkühlt.

f) Schaltbetrieb (DSB bzw. ASB): Sonderfall des Durchlaufbetriebes mit Aussetzbelastung (DAB) oder des Aussetzbetriebes (AB), bei dem die Erwärmung der Maschine hauptsächlich durch Anlauf, Bremsung oder Umschaltung bestimmt ist.

1. *Durchlaufschaltbetrieb* (DSB): Der mit Nennleistung belastete Motor wird in regelmäßiger oder unregelmäßiger Folge geschaltet. Spannungslose Pausen treten praktisch nicht auf.
2. *Aussetzschaltbetrieb* (ASB): Belastungszeiten mit Nennleistung und in regelmäßiger oder unregelmäßiger Folge ausgeführte Schaltungen wechseln mit Pausen ab, in denen die Maschine nicht unter Spannung steht und die so kurz sind, daß sich die Maschine nicht auf die Temperatur des Kühlmittels abkühlt.

Bei AB und ASB errechnet sich die *Spieldauer* aus Einschaltzeit zuzüglich spannungsloser Pause.

Bei DAB und DSB errechnet sich die *Spieldauer* aus Belastungsdauer und Leerlaufpause.

Das Verhältnis

$$\frac{\text{Einschalt- bzw. Belastungsdauer}}{\text{Spieldauer}}$$

ist die relative Einschaltdauer (ED), die in Prozenten angegeben wird; z.B. hat ein Motor im AB mit 2 min Einschaltdauer und 8 min spannungsloser Pause eine relative Einschaltdauer von 20%. Als normale Werte für ED gelten: 20, 40 und 60%.

Für die Beanspruchung eines Motors im Schaltbetrieb sind folgende Größen zu beachten:

a) Die *Schalthäufigkeit*, d.h. die Zahl der Schaltungen je Stunde. Dabei ist zu unterscheiden zwischen

Anlaufschaltungen mit später folgender mechanischer Bremsung oder freiem Auslauf;

Bremsschaltungen, bei denen nach dem Anlauf elektrisch gebremst wird;

---

[1] VDE 0530/3.59 „Regeln für elektrische Maschinen".

Umschaltungen, bei denen betriebsmäßig auf die entgegengesetzte Drehrichtung oder auf eine andere Drehzahl geschaltet wird, z. B. bei polumschaltbaren Motoren.

b) Die *Schwungmassen* des *gesamten* Antriebs.

Beim *Dauerbetrieb* wird auch bei beliebig langer Betriebszeit mit Nennlast die zulässige Grenz-Übertemperatur der Maschine nicht überschritten. Die Erwärmung (Übertemperatur) der Maschine nimmt nach einer gewissen Betriebszeit, die nach Motorart und -größe verschieden ist, den Grenzwert an, bei dem die sich im Motor bildende Wärme unmittelbar an die Umgebung abgegeben wird.

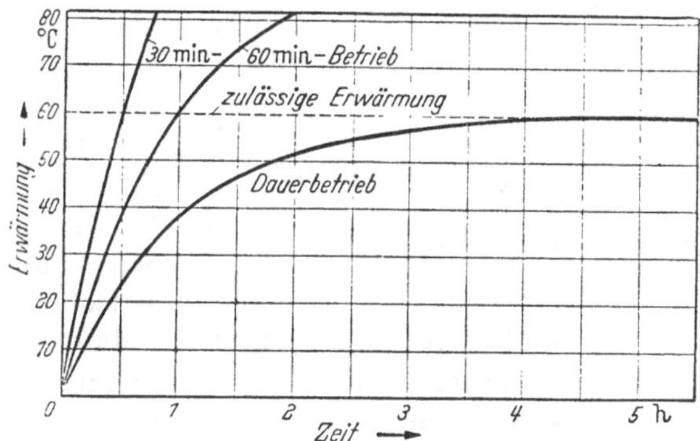

Abb. 152. Erwärmung eines Motors im DB und KB

Abb. 152 zeigt die Erwärmungskurven eines Motors der Isolationsklasse A. Die Tangente an die Erwärmungskurve im Anfangspunkt stellt den Temperaturverlauf für den Fall dar, daß der Motor keine Wärme nach außen abgibt. Wird der Motor im *Kurzzeitbetrieb* oder *Durchlaufbetrieb* mit *Kurzzeitbelastung* höher als mit Nennleistung belastet, so steigt die Erwärmung schneller und über den zulässigen Grenzwert an. Dadurch wird weniger als die entstehende Wärme an die Umgebung abgegeben. Die Belastung, bei der nach 60, 30 oder 10 Minuten die zulässige Grenztemperatur der Maschine erreicht wird, nennt man die 60-, 30- oder 10-Minuten-Leistung. Die Erwärmungskurven nähern sich dabei immer mehr der an den Anfangspunkt der Erwärmungskurve gelegten Tangente.

Beim *Aussetzbetrieb* steigt die Temperatur beim ersten Einschalten etwas an und fällt in der darauffolgenden Pause wieder ab, jedoch nicht so viel, daß die Ausgangstemperatur wieder erreicht wird. Dieses Spiel wiederholt sich laufend, und es ergibt sich dann die in Abb. 153 dargestellte Erwärmungskurve. Die Temperatur des Motors strebt dem Grenzwert zu und schwankt im Takt der Spiele um diesen. Beim Aussetzbetrieb ist also wie beim Dauerbetrieb und im Gegensatz zum Kurzzeitbetrieb, die Wärmeabgabe des Motors für die Belastbarkeit entscheidend. Die Belastbarkeit im AB-Betrieb wird aus der relativen Einschaltdauer ermittelt. Die vom Motor abgegebene Wärmemenge ist etwa dem Produkt aus Einschaltzeit und dem Quadrat der Leistung verhältnisgleich. – Maschinen, die nicht im Dauerbetrieb, sondern im Schaltbetrieb wie z.B. die Antriebsmotoren für Ladewinden gefahren werden, müssen anstatt über Motorschutzschalter durch in die Wicklung eingebaute Bimetallschalter geschützt werden, da bei diesen Maschinen die Erwärmungsverhältnisse allein durch Messung des Belastungsstromes nicht zu erfassen sind. Derartige als *Thermowächter*[1] bezeichnete Schalter werden in eine aus Isolierstoff gefertigte Hülse eingeschoben und in den Wickelkopf des Motors eingebaut. Sie überwachen die Wicklungstemperatur und schalten, indem sie bei Überschreiten ihrer Ansprechtemperatur ihren Kontakt öffnen, den Motor über den fernbetätigten Motorschutzschalter oder ein Schaltschütz ab.

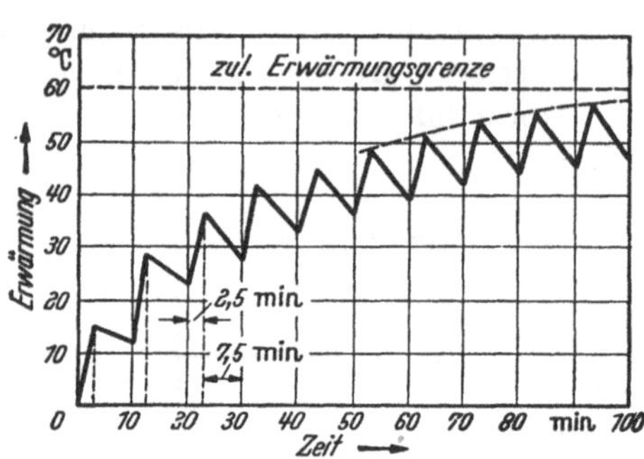

Abb. 153. Erwärmung eines Motors im AB, Spieldauer 10 min, ED 25 %

Die Wirkungsgrade der Maschinen nehmen mit geringer werdender Auslastung nach Abb. 154 bzw. 155 ab. Es ist infolgedessen wichtig, die Leistung der Motoren so genau wie möglich an die von den Arbeitsmaschinen benötigte anzupassen. Überdimensionierung der motorischen Antriebe an Bord ergibt eine wirtschaftlich schlechte Anlage. Bei Drehstrommotoren kommt die Abhängigkeit des Leistungsfaktors ($\cos \varphi$) von der Auslastung nach Abb. 155 hinzu. Jede zu große Leistungsreserve im Motor verschlechtert den Gesamtleistungsfaktor des Netzes, gefährdet damit die Spannungshaltung und überlastet unter Umständen das Kabel- und Leitungsnetz. Kompensationseinrichtungen, wie z.B. die Beschaltung der Motoren mit Kondensatoren, sind bisher an Bord nur in geringem Umfang eingesetzt.

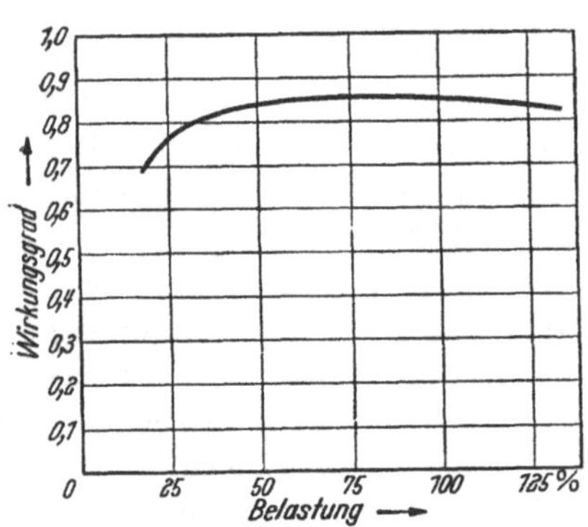

Abb. 154. Wirkungsgrad eines Gleichstrommotors (Leistung 100 PS)

[1] Vgl. Motorschalter, Motorschutzschalter und Thermowächter, S. 151.

c) Bremsen und Umsteuern

Beim Bremsen und Umsteuern der Motoren muß ebenfalls, wie beim Anfahren, das Momentenverhalten von Motor und Arbeitsmaschine und deren Schwungmoment beachtet werden. Während beim Anfahren das

Beschleunigungsmoment = Motormoment – Lastmoment

ist, gilt für das Bremsen

Verzögerungsmoment = Motormoment + Lastmoment.

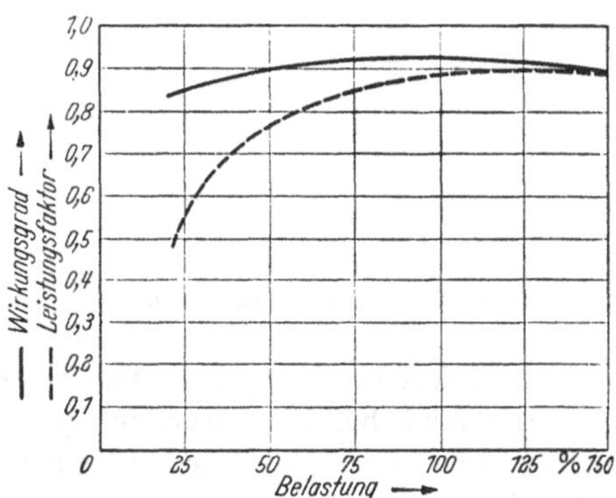

Abb. 155. Wirkungsgrad und Leistungsfaktor eines Drehstrommotors mit Käfigläufer (Leistung 100 PS)

Die wichtigsten Bremsmethoden sind:

Generatorische Bremsung. Diese tritt bei Gleichstrommaschinen ein, wenn die Gegen-EMK des Motors die Netzspannung übersteigt, d.h. also, wenn der Motor z.B. beim Senken der Last einer Winde über seine Nenndrehzahl hinaus beschleunigt wird. Eine Umpolung des Netzanschlusses ist nicht erforderlich. Die Maschinen liefern Leistung in das Netz zurück, daher die Bezeichnung: *Nutzbremsung.* – Bei *Gleichstrommotoren* werden dabei in den Ankerkreis Widerstände nach Abb. 156 geschaltet, die den Bremsstrom auf den maximal zulässigen Wert begrenzen sollen. Eine Nutzbremsung kann bei ihnen auch durch Verstärkung der Erregung erzielt werden. Die Schwungmassen des Antriebes arbeiten dabei zunächst gegen die hierdurch absinkende Drehzahl und es entsteht ein Strom, der in das Netz zurückfließt. Ein Abbremsen bis zum Stillstand ist allerdings auf diese Weise nicht möglich. Eine Kombination beider Verfahren – Einschaltung von Ankervorwiderständen und Feldverstärkung – wird ebenfalls angewendet.

Auch bei *Asynchronmotoren* mit Käfig- oder Schleifringläufer ist eine generatorische (übersynchrone) Bremsung durchführbar. Wird der Motor übersynchron, z. B. von einer durchziehenden Last, angetrieben, so arbei-

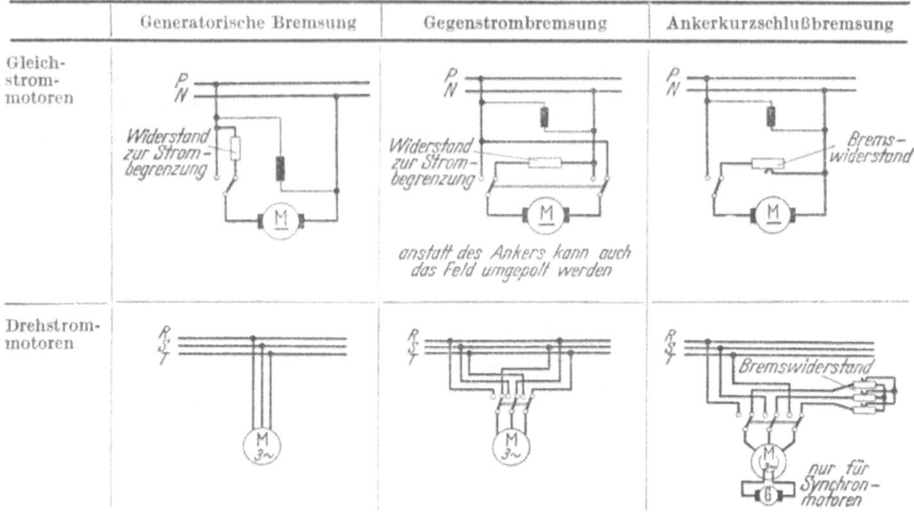

Abb. 156. Elektrische Bremsverfahren

tet er als Generator und liefert Leistung ins Netz. Die dabei auftretenden Momente verlaufen ähnlich wie beim Motorbetrieb, jedoch haben sie nach Abb. 157 umgekehrtes Vorzeichen. Dabei ist zu beachten, daß die Asynchronmaschine nicht als selbständiger Generator arbeiten kann, sondern stets an ein Netz angeschlossen werden muß – von Spezialschaltungen mit Kondensatorerregung und dgl. abgesehen. Ein Stillsetzen des Motors ist nicht möglich. Diese Bremsung spielt eine besondere Rolle bei *polumschaltbaren* Motoren, bei denen von hoher auf kleine Drehzahl zurückgeschaltet wird.

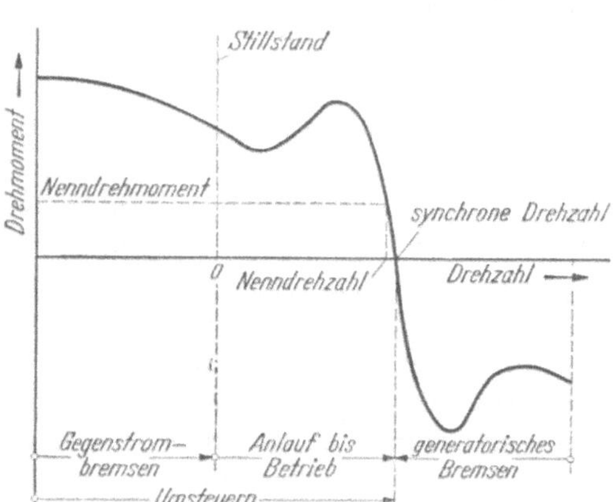

Abb. 157. Verlauf des Drehmomentes bei einem Drehstrom-Asynchronmotor in Abhängigkeit von der Drehzahl

Gegenstrombremsung. Beim Gegenstrombremsen wird die Drehrichtung des Motors nach Abb. 156 durch Umpolung eines Netzanschlusses geändert. Solange der Motor noch durch seine eigene kinetische Energie und die der Arbeitsmaschine im alten Drehsinn angetrieben wird, entsteht eine hohe Bremswirkung, durch die der Motor zum Stillstand gebracht wird. Alsdann läuft er in der neuen Drehrichtung hoch. Die Gegenstrombremsung wird bei Reversierbetrieben bevorzugt. Zum Abbremsen nur bis zum Stillstand ist diese Methode dagegen weniger geeignet, da es schwer ist, die Maschine bei Erreichen der Drehzahl „Null“ infolge der meist sehr kurzen Bremszeiten und des sehr schnellen Durchgangs durch den Stillstandspunkt exakt vom Netz abzuschalten. Die Gegenstrombremsung stellt eine hohe thermische Beanspruchung besonders für den Läufer der Maschine dar. Man kann rechnen, daß bei einem Drehstrommotor eine Bremsung von synchroner Drehzahl bis Stillstand wärmemäßig gleichbedeutend mit 3, ein Reserviervorgang bis zur synchronen Drehzahl im negativen Sinn mit 4 Anläufen ist. – Die Gegenstrombremsung läßt sich bei Gleichstrommotoren, bei Drehstrom-Asynchronmotoren und bei Synchronmotoren mit Anlaufkäfig anwenden. Bei Gleichstrom werden die positiven und negativen Netzanschlüsse des Ankers vertauscht, bei Drehstrom werden 2 Zuleitungen zur Ständerwicklung umgewechselt. Die Bremsmomente hängen bei Gleichstrommotoren wieder von den Bremsströmen bzw. den vorgeschalteten Ankerwiderständen ab. Bei Asynchronmotoren mit Schleifringläufer ergibt die Einschaltung von Widerständen in den Läuferkreis eine Verschiebung der Momentenkurve und damit eine Veränderung der Bremszeit. Bei Asynchronmotoren mit Käfigläufer ergibt sich ein Momentenverlauf, wie er auch in Abb. 157 dargestellt ist.

Ankerkurzschlußbremsung. Die Ankerkurzschlußbremsung wird vor allem bei Gleichstrom-Nebenschlußmotoren angewendet. Der Anker der Maschine – nicht das Feld – wird vom Netz abgetrennt und nach Abb. 156 auf einen Widerstand geschaltet. In diesem wird die kinetische Energie des Ankers und der Arbeitsmaschine in Wärme umgesetzt und so eine Bremsung erzielt. Das Bremsmoment nimmt mit dem Bremsstrom, der mit absinkender Drehzahl kleiner wird, ebenfalls ab. Man kann durch Verkleinern des Widerstandes das Bremsmoment wieder erhöhen, doch sind hier Grenzen gesetzt, wenn man den schaltungstechnischen Aufwand nicht zu hoch treiben will. Beachtenswert ist, daß die Bremswirkung unterbleibt, wenn die Netzspannung ausfällt. Bei stillstehender, d.h. abgebremster Maschine muß die Erregung abgeschaltet werden, da die Eigenbelüftung der Maschine dann nicht mehr wirksam ist.

Ein der Ankerkurzschlußbremsung des Gleichstrommotors ähnliches Verfahren kann bei Drehstrom-Synchronmotoren angewendet werden. Der Ständer wird nach Abb. 156 bei erregter Maschine vom Netz abgetrennt und auf einen Widerstand geschaltet. Auch hier können einstellbare Widerstände zur Verstärkung der Bremswirkung bei abfallender Drehzahl vorgesehen werden.

Gleichstrombremsung. Eine andere Möglichkeit der Bremsung für Drehstrom-Asynchronmotoren besteht darin, 2 Stränge des vom Netz abgeschalteten Ständers mit Gleichstrom niederer Spannung zu speisen. Der Motor wird bis zum Stillstand abgebremst. Ein Hochlaufen der Maschine in umgekehrter Drehrichtung findet nicht statt. Das Motormoment hat einen ähnlichen – allerdings spiegelbildlichen – Verlauf wie beim Anlauf der Maschine.

d) Verändern der Drehzahl

Die Drehzahl der Gleichstrom-Nebenschlußmaschine kann durch Veränderung der Erregung und durch Einschalten von *Widerständen* in den *Ankerkreis* beeinflußt werden. Zum Erhöhen der Drehzahl über die Nenndrehzahl wird die Erregung geschwächt. Durch Vorschalten von Ankerwiderständen ist nur eine Verkleinerung der Nenndrehzahl, also eine Drehzahlverstellung nach unten möglich. – Die Drehzahl jedes Gleichstrommotors verändert sich bei gleichbleibender Ankerspannung im umgekehrten Verhältnis zum magnetischen Fluß. Das größte dauernd abgebbare Drehmoment einer Maschine sinkt bei steigender Drehzahl. Da das Produkt aus Drehmoment und Drehzahl die Leistung ergibt, wird also die Drehzahl im Nebenschluß praktisch bei *konstanter* Leistung verändert. Abb. 158 zeigt im rechten Teil die Verhältnisse auf. Das Verfahren ist praktisch verlustlos. – Die Drehzahl eines Nebenschlußmotors ändert sich bei gleichbleibender Erregung verhältnisgleich mit der am Anker liegenden Spannung – wenn der Einfluß der Ankerrückwirkung vernachlässigt wird. Bei Vorschalten eines Widerstandes sinkt sie infolgedessen entsprechend dem Spannungsabfall in diesem ab. Das sich ergebende Drehzahlverhalten zeigt Abb. 158 linker Teil. Das Verfahren ist mit Verlusten verbunden. Die Höhe dieser Verluste ist abhängig vom Quadrat des Stromes und der Größe des vorgeschalteten Widerstandes. Ein Mangel ist, daß der Spannungsverlust im Ankervorwiderstand bei geringer Motorbelastung und daher kleiner Stromaufnahme nur gering und die Beeinflussung der Drehzahl infolgedessen nicht so groß ist wie bei Nennlast. Besonders bei Windenantrieben kombiniert man deswegen den Ankervorwiderstand mit einem Ankerparallelwiderstand – dem sogenannten Meyer-Widerstand – nach Abb. 159. Dadurch ist auch bei kleiner Ankerbelastung sichergestellt, daß über den Ankervorwiderstand ein genügend großer Strom fließt, um eine ausreichende Drehzahlmin-

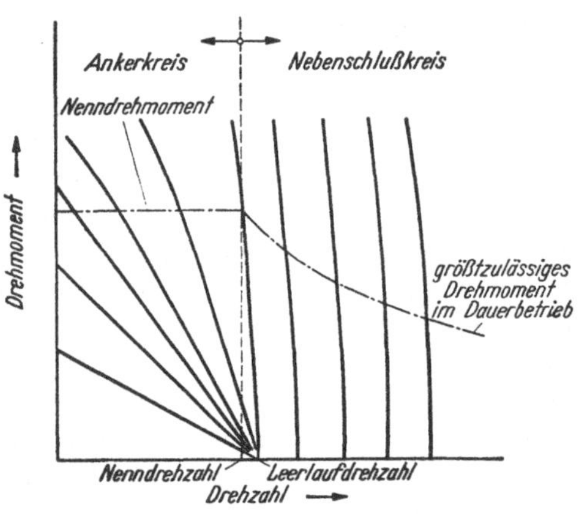

Abb. 158. Verlauf des Drehmomentes bei einem Gleichstrom-Nebenschlußmotor bei Veränderung der Drehzahl

derung zu erwirken, jedoch bleibt grundsätzlich die Abhängigkeit der Drehzahl von dem Lastzustand bestehen. Bei hoher Belastung wird der Ankerparallelwiderstand meist wieder abgeschaltet.

Eine Drehzahlverstellung in weiten Grenzen gestattet für einen Gleichstrom-Nebenschlußmotor die Anwendung einer 1891 von WARD

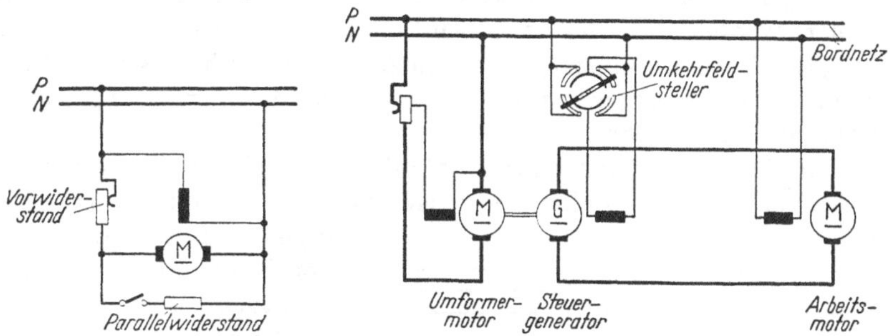

Abb. 159. Schaltung eines Gleichstrom-Nebenschlußmotors mit Vor- und Parallelwiderstand

Abb. 160. WARD-LEONARD-Schaltung

LEONARD[1] angegebenen Schaltung. Bei dieser wird nach Abb. 160 der Motor (Arbeitsmotor), im allgemeinen ohne Zwischenschalten eines Schaltgerätes, an einen fremderregten Gleichstromgenerator (Steuergenerator) angeschlossen. Der Generator wird durch einen Motor (Umformermotor), der je nach der Art des Bordnetzes ein Drehstrom- oder ein Gleichstrommotor sein kann, mit konstanter Drehzahl angetrieben. An die Stelle des Umformermotors kann auch eine Kraftmaschine, z.B. ein Dieselmotor, treten. Die Erregermaschine für die Fremderregung des Generators kann, falls keine andere Gleichstromquelle an Bord vorhanden ist, als Gleichstrom-Doppelschlußgenerator ebenfalls vom Umformermotor angetrieben werden. Die Drehzahl des Antriebsmotors wird durch Verändern der Erregung des Generators, also durch Verändern der Ankerspannung, beeinflußt. Das Verfahren läßt eine sehr feinstufige Einstellung zu. Eine Umkehr der Drehrichtung bis zum vollen negativen Wert der Drehzahl ist durch Umpolen der Generatorerregung möglich. Zum Erzielen eines weichen Drehzahlverhaltens kann der Steuergenerator mit einer Gegenreihenschlußwicklung versehen werden, die mit steigender Belastung, d.h. steigendem Ankerstrom, eine Schwächung der Erregung bewirkt und so den Antrieb vor stoßartigen Überlastungen schützt. Die dem Netz entnommene Leistung wird so nach oben begrenzt. Bei Umkehr der Polarität der Fremderregung zur Änderung des Drehsinns ändert sich auch die Stromrichtung im Anker bzw. in der Gegenreihenschlußwicklung, so daß auch im Reversierbetrieb

[1] Vgl. Rotierende Umformer, S. 85 und Maschinenverstärker, S. 102.

die gewünschte Gegenwirkung der Erregungen behalten wird. Die Verstellung der Drehzahl durch Änderung der Generatorerregung wird durch einen verhältnismäßig schlechten Wirkungsgrad des gesamten LEONARD-Satzes erkauft, da sich die Gesamtverluste aus den Verlusten der 3 Maschinen errechnen. Wichtig ist, daß jedem Arbeitsmotor ein besonderer Steuergenerator zugeordnet werden muß, wenn jeder Motor für sich gesteuert werden soll. Die LEONARD-Schaltung kann mit einer Veränderung der Nebenschlußerregung beim Arbeitsmotor bzw. seiner Drehzahl kombiniert werden, was allerdings im ursprünglichen Patent von LEONARD nicht vorgesehen war.

Ein dem LEONARD-Verfahren ähnliche Möglichkeit der Beeinflussung von Drehzahl und Drehrichtung ist durch die *Zu-* oder *Gegenschaltung* gegeben, die allerdings an Bord von Schiffen heute kaum noch gebräuchlich ist.

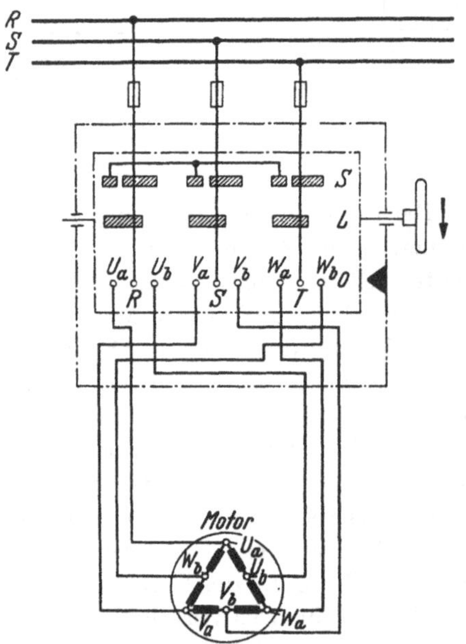

a – Anschlüsse für langsame Drehzahl (Stellung L)
b – Anschlüsse für schnelle Drehzahl (Stellung S)

Abb. 161. DAHLANDER-Schaltung

Auch das *Konstantstromverfahren* kann zur feinstufigen Einstellung der Drehzahl und zur Umkehr der Drehrichtung eines oder mehrerer Antriebsmotoren angewendet werden. Es wird an Bord vor allem bei elektrischen Propellerantrieben mit Gleichstromübertragung[1] benutzt. Ein wesentlicher Unterschied gegenüber dem LEONARD-Verfahren besteht darin, daß an *einen* Generator gleichzeitig *mehrere* Arbeitsmotoren angeschlossen werden können, auch wenn jeder für sich in der Drehzahl und in der Drehrichtung gesteuert werden soll.

Drehstrommotoren mit Käfigläufer besitzen keine Möglichkeit der Drehzahlverstellung – von Sonderverfahren abgesehen. Eine grobstufige Einstellung verschiedener Drehzahlen ist bei *polumschaltbaren* Drehstrommotoren möglich. Bei einem Drehzahlverhältnis von 1:2 wird häufig die „DAHLANDER-Schaltung“ nach Abb. 161 verwendet. Bei anderen Drehzahlverhältnissen werden meist getrennte Wicklungen in den Nuten des gleichen

[1] Vgl. Antriebe mit Konstantstromschaltung, S. 402.

Ständers bzw. Läufers untergebracht. Motoren mit mehr als 4 Drehzahlen werden nicht ausgeführt. Als Schaltgeräte für polumschaltbare Motoren kommen Walzenschalter nach Abb. 161 in Betracht; häufig werden auch Schützensteuerungen – insbesondere bei Antrieben für Decksmaschinen[1] – angewendet. Polumschaltbare Motoren können auch zur Verbesserung der Anlaufverhältnisse bei schwer anlaufenden Arbeitsmaschinen vorgesehen werden.

Eine feinstufige Verstellung der Drehzahl läßt sich bei *Drehstrom-Asynchronmotoren* nur mit *Schleifringläufern* durchführen. Die Feinstufigkeit hängt von der Zahl der Stufen des Widerstandes im Läuferkreis ab. Das Kippmoment wird nach Abb. 151 dann bereits bei kleinen Drehzahlen erreicht. Bei Vorschaltung großer Widerstände arbeitet der Motor sehr weich, so daß sich bei kleinen von der Arbeitsmaschine ausgehenden Änderungen des Drehmomentes verhältnismäßig hohe Drehzahlunterschiede einstellen. Die in den Widerständen entstehenden Verluste sind bei Arbeitsmaschinen, die mit gleichbleibendem Drehmoment

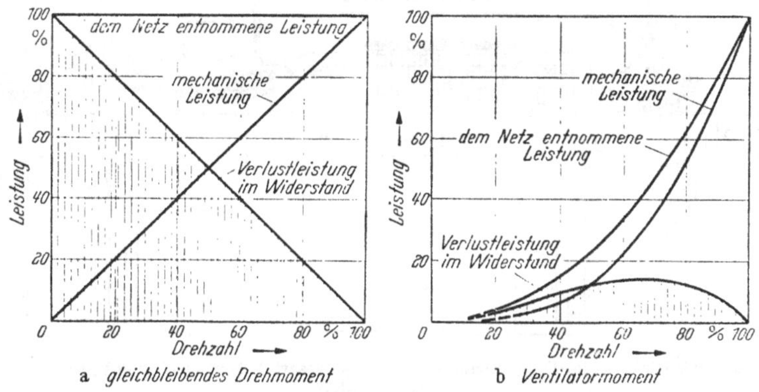

Abb. 162a u. b. Drehstrommotor mit Schleifringläufer, Verlustleistung bei Veränderung der Drehzahl

arbeiten, nach Abb. 162a proportional der Drehzahlminderung. Bei Arbeitsmaschinen, deren Moment mit der Drehzahl quadratisch sinkt, ergibt sich nach Abb. 162b ein Maximum der Verluste mit etwa 14,7% bei 66% Drehzahl. Bei 100% Drehzahl und im Stillstand entstehen keine zusätzlichen Verluste, wie es ebenfalls aus Abb. 162b hervorgeht. Zu beachten ist noch, daß mit herabgesetzter Drehzahl die Eigenlüftung der Motoren geringer wird. Deswegen müssen die vom Motor abzugebenden Leistungen vermindert werden. Bei 50% Drehzahl kann der Motor nur noch etwa 40% Leistung bzw. 80% Drehmoment abgeben. Bei Antrieben,

[1] Vgl. Antriebe und Steuerungen für Decksmaschinen, S. 239.

die mit Ventilatormoment arbeiten, ergeben sich hieraus keine Schwierigkeiten. Bei Antrieben, die ein konstantes Drehmoment erfordern, muß dieser Umstand aber beachtet werden.

2. Konstruktive Gestaltung der Motoren

Schutzart[1] und *Belüftung* der Motoren sind eng miteinander verknüpft. Bei den *unter* Deck, z.B. im Maschinenraum aufgestellten Motoren genügt im allgemeinen die *geschützte* Ausführung, z.B. Schutzart P 11, also Schutz gegen große feste Fremdkörper, zufällige Berührung und *Tropf*wasser. Es wird aber auch Schutzart P 12, also Schutz gegen große feste Fremdkörper, zufällige Berührung und *Spritz*wasser angewendet, wenn nicht P 22 an Stellen erhöhter Gefährdung erforderlich ist. Diese Motoren haben normalerweise Durchzugsbelüftung; ein auf der Welle befindliches

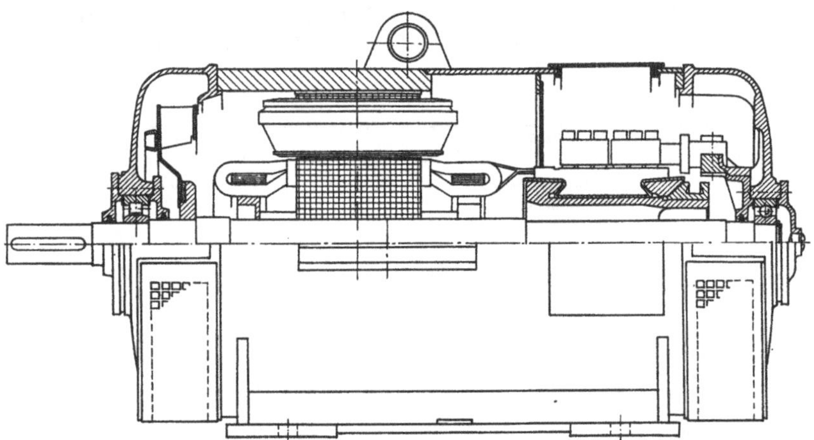

Abb. 163. Gleichstrom-Doppelschlußmotor in Schutzart P 22; 10 kW, 230 V, 1450 U/min (Bauart SSW)

Ventilatorrad saugt die Außenluft an und drückt sie durch die Maschine wieder in den Raum – Eigenlüftung. Im allgemeinen tritt die Luft auf der Schleifring- bzw. Kommutatorseite (BS) ein und verläßt sie auf der gegenüberliegenden, d.h. der zur Arbeitsmaschine liegenden Seite (AS). Es wird jedoch auch die umgekehrte Luftführung angewendet, vor allem bei Gleichstrommaschinen mit großen Kommutatoren. Man kann angenähert rechnen, daß ein Motor in einer Stunde etwa die Luftmenge benötigt, die sein Eigengewicht aufwiegt. Einen Gleichstrommotor in Schutzart P 22 mit geschweißtem Stahlgehäuse zeigt Abb. 163. Das Ventilatorrad befindet sich auf AS. Der Klemmenkasten ist seitlich am Gehäuse aufgesetzt.

[1] Vgl. Generatoren, konstruktive Gestaltung, S. 58.

Motoren mit Schutzart P 33 werden als *geschlossen* bezeichnet; sie besitzen Schutz gegen groben Staub, absichtliche Berührung und Schwallwasser. Ihr Inneres ist daher bis auf die erforderlichen Kondenswasserlöscher zum Abfluß etwa entstehenden Schwitzwassers gegen den Raum abgeschlossen. Diese Maschinen besitzen entweder Oberflächenbelüftung, wobei die Kühlluft nach Abb. 164 durch einen Außenventilator über die mit Kühlrippen versehene Oberfläche des Ständers geführt wird, oder sie arbeiten überhaupt ohne einen Ventilator. Die erstgenannten Motoren sind nicht überflutungssicher; sie werden nur *unter* Deck verwendet. Eine

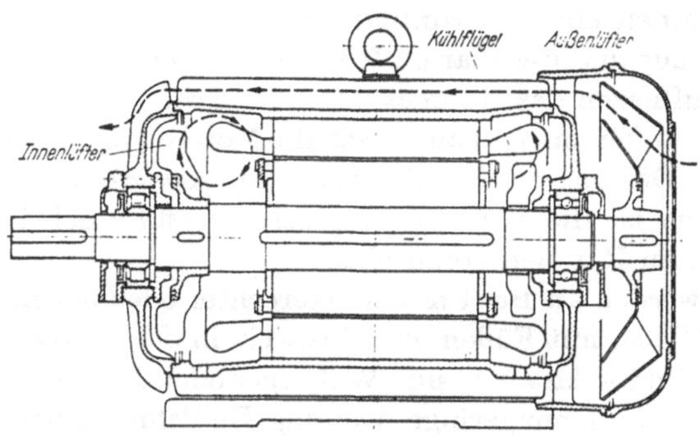

Abb. 164. Drehstrom-Asynchronmotor mit Käfigläufer in Schutzart P 33 mit Oberflächenbelüftung (Bauart SSW)

Aufstellung auf Deck ist mit Rücksicht auf eine mögliche Vereisung der Oberfläche und des Ventilatorrades bzw. die damit verbundene Gefahr des Zusetzens der Luftwege nicht zweckmäßig. Meist wird die Außenbelüftung durch Kühlflügel oder Innenventilatoren, welche die Luft im Innern der Maschine umwälzen bzw. an die Innenseite des Gehäuses führen, unterstützt. – Maschinen *auf Deck*, z.B. die Motoren der Ladewinden, der Ankerwinden usw., müssen überflutungssicher (deckwater proof) sein. Bei ihnen wird die Wärme durch Strahlung und natürliche Strömung abgegeben. Auch hier kann innerhalb der Motoren ein Ventilatorrad angebracht werden, um ein Umwälzen der Luft zu erzielen bzw. Wärmestauungen an ungünstigen Stellen zu vermeiden.

Schutzart P 33 kann auch durch Ausführung der Maschinen mit Rohranschlußstutzen erreicht werden; die Luft wird dabei durch Kanäle zugeführt. Zur Unterstützung des Eigenventilators muß bei größeren Widerständen in den Kanälen häufig ein zusätzlicher, durch einen besonderen Motor angetriebener Fremdventilator vorgesehen werden. Dieser kann Luft aus dem Raum in den Motor hereindrücken oder die Warmluft aus der Maschine absaugen. Wichtig ist eine Abstimmung der Fördermengen von Eigen- und Fremdventilator. Derartige Anordnungen können bei großen Maschinen auch als Kreislaufkühlung mit Rückkühlung der Warmluft in einem Kühler ausgeführt werden. Gegebenenfalls wird man bei kleinen Maschinen nur *Zu*luftstutzen zum Hereindrücken von Kaltluft benutzen und die Warmluft direkt in den Raum geben. Besonders bei Antrieben mit Gleichstrommotoren oder Drehstrom-Synchronmotoren, bei denen die Motoren betriebsmäßig mit kleiner Drehzahl – z. B. bei Propellerantrieben – und dann ungenügender Wirkung der Eigenlüftung fahren, wird diese Ausführung zur Abführung der aus den Wicklungen stammenden Verlustwärme angewendet. – Umgekehrt kann auch bei großen Maschinen eine Anordnung zweckmäßig sein, bei der aus dem Raum angesaugt und die Warmluft nach Oberdeck geführt wird, um ein zu starkes Aufheizen des Raumes zu verhindern.

Bei Tankschiffen müssen auf Deck alle Motoren in einem Umkreis von 3 m vor jeder Öffnung zu den Tanks *explosionsgeschützt* ausgeführt werden. Außerdem ist diese Ausführung selbstverständlich in allen explosionsgefährdeten Räumen vorzusehen.

Motoren werden an Bord mit waagerechter oder bevorzugt auch mit senkrechter Welle, mit Füßen oder Flansch, in der Mehrzahl mit Schildlagern ausgeführt. – Als *Lager* sind Wälzlager oder Gleitlager gebräuchlich. – *Wälzlager* erfordern nur geringe Wartung. Ihr Schmiermittelbedarf hängt – außer von den Betriebsverhältnissen – von der Größe des Lagers und der Drehzahl der Maschine ab. Die Zeiten, nach denen das Fett erneuert werden muß, liegen bei kleinen, langsamlaufenden Lagern bei einigen Jahren, bei größeren, schnellaufenden Lagern bei einigen Monaten. Im ersten Fall ist die Nachschmierfrist länger als die Lebensdauer des Lagers, im zweiten Fall kürzer. Um nicht wegen der Fetterneuerung die Lager ausbauen zu müssen, wurden *Nachschmiereinrichtungen* entwickelt. Diese sollen so konstruiert sein, daß beim Einbringen des neuen Fettes gleichzeitig ein Teil des alten Fettes aus dem Lagerraum austritt, um eine Überfüllung dieses Raumes zu verhindern. – Der bei Wälzlagern möglichen Gefahr einer Bildung von Standriefen infolge der im Schiff auftretenden, meist von den Dieselmotoren herrührenden Erschütterungen kann oft durch Verwendung von Kugellagern an Stelle von Rollenlagern begegnet werden. – *Gleitlager* werden vor allem bei großen Maschinen verwendet. Es müssen bei ihnen besondere Maßnahmen ergriffen werden, damit die Schiffsbewegungen nicht zu Betriebsstörungen führen. – Besonders bei Antrieben von Ventilatoren und Kreiselpumpen ist die Belastbarkeit der Lager durch Axialschub zu berücksichtigen. Bei einem fliegend auf dem Ende der Motorwelle aufgesetzten Ventilatorrad muß auch geprüft werden, ob Welle und Lager dessen Gewicht ohne unzulässige Durchbiegung bzw. unzulässige Lagerbelastung tragen können. Dabei müssen die Räder zur Verhinderung von Schwingungen dynamisch ausgewuchtet sein. –

Schwingungsfreiheit und Laufruhe erfordern, daß die Läufer der Motoren dynamisch ausgewuchtet werden.

Das am meisten verwendete Element zur Energieübertragung zwischen Motor und Arbeitsmaschine ist die *Kupplung*, deren zweckentsprechende Auswahl wichtig ist. Starre Kupplungen werden nur selten angewendet. Dabei darf dann in dem Wellensystem nur *ein* Lager als Festlager ausgebildet werden. Auch muß das Fundament verwindungssteif sein, eine Forderung, der gerade an Bord besondere Beachtung geschenkt werden muß. In den weitaus meisten Fällen werden deshalb Kupplungen mit elastischen Gliedern zur Aufnahme von Stößen, zur Verhütung bzw. Dämpfung von Schwingungen oder zur Aufnahme von Wellenverlagerungen eingebaut.

Abb. 165 zeigt eine Zusammenstellung von häufig verwendeten elastischen Kupplungen. Bei der schwach drehelastischen *Zapfen*kupplung nach Abb. 165a werden die in eine Lochscheibe aus Gußeisen eingreifenden Bolzen mit einer – elektrisch isolierenden – Gummibuchse und einer Messinghülse umgeben. Für hohe Umfangsgeschwindigkeit oder besonders schwere Betriebsverhältnisse wird die Lochscheibe aus Stahl gefertigt. Die Bolzenscheibe ist in der Regel die treibende Scheibe. Wenn das von der Kupplung aufzunehmende Drehmoment nicht vom Motordrehmoment allein abhängig ist, sondern auch von anderen Einflüssen, z. B. von der Abbremsung großer Massen, so muß dies bei der Dimensionierung zusätzlich berücksichtigt werden.

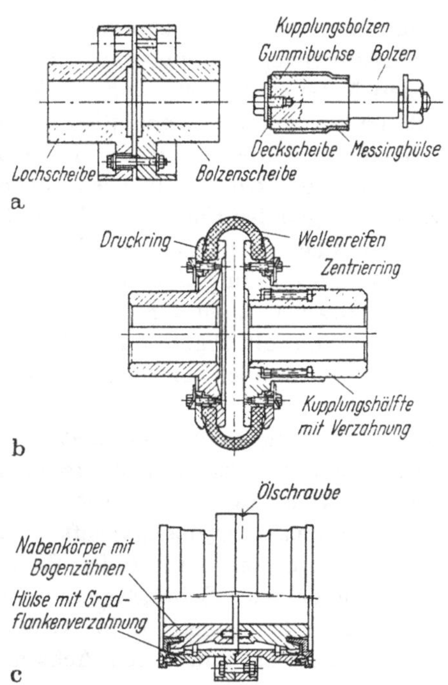

Abb. 165a–c. Häufig verwendete Kupplungen
a) Elastische Zapfenkupplung (Bauart SSW); b) elastische Wellenkupplung (Periflex-Kupplung) (Bauart Stromag); c) Bogenzahnkupplung (Bauart Tacke)

Den Aufbau der hochelastischen spielfreien *Periflex*kupplung, die vor allem zur Dämpfung von Drehschwingungen im Antriebssystem verwendet wird, zeigt Abb. 165b. Der durch Fliehkräfte hervorgerufene axiale Zug kann bei Maschinen mit Gleitlagern durch die Verzahnung einer Kupplungshälfte – wie gezeichnet – aufgenommen werden, da dies in diesem Fall durch die Maschinen selbst nicht möglich ist. Da die Kupplung in einem gewissen Bereich zur Aufnahme radialer oder winkliger Wellenverlagerungen geeignet ist, kann sie auch dann angewendet werden, wenn Motor und Arbeitsmaschine nicht auf einem gemeinsamen Fundament stehen.

Die mehrgelenkige *Bogenzahnkupplung* nach Abb. 165c wird bei schwierigen Antriebsverhältnissen verwendet. Die durch Flansche miteinander verbundenen äußeren Hülsen besitzen am inneren Umfang eine Gradflankenverzahnung, während die mit den Wellenenden fest verbundenen Nabenkörper am äußeren Umfang eine Verzahnung mit Bogenzähnen tragen. Die Zähne, die alle gleichzeitig an der Kraftübertragung teilnehmen, laufen in Öl. Die Kämme dienen zur axialen Fixierung bei der Montage. Die Kraft wird theoretisch durch Linienberührung der Zähne, wegen der Elastizität des Materials aber durch eine Berührung in kleinen Flächen übertragen. Die Kupplung ist infolge der besonderen Art der Verzahnung allseitig verlagerungsfähig; sie überbrückt vor allem Mittenabweichungen der zu kuppelnden Wellen.

Antriebe mit Flachriemenübertragung zwischen Motor und Arbeitsmaschine kommen an Bord selten vor, dagegen werden *Keilriemenantriebe* häufiger angewendet. Diese sind vor allem für mittlere und kleine Umfangsgeschwindigkeiten vorteilhaft und gewährleisten einen weitgehend ruhigen und stoßfreien Lauf. Für die Motoren muß neben dem Gewicht der Riemenscheibe, das Motorwelle und Lagerung zu tragen haben, auch nachgeprüft werden, ob die Belastung in senkrechter Richtung zur Achse durch den Riemenzug zulässig ist.

Bezüglich der Schräglagenempfindlichkeit gilt das gleiche, was bereits auf S. 64 ausgeführt ist. Größere horizontal angeordnete Antriebe sollen möglichst mit ihren Achsen in Richtung der Schiffsachse aufgestellt werden.

3. Antriebe und Steuerungen unter Deck

a) Antriebe für Pumpen und Ventilatoren

Pumpen und Ventilatoren (Lüfter) gehören zu den wichtigsten Hilfsmaschinen an Bord. Sie werden zahlreich und für die verschiedensten Zwecke eingesetzt. Auf Frachtschiffen mittlerer Größe werden bis zu 80 Pumpen- und Ventilatorantriebe eingebaut, auf Fahrgastschiffen mehr und mit zum Teil erheblichen Förderleistungen. So sind z.B. auf dem Fahrgastschiff „Bremen“ allein für die Versorgung der Waschtische, Bäder und Brausen mit Frischwasser 2 Pumpen mit einer Förderleistung von 35 t/h und für die Trinkwasserversorgung 1 Pumpe mit 10 t/h aufgestellt. Für die sanitären Einrichtungen und die Versorgung des Schwimmbades wurden 2 Seewasser-Pumpen mit 150 t/h vorgesehen. –

Im allgemeinen wird mit einem Bedarf von 30 l Trinkwasser (einschließlich Kochwasser) und 85 l Waschwasser je Person und Tag gerechnet.

Über die verschiedenen Verwendungszwecke von Pumpen und Ventilatoren gibt die nachstehende Zusammenstellung einen Überblick.

Gruppe 1

Maschinen- und Schiffsanlagen

Speisewasserpumpen, Kühlwasserpumpen, Heizölpumpen, Schmierölpumpen, Kondensatpumpen od. dgl.	Feuerlöschpumpen, Lenzpumpen, Leckpumpen, Ballastpumpen Deckwaschpumpen Schmutzwasserpumpen od. dgl.	Maschinen- und Kesselraumventilatoren, Kesselgebläse

Gruppe 2

Fahrgäste und Besatzung

Trinkwasserpumpen, Warmwasserpumpen, Badewasserpumpen, Sanitärpumpen od. dgl.	Schiffsraumventilatoren

Gruppe 3

Ladung

Ölförderpumpen, Benzinförderpumpen, Ladeölpumpen, Süßölpumpen od. dgl.	Laderaumventilatoren, Ventilatoren für Tankentlüftung

Die Leistung dieser Antriebe richtet sich vornehmlich nach der Größe und dem Verwendungszweck des Schiffes. Während Antriebe der Gruppe 1 praktisch für alle Schiffsgattungen erforderlich sind, werden Pumpen und Ventilatoren der Gruppe 2 in erhöhtem Maße für Fahrgastschiffe und die Hilfsmaschinen der Gruppe 3 vorwiegend für Tanker bzw. Trockenfrachtschiffe benötigt.

Die *Betriebszeit* der einzelnen Pumpen ist von ihrem Zweck abhängig. Abb. 166 gibt einen Überblick über die Betriebszeit der Sanitär- und Trinkwasserpumpen bei einem Frachtschiff mittlerer Größe während eines Tages. Mit einer Einschaltzeit von etwa 12 min/h ist die Trinkwasserpumpe in der Zeit von 13–14 Uhr am meisten benützt.

Aufbau, Wirkungsweise und Leistungsbedarf von Pumpen und Ventilatoren. Hinsichtlich Aufbau und Wirkungsweise müssen bei Pumpen und Ventilatoren 2 Hauptgruppen unterschieden werden:

Strömungsmaschinen, wie Kreiselpumpen (Zentrifugalpumpen, Schraubenpumpen, Propellerpumpen) und Kreiselgebläse bzw. Ventilatoren (Radial- oder Fliehkraftventilatoren, Axial- oder Schraubenventilatoren),

Verdrängermaschinen, wie Kolbenpumpen und Zahnradpumpen.

Strömungsmaschinen. Das Betriebsverhalten der Strömungsmaschinen ist allgemein durch ihre sogenannte Q-H-Linie oder *Drosselkurve* bestimmt, in welcher der Zusammenhang zwischen Förderhöhe und Fördermenge zum Ausdruck kommt. Die theoretische Förderhöhe einer Kreisel-

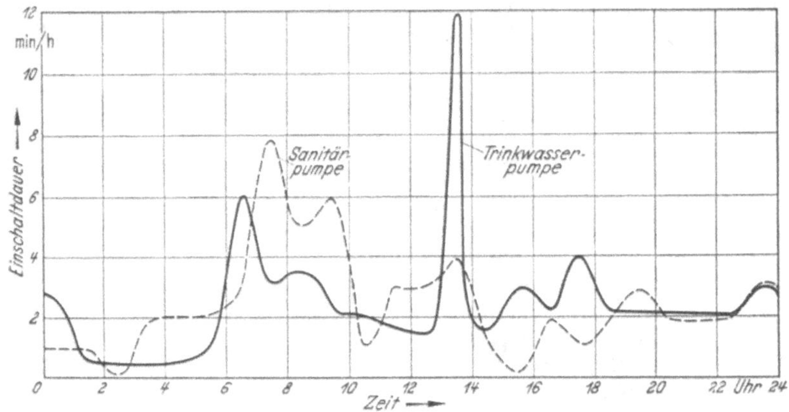

Abb. 166. Betriebszeiten der Sanitär- und Trinkwasserpumpen auf MS „Melilla"

pumpe ist durch eine Gerade, die mit zunehmender Fördermenge je nach der Krümmung der Schaufeln fallend oder steigend verlaufen kann, dargestellt. Die tatsächliche Förderhöhe entsteht nach Abzug der inneren Pumpenverluste, die sich – wie bei einer elektrischen Maschine – in einzelne Verlustglieder unterteilen lassen. Bei einer Änderung des Druckes in der Anlage, d.h. der Förderhöhe der Pumpe, ändert sich die von der Pumpe abgebbare Fördermenge und ihr Wirkungsgrad. In Abb. 167a und b sind die Drosselkurven und die Leistungslinien für die zwei hauptsächlich an Bord verwendeten Arten von Kreiselpumpen, nämlich die radial wirkenden Zentrifugalpumpen und die mehr axial fördernden Schraubenpumpen dargestellt. Während der Leistungsbedarf bei einer Zentrifugalpumpe mit steigender Fördermenge ansteigt, fällt er bei einer Schraubenpumpe ab. Bei der Bemessung der Leistung des Antriebsmotors muß dieses Verhalten beachtet werden, z.B. für den Fall, daß gegen geschlossene Schieber angefahren wird oder ein Sinken der Fördermenge bzw. ein Ansteigen der Förderhöhe betriebsmäßig auftreten kann. Zentrifugalpumpen werden zur Förderung kleiner Mengen gegen hohen Druck, Schraubenpumpen zur Förderung großer Mengen gegen kleinen Druck eingesetzt. – Die Pumpen sind nur dann betriebsfähig, wenn sie vor dem Betriebsbeginn mit Flüssigkeit angefüllt worden sind. In manchen Fällen sind auch an Bord selbstansaugende Kreiselpumpen erforderlich, die das Wasser aus der Saugleitung selbst ansaugen, d.h. in der ersten Betriebsperiode als Vakuumpumpen arbeiten können. Ihre Q-H-Linie ist nach der Abb. 167 c

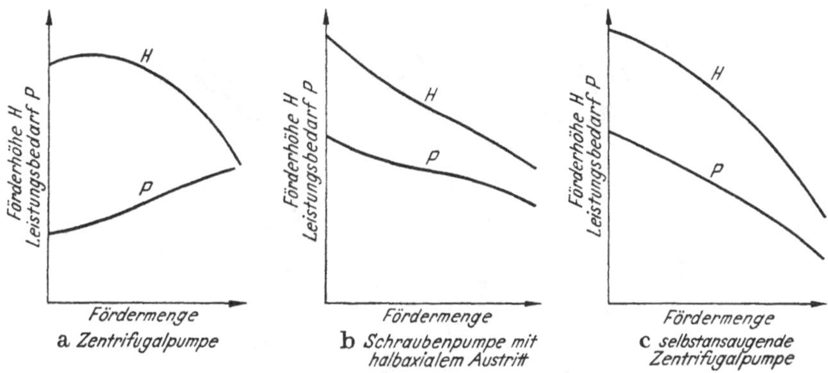

Abb. 167. Betriebskennlinien verschiedener Pumpen

der normaler Zentrifugalpumpen, ihre Leistungslinie der von Schraubenpumpen ähnlich.

Beim Erhöhen der *Drehzahl* einer Kreiselpumpe oder eines Ventilators steigt:

die Fördermenge linear mit der Drehzahl,
die Förderhöhe quadratisch mit der Drehzahl,
das von der Pumpe benötigte Drehmoment quadratisch mit der Drehzahl (Ventilatormoment),
die von der Pumpe benötigte Leistung kubisch mit der Drehzahl.

Unter diesen Voraussetzungen bleibt die Strömung in der Pumpe ähnlich, d.h., die Schaufeln werden unter gleichen Winkeln angeströmt. Daher ändert sich der Wirkungsgrad nur wenig – Affinitätsgesetz.

Radialventilatoren ähneln in ihrem Bauprinzip den Zentrifugalpumpen, Axialventilatoren den Schraubenpumpen. Die für die Beurteilung der Ventilatoren wichtigen Kennlinien, wie Drosselkurven, Leistungskurven u. dgl., zeigen deshalb ähnliche charakteristische Formen wie die der im prinzipiellen Aufbau gleichartigen Pumpen. Bei Radialventilatoren ist der Leistungsbedarf in besonders ausgeprägter Weise von der Schaufelform abhängig. In Abb. 168 sind die Leistungs- und Wirkungsgradkurven sowie der Verlauf des Gesamtdruckes bei 3 verschiedenen Schaufelformen aufgezeichnet.

Das Verhalten eines Niederdruck-Schachtventilators geht aus Abb. 169 hervor. In der Regel lassen sich Axialventilatoren nur bis auf etwa 60%

der freiblasend geförderten Luftmenge drosseln, ohne daß der Luftstrom abreißt. Für den Zusammenhang zwischen Gesamtdruck (p_g) sowie dynamischem (p_d) und statischen (p_s) Druck gilt nachstehende Beziehung:

$$p_g = p_s + p_d.$$

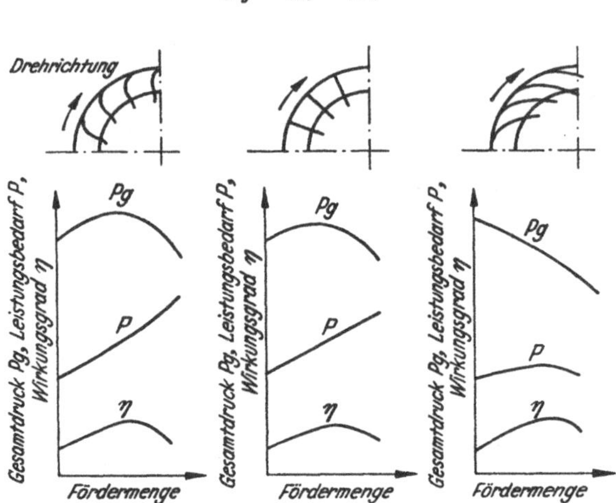

Abb. 168. Betriebskennlinien von Radialventilatoren mit verschiedenen Schaufelformen

Den statischen Druck muß der Ventilator zur Überwindung der Widerstände des Lüftungssystems aufbringen. Der dynamische Druck ist die Geschwindigkeitsenergie der bewegten Luft in der Ausblasöffnung des Ventilators. – Auch bei Ventilatoren gilt in den meisten Fällen das Affinitätsgesetz.

Verdrängermaschinen. Der größte Teil der an Bord verwendeten Pumpen ist nach dem Prinzip rotierender Kreiselräder aufgebaut. Der Anteil der noch verwendeten *Verdrängerpumpen* ist jedoch nicht zu unterschätzen. *Kolbenpumpen* mit elektrischem Antrieb kommen selten vor – vorzugsweise als Lenz- und Ballastpumpen. Für Ölförderung werden dagegen häufig *Zahnradpumpen* benutzt. Das Betriebsverhalten von Verdrängerpumpen unterscheidet sich grundlegend von demjenigen der Kreiselpumpen. Die Förderhöhe der Verdrängerpumpe ist theoretisch von der Fördermenge unabhängig. Infolge der Spaltverluste ergibt sich jedoch nach Abb. 170 eine Abhängigkeit derart, daß die Fördermenge mit zunehmendem Druck etwas absinkt. Der Leistungsbedarf steigt mit der Förderhöhe stark, wie es ebenfalls aus Abb. 170 hervorgeht. Eine Begrenzung des Druckes nach oben ist nur durch die zur Verfügung stehende Leistung des Antriebsmotors bzw. durch die mechanische Festigkeit der Triebwerks- und Rohrleitungsteile gegeben. Verdrängerpumpen erhalten deshalb besondere Sicherheitseinrichtungen, die bei zu hohem Druck ansprechen, einen Teil der Förderflüssigkeit in den Ansaugraum zurückfließen lassen und so den Antriebsmotor und die Pumpe vor Überlastung bzw. Zerstörung schützen.

Beim Erhöhen der Drehzahl

steigt die Fördermenge linear mit der Drehzahl,
steigt der Leistungsbedarf linear mit der Drehzahl,
bleibt die Förderhöhe konstant
bleibt das Drehmoment konstant.

Der Wirkungsgrad für Kreiselpumpen liegt bei vergleichbaren Leistungen im allgemeinen etwas tiefer als der von Verdrängerpumpen.

Ausführung von Pumpen- und Lüftungsanlagen. Für die Auswahl der Pumpen und Ventilatoren sind die Fördermenge, der gewünschte Druck

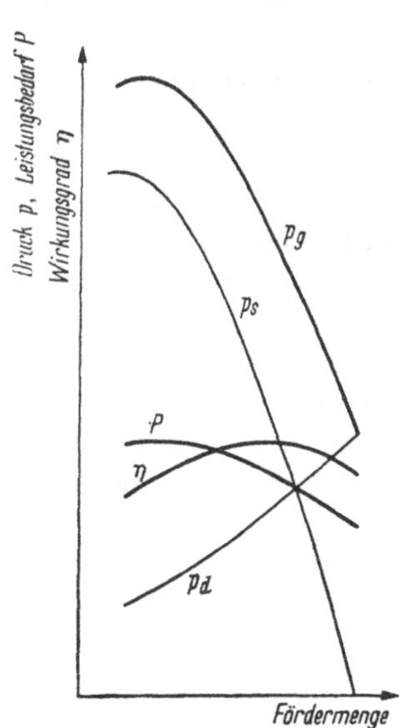

Abb. 169. Betriebskennlinien eines Niederdruck-Schachtventilators

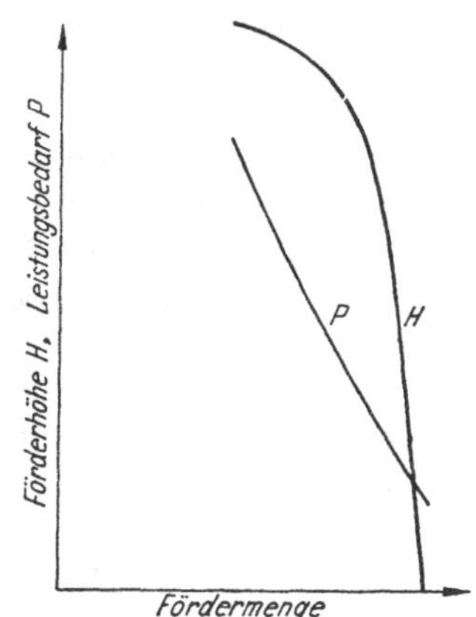

Abb. 170. Betriebskennlinien von Verdrängerpumpen

an der Verbrauchsstelle *und* der Widerstand maßgebend, den die angeschlossenen Rohrleitungen oder Kanäle bieten. Der Widerstand einer Rohrleitung wächst mit steigender Durchflußmenge quadratisch; dagegen sinken die Widerstandswerte mit größer werdenden Rohrabmessungen. Formstücke und Armaturen berücksichtigt man, indem dafür fiktive Rohrlängen gleichen Widerstandes eingesetzt werden. Für die Bemessung der Rohrleitungen sind umfangreiche Nomogramme und Tabellen aufgestellt. – Die Ansaughöhe ist an Bord im allgemeinen gering. Bei Seewasserpumpen ist zu berücksichtigen, daß die Ansaugventile immer unter der Wasserlinie liegen.

Besonders bei Drehstromanlagen ist die genaue Berechnung der Rohrleitungswiderstände wichtig. Sollte sich z.B. nach Einbau einer Kreiselpumpe ergeben, daß die verlangte Fördermenge nicht erzielt wird, da der tatsächliche Widerstand der Leitungen, Armaturen usw. höher als der vorausberechnete ist, so läßt sich bei Antrieb durch einen Drehstrommotor mit Käfigläufer eine nachträgliche Anpassung an den wirklich auftretenden Widerstand durch Erhöhen der Drehzahl nicht mehr durchführen. Demgegenüber ist es bei einem Gleichstrom-Nebenschlußmotor als Antriebsmaschine möglich, durch Feldschwächung eine nachträgliche Drehzahlerhöhung vorzunehmen – vorausgesetzt, daß die Leistung des Motors ausreicht. Auch eine Drehzahländerung nach unten ist bei entsprechender Bemessung des Motors durch Feldverstärkung möglich.

Für die Bemessung von Ventilatoren, die ohne Anschluß von Rohrleitungen oder Kanälen direkt in den Raum arbeiten, ist vor allem die Bestimmung der benötigten Luft*menge* wichtig. Hierbei ist der Verwendungszweck des Raumes bestimmend. Die üblichen Luft*raten* je Stunde für den m^3-Raum und je Kopf der anwesenden Personen bzw. die Zahl der Luft*wechsel*/Std. sind tabellarisch für unser Klima festgelegt. Bei tropischem Klima und eisernen, oft nicht isolierten Wänden, wie sie auf Schiffen üblich sind, ist oft das Mehrfache dieser Werte anzunehmen. Im allgemeinen gilt, daß in den unteren Räumen die Temperaturen eines Schiffes dem Gang der Wassertemperatur folgen und deshalb nicht viel über 30 °C hinausgehen. Die Temperaturen im Zwischendeck sind dagegen mehr von der Lufttemperatur abhängig. – Häufig werden auch Räume unter Überdruck gesetzt, um ein Eindringen von Gasen od. dgl. zu verhindern. Für Raumbelüftung wird vor allem der Axialventilator, der zur Förderung großer Luftmengen bei verhältnismäßig kleinem Druckabfall geeignet ist, verwendet. Auf Schiffen, die Eisenerz, Bauxit oder ähnliche Güter befördern, kann es zweckmäßig sein, in das Lüftungssystem der Unterkunfts- und Maschinenräume Luftreinigungsanlagen einzubauen; das können z.B. Staubfilter oder Luftwäscher sein. – Hier kann der Radialventilator zweckmäßig sein.

Bei Schiffen mit empfindlicher Ladung, z.B. Fruchtschiffen, wird eine *Belüftung* der *Laderäume* vorgesehen. Meist drücken 2 oder mehr Ventilatoren an dem einen Ende des Laderaumes die Luft in diesen hinein, während am anderen Ende weitere Ventilatoren saugend arbeiten. Zu einer gründlichen Durchwirbelung kann die Drehrichtung der Antriebsmotoren und damit die Saug- und Druckwirkung vertauscht werden. Die Ventilatoren haben deswegen oft gerade Schaufeln, um die gleiche Förderleistung in beiden Drehrichtungen zu erzielen. – Durch die Luftwiderstände der Ladung entsteht eine mehr oder weniger große Beeinflussung der Luftströmung, es können sich auch tote Winkel im Raum ausbilden. Eine vertikale Luftführung ergibt eine gleichmäßigere Temperaturschichtung als eine horizontale. – Für die Durchlüftung spielt die Temperatur der Ladung relativ zur Raumtemperatur eine nicht unerhebliche Rolle.

So begünstigt eine warme Ladungsoberfläche die turbulente Durchmischung und Zerstreuung des kälteren Belüftungsstromes, während eine kalte Ladungsoberfläche eine stabilisierende Wirkung ausübt. – Es ist schwierig, Luftmenge und -widerstand eines Laderaumes im voraus zu bestimmen. Die erforderlichen Werte für den Luftwechsel liegen im allgemeinen bei 25–30. Bei Bananenladung geht man auf Werte zwischen 60 und 100. – An Stelle von Luftwechsel – oder Lufterneuerungswerten je Stunde wird oft nur mit dem Begriff Luft*zufuhr*/Std. gearbeitet, wobei die Lufterneuerung je nach der Art der Ladung unterschiedlich ist. In besonders begründeten Fällen wird die Temperatur der Kühlluft gegenüber der Außentemperatur durch Kühler herabgesetzt.

Abb. 171. Entlüftung eines Tanks mit elektrisch angetriebenen Tankentlüftern

Durch Einblasen extrem trockener Luft in die Laderäume nach dem *Cargocaire*-Verfahren kann bei Trockenfrachtern die Ladung gegen Feuchtigkeit geschützt werden. Dazu erhält jeder Laderaum seine eigene zentrale Lüftungsanlage, die in Verbindung mit einem Lufttrockner und einer

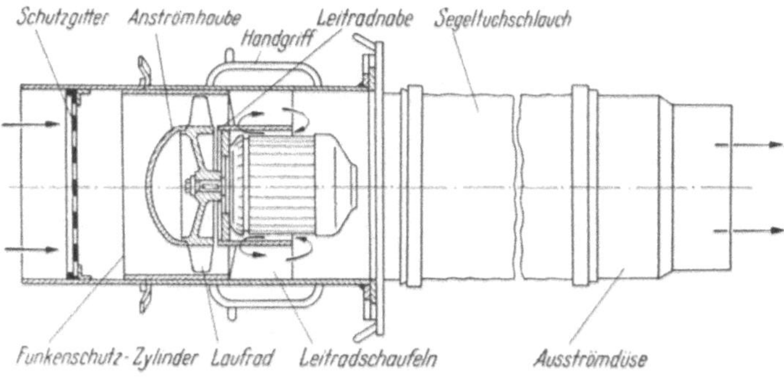

Abb. 172. Schnitt durch einen elektrisch angetriebenen Ventilator zur Tanklüftung (Bauart SSW)

Taupunktmessung arbeitet. Bei Tankern wird das Verfahren zum Schutz der Tanks vor Korrosion angewendet.

Für die *Entlüftung* der geleerten *Öltanks* auf Tankern werden häufig tragbare Aggregate nach Abb. 171 und 172 eingesetzt, deren Motoren explosionssicher ausgeführt werden, um Explosionen durch die in den Tanks befindlichen Restgase zu verhindern. Die Ventilatoren arbeiten auf Druck, die Windhuze zum Ansaugen der Frischluft ist drehbar, so daß die Einströmöffnungen in die herrschende Windrichtung gebracht werden können. Der mit hoher Pressung aus dem Ventilator austretende Luftstrom wird über einen Segeltuchschlauch zur Ausströmdüse geführt, die sich ungefähr 3 m über dem Tankboden befindet. Hier wird er nach

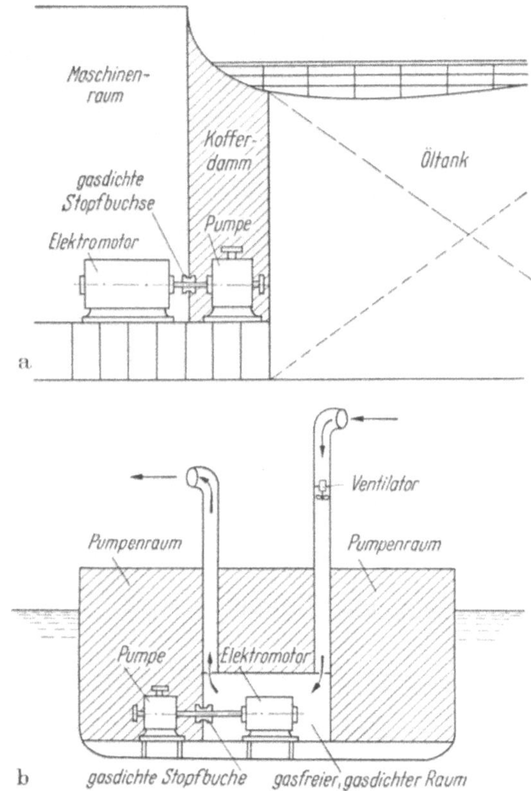

Abb. 173 a u. b. Elektrisch angetriebene Ladeölpumpen auf Motortankern
a) Aufstellung achtern und im Vorschiff; b) Aufstellung mittschiffs
(nach Falkenberg [*80*])

allen Seiten umgelenkt, wodurch eine Durchwirbelung der Gase bewirkt wird, die dann aus der Tanköffnung entweichen.

In neuerer Zeit führt sich der elektrische Antrieb für *Ladeölpumpen* an Bord von Motortankern in zunehmendem Maße ein, besonders wenn es sich um *Kreisel*pumpen handelt. Die Fördermenge dieser Pumpen ist mit 300–2000 m³/h verhältnismäßig groß. Abb. 173a zeigt die Unterbringung eines Pumpenaggregates achter oder im Vorschiff. Hier wird der Antriebsmotor im Maschinenraum, die Pumpe im Kofferdamm aufgestellt. In Abb. 173b ist eine Aufstellung eingezeichnet, wie sie mittschiffs möglich ist. Das Eindringen von Gasen wird in diesem Fall durch eine Zwangsbelüftung verhindert. In jedem Fall ist also dafür gesorgt, daß die Motoren außerhalb der explosionsgefährdeten Zone stehen und mit der Pumpe über gasdichte Stopfbuchsen verbunden sind.

Antriebsmotoren und Schaltgeräte. Für die Auswahl eines geeigneten elektrischen Antriebes ist der Verlauf des Lastmomentes über der Drehzahl zu beachten. Es muß darauf geachtet werden, daß der Motor ein genügendes Beschleunigungsmoment aufbringen kann (vgl. Abb. 144). Im Augenblick des Einschaltens ist von dem Motor die Reibung der *Ruhe* zu

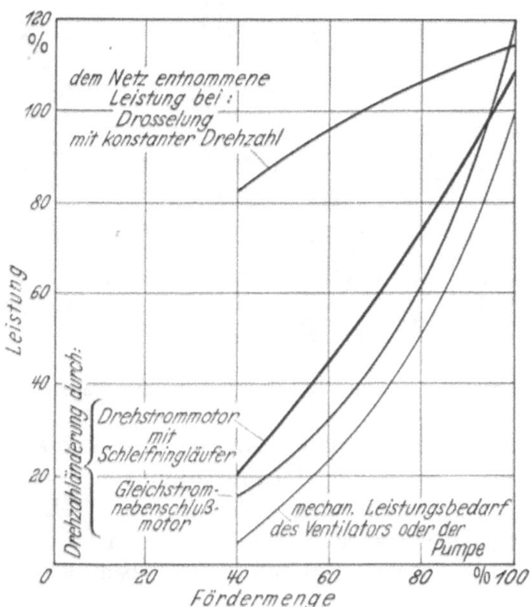

Abb. 174. Zusammenhang zwischen Leistung und Fördermenge für eine Strömungsmaschine bei Änderung der Drehzahl

überwinden. Infolge der geringeren Reibung der *Bewegung* nimmt das Drehmoment ab. Der weitere Verlauf der Kennlinie ist von der Pumpenart und der im Anlaufzustand vorhandenen Drosselung abhängig. Während eine Hochdruck-Zentrifugalpumpe oder ein Hochdruck-Radialventilator bei voller Drehzahl und *geschlossenem* Schieber ein höchstes Drehmoment von 30–50% des Nennmomentes erreicht, steigt das Moment der Schraubenpumpen oder eines Hochdruck-Axialventilators hierbei auf 100–120%. Zahnrad- und Kolbenpumpen müssen als Verdrängerpumpen bei geöffnetem Schieber angelassen oder mit selbsttätig öffnenden Rückschlagklappen ausgerüstet werden, weil sonst eine Überbeanspruchung des Systems auftreten kann.

Die Betriebsdrehzahlen von Kolbenpumpen liegen im allgemeinen niedrig. Diese Pumpen benötigen bei direkter Kupplung relativ große und

Abb. 175. Pumpengruppe an Bord des MS „Cap Blanco“

schwere Motoren; oft ist elektrischer Antrieb über Vorgelege oder Keilriemen angebracht. – Kreisel- und Zahnradpumpen sowie Ventilatoren können dagegen in praktisch allen Fällen von der Welle des Antriebsmotors direkt angetrieben werden. Die Drehzahlen liegen in einem Bereich, der sowohl für Arbeits- als auch Antriebsmaschine gleich günstig ist.

Mittels eines Drosselschiebers in der Druckleitung kann die Fördermenge einer Zentrifugalpumpe oder eines Radialventilators auf einfache Weise verringert werden. Hierbei läuft der Antriebsmotor mit konstanter Drehzahl. Dieser Betrieb hat jedoch Drosselverluste zur Folge. Günstiger ist es, die Drehzahl des Antriebsmotors zu ändern. In Abb. 174 sind die Leistungsverhältnisse für eine *Zentrifugalpumpe* bzw. *einen Fliehkraftventilator* bei den verschiedenen Verfahren zur Einstellung der Fördermenge aufgezeigt. Die obere Linie gilt für Drosselung, die nächstfolgenden für Betrieb mit einem Drehstrommotor mit Schleifringläufer bzw. mit einem Gleichstrom-Nebenschlußmotor, dessen Drehzahl durch Feldschwächung eingestellt wird. Die untere Kurve zeigt den Leistungsbedarf an der Kupplung.

Bei Drehstromanlagen kann es zweckmäßig sein, statt *eines* großen Ventilators 2 oder 3 kleinere Aggregate aufzustellen, die durch Drehstrommotoren mit Käfigläufer angetrieben werden. Der Luftstrom wird dann

Abb. 176. Feuerlöschpumpe an Bord des MS „Baltic-Exporter"

durch Zu- und Abschalten der einzelnen Ventilatoren grobstufig eingestellt.

Die engen Raumverhältnisse an Bord zwingen zu raumsparenden Konstruktionen. Pumpenaggregate werden deshalb vorzugsweise mit senkrechter Achse aufgestellt. Horizontal liegende Aggregate kommen seltener vor. Bei kleineren Pumpen wird das Pumpenrad auf die Motorwelle fliegend aufgesetzt, bei größeren und vielstufigen Pumpen wird der Motor elastisch angekuppelt und zwischen Motor und Pumpe eine Laterne gesetzt. Abb. 175 zeigt eine senkrechtstehende Pumpengruppe mit Drehstrom-Antriebsmotoren an Bord. In Abb. 176 ist eine vielstufige Feuerlöschpumpe in horizontaler Anordnung mit Gleichstrom-Antriebsmotor wiedergegeben.

Für den elektrischen Antrieb der Ladeölpumpen haben sich 2fach polumschaltbare Drehstrommotoren mit Käfigläufer eingeführt, die meist direkt eingeschaltet werden können. In Abb. 177 sind die Anlaufverhältnisse einer Kreiselpumpe mit einem 6/4poligen Motor bei einer Bordnetzfrequenz von 60 Hz wiedergegeben. Der obere Teil *a* zeigt den Verlauf des

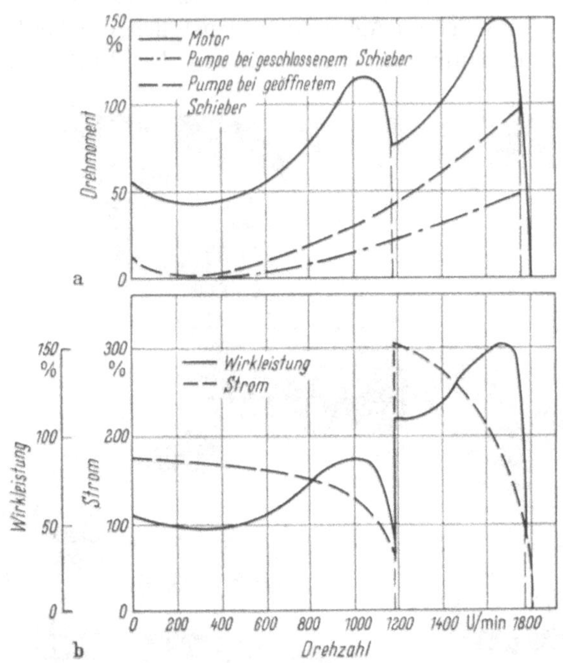

Abb. 177. Antrieb einer Ladeölpumpe durch polumschaltbaren Drehstrommotor mit Käfigläufer (nach FALKENBERG [80])
a) Verlauf des Drehmomentes für Motor und Pumpe; b) Strom- und Wirkleistungsaufnahme

Drehmomentes für Motor und Pumpe in Abhängigkeit von der Drehzahl. Dabei ist ein zwangsweises Hochlaufen über die sechspolige Wicklung vorgesehen. Im unteren Teil *b* sind die zugehörigen Prozentwerte der – auf die Nenndaten der vierpoligen Stufe bezogenen – Anlauf- und Umschaltströme sowie die Prozentwerte der dem Bordnetz entnommenen Wirkleistung aufgezeichnet.

Radialventilatoren erhalten fast immer Antriebsmotoren mit horizontaler Welle, auf die das Ventilatorrad fliegend aufgesetzt ist. Der Antriebsmotor befindet sich nach Abb. 178 auf einem Konsol, welches mit dem Ventilatorgehäuse so verschraubt wird, daß einfachster Ausbau bei auftretenden Betriebsstörungen gewährleistet ist. Antriebe für Axialventilatoren zeichnen sich gegenüber denen von Radialventilatoren durch kleineres Gewicht und geringeren Raumbedarf aus. Sie werden als

Schachtventilatoren direkt in die Luftkanäle eingebaut und fördern die Luft in axialer Richtung über den Motor hinweg. Um die Luftwiderstände auf ein Mindestmaß zu beschränken, werden die Motoren windschnittig verkleidet. Abb. 179 zeigt einen Schachtventilator mit Gleichstrom-Antriebsmotor in Schutzart P 33.

Die Sicherungen und Schaltgeräte – PACCO-Schalter, Motorschutzschalter – für die Antriebsmotoren werden im allgemeinen in der Hauptschalttafel oder in Unterverteilungen eingebaut; die Anlasser, Stern-Dreieck-Schalter usw. befinden sich dagegen meist unmittelbar bei dem Motor, damit mit dem Einschalten auch gleichzeitig die Druckklappen, Ventile usw. betätigt werden können. Im Zuge der *Automatisierung* des Schiffsbetriebes werden in steigendem Maße für das Schalten der Antriebsmotoren der Pumpen ebenso wie für die Betätigung der Schieber und Ventile Schützensteuerung evtl. in Verbindung mit Selbstanlassern vorgesehen. – Auf Motorschiffen und Dampfschiffen mit Ölfeuerung müssen im Gefahrenfall – Feuer – alle in Maschinen-, Heiz- und Pumpenräumen befindlichen elektrisch angetriebenen Brennstoffpumpen, Kesselgebläse, Ventilatoren usw. auch von einer Stelle *außerhalb* dieser Räume abstellbar sein. Nach den Anweisungen von LRS und ABS müssen *sämtliche* Ventilator-

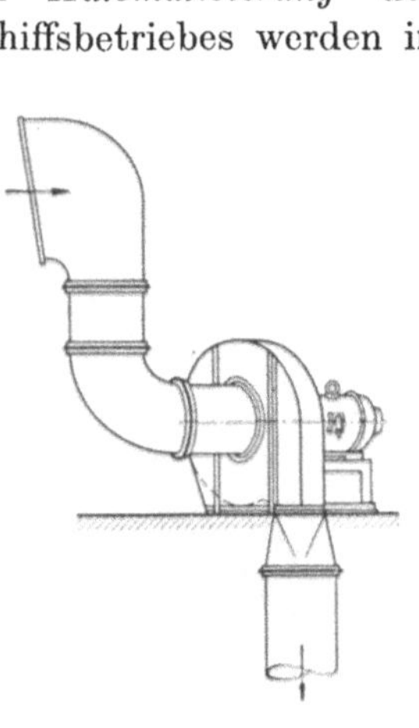

Abb. 178. Radialventilator

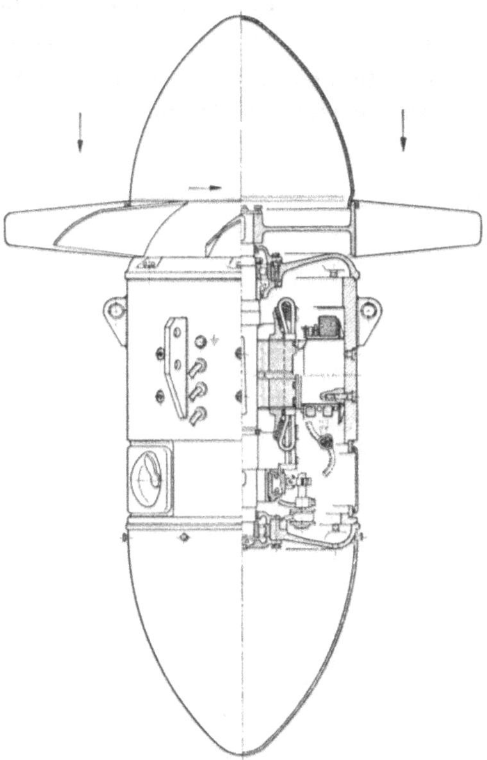

Abb. 179. Schachtventilator (Bauart Still)

aggregate – also auch die in Wohn- und Aufenthaltsräumen aufgestellten – Notschalter außerhalb des Betriebsganges möglichst an Deck, erhalten. Diese Maßnahmen dienen ebenfalls der Erhöhung der Feuersicherheit. Der GL fordert diese weitgehenden Maßnahmen nur bei Fahrgastschiffen. – Pumpen, die nach außerbords fördern, sollen vom Bootsdeck aus abstellbar sein, damit in die Boote beim Aussetzen kein Wasser gelangen kann.

b) Hilfseinrichtungen für die Hauptmaschinen

In der Welt*schiffahrt* herrscht – bezogen auf die *Tonnage* der Weltflotte[1] – für den Antrieb der Propeller Dampfantrieb mit Kolben-Dampfmaschinen oder Dampfturbinen vor. Bezogen auf die *Zahl* der Schiffe der

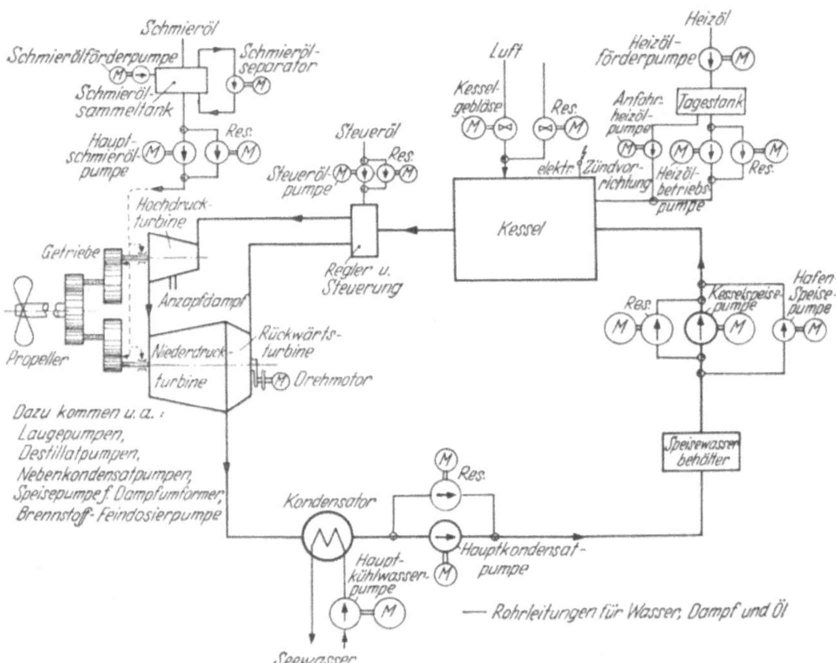

Abb. 180. Hilfseinrichtungen zum Betrieb einer Dampfturbine

Weltflotte[1] ist der Dieselmotor ebenso wie bei den zur Zeit im Bau befindlichen Schiffen[1] bevorzugt. Die Gasturbine als Antriebsmaschine für den Propeller findet sich in der Handelsschiffahrt bisher nur in einigen Fällen.

Zum Betrieb aller dieser Hauptmaschinen werden Hilfseinrichtungen benötigt, die in Abb. 180 für einen *Dampfturbinen*antrieb schematisch

---

[1] Nach Lloyds Register of Shipping, Stand vom 30. 6. 1961.

zusammengestellt sind. Die wichtigsten Einrichtungen sind die Kühlwasser-, Kondensat-, Schmieröl- und Heizölpumpen sowie das Kesselgebläse; sie erhalten fast stets einen elektrischen Antrieb. Die Haupt-Kesselspeisepumpe dagegen wird oft mit einer Dampfturbine gekuppelt, während die Reserve-Kesselspeisepumpe einen elektrischen Antrieb erhält. Die Festlegung der Leistung bei den Antriebsmotoren ergibt sich aus der Leistung der Turbine bzw. dem Dampfdurchsatz im Kessel. Die gesamte installierte Leistung beträgt einschließlich der Kesselspeisepumpe und der Kleinpumpen, jedoch ausschließlich der Reservemaschinen etwa 5% der für den Propeller benötigten Leistung. Dieser Wert sinkt mit steigender Turbinenleistung und erhöht sich bei kleinen Anlagen. – Eine Drehzahlverstellung wird im allgemeinen nur für das Kesselgebläse und die Kesselspeisepumpen vorgenommen. Bei Gleichstrom-Bordnetzen werden dabei Nebenschlußmotoren vorgesehen, deren Drehzahl sich durch Feld- oder Ankervorwiderstände verändern läßt. Für das Kesselgebläse genügt eine grobe Einstellung der Drehzahl in 2 Stufen, so daß bei Drehstrom-Bordnetzen Motoren mit Käfigläufer und Polumschaltung verwendet werden können. Es ist zu beachten, daß das Gebläse zum Anfahren der Kessel nach einer Hafenliegezeit od. dgl. meist von dem Hafengenerator, also mit – bezogen auf die Größe des Motors – kleiner Leistung hochgefahren wird. – Für die übrigen Antriebe können im Drehstrom-Bordnetz Motoren mit Käfigläufer verwendet werden. – Zum Schalten der Motoren dienen übliche Schaltgeräte. Es ist zu beachten, daß im Fall eines Brandes für die Brennstoffpumpen, Kesselgebläse und die Ventilatoren in Maschinen-, Kessel- und Pumpenräumen eine Ausschaltmöglichkeit auch von einer Stelle außerhalb des Maschinenraumes vorzusehen ist. Bei diesen Verbrauchern wird deswegen die Schaltung mit fernbetätigten Selbstschaltern oder Schützen ausgeführt.

Grundsätzlich ähnlich sind hinsichtlich ihrer Hilfsantriebe Anlagen mit *Kolbendampfmaschinen*, doch wird hier wegen der meist kleinen Leistung am Propeller eine oft sehr weitgehende Beschränkung der Anzahl elektrischer Antriebe dadurch vorgenommen, daß ein Teil der Pumpen unmittelbar an die Dampfmaschine über Gestänge angelenkt wird oder Dampfantrieb erhält.

Bei Schiffen mit Antrieb durch *Dieselmotoren* werden zum Betrieb dieser Maschinen Hilfseinrichtungen nach Abb. 181 verwendet, deren wichtigste, wie die Brennstofförderpumpe, die Separatoren, Brennstoffzubringerpumpe u.a. ebenfalls elektrisch angetrieben werden. Das Aufladegebläse, das mit elektrischem Antrieb eingezeichnet ist, wird allerdings in den meisten Fällen von einer durch die Abgase der Dieselmotoren betriebenen Gasturbine angetrieben (Büchi-Gebläse). Die Hauptkühlwasserpumpen für Süß- und Seewasser, der Anlaßluftverdichter sowie die Hauptschmierölpumpe werden bei kleineren Leistungen des Dieselmotors häufig an diesen unmittelbar angekuppelt, während die entsprechenden Reserveaggregate elektrischen Antrieb erhalten. Es kann aber zweckmäßig sein, die Kühlwasserversorgung grundsätzlich von den Dieselmotoren unabhängig zu machen, um ein Vorwärmen vor Inbetriebnahme bzw. ein Nachkühlen nach dem Abstellen des Dieselmotors zu ermöglichen und so Wärmespannungen in der Maschine zu verhindern. Das Festlegen

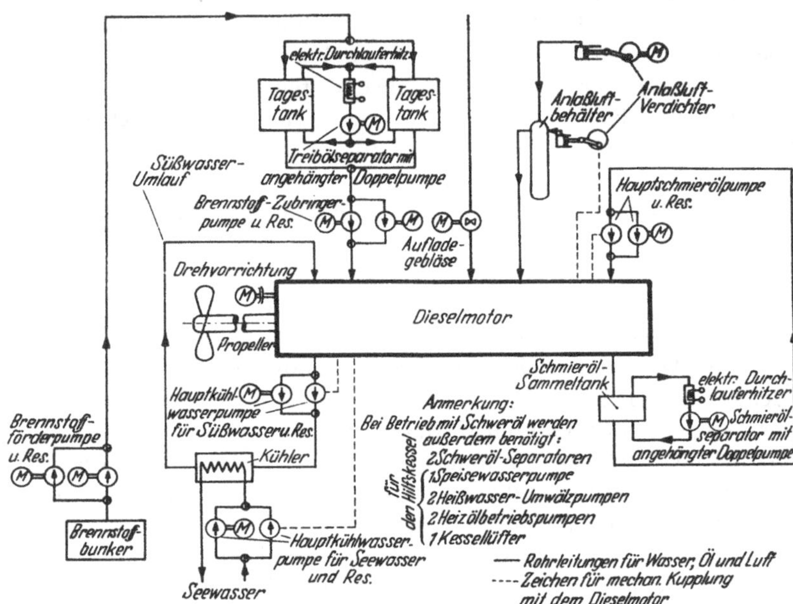

Abb. 181. Hilfseinrichtungen zum Betrieb eines Dieselmotors

der Leistung der Antriebsmotoren richtet sich nach der Leistung des Dieselmotors. Die gesamte installierte Leistung beträgt ausschließlich der Reservemotoren etwa 10% der für den Propeller benötigten Leistung. Dieser Wert fällt mit steigender Leistung des Dieselmotors, er steigt bei Verwendung von Dieselmotoren für Schwerölbetrieb. Eine Drehzahlverstellung der Motoren ist im allgemeinen nicht erforderlich, so daß in Drehstromnetzen durchweg Motoren mit Käfigläufer verwendet werden können. Ebenso wie bei den Dampfanlagen muß bei Schiffen mit Dieselmotoren für die Maschinenraumventilatoren und die Brennstoffpumpen eine Abschaltmöglichkeit außerhalb des Maschinenraumes für den Brandfall vorgesehen werden.

Zur Reinigung des Schmieröls und des Brennstoffes – besonders bei Dieselmotoren für Schwerölbetrieb – dienen *Separatoren*. In einer mit hoher Drehzahl umlaufenden Trommel werden dem „Schmutzöl" durch die Wirkung der Zentrifugalkraft die festen Verunreinigungen (Schlamm,

Ölkohle, Ruß) und das Wasser entzogen und damit wieder „Reinöl" gewonnen. Je größer der Unterschied im spezifischen Gewicht des Öles einerseits und des Wassers bzw. Schmutzes andererseits ist, desto höher ist die Leistung des Separators. Die Separatoren sollen möglichst selbstreinigend sein. Sie müssen ferner so gebaut sein, daß sie auch bei starkem Seegang einwandfrei arbeiten. – Zum Antrieb können in Drehstrom-Bordnetzen Motoren mit Käfigläufer, in Gleichstrom-Bordnetzen Nebenschlußmotoren verwendet werden. Einen Separator mit direkt gekuppeltem Antriebsmotor zeigt Abb. 182. Der Drehstrommotor kann direkt, der Gleichstrommotor muß über Anlasser hochgefahren werden. Der Anlauf der Separatoren würde ein reiner Schweranlauf sein, wenn nicht Einrichtungen zur Anlaufentlastung z. B. Zentrifugal-Reibungskupplungen vorgesehen würden. Meist werden die Separatoren nach Abb. 182 mit Ölförderpumpen (Zahnradpumpen) zusammengebaut, von denen das zu separierende bzw. das separierte Öl gefördert wird. Der selbstreinigende Separator ist besonders dann wirkungsvoll, wenn dafür gesorgt wird, daß der Schlamm durch eine Schlammpumpe nach Außenbord bzw. in einen Sammeltank weitergeleitet wird.

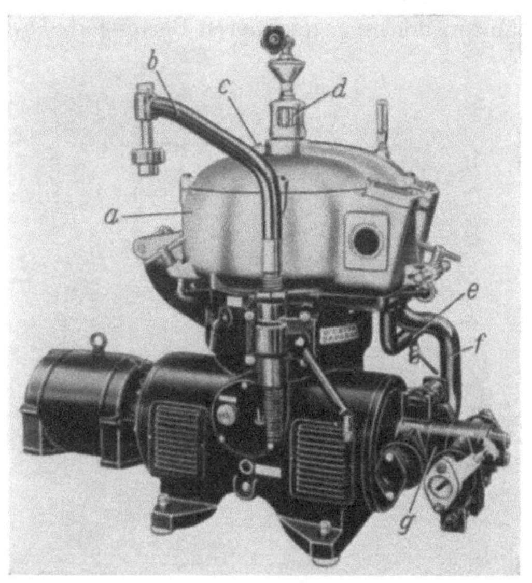

Abb. 182. Ölseparator mit angebauten Zahnradpumpen (Bauart Westfalia)
a Aufklappbare Haube; *b* Trommelheber; *c* Überlaufschauglas; *d* Zulaufschauglas; *e* Schmutzölzulauf; *f* Reinölablauf; *g* Zahnraddoppelpumpe

Vor der Separierung wird das Öl in einem Ölerhitzer, der oft elektrisch beheizt ist, je nach der Art des Öles, auf eine Temperatur von etwa 60 bis 90 °C gebracht und auf diese Weise dünnflüssig gemacht. Die benötigte Heizleistung ist von dem Öldurchsatz abhängig. Abb. 322 zeigt den Schnitt durch einen elektrisch beheizten Ölerhitzer[1].

Die Hilfseinrichtungen für den Betrieb einer *Gasturbine* zum Antrieb eines Verstellpropellers sind aus Abb. 183 zu entnehmen. Es handelt sich bei dem gezeichneten System um eine Einwellenanlage, bei der die Turbine und der Verdichter starr verbunden sind. Der Kompressor be-

[1] Vgl. Ölerhitzer, S. 370.

nötigt dabei etwa 65% der von der Gasturbine erzeugten Leistung. Neben den üblicherweise zum Betrieb von Kraftmaschinen erforderlichen Kraftstoff- und Kühlwasserpumpen beansprucht vor allem der Anwurfmotor für den Turbosatz eine nennenswerte Leistung – etwa 6% der Gesamtleistung von Turbine und Kompressor. Allerdings läuft dieser Motor, der im gezeichneten Beispiel als Drehstrommotor mit Schleifring-

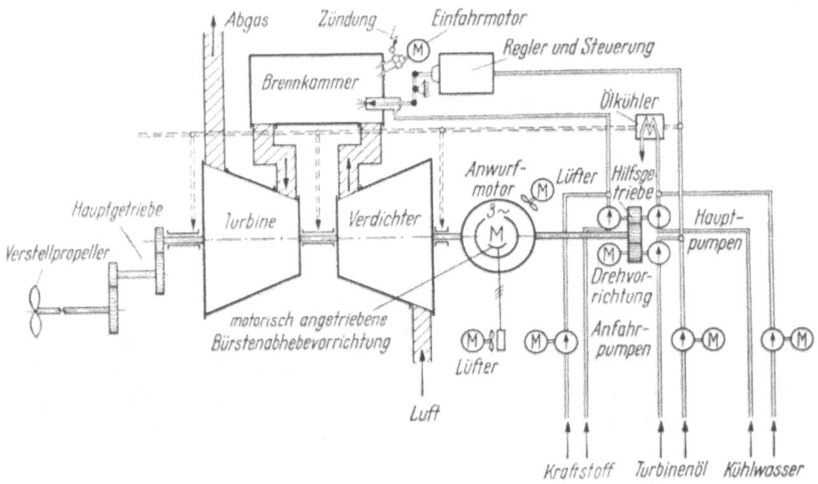

Abb. 183. Hilfseinrichtungen zum Betrieb einer Gasturbine (nach Angaben von BBC)

läufer ausgebildet ist, nur kurzzeitig – etwa 2–3 min –, d.h. so lange bis etwa die halbe Nenndrehzahl der Turbine erreicht ist. Die dabei von der Gasturbine erzeugte Leistung geht ausschließlich in den Kompressor; der Propeller gibt noch keine Leistung ab. Bei Steigerung der Drehzahl wird die dann in den generatorischen Betrieb übergehende Asynchronmaschine durch ein Rückleistungsrelais vom Netz abgetrennt. – Insgesamt beträgt die installierte Leistung der Hilfsmaschinen 7% der für den Propeller benötigten Leistung. Nicht nur der Anwurfmotor sondern auch die meisten der übrigen Hilfsmaschinen können nach dem Anfahren stillgesetzt werden, wobei der Betrieb auf mechanisch mit der Turbine gekuppelte Arbeitsmaschinen umgestellt wird. Die elektrisch angetriebenen Aggregate stehen dann in Reserve.

Im Zuge der *Automatisierung* des Schiffsbetriebes wird auch eine Fernbedienung und Fernüberwachung der Hauptmaschinen von der Kommandobrücke aus erwogen; in einigen Fällen ist dies auch schon ausgeführt worden. Die Fern*bedienung* setzt voraus, daß die Hilfseinrichtungen *vor* Inbetriebnahme der Anlage rechtzeitig und in richtiger Reihenfolge, eventuell über Schützensteuerungen, in Betrieb gehen.

Während der Fahrt des Schiffes müssen Drehzahl und Drehrichtung über Fernverstelleinrichtungen – meist betätigt vom Maschinen-Telegrafen – beeinflußt werden können in ähnlicher Weise, wie es bei elektrischen Propellerantrieben mit Gleichstromübertragung schon lange Zeit Standard der Technik ist[1]. Die Fern*überwachung* des Betriebes bezieht sich z. B. darauf, daß Druck, Temperatur und Strömung für Schmieröl, Kühlwasser, Treibstoff usw. meßtechnisch erfaßt werden; im Störungsfalle treten Alarmeinrichtungen in Funktion. Daneben wird eine elektronische Erfassung aller in Frage kommenden Meßwerte vorgenommen. Diese können über Fernschreibsysteme aufgeschrieben werden, wodurch nicht nur die Führung eines Maschinentagebuches erleichtert, sondern auch die Kontrolle von subjektiven Einflüssen befreit wird.

c) Kühlanlagen

Zum Frischhalten größerer Mengen Proviant und leicht verderblicher Ladungen werden auf Schiffen Kühl*räume* vorgesehen, die künstlich auf einstellbaren Temperaturen gehalten werden. Zur Aufbewahrung des täglichen Proviantbedarfs dienen handelsübliche Kühlschränke, bei denen gewährleistet sein muß, daß auch unter Tropenbedingungen die gewünschte Temperatur erzielt wird. Um einen Beschlag durch Schwitzwasser zu vermeiden, darf der Kühlschrank außen nicht zu kalt werden; es muß daher auf gute Wärmedämmung des Gehäuses geachtet werden.

Die weitaus meisten Kühlschränke haben Kältemaschinen mit hermetisch gekapseltem Motorverdichter und sind nur zum Anschluß an Einphasen-Wechselstrom geeignet (115–230 V, 60 Hz bzw. 110–220 V, 50 Hz). Motorverdichter für Gleichstromanschluß, bei denen die Kraftübertragung vom außenliegenden Motor an den gekapselten Verdichter durch eine Magnetkupplung erfolgt, haben bisher noch keine große technische Bedeutung erlangt. – Im Gegensatz zu Kühlschränken mit Verdichterkältemaschinen können Absorptionskühlschränke bei Schräglagen des Schiffes aussetzen. Sie haben außerdem einen wesentlich höheren Leistungsbedarf als Kompressorkühlschränke, deren Anschlußwerte je nach Größe zwischen 100 und 300 W liegen. – Die meisten Kühlschränke haben einen Inhalt von 100–400 l – in den USA bis zu 600 l. Ihr Raumbedarf ist 1,5–2mal so groß wie ihr Inhalt. Kleinere Modelle werden häufig als Tischkühlschränke, gelegentlich auch als Einbau- oder Wandkühlschränke geliefert, größere Modelle fast ausschließlich in Schrankform. Die meisten modernen Kühlschränke haben geräumige – 10–30% des Schrankinhalts – Fächer zur mittelfristigen (bis 2 Wochen) oder langfristigen (mehrere Monate) Lagerung von Tiefkühlkost, die als Frosterfach (– 12 °C) bzw. als Tiefkühlfach (– 18 °C) bezeichnet werden.

[1] Vgl. Elektrische Propellerantriebe mit Gleichstromübertragung, S. 385.

Kühlschränke müssen in den USA auf Grund einer gesetzlichen Sicherheitsvorschrift mit begrenztem Kraftaufwand (etwa 7 kp) von innen zu öffnen sein. Ähnliche Empfehlungen sind in Deutschland in Vorbereitung. Dazu werden die Kühlschranktüren in zunehmendem Maße mit Magnetverschlüssen, Magnetdichtungen oder sogenannten Aufreißschlössern ausgestattet, die ohne Betätigung einer Türklinke geöffnet werden können. Türen mit zu kleiner Aufreißkraft können – insbesondere wenn schwere Packungen, Flaschen usw., in den Fächern des Schrankes und der Tür selbst liegen – bei starker Schräglage des Schiffes von selbst aufgehen.

Abb. 184 zeigt den prinzipiellen Aufbau einer Kühl*anlage* mit indirekter Kühlung. Im Verdichter, der im allgemeinen als gekapselte Kolbenmaschine mit 2 oder mehr Zylindern ausgeführt ist, wird ein gasförmiges Kältemittel (Ammoniak oder Frigen) komprimiert. Mit der dadurch hervorgerufenen Temperatursteigerung gelangt das Gas in den Verflüssiger, wo es mit Luft oder Wasser zurückgekühlt wird und – bedingt durch den höheren Druck – kondensiert. Luftgekühlte Verflüssiger, bei denen ein Ventilator den Luftstrom durch die Kühlrippen bläst, kommen im allgemeinen nur für kleine Leistungen in Frage. Wassergekühlte Verflüssiger werden mit Seewasser versorgt. Der Verflüssiger dient in Verbindung mit einem gesonderten Flüssigkeitssammler zugleich als Speicher für das flüssige Kältemittel. Hinter den Verflüssiger ist der Verdampfer geschaltet, wobei sich zwischen beiden ein Drosselorgan befindet, das als Regelventil – Expansionsventil – ausgeführt ist. Hierdurch wird – abgestimmt auf die Fördermenge des Kompressors – die zur Verdampfung erforderliche Druckdifferenz hervorgerufen. Die Regelventile werden mittelbar durch Thermostaten vom Kühlraum aus gesteuert, können aber auch durch andere Impulse (z. B. Druckdifferenz) beeinflußt werden. Im Verdampfer geht das flüssige Kältemittel wieder in den gasförmigen Zustand über, wobei dem umgebenden Medium – als Kälteträger dienen Luft oder Sole – Wärme entzogen wird.

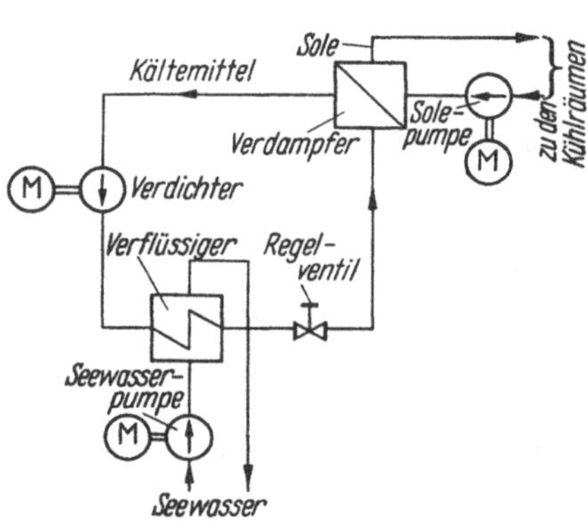

Abb. 184. Wirkschema einer Kühlanlage

Der abgekühlte Kälteträger wird bei großen Anlagen durch Luftkanäle bzw. Rohre in die Kühlräume geleitet; bei kleinen und auch großen Anlagen liegt der Verdampfer in Form von Rohrschlangen direkt im Kühlraum. Die indirekte Kühlung vermittels Sole wird verwendet, um eine nachteilige Beeinflussung der gekühlten Ware bei Undichtigkeiten im Rohrleitungssystem durch eventuell austretendes Gas zu verhindern. Bei diesen Anlagen tritt ein doppeltes Temperaturgefälle, nämlich zwischen dem verdampfenden Kältemittel und der Sole einerseits sowie der Sole in den Kühlsystemen und der Raumluft andererseits auf. Bei der direkten Kühlung dient als Kältemittel Ammoniak bzw. Frigen. Letzteres ist ein fluorierter Chlorkohlenwasserstoff, der im Gegensatz zu dem klassischen Kältemittel Ammoniak praktisch geruchlos, ungiftig und nicht brennbar ist. – Auch die direkte Verdampfung von Ammoniak wird angewendet.

Die Verdichter, Pumpen und Ventilatoren erhalten fast stets elektrischen Antrieb. Besonders zu beachten ist, daß die elektrische Stromversorgung in vollem Umfange sichergestellt sein muß, auch wenn einer der Generatoren ausfällt. *Kleine* Anlagen arbeiten vollautomatisch. Dabei ist – sofern Verdichter, Pumpen und Ventilatoren Einzelantrieb haben – eine Abhängigkeitsschaltung derart vorgesehen, daß der Verdichter nicht anlaufen kann, bevor die Kühlung für den Verflüssiger und gegebenenfalls der Umlauf des Kälteträgers sichergestellt ist. Die Inbetriebsetzung wird entweder durch Raumthermostaten beim Überschreiten einer eingestellten Mindesttemperatur veranlaßt oder durch Manometerkontakte auf der Niederdruckseite des Systems bei Erreichen eines bestimmten Druckes. Kältemittelthermostaten können ebenfalls bei Überschreiten einer bestimmten Temperatur des Kältemittels die Einschaltung veranlassen. Alle diese Schaltorgane können entweder einzeln oder gemeinsam wirken. *Große* Anlagen, insbesondere Ladungskühlanlagen, sind für durchlaufenden Betrieb eingerichtet. Hierzu sind dann verschiedene Drehzahlen für die Verdichter erforderlich, um z.B. zunächst nach Einlagerung großer Frischfleischmengen eine hohe Kälteleistung verfügbar zu haben, während nach Herunterkühlung des Ladegutes mit niederer Drehzahl weitergefahren wird. In Gleichstrom-Bordnetzen wird die Drehzahl der Doppelschlußmotoren im Nebenschlußfeld eingestellt. Bei Drehstrom-Bordnetzen werden polumschaltbare Motoren mit 2 oder 3 Drehzahlen verwendet.

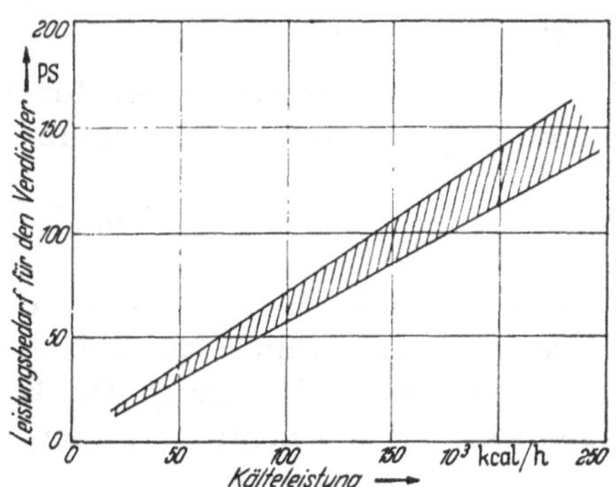

Abb. 185. Verdichterleistung bei Kühlanlagen (nach Werten von PRINZING [*111*])

Abb. 185 gibt Anhaltswerte für die Größe der Verdichterleistung in Abhängigkeit von der Kälteleistung bei verschiedenen Fabrikaten. Die

Leistungsdaten sind einheitlich bezogen auf eine Temperatur von 30 °C für das Kühlwasser und −15 °C am Verdampfer.

d) Schiffsstabilisierung

Schon bei Beginn einer überseeischen Linienfahrt wurde dem Schiffbauer die Aufgabe gestellt, durch konstruktive Maßnahmen das *Schlingern* des Schiffes im Seegang zu beseitigen oder wenigstens auf ein erträgliches Maß zu reduzieren. Die durch das *Stampfen* des Schiffes bewirkten Bewegungen werden hierbei nicht erfaßt.

Die beim Schlingern zu berücksichtigenden – um die Längsachse des Schiffes wirksamen – *Momente* sind

das *Beschleunigungsmoment*, welches sich aus der Winkelbeschleunigung und dem Trägheitsmoment des Schiffes ergibt;

das *Stabilitätsmoment*, welches das Schiff in die Gleichgewichtslage zurückzuführen versucht;

das *Widerstandsmoment*, welches durch die Reibung der Außenhaut im Wasser und ähnliche Einflüsse entsteht;

das durch den Seegang gegebene, das Schlingern erzeugende *Wellenmoment*.

Die Eigenschwingungsdauer der Schiffe T hängt nicht so sehr von ihrer Größe, als vom Schiffstyp und dem jeweiligen Beladungszustand ab. Es ergibt sich etwa die Reihenfolge[1]:

T — Fahrgastschiffe $>$ T — Frachtschiffe $>$ T — Tanker $>$ T — Erzfrachter
und

T — Beladen $>$ T — Ballast.

Zwischen den Schwingungsarten gilt grob:

T — Rollen $>$ T — Stampfen.

Die Eigenschwingungsdauer für das Rollen T_{Roll} in sek, welche für die Stabilisierung von besonderem Interesse ist, kann nach der Beziehung

$$T_{\text{Roll}} = \frac{2\pi i}{\sqrt{g\, M_B G}}$$

ermittelt werden. Hierin bedeutet i den Trägheitsradius, der näherungsweise zwischen 0,37 und 0,45 · B liegt, wobei B die Schiffsbreite in m ist. g ist die Erdbeschleunigung. Die Breiten-metazentrische Höhe $M_B \cdot G$ kann wie folgt angenommen werden:

große Fahrgastschiffe	0,5 –1,0 m
Fracht- und Fahrgastschiffe	0,3 –0,8 m
Frachtschiffe, beladen	0,25–0,5–0,6 m
Frachtschiffe, in Ballast	1,22–1,6–1,8 m
Tanker	0,5 –1,6–2,5 m
Erzfrachter	1,8 –2,5 m
Fischdampfer	0,7 –0,9 m

[1] Nach Angaben der „Versuchsanstalt für Wasserbau und Schiffbau", Berlin.

Die Stampfperioden liegen im Bereich von 1/3 bis 2/3 der Rollperioden.

Die Entwicklung der Schiffsstabilisierung begann mit *Schlingerkielen* (1870). Diese werden symmetrisch zum Schiffskiel angebracht und haben die Aufgabe, den Widerstand des Schiffskörpers in bezug auf die Schlingerachse zu erhöhen und damit die Schlingerbewegungen zu dämpfen. Der *Schlicksche Schiffskreisel* soll Kreiselmomente um die Schiffslängsachse erzeugen, die den am Schiff angreifenden *Wellen*momenten gleich sind aber entgegenwirken. Der *Frahmsche Schlingertank* (1911) besteht aus je einer auf Stb- und Bb-Seite des Schiffes eingebauten Tankgruppe. Hier wurde der Gedanke verfolgt, die Amplituden der vom Seegang dem Schiff aufgezwungenen Schwingungen durch Querbewegungen der in den Tanks enthaltenen Flüssigkeit auszugleichen. Mit quer über der Schiffsbreite angeordneten Tanks, die in besonderer Weise mit Einbuchtungen versehen sind, arbeitet das *Flume*-Stabilisierungssystem (1960). – Es war naheliegend, den Stabilisierungsvorgang durch Einbau einer Regelanlage zu aktivieren. Den Aufbau einer *aktivierten Tankstabilisierungsanlage* (1925) zeigt Abb. 186; deren wichtigste Teile sind:

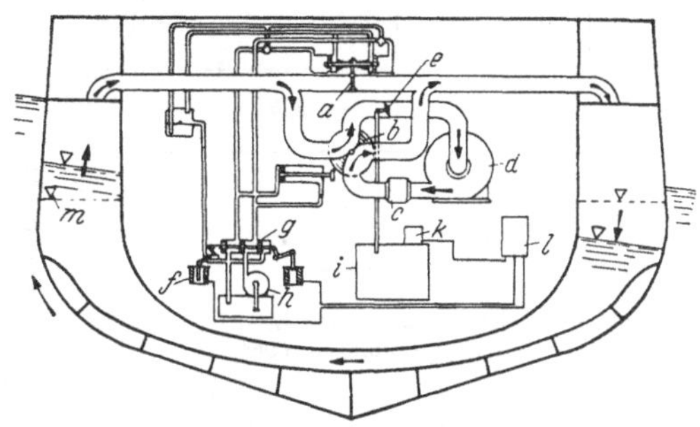

Abb. 186. Schlingerdämpfungsanlage (nach HOFFMANN/HERRMANN [99])

Ein oder zwei Tankgruppen, die als Tankflüssigkeit Treiböl enthalten (das Öl wird nach Entnahme durch Seewasser ersetzt); Tankwasserspiegel m.

Das Steuergerät l.

Das Gebläse zur Erzeugung der Druckluft, das durch eine Dampfturbine oder einen Elektromotor angetrieben wird d.

Der elektromagnetisch betätigte Luftsteuerschieber b.

Die elektromagnetisch betätigte Luftsteuerklappe a.

Die Wasserstandsanzeige.

Die Druckölversorgung.

Das *Steuergerät l* besitzt nach Abb. 187 ein Kreiselpendel zur Ermittlung des Schlingerwinkels φ gegen die Vertikale und einen Kreiselträgheitsrahmen zur laufenden Ermittlung der Schlingergeschwindigkeit $\dot{\varphi}$ und der Schlingerwinkelbeschleunigung $\ddot{\varphi}$. Dieser ist um eine zur Schiffslängsachse parallele Achse drehbar gelagert und durch eine Feder mit dem Schiff gefesselt. In ihm sind zwei durch Zahnradsegmente miteinander verbundene Kreisel angeordnet, deren Präzessionsachsen auf der Rahmendrehachse senkrecht stehen und die durch eine Feder mit dem Rahmen ihrerseits verbunden sind. Bei Schlingerbewegungen werden durch die Kreisel Kreiselmomente erzeugt, die durch die Federmomente im Gleichgewicht gehalten werden. Die Präzessionsbewegungen der Kreisel gegenüber dem Rahmen sind etwa der Schlingerwinkelgeschwindigkeit und der Ausschlag des Rahmens gegenüber dem Schiff der Schlingerwinkelbeschleunigung verhältnisgleich. – Um auch statische Schräglagen auszugleichen, wird mit Hilfe eines Integrationsmotors das Zeitintegral des Schlingerwinkels $\int \varphi dt$ gebildet. – Die ermittelten 4 mechanischen Meßgrößen werden mittels 4 Funktionsgebern *FG* – das sind Drehfeld-Ferndrehsysteme – in elektrische Werte umgewandelt und zu einer resultierenden *Stellgröße* durch Potentiometer in einem Mischpult zusammengesetzt; an das Mischgerät schließen sich Verstärkereinrichtungen an. – Als *Kreisel* werden die Käfigläufer von kleinen Drehstrom-Asynchronmotoren verwendet, deren Ständer zum Erzielen der erforderlichen hohen Drehzahlen an ein Netz mit einer Frequenz von z. B. 500 Hz angeschlossen werden. Hierzu müssen sowohl bei Gleichstrom- wie bei Drehstrom-Bordnetzen Umformer aufgestellt werden. Abb. 188 zeigt die Ansicht eines neuzeitlichen Kreiselgerätes.

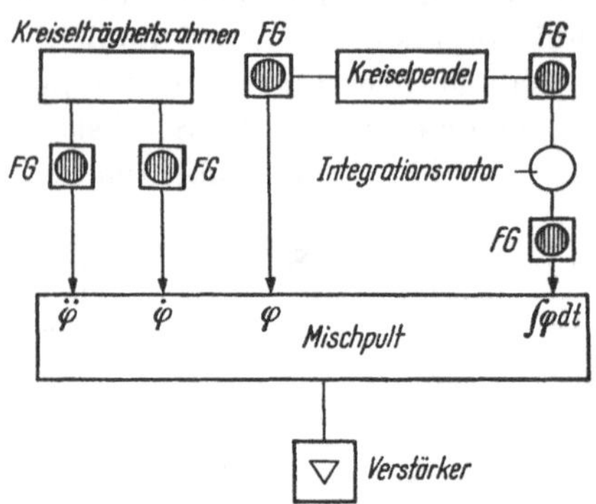

Abb. 187. Steuergerät, grundsätzlicher Aufbau
FG = Funktionsgeber

Die *Stellgröße* löst die Betätigung des *Luftsteuerschiebers b* aus. Durch ihn wird die in dem *Gebläse d* erzeugte Druckluft nach dem Takt der Schlingerbewegungen des Schiffes nach Bb oder Stb gebracht. Ein hydraulischer – elektromagnetisch von Ventilen gesteuerter – Servomotor bewegt dazu den Schieber nach den Kommandos des Steuergerätes in die Endlagen (*f*, *g*, *h*). Wenn die Schlingerbewegungen aufhören oder der Wasserstand in einem Tank zu hoch ist oder bei Ausfall des Steuerstromes, wird selbsttätig die Mittelstellung angesteuert. Im Nebenschluß zu den Luftleitungen, die von den Tanks zum Luftsteuerschieber führen, liegt eine direkte Luftverbindungsleitung, in der sich die *Luftsteuerklappe a* befindet, die gleichzeitig mit dem Luftsteuerschieber betätigt wird. Bei Beginn des Umsteuervorganges sorgt diese Klappe für einen momentanen Druckausgleich zwischen den Tanks. Hierdurch wird das Umsteuern der Tankwassermassen beschleunigt und das Gebläse entlastet; nach erfolgtem Druckausgleich wird diese Klappe wieder geschlossen.

Bei einer anderen Form der Tankstabilisierung wird die Wassermasse nicht durch Druckluft sondern durch eine im Tank eingebaute Propellerpumpe entsprechend den Steuerbefehlen des Steuergerätes bewegt. Hierzu ist von WAAS ein Verfahren entwickelt worden, bei dem das durch ein Kreiselgerät gemessene Wellenmoment unmittelbar dazu benutzt wird, den Anstellwinkel verstellbarer Flügel bei entsprechend gebauten Pumpen zu verändern.

Zur Verminderung der im Schiff einzubauenden *Gewichte* und zur Verringerung des *Raum*bedarfs führt sich eine Stabilisierung mit beweglichen *festen* Massen an Stelle der Wassermasse in den Tanks zunehmend ein.

Abb. 188. Kreiselgerät für Schiffsstabilisierungsanlagen (Bauart SSW)

a Leichtmetallgußrahmen; *b* Kreiselpendel mit Dämpfung; *c* Kreisel für φ; *d* Funktionsgeber für φ; *e* Funktionsgeber für $\dot{\varphi}$; *f* Kreisel für $\dot{\varphi}$; *g* Kreiselträgheitsrahmen mit Flüssigkeitsdämpfung; *h* Kreisel für $\ddot{\varphi}$; *i* Funktionsgeber für $\ddot{\varphi}$

Auch werden durch den Druckausgleich in den Luftleitungen bei der Tankstabilisierung eventuell auftretende *Geräusche* hierbei vermieden. Als bewegliche Masse können von der Mitte des Schiffes nach der Bb- bzw. Stb-Seite auf Schienen bewegte schwere *Wagen* verwendet werden, bei denen 2 oder alle 4 Räder von je einem im LEONARD-Verfahren gesteuerten Gleichstrommotor angetrieben werden. Die Steuerimpulse, die z. B. einem Steuergerät nach Abb. 187 bzw. 188 entnommen werden, beeinflussen die Erregung der Steuergeneratoren und damit Drehrichtung und Drehzahl der Arbeitsmotoren und damit Fahrtrichtung und Geschwindigkeit des Wagens.

In Abb. 189 sind durch grafische Integration ermittelte Werte des Schlingerwinkels und des Wagenweges sowohl bei ausgeschalteter wie bei in Betrieb befindlicher Steuerung aufgezeichnet, wobei ein Wellenverlauf für die Erregung des Schlingervorgangs angenommen wurde, wie er in der Nordsee gegeben sein kann.

Ein Verfahren, das sich grundsätzlich von diesen aktivierten Massenstabilisierungsmethoden unterscheidet, ist die *Flossenstabilisierung*. Ihre Wirkungsweise wurde im Prinzip von MAXIM und FLENDER (1890) vor-

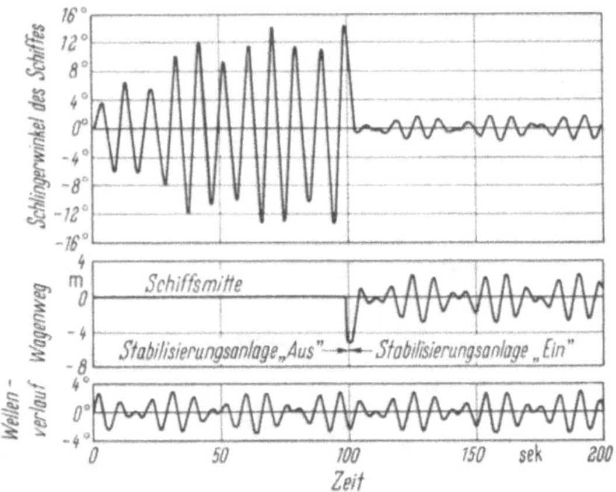

Abb. 189. Schlingerwinkel und Wagenweg bei Wagenstabilisierung; grafische Ermittlung Positive Werte des Schlingerwinkels: Schiff neigt sich nach Backbord über

geschlagen. Bei der Flossenstabilisierung werden nach Abb. 190 unter der Wasserlinie des Schiffes ausfahrbare Flossen stromlinienförmigen Profils

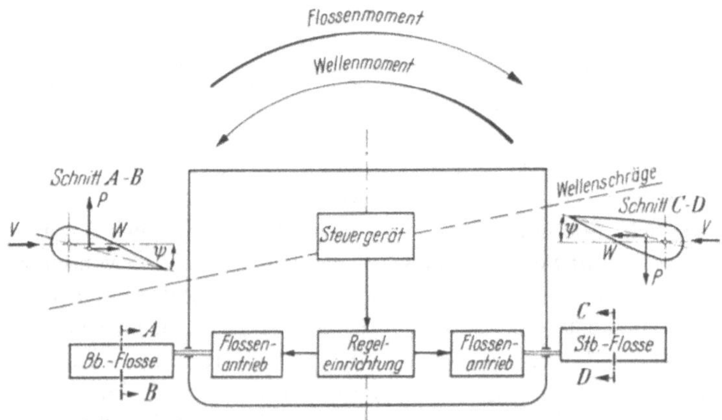

Abb. 190. Wirkschema der Flossenstabilisierung
V Anströmgeschwindigkeit; P Flossenkraft; W Flossenwiderstand; Ψ Flossenanstellwinkel

vorgesehen, deren *Anstellwinkel* durch ein Steuergerät, wie es Abb. 187 und 188 zeigt *gegensinnig* gesteuert werden.

Das von den Flossen auf das Schiff um dessen Längsachse ausgeübte Flossenmoment ist von dem Anstellwinkel der Flossen und dem *Quadrat* der Geschwindigkeit des Schiffes abhängig. Auch die Flossen*form* und eine ausreichende Dimensionierung der Flossen*fläche* ist für die Wirksamkeit von entscheidendem Einfluß; durch Hilfsflossen, die zwangsläufig mitgesteuert werden, läßt sich die Flossenwirkung noch erhöhen. – Infolge des Einflusses der Geschwindigkeit ist diese Methode bei kleiner Fahrt bzw. im Stillstand des Schiffes nicht wirksam. – Bei ruhiger See werden die Flossen in das Innere des Schiffes in dafür vorgesehene Flossengehäuse eingezogen oder in Öffnungen der Bordwand eingelegt.

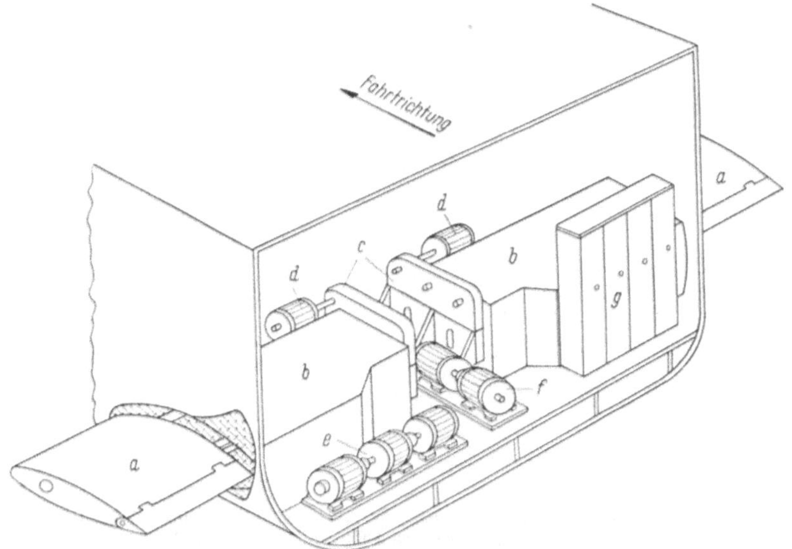

Abb. 191. Flossenstabilisierungsanlage „Elektrofin" (Bauart B & V/SSW)
a Flossen; *b* Kasten zum Einziehen der Flossen; *c* Bb- und Stb-Getriebe; *d* Antriebsmotoren; *e* LEONARD-Umformer; *f* 400-Hz-Umformer; *g* Schaltschrank mit Kreiselgeräten, Mischgerät, Verstärkern und Schaltgeräten

Der Hemmeffekt der Flossen verzehrt zwar Antriebsleistung, dieser Verlust gilt jedoch dadurch ausgeglichen, daß ein aufgerichtetes Schiff eine geringere Leistung zum Vortrieb benötigt, als ein im Seegang schlingerndes.

Bei den meisten Bauarten werden die Flossen hydraulisch ein- und ausgefahren und ebenso hydraulisch nach den Stellwerten des Steuergerätes bewegt. Bei dem in Abb. 191 gezeigten System, das auf Untersuchungen von SÜBERKRÜB fußt, werden die Flossen *a* ebenfalls hydraulisch ein- und ausgefahren; das Schwenken der Flossen wird aber über Zahnradgetriebe *c* durch Gleichstrommotoren *d* bewirkt. Diese werden in LEONARD-Schaltung betrieben, wobei jedem Antriebsmotor ein Steuergenerator zugeordnet ist. Beide Generatoren sind mit einem gemeinsamen Umformermotor zu dem LEONARD-Umformer *e* zusammengefaßt. Die

Steuergeneratoren werden nach den aus dem Steuergerät kommenden Stellgrößen über Transduktorverstärker erregt, woraus sich Drehrichtung und Drehzahl der Antriebsmotoren bzw. der Anstellwinkel und die Winkelgeschwindigkeit der Flossen ergibt. – In Abb. 192 sind die Meßergebnisse für eine derartige Anlage wiedergegeben. Neben dem Schlingerwinkel und der Schlingerwinkelgeschwindigkeit wurde auch der jeweilige Anstellwinkel der Flossen erfaßt.

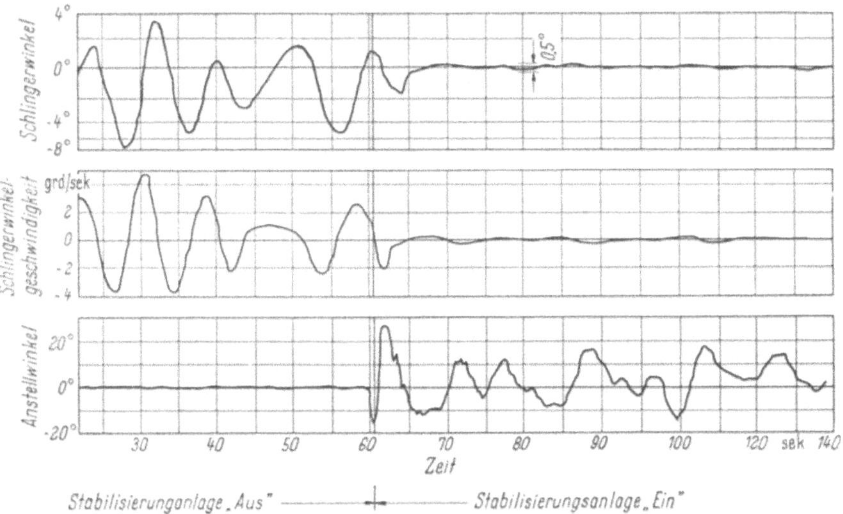

Abb. 192. Schlingerwinkel, Schlingerwinkelgeschwindigkeit und Anstellwinkel bei einer Flossenstabilisierungsanlage nach Abb. 191. (Meßergebnisse)
Positive Werte des Schlingerwinkels: Schiff neigt sich nach Backbord über.
Positive Werte des Anstellwinkels: Vorderkante der Backbordflosse unten

Die Aufgabe von *Trimm-* und *Krängungs*anlagen ist es – im Gegensatz zu den Stabilisierungsanlagen – *statische* Drehmomente um die Längs- *und* Querachse des Schiffes zu kompensieren. Der Einbau von *Trimm*anlagen ist z.B. bei größeren Eisenbahnfährschiffen unerläßlich, um nicht die Drehgestelle der Wagen beim Übergang vom Kai zum Schiff unzulässigen Beanspruchungen auszusetzen. *Krängungs*anlagen sind ebenfalls erforderlich, um bei einseitigen Belastungen der Schiffsseiten während des Rangierens größere Schräglagen des Schiffes bzw. eine Beschädigung der Außenhaut an den Wänden des Fährbettes zu vermeiden. Die Anlagen arbeiten mit Ballasttanks vorn und achtern, sowie Tanks auf Stb- und Bb-Seite. Die zugehörigen Pumpen und Schieber werden elektromotorisch angetrieben und von Schaltpulten – meist in Verbindung mit Blind- oder Leuchtschaltbildern – elektrisch ferngesteuert.

Eine entgegengesetzte Wirkung sollen Krängungsanlagen zur Erzeugung von Schräglagen von 5–8° nach beiden Seiten in offenem Wasser haben, wie sie bei großen Eisbrechern verwendet werden. Im allgemeinen wird das Wasser von der einen auf die andere Schiffsseite in einer Zeit von 45–90 sek gepumpt. Dazu werden auf jeder Schiffsseite Tanks aufgestellt, die wechselseitig durch eine in die Verbindungsleitung der

Abb. 193. Propellerpumpe mit elektrischer Flügelverstelleinrichtung (Bauart Ruhrpumpen/SSW)

Tanks eingebaute Propellerpumpe mit umsteuerbaren Flügeln gefüllt oder geleert werden. Abb. 193 zeigt die Ansicht einer derartigen Pumpe mit elektrischem Antrieb, wie sie auf dem arktischen Eisbrecher „Moskva" eingebaut wurde. Der Verstellmotor für die Flügel des Pumpenläufers ist ebenfalls aus dieser Abbildung zu ersehen.

4. Antriebe und Steuerungen für Decksmaschinen

a) Ankerwinden und -spille

Die *Ankerwinde* – senkrecht stehend auch Anker*spill* genannt - dient zum Einhieven (Hereinziehen) und Fieren (Herabsenken) der Anker – für die Stb- und Bb-Seite des Schiffes. Neben dem Dampfantrieb findet sich für diese Winden vornehmlich der elektrische Antrieb. Nach dem Kraftschema der Abb. 194 arbeitet der Motor über Vorgelege auf die Hauptwelle, welche die Spillköpfe antreibt. Von der Hauptwelle werden die Kettennüsse, über welche die Ankerketten geführt werden, über eine weitere Untersetzung gedreht. Zwischen Kettennuß und Klüse befinden sich Kettenstopper bzw. Kettenkneifer, die das unbeabsichtigte Fallen des eingehievten Ankers verhindern sollen. Die Kettennüsse lassen sich durch handbetätigte Kupplungen von der Welle abkuppeln und mit Bremsen festsetzen. Die Anker werden im allgemeinen durch ihr Eigengewicht bei ausgekuppelten Kettennüssen gefiert, doch kommen auch Fälle vor, in denen mit dem Motor gesenkt werden muß. Das Vorgelege der Winde ist im Antrieb gewöhnlich nicht selbstsperrend, weshalb noch eine Haltebremse auf der Motorwelle angebracht werden muß. Diese Bremse wird bevorzugt durch einen Magnetbremslüfter, seltener durch einen Fußhebel betätigt. Teilweise finden auch im Motor eingebaute Magnetbremsen Verwendung.

Für das Bemessen der Motoren gelten folgende Bedingungen[1]:

a) Der Motor muß imstande sein, einen an einer 100 m langen Kette im Wasser frei hängenden Anker mit einer mittleren Geschwindigkeit von 10 m/min zu hieven. Des öfteren werden auch größere Kettenlängen, ab und an auch das *gleichzeitige* Hieven des Stb- und Bb-Ankers, jedoch dann mit kürzeren ausgesteckten Ketten, verlangt.

b) Der Motor muß die durch a) bestimmte Leistung (für einen Anker) 30 min lang ohne Unterbrechung abgeben können. Außerdem muß er ein Losbrechmoment entwickeln, das durch die Klassifikationsgesellschaften im einzelnen festgelegt ist. So schreibt z. B. GL folgende Zugkräfte vor:

5 kg/mm² bei Flußstahlkette
7 kg/mm² bei vergüteter Kette

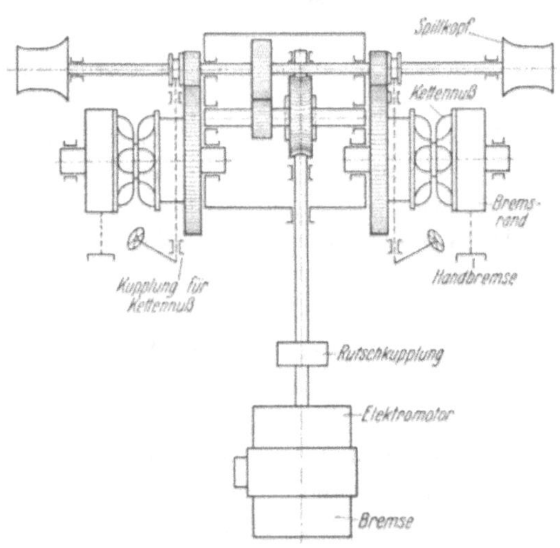

Abb. 194. Wirkschema einer Ankerwinde (Bauart Atlas)

Nach BV soll die Zugkraft gleich dem 7fachen Ankergewicht sein. Diese Zugkräfte entsprechen etwa dem 2–2$^1/_2$fachen Nennmoment des Motors.

c) Die Nenndrehzahl des Motors muß nach GL unter Berücksichtigung der Übersetzung im Getriebe einer Kettengeschwindigkeit von 10 m/min entsprechen. Sie liegt meistens zwischen 800 und 1000 U/min. Bei 1/10 Nennmoment soll die Drehzahl nicht mehr als das 2,8fache der Nenndrehzahl betragen.

d) Bei Spillbetrieb soll nach GL der Nenntrossenzug und eine maximale Geschwindigkeit von 16 m/min erreichbar sein. Während einer Zeit von 10 min muß ein maximaler Trossenzug (etwa 2,4facher Nenntrossenzug) bei einer Geschwindigkeit von 6 m/min ausgeübt werden können. Zum Einholen der leeren Trosse wird eine Seilgeschwindigkeit von 30 m/min gefordert.

Der Zusammenhang zwischen der Leistung des Motors und der Kettenstärke ist aus Abb. 195 zu ersehen. Bei der Bemessung der Motoren

[1] Im grundsätzlichen entsprechend DIN 84100, „Richtlinien für den Bau von Ankerspillen“, Sept. 1944.

muß neben dem Einhalten der thermischen Bedingungen auch das Erzielen des *Losbrechmomentes* sichergestellt sein. Meistens bestimmt sogar die letztere Bedingung die Abmessungen des Motors.

Bei *Gleichstrom*-Bordnetzen werden die Ankerwinden im allgemeinen mit einer kombinierten Hauptstrom- und Feldsteuerung gefahren. In Abb. 196a ist der Stromlaufplan für eine in 5 Stufen über Schütze gesteuerte Winde angegeben. Abb. 196b zeigt die Abwicklung des zugehörigen Meisterschalters für die Betätigung der Schütze und Abb. 196c den Schaltfolgeplan. Die Schaltung ist für Hieven und Fieren symmetrisch aufgebaut. Die Funktion der einzelnen Glieder geht aus der Bildunterschrift hervor. Der Motor ist sowohl mit einer Nebenschluß- als auch mit einer Reihenschlußwicklung ausgeführt, um die hohen Drehzahlen beim Spillbetrieb erreichen zu können. Neben dem elektrischen Überstromschutz erhalten die Winden im mechanischen Teil Rutschkupplungen zum Schutz vor Stößen, z. B. beim Einfahren des Ankers in die Klüse. – Die Kennlinien dieser Steuerung zeigt Abb. 197.

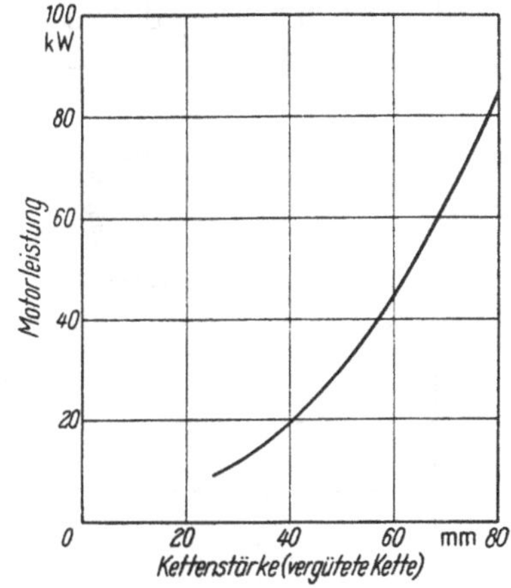

Abb. 195. Zusammenhang zwischen Kettenstärke und Motorleistung bei einer Ankerwinde

In *Drehstrom*-Bordnetzen können Drehstrommotoren mit *Schleifring*läufer zum Antrieb der Winden vorgesehen werden, doch werden dann keine hohen Geschwindigkeiten zum Verholen der leeren Trosse erreicht. Dagegen gewährleistet dieser Motor das Erzielen hoher Losbrechmomente dann, wenn das Kippmoment des Motors durch vorgeschaltete Widerstände im Läuferkreis auf den Stillstandspunkt verschoben wird[1]. Eine günstigere Lösung, mit der sowohl hohe Verholgeschwindigkeiten wie auch große Losbrechmomente erzielt werden können, kann die Verwendung *polumschaltbarer* Motoren mit *Schleifring*läufer ergeben.

Vor allem hat sich aber der *polumschaltbare* Drehstrommotor mit *Käfig*läufer stark eingeführt. Abb. 198 zeigt unter a) den Stromlaufplan, unter b) die Abwicklung des Meisterschalters und unter c) den Schaltfolgeplan eines derartigen über Schütze gesteuerten Antriebs. Die Funktion der einzelnen Glieder ist in der Bildunterschrift erläutert. Der Motor ist *3fach* polumschaltbar ausgeführt. Der Ständer erhält eine gemeinsame Wicklung für 16 und 8 Pole, die in DAHLANDERschaltung[1] geschaltet ist,

[1] Vgl. Grundlagen elektrischer Antriebstechnik, S. 187.

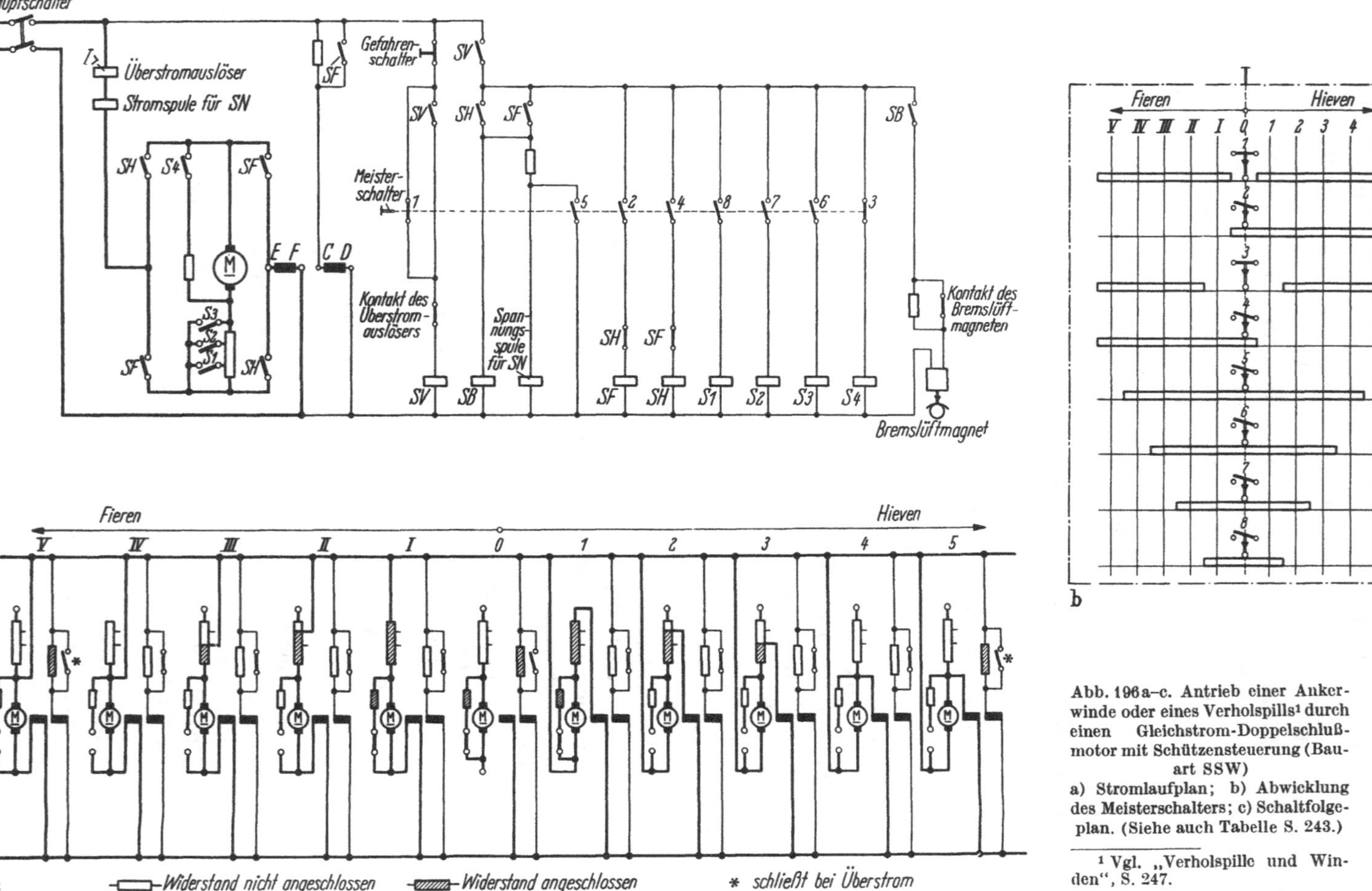

Abb. 196a–c. Antrieb einer Ankerwinde oder eines Verholspills[1] durch einen Gleichstrom-Doppelschlußmotor mit Schützensteuerung (Bauart SSW)

a) Stromlaufplan; b) Abwicklung des Meisterschalters; c) Schaltfolgeplan. (Siehe auch Tabelle S. 243.)

[1] Vgl. „Verholspille und Winden", S. 247.

Bezeichnung		Funktion
S 1–3	Stufenschütze	Schütze schalten Ankervorwiderstände
S 4	Schütz	Schütz schaltet Ankerparallelwiderstand
SB	Bremsschütz	Schütz schaltet Bremslüftmagnet ein
SN	Feldschütz	Schütz spricht an bei Nennspannung an der Spannungsspule und bei Überströmen in der Stromspule. Ansprechen bewirkt Verstärkung des Nebenschlußfeldes und schützt auf den Schnellstufen 5 und V den Motor vor Überlastung
SF	Schütz für Fieren	
SH	Schütz für Hieven	
SV	Verriegelungsschütz	Betätigung des Gefahrenschalters oder Ansprechen des Überstromauslösers bedingt, daß Wiederanfahren nur von der Nullstellung aus möglich ist

sowie eine weitere Wicklung für vierpoligen Betrieb; die Wicklungen liegen in denselben Nuten.

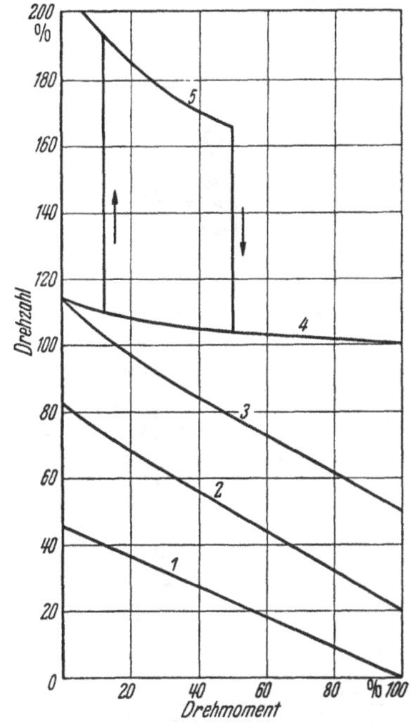

Abb. 197. Kennlinien einer Ankerwinde bei Antrieb durch Gleichstrom-Doppelschlußmotor mit Schützensteuerung nach Abb. 196

Bei den *Langsamstufen 1, I* wird die Maschine bei Ankerwinden[1] in einer offenen Dreieckschaltung – der sogenannten V-Schaltung – betrieben. Diese Stufe dient zum vorsichtigen Einfahren des Ankers in die Klüse, zum Straffen der Kette vor dem Festziehen der Kettennußbremse und zum Einlegen der Kettenstopper. Das Stillstandsmoment muß dabei so niedrig gehalten werden, daß Beschädigungen am Geschirr nicht möglich sind. Hier gilt die Kennlinie *1A* nach Abb. 199. – Die achtpolige Stufe *2, II* ist die eigentliche *Betriebsstufe*, bei der die Wicklung für 30-min-Betrieb ausgelegt ist. Bei Belastung über die Nennlast hinaus sinkt die Drehzahl unter gleichzeitiger starker Zunahme des Drehmomentes ab, wie es auch aus dem Kennlinienverlauf der Abb. 199 hervorgeht. Das hohe Anfahrmoment mit 250% des Nennmomentes im Stillstand gewährleistet ein sicheres Losbrechen des Ankers. – Zum Einholen loser Trossen mit doppelter Motordrehzahl ist die vierpolige Wicklung der Stufe *3* vorgesehen. Diese *Schnellstufe* kann bis zu halber Nennzugkraft belastet werden und ermöglicht es z. B. auch, den frei im Wasser hängenden Anker schnell einzuholen.

[1] Vgl. Verholspille und -winden, S. 247.

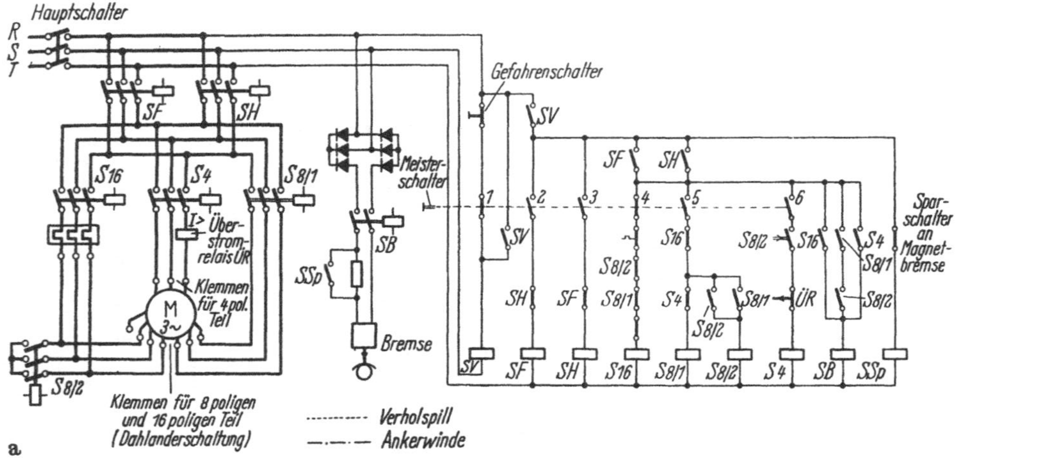

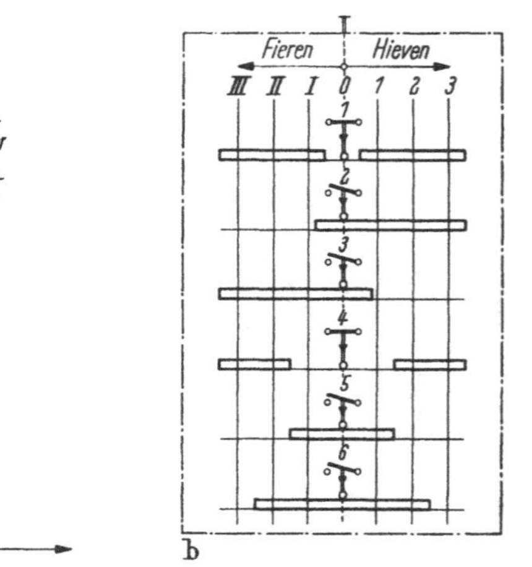

Abb. 198. Antrieb einer Ankerwinde oder eines Verholspills[1] durch einen dreifach polumschaltbaren Drehstrommotor mit Käfigläufer (Bauart SSW) a) Stromlaufplan; b) Abwicklung des Meisterschalters; c) Schaltfolgeplan. (Siehe auch Tabelle S. 245.)

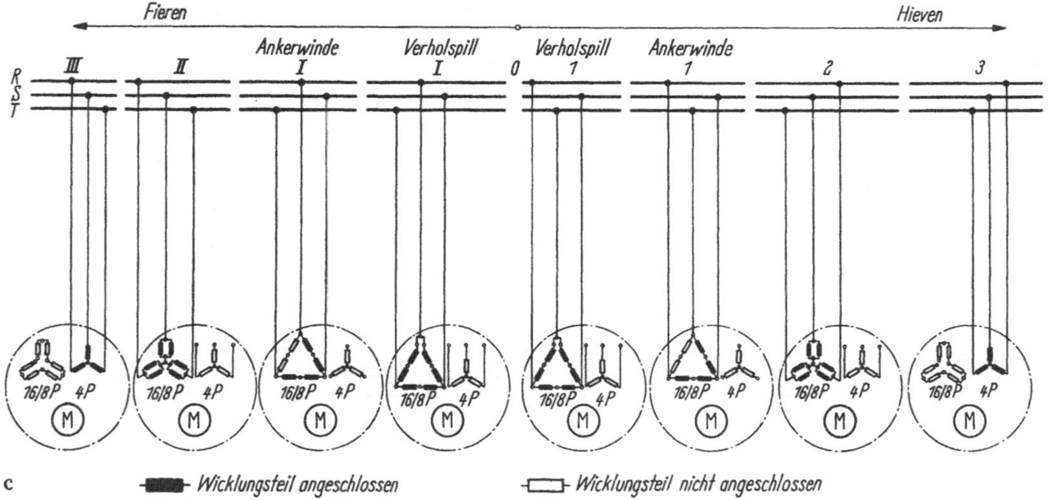

[1] Vgl. „Verholspille und -winden", S. 247.

	Bezeichnung	Funktion
S 4	Schütz für 4poligen Betrieb	Netzschütz
S 8/1	Schütz für 8poligen Betrieb	Netzschütz
S 8/2	Schütz für 8poligen Betrieb	Schütz bildet Sternpunkt der Wicklung und schaltet beim Durchreißen des Meisterschalters über die 8polige Stufe die 4polige Stufe zeitverzögert ein
S 16	Schütz für 16poligen Betrieb	Netzschütz
SB	Bremsschütz	Schützbetätigung löst Motorbremse
SF	Schütz für Fieren	
SH	Schütz für Hieven	
SSp	Sparschütz für Bremse	Mit Abfall des Schützes erfolgt Einschaltung eines Vorwiderstandes in den Stromkreis der Bremse
SV	Verriegelungsschütz	Betätigung des Gefahrenschalters bedingt, daß Wiederanfahren nur von der Nullstellung aus möglich ist

Ein Überstromrelais schaltet auf die achtpolige Betriebsstufe zurück, sobald die zulässige Belastung der Schnellstufe überschritten wird. – Die Schaltung ist für Fieren und Hieven symmetrisch ausgeführt. Der Anker kann auf allen Steuerstufen, einschließlich der Schnellstufe, ohne Gefahr mit Motorkraft gefiert werden. Der Motor gibt dabei die aufgenommene Bremsenergie in das Bordnetz zurück und hält die Fiergeschwindigkeit unter Kontrolle. Alle Stufen können in beiden Drehrichtungen gefahren werden, wozu jeweils der Anschluß zweier Zuleitungen vertauscht wird. – Der *Läufer* ist als Doppelstabläufer ausgebildet; mit Hilfe von Bronzestäben im Anlaufkäfig entwickelt der Motor das Höchstmoment bei der Drehzahl Null. Die Magnetbremse, die als Gleichstrombremslüfter gebaut ist, wird über einen Gleichrichtersatz an Spannung gelegt. Bei gelüfteter Bremse wird ein Sparwiderstand vor die Spule der Magnetbremse geschaltet. Das Bremsschütz SB ist mit einer Abfallverzögerung ausgerüstet, welche die Zeiten zwischen dem Ausschalten der einen und dem Einschalten einer anderen Motorwicklung überbrückt, ohne daß die Bremse zwischenzeitlich einfällt.

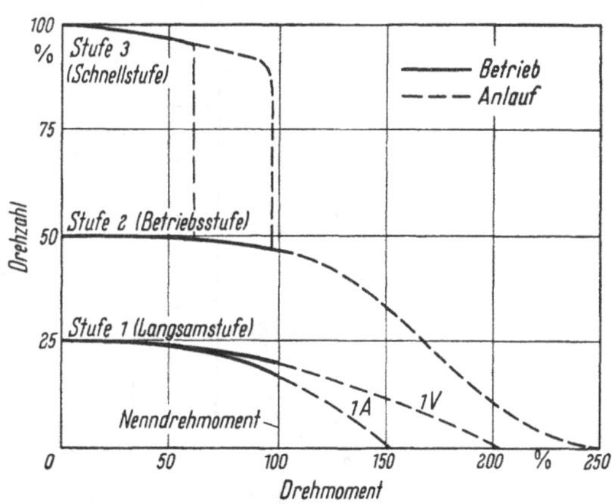

Abb. 199. Drehmoment/Drehzahl-Kennlinien von polumschaltbaren Motoren mit Käfigläufer nach Abb. 198
1 A Momentenverlauf der Stufe 1 bei Ankerwinden; *1 V* Momentenverlauf der Stufe 1 bei Verholspillen

Bei großen Ankerwinden wird der Windenmotor noch häufig in LEONARD-Schaltung nach dem Prinzipschaltplan der Abb. 200a betrieben. Abb. 200b zeigt die zugehörige Abwicklung des Steuerschalters. Diese Schaltung läßt das Arbeiten in einem großen Drehzahlbereich zu. Der Generator hat eine Gegenreihenschlußwicklung, durch welche der Antrieb bei Überlastungen geschützt wird. So ergibt sich ein Abfallen

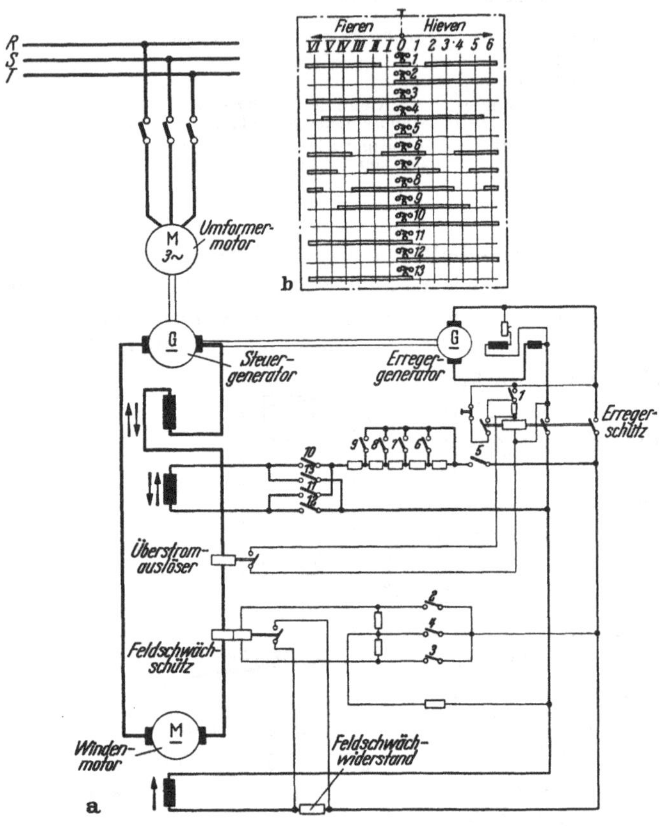

Abb. 200a u. b. Antrieb einer Ankerwinde in LEONARD-Schaltung

der Drehzahl bei steigendem Drehmoment ähnlich wie bei Verwendung von Ankervorwiderständen. Derartige Antriebe können sowohl in Drehstrom- als auch in Gleichstrom-Bordnetzen verwendet werden. – Für die Erregung des Steuergenerators und des Windenmotors muß bei Drehstromanlagen eine Erregermaschine oder ein Gleichrichter vorgesehen werden. Der Antrieb wird über das Erregerschütz eingeschaltet – Kontakt *1* bzw. Selbsthaltung sowie Kontakte *5*, *10–13*. Die Drehzahl kann feinstufig über Vorwiderstände im Erregerkreis des Steuergenerators verändert werden, wobei die Zahl der Steuerkontakte die Feinstufigkeit nach oben begrenzt – Kontakte *6–9*. Das Überstromrelais wirkt auf das Erregerschütz. Die Spannungsspule des Feldschwächschützes liegt an der Erregerspannung; sie wird bei Drehrichtungswechsel des Windenmotors umgepolt – Kontakt *2, 3* – und ist auf der obersten Drehzahlstufe kurzgeschlossen – Kontakt *4*. Bei abgefallenem Schütz tritt eine Feldschwächung am Windenmotor ein.

Abb. 201. Antrieb einer Ankerwinde mit 3fach polumschaltbarem Drehstrommotor mit Käfigläufer (Bauart SCHÄRFFE/SSW)

Meist werden die Antriebsmotoren überflutungssicher ausgeführt und nach Abb. 201 mit den Winden an Deck aufgestellt. Seltener werden nur Spillkopf und Kettennüssse mit dann senkrecht stehender Welle *über* Deck und alle übrigen Teile unter Deck angeordnet. Die Umformersätze bei LEONARD-Antrieb befinden sich in der Regel unter Deck, um eine schwere wasserdichte Ausführung zu vermeiden. Auch die Schützenkästen und Widerstände für die Steuerungen werden unter der Back angebracht. – Die Motoren erhalten bei kleinen und mittleren Leistungen auf der B-Seite einen Vierkantwellenstumpf, um den Anker bei Ausfall der Netzspannung od. dgl. mit Hilfe einer Handkurbel einholen zu können. Bei größeren Ankerwinden ist ein solcher Notantrieb von Hand nicht mehr durchzuführen.

b) Verholspille und -winden

Verholspille und Verholwinden dienen zum Verholen, d. h. Bewegen des Schiffes über Trossen. Sie werden am Heck und am Bug angeordnet. Oft sind Kombinationen mit Ankerwinden bzw. -spillen anzutreffen. Bei den Spillen sind die Köpfe vertikal angeordnet. Die waagerechte Ausführung kommt bei Ankerwinden mit beiderseits angebauten Spillköpfen in Frage, oder wenn von einer *Lade*winde 2 Spillköpfe über verlängerte Wellen angetrieben werden. Der Motor und der zugehörige Meisterschalter bzw. die Steuerwalze werden meistens in überflutungssicherer Ausführung auf Deck, seltener in tropfwassergeschützter Ausführung unter Deck aufgestellt. Die Schützenkästen, Steuerwiderstände usw. befinden sich fast immer unter Deck. Häufig findet man auch den Einbau des Antriebsmotors direkt in den Spillkopf nach Abb. 202.

Für die Bemessung des Motors und den Bau der Steuerung sind folgende Bedingungen besonders wesentlich[1]:

a) Der Motor muß imstande sein, den Nenntrossenzug (gewöhnlich 3,5 oder 8 t) während einer Zeit von 30 min ohne Unterbrechung aufzubringen. Die Geschwindigkeit der Trosse beträgt in der Regel 12 m/min, maximal 16 m/min. Dabei läuft der Motor mit seiner Nenndrehzahl.

b) Zum Einholen der leeren Trosse muß eine Seilgeschwindigkeit von 30 m/min erreichbar sein.

Die Schaltungen entsprechen im wesentlichen den bei Ankerwinden gebräuchlichen. Bei Drehstrom-Bordnetzen werden bevorzugt dreifach polumschaltbare Motoren mit Käfigläufer verwendet[2]. Die Langsamstufen *1,I* dieser Motoren, werden nach Abb. 198 bei Verholbetrieb in Dreieckschaltung betrieben, um eine hohe Überlastungsfähigkeit zu erzielen. Es gilt hierbei die Kennlinie *1 V* in Abb. 199. In Gleichstromanlagen werden Doppelschlußmotoren verwendet. Bei sehr großen Spillen kommen – unabhängig vom Netzsystem – LEONARD-Sätze zur Anwendung. In allen Fällen wird der Antrieb gegen Überlastungen geschützt.

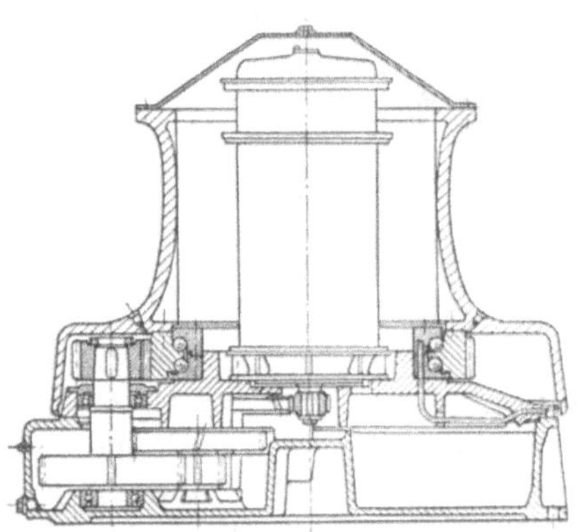

Abb. 202. Verholspill mit in den Spillkopf eingebautem Antriebsmotor und Kugel-Drehkranzlagerung (Bauart NSW/SSW)

Als Haltebremsen dienen zumeist angebaute Bremslüfter, die auf die freien Motorwellenenden aufgesetzt werden. Seltener finden sich noch mechanisch wirkende Fußbremsen. Für Aufstellung unter Deck haben sich bei großen Spillen mit Drehstromantrieb auch die sogenannten *Motordrücker*[3] bewährt. Bei diesen treibt ein Drehstrommotor mit Käfigläufer ein mit Fliehkraftgewichten ausgestattetes Lenkersystem an. Die Gewichte spannen beim Einschalten des Motors eine Feder und lüften dabei die Bremse. Beim Stillsetzen des Motors und Aufhören der Fliehkraftwirkung entspannt sich die Feder und die Bremse fällt ein.

c) Ladewinden

Betriebsweise. Die elektrisch angetriebene Ladewinde ist in jahrzehntelanger Entwicklungsarbeit ein sehr hochwertiges Hebezeug für den

[1] DIN 84100, Sept. 1944, „Richtlinien für den Bau von Ankerspillen".

[2] Vgl. Ankerwinden und -spille, S. 239.

[3] Bauart SSW/Kampnagel

Schiffsbetrieb geworden; sie hat die Dampfwinde – auch auf Schiffen, die einen Dampfantrieb haben – fast völlig verdrängt und sich bisher auch gegenüber den elektro-hydraulischen Winden weitgehend behauptet. Ladewinden werden nicht nur zum Fördern des Ladegutes verwendet, sondern sind oft auch mit Spillköpfen für Verholarbeiten ausgestattet.

Abb. 203 zeigt das Wirkungsschema für eine Lade- und eine *Hanger*winde[1], aus welchem die Seilführung beider Winden hervorgeht. Die *Arbeitsweise* einer Ladewinde unterscheidet sich insofern von der eines Kranes, als mit ihr lediglich eine Last gehoben oder gesenkt werden kann. Horizontale Bewegungen des Ladegutes werden erst durch das Zusammenarbeiten zweier Winden möglich. Wie es aus Abb. 204 ersichtlich ist, enden die Seile beider Winden an einem gemeinsamen Lasthaken. Jedes Seil wird über eine im Raum feststehende Rolle, die an den Ladebäumen befestigt ist, geführt. Von diesen befindet sich der eine über der Ladeluke, der andere über dem Kai. Je nachdem, ob eines oder beide Seile tragen, befindet sich die Last senkrecht unter der belasteten Rolle oder unter der Verbindungslinie beider Rollen. – Das Arbeitsspiel *eines* Ladevorganges setzt sich aus folgenden Arbeitsgängen – Hieven – zusammen:

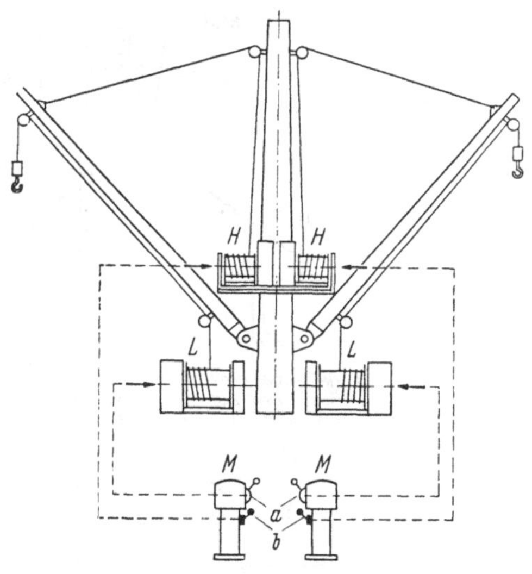

Abb. 203. Wirkschema von Ladewinde und Hangerwinde
H Hangerwinde; *L* Ladewinde; *M* Meisterschalter
(*a* für Ladewinde; *b* für Hangerwinde)

Anschlagen der Last an den Haken – Heben und Horizontalverschieben der Last – Senken der Last – Absetzen der Last – Heben und Horizontalverschieben des leeren Hakens – Senken des leeren Hakens.

Elektrische Bemessung der Antriebsmotoren. Die zu hebende Last Q und die Geschwindigkeit v bei dieser Last ergibt unter Berücksichtigung des Wirkungsgrades η_T des Triebwerkes die Leistung P, für die der Motor zu bemessen ist nach der Beziehung

$$P = \frac{Q v}{\eta_T} .$$

Die gebräuchlichen Leistungswerte für die Motoren liegen zwischen 16 und 50 PS. – Die üblichen Seilgeschwindigkeiten liegen zwischen 0,2

[1] Vgl. Baumwinden, S. 288.

und 0,7 m/sek, wobei die geringste Geschwindigkeit der größten vorkommenden Nennlast am Haken von 8 to zugeordnet ist. Für noch größere Lasten werden sogenannte Schwergutladewinden benutzt[1].

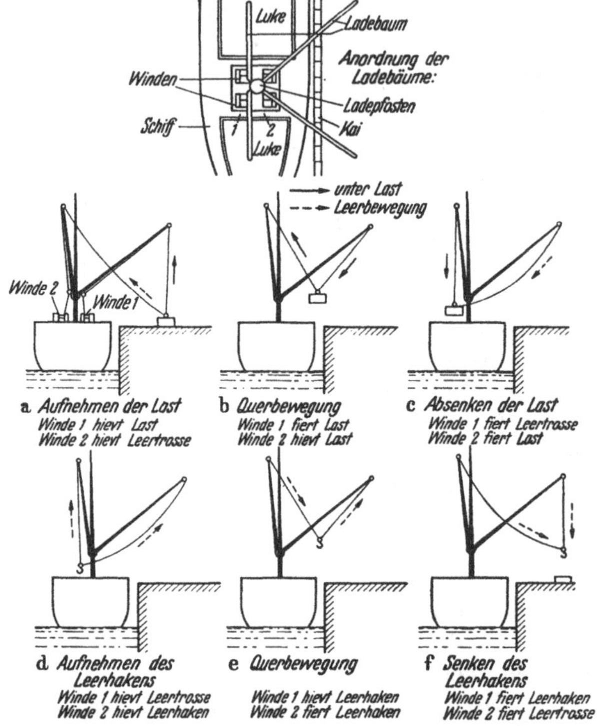

Abb. 204. Schematische Darstellung des Ladewindenbetriebes

Die höchste *Senk*geschwindigkeit für die Nennlast soll aus Sicherheitsgründen den 3fachen Wert der maximalen Hubgeschwindigkeit bei Nennlast nicht überschreiten[2]. – Für die Bewegung des *leeren Hakens* sind höhere Geschwindigkeiten als bei Nennlast möglich – begrenzt durch die Geschwindigkeit, bei der das Seil nicht mehr über die Rollen nachläuft. Bei Gleichstrommotoren, die bei der Einführung des elektrischen Windenantriebes zunächst vorherrschend waren, läßt sich dies durch Verwendung von Doppelschlußmaschinen mit mehr oder weniger stark betontem Reihenschlußcharakter erreichen, womit hierbei etwa die 2,5fache, in Sonderfällen die 4fache Nennlastgeschwindigkeit erzielt werden kann. Hierbei muß aber berücksichtigt werden, daß diese Ge-

[1] Vgl. Schwergutladewinden, S. 274.

[2] Im grundsätzlichen entsprechend DIN 84150 „Richtlinien für den Bau von Schiffsladewinden“, Sept. 1944.

schwindigkeiten nur für den Endzustand gelten, wenn der Motor auf volle Drehzahl hochgelaufen ist; sie sind deshalb nur bei großen Hubhöhen erreichbar. – Bei Drehstrommotoren mit Käfigläufer ist ein Reihenschlußverhalten nicht gegeben; die Drehzahl ist vielmehr von der Last nur wenig abhängig. Deswegen hat es sich hierbei zur Erzielung einer guten *durchschnittlichen* Umschlagsleistung als zweckmäßig herausgestellt, die Geschwindigkeit bei *Nennlast* zu steigern, wobei der Motor eine entsprechend höhere Leistung aufnimmt. Auf die Größe der Bordnetzzentrale hat das deswegen nur einen verhältnismäßig geringen Einfluß, weil die Nennlast bei allen Winden niemals gleichzeitig gehoben wird, und die Motoren bei verminderter Drehzahl auch nur eine verminderte Leistung aufnehmen. Meist sind die Gewichte wesentlich kleiner als die Nennlast und es findet ein Ausgleich der Windenbelastungen untereinander statt. – Zum sanften *Anheben* und *Absetzen* der Last müssen in jedem Fall Geschwindigkeiten eingestellt werden können, die etwa 50% der Hubgeschwindigkeit bei Nennlast über dem gesamten Lastbereich nicht überschreiten. Diese Forderung läßt sich sowohl mit Drehstrom- als auch mit Gleichstrommotoren erfüllen.

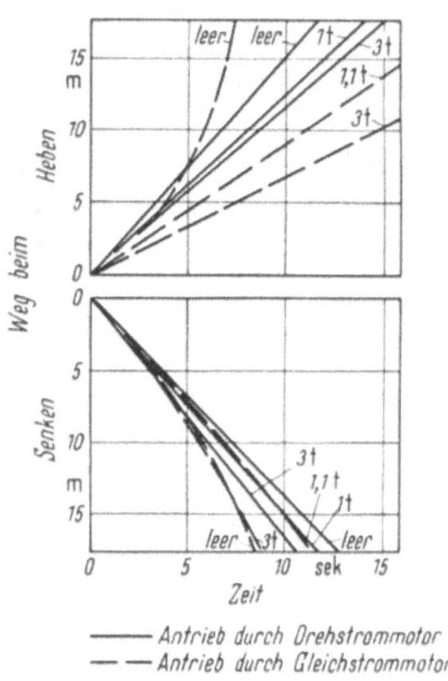

Abb. 205. Weg-Zeit-Diagramm

Außer zum Heben der Last muß von dem Antriebsmotor die Arbeit zu ihrer Beschleunigung und zur Beschleunigung der umlaufenden Massen (Motoranker, Getriebe usw.) aufgebracht werden. Während die erstgenannte Komponente bei gegebenem Ladegut kaum beeinflußt werden kann, ist es anzustreben, das Schwungmoment der mit hoher Drehzahl umlaufenden Motoranker klein zu halten. Je geringer die insgesamt aufzubringende Beschleunigungsarbeit ist, desto günstiger gestaltet sich das Zeit-Weg-Diagramm der Winde, d.h. um so schneller ist die Endgeschwindigkeit des Hakens erreicht. – In Abb. 205 ist ein Weg-Zeit-Diagramm bei 2 verschiedenen Lasten und dem leeren Haken für eine Winde aufgezeichnet, welche einmal durch einen Gleichstrommotor zum anderen durch einen 3fach polumschaltbaren Drehstrommotor mit Käfigläufer angetrieben wird. Das höhere Beschleunigungsvermögen des nicht über Widerstände gesteuerten Drehstrommotors kommt in seinen kürzeren Hochlaufzeiten zum Ausdruck. – Die Beschleunigung und die Bremsverzögerung bei Nennlast soll jedoch möglichst den Wert von 3 m/sek² nicht überschreiten, um eine Überbeanspruchung des Ladegeschirrs zu vermeiden. Damit ist auch der untere Grenzwert für das Schwungmoment des Motorankers festgelegt.

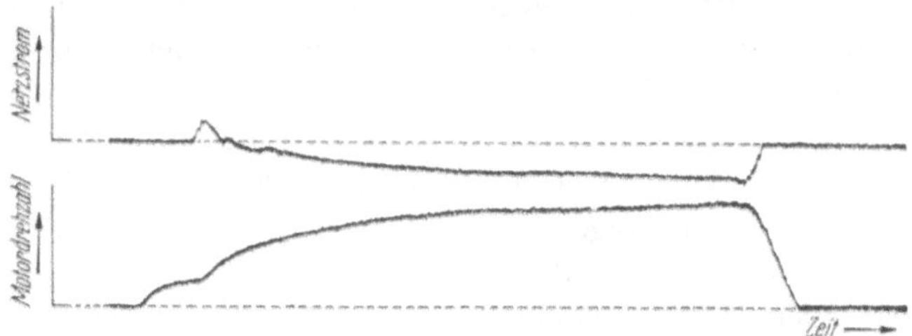

Abb. 206. Rückspeisung in das Netz bei Senkbetrieb einer Ladewinde mit Gleichstromantrieb

Beim Senken einer Last wird Arbeit frei. Hiervon ist die zum Beschleunigen der Last und der umlaufenden Massen benötigte Arbeit sowie die Verlustenergie des elektrischen Antriebes abzuziehen. Überwiegt die frei-

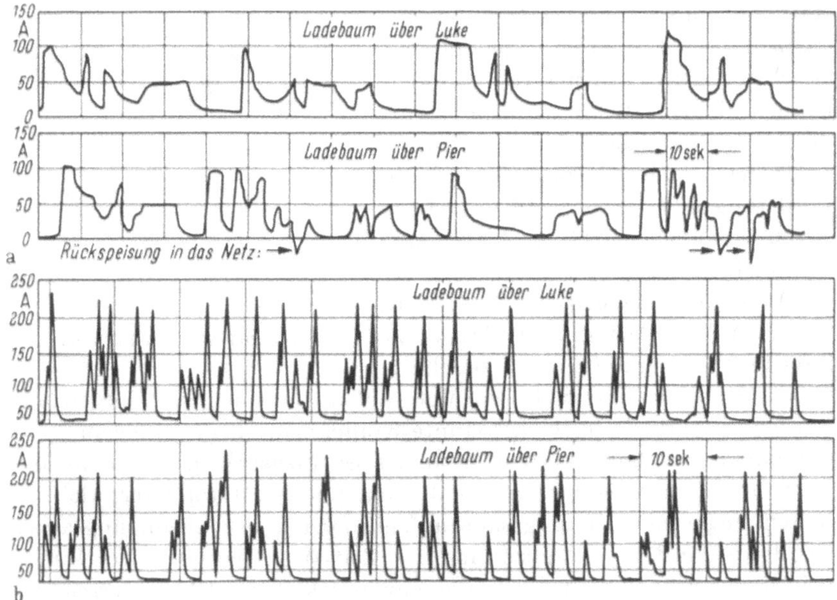

Abb. 207. Messungen der Stromaufnahme von Ladewindenmotoren

werdende Energie diese, so kann Rückspeisung in das Netz eintreten. Das Oszillogramm der Abb. 206 läßt diese Verhältnisse erkennen. Zunächst wird dem Netz Beschleunigungsarbeit entnommen, dann nimmt die Geschwindigkeit der Last zu und es tritt Rückspeisung von Energie bzw. Rückstrom auf.

Die *Belastungsverhältnisse* der Windenmotoren sind von den zu verladenen Gütern – Massengut, Stückgut – abhängig; auch spielen die jeweiligen Hafenverhältnisse eine Rolle. Abb. 207 zeigt die mit Meßschreibern registrierte Stromaufnahme von Windenmotoren. Die beiden oberen Meßstreifen erfassen einen Ladevorgang mit 40 Hieven/Std.; wesentlich rascher wurde bei den beiden unteren Streifen geladen, nämlich mit mehr als der 3fachen Hievenzahl bei etwa gleichem Hievengewicht. – Beim Laden von Zuckersäcken oder auch bei der Übernahme von Kohlen in Körben werden die Maschinen im allgemeinen bis an die obere Grenze ihrer Belastungsfähigkeit beansprucht. Je nachdem, wie weit die Luken gefüllt sind, bewegen sich die stündlichen Hievenzahlen hierbei zwischen 80 und 125 (Vgl. auch Abb. 9). – Hinsichtlich der Betriebsart handelt es sich bei den elektrischen Antrieben für Ladewinden um einen Aussetzschaltbetrieb (ASB), bei dem die Erwärmung der Motoren

Abb. 208. Ladewinde mit Antrieb durch 3fach polumschaltbaren Drehstrommotor (Bauart Donkin[1]/SSW)

hauptsächlich durch Anlauf, Bremsung oder Umschaltung bestimmt wird. Dazu kommen als wichtigste Einflußgrößen die zu beschleunigenden und abzubremsenden Schwungmassen.

Mechanische Ausführung von Motor und Steuerung. In Abb. 208 ist eine Winde mit Drehstromantrieb gezeigt, bei der der Motor in Bauform B 10 an das Getriebe angeflanscht ist. Die unten befindliche Luftklappe – im Bild geöffnet – muß bei *Fahrt* des Schiffes geschlossen werden, damit ein Eindringen von Seewasser verhindert wird – überflutungssichere Bauweise. Beim *Ladebetrieb* muß die Luftführung aber auch so sein, daß der Motor gegen Feuchtigkeit und auch gegen feinen Staub geschützt ist. – Die zum Betätigen der Winden erforderlichen *Steuerwalze* für Gleichstrom-

[1] Lizenz Hatlapa.

antrieb wird häufig mit dem Getriebeblock vereinigt, wie es Abb. 209 zeigt. In dem aus Walzstahl geschweißten Gehäuse der Steuerwalze sind neben den für die Steuerungen benötigten Kontakten und Blasspulen u.a. noch die Schutzeinrichtungen, die Steuersicherungen und der Sparschalter für die Magnetbremse eingebaut. – Meist wird jedoch heute eine getrennte Aufstellung der Steuerorgane derart bevorzugt, daß der Bedienungsmann eine Übersicht über den Laderaum hat. Außerdem führt sich eine Steuerung der Winden über Schaltschütze zunehmend ein, zu deren Betätigung *Meisterschalter* verwendet werden. Diese werden nahe der Ladeluke mit einem Abstand der Schaltgriffe von etwa 75 cm so aufgestellt, daß die beiden für das Zusammenarbeiten zweier Winden erforderlichen Schalter von nur einem Bedienungsmann betätigt werden können, wie es Abb. 210 erkennen läßt. – Die Bildung von Kondenswasser im Innern der Säulen wird durch Heizwiderstände unterbunden.

Zur Vereinfachung der Betätigung von 2 Winden durch nur *einen* Bedienungsmann können auch *Doppelmeisterschalter* nach Abb. 211 verwendet werden, bei denen beide Winden von einem ge-

Abb. 209. Ladewinde mit Gleichstrommotor und Steuerwalze (Bauart Atlas/AEG)
a Gefahrenschalter; *b* Motor; *c* Bremse; *d* Lufteintritt für Belüftung der Widerstände: *e* Steuerwalze

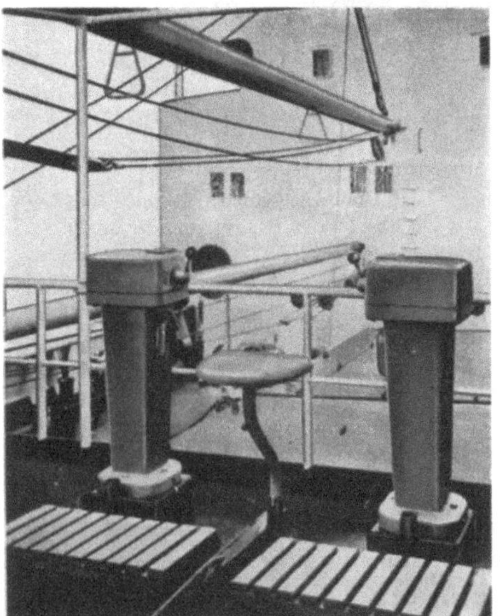

Abb. 210. Anordnung zweier Meisterschalter zur Betätigung durch nur eine Person

meinsamen Schalthebel gesteuert werden, der – ebenso wie bei den vorerwähnten Einfachmeisterschaltern – beim Loslassen in die Mittelstellung zurückspringt. – Im Inneren des Schalterkopfes sind 2 Steuerungssysteme untergebracht, die in der Weise betätigt werden, daß die Auslenkung nach ihrer *Richtung* eine sinngemäße Lastbewegung, nach ihrer *Größe* eine entsprechende Lastgeschwindigkeit ergibt, wie es aus dem Diagramm der Abb. 212 hervorgeht. Legt man den Schalthebel in Richtung *A* auf „Fieren", so werden beide Winden auf mehr oder weniger schnelles Fieren geschaltet. Bei seitlicher Auslenkung z. B. in Richtung *B* laufen beide Winden gegenläufig, d.h. Winde *1* fiert, Winde *2* hievt. Da der Schalthebel nach allen Richtungen frei beweglich ist, lassen sich entsprechend den eingezeichneten Richtungspfeilen alle möglichen Zwischenstellungen erreichen. So bewirkt eine Auslenkung in Richtung *C* nur den Lauf der Winde *1*, während die Steuerung der Winde *2* in ihrer Nullstellung bleibt. Die elektrische Trennung beider Windenantriebe bleibt stets aufrechterhalten. – Der Doppelmeisterschalter kann noch mit 2 seitlichen Hebeln am Schalterkopf ausgerüstet werden, die zur *Einzel*steuerung der beiden Winden dienen, wie es auch aus Abb. 211 hervorgeht. Mit einem Umschalter auf der Vorderseite der Säule kann „Einzelsteuerung" oder „Doppelsteuerung" gewählt werden. Bei „Doppelsteuerung" wirkt nur der Universalschalthebel in der oben beschriebenen Weise. In Stellung „Einzelsteuerung" erhält man mit den beiden Seitenhebeln praktisch 2 normale Einfachmeisterschalter, die nach Bedarf von einem oder zwei Mann betätigt werden können.

Abb. 211. Doppelmeisterschalter für 2 Drehstrom-Ladewinden (Bauart SSW)
a Schalthebel für gemeinsame Steuerung; *b* Schalthebel für Einzelsteuerung; *c* Schalthebel für Hangerwinde; *d* Umschalter für „Doppelsteuerung – Einzelsteuerung"

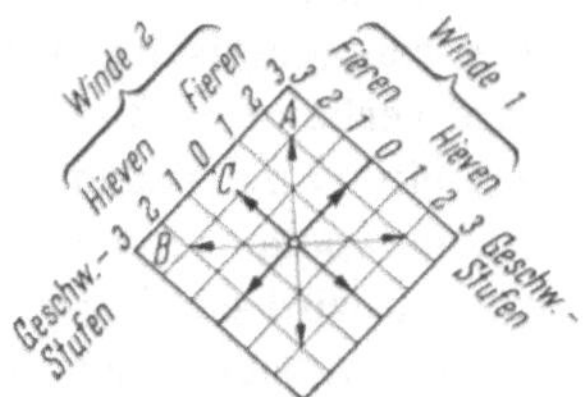

Abb. 212. Wirkschema für Doppelsteuerschalter (bei Verwendung 3fach polumschaltbarer Drehstrommotoren zum Antrieb der Winden); (nach HARDERS [93])

Die zu den Schützensteuerungen benötigten Schaltgeräte werden in einem Stahlblechschrank in spritzwassergeschützter Ausführung untergebracht, der unter Deck, vornehmlich im Windenhaus, aufgestellt wird. Die Schaltschränke sollen im Boden und im oberen Teil der Rückwand mit Schlitzen versehen werden, damit eine gute Durchlüftung der Gehäuse gewährleistet ist. Eine Stillstandsbeheizung verhindert auch hier einen Feuchtigkeitsniederschlag an den Schaltgeräten.

Die Anker- und Feldwiderstände zur Steuerung von Gleichstrommotoren werden meist in den Grundrahmen der Winde eingeschoben, wobei während des Betriebes der Winden die Widerstandsräume durch Öffnen von Lüftungsklappen im Durchzug belüftet werden. – Bei Schützensteuerungen werden nicht nur die Schützenschränke sondern auch die Widerstände unter Deck bzw. in den Deckshäusern aufgestellt.

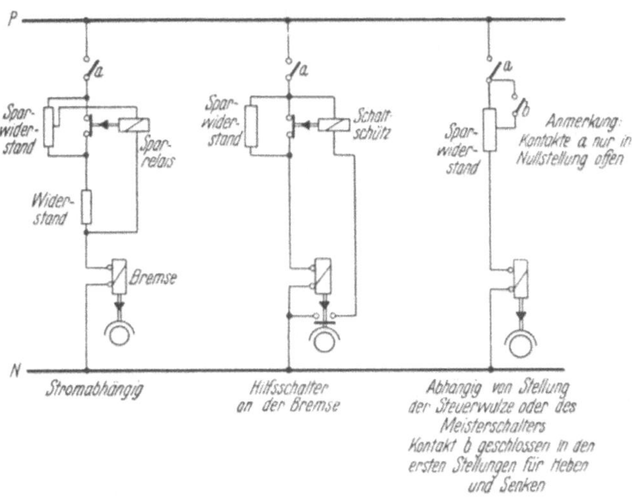

Abb. 213. Sparschaltungen für Magnetbremsen

Bei den meisten Bauarten hat sich eine an den Motor angebaute elektromagnetische Bremse durchgesetzt. Von einer derartigen Bremse wird verlangt, daß sie schnell einfallen und schnell gelüftet werden kann, um ein Durchsacken der Last zu vermeiden. Dazu wird die Bremsmagnetspule zunächst stark erregt. Nach dem Lüften der Bremsscheibe wird ein Vorwiderstand in den Stromkreis eingeschaltet und so der Anzugsstrom auf den *Halte*strom heruntergesetzt. Durch diese Maßnahme klingt beim Ausschalten der Strom auch rasch wieder ab; es werden Zeiten für den Anzug und das Abfallen von 0,15–0,20 sek erreicht. Eine derartige Schaltung wird als *Sparschaltung* bezeichnet. Zu ihrer Ausführung gibt es nach Abb. 213 verschiedene Möglichkeiten:

Stromabhängige Sparschaltung,

Sparschaltung durch mechanisch an die Bremsscheibe angelenkte Hilfsschalter,

Sparschaltung durch besondere Kontakte an der Steuerwalze oder am Meisterschalter.

Die erste Schaltung nützt den Spannungsabfall an einem Vorwiderstand des Bremsspulenkreises, der von der Höhe des Stromes abhängt, zum Ansprechen eines Schaltschützes aus. Der Widerstand und damit die Ansprechspannung des Schützes werden so bemessen, daß die Bremsmagnetspule mit Sicherheit angezogen hat, bevor das Schütz (Sparrelais) auf Haltestrom schaltet. – Die zweite Schaltung ist wegabhängig. Im angezogenen Zustand der Bremsscheibe wird durch einen Hilfsschalter ein Schütz betätigt, das die Bremsmagnetspule auf Haltestrom schaltet. Da es sich um sehr kleine Schaltwege handelt – je nach der Abnutzung der Bremsbeläge etwa 1–2 mm –, muß der Hilfsschalter sehr exakt und mit Sprungschaltung arbeiten. – Die letztgenannte Schaltung, bei der auf den ersten Stufen der Steuerwalze oder eines Meisterschalters auf Anzugsstrom und auf den übrigen Stufen auf Haltestrom geschaltet wird, ist unabhängig von der Durchführung des eigentlichen Bremsvorganges. Es besteht aber die Gefahr, daß schon auf Haltestrom geschaltet wird, bevor die Bremse angezogen hat oder daß die Bremsmagnetspule bei längerem Ladebetrieb auf den beiden unteren Stufen dauernd mit dem Anzugsstrom belastet ist und infolgedessen thermisch zu stark beansprucht wird. – Bei Verwendung der *Lade*winden für „mooring-Betrieb“[1] muß beachtet werden, daß die Bremslüfter besonders auf den unteren Geschwindigkeitsstufen längere Zeit eingeschaltet bleiben, z. B. bei Schleusenmanövern. Die Sparschaltung wird dabei zweckmäßig nur weg- oder stromabhängig ausgeführt.

In Abb. 214 ist die Ausführung einer elektrisch wirkenden – mit Gleichstrom erregten – Magnetbremse gezeigt. Der Magnetkörper befindet sich direkt am Lagerschild. Die Bremsmagnetspule ist in einem auswechselbaren Spulenkasten untergebracht. Der Federdruckteller ist zugleich der Magnetteller, er drückt bei eingefallener Bremse die Bremsscheibe mit den beiderseitigen Bremsbelägen an den Abschlußdeckel. Die Bremsscheibe sitzt axial beweglich in einer Verzahnung auf der Bremsnabe. – An Stelle der auf der Bremsscheibe befestigten Brems*beläge* besitzt die Magnetbremse nach Abb. 215 axial in einer Scheibe aus Bronze verschiebbar angeordnete – zwischen dem inneren und äußeren Bremsring laufende – Brems*klötze*. Diese Bremsklötze werden über die Magnetscheibe durch Druckfedern an den äußeren Bremsring gedrückt. – Der Anzugsstrom der Magnetbremse wird nach dem Anzug der Magnetscheibe über einen am Außenring angebrachten Sparschalter auf den Haltestrom herabgesetzt. – Bei der in Abb. 216 gezeigten Ladewinde befindet sich die Bremse auf der A-Seite des Motors. Sie ist als Backenbremse, die von einem mit Gleichstrom erregten Magnetlüfter betätigt wird, ausgeführt. Am Bremsgestänge angelenkt ist der Sparschalter der Magnetspule. – Bei

[1] Vgl. Mooringwinden, S. 276.

Drehstromantrieben empfiehlt es sich nicht, Drehstrom-Bremslüfter zu verwenden. Die Empfindlichkeit dieser Magnete gegen Verschmutzung,

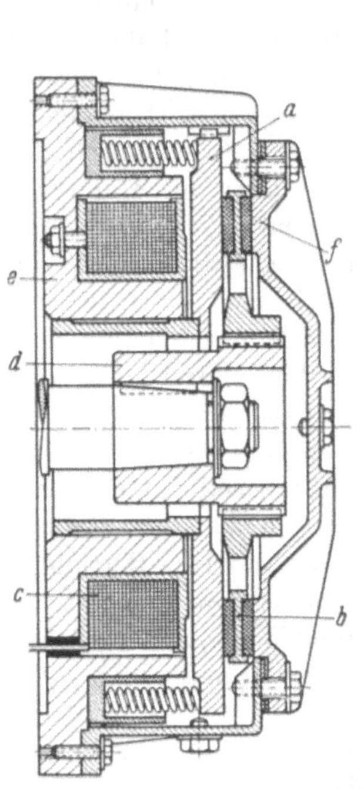

Abb. 214. Magnetbremse (Bauart AEG)
a Magnetteller; *b* Bremsscheibe; *c* Magnetspule; *d* Bremsnabe; *e* Magnetkörper; *f* Verschlußdeckel

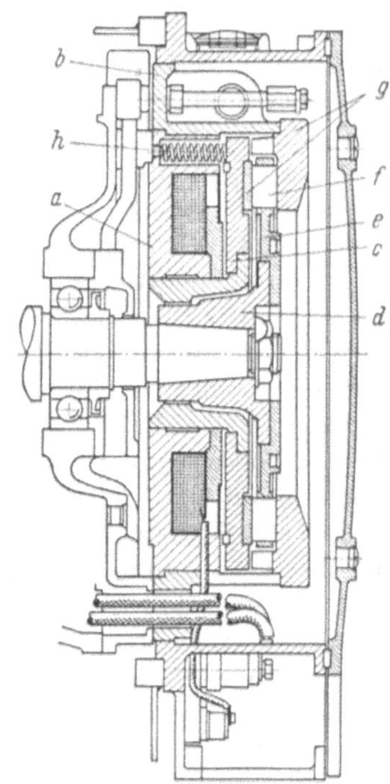

Abb. 215. Magnetbremse (Bauart SSW)
a Magnetkörper mit Spule; *b* Außenring; *c* Magnetscheibe; *d* Bremsnabe; *e* Bremsscheibe; Bremsklötze; *g* innerer und äußerer Bremsring; *h* Druckfedern

Abb. 216. Ladewinde mit Gleichstrommotor und angebautem Bremslüftmagneten (Bauart Thrige)

Korrosion und Erschütterungen kann dazu führen, daß der vollständige Anzug des Magneten in Frage gestellt ist und die Magnetspulen dann infolge zu hoher Stromaufnahme durchbrennen. Günstiger ist es, Gleichstrom-Bremslüfter, die unempfindlicher sind, einzubauen und diese über Halbleitergleichrichter an das Drehstromnetz anzuschließen.

Gleichstromausrüstungen. Die in Abb. 217 gezeigten Kennlinien werden mit einem Gleichstrom-Doppelschlußmotor (Leistung 40 PS) erreicht, der durch eine Schützensteuerung über eine Kombination von Anker- und Feldwiderständen in je 4 Stufen für „Heben" und „Senken" gesteuert wird. Da diese Steuerung durch einen leichtgängigen Meisterschalter betätigt wird, werden Zeitglieder eingeschaltet, wodurch ein sicherer Ablauf des Schaltvorganges auch bei einem zu schnellen Durchreißen des Handhebels in die Endstellungen sichergestellt wird. In Abb. 218a–c sind der Stromlaufplan, das zugehörige Abwicklungsschema des Meisterschalters und der Schaltfolgeplan wiedergegeben. Die Funktion der einzelnen Glieder der Schaltung läßt sich mit Hilfe der ausführlichen Bildunterschrift erkennen. – Die in Abb. 219 gezeigten Kennlinien gelten für die mit einem Gleichstrom-Doppelschlußmotor ausgerüstete Winde nach Abb. 209. Es sind in der Steuerwalze 9 Stufen im Heben- und 8 Stufen im Senkengebiet vorgesehen. Auf den Stufen „Senken VI–VIII" findet eine Drehzahlabsenkung bei zu hohen Belastungen statt.

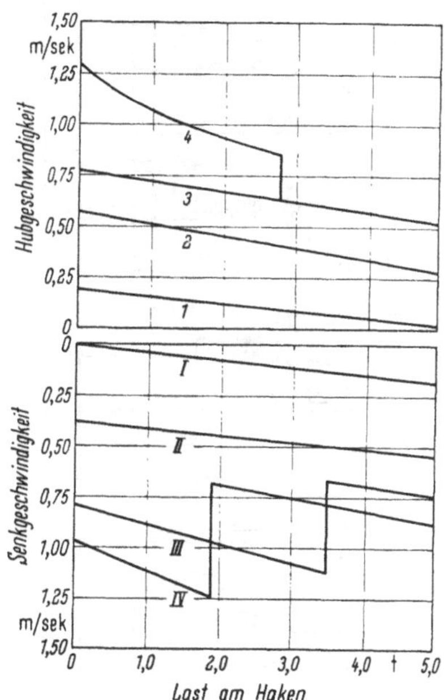

Abb. 217. Kennlinien einer Ladewinde bei Antrieb durch Gleichstrom-Doppelschlußmotor mit Schützensteuerung nach Abb. 218 (Bauart SSW)

Für Winden geringer Leistung werden auch des öfteren reine Reihenschlußmotoren an Stelle von Doppelschlußmotoren verwendet. Die Schaltung ist dabei einfacher ausgeführt. Im Hebengebiet werden zunächst Ankervor- und parallelwiderstände, dann bei den schnelleren Stufen nur Vorwiderstände eingeschaltet. Auf der höchsten Stufe für Heben wird ein Teil der Reihenschlußwicklung überbrückt und so eine Leerhakengeschwindigkeit von maximal dem 2,5fachen Wert der Nennlastgeschwindigkeit erreicht. Ohne diese Maßnahme ist der 2fache Wert erreichbar. Im Senkengebiet arbeitet die Steuerung nur mit Kraftsen-

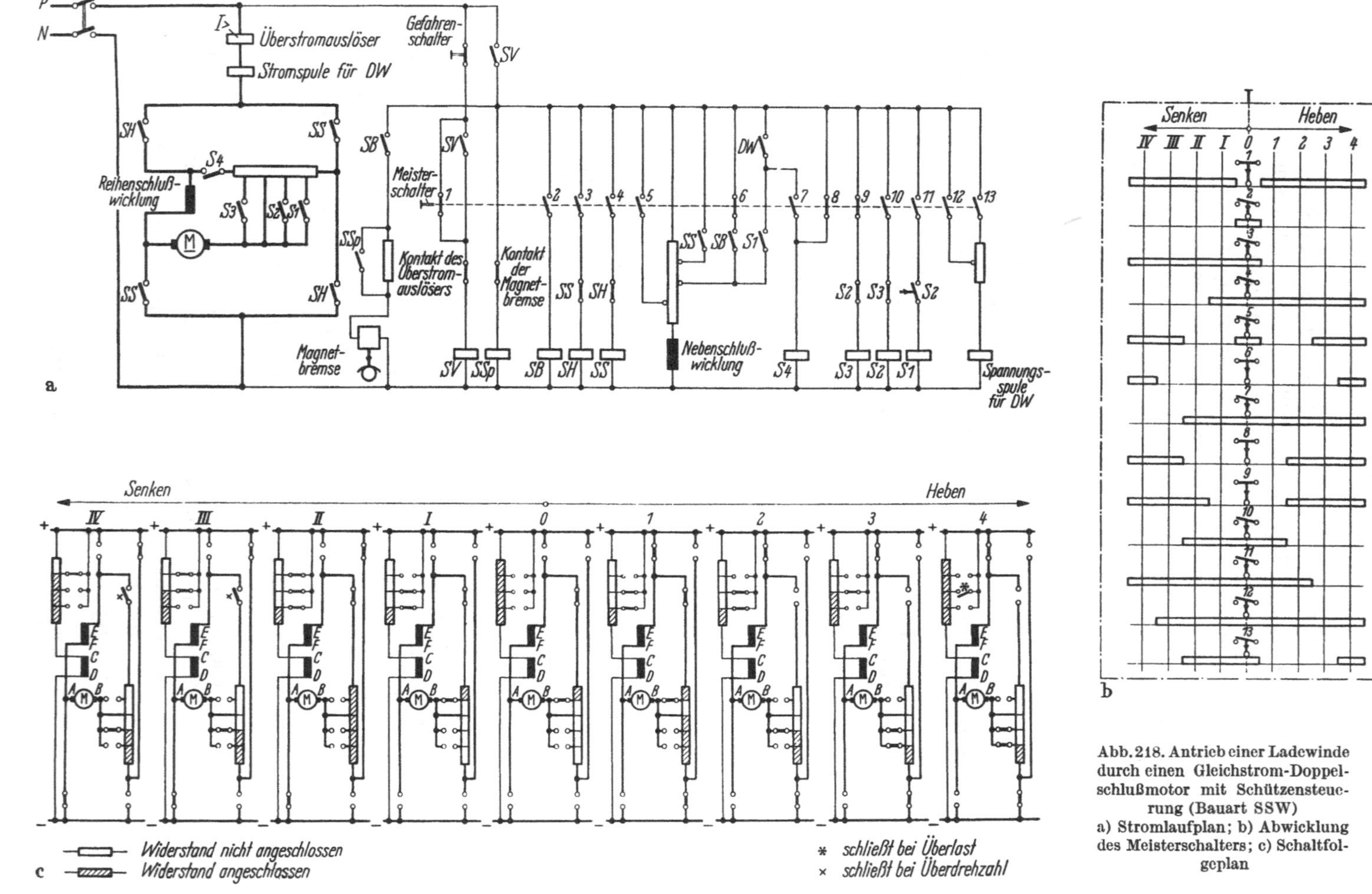

Abb. 218. Antrieb einer Ladewinde durch einen Gleichstrom-Doppelschlußmotor mit Schützensteuerung (Bauart SSW)
a) Stromlaufplan; b) Abwicklung des Meisterschalters; c) Schaltfolgeplan

	Bezeichnung	Funktion
DW	Drehzahlwächter (Schütz mit 2 Spulen)	Schütz spricht bei Nennspannung der Spannungsspule und bei Überstrom in der Stromspule an. Auf Stufe 4 bewirkt Ansprechen Verstärkung des Nebenschlußfeldes und schützt damit den Motor vor Überlast. Auf den Stufen III und IV wird der Motor bei größeren Lasten durch Einschalten von Ankerparallelwiderständen vor Überdrehzahl geschützt
S 1–2	Stufenschütze für Ankervorwiderstände	S 1 spricht verzögert bei Durchreißen des Meisterschalters an
S 3–4	Stufenschütze für Ankerparallelwiderstände	
SB	Bremsschütz	Schützbetätigung löst Motorbremse
SH	Schütz für „Heben“	
SS	Schütz für „Senken“	
SSp	Sparschütz für Bremse	Mit Abfall des Schützes erfolgt Einschaltung eines Vorwiderstandes im Stromkreis der Bremse
SV	Verriegelungsschütz	Betätigung des Gefahrenschalters oder Ansprechen des Überstromauslösers bedingt, daß Wiederanfahren nur von der Nullstellung aus möglich ist

kenstufen, d.h. der Motor ist in allen Stufen an das Netz geschaltet. Die Geschwindigkeit wird durch Veränderung der Ankervorwiderstände eingestellt. Oft wird hierbei die *Natalis*schaltung verwendet, bei der ein Parallelwiderstand zum Anker bewirkt, daß sich der Anlaufstrom teilt und das Feld bereits im Anlauf schnell aufbaut. Auf der höchsten Stufe für Senken ist die Reihenschlußwicklung als stark geschwächte Nebenschlußwicklung geschaltet, und der Motoranker liegt nur über einem kleinen Vorwiderstand am Netz. Es läßt sich auch zusätzlich zu der Reihenschlußwicklung noch eine schwach bemessene Nebenschlußwicklung, eine sogenannte Haltewicklung verwenden; es ergeben sich dann Kennlinien nach Abb. 220.

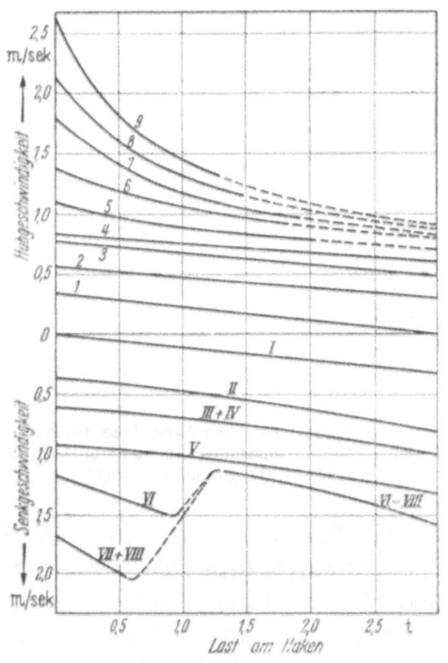

Abb. 219. Kennlinien einer Ladewinde bei Antrieb durch einen Gleichstrom-Doppelschlußmotor für 25 PS (Bauart AEG)

Drehstromausrüstungen. Bei Schiffen mit Drehstrom-Bordnetzen sind verschiedene Antriebssysteme für die Ladewinden in Gebrauch. Sie lassen sich vornehmlich in 2 Gruppen einteilen:

1. Die Windenmotoren sind Drehstrom-Asynchronmotoren, die unmittelbar aus dem Drehstrom-Bordnetz gespeist werden.

2. Als Windenmotoren werden Gleichstrommotoren verwendet. Zur Umformung des Drehstromes aus dem Bordnetz dienen rotierende Umformer; die Verwendung von gesteuerten Stromtoren auf Halbleiterbasis[1] an Stelle der Umformer kann hier in Zukunft Bedeutung gewinnen.

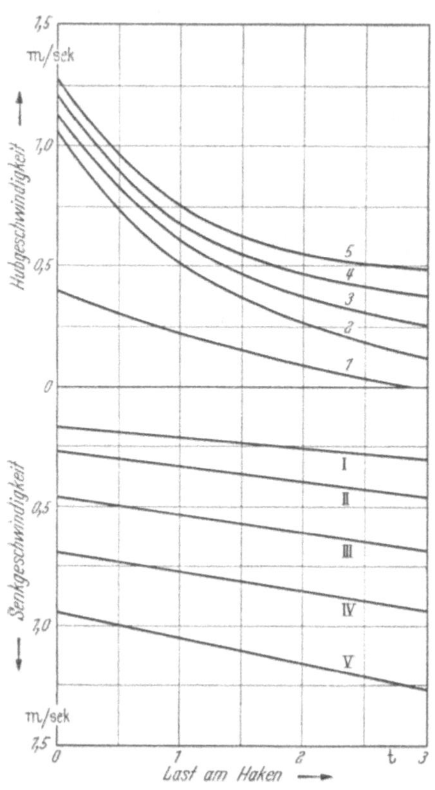

Abb. 220. Kennlinien einer Ladewinde bei Antrieb durch einen Gleichstrom-Reihenschlußmotor mit Haltewicklung (Bauart Thrige)

Bei den Antrieben der *Gruppe 1*, also den Antrieben mit *Asynchronmotoren* ist zu beachten, daß diese „Nebenschlußverhalten" besitzen, d.h., daß sich ihre Drehzahl nur wenig mit der Belastung ändert. – Eine Drehzahlstufung ist bei Motoren mit Schleifringläufer durch Polumschaltung *und* Schlupfsteuerung möglich. Bei Motoren mit Käfigläufer kommt *nur* die Polumschaltung in Betracht; die Verwendung des Käfigläufers liegt nahe, um dessen besondere Einfachheit gerade für die schwierigen Betriebsverhältnisse an Deck nutzbar zu machen.

Mit einem 2fach polumschaltbaren Motor mit Schleifringläufer lassen sich die Kennlinien der Abb. 221 verwirklichen. Der Motor arbeitet auf den oberen Stufen mit 4, auf den mittleren mit 10 Polen. Auf der unteren Stufe sind die zehn- und die vierpoligen Wicklungen gegenläufig geschaltet. Die Stufen „Heben 2, 4, 5" sowie „Senken IV, V" werden durch Veränderung der im Läuferkreis liegenden Widerstände erzielt. So ergeben sich 6 Heben- und 6 Senkenstufen. – Bei einer anderen Ausführung wird ebenfalls ein 2fach polumschaltbarer Motor verwendet, bei dem die Maschine für die kleinen Geschwindigkeiten im Senkenbetrieb mit Gleichstrom erregt wird.

Als weiteres Beispiel eines Windenantriebes mittels Drehstrommotor mit Schleifringläufer ist in Abb. 222 ein System gezeigt, das mit einer kombinierten Drehzahlsteuerung durch Schlupfwiderstände und Magnet-

[1] Vgl. Stromrichter, S. 92.

verstärker arbeitet. Der Steuerstrom für die Vormagnetisierung der beiden Magnetverstärker *a* wird der Arbeitswicklung des Vorverstärkers *c* und der der Magnetverstärker *b* der des Vormagnetverstärkers *d* entnommen. Die Steuerwicklungen der Vorverstärker sind sowohl durch Schaltstufen eines Meisterschalters als auch durch eine Tachometerdynamo beeinflußbar. Das System vermeidet Umkehrschütze, da die *Drehrichtungs*umkehr jeweils durch volle Vormagnetisierung der Magnetverstärker *a oder b* bewirkt wird. Beispielsweise bewirkt die Aussteuerung – also volle Vormagnetisierung – der Magnetverstärker *a* und das gleichzeitige Nichtaussteuern der Magnetverstärker *b*, daß *a* wie ein geschlossener Kontakt wirkt, während *b* gesperrt ist. Es sind dabei die Klemmen des Motors

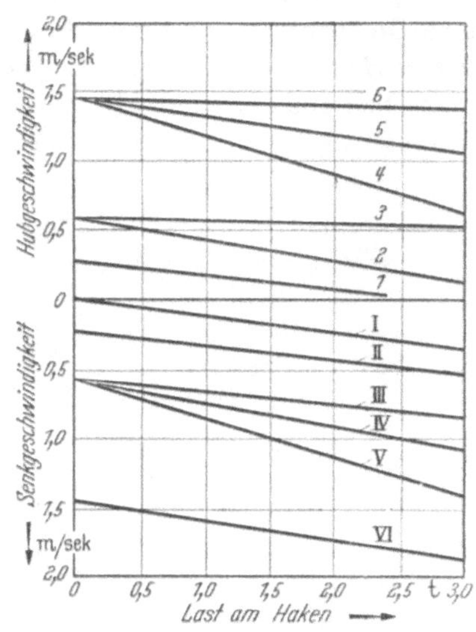

Abb. 221. Kennlinien einer Ladewinde bei Antrieb durch polumschaltbaren Drehstrommotor mit Schleifringläufer

U mit Außenleiter *T*,
V mit Außenleiter *S*,
W mit Außenleiter *R*,

verbunden. Durch stetige Änderung der Vormagnetisierung des Magnetverstärkers *a* wird dann die dem Motor zugefügte Spannung variiert und

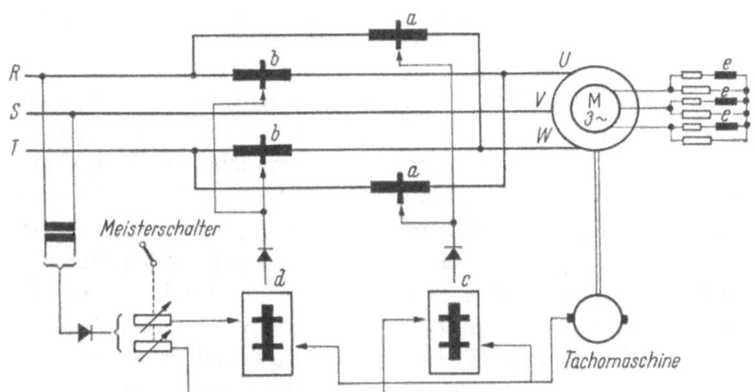

Abb. 222. Schaltplan für einen Ladewindenantrieb durch Drehstrommotor mit Schleifringläufer in Verbindung mit einer Transduktorsteuerung (Bauart Westinghouse)
a Magnetverstärker für „Senken"; *b* Magnetverstärker für „Heben"; *c* Vormagnetverstärker für „Senken"; *d* Vormagnetverstärker für „Heben"; *e* Drosseln im Läuferkreis

damit dessen *Drehzahl.* Dabei ändert sich der Schlupf und die Frequenz im Läufer und damit auch der induktive Widerstand der in den Läuferkreis geschalteten – nicht steuerbaren – Drosselspulen *e*. Es stellt sich eine Drehzahl ein, die durch die Vormagnetisierung des Magnetverstärkers *und* durch den Läuferwiderstand, der aus der Parallelschaltung eines ohmschen und eines induktiven Gliedes besteht, definiert ist. Die auf die Vorverstärker wirkende Tachometerdynamo sorgt für die Stabilität bei

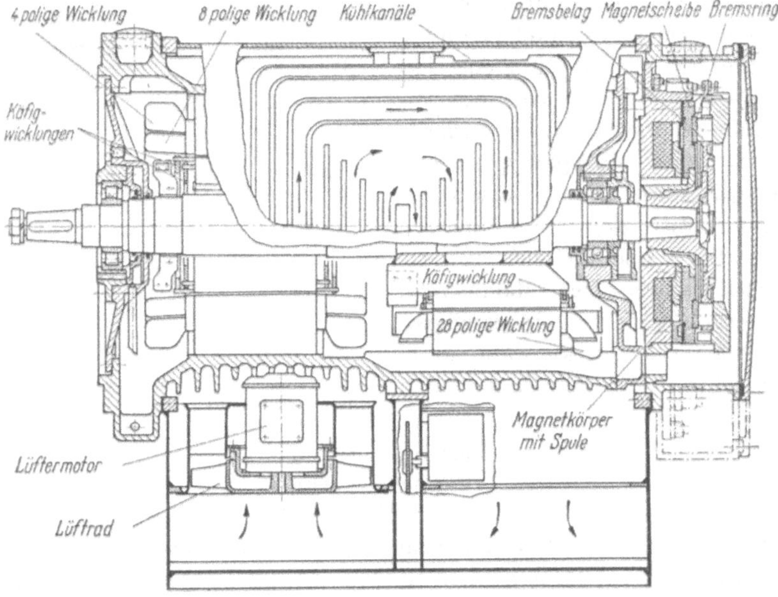

Abb. 223. Längsschnitt durch einen 3fach polumschaltbaren Drehstrommotor mit Käfigläufer (Bauart SSW)

der über den Meisterschalter vorgewählten Drehzahl; ändert sich diese, so ergibt die im Steuerkreis des Vormagnetverstärkers entgegenwirkende Spannung der Tachometerdynamo eine entsprechende Korrektur.

Eine andere Ausführung, wie sie in Abb. 208 gezeigt ist, benutzt einen 3fach polumschaltbaren Motor mit Käfigläufer, dessen Aufbau Abb. 223 im Längsschnitt zeigt. Der *Ständer* des Motors enthält 3 getrennte Wicklungen für die Polzahlen 4, 8 und 28. Die vier- und achtpoligen Wicklungen der Schnell- bzw. der Betriebsstufe sind in denselben Nuten untergebracht; für die 28polige Wicklung der Langsamstufe ist ein besonderes Blechpaket vorgesehen. Die beiden Käfige des Läufers haben eine Widerstandscharakteristik, so daß der Motor im Stillstand das höchste Drehmoment entwickelt. Auf diese Weise wird die für Windenbetrieb notwendige gleichmäßige Beschleunigung beim Anlauf erreicht. Die

Anlaufströme, die bei den einzelnen Wicklungen dem Netz entnommen werden, sind in Prozentwerten in dem Schaubild der Abb. 224 aufgetragen. – Der *Motor* ist überflutungssicher gekapselt. Um trotzdem die Verlustwärme des Motors abzuführen, wird das innere Gußgehäuse mit Kühlkanälen versehen und in einen Stahlmantel eingeschoben. Der untere Teil dieses Mantels ist als Luftstutzen ausgebildet und durch eine Klappe wasserdicht verschließbar. Der Luftstutzen enthält auf der einen Seite einen Ventilator, der durch einen vollständig gekapselten Drehstrommotor mit Käfigläufer angetrieben wird. Die Kühlluft streicht nach Abb. 223 über die Rippen des Motors und tritt auf der B-Seite wieder aus. – Ein Schalter, durch die Verschlußklappe betätigt, verhindert die Inbetriebnahme des Motors bei verschlossenem Luftstutzen. Zum Ladebetrieb wird die Luftklappe geöffnet. Die Motorwicklung bleibt dabei dicht gekapselt und der Einwirkung von Feuchtigkeit, Staub, Schmutz und Spritzwasser entzogen. Bei Fahrt des Schiffes ist die Luftklappe geschlossen und damit auch der äußere Kühlluftkreis gegen überkommende See geschützt. – Das antriebsseitige Rollenlager des Motors ist zur Winde hin offen und wird durch das Spritzöl des Getrieberaumes geschmiert. Das Kugellager auf der B-Seite ist fettgeschmiert und hat eine Nachschmiereinrichtung. Auf dieser Seite des Motors befindet sich die Gleichstrom-Magnetbremse, in einer Ausführung, wie sie der Abb. 215 entspricht.

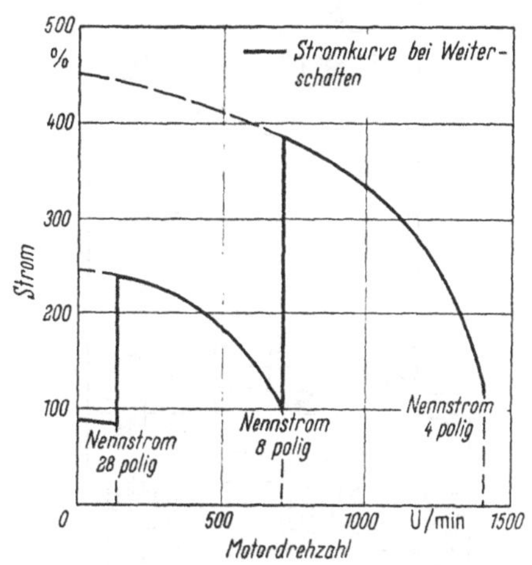

Abb. 224. Anlaufströme eines 3fach polumschaltbaren Drehstrommotors mit Käfigläufer in Ausführung nach Abb. 223

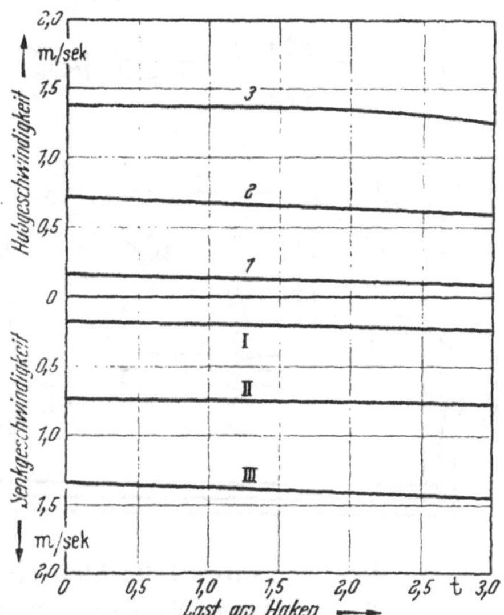

Abb. 225. Kennlinien einer Ladewinde bei Antrieb durch einen polumschaltbaren Drehstrommotor mit Käfigläufer in Ausführung nach Abb. 223

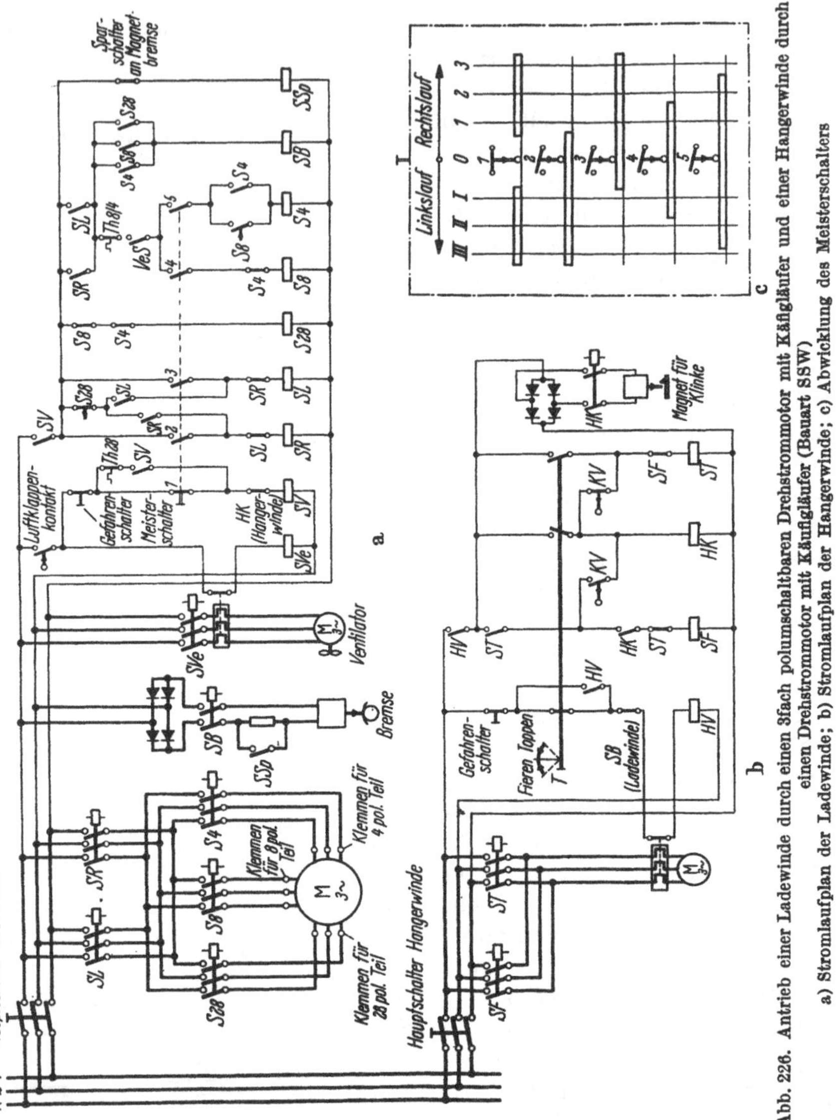

Abb. 226. Antrieb einer Ladewinde durch einen 3fach polumschaltbaren Drehstrommotor mit Käfigläufer und einer Hangerwinde durch einen Drehstrommotor mit Käfigläufer (Bauart SSW)
a) Stromlaufplan der Ladewinde; b) Stromlaufplan der Hangerwinde; c) Abwicklung des Meisterschalters

Mit den gewählten Polzahlen sind die Kennlinien zu erreichen, die in Abb. 225 wiedergegeben sind. Beim Heben und Senken ergibt sich je eine kleine Geschwindigkeit zum sanften Anheben und Absetzen der Lasten, eine mittlere Geschwindigkeit, die vornehmlich zur Förderung der schweren Lasten dient, und eine hohe Geschwindigkeit für den Massengüterbetrieb. – Der Motor wird durch Schütze in seinen Drehzahlstufen gesteuert. Durch Zeitglieder ist – wie bei den Gleichstrom-Schützen-

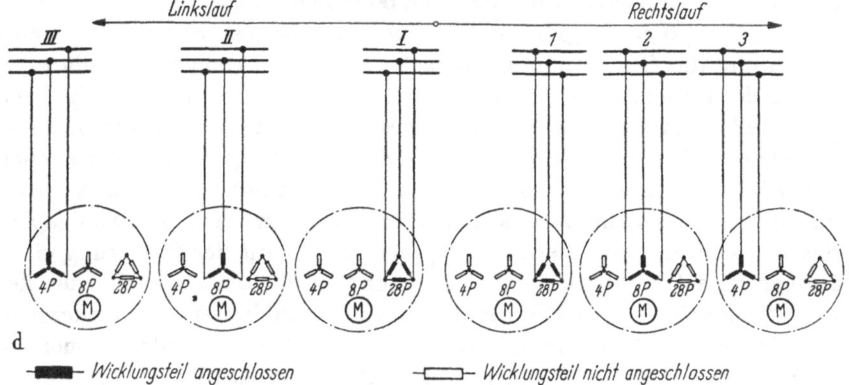

Abb. 226 d) Schaltfolgeplan der Ladewinde

	Bezeichnung	Funktion
HK	Schütz für Klinkenmagnet bei Hangerwinde	Ansprechen des Schützes löst Klinke
HV	Verriegelungsschütz für Hangerwinde	Betätigung des Gefahrenschalters und Ansprechen des Überstromauslösers bedingt, daß Wiedereinschaltung nur von der Nullstellung aus möglich ist
KV	Von Klinke der Hangerwinde betätigter Endschalter	
S 4	Schütz für 4polige Wicklung	
S 8	Schütz für 8polige Wicklung	
S 28	Schütz für 28polige Wicklung	
SB	Schütz für Motorbremse	Ansprechen des Schützes löst Bremse
SF	Schütz für „Fieren" (Hangerwinde)	
SL	Schütz für „Senken" (Ladewinde)	
SR	Schütz für „Heben" (Ladewinde)	
ST	Schütz für „Toppen" (Hangerwinde)	
SV	Verriegelungsschütz für Ladewinde	Betätigung des Gefahrenschalters und Ansprechen des Thermowächters der 28poligen Wicklung bedingt, daß Wiedereinschaltung nur von der Nullstellung aus möglich ist
SVe	Schütz für Ventilator des Ladewindenmotors	
T	Taster	
Th 8/4	Thermowächter im 8/4poligen Wicklungsteil	
Th 28	Thermowächter im 28poligen Wicklungsteil	

steuerungen – sichergestellt, daß auch beim Durchreißen des Steuerhebels von Stellung 0 nach „Heben 3" keine unzulässigen Stromspitzen auftreten und die Beschleunigungsarbeit auf alle Wicklungen verteilt wird. Neben der Erzielung kleiner Absatzgeschwindigkeiten fällt dem 28poligen Motorteil die Aufgabe zu, das Abbremsen der Last durchzuführen. Es ist daher auch für den Senkenbetrieb ein Zeitglied vorgesehen, das zwischen den Stufen „Senken I" und 0 wirkt. Abb. 226 zeigt den Stromlaufplan, das Abwicklungsschema des Meisterschalters und den Schaltfolgeplan dieser Steuerung, die meist – wie gezeichnet – mit der Steuerung einer Hangerwinde[1] kombiniert ist. Die Funktion der einzelnen Glieder der Schaltung läßt sich mit Hilfe der ausführlichen Bildunterschrift erkennen.

Die leicht zu handhabende Bedienung durch eine Schützensteuerung auf der einen Seite und die beim Käfigläufer möglichen hohen Beschleunigungswerte andererseits können zu einer Übersteigerung der Hievenzahlen führen, durch welche die zulässige Erwärmung des Motors überschrit-

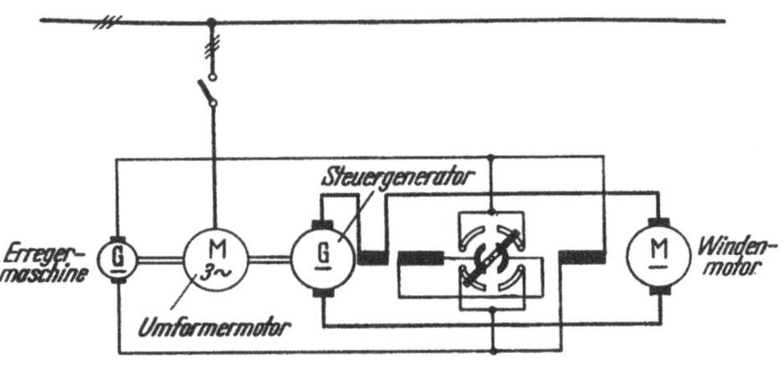

Abb. 227. Schaltung einer Umformerladewinde für LEONARD-Betrieb

ten wird. Erschwerend für Antriebe, die im ASB gefahren werden, ist in dieser Hinsicht, daß die Maschinen gegen Überlastung durch thermische oder Bimetallrelais, d.h. durch Messung des Stromes nicht geschützt werden können. Als Schutz gegen Überlastung können deswegen Bimetall*schalter*[2] in die Ständerwicklungen eingebaut werden, die *unmittelbar* auf eine eventuell auftretende unzulässig hohe Temperatur ansprechen. Bei dem Motor in der Ausführung nach der Abb. 223 werden in diesem Fall die Schnell- und die Betriebsstufe kurzzeitig über die Schützensteuerung abgeschaltet; der Betrieb kann dann noch mit der Langsamstufe fortgesetzt werden. Erst wenn auch diese Stufe überlastet wird, schaltet sich der Motor vollends ab. Diese Schutzeinrichtung ist in dem Schaltbild der Abb. 226 ebenfalls eingezeichnet.

Sofern *jedem* Windenmotor nach dem Schaltbild der Abb. 227 ein Umformer zugeordnet ist, kann bei den Winden der *Gruppe 2* eine fein-

[1] Vgl. Baumwinden, S. 288.
[2] Vgl. Motorschalter, Motorschutzschalter und Thermowächter, S. 151.

stufige Drehzahlsteuerung nach dem LEONARD-Verfahren vorgenommen werden; es können aber auch die in Gleichstrom-Bordnetzen gebräuch-

Abb. 228. Ladewinde mit Gleichstrommotor in LEONARD-Schaltung (Bauart Laurence Scott)

lichen Steuerungen über Anker- und Feldwiderstände verwendet werden. Die LEONARD-Umformer sind meist hochtourig ausgeführt, bauen dadurch klein und werden in den Grundrahmen der Winde eingebaut. Bei diesem System müssen die Verluste der doppelten Energieumsetzung sowie die Leerlaufverluste in Kauf genommen werden[1]; die Umformer werden in Betriebsart DSB gefahren. Die Erregung für den Steuergenerator und den Windenmotor kann über Halbleitergleichrichter dem Drehstrom-Bordnetz entnommen werden, wobei diese entweder jedem einzelnen Umformer oder jeder Windengruppe zugeordnet sind. Oft wird auch eine besondere Er-

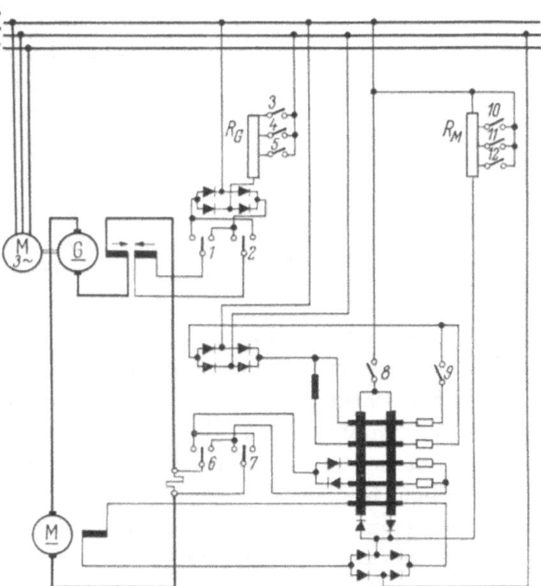

Abb. 229. Antrieb einer Ladewinde in LEONARD-Schaltung mit Transduktorsteuerung (Bauart AEG) (nach GREVE [85]). *1–12* Kontakte am Steuerschalter; R_G Widerstände für Generatorerregung; R_M Widerstände für Motorerregung

[1] Vgl. Grundlagen elektrischer Antriebstechnik, S. 187.

regermaschine, die nach Abb. 227 an den Umformermotor angekuppelt ist, verwendet. – Abb. 228 zeigt die sogenannte Corrector-Winde, die in Leonard-Schaltung mit Erregung über Gleichrichter arbeitet. Durch Feldschwächung auf einigen „Heben"- und „Senken"-Stufen wird eine gute Anpassung der Geschwindigkeit an die Last erzielt. Der zugehörige Umformer und die Steuerorgane sind im Deckshaus untergebracht. Der Umformer besteht aus dem Antriebsmotor und 2 Generatoren, von denen je einer einem Windenmotor zugeordnet ist.

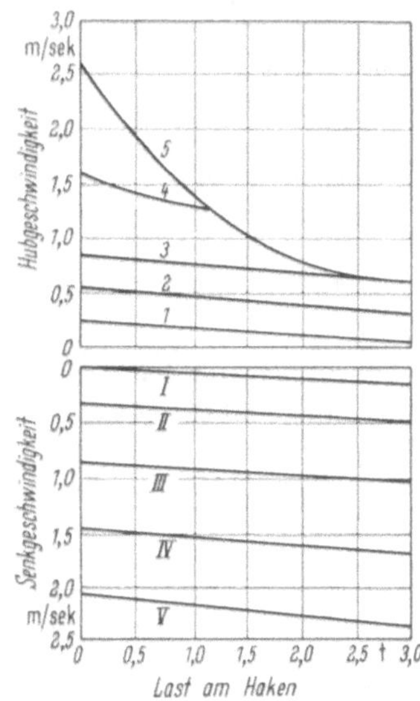

Abb. 230. Kennlinien eines Windenantriebes in Leonard-Schaltung mit Transduktorsteuerung nach Abb. 229

Eine Leonard-Schaltung in Verbindung mit einer Transduktorsteuerung für die Erregung des Windenmotors ist in Abb. 229 wiedergegeben. Der über einen Halbleitergleichrichter aus dem Drehstrom-Bordnetz erregte Steuergenerator, der schwach gegenkompoundiert ist, wird über den Widerstand R_G durch Betätigen einer Schützensteuerung eingestellt. Bei den „Heben"-Stufen *4* und *5* wird zusätzlich die Erregung des Windenmotors lastabhängig beeinflußt. Dazu wird der Strom im Leonard-Kreis über einen Nebenwiderstand richtungsabhängig auf jeweils eine von zwei Steuerwicklungen eines Magnetverstärkers geschaltet – Schaltkontakte *6*, *7*. Die Arbeitswicklungen des Transduktors, die das Motorfeld speisen, sind über Gleichrichter an das Drehstrom-Bordnetz angeschlossen – Schaltkontakte *8*, *9*. Die Grunderregung für die Drehzahl der Geschwindigkeitsstufen *4* und *5* wird mit Hilfe des Widerstandes R_M, der parallel zu den Arbeitswicklungen liegt, eingestellt – Steuerkontakte *10–12*. Die Vormagnetisierung des Magnetverstärkers wird über eine Drosselspule eingestellt. In Abb. 230 sind die Kennlinien einer derartigen Steuerung aufgezeichnet.

An Stelle *eines* Umformers für *jede* Winde sind auch Systeme gebräuchlich, bei denen – wie in Abb. 231 gezeigt – *ein* Drehstrommotor 2 Gleichstromgeneratoren, die meist als Doppelmaschine zusammengebaut werden, antreibt. Jeder Generator speist dabei einen Windenmotor. Das Erregerfeld der Generatoren wird aus verschiedenen Komponenten gebildet:

einer fremderregten Nebenschlußwicklung 1
einer selbsterregten Nebenschlußwicklung 2
einer Reihenschlußwicklung 3

Der Windenmotor ist ein Doppelschlußmotor, vor dessen Reihenschlußwicklung ein Sperrgleichrichter geschaltet ist. Die Reihenschlußwicklungen jedes Generators und jedes Windenmotors sind in einer Brückenschaltung miteinander verbunden, wobei die Reihenschlußwicklung des Generators durch ein Schütz umschaltbar ist. – Beim *Heben* ist auf den Stufen *1–3* das Schütz *SV* angezogen; es fließt ein Teil des Stromes im LEONARD-Kreis durch die Reihenschlußwicklung des Generators, die im aufkompoundierendem Sinne wirkt. Auf Stufe *4* und *5* ist das

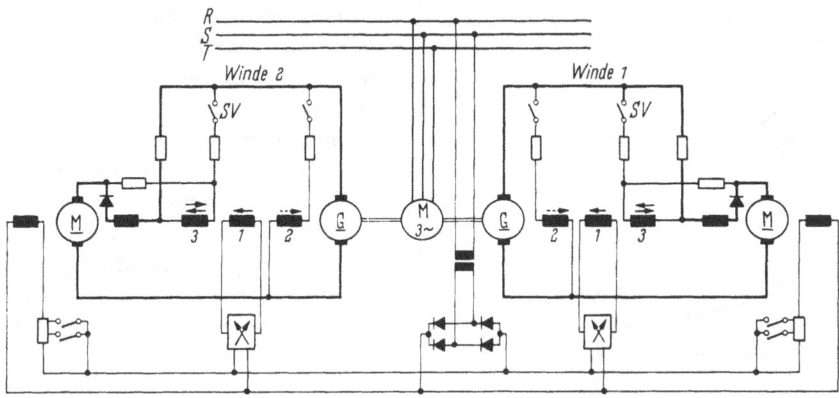

Abb. 231. Antrieb einer Ladewinde in LEONARD-Schaltung mit Steuerung des Generators durch wechselnde Kompoundierung (Bauart Westinghouse)

Schütz ausgeschaltet. Die Reihenschlußwicklung des Generators wirkt über die Brückenschaltung gegenkompoundierend, wodurch die Kennlinien *4* und *5* nach Abb. 232 einen gekrümmten Verlauf zeigen, welcher einer Hyperbel (Last × Geschwindigkeit ∼ Motorleistung ∼ Konstant) nahekommt. – Beim *Senken* mit Kraft wird die Richtung des Stromes im LEONARD-Kreis umgekehrt. Durch die Sperrwirkung des Gleichrichters vor dem Reihenschlußfeld des Motors läuft dieser als Nebenschlußmotor. Bei großen Lasten übersteigt die EMK des Motors bei steigender Motordrehzahl die Generatorspannung: Der Strom kehrt seine Richtung um und die Reihenschlußwicklung wirkt wieder aufkompoundierend. Damit wird der Motor zum Doppelschlußgenerator und der LEONARD-Generator zum Motor, während der Umformermotor als Asynchrongenerator Energie in das Netz zurückliefert. Die Kennlinien verlaufen dadurch auf den Stufen *II–V* im umgekehrten Sinne proportional zur Last. – Beim Stoppen verhindert der Sperrgleichrichter wieder einen Stromdurchfluß durch die Reihenschlußwicklung des Motors; die Nebenschlußerregung ist jedoch voll eingeschaltet. Es bildet sich ein positives Bremsmoment, das die Senkgeschwindigkeit wirksam verringert. – Als Vorteil der Anordnung gilt es, daß keine Umschaltkontakte im LEONARD-Kreis liegen; es werden lediglich Teilströme geschaltet. – In Abb. 233 ist der Umformersatz sowie der Schützenschaltschrank für dieses Windensystem gezeigt.

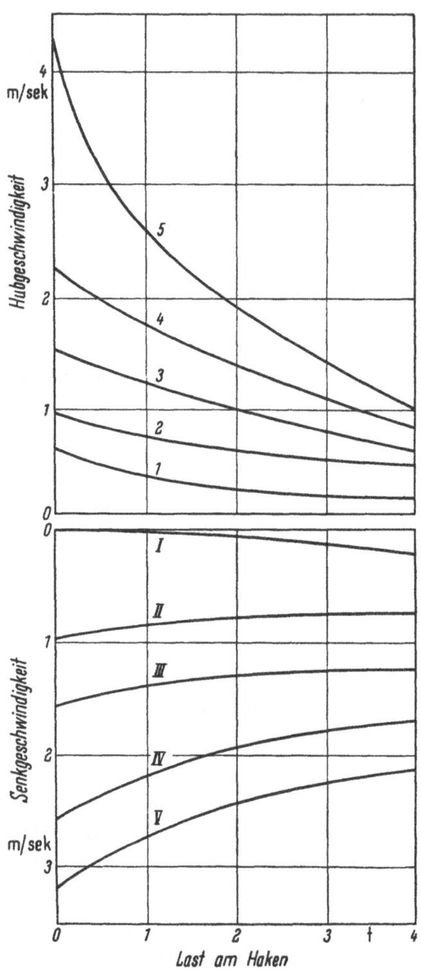

Abb. 232. Kennlinien eines Windenantriebes nach dem System der Abb. 231

Natürlich gibt es grundsätzlich die Möglichkeit, für die Speisung der Windenmotoren einen oder mehrere zentrale Umformer aufzustellen, die aus dem Drehstrom-Bordnetz gespeist werden – also ein besonderes Windennetz zu schaffen. Der Betrieb wird dann in gleicher Weise ausgeführt, wie bei einem Schiff mit Gleichstrom-Bordnetz. In Abb. 234 ist eine Anordnung gezeigt, bei der ein Steuergenerator mit 2 voneinander unabhängigen Stromkreisen – Zweifachgenerator – für die Versorgung von 2 zusammengehörenden Winden verwendet wird. Der magnetische Kreis jedes elektrischen Stromkreises umfaßt hierbei 2 nebeneinanderliegende Polsysteme. Die Spannung wird über die zugehörigen Bürstenpaare abgenommen.

Elektro-hydraulische Antriebe. Bei den elektro-hydraulischen Antrieben wird zwischen Niederdruck- (Öldruck bis etwa 30 atü) und Hochdruckantrieben (Öldruck bis etwa 200 atü) unterschieden. Für die Erzeugung des Öldruckes können zentrale Pumpenstationen für die Versorgung mehrerer Winden aufgestellt werden. Das geförderte Öl wird dabei durch Rohrleitungen zu den einzelnen Winden geführt. Bevorzugt finden sich Ausführungen, bei denen die Ölpumpe und der Ölmotor in *einem* Gehäuse vereinigt sind, wodurch Rohrleitungen entfallen. Abb. 235 zeigt eine derartige Ausführung.

Bei allen Ausführungen treibt ein Elektromotor mit gleichbleibender Drehzahl die Pumpen an. Je nach dem Aufstellungort muß der Motor

Abb. 233. Umformersatz und Schaltschrank für 2 Windenantriebe in der Schaltung nach Abb. 231 (Bauart Westinghouse)

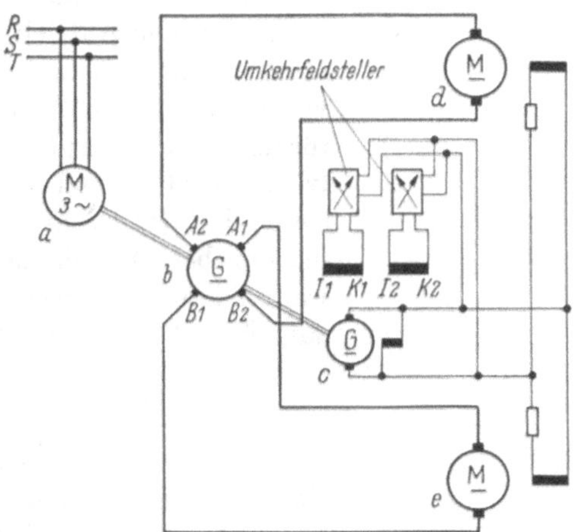

Abb. 234. Antrieb einer Ladewinde in LEONARD-Schaltung mit *einem* Steuergenerator für 2 Windenmotoren (Bauart ASEA)

a Umformermotor; *b* Steuergenerator als Zweikreisgenerator; *c* Erregermaschine; *d*, *e* Windenmotoren

überflutungssicher oder nur spritzwassergeschützt gebaut werden; er arbeitet im durchlaufenden Betrieb mit aussetzender Belastung (DAB).

Abb. 235. Elektrohydraulische Ladewinde mit Drehstrommotor (Bauart Baensch/SSW)

Zum Schalten der Motoren können normale bordmäßige Geräte verwendet werden.

Die Seilgeschwindigkeit wird stufenlos durch Verändern der Exzentrizität der beweglichen Teile von Pumpe und Motor gegenüber den festen Teilen eingestellt. Abb. 236 zeigt die Kennlinien der Winde. Es ergeben sich Geschwindigkeiten bei leerem Haken, die den 5fachen Wert der Vollastgeschwindigkeit erreichen.

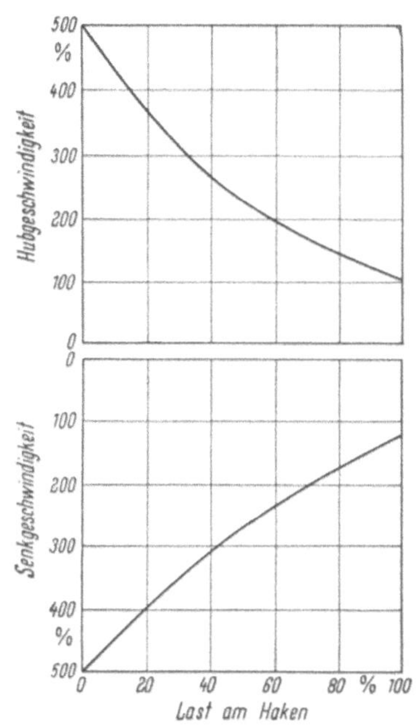

Abb. 236. Kennlinien einer elektro-hydraulischen Ladewinde in Ausführung nach Abb. 235

Alle Schiffswinden mit elektrohydraulischem Antrieb sind mit einer mechanischen Sicherheitseinrichtung versehen, die ein Abfallen der Last für den Fall verhindert, daß der Antrieb ausfällt und die auch dafür sorgt, daß die Drehzahl des Elektromotors bei Ausfall des Bordnetzes während des Senkens nicht über einen zulässigen Wert ansteigen kann.

d) Schwergutladewinden

Die Standard*ladewinde* gestattet ein Bewegen von Lasten mit einem Gewicht von 3, 5 oder 8 t bei den üblichen Geschwindigkeiten. Auch höhere Lasten bis etwa 50 t können mit diesen Winden gehoben werden, wenn mehrscheibige Taljen an der Nock des Ladebaumes angesetzt werden, so daß der Seilzug an der Winde den zulässigen Wert nicht überschreitet. Die Seilgeschwindigkeit ist dann entsprechend der Zahl der Umlenkrollen vermindert. Bei großen Förderhöhen muß die Breite der Trommel zum Unterbringen des benötigten Seiles ausreichen, und der Ladebaum muß als Schwergutbaum mit entsprechender Stärke und Verankerung ausgeführt werden.

Bei speziellem *Schwergut*geschirr müssen neben der Erfüllung der Sicherheitsvorschriften besondere Maßnahmen vorgesehen werden, um für die Bedienung der Winden und das geförderte Gut, das als Einzelhieve einen erheblichen Wert darstellt, jede mögliche Gefährdung auszuschalten. Dazu gehört eine sorgfältige Seilführung auf der Trommel, die oft zum Schutze der Kardeelen mit eingedrehten Rillen versehen ist und eine Spinnvorrichtung, die von der Trommelwelle angetrieben wird und mit ihren Leitrollen das richtige Auf- und Ablaufen des Seiles zwischen den festen Umlenkrollen und der Trommel sicherstellt. – Das Vorgelege, das bei den Ladewinden als Stirnradgetriebe ausgeführt ist, wird bei Schwergutwinden als Kombination einer mehrgängigen Schnecke mit Stirnrädern gebaut.

Als Antrieb werden auch bei speziellem Schwergutgeschirr nach Möglichkeit Windenmotoren in Ausführungen, wie sie für die Standard-

Abb. 237. Kombinierte Ladewinde mit 2 Trommeln für normale und schwere Lasten mit Antrieb durch 3fach polumschaltbaren Drehstrommotor mit Käfigläufer (Bauart Schärffe/SSW)

ladewinden entwickelt wurden[1], verwendet. Das gilt sowohl für Drehstrom- wie für Gleichstromantriebe. Häufig wird in diesen Fällen die in Abb. 237 gezeigte Anordnung gewählt, bei der die Winde eine Trommel

[1] Vgl. Ladewinden, S. 248.

für normale Lasten und eine solche für schwere Lasten mit eingedrehten Rillen besitzt.

Wenn mit den Antrieben der Standardladewinden nicht mehr auszukommen ist, kann bei Schiffen mit Drehstrom-Bordnetz ein 3fach *polumschaltbarer Drehstrommotor* mit Käfigläufer mit den Polzahlen 6, 12, 42 verwendet werden, der bezüglich des Einbaues der Wicklungen, im mechanischen Aufbau sowie im Lüftungs- und Bremsprinzip der kleineren Ausführung mit 4, 8, 28 Polen entspricht[1]. Auch bei dieser Maschine wird die Temperatur aller 3 Wicklungen durch in diese eingebaute Thermowächter[1] überwacht. Die Schützensteuerung entspricht ebenfalls im wesentlichen der für die Standard-Antriebe.

In Gleichstrom-Bordnetzen können, ebenfalls für den Fall, daß mit den Antrieben der Standardladewinden nicht mehr auszukommen ist, Gleichstrom-*Doppelschlußmotoren* höherer Leistung verwendet werden. Meist werden auch diese Antriebe über Schütze und Meisterschalter gesteuert, seltener durch Steuerwalzen mit eingebauten Nockenschaltwerken. Mit einem Drehzahlwächter werden die Senkgeschwindigkeiten so überwacht, daß beim Überschreiten der für eine bestimmte Last zulässigen Senkgeschwindigkeit ein Bremsstromkreis eingeschaltet und ein Herabsetzen der Geschwindigkeit bewirkt wird. Die auf den ersten Heben- und Senkenstufen einstellbaren Geschwindigkeiten weisen – wie beim Drehstromantrieb – über den ganzen Lastbereich niedrige Werte zum sanften Anheben und Absetzen der Lasten auf.

Häufig ist auch noch für den Antrieb und die Steuerung von Ladewinden für Schwergut die Leonard-Schaltung anzutreffen, wobei der Antriebsmotor des Steuergenerators ein Gleichstrom- oder ein Drehstrommotor sein kann. Dann werden die Winden *unter* Deck angeordnet und mit ihrem schweren Geschirr ausschließlich für Schwergut benutzt. Gelegentlich werden die Steuergeneratoren auch für den Betrieb der Ankerwinde mit herangezogen.

Bei *Tonnenlegern* wird zum Heben schwerer Tonnen und Seezeichen gelegentlich auch die Leonard-Schaltung mit zusätzlicher Widerstandsbremsung für das Hubwerk angewendet. Im wesentlichen setzt sich aber für diese Zwecke mehr und mehr der Bordkran, eventuell in Ausführung als Schwergutkran[2] durch.

e) Mooringwinden

Mooringwinden arbeiten mit den für die Ladewinden entwickelten Antriebselementen, erfüllen aber im wesentlichen die Funktion von Verholspillen. Sie werden vor allem zum Vertäuen der Schiffe an der Ankerboje auf Reede oder zu Schleusenmanövern benutzt. Ändert sich der Wasser-

[1] Vgl. Ladewinden, S. 248.
[2] Vgl. Bordkrane, S. 278.

stand durch Ebbe oder Flut, durch Strömung oder Wind oder durch das Öffnen von Schleusentoren oder ändert sich der Tiefgang des Schiffes während des Ladens bzw. Löschens, so müssen die Verholtrossen verlängert oder verkürzt werden, damit das Schiff seine Lage beibehält und die Trossen nicht brechen. Verholwinden mit Handsteuerung erfordern dazu Überwachung und Bedienung. Bei den als Mooringwinden bezeichneten Verholwinden wird der Trossenzug selbsttätig konstant gehalten – Konstantzugwinden –, d.h. bei steigendem Zug läßt die Winde Seil aus, bei sinkendem Zug wird Seil eingeholt. Hierzu wird in die Winde eine „Lastwaage" eingebaut, die den an der Trommel angreifenden Trossenzug mißt. Das kann dadurch geschehen, daß in die Kraftübertragung vom Motor zur Trommel Spiralfedern, Tellerfedern oder Drehstäbe eingefügt werden. Der lastproportionale Federweg dieses umlaufenden Systems wirkt über ein Differentialgetriebe auf einen Steuerschalter. Eine andere Ausführung benutzt den Zahndruck eines Getrieberades als Vergleichsgröße für die Last an der Trommel und verwendet ein ruhendes Federsystem, dessen Ausschlag auf die Welle des Steuerschalters übertragen wird. – Schließlich kann an Stelle des mechanischen Differentialgetriebes auch ein elektrisches System verwendet werden, das mit Drehmeldern arbeitet. Die von diesem erfaßte Differenz zwischen dem Soll- und dem Istwert des Trossenzuges wird zur Steuerung des Windenantriebes benutzt.

Abb. 238. Steuerschalter für Mooringwinden (Bauart SSW) (nach HARDERS [91])
a Skalenscheibe; *b* Istwertzeiger für den Trossenzug; *c* Sollwertzeiger; *d* Sollwerteinsteller

Der Aufbau des Steuerschalters geht aus Abb. 238 hervor. Seine Schaltwelle wird z.B. durch die Lastwaage angetrieben, sie bewegt einen Zeiger, der den Ausschlag auf einer Skalenscheibe sichtbar macht. Auf der Schaltwelle befindet sich ein Nockenscheibensatz für die Steuerschalter. Diese sind an einem koaxial durch den Sollwerteinsteller verdrehbaren Schalterträger befestigt.

Der Ansprechwert, d.h. die Genauigkeit der Trossenzugregelung, kann eingestellt werden, im allgemeinen auf etwa 10% Abweichung von der Nennzugkraft der Winden. Wird beispielsweise der Sollwert einer 5-t-Winde auf 4 t eingestellt, so bleibt sie im Bereich von 3,5–4,5 t stehen. Oberhalb 4,5 t gibt sie Trosse aus, unterhalb 3,5 t wird die Trosse eingeholt.

Mit dem Nockenschaltwerk, das in die Winde nach Abb. 239 eingebaut ist, wird der Antriebsmotor über seine zugehörige Schützensteuerung geschaltet. Wird hierzu ein 3fach polumschaltbarer *Drehstrommotor* verwendet, wie er z.B. für den Antrieb von Ladewinden üblich ist[1], so hat das Schaltwerk je 3 Stellungen für „Einholen" und „Fieren". Kleine Bewegungen des Schiffes, d.h. kleine Änderungen des Zuges, werden mit der Langsamstufe, größere mit den beiden schnelleren Stufen ausgesteuert. – Werden die Mooringwinden mit *Gleichstrommotoren* angetrieben, so wird entweder eine Widerstandssteuerung oder die LEONARD-Schaltung angewendet. In allen Fällen ist eine Schützensteuerung vorzusehen.

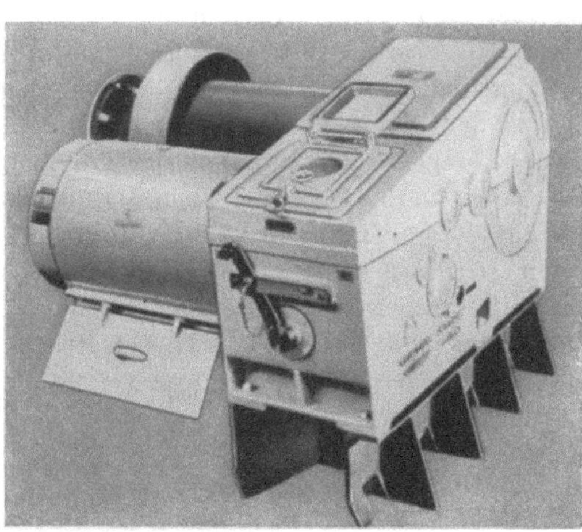

Abb. 239. Mooringwinde für 4 t Zugkraft mit eingebautem Steuerschalter und Antrieb durch polumschaltbaren Drehstrommotor mit Käfigläufer Bauart (Schärffe/SSW) (nach HARDERS [*91*])

Im Stillstand werden die Motoren durch Bremsen, die entweder am Motor selbst oder am Windengetriebe angebaut sind, festgehalten.

f) Bordkrane

Betriebsweise. Ein Bordkran besitzt nach Abb. 240 außer dem *Hubwerk* ein *Drehwerk* und ein *Wippwerk* für den Ausleger. – In einigen Fällen werden Bordkrane auch mit einem *Fahrwerk* versehen. – Der Kran ist im Gegensatz zu einer Ladewinde befähigt, Lasten nicht nur vertikal, sondern auch innerhalb seines Schwenkbereiches horizontal zu bewegen; er übernimmt mit den 3 erstgenannten Triebwerken die Funktion *zweier* Ladewinden. Die von den Kranen beanspruchte Decksfläche ist dabei verhältnismäßig gering. Dagegen ist es nicht möglich – wie bei den Ladewinden – durch Zwischenschaltung von losen und festen Rollen die Tragfähigkeit zu vergrößern, da dafür die mechanischen Konstruktionen der Ausleger und der Drehwerke im allgemeinen nicht bemessen sind. Außerdem ist

[1] Vgl. Ladewinden, S. 248.

die Ausladung des Kranauslegers kleiner, als die eines Ladebaumes. Deshalb steht der Bordkran meist nicht mittschiffs, sondern einseitig auf Bb- oder Stb-Seite und ist deshalb zum Laden und Löschen nur von dieser Schiffsseite aus zu gebrauchen.

Bordkrane mit Fahrwerk[1] werden meist über den Luken angeordnet, wobei der untere Teil des Kranes als Rohrportal ausgeführt wird. Als Fahrbahn dienen zwei unmittelbar neben der Luke verlegte Fahrschienen. Endschalter verhindern ein Auffahren der Krane auf die Prellböcke. In See werden Schienenklemmen angelegt und allgemein die Ausleger auf Böcken abgelegt und festgezurrt. Die Laufrollen der Fahrwerke erhalten im allgemeinen einen gemeinsamen Antrieb.

Abb. 240. Triebwerke eines Bordkranes (Bauart Kampnagel/SSW)
a Motor für Drehwerk; *b* Ausleger; *c* Motor für Wippwerk; *d* Motor für Hubwerk

Krane werden auch häufig zum Aussetzen und zur Übernahme von Flugzeugen oder großen Booten verwendet. Soll dabei z. B. ein Flugzeug auf dem Wasser eingehängt werden, so wird zusätzlich eine *Seegangsfolgeeinrichtung* benutzt. Diese hat die Aufgabe, das Hubseil bei angeschlagener – infolge des Seegangs beweglicher – Last straff zu halten. Dazu wirken die Elektromotoren – bei gelüfteter Bremse des Hubwerkes – über eine meist hydraulische Kupplung auf die Seiltrommeln mit einer Leistung, die so definiert ist, daß die entstehende Zugkraft nicht ausreicht, etwa die Last zu heben. Der Einrichtung kann vielmehr nur Seillosen einholen. „Fällt“ die Last in ein Wellental, so wird der Motor gegen sein Drehfeld durchgedreht und die Trommel gibt Seil aus. Die Einrichtung wird abgeschaltet, sobald der Hubvorgang begonnen hat. – Auf Tonnenlegern wird der Bordkran – ebenfalls in Verbindung mit einer Seegangsfolgeeinrichtung – zum Einhieven oder Aussetzen von Seezeichen eingesetzt.

Durch die zunehmende Verbreitung der Massengutfrachter gewinnt der Bordkran mit *Greifer* an Bedeutung, wobei der Wunsch nach erhöhter Tragfähigkeit besteht. In Abb. 241 ist das Wirkschema eines Zweiseilgreifers, wie er meist – im Gegensatz zum Einseilgreifer – für Massengut

[1] Vgl. Verladebrücken und Bandförderanlagen, S. 288.

verwendet wird, abgebildet. Die *Schließseil*- oder *Greifer*trommel und die *Halte*trommel sind als Hubwerk durch eine meist hydraulische Kupplung miteinander verbunden, wobei beide Trommeln über Vorgelege angetrieben werden. Die Greiferschalen können dann nicht bewegt werden. Das Schließseil allein betätigt den im Greifer zum Schließen der Greiferschalen angebrachten Mechanismus, wenn die Haltetrommel, auf der das mit dem Greiferkopf fest verbundene Halteseil aufgewickelt ist, auskuppelt und durch eine Haltebremse festgehalten wird.

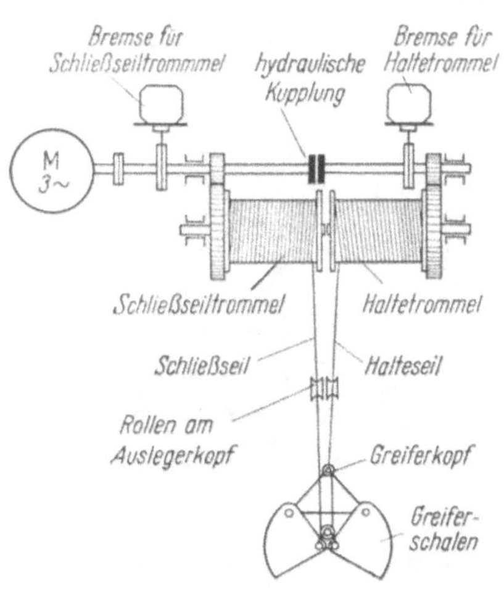

Abb. 241. Wirkschema eines Zweiseilgreifers

Ausführung der Antriebe. Das *Hubwerk* der üblichen Stückgutkrane[1] mit einer Tragkraft von 3 oder 5 t entspricht hinsichtlich Arbeitsweise und Leistungsbedarf einer Ladewinde für Normalgut. *Wippwerk, Drehwerk und Fahrwerk* haben einen Leistungsbedarf zwischen 5 und 10 PS; die damit erzielte Geschwindigkeit ist verhältnismäßig gering. Beim Drehwerk und Fahrwerk ist aber die in Bewegung zu bringende bzw. abzubremsende Masse groß. Für das Drehwerk muß ein einwandfreies *Anlaufen* und ein gleichmäßiges *Beschleunigen* auch bei einem Krängungswinkel des Schiffes von 5–7° gewährleistet sein. Das am Drehwerk bei Schräglage des Kranes aufzubringende Drehmoment setzt sich dabei aus einem konstanten Anteil, der die Getriebe- und Reibungsverluste deckt, und dem mit dem Drehwinkel auf der schrägen Drehebene veränderlichen Moment der Last und des Kranarmes zusammen. Die Abweichung der Krandrehachse von der Vertikalen durch Krängen oder Schlingern des Schiffes kann bei Tonnenlegern noch größer als bei den überwiegend im Hafen löschenden und ladenden Frachtschiffen sein.

Die Antriebsmotoren der Triebwerke werden fast ausschließlich durch Schützensteuerungen betätigt. Da der Kranführer 3, eventuell 4 Triebwerke steuern muß, wird das Dreh- und Wippwerk und eventuell das Hub- und Fahrwerk in je einer Einhebelsteuerung zusammengefaßt. Der in Abb. 242 dargestellte Meisterschalter ist ein Nockenschalter für *Dreh*- und *Wipp*werk zur Betätigung mit der *linken* Hand. Eine Bewegung des Schalthebels vom Körper weg bewirkt ein Senken des Auslegers; wird der

[1] Im grundsätzlichen entsprechend DIN 84200, „Richtlinien für den Bau elektrischer Schiffswippkrane", Mai 1944.

Schalthebel zum Körper gezogen, so bewegt sich der Ausleger nach oben. Zum Drehen des Kranes wird der Schalthebel nach links oder rechts ausgelenkt. Beide Bewegungen können gleichzeitig ausgeführt werden. Nach dem Loslassen des Schalthebels springt dieser durch Federkraft in die Ausgangsstellung zurück. Seitlich am Gehäuse, an der dem Sitz abgekehrten Seite, befindet sich ein Überbrückungstaster für einen wasserdichten Endschalter; mit ihm kann das Überfahren der Endlage freigegeben werden, wenn der Ausleger nach beendetem Betrieb abgelegt werden soll. – Der Meisterschalter für das *Hub*werk wird *rechts*händig bedient. Zum Heben bzw. Senken der Last wird der Schalthebel zurückgezogen bzw. nach vorn gedrückt. Bei Kranen mit Fahrwerk wird dieser Schalthebel wie beim Drehwerk zusätzlich seitlich ausgelenkt. – Die Schalter werden mit einem Heizwiderstand zur Verhinderung von Feuchtigkeitsniederschlag an den Kontakten versehen.

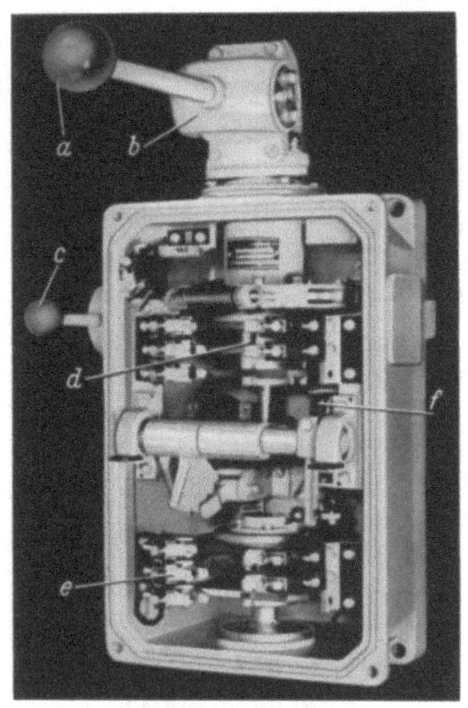

Abb. 242. Meisterschalter für Dreh- und Wippwerksteuerung (Deckel abgenommen) (Bauart SSW)
a Schalthebel; *b* Triebkopf; *c* Überbrückungstaster; *d* Drehwerknockenschalter; *e* Wippwerknockenschalter; *f* Heizwiderstand

Die Motoren werden allgemein mit Magnetbremsen ausgerüstet. Auf der B-Seite der Motoren soll möglichst ein Vierkantwellenstumpf zum Aufstecken einer Handkurbel vorhanden sein. Damit kann der betreffende Kranteil beim Ausbleiben der Netzspannung von Hand bewegt werden.

Drehstromausrüstungen. Wie bei der Ladewindentechnik wird auch bei Bordkranen der polumschaltbare Drehstrommotor mit Käfigläufer als Antriebsmotor für *alle* Triebwerke vielfach angewendet. Dabei unterscheidet sich der Antrieb des *Hubwerks* weder in der Ausführung noch in der dreistufigen Schützensteuerung von dem der Ladewinden. Es wird lediglich eine *Endabschaltung* für die höchste Hakenstellung vorgesehen. – Für *Wippwerk, Drehwerk* und *Fahrwerk* werden *zwei*fach polumschaltbare Motoren mit Käfigläufer benutzt.

Die *Wippwerks*motoren besitzen 2 getrennte Wicklungen in gemeinsamen Nuten, während die übrigen Motoren in Dahlanderschaltung ausgeführt sind. Eine vierpolige Vollaststufe ergibt die Nenngeschwindigkeit, eine achtpolige Stufe dient zum langsamen Anfahren und zum Einfahren in die beabsichtigte Endstellung. – Als Wippwirksantriebe für *Schwergut*krane werden auch *dreifach* polumschaltbare Motoren mit Käfigläufer verwendet. – Den Polzahlen entsprechend ist die Schaltung des Wippwerksantriebs in beiden Drehrichtungen zweistufig ausgeführt. In Abb. 243 ist der Drehzahl-Drehmomentenverlauf im Heben-, Senken- und Bremsbereich aufgezeichnet. Beim Anfahren des *Wipp*werkes über die achtpolige Wicklung mit doppeltem Nennmoment sorgt ein Zeitrelais dafür, daß der Motor auch bei schnellem Überschalten dieser Stufe achtpolig beschleunigt. Beim Abschalten bewirkt dasselbe Relais, daß die mit der vierpoligen Stufe erzielte Geschwindigkeit vor dem Einfall der Magnetbremse durch übersynchrones Bremsen mit der achtpoligen Wicklung wesentlich vermindert wird. Damit wird der größte Teil der Bewegungsenergie elektrisch abgefangen, so daß die Magnetbremse nur den Rest der Bremsenergie aufzunehmen hat. Beim Wippwerk erweist sich die von der Belastung weitgehend unabhängige Drehzahl eines Motors mit Käfigläufer besonders vorteilhaft: je steiler der Ausleger steht, desto geringer ist die erforderliche Antriebsleistung und gerade dann ist eine Drehzahlzunahme des Motors unerwünscht.

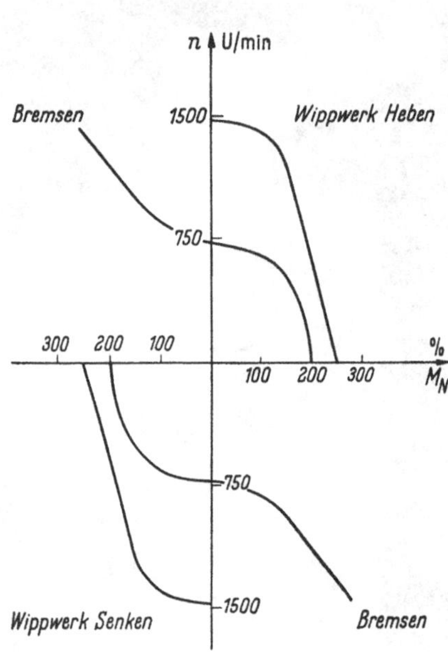

Abb. 243. Drehmoment/Drehzahl-Kennlinien bei dem Antrieb eines Wippwerkes durch zweifach polumschaltbaren Drehstrommotor mit Käfigläufer (nach GROSSENBACH [87])

Beim *Drehwerk* und *Fahrwerk* muß die verhältnismäßig große Masse weich und stoßfrei zum Stehen gebracht werden. Während auch hier das Anlaufen und Abbremsen über die achtpolige Motorwicklung vorgenommen wird, tritt zum vollständigen Stillsetzen eine Gleichstrombremsung hinzu. Hierzu wird über einen Transformator und einen Halbleitergleichrichter im Augenblick des Abschaltens Gleichstrom in die vierpolige Motorwicklung eingespeist und der Motor wirkt als elektrodynamische Bremse. Ist der rotierende Kranteil oder der fahrende Kran auf diese

Weise sanft zum Stillstand gekommen, so fällt die Magnetbremse ein, und die Gleichstromeinspeisung in die Ständerwicklung des Motors schaltet sich ab. In Abb. 244 ist der Abbremsvorgang für ein Drehwerk bei Antrieb durch einen Drehstrommotor mit Käfigläufer schematisch aufgezeichnet. – Bei größeren Lasten und großen Ausladungen des Auslegers kann es beim Drehwerk zweckmäßiger sein, anstelle eines Drehstrommotors mit Käfigläufer einen Antrieb in LEONARD-Schaltung zu bevorzugen.

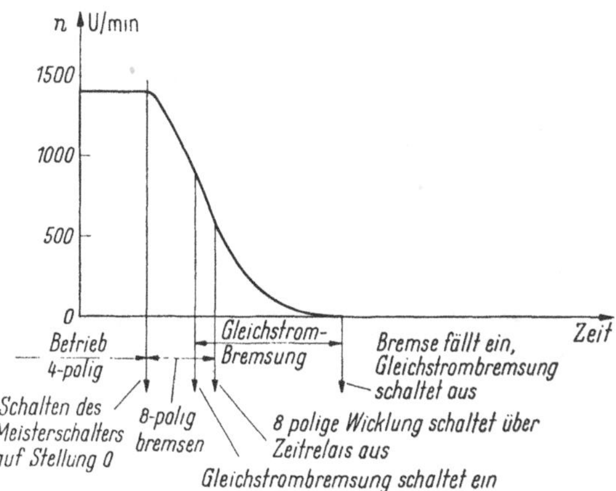

Abb. 244. Abbremsvorgang für ein Drehwerk mit Antrieb durch einen zweifach polumschaltbaren Drehstrommotor mit Käfigläufer

Die Dreh- und Fahrwerke von *Schwergut*kranen benötigen zum Beschleunigen und Bremsen der großen Schwungmassen besonders hohe Anlauf- und Bremsmomente. Die bei angestrengtem Schaltbetrieb im Käfigläufer auftretende Erwärmung ist bei den hier gegebenen langen Anlaufzeiten der Motoren groß; sie kann bei den geschlossenen Maschinen schlecht abgeleitet werden. Es kann sich deshalb in diesen Fällen die Verwendung von Motoren mit Schleifringläufern empfehlen, da die Abführung der Wärme aus den Schlupfwiderständen leichter möglich ist. Die Anpassung des Drehmomentes an den jeweiligen Betriebszustand wird dann durch Verändern der Läuferwiderstände bewirkt. – Motoren mit Schleifringläufer werden bei sehr großen Antriebsleistungen auch zum Antrieb von Hubwerken verwendet (über etwa 80 PS). Als eine geeignete Schaltung hat sich hier die sogenannte *untersynchrone Gegenstrom-Senkbremsschaltung* erwiesen. Zum Heben genügen 3 bis 4 Stufen, wobei die letzte Stufe mit kurzgeschlossenem Läuferwiderstand arbeitet. Beim Senken ist der Motor auf der ersten Stufe in Hebenrichtung geschaltet. Der voll eingeschaltete Läuferwiderstand setzt das Dreh-

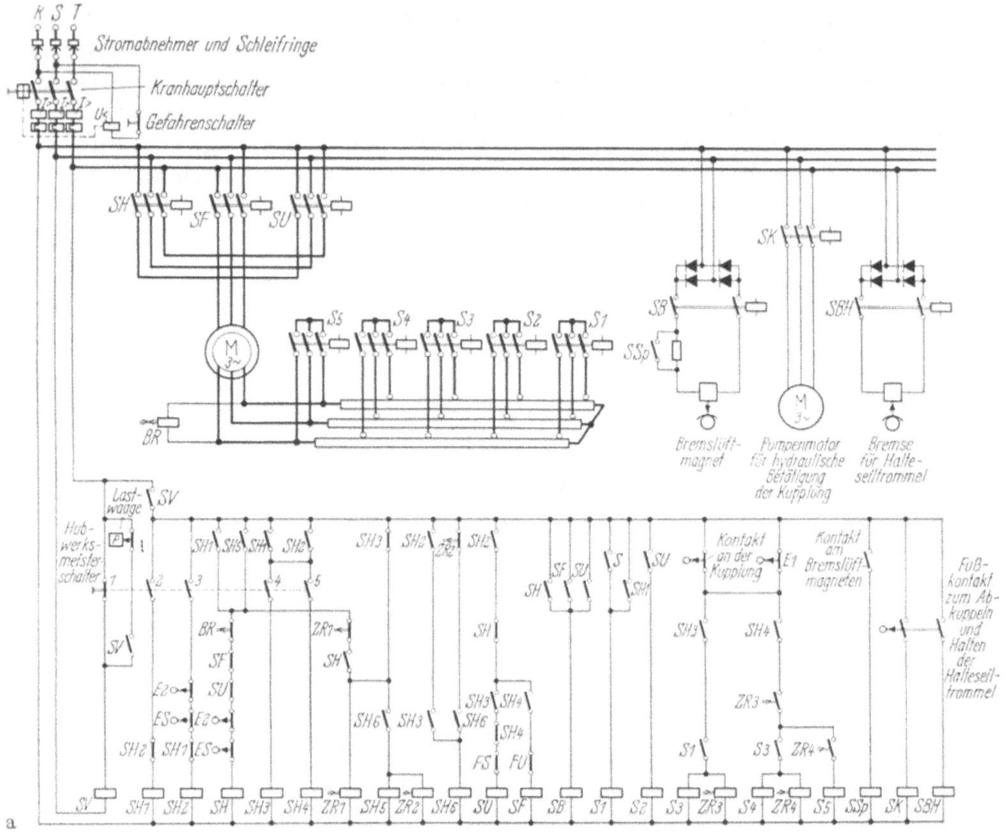

Stromabnehmer und Schleifringe
Kranhauptschalter
Gefahrenschalter
Bremslüftmagnet
Pumpenmotor für hydraulische Betätigung der Kupplung
Bremse für Halteseiltrommel
Lastwaage
Hubwerksmeisterschalter
Kontakt an der Kupplung
Kontakt am Bremslüftmagneten
Fußkontakt zum Abkuppeln und Halten der Halteseiltrommel

a

Trommeldrehzahl
Vollast heben
Motordrehmoment
Vollast senken

c

Senken
Heben

b

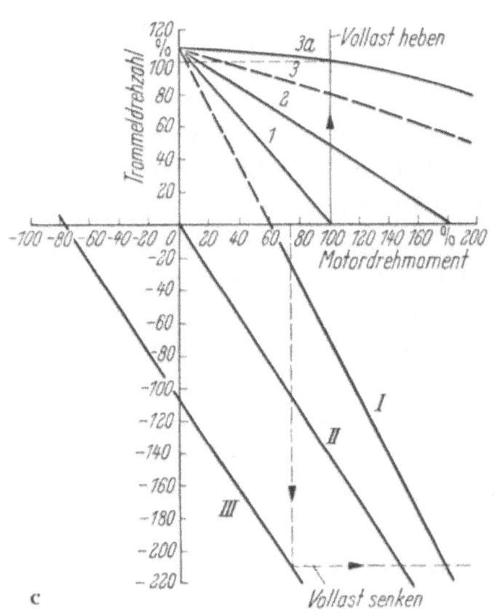

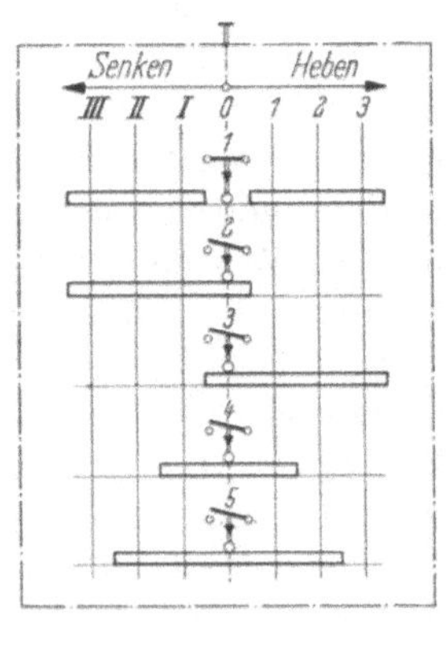

Abb. 245
(Erläuterungen s. S. 285)

Abb. 245. Antrieb von Schließseil- und Haltetrommel eines Greiferbordkranes durch einen Drehstrommotor mit Schleifringläufer; (Bauart SSW)
a) Stromlaufplan; b) Abwicklung des Meisterschalters; c) Kennlinien

	Bezeichnung	Funktion
BR	Nullstellungsbremsrelais	Verzögertes (frequenzabhängiges) Ansprechen und Wiederabfallen bei Stillstand
E 1	Differentialendschalter	Kontakte öffnen, kurz bevor Greiferbacken ganz geöffnet oder ganz geschlossen
E 2	Differentialendschalter	Kontakte öffnen, wenn Greiferbacken ganz geöffnet oder ganz geschlossen
ES	Endschalter für Schlappseil	Kontakte öffnen bei zu großer Seillose
S 1–5	Stufenschütze im Läuferkreis	Schalten Läuferwiderstände
SB	Bremsschütz	Schütz schaltet Bremslüftmagnet ein
SBH	Schütz für Haltebremse der Haltetrommel	Bremse zieht bei Schützbetätigung an
SH 1	Hilfsschütz für „Heben“	
SH 2	Hilfsschütz für „Senken“	
SH 3–6	Hilfsschütze	
SK	Schütz für Pumpenmotor der Hydraulik	Anlauf der Pumpe bedingt Lösen der Kupplung
SF	Hauptschütz für „Senken“	
SH	Hauptschütz für „Heben“	
SSp	Sparschütz für Bremslüftmagnet	
SU	Hauptschütz für untersynchronen Senkbremsbetrieb	Antriebsmotor wird 1-phasig an das Netz gelegt; Motor erzeugt dabei Bremsmoment
SV	Verriegelungsschütz	Verriegelungsschütz wird bei Ansprechen der Lastwaage abgeschaltet. Ansprechen bedeutet Überlastung des Hubwerkes. Wiederanfahren nur von der Nullstellung des Meisterschalters aus und bei Lastverringerung möglich
ZR 1–4	Zeitrelais	

moment des Motors herab, so daß das Lastmoment den Motor entgegen seiner Drehfeldrichtung im Senkensinne durchzieht. Um zu vermeiden, daß beim Einschalten aus dem Stillstand *kleine* Lasten gehoben werden, ist diese Gegenstrombremsung nur dann wirksam, wenn aus einer höheren Senkenstufe *zurück*geschaltet wird. Auf der nächsten Stufe wird der Antrieb *ein*phasig vom Netz gespeist und bremst auf dieser Stufe untersynchron. Beim Weiterschalten wird der Motor dreiphasig im Senkensinne angeschlossen, so daß ein Senken des leeren Hakens und kleiner Lasten mit erhöhter Geschwindigkeit möglich ist. Schwere Lasten werden auf dieser Stufe übersynchron gebremst. Beim Zurückschalten entlastet der Motor durch Gegenstrombremsen die mechanische Bremse. – Die Läuferwiderstände werden im Krangehäuse eingebaut. Abdeckbare

Belüftungsöffnungen am Widerstandsraum sowie eingebaute Ventilatoren bei größeren Widerstandseinheiten sorgen für ausreichende Kühlung der Widerstandsgeräte.

Für den Antrieb des Triebwerks eines Greiferkranes – Schließseil- und Haltetrommel – werden Drehstrommotoren sowohl mit Käfigläufer als auch mit Schleifringläufer verwendet. In Abb. 245a ist der Stromlaufplan einer *untersynchronen Senkbremsschaltung* für den Antrieb eines Zweiseilgreifers durch einen Drehstrommotor mit Schleifringläufer in Verbindung mit einer Schützensteuerung dargestellt; es werden häufig auch *zwei* Motoren, die miteinander gekuppelt sind, verwendet. Die Funktion der einzelnen Glieder der Schaltung ist in der Bildunterschrift erläutert. Die Abwicklung des Meisterschalters in Abb. 245b läßt erkennen, daß es sich um eine symmetrisch aufgebaute dreistufige Steuerung handelt, wobei auf der Stufe *3* nach Ablauf eines Zeitrelais der Läuferwiderstand nochmals verkleinert wird (Stufe *3a*), und die Trommeldrehzahl bei Vollast den Wert 100% annimmt. Dieses lassen die Kennlinien der Abb. 245c erkennen.

Gleichstromausrüstungen. Bei Gleichstrom-Bordnetzen wird das *Dreh*werk durch einen Doppelschlußmotor angetrieben und zwar in einer fünfstufigen symmetrischen Steuerung nach Abb. 246a. Ein oder zwei der Nullstellung benachbarte Stellungen arbeiten mit Parallelwiderständen zum Anker. Auf diesen Stellungen kann die kinetische Energie des sich drehenden Kranes abgebremst werden. Eine betriebsmäßige Schwächung des Motorfeldes ist nicht üblich. Die übrigen Bauelemente des Antriebs, wie Überstromrelais, Sparschalter, Bremslüfter, Gefahrenschalter usw., unterscheiden sich nicht von den in der Windentechnik üblichen. – Das gleiche gilt für den Antrieb des Wippwerkes, jedoch wird hier nach Abb. 246b eine Senkbremsschaltung verwendet. Für das Bewegen des Auslegers wird die Maschine als Nebenschlußmotor gefahren. Beim Einziehen arbeitet der Motor als Doppelschlußmaschine. Die Drehzahl kann in 4 Stufen verändert werden; sie ist nur in geringem Maß von der jeweiligen Lage des Auslegers abhängig. – Ein Überfahren der Endlagen wird durch Endschalter E, A verhindert; durch eine Taste T läßt sich der untere Endschalter überbrücken, um vor dem Auslaufen des Schiffes den Ausleger auf Deck absetzen zu können. Ein Spannungsrelais schaltet bei Ausfall der Bordnetzspannung den Antrieb selbsttätig ab und verhindert unzulässig hohe Geschwindigkeiten. – Das *Hub*werk wird in üblicher Weise von einem Antriebsmotor, wie er für Ladewinden gebräuchlich ist, – mit Endabschaltung bei Erreichen der höchsten Hakenstellung – bewegt.

Eine in Leonard-Schaltung arbeitende Ausführung besitzt einen Dreifachgenerator, der ähnlich wie der in Abb. 234 gezeigte Zweifachgenerator wirkt. Beim Kran speist jeweils einer der 3 Stromkreise das

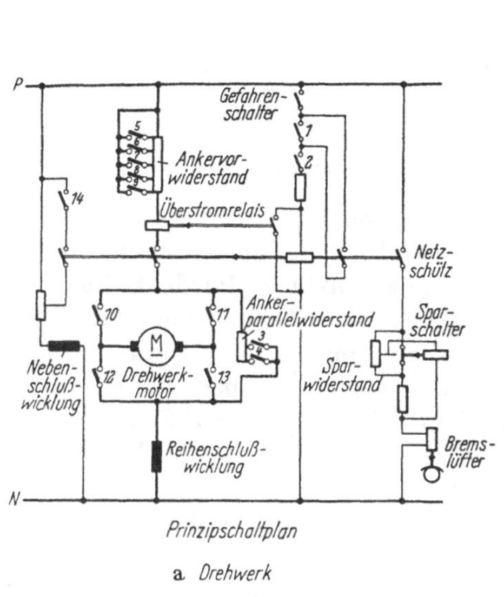

Prinzipschaltplan

a Drehwerk

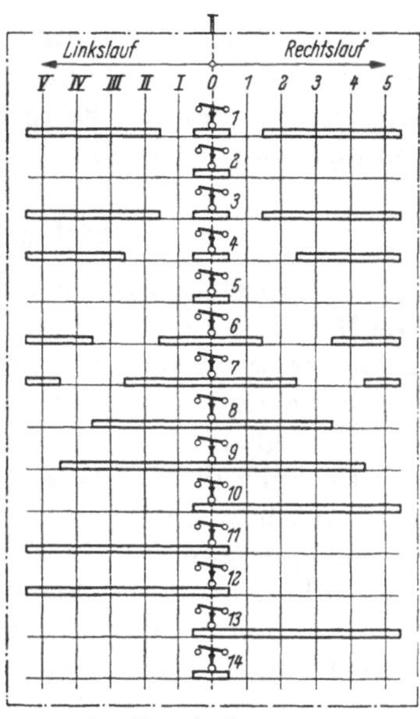

Abwicklung des Steuerschalters

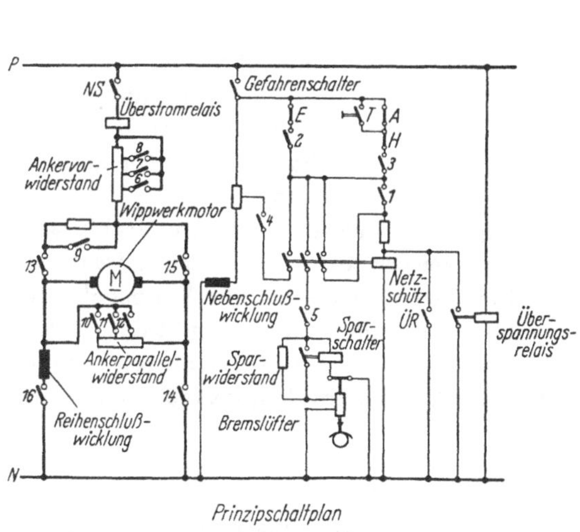

Prinzipschaltplan

b Wippwerk

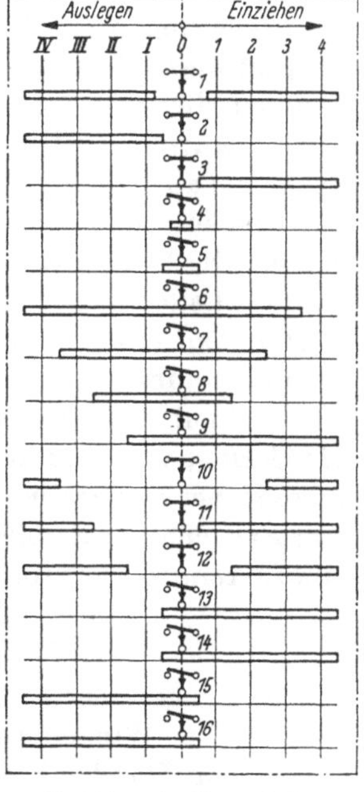

Abwicklung des Steuerschalters

Abb. 246. Antrieb des Dreh- und Einziehwerkes eines Bordkranes durch Gleichstrom-Doppelschlußmotoren

E Endschalter für Einziehen; *A* Endschalter für Auslegen; *H* Endschalter für Hubwerk; *T* Taster für vollständiges Ablegen des Auslegers; *NS* Netzschütz; *ÜR* Überstromrelais

Hubwerk bzw. das Drehwerk bzw. das Wippwerk. Der auf dem Krangerüst befestigte Umformersatz enthält den Dreifachgenerator, den Antriebsmotor und die Erregermaschine; alle Maschinen werden überflutungssicher ausgeführt.

g) Verladebrücken und Bandförderanlagen

Auf Massengutschiffen werden zunehmend *Verladebrücken* verwendet. Die Hubkraft reicht bis zu 30 t, die Leistung der elektrischen Hubantriebe bis etwa 300 Ps. Diese hohe Leistung muß in der Bordnetz-Zentrale berücksichtigt werden. Als Antrieb dienen meist Drehstrommotoren mit Schleifringläufer oder LEONARDsätze, z.T. mit Schwungradumformern zur Deckung der Leistungsspitzen. Die wegen der sperrigen *Container* hoch und breit gehaltenen Portale laufen längsschiffs auf Schienen und tragen querfahrende Katzen; die Katzfahrbahn kann nach der Pier ausgefahren oder ausgeklappt werden.

Beim *Algonquin*-System ist die Katze mit einem Greifer ausgerüstet. Zur Stromzuführung werden große Querschnitte und verhältnismäßig viele Steuerleitungen benötigt. Es werden hochflexible Schleppkabel oder Kabelraupen verwendet, die auch bei tieferen Temperaturen und hoher Fahrhäufigkeit funktionsfähig bleiben müssen. Sind alle Antriebe und Steuerungen auf dem fahrbaren Teil angeordnet, so können für die Hauptstromzuführung auch heizbare und gut zu reinigende Schleifleitungen dienen.

Das *Magromatic*-System verwendet beiderseits über das freie Deck geführte Fahrbahnen auf etwa 10 m hohen Pfosten. Auf ihnen laufen Ladebrücken mit querschiffs teleskopartig ausfahrbaren Katzfahrbahnen. Die benötigte elektrische Leistung bleibt unter der für konventionelles Ladegeschirr mit zwei gekuppelten Bäumen.

Bandförderanlagen für Schüttgut werden oft mit Greifer-Verladebrücken kombiniert. Bei ihnen und bei *vertikalen* Förderern *(Elevatoren)* für Stückgut (bis ca. 1 t) oder Früchte sind elektrische Verriegelungen erforderlich, um Stauungen des Gutes an irgend einem Punkt des Förderweges sicher zu verhindern. Automatisch arbeitende Elevatoren besitzen über Endschalter, Kopierwerke oder Lichtschranken gesteuerte Zu- und Abfördereinrichtungen.

h) Baumwinden

Das ferngesteuerte Bewegen der Ladebäume durch elektromotorisch angetriebene Winden tritt zunehmend an die Stelle des Führens der Bäume von Hand mittels Seilen. Dieses ist eine Entwicklung, die auch im Zuge der *Automatisierung*[1] und *Rationalisierung* des Schiffsbetriebes

[1] Vgl. Automatisierung des Schiffsbetriebes, S. 8.

liegt. – So wird das *Toppen* und *Fieren* der Ladebäume durch *Hangerwinden* nach Abb. 247 bewirkt. Die Winde besteht aus dem Getriebegehäuse, der Seiltrommel mit Sperrklinke und dem Außenlagerschild, das mit dem Getriebegehäuse verbunden ist. Der am Getriebegehäuse angeflanschte Motor treibt über Kegelrad-, Schneckentrieb- und Stirnradvorgelege die Seiltrommel. Diese ist auf der Getriebeseite mit Anschlagnocken versehen, in welche die Sperrklinke eingreift. – Die Führung des Hangerseiles ergibt sich aus Abb. 203. Ein Bewegen der Bäume *unter Last* ist *nicht* vorgesehen. Während des Ladebetriebes, wenn also die Hangerwinde nicht in Betrieb ist, nimmt die Klinkensperre an der Trommel den Zug des Hangerseiles auf und hält den Baum mit seiner statischen Last fest. Wie der Ladewindenantrieb wird auch der Antrieb der Hangerwinde durch eine Schützensteuerung, welche mit der der Ladewinde kombiniert ist und deren Schaltfolgeplan aus Abb. 226b hervorgeht, betätigt. Beim Einschalten des Antriebsmotors der Hangerwinde – dieser ist im allgemeinen ein Drehstrommotor mit Käfigläufer (Leistung etwa 5 PS) – wird die Klinke selbsttätig durch einen Gleichstrommagneten über das Schütz *HK* angehoben und festgehalten. Zur Betätigung dient der Tastschalter *T*, der meist im Meisterschalter der zugehörigen Ladewinde mit eingebaut ist. Wird mit dem Schütz *SF* auf „Fieren" geschaltet, so läuft der Motor zuerst in Richtung „Toppen" an, bis die Klinke freikommt, dann wird er selbsttätig in Verbindung mit den Endschalterkontakten *KV* an den Klinken umgesteuert. Gegen Überlastung wird der Antrieb durch ein Überstromrelais geschützt, das den Motor über das Verriegelungsschütz *HV* abschaltet und die Klinkensperre einfallen läßt. Auch beim Ausbleiben der Netzspannung fällt sofort die Klinkensperre ein. Die Hangerwinde wird allgemein mit einem Not-Handantrieb ausgerüstet; wird bei dessen Benutzung die Klinkensperre zum Fieren von Hand angehoben, so verhindert eine Fliehkraftbremse ein Herabfallen des Baumes.

Abb. 247. Elektromotorisch angetriebene, ferngesteuerte Hangerwinde (Bauart Schärffe/SSW)

Zum Schwenken der Ladebäume, d. h. zum seitlichen Bewegen, sind von Hand bediente Seile, sogenannte *Geien* gebräuchlich. In neuerer Zeit werden hierzu auch elektrisch angetriebene Winden verwendet (Leistung etwa 10 PS) – vorzugsweise bei Ladegeschirren, mit denen schwierige Lade- und Löschvorgänge, z.B. das Verladen von Kraftfahrzeugen, durchgeführt werden sollen. Diese Winden werden als *Preventerwinden* bezeichnet; sie werden – wie die Hangerwinden – durch Schütze gesteuert. – Bei Betrieb mit *einem* Baum werden 2 Preventerwinden – eine für die Bb- und eine für die Stb-Seite – benutzt, von denen sich die jeweils Seil

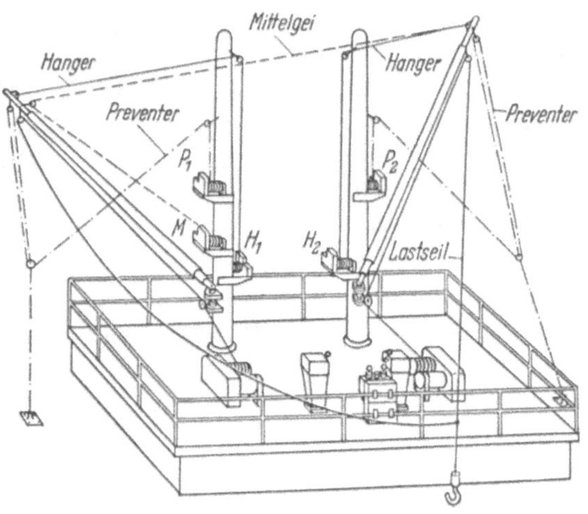

Abb. 248. Ladewinden und Baumwinden für gekuppelten Betrieb

ausgebende Winde mit ihrer Drehzahl selbsttätig den beim Schwenken des Baumes entstehenden unterschiedlichen Seillängen anpaßt, so daß niemals Lose eintritt. Das nicht holende Seil wird stets unter Zug gehalten, der Baum kann damit auch bei Krängung des Schiffes nicht aus der angesteuerten Stellung ausschwenken.

Bei gekuppeltem Betrieb mit einem Baum*paar* wird nach Abb. 248 meist für jeden Baum eine Außenpreventerwinde P_1, P_2 vorgesehen sowie eine weitere – ähnlich ausgeführte Winde zur Bedienung der die Baumenden untereinander verbindenden Mittelgei – *Mittelgeienwinde M*. Zum Toppen und Fieren der Bäume dienen 2 Hangerwinden H_1, H_2. Nach den Seiten werden die Bäume durch die Preventerwinden und die Mittelgeienwinde gehalten. Die äußeren Geien laufen von den Schiffsseiten über die Bäume zu den zugehörigen Winden. Beim Verstellen der Bäume arbeiten alle 3 Windensysteme zusammen. Dieses verhältnismäßig komplizierte Zusammenwirken aller Winden wird durch Verwendung eines kombinierten Meisterschalters erleichtert, mit dem die Bewegungen jedes einzelnen Baumes unabhängig voneinander oder auch gleichzeitig gesteuert werden können. – Abb. 249 gibt das Wirkungsschema für einen solchen Schalter an, wie er auch in Abb. 248 zwischen den Einfachmeisterschaltern stehend angedeutet ist. Bei Betrieb einer *Lade*winde ist die Betätigung dieser Winden gesperrt.

Beim Verladen von Kraftfahrzeugen ist ein Bewegen der Zwischendecks in den Ladeluken erforderlich. Dies kann im Zusammenwirken mit derartigen kombinierten Steuerungen z. B. so vorgenommen werden, daß die Betriebs- und Schnellstufe von den 3fach polumschaltbaren Antriebsmotoren der Ladewinden[1] durch einen Hilfsschalter gesperrt und die Langsamstufe auf einen Spartransformator geschaltet wird, der das Stillstandsmoment begrenzt.

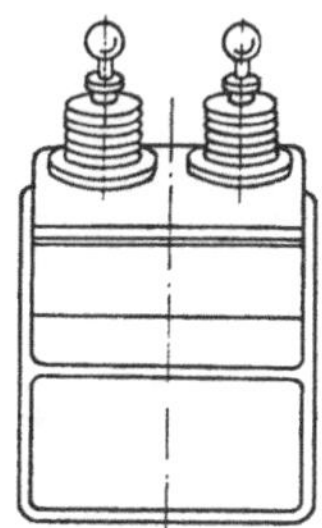

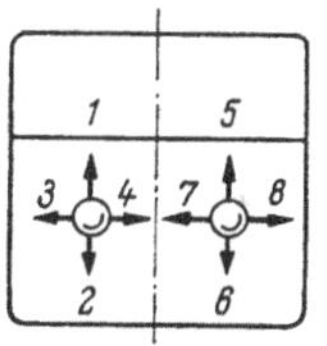

Im Prinzip ähnelt der kombinierte Ladevorgang mit Ladewinden und Baumwinden einem Ladebetrieb mit Bordkranen. Das gilt in gleicher Weise für die in Abb. 250 im Prinzip dargestellten Verfahren, bei denen das Toppen, Fieren und Schwenken *eines* Baumes, des sogenannten Schwingbaumes, mit einer Kombination von 3 Antriebsmotoren, wie sie für Ladewinden gebraucht werden, *unter voller Last* durchgeführt werden kann. Der Schwingbaum wird an seinem einen Ende von einem Lager getragen, das Bewegungen in

Abb. 249. Wirkschema des kombinierten Meisterschalters zum Ladebetrieb nach Abb. 248

Bewegungsrichtung der Schalthebel	Winde				
	H 1	H 1	P 1	P 2	M
1	fiert	–	–	–	strafft
2	toppt	–	–	–	strafft
3	–	–	zieht	–	bremst
4	–	–	bremst	–	zieht
5	–	fiert	–	–	strafft
6	–	toppt	–	–	strafft
7	–	–	–	bremst	zieht
8	--	–	–	zieht	bremst

der Horizontal- und Vertikalebene zuläßt; das andere Ende des Baumes hängt an 2 gespreizten Hangerseilen. Durch entsprechendes Verkürzen oder Verlängern der Hangerseile können alle Bewegungen ausgeführt werden. Charakteristisch ist diese Anordnung für Schwergutbäume. –

[1] Vgl. Ladewinden, S. 248.

Für die Baumbewegungen werden bei dem System „Hallèn“ nach Abb. 250a 2 Ladewinden mit kurzen fliegend angebrachten Trommeln aufgestellt. Eine 3. Ladewinde, das ist die Lastwinde für das Heben

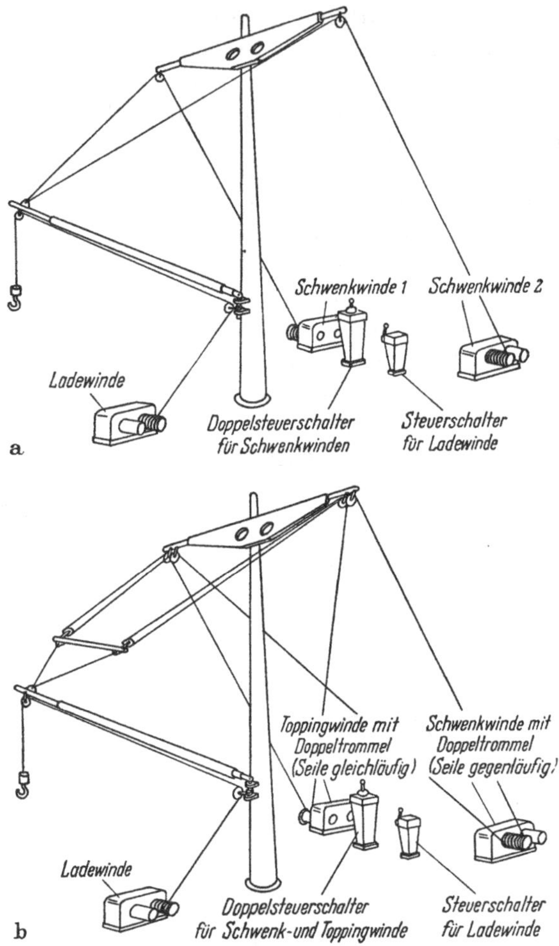

Abb. 250 a u. b. Wirkschema für Schwingbaumsysteme
a) „Hallen“-System; b) „Velle“-System

und Senken der Last, wird über einen Einfachmeisterschalter gesteuert, während die beiden Schwenkwinden für die Bäume über einen Doppelmeisterschalter, z. B. ähnlich dem in Abb. 211 dargestellten, in Verbindung mit einer entsprechenden Schützensteuerung betätigt werden. Wird der Handgriff des Schalters in Richtung zur Luke oder von ihr weg bewegt, so wird der Ladebaum getoppt bzw. gefiert; bei einer Bewegung quer zur

Luke schwenkt der Baum nach Backbord oder Steuerbord. Zwischenstellungen bedeuten gleichzeitiges Schwenken und Toppen bzw. Fieren des Ladebaumes. – Beim Toppen und Fieren laufen die beiden Winden daher jeweils gleichsinnig und verkürzen bzw. verlängern beide Hangerseile; gegenläufiger Betrieb der Winden führt zum Schwenken des Baumes. Durch eine besondere Takelung wird ein verhältnismäßig großer Schwenkbereich mit mehr als 180° erzielt. Der Mast besitzt dazu einen rahmenartigen Ausleger in Höhe der Saling, gegen den sich bei Hartlage des Baumes ein stehendes Teilstück eines der beiden Hanger anlegt. Auf diese Weise bleibt bei Querschiffslage des Baumes ein Drehmoment erhalten, das den Baum in stabiler Lage hält. Die Schwenk- und Hubweiten des Baumes sind durch *Endschalter* auf die zulässigen Winkel zu begrenzen.

Einen ähnlichen Schwingbaum besitzt die in Abb. 250b schematisch dargestellte Anordnung nach Kapt. Velle. Bei diesem System greifen die Hangerseile an einer Traverse an; an ihr ist das eine Ende des Baumes mit 2 kurzen Trossen befestigt. Der *Lasthaken* wird mit einer Ladewinde gebräuchlicher Bauart bewegt. Die Baumbewegungen sind nach der horizontalen bzw. vertikalen Richtung auf 2 Winden aufgeteilt. Zu diesem Zweck sind beide Hangerseile doppelt geführt; je ein Ende dieser Hangerseile führt zur „Toppingwinde" bzw. zur „Schwenkwinde". Diese beiden Winden besitzen unterteilte Trommeln. Während die Seile bei der Toppingwinde gleichsinnig auflaufen. sind sie auf die Trommel der Schwenkwinde gegenläufig aufgelegt. So verkürzt bzw. verlängert die Toppingwinde beide Hangerseile gleichzeitig entsprechend der *Wippwerks*funktion eines Bordkranes. Die Schwenkwinde verkürzt das eine Hangerseil, während sie das andere verlängert. Damit bewegt sie den Baum seitlich wie das *Drehwerk* eines Kranes. Schwenk- und Toppingwinde können auch als Doppelwinde mit 2 geteilten Trommeln und 2 voneinander unabhängigen Motoren zusammengefaßt werden. Auch diese Bauart gestattet, wie das System Hallèn, sehr große Schwenkwinkel. – Weil auch hier für einen schnellen Umschlag hohe Geschwindigkeiten erwünscht sind und alle Bewegungen *unter Last* ausgeführt werden, kommen für alle 3 Winden Antriebsmotoren, wie sie für Ladewinden gebraucht werden, in Betracht. – Während die Lastwinde durch einen Einfach-Meisterschalter bedient wird, erfordert die gemeinsame Steuerung der Schwenk- und Toppingwinde einen Doppel-Meisterschalter, wie er auch für Bordkrane verwendet wird. Durch eine Bewegung des Schalthebels nach vorn bzw. zurück, d.h. „Fieren" bzw. „Toppen" wird allein die Toppingwinde betätigt; durch seitliche Auslenkung des Schalthebels nach links oder rechts wird die Schwenkwinde gesteuert. Beide Schaltbewegungen sind gleichzeitig möglich, daraus ergeben sich dann resultierende Bewegungsrichtungen des Baumes.

i) Schleppwinden

Für Schleppwinden, wie sie z.B. auf Eisbrechern gebraucht werden, gilt im wesentlichen das gleiche Prinzip der Steuerung wie bei der Mooringwinde[1]. Hier wird jedoch neben der Einhaltung eines konstanten Zuges auch ein konstanter Abstand zwischen dem schleppenden und dem ge-

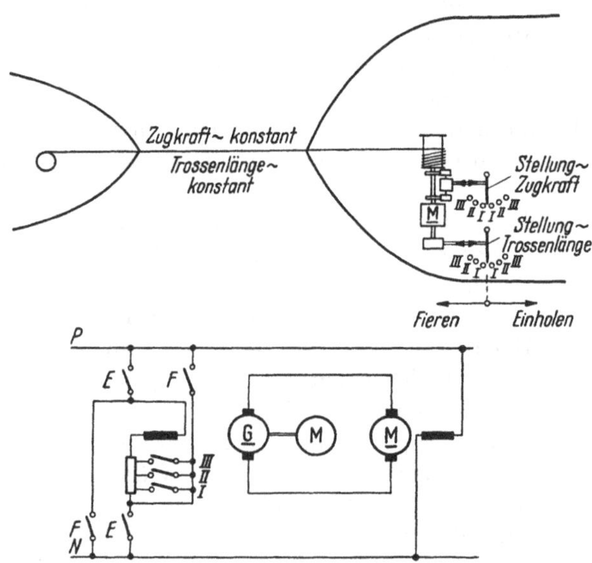

Abb. 251. Wirkschema und Prinzipschaltung für eine Schleppwinde

schleppten Schiff verlangt, wie es in Abb. 251 angedeutet ist. Es ist deshalb außer dem durch die Lastwaage angetriebenem noch ein zweites Kontaktwerk vorhanden, welches über ein Getriebe von der Trommel aus angetrieben wird und – innerhalb eines bestimmten Zugkraftbereiches – durch Einholen und Fieren der Trosse den Abstand konstant hält. Da die Leistungen der Schleppwinden meist größer sind, als die der Mooringwinden, wird bei Schleppwinden die Leonard-Schaltung bevorzugt angewendet. Der Trossenzug wird in Abhängigkeit von dem Fühlorgan bzw. dem Kontaktwerk über Widerstände im Erregerkreis des Steuergenerators – gezeichnet in 3 Stufen – eingestellt. Umschalter im gleichen Kreis für „Einholen" (E) und „Fieren" (F) bewirken die Einstellung der Drehrichtung des Antriebs.

k) Bootsheißeinrichtungen

Die Rettungs- und Arbeitsboote werden allgemein auf Handelsschiffen ohne Verwendung elektrischer Antriebe lediglich durch ihre Schwerkraft

[1] Vgl. Mooringwinden, S. 276.

zu Wasser gelassen. Dabei wird die Geschwindigkeit durch Fliehkraftbremsen selbsttätig eingestellt. – Zum Hieven oder Heißen dienen dagegen vor allem auf Fahrgastschiffen mit ihrer großen Anzahl von

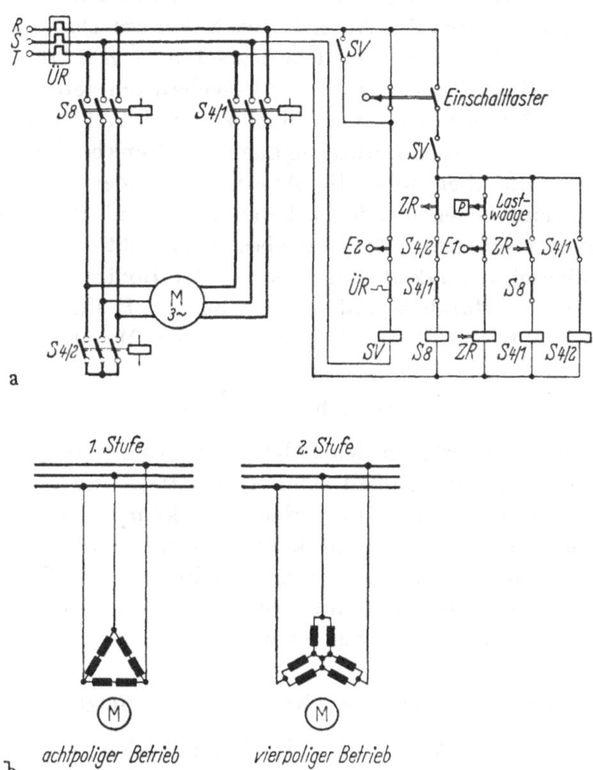

Abb. 252a u. b. Bootswindenantrieb durch zweifach polumschaltbaren Drehstrommotor mit Käfigläufer (Bauart SSW)
a) Stromlaufplan; b) Schaltfolgeplan
E 1 Endschalter; *E 2* Endschalter; *S 4/1* u. *S 4/2* Schütze für vierpoligen Betrieb; *S 8* Schütz für achtpoligen Betrieb; *ZR* Zeitrelais; *SV* Verriegelungsschütz

Booten besondere Bootsspille mit waagerechter oder senkrechter Welle, die durch Elektromotoren angetrieben werden. Dabei kann *ein* Bootsspill über passend angeordnete Leitrollen mit verschiedenen Bootsheißvorrichtungen verbunden werden.

Den Stromlaufplan und den Schaltfolgeplan für einen Bootswindenantrieb durch einen 2fach polumschaltbaren (4, 8 Pole) Drehstrommotor mit Käfigläufer in Dahlander-Schaltung zeigt als Beispiel Abb. 252. Der Antrieb wird durch einen wasserdicht gekapselten Einschalttaster, der neben der Winde angeordnet wird, zunächst über die achtpolige Stufe eingeschaltet. Nach Ablauf einer bestimmten Zeit – überwacht durch ein

Zeitrelais ZR – wird selbsttätig auf die vierpolige Stufe geschaltet. Dies ist jedoch nur in einem gewissen Lastbereich, der durch eine Lastwaage überwacht wird, möglich. Auch schaltet der Vorendschalter $E1$ kurz vor Erreichen der oberen Endlage auf die Langsamstufe zurück. Ist das Boot fest eingezogen, so wird der Antrieb durch den am Davit angebrachten Endschalter $E2$ stillgesetzt. Der Überlastschutz $ÜR$ setzt im gegebenen Fall den Antrieb still. Die Winde muß mechanisch gebremst werden. – Ein Fieren des Bootes mit Kraft ist nicht vorgesehen. Um beim Einsetzen der Boote in die Klampen kurzzeitig auch eine Senkbewegung ausführen zu können, kann aber auch die Anwendung einer Umkehrsteuerung zweckmäßig sein. Gelegentlich wird das Fieren mit Kraft auch durch mechanische Umschaltung des Getriebes ermöglicht.

Die Heißgeschwindigkeit und Leistung der Bootsspille wird fallweise festgelegt. Die für Handelsschiffe gebräuchlichen Heißgeschwindigkeiten liegen zwischen 6–10 m/min. Die Leistung der Motoren beträgt dafür 10–15 PS.

l) Fallreepswinden

Zum Heben bzw. Fieren des Fallreeps werden neben rein mechanischen Vorrichtungen bei großen Schiffen elektrisch angetriebene Winden benutzt. Die Steuerung ist eine einfache Umkehrsteuerung. Wegen der starken Übersetzung (meist Schneckenvorgelege) sind Rückmomente nur in geringem Umfange vom Motor aufzunehmen. Die Nullstellung der Walze wird meist als Bremsstellung ausgebildet. Es können Drehstrom- oder Gleichstromantriebe verwendet werden.

m) Fischnetzwinden, Reepspille und Netzheber

Während für den Antrieb von Fischnetzwinden zum Auslegen und Einhieven des Netzes lange Zeit fast ausschließlich Kolbendampfmaschinen benutzt wurden, hat sich jetzt weitgehend der elektrische Windenantrieb durchgesetzt. Beim Betrieb einer derartigen Winde ist das schwere Netzgeschirr zu bewegen und dabei glatt zu führen. Die Methoden hierzu haben sich im Laufe der letzten Jahre zum Teil geändert. Früher herrschte als Fischereifahrzeug der sogenannte *Seitenfänger* vor, bei dem das Netz auf einer der beiden Seiten des Schiffes über Bord gegeben bzw. eingeholt wird. Heute werden zunehmend *Heckfänger*, bei denen das Netz vom Heck aus bedient wird, gebaut.

Der Windenmotor, der bisher stets als Gleichstrommotor gebaut wurde, steht meist unter der Brücke in einem nach außen abgeschlossenen Raum; er treibt über eine Rutschkupplung und ein Schneckengetriebe die Seiltrommeln und die Spillköpfe an. Abb. 253 zeigt einen Windentyp, wie er für Seitenfänger benutzt wird. Die Seiltrommeln können über Klauenkupplungen einzeln abgekuppelt werden. Die beiden Kurrleinen werden über mehrere Rollen zu den Galgen am Vor- und Achterschiff geführt. Zuerst wird der Steert des Netzes mit dem Spillkopf über Bord gebracht, dann folgen die Rollen und die Scheerbretter, wozu die Trommeln benutzt werden. Das Fieren des Netzes bis auf die gewünschte Kurrleinenlänge geschieht bei entkuppelten Seiltrommeln und voller Fahrt des Schiffes „voraus", wobei die Trommeln mechanisch gebremst werden; der Windenmotor steht hierbei still. Der wichtigste Arbeitsgang des Motors ist das *Hieven* des Netzes mit der Trommel bis nahe an das

Abb. 253. Zweitrommel-Fischnetzwinde für Seitenfänger mit Gleichstromantriebsmotor (Bauart Achgelis/SSW)

Schiff. Dann werden ebenfalls über die Trommel die vordere Kurrleine, die Scheerbretter und die Rollen an Bord genommen. Anschließend folgt das stückweise Hieven des Netzes und des Steertes, in dem sich der Fang befindet, wozu wieder die Spillköpfe benutzt werden.

Die bei den Seitenfängern übliche Fischnetzwinde mit 2 Trommeln und 4 Spillköpfen wird beim Heckfänger verlassen. Hier hat sich eine Winde mit 4 abkuppelbaren Trommeln und 1 Doppelspillkopf nach Abb. 254 eingeführt. Auch hat sich bei diesen Schiffen die Aufstellung zweier Einzelwinden mit je einer Trommel und je einem Spillkopf und getrennten Antrieben bewährt; dabei können aber zusätzliche Einrichtungen für das Bewegen der Hilfsseile nötig sein. – Beim Einziehen werden die Kurrleinen von den großen Trommeln bis an die Winde geholt. Dann wird mit den kleinen Trommeln der achtere Netzteil einschließlich dem Steert auf das Aufschleppbrett gezogen, schließlich wird der Steert mit den Spillköpfen durch Taljen am zugehörigen Portalmast angehoben, damit das Netz entleert werden kann. Umgekehrt verläuft der Vorgang beim Aussetzen des Geschirrs. Grundsätzlich werden Trommeln vor Spillköpfen bevorzugt, da das Arbeiten mit ersteren – besonders in schwerem Wetter – einfacher ist.

Die Beanspruchung der Antriebsmotoren ist am größten beim Hieven des Netzes, das zudem rasch geschehen muß. Dabei soll die Hievgeschwin-

Abb. 254. Viertrommel-Fischnetzwinde für Heckfänger mit Gleichstromantriebsmotor (Bauart Achgelis/AEG)

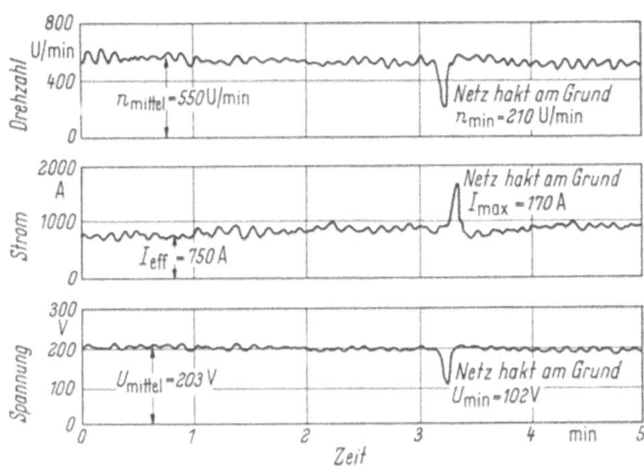

Abb. 255. Hieven von 550 Faden (1000 m) Kurrleine bei ruhiger See (Windstärke 2; Seegang 2); Mittlere Leinengeschwindigkeit: 40,5 Faden/min[1]

digkeit möglichst wenig vom Trommeldurchmesser abhängen, welcher sich zwischen leerer und voller Trommel etwa im Verhältnis 1 : 2 ändert. Der Motor muß also am Anfang des Hievvorganges mit geringerer Drehzahl

[1] 1 Faden = 1,82 m.

als zum Schluß fahren. Die *Leistung* soll in einem *großen Drehzahlbereich* möglichst *konstant* bleiben, sonst besteht die Gefahr, daß das Drehmoment des Motors nicht ausreicht und die Maschine stehenbleibt. – Da die Kurrleinen auch im Seegang immer steif bleiben sollen, muß die Drehzahl des Motors bei *Ent*lastung schnell ansteigen; bei *Über*lastung muß dagegen eine Drehzahlabsenkung eintreten. Bei einem Festhaken des Netzes am Grund darf die Zugkraft auf nicht mehr als das Doppelte anwachsen, damit das Geschirr nicht beschädigt wird. Abb. 255 zeigt einen

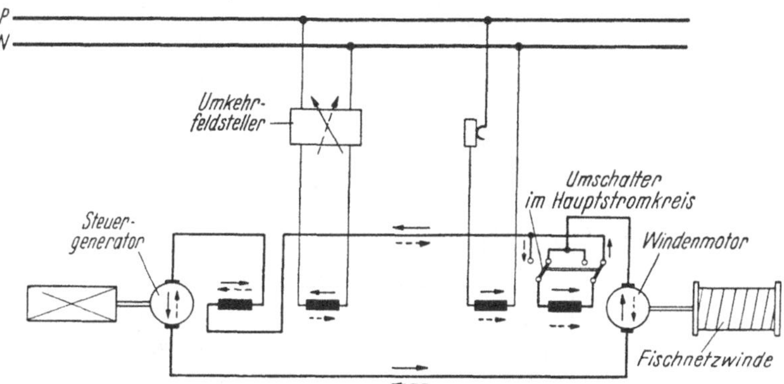

Abb. 256. Antrieb einer Fischnetzwinde durch Gleichstrom-Doppelschlußmotor mit Umschaltung des Reihenschlußfeldes

beim Hieven eines Netzes bei einem Seitenfänger aufgenommenen Meßstreifen für die Drehzahl, den Strom und die Spannung des Antriebsmotors. Der Strom ist verhältnisgleich zu der auf die Kurrleinen wirkenden Zugkraft.

Die Motoren zum Antrieb der Fischnetzwinden werden vielfach in Leonard-Schaltung nach Abb. 256 betrieben. Um ein weiches Drehzahlverhalten zu erzielen, wird der Motor mit einer kräftigen Reihenschlußwicklung ausgerüstet, während der Steuergenerator eine Gegenreihenschlußwicklung erhält. Da der Windenmotor eine Reihenschlußwicklung besitzt, ist zur Umkehr der Drehrichtung ein Schalter im Hauptstromkreis notwendig, der die Umpolung der Reihenschlußerregung bewirkt.

Bei der Schaltung nach Abb. 257 wird der Windenmotor *ohne* Reihenschlußwicklung ausgeführt, um das Umschalten im Hauptstromkreis zu vermeiden. Der Motor besitzt statt dessen 2 Erregerwicklungen, von denen die eine unmittelbar am Gleichstrom-Bordnetz liegt; die andere ist an eine Erregermaschine angeschlossen. In dieser wird eine dem Strom des Leonard-Kreises verhältnisgleiche Spannung erzeugt. Über die Umschaltkontakte *19–22* der Steuerwalze wird die Richtung des Erregerstromes in der zweiten Erregerwicklung so bestimmt, daß die Durchflutungen beider Erregerwicklungen – unabhängig von der Stromrichtung im LEONARD-Kreis – stets im gleichen Sinn wirken. Die Erregerwicklung des Steuergenerators ist über die Umschaltkontakte *15–18* der Steuerwalzen ebenfalls an das Bordnetz angeschlossen. In Reihe mit dieser Erregerwicklung liegt der Anker der Erregermaschine und ein Widerstand, der in 14 Stufen mit dem Steuerschalter einstellbar ist. Die Spannung der Erregermaschine setzt dabei mit steigender Belastung die Erregung herab. – Die Erregermaschine wird oft mit dem Steuergenerator zusammen angetrieben. Die in Abb. 258 gezeigten Arbeitslinien gelten für einen Windenantrieb in dieser Anordnung. Es ist die verhältnismäßig konstant bleibende Leistung zu beachten. – Bei Fabrikschiffen, bei denen die Bordnetzgeneratoren über Wahlschalter gern auch zum Betrieb der Windenmotoren herangezogen werden, ist es vorteilhaft, einen getrennten Erregerumformer anzuordnen, wie es in Abb. 257 dargestellt ist.

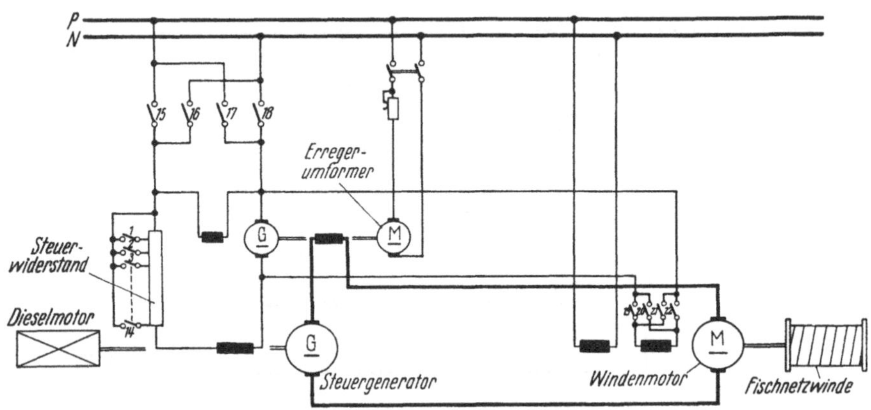

Abb. 257. Schaltung des Antriebs einer Fischnetzwinde durch Gleichstrom-Nebenschlußmotor mit lastabhängiger Einstellung der Erregung (Bauart SSW)

Während bei der Schaltung nach Abb. 256 ein besonders für den Betrieb der Fischnetzwinden bemessener Steuergenerator verwendet werden muß, läßt sich bei der Schaltung nach Abb. 257 jede Doppelschlußmaschine, wie sie zur Versorgung eines Gleichstrom-Bordnetzes gebraucht wird, benutzen; es muß lediglich für Windenbetrieb die Reihenschlußwicklung unwirksam gemacht werden.

Zur Vermeidung des Umschaltens im LEONARD-Kreis sind auch Ausführungen gebräuchlich, bei denen die Reihenschlußwicklung des Motors mittels einer Steuerwalze mit Nebenwiderständen beschaltet wird. Die Kurvenschar der Abb. 259 gibt den Zusammenhang zwischen Motordrehzahl und Drehmoment bei einem derartigen Antrieb wieder. Beim Hieven wird mit 10, beim Fieren mit 6 Stufen gearbeitet. Die Drehzahl steigt bei

Entlastung während des Hievens auf den 2,25fachen Wert der Nenndrehzahl an; bei einem Drehmoment von 250% wird sie hierbei zu Null.

Mit dem Anwachsen der Leistung für die Fischnetzwinden wird eine mechanische Bremsung der Trommeln schwierig; auch verläuft der Bremsvorgang nicht immer stetig. Deshalb haben sich auch Windensteuerungen eingeführt, bei denen beim Aussetzen des Netzes mit dem Antrieb gebremst wird. Es wird dabei mit einer reinen Nebenschlußcharakteristik für den Windenmotor gearbeitet, wie es die in Abb. 260 im unteren Teil dargestellten Kennlinien *I, IV, VI* zeigen. Auf der Abszisse ist im linken Teil der Kurrleinenzug, im rechten die Leistung, auf den Ordinaten die Kurrleinengeschwin-

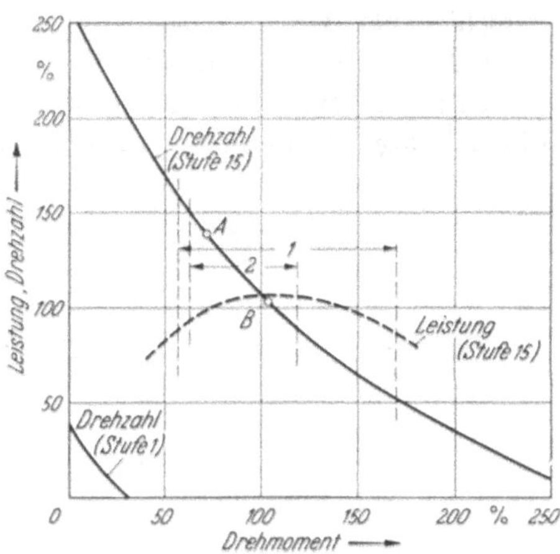

Abb. 258. Kennlinien einer Fischnetzwinde bei Antrieb nach Abb. 257

1 Arbeitsbereich bei mittlerer See / *2* Arbeitsbereich bei ruhiger See — für Einhieven der letzten 600 Faden Kurrleine (bei insgesamt 1100 Faden auf der Trommel)

A Hievbeginn / *B* Hievende — Mittelwert aus einer Anzahl von Messungen

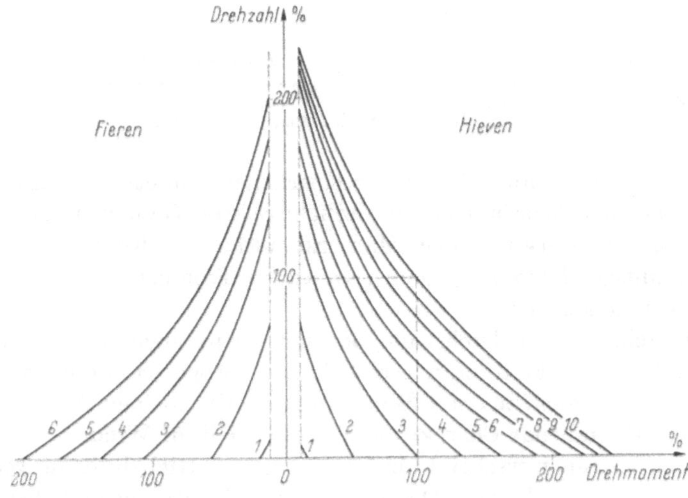

Abb. 259. Kennlinien einer Fischnetzwinde bei Antrieb durch Gleichstrom-Doppelschlußmotor (Bauart AEG) (nach HEIL [*96*])

digkeit V_L aufgetragen. Dazu sind im oberen Teil des Koordinatensystems als Parameter die Widerstandskurven des Netzgeschirrs – Zugkraft bzw. Leistung in Abhängigkeit von der Zuggeschwindigkeit – bei verschiedenen Geschwindigkeiten des Schiffes V_S eingetragen. Im unteren Teil sind KF_1 und KF_2 die Kennlinien des Kurrleinenzuges beim Fieren mit 4 bzw. 7 kn Schiffsgeschwindigkeit. Wird beim Netzaussetzen die Schiffsgeschwindigkeit auf etwa 7–8 kn erhöht, so verbleibt nach

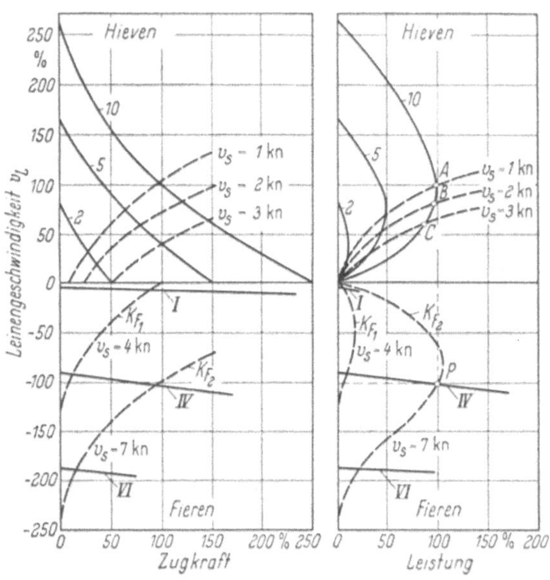

Abb. 260. Kennlinien einer Fischnetzwinde bei Antrieb durch einen Gleichstrommotor in LEONARD-Schaltung mit elektrischer Bremsung (Bauart AEG) (nach HEIL [96])
2, 5, 10* Kennlinien beim Hieven für die Stufen des Steuerschalters *2, 5, 10*; *I, IV, VI* Kennlinien beim Fieren für die Stufen des Steuerschalters *I, IV, VI

Abzug der Fiergeschwindigkeit der Kurrleinen von etwa 3–4 kn die für den Aufbau der Scherbretter erforderliche relative Geschwindigkeit durch das Wasser von etwa 4–5 kn. Man erkennt aus den Kennlinien, daß bei einer Schiffsgeschwindigkeit von 7 kn an der Trommel im Punkt P etwa 100% Leistung auftritt.

Bei Schiffen mit Drehstrom-Bordnetz wird auch die Verwendung polumschaltbarer Motoren mit Käfigläufer erwogen, um die Vorteile zu nutzen, welche auch zu deren Einführung im allgemeinen Windenbetrieb führten[1]. Die fallende Charakteristik bei speziell für Windenantrieb ausgelegten Maschinen erscheint für den Fischnetzbetrieb durchaus geeignet. Bei der Maschine, die dem Diagramm der Abb. 261 zugrunde liegt, wer-

[1] Vgl. Ladewinden, S. 248.

den 2 Ständerwicklungen mit den Polzahlen 4/8 und 16/32 verwendet, die jeweils in DAHLANDER-Schaltung ausgeführt sind. Der Übergang von der acht- auf die vierpolige Stufe und zurück wird selbsttätig über Strom- und Zeitrelais lastabhängig vorgenommen. Die dem Netz entnommene Leistung ist auf den einzelnen Stufen etwa proportional dem Drehmoment an der Motorwelle; die Anfahrleistung hat etwa den Wert der doppelten Nennleistung, der Einschaltstrom des 4fachen Nennstroms. Die Anwendung des Drehstromantriebes beschränkt sich deshalb auf

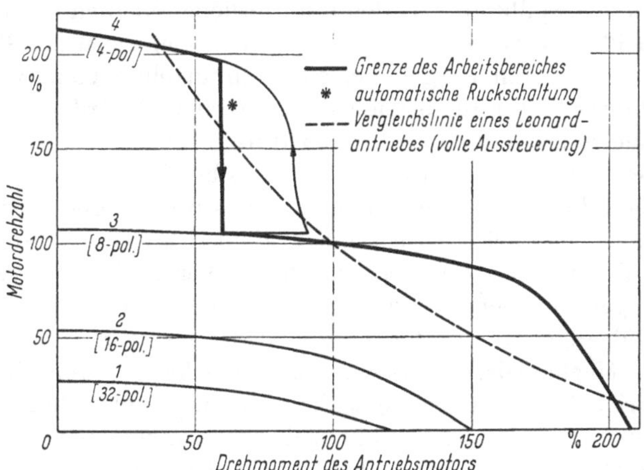

Abb. 261. Kennlinien des Antriebes einer Fischnetzwinde durch einen 4fach polumschaltbaren Drehstrommotor mit Käfigläufer

Fälle, in denen z.B. wegen umfangreicher Fabrikanlagen ausreichende Generatorleistung oder ein Drehstrom-Fahrnetz[1] zur Verfügung steht. – Bei geteilten Fischnetzwinden werden die Verhältnisse günstiger, da die Gesamtleistung auf 2 Antriebsmotoren aufgeteilt ist; durch geeignete Verriegelungen kann dann vermieden werden, daß die Einschaltströme beider Motoren zusammenfallen.

Die Fischnetzwinden werden im elektrischen Teil durch Angabe ihrer *Motor*leistungen, im mechanischen Teil durch Angabe der Kurrleinenlänge und des Kurrleinendurchmessers gekennzeichnet. Schleppnetzwinden von Fischloggern können 500 oder 700 Faden[2] Kurrleine aufnehmen, die Winden von Fischdampfern 1000–1200 Faden. Die Motorleistungen liegen im ersten Fall bei etwa 70 bzw. 100 PS, sie steigen bei langen Kurrleinen bis auf 200 PS, bei schwerem Geschirr sogar bis auf 270 PS an.

[1] Vgl. Elektrische Zusatzantriebe mit Gleichstrom, S. 410, und Elektrische Zusatzantriebe mit Drehstrom, S. 448.

[2] s. Fußnote auf S. 298.

Der Einbau elektrisch angetriebener Fischnetzwinden geschieht häufig in Verbindung mit einem vollständigen elektrischen Propellerantrieb des Schiffes oder einer „*Vater-und-Sohn-Anlage*“, wobei der Generator bei freier Fahrt des Schiffes, wenn also kein Netz geschleppt wird, auch zum Speisen eines Zusatz-Propellerantriebes benutzt werden kann[1].

Reepspille dienen zum Einholen der Netze bei Fischloggern. Während bei einer Fischnetzwinde die Kurrleine fest mit der horizontal liegenden Windentrommel verbunden ist und durch deren Bewegung auf diese aufgewickelt wird, läuft die Reepleine nur zwei- bis dreimal um einen senkrechtstehenden Spillkopf. Bei den erforderlichen kleinen Leistungen von etwa 8–14 PS werden die Spillmotoren, die bisher meist als Gleichstrom-Doppelschlußmotoren ausgebildet sind, unmittelbar vom Bordnetz aus mit konstanter Spannung betrieben. Die Drehzahl wird über Ankervorwiderstände eingestellt. Der Antrieb durch einen Drehstrommotor mit Käfigläufer eignet sich aber auch durchaus hierfür.

Während die Fischnetzwinde nach dem Einholen der Kurrleine auch den gefüllten Netzsack an Deck hievt, zieht das Reepspill die Netzfleet mit Hilfe der Reepleine nur an das Schiff heran. Das Hieven der mit Fischen angefüllten schweren und langen Netzfleet auf Deck über die am Schanzkleid angebrachten *Geestrollen* wird meist von Hand vorgenommen. Eine Mechanisierung dieses Vorganges kann durch einen elektrischen Antrieb der Geestrollen bewirkt werden. Dann wird im Inneren der etwa 2–3 m langen Geestrollen ein Elektromotor eingebaut. Derartig angetriebene Geestrollen werden als *Netzheber* bezeichnet.

n) Ruderanlagen

Zu den Decksmaschinen werden auch die maschinellen und elektrischen Einrichtungen gerechnet, die zum Bewegen des Ruderblattes benötigt werden. Man bezeichnet sie allgemein als Ruderanlagen[2].

Wirkungsweise des Ruders. Das Ruder ist eine im Fahrstrom und meist auch im Schraubenstrom des Schiffes liegende, am Heck angeordnete Fläche, deren Wirkungsweise Abb. 262 veranschaulicht. Wird bei einem geradeaus fahrenden Schiff das Ruder um den Winkel α ausgelegt, so erzeugt die Wasserströmung an diesem Kräfte, die durch den im *Druckmittelpunkt* des Ruders angreifenden resultierenden *Ruderdruck* R dargestellt werden können. Die Zerlegung dieses Zeigers in je eine Komponente parallel und senkrecht zur Strömungsrichtung ergibt den *Widerstand* W und die *Querkraft* Q. Die letztere Komponente erzeugt, bezogen auf den Drehpunkt des Schiffes, ein Drehmoment, welches das Schiff aus der geraden in die von der Schiffsführung gewünschte Bahn lenkt.

---

[1] Siehe Fußnote 1 auf S. 303.

[2] Nach DIN 84250 „Richtlinien für den Bau von Ruderanlagen“, Sept. 1944.

Man unterscheidet nach Abb. 263 hinsichtlich der Anordnung des Ruderblattes bzw. der Lage seiner Drehachse zum Druckmittelpunkt vor allem 3 Ausführungen:

Normalruder – Balanceruder – überbalanciertes Ruder.

Bei dem Normalruder liegt die Drehachse an der vorderen Kante des Ruderblattes, der Ruderdruck greift also bei allen Auslegungswinkeln

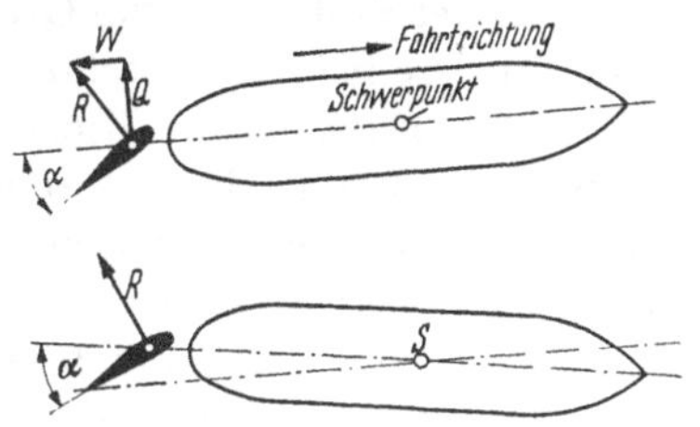

Abb. 262. Wirkungsweise eines Ruders

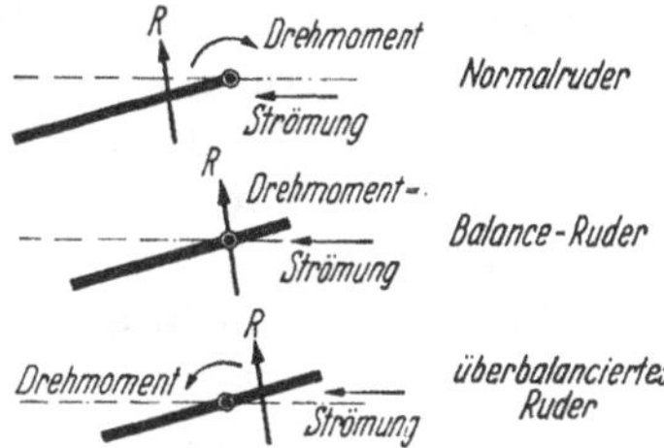

Abb. 263. Ausführung der Ruder

des Ruders *hinter* der Drehachse an. Bei dem Balanceruder fällt der Angriffspunkt des Ruderdruckes mit der Drehachse zusammen. Bei dem überbalancierten Ruder greift der resultierende Ruderdruck *vor* der Drehachse an.

Das Drehmoment, das vom Ruderdruck auf die Drehachse des Ruders ausgeübt wird, errechnet sich aus der senkrecht zur Längsrichtung des Ruderblattes stehenden Komponente des Ruderdruckes und dem Abstand des Druckmittelpunktes von der Drehachse. In Abb. 264 ist der Zusammenhang dieses Drehmomentes, des sogenannten *Ruderschaftmomentes*, mit dem Ruderwinkel – ohne Berücksichtigung der Strömungsverhältnisse des Fahrwassers – für die 3 genannten Ruder bei *Vorwärtsfahrt* des Schiffes aufgezeichnet. Hierbei sind positive Momente solche, die das ausgelegte Ruder wieder in die Mittschiffslage zurückzudrehen versuchen. Dagegen versuchen die negativen Momente das Ruderblatt in Richtung der *Hartlage* zu legen. Bei dem *Normalruder* hat das Drehmoment *nur* positiven Charakter. Es wirkt beim Auslegen des Ruders also nur als belastendes Drehmoment, das von der Rudermaschine überwunden werden muß. Beim Zurückführen des Ruders in die Mittschiffslage wirkt das Drehmoment dagegen im Sinne des Antriebs. – Bei dem *Balanceruder* ist der Wert des Ruderschaftmomentes bis

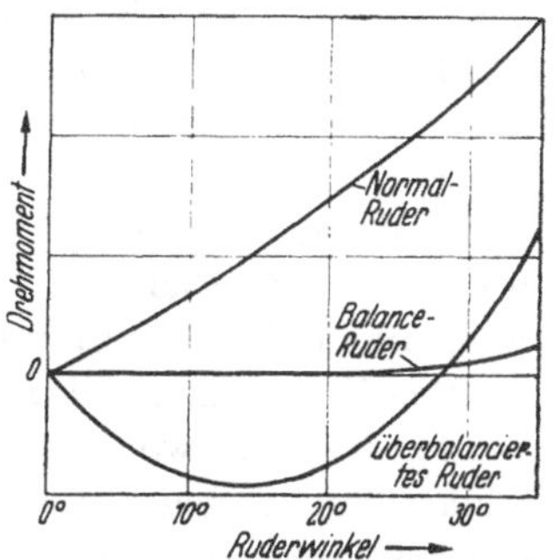

Abb. 264. Zusammenhang zwischen Ruderschaftmoment und Ruderwinkel bei verschiedenen Ruderarten

zu einem Ruderwinkel von 25° gleich Null. – Die Größe dieses Winkels hängt dabei von dem Grad der Balancierung ab, also davon, ob der Angriffspunkt des Ruderdruckes und die Drehachse wirklich zusammenfallen bzw. wie groß deren Entfernung voneinander ist. Der Antrieb der Rudermaschine hat dann nur das Reibungsmoment in der Ruderschaftlagerung und die eigenen Reibungswiderstände zu überwinden. Erst bei größeren Ruderwinkeln treten positive Ruderschaftmomente auf, beim Rückdrehen des Ruders liegen die Verhältnisse umgekehrt. Bei der Festlegung des Grades der Balancierung sind nicht nur die Verhältnisse bei Vorwärtsfahrt, sondern auch bei Rückwärtsfahrt des Schiffes zu berücksichtigen. Hierbei wird das Ruder von der anderen Seite angeströmt, so daß dann – auch bei einem genau für Vorwärtsfahrt ausbalancierten Ruder – der Druckmittelpunkt nicht mehr in die Drehachse fällt. Bei Rückwärtsfahrt treten daher allgemein wesentlich größere Ruderschaftmomente auf, für deren Größe auch die maximal mögliche Geschwindigkeit des Schiffes bei Rückwärtsfahrt zu beachten ist. – Bei dem *überbalancierten Ruder* treten beim Ruderlegen aus der Mittschiffslage zunächst Drehmomente auf, die im Sinne der Bewegung des Ruders, also in Richtung der Hartlage, wirken. Erst bei größeren Ruderwinkeln ist das Ruderschaftmoment ein Belastungsmoment für die Rudermaschine. Auch hier sind beim Rückdrehen des Ruders die Belastungsverhältnisse umgekehrt. – Ein Vergleich der 3 Ruderarten ergibt, daß offenbar das balancierte Ruder den geringsten Kraftaufwand und daher die kleinste Rudermaschine benötigt. Für deren Bemessung ist das bei voller Fahrt (Vorwärts- bzw. Rückwärtsfahrt) in der Hartlage des Ruders auftretende maximale Ruderschaftmoment (Ruderschaftnennmoment) unter Berücksichtigung der Reibung in Ruderschaftlagerung und Rudergeschirr maßgebend. Dabei ist zu beachten, daß der Antrieb ein Mehrfaches des Ruderschaftnennmomentes unter Berücksichtigung der Reibung der Ruhe als *Anfahr*moment aufbringen muß. Das dem Ruderschaftnennmoment entsprechende Drehmoment muß 10 Minuten lang abgegeben werden können.

Das Ruderblatt soll in 30 sek von einer Hartlage in die andere gelegt werden können, wobei für die Hartlage in der Regel mit einem Ruderwinkel von 35° gegen die Mittschiffslinie gerechnet wird. Da die Drehzahl des Rudermotors von dem im Winkelbereich des Ruders veränderlichen Ruderschaftmoment abhängt, muß die mittlere Drehzahl des Rudermotors einem bestimmten Drehmoment so zugeordnet werden, daß die Bedingung, das Ruder in 30 sek von einer Hartlage zur anderen zu legen, erreicht wird. Dann wird die geringere Winkelgeschwindigkeit des Ruders, die sich bei hohen Drehmomenten infolge des Absinkens der Drehzahl unter die mittlere Drehzahl ergibt, durch die bei kleinen Drehmomenten sich einstellenden Drehzahlen, die höher als die mittlere Drehzahl liegen, ausgeglichen und zwar so, daß die mittlere Winkelgeschwindigkeit des

Ruders für den gesamten Winkelbereich gleich der verlangten ist. Die Drehzahl der Rudermotoren liegt in der Regel zwischen 700 und 800 U/min.

Rudermaschinen. Zur Bewegung des Ruderschaftes bzw. Ruderblattes werden elektrisch angetriebene Quadrant- und Getrieberudermaschinen sowie in immer stärker werdendem Maße hydraulische Anlagen mit elek-

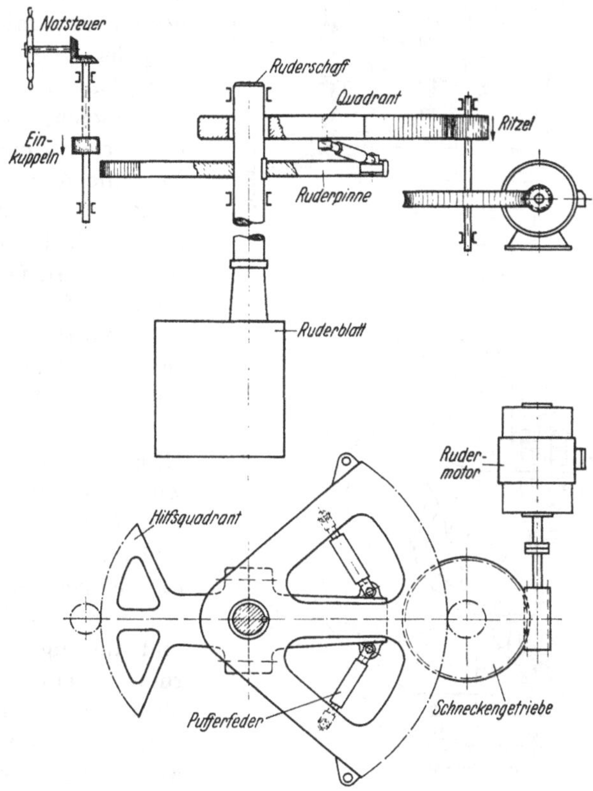

Abb. 265. Quadrantrudermaschine

trischen Hilfsantrieben verwendet. Nur bei kleinen Schiffen findet sich noch die Reepleitungsanlage.

Quadrantrudermaschine. Die prinzipielle Anordnung einer *Quadrantrudermaschine* ist in Abb. 265 aufgezeichnet. Der *Rudermotor* arbeitet über ein Schneckengetriebe auf ein Ritzel, das in den verzahnten Quadranten eingreift. Der Quadrant ist lose auf dem Ruderschaft gelagert. Zur Kraftübertragung auf die mit dem Ruderschaft fest verkeilte Ruder*pinne* dient ein Gestänge, das mit der Ruderpinne fest und mit dem Quadranten über Federn verbunden ist. Diese Federn dienen zum Auffangen von Stößen, die bei Seegang auf das Ruder kommen können. An Stelle von Pinne und Feder werden auch Rutschkupplungen zwischen Getriebe und Antriebsmotor vorgesehen, dann ist der Quadrant mit dem Ruderschaft fest verkeilt. – Das Schneckengetriebe wird fast immer selbstsperrend ausgeführt, wodurch besondere Bremseinrichtungen nicht benötigt werden und sichergestellt ist, daß das Ruder in jeder eingestellten Lage festgehalten wird. Der Ruderausschlag wird durch gefederte Stopper begrenzt. Für die Abschaltung des elektrischen Antriebs werden Endschalter verwendet. Bei Ausfall der elektrischen Zentrale oder bei einer Störung am elektrischen Antrieb muß das Ruder von Hand verstellt werden können, wozu ein Hilfsquadrant verwendet wird. Dazu muß das Ritzel vom Hauptquadranten ab- und das des Hilfsquadranten eingekuppelt werden. Oft wird der Rudermotor und die zugehörige Steuerung – eventuell unter Verzicht auf einen Nothandantrieb – 2fach eingebaut, wobei beide Anlagen voneinander unabhängig sind. Auch der mechanische Teil wird oft doppelt aufgestellt.

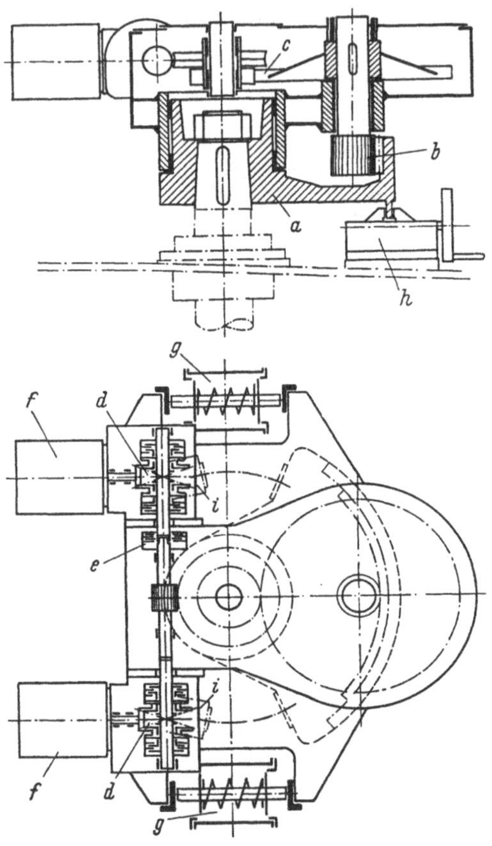

Abb. 266. Getrieberudermaschine mit Schaltkupplungen (Bauart Schärffe/SSW)
a Quadrant; *b* Hauptritzel; *c* Schnecken- und Stirnradgetriebe; *d* Schaltkupplungswendegetriebe; *e* Lamellenbremse; *f* Antriebsmotor; *g* Gehäusepuffer; *h* Schraubstockbremse; *i* Stopper

Getrieberudermaschine mit Schaltkupplungen. Die gesamte Rudermaschine nach Abb. 266 wird einschließlich der Antriebsmotoren vom Ruderschaft getragen. Es entfallen damit besondere Fundamente für Motor und Getriebe. Die Drehkräfte werden über die beiden schiffsfesten Gehäusepuffer auf den Schiffskörper übertragen. Auch bei schwerer See und dem dadurch bedingten Arbeiten des Schiffskörpers läuft die Maschine ruhig, da durch die freie Aufhängung des Getriebes ein Flattern der Zahnräder durch zu großes Spiel oder ein Klemmen der Verzahnung vermieden wird. Da die Maschine sich in der Höhe frei bewegen kann, ist sie bei Grundberührung des Ruders nicht gefährdet. Der jeweils eingekuppelte angeflanschte Antriebsmotor treibt über das vorgeschaltete Wendegetriebe, den Schneckentrieb, den Stirnradtrieb und das Hauptritzel den Quadranten an, der mit dem Ruderschaft fest verbunden ist. Der Kraftschluß zwischen Motor und Wendegetriebe wird durch elektromagnetische Schaltkupplungen K_1, K_2 nach Abb. 267 bewirkt. Sind bei stehendem Ruder beide Kupplungen ausgeschaltet, wird das Ruder durch Einschalten der elektromagnetischen Kupplung K_3 festgebremst. Alle Getriebeteile mit Ausnahme der Quadrantverzahnung laufen in einem öldichten Gehäuse.

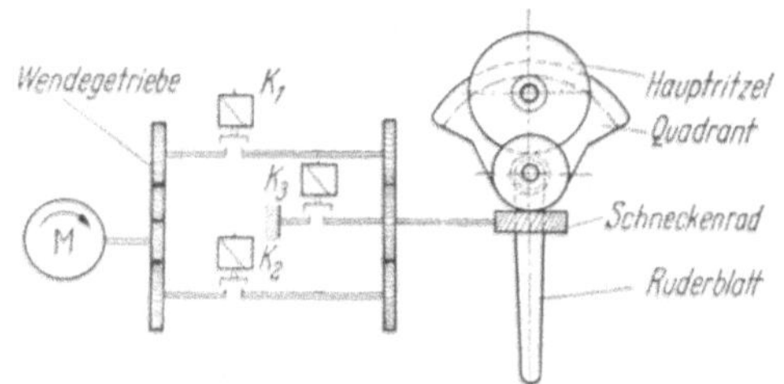

Abb. 267. Wirkschema der Getrieberuderanlage mit elektromagnetischen Kupplungen nach Abb. 266
K_1, K_2 Elektromagnetische Schaltkupplungen; K_3 Elektromagnetische Bremse

Reepleitungsrudermaschine. Bei kleinen Schiffen wird mitunter eine sogenannte *Reepleitungsrudermaschine* verwendet, die nicht am Heck, sondern in unmittelbarer Nähe des Ruderhandrades auf der Brücke aufgestellt ist. Bei dieser Anlage arbeitet der Rudermotor über eine Schnecke und ein Stirnradvorgelege auf eine Kette. Diese – Reepleitung genannt – überträgt die Bewegung zu dem mit dem Ruderschaft verbundenen Quadranten.

Elektrohydraulische Tauchkolbenrudermaschinen. Diese werden als Zwei- und Vierzylindermaschinen ausgeführt, wobei die kleineren Anlagen mit zwei Zylindern gebaut werden. Die durch Drucköl erzeugte lineare Tauchkolbenbewegung wird als Drehbewegung auf das mit dem Ruderschaft fest verbundene Ruderjoch übertragen. Tauchkolbenanlagen arbeiten – je nach Bauart – mit maximalen Öldrücken zwischen 80 und 120 atü; sie bringen bei gleichem Druck mit zunehmendem Ruderwinkel steigende Momente auf und passen sich so gut dem Rudermomentenverlauf an. Das Drucköl zum Betrieb der Rudermaschine liefert eine elektromotorisch angetriebene Pumpe. Im allgemeinen sind 2 Pumpenaggregate vorhanden, von denen eines in Reserve steht und notfalls unmittelbar, oft sogar selbsttätig, eingeschaltet werden kann.

Bei der in Abb. 268 und 269 gezeigten elektrohydraulischen Tauchkolbenrudermaschine mit Steuerung des *Pumpenhubes* werden Fördermenge und Förderrichtung des Drucköles bei im Hub regelbaren Axial- oder Radialkolbenpumpen eingestellt. Die Steuerimpulse können von der Brücke hydraulisch oder, wie in Abb. 268 dargestellt, elektrisch übertragen werden. Der Differentialhebel zum Verstellen des Hubes der Pumpe ist mit einer Wandermutter gekuppelt, deren Spindel über ein

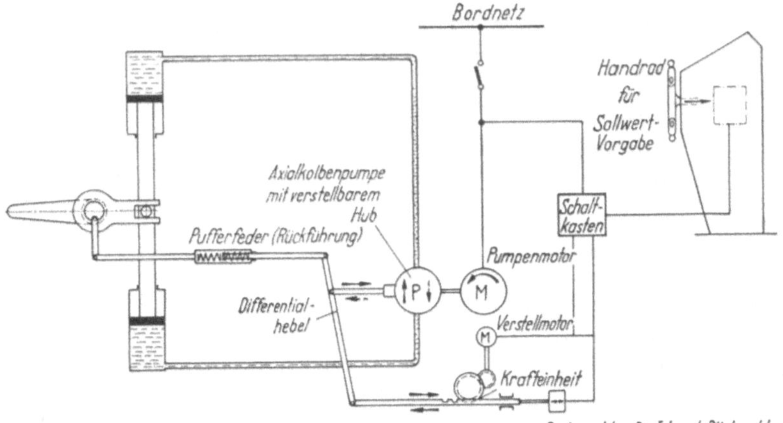

Abb. 268. Wirkschema einer elektrohydraulischen Tauchkolbenrudermaschine mit Verstellmotorsteuerung (Bauart Atlas)

Abb. 269. Elektrohydraulische Tauchkolbenrudermaschine mit Verstellmotorsteuerung (Bauart Atlas), Nennruderschaftmoment 25 mt
a Pumpenmotoren; *b* Axialkolbenpumpen mit verstellbarem Hub; *c* Verstellmotor für Wegsteuerung; *d* Verstellmotor für Zeitsteuerung; *e* Rudermelder für Istwertrückmeldung; *f* Verstellspindel; *g* Kolbenstange für Hauptzylinder; *h* Differentialhebel; *i* Pufferfeder (Rückführung)

Getriebe – die sogenannte Krafteinheit[1] – mit dem Verstellmotor verbunden ist. Die hin- und hergehende Bewegung der Wandermutter entspricht der Bewegung des Kolbens im hydraulischen Telemotorempfänger,

[1] power unit.

wenn eine hydraulische Fernsteuerung vorgesehen ist. Der Pumpenhub der Druckölpumpen wird durch den Nachlauf des Ruders in die Null-Förderstellung zurückgestellt. – Meist sind 2 Verstellmotoren vorgesehen, von denen der eine der Reservesteuerung zugeordnet ist. Die Kursregelung (s. u.) kann ebenfalls über die Krafteinheit auf das Ruder wirken.

Bei der in Abb. 270 gezeigten elektrohydraulischen Tauchkolbenrudermaschine ist der Pumpe ein magnetbetätigter Schieber zugeordnet.

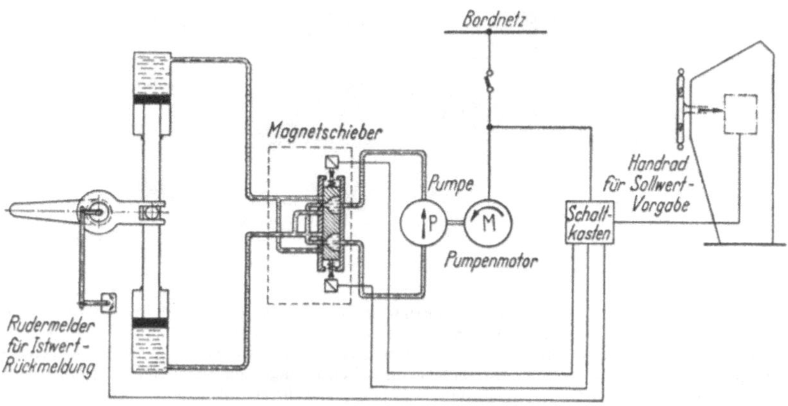

Abb. 270. Wirkschema einer elektrohydraulischen Tauchkolbenrudermaschine mit Magnetschiebersteuerung (Bauart Atlas)

In einer federzentrierten Mittelstellung fördert die Druckölpumpe das Öl in drucklosem Umlauf. Durch elektrische Steuerung wird der Magnetschieber in die rechte oder linke Stellung gedrückt und dadurch die Druckleitung der Pumpe entweder mit dem Bb- oder Stb-Zylinder verbunden. Das beim Ruderlegen aus dem nicht angesteuerten Zylinder verdrängte Öl wird der Saugseite der Pumpe wieder zugeführt. Ein Endschalter, der mit dem Ruderschaft verbunden ist, sorgt dafür, daß die Ruderendlagen nicht überfahren werden können. Bei kleinen Ruderanlagen tritt häufig an die Stelle eines motorisch angetriebenen Reservepumpenaggregates eine handhydraulische Reservesteuerung. In diesem Fall werden der Steuerschalter für die elektrische Steuerung und die Handpumpe für die Reservesteuerung in einem gemeinsamen Steuerstand untergebracht. – Die in Abb. 271 dargestellte Ruderanlage arbeitet im Gegensatz zu der schematischen Darstellung der Abb. 270 mit hydraulisch betätigten Schiebern, die durch elektrische Magnetschieber gesteuert werden. Derartige „vorgesteuerte Schieber“ werden für größere Ruderanlagen verwendet.

Als Vorläufer der Anlagen mit Magnetschiebersteuerung ist das lange Zeit gebaute, in Abb. 272 gezeigte Tauchkolbensystem mit einer Umkehrsteuerung für den Pumpenmotor anzusehen. Bei diesem wird die Förderrichtung des Drucköls der Pumpe nicht durch einen Schieber gesteuert,

Abb. 271. Elektrohydraulische Tauchkolbenrudermaschine mit Magnetschiebersteuerung (Bauart Atlas), Nennruderschaftmoment 25 mt
a Pumpenmotoren; *b* Axialkolbenpumpen; *c* hydraulisch gesteuerte Schieber (jeder Schieber wird durch je einen nicht sichtbaren Magnetschieber mit Elektromagneten gesteuert); *d* Rudermelder für Istwertrückmeldung; *e* Kolbenstange für Hauptzylinder

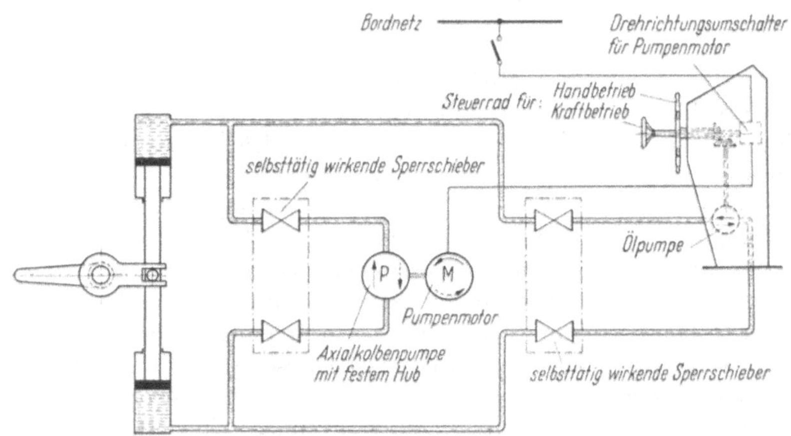

Abb. 272. Wirkschema einer elektrohydraulischen Tauchkolbenrudermaschine mit umsteuerbarem Antriebsmotor für die Pumpe (Bauart Atlas)

sondern der Antriebsmotor der Pumpe selbst wird für Rechts- bzw. Linkslauf eingeschaltet.

Elektrohydraulische Drehflügelrudermaschine. Der Aufbau dieser Anlage geht aus Abb. 273 hervor. Die auf dem Ruderschaft festsitzende

Nabe trägt 3 Drehflügel, die sich in einem ringförmigen, in 3 Kammern unterteiltem Gehäuse bewegen können. Das Gehäuse ist über 2 Gummipuffer gegen 2 Lager abgestützt, die ihrerseits mit dem Schiffsfundament verbunden sind. Von den Gummipuffern werden Drehschwingungen, die vom Ruder kommen, aufgenommen. An den 2 von den Gummipuffern eingespannten Eckbolzen kann das Gehäuse mit der Nabe etwa vorkommende senkrechte Bewegungen des Ruders ausführen. Der Ruderschaft wird nach Backbord oder Steuerbord durch Beaufschlagung der

Abb. 273. Sekundärteil der elektrohydraulischen Drehflügelrudermaschine (Bauart AEG) *a*, *b* Druckräume; *c* Nabe; *d* Lagerstück; *e* Flügel; *f* Bolzen

Druckräume *a* oder *b* gedreht. Durch die symmetrische Anordnung der Drehflügel werden einseitige Lagerbeanspruchungen vermieden. Reaktionsdrücke, wie sie bei den Zylindern von Tauchkolbenruderanlagen auftreten und die eine besonders kräftige Fundamentierung verlangen, sind nicht vorhanden, vielmehr ist durch das Fundament lediglich das Ruderdrehmoment in den Schiffskörper einzuleiten. Der Betriebsdruck ist etwa 2/3 des bei Tauchkolbenrudermaschinen angewendeten. Das Drucköl wird hier wie dort in einer elektrisch angetriebenen rotierenden Kolbenpumpe erzeugt, deren Fördermenge und Förderrichtung stufenlos einstellbar sind. Der Pumpenhub wird über ein Differentialgestänge in die Nullstellung zurückgeführt, wenn die Lage des Ruders dem Sollwert entspricht. Überdruckventile sind als Überlastungsschutz vorgesehen. Durch ein Umlaufventil zwischen den Kammern *a* und *b* wird bei Notantrieb des Ruders ein Überströmen des Betriebsmittels ermöglicht.

Schaltung der Antriebe. Der Rudermotor einer *Quadrant*anlage wird, von kleinen Anlagen abgesehen, nach Abb. 274 in Leonard-Schaltung betrieben, so daß also zu jedem Ruderantrieb ein Umformersatz mit dem Steuergenerator gehört. Für die Steuerung des Ruderblattes nach Backbord oder Steuerbord wird die Erregung des Steuergenerators in dem einen oder dem anderen Sinn eingeschaltet. Meist geschieht dies in 2 Stufen, so daß eine kleine Erregung einer niedrigen, die Nennerregung einer hohen Drehzahl am Rudermotor entspricht. Im gezeichneten Beispiel ist angenommen, daß der Steuergenerator eine geteilte Erregerwicklung hat, deren Mittelpunkt am negativen Pol liegt. Der positive Pol wird je nach dem Kommando einmal an den einen Endpunkt, das andere Mal an den anderen gelegt. Für alle Ruderanlagen mit elektrischer Steuerung

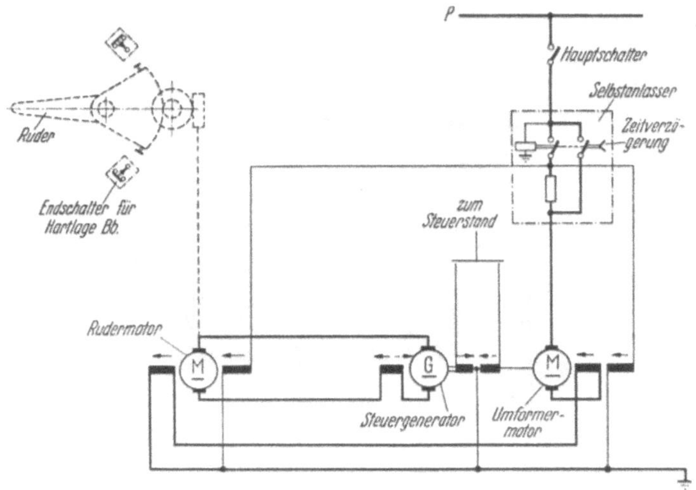

Abb. 274. Schaltung des Antriebes einer Quadrantrudermaschine

ist eine Endlagenabschaltung für die Hartlage vorzusehen, wie es auch aus Abb. 274 hervorgeht.

Es ist zweckmäßig, dem gesamten Antrieb ein weiches Drehzahlverhalten zu geben. Hierzu erhält der Steuergenerator eine Gegenreihenschlußwicklung, so daß seine Spannung mit steigender Belastung abfällt. Die Durchflutungen in der Nebenschluß- und Reihenschlußwicklung des Generators haben für *beide* Kommandos „Backbord" *und* „Steuerbord" die gewünschte gegensinnige Wirkung. Dieses würde für den Rudermotor, wenn er als Doppelschlußmaschine ausgeführt wird, nicht zutreffen, da dessen Nebenschlußwicklung stets im gleichen Sinn erregt wird, die Reihenschlußerregung je nach der Stromrichtung im Ankerkreis aber einmal gleichsinnig, das andere Mal gegensinnig zu dieser Nebenschlußerregung wirkt. Deswegen wird die Schaltung zur Erzielung eines Drehzahlabfalles mit zunehmender Last, wie es auch aus Abb. 274 hervorgeht, häufig so gestaltet, daß die Reihenschlußdurchflutung des Rudermotors vom Strom des Umformermotors erzeugt wird, der ebenfalls für beide Kommandos in gleicher Richtung fließt und auch ein Maß für die Belastung des Antriebs darstellt. Das ist natürlich nur bei Gleichstrommotoren möglich.

Nach Abschalten der Erregung des Steuergenerators, also nach Beendigung eines Ruderbefehls, wird der Rudermotor vom Ruderblatt noch weiter bewegt; es fließt ein Strom, der dem ursprünglichen entgegengerichtet ist (generatorische Bremsung[1]). Bei stilliegendem Schiff soll der Nachlauf des Ruders höchstens 2,5° betragen. – Um zu verhindern, daß der Rudermotor infolge der Remanenz des mit abgeschalteter Erregung laufenden Steuergenerators nicht zum Stillstand kommt, muß die Remanenzspannung so klein wie möglich gehalten werden. Diese Forderung ist betriebsmäßig zulässig, da infolge der verwendeten Fremderregung eine Selbsterregung des Generators zum Wiederanfahren nicht notwendig ist. Zu diesem Zweck wird der Steuergenerator mit *Remanenzbügeln* aus Stahl versehen, die die Hauptpole miteinander verbinden. Dadurch wird dem Restkraftfluß, der sonst wie der Hauptkraftfluß seinen Weg über den Luftspalt und den Anker nimmt, ein Weg mit guter magnetischer Leitfähigkeit unter Umgehung des Ankers geboten und so verhindert, daß in diesem Spannungen induziert werden.

Rudermotoren für kleine Quadrantruderanlagen werden direkt an das Gleichstrom-Bordnetz angeschlossen und über Schütze nach Backbord und Steuerbord bzw. für Rechts- und Linkslauf geschaltet. Beim Anlauf werden vor den Anker Widerstände gelegt. In gleicher Weise werden im allgemeinen auch Reepleitungsruderanlagen betrieben. Bei Drehstrom-Bordnetzen können Drehstrom-Asynchronmotoren mit Schleifringläufer oder Käfigläufer verwendet werden. An die Stelle des Ankervorwiderstandes tritt beim Schleifringläufer der Läuferwiderstand. Die Drehrichtungsumkehr wird durch Tausch von zwei Zuleitungen erzielt. Bei beiden Antriebsarten ist eine elektrische Bremsung unbedingt notwendig, um den Nachlauf in zulässigen Grenzen zu halten. Man verwendet bei Gleichstrom eine Ankerbremsung über Widerstände, bei Drehstrom eine Gegenstrombremsung durch Vertauschen von zwei Zuleitungen.

Der Antrieb einer *Getriebe*anlage kann wie der einer Quadrantanlage gefahren werden. Getriebeanlagen mit elektromagnetischen Kupplungen, wie in Abb. 267 gezeigt, werden im allgemeinen durch einen Drehstrommotor mit Käfigläufer angetrieben, gegebenenfalls auch zur Erzielung von 2 Geschwindigkeiten durch einen 2fach polumschaltbaren Motor.

Bei hydraulischen Ruderanlagen mit Tauchkolben erhalten die Druckölpumpen und – soweit vorhanden – die Einrichtungen zur Hubverstellung elektrischen Antrieb, wobei die Antriebsmotoren Drehstrom- oder Gleichstrommaschinen, je nach Art des Bordnetzes sein können. – Die Schaltung für die elektrohydraulische Drehflügelanlage zeigt Abb. 275.

[1] Vgl. Grundlagen elektrischer Antriebstechnik, S. 187.

Ein vom Bordnetz direkt gespeister Motor treibt die Druckölpumpe. Gleichzeitig wird der Steuerumformer eingeschaltet; er speist den Verstellmotor für den Pumpenhub in LEONARD-Schaltung. – Im allgemeinen werden 2 elektrisch angetriebene Aggregate vorgesehen, die unabhängig voneinander gespeist werden. Bei kleinen Schiffen, bei denen eine Handbetätigung des Ruders noch möglich ist, wird an Stelle des 2. Aggregates

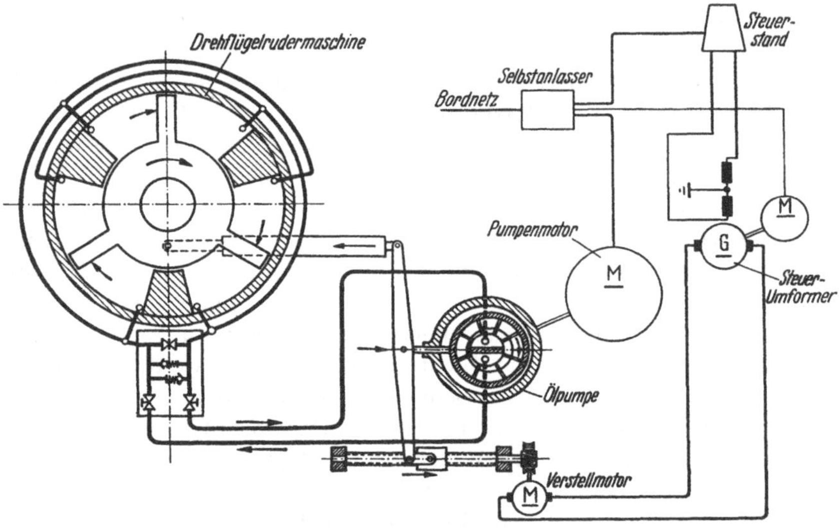

Abb. 275. Schaltung des Antriebes einer elektrohydraulischen Drehflügelrudermaschine (Bauart AEG)

häufig eine handmechanische oder handhydraulische Steuerung verwendet.

Mit Rücksicht auf die Wichtigkeit der Ruderanlage für die Sicherheit des Schiffes hat der GL besondere Vorschriften für diese erlassen:

Bei einem Ausfall des Bordnetzes muß der Ruderantrieb sofort nach Wiederkehr der Spannung betriebsbereit sein. Umformermotoren werden deshalb über Selbstanlasser eingeschaltet. Im Maschinenraum muß eine Kontrollampe angebracht sein, die den Betriebszustand des Ruderantriebes anzeigt. Zur Stromversorgung der Ruderanlage ist ein getrenntes Kabel von der Hauptschalttafel zum Ruderraum zu verlegen; eine Zusammenfassung der Zuleitungen für die Ruderanlage mit denen anderer Kraftverbraucher in einem vieladrigen Kabel ist also nicht statthaft. Kabel und Motoren sind nur gegen Kurzschluß zu sichern; Überlastungen werden also nicht erfaßt. Dadurch soll verhindert werden, daß die Ruderanlage wegen geringfügiger Störungen ausfällt. Wird für eine Ruderanlage, eventuell unter Verzicht auf einen Handantrieb, ein zweiter elektrischer Antrieb vorgesehen, so sind die Speisekabel 2fach, und zwar möglichst auf räumlich voneinander entfernten Kabelwegen zu verlegen. Auf Fahrgastschiffen muß die Ruderanlage durch ein Kabel von der Hauptschalttafel und durch ein weiteres von der Notschalttafel gespeist werden können. Jedes dieser Kabel ist für die volle Leistung der Ruderanlage zu bemessen. Auch diese Kabel sind räumlich getrennt zu verlegen und nur gegen Kurzschluß zu schützen.

Außer den Vorschriften, die die *gesamte* Ruderanlage des Schiffes betreffen, sind vom GL auch solche über die Bauausführung der Rudermaschinen selbst aufgestellt worden. – Bei den übrigen Klassifikationsgesellschaften finden sich folgende Hinweise für die Ausführung der Ruderanlagen an Bord von Handelsschiffen:

LRS. Es ist die Anordnung von zwei voneinander *unabhängigen* Ruderantrieben vorgeschrieben. Bei Schiffen mit größerer Länge als 61 m muß einer dieser Antriebe ein Kraftantrieb sein, mit dem ein Ruderlegen von hart zu hart in 30 sek bei einer Fahrt mit „Voll voraus" möglich ist. Ein Handantrieb kann entfallen, wenn ein elektrischer Kraftantrieb mit 2 Motoren oder ein hydraulischer Kraftantrieb mit 2 Pumpensätzen und getrennte Speiseleitungen vorhanden sind. – Endlagenschalter, Überstromrelais für eine Überlastanzeige sowie Stopper und Festsetzbremse sind vorgeschrieben.

NV. Es ist die Anordnung eines Haupt- und eines Hilfsantriebes für das Ruder vorgeschrieben. Schiffe mit einer größeren Länge als 65 m müssen als Hauptantrieb einen Kraftantrieb besitzen, der bei einer Fahrt mit „Voll voraus" das Ruder in längstens 30 sek von hart zu hart legt. Bei einer Schiffslänge von mehr als 115 m muß auch für den Hilfsantrieb des Ruders ein Kraftantrieb vorgesehen werden. Eine sofortige Betriebsbereitschaft des Hilfsantriebes und ein schnelles Umschalten auf diesen Antrieb wird gefordert. Bei einer Doppelanlage, bestehend aus elektrischen oder hydraulischen Kraftantrieben, kann auf einen Handantrieb verzichtet werden, ebenso bei hydraulischen Kraftantrieben, bei denen ein hydraulischer Betrieb auch von Hand möglich ist. Bei Doppelanlagen ist für jeden motorischen Kraftantrieb ein unabhängiger Stromkreis mit getrennten Zuleitungen notwendig. Elektrisch *oder* hydraulisch angetriebene Ruderanlagen müssen im Maschinenraum in der Nähe des Fahrantriebes *und* auf der Brücke in der Nähe der Steuerung eine akustische und optische Warneinrichtung besitzen, die anspricht, wenn die Speisung ausfällt oder das Ruder einem von der Steuerung auf der Brücke gegebenen Befehl nicht folgt. – Endlagenschalter, Stopper und Festsetzbremse sind vorgeschrieben.

BV. Es werden grundsätzlich 2 Ruderantriebe – ein Haupt- und ein Hilfsantrieb – die voneinander unabhängig sind, verlangt. Bei Schiffen mit einer Länge von mehr als 75 m muß der Hauptantrieb ein Kraftantrieb sein. Schnelles Umschalten auf den jederzeit betriebsbereiten Hilfsantrieb ist notwendig. – Mechanische Stopper sowie Endschalter für den Kraftantrieb sind – ausgenommen bei hydraulischen Ruderanlagen – vorgeschrieben.

ABS. Haupt- und Hilfsantriebe für das Ruder sind grundsätzlich vorgeschrieben. Das Ruderblatt muß durch den Hauptantrieb mit einer Geschwindigkeit von $2^1/_3{}^\circ$/sek von hart zu hart bei „Voll voraus" gelegt werden können. Mit dem Hilfsantrieb muß das Ruder bei der halben Schiffsgeschwindigkeit in 60 sek von 15 zu 15° gelegt werden können. Ist das Schiff länger als 75 m oder der Ruderschaft stärker als 22,5 cm, so ist für den Hauptantrieb des Ruders ein Kraftantrieb vorgeschrieben. Ist der Ruderschaft stärker als 35 cm, so ist auch für den Hilfsantrieb des Ruders ein Kraftantrieb notwendig. Bei Doppelanlagen mit 2 Ruderantriebsmotoren oder 2 Pumpensätzen *und* getrennten Zuleitungen für diese Maschinen ist kein Handantrieb erforderlich. Endlagenschalter, Stopper sowie Festsetzbremse für das Ruder sind vorgeschrieben. Der Hauptsteuerstand muß gedeckt und der Notsteuerstand so aufgestellt werden, daß auch noch bei schlechtestem Wetter eine gute Betätigung möglich ist.

Rudersteuerungen. Das „Steuern“ der Rudermaschinen, d.h. das Einstellen verschiedener Ruderwinkel nach Backbord oder Steuerbord gemäß den Befehlen der Schiffsführung, wird am Rudersteuerstand auf der Schiffsbrücke vorgenommen.

Abb. 276 zeigt 2 Meßstreifen für die Ruderwinkel bei einem mittelgroßen Frachtschiff, wobei der obere Streifen während einer dreistündigen

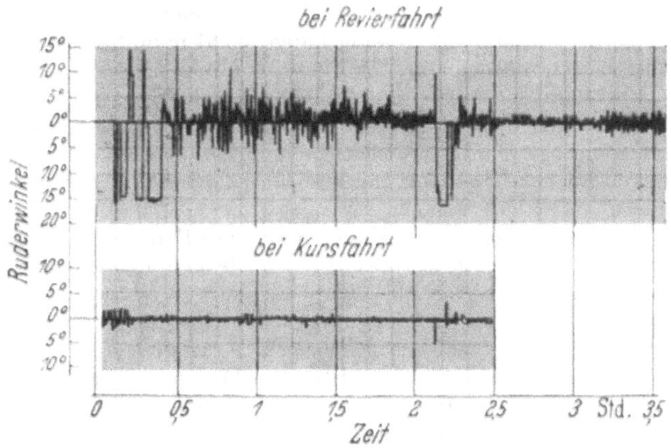

Abb. 276. Bei Revier- und Kursfahrt auftretende Ruderwinkel (nach SCHIRMER [118])

Revierfahrt, der untere während einer zweieinhalbstündigen Kursfahrt auf See aufgenommen ist. Es ist daraus zu entnehmen, daß der Rudermotor praktisch ununterbrochen in dem einen oder anderen Sinn eingeschaltet wird, da es nur so möglich ist, den verschiedenen auf das Schiff durch Strömung, Wind usw. einwirkenden Einflüssen zu begegnen bzw. das Schiff auf Kurs zu halten. Die Steuer- bzw. Einstellorgane müssen also für sehr große Schalthäufigkeiten gebaut werden. Durch Auswerten des Meßstreifens ergibt sich eine Kurve der Häufigkeit für die Ruderwinkel nach Abb. 277.

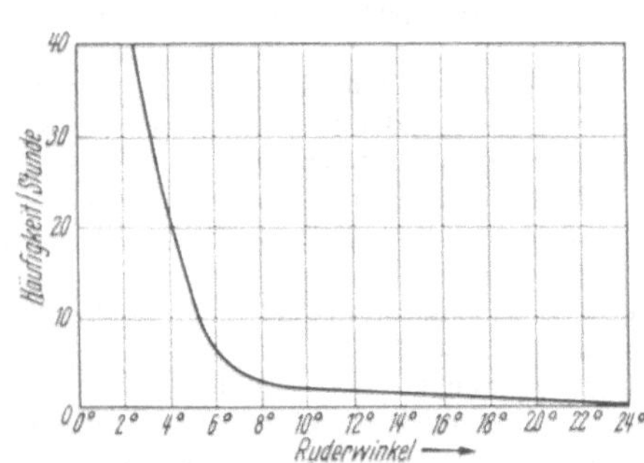

Abb. 277. Häufigkeit des Ansteuerns einzelner Ruderwinkel (nach SCHIRMER [118])

Danach kommen – selbst bei Revierfahrt – Ruderwinkel über 6° nur selten vor. Selbstverständlich können sich diese Angaben bei anders gelagerten Wasser- und Witterungsverhältnissen und anderen Schiffsformen und Schiffsgrößen ändern.

Für die Rudersteuerungen sind zwei grundsätzlich verschiedene Verfahren gebräuchlich:

Die *Weg-* oder *Nachlaufsteuerung*[1] (Folgesteuerung). Bei dieser wird der Ruderwinkel am Steuerstand auf der Brücke mit der Bewegung eines Handrades bzw. Betätigung eines Gebers eingestellt. Der Antrieb läuft an und schaltet sich nach Erreichen dieses Ruderwinkels, was von einem durch den Ruderschaft angetriebenen Rückmelder bewirkt wird, selbsttätig ab.

Die *Zeitsteuerung*[1]. Bei dieser wird ein Schaltorgan im Steuerstand auf der Brücke so *lange* Zeit betätigt, bis der gewünschte Ruderwinkel – ablesbar am Ruderlagenanzeiger – erreicht ist.

Für beide Systeme sind im Laufe der Zeit verschiedene Lösungen, teilweise auch in Kombination beider Verfahren, entwickelt worden.

Wegsteuerungen. Eine bekannte Wegsteuerung wird als *sympathische* Steuerung bezeichnet. Bei dieser wird der Steuergenerator – bei Quadrantruderanlagen mit einem Schaftmoment von mehr als 16 mt – von einer am Umformersatz angekuppelten besonderen Erregermaschine erregt, welche nach Abb. 278 2 entgegengesetzt wirkende Erregerwicklungen A und B besitzt. Bei kleineren Quadrantruderanlagen und bei hydraulischen Rudermaschinen erhält der Steuergenerator selbst 2 Erregerwicklungen A und B, ohne daß eine besondere Erregermaschine verwendet wird. In dem Steuerstand auf der Brücke sind ein Kontaktsystem K_1 sowie die Widerstände w_1 und w_2 untergebracht. Vom Ruderschaft wird der sogenannte *Ruderwächter* mit dem Kontaktsystem K_2 und den Widerständen w_3 und w_4 angetrieben. In der Nullstellung des Handrades fließt kein Erregerstrom. Wird ein Ruderwinkel von „1° Stb" eingestellt, so ergibt sich ein Stromverlauf, wie er in Abb. 278 b mit stark ausgezogenen Linien angegeben ist. Die Widerstände sind so bemessen, daß dann 20% der Nennspannung an der Erregerwicklung liegen und die restlichen 80% durch den Spannungsabfall im Widerstand w_1 vernichtet werden. Der über die Erregermaschine oder direkt erregte Steuergenerator läßt den Rudermotor anlaufen, wodurch auch der Ruderwächter gedreht wird. Das Ruder wird so lange bewegt, bis nach Abb. 278 c der erste Kontakt zum Widerstand w_4 Verbindung mit der Leitung L bekommt. Der nunmehr hierüber fließende Strom erregt – auch wieder mit 20% des Nennwertes –

---

[1] Die Begriffsbezeichnungen für die Weg*steuerung* (follow up steering) und die Zeit*steuerung* (non follow up steering) entsprechen der internationalen Ausdrucksweise. Diese steht für die Wegsteuerung jedoch in gewissem Widerspruch zu den Benennungen und Begriffen nach DIN 19226 „Regelungstechnik und Steuerungstechnik". Jan. 1954. Danach wird eine Schaltung mit *offenem* Wirkungsablauf als *Steuerung* bezeichnet, während bei einem *geschlossenem* Wirkungsablauf von einer *Regelung* gesprochen wird; somit müßte es Weg*regelung* heißen.

Für die unter der Bezeichnung Selbststeuerung (autopilot steering control) bekannten Einrichtungen wurde die Bezeichnung „Kursregelung" gewählt (vgl. S. 327).

die Erregerwicklung B. Damit wird, da die Durchflutungen der Erregerwicklungen entgegengerichtet sind, die Erregermaschine spannungslos, und das Ruderblatt kommt zum Stillstand. Wird nun das Steuerrad nach „2° Stb" gedreht, so erhält die Erregerwicklung A 40% Erregerspannung, und das Ruder dreht weiter, bis auch die Erregerwicklung B über den Ruderwächter entsprechend erregt wird. Entsprechend verläuft der Vorgang bis zu einem Ruderwinkel von 5°, und zwar nach Steuerbord und

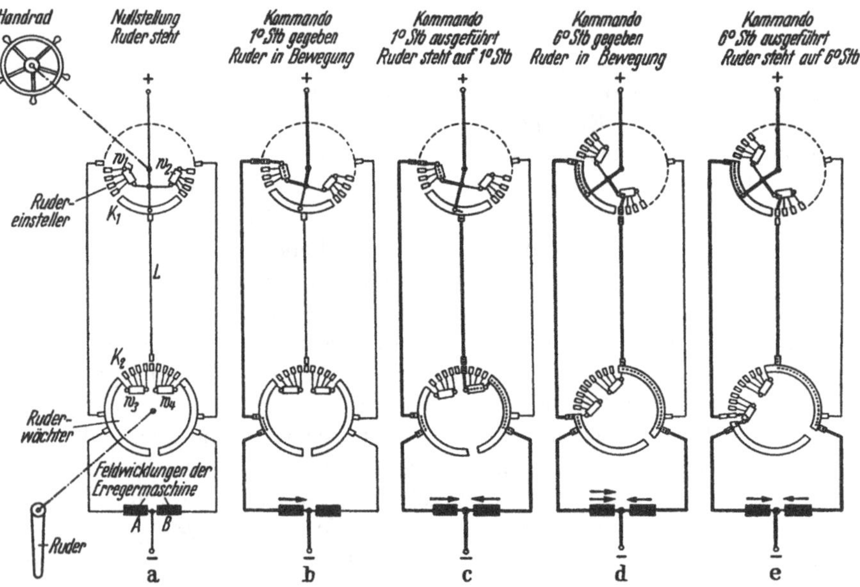

Abb. 278a–e. Wegsteuerung mit Kontaktapparaten, sog. sympathische Steuerung (Bauart AEG)

Backbord in gleicher Weise. Hier sind die Widerstände w_1 und w_4 voll überbrückt, und beide Erregerwicklungen A bzw. B liegen an voller Erregerspannung. Zum weiteren Bewegen des Ruders nach Steuerbord muß der Erregerstrom in der Wicklung A gegenüber dem in der Wicklung B erhöht werden. Das kann dadurch geschehen, daß der Erregerstrom in der Wicklung B beim Weiterdrehen des Handrades geschwächt wird. Den Stromverlauf hierbei zeigt stark ausgezogen Abb. 278d. Der Wicklung B wird die erste Stufe des Widerstandes w_2 vorgeschaltet. Das Ruder dreht also weiter nach Steuerbord, wodurch nach Erreichen des Winkels wieder vom Ruderwächter nach Abb. 278e ein Teil des Widerstandes w_3 der Wicklung A vorgeschaltet wird. Die Spannung beider Erregerwicklungen ist damit wieder gleich, und das Ruder kommt zum Stillstand. Der Vorgang setzt sich entsprechend fort, bis bei einem Ruderwinkel von 10° die Anlage wieder stromlos ist. Von hier ab beginnt beim Weiterdrehen des Handrades der Vorgang von neuem. Die Anlage benötigt insgesamt 9 Leitungen, wenn nach beiden Seiten ein Ruderwinkel bis 40° von Grad zu Grad angesteuert werden soll. Sie ist nur in 9 Stellungen stromlos, sonst fließt stets ein Erregerstrom über die Wicklungen. Mit dieser Steuerung lassen sich alle Ruderantriebe, auch die der Drehflügelruderanlage, betätigen.

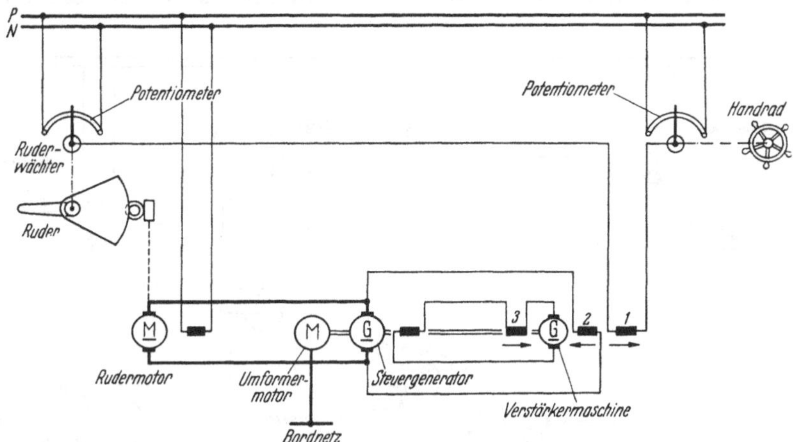

Abb. 279. Wegsteuerung mit Potentiometern in Brückenschaltung

Bei einem anderen System einer Wegsteuerung nach Abb. 279 wird eine Brückenschaltung angewendet, die aus 2 Potentiometern gebildet wird. Das eine wird als Steuerorgan vom Handrad, das andere als Rückmeldung vom Ruderschaft verstellt. Im Meßkreis der Brücke, die an das Gleichstrom-Bordnetz angeschlossen werden kann, liegt die Erregerwicklung *1* einer Verstärkermaschine, deren Ankerkreis die Erregerwicklung des Steuergenerators speist. Die Wicklung *1* wird von der Differenz beider Spannungen, der am Steuerhaus eingestellten und dem Soll-Ruderwinkel zugeordneten Soll-Spannung und der am Ruderwächter vorhandenen Ist-Spannung erregt. Die Erregung für die Wicklung *2* wird von der Spannung des Steuergenerators geliefert. Diese nimmt um so höhere Werte an, je größer die treibende Differenzspannung für die Wicklung *1* ist. Die Erregung der Wicklung *2* wirkt entgegen der von Wicklung *1* und verhindert ein Überpendeln der Einrichtung über den Sollwert hinaus. Aus Stabilitätsgründen wird noch zusätzlich eine Erregerwicklung *3* vorgesehen. Durch das Zusammenwirken der 3 Erregungen wird bei entsprechender Bemessung eine lineare Abhängigkeit zwischen dem Winkel am Handrad und dem am Ruder erzielt. Es läßt sich gegen eine Schaltung mit Spannungsteilern einwenden, daß Isolationsfehler in einem der Brückenzweige zur Störung der Gleichgewichtszustände und damit zu fehlerhaften Ruderausschlägen führen können.

Eine stufenlos wirkende Wegsteuerung arbeitet mit Drehmeldersystemen. Die einphasigen Ständer von Geber und Empfänger liegen nach Abb. 280 an einer Wechselspannung. Ihre dreiphasig ausgeführten Läufer sind auf einen Ferndreher geschaltet, dessen Ständer *und* Läufer ebenfalls dreiphasig gewickelt sind, den sogenannten Differentialempfänger. Mit dem Läufer dieses Empfängers ist ein Kontaktsystem verbunden,

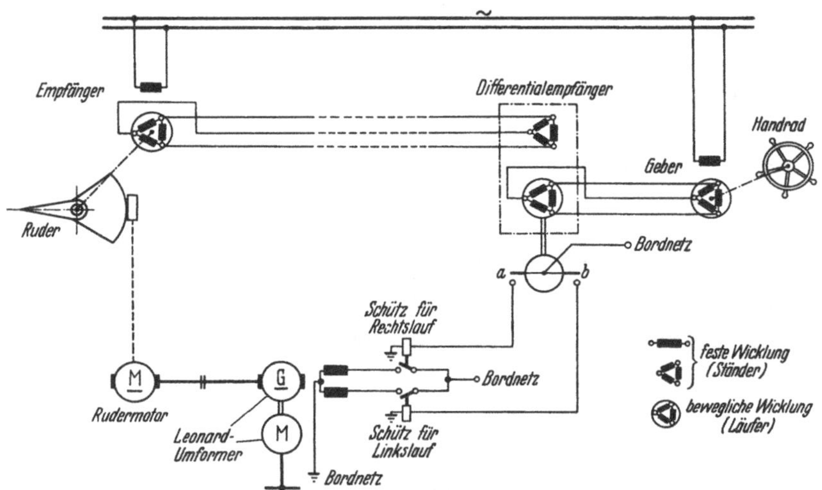

Abb. 280. Wegsteuerung mit 3 Drehmeldersystemen

das je nach der Richtung des Drehmomentes die Kontakte *a* oder *b* schließt. Bei Bewegung des Handrades und damit des Läufers im Geber wird auch der Läufer des Differentialempfängers verstellt; es schließt z. B. der Kontakt *a*, wodurch der Rudermotor über die Schützensteuerung anläuft und den an den Ruderschaft angelenkten Läufer des Empfängers mitdreht. Der Differentialempfänger versucht dadurch wieder in die Nulllage zu kommen, wenn Kontakt *a* nicht durch weiteres Auslegen des Handrades geschlossen bleibt. An Stelle des Rudermotors wird bei hydraulischen Anlagen der Verstellmotor über die Schützensteuerung für Rechts- oder Linkslauf eingeschaltet. Dieser betätigt nach Abb. 268 über die Krafteinheit parallel zum Telemotorempfänger das Verstellhebeldifferential. – Steuerungen mit elektrischer Welle lassen sich auch mit Gleichstromgebern und -empfängern bauen.

Mit Drehmeldern in Kombination mit Transduktoren[1] arbeitet eine Steuerung, deren Prinzipschaltung in Abb. 281 wiedergegeben ist. Der

[1] Vgl. Magnetverstärker, S. 104.

Vergleich von Sollwert und Istwert wird mit 2 Drehmeldern durchgeführt. Der Läufer des Drehmelder*gebers* ist mit dem Handrad des Rudersteuerstandes, der Läufer des Drehmelder*empfängers* mit dem Ruderschaft bzw. der Verstellspindel der Ruderanlage gekuppelt. Beim Verdrehen des Läufers des Gebers entsprechend einer Ruderwinkelvorgabe wird bei vorerst unveränderter Läuferstellung des Empfängers über die Ständerwicklungen beider Drehmelder eine Spannung im Läufer des Empfängers induziert. Diese Spannung ist proportional dem Sinus des

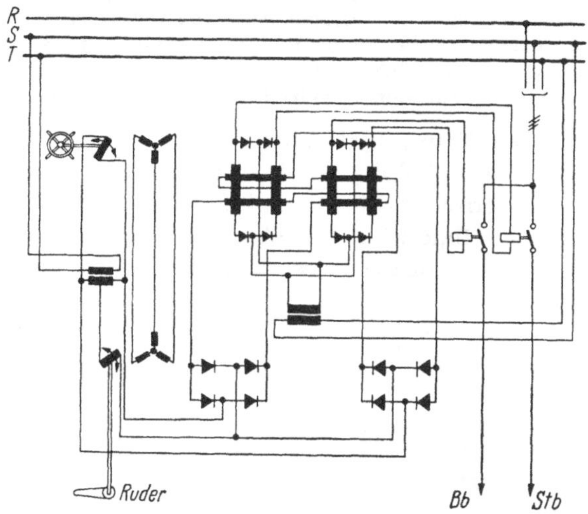

Abb. 281. Wegsteuerung mit Drehmeldern und Transduktorverstärker (Bauart SSW)

Drehwinkels, um den der Läufer des Drehmeldergebers entsprechend der gewünschten Ruderanlage verstellt wird, so daß sie als Signalspannung für die Ruderverstellung herangezogen werden kann und durch Summen- bzw. Differenzbildung mit einer konstanten Spannung die Bewegung des Ruders nach Backbord oder Steuerbord erfaßt. Diese Signalspannung wird über Gleichrichter auf je eine Steuerwicklung eines Transduktors gegeben. An die Arbeitswicklungen dieses mit Kippcharakteristik ausgeführten Verstärkers sind jeweils eine Schützspule für die Bewegung des Ruders nach Backbord- bzw. Steuerbord angeschlossen. Beim Kippverstärker hat der Steuerstrom zur Folge, daß der Verstärker schlagartig öffnet und die Ausgangsspannung abgibt. Die volle Aussteuerung wird schon bei der kleinsten Abweichung dadurch erreicht, daß ein Teil der Ausgangsspannung nochmals einer zusätzlichen Hilfswicklung, die als Mitkopplungswicklung geschaltet ist, – im Schaltbild nicht eingezeichnet – zugeführt wird. Der Strom dieser Mitkopplungswicklung fließt im gleichen Sinn wie der der Steuerwicklung und verursacht ein volles

Öffnen des Verstärkers. Da dieser Vorgang schlagartig einsetzt, spricht man hier vom Kippen des Verstärkers. Die Schütze dienen als weitere Leistungsverstärker. Die Signalspannung wird zu Null, wenn das Ruder auf den nach Vorgabe gewünschten Ruderwinkel gelegt ist, und damit der Läufer des Empfängers entsprechend der Verdrehung des Läufers des Gebers nachgestellt wurde.

Je nach Art der Ruderanlage werden über diese Schütze geschaltet:

Der Verstellmotor zum Antrieb der Spindel, die als Bindeglied zwischen der elektrischen Steuerung und einer hydraulischen Ruderanlage dient.

Die elektromagnetischen Schaltkupplungen von Getrieberuderanlagen, wobei diese Kupplungen den durchlaufenden Rudermotor über ein Wendegetriebe zur Bewegung des Ruderschaftes einkuppeln.

Die Magnetschieber unmittelbar betätigter hydraulischer Ruderanlagen.

Die direkte Betätigung hydraulischer Ruderanlagen über Magnetschieber hat zur Folge, daß die Verzögerungszeit der Hydraulik für das Abschalten des elektrischen Steuersignals als *Vorhalt* erfaßt werden muß. Beim Legen kleiner Ruderwinkel ergeben sich daraus sehr kurze Zeiten für die elektrische Signalgabe. Diese können nur bei Verwendung von

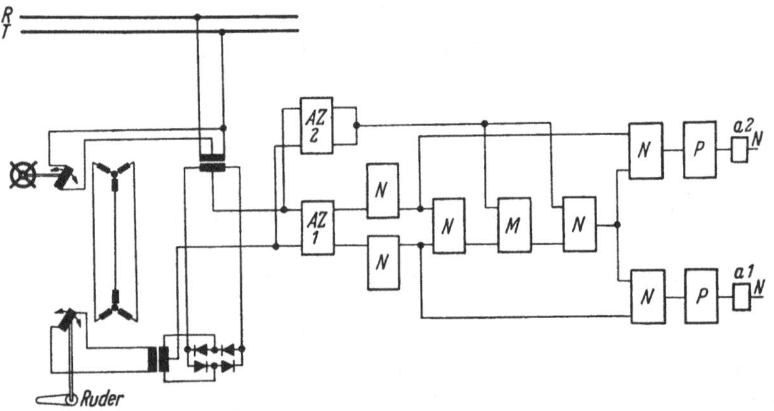

Abb. 282. Wegsteuerung mit Drehmeldern und kontaktlosem, elektronischem Steuersystem; (Bauart SSW) (vgl. auch Abb. 75)
a_1 Magnetspule des Magnetschiebers für Stb-Ruderlegen; a_2 Magnetspule des Magnetschiebers für Bb-Ruderlegen; *AZ 1, AZ 2* Spannungsabhängige Verstärker-Gatter mit richtungsabhängiger Kippcharakteristik; *M* „Gedächtnis"-Gatter (Selbsthaltefunktion); *N* Umkehr-Gatter mit vorgeschaltetem „Oder"-Gatter; *P* Leistungs-Gatter

Schaltelementen mit kleinen Zeitkonstanten erreicht werden. Diese Bedingung läßt sich gut durch eine Steuerung mit Transistoren[1], also trägheitslos arbeitenden elektronischen Bauelementen erfüllen. Die prinzipielle Anordnung einer derartigen Rudersteuerung zeigt Abb. 282. Vom

[1] Vgl. Transistoren, S. 107.

Steuerhandrad wird, wie bei der in Abb. 281 gezeigten Steuerung, der Soll-Ruderwinkel über Drehmelder vorgegeben. Der Istwert wird ebenfalls über Drehmelder vom Ruderschaft zurückgemeldet. Der vom Drehmelder vorgegebene Sollwert geht als Gleichspannung auf die Verstärker-Gatter *AZ 1* und *AZ 2*. Beide Stufen besitzen je 2 Ausgänge. Bei *AZ 1* sind dabei an einem dieser Ausgänge die Steuerkreise für die Bb-Richtung, an den anderen diejenigen für die Stb-Richtung angeschlossen. Abhängig von Richtung und Höhe der Spannung an den beiden Eingängen kann nur jeweils einer der Ausgänge *L*-Signal führen. *AZ 1* spricht bei Überschreiten der Unempfindlichkeitsgrenze an. *AZ 2* spricht dagegen etwas später beim Überschreiten des Vorhaltebereiches an. Die Signalspannung geht über die Umkehr-Gatter *N* und die entsprechenden Leistungs-Gatter *P* auf eine der Magnetspulen des Magnetschiebers, der die hydraulische Verstellung des Ruders bewirkt. – Durch den Nachlauf des Ruders wird über den Istwert-Drehmelder die in die Steuerung eingegebene Gleichspannung verkleinert. Das in die Steuerkreise geschaltete „Gedächtnis"-Gatter *M*

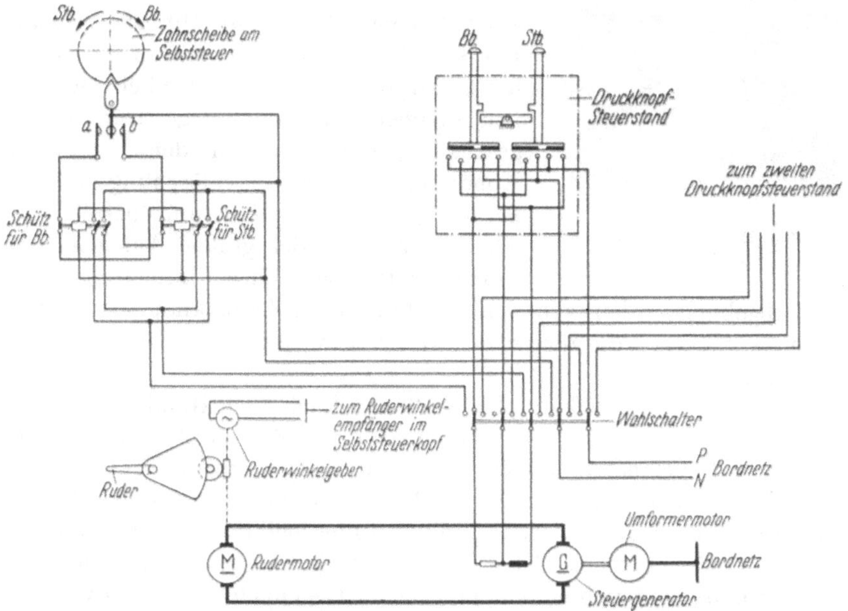

Abb. 283. Zeitsteuerung mit Druckknöpfen (Bauart SSW)

hat die Aufgabe, sicherzustellen, daß *AZ 2* dann abgeschaltet wird, wenn sich der Istwert dem Sollwert bis auf den Vorhaltewinkel genähert hat, wodurch ein sofortiges Abschalten der Magnete bewirkt wird. Damit ist der Verzögerungszeit der Hydraulik und der Massenträgheit der beim Ruderlegen bewegten Teile der Rudermaschine Rechnung getragen.

Zeitsteuerungen. Die bekannteste Ausführung einer *Zeit*steuerung ist die Druckknopfsteuerung nach Abb. 283. Mit den beiden Druckknöpfen für Backbord und Steuerbord wird der Ruderbefehl so lange gegeben, bis am Ruderlageanzeiger ersichtlich ist, daß das Ruder die verlangte Lage eingenommen hat. Jeder Druckknopf hat 2 Schaltstellungen für langsames und schnelles Ruderlegen, die durch verschieden starkes Durchdrücken der Knöpfe eingestellt werden können. Die Druckknöpfe sind mechanisch gegeneinander so verriegelt, daß jeweils nur *ein* Kontakt geschlossen werden kann. Die Druckknopfsteuerung zeichnet sich durch große Einfachheit und Übersichtlichkeit aus und gestattet auch ohne weiteres die Anordnung mehrerer Steuerstände an verschiedenen Stellen des Schiffes, z. B. auf der Brücke oder auf dem Peildeck, wie es ebenfalls in Abb. 283 angedeutet ist. Die Ansicht eines Druckknopfsteuerstandes ist in Abb. 284 gezeigt. Für diese Steuerstände ist auch die Bezeichnung „Wippenlenker" gebräuchlich. Bei kleinen Anlagen werden die Erregerströme direkt geschaltet; dabei können den Kontakten Kondensatoren zur Funkenlöschung bzw. zur Erhöhung ihrer Schaltleistung parallel geschaltet werden. Bei großen Anlagen oder Anlagen mit zusätzlichen Einrichtungen zur Kursregelung werden von den Kontakten im Druckknopfsteuerstand Schütze betätigt, die ihrerseits den Erregerstrom des Steuergenerators einschalten.

Abb. 284. Druckknopfsteuerstand (Bauart SSW)

An Stelle von Druckknöpfen werden vielfach auch Hand- oder *Lenk*räder verwendet, wobei das Steuerungsprinzip das gleiche bleibt; beim Auslegen des Handrades nach rechts oder links wird die Steuerung in Richtung Steuerbord oder Backbord betätigt; beim Loslassen geht das Handrad in die Nullage zurück und das Ruder bleibt auf dem angesteuerten Ruderwinkel stehen. Soll es in die Mittschiffslage zurückgeführt werden, so muß elektrisch ein entsprechender Gegenbefehl gegeben werden. Diesen Nachteil vermeidet eine kombinierte Steuerung, deren Schaltung Abb. 285 zeigt. Die Anlage wird auch mit einem Handrad betätigt, bei dessen Drehung nach links bzw. rechts das Ruder nach Backbord bzw. Steuerbord bewegt wird, und zwar so lange, wie das Handrad ausgelegt ist. Dies entspricht dem System der *Zeit*steuerung. Beim Loslassen des Handrades geht es durch Federkraft in die Nullage zurück. Dabei wird gleichzeitig durch den im Schaltbild eingezeichneten Rückführschalter das Ruderblatt selbsttätig in die Mittschiffslage zurückgeführt. Letzteres entspricht dem System der *Weg*steuerung. Mit dem Steuerschalter wird der Steuergenerator in Stellung *2* schwach, in Stellung *1* stark erregt. Der Rudermotor läuft entsprechend langsam oder schnell. In der Mittelstellung *0* wird das Ruderblatt über den vom Ruderschaft angetriebenen Rückführschalter auf die Mittschiffsstellung gedreht. In den Stellungen *3*

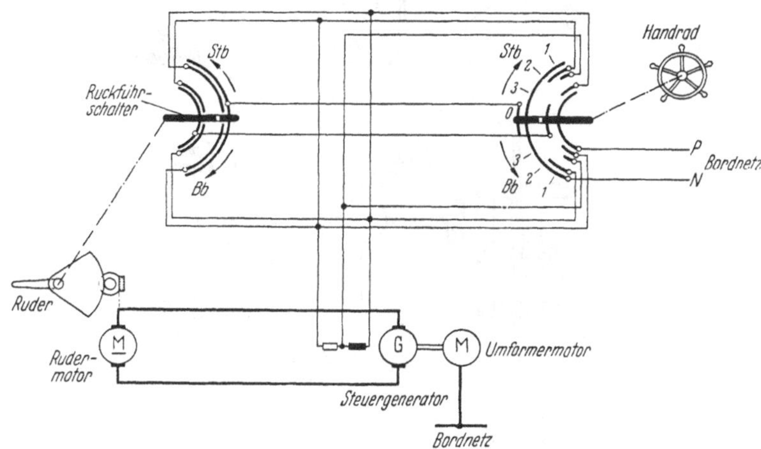

Abb. 285. Kombinierte Zeit-Weg-Steuerung

kann der in Stellung *1* oder *2* angesteuerte Ruderwinkel nach Erfordernis beliebig lange gehalten werden. Der Rudergänger kann also z. B. beim Drehkreisfahren jeden gewünschten Ruderwinkel halten oder nach Beendigung eines Manövers Stützruder geben.

Kursregelungen[1]. Bei jedem Ruderausschlag entsteht eine Bremswirkung auf das Schiff, die seine Geschwindigkeit beeinflußt. Die erzielbare Durchschnittsgeschwindigkeit eines Schiffes ist nicht unerheblich davon abhängig, ob es gut oder schlecht gesteuert bzw. wie der Kurs gehalten wird. Aus diesem Grunde – und wegen der damit möglichen Personaleinsparung – werden vielfach die Rudersteuerungen mit automatisch wirkenden Einrichtungen zur Kursregelung, sog. *Selbststeuereinrichtungen*, zusammengebaut, bei denen der Kurs des Schiffes nach der Weisung des Kompasses – Kreiselkompaß oder Magnetkompaß – geregelt wird.

Zum Verständnis dieser Einrichtungen ist in Abb. 286 ein Wirkungsschema aufgezeichnet. Der zum Antrieb des Tochterkompasses vom Kreiselkompaß dienende Drehfeldempfänger arbeitet gleichzeitig sowohl auf die Kompaßrose als auch auf ein Differentialgetriebe, dessen ausgehende

[1] Vgl. Fußnote auf S. 319.

Welle eine mit Zahnlücken versehene Zahnscheibe über ein Zwischengetriebe antreibt. Die Kontaktwelle – so genannt, weil sie den isoliert angebrachten Kontaktarm trägt – ist mit einem Zahn versehen, welcher entsprechend der Stellung der Zahnscheibe entweder in eine Lücke eingreifen oder auf dem Kopfkreis links bzw. rechts der Lücke schleifen

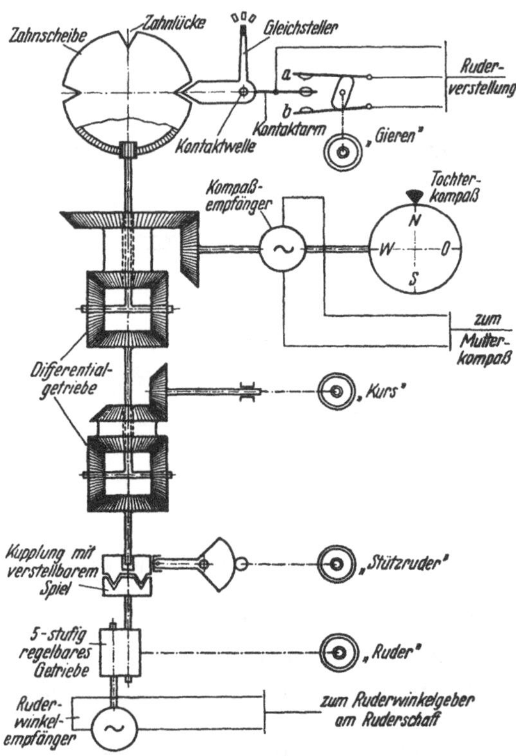

Abb. 286. Anlage zur Kursregelung in Verbindung mit Kreiselkompaß (Bauart Anschütz)

kann. Bei eingeschalteter Kursregelung wird die Zahnscheibe so gestellt, daß der Zahn genau in die Lücke eingreift, wenn das Schiff auf Sollkurs läuft. Durch Abweichen vom Sollkurs wird die Zahnscheibe gedreht und dadurch der Kontaktarm gegen einen der Kontakte *a* oder *b* gelegt. Von hier wird dann in den elektrischen Antrieb der Ruderanlage eingegriffen. Zur Rückführung dient der Ruderwinkelgeber, ebenfalls ein Drehfeldsystem, der vom Ruderschaft angetrieben wird und auf den Ruderwinkelempfänger im Gerät arbeitet. Ruderwinkelgeber bzw. -empfänger bilden eine elektrische Welle. Durch die Rückführung wird die bei Kursabweichung eintretende Kontaktgabe durch Rückdrehung der Zahnscheibe wieder aufgehoben. – Das Anschütz-„Selbststeuer", dessen Wirkschema Abb. 286 zeigt, legt also einen Ruderwinkel, dessen Größe der Kursabweichung verhältnisgleich ist. Der Proportionalitätsfaktor – die sogenannte „Aufschaltung" – kann durch ein fünfstufiges Getriebe verändert werden. In dem Getriebezug, welcher die dem gelegten Ruder entsprechende Drehung weiterleitet, ist außer diesem einstellbaren Getriebe noch die sogenannte „Stützrudereinrichtung" eingebaut. Dies ist eine keilförmig ausgebildete Kupplung mit einstellbarem Spiel. Durch sie wird ein nur von der Drehrichtung des Schiffes abhängiger, im übrigen aber durch das Kupplungsspiel definierter Ruderwinkel gelegt, und zwar zusätzlich zu dem der Kursabweichung proportionalen Anteil. Auf diese Weise kann die Kursregelung den Witterungsverhältnissen und dem Ladezustand des Schiffes angepaßt werden. Das Kontaktsystem ist außerdem verstellbar, so daß die Kontakte mehr oder weniger auseinander gespreizt werden können. Bei kleinen Kursabweichungen des Schiffes kann so ein Ansprechen der Kursregelung verhindert werden. Man macht hiervon Gebrauch, wenn das Schiff bei Seegang giert. Das Kursrad dient zur Vornahme von Kursänderungen während der Fahrt. Durch Drehung wird über ein Zahnrad und ein zweites Differentialgetriebe eine Verstellung des erstgenannten Differentialgetriebes bzw. der Zahnscheibe bewirkt. Der Gleichsteller macht durch seine Markierung sichtbar, daß der Zahn der Kontaktwelle in die Zahnlücke eingeklinkt ist und daß der Kontaktarm sich mittig zwischen den Kontakten a und b befindet.

Zum Umschalten von Handbetrieb auf Kursregelung dient ein in die Steuersäule eingebauter Hilfsschalter. In die elektrische Handsteuerung kann über eine Schützensteuerung eingegriffen werden, wie es aus Abb. 283 zu ersehen ist.

Bei der beschriebenen Einrichtung zur Kursregelung löst die Kursabweichung des Schiffes vom Sollkurs, die vom Kompaß erfaßt wird, die Steuerbefehle aus. Die Größe des Ruderausschlages, mit dem das Schiff wieder auf Sollkurs gebracht werden soll, ist der Größe der Kursabweichung verhältnisgleich. Bei der sogenannten *Programmsteuerung*[1], die zusammen mit der sympathischen Rudersteuerung arbeitet, wird dagegen der Ruderwinkel, um den das Ruder bei Kursabweichungen verstellt werden soll, vorher *fest* eingestellt, wobei für Bb und Stb verschiedene Werte je nach den Witterungsverhältnissen möglich sind. Auch kann der Zeitpunkt für das Legen des Ruders sowie die Rückstellung verändert werden.

Die Anlage nach dem Schaltbild der Abb. 287 besteht aus einem Steuerstand auf der Brücke, einer Pumpeneinheit und einer hydraulischen Krafteinheit im Rudermaschinenraum; sie arbeitet ebenfalls

[1] Bauart AEG Plath.

in Verbindung mit einem Kreiselkompaß. Bei einer Abweichung vom Sollkurs wird durch den Motor des Tochterkompasses über ein Differentialgetriebe der Abgriff am Potentiometer im Steuerstand verstellt. Dies hat eine Spannungsänderung im Steuerkreis eines Magnetverstärkers zur Folge. An dessen Ausgang liegt ein Differentialrelais, das, je nachdem ob

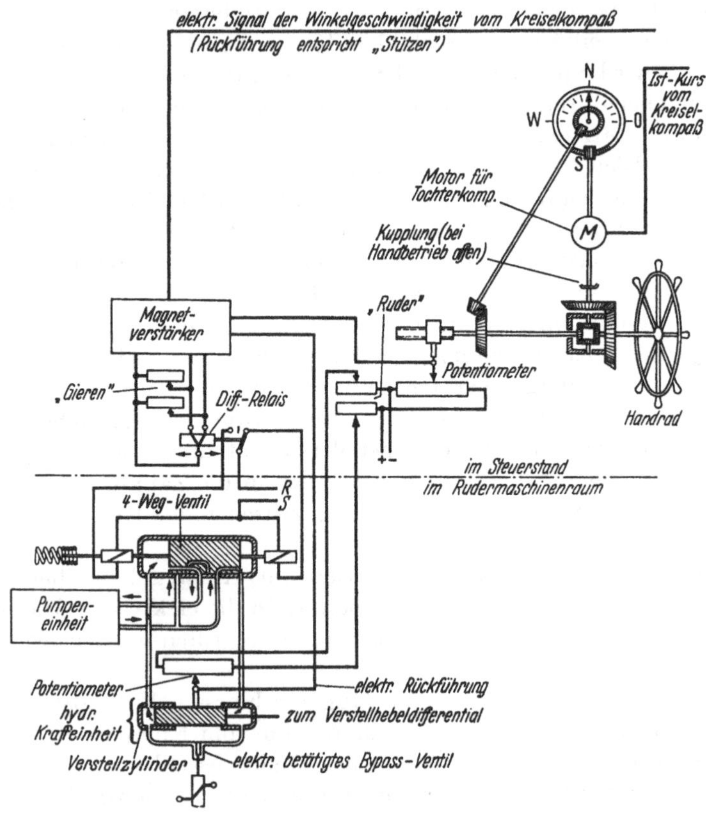

Abb. 287. Anlage zur Kursregelung in Verbindung mit Kreiselkompaß (Bauart Sperry)

die Spannung höher oder niedriger wird, in einer der beiden Steuerrichtungen anspricht und über Elektromagnete eine Verstellung des „Vier-Weg-Ventils" bewirkt. Die Pumpeneinheit, bestehend aus einem Antriebsmotor und einer Pumpe, kann nun für eine bestimmte Steuerrichtung Öl in den hydraulischen Verstellzylinder fördern. Dieser greift mit seiner Schubstange an einem Hebeldifferential des hydraulischen Ruderantriebs an und gibt dadurch den Drucköldurchlauf von den Pumpen zu den Druckzylindern frei. Gleichzeitig wird vom Verstellzylinder aus das Potentiometer in der Krafteinheit so lange verstellt, bis die bestehende

Spannungsdifferenz wieder aufgehoben ist. Das Differentialrelais fällt infolgedessen wieder ab und bringt über das „Vier-Weg-Ventil“ den Verstellzylinder zum Stehen. Wenn das Schiff infolge des Ruderausschlages auf den vorgegebenen Sollkurs zurückgekehrt ist, wiederholt sich der Vorgang für die entgegengesetzte Steuerrichtung. Auf eine weitere Steuerwicklung des Magnetverstärkers wirkt ein elektrisches Signal, das ein Maß für die Winkelgeschwindigkeit ist, mit der das Schiff dreht. Dieses wird ebenfalls vom Kreiselkompaß gegeben. Dadurch wird der Ruderwinkel für die Korrektur des Kurses um so größer, je schneller das Schiff vom Kurs abweicht. Für die Rückführung wird das „Stützruder“ um so größer, je schneller das Schiff auf den gewünschten Sollkurs zurückläuft. Das Zusammenwirken des Tochterkompasses mit dem Signal für Winkelgeschwindigkeit hat zur Folge, daß das Selbststeuer sowohl die Größe als auch die Geschwindigkeit der Kursabweichung berücksichtigt. – Die Größe des Ruderwinkels kann entsprechend den Wetterverhältnissen durch Verändern der Vorwiderstände am Potentiometer eingestellt werden. – Der Einfluß des Gierens kann ebenfalls durch eine Widerstandsverstellung, welche die Ansprechempfindlichkeit des Differentialrelais verändert, kompensiert werden.

Bei dem Gerät nach dem Schaltbild der Abb. 288 kann als kurssteuerndes Organ an Stelle eines Kreiselkompasses auch ein *Magnet-*

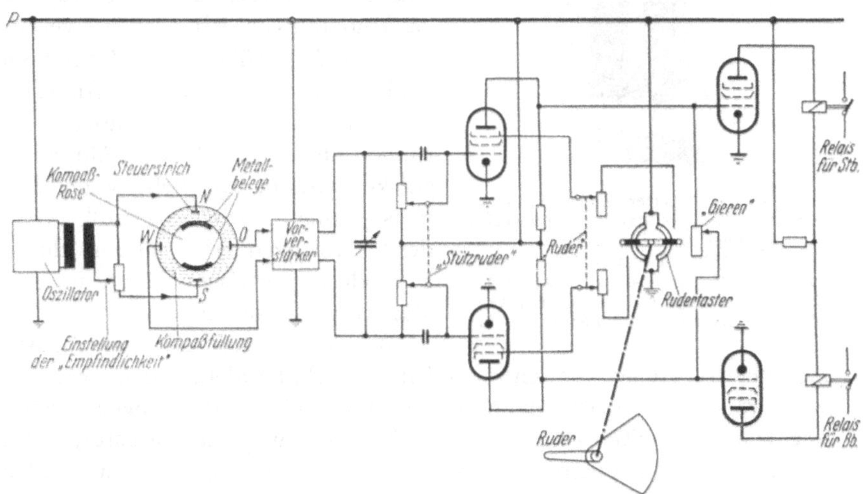

Abb. 288. Anlage zur Kursregelung in Verbindung mit Magnetkompaß (Bauart Arkas)

kompaß benutzt werden. Der Kompaß besitzt 4 Steuerstriche, N, S, O, W, aus reinem Silber, die als Elektroden verwendet werden. An den Steuerstrichen N, S wird die von einem Oszillator gelieferte Wechselspannung verhältnismäßig hoher Frequenz eingespeist – mit Rücksicht auf die kardanische Aufhängung des Kompaßgehäuses über Schleifringe. An den Steuerstrichen O, W wird die Meßspannung – ebenfalls über Schleifringe – abgenommen und nach einer Vorverstärkung einem mehrstufigen Röhrenverstärker zugeführt. Die Steuerstriche sind fest am Kompaßgehäuse angebracht. Die Kompaßrose schwimmt dagegen in einer elektrisch leitenden Flüssigkeit – der Kompaßfüllung; sie trägt im Bereich der Steuerstriche N, S metallische Belege. – Wenn sich das Schiff auf dem vorgegebenen Sollkurs befindet, liegen die Steuerstriche O, W der Kompaßrose so zu den Steuerstrichen N, S, daß die Spannungsverteilung in der Kompaßfüllung symmetrisch verläuft bzw. die Steuerstriche O, W gleiches Potential haben. Bei einer Kursabweichung dreht sich die Kompaßrose, wodurch sich das Potential an O, W ändert. Dadurch wird über die Vor- und Endverstärker eines der beiden Relais eingeschaltet, das dann die Bewegung des Ruders nach Stb oder Bb veranlaßt. Zur Rückführung wird der vom Ruderschaft angetriebene Rudertaster benutzt, dessen Spannungsänderungen ebenfalls auf den Röhrenverstärker wirken. Sämtliche besonderen Einstellungen, wie „Gieren“, „Ruder“, „Stützruder“ werden durch Verändern elektrischer Werte im Verstärker vorgenommen.

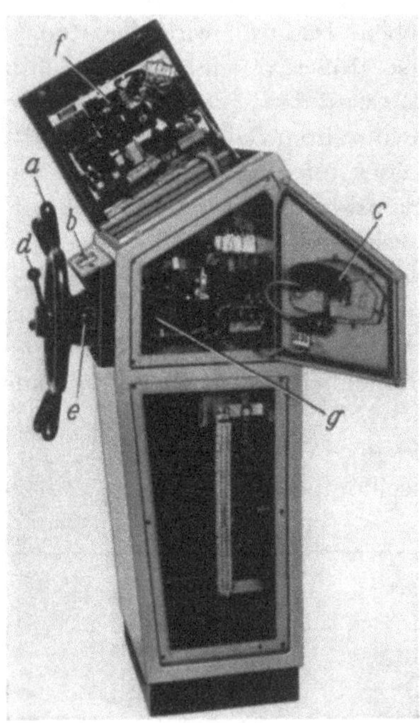

Abb. 289. Kombinierter Rudersteuerstand (Bauart SSW/Anschütz) (Verschlußdeckel geöffnet bzw. abgenommen)
a **Handrad für Wegsteuerung;** *b* **Sollanzeige, frontal;** *c* **Sollanzeige, seitlich;** *d* **Lenkhebel für Zeitsteuerung;** *e* **Umschalter „Weg-Zeit“;** *f* **Kursregelung;** *g* **Steuereinsatz**

Kombination von Steuerungen. Aus Sicherheitsgründen werden neuzeitliche Schiffsruderanlagen sehr oft mit zwei voneinander unabhängigen elektrischen Steuerungen – einer wegabhängigen Steuerung und einer Zeitsteuerung – ausgerüstet, wobei unverzögert von einem System auf das andere umgeschaltet werden kann.

In Abb. 289 ist ein Steuerstand zur Aufstellung auf der Brücke abgebildet, in dem 3 Steuerungssysteme untergebracht sind:

eine wegabhängige Steuerung (nach Abb. 281),
eine Zeitsteuerung (ähnlich der Abb. 283),
eine Kursregelung (nach Abb. 286).

Durch Drehen des Handrades *a* wird mit Hilfe einer frontal angebrachten Skala *b* der gewünschte Ruderwinkel für die elektrische Steuerung eingestellt und dadurch der Ruderantrieb eingeschaltet. Die vorgegebene Ruderlage ist außerdem noch an seitlichen Skalen *c* am Steuerstand von den Brückennocks aus ablesbar. Durch Kontaktgabe mit dem Lenkhebel *d* wird der Ruderantrieb über die Zeitsteuerung eingeschaltet und das Ruder so lange verstellt, bis der Lenkhebel wieder losgelassen wird, durch Federkraft in die Nullage geht und damit die Kontaktgabe unterbricht. – Mit dem Umschalter *e* wird die Weg- oder Zeitsteuerung vorgewählt. Bei plötzlichem Ausfall des jeweils eingeschalteten Systems kann mittels des Umschalters ohne jede Verzögerung das zweite Steuerungssystem in Betrieb genommen werden. Die Steuerungsorgane der beiden Systeme sind in einem Steuereinsatz *g* zusammengefaßt, der an der Frontseite des Steuerstandes befestigt ist. – Die Kursregelung kann auf die *beiden* elektrischen Systeme arbeiten. Eine Betätigung des Handrades bzw. des Lenkhebels ist dann unwirksam. Die Einrichtung zur Kursregelung *f* befindet sich im Kopf des Steuerstandes unter dem pultartig geneigten Deckel. – Die gewählte Steuerungsart wird durch Leuchtschilde angezeigt.

o) Schottenschließeinrichtungen

Wasserdichte Türen in den Schotten werden oft durch Fernbetätigung von einer zentralen Stelle, z.B. der Kommandobrücke, aus geschlossen. Dazu werden hydraulische oder elektrische Steuerungssysteme verwendet. Folgende Bedingungen müssen dabei erfüllt werden[1]:

Der Antrieb muß neben der zentralen Betätigung auch von beiden Seiten der Tür aus unmittelbar eingeschaltet werden können. Wird die Tür durch diese örtliche Steuerung geöffnet, wenn ein zentraler Schließbefehl vorliegt, so muß sie sich von selbst erneut schließen. Umgekehrt muß die Tür von der örtlichen Steuerung verschlossen gehalten werden können, auch wenn ein zentraler Öffnungsbefehl ansteht.

Die örtlichen Betätigungsglieder der Steuerung sind beiderseits der Tür so anzubringen, daß eine durch die Tür gehende Person beide in der „Offen"stellung halten kann, ohne versehentlich den Schließmechanismus zu betätigen.

Neben der Kraftbetätigung ist auch eine Handbetätigung vorzusehen, die von beiden Seiten der Tür und oberhalb der Schottendecks bedient werden kann.

Vor und während des Schließens der Tür ist ein akustisches Warnsignal zu geben, wobei ausreichend Zeit zwischen dem Signal und der Schließbewegung zum Verlassen der abzuschottenden Räume gewährt werden muß.

Es sind mindestens zwei unabhängige Einspeisungen für die Kraftbetätigung vorzusehen, von denen jede zum gleichzeitigen Schließen aller Türen ausreichen muß. Die beiden Einspeisungen werden von der zentralen Steuerung auf der Brücke auf Betriebsbereitschaft überwacht.

Bei Fahrgastschiffen muß die Schottenschließanlage von der Notstromversorgung gespeist werden können[2].

---

[1] Schiffssicherheitsvertrag.

[2] Vgl. Leistung – Energiebilanz, S. 13.

Bei einer elektrischen Steuerung werden die Antriebsmotoren (etwa 1,5 kW/Tür) durch Umschaltschütze betätigt. *Vor* dem Beginn des *Schließ*vorganges ertönt etwa 10 sek lang ein Warnsignal. Nach Ablauf dieser Zeit sorgt ein verzögert wirkendes Relais für die Durchführung des Schließens. Nach Abschalten des Motors nach beendetem Schließvorgang wird die Energie der umlaufenden Massen des Getriebes und des Motorankers von einer Druckfeder aufgefangen, die zwischen Antriebsspindel

Abb. 290. Schottentür mit Antriebsorganen (Bauart Atlas)
a Endschalter „geschlossen"; *b* Endschalter zum Stillsetzen des Antriebs falls Schließvorgang durch zwischenliegende Hindernisse behindert wird; *c* Endschalter „offen"; *d* Anschluß für Handbetätigung, ein Deck höher; *e* Hubmagnet für Kupplung der Handbetätigung, ein Deck höher; *f* Warnklingel; *g* Antriebsmotor; *h* Handbetätigung; *i* Schaltkasten; *k* Handschalter

und Tür eingebaut ist. Diese Feder betätigt über ein Gestänge einen Endlagenschalter, der den Schließvorgang beendet, wenn die Tür auf einen Widerstand stößt, wenn sie also entweder geschlossen ist oder wenn sich ein harter Fremdkörper zwischen Tür und Türrahmen gelegt hat. Zwischen Motor und Getriebe ist eine Rutschkupplung angebracht. Außerdem gestattet die Druckfeder einen Leeranlauf des Motors zum *Öffnen*. Der Öffnungsvorgang wird wieder durch einen Endlagenschalter unterbrochen. – Ein weiterer Endlagenschalter an der Tür dient der Signalisierung; durch ihn wird auf den Meldetafeln angezeigt, wann eine Tür geschlossen ist. – Bei Betätigung der Tür mittels eines *Handschalters* läuft diese – entsprechend den Vorschriften – nach Loslassen des Schalthebels immer wieder in die Lage zurück, die ihr von der Brücke aus vorgegeben ist. Bei dieser Handbetätigung ertönt beim Schließen kein

Vorsignal, sondern der Schließvorgang setzt mit der Warnung zugleich ein. – Die gesamte Anlage ist so abgesichert, daß bei Kurzschlüssen oder bei sonstigen Störungen nur jeweils *der* Antrieb ausfällt, in dem die Störung aufgetreten ist; die übrigen bleiben dabei in Funktion. – Die Motoren und Schaltgeräte an den Schotten sind gegen Wasser abgedichtet; sie bleiben bei Überflutung in einer Wassertiefe bis zu 10 m noch 2 min lang betriebstüchtig.

Im Gegensatz zu der beschriebenen Anlage ist bei der in Abb. 290 gezeigten Anlage zum Einkuppeln des Gestänges ein elektrisch betätigter, mit dem Motor gleichzeitig eingeschalteter Hubmagnet vorgesehen.

F. Elektrische Schutzeinrichtungen für den Schiffskörper

1. Elektrischer Korrosionsschutz

Zwei verschiedene Metalle, z.B. Eisen und Kupfer bilden zusammen mit einem Elektrolyten, z.B. salzhaltigem Wasser bzw. Seewasser, ein elektro-chemisches Element. Nach Herstellung einer äußeren, elektrisch leitenden Verbindung zwischen den Metallen fließt ein Strom durch den Elektrolyten, der – entsprechend der VOLTAschen Spannungsreihe – in diesem Fall vom Eisen ausgeht. Hierbei wandern Metall*ionen* nach Abb. 291a, in Stromrichtung vom Eisen in den Elektrolyten und bewirken dadurch eine Abtragung des Eisens. Die aufgelöste Metallmenge ist dem Produkt aus Strom und Stromdauer proportional. – Bei einer aus Stahl aufgebauten Schiffsaußenhaut ist zu beachten, daß der Werkstoff nicht chemisch reines Eisen ist, sondern stets mit Zusätzen wie Eisenkarbid u.a. verwendet wird. So bilden sich im Kontakt mit dem Seewasser Stellen mit einem positiven und Stellen mit einem negativen Potential. Das reine Eisen ist dabei negativ; beide Gebiete sind aber im Festkörperverband gut leitend miteinander verbunden, also elektrisch kurzgeschlossen. Die so entstehenden elektrochemischen Elemente – Lokalelemente genannt – bewirken dann die erwähnte Metallabtragung von Eisen. Derartige Elemente sind in sehr großer Anzahl vorhanden, wobei das einzelne Element nur einen kleinen Raum einnimmt. Neben den Inhomogenitäten im Aufbau des Eisens können noch andere im oder auf dem Eisen befindliche Fremdstoffe eine derartige Elementenbildung hervorrufen, so z.B. Schweißnähte oder eine noch vorhandene Walzhaut. – Die elektrische Leitfähigkeit des Wassers hat auf den Vorgang einen wesentlichen Einfluß, denn die Korrosion tritt im Seewasser stärker als im Süßwasser, in wärmerem Wasser mehr als in kaltem Wasser auf. – Ein isolierender Neuanstrich kann diesen Vorgang zwar zunächst unterbinden oder verlangsamen, doch verschlechtert sich der Zustand während einer mehr oder weniger langen Betriebszeit.

Vor allem zum Schutz der Schiffsaußenhaut, aber auch zum Schutz des Ruders und des Propellers gegen Korrosionserscheinungen sind 2 Verfahren in Anwendung:

Der kathodische Schutz mit „Aktivanoden" – auch *„Opferanoden"* genannt.

Das zu schützende Metall wird dabei zum positiven Pol eines galvanischen Elementes.

Der kathodische Schutz mit Fremdstrom[1].

Das zu schützende Metall wird dabei zum negativen Pol einer elektrolytischen Zelle, wozu eine äußere Stromquelle vorhanden sein muß.

Bei beiden Verfahren senkt ein Schutzstrom das Potential des Schiffskörpers in negativer Richtung, so daß der Austritt positiv geladener Ionen unterbleibt.

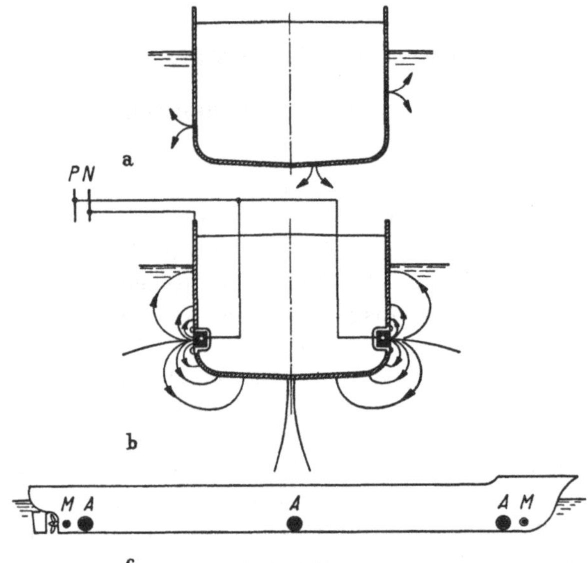

Abb. 291 a–c. Elektrischer Korrosionsschutz
a) Schiffsaußenhaut ohne Korrosionsschutz; b) Verlauf der Schutzströme bei kathodischem Schutz mittels Fremdstrom; c) Anordnung der Anoden und Meßzellen bei kathodischem Schutz mittels Fremdstrom (symmetrisch für Bb- und Stb-Seite). *A* Anode; *M* Meßzelle

Bei dem erstgenannten – älteren – Verfahren, dem *kathodischen Schutz mit Aktivanoden* werden Zink- oder Magnesium*platten* an verschiedenen Stellen des Schiffes unterhalb der Wasserlinie angebracht und unmittelbar bzw. bei Magnesiumanoden auch über Widerstände mit dem Schiffskörper verbunden. Je nach Schiffsgröße werden diese Anoden zu stromlinienförmig gestalteten Gruppen zusammengefaßt. Diese Metalle haben gegenüber dem Eisen ein negatives elektrochemisches Spannungspotential; dadurch entsteht ein Potentialgefälle vom Eisen zum Zink bzw. Magnesium. Während von letzterem positive Metallionen in Lösung

[1] Die Ausdrücke aktiver oder elektrischer Korrosionsschutz sind auch gebräuchlich.

gehen, tritt über das Seewasser als Elektrolyt ein Schutzstrom in das Eisen ein. Die bisher anodischen Stellen des Eisens, die zu seiner Abtragung führten, können nun keine Metallionen mehr abscheiden. Die Anoden werden während des Vorganges abgebaut, sie müssen von Zeit zu Zeit erneuert werden; z. B. ist zum Vollschutz eines Schiffes mit einer Tragfähigkeit von etwa 12000 tdw über einen Zeitraum von 4 Jahren etwa 5 t Zink erforderlich.

Bei dem zweiten Verfahren, dem *kathodischen Schutz mit Fremdstrom* wird der Schiffskörper mit dem negativen Pol einer Gleichstromquelle verbunden; in das Seewasser eintauchende Anoden werden nach Abb. 291 b

Abb. 292. Einbauanode am Heck (Bauart SSW)

und c unterhalb der Wasserlinie *isoliert* am Schiffskörper angebracht und an den positiven Pol der Stromquelle angeschlossen. Diese Anoden werden im allgemeinen aus Graphit oder platiniertem Titan hergestellt. Die Isolierung gegen den Schiffskörper muß kräftig und seewasserbeständig sein. Kurze Stromwege zwischen Anode und Schutzobjekt sind zu vermeiden; die Anoden sind vielmehr so anzuordnen, daß sich der Schutzstrom möglichst gleichmäßig am Schutzobjekt verteilt. Bei hoher Stromdichte sollen die Anoden eine möglichst geringe Abtragung aufweisen. Es hat sich aus Gründen eines mechanischen Schutzes und aus strömungstechnischen Gründen als zweckmäßig erwiesen, die Anoden im Schiffskörper versenkt einzubauen.

Abb. 292 zeigt den Unterwasserteil eines Hinterschiffs mit eingebauten Anoden. Neben derartigen Einbauanoden sind in Sonderfällen auch auf der Oberfläche befestigte Aufbauanoden üblich sowie Anordnungen, bei denen z. B. ein über das Heck weggefierter Schleppdraht aus Aluminium die Anode bildet. – Bei Tankschiffen kann ein Außenschutz ebenfalls auf diese Weise durchgeführt werden. Hier kommen Ein- und Aufbauanoden in Betracht, wobei die Kabel von den Pumpenräumen ausgehend über wasserdichte Durchführungen in Schutzrohren längs des Schlingerkiels geführt werden müssen, da eine Führung der Kabel durch Tanks nicht zulässig ist.

Vorteilhaft ist bei dem Schutzverfahren mit Fremdstrom, daß sich *größere Schutzstromdichten* und entsprechende *Schutzbereiche*, als bei dem

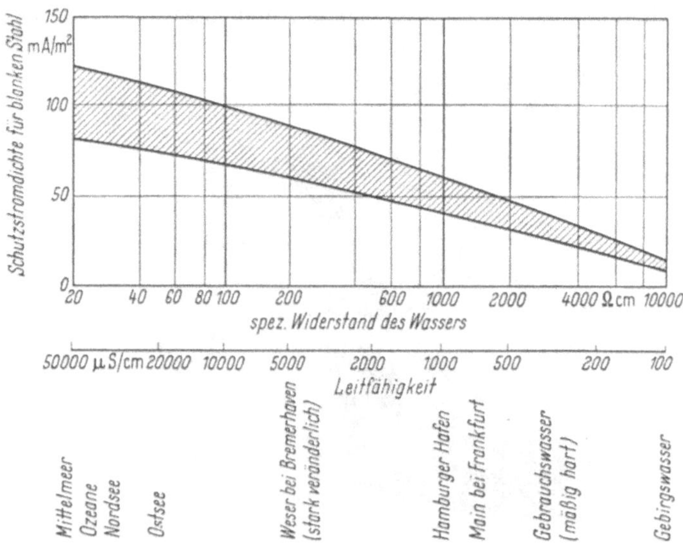

Abb. 293. Zusammenhang zwischen Schutzstromdichte und Wasserverhältnissen (nach Sperling [*137*])

ersten Verfahren, erzielen lassen und daß die angelegte *Spannung verändert* werden kann. Im allgemeinen benötigen die Anlagen Gleichspannungen bis 18 V.

Wie erwähnt, sind die Leitfähigkeit des Wassers sowie seine Temperatur und damit das jeweilige Fahrtgebiet für den Korrosionseinfluß und damit auch für den erforderlichen Schutzstrom von ausschlaggebender Bedeutung. – In dem Diagramm der Abb. 293 sind Richtwerte für die Schutzstromdichte in mA/m² für blanken Stahl in Abhängigkeit vom spezifischen Wasserwiderstand angegeben. Isolierung und Anstrich können als scheinbare Verminderung der wirksamen Oberfläche des Schutzobjektes berücksichtigt werden. – Bei in Fahrt befindlichen Schiffen ist auch deren Geschwindigkeit und die damit gegebene erhöhte Sauerstoffzufuhr und besonders der Zustand des Unterwasserschiffes von Einfluß. Nach vorliegenden Erfahrungen kann mit folgenden Richtwerten der Schutzstromdichte in mA je m^2 von Seewasser benetzter Schiffsfläche je nach dem Zustand des Außenanstriches gerechnet werden:

Stilliegende Schiffe 5–20 mA/m^2.
Fahrende Schiffe (bis etwa 17 kn) 10–40 mA/m^2.

Es ergibt sich also, daß der Schutzstrom bzw. die jeweils an das Schutzsystem anzulegende Spannung abhängig von den verschiedenen Einflüssen verändert werden muß, um die Wirksamkeit der Anlage voll auszuschöpfen. Dazu wird durch Bezugselektroden aus Silber/Silberchlorid, sogenannte Meßzellen, deren Anordnung Abb. 291c zeigt, die Spannung zwischen der Meßzelle im Elektrolyten und der Schiffswand gemessen. Die Meßzelle wird dabei an den Pluspol und der Schiffskörper an den Minuspol eines Spannungsmessers angeschlossen.

Bei Drehstrom-Bordnetzen werden die Schutzanoden über Drehtransformatoren oder Magnetverstärker, beide in Verbindung mit Halbleitergleichrichtern oder über Halbleiterstromtore angeschlossen. Bei Schiffen mit Gleichstrom-Bordnetzen kommen Gleichstrom-Gleichstrom-Umformer, seltener Spannungsteiler-Schaltungen zur Verwendung. Die von der Bezugselektrode gemessenen Potentialwerte bestimmen die Höhe der anzuwendenden Spannung. Diese kann von Hand, z.B. über Drehtransformatoren, oder selbsttätig, z.B. über Magnetverstärker, eingestellt werden.

2. Magnetischer Eigenschutz

Das magnetische Erdfeld induziert in den Eisenmassen der Schiffe magnetische Felder, wobei zwischen permanenten und induzierten Feldern unterschieden wird. Diese überlagern sich dem Erdfeld und verzerren dieses. Das *permanente* Feld entsteht vornehmlich beim Bau des Schiffes und ist in seiner Größe abhängig von dessen Lage auf der Helling und von der geografischen Breite, auf der sich die Werft befindet. Dieses Feld kann weitgehend durch eine stationäre Entmagnetisierungs-Behandlung beseitigt werden. Das *induzierte* Feld ist auf die Aufmagnetisierung des Schiffes beim Fahren im Erdfeld zurückzuführen, wobei seine Größe je nach dem Kurs und der Lage der Schiffsachsen zum Horizont (Schlinger- und Stampfwinkel) veränderlich ist.

Die magnetischen Schiffsfelder werden wie folgt bezeichnet:

Längsschiffskomponente = L-Komponente,
Querschiffskomponente = A-Komponente,
Vertikale Komponente = V-Komponente.

Die V-Komponente des Schiffsfeldes ist unabhängig vom Kurswinkel. Die L-Komponente ändert sich kursabhängig nach einer cos-Funktion, die ihren Höchstwert bei Nord- und Südkurs hat und bei Ost- und Westkurs Null ist. Die A-Komponente ändert sich gleichfalls kursabhängig, jedoch nach einer sin-Funktion, die ihren Höchstwert bei Ost- und Westkurs hat und bei Nord- und Südkurs Null ist. Alle 3 Komponenten verändern ihren Wert zusätzlich noch bei Schlinger- und Stampfbewegungen des Schiffes.

Die Verzerrung des Erdfeldes durch das magnetische Feld des Schiffes wird dazu ausgenutzt, den Zündvorgang bei Minen zur Vernichtung von Schiffen auszulösen. Das Feld induziert z.B. in der Induktionsspule einer Mine eine Spannung, die über ein Relais in einer bei den einzelnen Minentypen unterschiedlichen Art die Zündung bewirkt. Ist das Magnetfeld des Schiffes so klein, daß das Erdfeld an der Mine beim Überlaufen des Schiffes nur eine geringe Verzerrung erfährt, so wird der Zündvorgang nicht ausgelöst. Der Zündbereich wird Gefährdungsbereich, die größte Tiefe des Gefährdungsbereiches unter der Wasseroberfläche Gefährdungstiefe genannt.

Zur Kompensation der Schiffsfelder bzw. zur Vermeidung des Ansprechens magnetischer Minen werden Kriegs- aber auch Handelsschiffe mit einer magnetischen Eigenschutzanlage (MES-Anlage) ausgerüstet. Bei dieser werden von Gleichstrom durchflossene Wicklungen nach Abb. 294 im Schiff eingebaut, deren magnetische Felder dem Schiffsfeld entgegengerichtet sind. Durch Wahl verschiedener Wicklungsebenen können die Felder aller 3 Komponenten des Schiffsmagnetismus herabgesetzt werden. Allerdings wird bei Handelsschiffen meist auf den Einbau der L- und der A-Schleifen verzichtet und nur eine Schleife in der V-Ebene verlegt.

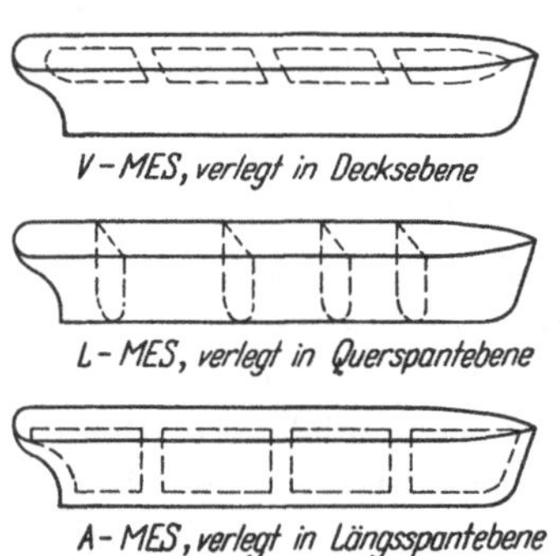

Abb. 294. Wicklungsebenen von MES-Schleifen im Schiff

Im allgemeinen werden zur Stromversorgung der Wicklungen Umformer mit Gleichstromgeneratoren aufgestellt. Für die MES-Schleifen können entweder wenige Windungen starken Querschnittes oder viele Windungen geringen Querschnittes verlegt werden. Meist wird der letztgenannte Weg beschritten, weil hier der Generator bei höherer Spannung für niedrigere Stromstärken auszulegen ist. Auch ergeben sich bessere Möglichkeiten zur Korrektur der vorgesehenen Ampere-Windungszahlen, die zunächst auf Grund der magnetischen Vermessung des Schiffes festgelegt wurden.

Das sich mit dem Kurswinkel verändernde Schiffsfeld wurde bisher in Abhängigkeit vom Kreiselkompaß durch Änderung der Stromstärke in den Schleifen ausgeglichen. In neuerer Zeit werden die Erdfelder in 3 Komponenten abhängig vom Kurs-, Stampf- und Schlingerwinkel durch magnetische Fühlorgane – sogenannten Hallsonden – gemessen. Die über Maschinen- oder Transistorverstärker geleiteten Meßwerte speisen die MES-Schleifen mit Strömen, die den gemessenen Abweichungen von den Erdfeldkomponenten proportional sind.

G. Beleuchtung

1. Errichtung von Beleuchtungsanlagen

Während die elektrischen Kraftanlagen einschließlich der zugehörigen Schaltgeräte in der Regel von dem *technischen* Personal des Schiffes bedient werden, ist diese Voraussetzung für die Beleuchtungs- und Wirtschaftseinrichtungen, die elektrischen Raumheizgeräte usw. im allgemeinen nicht gegeben. Jeder Besatzungsangehörige und jeder Fahrgast muß derartige Anlagenteile ein- und ausschalten können. Eine um so größere Sorgfalt muß daher auf eine völlig gefahrlose Bedienungsmöglichkeit aller Geräte gelegt werden, insbesondere, wenn sie in feuchten Räumen oder in tropischem Klima mit feuchten Händen angefaßt werden. Alle *Klassifikationsgesellschaften* haben deshalb für diese Einrichtungen *besonders weitgehende Vorschriften* erlassen, die sich auf die anzuwendenden Spannungen, auf Schutzerden und die konstruktive Ausführung beziehen.

Zum Vermeiden von Berührungsspannungen, zur Funkentstörung sowie zum Erhöhen der Feuersicherheit an Bord sollen die metallischen Gehäuse der Armaturen mit dem Schiffskörper leitend verbunden werden. Bei fester Montage auf eisernen Wänden wird dies durch die Befestigungsschrauben sichergestellt, während die Gehäuse von beweglichen Verbrauchern, die über Steckvorrichtungen an das Netz angeschlossen sind, durch ein *Schutzkontaktsystem* mit dem Schiffskörper verbunden werden. Nur bei Verwenden von sehr niedrigen Spannungen verzichten einige Klassifikationsgesellschaften auf diese Maßnahmen. Bei dem Schutzkontaktsystem nach Abb. 295 wird ein Schutzleiter an das Gehäuse der Armatur angeschlossen und über besondere Kontakte, die mit den betriebsmäßig stromführenden Kontakten unverwechselbar sind, am Stecker bzw. an der Steckdose mit dem Schiffskörper verbunden. Es muß beachtet werden, daß grundsätzlich als Schutz- und Rückleitung zwei verschiedene Leiter zu verwenden sind. Das Benutzen einer gemeinsamen Schraube zum Festklemmen von Rück- und Schutzleiter am Schiffskörper ist nicht statthaft, was besonders bei einpoligen Anlagen zu beachten ist.

Neben der Hauptbeleuchtung muß eine von einer Notstromquelle gespeiste Notbeleuchtung mit Brennstellen insbesondere für folgende Plätze vorhanden sein: Bootsdeck, Außenbordbeleuchtung bei den

Rettungsbooten, sämtliche Gänge, Treppen und Ausgänge, Maschinenräume sowie andere wichtige Betriebsräume und Sicherheitsstationen.

Die Beleuchtung von Lade-, Gepäck-, Proviantträumen u. dgl. soll nur von Schaltern außerhalb dieser Räume geschaltet werden, wobei empfohlen wird, diese Schalter gegen unbefugte Betätigung durch geeignete Schlösser zu sichern. Die Installation auf Tankern unterliegt besonders strengen Vorschriften. An Stellen und in Räumen, wo explosive Gase entstehen können, wie z.B. in Kofferdämmen, Pumpenräumen, in 3 m Umkreis von Tanköffnungen u. dgl. dürfen z.T. überhaupt keine, z.T. nur explosionsgeschützte Leuchten, die bestimmte Prüfvorschriften erfüllen müssen, eingebaut werden, während Schalter, Steckdosen u. dgl. grundsätzlich nur außerhalb dieser „gefährdeten Zonen" zugelassen werden. – Vorstehendes gilt sinngemäß auch z.B. bei Räumen für Farben, Petroleumlampen, Akkumulatoren usw.

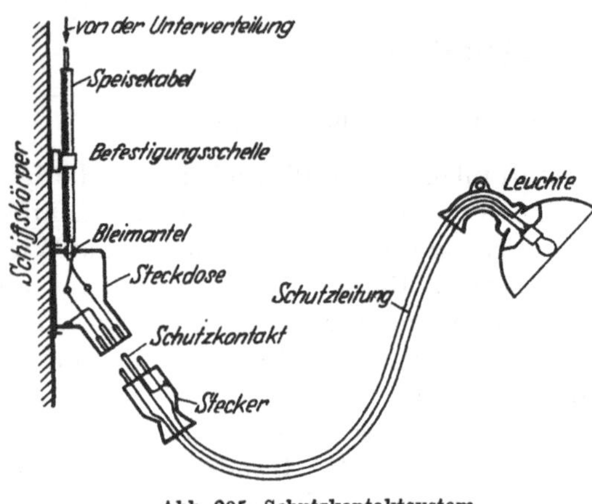

Abb. 295. Schutzkontaktsystem

Ein von einer Unterverteilung abgehender Beleuchtungsstromkreis zur Versorgung mehrerer Brennstellen darf im allgemeinen nicht höher als mit 10–15 A abgesichert werden; auch die maximale Zahl der Brennstellen je Abzweig ist begrenzt, z.B. nach LRS:

24 und 48 V:	10 Brennstellen
110 V:	14 Brennstellen
220 V:	18 Brennstellen

Bei Installation mehrflammiger Leuchten dürfen diese Zahlen erhöht werden, wobei jedoch die Dauerbelastung der Stromkreise 10 A nicht überschreiten soll.

Getrennte Stromkreise sind vorzusehen für:

Fahrgasträume – Gänge und Toiletten – Wohnräume der Besatzung – Laderäume – Maschinenräume – Heizräume – Wellentunnel – Außenbeleuchtung – Starklichtleuchten (maximale Sicherungsstromstärke 20 A) – wasserdichte Steckdosen und Sonnenbrenner – Kompaß- und Telegrafenbeleuchtung.

Die Leuchten in Maschinen- und Heizräumen, Wellentunnel, Pumpenräumen auf Tankern, Rudermaschinenräumen, Fahrgasträumen und

Wohnräumen werden meist auf zwei oder mehrere Stromkreise so verteilt, daß bei Ausfall eines der Stromkreise noch eine genügende Beleuchtung verbleibt.

Tab. 18 gibt Richtwerte für den Leistungsbedarf der Beleuchtungsanlagen in den einzelnen Räumen an Bord an. Bei Verwendung von Leuchtstofflampen statt Glühlampen könnten wegen der höheren Lichtausbeute die Werte der Tab. 18 theoretisch auf etwa 30% reduziert werden. Es ist aber empfehlenswert, mindestens einen Teil der höheren Lichtausbeute für eine Erhöhung der Beleuchtungsstärke zu verwenden.

Tabelle 18. *Leistungsbedarf bei Beleuchtungsanlagen*

Bunker	4 W/m²	Heizräume	15 W/m²
Fahrgastkammern	40 W/m²	Krankenzimmer	15 W/m²
Gesellschaftsräume	40 W/m²	Behandlungsräume	60 W/m²
Luxuskammern	40 W/m²	Laderäume	6 W/m²
Kajüten	40 W/m²	Maschinenräume	25 W/m²
Mannschaftsräume	40 W/m²	Waschräume	12 W/m²
Offizierskammern	40 W/m²	Wirtschaftsräume	25 W/m²
Vorplätze für Gesellschaftsräume	40 W/m²	Büroräume	60 W/m²

Unterschiede in der Beleuchtung von Aufenthaltsräumen sollen nicht in der Höhe der Beleuchtungsstärke, sondern in der Wahl der Leuchten und in der Ausstattung mit zusätzlichen Leuchten (Schreibtischleuchten, Leseleuchten usw.) liegen.

In Tab. 19 ist die bei verschiedenen Schiffen insgesamt vorgesehene Anzahl der Brennstellen zusammengestellt; man erkennt den Einfluß von Verwendungszweck und Größe der Schiffe.

Tabelle 19. *Anzahl von Brennstellen im Schiff*

	Tonnage (BRT)	Anzahl der Brennstellen	Anzahl der Brennstellen je 1000 BRT
Trockenfrachtschiff	998	165	165
Trockenfrachtschiff	1500	255	170
Trockenfrachtschiff	2175	287	132
Trockenfrachtschiff	6769	626	93
Trockenfrachtschiff	9335	782	84
Trockenfrachtschiff	9735	880	91
Tankschiff	14000	860	62
Tankschiff	20600	1130	55

2. Lichttechnische Grundbegriffe[1]

Zur technischen Beurteilung der verschiedenen Lampenarten dienen die lichttechnischen Einheiten.

[1] DIN 5031, „Strahlungsphysik und Lichttechnik, Größen, Bezeichnungen und Einheiten", Juni 1953.

Der *Lichtstrom* ist der vom Auge als Licht empfundene Anteil der gesamten Strahlungsenergie einer Lampe. Es handelt sich also um eine physiologisch bewertete Leistungsgröße. Die Einheit ist das *Lumen* (lm).

Die *Lichtmenge* ist das Produkt aus dem Lichtstrom und der Zeit, während der er ausgestrahlt wird. Die Einheit ist die *Lumenstunde* (lmh).

Die *Lichtstärke* einer Lichtquelle ist das Verhältnis aus ihrem Lichtstrom in einer bestimmten Richtung und dem von diesem Lichtstrom durchstrahlten Raumwinkel. Die Einheit ist das *Candela* (cd).

Die *Beleuchtungsstärke* ist das Verhältnis aus dem auf eine Fläche auffallenden Lichtstrom und der Größe dieser Fläche. Die Einheit ist das *Lux* (lx).

Die *Leuchtdichte* einer Fläche in einer bestimmten Richtung ist der Quotient aus der Lichtstärke der Fläche in dieser Richtung und der aus dieser Richtung gesehenen scheinbaren Größe der Fläche. Sie ist die für den im Auge hervorgerufenen Helligkeitseindruck maßgebende Größe. Die Einheit ist das cd/cm^2 oder Stilb (sb). Als Untereinheit *dient das* cd/m^2.

Die *Lichtausbeute* ist das Verhältnis des Gesamtlichtstromes zur aufgenommenen elektrischen Leistung. Die Einheit ist Lumen/Watt (lm/W).

3. Lampen

Als Lampen werden künstliche Lichtquellen bezeichnet, die elektrische Energie in sichtbare Strahlungsenergie umsetzen. Die Entwicklung der Lampen ist hauptsächlich gekennzeichnet durch die Erhöhung der Wirtschaftlichkeit, d.h. gesteigerte Lichtausbeute bei gleichzeitig verlängerter Lebensdauer. Die Tab. 20 gibt eine Bewertung der einzelnen Lampenarten hinsichtlich ihrer Lichtausbeute. An Bord von Schiffen werden für die Beleuchtungsanlagen vor allem Glühlampen, Leuchtstofflampen, seltener Leucht- oder Leuchtstoffröhren verwendet.

a) Glühlampen

Die Glühlampe in ihrer ersten Form besaß einen *Kohlefaden* als Leuchtkörper in einem evakuierten Glaskolben. Ihre Lichtausbeute betrug etwa 3 lm/W. Bei der neuzeitlichen Glühlampe mit *Metallfaden* und *Gasfüllung* (Argon, Stickstoff, Krypton) steigt die Lichtausbeute bis auf etwa 15 lm/W, wobei die Füllung mit dem Edelgas Krypton die höheren Werte ergibt. „*Allgebrauchslampen*" für 40–100 W werden heute allgemein als *Doppelwendellampen* (D-Lampen mit Wolframdraht) ausgeführt. Diese Doppelwendel haben eine verminderte Wärmeableitung an die Gasfüllung zur Folge und damit eine höhere Lichtausbeute als sie bei Lampen mit einfach gewendelten Leuchtkörpern erreichbar ist. Für Schiffe sind besonders stoßfeste Lampen, z.B. *Centra*-Lampen, geeignet. Diese sind mit einem erschütterungsfesten Leuchtkörper ausgestattet,

Tabelle 20. *Lichtausbeute verschiedener Lampen*

Lampenart	Bezeichnung	Nennleistung W	Mittlere Lichtausbeute[1] etwa lm/W
Glühlampen	Allgebrauchslampen 220 V ≈	25	9
		40	11
		60	12
		100	14
		200	15
		300	16
	Stoßfeste Lampen 220 V ≈	40	8
		60	9
		100	10
		200	13
Leuchtstofflampen	Lichtfarbe Warmton (de Luxe Z) 220 V –	20	8
		2 × 20[2]	16
		40	20
	Lichtfarbe weiß, 220 V ~	20	36
		40	44
Quecksilberdampf-Hochdrucklampen	Ohne Leuchtstoff, 220 V ~	80	34
		125	38
		250	43
	Mit Leuchtstoff, 220 V ~	80	34
		125	38
		250	43
Leuchtstoffröhren	25–150 mA im Durchschnitt 20 W/m		im Durchschnitt 30

[1] Bei Gasentladungslampen einschließlich Vorschaltgerät. – [2] Reihenschaltung.

der außerdem in einer gegen mechanische Beanspruchung sehr widerstandsfähigen Spezialhalterung aufgehängt ist. Soffittenlampen sollen wegen ihres verhältnismäßig langen und daher empfindlichen Leuchtkörpers auf Schiffen nur an erschütterungsfreien Plätzen und nur horizontal eingebaut werden.

Die Lichtausbeute der Glühlampen ist von ihrer Nennspannung abhängig. Durch Anlegen einer über der Nennspannung der Lampe liegenden Spannung kann nach Abb. 296 die Lichtausbeute auf Kosten der Lebensdauer gesteigert werden. Bei Betrieb mit einer Spannung unterhalb der Nennspannung der Lampen steigt die Lebensdauer schnell, wobei die Lichtausbeute absinkt. Bei Bordnetzen, deren Spannungskonstanz nie so gut wie in Landzentralen ist, wird die Nennspannung der Lampen meist etwas über die Netzspannung gelegt. Zum Beispiel werden in 220-V-Bordnetzen in der Regel Glühlampen für eine Nennspannung von 230 V eingesetzt.

Als *Lampensockel* werden Schraubsockel (Edisonsockel) oder Bajonettsockel (Swansockel) verwendet. Diese müssen so konstruiert sein, daß spannungsführende Teile auch während des Einsetzens der Lampen der zufälligen Berührung entzogen sind. Die Bajonettfassung, deren federnde Kontakte im Boden liegen, genügt dieser Forderung ohne weiteres; die Schraubfassung erhält als Berührungsschutz einen genügend weit hochgezogenen Schutzkragen, so daß der Gewindeteil des Sockels erst dann Spannung erhält, wenn eine Berührungsmöglichkeit mit Sicherheit verhindert ist.

Nach den LRS-Bestimmungen ist die Verwendung folgender genormter Fassungen zugelassen (Tab. 21):

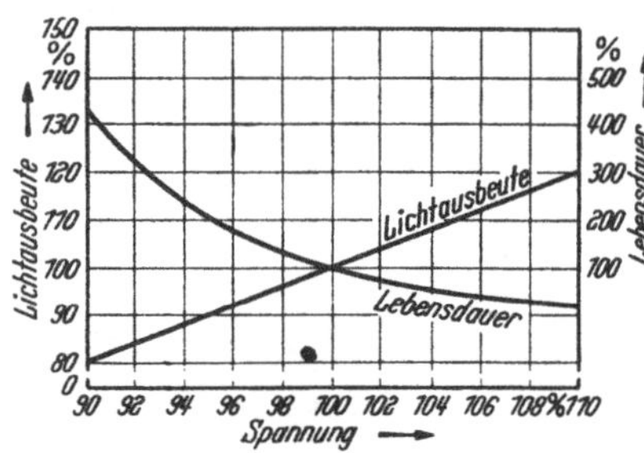

Abb. 296. Lichtausbeute und Lebensdauer von gasgefüllten Glühlampen bezogen auf die Nennspannung (nach SPIESER [*144*])

Tabelle 21. *Nach LRS zugelassene Fassungen*

Type	bis max.	Verwendung
B 15d	130 V	für geringere Leistungen bis 200 W
B 15s	130 V	
B 2	250 V	
E 10	24 V	für geringere Leistungen bis 200 W
E 14	250 V	
E 27	250 V	
E 40	250 V	unbegrenzt

Zur Befestigung der Fassungen werden an Stelle der in Landanlagen üblichen Nippel meist Füße vorgesehen, da eine Stromzuführung durch Rohre in Schiffsanlagen nicht ausgeführt wird.

b) Leuchtstofflampen

Die Leuchtstofflampe ist eine *Niederspannungs*-Entladungslampe für *Niederdruck*. Sie besteht aus einem Glasrohr, das mit einer geringen Menge Quecksilber – mit dem Edelgas Argon gemischt – gefüllt ist, wobei der Betriebsdruck etwa 10^{-2} kg/cm^2 beträgt. Auf der Innenwand des Rohres befindet sich eine Leuchtstoffschicht. Durch geeignete Mischung verschiedener Leuchtstoffe erhält man „weißes Licht". Die Netzspannung an den Elektroden verursacht eine Bewegung der von den Elektroden emittierten Elektronen und Ionen. Bei den Stößen, die sie dabei auf die Gasatome ausüben, werden letztere in einen „Anregungszustand" versetzt, in dem sie eine allerdings sehr lichtschwache Strahlung (10%) auszusenden vermögen – Gaslumineszenz. Der überwiegende Teil der Strahlung liegt im ultravioletten Gebiet und dient zur Anregung der aufgebrachten fluoreszierenden Leuchtstoffschicht. Die geringe *direkte* Lichterzeugung wird dadurch um ein Vielfaches (90%) vermehrt.

Bei jeder elektrischen Gasentladung besteht nach der eingeleiteten Zündung die Tendenz, daß die Elektrizitätsträger fast lawinenartig auftreten, so daß es zu einer Lichtbogenentladung kommen kann. Zu der deswegen erforderlichen Strombegrenzung und zur Stabilisierung der Gasentladung werden Vorschaltgeräte benutzt, und zwar:

bei *Gleichspannung* ein ohmscher Widerstand,

bei *Wechselspannung* ein ohmscher, induktiver oder kapazitiver Widerstand.

Beide Elektroden sind bei Betrieb der Lampe mit Wechselspannung abwechselnd Anode (+-Pol) oder Kathode (−-Pol). Die Elektronenlieferung in den Entladungsraum findet an der Kathode statt.

Zum Zünden der Lampen bedarf es eines kurzen Spannungsstoßes, damit der Entladungsvorgang eingeleitet wird. Außerdem müssen die Elektroden vorgeheizt werden, weswegen die volle Lichterzeugung erst nach 2–3 sek einsetzt. Hierfür wird ein „Starter", z. B. ein „Glimmzünder" in Verbindung mit einer Drosselspule benutzt. Das Schaltbild der Abb. 297 dient zur Erläuterung des Vorganges. Der Starter ist im Prinzip eine – nur für Wechselstrom brauchbare – Glimmlampe, deren *eine* Elektrode beweglich ist – Bimetallkontakt. Beim Einschalten der Leuchtstofflampe liegt zunächst die volle Netzspannung am Starter. Infolge der bei der Entladung in der Glimmlampe entstehenden Erwärmung biegt sich die bewegliche Elektrode bis zur Berührung mit der feststehenden durch, wodurch die Glimmentladungsstrecke kurzgeschlossen und die Entladung zum Erlöschen gebracht wird. Jetzt fließt ein Strom, dessen Höhe durch den Widerstand der Drosselspule einerseits und den der Elektrodenwendel andererseits bestimmt ist und der nunmehr die eigentliche Zündung der Leuchtstofflampe vorbereitet. Währenddessen ist die bewegliche Elektrode im Starter abgekühlt und in ihre Ausgangsstellung zurückgekehrt. Dadurch wird der Stromkreis unterbrochen und es entsteht durch die Induktivität der Drosselspule ein Spannungsstoß, der die Lampe zündet. Nach der Zündung ist die Spannung an der Lampe niedriger als die Netzspannung, die Drosselspule nimmt den Spannungsunterschied auf und begrenzt den Strom so, daß ein stabiler Betrieb gewährleistet ist. Die Brennspannung der Lampe reicht nicht mehr aus, um den Starter erneut in Betrieb zu setzen.

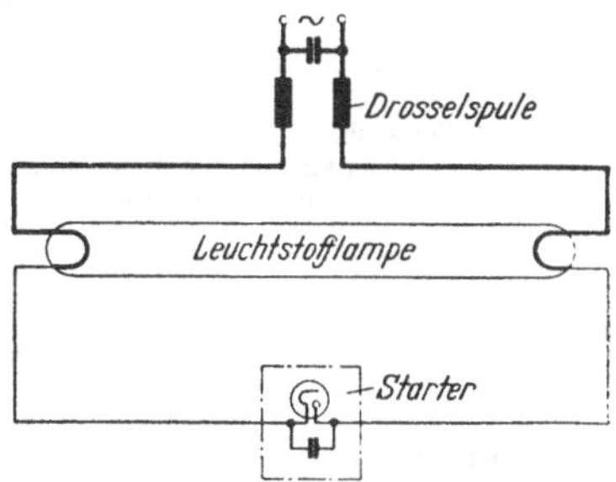

Abb. 297. Schaltung einer Leuchtstofflampe bei Anschluß an Wechselstrom

Bei Betrieb der Leuchtstofflampen in einem Gleichstromnetz wird nach dem Schaltbild der Abb. 298 ein ohmscher Widerstand zur Strombegrenzung in den Kreis gelegt. Der Starter wird als *Glühstarter* ausgeführt. Bei diesem wird durch Erwärmung einer Glühwendel ebenfalls ein Bimetallkontakt aufgeheizt. Die Anwendung dieser Schaltung bringt den Vorteil, daß damit jede Leuchtstofflampe in- und ausländischer Herkunft betrieben werden kann, was für die Ersatzbeschaffung in den verschiedenen Häfen wichtig ist. Eine andere Gleichstromschaltung nach

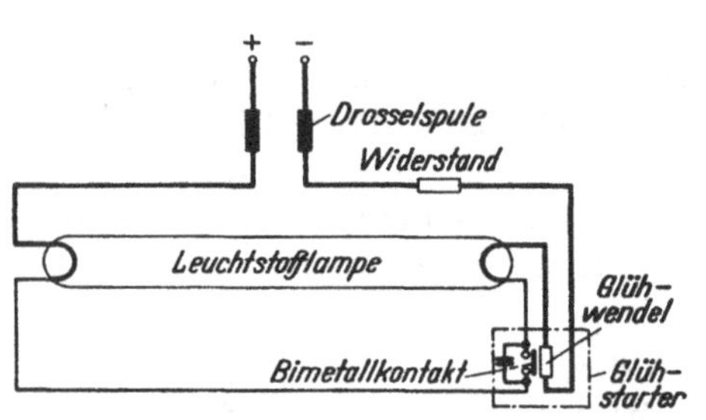

Abb. 298. Schaltung einer Leuchtstofflampe bei Anschluß an Gleichstrom unter Verwendung eines Glühstarters

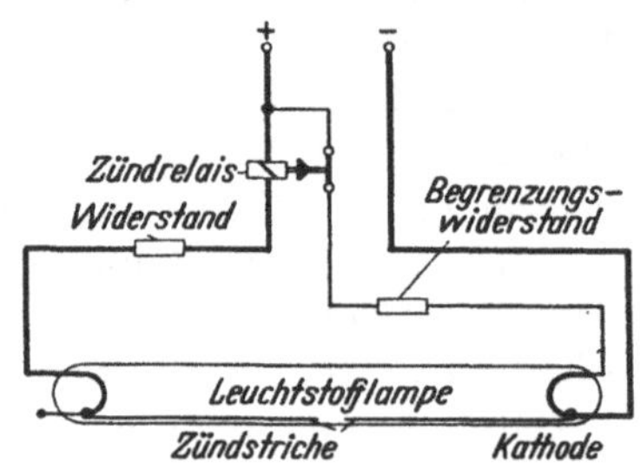

Abb. 299. Schaltung einer Leuchtstofflampe bei Anschluß an Gleichstrom unter Verwendung eines Zündrelais

Abb. 299 arbeitet dagegen mit Speziallampen. Der Heizstrom fließt hier nur über die Kathode und einen Begrenzungswiderstand. Das Zünden der Lampe wird durch sogenannte *Zündstriche*, das sind Widerstandsstreifen im Rohr, die mit der Elektrode verbunden sind, erleichtert. Ein Zündspannungsstoß ist nicht erforderlich, so daß die Drosselspule entfällt. Nach dem Zünden spricht ein vom Lampenstrom durchflossenes Relais an, das den Heizkreis abschaltet. Der Lampenstrom wird auch im Betrieb durch einen Widerstand begrenzt. Bei dieser Schaltung darf die Polarität nicht vertauscht werden, da bei Heizung der Anode eine Zündung nicht eintritt.

Bei Betrieb von Leuchtstofflampen mit Gleichstrom ist die Erscheinung der Kata- oder Elektrophorese zu beachten, durch die nach einigen Betriebsstunden an der Anode ein Mangel an anregungsfähigen Quecksilberatomen und damit ein Abnehmen des Lichtstromes auftritt. Es bildet sich eine Dunkelzone aus, die sich mit der Zeit in Richtung der Kathode vergrößert. Tiefe Temperaturen beschleunigen den Vorgang, weswegen man z. B. die von den Vorschaltgeräten erzeugte Wärme benutzt, um hiermit die Lampen an den Anoden zu erwärmen. Bei langen Rohren ist auch diese Maßnahme nicht mehr ausreichend. Abhilfe schafft dann ein Schalter, der bei jedem Einschalten der Lampe die Polarität umkehrt. Derartige Anlagen können nur bis zu dem Polwechselschalter einpolig verlegt werden; der Lampenstromkreis selbst muß zweipolig ausgeführt werden. Die Umpolung läßt sich bei Lampen in der Schaltung nach Abb. 299 nicht ausführen.

Im Vergleich zu der Glühlampe lassen sich für die Leuchtstofflampe folgende Feststellungen treffen:

Der *Leistungsverbrauch* beträgt etwa $^1/_3$ der einer Lichtstrom-gleichen Glühlampe.

Die *Lichtausbeute* ist höher als die der Glühlampe. Sie ist abhängig von der gewünschten Lichtfarbe und liegt für normale Lampen bei Anschluß an Wechselstrom etwa bei 34–45 lm/W, wobei eine Steigerung bei Speziallampen mit ergiebigerem Leuchtstoff – aber schlechterer Qualität der Farbwiedergabe – bis über 50 lm/W möglich ist. Bei Gleichstromanschluß lassen sich 20–25 lm/W erreichen. Diese Werte gelten einschließlich der Verluste in den Vorschaltgeräten. Die Lichtausbeute bei Anschluß an Gleichstrom ist deshalb ungünstiger, weil hier etwa die Hälfte der eingespeisten Energie als Wirkleistung in Vorwiderständen vernichtet wird.

Die Verwendung der Vorschaltdrosselspulen bedingt einen *Leistungsfaktor* von etwa $\cos\varphi = 0{,}5$, während die Glühlampe mit $\cos\varphi = 1$ arbeitet. Ein besserer Leistungsfaktor läßt sich auch für Leuchtstofflampen durch Beschaltung mit einem Kompensationskondensator erreichen, wobei auch eine Gruppenkompensation mehrerer Lampen möglich ist.

Gegen Spannungsschwankungen sind Leuchtstofflampen unempfindlicher als Glühlampen, insbesondere gegen Überspannungen. Ändern sich Frequenz und Spannung gleichmäßig und gleichsinnig, wie es z.B. bei Drehstrom-Wellengeneratoren[1] oder beim gekuppelten Betrieb von Fahr- und Bordnetz bei elektrischen Propellerantrieben mit Drehstromübertragung[2] betriebsmäßig vorkommt, so wird bei der Leuchtstofflampe die Leistung kaum beeinflußt. Die durch eine Spannungssteigerung hervorgerufene höhere Stromaufnahme der Lampe wird durch den mit der Frequenz in gleichem Maße steigenden induktiven Widerstand der Drosselspule wieder ausgeglichen. Bei Spannungs- und Frequenzabsenkungen ist der Vorgang umgekehrt und es erfolgt ebenfalls ein Ausgleich.

Im Gegensatz zu der Glühlampe ist eine Funkentstörung der Beleuchtungseinrichtungen erforderlich. Störungen, die durch die Leitungen übertragen werden, können durch symmetrisch geteilte Drosselspulen und Entstörkondensatoren weitgehend unterdrückt werden.

Die Lebensdauer, die mit steigender Schalthäufigkeit abnimmt, beträgt im Mittel bei 40- und 65-W-Lampen etwa 7500 Std. gegenüber 1000 Std. bei Glühlampen. Der Lichtstrom ist nach 7500 Std. auf 75–80% des Ausgangswertes abgesunken.

Die Erschütterungsfestigkeit ist größer als die stoßfester Glühlampen, also z.B. der Centra-Lampen.

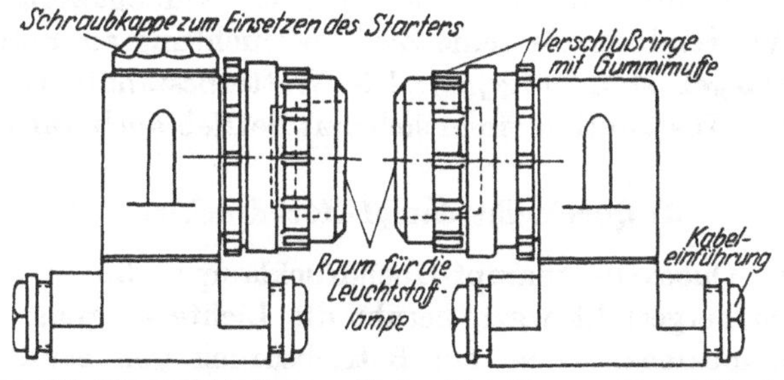

Abb. 300. Wasserdichte Fassung für Leuchtstofflampen (Bauart Vossloh)

[1] Vgl. Wellengeneratoren, S. 81.

[2] Vgl. Versorgung der Bordnetzverbraucher aus dem Fahrnetz, S. 440.

Die für die Befestigung der Lampen nötigen Fassungen wurden für den Bordbetrieb nach Einführung der Leuchten unter Berücksichtigung der erforderlichen Berührungs- und Erschütterungssicherheit geschaffen. Für Betriebsräume und auf Deck werden wasserdichte Armaturen eingesetzt, die bei Einzelinstallation entsprechend Abb. 300 ausgeführt werden können.

c) Leuchtröhren

Die an Land vornehmlich für Werbezwecke verwendeten Leuchtröhren, die mit Hochspannung betrieben werden, sind an Bord von Seeschiffen selten anzutreffen. Sie werden dann als leuchtende Schiffsnamen, als Schornsteinkennzeichen, zur Beleuchtung der Schiffskonturen oder in Salons und Aufenthaltsräumen benutzt. Die Lichterzeugung beruht, wie bei der Leuchtstofflampe, auf der Gaslumineszenz, jedoch wird bei der Leuchtröhre mit Kaltelektroden gearbeitet. Durch Verwendung verschiedener Edelgase, farbiger Gläser und unterschiedlicher Leuchtstoffe lassen sich mannigfaltige Leuchtfarben herstellen. Bei den Leucht*stoff*röhren erzeugt eine auf die Innenwand des Glases aufgetragene Leuchtstoffschicht – durch die Gaslumineszenz angeregt – zusätzliches Licht (Lumilux-Röhren). Als Füllgas kommt bei Leuchtröhren u.a. Neon, bei Leuchtstoffröhren Hg-Dampf zur Anwendung. Die Rohre werden über Hochspannungs-Streufeldtransformatoren an das Drehstrom-Bordnetz angeschlossen. Dieser Transformator hat verschiedene Aufgaben zu erfüllen:

Transformation der Netzspannung auf die notwendige Zündspannung, die je nach der Rohrlänge 600–6000 V beträgt. Die Brennspannung beträgt etwa 40–60% der Zündspannung.

Stabilisation des Betriebsstromes auf den zugelassenen Wert von 10–250 mA.

Begrenzung der Kurzschlußströme.

Die Lichtausbeute liegt zwischen 20 und 40 lm/W. Als Lebensdauer kann mit 10000 Betriebsstunden gerechnet werden, jedoch ist nach dieser Zeit der Lichtstrom nur noch 70% des Anfangswertes. Einer allgemeinen Verwendung für reine Zweckbeleuchtung an Bord stehen die höheren Anlagekosten entgegen. Die Wetterbeständigkeit erlaubt bei wasserdichter Installation einen sicheren Betrieb auch auf Deck.

d) Quecksilberdampf-Hochdrucklampen

Bei der Quecksilberdampf-Hochdrucklampe, die in Kolben- oder Röhrenform hergestellt wird, beruht die Lichterzeugung ebenfalls auf der Gaslumineszenz, wobei ein Betriebsdruck von etwa 1–10 kg/cm^2 angewendet wird. Die Leuchtdichte ist mit 10–350 sb im Vergleich zu der Leuchtstofflampe mit 0,65 sb sehr hoch. Sie entspricht in der Größenordnung der der Glühlampe. Die Lampen werden über eine Drosselspule direkt an das Drehstrom- bzw. Wechselstrom-Bordnetz mit 220 V, 50 Hz, angeschlossen. Die Lebensdauer beträgt etwa 6000 Stunden, während denen ein Rückgang des Lichtstromes auf 75–80% eintritt. Die Lichtausbeute am Anfang liegt bei etwa 30–60 lm/W. – Die Lampen wurden bisher selten benutzt, jedoch haben Versuche, die Lampen in Mast-Hochkerzenarmaturen einzusetzen, sehr befriedigt. Die an den Masten angebrachten Armaturen sind besonders starken Erschütterungen ausgesetzt, denen Quecksilberdampf-Hochdrucklampen besser standhalten als Glühlampen; dies gilt insbesondere für Glühlampen hoher Leistung, die nicht in stoßfester Ausführung gebaut werden.

Die Lichtfarbe ist bläulichweiß. Beleuchtete Gegenstände werden dadurch farbig verändert. Durch Anwendung von Leuchtstoff kann die Farbwiedergabe verbessert werden. Quecksilberdampflampen werden auch in Verbindung mit Glühlampen zur Erzeugung eines dem Tageslicht ähnlichen *Mischlichtes* verwendet. Voraussetzung für eine befriedigende Wirkung des Mischlichtes ist, daß die Mischung beider Lichtströme in der gleichen Leuchte vorgenommen wird, so daß an den beleuchteten Stellen die verschiedenen Lichtfarben beider Lampen nicht wahrnehmbar sind. Die deswegen geschaffene Quecksilberdampf-Mischlichtlampe vereinigt im gleichen Kolben den Quecksilberbrenner und einen Wolframleuchtkörper. Dieser dient gleichzeitig zur Strombegrenzung, so daß die Lampen direkt an das Netz angeschlossen werden können.

e) Bogenlampen

Die *Bogenlampe* war die erste an Bord verwendete elektrische Lichtquelle; sie wurde in Form von Differentialbogenlampen 1879 auf den Schiffen „Holsatia", „Theben" und „Hannover" erstmalig eingesetzt.

Heute wird die Bogenlampe an Bord, wenn überhaupt noch, ausschließlich als Lichtquelle für Scheinwerfer benutzt. Ihr Betrieb erfordert durch die Notwendigkeit des häufigen Kohlenwechsels eine laufende Überwachung und hohe Betriebskosten. Nach der Schaffung von wartungslosen Hochleistungslampen nach dem Glühlampen- oder Gasentladungsprinzip wurde die Bogenlampe von diesen Lichtquellen abgelöst. Nach den Vorschriften des GL ist auf Tankern – bis auf die Suezkanalscheinwerfer[1] – nur die Verwendung von Glühlampen in Scheinwerfern zugelassen.

Die Lichtausbeute von Bogenlampen liegt bei etwa 20–30 lm/W. Zur Erzielung sehr hoher Lichtstärken werden die Kohlen mit Metallsalzen (Kobalt, Magnesium, Kalzium, Strontium) getränkt oder mit den Salzen seltener Erden präpariert. Die Leuchtdichte ist sehr hoch. Sie kann bei Effektkohlen (Beck-Bogenlampe) bis zu 100000 sb betragen.

[1] Vgl. Scheinwerfer, S. 359.

4. Leuchten

Die wichtigsten Aufgaben der Leuchten in Schiffsanlagen sind:

Zweckmäßiges Lenken des Lichtstromes der Lampe. – Verhindern von Blendung. – Erzielen eines mechanischen Schutzes für Lampen und Vorschaltgeräte. – Erzielen eines Schutzes gegen das Eindringen von Feuchtigkeit und Wasser. – Ableiten der von den Lampen und Vorschaltgeräten erzeugten Wärme. – Verhindern der Berührung spannungsführender Teile innerhalb der Leuchte. – Erzielen eines Explosionsschutzes für explosionsgefährdete Räume.

a) Raumleuchten

Die Beleuchtungskörper in den Messen und Salons sowie in den Gesellschaftsräumen der Fahrgastschiffe müssen sich der Innenarchitektur und dem Stil dieser Räume anpassen. Sie werden daher in Zusammenarbeit mit dem Architekten entworfen. Aus den Kronleuchtern der Festsäle an Land werden – wegen der geringeren Höhe der Schiffsräume – flache Deckenleuchten. Diese Deckenbeleuchtung wird meist durch Wandleuchten ergänzt. Bei Verwendung von Leuchtstofflampen läßt sich von der Möglichkeit durch geeignete Wahl der Lichtfarbe den Farbcharakter des Raumes beeinflussen zu können, mit Erfolg Gebrauch machen. Da bei der Ausstattung dekorativer Schiffsräume durch die meist übliche Täfelung rötliche und bräunliche Farbtöne bevorzugt werden, sind Leuchtstofflampen mit verstärktem Rotanteil besonders angenehm. Wichtig ist, daß der Farbcharakter der Beleuchtung in den Wohn- und in den Gesellschaftsräumen keinen großen Unterschied aufweist.

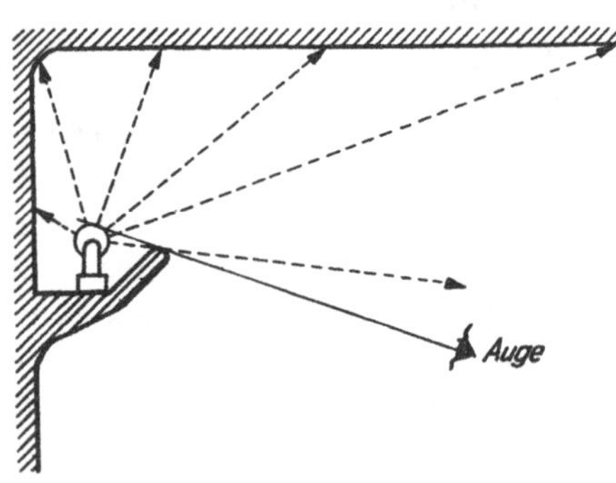

Abb. 301. Voutenbeleuchtung

Die gewöhnlich an Bord zur Verfügung stehende Deckshöhe von 2–2,5 m bringt es mit sich, daß die Beleuchtung innerhalb des Gesichtsfeldes angebracht werden muß, wodurch die Gefahr der Blendung gegeben ist. Zum Herabsetzen der Leuchtdichte und damit der Blendung werden deswegen die Lampen mit transparenten Abschirmungen umhüllt, mit denen auch ein dekorativer Charakter geschaffen werden kann. Eine besonders wirksame Abschirmung der Lichtquellen bietet eine Voutenbeleuchtung nach Abb. 301. Der Raum, der auf Schiffen für diese Vouten zur Verfügung steht, ist jedoch meist begrenzt.

Um die Voute mit Glühlampen gleichmäßig auszuleuchten, müssen die Lampenabstände klein sein. Röhrenformige Glühlampen, z. B. Linestraröhren, die in dieser Beziehung günstiger wären, sind erschütterungsempfindlich. Dagegen sind Leuchtstofflampen wegen ihrer Röhrenform und ihrer hohen Lichtausbeute sowie der viel geringeren Wärmeentwicklung für diesen Zweck gut geeignet.

Für allgemeine Wohnräume, Kabinen und Kammern sind Decken- und Wandleuchten in verschiedener Ausführung teils für Aufbau, teils für Einbau in die Verkleidung und für Bestückung mit Glüh- oder Leuchtstofflampen entwickelt worden. Tischleuchten werden in Wohnräumen, besonders in den Offizierskammern, in einer auch für Landanlagen üblichen Form verwendet. Kojenleuchten werden heute fast allgemein in Passagiers-, Offiziers- und Mannschaftskammern angebracht. Für den Tisch im Kartenhaus ist eine Leuchte mit allseitig beweglichem, längs verschiebbarem Arm erforderlich. Zur Beleuchtung der Gänge werden flache Decken- oder Wandleuchten verwendet. Zur Orientierung in den Gängen dienen Leuchtschilder, oft in Verbindung mit Lichtrufgeräten. Für überdeckte Teile der Promenadendecks kommen auch Innenraumleuchten, z. B. Kugelleuchten, in Betracht. In Waschräumen, Baderäumen usw. sind die Leuchten wasserdicht auszuführen.

b) Betriebs- und Decksleuchten

Zur Beleuchtung der Decks und der Betriebsräume werden fast ausschließlich wasserdichte Leuchten benutzt, die entweder zur Befestigung an der Decke, an Decksbalken oder an einem besonderen Trageisen eingerichtet sind. Die im deutschen Schiffbau gebräuchlichste ist die von FNS/E in ihrer Ausführung genormte *Einheits*leuchte nach Abb. 302. Diese besteht aus einem Messinggehäuse mit einem wasserdicht aufgesetzten Klarglassturz, der an der tiefsten Stelle eine Bohrung für den Ablauf des Kondenswassers hat. Als mechanischer Schutz kann ein Drahtkorb aus Messing übergestülpt werden. Zur Kabeleinführung dienen seitlich angebrachte Stutzen. Es lassen sich Glühlampen bis 60 W und bei Verwendung von Opalglasstürzen auch solche von 100 W einsetzen. Wenn im Kabelstutzen der Leuchte mit hohen Temperaturen zu rechnen ist, so soll deren Anschluß durch eine wärmebeständige Leitung[1], evtl. unter Zwischenschaltung einer Verteilerdose, vorgenommen werden.

Abb. 302. Wasserdichte Einheitsleuchte (Bauart Dose)

[1] Vgl. Leitungen, S. 125.

Die Einheitsleuchten werden vor allem an beengten Stellen in Betriebsräumen installiert, während für die Hauptbeleuchtung größerer Flächen meist Leuchten mit Leuchtstofflampen nach Abb. 303, in die auch die Vorschaltgeräte eingebaut sind, zur Anwendung kommen.

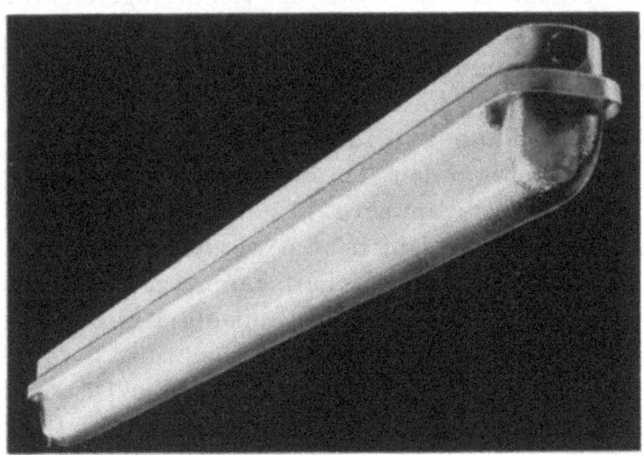

Abb. 303. Maschinenraumleuchte für Leuchtstofflampen (Bauart SSW)

Für niedrige Räume, Niedergänge und offene Promenadendecks können die ebenfalls vom FNS/E genormten flachen *Decks*leuchten nach Abb. 304 verwendet werden, in die sich Lampen bis 75 W einsetzen lassen. Bei Anordnung von Leuchten auf Deck ist zu verhindern, daß die

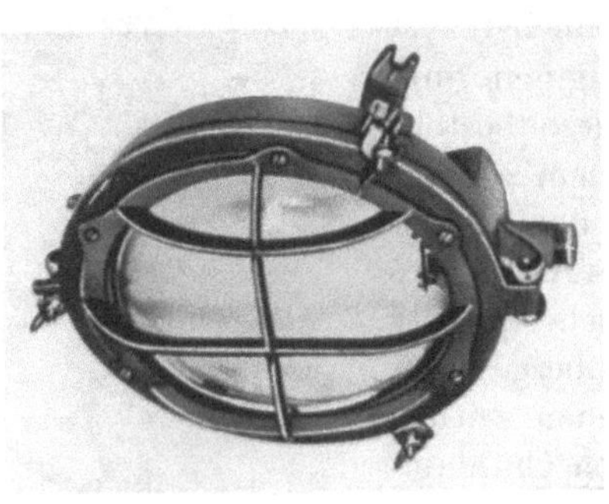

Abb. 304. Wasserdichte, flache Decksleuchte (Bauart Dose)

Abb. 305. Starklichtleuchte (Bauart Dose)

Lichtwirkung der Positionslaternen gestört oder das Brückenpersonal geblendet wird. Eventuell sind Abblendschirme anzubringen.

Für Arbeiten an Deck, z. B. zur Durchführung des Ladevorganges, werden wasserdichte *Starklichtleuchten* oder *Sonnenbrenner* nach Abb. 305

und 306 verwendet, bei denen Glühlampen hoher Leistung bzw. mehrere Glühlampen in den Reflektor eingebaut sind. Erstere werden an Masten oder Pfosten befestigt. Sonnenbrenner werden über bewegliche Leitungen an die auf Deck verteilten Steckdosen angeschlossen. Starklichtleuchten kommen auch u. U. für die Ausleuchtung der Maschinenräume in Betracht.

In Kohlebunkern werden Bunkerleuchten mit Gußgehäuse, Schutzkorb und Erdungseinsatz für Glühlampen bis 75 W benutzt. Ähnliche Leuchten werden bisweilen in den Laderäumen angebracht.

Abb. 306. Sonnenbrenner (Bauart Dose)

Bei den *Hand*leuchten ist ein besonders sorgfältiger Schutz des Personals gegen Berührung spannungführender Teile nötig, da der Übergangswiderstand zum menschlichen Körper beim Arbeiten auf einem nassen Eisendeck, in den Kesseln oder in Kurbelwannen sehr herabgesetzt wird. Die Handlampen werden daher vorzugsweise aus Isolierstoff hergestellt oder es wird das Gehäuse durch eine in der Zuleitung vorgesehene Schutzleitung mit dem Schiffskörper verbunden. Da aber auch eine beschädigte Zuleitung gefährlich werden kann, sollten Handleuchten mit Kleinspannung betrieben werden. Hierzu wird in Wechselstromanlagen ein – oft tragbar ausgebildeter – Schutztransformator mit getrennten Primär- und Sekundärwicklungen, in Gleichstromanlagen ein Schutzumformer verwendet.

c) Signallaternen

Zur Kennzeichnung eines Schiffes bei Nacht dienen die unter 1–3 aufgeführten *Positionslaternen*, deren Anbringung und Ausführung behördlich festgelegt ist[1]. Um eine möglichst weite Sicht in horizontaler Richtung zu erzielen, wird das Licht der Lampen durch Fresnellinsen in einer Ebene konzentriert und durch Ausschnitte in dem Gehäuse der Laternen seitlich begrenzt.

1. Zwei *Topp*- oder *Dampfer*laternen mit weißem Licht kennzeichnen ein Dampf- oder Motorschiff während der Fahrt. Eine der Laternen wird am Fockmast in 6–12 m Höhe, die andere am Großmast um 4,5 m höher angebracht. Aus ihrer Lage zueinander kann von entgegenkommenden Schiffen der Kurs erkannt werden. Die Ausschnitte im Gehäuse sind nach Abb. 307 so bemessen, daß das Licht über einen Sektor von 225° nach vorn leuchtet.

2. Die *Seiten*laternen, rot für die Backbordseite, grün für die Steuerbordseite, sind beiderseits der Kommandobrücke angebracht. Ihr Leuchtwinkel bestreicht einen Sektor von voraus bis 22,5° achterlicher als querab.

[1] Seestraßenordnung (SSO) vom 1. 1. 1954.

3. Die *Heck*laterne ist am Heck unter dem Flaggenstock angebracht und dient zur Kennzeichnung der Schiffslage für aufkommende Schiffe. Sie wirft weißes Licht nach achtern über einen Sektor von 135°.

Die Positionslaternen werden mit Glühlampen bestückt und durch bewegliche Leitungen an passend angeordnete wasserdichte Anschlußdosen mit Steckern angeschlossen. Im Steuerhaus ist die *Positionslaternenschalttafel* angeordnet, auf der für jede Lampe ein Schalter mit Sicherung oder ein Kleinselbstschalter und eine Stromzeiglampe eingebaut wird. Die Lampe in der Positionslaterne ist in Reihe entweder mit der Stromzeiglampe oder mit einem Stromüberwachungsrelais zur Kontrolle eines ungestörten Betriebes geschaltet. Abb. 308 zeigt eine derartige Schalttafel, bei der die 5 Stromzeiglampen entsprechend der räumlichen Anbringung der Positionslaternen im Schiff angeordnet sind. Der Hauptschalter in der Zuleitung ist auf Haupt- oder Reservespeisung

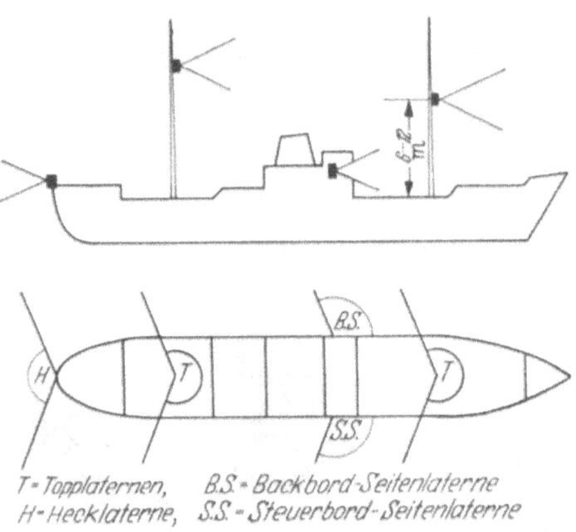

Abb. 307. Anordnung der Positionslaternen (Schiff in Fahrt) (nach DIETRICH [140])

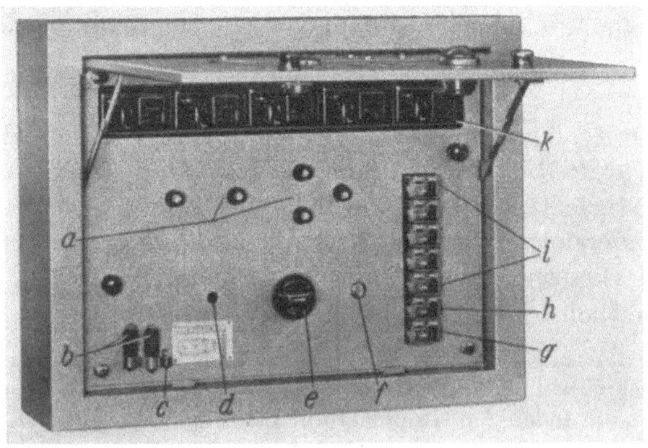

Abb. 308. Schalttafel für Positionslaternen (Bauart SSW)
a Glimmlampen; *b* Reserveglimmlampen; *c* Reservestörungslampe; *d* Abstelldruckknopf für Schnarre; *e* Hauptschalter; *f* Störungslampe; *g* Reservestromrelais; *h* Abstellrelais für Schnarre; *i* 5 Stromrelais; *k* Kleinselbstschalter

umschaltbar. Jeder der Abzweige ist durch einen zweipoligen Kleinselbstschalter gegen Überstrom und Kurzschluß geschützt. In jedem

Abzweig befindet sich ein Stromüberwachungsrelais, das bei ordnungsgemäßem Betrieb der Positionslaterne angezogen ist und eine Glimmlampe eingeschaltet hält. Bei Stromunterbrechung fällt es ab und betätigt die Störungsanzeige (Schnarre und Lampe). Die Schnarre kann durch Druckknopf über ein Abstellrelais abgestellt werden, ist aber nach Beseitigung der Störung für eine neue Störungsanzeige sofort wieder ansprechbereit. Die Störungsanzeige wird aus einer eingebauten, gasdichten Ni–Cd-Batterie gespeist, die durch eine Ladeeinrichtung dauernd in geladenem Zustand gehalten wird. Deshalb wird z. B. auch ein Ausfall der Netzspeisung sicher angezeigt.

Die Vorschriften für die Ausführung dieser Tafeln sind bei den einzelnen Klassifikationsgesellschaften unterschiedlich. Für alle gilt die Forderung, daß die Zuleitungen von der Haupt- bzw. Notschalttafel mit mindestens 20 A (nach ABS 30 A) träge abgesichert werden. Bei einpoligen Gleichstromanlagen müssen innerhalb eines Umkreises von 5 m um den Magnetkompaß alle Leiter zweipolig verlegt werden, damit eine Beeinflussung der Kompaßanzeige durch Streufelder vermieden wird.

Neben den Positionslaternen gibt es noch *Signal*laternen, wie z. B. die *Zoll*laternen mit grünem Licht, die zu zweit übereinander oberhalb der Hecklaterne angeordnet werden und nach achtern strahlen. Rote *Fahrtstörungs*laternen zeigen ein treibendes oder sonstwie fahrunfähiges Schiff an. Weiße *Anker*laternen weisen bei gelöschten Positionslaternen auf ein vor Anker liegendes Schiff hin. Beide werden im Bedarfsfall gesetzt. Spezialschiffe, wie Bagger, Schlepper, Zoll- und Küstenwachfahrzeuge, führen zusätzliche, ihre Aufgaben kennzeichnende Laternen. In besonderen Fahrtgebieten, z. B. bei Durchfahrt durch die Kanadischen Seen – „Great Lakes-Fahrt“ – gelten hinsichtlich der Lichterführung zusätzliche Bestimmungen, z. B. für Anbringung von „range lights“ als Kurslaternen. Zu den Signallaternen gehören auch die *Morse*leuchten nach Abb. 309, mit denen über den Morsetaster optische Signale gegeben werden können.

Abb. 309. Morseleuchte (Bauart Dose)

5. Armaturen für Beleuchtungsanlagen

Grundsätzlich werden für Beleuchtungskreise an Bord nur *wasserdichte* Armaturen, wie Abzweigdosen, Schalter, Steckdosen usw., zugelassen. Ausnahmen dürfen lediglich in bewohnten Räumen, Gängen und Vorplätzen, die keinen direkten Feuchtigkeitseinflüssen ausgesetzt sind, gemacht werden. Hier können auch die an Land üblichen Installationsmaterialien, z. B. Kippschalter in Isolierstoffgehäuse, eingebaut werden. Nach den bestehenden Vorschriften sind alle wasserdichten Armaturen aus Messing herzustellen; nach den deutschen Bestimmungen sind sie nicht nur in ihrer allgemeinen Ausführung, sondern auch in ihren

Abb. 310. Wasserdichter Ausschalter (Bauart Dose)

Abb. 311. Wasserdichte Abzweigdose (Bauart Dose)

Einzelmaßen, in den zu verwendenden Messinglegierungen, in den Wandstärken der Gußstücke, in der Ausführung der Kontakte usw. genormt. – Alle wasserdichten Armaturen erhalten Kabeleinführungen. Einen wasserdichten einpoligen *Drehschalter* mit Schutzkragen für den Schaltergriff und eine wasserdichte *Abzweigdose* zeigen die Abb. 310 und 311. Eine *Steckdose* in wasserdichter Ausführung mit angebautem Drehschalter ist in Abb. 312 wiedergegeben. Zum Abdichten und Halten des eingesetzten Steckers dient eine Überwurfmutter. Bei herausgezogenem Stecker wird die Steckdose durch einen Deckel wasserdicht verschraubt. Diese Steckdosen können auch ohne eingebauten Schalter ausgeführt werden. Für Steckdosen über 15 A sollen jedoch stets Schalter vorgesehen werden. Bei der für Tanker üblichen Konstruktion ist die Steckdose mit einem Schalter zusammengebaut, der so mit der Steckvorrichtung verriegelt ist, daß ein Ziehen des Steckers bei geschlossenem Schalter unmöglich ist. Allgemein müssen die Steckdosen unverwechselbar für verschieden hohe Spannungen sein.

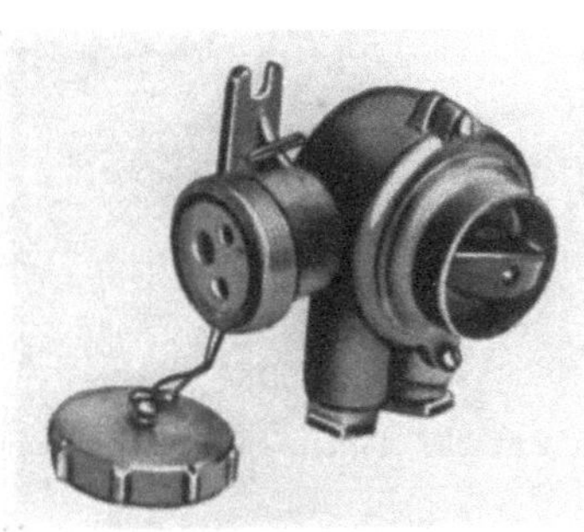

Abb. 312. Wasserdichte Steckdose mit Ausschalter (Bauart Dose)

6. Scheinwerfer

Die Scheinwerfer waren die ersten Stromverbraucher an Bord. Ihre Anwendung bildete überhaupt den Anlaß, die Elektrotechnik auf Schiffen einzuführen. Als Hilfsmittel für die Navigation hat aber ihre Bedeutung in neuerer Zeit durch die Entwicklung der Funkortung erheblich abgenommen. Auch für Signalzwecke ist ihr Anwendungsgebiet durch Telegrafie und Telefonie klein geworden. Heute erstreckt sich ihr Einsatz in erster Linie auf die Ausleuchtung enger Gewässer, Häfen und Kanäle. Es ist infolgedessen auch nicht mehr erforderlich, den Scheinwerfer mit so hohen Lichtstärken auszustatten wie vordem – ein großer Schiffsscheinwerfer benötigte für eine Reichweite von 12–13 km etwa 2 Milliarden cd.

Die in Scheinwerfern zur Verwendung kommende Optik kann als Linsen- oder Spiegeloptik oder auch als Kombination beider ausgebildet sein. Die Linsenoptik bietet hauptsächlich unter Verwendung von Fresnel-Linsen die Möglichkeit, den Lichtstrom der Lichtquelle in horizontalen Ebenen gleichmäßig zusammenzufassen. Diese Optik wird vorwiegend bei der Befeuerung der Wasserstraßen angewendet. Die Spiegeloptik findet dagegen bei Scheinwerfern fast ausschließlich dort Anwendung, wo kein konzentrierter Lichtstrom ausgestrahlt werden soll.

In der Scheinwerfertechnik hat der *Parabol*spiegel von Beginn an die wichtigste Rolle gespielt, seit 1885 die Herstellung von geschliffenen *Glas*parabolspiegeln gelungen war. Bei diesen wird das als reflektierende Oberfläche meist verwendete Silber (auch Aluminium u.a.) gegen mechanische Einflüsse durch das Glas, gegen chemische Einwirkungen durch einen rückseitig aufgebrachten Metallüberzug, z.B. Kupfer, geschützt. *Metall*spiegel, deren reflektierende Oberfläche (Silber, Aluminium u.a.) durch Bedampfung auf dem gedrückten oder gezogenen Blech aufgebracht wird, sind in ihrem Reflexionsvermögen weitgehend von der Präzision der Bearbeitung abhängig. Die Herstellung des Metallspiegels ist gegenüber dem Glasspiegel schwieriger, weil die hochglanzpolierte Oberfläche wirksam gegen Korrosion geschützt sein muß.

Zum Verständnis des Strahlenganges in einem Parabolspiegel dient Abb. 313. Es ist dabei zu beachten, daß alle Lichtquellen – die Wendel einer Glühlampe oder der Krater der positiven Kohle einer Gleichstrombogenlampe – eine endliche Ausdehnung haben. Deswegen ist die Lichtquelle als eine leuchtende Scheibe dargestellt, die sich im Brennpunkt des Spiegels befindet. Es wird von jedem Punkt des Spiegels ein Lichtkegel ausgestrahlt, dessen Strahlungswinkel die gleiche Größe hat wie der der scheibenartigen Lichtquelle, wenn sie von dem spiegelnden Punkt aus betrachtet wird. Jeder Scheinwerfer hat also als Folge der endlichen Ausdehnung der Lichtquellen eine natürliche Streuung, die um so größer wird, je größer der Durchmesser der Lichtquellen und je kleiner die Brennweite des Spiegels ist. Diese natürliche Streuung kann durch Streugläser, die meist als geriffelte Gläser ausgeführt werden, vergrößert werden, doch bringen derartige Gläser stets einen Lichtverlust mit sich.

Die Lichtstärke eines Scheinwerfers wächst mit der Spiegelfläche und der Leuchtdichte der Lichtquelle. Will man die Lichtstärke eines Scheinwerfers und damit seine Reichweite vergrößern, so muß die Spiegelfläche oder die Leuchtdichte oder beides vergrößert werden. Der Größe des Spiegels aber sind durch Gewicht, Transportmöglichkeit, Raummangel an Bord usw. Grenzen gesetzt. Man strebt deshalb eine größere Lichtstärke im allgemeinen durch eine größere Leuchtdichte der Lichtquelle an. Die in Scheinwerfern eingebauten Glühlampen – Lichtwurflampen – besitzen deshalb einen hochbelasteten, konzentrierten Leuchtkörper.

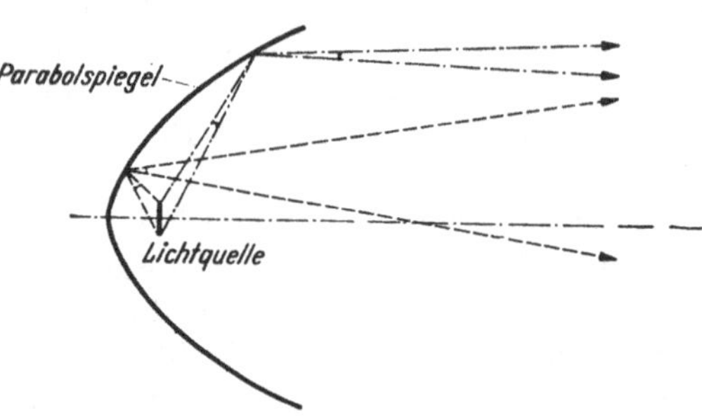

Abb. 313. Strahlengang im Parabolspiegel

Die wesentlichsten Teile eines Scheinwerfers – die Lampe und der Spiegel – werden zum Schutz gegen Witterungseinflüsse in einem geschlossenen Gehäuse zusammengebaut. Dieses ist hinten durch den mit einem Metalldeckel – meist Leichtmetall – geschützten Spiegel und von vorn durch ein Abschlußglas abgeschlossen. Um den Lichtkegel in bestimmte Richtungen lenken zu können, wird das Gehäuse je nach der Größe des Scheinwerfers in einer Gabel oder in Seitenständern gelagert, die ihrerseits in einem Fuß oder Untersatz schwenkbar angeordnet sind. Mit Rücksicht auf die Schiffsbewegungen können die Scheinwerfer auch stabilisiert werden, z. B. durch Kreiselgeräte. Zum Abdunkeln erhalten die Scheinwerfer oft Vorsatzblenden, z. B. Jalousieblenden. Kleinere Scheinwerfer, die auf dem Steuerhaus aufgebaut werden, erhalten eine Innenlenkvorrichtung, die von der Decke des Steuerhauses aus betätigt werden kann.

Eine besondere Ausführung des Schiffsscheinwerfers ist der Suezkanal-Scheinwerfer, welchen die den Kanal passierenden Schiffe bei Nachtfahrt benutzen müssen; er wird für die Dauer der Passage am Bug aufgestellt. Bei dieser Anordnung fällt eine unerwünschte Aufhellung des Vorschiffes fort. Die wichtigsten Bestimmungen für die Ausführung dieser Scheinwerfer sind:

Die Reichweite soll bei normalen atmosphärischen Sichtverhältnissen etwa 1200 m betragen.

Es soll möglich sein, den Lichtstrahl des Scheinwerfers in 2 Strahlenbündel mit je 5° Horizontalstreuung, getrennt durch eine Dunkelzone von ebenfalls 5°, schnell aufzuteilen.

Die Forderung der Aufteilung des Lichtstrahles wird erhoben, um mit dem Scheinwerfer die Ufer des Kanals gut zu erkennen und um eine Blendung anderer Schiffe zu vermeiden – die Schiffe fahren im Kanal meistens zu mehreren hintereinander. Abb. 314 gibt die Lichtverteilung und die Lichtstärke bei einem Suezkanalscheinwerfer an. Der Spiegel wird zweiteilig ausgeführt, wobei die beiden Spiegelflächen durch einen Handgriff so eingestellt werden können, daß gesammeltes oder gestreutes Licht entsteht. Daneben gibt es auch Scheinwerfer, die mit zwei getrennten optischen Systemen arbeiten.

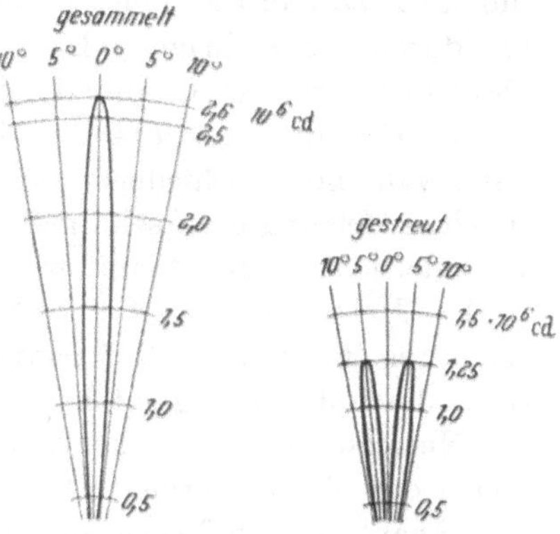

Abb. 314. Lichtverteilung bei einem Suezkanal-Scheinwerfer

H. Elektrowärme

1. Raumheizung und Raumklimatisierung

Durch elektrische Raumheizung werden Anlagen mit Dampf- bzw. Wasserradiatoren, die auf Dampfschiffen vom Abdampf bzw. auf Motorschiffen durch Hilfs- oder Abgaskessel beheizt werden, entbehrlich. Als Vorteil der elektrischen Heizung gilt die einfache Installation, der ge-

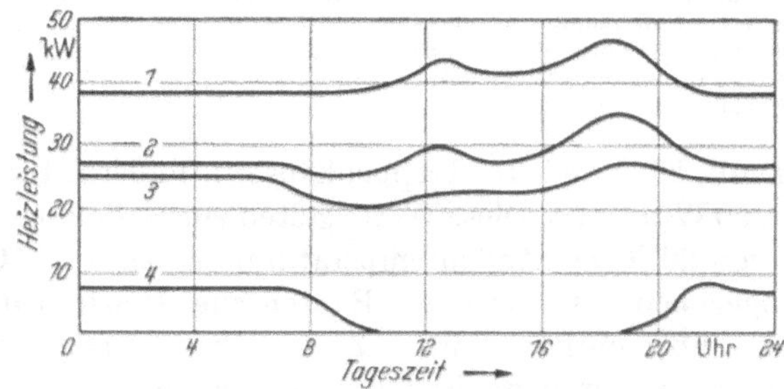

Abb. 315. Leistungsverbrauch der elektrischen Heizung; nach Messungen von HARDENS auf MS „Melilla" [13]

Die Mittags-Außentemperaturen sind bei:

Kurve 1 0 °C Kurve 2 6 °C Kurve 3 10 °C Kurve 4 18 °C

ringe Wartungs- und Reparaturaufwand sowie die sofortige Einsatzbereitschaft und die Reinlichkeit im Betrieb. Im Gegensatz zum Landbetrieb sind bei in Fahrt befindlichen Schiffen die Heizperioden meist nur kurz, so daß die höheren Betriebskosten der elektrischen Heizung, die durch die mehrfache Energieumsetzung gegeben sind, kaum ins Gewicht fallen. Das Schaubild der Abb. 315 zeigt den Leistungsverbrauch für die Heizung eines Frachtschiffes mit einer Tonnage von etwa 1700 BRT während verschiedener Tage. Man erkennt, daß sich bei einer elektrischen Heizung eine sehr genaue Anpassung der Heizleistung an die veränderlichen Außentemperaturen erzielen läßt.

Der Heizwärmebedarf eines Schiffes ist im allgemeinen höher als der ortsfester Bauten; die Lufttemperatur ist auf dem Wasser meist niedriger, die Luftfeuchtigkeit höher, der Wind kräftiger und häufiger und der Niederschlag reichlicher als an Land. Wasser und Fahrtwind erhöhen den Wärmeverlust. Dazu kommt, daß die Wärmeisolierung der Außenhaut des Schiffes gering ist. In Abb. 316 ist die erforderliche Heizleistung für Schiffsräume in Abhängigkeit von der Raumgröße aufgetragen. Dabei ist zwischen Räumen auf einem *ungeschützten* Deck bzw. *unter* Deck zu unterscheiden. Im ersten Fall rechnet man mit 100,

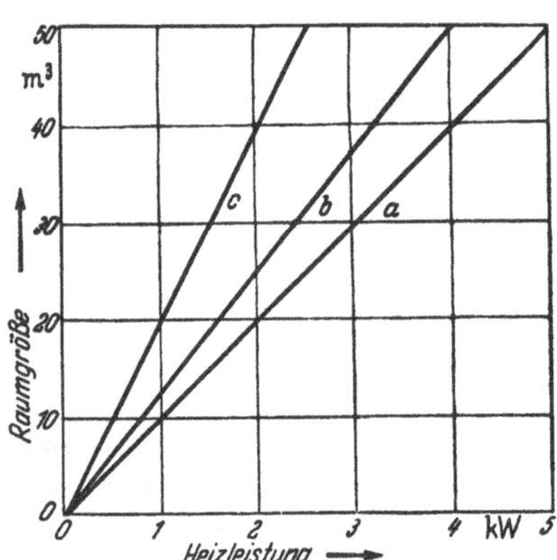

Abb. 316. Leistungsbedarf der elektrischen Heizung bei verschiedenen Schiffsräumen
a Gesellschafts- und Wohnräume auf ungeschütztem Deck; *b* Gesellschafts- und Wohnräume unter Deck; *c* Innenkammern, Treppenhäuser, Bäder

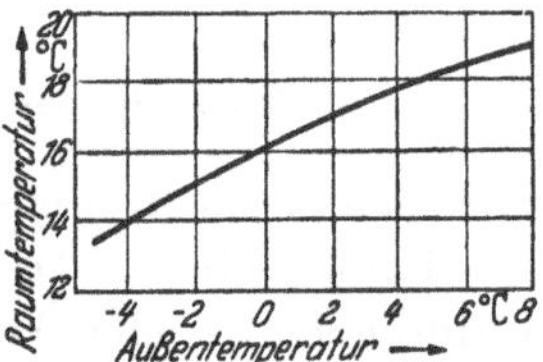

Abb. 317. Raumtemperatur als Funktion der Außentemperatur (nach FISCHMEISTER [*145*])

im anderen mit 80 W/m³. In Treppenhäusern, Bädern, Innenkammern usw. reichen 50 W/m³ aus. Diese Werte gelten zur Erzielung einer Raumtemperatur von 20 °C bei Außentemperaturen bis zu −15 °C. Zum Vergleich sei angegeben, daß bei *festen* Bauten eine Heizleistung von etwa 60 W/m³ selten überschritten wird. – Zu beachten ist noch, daß bei niedrigen Außentemperaturen auch die Raumtemperatur gesenkt werden kann, da der menschliche Körper bestrebt ist, seinen Wärmehaushalt dem Außenwetter anzupassen. – Den Zusammenhang zwischen Außentemperatur und der als angenehm empfundenen Innentemperatur für europäische

Fahrgäste zeigt Abb. 317 auf. Bei Zugluft und besonders großen Abkühlflächen ist die Temperatur um einige Grade zu erhöhen, um eine zu hohe Wärmeabgabe des menschlichen Körpers zu verhindern.

Als Heizelemente werden für die Öfen heute durchweg Heizleiter, die in ein nahtloses Rohr zusammen mit einer Füllmasse eingepreßt sind, verwendet. Der Strom wird durch eingeschmolzene keramische Durchführungen zugeleitet. Der Heizleiter steht also nicht mit der Luft in unmittelbarer Verbindung, so daß kein Abbrand bzw. keine Verzunderung durch Sauerstoffzufuhr eintreten kann. Derartige Heizelemente sind z. B. als Backerrohre, Istra- oder Pleronstäbe im Handel. Heizkörper mit nicht ummantelten Heizleitern dürfen nach den Vorschriften der Klassifikationsgesellschaften für Raumheizung meist nicht benutzt werden. –

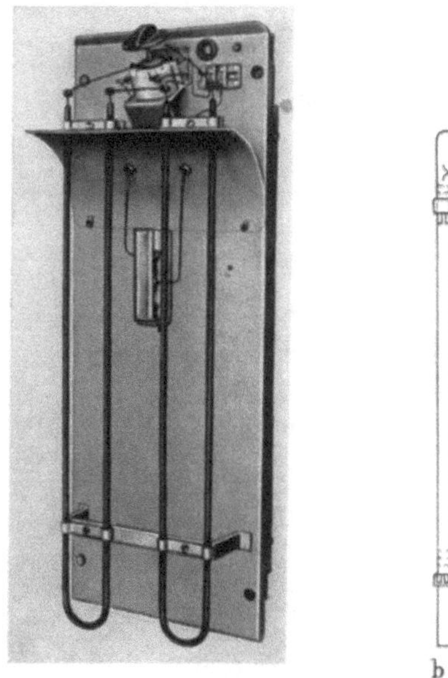

a

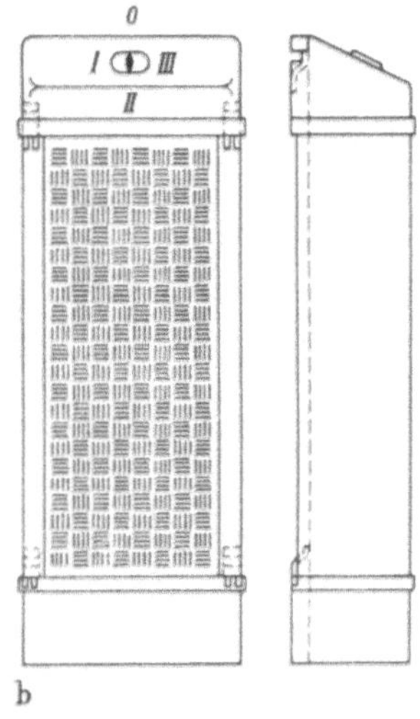

b

Abb. 318a u. b. Schiffskabinenofen für Aufbau auf einer Wand (Bauart SSW)

Abb. 318a zeigt den Aufbau U-förmig gebogener Heizelemente auf der Grundplatte eines Schiffs*kabinen*ofens, während in Abb. 318b die Vorder- und Seitenansicht eines derartigen Ofens wiedergegeben ist. Mittels eines Drehschalters, der im abgeschrägten Teil des Gehäuses oben eingebaut ist, kann die Heizleistung, die bei dem gezeigten Ofen etwa 1,3 kW beträgt, in 3 Stufen eingestellt werden; die Nullstellung des Schalters muß erkennbar sein. Der Wärmeaustausch erfolgt durch die perforierte Vorderseite des Gehäuses, wobei die Luftquerschnitte nach GL so gehalten sind, daß die Temperatur der austretenden Luft 95 °C bei einer Raumtemperatur von 20 °C nicht überschreitet. Um einen unzulässigen Temperaturanstieg zu vermeiden, wenn durch aufgelegte Kleidung od. dgl. ein Wärmestau stattfindet, ist im oberen Drittel des Heizkörpers ein Überhitzungsschutz eingebaut. Der Ofen kann nach dem Auslösen des Schutzes nur vom Bordpersonal - nicht von den Passagieren - mit einem Spezialwerkzeug wieder eingeschaltet werden.

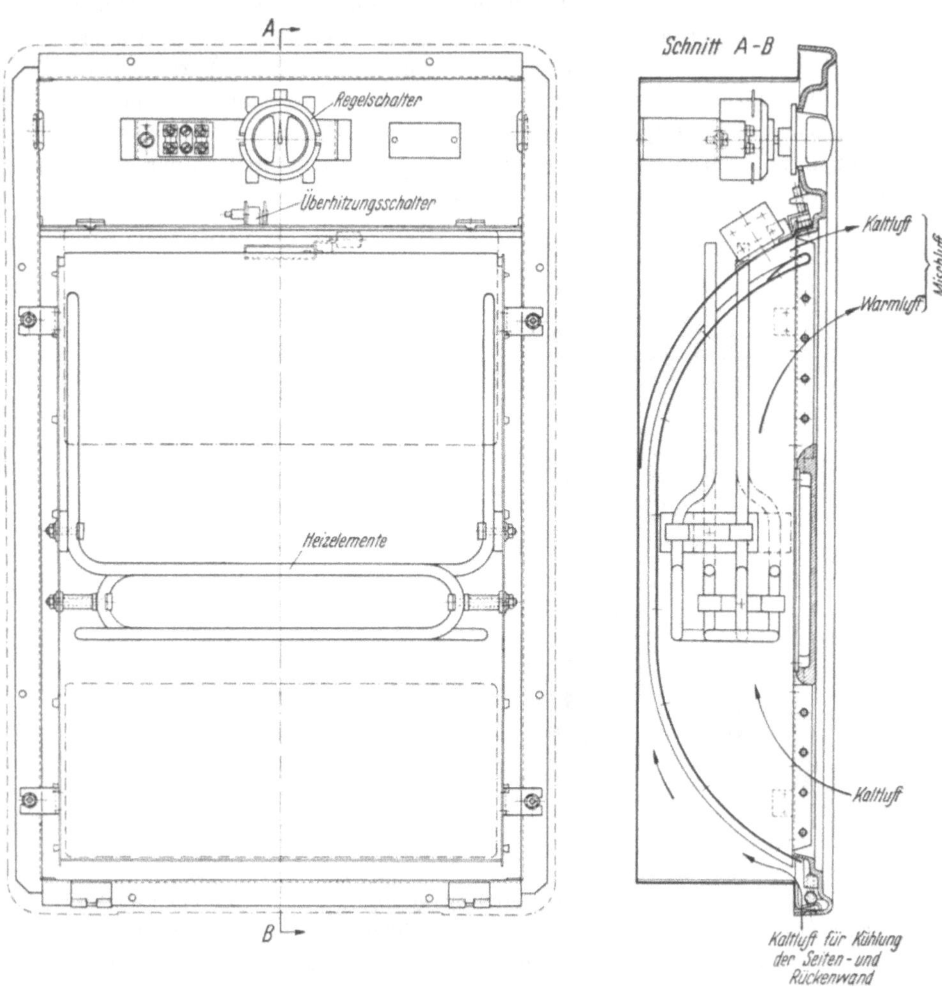

Abb. 319. Schiffskabinenofen für Einbau in eine Wand (Bauart SSW)

Neben derartigen Kabinenöfen, die ihre Wärme durch Strahlung *und* Konvektion abgeben, werden an Bord Öfen verwendet, die unten eine Lufteintritts- und oben eine Luftaustrittsöffnung besitzen, wie es Abb. 319 zeigt. Dadurch entsteht eine Kaminwirkung mit Luftzirkulation; die Wärme wird dann praktisch nur durch Konvektion abgegeben. Derartige Öfen werden für Einbau in die Kabinenverkleidung gebaut. Die durch die Luftleitbleche begünstigte Luftzirkulation hält die Oberflächentemperatur so niedrig, daß der Heizkörper ohne Zwischenisolation auch in Holzverkleidung eingebaut werden kann. – Im oberen Teil der Frontplatte ist ein Drehschalter (Stützenschalter) zur Einstellung der gewünschten Heizleistung vorgesehen. Ein eingebauter Überhitzungsschalter unterbricht die Stromzuführung bei einem Wärmestau. – Der natürliche Zug wird bei einigen Bauarten durch einen unten eingebauten Lüfter künstlich verstärkt.

In Waschräumen, Bädern und sonstigen feuchten Räumen dürfen nur Heizkörper eingebaut werden, die gegen Luftfeuchtigkeit unempfindlich sind. Oft werden in diesen Räumen Rippenheizkörper verwendet. Ortsveränderliche Heizkörper sind nur in Maschinen- und Betriebsräumen zulässig.

Besonders bei Fahrgastschiffen, aber auch bei Frachtschiffen, werden in steigendem Maße zentrale Luftheizungsanlagen vorgesehen. Bei diesen werden Heizelemente der beschriebenen Art zu Heizregistern zusammengefaßt und in zentrale Lufterhitzer eingebaut; von dort wird die erhitzte Luft über Luftkanäle in die Kabinen geleitet. Es sind Vorkehrungen zu treffen, um zu verhindern, daß die Register bei stillstehenden Ventilatoren oder geschlossenen Luftklappen eingeschaltet sind, da sonst die Heizelemente unzulässig hoch erwärmt werden. Grundsätzlich sollen derartige Raumheizungsanlagen auf Schiffen immer mit selbsttätiger Temperaturregelung ausgestattet sein, denn der Wärmebedarf ändert sich, wie bereits erörtert, rasch. Die Kosten einer selbsttätigen Temperaturregelung werden im allgemeinen durch Ersparnisse im Heizwärmeverbrauch aufgehoben. Selbsttätige Temperaturregelung ist auch im Hinblick auf die Bequemlichkeit der Fahrgäste und ihre oft geringe Vertrautheit im Umgang mit elektrischen Geräten geboten. Durch geeignete Anordnung kann der Raumthermostat auch als Brandschutzschalter wirken.

Werden diese Luftheizungsanlagen mit einer Kühlung und einer Feuchtigkeitsbeeinflussung der Luft kombiniert, so entstehen *Klima*anlagen. Leistungsfähigkeit und das Wohlbefinden der Menschen erreichen Bestwerte, wenn sich die Werte für Raumtemepratur, relative Feuchte und Luftbewegung zwischen bestimmten oberen und unteren Grenzen und in bestimmten Verhältnissen zueinander bewegen – Behaglichkeitszonen. Bei hohen Außentemperaturen in den Tropen ist es notwendig, den Unterschied zwischen Außen- und Raumtemperatur nicht größer als 3–7 °C zu wählen, da sonst gesundheitliche Schäden auftreten können. Der Temperaturunterschied darf jedoch nur im Zusammenhang mit der Luftfeuchtigkeit betrachtet werden.

Die *Klima*zentrale – auch Klimakammer genannt – stellt den wichtigsten Teil einer Klimaanlage dar. In ihr wird die Kühlung und Entfeuchtung der Luft während der heißen Jahreszeit und im Winter die Heizung und Befeuchtung vorgenommen. Auch die Reinigung der Luft sowie ihre Umwälzung und Bewegung wird hier bewirkt.

Neben der Klimazentrale und dem Verteilungsnetz ist zur Temperatursenkung in den meisten Fällen auch eine Kältemaschine erforderlich. Um die Kälteleitung zu reduzieren, d.h. die Kältemaschinen und ihr Zubehör klein zu halten, wird oft nur ein Teil der gesamten umgewälzten Luft wieder in die freie Atomsphäre ausgeblasen, während der andere Teil weiter umläuft. Die Menge des Frischluftanteils muß jedoch einen ausreichenden Luftwechsel gewährleisten; es ist also die Größe des Raumes und die Personenzahl zu berücksichtigen. – Das Erfassen und Einstellen von Temperatur, Feuchtigkeitsgrad, Luftmenge und Luftgeschwindigkeit wird meist *vollautomatisch* durch Thermo- und Hygrostaten ausgeführt, oft auf elektrischem Wege.

Die Klimaanlage kann an Bord auf verschiedene Weise aufgebaut werden. Zur Klimatisierung großer Räume, wie Speise- und Gesellschaftssälen werden die Maschinen und Apparate in einem besonderen Raum untergebracht, wobei die Luft durch Zu- und Abluftleitungen geführt wird. Bei kleinen Räumen und den Kabinen werden Raumgeräte installiert, die sämtlich an *ein* Kühlsystem angeschlossen sind. Eine andere Methode besteht darin, Klimaschränke in dem zu klimatisierenden Raum aufzustellen, wofür allerdings ein verhältnismäßig großer Raumbedarf entsteht.

2. Warmwasserversorgung

Elektrisch beheizte Heißwasserspeicher werden an Bord sehr häufig verwendet. Diese Art der Warmwasserbereitung hat gegenüber einer zentralen Warmwasserversorgung den Vorteil, daß ein besonderes isoliertes Rohrnetz im Schiff in Wegfall kommt und ein rationellerer Betrieb bei schwächerer Belegung der Kabinen gewährleistet ist, als dies in Anlagen mit zentraler Warmwasserbereitung möglich ist. Man unterscheidet *Niederdruck*speicher und *Hochdruck*speicher. Für den Schiffsbetrieb kommen vorwiegend Niederdruckspeicher, die nach Abb. 320a nach dem *Überlauf*prinzip arbeiten, zur Verwendung, und nur in Einzelfällen werden Hochdruckspeicher aufgestellt. – Die Niederdruckspeicher sind stets mit Wasser gefüllt, wobei der zugehörige Hahn „Warm“ im *Kalt*wasserzufluß liegt. Das unter Leitungsdruck von unten zuströmende kalte Wasser drückt das heiße Wasser durch das Überlaufrohr heraus. Ein Mischen von Kalt- und Warmwasser wird durch zusätzliches Öffnen des Hahnes „Kalt“ bewirkt. Der Speicher besitzt im allgemeinen nur *eine* Zapfstelle. Eine Ausnahme bildet z.B. der Anzapfspeicher, bei welchem in 2/3 Höhe des Speichers ein Anzapfrohr vorgesehen ist, aus dem das obere Drittel des Speicherinhaltes entnommen werden kann, z.B. bei der gemeinsamen Versorgung eines Bades und eines Waschbeckens. – Beim Hochdruckspeicher ist das Absperrorgan nach Abb. 320 b im Wasserauslauf an-

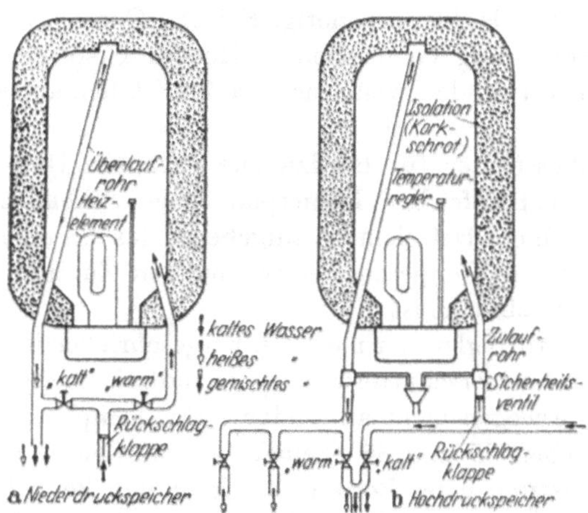

Abb. 320 a u. b. Heißwasserspeicher

geordnet, während der Zulauf ständig mit der Kaltwasserquelle in Verbindung steht. Der Speicher muß also dem Wasserleitungsdruck stand-

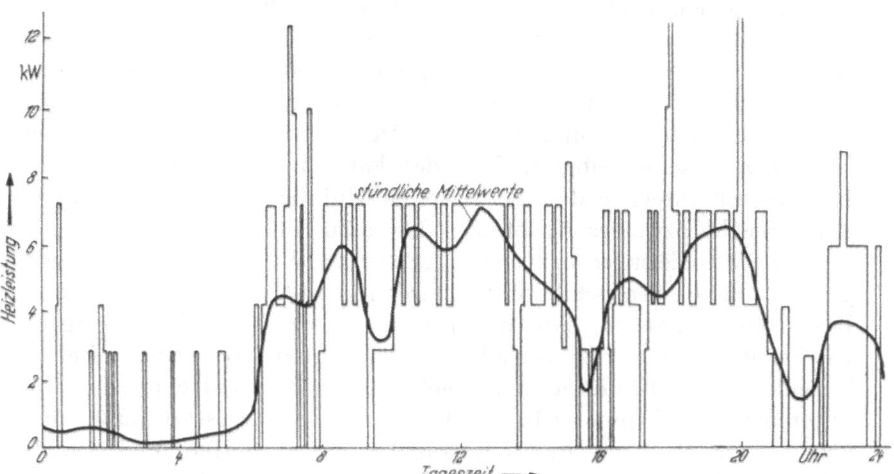

Abb. 321. Leistungsverbrauch für Heißwasserspeicher während eines Tages; nach Messungen von HARDERS auf MS „Melilla" [13]

halten, der sich beim Versagen des Temperaturreglers noch erhöhen kann. Hiergegen muß ein Sicherheitsventil vorgesehen werden. Dieses ist auch während der Aufheizperiode in Funktion, da das sich während des Anheizens ausdehnende Wasser eine Volumenvergrößerung zur Folge hat und dadurch ein Überdruck entsteht. Um zu verhindern, daß heißes Wasser bei ausbleibendem Wasserleitungsdruck in die Leitung zurückfließt, sind Rückschlagklappen nötig. Für alle Geräte ist außerdem eine Temperaturbegrenzung vorzusehen. – Hochdruckspeicher werden vornehmlich dann verwendet, wenn mehrere Zapfstellen angeschlossen werden sollen.

Der Innenkessel der für Bordzwecke gebauten Heißwasserspeicher besteht meist aus Kupfer bzw. kupferplattiertem Stahlblech. Der Kesselinhalt wird durch ein Heizelement aufgeheizt, das auf einem Flansch zusammen mit einem Temperaturregler und den Zu- und Ablaufrohren des Speichers angebracht ist.

Der Temperaturregler, der nach GL vorgeschrieben ist, muß auch bei Schräglagen und bei Erschütterungen einwandfrei arbeiten; Quecksilberschalter sind deswegen nicht anwendbar. Die Temperatur kann im allgemeinen zwischen 35 und 85° C eingestellt werden. – In Abb. 321 ist die Gesamtbelastung eines Bordnetzes durch den Betrieb aller an Bord befindlichen Heißwasserspeicher während eines Tages aufgezeichnet.

3. Kücheneinrichtungen[1]

Der mit Kohle oder Öl gefeuerte Küchenherd ist auch an Bord vielfach durch den sauberen und rationelleren *Elektroherd* abgelöst. Die Kochplatten werden bei diesem aus Hochfrequenzstahlguß oder aus Stahlblech hergestellt. Die Heizleiter sind gewendelt und in Isoliermasse zwischen den Wärmeleitrippen der Platten eingebettet. Es wird zwischen *leistungs*geregelten Kochplatten, deren Heizleistung in mehreren Stufen oder auch stufenlos eingestellt werden kann und *temperatur*geregelten Kochplatten unterschieden. Bei letzteren wird die Temperatur der Plattenoberfläche bzw. des Kochtopfes durch Zu- und Abschalten der gesamten Plattenleistung bzw. einer Teilleistung stufenlos eingestellt und geregelt. Bei großen Schiffsherden werden meist 2 Kochplatten zu einer Kochstelle zusammengefaßt und gemeinsam geschaltet bzw. geregelt. Die Schaltorgane werden bei solchen großen Herden entweder auf einer besonderen Schalttafel zusammengefaßt oder im Herd eingebaut. Im ersteren Fall sind diese nicht so sehr der Wärme ausgesetzt, dafür muß aber ein entsprechend großes Kabelpaket zwischen Herd und Schalttafel verlegt werden. Im zweiten Fall werden wärmefeste Schalter verwendet. Innerhalb des Herdes sind die Zuleitungen oft in Leitungskanälen blank auf keramischen Isolierstücken verlegt; es werden hierfür aber auch Drähte mit Silicon- oder Glasseideisolation verwendet. – Schiffsherde erhalten zur Sicherung der Kochtöpfe bei Schiffsbewegungen

[1] DIN 89510, „Schiffselektrogeräte", Mai 1955.

eine Schlingerleiste. – Tischherde in der Anrichte mit 2 oder 3 Kochplatten dienen zum Herstellen einzelner Speisen. Ebenso eignen sich für die Anrichte kleine Wärmeplatten zum Warmhalten von Speisen.

Backöfen erhalten im allgemeinen zwei oder drei übereinandergebaute Backherde zum Backen von Brot und Kleingebäck und einen untergebauten Gärschrank zum Garen des Teigs. Sie müssen mit einer Schwadenvorrichtung versehen sein, um die Backwaren bedampfen zu können. Bei großen Schiffen werden die Backöfen mit vergrößerten Backflächen ausgeführt; denn es wird gern vermieden, die Zahl der Backöfen zu vermehren – es gilt die Regel: je größer die Backfläche, desto besser die Backware. – Für die Ober- und Unterhitze der *Backöfen* werden mit Keramikperlen isolierte Heizwendeln oder vor allem bei großen Geräten Schamotteheizkörper verwendet. Der Backofen selbst wird mittels Thermostat geregelt. Mit dem Temperaturregler kann ein sogenannter Vorwählschalter gekoppelt werden, der es ermöglicht, den jeweiligen Anteil von Unter- bzw. Oberhitze einzustellen. Im Gegensatz zum Braten kommt es beim Backen auf die Einhaltung genauer Temperaturen an. Im Gärschrank wird eine feuchte Wärme erzeugt, damit die Oberfläche des Teigs nicht verkrustet und den Gärvorgang behindert. Große Backherde werden zum Messen der Backtemperatur meist mit einem Pyrometer ausgerüstet. Für die Beleuchtung kann eine feste Leuchte oder eine Handlampe verwendet werden.

Um bei *Kochkesseln* ein Anbrennen des Kochgutes zu vermeiden, ist die indirekte Beheizung durch Wasserdampf der direkten Beheizung vorzuziehen. Ein derartiger Kochkessel besitzt einen Innenkessel, der aus nichtrostendem Stahl oder einer nichtkorrodierenden Metalllegierung hergestellt ist, ferner einen Außenkessel, der vielfach aus verzinktem Eisenblech gefertigt ist, und den Stahlblechaußenmantel. Innen- und Außenmantel sind dampfdicht miteinander verschraubt. Zwischen Innen- und Außenmantel befindet sich das durch Widerstandselemente elektrisch beheizte Wasserbad. Die Heizelemente sind in einem Flansch zusammengeführt und können leicht ausgebaut werden. Probierhähne gestatten die Kontrolle des Wasserstandes im Wasserbad. Für die Betriebssicherheit des Kessels ist durch Sicherheitsventile, Manometer und Ent- bzw. Belüftungsventile gesorgt. – Auf Schiffen mit Drehstromanlage kann bei Kochkesseln die Elektrodenbeheizung Anwendung finden. Infolge einer eingebauten selbsttätigen Regelung vermindert sich die Beheizung auf das erforderliche Maß, sobald der Kesselinhalt zum Kochen gebracht wird. Es besteht auch die Möglichkeit, einen Elektrodendampferzeuger getrennt vom Kessel aufzustellen. Die Möglichkeit einer bequemen Reinigung und Entleerung des Kesselinhaltes bieten die *Kipp*kochkessel, deren Aufstellung jedoch mit Rücksicht auf die Bewegungen des Schiffes im Seegang besondere Beachtung geschenkt werden muß.

Wärmeschränke dienen vornehmlich zum Anwärmen von Geschirr und zum kurzzeitigen Warmhalten von Speisen. Sie werden durch im Boden eingebaute einstellbare Heizkörper beheizt. *Bratpfannen* werden vielfach als *Kipp*bratpfannen zur Befestigung an der Wand oder auf Standsäulen aus Gußeisen oder Stahlblech angefertigt. Als weitere Spezialgeräte seien Grill- und Spießbrateinrichtungen genannt. *Kaffeemaschinen,* besonders in den Anrichten, werden ebenfalls meist elektrisch beheizt. Auf Fahrgastschiffen haben sich Geschirrspülmaschinen eingeführt. Das Warmwasser wird diesen durch eine elektrisch angetriebene Pumpe zugeführt und aus Düsen über das Geschirr gesprüht.

4. Ölerhitzer

Das *Schmieröl* und meist auch das *Treiböl* der Dieselmotoren wird mechanisch in Separatoren von den in ihnen enthaltenen Verunreinigungen und dem Wasser befreit[1]. Eine einwandfreie Reinigung hängt wesentlich von der Öltemperatur ab; je wärmer das Öl ist, um so dünnflüssiger ist es und um so besser wird die Leistung der Ölreinigungsgeräte. Schmieröl wird auf etwa 70 °C bis 80 °C und Treiböl auf etwa 50 °C erhitzt. Leichte Gasöle können dagegen meist mit Raumtemperatur separiert werden.

Abb. 322 zeigt den schematischen Aufbau eines elektrisch beheizten Ölerhitzers, der nach dem Durchlaufprinzip arbeitet. Die spezifische Be-

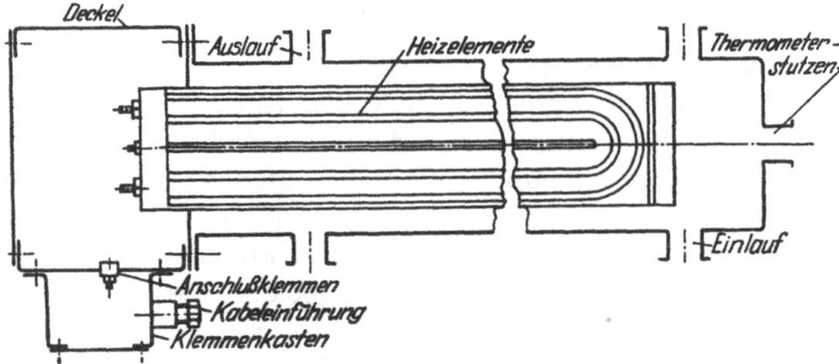

Abb. 322. Durchlauferhitzer für Öl (Bauart Elwa)

lastung der Stäbe muß so niedrig gehalten werden, daß eine Verkokung des Öls in ihrer Nähe nicht auftreten kann. Oft werden Temperaturregler vorgesehen, die bei etwa 80–85 °C den Strom ab- und bei sinkender Temperatur wieder einschalten. Die Durchlauferhitzer arbeiten nach dem Überlaufsystem, wobei das in den Behälter eintretende kalte Öl das warme Öl in den Seperator drückt. Zwischen Seperator und Abfluß des

[1] Vgl. Hilfseinrichtungen für den Betrieb der Hauptmaschinen, S. 224.

Durchlauferhitzers dürfen keine Absperrventile geschaltet werden, da sonst in ihm bei geschlossenen Ventilen ein Überdruck entstehen kann; das Absperrorgan befindet sich im Ölzulauf.

Der auf Schiffen häufig verwendete Turbulofeinfilter[1] ist ein Ölreinigungsgerät, das meist zwischen Treiböltagestank und Dieselmotor geschaltet ist. Das Gerät besteht aus mehreren Filtern, die das Treiböl durchströmt. In den Fluß des Öles geschaltete Leitwände und Prallplatten veranlassen die Ausscheidung fester Beimengungen schon in den Kammern des ersten Kaskadenfilters. Mitgeführte Wasserteilchen werden an den Oberflächen der Leitwände ab- und einem unten befindlichen Schlammraum zugeleitet. Zur Verbesserung und Beschleunigung des Reinigungsvorganges kann der Brennstoff durch eingebaute Heizregister erwärmt werden. Diese bestehen jeweils aus mehreren elektrischen Heizelementen, die zur Temperatureinstellung einzeln zu- und abgeschaltet werden können.

Ölhaltiges Ballast- bzw. Bilgewasser darf nicht ohne weiteres über Bord gepumpt werden. Es ist erforderlich, das Wasser vom Öl zu trennen und das abgeschiedene Öl abzufangen. Dieses kann in einem Entöler geschehen. An den Reinheitsgrad des Wassers werden dabei sehr hohe Anforderungen gestellt. Um das Ablassen des abgeschiedenen Öles zu erleichtern, ist eine elektrische Aufheizung zweckmäßig.

5. Frischwassererzeuger

Bei größeren Seeschiffen wird sowohl das Trink- und Waschwasser[2] als auch das Kühlwasser und bei Dampfschiffen das Kesselspeisewasser aus Seewasser gewonnen. Die hierfür benötigten Verdampfer können wegen der besonderen Eigenschaften des Seewassers nicht unmittelbar mit Kohle, Öl oder heißen Abgasen beheizt werden. – Man verwendet auf *Dampf*schiffen zum Aufheizen Anzapfdampf aus der Abdampfleitung der Turbinen- oder Dampfmaschinenanlage. Ihrer Arbeitsweise gemäß werden diese Anlagen als Vakuumverdampferanlagen bezeichnet. Die Brüden, d.h. die im Verdampfer erzeugten Dämpfe werden in einem seewassergekühlten Kondensator niedergeschlagen. – Auf *Motor*schiffen wird meist ein Teil der aus dem Kühlwasser des Motors abzuführenden Verlustwärme zur Gewinnung des Destillats ausgenutzt. In einem Wärmeaustauscher gibt das erwärmte Kühlwasser soviel Wärme ab, daß ein Teil des Seewassers bei hohem Vakuum verdampft. Bei beiden Verfahren wird das durch die Kondensation des Brüdens gewonnene salzarme Destillat nochmals aufbereitet, damit es für den menschlichen Genuß voll geeignet ist.

---

[1] Bauart: Deutsche Werft.

[2] Vgl. Antriebe für Pumpen und Ventilatoren, S. 210.

Elektrisch beheizte Verdampferanlagen sind nur vereinzelt anzutreffen; sie können aber besonders für kleine Leistungen zweckmäßig sein. Die Arbeitsweise einer elektrisch beheizten Verdampferanlage ist aus Abb. 323 zu ersehen. Eine Pumpe drückt das Seewasser parallel durch den Destillatkühler *und* den Laugekühler in den Verdampfer. Der hier durch Verdampfung entstehende Brüden wird durch ein Gebläse abgesaugt und verdichtet, wodurch sich seine Temperatur erhöht – Wärmepumpe. Dann wird er in das elektrisch beheizte System des Verdampfers zurückgedrückt. Auf diese Weise brauchen die elektrischen Heizelemente nur die nachstehend unter c) und d) aufgeführten Verluste zu decken. Nach der Kondensation wird das Wasser im Destillatkühler gekühlt und den Verbrauchern zugeführt. Die für den Betrieb der Anlage aufzuwendende elektrische Energie dient zur Deckung:

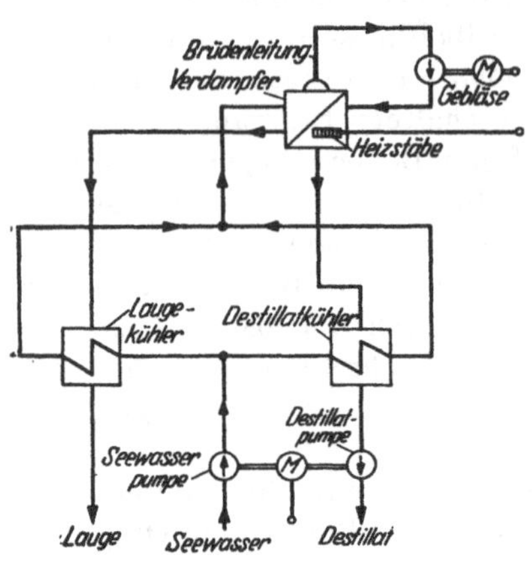

Abb. 323. Wirkschema einer elektrisch beheizten Verdampferanlage

a) des Energiebedarfs des Gebläses;
b) des Energiebedarfs der Pumpen;
c) der durch Leitung und Strahlung verursachten Wärmeverluste;
d) des Wärmeverlustes, der sich aus der Temperaturdifferenz zwischen ablaufender Lauge und abgeführtem Destillat einerseits und eintretendem Seewasser andererseits ergibt.

Zur Betriebsüberwachung benötigen alle Frischwassererzeuger elektrische Salzmeßanlagen.

II. Elektrische Propellerantriebe

A. Allgemeine Grundlagen

1. Ausführungsmöglichkeiten

Beim elektrischen Propellerantrieb wird der Propeller von einem oder mehreren Elektromotoren unmittelbar oder über ein Vorgelege angetrieben. Hinsichtlich der *Energiequelle* zur Speisung dieser Motoren werden im wesentlichen folgende Gruppen unterschieden:

Antriebe, bei denen auf der Verbindungswelle zwischen Dieselmotor und Propeller eine Gleichstrommaschine angeordnet ist, welche zum Laden einer *Akkumulatorenbatterie* dient. Bei abgekuppeltem Dieselmotor kann von dieser Batterie dieselbe Gleichstrommaschine als Propellermotor gefahren werden. Derartige Antriebe haben vor allem für Unterseeboote Bedeutung.

Antriebe mit einer oder mehreren Kraftmaschinen (Dieselmotor, Dampfturbine, Gasturbine – die beiden letzteren eventuell in Verbindung mit einem Atomreaktor) und angekuppelten Generatoren. Derartige Anordnungen werden als *dieselelektrische* bzw. *turboelektrische* Antriebe bezeichnet.

Dazu gibt es die Möglichkeit, einem unmittelbar von einer Kraftmaschine angetriebenen Propeller zusätzlich noch durch einen Elektromotor Leistung zuzuführen. Als Energiequelle kann wieder eine Akkumulatorenbatterie oder ein Generator dienen. Derartige Anordnungen werden als „elektrische *Zusatzantriebe*" bezeichnet.

Auch die Anwendung von elektrischen *Schlupfkupplungen*, für die eine elektrische Energiequelle nur zur Erregung erforderlich ist, wird zu den elektrischen Propellerantrieben gerechnet.

Hinsichtlich des Übertragungssystems können die Propellerantriebe als Drehstrom- oder Gleichstromantriebe ausgeführt werden. Wegen ihrer hohen Überlastbarkeit und ihrer hervorragenden Umsteuereigenschaften wird die *Gleich*strommaschine *bevorzugt* zum Antrieb von Schiffspropellern verwendet. Ferner sind die Möglichkeit der „*Momentenwandlung*" sowie die gute Einstellbarkeit der Drehzahl bei der Gleichstrommaschine wesentliche Merkmale, die für die Gleichstromübertragung sprechen. Wenn trotzdem auch Antriebe mit Drehstromübertragung gebaut werden, so liegt das vor allem daran, daß Antriebe mit Gleichstromübertragung wirtschaftlich nur bis zu Leistungen von 4–5000 WPS gebaut werden können. Das Gebiet über diesen Leistungen gehört daher dem Drehstromantrieb, der gegenüber dem Gleichstromantrieb den Vorzug eines besseren Wirkungsgrades, geringeren Gewichts und eventuell eines geringeren Raumbedarfs hat. Diese Leistungsgrenze bedeutet, daß *große* Hochseeschiffe, – wenn überhaupt – bevorzugt mit Drehstromantrieben gebaut und Gleichstromantrieb vornehmlich bei kleinen und mittelgroßen Seeschiffen sowie Küsten- und Hafenfahrzeugen, wie Tonnenlegern, Feuerlöschbooten, Lotsenbooten, Schleppern, Schwimmbaggern, Schwimmkranen angewendet werden. Ausgenommen von dieser Regel sind vor allem Spezialfahrzeuge, wie Versorgungsschiffe, Fährschiffe und Eisbrecher, bei denen der Gleichstrom auch noch für wesentlich höhere Leistungen verwendet wird; es sind Schiffe bis zu 11000 WPS an *einer* Welle gebaut worden.

Selbstverständlich ist die Art des Propellers für die Ausführung der Antriebslage von entscheidender Bedeutung. Das erste brauchbare Propulsionsorgan war das *Schaufelrad*. Es wird noch heute bei Flußschiffen angewendet, weil es das Fahren auch auf sehr flachem Fahrwasser gestattet und in seinem Wirkungsgrad von keinem anderen Propulsionsmittel erreicht wird. – Bei Seeschiffen kommt weitgehend der langsamlaufende *Schrauben*propeller mit festen Flügeln zur Anwendung (RESSEL, 1826). Bei hochbelasteten Propellern kann deren Wirkungsgrad durch

Einbau einer KORT-Düse gesteigert werden; das kann zu einer oft wünschenswerten Erhöhung der Propellerdrehzahl führen. Als Abart dieser Düsen gilt der SCHNITTGER-Propeller, bei dem die Schraubenflügel etwa auf halbem Durchmesser des Propellers durch einen Ring verbunden sind; hierdurch wird das Wasser – ebenso wie bei der KORT-Düse – in günstiger Weise geführt. In zunehmendem Maße werden in neuerer Zeit auch Schraubenpropeller mit verstellbaren Flügeln bei Seeschiffen verwendet, welche heute auch für einen großen Leistungsbereich gebaut werden. Der Wirkungsgrad im Auslegepunkt ist zwar bei einem *Verstell*propeller nicht höher, als bei einem Festpropeller, durch die verstärkte Nabe zum Unterbringen des Verstellmechanismus eher ein wenig schlechter. Die Überlegenheit des Verstellpropellers gegenüber dem Festpropeller bezüglich des Wirkungsgrades wird aber um so deutlicher, je weiter der jeweilige Betriebspunkt vom Auslegepunkt entfernt ist. Die Folge ist eine Verbesserung der Schubkraft in diesen Betriebspunkten. Bei Verwendung von Verstellpropellern entfallen bei den Kraftmaschinen die Umsteuereinrichtungen. – Die nachstehenden Ausführungen beziehen sich – wenn nichts anderes vermerkt – auf den Schraubenpropeller mit *festen* Flügeln. – Der Antrieb von Schiffen durch Triebwerke, wie sie in der Flugtechnik gebräuchlich sind, befindet sich noch im Anfangsstadium der Entwicklung (Luftkissenfahrzeuge, Tragflügelboote u. dgl.).

Die richtige Ausführung eines elektrischen Propellerantriebes erfordert eine genaue Kenntnis der vom Propeller benötigten Leistung, sowie des Zusammenhanges zwischen Leistung, Drehzahl und Schiffsgeschwindigkeit, der statischen und dynamischen Überlastbedingungen und der Umsteuervorgänge.

2. Leistungsbedarf[1]

Der Gesamtwiderstand des Schiffes ist gleichbedeutend mit der Kraft, die notwendig ist, ein Schiff in gleichmäßiger Fahrt zu halten. Er kann in folgende Komponenten aufgeteilt werden:

Reibungswiderstand }
Wirbelwiderstand } im Wasser,
Wellenwiderstand }
Luftwiderstand.

Der *Reibungs*widerstand tritt an der eingetauchten Schiffsoberfläche durch das vorbeiströmende Wasser auf. Er benötigt etwa $^1/_2$ bis $^3/_4$ der gesamten Antriebsleistung. Seine Größe wächst proportional mit der Schiffsoberfläche und ungefähr quadratisch mit der Geschwindigkeit.

[1] Dieser Abschnitt wurde unter Benutzung von Angaben der „Versuchsanstalt für Wasserbau und Schiffbau", Berlin, bearbeitet.

Durch besondere äußere Einflüsse, z. B. Bewuchs der Schiffsaußenhaut, kann er noch beträchtlich ansteigen. – Der *Wirbel*widerstand, oft auch Ablösungswiderstand genannt, tritt an den Hauptkrümmungen der Schiffswand, vor allem am Heck des Schiffes, auf (breite Wirbelschleppe hinter völligen Schiffsformen). Die mit der Schraubenwirkung notwendigerweise verknüpfte Wirbelbildung hat jedoch andere Ursachen. Bei schlanken Schiffsformen ist der Wirbelwiderstand sehr gering. Der Rechnung ist er nur in geringem Maße zugängig, beim Schleppversuch ist er von dem Wellenwiderstand nicht zu trennen. – Das sich fortbewegende Schiff erzeugt ein Wellensystem – Querwellen und Diagonalwellen. Die Energie, die zur ständig neuen Erzeugung dieser Wellen nötig ist, erfordert eine Druckkraft, die am Schiffskörper angreifen muß: den *Wellen*widerstand. Dieser ist im gesamten Geschwindigkeitsbereich der vierten Potenz der Geschwindigkeit proportional.

Bei Windstille beträgt der *Luft*widerstand des das Wasser überragenden Schiffskörpers nur wenige Prozent des Wasserwiderstandes, bei Gegenwind kann er jedoch einen beträchtlichen Anteil des Gesamtwiderstandes bilden.

Eine Verminderung der Widerstände und damit die Verkleinerung der Antriebsleistung erfordert, daß der Ausbildung der *Schiffsform* sorgfältige Beachtung geschenkt werden muß. Die Hauptabmessungen: Länge, Breite über Hauptspant und Tiefgang müssen in einem richtigen Verhältnis zueinander stehen. Bei Schiffen mit mäßiger Geschwindigkeit und gleicher Wasserverdrängung hat das längere Schiff im allgemeinen den geringeren Widerstand. Der Völligkeitsgrad δ eines Schiffes soll nicht zu groß sein; er liegt meist zwischen 0,6 und 0,8.

Bei geforderter Tragfähigkeit muß das Schiffsgewicht möglichst gering gehalten werden. Hierzu bestehen vor allem folgende Möglichkeiten: Verwendung von Stahl geringerer Stärke, aber höherer Festigkeit; Verwendung von Leichtmetall; Schweißung statt Nietung; hochtourige, d.h. leichte Antriebsmaschinen. Schließlich muß man bestrebt sein, die Rauhigkeit des Schiffskörpers, vor allem den Bewuchs, klein zu halten. Auch die Ausbildung des Ruders ist für den Leistungsbedarf des Schiffes von Bedeutung. Dieses kann als Leitapparat für den Propeller wirken. Andererseits wirkt auch das Ruder besser, wenn es im Strom des Propellers liegt. Es ist deshalb zweckmäßig, die Ruder möglichst hinter dem Propeller anzuordnen.

Eine überschlägige Ermittlung der Antriebsleitung N_w eines Schiffes in PS gestattet die sogenannte *Admiralitätsformel*[1]:

$$N_w = \frac{D^{2/3}\,v^3}{C_w}\,.$$

[1] Nach „Handbuch der Werften“ [*158*].

D ist die Wasserverdrängung in t, v die Geschwindigkeit in kn. C_w wird als Admiralitätskonstante bezeichnet; sie hängt von der Geschwindigkeit und dem Tiefgang des Schiffes und damit von seiner Größe ab.

Die Admiralitätsformel ist nur anwendbar, wenn die C_w-Werte von in der Form ähnlichen Schiffen – bei nahezu oder genau gleichen FROUDEschen Zahlen (s. unten) – bekannt sind. Einige C_w-Werte sind in nebenstehender Tab. 22 aufgeführt.

Unterschiede in der Schiffsform und in den Antriebsverhältnissen geben Schwankungen in den C_w-Werten bis zu 20%.

Tabelle 22

C_w-Werte gebauter Schiffe[1]

	v [kn]	C_w
Frachtschiffe	8,5	240
	11	400
	13	400
	14	400
	11	410
	13,5	420
	16	450
	16	470
	15	500
	15	500
	21	390
Tankschiffe	10	520
	12	600
	16	420
	17	350
Fischdampfer	10	280
	11	380
	12	350
	13	285

Im allgemeinen bedient sich der neuzeitliche Schiffbau zur exakten Festlegung der Antriebsleistung eines Neubaues nicht mehr dieser oder ähnlicher Näherungsformeln, sondern des *Modell*versuchs im Schleppkanal. Zur Untersuchung der Antriebsverhältnisse eines Schiffes werden Modellversuche mit geometrisch ähnlichen Schiffsmodellen auf der Basis des *Froudeschen Ähnlichkeitsgesetzes* durchgeführt. Die Einhaltung der FROUDEschen Ähnlichkeit bedeutet, daß dann geometrisch ähnliche Wellenbilder auftreten, wenn Schiff und Modell bei gleicher „FROUDEscher Zahl“

$$F = \frac{v}{\sqrt{g L}}$$

fahren. L bedeutet hier die Länge des Schiffes, gemessen in der Wasserlinie.

Wird eine Änderung der Fahrgeschwindigkeit durch Veränderung der Propellerdrehzahl vorgenommen, so ändert sich die vom Propeller aufgenommene Leistung im allgemeinen etwa mit der dritten Potenz der Drehzahl. Der Zusammenhang zwischen der vom Propeller benötigten Leistung und seiner Drehzahl wird durch die *Propellerkurve* wiedergegeben, wie sie z.B. in Abb. 324 für ein unbeladenes Schiff bei ruhiger See (Probefahrtsergebnisse) aufgezeichnet ist. Gestrichelt ist dazu die kubische Parabel eingetragen. Mit zunehmender Geschwindigkeit wird der Anteil des Wellenwiderstandes am Gesamtwiderstand größer, wodurch ein Ansteigen der Leistungskurve im oberen Drehzahlbereich mit

[1] Nach „Handbuch der Werften“ [*158*].

der vierten oder fast fünften Potenz möglich wird. Auch besteht eine gewisse Abhängigkeit vom Völligkeitsgrad, doch sind allgemein Schiffe mit hohem Völligkeitsgrad verhältnismäßig langsam. – In Abb. 325 ist

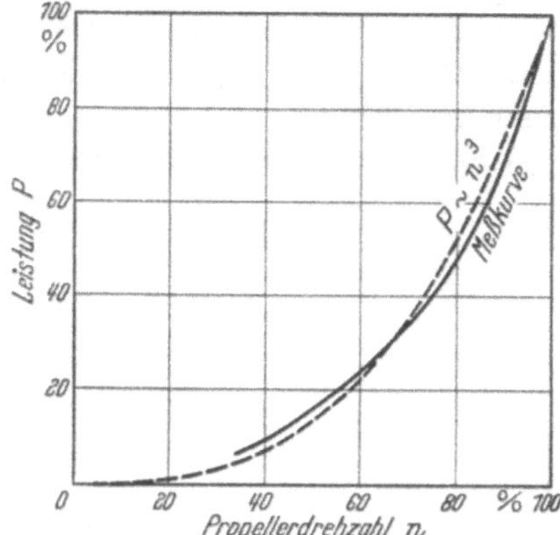

Abb. 324. Propellerkurve nach Messungen auf DES „Catherine Sartori“

Abb. 325. Zusammenhang zwischen Propellerdrehzahl und Schiffsgeschwindigkeit

der Zusammenhang zwischen der Propellerdrehzahl und der Schiffsgeschwindigkeit eines freifahrenden Schiffes dargestellt. Man erkennt die ungefähre Proportionalität beider Größen.

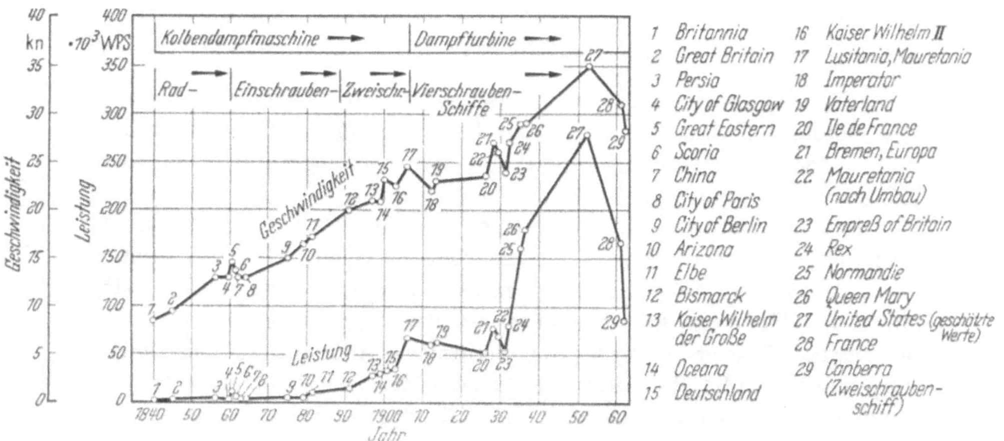

Abb. 326. Antriebsleistung und Geschwindigkeit von Spitzenschiffen der Weltflotte

In Abb. 326 sind für einige Spitzenschiffe der Weltflotte in geschichtlicher Entwicklung die Antriebsleistung, die Art der Antriebsmaschine und des Propulsionsorgans sowie die Anzahl der Propeller zusammengestellt.

3. Überlastbedingungen[1]

Die vom Propeller herrührenden mit höheren Frequenzen – ganzzahlige Vielfache der Flügelzahl multipliziert mit der Drehzahl – auftretenden Ungleichförmigkeiten im Schub- und Drehmomentenverlauf, für welche weitgehend das „Mitstromfeld" des Schiffes als Ursache angesehen wird, können durch geeignete Ausbildung der Hinterschiffsformen sowie durch eine zweckmäßige Festlegung der Anzahl der Pro-

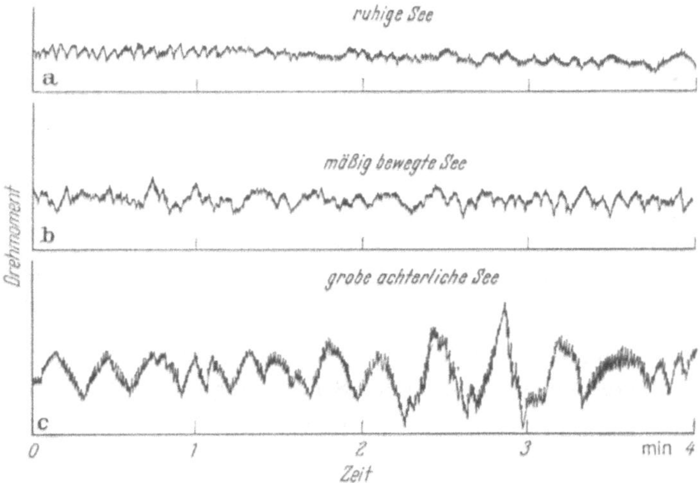

Abb. 327. Belastung der Antriebsmaschinen durch den Propeller nach Messungen auf TES „Potsdam"

pellerflügel in geringen Grenzen gehalten werden. Zusätzlich zu diesen Ungleichförmigkeiten treten durch den Seegang hervorgerufene Belastungsschwankungen auf, wie es aus den Torsiogrammen der Abb. 327a–c zu erkennen ist.

Diese Verhältnisse sind besonders bei Antrieben mit Drehstromübertragung zu beachten, da Synchronmaschinen bei Überschreiten eines bestimmten Höchstdrehmomentes – Kippmoment – außer Tritt fallen. Die Höhe des Kippmomentes ist etwa verhältnisgleich dem Erregerstrom. Deswegen werden bei derartigen Antrieben häufig Schaltungen angewendet, die durch Erhöhen der Erregung bei Laststößen das Kippmoment steigern. – Anlagen mit Gleichstromübertragung sind in dieser Beziehung einfacher, da die Gleichstrommaschine über eine hohe Überlastbarkeit verfügt. Hier muß allerdings Vorsorge getroffen werden, daß die Kraftmaschinen, insbesondere die Dieselmotoren, nicht über ihr zulässiges Drehmoment belastet werden. Selbstverständlich muß auch die Erwärmung der Generatoren und Propellermotoren in den zu-

[1] Vgl. Fußnote auf S. 374.

lässigen Grenzen bleiben, d. h., die Maschinen müssen den Überlastungsmöglichkeiten entsprechend thermisch bemessen werden.

Wesentlich für das Abfangen der dynamischen Vorgänge beim Auftreten von Übermomenten ist die Schwungmasse bzw. die kinetische Energie der Anordnung Propeller–Propellermotor. Besonders bei den Kraftmaschinen muß das von Generatoren benötigte Übermoment teilweise aus der kinetischen Energie der Aggregate gedeckt werden. Die Trägheit der Regelorgane an den Kraftmaschinen soll dazu möglichst gering sein.

4. Umsteuern[1]

Beim Umsteuern des Propellers, z. B. bei Ausführung eines Kommandos: „Volle Fahrt zurück" aus dem Fahrtzustand „Volle Fahrt voraus" müssen die Massen des fahrenden Schiffes und die Massen der rotierenden Teile (Propeller einschließlich der mitbewegten Wassermasse, Propellerwelle und Läufer der Propellermotoren) zunächst verzögert und dann im gegenläufigen Sinne wieder beschleunigt werden. Hierbei treten für die elektrischen Maschinen die stärksten Beanspruchungen auf, weshalb diese Vorgänge bei der Berechnung sorgfältig berücksichtigt werden müssen.

Bezeichnen

M_s die Masse des Schiffes (Wasserverdrängung),
S den Schub, den der Propeller auf das Schiff ausübt,
W den Schiffswiderstand,
Θ das Schwungmoment der rotierenden Massen zuzüglich einem Zuschlag für die vom Propeller mitbewegte Wassermasse,
M_m das Drehmoment des Propellermotors,
M das Lastmoment des Propellers,
M_r das Reibungsmoment der rotierenden Massen,
v die Geschwindigkeit des Schiffes,
ω die Winkelgeschwindigkeit der rotierenden Massen,

dann kann der Umsteuervorgang mit folgenden 2 Gleichungen beschrieben werden:

$$M_S \frac{\mathrm{d}v}{\mathrm{d}t} = S - W,$$

$$\Theta \frac{\mathrm{d}\omega}{\mathrm{d}t} = M_m - M - M_r.$$

Die obigen Gleichungen können durch grafische Integration angenähert gelöst werden, wenn neben den Werten für M_S, Θ und M_r

das Lastmoment und der Schub des Propellers als Funktion der Propellerdrehzahl und der Schiffsgeschwindigkeit,

der Schiffswiderstand als Funktion der Schiffsgeschwindigkeit und

das Drehmoment des Propellermotors als Funktion seiner Drehzahl

bekannt sind.

[1] Vgl. Fußnote auf S. 374.

Die Kurvenschar der Abb. 328a zeigt das Lastmoment des Propellers als Funktion seiner Drehzahl während eines Umsteuervorganges – ausgehend von verschiedenen Schiffsgeschwindigkeiten. Ähnliche Abhängigkeiten ergeben sich für den vom Propeller auf das Schiff ausgeübten Schub, wie es Abb. 328b zeigt. Diese Kurven wurden bei einem Schiffsmodell mit einem hinter dem Modell arbeitenden Propeller gewonnen. –

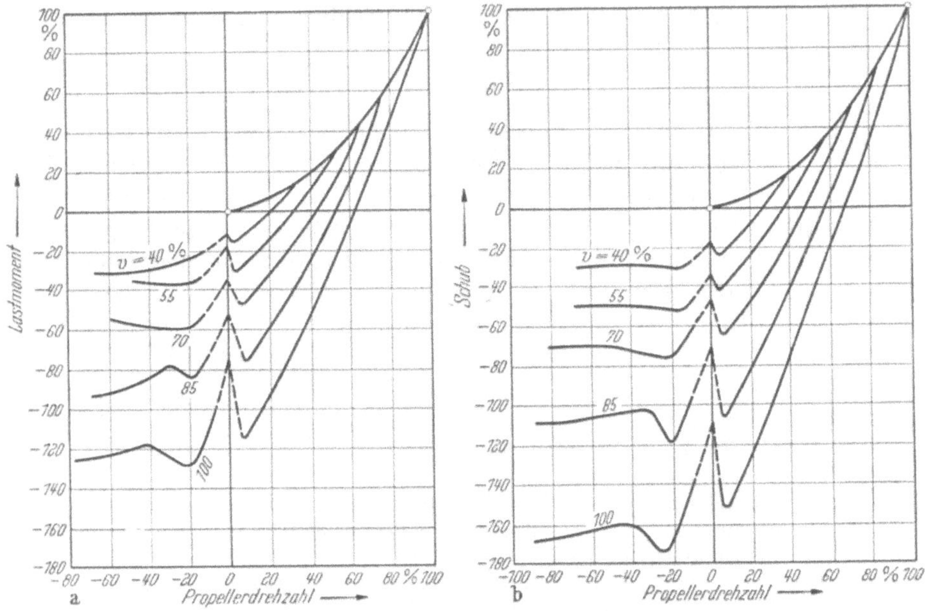

Abb. 328 a u. b. Zusammenhang zwischen Lastmoment bzw. Schub und der Drehzahl des Propellers (nach MITZLAFF [154])

Wird der den Propeller antreibende Motor abgeschaltet, so fällt die Propellerdrehzahl rasch auf einen Wert ab, welcher – ausgehend von 100% Schiffsgeschwindigkeit – zwischen 60 und 70% des Vollastwertes liegt. Um den Propeller zum Stillstand zu bringen, muß er gebremst werden. Die Bremsmomente müssen zu jedem Zeitpunkt des Vorganges größer als die negativen Lastmomente sein, die hier bei +10% Drehzahl einen Höchstwert erreichen. Dieser für den Umsteuervorgang bedeutungsvolle Punkt liegt je nach der Schiffsart und -form zwischen dem 0,5–1,2fachen des maximalen Lastmomentes. Im Stillstandspunkt tritt dann eine Einsattelung in dem Momentenverlauf auf, deren Größe von Schiffs- und Propellerform und der zu diesem Zeitpunkt vom Schiff angenommenen Geschwindigkeit abhängt. Anschließend steigen die Lastmomente bei dem dann rückwärts laufenden Propeller wieder an. Die Form der Umsteuerkurve eines Schiffes wird beeinflußt durch die Größe der Geschwindigkeitsabnahme in der Zeiteinheit. Diese wiederum ist abhängig von dem Schiffswiderstand, also der Schiffsform selbst und von dem beim Umsteuern zur Wirkung kommenden Rückwärtsdrehmoment des Propellermotors, also von der dem elektrischen System eigenen Reversiermöglichkeit. Bei zu schnellem Umsteuern besteht allerdings die Gefahr eines Lufteinbruches in den Wasserstrom und von Kavitationserscheinungen am Propeller. Die Propellerwirkung fällt dabei stark ab, so daß keine nennenswerte Bremswirkung auf das Schiff ausgeübt wird.

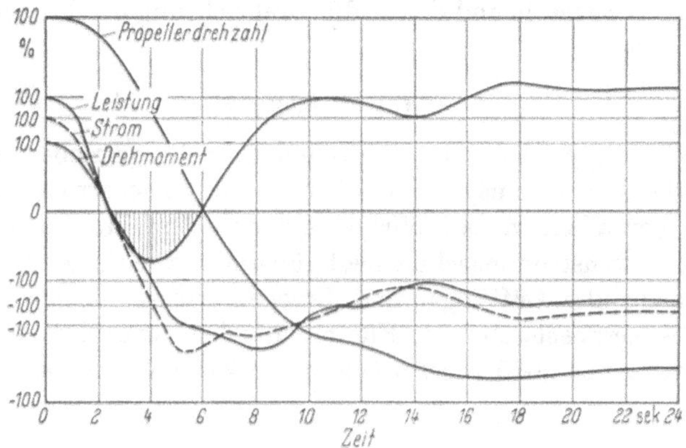

Abb. 329. Umsteuerdiagramm des Mittelpropellers (nach Messungen auf dem Polareisbrecher „Moskva")

Diesen beim Umsteuern des Propellers auftretenden Verhältnissen muß besonders bei Antrieben mit Drehstromübertragung oder elektromagnetischen Schlupfkupplungen große Beachtung geschenkt werden. Bei Antrieben mit Gleichstromübertragung ist die Situation wegen der Überlastungsfähigkeit der Maschinen einfacher. Bei den verschiedenen Antriebssystemen werden diese Verhältnisse noch im einzelnen behandelt. Bei den dabei gezeigten Umsteuerkurven (Abb. 339, 368, 418) wurden jeweils verschieden große negative Lastmomente angenommen.

Die Werte des Schaubildes der Abb. 329 wurden an dem Mittelpropeller des Eisbrechers „Moskva" ermittelt. Sie zeigen den Verlauf des Stromes und des Drehmomentes sowie der Leistung und der Propellerdrehzahl über der Umsteuerzeit. Der – nicht eingezeichnete – Spannungsverlauf und der Drehzahlverlauf sind praktisch gleichförmig. Der Propeller kommt, obwohl aus voller Geschwindigkeit umgesteuert wird, bereits nach 6 sek zum Stillstand. – Beim Wechsel des Vorzeichens des Lastmomentes, d. h. also bei Unterschreiten der Schleppdrehzahl, wechselt auch der vom Motor aufgenommene Strom seine Richtung, während die Spannung des Generators ihre Polarität noch beibehält. Es tritt die gestrichelt gezeichnete Rückleistung vom Propellermotor auf, da der erregte Propellermotor noch in der alten Drehrichtung von dem Propeller angetrieben wird und als Generator wirkt. Dadurch findet eine generatorische Bremsung statt, wobei die Drehzahl der Dieselmotoren ansteigt, wenn dies nicht von den Schwungmassen und den Regelorganen abgefangen wird. Die Höhe dieser Rückleistung und insbesondere des Rückstromes wird maßgebend durch die Höhe der maximalen negativen Lastmomente bestimmt. Im weiteren Verlauf des Umsteuervorganges wird die Leistung wieder positiv, nämlich dann, wenn die Polarität der Spannung am Generator wechselt und damit die Drehrichtung des Propellermotors umgesteuert ist.

5. Wirkungsgrad

Der Wirkungsgrad eines elektrischen Propellerantriebes ist bei Anwendung des Drehstromsystems höher als bei Gleichstrom. Der Unterschied ist vor allem in den Wirkungsgraden der Hauptmaschinen begründet; die Drehstrommaschine liegt günstiger. Nachfolgend angegebene Werte, welche die Lüftungs- und Erregerverluste nicht einschließen, mögen dies veranschaulichen. Für einen Gleichstromantrieb z.B. mit einer Leistung von 2000 WPS betragen die Einzelwirkungsgrade

Generatoren	93%
Propellermotoren	94%
Getriebe	98%

Die Maschinen eines Antriebes mit einer Leistung von etwa 10000 WPS haben bei Gleichstrom- bzw. Drehstromübertragung folgende Wirkungsgrade:

	Gleichstrom	*Drehstrom*
Generatoren	94,4%	96,3 %
Propellermotoren	94,5%	97,0%

Bei der Ermittlung des Wirkungsgrades der *gesamten* Anlage darf selbstverständlich der Leistungsbedarf der Fremdbelüftung bei den Propellermotoren und eventuell auch bei den Generatoren sowie der Erregerbedarf nicht vergessen werden. Er ergibt sich dann für den Gleichstromantrieb mit 10000 WPS insgesamt ein Wirkungsgrad von etwa 87%, für den Drehstromantrieb von etwa 90,5%.

Bei einer gegenüber der Vollfahrt herabgesetzten Geschwindigkeit können – insbesondere bei *diesel*elektrischem Antrieb – einzelne Aggregate abgeschaltet werden, wodurch sich die Verhältnisse für Teillast gegenüber dem direkten Antrieb günstiger gestalten. Für den *Gesamtverbrauch* an Brennstoff während einer Reise des Schiffes ist also *nicht* der durch die Verluste des elektrischen Antriebs bedingte Mehrverbrauch bei *voller Fahrt* allein, sondern auch der bei verminderter Fahrtgeschwindigkeit auftretende Verbrauch wesentlich. Die Wirtschaftlichkeit eines elektrisch angetriebenen Schiffes hängt somit wesentlich von der Schiffsroute sowie der Art und den Aufgaben des einzelnen Schiffes ab; sie kann nur fallweise betrachtet werden.

Ein Vergleich des spezifischen Brennstoffverbrauches bei den wichtigsten für Seeschiffe in Betracht kommenden Antriebssystemen ist – für volle Fahrt – aus Abb. 330 zu entnehmen. Die Verbrauchswerte für die elektrischen Systeme liegen stets höher als bei direktem Antrieb. Die Größe des Wirkungsgrades wird von der Leistung der Hauptmaschine beeinflußt, wobei der höheren Leistung der bessere Wirkungsgrad zugeordnet ist.

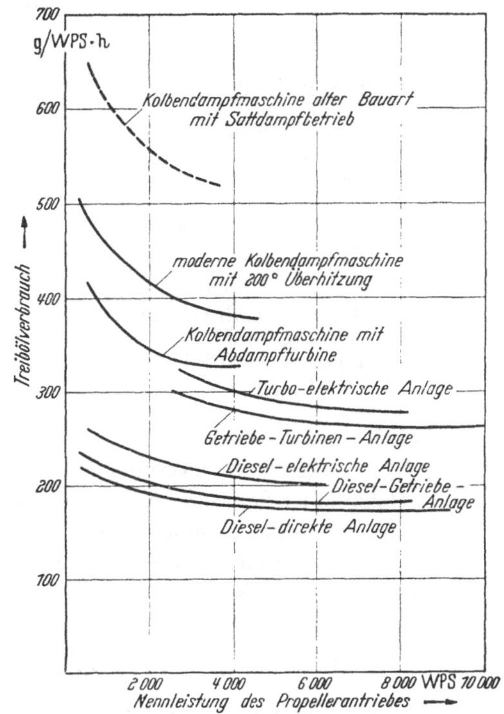

Abb. 330. Spezifischer Brennstoffverbrauch bei verschiedenen Antriebssystemen für den Propeller (nach BURKHARDT [*148*])

6. Raum, Gewicht, Trimmlage

Die Kraftmaschinen können bei Zwischenschaltung des elektrischen Übertragungsystems nach *räumlich* günstigsten Gesichtspunkten untergebracht werden. Die achterliche Anordnung der Propellermotoren ergibt bei mittschiffs liegendem Maschinenraum infolge kurzer Wellenleitungen Gewichtsersparnis und Raumgewinn durch den Fortfall der Wellentunnel. Der Maschinenraum mit einem direkt treibenden Dieselmotor ist etwa genau so groß wie bei einem dieselelektrischen Antrieb, wenn die Dieselmotoren mit einer Drehzahl bis etwa 500 U/min laufen. Ein Raumgewinn ist hierbei nicht zu erzielen. Bei Steigerung der Drehzahl der Dieselmotoren macht sich aber ein solcher bereits bemerkbar. Augenfällig wird die Raumeinsparung bei Verwendung von schnellaufenden Dieselmotoren mit einer Drehzahl über 1000 U/min.

Das Beispiel der Tab. 23 läßt den Einfluß der Drehzahl der Dieselmotoren auf das *Gewicht* der Anlagen erkennen. Durch höhere Drehzahlen der Dieselmotoren kann das Mehrgewicht der elektrischen Übertragungsanlage mehr als ausgeglichen werden.

Tabelle 23. *Gewichtsvergleich der Triebwerksanlagen von drei gleichgroßen Hochseefrachtschiffen* (nach SCHMIDT [*155*])

1		2	3
	Triebwerksanlage	Gesamtgewicht der Triebwerksanlage einschließlich Hilfsmaschinen t	Gewichte nach Spalte 2, bezogen auf die Werte von $c = 100\%$ %
a	Langsamlaufender Motor 3600 PS, 125 U/min . .	348	337
b	2 mittelschnellaufende Motoren mit Getriebe, 3600 PS, 300 U/min . .	206	200
c	5 Dieselgeneratoraggregate mit schnellaufenden Motoren, elektrischen Fahrmotoren und Getriebe bei Gleichstromübertragung, Leistung der Dieselmotoren: 4400 PS, 1300 U/min	103	100

Bei der Anwendung des elektrischen Propellerantriebes ergeben sich gute Möglichkeiten zur Lösung des *Trimm*problems. Ein charakteristisches Beispiel ist der Bagger mit Laderaum oder Schüttrichtern, bei dem 2 Maschinenräume, je einer vorn bzw. achtern, erwünscht sind, damit auch das entladene Fahrzeug in einem gleichlastigen bzw. ausnivellierten Trimmzustand bleibt.

7. Besonderheiten des elektrischen Propellerantriebes

Im nachfolgenden sind die wichtigsten kennzeichnenden Eigenschaften des elektrischen Propellerantriebes im Vergleich zu anderen Antriebsarten zusammengestellt.

Möglichkeit der Wahl *verschiedener Drehzahlen* für Kraftmaschine und Propeller.

Umsteuerung der Propeller ohne Änderung des Drehsinns der Kraftmaschinen. Fortfall der bei Antrieb durch Dampfturbinen erforderlichen Rückwärtsturbine. Einfache Handhabung des Umsteuervorganges.

Bei turboelektrischen Antrieben Entfaltung der vollen Leistung auch für die Rückwärtsfahrt.

Kleinere Kompressoren und Anlaßluftflaschen für dieselelektrische Antriebe. Schonen der Dieselmaschinen durch Fortfall des Einblasens kalter Anlaßluft in die heißen Maschinen bei Manövern.

Einsatz der nicht umsteuerbaren Gasturbine ohne Anwendung von Verstellpropellern.

Bei Antrieben mit Gleichstromübertragung Möglichkeit der *Momentenwandlung*.

Möglichkeit des *Abschaltens einzelner Kraftmaschinen* bei verringertem Leistungsbedarf infolge herabgesetzter Geschwindigkeit. Dadurch sparsamer Betrieb bei langsam fahrendem oder nicht voll abgeladenem Schiff oder bei Freifahrt von Schleppern.

Möglichkeit der *Unterbringung* der Kraftmaschinen *in verschiedenen*, wasserdicht und feuersicher getrennten *Räumen* des Schiffes.

Aufrechterhaltung verhältnismäßig hoher Geschwindigkeiten bei Ausfall einzelner Kraftmaschinen durch Reserveschaltungen.

Durchführbarkeit von *Reparaturen* an einzelnen Kraftmaschinen während der Fahrt.

Fortfall der Wellen zwischen Kraftmaschine und Propeller und damit langer *Wellentunnel*.

Möglichkeit zur genauen *Überwachung* des Zustandes der Maschinenanlage durch elektrische Messung und Registrierung.

Bei Antrieben mit Gleichstromübertragung Möglichkeit der *Brückensteuerung*.

Bei Antrieben mit Drehstromübertragung *Kupplung* von *Fahr*- und *Bordnetz*.

Diesen besonderen technischen Möglichkeiten des elektrischen Propellerantriebes stehen folgende Einschränkungen gegenüber:

Höherer Brennstoffverbrauch bei Fahrt mit *voller* Geschwindigkeit.
Höhere Anschaffungskosten der Maschinenanlage.
Zum Teil höheres Gewicht der Maschinenanlage.

B. Propellerantriebe mit Gleichstromübertragung

1. Aufbau und Wirkungsweise

a) Antriebe mit konstanter Spannung

Die Speisung des Propellermotors mit konstanter Spannung wird meist in Verbindung mit Akkumulatorenbatterien bei kleinen Binnenschiffen und Hafenfahrzeugen angewendet; für Hochseeschiffe der Handelsschiffahrt hat diese Ausführungsmöglichkeit keine Bedeutung. Akkumulatorenfahrzeuge benötigen zwar verhältnismäßig hohe Anschaffungskosten, haben aber einen nur geringen betrieblichen Aufwand; vorteilhaft sind sie namentlich dann, wenn die Batterieladung mit billigem Nachtstrom vom Land möglich ist. Ein besonderer Vorzug ist ihr geräusch- und erschütterungsfreier Betrieb, auch werden die Fahrgäste nicht durch Rauchgase belästigt. Bei gegebener Kapazität der Akkumulatorenbatterie nimmt der Aktionsradius etwa mit dem Quadrat der Geschwindigkeit ab.

Als Antriebsmotor kann ein Nebenschluß- oder auch ein Reihenschlußmotor verwendet werden. Die Geschwindigkeit kann durch Vorschaltwiderstände im Ankerkreis oder durch Änderung der Erregung des Motors eingestellt werden, und zwar beim Nebenschlußmotor durch Feldvorschaltwiderstände, beim Reihenschlußmotor durch Feldparallelwiderstände. Der Motor muß so bemessen sein, daß er bei geschwächter Erregung die der höchsten Fahrstufe entsprechende Leistung während der verlangten Zeit abgeben kann und daß der für die niedrigste Geschwindigkeit erforderliche magnetische Fluß mit Rücksicht auf die Sättigung des magnetischen Kreises noch ohne Überlastung der Erregerwicklung erzielt wird. – Der Reihenschlußmotor hat im Gegensatz zum Nebenschlußmotor den Vorteil, daß die Erregerwicklung auch in kurzen Betriebspausen ohne besondere Schaltmaßnahmen stromlos ist und daß der Motor sich erhöhten Fahrwiderständen durch die dann abfallende Drehzahl gut anpaßt. Es besteht aber die Gefahr, daß der Motor durch Beschädigung oder Verlust des Propellers „durchgeht". – Um den Propeller rasch abzubremsen, kann Ankerkurzschlußbremsung angewendet

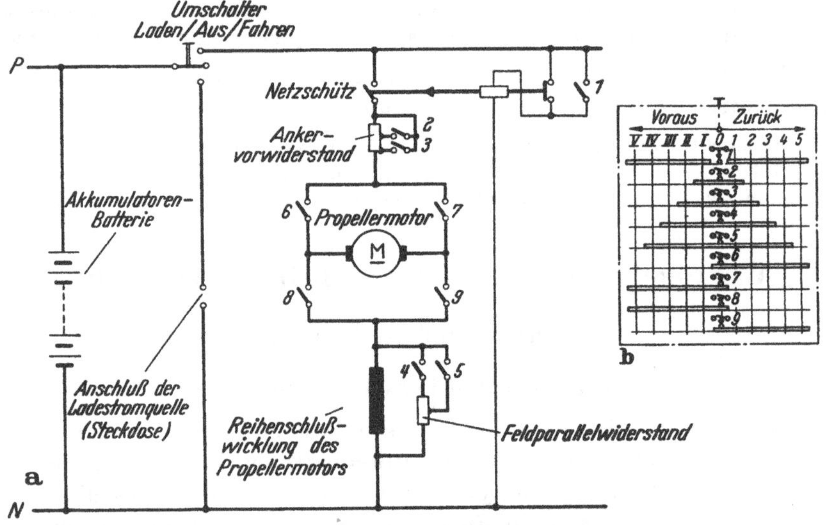

Abb. 331 a u. b. Schaltplan für einen Propellerantrieb mit Akkumulatorenbatterie und Gleichstrom-Reihenschlußmotor

werden; doch wird es stets nötig sein, den Propeller rückwärts schlagen zu lassen, um das Fahrzeug zum Stillstand zu bringen. Zur Einstellung der Geschwindigkeit und zum Umsteuern dient meist ein Steuerschalter, mit welchem alle Manöver unmittelbar vom Ruderhaus des Bootes aus ausgeführt werden können.

Die Ladung der Akkumulatorenbatterie wird im allgemeinen von einem Ladeumformer oder -gleichrichter *von Land* während der Liegezeiten der Boote vorgenommen, in selteneren Fällen durch *an Bord* befindliche Ladeeinrichtungen.

Das Schaltbild eines Propellerantriebes mit Gleichstrom-Reihenschlußmotor ist in Abb. 331 im Prinzip aufgezeichnet. Der Motor wird von einer Steuerwalze mit 9 Kontakten in je 5 Stufen für Vor- und Rückwärtsfahrt geschaltet. Die Zuordnung der Kontakte ist im Schaltplan *a* bzw. bei der Abwicklung des Steuerschalters *b* eingetragen. Zum Beispiel ist der Anker des Motors in der Stellung „Voraus 3" der Steuerwalze mit den Kontakten *6* und *9* über den durch die Kontakte *2* und *3* kurzgeschlossenen Ankervorwiderstand und über die Reihenschlußwicklung an die Batterie angeschlossen. Die Kontakte *4* und *5* sind geöffnet, d.h. das Reihenschlußfeld ist voll wirksam. Das Netzschütz wird mit kurzzeitiger Kontaktgabe eingeschaltet und über einen Selbsthaltekontakt gehalten. Auf den Selbsthaltekreis kann ein Überstromschutz wirken.

b) Antriebe mit Leonard-Schaltung

Propellerantriebe mit Gleichstromübertragung werden bei größeren Leistungen überwiegend in LEONARD-Schaltung betrieben. Die elektrische Energie wird an Bord in einem oder mehreren Generatoren er-

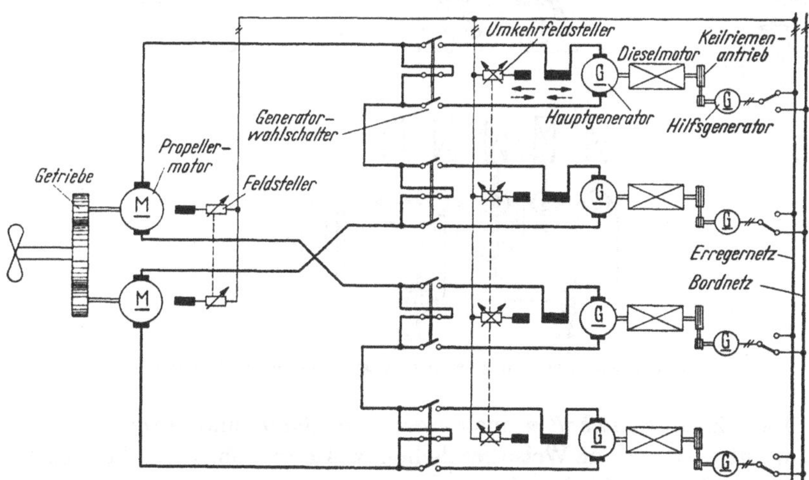

Abb. 332. Schaltplan des DES „Catherine Sartori"

zeugt, die meist durch Dieselmotoren, seltener durch Dampfturbinen, Kolbendampfmaschinen oder Gasturbinen angetrieben werden. Die Generatoren werden im allgemeinen mit gleichbleibender Drehzahl, die unabhängig von der jeweils eingestellten Propellerdrehzahl ist, gefahren. Abb. 332 zeigt das Schaltbild eines Antriebes für ein Trockenfrachtschiff mit 4 Dieselgeneratoren und 2 Propellermotoren, die über ein gemeinsames Vorgelege auf den Festpropeller arbeiten. Die hier vorgenommene Aufteilung der vom Propeller benötigten Leistung auf mehrere Generatoren gestattet ein besonders *wirtschaftliches Fahren* bei niedrigen Last- bzw. Fahrtstufen, z.B. bei längeren Revierfahrten. Diese Unterteilung, die wesentlich von der Auswahl der Dieselmotoren beeinflußt wird, sollte allerdings aus Gründen der Einfachheit und Übersichtlichkeit der Schaltanlage nicht zu weit getrieben werden. – Die Verwendung von 2 Propellermotoren an Stelle nur *einer* Maschine führt zu kleineren und leichteren Einzelmaschinen und erhöht die Sicherheit der Anlage. – Die Generatoren sind in Reihe geschaltet; sie können einzeln und unter Last zu- und abgeschaltet werden, wozu die Generatorwahlschalter dienen.

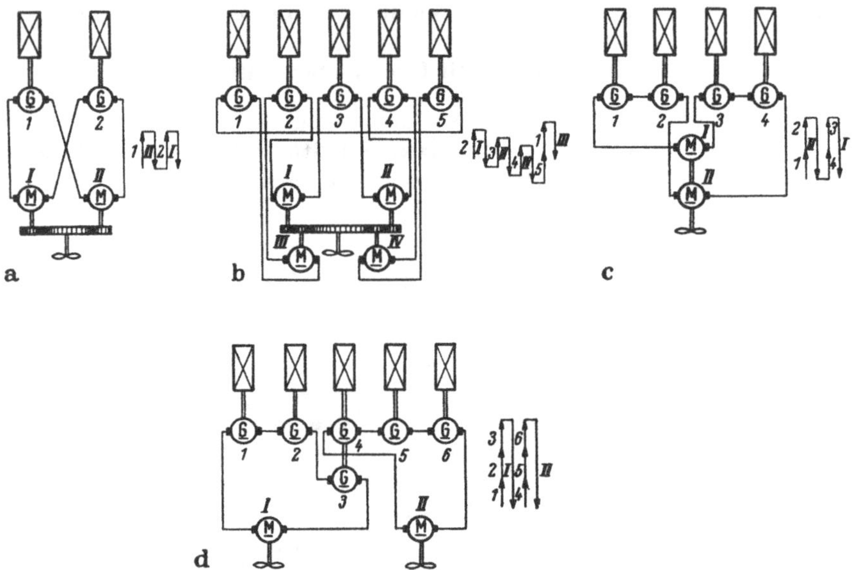

Abb. 333 a–d. Schaltung der Generatoren und Potentialdiagramme

Das *Zusammenschalten* mehrerer *Generatoren* und *Propellermotoren* kann auf verschiedene Weise geschehen, wofür in Abb. 333a–d einige Beispiele mit den zugehörigen Potentialdiagrammen aufgezeichnet sind. Am häufigsten ist die Ausführung in der sogenannten „Über-Kreuz-Schaltung" – auch „Schaltung der bunten Reihe[1]" oder „Punga-Schaltung[1]" genannt – nach Abb. 333a–c. Hierbei wechseln Generatoren und Motoren in ihren Verbindungen miteinander ab. Bei der Schaltung *a* ist z. B. das gegen den Schiffskörper mögliche Spannungspotential nur gleich der Spannung, welche an *einem* Motor liegt, also kleiner als die Summenspannung der beiden Generatoren. Diese können infolgedessen für eine höhere Spannung ausgelegt werden, als dies bei einer Reihenschaltung aller Generatoren nach Abb. 333d möglich wäre. – Der GL läßt bei Gleichstromübertragungen Spannungen bis 750 V gegen den Schiffskörper bzw. als Gesamtpotentialunterschied zwischen zwei beliebigen Punkten des Übertragungssystems zu.

[1] Vgl. Heil/Wangerin [*151*].

Nahezu bei allen in Betrieb befindlichen Schiffen mit einem Gleichstrom-Propellerantrieb werden die Generatoren in Reihe geschaltet. Lediglich bei einigen Eisbrechern in den USA werden die Generatoren in Parallelschaltung betrieben, z. B. bei der „Northwind"-Klasse. Der Parallelbetrieb erfordert bei den im Betrieb stets vorkommenden kleinen Unterschieden in Drehzahl und Spannung der einzelnen Dieselgeneratorsätze eine wesentliche größere Reglergenauigkeit bei den Dieselmotoren, als dies bei der Reihenschaltung erforderlich ist. Weiter hat im Gegen-

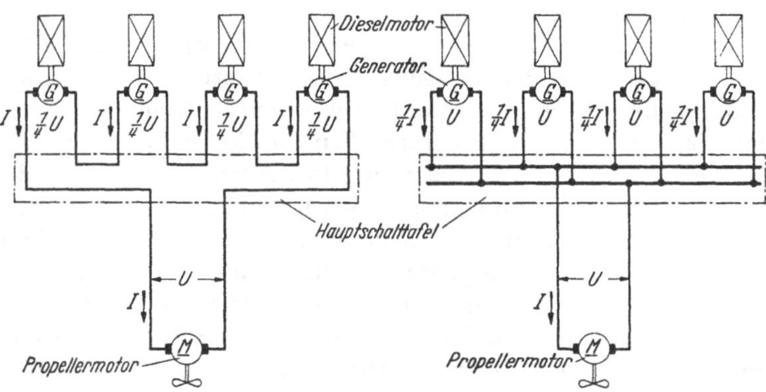

Abb. 334 a u. b. Strom- und Spannungsverhältnisse bei Reihen- bzw. Parallelschaltung der Generatoren von elektrischen Gleichstrom-Propellerantrieben

satz zur Reihenschaltung das Herausschalten eines Generators keine Verringerung der Klemmenspannung des Motors zur Folge. Dieser versucht daher seine Drehzahl aufrechtzuerhalten mit dem Ergebnis, daß eine Überlastung der noch in Betrieb befindlichen Generatoren und Kraftmaschinen eintreten kann. Daher muß das Motorfeld gleichzeitig verstärkt oder die Generatorspannung gesenkt werden, so daß die Drehzahl des Motors der verfügbaren Leistung angepaßt wird. Die Parallelschaltung kann aber Vorteile dadurch bringen, daß die Schaltgeräte und die Kabel kleiner und leichter werden, wenn die Spannungs- und Stromverhältnisse so gestaltet werden können, wie es in Abb. 334 dargestellt ist. Das ist besonders bei Antrieben mit sehr hoher Leistung zu beachten. Insgesamt hat aber der einfachere Betrieb bei Anlagen mit Reihenschaltung dazu geführt, dieser den Vorzug zu geben.

Jedem Hauptgenerator ist nach der Schaltung der Abb. 332 ein *Hilfsgenerator* zugeordnet, der über einen Keilriemenantrieb mit verhältnismäßig hoher Drehzahl angetrieben wird. Die Leistung *eines* dieser Hilfsgeneratoren reicht für die Erregung aller Hauptgeneratoren und die der Propellermotoren aus; die restliche Leistung wird zur Speisung der mit konstanter Spannung arbeitenden Bordnetzverbraucher, wie Beleuchtung, Heizung, Hilfsmaschinen usw. gebraucht. Die Regler der Kraftmaschinen sind dabei so auszulegen, daß die Drehzahl des Dieselmotors bei voller Entlastung weder vorübergehend noch dauernd nach Erreichen des Beharrungszustandes zu stark von der Nenndrehzahl abweicht und den Parallelbetrieb der Hilfsgeneratoren gefährdet. Die Erfüllung dieser Forderung ist besonders bei Drehstromgeneratoren – wichtig, weil plötzliche starke Belastungsänderungen der Hauptgeneratoren von der Seite des Fahrnetzes her häufig, z.B. bei Manövriervorgängen, auftreten können.

Befinden sich Verbraucher oder Verbrauchergruppen an Bord, deren Leistungsbedarf etwa der Leistung eines Hauptgenerators entspricht, z.B. Baggerpumpen bei Schwimmbaggern, Kranantriebe bei Schwimmkranen, Ladewinden bei Frachtschiffen, so kann einer der Hauptgeneratoren auf diese umgeschaltet werden. Allerdings läßt sich das nur bei einer entsprechend dem Leistungsentzug beim Fahrnetz verminderten Schiffsgeschwindigkeit oder am Liegeplatz des Schiffes durchführen. Ist die Spannung eines Hauptgenerators höher als die von diesen Verbrauchern benötigte Spannung, so muß sie durch einen besonderen Feldsteller vermindert werden. Eventuell ist es zur Schonung des Dieselmotors aber günstiger, den Generator in diesem Betriebsfall mit verminderter Drehzahl am Dieselmotor zu fahren und so die Spannung bei voller Erregung zu reduzieren.

Zum *Verändern der Drehzahl* der Propellermotoren bzw. der Schiffsgeschwindigkeit gibt es 3 Möglichkeiten:

Beeinflussung der Erregung am Steuergenerator oder bei dessen Erregermaschine (LEONARD-Steuerung).

Beeinflussung der Erregung am Propellermotor (Momentenwandlung).

Änderung der Drehzahl der Kraftmaschine. Diese Möglichkeit wird häufig zur Schonung der Dieselmotoren bei Teillasten angewendet.

Die Wirkungsweise der beiden erstgenannten Einstellmöglichkeiten ist in Abb. 335a näher veranschaulicht. Bei einer Aufteilung der insgesamt vom Propeller benötigten Antriebsleistung auf 4 Generatoren gibt jede Maschine 25% zu der Gesamtleistung und 25% zu der Gesamtspannung bei voller Fahrt. Die Propellerkurve P gibt den Zusammenhang zwischen der Drehzahl des Propellers und seinem Leistungsbedarf an. Bei Einschaltung nur eines Generators kann mit reiner Spannungssteuerung eine Drehzahl des Propellermotors von 25% erreicht werden, da dessen Drehzahl bei konstanter Erregung etwa verhältnisgleich der angelegten Spannung ist. Es ergibt sich der Betriebspunkt *1*. Hierbei benötigt der Propeller aber etwa nur 4% der Gesamtleistung, während an der Kraftmaschine bzw. dem Generator 25% zur Verfügung stehen. Die Antriebsanlage ist mithin stark unterbelastet. Um die Leistung des Generators voll auszunutzen, wird nun die zweite Einstellmöglichkeit, die Beeinflussung der Erregung am Propellermotor, zusätzlich angewendet. Durch Schwächen der Erregung erhöht sich dessen Drehzahl und es kann der Betriebspunkt *2* erreicht werden, bei dem Generator und Dieselmotor voll ausgelastet sind. Anstatt 25% wird so mit *einem* Maschinensatz etwa 60% der Nenndrehzahl des Propellers erreicht. Ähnlich liegen die

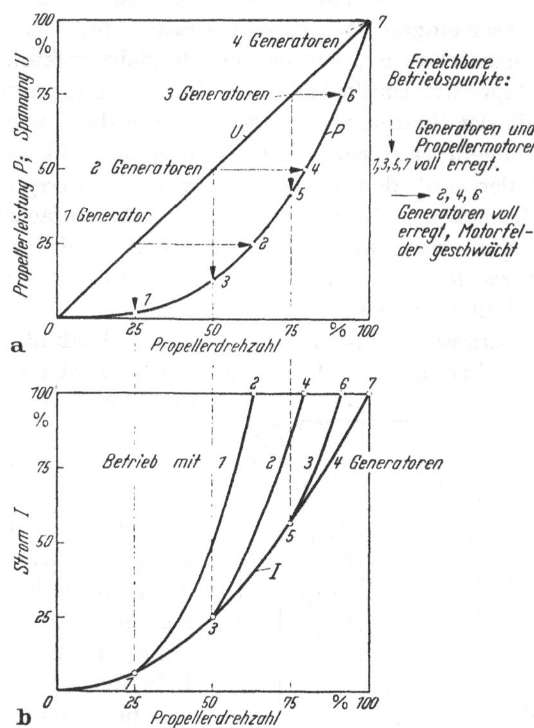

Abb. 335a u. b. Ausfahren der Propellerkurve mit 1 bis 4 Generatoren (Momentenwandlung)

Verhältnisse bei Betrieb mit 2 (Betriebspunkt *3*, *4*) und mit 3 Generatoren (Betriebspunkt *5*, *6*). Bei Einsatz von 4 Generatoren erübrigt sich eine Schwächung der Erregung am Propellermotor. Der elektrische Propellerantrieb mit Gleichstromübertragung ermöglicht es so, durch die Beeinflussung *beider* Erregungen die Höchstleistung der jeweils eingesetzten Dieselmotoren voll auszufahren. Die Dieselgeneratoren laufen dabei mit ihrer Nenndrehzahl durch. Das Drehmoment des Dieselmotors wird im elektrischen Übertragungssystem in das vom Propeller entsprechend seiner Momentencharakteristik geforderte Drehmoment umgewandelt. Man spricht deswegen von einer *Momentenwandlung* beim elektrischen Gleichstromantrieb, die zweifellos einer der Hauptvorzüge dieser Antriebsart ist. – Der vom Propellermotor bei diesem Vorgang aufgenommene Strom ist aus Abb. 335b zu erkennen. Bei *reiner* Spannungsänderung ändert sich die Stromaufnahme nach einer quadratischen Funktion, während bei Änderung der Erregung am Motor die Stromkurven in den Punkten *1*, *3*, *5* abknicken und in eine kubische Funktion übergehen. Der sich aus diesen Erkenntnissen für den praktischen Betrieb ergebende Vorteil ist, daß zum Erreichen der Nennleistung der jeweils eingesetzten Maschinensätze stets nur der *Nenn*strom der Anlage einzustellen ist, wie es den Betriebspunkten *2*, *4*, *6*, *7* in Abb. 335b entspricht. Die Veränderung der Erregung am Motor kann gleichzeitig mit der Spannungssteuerung durch den LEONARD-Umkehrfeldsteller durchgeführt werden. Eine andere Möglichkeit ist es, diesen Umkehrfeldsteller und den Widerstand vor der Erregerwicklung des Motors zeitlich nacheinander zu beeinflussen. Die einfachste Lösung für den Betrieb ergibt sich, wenn je nach der Zahl der eingeschalteten Hauptgeneratoren feste Vorwiderstandsstufen in den Erregerkreis des Motors eingeschaltet werden.

Die *Momentenwandlung* ist auch von großem Einfluß bei Schleppern und ähnlichen Fahrzeugen, die hohe Zugkraft bei niedriger Geschwindigkeit und hohe Geschwindigkeit bei niedriger Zugkraft fordern. Ähnliches gilt auch für Eisbrecher. Diese Verhältnisse sind in Abb. 336 veranschaulicht. Kurve *a* ist wieder die Propellerkurve des Schiffes, die für freie, d.h. von Eisgang oder Schleppanhang unbehinderte Fahrt gilt. Kurve *b* ist die sogenannte Pfahlprobenkurve, die die Abhängigkeit der vom Propeller aufgenommenen Leistung von seiner Drehzahl angibt, wenn das Schiff durch Trossen festgehalten wird, der Schlupf des Propellers also 100% beträgt. Hier nimmt der Propeller schon bei etwa 80% seiner Drehzahl die Nennleistung auf; er arbeitet also mit erhöhtem Drehmoment. Bei Schleppbetrieb eines Fahrzeuges oder beim Eisbrechen ergibt sich je nach der Größe der zusätzlichen Belastung eine Zwischenkurve, z.B. die Kurve *e*. Die Linie *d* gibt die Abhängigkeit der vom Dieselmotor abgebbaren Leistung von seiner Drehzahl bei direkter Kupplung mit dem Propeller an. Diese Maschinen können im allgemeinen

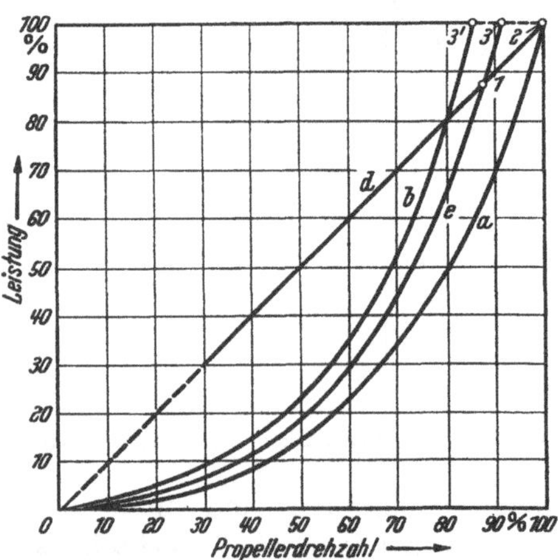

Abb. 336. Momentenwandlung im Schleppbetrieb

nicht mehr als das Nennmoment abgeben, woraus der gerade Verlauf dieser Leistungslinie resultiert. Der Schnittpunkt der Linie *d* mit der Propellerkurve *e* ergibt den ohne Überlastung oder Überdimensionierung des Dieselmotors bei direktem Dieselantrieb maximal möglichen Schleppbetriebspunkt *1*, während der entsprechende Freifahrtpunkt durch *2* gegeben ist. Bei einem Gleichstrom-Propellerantrieb können auch die Betriebspunkte *3* oder *3'* bzw. dazwischenliegende Werte durch Verstärkung der Erregung am Propellermotor erreicht werden. Von dem Dieselmotor, der in jedem Betriebsfall mit 100% Drehzahl entsprechend dem Betriebspunkt *2* weiterarbeitet, wird so jede Überbeanspruchung ferngehalten, die Umwandlung der Drehmomente wird wieder ausschließlich im elektrischen Teil des Antriebes vorgenommen. – Außer durch Verstärkung der Erregung können die Drehmomente natürlich auch durch eine Erhöhung des Stromes verstärkt werden. Dieses hat den Vorteil der selbsttätigen Funktion. Wird z. B. bei einem zunächst freifahrenden Schlepper die Schlepptrosse steif, so steigt der vom Propellermotor aufgenommene Strom. Dadurch tritt infolge der „weichen" Kennlinie (s. u.) ein Absinken der Spannung ein und die Drehzahl des Propellermotors sinkt ab. Da das Produkt aus Strom und Spannung gleich der Leistung ist, bleibt die erhöhte Zugkraft ohne wesentliche Rückwirkung auf den Dieselmotor.

Bei mechanischer Kupplung von Dieselmotor und Propeller wirkt jede *Überlastung* des letzteren durch Ruderlegen oder Aufschlagen auf Fremdkörper sowie durch die dynamischen Vorgänge beim Umsteuern unmittelbar auf den Dieselmotor. Das elektrische Übertragungssystem ist – bei richtiger Auslegung der Strom/Spannungs-Kennlinie des Generators – in der Lage, derartige Beanspruchungen vom Dieselmotor fernzuhalten. Dieses wird durch eine mehr oder weniger starke Gegenkompoundierung des Generators erreicht. Die vom Hauptstrom durchflossene Gegenreihenschlußwicklung ist der fremderregten Wicklung des Generators entgegengeschaltet und bewirkt daher bei zunehmendem Drehmoment am Propeller, d. h. bei steigendem Strom, ein Absinken der Spannung und damit der Drehzahl des Propellermotors. Die Festlegung des gegenseitigen Verhältnisses der Durchflutungen in den beiden Erregerwicklungen ist grundlegend wichtig für die erwünschte Weichheit und Anpassungsfähigkeit des elektrischen Propellerantriebes. In Abb. 337 ist ein Kennlinienfeld für verschiedene Auslegung dieser Erregerwicklungen aufgetragen. Die Kennlinie *a* ist die eines Generators mit schwacher, die Kennlinie *b* die eines mit starker Gegenkompoundierung. Die zusätzlich eingezeichneten Leistungskurven *a'* und *b'* zeigen deutlich, daß bei Auslegung der Generatorkennlinie für kleinere Stillstandsmomente des Propellermotors auch die sich auf den Dieselmotor auswirkenden Überlastspitzen geringer werden. Die noch steilere Kennlinie *c*, also eine noch weichere Charakteristik, ergibt ein als Dreifeldermaschine gebauter Generator, der neben der Gegenreihenschlußerregung eine selbsterregte und eine fremderregte Wicklung besitzt – oft als „*Krämer*maschine" bezeichnet. Die Selbsterregung wirkt in gleichem Sinne wie die Fremderregung, unterstützt jedoch bei steigendem Strom die Wirkung der Gegenreihenschlußwicklung dadurch, daß mit sinkender Spannung die

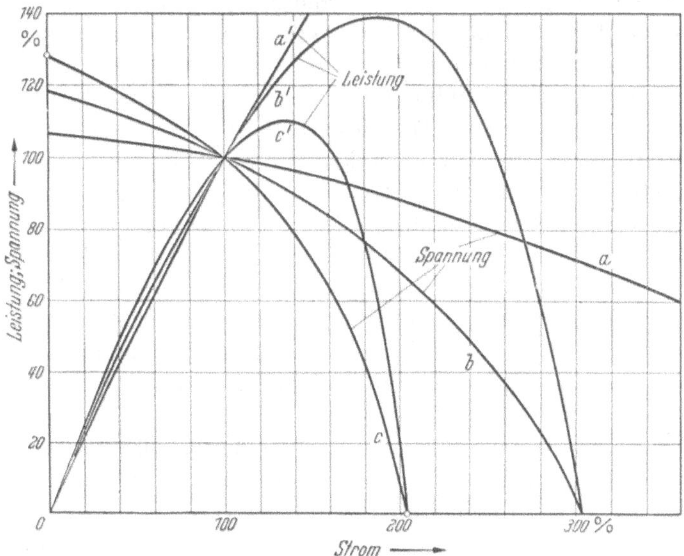

Abb. 337. Kennlinien für die Generatoren dieselelektrischer Propellerantriebe mit Gleichstromübertragung (nach LANGE [*172*])

Gesamterregung geschwächt wird, wodurch eine weitere Spannungsabsenkung eintritt. Je größer der Anteil der Selbsterregung an der Gesamterregung ist, um so stärker ist bei plötzlichen Änderungen der Fremderregung, z. B. bei Umsteuervorgängen, das Beharrungsvermögen der Maschine, da die Ankerspannung und damit die Selbsterregung erst mit einer gewissen Zeitverzögerung abklingt. – Durch den Einbau weiterer Erregerwicklungen als Steuerwicklungen läßt sich der Kennlinienverlauf und auch die Steuergeschwindigkeit noch in verschiedener Weise weiter beeinflussen. Derartige Maschinen bauen allerdings groß und schwer. Man verlegt deshalb nicht selten die verschiedenen Erregerwicklungen für die Kennliniengestaltung in die Erregermaschine und erhält so ebenfalls ein weiches Drehzahlverhalten des Propellermotors. Ein Nachteil dieses Verfahrens ist allerdings, daß nunmehr die Erregermaschine nur *einem* Hauptgenerator oder einer Gruppe von Hauptgeneratoren zugeordnet werden kann.

In Abb. 338 ist das Prinzip der lastabhängigen Steuerung eines elektrischen Propellerantriebes über Erregermaschinen in Verbindung mit einer Transduktorsteuerung[1] aufgezeichnet. Die dem Propellermotor zugeordnete Erregermaschine besitzt 2 Erregerwicklungen, deren eine a über einen Stromrichter an einer konstanten Spannung liegt. Die zweite Wicklung b wird über einen Transduktor c gespeist, der über einen als Gleichstromwandler wirkenden Transduktor d verhältnisgleich zum

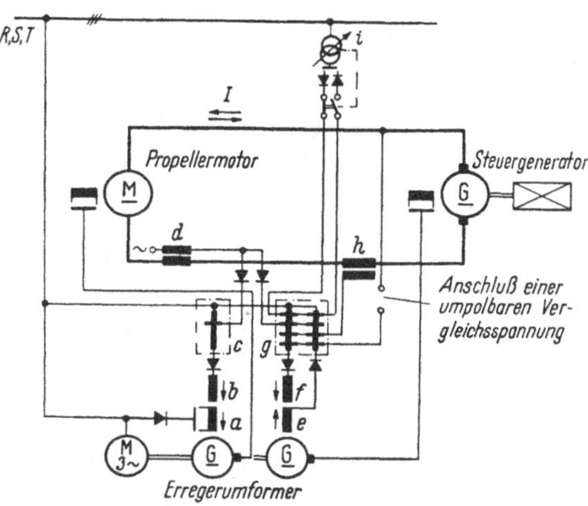

Abb. 338. Schaltung der lastabhängigen Steuerung eines elektrischen Propellerantriebes über Erregermaschinen in Verbindung mit einer Transduktorsteuerung

Laststrom ausgesteuert wird; sie verstärkt die Erregung. Die beiden Wicklungen e, f der Erregermaschine für den Steuergenerator werden im Gegentakt über den Transduktor g gespeist. Dieser besitzt 4 Steuerwicklungen. Diese unterliegen über den Gleichstromwandler d dem Einfluß des Laststromes und über den Transformator h dem Einfluß des Differentialquotienten des Stromes nach der Zeit. Eine der Steuerwicklungen dient der Spannungsbegrenzung durch Vergleich der maximalen Spannung des Steuergenerators mit einem anderen konstanten Spannungswert. Schließlich wird der Umkehrfeldsteller zur Einstellung der Spannung am Steuergenerator durch den Drehtransformator i in Verbindung mit der vierten Steuerwicklung ersetzt.

Hinsichtlich der Durchführung der *Umsteuervorgänge* hat der Gleichstromantrieb besonders gute Eigenschaften, welche durch sein Drehmomenten/Drehzahl-Verhalten bedingt sind. In Abb. 339 ist zu einem Umsteuerdiagramm für ein Manöver aus voller Fahrt „Voraus", wie es im Prinzip in Abb. 328 dargestellt ist, der Drehmomenten/Drehzahlverlauf

[1] Vgl. Magnetverstärker, S. 104.

des Gleichstromantriebes – Kurven M – eingetragen, und zwar im „Voraus“- und „Zurück“-Bereich. Der Schnittpunkt von M mit der Umsteuerkurve, der sich nach Durchführung des Umsteuerkommandos ergibt, ist ein Anhalt für die Größe des zum Umsteuern vorhandenen Momentes. Dies wird um so geringer, je weicher die Leistungskennlinie des Antriebes gewählt wird.

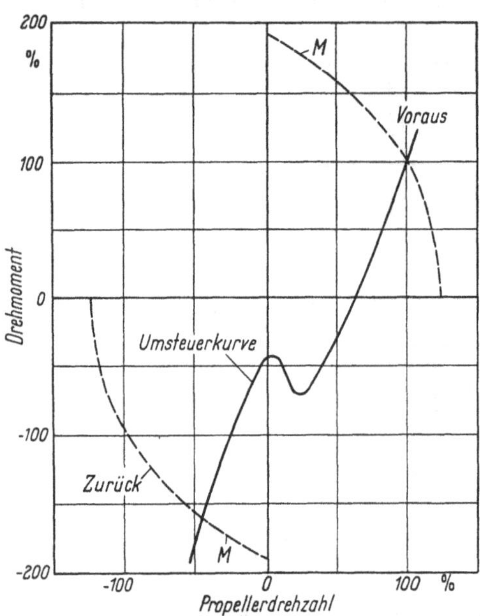

Abb. 339. Umsteuerkurve eines Schiffes und Momentenverlauf bei einem Gleichstrom-Propellermotor, ähnlich FEILCKE [*149*]

Es gilt als ein besonderer Vorzug des Gleichstrom-Propellerantriebs, daß das Schiff von der Kommandobrücke aus ohne Zwischenschaltung des Maschinentelegrafen mit sehr feiner Drehzahleinstellung gefahren werden kann. Die *Feldsteller* für die Steuergeneratoren und Propellermotoren mit ihren Widerständen können dazu entweder auf der Kommandobrücke oder im Maschinenraum untergebracht werden. Im letzteren Fall wird dann eine elektrische Fernbetätigung von der Brücke aus über Verstellmotoren und Vorgelege benötigt, während im Brückenpult angeordnete Feldsteller unmittelbar vom Bedienungspersonal zum Verändern der Geschwindigkeit betätigt werden können. – Bei der Ausführung der Anlage nach Abb. 332, wenn also die Erregerwicklungen der Steuergeneratoren unmittelbar beeinflußt werden, sind die Feldsteller wegen ihrer Größe und der entsprechenden Wärmeentwicklung verhältnismäßig groß. – Abb. 340 zeigt einen sogenannten *Kollektorfeldsteller* mit den zugehörigen Hilfsschaltern für Verriegelungsaufgaben. Der Ersatz der üblicherweise gebräuchlichen Flachbahn-Stufenschalterplatte zum Einschalten der Widerstände durch einen Kollektor hat einen besonders geringen Platzbedarf für das Gerät zur Folge. – Bei kleineren Anlagen können auch Nockenschaltwerke in Verbindung mit Widerstandsgruppen benutzt werden.

Besonders wichtig ist bei der Ausführung elektrischer Schiffspropellerantriebe die zweckmäßige Gestaltung der Einrichtungen für *Überstrom- und Kurzschlußschutz.* Es muß oberstes Gesetz bleiben, daß der Schiffsführung der Antrieb nicht ohne vorherige Warnung, besonders bei nur kleinen, unbedeutenden Störungen in der elektrischen Anlage aus der Hand genommen wird. In den Vorschriften des GL heißt es hierüber:

„Es sind Vorkehrungen zu treffen, welche die Anlage automatisch vor schweren Überlastungen infolge etwaiger Schaltfehler oder vor Kurzschluß schützen. Diese Einrichtungen sind so auszuführen, daß sie erst bei Belastungen ansprechen, die genügend weit außerhalb derjenigen Belastungen der Anlage liegen, die bei schwerer See und beim Manövrieren auftreten können."

Abb. 340. Kollektorfeldsteller zum Einbau in Brückensteuerpulte (Bauart SSW)
a Hilfsschalter; *b* Widerstände; *c* Kollektor; *d* Drehmelder für die Istwertanzeige; *e* Umlenkgetriebe mit Kuppelflansch zum Ankuppeln des Bedienungsgestänges von einem Fahrhebel

Im allgemeinen werden die Anlagen nur bei schweren Kurzschlüssen durch Entregen unmittelbar abgeschaltet, während bei Überlastungen nur „Alarm" gegeben werden soll. Die Schiffsführung kann dann vor dem Stillsetzen des Antriebs die nötigen nautischen Sicherheitsmaßnahmen ergreifen. – Wichtig ist bei einem Propellerantrieb auch der Einbau einer Erdschlußmeldeeinrichtung bzw. von Einrichtungen zur Überwachung des Isolationszustandes. – Die Erregung der Propellermotoren ist zu schwächen, wenn bei selbstbelüfteten Maschinen zu lange Zeit mit sehr kleiner Drehzahl gefahren oder bei erregten Maschinen gestoppt wird.

Nachstehend soll an einigen *Schaltungen ausgeführter Propellerantriebe* aufgezeigt werden, wie die erwähnten Gesichtspunkte zur Ausbildung der Anlagen berücksichtigt wurden. – Bei der in „Über-Kreuz-Schaltung" ausgeführten Anlage des Bugsier*schleppers* „Elsfleth" nach Abb. 341 sind die Hauptgeneratoren als Dreifeldermaschinen mit weicher Strom/Spannungs-Kennlinie gebaut. Die Anlage wird durch einen aus Nockenschaltelementen aufgebauten vielstufigen Steuerschalter gesteuert, wobei durch die einzelnen Schaltelemente Widerstände in die Erregerkreise der Hauptmaschinen geschaltet werden. Ein zweiter Schalter ist zur Reserve vorhanden. Zwei selbstbelüftete Motoren ar-

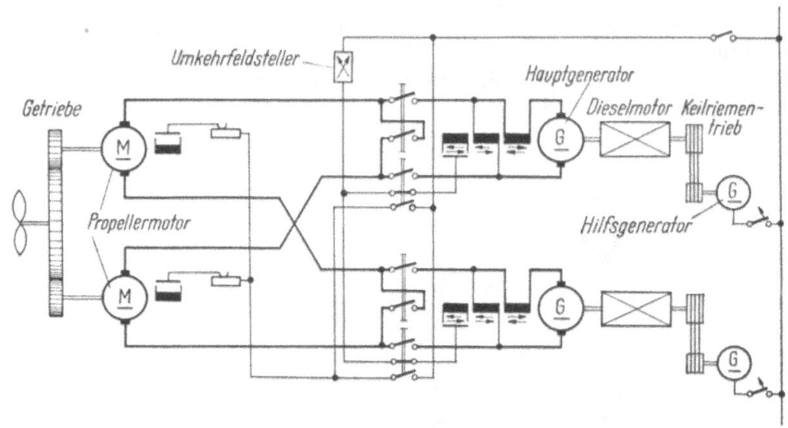

Abb. 341. Schaltplan des dieselelektrischen Schleppers „Elsfleth" (nach SCHMIEDING/ZAHN [180]) Leistung am Propeller: 750 WPS

beiten über ein gemeinsames Getriebe auf den Propeller; die erwärmte Abluft wird nach außenbord geführt. Die Hilfsgeneratoren sind über Keilriemen angekuppelt und auf den Generatoren aufgebaut.

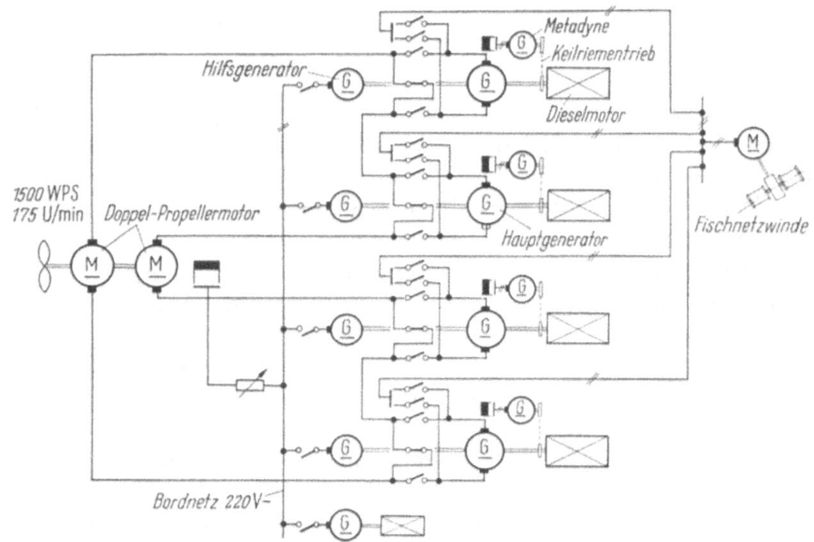

Abb. 342. Schaltplan des dieselelektrischen Fischtrawlers „Cape Trafalgar" (nach [185]) Leistung am Propeller: 1500 WPS

Bei dem *Fischtrawler* „Cape Trafalgar" nach Abb. 342 ist die Propellerleistung auf eine Doppelankermaschine aufgeteilt. Die Hilfs-

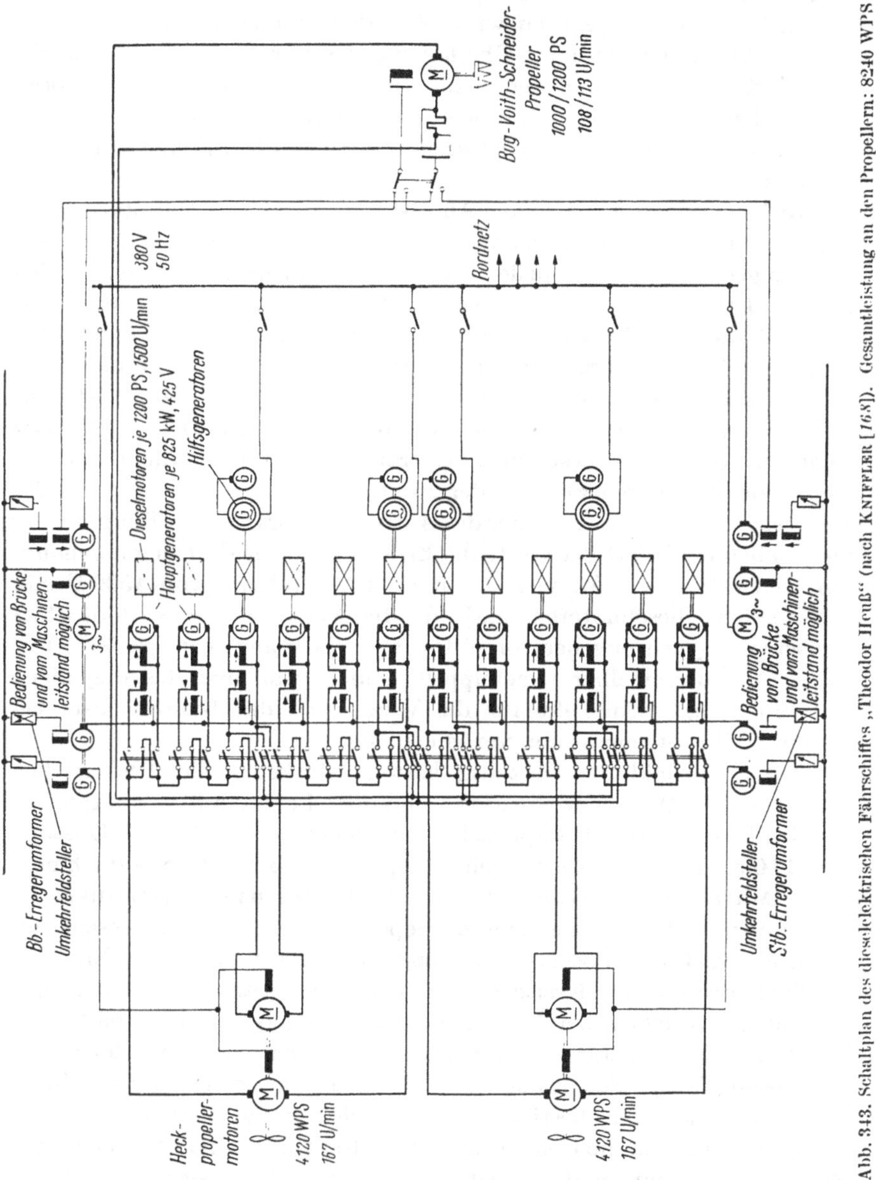

Abb. 343. Schaltplan des dieselelektrischen Fährschiffes „Theodor Heuß" (nach KNIPPLER [168]). Gesamtleistung an den Propellern: 8240 WPS

generatoren sind unmittelbar an die Hauptgeneratoren angekuppelt, welche von Dieselmotoren mit einer Drehzahl von 600 U/min angetrieben werden. Jedem der 4 Hauptgeneratoren ist zur Erregung eine Metadyne[1] zugeordnet, welche die Kennlinie des Antriebs weich gestaltet. Die Schaltung ist so ausgeführt, daß die Spannung je zweier Generatoren auf einen der beiden Motoren gegeben wird. Zur Begrenzung der Drehmomente und zur Verhinderung einer Überlastung der Generatoren wird die Erregung der Propellermotoren beim Abschalten einzelner Generatoren entsprechend verändert. Die Generatorwahlschalter gestatten es, einen Generator entweder auf das Fahrnetz oder auf die Fischnetzwinde zu schalten.

Mit insgesamt zwölf ist nach Abb. 343 die Anzahl der Hauptgeneratoren auf dem *Fährschiff* „Theodor Heuß" sehr groß. Die vier – auf zwei am *Heck* angeordnete *Fest*propeller arbeitenden – Propellermotoren werden von je 4 Hauptgeneratoren gespeist. Die Stromversorgung eines als VOITH-SCHNEIDER-Propeller[2] ausgeführten *Bug*propellers kann den übrigen 4 Hauptgeneratoren entnommen werden. Die Spannung im Fahrkreis ist durch die Schaltung der „Bunten Reihe" auf höchstens $3 \times 425 = 1275$ V begrenzt. Die beiden Erregerumformer – ein Satz steht zur Reserve – besitzen 4 Generatoren. Der erste dient der Erregung der Hauptgeneratoren, der zweite der der Propellermotoren für die Festpropeller, der dritte der des Antriebsmotors für den Bugpropeller und schließlich liefert der vierte die Erregung für die drei zuerst genannten Generatoren. – An vier der mit einer Drehzahl von 1500 U/min arbeitenden Dieselmotoren sind für die Versorgung des Bordnetzes Drehstrom-Synchrongeneratoren für eine Leistung von je 900 kVA, $\cos\varphi = 0{,}8$ unmittelbar angekuppelt – und zwar sind das diejenigen Maschinen, mit denen die für die Versorgung des Bugpropellers bestimmten Hauptgeneratoren verbunden sind.

Das Schaltbild der derzeitig leistungsstärksten dieselelektrischen *Eisbrecher* der Welt, der „Moskva" und der „Leningrad" zeigt Abb. 344 Die Schiffe haben drei Heckpropeller, von denen der mittlere die Leistung von 11000 WPS, die beiden Seitenpropeller je 5500 WPS aufnehmen. In der Mittelanlage sind abwechselnd 2 Generatoren mit einem Anker des als Doppelmaschine ausgebildeten Propellermotors in Reihe geschaltet. Dadurch wird das Potential auf maximal 1200 V begrenzt. Eine zusätzliche Erdung der Kreise über Widerstände setzt die Berührungsspannung auf 600 V bei Vollast herab. – Mittels der Umschalter *GU* läßt sich jeder Generator in 2 Fahrkreise einschalten. Dadurch ergeben sich mannigfaltige Schaltmöglichkeiten für Havarien. Die mittels dieser Umschalter für einen bestimmten Fahrkreis vorgewählten Generatoren werden dann durch die Generatorwahlschalter *GS* zu- und abgeschaltet. – Die Erregerwicklungen der jeweils einen Stromkreis versorgenden Haupt-

[1] Vgl. Maschinenverstärker, S. 102.

[2] Vgl. Propellerantriebe mit Ruderwirkung, S. 461.

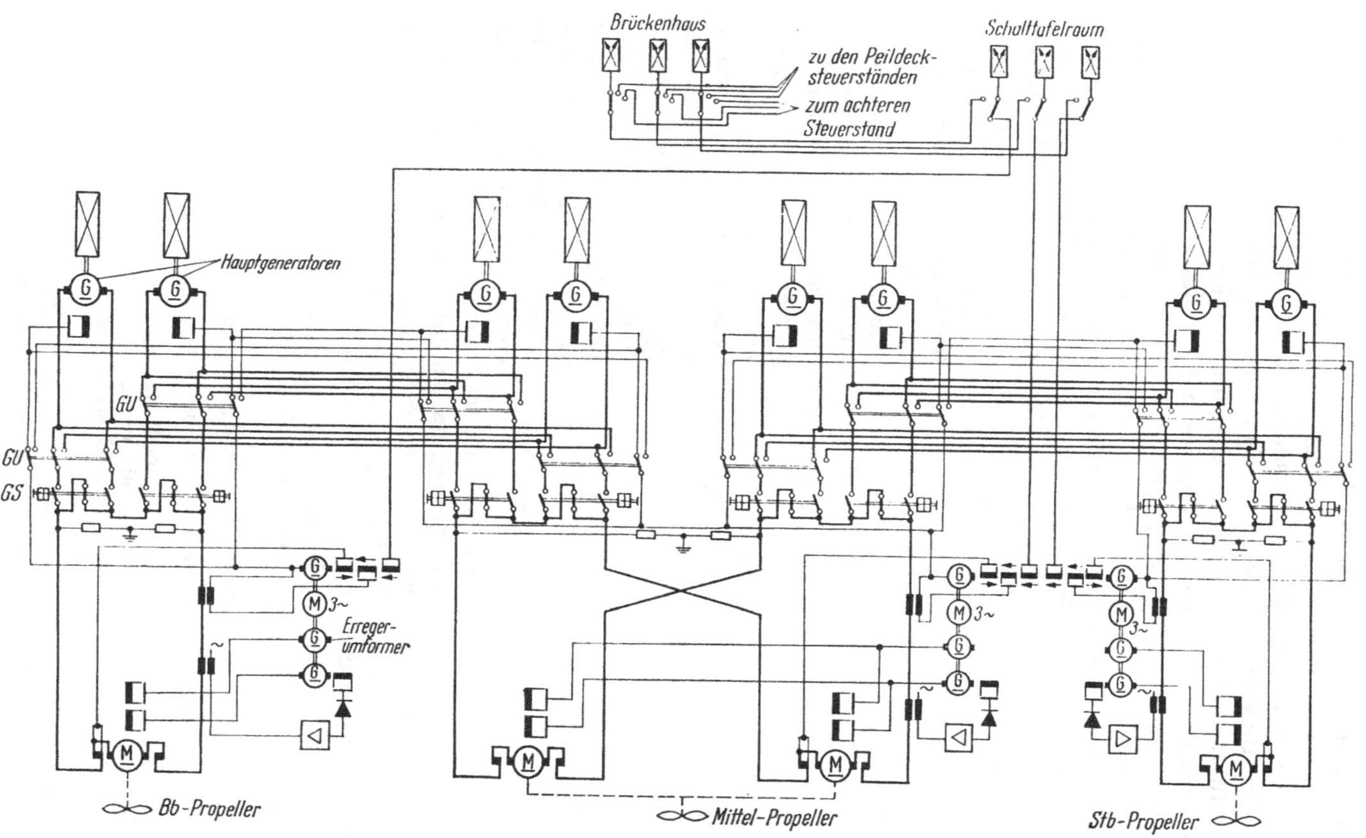

Abb. 344. Schaltplan der dieselelektrischen Eisbrecher „Moskva" und „Leningrad" (nach STIGLITZ/SCHMIEDING [183]). Gesamtleistung an den 3 Propellern 22000 WPS

generatoren sind parallelgeschaltet. Sie werden von einer als Dreifeldergenerator ausgebildeten, mit Selbst-, Fremd- und Gegenreihenschlußwicklung versehenen Erregermaschine gespeist. Die Fremderregung wird von den Umkehrfeldstellern, die als Kollektorfeldsteller nach Abb. 340 ausgeführt sind, von mehreren Stellen des Schiffes gesteuert, wobei ein Steuerstand jeweils die Führung durch Vorwählschalter erhält. Durch die Wirkung des Dreifeldergenerators im Zusammenwirken mit einer – im Schaltbild nicht gezeichneten – schwachen Gegenreihenschlußwicklung in den Hauptgeneratoren ergibt sich an diesen eine mit steigendem Strom stark abfallende Spannung: Bei etwa 170% des Nennstromes hat die Spannung den Wert Null. – Zur Erzielung der zum Eisbrechen erforderlichen Drehmomente wurde eine Möglichkeit zur Verstärkung der Erregung der Propellermotoren vorgesehen. Letztere besitzen in diesem Fall 2 Erregerwicklungen, welche von je einem Erregergenerator gespeist werden. Von der ersten Wicklung wird jene Durchflutung aufgebracht, die – abhängig von der Zahl der eingeschalteten Generatoren – die jeweils maximale Freifahrtdrehzahl ergibt. Mittels der zweiten Wicklung läßt sich das Drehmoment steigern. Dazu ist in jedem Stromkreis ein magnetischer Gleichstromwandler vorhanden, der seinen Meßwert – also das Abbild des Stromes im Leonard-Kreis – den Steuerwicklungen eines Transduktorreglers zuführt. Dieser begrenzt durch Verstärkung der Durchflutung den Strom. Es ergibt sich ein Drehmomentenverhalten, das zu einer praktisch konstanten *Leistung* im Bereich zwischen Freifahrt und Pfahlprobe führt, wie es aus der statischen Drehmomenten-Grenzkurve der Abb. 345 zu entnehmen ist, welche für einen der Seitenpropeller der Schiffe ermittelt wurde.

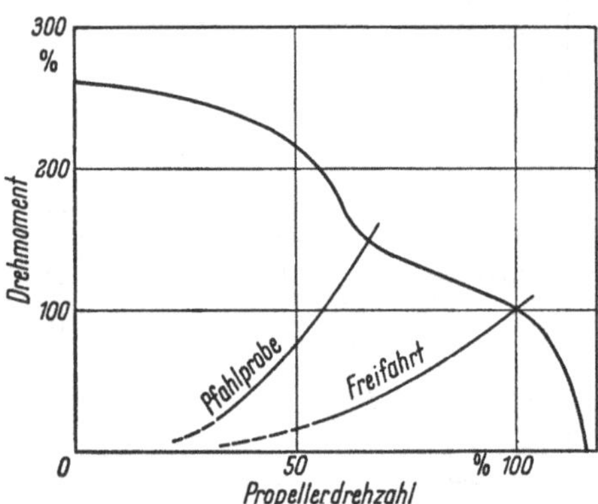

Abb. 345. Statische Drehmomentengrenzkurve

c) Antriebe mit Konstantstromschaltung

Die *Konstantstromschaltung* wird bevorzugt angewendet

bei *Saugbaggern*, bei denen während des Baggerns die Pumpenmotoren mit voller und die Propellermotoren mit verminderter Leistung betrieben werden, wohingegen bei Fahrt zu oder von der Klappstelle die volle Leistung den Propellern zugeführt wird;

bei *Fischtrawlern*, bei denen für die Fahrt zum Fanggebiet die volle Leistung der Generatoren für die Propellermotoren verwendet wird, wohingegen im Fanggebiet eine Teilleistung dem Antrieb der Fischnetzwinde bei verminderter Fahrt des Schiffes zugeführt wird;

bei nicht wendenden *Fähren*, bei denen der jeweilige Heckpropeller mit voller und der jeweilige Bugpropeller mit geringer Leistung betrieben wird;

bei *Feuerlöschbooten*, bei denen mit voller Leistung am Propeller zum Löschobjekt gefahren wird, wohingegen dann beim Löschvorgang die Feuerlöschpumpe mit voller und der Propeller mit verminderter Leistung für langsame Fahrt um das Objekt herum betrieben wird.

Ein wesentliches Charakteristikum der Konstantstromschaltung ist es also, daß – im Gegensatz zur Leonard-Schaltung – die gesamte installierte Leistung der Hauptgeneratoren geringer ist als die Summe der Leistungen aller im Stromkreis vorhandenen Motoren. Trotzdem ist durch das Konstantstromsystem gewährleistet, daß in jedem Betriebsfall eine Überlastung der Generatoren bzw. der Kraftmaschinen vermieden wird. – Die Zahl der Generatoren und Motoren ist unabhängig voneinander. Im Wesen des Konstantstromsystems liegt es dabei, daß – selbst bei Verwendung nur eines Generators – die Drehzahl jedes einzelnen Motors für sich eingestellt und seine Drehrichtung umgesteuert werden kann.

Da das Drehmoment von Gleichstrommotoren dem Produkt aus Ankerstrom und magnetischem Fluß verhältnisgleich ist, kann eine Änderung des von den Motoren abzugebenden Drehmoments durch Beeinflussung des magnetischen Flusses *oder* des Ankerstromes *oder* auch beider Größen geschehen. Von der erstgenannten Möglichkeit macht die Konstantstromschaltung Gebrauch. Die Steuervorgänge sind hierbei grundsätzlich anders als bei der Leonard-Schaltung. Bei dieser wird die Drehzahl des Motors durch die Spannung des Generators festgelegt. Der Motor arbeitet dann mit einem Drehmoment, das der Drehzahl/Drehmomenten-Kennlinie des Propellers bzw. der Pumpe bei der eingestellten Drehzahl entspricht und nimmt einen dementsprechenden Ankerstrom auf. Beim Konstantstromsystem dagegen wird das Drehmoment des Motors durch die Höhe seiner Erregung bestimmt, und die Drehzahl stellt sich auf einen Wert ein, der diesem Moment zugeordnet ist. Nur eine Verstärkung des magnetischen Flusses bei den Motoren versetzt diese in die Lage, ein höheres Drehmoment zu entwickeln und damit die Pumpe oder die Propeller mit höherer Drehzahl zu betreiben. Beim Leonard-System wird also die *Drehzahl*, beim Konstantstromsystem das *Drehmoment* des Motors eingestellt.

Bezogen auf die Kraftmaschine sind beide Verfahren in gleicher Weise „Momentenwandler“. Im Gegensatz zur Leonard-Schaltung hat jedoch beim Konstantstromsystem eine Verstärkung der Erregung eine höhere, eine Schwächung der Erregung eine geringere Drehzahl des belasteten Motors zur Folge. Man kann sich den Vorgang so vorstellen, daß z.B. bei einer Schwächung der Erregung zunächst die Drehzahl des Motors anzusteigen strebt. Die im ersten Augenblick gleichbleibende Spannung wird eine höhere Stromaufnahme verursachen. Dadurch wird infolge der Automatik des Kreises die Spannung der Generatoren abgesenkt, wodurch die Motordrehzahl abfällt. Bei einer Verstärkung der Erregung dagegen wird zunächst die Stromaufnahme geringer und es steigt die Spannung: Die Maschine läuft schneller.

Bei Teillasten ist bei der Konstantstromschaltung der Wirkungsgrad niedriger als beim LEONARD-System, da die Stromwärmeverluste in voller Höhe bei allen in Betrieb befindlichen Maschinen auftreten.

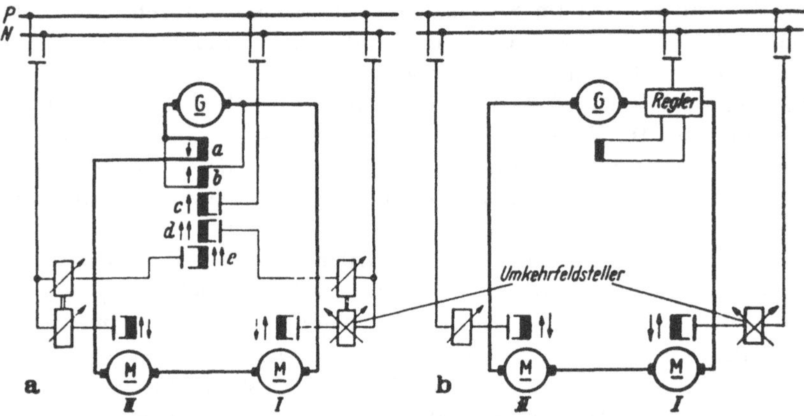

Abb. 346 a u. b. Gegenüberstellung einer gesteuerten (a) und einer geregelten (b) Konstantstromanlage

Eine Anlage mit Konstantstromschaltung kann – unabhängig von dem inneren Prinzip des Systems – in gleicher Weise wie bei der LEONARD-Schaltung aufgebaut werden. Auch die Gesichtspunkte für die Unterteilung der Antriebsleistung auf mehrere Dieselaggregate bleiben die gleichen wie bei der LEONARD-Schaltung, wenn auch bei der Konstantstromschaltung hierin eine größere Freiheit besteht.

In der Ausführung derartiger Anlagen wird nach der Art, wie der Strom auf konstantem Wert gehalten wird, zwischen einem gesteuerten und einem geregelten System unterschieden, deren Prinzip in Abb. 346a und b dargestellt ist. Bei einer *gesteuerten* Anlage, bei der die Erregung der Hauptgeneratoren und Motoren *gleichzeitig* eingestellt wird, sind dem Hauptgenerator nach Abb. 346a zur Ausbildung einer stark abfallenden Strom/Spannungs-Kennlinie mehrere Erregerwicklungen zugeordnet, deren Durchflutungen in einem richtigen Verhältnis zueinander stehen müssen, und zwar z. B.

a) eine vom Hauptstrom durchflossene Gegenreihenschlußwicklung,
b) eine selbsterregte Wicklung,

c) eine fremderregte Wicklung (Grunderregung),

d) eine Wicklung parallel zur Erregerwicklung des Motors I, bei welcher der Erregerstrom durch einen Feldsteller eingestellt wird,

e) eine Wicklung parallel zur Erregerwicklung des Motors II, bei welcher der Erregerstrom durch einen Feldsteller eingestellt wird.

Der Feldsteller für *d* ist mit dem Umkehrfeldsteller des Motors *I*, der Feldsteller für *e* mit dem Feldsteller des Motors *II* mechanisch verbunden.

Sind die Motoren und damit auch die Wicklungen *d* und *e* entregt, so stellt sich der Nennstrom ein, da sich die Wirkung der Wicklungen *a* und *c* gerade aufhebt. – Es besteht natürlich auch die Möglichkeit, diese Erregerwicklungen in eine Erregermaschine einzubauen. – Die Strom/Spannungs-Kennlinie einer derartigen Anlage ist in Abb. 347 aufgezeichnet; ihre Neigung hängt im wesentlichen von dem Verhältnis der Selbsterregung zur Fremderregung ab. Bei stillstehenden Motoren gilt die mit *a* bezeichnete Kennlinie, während die Kennlinie *b* dann gefahren wird, wenn die Generatoren mit Vollast in Betrieb sind; dies ist nicht identisch mit einem Vollastbetrieb *aller* Motoren. Teillastwerte liegen zwischen diesen Grenzkurven – etwa entsprechend dem schraffierten Bereich, wobei die bei einem Strom von 100% auftretende Spannung jeweils von der Stellung der Feldsteller abhängig ist. – Bei dieser Anordnung kann durch Überlastung *eines* Motors ein entsprechender Überstrom auftreten. Wird also z. B. ein Propeller festgebremst, so kommt dessen Antriebsmotor wohl zum Stillstand, die anderen Motoren entwickeln aber ein größeres Drehmoment. Waren die beiden Propellermotoren vor dem Eintreten der Überlast voll belastet, – Betriebspunkt NP in Abb. 347 – so wird sich beim Festbremsen eines Propellers etwa der Überlastpunkt ÜP ergeben. Bei plötzlicher Entlastung eines der Motoren kann sich andererseits als Betriebspunkt z.B. EP einstellen.

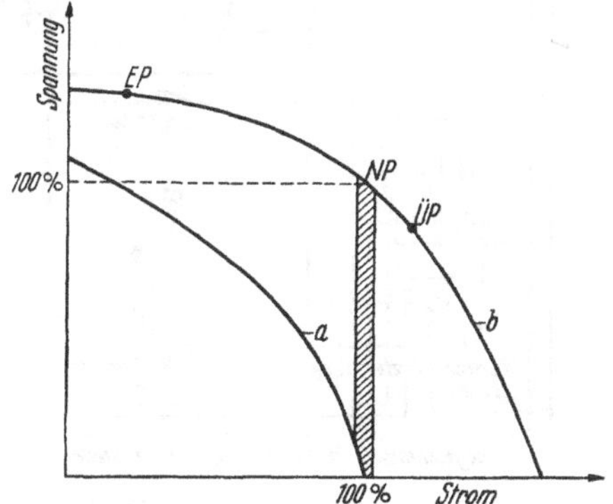

Abb. 347. Zusammenhang zwischen Strom und Spannung bei einer gesteuerten Konstantstromanlage

In Abb. 348 ist der Prinzipschaltplan einer gesteuerten Konstantstromanlage für einen Saugbagger aufgezeichnet, der durch 2 Propeller angetrieben wird. Im Stromkreis liegt außerdem der Antriebsmotor einer Baggerpumpe. Die Fremderregung des Erregergenerators ist in diesem Fall auf 4 Wicklungen verteilt, von denen eine die gleichbleibende Grunderregung liefert; die Erregung der anderen ist von der Stellung der Feldsteller für die Motoren abhängig.

Bei Aufteilung der Generatorleistung auf eine größere Zahl von Maschinen bzw. bei zu vielen Verbrauchern erfordert der Abgleich dieser Felder aufeinander einen verhältnismäßig großen Aufwand. Dies wird bei einer *geregelten* Konstantstromanlage vermieden, bei welcher die

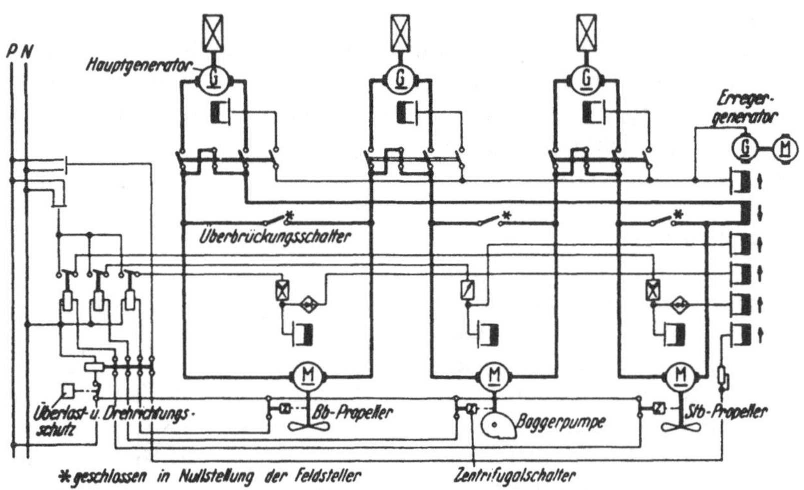

Abb. 348. Schaltplan der gesteuerten Konstantstromanlage auf dem dieselelektrischen Saugbagger „Sumatra II"

Hauptgeneratoren – *unabhängig* von der Aussteuerung der Motoren – durch einen selbsttätig arbeitenden Regler mit konstantem Strom arbeiten. Die Generatorspannung ist dabei je nach der Leistungsentnahme bis zur Nennspannung veränderlich. Die Motoren werden nach Bedarf in den Hauptkreis geschaltet und durch ihre Umkehrfeldsteller ausgesteuert. Die Regelung hat nach Abb. 349 eine steile Strom/Spannungs-Kennlinie zur Folge. Je steiler jedoch diese Regelkennlinie verläuft, um so leichter besteht die Möglichkeit, daß das System elektrisch unstabil wird, d. h. daß Pendelungen auftreten.

Für die Regelung auf konstanten Strom kommen neben Öldruckreglern, Wälzreglern oder Kohledruckreglern vor allem Schaltungen mit Verstärkermaschinen, Transduktoren und Transistorreglern in Betracht. Die Spannung wird nach Abb. 349 so begrenzt, daß eine Überlastung des Antriebes ausgeschlossen ist und auch kein Überstrom auftreten kann. Tritt ein Übermoment an einem der Motoren auf, so sinkt dessen Drehzahl unter Umständen bis zum Stillstand, wenn nicht seine Erregung verstärkt wird; die Drehzahl der übrigen Motoren des Kreises bleibt praktisch unbeeinflußt. Anders ist das Verhalten bei plötzlicher Entlastung eines

Motors, z. B. beim Austauchen des Propellers. Das Drehmoment des entlasteten Motors steht hierbei zu seiner Beschleunigung zur Verfügung. Tritt dieser Fall auf, wenn die Motoren auch vorher nicht voll belastet waren, so bleibt der Strom noch so lange konstant, bis die volle Generatorspannung eingeregelt ist. Ist dieser Zustand erreicht, dann sinkt der Strom und damit auch die Drehzahl der übrigen Motoren, bis sich ein neuer Gleichgewichtszustand eingestellt hat. Die Drehzahl der Motoren stellt sich also jeweils auf den Wert ein, bei welchem die Kennlinien für Motor und Pumpe bzw. Propeller einen Schnittpunkt haben. Fällt letzteres weg, so hat der Motor die Tendenz, die Drehzahl unzulässig hoch zu steigern. Zu beachten ist aber, daß beim Propellerantrieb für den Umsteuervorgang Übermomente erzeugt werden müssen. Die beim Umsteuervorgang auftretenden Rückleistungen müssen mit Rücksicht auf die Dieselmotoren beachtet und nötigenfalls begrenzt werden.

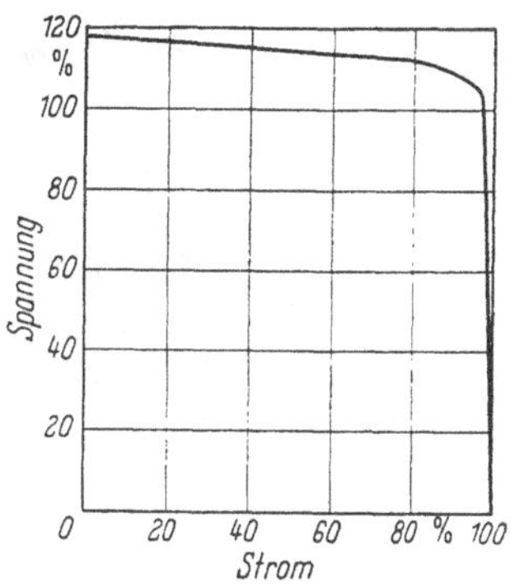

Abb. 349. Zusammenhang zwischen Strom und Spannung bei einer geregelten Konstantstromanlage

Die Begrenzung der Nennleistung bzw. der Überlastschutz der Anlage kann durch Schwächen der Erregung bei den Motoren nach Erreichen der Nennspannung am Generator bewirkt werden, wobei Schwächen der Erregung dem Wesen des Konstantstromsystems entsprechend Herabsetzung der Drehzahl bedeutet. Ebenso wird die Begrenzung der Rückleistung durch Schwächen der Erregung bei Erreichen eines bestimmten negativen Wertes der Generatorspannung erzielt. Überdrehzahlen können wiederum durch Schwächen der Erregung der Motoren bei Erreichen einer vorgegebenen Drehzahl unterbunden werden. Die Motoren werden jedoch allgemein zusätzlich durch Fliehkraftschalter vor Überdrehzahlen geschützt.

Damit beim Stillstand der Motoren nicht der volle Strom über die Bürsten und den Kommutator und durch die Ankerwicklung fließt, werden Kurzschließer oder Überbrückungsschalter vorgesehen. Dabei ist zu beachten, daß die Übergangswiderstände an den Schaltkontakten wesentlich kleiner als die Ankerwiderstände der Maschinen einschließlich der Zuleitungen sein müssen.

In Abb. 350 ist der Prinzipschaltplan einer geregelten Konstantstromanlage mit Transduktorregler für einen Fischtrawler aufgezeichnet. Die Generatoren können auf den Propeller und die Fischnetzwinde arbeiten. Die Steuerwicklungen des Transduktorreglers liegen an der Spannung der Generatoren und der Erregermaschine. Sie sind ferner über einen

Nebenwiderstand vom Laststrom und von einer mit dem Propellermotor gekuppelten Tachometerdynamo beeinflußt. – Durch Verwendung von Transduktoren, welche mit einer Frequenz von 400 Hz betrieben werden,

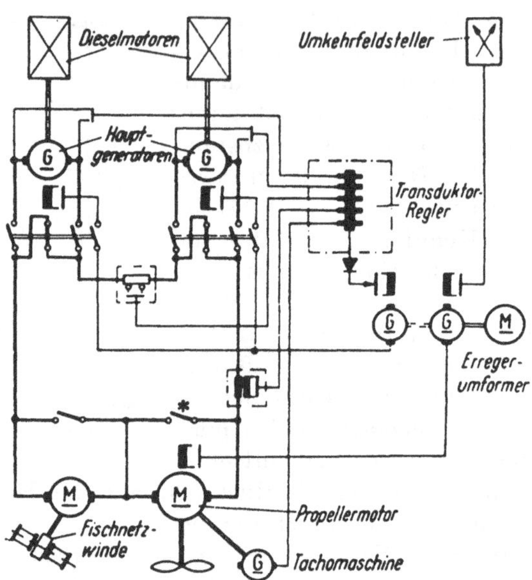

Abb. 350. Schaltplan einer Konstantstromanlage mit Transduktorregelung für einen dieselelektrischen Fischtrawler

soll – in zweckentsprechender Schaltung – eine besonders kurze Regelzeit erreicht werden.

In Abb. 351 ist das vereinfachte Schaltbild zweier großer mit einer geregelten Konstantstromanlage ausgerüsteten Saugbagger wiedergegeben. Im Konstantstromkreis liegen die Anker von 6 Hauptgeneratoren, 4 Propellermotoren, der Antriebsmotoren für 2 Baggerpumpen und für ein Bugstrahlruder[1]. Die Schaltung ist so ausgeführt, daß bei Einschaltung aller Generatoren und Motoren auf einen Stromerzeuger jeweils ein Stromverbraucher folgt. Weiterhin ist vorgesehen, daß auch wahlweise die Bordnetzgeneratoren mit in den Hauptstromkreis einbezogen werden können. In Verbindung mit Erdungswiderständen ist die Berührungsspannung im Konstantstromkreis auf maximal 650 V begrenzt. Die Haupt- und Bordnetzgeneratoren können ohne Unterbrechung des Stromkreises ebenso wie die Motoren zweipolig in den Kreis herein- und aus diesem herausgeschaltet werden. – Die Erregung der Hauptgeneratoren, der Propellermotoren und des Antriebsmotors

[1] Vgl. Propellerantriebe mit Ruderwirkung, S. 461.

für das Bugstrahlruder wird verschiedenen – zu einem Erregerumformer zusammengebauten – Erregermaschinen entnommen. Für jeden Gene-

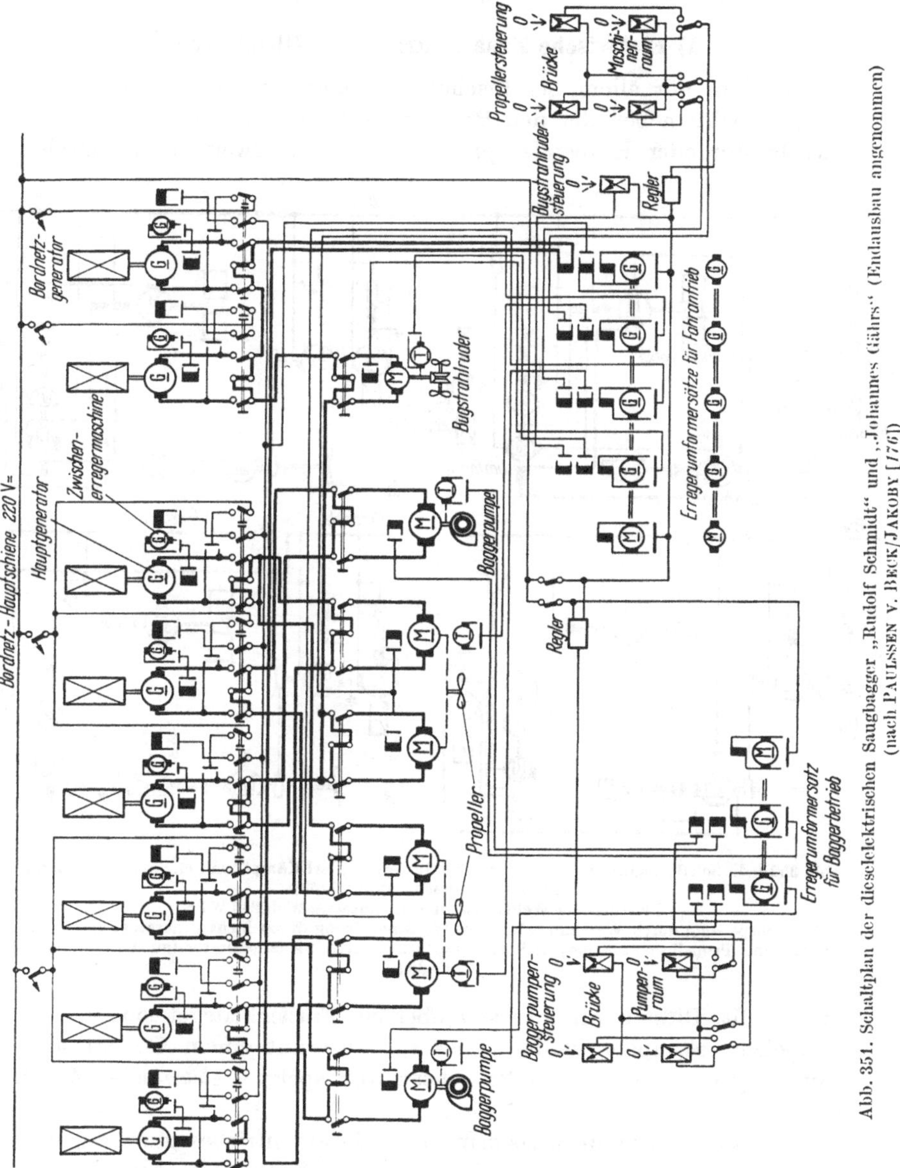

Abb. 351. Schaltplan der dieselelektrischen Saugbagger „Rudolf Schmidt" und „Johannes Gährs" (Endausbau angenommen) (nach PAULSSEN v. BECK/JAKOBY [176])

rator ist noch eine angekuppelte Zwischenerregermaschine vorgesehen, durch die sichergestellt wird, daß der Generator bei Ausfall des Dieselmotors spannungslos wird und nicht etwa als Gleichstrommotor den Dieselmotor mit veränderter Drehrichtung antreibt. Für die Baggermotoren ist ebenfalls ein Erregerumformer aufgestellt.

d) Elektrische Zusatzantriebe mit Gleichstrom[1]

Bei dem vor allem bei Fischereifahrzeugen verwendeten „Zusatzantrieb" wird neben der den Propeller antreibenden Hauptmaschine – Dieselmotor oder Kolbendampfmaschine – eine zweite Kraftmaschine

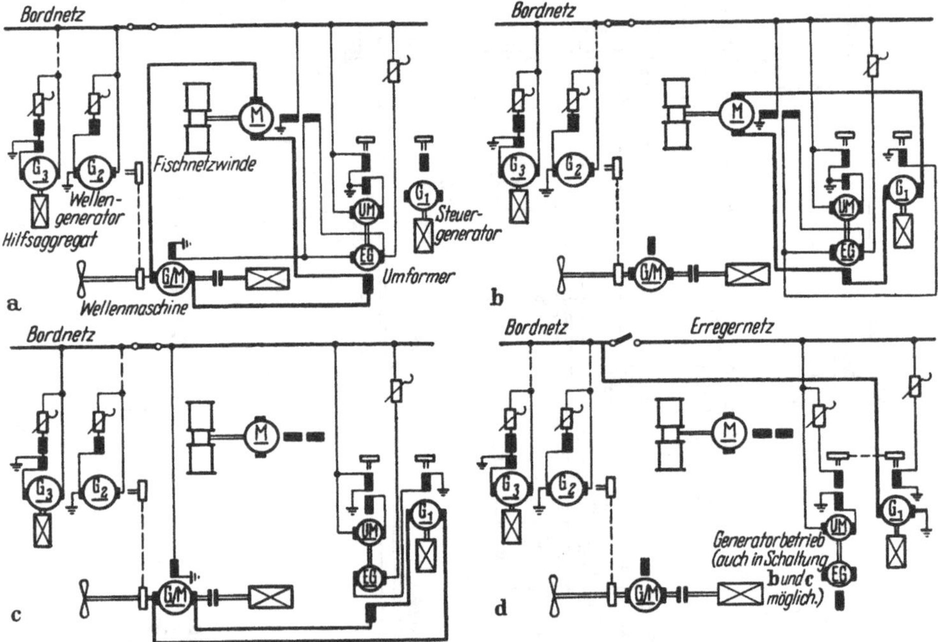

Abb. 352a–d. Schaltmöglichkeiten auf dem Fischtrawler „Carl Kämpf" mit einem elektrischen Zusatzantrieb (nach JAKOBY [164])
Leistung der Wellenmaschine als Zusatzantrieb 240 WPS
a) Windenspeisung durch Wellenmaschine; b) Windenspeisung durch Steuergenerator; c) Propellerzusatz- und Propellernotantrieb; d) Bordnetzspeisung durch Steuergenerator (auch in Stellung a) möglich)

aufgestellt. Diese kann entweder über ein Flüssigkeitsgetriebe mit dem Propeller gekuppelt werden, oder sie wird mit einem Generator zusammengebaut, der einen Propellermotor speist – *elektrischer* Zusatzantrieb.

Die älteste Ausführungsform eines Zusatzantriebes ganz allgemein ist die *Bauer-Wach*-Anlage, bei welcher eine Kolbendampfmaschine unmittelbar den Propeller antreibt, deren Abdampf einer Dampfturbine

[1] Vgl. Elektrische Zusatzantriebe mit Drehstrom, S. 448.

zugeführt wird. Diese gibt über ein Untersetzungsgetriebe und eine Flüssigkeitskupplung eine zusätzliche Leistung auf die Propellerwelle. – Bei den später unter der Bezeichnung „*Vater*-und-*Sohn*-Anlagen“ bekannt gewordenen Systemen wird die Zusatzleistung während der Fahrt zum Fanggebiet durch einen zweiten – nicht umsteuerbaren – Dieselmotor auf den Propeller gegeben. Im Fanggebiet selbst kann dieser Dieselmotor über einen angekuppelten Generator zum Betrieb der elektrisch angetriebenen Fischnetzwinde herangezogen werden.

Beim *elektrischen* Zusatzantrieb mit Gleichstromübertragung wird der Zusatzpropellermotor meist in den Wellenzug zwischen Hauptdieselmotor und Propeller eingebaut und nach dem LEONARD-System gesteuert. Dieser Zusatzmotor kann mit dem Hauptdieselmotor zusammen auf den Propeller arbeiten, um die Fahrgeschwindigkeit zu erhöhen oder die Schleppleistung vor dem Netz zu vergrößern. Der Propeller kann aber auch bei Havarien am Hauptdieselmotor allein mit dem elektrischen Antrieb gefahren werden, dann wird der Hauptdieselmotor von der Propellerwelle abgekuppelt. – Ein Zusatz*diesel*motor kann über einen Steuergenerator den Antriebsmotor der Fischnetzwinde speisen. Schließlich kann aber auch der elektrische Zusatzpropellermotor als Wellengenerator wirken; dann wird von ihm die Leistung für die Fischnetzwinde erzeugt *oder* das Bordnetz versorgt. Diese vielseitigen Schaltmöglichkeiten des elektrischen Zusatzantriebs mit Gleichstromübertragung sind aus Abb. 352 erkennbar. – Die Leistungskennlinien für einen ähnlich aufgebauten Zusatzantrieb gehen aus Abb. 353 hervor. Danach hat die Leistung des Zusatzantriebes im Arbeitsbereich einen ziemlich gleichbleibenden Wert. Bei Überdrehzahlen fällt die Leistungskurve ab und erreicht bei 130% Nenndrehzahl wieder den Ordinatenwert Null. Durch diese Kennlinie wird auch ein Überlastschutz für den Zusatzdieselmotor erzielt.

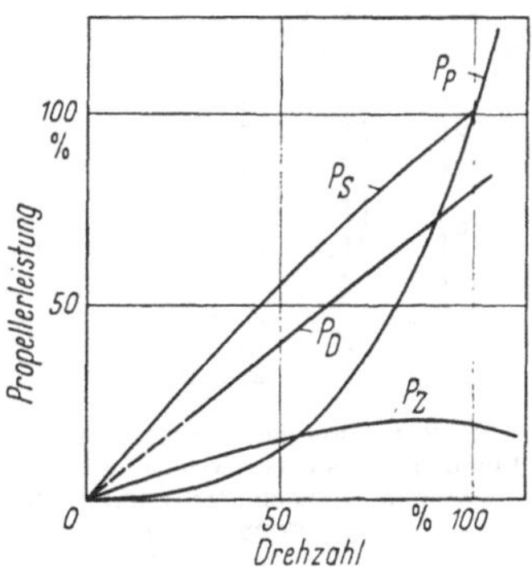

Abb. 353. Leistungskennlinien für den Propellerantrieb mit elektrischem Zusatzmotor (nach HOLLMANN [*163*]) P_P Leistungsaufnahme des Propellers; P_D Leistung des Dieselmotors; P_Z Zusatzleistung des Gleichstromantriebes; P_S Summenleistung von Dieselmotor und Propellerzusatzantrieb

e) Elektrisches Starten der Dieselmotoren

Sofern eine größere Zahl von Dieselaggregaten bei einem elektrischen Propellerantrieb zur Verfügung steht, wird in zunehmendem Maße von der Möglichkeit Gebrauch gemacht, die Dieselmotoren über die Generatoren elektrisch zu starten. Da der Einsatz einer größeren Anzahl von Aggregaten meist mit der Verwendung schnellaufender Dieselmotoren verbunden ist, finden sich derartige Einrichtungen vor allem im Zusammenhang mit diesen Motoren. Das elektrische Starten setzt voraus, daß mindestens *ein* Dieselaggregat zuvor mittels Druckluft oder über einen aus einer Akkumulatorenbatterie gespeisten Anlasser angelassen ist, so daß ein Startgenerator zur Verfügung steht. Dann werden *nacheinander* die Anker der zu startenden Aggregate mit dem des Startgenerators verbunden und die Maschinen durch Erregen dieses Generators motorisch hochgefahren. Dazu muß die Drehzahl-Verstelleinrichtung der Dieselmotoren in Leerlaufstellung gebracht werden. Außerdem muß – gegebenenfalls durch Sicherheitsschaltungen – dafür gesorgt werden, daß die Schmier- und Kühleinrichtungen ordnungsgemäß in Betrieb sind. Findet der Vorgang bei einer Konstantstromanlage statt, so ist die Erregung des Generators mit steigender Drehzahl zu vermindern. Dies ist notwendig, weil bei konstantem Ankerstrom das Drehmoment etwa verhältnisgleich zum Erregerstrom ist und die als Motor wirkende Maschine – entsprechend dem Wesen des Konstantstromsystems – auf Überdrehzahlen gelangen kann. In Abb. 354 sind die Drehmomenten/Drehzahl-Kennlinien für den Dieselmotor M_D – Durchdrehmoment ohne Kraftstoffzufuhr – und den Startgenerator M_G beim Startvorgang in der Konstantstromanlage nach Abb. 351 aufgezeichnet. Gegenüber dem Losbrechmoment des Dieselmotors hat der Startgenerator ein sehr großes Überschußmoment. Bei etwa 10% der Nenndrehzahl zündet die Maschine. Das Antriebsmoment des Generators als Startmotor erreicht schon unterhalb der Betriebsdrehzahl des Dieselmotors den Wert Null.

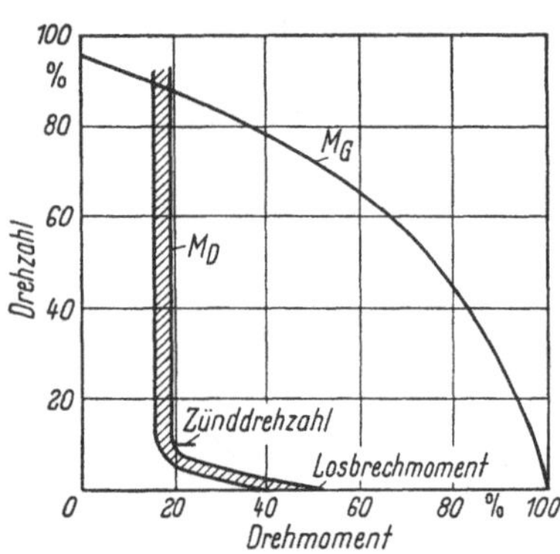

Abb. 354. Drehmomenten/Drehzahl-Kennlinien für das elektrische Starten eines Dieselmotors (nach PAULSSEN v. BECK/JAKOBY [177])

2. Generatoren und Propellermotoren

Entsprechend der Wichtigkeit des Propellerantriebes für die Sicherheit des Schiffes muß der Ausführung von Generatoren und Propellermotoren eine besondere Aufmerksamkeit geschenkt werden. Deshalb wird von den Klassifikationsgesellschaften eine Baubeaufsichtigung in den Werkstätten der Hersteller gefordert. Im einzelnen finden sich in den Vorschriften und Regeln Hinweise für

Teste des Wellenmaterials,
die Bemessung und Ausführung der Isolation,
die Überwachung der Wicklungstemperatur,
die Überwachung der Kühlluft,
den Berührungsschutz,
die Ausbildung der Lagerung im Hinblick auf mögliche Schräglagen,
die Verhinderung von Lagerströmen,
die Verhinderung der Bildung von Schwitzwasser bei längeren Stillstandszeiten,
die Erdung der Maschinengehäuse.

So sollen z. B. zur Verhinderung der Bildung von Schwitzwasser nach GL bei Maschinen für Spannungen über 500 V Heizeinrichtungen eingebaut werden. LRS macht dagegen den Einbau dieser Vorrichtungen nicht von der Höhe der Spannung, sondern von der Größe der Leistung abhängig und schreibt sie für Generatoren mit einer Leistung über 500 kW und Propellermotoren über 500 WPS vor. Die Höhe der Heizleistung ergibt sich aus dem Luftvolumen im Inneren und der Oberfläche der Maschinen sowie den die Wärme aufnehmenden und nach außen ableitenden Eisenmengen. Es genügt eine Aufheizung der Maschinen auf wenige Grad über Raumtemperatur.

Die Generatoren, die meist mit gleichbleibender Drehzahl laufen, erhalten meistens ein eingebautes Ventilatorrad. Für die Propellermotoren empfiehlt es sich oft, statt des Eigenventilators einen Fremdventilator vorzusehen, um eine ausreichende Belüftung bei längerer Fahrt mit geringerer Drehzahl sicherzustellen. – Bei kleineren Antrieben ist es üblich, die Zuluft aus dem Maschinenraum anzusaugen und sie als Warmluft auch wieder an diesen abzugeben. Für eine ausreichende Belüftung des Maschinenraumes ist dabei zu sorgen. Bei größeren Antrieben wird es vorgezogen, die Warmluft – gegebenenfalls unter Zwischenschaltung eines Zusatzventilators – nach außenbords zu geben und eventuell auch die Zuluft von dort anzusaugen. Dabei ist dann Vorsorge zu treffen, daß kein See- und Regenwasser oder Schnee in die Maschinen gelangen kann. – In besonders kleinen Maschinenräumen oder bei Maschinen hoher Leistung wird auch in zunehmendem Maße eine Kühlung der Warmluft durch Wasserkühler vorgesehen, um eine zu hohe Aufheizung der Räume zu verhindern, wenn nicht überhaupt eine geschlossene Kreislaufkühlung mit Rückkühlung der Warmluft angewendet wird.

Als Bauform wird für die Generatoren nach Möglichkeit B 2 oder B 16, also Einlagerausführung bei starrer Kupplung mit der Kraftmaschine gewählt. Allerdings gestatten bestimmte Bauarten von Dieselmotoren nur eine *elastische* Kupplung mit den Generatoren, so daß hier Bauart B 3 oder B 20 – also Zweilagerausführung – verwendet werden muß. – Bei den Propellermotoren wird eine starre Kupplung zwischen der Welle und dem Drucklager vorgesehen. Bei Zwischenschaltung eines Getriebes kann die Kupplung zwischen der Motorwelle und dem Getrieberitzel starr oder drehelastisch ausgeführt werden[1]. Bei Anlagen mit mehreren Ritzeln für mehrere Antriebsmotoren kann auch die Anwendung hochelastischer Kupplungen erforderlich sein, um die einzelnen Motorwellen schwingungsmäßig zu trennen und Rückwirkungen von Schwingungen, die durch den Propeller verursacht sein können, auf das Gesamtsystem zu unterbinden.

Als ein besonderer Vorzug des elektrischen Propellerantriebes wird es angesehen, daß die Dieselaggregate zur Dämpfung der Erschütterungen im Schiff elastisch gelagert werden können. Das ist bei einem unmittelbar auf die Propellerwelle arbeitenden Dieselmotor nur unter Zwischenschaltung elastischer Glieder in der Wellenleitung möglich.

Mit zunehmender Verwendung von Dieselmotoren höherer Drehzahl wird eine schalldämpfende Kapselung dieser Maschinen vorgesehen. Damit tritt auch die Frage der Geräuschdämpfung bei den elektrischen Maschinen, z.B. durch Anwendung von Gleitlagern oder eine geeignete Ausbildung der Ventilatorräder in den Vordergrund.

Bei der Berechnung des Drehschwingungssystems „Dieselmotor-Generator" treten besondere Schwierigkeiten für Gleichstromantriebe nicht auf, da die Dieselaggregate im allgemeinen mit nur einer, eventuell 2 Drehzahlen betriebsmäßig gefahren werden. Aus dem gleichen Grund braucht der Regler der Dieselmotoren – im Gegensatz zu den bei einem

Abb. 355. Gleichstromgenerator in Bauform B 16 mit aufgebautem Bordnetzgenerator (Bauart AEG) (nach HEIL [161])

Drehstromantrieb vorliegenden Betriebsbedingungen – nicht als Verstellregler ausgebildet zu werden – es sei denn, daß mit mehreren Drehzahlen gefahren wird. – Das Schwingungssystem „Propellermotor –

[1] Vgl. Konstruktive Gestaltung der Motoren, S. 206.

Getriebe – Propellerwelle – Propeller", das von den Propellerimpulsen angefacht wird, muß ebenfalls auf mögliche Resonanzerscheinungen geprüft werden. Dabei ist die Impulszahl gleich dem Produkt aus Flügelzahl und Drehzahl des Propellers. – Die beiden Schwingungssysteme

Abb. 356. Dieselmotor mit Gleichstromgenerator in Bauform B 20 und angekuppeltem Bordnetzgenerator (Bauart Daimler-Benz/SSW) (nach LANGE (*172*))

„Dieselmotor – Generator" und „Propellermotor – Propeller" beeinflussen sich gegenseitig im allgemeinen nur wenig. Die Amplitude des dem Propellerdrehmoment überlagerten Wechselmomentes vom Dieselmotor ist meist klein. Die durch das veränderliche Propellerdrehmoment

Abb. 357. Anker der Generatoren aus Abb. 356 (Bauart SSW)

im Dieselaggregat erregten Schwingungen können allerdings unzulässige Werte erreichen, wenn die Frequenz der Propellerimpulse mit der Dreheigenfrequenz des Dieselsatzes übereinstimmt.

Als Beispiel einer Gleichstrommaschine in Bauform B 16, welche die Zuluft aus dem Maschinenraum ansaugt und die Abluft in diesen zurückgibt, ist in Abb. 355 der Fahr- und Fischnetzwindengenerator eines dieselelektrischen Fischtrawlers gezeigt. Der Bordnetzgenerator – über Keilriemen mit 1800 U/min angetrieben – ist mit einer Wippe auf dem Lagerschild so aufgesetzt, daß ein Nachspannen der Riemen leicht möglich ist. Der Klemmenkasten befindet sich oben auf dem Gehäuserücken und gestattet so das Anschließen der Kabel von beiden Seiten. – Der Generator der Abb. 356 ist in Bauform B 20 mit einem schnellaufenden Dieselmotor elastisch gekuppelt. Der Anker des Hilfsgenerators ist nach Abb. 357 fliegend auf die Welle der Hauptmaschine gesetzt. Beide Gehäuse sind zusammengeflanscht.

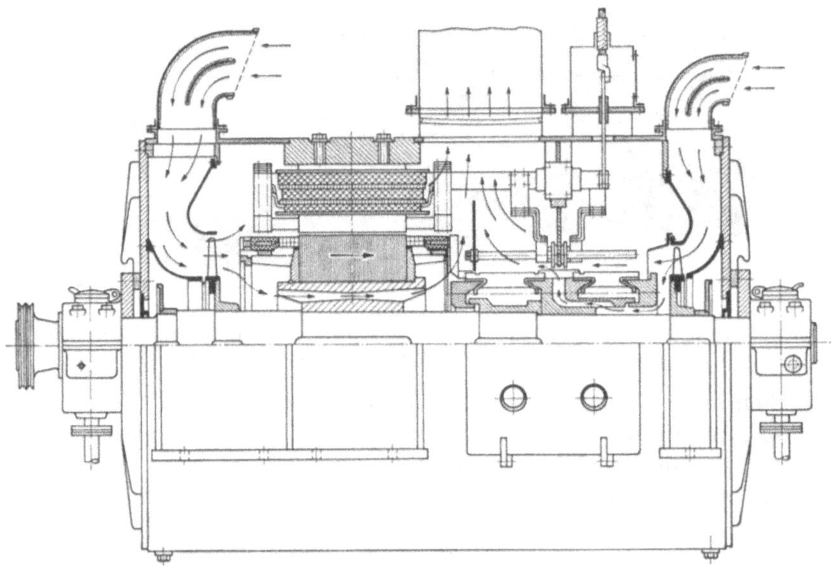

Abb. 358. Gleichstromgenerator in Bauform B 3 (Bauart AEG) (nach JUNG [*165*]) 825 kW, 355 V, 1500 U/min

Abb. 358 zeigt das Schnittbild eines Fahrtgenerators in Bauform B 3 mit Gleitlagern. Hinter jedem der Tellerlagerschilde ist ein Ventilatorrad angeordnet, wodurch die Kühlluft von beiden Enden der Maschine aus axial über den Stromwender und durch die Maschinenwicklung gedrückt wird. Die beiden Luftströme treffen sich an der Grenze zwischen Stromwender und Wicklung und treten dort durch den Abluftkanal aus der Maschine heraus. Hierdurch wird vermieden, daß Kohlestaub in die Maschinenwicklung hineingeblasen wird. Die Form der Ventilatorräder, das Flügelprofil sowie die Luftgeschwindigkeit sind so gewählt worden, daß das Lüftungssystem besonders geräuscharm arbeitet. Darüber hinaus sind die Luftansaugstutzen sowie die Kollektor-Bedienungsklappen der Maschinen mit schallschluckenden Stoffen ausgekleidet, die das unvermeidliche Bürstengeräusch dämpfen.

Das Schnittbild eines großen Propellermotors mit den Seitenschnitten ist in Abb. 359 wiedergegeben. Die Maschine ist vollkommen geschlossen. Die beiden Gleitlager befinden sich außerhalb der Lagerschilder. Die Zuluft wird der Maschine an jeder Seite durch aufgebaute Fremdventi-

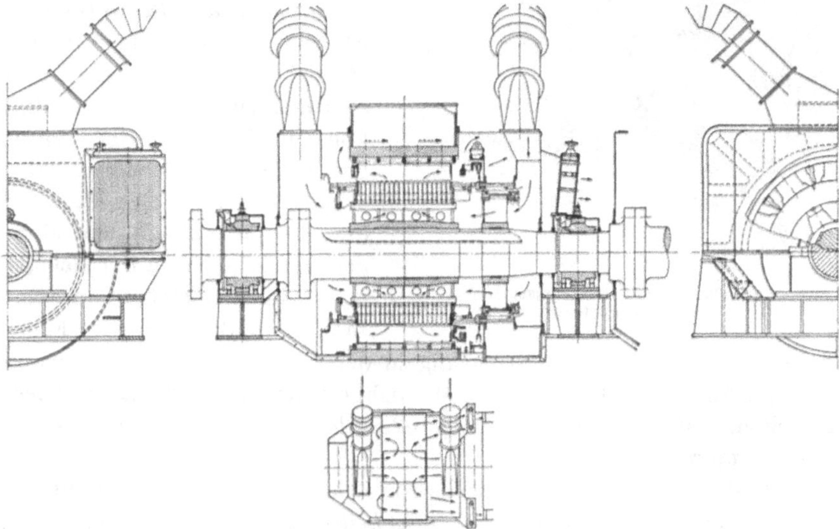

Abb. 359. Schnittbild eines Gleichstrom-Propellermotors Bauform D 5; Leistung 5500 WPS (Bauart SSW)

latoren zugeführt. Die Warmluft wird auf BS über einen Wasserkühler in den Raum zurückgegeben. Auf dieser Seite befindet sich auch ein Wellenflansch zur Kupplung mit einer zweiten gleichgroßen Maschine.

3. Schalttafeln und Fahrstände

Werden die bei einer Aufteilung der Antriebsleistung auf mehrere Generatoren notwendigen Wahl*schalter* als Leistungsschalter ausgeführt, dann kann der betreffende Generator bei Betriebsstörungen, z.B. Ausfall eines Dieselmotors, *ohne* Unterbrechung des Betriebes, d.h. Stillsetzen der gesamten Anlage, abgeschaltet werden. Im allgemeinen senkt man aber zunächst die Spannung am Generator durch Entregen ab und vollzieht dann die Abschaltung. Dann reichen für den Betrieb Schalter geringerer Schaltleistung aus. – Die Schalter werden auch zum Umschalten der Generatoren von Fahr- auf Bordnetzbetrieb verwendet.

Abb. 360 zeigt ein durch Nocken gesteuertes Schaltgerät, das für diese Aufgaben entwickelt wurde. – Eine selbsttätige Auslösung durch Überstrom- und Kurzschlußauslöser kann bei Leistungsschaltern vorgesehen werden. Oft wirken die Schutzeinrichtungen aber auf das *Erregerschütz*, mit dem die Generator- und Motorfelder gleichzeitig abgeschaltet werden.

Abb. 360. Wahlschalter (Bauart SSW) (nach KOCH [*169*])

Die *Schalttafeln* werden in Stahlblechausführung gebaut. Betriebssicherheit und Übersichtlichkeit im Aufbau sind konstruktive Grundbedingungen. Neben den Generatorwahlschaltern, den Schaltgeräten für die Erregung und den Meßgeräten können in der Schalttafel die Feldsteller untergebracht werden; in den Fahrpulten kann dann eine Einrichtung zu deren Fernbetätigung eingebaut werden. Aber auch dann ist eine Möglichkeit für Handbedienung sicherzustellen. Oft werden die Feldsteller deswegen unmittelbar in die Brückenfahrstände eingebaut.

Im allgemeinen wird bei Gleichstromanlagen je ein *Fahrstand* auf der Brücke und im Maschinenraum – oft als *Leitstand* bezeichnet – aufgestellt.

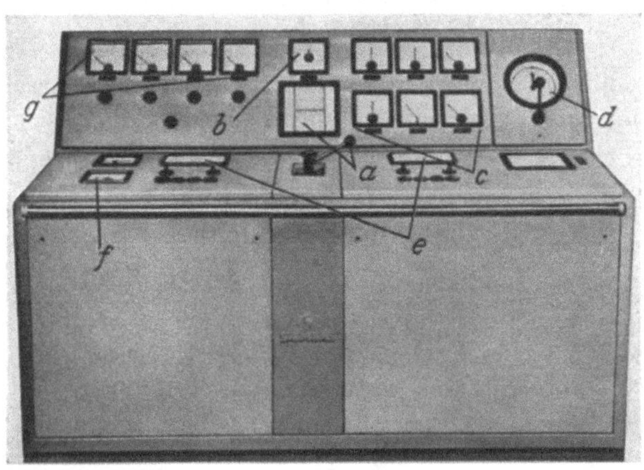

Abb. 361. Fahrstand im Maschinenraum (Bauart SSW)
a Fahrhebel- und Stellungsanzeiger; *b* Meßgerät für die Propellerdrehzahl; *c* Strom-, Spannungs- und Leistungsmesser; *d* Maschinentelegraf; *e* Meldetafeln für die einzelnen Betriebszustände; *f* Ruderlagenanzeiger; *g* Meßgeräte für die Drehzahl der Dieselmotoren

Der Brückenfahrstand enthält nur die zum Fahren des Schiffes unbedingt notwendigen Betätigungs- und Überwachungsgeräte, bei deren Auswahl davon ausgegangen werden muß, daß das auf der Schiffsbrücke befindliche nautische Personal über keine elektrotechnische Spezialbildung verfügt. Der im Maschinenraum aufgestellte Fahrstand, der auch in die Hauptschalttafel mit einbezogen werden kann, wird dagegen vom technischen Personal des Schiffes bedient und kann infolgedessen in größerem Maße mit Meß- und Überwachungsgeräten bestückt werden. Der elektrische Antrieb ermöglicht, wie keine andere Antriebsart, die Vornahme genauer Messungen. Es wäre aber falsch, diese Möglichkeit durch ein Übermaß an Meßgeräten auszuschöpfen und damit die Übersichtlichkeit der Schalttafeln und Fahrstände zu beeinträchtigen. – Mit dem Maschinentelegrafen kann bestimmt werden, ob das Schiff vom Fahrstand auf der Brücke oder dem Leitstand im Maschinenraum gefahren werden soll. Eine Möglichkeit zur *gleichzeitigen* Bedienung der Feldsteller von beiden Stellen aus muß ausgeschlossen sein. – Oftmals werden Maschinentelegraf und Feldsteller so kombiniert, daß sie gemeinsam betätigt werden. Dabei wird auf der Brücke nur der Befehl erteilt, der dann mit den Feldstellern im Maschinenraum durch Quittierung ausgeführt wird. Es kann aber auch mit Betätigung des Maschinentelegrafen der Feldsteller auf der Brücke bereits verstellt werden, wobei im Maschinenraum dann nur „mitgelesen" wird.

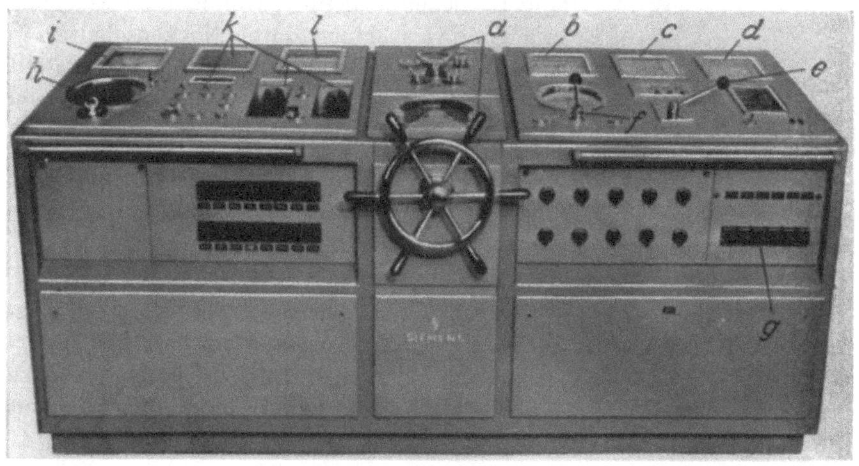

Abb. 362. Brückenfahrstand (Bauart SSW)

a Handsteuerung und Kursregelung für das Ruder; *b* Meßgerät für die Propellerdrehzahl; *c* Stellungsanzeiger; *d* Strommesser; *e* Fahrhebel; *f* Maschinentelegraf; *g* Schalttafel für die Positionslaternen; *h* Echolot; *i* Uhr; *k* Wechselsprechanlage und Telefon; *l* Ruderlagenanzeiger

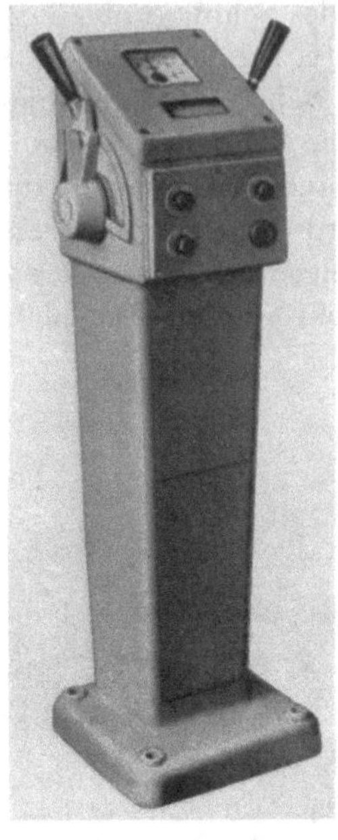

Abb. 363. Peildeck-Steuerstand für den Schlepper „Elsfleth" (Bauart SSW); vgl. Abb. 341

In Abb. 361 und 362 sind Brücken- und Maschinenraumfahrstand einer größeren Anlage wiedergegeben. Die nach grundsätzlich verschiedenen Gesichtspunkten vorgenommene Geräteauswahl ist hieraus erkennbar. Aus den Abb. 363 und 364 sind die weitgespannten Möglichkeiten zu erkennen, die sich für die Gestaltung der Fahrstände ergeben können. Abb. 363 zeigt den Peildeckfahrstand für einen dieselelektrisch angetriebenen Schlepper, von dem die Erregung der Hauptmaschinen durch Nockenschalter in Verbindung mit Widerstandsgruppen eingestellt wird. Der mit dem Pult für die Krängungs- und Trimmanlage zusammengebaute umfangreich bestückte Maschinenfahrstand einer großen Anlage ist aus Abb. 364 zu ersehen.

4. Kabel

Durch die Begrenzung der Übertragungsspannung bei Gleichstrom-Propellerantrieben ergeben sich bei großen Antriebsleistungen starke Kabelquerschnitte, deren Anschlußmöglichkeit

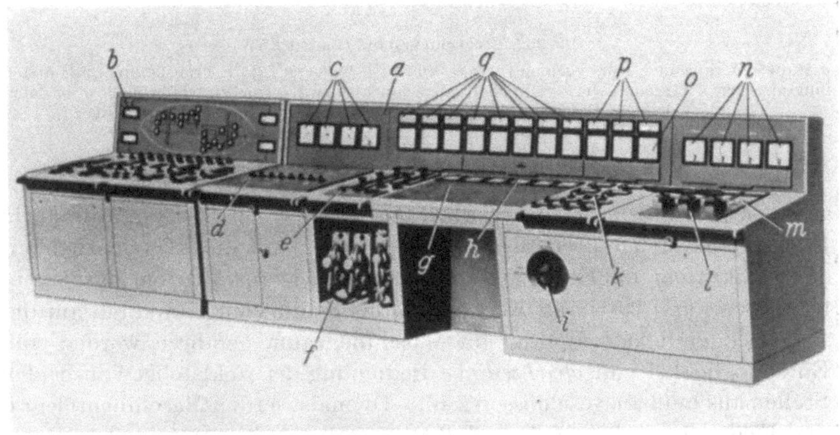

Abb. 364. Fahrstand des Eisbrechers „Leningrad" (Bauart SSW); vgl. Abb. 344
a Maschinenleitstand; *b* Steuerpult für Krängungs- und Trimmanlage; *c* Kontrollgeräte (Druckluftmanometer, Ruderlagenanzeiger, Ohmmeter) und Uhr; *d* Leuchtschaltbild mit Fernbetätigung der Hauptschalter; *e* Anzeigegeräte zur Temperaturüberwachung mit Meßstellenwahlschaltern; *f* Telefone; *g* Schreibplatte; *h* Leuchtmelder-Alarmanlage; *i* Steuerstandswahlschalter; *k* Meldetafeln mit Kommando- und Quittierschaltern; *l* Fahrhebel mit Soll- und Istwertskalen; *m* Drehzahlmesser der Propellermotoren; *n* Leistungsmesser für Propellermotoren; *o* Leuchtmelder Alarmanlage; *p* Strommesser für 3 Propellerantriebskreise; *q* Drehzahlmesser der Propellergeneratoren

an den Maschinen und in der Schalttafel besondere Beachtung geschenkt werden muß und für die auch die Klemmenkästen der Maschinen ausreichend Raum bieten müssen. Die Verbindungskabel zwischen den Generatoren bzw. der Schaltanlage einerseits und den achtern befindlichen Propellermotoren andererseits werden in Kabelbahnen, unter Flur oder gelegentlich in Stellagen nach Abb. 365 verlegt. Der Aufbau der Kabel weicht von den üblicherweise im Schiffsbetrieb verwendeten Kabeln nicht ab, doch wird man bei großen Leistungen möglichst hochbelastbare Kabeltypen wählen, damit die Querschnitte nicht zu groß werden.[1]

Abb. 365. Verlegung der Kabel mit Abstandsklötzen aus Aluminium

C. Propellerantriebe mit Drehstromübertragung

1. Aufbau und Wirkungsweise

Leistungen, Spannungen, Frequenzen. Propellerantriebe mit Drehstromübertragung werden vor allem für Schiffe mit hohen Antriebsleistungen verwendet, worüber Tab. 24 Aufschluß gibt, in welcher die Leistungen, Nennspannungen und Nennfrequenzen einiger ausgeführter Anlagen zusammengestellt sind. Für Spezialschiffe, wie Eisbrecher, Schlepper, Bagger usw. kommt dieses Antriebssystem kaum in Betracht, da die bei diesen Schiffen betriebsmäßig erforderliche Momentenwandlung mit Drehstrommaschinen nicht ausführbar ist. Gleichstrommaschinen sind jedoch in der Höhe der anzuwendenden Spannung im Gegensatz zu Drehstrommaschinen begrenzt.

[1] Vgl. Kabel, S. 119.

Tabelle 24. *Elektrische Daten von Schiffen mit Drehstrom-Propellerantrieb*

Schiff	Leistung WPS	Spannung kV bei voller Fahrt	Frequenz Hz bei voller Fahrt
Normandie	4 × 40000	5,5	80
Canberra	2 × 42500	6,0	51,5
Potsdam	2 × 13000	6,0	53,3
Scharnhorst	2 × 13000	3,12	52
Princess Marguerite . .	2 × 7750	3,2	52,5
Patria	2 × 7500	3,5	50
Skaugum/Steiermark . .	2 × 6250	3,8	48
San Silvestre	1 × 9000	3,32	53,8
Elisabeth Schulte . . .	1 × 1600	0,8	50,0

Durch die Anwendung höherer Spannungen wird die Übertragung großer Leistungen wesentlich erleichtert und es werden auch bei hohen Antriebsleistungen tragbare Gewichte für Kabel und Schaltgeräte erzielt. Die von den Klassifikationsgesellschaften zugelassenen Spannungen sind verschieden hoch; sie liegen zwischen 6 und 7,5 kV. Höhere Werte bedürfen einer besonderen Genehmigung. LRS verlangt eine solche Genehmigung in jedem Fall. – Für die Polzahl der Maschinen und die Frequenz sind die Drehzahl der Turbinen bzw. Dieselmotoren und die Propellerdrehzahl bestimmende Größen. Allgemein ergibt sich aber in der Festlegung von Spannung und Frequenz bei der Berechnung der Maschinen insofern eine gewisse Bewegungsmöglichkeit, als eine starre Bindung an die in Landnetzen genormten Spannungswerte und die üblichen Frequenzen von 50 oder 60 Hz nicht vorhanden ist, wie es auch aus Tab. 24 hervorgeht.

Ausführung der Propellermotoren. Als Propellermotoren werden meistens Synchronmaschinen verwendet, Asynchronmotoren finden sich nur vereinzelt in kleinen Anlagen. Die Komplikation durch die bei Synchronmaschinen erforderliche Gleichstromerregung gegenüber der in dieser Beziehung einfacheren Asynchronmaschine wird in Kauf genommen. Sie gilt als aufgewogen dadurch, daß die Synchronmaschinen mit einem Leistungsfaktor gleich 1 und mit höherem Wirkungsgrad arbeiten und daß die Generatoren und das Kabelnetz kleiner und leichter werden. Das wirkt sich natürlich vor allem bei hohen Antriebsleistungen aus. – Auch wird der Synchronmotor infolge seines größeren Luftspaltes gegenüber dem Asynchronmotor für den Schiffsbetrieb, wo mit Bewegungen des Fundamentes bei schwerer See gerechnet werden muß, für geeigneter gehalten. – Ein weiterer Vorteil der elektrischen Übertragung mit Synchronmaschinen ist die Möglichkeit, bei Mehrwellenschiffen einen Gleichlauf der Propeller herbeizuführen. Ein Teil der Schwingungen im Schiffskörper rührt davon her, daß die beiden Propeller mit etwas verschiedener, außerdem noch gegenseitig veränderlicher Drehzahl laufen. Dadurch werden Interferenzschwingungen wechselnder Stärke und Frequenz erregt, die resonanzfähige Schiffsteile zum Mitschwingen bringen können. Beim Drehstrom-Synchronantrieb können die Propeller dazu gezwungen werden, mit genau gleicher Drehzahl zu laufen; außerdem können die Propellerflügel in eine genau abgestimmte Winkellage zueinander gebracht werden.

Leistungsunterteilung; Einstellung der Fahrgeschwindigkeit. Abb. 366a zeigt die Propellerkurve sowie die Leistungslinie eines Dieselmotors, der

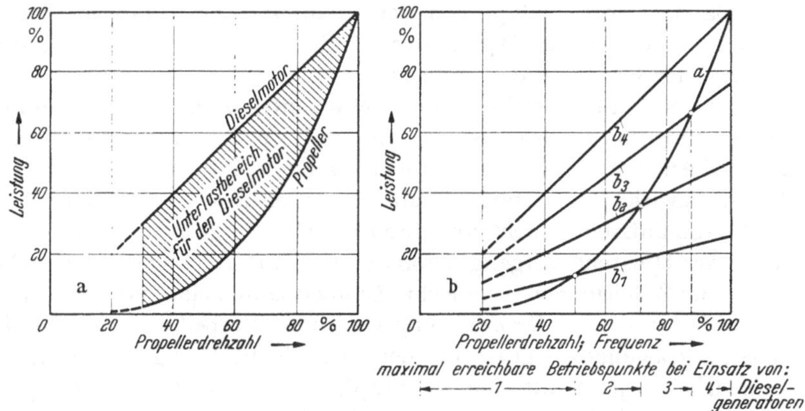

Abb. 366a u. b. Leistungsverhältnisse
a) Antrieb mit einem Dieselmotor; b) Dieselelektrischer Antrieb mit 4 Dieselmotoren

zwischen 100 und 30% Drehzahl gefahren wird und den Propeller direkt antreibt. Nur bei Vollfahrt – also bei 100% Drehzahl – ist der Dieselmotor leistungsmäßig voll ausgenutzt, bei allen übrigen Drehzahlen des Propellers ergibt sich eine Unterbelastung der Maschine, wie sie durch die schraffierte Fläche gekennzeichnet ist. In Abb. 366b sind dagegen die Verhältnisse für eine beim dieselelektrischen Antrieb häufig angewendete Aufteilung auf vier parallel arbeitende Aggregate dargestellt. Kurve *a* ist die Propellerkurve, umgerechnet auf die von den Generatoren abzugebende Leistung. Die Linien b_1–b_4 geben die von den einzelnen Dieselgeneratoren abgegebene Leistung an. Mit *einem* Generator kann also eine Drehzahl von 50, mit 2 Generatoren von 72, mit 3 Generatoren von 87 und mit 4 Generatoren von 100% erreicht werden und es ergibt sich durch diese Leistungsunterteilung eine wesentlich bessere Ausnutzung der Anlage bei Teillasten bzw. verminderter Geschwindigkeit. – In Abb. 325 ist die Proportionalität zwischen der Propellerdrehzahl und der Geschwindigkeit eines freifahrenden Schiffes dargestellt. Die Propellerdrehzahl und damit die Fahrgeschwindigkeit lassen sich durch Frequenzsteuerung, verbunden mit dem Zu- und Abschalten einzelner Generatoren einstellen. Dazu wird die Drehzahl der Turbinen oder Dieselmotoren verstellt, und zwar bei Turbinen meist in einem Bereich von 100–25%, bei Dieselmotoren von 100–30%. Dementsprechend sind die Regler als Verstellregler so auszubilden, daß im gesamten Drehzahlbereich ein einwandfreier Parallelbetrieb der Generatoren gewährleistet wird. Sowohl Feder- als auch Flüssigkeitsregler haben sich hierfür bewährt. – In einzelnen Fällen wird auch die Drehzahl so eingestellt, daß mit *Frequenzsteuerung* nur im Bereich von 100–50% Drehzahl gefahren und der Motor im Bereich unterhalb 50% in den asynchronen Betrieb übergeführt wird. Da der Motorschlupf von der Spannung der Hauptgeneratoren abhängt, wird diese zur Drehzahlverminderung durch Verringerung der Erregung der Generatoren herabgesetzt.

Umsteuern. Beim elektrischen Schiffsantrieb mit Drehstromübertragung wird das Rückwärtsschlagen des Propellers durch Vertauschen zweier Zuleitungen an den Motorklemmen mit dem Fahrtrichtungsschalter bewirkt; die Kraftmaschinen werden also – ebenso wie beim Gleichstromantrieb – nicht umgesteuert. Die Motoren werden zur Einleitung des Umsteuervorganges von den Generatoren abgetrennt, sodann werden die Zuleitungen vertauscht. Danach laufen sie – von dem weiter in der ursprünglichen Drehrichtung laufenden Propeller noch zum alten Drehsinn gezwungen – gegen die neue Drehfeldrichtung. Der Propellermotor arbeitet jetzt mit einem Schlupf, der größer als 1 ist. Durch die dabei auftretende Bremswirkung wird der Propeller allmählich zum Stillstand gebracht, worauf er dann im umgekehrten Drehsinn anläuft. Der Überschuß des Motordrehmoments über das Gegendrehmoment des Propellers dient zum Abbremsen und Wiederbeschleunigen der Schwungmassen des Propellers, der Welle und des Motorläufers. Je größer das Überschußmoment ist, desto energischer und schneller wird das Umsteuermanöver durchgeführt. Durch Ändern des Motormomentes hat man es daher in der Hand, die Geschwindigkeit des Umsteuerns zu beeinflussen. – Die Synchronmotoren erhalten zur Durchführung dieses Reversiervorganges eine in den Polschuhen angeordnete Käfigwicklung; sie arbeiten dann nach Abschalten ihrer Erregung asynchron. Je nach der Wahl der Leitfähigkeit der Stäbe ergeben sich für den Verlauf des Motormoments verschiedenartige Verhältnisse. In Abb. 367 sind diese für eine bestimmte Maschine dargestellt. Kurve a gilt bei Ausführung der Stäbe aus sehr gut leitendem Kupfer, Kurve b bei Ausführung aus einer Bronzelegierung mit kleiner elektrischer Leitfähigkeit. Diese Kurven sind Grenzkurven. Je nach Wahl des wirklich verwendeten Käfigmaterials ergeben sich für den Verlauf des Drehmomentes Kennlinien, die zwischen beiden Kurven liegen.

Die Verhältnisse beim Umsteuern gehen aus Abb. 368 hervor. In diesem Schaubild ist eine Umsteuerkurve für ein Manöver aus voller Fahrt

„Voraus“ eingezeichnet, wie sie im Prinzip in Abb. 328 dargestellt ist. Ferner ist der Drehmomenten/Drehzahlverlauf des Drehstromantriebs, ähnlich Abb. 367, eingetragen, und zwar im „Zurück“-Bereich für den als Asynchronmaschine arbeitenden Propellermotor bei Betrieb mit verschiedenen Frequenzen. Bei der jeder Frequenz zugeordneten synchronen Drehzahl wird das Moment jeweils Null; in der Darstellung liegt dieser Punkt bei negativem Drehsinn des Propellers, es sind also bereits 2 Zuleitungen zur Ständerwicklung des Motors als vertauscht angenommen. Wird das Verhältnis Spannung/Frequenz für den Propellermotor bei allen Drehzahlen auf einem gleichbleibenden Wert gehalten, so ändert sich sein Kippmoment nur unwesentlich mit der Frequenz, während die Bremsmomente bei Lauf gegen das Drehfeld mit kleiner werdender Frequenz anwachsen. Man erkennt, daß die Maschinen bei Nennfrequenz nur ein kleines Bremsmoment abgeben können, ein Umsteuern also nicht möglich ist. Erst bei herabgesetzter Frequenz wird ein größeres Bremsmoment aufgebracht. Ein Umsteuern ist bei einer Frequenz möglich, bei welcher die Momentenkennlinie des Motors gerade die Umsteuerkennlinie tangiert (Punkt P), im vorliegenden Beispiel etwa bei 30% der Nennfrequenz bzw. Drehzahl der Kraftmaschine. Allerdings ist in der Abbildung vernachlässigt, daß die Schiffsgeschwindigkeit vom Beginn des Umsteuervorganges an laufend abnimmt und die negativen Momentenwerte sich dadurch verlagern. Das kann für die Durchführung des Umsteuermanövers von Bedeutung sein. Für das Frachtschiff „Catherine Sartori“ zeigt Abb. 369 diese Verhältnisse, und zwar:

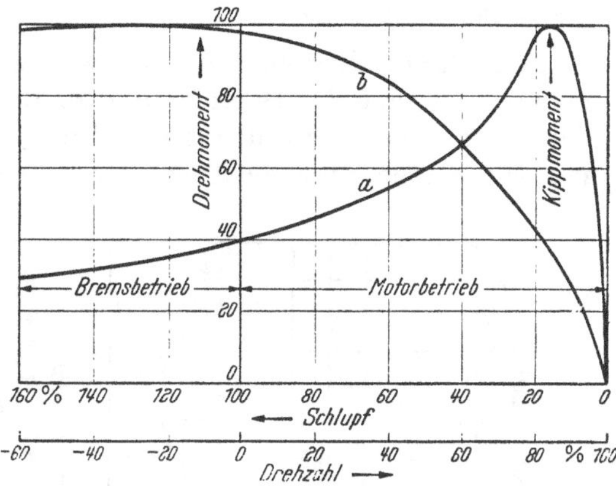

Abb. 367. Verlauf des Drehmomentes bei einem Synchron-Propellermotor mit Anlaufkäfig

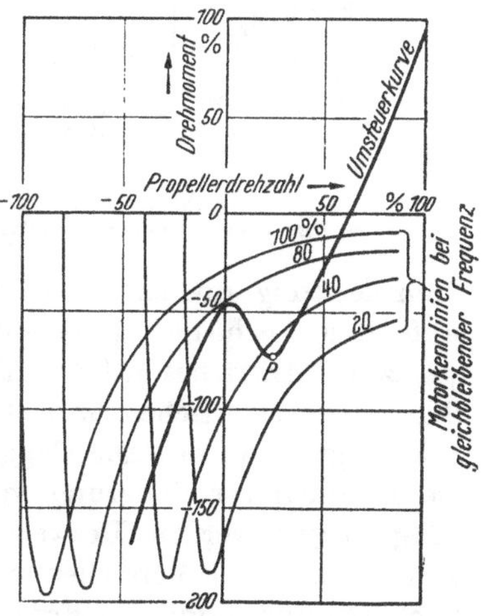

Abb. 368. Umsteuerkurven eines Schiffes und Momentenverlauf bei einem Synchron-Propellermotor mit Anlaufkäfig

a) die Umsteuerkurve nach Modellversuchen bei gleichbleibender Geschwindigkeit,

b) die unter Probefahrtsverhältnissen gemessene Umsteuerkurve bei abnehmender Geschwindigkeit.

Beim *turbo*elektrischen Antrieb wird zur Einleitung eines Umsteuermanövers zuerst die Dampfzufuhr zu den Turbinen abgesperrt. Nach dem Vertauschen der Zuleitungen wird der asynchron laufende Propellermotor vor allem über den Turbosatz abgebremst, wobei die erforderliche

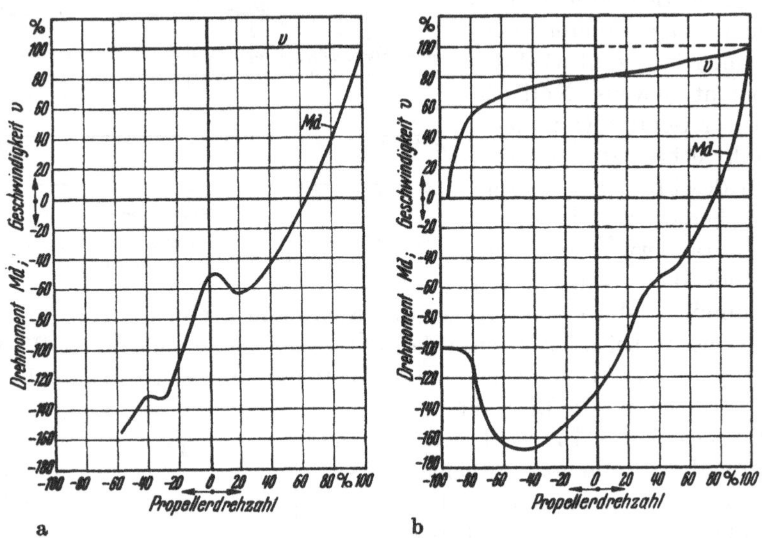

Abb. 369 a u. b. Umsteuerkurven der „Catherine Sartori"
a) Umsteuerkurve nach Modellversuch; b) Umsteuerkurve bei Probefahrt ermittelt

Bremsleistung aus der kinetischen Energie der Schwungmassen des auslaufenden Turboaggregates entnommen wird. Dadurch sinkt die Frequenz des Antriebes auf den für das Umsteuern erforderlichen Wert ab. Beim *diesel*elektrischen Antrieb reicht dagegen die kinetische Energie der Schwungmassen des Dieselaggregates nicht aus, um in gleicher Weise die Frequenzverminderung vorzunehmen. Die Dieselmotoren würden „abgewürgt" werden. Deswegen wird hier zur Einleitung des Umsteuervorganges durch Verstellen der Drehzahlregler eine Herabsetzung der Drehzahl und damit der Frequenz vorgenommen.

Das im asynchronen Umsteuerbetrieb von dem Propellermotor entwickelte Drehmoment ist etwa quadratisch von der Höhe der Spannung abhängig. Weil die Leistung der Generatoren beim Schiffspropellerantrieb nur etwa von der gleichen Größenordnung wie die der Propellermotoren ist, sinkt infolge der bei den Umsteuervorgängen, d.h. bei großem Schlupf auftretenden hohen Ströme die Generatorspannung stark ab. In dieser Hinsicht unterscheiden sich die Verhältnisse wesentlich von denen bei stationären Reversieranlagen, wo meist ein praktisch starres Netz zur Speisung der Motoren zur Verfügung steht. Damit die Motoren das zum Umsteuern notwendige hohe Drehmoment abgeben können, muß man daher die Spannung der Generatoren beim Anlauf und bei Umsteuermanövern stützen, was am besten durch eine vorübergehende Verstärkung ihrer Erregung geschieht. Ein derartiger Vorgang wird als *Stoßerregung* bezeichnet. Deren Höhe darf nicht zu gering sein, damit sich genügend kurze Umsteuerzeiten ergeben; eine zu große Stoßerregung ergibt auf der anderen Seite eine außerordentliche hohe mechanische und thermische Beanspruchung des Antriebes. Die Übererregungswerte müssen also sehr sorgfältig festgelegt werden. Man wird im allgemeinen versuchen, mit dem etwa 2–2,5fachen Wert der Nennerregerspannung bzw. des Nennerregerstromes auszukommen, was einer 4–6,25fachen Nennerregerleistung entspricht. Selbstverständlich müssen die Generatoren im Nennbetrieb genügend weit unter ihrer magnetischen Sättigung liegen, so daß sich der Einfluß der Stoßerregung voll auswirken kann.

Bei einem *turbo*elektrischen Propellerantrieb wird der Turbogenerator während eines Umsteuervorganges zunächst abgebremst; er führt dabei die Schwungenergie als elektrische Leistung dem Propellermotor zu. Dann öffnet der Regler wieder das Dampfventil. Die Energierichtung ist während des gesamten Umsteuervorganges infolgedessen vom Generator zum Propellermotor gerichtet. Der Propeller wird andererseits als Kaplanturbine angetrieben und liefert, solange sich die Drehrichtung des Propellers noch nicht umgekehrt hat, mechanische Energie über die Welle in den Propellermotor. Von beiden Seiten wird also dem Motor Energie zugeführt, und zwar elektrische in seinen Ständer und mechanische in seinen Läufer. Dieser Vorgang äußert sich in einer Erwärmung der Maschine, und zwar hauptsächlich in der Käfigwicklung, die entsprechend zu bemessen ist. Allerdings sind sehr große Energiemengen notwendig, um die Masse der Käfigstäbe und des sie umgebenden Eisens zu erhitzen. – Da auch im Ständer des Generators und wegen der Stoßerregung ebenfalls in seiner Erregerwicklung beim Umsteuern wesentlich höhere Ströme als im Normalbetrieb fließen, sind die Umsteuerbedingungen maßgebend für die Bemessung aller zum Fahrantrieb gehörenden Maschinen. Hohe Ströme fließen allerdings längere Zeit nur beim Umsteuern aus höchster Fahrgeschwindigkeit. Legt man die Maschinen so aus, daß sie das Manöver von voller Fahrt „Voraus" so schnell wie möglich durchführen können, dann erreicht die Erwärmung der Maschinen bei verminderter Fahrt bei weitem nicht die zulässigen Werte. Die Beanspruchung der Wicklungen in den Maschinen ist also im Fahrbetrieb gering, woraus sich eine hohe Lebensdauer der Maschinen ergibt.

Die Manöver bei Revierfahrt sind für die Bemessung des elektrischen Antriebes von wesentlich geringerer Bedeutung, da bei den hier vorkommenden kleineren Schiffsgeschwindigkeiten auch die Gegenmomente

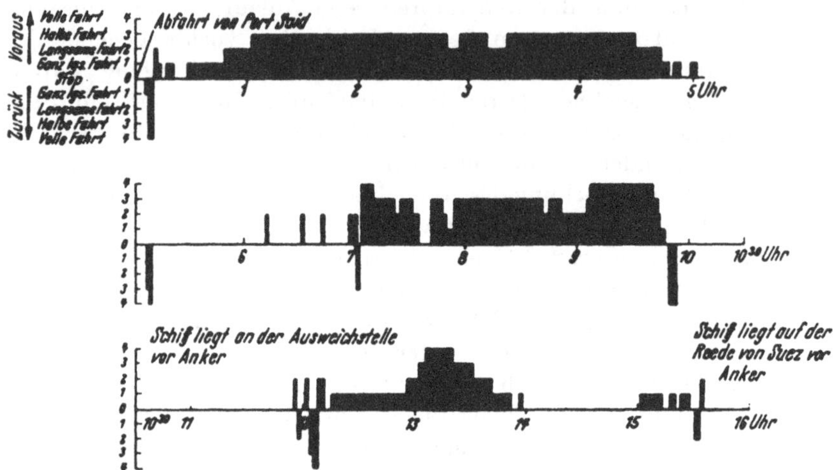

Abb. 370. Anzahl der Manöver bei der Durchfahrt durch den Suezkanal (nach dem Maschinentagebuch der „Skaugum")

des Propellers kleiner sind. Für die Bemessung der Propellermotoren, Generatoren und Erregermaschinen ist aber doch die Zahl der Manöver wichtig, die hintereinander vorkommen können; es muß damit gerechnet

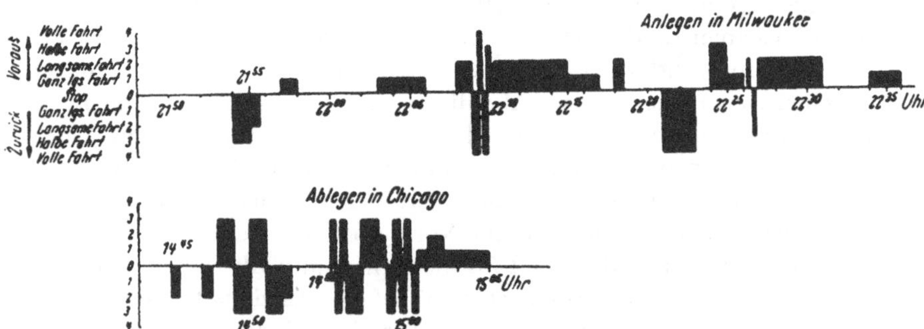

Abb. 371. Anzahl der Manöver beim An- und Ablegen (nach dem Maschinentagebuch der „Franziska Sartori")

werden, daß unter schwierigen Umständen, z. B. beim Einlaufen in eine Schleuse, beim Drehen des Schiffes in engen Gewässern oder in hartem Strom mehrere Umsteuerkommandos innerhalb weniger Minuten nacheinander auszuführen sind. Die während einer Fahrt durch den Suezkanal auftretenden Verhältnisse zeigt Abb. 370. Auf der Strecke von Port Said nach Suez werden maximal 4 Manöver in 8 min und an anderer Stelle 6 Manöver in 20 min ausgeführt. Die beim An- und Ablegen eines dieselelektrischen Frachtschiffes ohne Schlepperhilfe erforderliche Zahl von Manövern ist aus Abb. 371 zu ersehen.

Abbremsen des Propellers. Aus den in Abb. 328 gezeigten Umsteuerkurven geht hervor, daß mit dem Höchstwert des negativen Drehmoments auch ein Höchstwert des negativen Schubs zusammenfällt. Da es möglich ist, mit einem sich *vor* diesem Höchstwert langsam drehenden Propeller die Schiffsgeschwindigkeit abzubremsen, kann man den Umsteuervorgang anstatt durch sofortigen Tausch der Zuleitungen zunächst mit einem Abbremsen des Propellermotors bzw. des Propellers beginnen. In welcher Weise die Schiffsgeschwindigkeit dadurch vermindert werden kann, zeigt Abb. 372. In der Darstellung gilt Kurve *1* für einen freilaufenden, Kurve *2* für einen festgebremsten, Kurve *3* für einen mit 25% Drehzahl vorausdrehenden und Kurve *4* für einen mit 20% Drehzahl zurückdrehenden Propeller. Nur in kleinen Anlagen werden hierzu elektrisch gesteuerte mechanische Bremsen vorgesehen. Häufiger ist die Anwendung eines elektrischen Bremsverfahrens für den Propellermotor, bei welchem die beim Umsteuern auftretende Energie nicht mehr allein in der Käfigwicklung des Motors, sondern auch in außenliegenden Widerständen in Wärme umgesetzt wird. Dazu werden die Ständerwicklungen des Motors *vor* dem Vertauschen der Zuleitungen vom Generator abgetrennt und auf Widerstände geschaltet. Hierbei wird der Motor erregt, so daß er, vom Propeller her angetrieben, als Synchrongenerator wirkt. Die Folge ist ein Abbremsen des Propellers. Es ist zweckmäßig, den Propellermotor trotzdem so zu bemessen, daß ein direktes asynchrones Umsteuern möglich ist, damit auch bei einem Ausfallen der Bremseinrichtung ein schnelles Umsteuern des Schiffes gewährleistet ist. Dieses generatorische Bremsverfahren wird auch als „*synchrone Bremsung*" bezeichnet. Die von dem Propellermotor abgegebene generatorische Leistung ist von der Propellerdrehzahl, der Größe des Bremswiderstandes und von der Höhe der Erregung des Propellermotors abhängig. Während des Bremsens stellt sich die Drehzahl des Propellers so ein, daß das

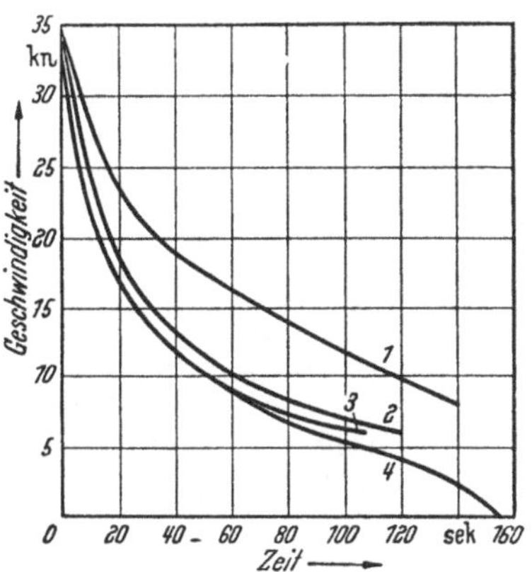

Abb. 372. Auslaufkurven (nach MITZLAFF [*154*])

generatorische Moment gleich dem Lastmoment ist. Die größte Bremswirkung wird erzielt, wenn das generatorische Moment gleich dem größten Lastmoment ist. Ein Vergleich der Momentenlinie bei Nennerregerstrom i_N und bei 2/3 der Nennerregung für ein großes Fahrgastschiff mit mittlerer Geschwindigkeit nach Abb. 373 zeigt, daß die Änderung der Erregung innerhalb dieser Grenzen praktisch keinen Einfluß auf die Verzögerung des Schiffes haben kann. Die Verzögerung des Schiffes muß bei voller und bei 2/3-Erregung gleich groß sein. Es wird jedoch der kleineren Erregung der Vorzug gegeben, da bei dieser die Belastung des Bremswiderstandes, wie es ebenfalls aus Abb. 373 hervorgeht, geringer ist als bei der Nennerregung. Auch bei hohen Schiffsgeschwindigkeiten ist hiermit eine wirksame Bremsung des Schiffes zu erzielen. Soll bei jeder Schiffsgeschwindigkeit mit dem höchstmöglichen Moment und der kleinsten Belastung der Widerstände gebremst werden, so muß, wie es der Verlauf der Momentenkennlinien bei verschiedenen Erregungen zeigt, der Erregerstrom während des Bremsens stetig geändert werden. In der Praxis werden jedoch die Anlagen, um den Betrieb zu vereinfachen, nicht mit veränderlicher, sondern konstanter Erregung betrieben. Ebenso wird aus dem gleichen Grunde das synchrone Bremsen mit gleichbleibendem Bremswiderstand durchgeführt, obwohl die Bremsung mit veränderlichem Widerstand am wirksamsten wäre.

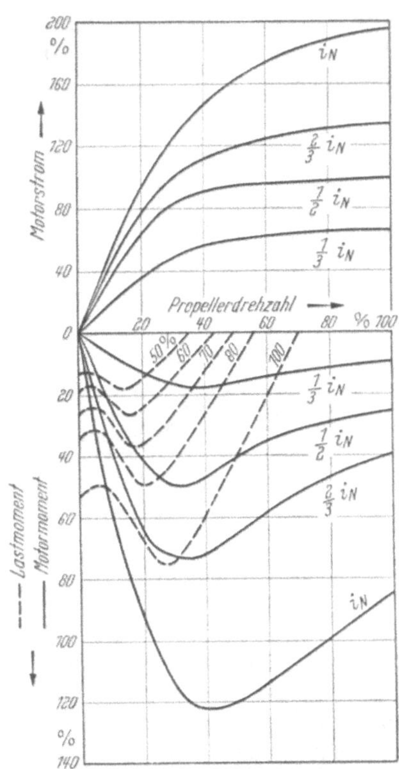

Abb. 373. Strom und Momentenverhältnisse bei synchroner Bremsung (nach Raymund [201])

Den sich aus den geschilderten Verhältnissen ergebenden Verlauf eines Umsteuermanövers von voller Fahrt „Voraus“ auf volle Fahrt „Zurück“ zeigt für einen *diesel*elektrischen Propellerantrieb Abb. 374. Die besonders ausgeprägten Betriebspunkte sind wie folgt gekennzeichnet:

Punkt 1: Kommando „Voll zurück“. Einstellen der Drehzahlregler der Dieselmotoren auf die für das Umsteuern nötige Drehzahl.

Punkt 2: Entregen der Generatoren und Motoren.

Punkt 3: Abschalten der Motoren.

Punkt 4: Einschalten der Bremswiderstände und Wiedererregen der Motoren. Drehzahl der Motoren sinkt schnell ab.

Punkt 5: Abschalten der Bremswiderstände und Entregen der Motoren. Motoren wollen wieder hochlaufen.

Punkt 6: Zuschalten der Motoren mit vertauschten Zuleitungen bei Stoßerregung der Generatoren. Motoren arbeiten asynchron. Die Generatorspannung erzeugt im Motor ein kräftiges Drehfeld, das jetzt gegen die Drehrichtung des im alten Drehsinn vom Propeller angetriebenen Motors läuft. Der Motor kehrt seine

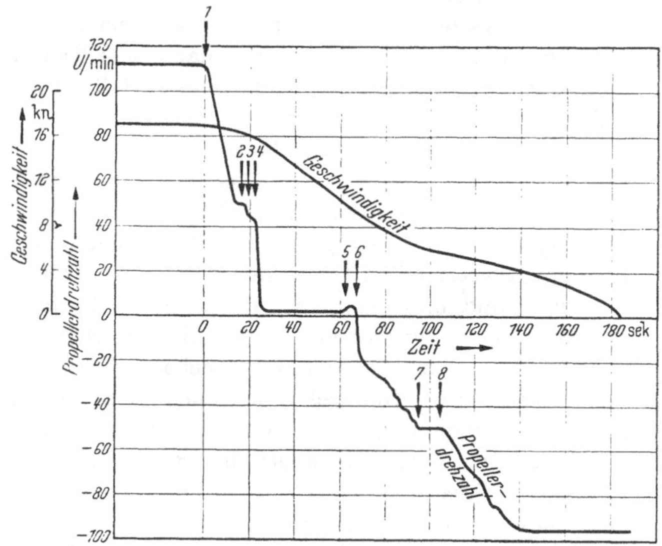

Abb. 374. Verlauf eines Umsteuervorganges

Drehrichtung um und läuft im umgekehrten Drehsinn bis nahe an die synchrone Drehzahl hoch. Der Überschuß des Motordrehmoments über das Lastmoment ist für die Geschwindigkeit der Drehzahländerung maßgebend.

Punkt 7: Erregen der Motoren. Diese werden wieder zum Synchronmotor, überwinden den geringen asynchronen Drehzahlschlupf gegen das Netzdrehfeld und gehen mit dem Generator in Tritt.

Punkt 8: Einstellen des normalen Fahrtzustandes. Die Stoßerregung wird abgeschaltet und der Normalwert des Erregerstromes eingestellt. Der Kraftmaschinenregler wird so verstellt, daß sich die der gewünschten Fahrtstufe zugeordnete Drehzahl der Kraftmaschine bzw. Frequenz des Fahrnetzes ergibt.

Synchronisieren der Generatoren. Die allgemein als Synchronmaschinen gebauten Generatoren können durch Feinsynchronisation zusammengeschaltet werden, was bei vielen Anlagen vorgesehen ist. Daneben gibt es die Möglichkeit, die Generatoren in spannungslosem Zustand zusammenzuschalten und erst dann zu erregen. Drosselspulen oder Widerstände zur Bregrenzung der Ausgleichströme werden dabei nicht verwendet. Bei ausreichender Bemessung der Dämpferkäfige, mit denen die

Generatoren ausgerüstet sind, fangen sich die Maschinen auch bei vorhergehenden erheblichen Drehzahlunterschieden in kurzer Zeit. Das Verfahren hat den Vorteil der besonderen Einfachheit im Betrieb. Es treten dabei auch nur geringe Ausgleichsströme auf, so daß die Maschinen weder thermisch noch mechanisch beim Zusammenschalten besonders beansprucht werden. Das Verfahren wird bei einem dieselelektrischen Antrieb praktisch für jedes Manöver angewendet, da hier nach Herabsetzen der Drehzahl der Dieselmotoren und Entregen der Generatoren ein Parallelbetrieb der Maschinen nicht mehr besteht. Dieser wird vielmehr erst durch Wiedereinschalten der Erregung nach dem Tausch der Zuleitungen an den Propellermotoren erzwungen, ohne daß die Generatoren vorher von der Sammelschiene abgeschaltet worden sind.

Schwingungssysteme. Beim unmittelbaren mechanischen Propellerantrieb ist das System Propeller – Propellerwelle – Kraftmaschine ein schwingungsfähiges Gebilde. Wird zwischen Propellermotor und Propeller ein Getriebe eingebaut, so verkoppeln sich mit diesem weitere mechanische Schwingungssysteme, wodurch sich die Zahl der auftretenden Eigenschwingungen und damit möglicher kritischer Drehzahlen erhöht. – Beim *diesel*elektrischen Schraubenantrieb mit Drehstrom-Synchronmaschinen verkoppeln sich mit dem rein mechanischen elektromechanische Schwingungssysteme. Dadurch erhöht sich auch hier die Zahl der auftretenden Eigenschwingungszahlen und damit die Zahl möglicher kritischer Drehzahlen. – Eine rechnerische Bestimmung der Eigenschwingungszahlen dieser verkoppelten mechanischen und elektromechanischen Schwingungssysteme unter Berücksichtigung der Dämpfung der Kreise führt – selbst bei Vernachlässigung der Massen der elastischen Wellen – zu linearen Differentialgleichungen höherer Ordnung. Zur näheren Untersuchung der Verhältnisse können Modellversuche dienen, wobei alle elektrischen und mechanischen Glieder durch entsprechende Induktivitäten, Kapazitäten und ohmsche Widerstände nachgebildet werden[1]. Derartige Modellversuche brachten die Erkenntnis, daß zwar beim elektrischen Propellerantrieb die Zahl der Eigenschwingungszahlen erhöht wird, daß aber durch die starke elektrische Dämpfung der Generatoren und Propellermotoren diese kritischen Frequenzen ungefährlich sind und die Impulse der Dieselmotoren nicht zur Propellerwelle gelangen. Gegenüber dem unmittelbaren mechanischen Propellerantrieb ist das ein Vorteil des elektrischen Propellerantriebes, weil dadurch auch die Erschütterungen und Geräusche im Schiff, besonders im Störungsfall bei Ausfall eines oder mehrerer Zylinder an den Dieselmotoren, wesentlich geringer werden. Gegenüber Getriebeanordnungen ist der elektrische Schraubenantrieb schwingungstechnisch mindestens gleichwertig. – Die Frage der Stabilität des Übertragungssystems ist von

[1] Nach TITTEL [*202*].

besonderer Bedeutung, weil der Propellermotor von einem oder mehreren Generatoren mit insgesamt nur etwa gleich großer Leistung gespeist wird.

2. Schaltungen

a) Turboelektrische Antriebe

Die einfachste Grundschaltung für einen turboelektrischen Antrieb, und zwar die Schaltung der 1935 in Dienst gestellten „Potsdam", zeigt Abb. 375. Ganz ähnlich ist die Schaltung vieler anderer Zweischraubenschiffe aufgebaut. Im normalen Betriebsfall arbeitet der Bb-Generator auf den Bb-Propellermotor und der Stb-Generator auf den Stb-Propellermotor. Ein Parallelfahren beider Generatoren ist nicht vorgesehen; ein Synchronisieren erübrigt sich deshalb. In der Zuleitung zu den Propellermotoren liegen die Fahrtwender. Bei verminderter Geschwindigkeit des Schiffes können beide Motoren durch Einlegen des Kuppelschalters von *einem* Generator gespeist werden. Aus dem Verlauf der Propellerkurve ergibt sich, daß mit nur einem Generator noch eine Geschwindigkeit des Schiffes von etwa 70% der maximalen erreicht werden kann. Das synchrone Bremsverfahren ist nach dem Schaltbild nicht angewendet. Die Erregung der Generatoren wird mit Rücksicht auf die Stoßerregung beim Umsteuern von Umformern geliefert, deren Antriebsmotoren unmittelbar an das Bordnetz angeschlossen sind. Für die Propellermotoren, die mit gleichbleibendem Strom erregt werden, kann die Erregung dem Bordnetz unmittelbar entnommen werden, wenn dieses ein Gleichstromnetz ist.

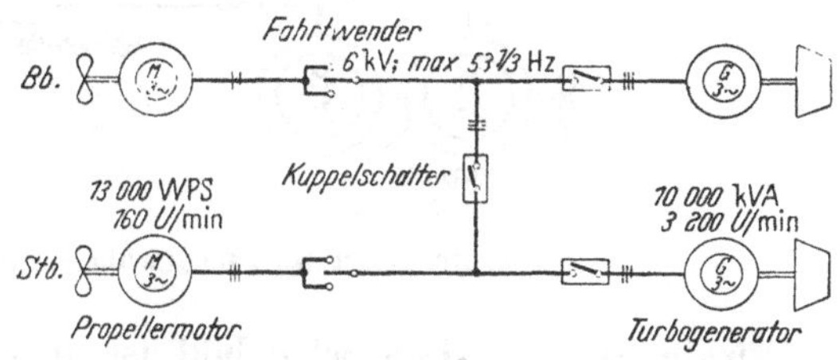

Abb. 375. Schaltplan TES „Potsdam" (nach MEY [200])

Auch die Schaltung des 1960 in Dienst gestellten turboelektrischen Zweischraubenschiffes „Canberra" nach Abb. 376 unterscheidet sich von dem Schema der Abb. 375 nur wenig. Die als Synchronmaschinen mit zusätzlicher Käfigwicklung gebauten Propellermotoren sind – vor allem aus Transportgründen – als Doppelmaschinen mit gemeinsamen Gehäuse und gemeinsamer Welle konstruiert. Jeder Einzelmotor oder auch alle Motoren können durch 4 Wahlschalter auf jeden der beiden Generatoren geschaltet werden. Die Ständer der asynchron laufenden Motoren werden bei etwa 25% der maximalen Drehzahl der Turbine mit den Generatoren verbunden. Ist die zugehörige synchrone Drehzahl annähernd erreicht, so werden die Motoren erregt.

Auch Einschraubenschiffe sind mehrfach mit turboelektrischen Anlagen ausgerüstet worden, so z. B. die Schiffe der um 1939 gebauten

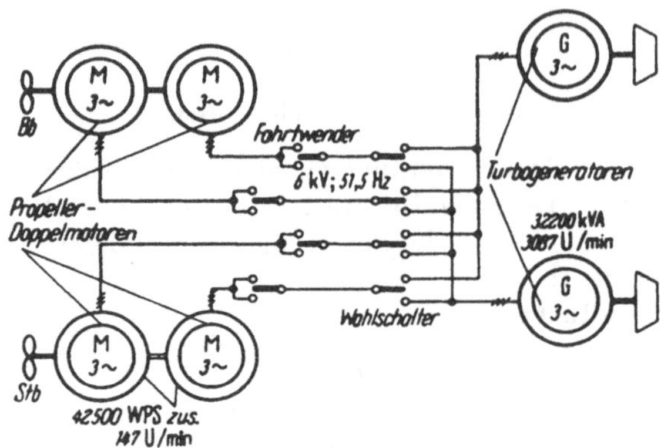

Abb. 376. Schaltplan TES „Canberra" (nach GRAHAM [191])

„Orizaba"-Klasse. Das Schaltbild ist in Abb. 377 wiedergegeben. Die Antriebsleistung ist auf 2 Turbogeneratoren aufgeteilt. Die Anlage arbeitet mit synchroner Bremsung. Fahr- und Bordnetz können gekuppelt gefahren werden[1].

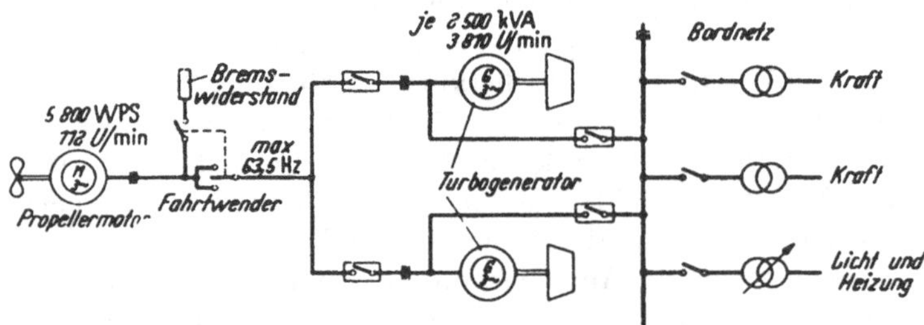

Abb. 377. Schaltplan TES „Orizaba" (nach HEIL/WANGERIN [151])

Sehr einfach ist die Schaltung der um 1938 gebauten turboelektrischen Tanker der „Van-Dyke"-Klasse nach Abb. 378, bei denen *ein* Turbogenerator *einen* Propellermotor speist. Einer der wesentlichsten Gründe, weswegen diese Schiffe turboelektrischen Antrieb erhielten, war der große Leistungsbedarf der Pumpen zum Laden und Löschen des Öles mit einem Leistungsbedarf von etwa 1000 PS, der von dem Turbogenerator mitgeliefert wird. Durch die hohe Pumpenleistung werden sehr kurze Hafenliegezeiten des Schiffes erzielt[1]. Ganz ähnlich ist die Schaltung der über 500 in den USA in den Jahren 1940–1945 gebauten „T-2-Tanker" aufgebaut, bei denen *ein* Turbogenerator mit einer Leistung von 5400 kVA,

[1] Vgl. Versorgung der Bordnetzverbraucher aus dem Fahrnetz, S. 440.

$\cos \varphi = 1$ bei 3715 U/min, 62 Hz und einer Spannung von 2300 V *einen* Propellermotor mit einer Leistung von 6000 WPS bei 90 U/min speist.

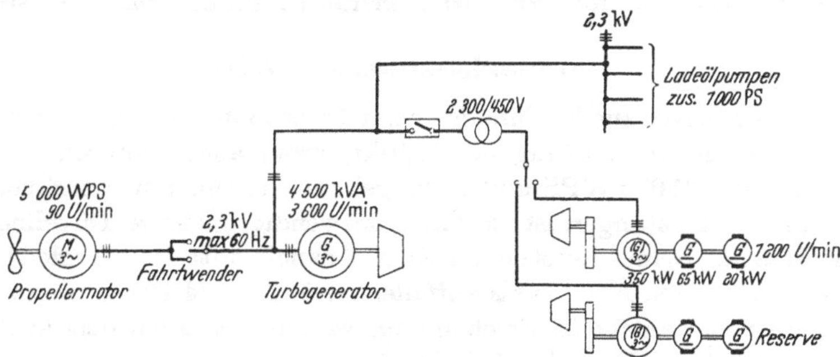

Abb. 378. Schaltplan TES „J. W. van Dyke" (nach GOLDSMITH [*110*])

Eine interessante Schaltung, die in Großbritannien bei einigen turboelektrischen Einschraubentankern 1953 angewendet wurde, zeigt Abb. 379. Die Schiffe sind für eine Höchstgeschwindigkeit von 16 kn gebaut und erfordern hierfür eine Leistung von 7500 WPS am Propeller. Um auch eine geringere Geschwindigkeit von 12,5 kn wirtschaftlich fahren zu können, ist die Leistung auf 2 Turbogeneratoren mit einer Leistung von je 2900 kVA, $\cos \varphi = 1$, aufgeteilt. Propellermotor ist als Doppelmotor ausgebildet, so daß die Leistung auch auf 2 Maschinen aufgeteilt ist. *Ein* Generator und *ein* Motor bilden elektrisch jeweils eine Einheit. Bei Höchstgeschwindigkeit arbeiten beide Sätze, wobei die Turbogeneratoren durch die Welle des Doppelmotors mechanisch synchronisiert werden. Außer der Möglichkeit, auch bei der halben Leistung mit gutem Wirkungsgrad fahren zu können, ist damit eine erhöhte Sicherheit bei Maschinenschäden auch für ein *Ein*schraubenschiff geschaffen. Auch lassen sich die Motoren wegen ihres kleineren Außendurchmessers weiter nach achtern schieben, als bei einem Einmotorenantrieb, wodurch eine bessere Raumausnutzung zu erzielen ist.

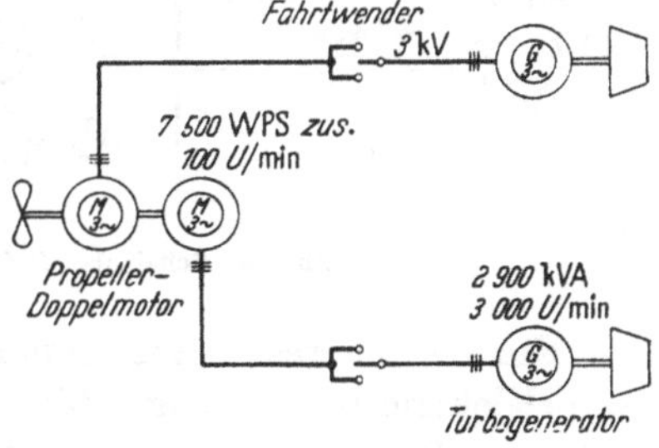

Abb. 379. Schaltplan für turboelektrische Einschraubentanker (nach [*205*])

Der französische *Vier*schrauben-Schnelldampfer „Normandie" wurde ebenfalls turboelektrisch angetrieben. Hier waren für die Erzeugung der gesamten Antriebsleistung von 160000 WPS 4 Turbogeneratoren mit einer Leistung von je 33400 kVA, $\cos \varphi = 1$ bei 2340 U/min und einer

Spannung von 6000 V aufgestellt, von denen je einer auf einen der 4 Propellermotoren, die mit 243 U/min liefen, arbeitete. Bei verminderter Geschwindigkeit konnte *ein* Turbogenerator 2 Propellermotoren speisen.

b) Dieselelektrische Antriebe

Im Gegensatz zur Turbine ist beim Dieselmotor die in einer Einheit unterzubringende Leistung beschränkt, wenn auch Motoren mit Leistungen von 25000 WPS und mehr gebaut werden. Für die Erzeugung sehr großer Leistungen ist es daher notwendig, mehrere Dieselmotoren einzusetzen. Beim dieselelektrischen Antrieb tritt im Vergleich zum turboelektrischen Antrieb als auffallendes äußeres Merkmal die umfangreichere Schaltanlage in Erscheinung, woraus sich allerdings auch eine größere Zahl von Betriebsmöglichkeiten ergibt.

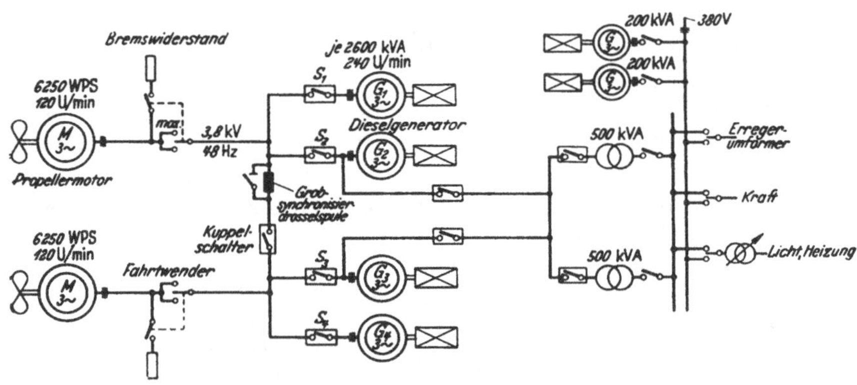

Abb. 380. Schaltplan DES „Steiermark" (nach KOSACK [*199*])

Ein besonderes kennzeichnendes Beispiel für die Ausführung einer dieselelektrischen Anlage bietet die Schaltung des Zweischraubenschiffes „Steiermark" später „Kormoran" nach Abb. 380, das 1939 in Dienst gestellt wurde. Bei diesem Schiff speisen 4 Generatoren auf eine gemeinsame Sammelschiene, die in eine Bb- und eine Stb-Hälfte aufgeteilt werden kann. An jede dieser beiden Hälften ist ein Propellermotor über einen Fahrtrichtungsschalter angeschlossen. In der elektrischen Übertragung liegt eine Drehzahlübersetzung zwischen den Kraftmaschinen und dem Propeller von 2 : 1. Im Revier wird mit je einem Dieselgenerator auf *einen* Propellermotor gefahren. Dabei sind die beiden Hälften der Sammelschiene getrennt. Vor dem Zuschalten eines dritten Generators werden diese verbunden. Dazu ist ein Synchronisieren beider Hälften notwendig. Dieses kann sich nicht nur auf die beiden in Betrieb befindlichen bzw. den zuzuschaltenden Generator beziehen, sondern auch auf die Propellermotoren, da bei unruhiger See die Propeller austauchen und die Motoren ebenfalls generatorisch auf die Sammelschienen speisen können. Da Drehzahl und Spannung der Motoren hierbei nicht zu beeinflussen sind, wird eine Synchronisation über eine Drosselspule vorgenommen. Diese soll die eventuell bei Schaltung in Phasenopposition oder bei ungleichen Frequenzen und Spannungen auftretenden Ausgleichsströme bis zum Intrittfallen dämpfen. Laufen dann beide Hälften synchron, so wird die Drosselspule mit einem Trennschalter überbrückt. – Das Zuschalten des vierten Generators wird mit Feinsynchronisation, d.h. Abgleich von Frequenz, Spannung und Phasenlage für die Sammelschiene und den Generator bewirkt. Hierzu sind für alle Generatoren Leistungsschalter vorgesehen, auf die auch die gegen Überstrom und Kurzschluß vorgesehenen Schutzeinrichtungen wirken. Die Leistungsstufung bzw. die Geschwindigkeitsverhältnisse, die sich durch den Einsatz von 4 Dieselgeneratoren ergeben, sind in Abb. 366 b erläutert. Fahrnetz und Bordnetz können gekuppelt gefahren werden[1].

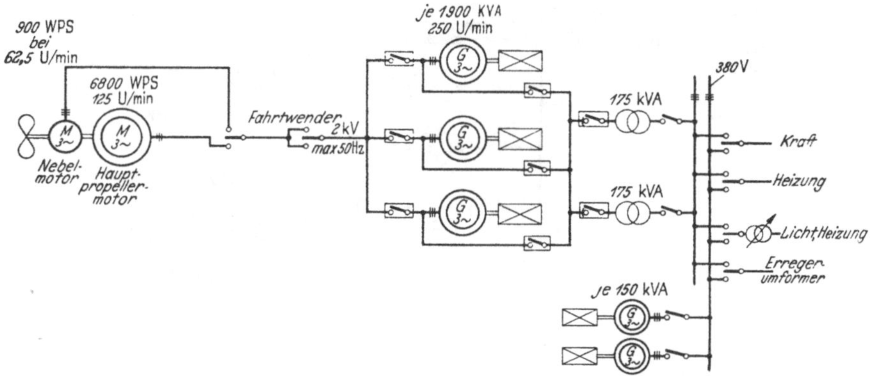

Abb. 381. Schaltplan DES „Wuppertal" (nach BLEICKEN [187])

Die Grundschaltung des 1937 in Dienst gestellten *Ein*schraubenschiffes „Wuppertal" ist in Abb. 381 wiedergegeben. Hier arbeiten 3 Generatoren parallel auf eine Sammelschiene bzw. den Hauptpropellermotor, der für 6800 WPS bei 125 U/min ausgelegt ist. Außer diesem ist noch ein sogenannter *Nebel*motor vorgesehen, der für 900 WPS bei 62,5 U/min bemessen ist. Dieser Motor wurde mit Rücksicht auf die besondere Fahrtroute des Schiffes nach Australien eingebaut, da an der australischen Küste häufig kleine Strecken zurückzulegen sind und diese Fahrten nachts mit geringer Geschwindigkeit durchgeführt werden. Bei Tagwerden kann dann sofort mit dem Laden und Löschen der Ladung angefangen werden. Für die Speisung des Nebelmotors läuft nur

[1] Vgl. Versorgung der Bordnetzverbraucher aus dem Fahrnetz, S. 440.

ein Hauptdieselgenerator, und der Hilfsbetrieb wird von den Hafendieselmotoren gespeist. Der Nebelmotor läuft asynchron, so daß eine Erregung nicht erforderlich ist. Bei Fahrt mit allen Hauptmaschinen, werden Fahr- und Bordnetz gekuppelt.

Das Grundschaltbild des 1938 gebauten *Zwei*schraubenschiffes „Patria", das mit 6 Dieselsätzen ausgerüstet ist, zeigt Abb. 382. Es sind 2 Sammelschienenhälften mit je 3 Generatoren sowie eine Kupplung zwischen Fahr- und Bordnetz vorgesehen[1].

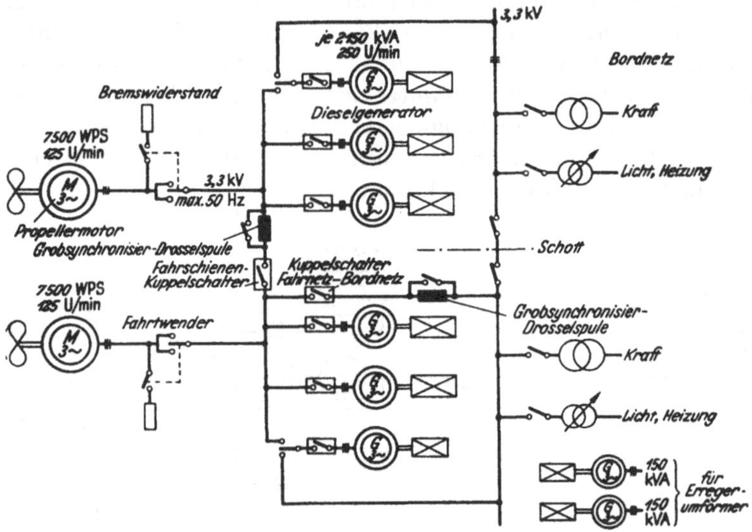

Abb. 382. Schaltplan DES „Patria" (nach [*188*])

Eine von diesen Schaltungen im Grundsätzlichen abweichende hatte der englische Tanker „Auris", bei welchem bei seiner Indienststellung im Jahre 1948 als Kraftmaschinen nach Abb. 383 zunächst 3 Dieselmotoren und eine Gasturbine eingebaut waren, die je mit einem Generator gekuppelt sind. Die Generatoren sind als Doppelmaschinen ausgeführt, d. h., jede Maschine hat zwei elektrisch und magnetisch voneinander getrennte Erregersysteme und ebenso zwei vollkommen getrennte Ständerwicklungen. Beide Ständerwicklungen eines Doppelgenerators sind, wie es ebenfalls aus Abb. 383 zu entnehmen ist, in Reihe geschaltet. Sie sind ebenso wie die beiden Erregersysteme geometrisch gleich angeordnet, so daß bei gleichsinniger Erregung die Klemmenspannung des Doppelgenerators gleich der arithmetischen Summe, bei entgegengesetzter Erregung gleich der arithmetischen Differenz der beiden Teil-

[1] Das Schiff fährt jetzt mit dem Namen „Rossija" unter sowjetischer Flagge mit Antrieb durch Gasturbinen.

spannungen ist. Betriebsmäßig wird jeder dieser 4 Doppelgeneratoren in seinem ersten direkt am Sternpunkt liegenden System konstant erregt, während das andere von positiver bis zu negativer Nennerregung verändert werden kann. Man erhält zwischen dem Sternpunkt und der ersten Teilwicklung eines Doppelgenerators eine gleichbleibende Spannung – in diesem Fall maximal, d.h. bei höchster Dieseldrehzahl 0,8 kV – und zwischen dem Sternpunkt und den beiden in Reihe geschalteten Wicklungen eine zwischen 1,6 kV und 0 veränderliche Spannung. Mit

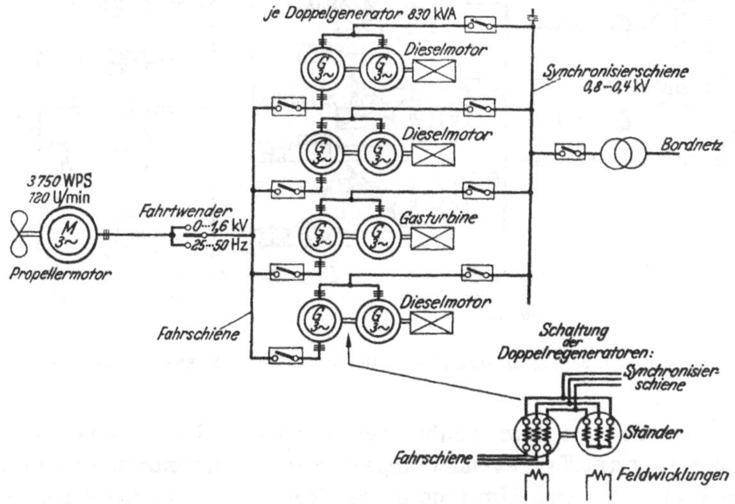

Abb. 383. Schaltplan ES „Auris" (nach [204])

ihrer ersten Teilwicklung sind alle 4 Doppelgeneratoren an die sogenannten Synchronisierschienen angeschlossen. Von diesen Sammelschienen werden über einen Transformator sämtliche Hilfsantriebe gespeist. – Der Fahrantrieb geschieht im Bereich zwischen 100 und 50% Geschwindigkeit durch Frequenzänderung, darunter bei unerregtem, d.h. asynchronem Betrieb des Motors durch Spannungsänderung. Das Bordnetz wird somit mit einer Spannung von 0,8–0,4 kV bei 50–25 Hz betrieben.

Mit Asynchronmaschinen als Propellermotoren ist das 1956 in Dienst gestellte Frachtschiff „*Elisabeth Schulte*" ausgerüstet, dessen Grundschaltbild in Abb. 384 wiedergegeben ist. Die Nennspannung von 800 V, also eine Spannung unter 1 kV, wurde gewählt, da hierfür noch Niederspannungs-Schaltgeräte Verwendung finden können. Es wurden sechspolige Motoren gewählt, die über ein Getriebe den Propeller antreiben. Vielpolige Motoren, welche mit dem Propeller unmittelbar gekuppelt werden könnten, würden mit einem geringeren Leistungsfaktor arbeiten. Die Manövrierfrequenz der Anlage liegt bei 35% der Nennfrequenz. Die

Spannungsabsenkung an den Generatoren durch den Einschaltstrom der Motoren beträgt trotz Stoßerregung etwa 80%. Trotzdem liegen die Drehmomente der Motoren bei Umsteuerfrequenz noch über dem am Propeller auftretenden höchsten negativen Moment. – An jedem Propeller-

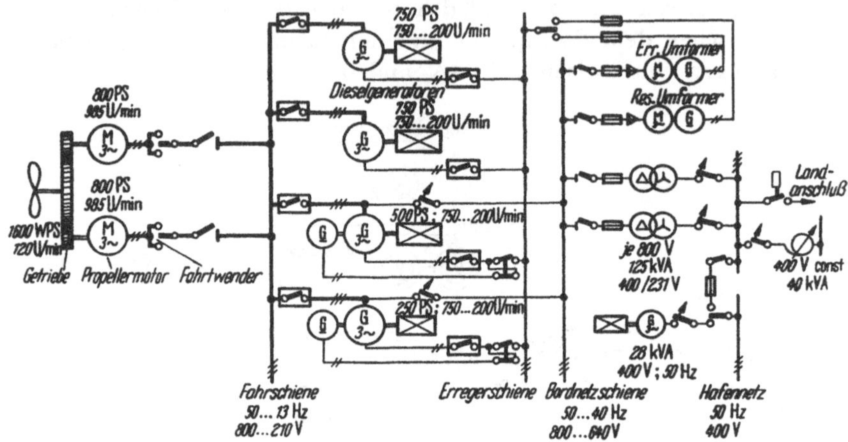

Abb. 384. Schaltplan DES „Elisabeth Schulte" (nach KARNATZ/JOHNS [197])

motor wurde eine Lamellenbremse eingebaut, die zwangsläufig durch Hilfskontakt am Fahrtwender eingeschaltet wird, wenn dieser auf „Halt" geschaltet wird. Das Umsteuern des Propellers kann jedoch auch ohne vorheriges Abbremsen durchgeführt werden.

c) Versorgung der Bordnetzverbraucher aus dem Fahrnetz

Der Wunsch, die für den Antrieb der Propeller installierte Generatorleistung auch für die Versorgung des allgemeinen Bordnetzes oder von bestimmten Verbrauchergruppen heranzuziehen, läßt sich für *die* Verbraucher, die nur bei Stillstand des Schiffes in Betrieb sind, verhältnismäßig einfach erfüllen. So können z.B. die Antriebsmotoren der Pumpen, die für das Laden und Löschen der Öltanks auf Tankern benötigt werden, auf diese Weise gespeist werden. Ein Beispiel hierfür sind die Anlagen auf den Tankern der „Van-Dyke-Klasse", nach Abb. 378. Die Motoren sind als Hochspannungsmotoren für 2,3 kV gebaut. Sie werden im Hafen unmittelbar an den Hauptgenerator angeschlossen. Ihre Förderleistung wird durch Frequenzänderung des Hauptgenerators beeinflußt. Es besteht auch nach der Schaltung die Möglichkeit, die Motoren über Transformatoren an die Niederspannungs-Bordnetzgeneratoren anzuschließen.

Die Schaltung der „T-2-Tanker“[1] ist in Abb. 385 wiedergegeben. Hier werden die 5 Antriebsmotoren der Ladepumpen über 3 Einphasenumspanner mit Niederspannung gespeist. Ferner ist eine Anschlußmöglichkeit an die allgemeine Bordnetzsammelschiene, die von 2 Hilfsturbogeneratoren versorgt wird, vorgesehen.

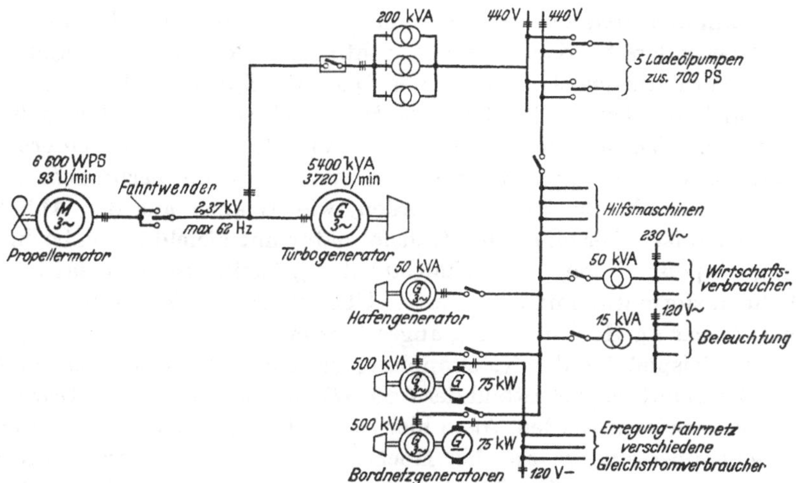

Abb. 385. Schaltplan der turboelektrischen T-2-Tanker

Nicht ganz so einfach ist es, das Bordnetz auch bei *Fahrt* des Schiffes von den Hauptgeneratoren zu versorgen. Dies ist vor allem deswegen vorteilhaft, weil dann die elektrische Energie in den großen Kraftmaschinen bzw. Generatoren der Propellerantriebsanlage mit hohem Wirkungsgrad erzeugt wird und weil durch den Stillstand der Hilfsdieselmotoren auf See eine Verminderung der Reparatur- und Bedienungskosten eintritt. Während eine Kupplung von Fahr- und Bordnetz bei Propellerantrieben mit Gleichstromübertragung – ohne Herausschaltung einzelner Generatorsätze aus dem Fahrbetrieb – nicht ohne weiteres ausführbar ist, ist bei Propellerantrieben mit Drehstromübertragung mit Erfolg von dieser Möglichkeit Gebrauch gemacht worden. In den Schaltbildern Abb. 377 u. 380 bis 384 sind derartige Schaltungen angegeben. In allen Fällen wird das Bordnetz mit *Nieder*spannung über Transformatoren aus dem Fahrnetz gespeist. Der Betrieb geht z. B. bei der Schaltung der „Steiermark“ nach Abb. 380 so vor sich, daß die beiden Generatoren G_1 und G_4 bei kleinen Fahrgeschwindigkeiten die Propellermotoren allein speisen und einer der Generatoren G_2 oder G_3 getrennt das Bordnetz versorgt, wobei die Schalter S_2, bzw. S_3 geöffnet sind. Ist

[1] Vgl. Turboelektrische Antriebe, S. 433.

Generator G_3 zunächst außer Betrieb, so wird zur Erhöhung der Fahrgeschwindigkeit der Generator G_2 über den Schalter S_2 auf das Fahrnetz geschaltet. Für das Zusammenschalten muß daher dessen Frequenz und Spannung an die des Fahrnetzes angepaßt werden. Bei weiterer Erhöhung der Fahrgeschwindigkeit durch Steigerung der Drehzahl der Dieselmotoren bzw. Zuschalten des Generators G_3 durchfährt das Bordnetz dann den Frequenz- und Spannungsbereich bis zu den Nennwerten. Es ist besonders für das Bordnetz wichtig, daß sich Spannung und Frequenz verhältnisgleich ändern, der Quotient Spannung/Frequenz also einen gleichbleibenden Wert behält. Hierdurch wird vermieden, daß die motorischen Verbraucher durch erhöhte Aufnahme von Magnetisierungsstrom zu stark erwärmt werden. Die rein ohmschen Verbraucher, wie Küche, Beleuchtung, Heizung, werden, wie es auch aus der Abb. 380 zu ersehen ist, über einen Drehtransformator mit gleichbleibender Spannung gespeist. Nach dem Schaltbild der „Patria" in Abb. 382 ist der Drehtransformator mit einer festen Übersetzungsstufe kombiniert und unmittelbar an Hochspannung angeschlossen.

Als Beispiel für die Netzkupplung bei einem *turbo*elektrischen Antrieb kann auf das Schaltbild der Abb. 377 für die Schiffe der „Orizaba"-Klasse verwiesen werden. Auch hier ist der Drehtransformator mit einer Zwischenübersetzung an die Hochspannung angeschlossen. Im allgemeinen ist aber eine Netzkupplung bei dieselelektrischen Schiffen gebräuchlicher, als bei turboelektrischen.

Da als Antriebsmotoren für die Hilfsmaschinen meist Drehstrommotoren mit Käfigläufer verwendet werden, deren Drehzahl frequenzgebunden ist, muß die Drosselkurve der Pumpen[1] möglichst flach gestaltet werden. Dadurch wird über einen größeren Drehzahlbereich eine genügende Fördermenge bei ausreichendem Druck erzielt. Das gilt praktisch für alle Pumpen, wie Sanitär-, Badewasser-, Trinkwasser-, Lenz- und insbesondere die Kühlwasserpumpen der Hauptmaschinen. Auch bei den Ventilatoren ist darauf zu achten, daß die Ventilatorleistung bei absinkender Drehzahl nicht zu stark nachläßt. Im günstigen Sinne wirkt die Tatsache, daß die Kühlwasser- und Schmierölpumpen sowie die Generator- und Motorventilatoren des Propellerantriebes bei langsamen Fahrtstufen ohnehin geringere Förderleistungen abzugeben haben.

Bei Umsteuermanövern muß die Kupplung zwischen Fahr- und Bordnetz wegen der hierzu erforderlichen Drehzahlverminderung der Dieselmotoren und der Stoßerregung bei den Generatoren aufgehoben werden, so daß also z. B. bei einer Anlage wie der der „Steiermark", maximal nur mit der Leistung von *3* Generatoren umgesteuert werden kann. Meist wird dieses *Ent*kuppeln der Netze, d. h. also nach Abb. 380 z. B. das Öffnen des Schalters S_2, selbsttätig durch Hilfsschalter, die

[1] Vgl. Antriebe für Pumpen und Ventilatoren, S. 210.

zusammen mit dem Fahrtrichtungsschalter betätigt werden, bewirkt. Eine ähnliche Verriegelung ist vorgesehen, wenn durch Verstellung des Sollwertes der Drehzahlregler die Fahrgeschwindigkeit, die der kleinsten im Bordnetz zulässigen Frequenz entspricht, *unter*schritten wird.

Hinsichtlich der Kupplung von Fahr- und Bordnetz verdient die in Abb. 383 gezeigte Schaltung der „Auris" besondere Beachtung. Hier sind die 4 Doppelgeneratoren mit ihrer ersten Teilwicklung an die Synchronisiersammelschiene angeschlossen. Die Drehzahl der Hilfsantriebe wird durch die Frequenzsteuerung zwar im Verhältnis 1 : 2 beeinflußt, magnetisch werden die Maschinen aber nicht überlastet, da das Spannungs/Frequenzverhältnis stets gleichbleibt. Bei Umsteuermanövern braucht das Bordnetz vom Fahrnetz nicht abgetrennt zu werden, was Vereinfachungen in der Schaltanlage zur Folge hat.

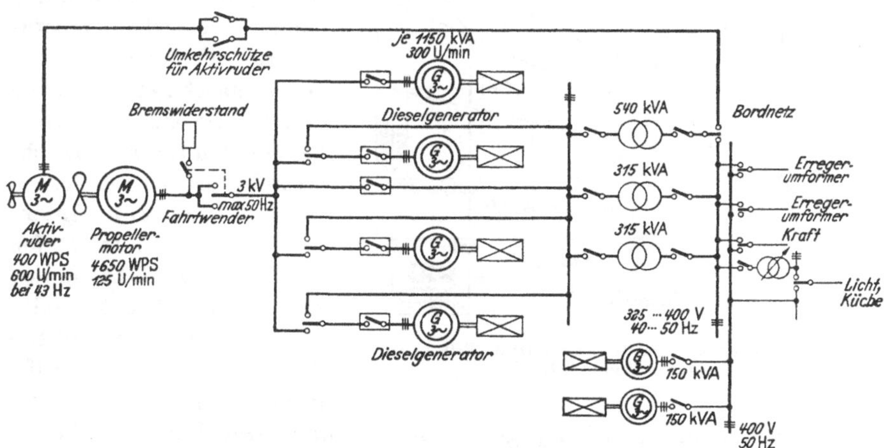

Abb. 386. Schaltplan DES „Falkenstein" (nach JOHNS [*194*])

Bei der Anlage des dieselelektrisch angetriebenen Schiffes „Falkenstein" speisen nach Abb. 386 4 Dieselgeneratoren einen Propellermotor, ferner über Transformatoren den Motor eines Aktivruders[1]. Abb. 387 gibt eine Übersicht über die Leistungsaufteilung auf die einzelnen Verbraucher bei den verschiedenen Fahrtstufen. Bei Betrieb mit 4 Generatoren ist genügend Überschußleistung vorhanden, um das Bordnetz sowie das Aktivruder voll zu versorgen. Sind nur 3 Generatoren in Betrieb, so ergibt sich bei Speisung des Aktivruders sowie eines geringen, für den Eigenbedarf des elektrischen Fahrantriebes benötigten Teiles des Bordnetzes, eine Geschwindigkeit entsprechend dem Betriebspunkt P_1, die gegenüber der mit 3 Generatoren maximal erreichbaren Geschwindigkeit im Betriebspunkt P_2 vermindert ist. Grundsätzlich ist die Anlage

[1] Vgl. Propellerantriebe mit Ruderwirkung, S. 461.

so bemessen, daß eine Netzkupplung im Bereich von 40–50 Hz entsprechend 100–125 U/min am Propeller möglich ist. Für spannungsempfindliche Verbraucher ist ein Niederspannungs-Drehtransformator vorgesehen.

Eine besondere Form der Netzkupplung wurde auf den Tankern der „Van-Dyke“-Klasse nach Abb. 378 eingeführt und ist dann später noch mehrfach anderweitig angewendet worden. Diese Schiffe haben neben dem Hauptgenerator für den Propellerantrieb noch 2 Hilfsturbinen, die über Getriebe mit je einem Drehstrom-Synchrongenerator, einem Gleichstromgenerator für die Erregung der Hauptmaschinen sowie einem Gleichstromgenerator für den übrigen Gleichstrombedarf des Schiffes gekuppelt sind. Zum Anfahren der Anlage, im Hafen und bei Revierfahrt laufen diese Hilfsturbosätze selbständig. Bei Fahrt auf See dagegen werden die Hilfsgeneratoren über Transformatoren mit dem Hauptgenerator zusammengeschaltet. Sie arbeiten dann als Synchronmotoren, welche die Gleichstrommaschinen antreiben. Die Hilfsturbinen laufen dabei leer mit, wobei das Vakuum durch eine Verbindung zum Hauptkondensator gehalten wird. Es erübrigt sich dadurch, die Hilfsturbinen auf See unter Dampf zu fahren. Diese Betriebsform ist unter dem Begriff „motorized operation“ bekannt.

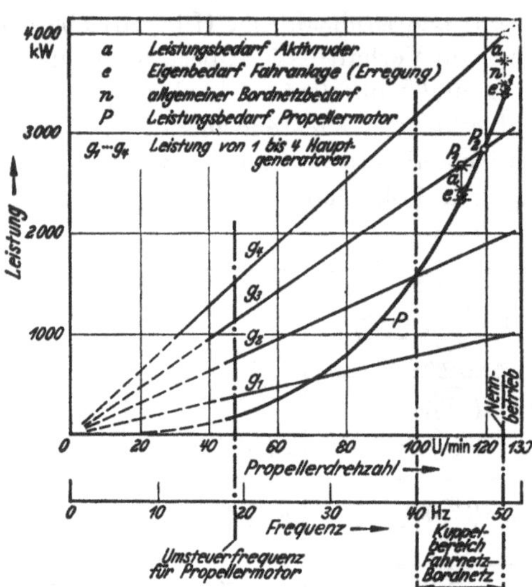

Abb. 387. Leistungsverhältnisse bei DES „Falkenstein“ (nach JOHNS [194])

d) Erregerschaltungen

Da in den meisten Fällen bei Propellerantrieben mit Drehstromübertragung nicht Asynchron-, sondern Synchronmotoren verwendet werden, muß für diese – ebenso wie für die Generatoren – eine Gleichstromerregerleistung bereitgestellt werden. Für die Generatoren sind dabei auch die Bedingungen der Stoßerregung zu beachten. Die Tab. 25 gibt für einige ausgeführte Anlagen den Erregerbedarf bei Nennbetrieb und beim Umsteuern an.

Tabelle 25. *Erregerleistung im Nennbetrieb und beim Umsteuern für einige Schiffe mit Drehstrom-Propellerantrieb*

Schiff	Erregung je Fahrgenerator					Erregung je Propellermotor	
	Normal		Stoß		Verhältnis der Stoßleistung zur Normalleistung		
	kW	V	kW	V		kW	V
DES Steiermark	15	90	110	255	7,3	62	120
TES Scharnhorst	18	70	108	180	6,0	52	110
TES Normandie	150	150	660	330	4,4	150	150
Fahrgastschiff	10	90	60	230	6,0	45	230
13000-t-Tanker	27	82	108	165	4,0		

Meist werden zur Erzeugung der Erregerleistung Drehstrom/Gleichstrom-Umformersätze aufgestellt, deren Motoren bei Kupplung von Fahr- und Bordnetz an die Hauptgeneratoren, zum *Anfahren* an die Bordnetzgeneratoren, angeschlossen sind. Es besteht aber auch die Möglichkeit, die Erregermaschinen mit den Hilfsaggregaten zu kuppeln, wie es z.B. bei dem TES ,,Canberra“ ausgeführt ist.

Der Aufbau und die Schaltung des Erregerumformers der ,,Steiermark“ ist in Abb. 388 wiedergegeben. Die Erregermaschine für den Propellermotor ist als selbsterregter Nebenschlußgenerator ausgeführt; ihre

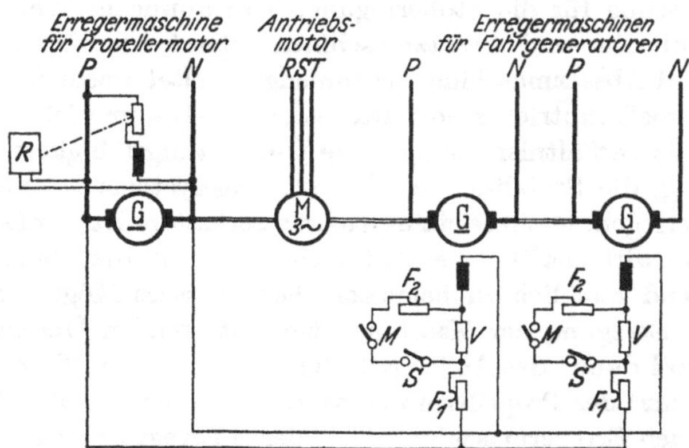

Abb. 388. Schaltung eines Erregerumformers

Spannung wird durch einen selbsttätig wirkenden Regler *R* auf dem Nennwert gehalten, auch dann, wenn bei Fahrt mit Netzkupplung die Frequenz den unteren für das Bordnetz zulässigen Wert erreicht hat. Die beiden Erregermaschinen für 2 Fahrgeneratoren werden von der Motorerregermaschine fremderregt, da sie mit Rücksicht auf die Stoßerregung nicht als selbsterregte Maschinen gebaut werden können. Um bei allen in Betrieb vorkommenden Drehzahlen der Dieselmotoren bzw. bei allen

Frequenzen im Fahrnetz für die Hauptgeneratoren ein gleichbleibendes Verhältnis „Spannung/Frequenz" zu halten, ist es erforderlich, deren Erregerstrom konstant zu lassen. Das muß auch bei Betrieb des Umformers mit herabgesetzter Frequenz bei Netzkupplung geschehen. Hierzu dient der Feldsteller F_1. Die Stoßerregung wird durch Kurzschließen eines Vorwiderstandes V im Erregerkreis der Maschine durch den Kontakt M – abhängig von der Stellung des Manövrierhandrades – eingestellt. Durch den Feldsteller F_2 ist eine weitere Einstellmöglichkeit von Hand für die Höhe der Stoßerregung gegeben. Für den Fall, daß einer der Hauptgeneratoren ausschließlich das Bordnetz speist, wird für diesen die Stoßerregung durch den Schalter S unwirksam gemacht. Man kann auch die gleiche Anordnung wie bei der „Wuppertal" treffen, wobei der Generator dann aus der Erregermaschine für den Motor mit gleichbleibender Spannung erregt wird.

Für die Erregung wurden früher auch Gleichstrom-Dreileiteranlagen verwendet. Die Erregung für die Propellermotoren wird dabei zwischen den beiden Außenleitern oder einem Innen- und einem Außenleiter entnommen. Die Erregerwicklungen der Generatoren sind ebenfalls zwischen einem Innen- und einem Außenleiter angeschlossen. Sie werden bei Stoßerregung aber zwischen die Außenleiter geschaltet. Die dadurch verdoppelte Erregerspannung bzw. der doppelte Erregerstrom ergeben die 4fache Leistung für die Stoßerregung. – In ähnlicher Weise sind auch Anlagen mit Zu- und Absatzmaschinen gebaut oder Dreileiteranlagen mit Zu- und Absatzmaschine zusammengeschaltet worden.

Bei Propellerantrieben mit Drehstromübertragung ist es mit Rücksicht auf die verhältnismäßig geringe Überlastungsfähigkeit der Maschinen wichtig, die Stabilität des Übertragungssystems bei schwerer See, beim Ruderlegen, Drehkreisfahren usw. zu erhalten. Das einfachste, wenn auch nicht wirtschaftlichste Mittel hierzu ist es, die Hauptmaschinen entsprechend reichlich zu bemessen. Eine bessere Möglichkeit besteht darin, die Erregung der Maschinen bei eintretenden Überlastungen zu erhöhen und damit das Außertrittfallmoment zu vergrößern. Der Turbogenerator und der Propellermotor werden dazu nach Abb. 389 von einer gemeinsamen Erregermaschine erregt, deren Erregung ein als Verstärkermaschine[1] geschalteter Gleichstromgenerator, bei dem 3 Erregerwicklungen vorhanden sind, liefert. Wicklung *1* gibt einen Grundwert von gleichbleibender Stärke, der durch die Wirkung der Wicklungen *2* und *3* entweder verstärkt oder geschwächt wird. Wicklung *2* wird durch einen Stromwandler über Gleichrichter gespeist. Ein Ansteigen der Propellerbelastung ergibt eine Verstärkung dieser Erregung, die sich dann zu der Grunderregung von Wicklung *1* addiert. Die Erregung *3* ist der Wirkung von Erregung *1* und Erregung *2* entgegengerichtet. Dieser Teil ist über

[1] Vgl. Maschinenverstärker, S. 102.

einen Spannungswandler an die Spannung des Hauptkreises angeschlossen. Zwischen diesem Spannungswandler und dem Gleichrichter bzw. der Erregerwicklung ist eine Drosselspule geschaltet, die beim Überschreiten einer bestimmten Induktion, d.h. des Verhältnisses Spannung/Frequenz, in die Sättigung kommt.

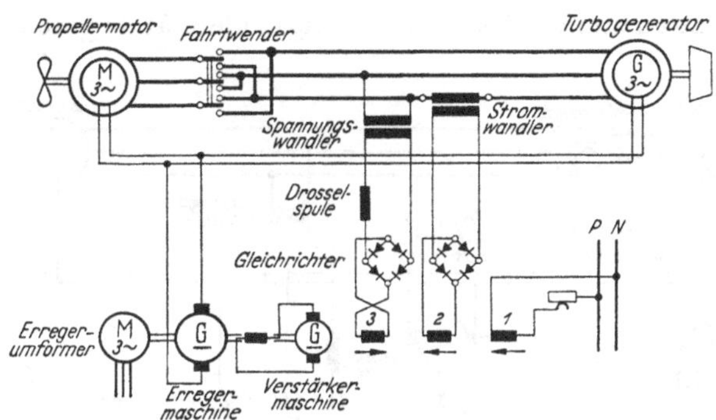

Abb. 389. Schaltung der lastabhängigen Erregung (nach KOSACK [*199*])

Es ergeben sich folgende Wirkungen:

Die Regeleinrichtung ist so ausgelegt, daß die Durchflutungen der Wicklungen *2* und *3* im Arbeitspunkt, das ist meistens der Vollfahrtpunkt, gleich groß, aber von entgegengesetzter Wirkung sind. Es wirkt nur Erregung *1*.

Bei Ansteigen der Belastung wird durch den Stromanstieg die Wirkung von Wicklung *2* verstärkt, durch den Abfall der Spannung die Erregung *3* geschwächt. Ergebnis: ein starkes Ansteigen der Erregung und damit eine Erhöhung des Außertrittfallmomentes.

Beim Verändern des Sollverhältnisses Spannung/Frequenz durch Erhöhen der Spannung oder Verringerung der Frequenz fließt in Wicklung *3* ein hoher Strom, der die Erregerspannung und damit die Spannung des Antriebssystems zurücksetzt und das Sollverhältnis wieder einstellt. – Bei Umsteuermanövern, bei denen mit Stoßerregung gearbeitet werden muß, wird diese Einrichtung abgeschaltet.

Der wesentliche Vorzug dieses Systems liegt darin, daß bei der Bemessung der Maschinen auf Überlastungen keine Rücksicht zu nehmen ist. Die Maschinen werden leichter und kleiner. Das System wirkt also gewichts- und raumsparend.

Eine ähnliche Schaltung ist auch auf der ,,Falkenstein“ nach Abb. 390 angewendet. Ein prinzipieller Unterschied in der Wirkungweise besteht nicht. Die Verstärkermaschine ist als Querfeldmaschine ausgebildet. Ein direkter Einfluß des Belastungsstromes, wie er über die Erregerwicklung *3* im Schaltbild der Abb. 389 gegeben ist, ist hier nicht vorgesehen. Die Erregerwicklung *1* gibt wieder die Grunderregung. Die Erregerwicklungen *2* und *3* werden über Gleichrichter von der Spannung des Fahrnetzes gespeist; sie sind einander entgegengeschaltet, so daß sich ihre Durchflutungen im Normalbetrieb aufheben. Erregerwicklung *3* wirkt im gleichen Sinne wie Erregerwicklung *1*. Im Stromkreis der Erregerwicklung *2* ist wieder eine Drosselspule eingeschaltet, die die Regelung im Sinne eines gleichbleibenden Spannung/Frequenz-Verhältnisses beeinflußt.

Die Erregerkreise der Generatoren und Propellermotoren werden vor dem Abschalten zunächst auf Entregungswiderstände geschaltet, um das

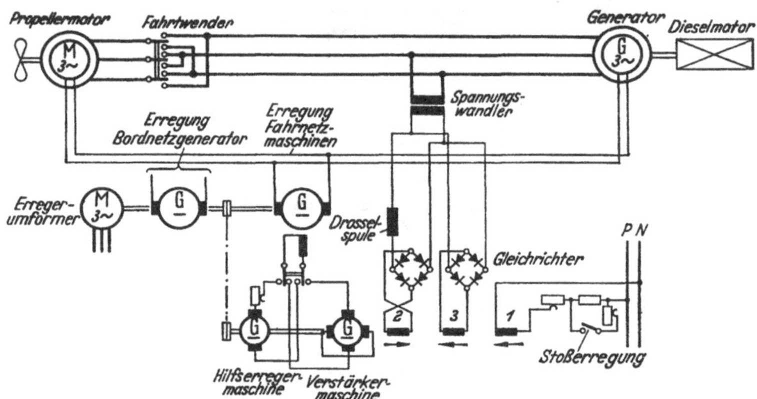

Abb. 390. Erregerschaltplan DES „Falkenstein" (nach Johns [*194*])

Auftreten von Überspannungen, die durch die Induktivität der Erregerwicklungen bedingt sind, zu unterbinden. Erst dann wird der Erregerkreis unterbrochen. Bei den Propellermotoren wird der *Entregungswiderstand* oft auch als *Anfahrwiderstand* benutzt, da beim asynchronen Anfahren in der Erregerwicklung transformatorisch vom Ständer her Spannungen bzw. Ströme von Schlupffrequenz induziert werden, für die durch den Widerstand ein Kurzschlußkreis gebildet wird.

e) Elektrische Zusatzantriebe mit Drehstrom[1]

Aus dem Wunsch heraus, das Bordnetz der Schiffe mit Drehstrom zu versorgen, entstand der Gedanke, auch den Zusatzantrieb von Gleichstrom auf *Drehstrom* umzustellen. Voraussetzungfür die Verwirklichung eines derartigen Zusatzantriebes ist die Verwendung eines Verstellpropellers. Dieser kann – mit gewissen Einschränkungen bezüglich seines Wirkungsgrades – mit gleichbleibender Drehzahl auch beim Fischen und Schleppen des Netzes betrieben werden, so daß an der Wellenmaschine sowohl bei Generator- wie bei Motorbetrieb eine gleichbleibende Frequenz besteht.

---

[1] Vgl. Elektrische Zusatzantriebe mit Gleichstrom, S. 410.

Abb. 391 veranschaulicht den Aufbau einer derartigen Anlage. Der Propeller ist über ein Getriebe mit dem Hauptdieselmotor verbunden. An ein zusätzliches Getrieberitzel ist eine Drehstrom-Synchronmaschine als Wellenmaschine über eine hydraulische Kupplung angeschlossen. Diese Wellenmaschine übernimmt bei Marschfahrt und beim Fischen als

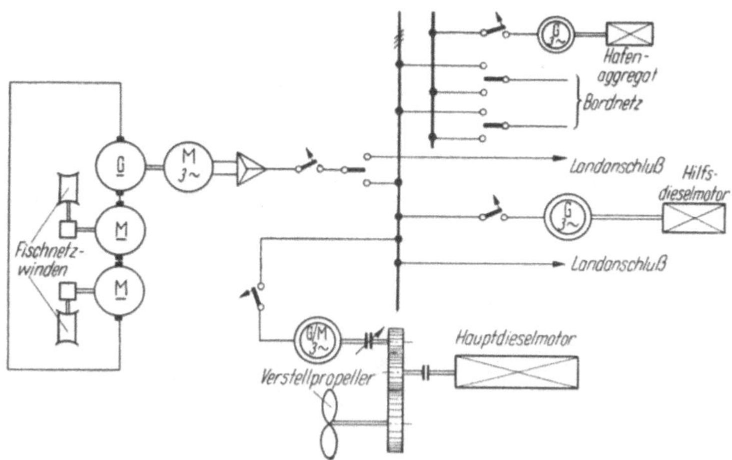

Abb. 391. Schaltplan des Drehstrom-Zusatzantriebes des Fischdampfers „Bremerhaven" (nach JOHNS [*195*])

Generator die Stromversorgung des Bordnetzes und der Fischnetzwinde. Soll zur Erzielung einer höheren Fahrstufe mehr Leistung an den Propeller abgegeben werden, so übernimmt ein zweites Dieselaggregat die Versorgung des Bordnetzes und die Wellenmaschine arbeitet als Zusatz-Propeller*motor*. – Der elektrische Zusatzantrieb kann auch als Hilfsantrieb dienen, z. B. wenn am Fangplatz auf besseres Wetter gewartet werden muß, oder als Notantrieb bei Ausfall des Hauptdieselmotors. Dann wird der Hauptdieselmotor durch eine ausrückbare Kupplung vom Getriebe getrennt und der Verstellpropeller bei Steigung Null durch direktes Einschalten der asynchron anlaufenden Wellenmaschine auf Nenndrehzahl hochgefahren. In diesem Fall kann das Bordnetz vom Hafenaggregat oder notfalls auch von der Wellenmaschine mit versorgt werden.

3. Generatoren und Propellermotoren

Bei Drehstromanlagen gelten für den Bau der Generatoren und Propellermotoren bei elektrischen Propellerantrieben im wesentlichen die gleichen Gesichtspunkte, wie für die Gleichstrommaschinen[1]. Mit Rück-

[1] Vgl. Generatoren und Propellermotoren, S. 412.

sicht darauf, daß die Drehstrommaschinen meist für Hochspannung gebaut werden, wird jedoch eine Kreislaufbelüftung mit Rückkühlung der Warmluft allgemein bevorzugt. Die Kühler werden vom Seewasser durchflossen. Als höchste Temperatur, auf die die Warmluft rückgekühlt werden muß, soll nach den Vorschriften des GL 40 °C, als höchste Temperatur des Seewassers 30 °C der Bemessung der Kühleinrichtung zugrunde gelegt werden. Abb. 392 zeigt die Anordnung von Kühler und Lüfter bei einem Propellermotor. Eine andere Ausführung, die sogenannte Kofferbauform, ist aus Abb. 393 für einen Generator ersichtlich. Hier entsteht ein geschlossener Kühlluftkreislauf dadurch, daß Kühler und Lüfter in das Maschinengehäuse einbezogen sind. Durch seitliche Spritzbleche am Ständerrükken wird verhindert, daß aus den Kühlern austretendes

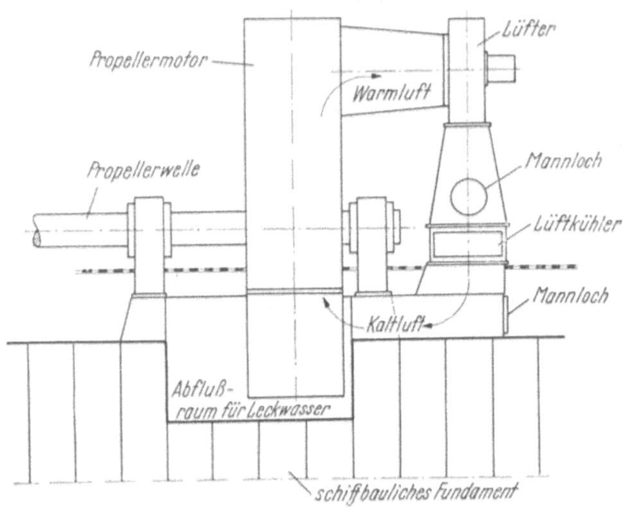

Abb. 392. Kühlluftkreislauf für einen Propellermotor

Abb. 393. Drehstromgenerator in Kofferbauform mit eingebauten Kühlern und Lüftern (Lüfterhauben und oberes Lagerschild abgenommen); (Bauart SSW), 2600 kVA, 3,8 kV, 48 Hz, 240 U/min

Leckwasser in den Ständer gelangen kann; dies sammelt sich vielmehr am Boden der Maschine, von wo es abgelassen wird, wenn eine elektrische Signaleinrichtung angesprochen hat. Bei den Maschinen werden meist Vorrichtungen zum Anschluß von Feuerlöschsystemen vorgesehen.

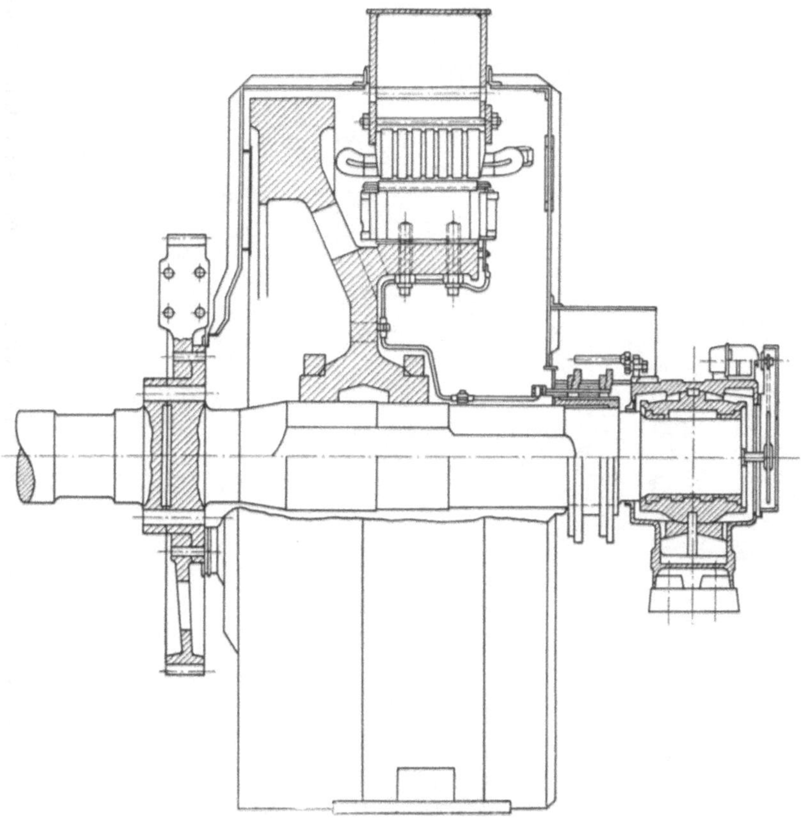

Abb. 394. Schnittbild eines Drehstromgenerators mit an das Polrad angegossenem Schwungrad; (Bauart AEG), 2150 kVA, 3,3 kV, 250 U/min

Auf die Schwingungsverhältnisse des gesamten Antriebssystems wurde bereits hingewiesen[1]. Selbstverständlich muß das Schwingungssystem „Kraftmaschine–Generator“ auch auf Drehschwingungen nachgerechnet werden. Dabei ist zu beachten, daß der Betrieb im gesamten vorkommenden Drehzahlbereich möglichst unterkritisch bleibt. Die insbesondere bei *diesel*elektrischen Antrieben dazu erforderlichen hohen Schwungmomente können im Läufer des Generators oder in daran angegossenen Schwungrädern untergebracht werden, wie es Abb. 394 für einen der 6 Generatoren der „Patria“ zeigt.

[1] Vgl. Aufbau und Wirkungsweise, S. 421.

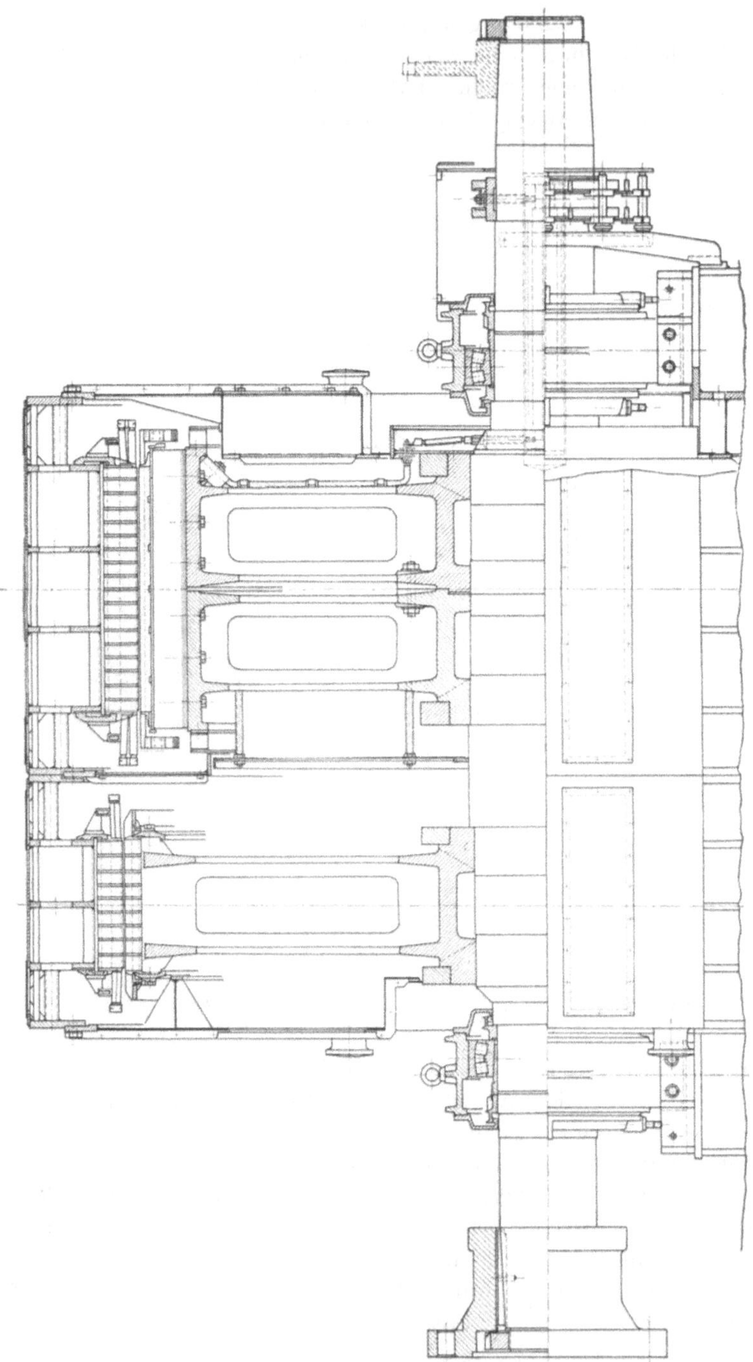

Abb. 395. Schnittbild eines Propellermotors mit angebautem Nebelmotor (Bauart BBC), 6800 und 900 PS, 2 kVA, 1250 U/min

Bei den *Generatoren* wird meist die *Bauform* B 2 oder B 16 für starre Kupplung mit der Kraftmaschine verwendet. Für die *Propellermotoren*, deren Läufergewichte mit Rücksicht auf ihre geringe Drehzahl verhältnismäßig hoch sind, ist die Zweilagerausführung zweckmäßig. Einen Schnitt durch den Haupt- und Nebelmotor des Frachtschiffes „Wuppertal" zeigt Abb. 395.

Der Propellermotor des Frachtschiffes „Falkenstein" nach Abb. 396 wurde mit 2 *Steh*lagern gebaut. Es hat sich gezeigt, daß geringe Verstärkungen des Doppelbodens bei dem verhältnismäßig großen Luftspalt einer Synchronmaschine auch bei Bewegungen der Schiffsfundamente in starkem Seegang oder bei Grundberührung einen sicheren Betrieb gewährleisten. – Die Maschine ist aus einer geschweißten Stahlblechkonstruktion aufgebaut. Die Fremdlüfter sind oben auf dem Ständer aufgesetzt; die Seewasserkühler liegen unter ihnen.

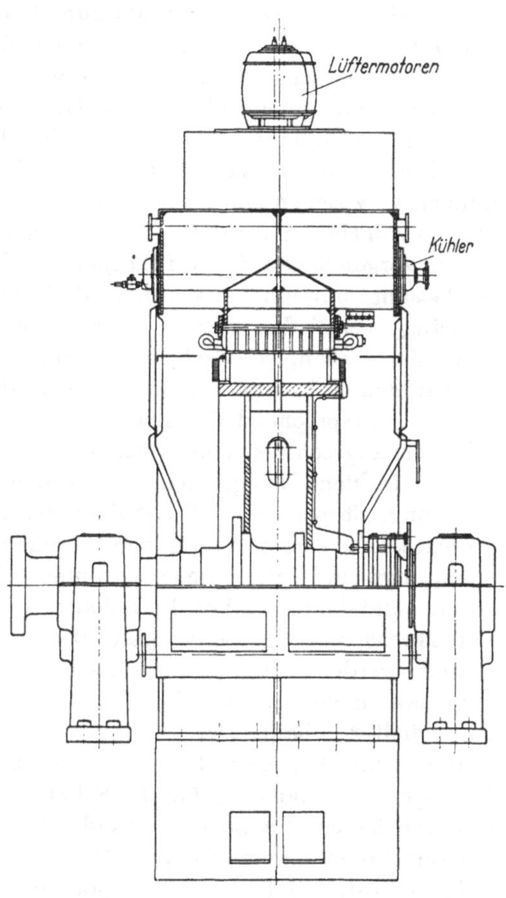

Abb. 396. Schnittbild eines Propellermotors (Bauart AEG) (nach HEIL [150]), 5000 WPS, 3 kV, 125 U/min

Für die Lagerung der großen Maschinen haben sich Wälz- und Gleitlager in gleicher Weise bewährt. Beide Lagersysteme erhalten Spülölschmierung, wobei wegen der möglichen Schräglagen auf guten Ölablauf sowohl von der Innen- wie von der Außenseite des Lagers zu achten ist. Dies gilt insbesondere für die Propellermotoren, die mit einer Neigung von 3–5° in das Schiff eingebaut werden.

Die Frage, ob die Propellermotoren mit höherer Drehzahl, als sie der Propeller selbst hat, gebaut werden und dann über Untersetzungsgetriebe auf den Propeller arbeiten sollen, ist bei Drehstromantrieben – im Gegensatz zu Gleichstromanlagen – überwiegend zu Gunsten des unmittelbar bzw. über Drucklager gekuppelten Motors entschieden.

4. Fahrtrichtungs-, Brems- und Erregerschalter; Fahrstände

Die Schalter, welche für die zum Umsteuern notwendigen Schalthandlungen erforderlich sind, werden meist in einem Schaltgerät, dem Fahrtrichtungsschalter oder *Fahrtwender*, zusammengefaßt und von einem Manövrierhandrad betätigt. Hierdurch wird die Schnelligkeit des Manövrierens erhöht und die Möglichkeit von Bedienungsfehlern ausgeschlossen. In den Vorschriften des GL ist festgelegt, daß „Verblokkungen vorzusehen sind, wenn eine bestimmte Schaltfolge beim Manövrieren von Hand notwendig ist"; die Schalthandlungen werden dann nur in der vorgesehenen Folge freigegeben. Es findet sich jedoch auch die Auffassung, daß eine zu weitgehende Verriegelung der einzelnen Schaltvorgänge vermieden werden sollte. Diese soll vielmehr nur dort angewendet werden, wo eine falsche Handhabung der Anlage schaden kann.

Mit den Fahrtwendern werden also die Zuleitungen der Propellermotoren entsprechend der gewünschten Fahrtrichtung an die Sammelschienen angeschlossen und gleichzeitig die erforderlichen Schalthandlungen in den Erregerkreisen – Entregen, Einschalten der Bremserregung, Stoßerregen, Einschalten der Nennerregung – durchgeführt. Entsprechend diesen 2 Aufgaben bestehen die Schalter aus einem Hochspannungs- und einem Niederspannungsteil. Mit Rücksicht auf die große Schalthäufigkeit, welcher die Schalter unterliegen, ist eine Verwendung von Hochspannungs-Leistungsschaltern, wie sie in Landzentralen aufgestellt werden, z. B. Expansionsschaltern, Druckgasschaltern, Ölschaltern usw. nicht zweckmäßig. Die Schalter werden vielmehr meist als Luftschalter gebaut. Der Betrieb wird so vorgenommen, daß alle Maschinen zunächst entregt werden, woraufhin dann der Tausch der Zuleitungen stattfindet, so daß die Schalter nur die Remanenzspannung zu schalten haben. Da aber die Möglichkeit besteht, daß von dem Bordpersonal im besonderen Gefahrenfalle die Schaltbewegung so rasch durchgeführt wird, daß die Spannung noch nicht voll abgeklungen ist, werden im allgemeinen die Schalter so bemessen, daß sie auch in der Lage sind, den Nennstrom bei Nennspannung zu schalten. Bei der Ausführung nach Abb. 397 sind Fahrtrichtungsschalter und Erregerschalter auf einem gemeinsamen Grundrahmen aufgebaut. Der Hochspannungsteil ist als dreipoliger Leistungsschalter und zweipoliger Trennumschalter ausgeführt. Die Schaltfolge des Trennumschalters und des Leistungsschalters ist zwangsläufig:

beim Einschalten: zuerst Trennumschalter, dann Leistungsschalter;
beim Ausschalten: zuerst Leistungsschalter, dann Trennumschalter;
Der Trennumschalter schaltet also stets im stromlosen Zustand.

Die Erregerkontakte werden über ein im Grundrahmen untergebrachtes Wendegetriebe gesteuert. Der Drehsinn an der Welle des Erregerschalters wird damit unabhängig von dem Drehsinn des Manövrierhand-

Abb. 397. Fahrtrichtungsschalter (Bauart SSW)
a Umschalter; *b* Leistungsschalter; *c* Erregerkontakte

rades, das sich nach Abb. 398 am Fahrstand im Maschinenraum befindet. Zur Einsparung von Betriebspersonal ist es bei einem Zweischraubenschiff erwünscht, beide Handräder für Fahrten über längere Entfernungen zu kuppeln, so daß nur *ein* Maschinist zur Bedienung beider Fahrtrichtungsschalter erforderlich ist; das ist bei der Festlegung der zum Schalten erforderlichen Drehmomente zu beachten. – Zum Umsteuern und Anfahren muß bei dieselelektrischen Antrieben auch die Drehzahl der Kraftmaschinen herabgesetzt werden. Die Verstellregler können elektrisch oder mechanisch vom Fahrstand aus betätigt werden. In dem Fahrstand der Abb. 398 ist hierfür eine mechanische Verstellung über Getriebe und Gestänge vorgesehen. Die Fahrstände dienen – wie bei den Anlagen mit Gleichstromübertragung – zur Durchführung *und* Überwachung des Fahrvorganges.

Im Gegensatz zu der in Abb. 398 gezeigten Ausführung, wie sie in Deutschland gebräuchlich ist, wird in den USA und in England oft eine Hebelsteuerung, die in einem Steuerblock vereinigt wird, angewendet. Abb. 399 zeigt einen derartigen Steuerstand. Beim Schalten dieser Hebel wird die Verbindung zwischen Generator und Propellermotor geschlossen. das Generatorfeld und das Motorfeld eingeschaltet und ein Verstellen der Drehzahl für die Kraftmaschine bewirkt. Die jeder Schiffsseite zugeordneten 3 Hebel betätigen (von innen nach außen): Umsteuerung–Drehzahl–Anfahren. Die Hebel sind mechanisch gegeneinander zur Verhinderung einer falschen Reihenfolge in der Bedienung verriegelt. Derartige Steuerblocks werden oft in einer Nische an der Vorderfront der

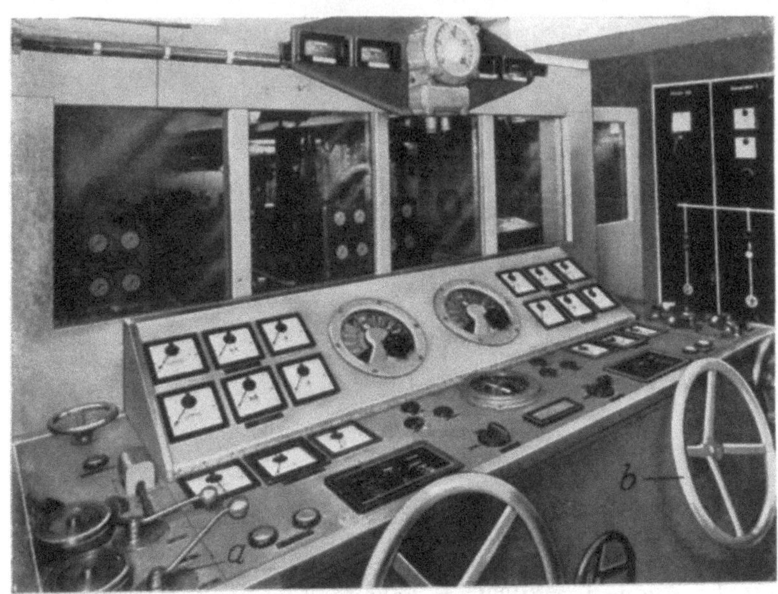

Abb. 398. Fahrstand im Maschinenraum der „Skaugum“ (Bauart SSW)
a Drehzahlverstellung für die Dieselmotoren; *b* Manövrierhandrad

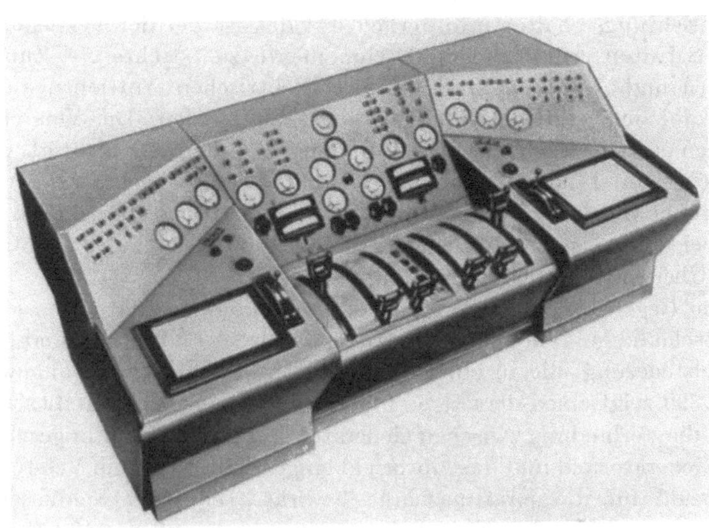

Abb. 399. Fahrstand im Maschinenraum der „Canberra“ (Bauart AEJ)

Hauptschalttafel eingebaut, wobei dann die einzelnen von den Hebeln betätigten Schaltgeräte hinter der Schalttafelfront angeordnet sind.

An den Fahrtrichtungsschalter können auch die Schaltkontakte, die für die synchrone Bremsung benötigt werden, angebaut werden. Sie liegen dann zwangsläufig in der richtigen Schaltfolge. Es können aber auch hierfür besondere fernbetätigte Schaltgeräte verwendet werden, die dann über Hilfskontakte am Fahrtrichtungsschalter – ebenfalls zwangsläufig – in der richtigen Schaltfolge ein- und ausgeschaltet werden.

Oft werden für die Erregerkreise neben den Erregerkontakten am Fahrtrichtungsschalter noch besondere Notentregungsschalter verwendet, auf die die Schutzeinrichtungen der Generatoren, z. B. die Kurzschlußrelais wirken. Vor dem Abschalten der Erregung wird zunächst ein Entregungskreis, in dem die Erregerwicklung auf einen Widerstand geschaltet ist, geschlossen, woraufhin dann die Hauptkontakte öffnen. Beim Einschalten der Erregung ist der Vorgang umgekehrt. Beim Schalten überlappen sich die Kontakte, so daß in einer Zwischenstellung beide gleichzeitig eingeschaltet sind. Dadurch wird das Auftreten von Überspannungen, die durch die Induktivität der Erregerwicklung bedingt sind, verhindert[1]. Meist werden die Schalter von Hand eingeschaltet und durch Federkraft beim Ansprechen der Schutzrelais ausgeschaltet.

5. Schaltanlagen

Während die Fahrstände zur Durchführung und Überwachung des Fahrvorganges dienen, werden in den Schaltanlagen die Schalthandlungen zum Anfahren der Zentrale und zu Änderungen des Betriebszustandes vorgenommen. In den Schaltanlagen werden also die Schaltgeräte sowie die Überwachungs- und Meßeinrichtungen für die Generatoren, Propellermotoren und deren Erregerkreise zusammengefaßt. Infolge der größeren Leistungsunterteilung dieselelektrischer Antriebe sind hier die Schaltanlagen umfangreicher als bei turboelektrischen Anlagen.

Fahrtrichtungsschalter und Bremsschalter gehören unmittelbar zum Fahrbetrieb und werden daher meist in Nähe des Fahrstandes aufgestellt, so daß sie unmittelbar über Gestänge von diesem betätigt werden können. Eine Betätigung der Fahrtrichtungsschalter von der Schiffsbrücke aus ist bei Drehstrom-Propellerantrieben bisher nicht üblich gewesen.

Bei Antrieben mit Hochspannung werden die Schalttafeln in einen Hoch- und einen Niederspannungsteil unterteilt. In ersterem werden z. B. die Generator- und Bordnetzhauptschalter, die oberspannungsseitigen Trennschalter für die Transformatoren, Kurzschlußdrosselspulen, Kup-

[1] Vgl. Erregerschaltungen, S. 444.

pelschalter und Kurzschließer eingebaut. In der Niederspannungstafel befinden sich vor allem die Entregungsschalter, Erregermaschinenwahlschalter und die Schaltgeräte für die Motoren der Erregerumformer. Für das Niederspannungsbordnetz selbst wird meist eine getrennte Schalttafel aufgestellt. Die Überwachungs- und Schutzeinrichtungen sowie die Synchronisiergeräte können in besonderen Überwachungs- und Steuerschalttafeln – oft in Verbindung mit Blind- oder Leuchtschaltbildern – zusammengefaßt werden.

Bei der Auswahl der Synchronisiergeräte muß auf hohe Betriebssicherheit geachtet werden. Der Spannungsabgleich wird durch Doppel-

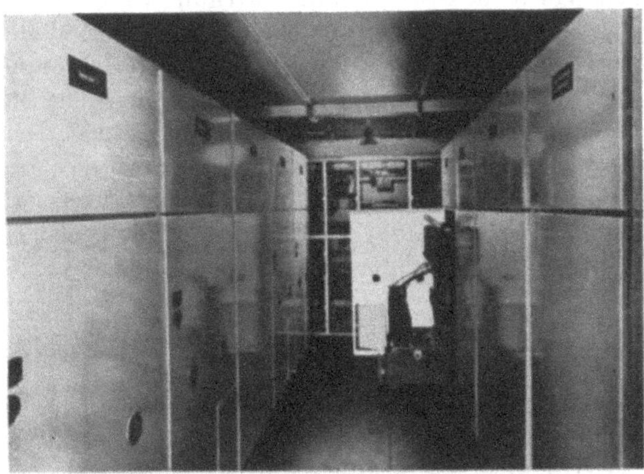

Abb. 400. Hochspannungsanlage mit Expansionsschalter (ausgefahren) (Bauart SSW)

spannungsmesser in Verbindung mit einem Nullspannungsmesser, der Frequenzabgleich durch Doppelfrequenzmesser vorgenommen. Zur Anzeige der Phasenlage können Synchronoskope verwendet werden, doch sind bei ihrer Herstellung die betriebsmäßig veränderlichen Frequenz- und Spannungsverhältnisse im Fahrnetz zu beachten, denn es muß sichergestellt werden, daß bei *allen* vorkommenden Drehzahlen der Dieselmotoren ein Generator zugeschaltet werden kann. Einfacher und deswegen für diesen Zweck im Bordbetrieb gebräuchlicher sind Lampenschaltungen, wie z. B. die Dunkelschaltung[1]. Selbsttätige Synchronisiereinrichtungen haben sich bewährt, sofern bei ihrer Auslegung die Spannungs- und Frequenzverhältnisse entsprechende Berücksichtigung fanden und vor allem keine Schräglage-empfindlichen Schaltkontakte, wie Quecksilberschalter, verwendet wurden.

[1] Vgl. Parallelbetrieb von Drehstromgeneratoren, S. 69.

Abb. 400 zeigt die Hochspannungsanlage eines Frachtschiffes mit in Stahlblechzellen eingebauten Expansionsschaltern. Bei dem Bau der Expansionsschalter müssen die besonderen Bedingungen des Schiffsbetriebs Berücksichtigung finden. Dies bezieht sich vor allem auf die Isolation der Geräte, die Auswuchtung der Antriebsteile zur Erhöhung ihrer Erschütterungsfestigkeit und die Verwendung von nichtkorrodierendem Material. Es können auch andere Arten der in Landzentralen üblichen Hochleistungsschaltgeräte, wie z. B. Druckgasschalter, verwendet werden. Ölschalter sind nicht gebräuchlich. – Schalter, die für Druckluftbetätigung gebaut sind, müssen bei Ausfall der Druckluftversorgung auch von Hand ein- und ausgeschaltet werden können.

Die Überstromschutzeinrichtungen sollen die Anlage vor schweren Überlastungen z. B. infolge etwaiger Schaltfehler, die Kurzschlußschutzeinrichtungen im Kurzschlußfall schützen. Diese Einrichtungen sind nach GL so auszuführen, daß sie „erst bei Belastungen ansprechen, die genügend weit außerhalb derjenigen Belastungen liegen, die bei schwerer See und beim Manövrieren auftreten können". Innere Schäden in den Maschinen werden, soweit möglich, dadurch erfaßt, daß die Stromwandler im Sternpunkt der Generatoren aufgesetzt sind. – Wicklungs- und Windungsschutzeinrichtungen oder Differentialschutzsysteme sind für den Bordbetrieb weniger gebräuchlich. Selbstverständlich müssen die Auslösezeiten der Schutzrelais durch Zeitglieder so gestaffelt werden, daß ein selektiver Schutz der gesamten Anlage gewährleistet ist.

Die Hochspannungsanlage wird meist durch besondere Türkontaktschutzeinrichtungen gesichert, durch die bei einem Betreten der Zellen die Maschinen entregt und damit spannungslos werden. Dies ist aus Sicherheitsgründen im Bordbetrieb deswegen zweckmäßig, weil in den Tropen bei sehr hohen Raumtemperaturen die Gefahr besteht, daß das Bedienungspersonal nicht genügend überlegt handelt.

Es ist Vorschrift, daß die Anlagen mit Einrichtungen zur Anzeige von Schiffsschlüssen ausgestattet werden. Nach erfolgter optischer und akustischer Warnung ist die Anlage außer Betrieb zu nehmen, um die Fehlerstelle genauer zu ermitteln. Das kann aber nach vorheriger Verständigung der Schiffsleitung zu einem für den Fahrzustand des Schiffes zweckmäßigen Zeitpunkt geschehen.

6. Kabel

Ein wichtiger Grund zur Anwendung von Hochspannung bei Propellerantriebsanlagen und damit zur Anwendung des Drehstromsystems ist die dadurch erzielbare Gewichtsersparnis im Kabelnetz. Im allgemeinen werden für die Übertragung der Leistung der Hauptmaschinen mit Rücksicht auf den geringeren Durchmesser bzw. die bessere Verlegbarkeit im Schiff *Einleiter*kabel verwendet. Als Kabel können alle nach den Vorschriften der Klassifikationsgesellschaften allgemein zulässigen Ausführungen benutzt werden. So ist nach GL Gummiisolierung, Papierisolierung oder Lackbandisolierung zugelassen. Bei der Bemessung der Isolation muß den eventuell bei Manövern auftretenden Überspannungen – auch in den Erregerkreisen – Rechnung getragen werden. Eine Schutzumhüllung oder Bewehrung ist bei mechanisch ungeschützter Verlegung der Kabel im Schiff erforderlich. – Bei Einleiterkabeln für Drehstrom muß die Bewehrung aus unmagnetischem Material bestehen, damit eine unzulässige Erwärmung durch Induktionsströme vermieden wird. Sie sollen auch in genügendem Abstand – nach GL 75 mm – von magnetischem Material entfernt verlegt sein. – Es ist vorgeschrieben, daß die Kabel an ihrem Bleimantel oder an ihrer Bewehrung an beiden Enden geerdet werden.

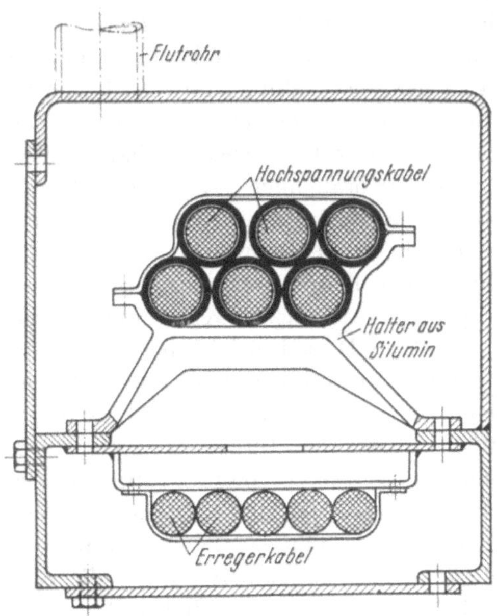

Abb. 401. Kabelschelle aus Silumin (Bauart BBC)

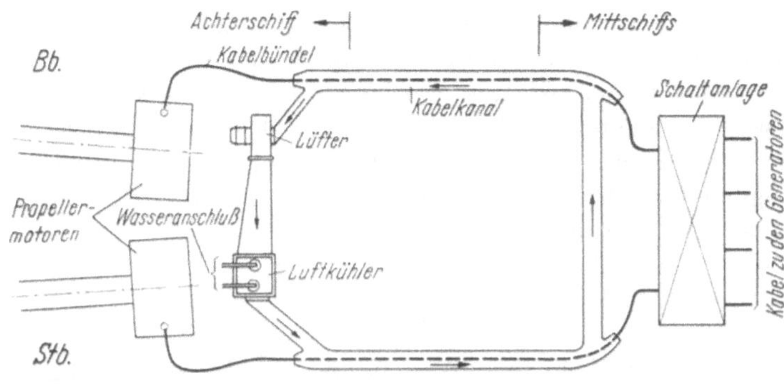

Abb. 402. Kreislaufbelüftung mit Rückkühlung der Warmluft für Kabelkanäle

Bei einem mittschiffs angeordneten Maschinenraum werden die Kabel zu den achtern befindlichen Propellermotoren in Kanälen verlegt. Diese müssen belüftet werden und im Brandfalle flutbar, also wasserdicht sein. Hochspannungskabel sollen in diesen Kanälen durch eine Eisenwand von den Niederspannungs- bzw. Erregerkabeln getrennt verlegt werden. Sie sind auf Stützen aus unmagnetischem Material zu haltern. Abb. 401 zeigt eine Kabelschelle aus Silumin, das mit Rücksicht auf die geforderte Flutbarkeit der Kanäle eloxiert und paraffiniert ist. – Aus Sicherheitsgründen sollen die Hochspannungs- und Erregerkabel je zur Hälfte – auch bei Einschraubenschiffen mit nur einem Motor – auf zwei getrennten Wegen verlegt werden, so daß also meist je ein Kabelkanal auf der Stb- und Bb-Seite geführt wird. Oft wird für diese Kanäle eine gemeinsame Kreislaufbelüftung mit Rückkühlung der Luft in einem Kühler nach dem Schema der Abb. 402 vorgesehen. Die Kabel treten aus dem so entstehenden Ringkanal durch Schottstopfbuchsen aus.

D. Propellerantriebe mit Ruderwirkung

Zu den Antriebsorganen, die neben dem Vortrieb auch noch eine Ruderwirkung auf das Schiff ausüben können, zählen der Voith-Schneider-Verstellpropeller und das sogenannte Aktivruder; die unter dem Begriff

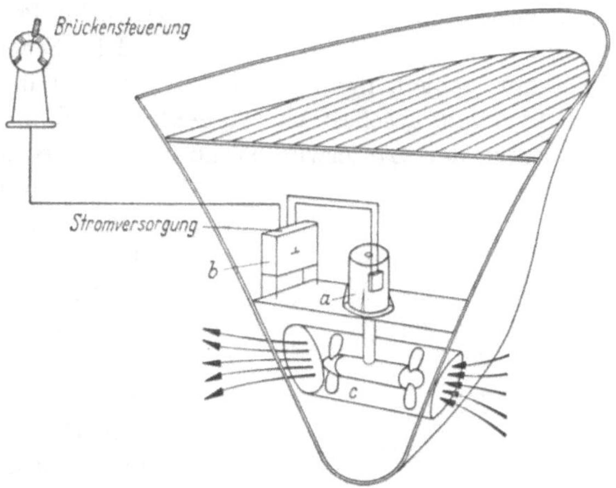

Abb. 403. Wirkschema einer Bugstrahlruderanlage
a Elektromotor; *b* Schaltkasten; *c* Bugstrahlruder im Querkanal (Vorschiff)

Bugstrahlruder bekannten Einrichtungen wirken dagegen *ausschließlich* als Ruder.

Bugstrahlruder – auch Querstrahlruder, Reaktionsruder, bowthruster genannt – werden nach Abb. 403 in einen Querkanal im Vorschiff eingebaut. Ihre Aufgabe ist es, dem Schiff auch im Stillstand und bei kleinen Geschwindigkeiten – also in einem Gebiet, das vom Heckruder nicht beherrscht wird – eine Manövrierfähigkeit zu geben. Die Propeller werden als Festpropeller, zum Teil auch als Verstellpropeller ausgeführt. – Zum Antrieb kann nach Abb. 403 ein Elektromotor oberhalb des Querkanals aufgestellt werden. Abb. 404 zeigt einen Antrieb für 1000 PS, dessen Motor als *Gleichstrom*-Nebenschlußmotor ausgeführt und in den Konstantstromkreis[1] der Generatoren, Propellermotoren und Baggerpumpen eines Baggers geschaltet ist. – Die Abluft des Motors wird über einen Kühler in den Raum geblasen, um eine zu starke Steigerung der Raumtemperatur zu verhindern.

Abb. 404. Bugstrahlruderantrieb durch Gleichstrommotor 1000 PS, 1000 U/min (Bauart Jastram/SSW), eingebaut auf dem Saugbagger „Rudolf Schmidt"

Die Steuerung eines *Drehstrommotors* mit Schleifringläufer, der in 3 Stufen über 2 Schütze für Rechts- und Linkslauf geschaltet wird, geht aus Abb. 405 hervor. Mit Schütz *S 1* wird durch den Läuferwiderstand 50%, mit Schütz *S 2* 80% der Nenndrehzahl angesteuert. Die durch die Schütze *S 3* bis *S 5* eingestellten Drehzahlstufen werden selbsttätig durchlaufen; sie dienen zur Vermeidung von unzulässigen Strom- bzw. Drehmomentsprüngen bis zur Einschaltung von Schütz *S 6*, mit dem die Nenndrehzahl gefahren wird. Der Antrieb wird im gezeichneten Fall von der Brücke mittschiffs und wahlweise von achtern

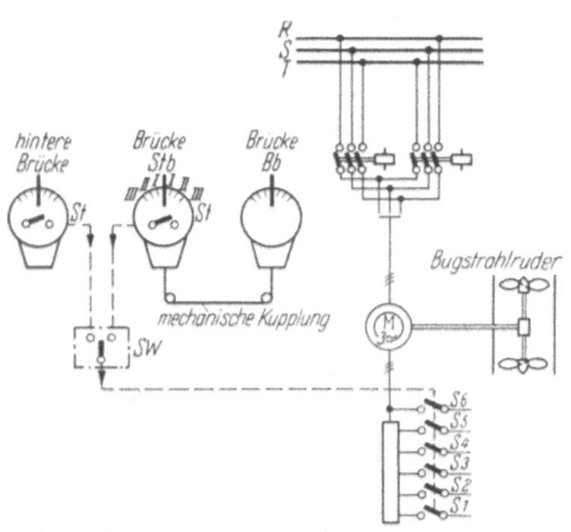

Abb. 405. Schaltplan für ein Bugstrahlruder mit Antrieb durch Drehstrommotor mit Schleifringläufer

[1] Vgl. Antriebe mit Konstantstromschaltung, S. 402.

über die Steuerschalter *St* betätigt. Die Steuerung wird durch den Steuerstandswahlschalter *SW* angewählt.

Beim *Aktivruder* wird in das Ruderblatt z. B. eines Balanceruders hinter dem Propeller ein Antriebssystem nach Abb. 405 eingebaut, das aus einem Unterwassermotor und einem Propeller besteht. Mit dem Ruderblatt können unter Mitwirkung dieses Systems aktive Kräfte ausgeübt werden, da das Ruder selbst einen Propellerstrahl erzeugt – im Gegensatz zum normalen Ruder, das erst einer Anströmung durch das Schraubenwasser zum Erzielen einer Ruderwirkung bedarf. Wird der Ruderwinkel von 35° auf 90° für Backbord und Steuerbord gesteigert, so ist eine Querverschiebung bzw. ein Drehen des Schiffes in der eigenen Länge möglich. Der Einbau des Aktivruders hat keine Vergrößerung der Ruderschaftmomente zur Folge. Bei Rudermittellage kann das Aktivruder auch bei Fahrt ohne Hauptschrauben als selbständiger Antrieb – eventuell Notantrieb – verwendet werden. Schließlich kann das System bei Einbau in einen Querkanal am Schiffsbug auch als Bugstrahlruder Verwendung finden, wobei die vom Propeller nach der Stb- oder Bb-Seite ausgestoßenen Wassermengen den Querschub erzeugen.

Abb. 406. Aktivruder eines Fischereiforschungsschiffes für eine Leistung von 100 PS (Bauart Pleuger)

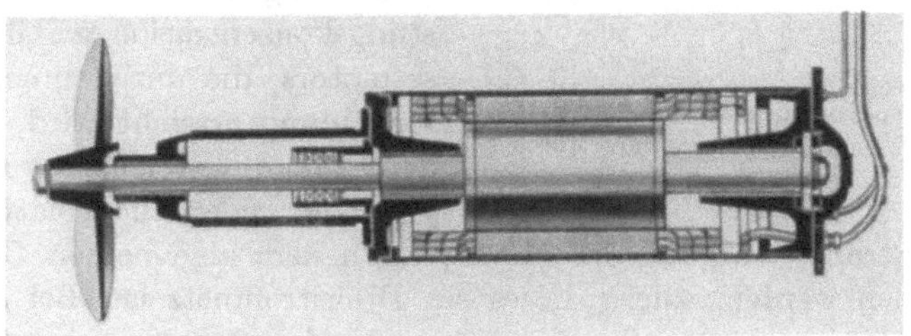

Abb. 407. Schnittbild des Antriebsmotors für ein Aktivruder (Bauart Pleuger)

Die konstruktiven Einzelheiten des Unterwassermotors, der als Drehstrommotor mit Käfigläufer ausgebildet ist, gehen aus Abb. 407 hervor. Das Innere des Motors ist mit Süßwasser gefüllt. Während der Läufer gegen Wasser unempfindlich ist, muß die Wicklung des Ständers mit einer Spezialisolierung versehen werden. Man verwendet Lupolen, ein kriechstromfestes Material, dessen Thermoplastizität wegen der Kühlung durch das umgebende Wasser hier nicht von Einfluß ist. Als Korrosionsschutz wird auf allen Innenteilen des Motors ein selbsthärtender Kunststofflack eingebrannt, welcher mechanisch hart ist und elektrisch isolierend wirkt. Zum Unterbinden galvanischer Ströme werden – bis auf die besonders isolierten kupfernen Kurzschlußringe des Läufers – im Inneren der Maschinen keine Buntmetalle verwendet. – Läufer und Propeller sind in wassergeschmierten Lagern aus Kunststoff gelagert, wobei der Axialschub des Propellers durch ein Spurlager – ebenfalls aus Kunststoff – aufgenommen wird. Die Propellerwelle wird durch die hohl ausgebildete Welle des Motorläufers hindurchgeführt. Beide Wellen sind im vorderen Teil des Motorgehäuses gekuppelt. Durch die gesonderte Lagerung der Propellerwelle werden die ungleichmäßigen Kräfte am Propeller von dem äußeren Lager am Propeller aufgefangen und von der Motorwelle ferngehalten. – Die hohe Leistungskonzentration des Unterwassermotors, die durch innere Wasserkühlung erreicht wird, erlaubt den Einbau ausreichender Leistungen in normalen Ruderblattgrößen.

Abb. 408. Voith-Schneider-Propeller mit unmittelbar angebautem Antriebsmotor (Bauart Voith/AEG); eingebaut auf Fährschiff „Theodor Heuß"

Die Stromversorgung des Motors kann dem allgemeinen Bordnetz entnommen werden, sofern dieses ein Drehstromnetz ist. Bei Schiffen mit Gleichstromnetz muß entweder ein Umformer oder ein getrenntes Drehstromaggregat aufgestellt werden. Der Propeller kann durch eine Schützensteuerung umgesteuert werden. Eine Drehzahlverstellung ist nur über Änderung der Frequenz möglich. Ein Drehzahlbereich von 70 bis 100%, in welchem die Propellerleistung etwa zwischen 35 und 100% variiert, ist für die meisten Anwendungsfälle ausreichend. Um den Motor bei jeder beliebigen Frequenz des vorgesehenen Bereiches sicher anlassen zu können, soll der Quotient aus Spannung und Frequenz für den Motor konstant bleiben[1]. – Für den Antrieb des Ruderblattes und für die Rudersteuerung können unter Beachtung der größeren Ruderwinkel die üblichen Verfahren angewendet werden[2].

Der *Voith-Schneider-Verstellpropeller* – auch Zykloidenpropeller genannt – ist ein umlaufender Teller mit drehbaren schwingenden Flügeln, deren Stellung dazu benutzt wird, das Schiff nach „voraus", „zurück" oder auch seitwärts zu bewegen. Auch die Fahrgeschwindigkeit kann durch Verstellen der Flügel verändert werden; eine gleichzeitige Verstellung der Drehzahl hierzu wird allerdings bevorzugt; dies ist deswegen wirtschaftlicher, weil der Propeller dann stets mit optimaler Steigung arbeitet. – Die Ansicht eines Propellers zeigt Abb. 408. Interessant ist der

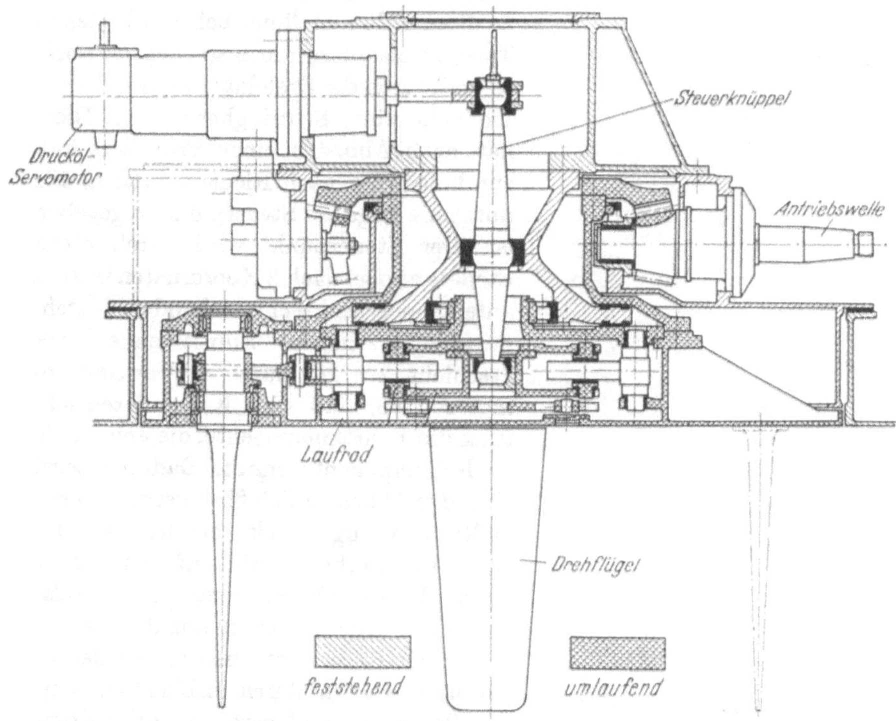

Abb. 409. Aufbau eines Voith-Schneider-Propellers (Bauart Voith)

in die Gesamtkonstruktion mit einbezogene elektrische Antriebsmotor. Der Aufbau des Propellers im einzelnen geht aus der Schnittzeichnung der Abb. 409 hervor. Der um eine senkrechte Achse drehbare Teller, der in

[1] Vgl. Versorgung der Bordnetzverbraucher aus dem Fahrnetz, S. 440.
[2] Vgl. Ruderanlagen, S. 304.

den Schiffsboden – Propellerbrunnen – eingelassen ist und mit diesem bündig abschließt, trägt an seinem Umfang die schwertartig nach unten weisenden Drehflügel. Diese haben ein tragflügelähnliches Profil und sind in Drehzapfen gelagert. Der Teller wird im allgemeinen über ein Kegelradgetriebe angetrieben. Jeder Flügel wird während seines Umlaufes so bewegt, daß ein auf ihm senkrecht stehender Strahl dauernd durch ein und denselben Punkt – Steuerpunkt – hindurchgeht. Befindet sich dieser in Propellermitte, so behalten die Flügel während eines Umlaufs des Laufrades relativ zu diesem ihre Stellung bei und laufen in Tangentialstellung um; liegt er exzentrisch, so vollführen die Drehflügel während eines Umlaufs eine Schwingbewegung. Diese hat nach Abb. 410 einen Propellerschub zur Folge, der nach Richtung und Größe durch die Lage des Steuerpunktes gegeben ist. Der Steuerpunkt wird durch einen Steuerknüppel nach 2 Koordinaten in zwei aufeinander senkrecht stehenden Durchmessern verschoben – Ellipsenlenker. Dies geschieht *einmal* durch Öldruck-Servomotoren so, daß *eine* Koordinatenrichtung die Fahrtkomponente, die andere die Ruderkomponente ergibt. Dadurch wird eine der üblichen Schiffssteuerung angepaßte Lenkung erzielt: ein Kommandoorgan für „Fahrt" wirkt auf den Servomotor der Fahrtkomponente, ein Befehlsorgan für „Ruder" wirkt auf den Servomotor der Ruderkomponente. Die Servomotoren werden durch Hilfskolben eingestellt, wobei die Übertragung des Kommandos vom Steuerstand auf der Schiffsbrücke aus geschehen kann. *Elektrische* Übertragungen zur Überbrückung großer Entfernungen ähneln den Steuerungssystemen, welche für Ruderanlagen allgemein verwendet werden[1]; sie werden als Weg- oder Zeitsteuerungen ausgeführt.

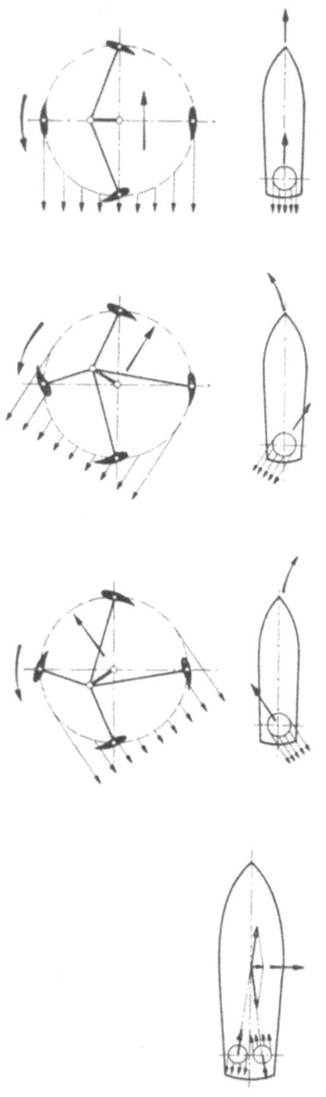

Abb. 410. Wirkungsweise eines Voith-Schneider-Propellers

[1] Vgl. Ruderanlagen, S. 304.

Der Einbau elektrischer Propellerantriebe kann wegen der hierbei gegebenen Freizügigkeit in der Aufstellung der Kraftmaschinen auch bei Schiffen mit Voith-Schneider-Propellern zweckmäßig sein. – Als Beispiel für eine derartige Anlage ist in Abb. 411 das Schaltbild des *dieselelektrischen* Antriebs eines großen Schwimmkranes wiedergegeben. 3 Drehstromgeneratoren mit angebauten Erregermaschinen erzeugen die ge-

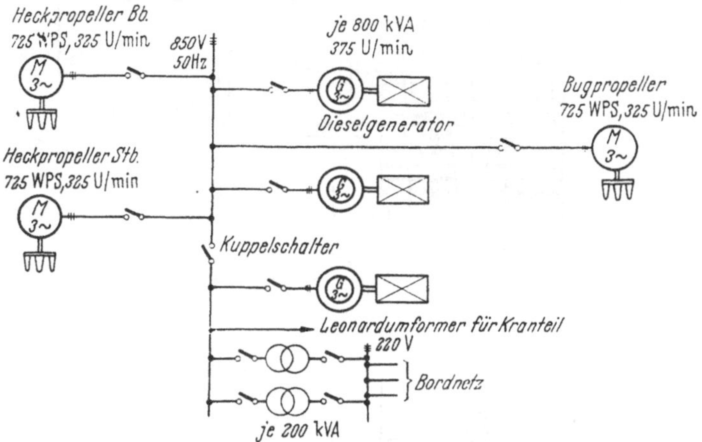

Abb. 411. Schaltplan eines 350-t-Schwimmkrans mit Voith-Schneider-Antrieb (nach TIEGLER/LEHMANN [*210*])

samte elektrische Energie des Kranes. Diese wird 3 Drehstrommotoren mit Käfigläufern zum Antrieb der Propeller zugeleitet. Die Motoren werden nacheinander ohne Verminderung der Frequenz der Generatoren bei Leerlaufstellung der Propellerflügel hochgefahren. Die für den Kranteil erforderliche Energie wird über einen LEONARD-Umformer in Gleichstrom umgewandelt. – Das allgemeine Bordnetz ist als Drehstromnetz ausgeführt. Es ist über Transformatoren an die Hauptgeneratoren angeschlossen. Die Kupplung von Fahr- und Bordnetz macht keine Schwierigkeiten, da die Generatoren mit gleichbleibender Spannung und Frequenz arbeiten. Das Bordnetz wird während des Hochfahrens der Propellermotoren durch Öffnen des Kuppelschalters vom Fahrnetz getrennt, da dessen Spannung beim Einschalten der Motoren stark absinkt. – Bei Ausfall eines oder zweier Dieselmotoren können die 3 Propeller noch mit verminderter Leistung betrieben werden.

Der Voith-Schneider-Propeller läßt sich auch zur Verbesserung der Steuerfähigkeit eines Schiffes als Bugpropeller verwenden, wozu er nach Abb. 412 in einen Querkanal am Bug des Schiffes eingebaut wird und wobei der Hauptantrieb durch achtern angebrachte Festpropeller erfolgt. – Bei einem als Zeitsteuerung ausgeführten elektrischen Steuerungssystem wird hierbei der Steuerhebel durch einen Verstellmotor über ein Untersetzungsgetriebe mit Verstellzeiten von 8–12 sek von „Hart“ zu „Hart“ gelegt. – Der Motor ist über Schütze an das Bordnetz angeschlossen; er wird über drei nebeneinander liegende Druckknöpfe von der Brücke aus geschaltet und läuft so lange wie einer der Druckknöpfe

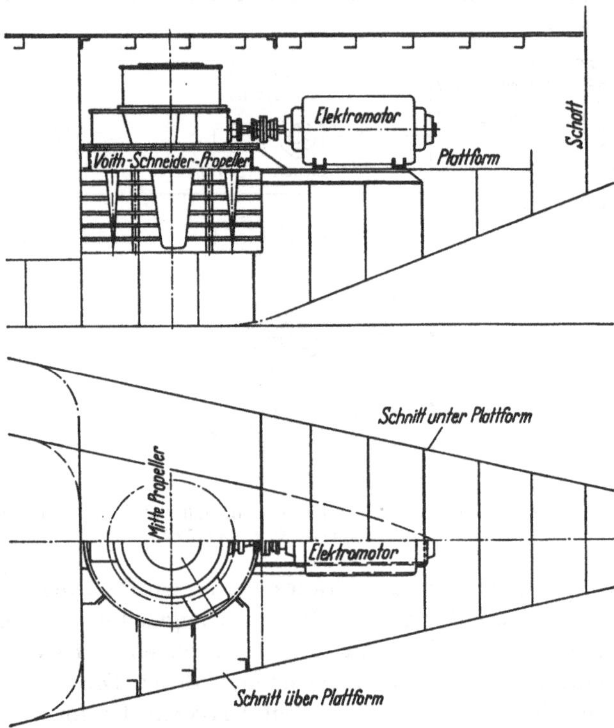

Abb. 4 12. Einbau eines Voith-Schneider-Propellers als Bugstrahlruder (nach Angaben von Voith)

betätigt wird. Die beiden äußeren Druckknöpfe dienen zur Verstellung nach der Bb- bzw. Stb-Seite. Bei Erreichen der Endlagen wird der Antrieb selbsttätig abgeschaltet. Wird der mittlere Druckknopf betätigt, so wird der Motor bei Erreichen der Mittelstellung entsprechend der Steigung „Null“ am Propeller abgeschaltet. Hierfür ist ein Rückführschalter vorgesehen, der durch den Steuerhebel an dem Propeller betätigt wird. Eine Entzerrung in der Übertragung gewährleistet eine eindeutige Nullstellung In dem Rückführschalter befinden sich gleichzeitig die Endschalter für die Abschaltung in den Hartlagen.

E. Propellerantriebe mit elektrischen Schlupfkupplungen

Elektrische Schlupfkupplungen werden vor allem dann verwendet, wenn es sich darum handelt, die vom Propeller benötigte Antriebsleistung auf mehrere Dieselmotoren aufzuteilen. Meist laufen dabei die Dieselmotoren mit höherer Drehzahl, als sie der Propeller hat, so daß sich zwischen Schlupfkupplung und Propeller noch ein Untersetzungsgetriebe befindet. Ein wesentlicher Grund zur Verwendung von Schlupfkupplungen liegt ferner in der Möglichkeit, die im Tangentialdruckdiagramm eines Dieselmotors vorhandenen, periodisch wechselnden Drehmomente meist höherer Frequenz von den Getrieben oder eine eventuell vom Propeller kommende Schwingungserregung von den Kraftmaschinen fernzuhalten. – Derartige Anlagen mit Schlupfkupplungen bauen leichter als vollständige elektrische Propellerantriebe mit Generatoren und Propellermotoren; sie besitzen einen Teil der diesem Antriebssystem eigenen betrieblichen Vorzüge.

Das allgemein übliche Antriebsschema für eine Anlage mit 4 Dieselmotoren ist für ein Schiff mit *einem* Propeller in Abb. 413 wiedergegeben. Die auf der Welle jedes Dieselmotors aufgesetzte schraffiert gezeichnete Kupplungshälfte besteht aus einem Stahlgehäuse mit durch Gleichstrom erregten Polen – *Primärteil*. Die auf dem Getrieberitzel angeordnete Kupplungshälfte – *Sekundärteil* – ist als Käfiganker, wie er bei Asynchronmotoren verwendet wird, ausgebildet. Der Luftspalt zwischen beiden Kupplungshälften liegt zwischen 5 und 12 mm. Die Anordnung beider Kupplungshälften wird auch oft – besonders bei größeren Leistungen – so vertauscht, daß am Dieselmotor der Käfiganker und am Getriebe das Polrad angekuppelt ist, wie es Abb. 414 zeigt.

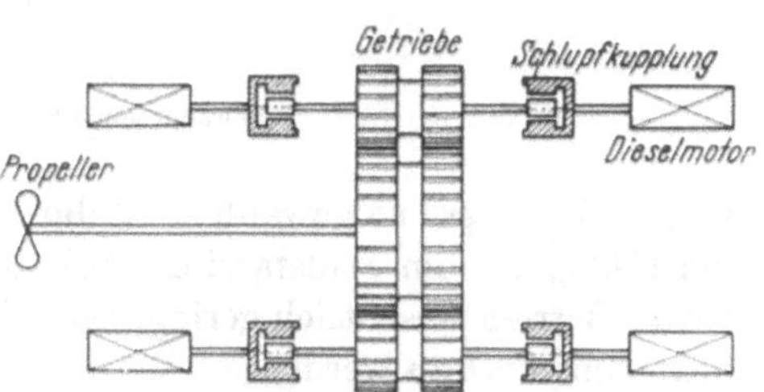

Abb. 413. Antrieb eines Einschraubenschiffes mit 4 Dieselmotoren und 4 Schlupfkupplungen

Aufbau und Wirkungsweise der Schlupfkupplungen entsprechen denen einer Asynchron- bzw. einer Synchronmaschine. Das magnetische Drehfeld wird durch Drehen des Polrades erzeugt. Zunächst werden beim Anlassen der Dieselmotoren bzw. beim Einschalten der Erregung in der noch stillstehenden Käfigwicklung des Sekundärteiles Spannungen induziert, die Ströme in den Stäben des Käfigs zur Folge haben; diese entwickeln mit dem Drehfeld des umlaufenden Polrades Drehmomente, die den Käfiganker in der Richtung der Polraddrehung mitnehmen. Der

Betrieb ist nur bei einer Relativbewegung, d.h. einer dauernden Drehzahldifferenz zwischen beiden Kupplungshälften möglich, da im synchronen Lauf keine Spannungen induziert werden. Der Sekundärteil muß also gegenüber dem Primärteil schlüpfen. Das Nenndrehmoment wird – je nach der zu übertragenden Leistung und der Drehzahl der Kupplung – bei einem Schlupf von 0,5–1,5% übertragen. Die Polzahl im Primärteil

Abb. 414. Getriebe und Polräder von 4 Schlupfkupplungen (Bauart ASEA)

wird in der Regel so gewählt, daß die Ankerfrequenz bei einem Schlupf von 100%, also im Stillstand des Sekundärteiles, 50 Hz beträgt. Wegen der im Betrieb wesentlich geringeren Schlupffrequenz braucht das Eisen nicht lamelliert zu werden.

Von der durch den Dieselmotor zugeführten Leistung N_D (Drehfeldleistung) wird eine Leistung von $(1 - s)\, N_D$ – abzüglich der Luftreibungsverluste – an das Getriebe abgegeben. Hierbei ist s der Schlupf, ermittelt nach der auf S. 115 angegebenen Beziehung

$$s = \frac{n_D - n}{n_D}$$

wobei n_D die Drehzahl des Polrades und n die Drehzahl des Käfigankers ist.

Der Betrag $s\, N_D$ wird als elektrische Leistung (Schlupfleistung) im Käfig in Wärme umgesetzt. Zu dieser Verlustleistung kommen noch die Erregerverluste mit 1–1,2% und die Luftreibungsverluste. Der Wirkungsgrad einer Schlupfkupplung beträgt damit etwa 97–98%.

Das Drehmomenten/Drehzahl-Verhalten wird bei einer Schlupfkupplung, ebenso wie bei einem Asynchronmotor, durch die Ausführung des Käfigs bestimmt. Der Zusammenhang zwischen Schlupf, Drehmoment und Strom ist für eine Schlupfkupplung mit *Hochstabkäfiganker* mit einer Übertragungsleistung von etwa 2500 PS bei einer Drehzahl am Dieselmotor von 250 U/min in dem Schaubild der Abb. 415 aufgezeichnet. Die Verhältnisse gelten bei gleichbleibender Erregung. Beim Nenndrehmoment der Schlupfkupplung ist der Schlupf 1,35%. Das Kippmoment wird bei etwa 5% Schlupf erreicht und beträgt das 2,5fache des Nenndrehmomentes. Übersteigt das Gegenmoment des Propellers diesen Wert, z. B. bei Fahrt im Eis, so geht das Drehmoment auf den Wert von etwa 20% bei 100% Schlupf zurück; der Propeller kommt zum Stillstand. Diese Begrenzung des von der Schlupfkupplung übertragbaren Drehmomentes durch das Kippmoment bewahrt das Getriebe und den Dieselmotor vor Schäden bei einer Blockierung des Propellers. – Bei länger dauerndem Stillstand ist es erforderlich, die Erregung zur Vermeidung einer unzulässigen Erwärmung abzuschalten.

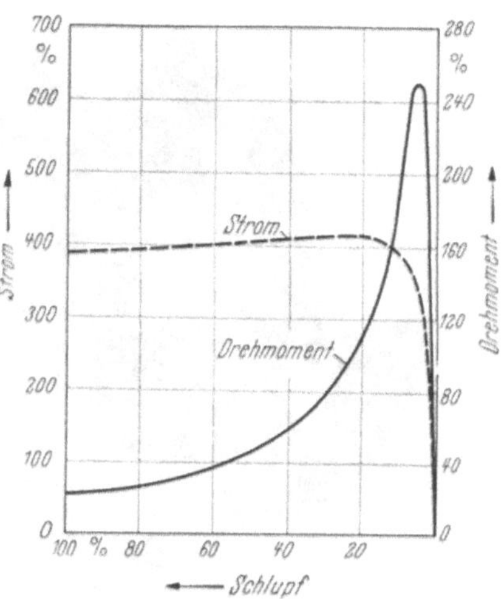

Abb. 415. Verlauf von Drehmoment und Strom in Abhängigkeit vom Schlupf bei einer Schlupfkupplung mit Hochstabkäfiganker (nach KLAMT [217])

Der Zusammenhang zwischen Schlupf und Drehmoment ist für die in Abb. 416 gezeigte Schlupfkupplung mit *Doppelkäfiganker* in dem Schaubild der Abb. 417 aufgezeichnet. Bei voller Erregung hat das Kippmoment etwa den 1,35fachen Wert des Nennmomentes. Bei 100% Schlupf geht das Drehmoment auf 78% des Nennmomentes zurück und erreicht bei 140% Schlupf mit 68% etwa den in den AIEE-Empfehlungen[1] vorgesehenen Wert von 70%. Bei verstärkter Erregung erhöhen sich die Drehmomente, wovon zur Durchführung von Umsteuermanövern Gebrauch gemacht werden kann. Bei herabgesetzter Erregung vermindern sich die Drehmomente wie es auch aus Abb. 417 zu erkennen ist. – Der dem Luftspalt zunächst liegende Anlaufkäfig wird bei einem Doppelkäfiganker aus Stäben geringer Leitfähigkeit bei hoher Wärmefestigkeit, der Laufkäfig aus Kupferstäben gefertigt und jedem Käfig ein besonderes Ringpaar zugeordnet, wie es aus Abb. 416 ersichtbar ist.

Ein erhöhtes Drehmoment beim Anlauf kann auch erzielt werden, wenn der Sekundärteil mit einer gewickelten Mehrphasenwicklung, also als Schleifringanker, ausgeführt wird, wobei deren ohmscher Widerstand durch Zuschalten von außenliegenden Widerständen vergrößert werden

[1] AIEE-Veröffentlichung Nr. 45, Dez. 1958.

kann. Durch Verändern der Widerstandswerte läßt sich auch eine Drehzahlverstellung für den Propeller durchführen. – Bei einer derartigen Ausführung ergibt sich die Möglichkeit, die Schlupfkupplungen außer

Abb. 416. Schlupfkupplung für 2000 PS bei 275 U/min mit Doppelkäfiganker (Bauart SSW) *a* Doppelkäfig; *b* Pol; *c* Lüftungslöcher; *d* Bohrungen für Kuppelbolzen zur Verbindung von Außen- und Innenläufer bei Notbetrieb

für den Fahrantrieb auch bei Liegezeiten des Schiffes als Generator, z. B. zur Versorgung von Ladepumpen bei Tankern oder Ladewinden bei Trockenfrachtschiffen zu verwenden. Im Stillstand des Schiffes wird die Propellerwelle mit dem Sekundärteil – Käfiganker – festgesetzt und der eventuell mit einem Dämpferkäfig versehene Primärteil – Polrad – vom Dieselmotor angetrieben. Dadurch wird die Kupplung nach Einschalten der Erregung zum Drehstromgenerator.

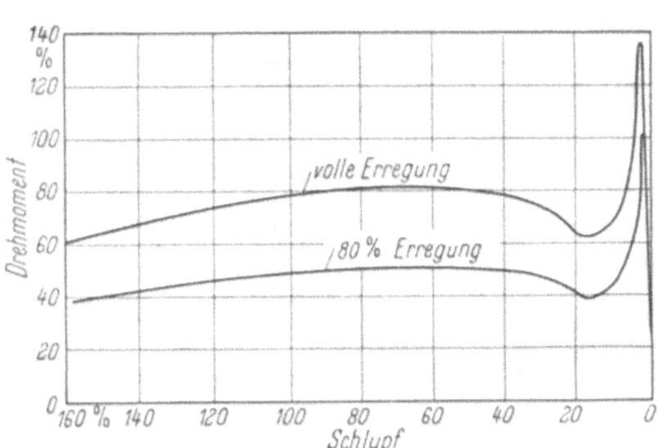

Abb. 417. Verlauf des Drehmomentes in Abhängigkeit vom Schlupf bei einer Schlupfkupplung mit Doppelkäfiganker (nach KLAMT [*217*])

Das für das Umsteuern erforderliche Drehmomentenverhalten ist im wesentlichen durch 2 Forderungen gekennzeichnet:

1. Ein niedriges Kippmoment schützt den Dieselmotor vor Überlastung.
2. Ein hohes Moment im Bereich zwischen Kippmoment und Anlaufpunkt sichert das Überwinden der während des Umsteuervorganges auftretenden Übermomente und ein schnelles Reversieren des Propellers.

Um den Propeller umzusteuern, muß die Verbindung zwischen Dieselmotor und Propeller durch Abschalten der Erregung gelöst werden. Die Drehzahl des Propellers sinkt dann auf die Schleppdrehzahl ab. Der

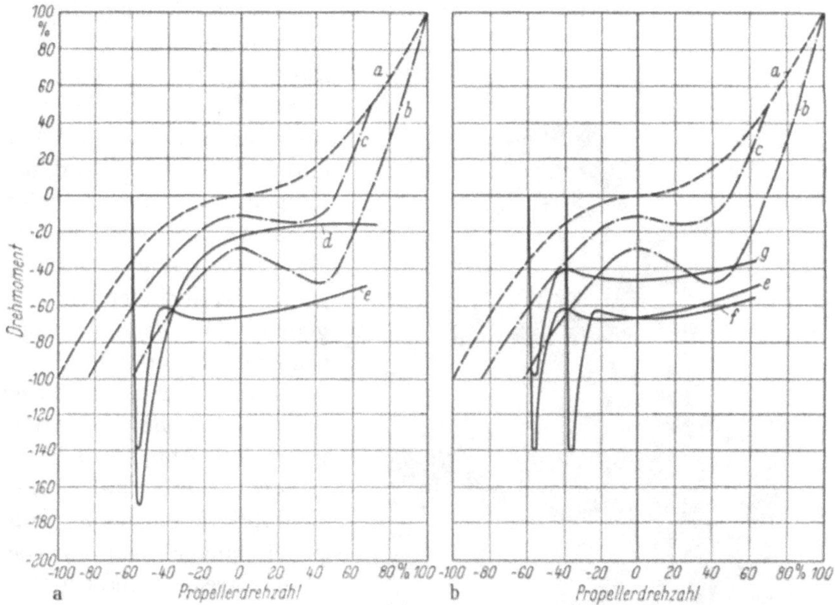

Abb. 418 a u. b. Umsteuerkurven eines Schiffes und Momentenverlauf bei elektrischen Schlupfkupplungen. *a* Statische Propulsionskennlinie; *b* Umsteuerkurve aus voller Fahrt; *c* Umsteuerkurve aus 70% Geschwindigkeit; *d* Kennlinie für Kupplung mit Hochstabkäfiganker bei Drehzahl des Dieselmotors von 60% und 100% Erregung; *e* Kennlinie für Kupplung mit Doppelkäfiganker bei Drehzahl des Dieselmotors von 60% und 100% Erregung; *f* Kennlinie für Kupplung mit Doppelkäfiganker bei Drehzahl des Dieselmotors von 40% und 100% Erregung; *g* Kennlinie für Kupplung mit Doppelkäfiganker bei Drehzahl des Dieselmotors von 60% und 80% Erregung

Drehsinn des Dieselmotors wird nun in der bei einem direkten Antrieb üblichen Weise umgekehrt. Alsdann wird durch Einschalten der Erregung die Verbindung zwischen Dieselmotor und Propeller wieder hergestellt und letzterer über den Stillstandspunkt in der entgegengesetzten Drehrichtung hochgefahren. Das eigentliche Umsteuern des Propellers wird also – wie bei einem Propellerantrieb mit Drehstromübertragung – von der Schlupfkupplung übernommen. Je kleiner die Schiffsgeschwindigkeit bei Beginn des Umsteuermanövers und je geringer die Drehzahl der Dieselmotoren ist, um so schneller wird der Propeller umgesteuert. Die Dieselmotoren werden deswegen nach der Umkehr ihres Drehsinnes nur bis zu etwa 40–60% ihrer Nenndrehzahl hochgefahren.

In den Schaubildern der Abb. 418 sind die Umsteuerkurven für ein Manöver von voller Fahrt – Kurve *b* – und für eines ausgehend von einer Geschwindigkeit von 70% – Kurve *c* – eingezeichnet, wie sie im Prinzip in Abb. 328 dargestellt sind. Ferner ist in Abb. 418a der Drehmomenten/Drehzahl-Verlauf im „Zurück"-Bereich für eine Schlupfkupplung mit Hochstabkäfiganker – Kurve *d* – und für eine Schlupfkupplung mit Doppelkäfiganker – Kurve *e* – eingezeichnet. Die Umsteuerdrehzahl des Dieselmotors beträgt 60% der Nenndrehzahl. Es ist zu erkennen, daß die Drehmomente der Schlupfkupplung für ein Manöver aus voller Fahrt in keinem Fall ausreichen, um einen einwandfreien Hochlauf des Propellers im umgekehrten Drehsinn zu ermöglichen. Das ist für beide Ausführungen der Käfiganker nur ausgehend von 70% Schiffsgeschwindigkeit erreichbar oder beim Doppelkäfiganker durch geringes Erhöhen der Erregung – Aus Abb. 418b ist erkennbar, daß mit einer Schlupfkupplung mit Doppelkäfiganker – Kurve *f* – bei voller Erregung und bei 40% der Nenndrehzahl des Dieselmotors aus voller Fahrt umgesteuert werden kann. Bei 80% Erregung und 60% der Nenndrehzahl – Kurve *g* – reichen die Momente wieder nicht aus.

Abb. 419. Schlupfkupplung für 4500 PS, 225 U/min (Bauart AEI)

Die Erregung wird allgemein durch Zu- und Abschalten von Widerständen in dem Erregerkreis grobstufig verändert. Es ist auch eine Steuerung des Erregerstromes abhängig vom Schlupf in Verbindung mit einem Zu- und Absatzgenerator ausgeführt worden[1]. Im Bereich großen Schlupfes wird dabei der Erregerstrom und damit das Drehmoment verstärkt, im Bereich des Kippmomentes geschwächt; im Arbeitsbereich wird mit Nennerregung gefahren. Für den Betrieb der Dieselmotoren bedeutet dies eine Erleichterung.

Wie bei den Propellermotoren eines elektrischen Antriebes mit Drehstromübertragung wird auch bei einer elektrischen Schlupfkupplung die im Nennbetrieb und beim Umsteuern des Propellers entstehende Verlust-

[1] Nach LEMCKE [*220*].

energie, d. h. die Schlupfleistung in dem Kurzschlußkäfig in Wärme umgesetzt. Zur besseren Wärmeabführung wird allgemein zwischen den Stäben des Käfigs und dem Eisen keine Isolation vorgesehen. Bei Kupplungen mit großen Leistungen wird die Wärme anstatt durch Selbst- durch Fremdbelüftung abgeführt.

Bei Fahrten im Revier mit den dort häufig vorkommenden Manövern und der meist reduzierten Antriebsleistung wird oft so verfahren, daß die eine Hälfte der auf *ein* Getriebe arbeitenden Dieselmotoren im „Voraus"-, die andere im „Zurück"-Drehsinn läuft. Dann werden jeweils nur die Kupplungen erregt, bei denen der Drehsinn des zugeordneten Dieselmotors der gewünschten Fahrtrichtung entspricht. – Eine andere den Betrieb vereinfachende Möglichkeit ergibt die Anwendung von Schlupfkupplungen dadurch, daß die auf ein gemeinsames Getriebe arbeitenden Dieselmotoren – nach Anlassen des ersten Motors – über die Schlupfkupplung hochgefahren werden, wodurch der Bedarf an Anlaßluft an Bord verringert werden kann.

Abb. 420. Schlupfkupplung für 2400 PS bei 850 U/min (Bauart Westinghouse)

Die Ansicht einer Schlupfkupplung mit verhältnismäßig hoher Leistung gibt Abb. 419 wieder. Der Sekundärteil, der bei Vollast um 2 U/min schlüpft, ist als Doppelkäfiganker ausgeführt. Auf der Achse des Läufers befindet sich das Ventilatorrad zur Selbstbelüftung. – Die vollständig geschlossene Ausführung einer Schlupfkupplung, welche mit der verhältnismäßig hohen Drehzahl von 850 U/min läuft, zeigt Abb. 420. Die Kupplung ist entgegen der sonst meist üblichen Anordnung auf einer Grundplatte aufgebaut. – Das Schema der *Steuerung* zweier Schlupfkupplungen, die über ein gemeinsames Vorgelege auf *einen* Propeller wirken, ist aus Abb. 421 zu ersehen. Die dem Drehstrom-Bordnetz entnommene Erregung kann in Abhängigkeit von dem *Drehsinn* und der *Drehzahl* der Dieselmotoren in mehreren Stufen über den jeder Schlupfkupplung zugeordneten Steuerschalter und die Stufenschütze S_1–S_6 eingestellt werden. Dazu erfassen Endschalter die Betriebspunkte der Dieselmotoren „Voraus" bzw. „Zurück" und „Vollast" bzw. „Leerlauf". Die Steuerung stellt folgenden Betrieb sicher:

Falls ein Dieselmotor im Drehsinn „Voraus" und der andere im Drehsinn „Zurück" läuft – Revierbetrieb – kann jeweils nur eine Schlupfkupplung erregt

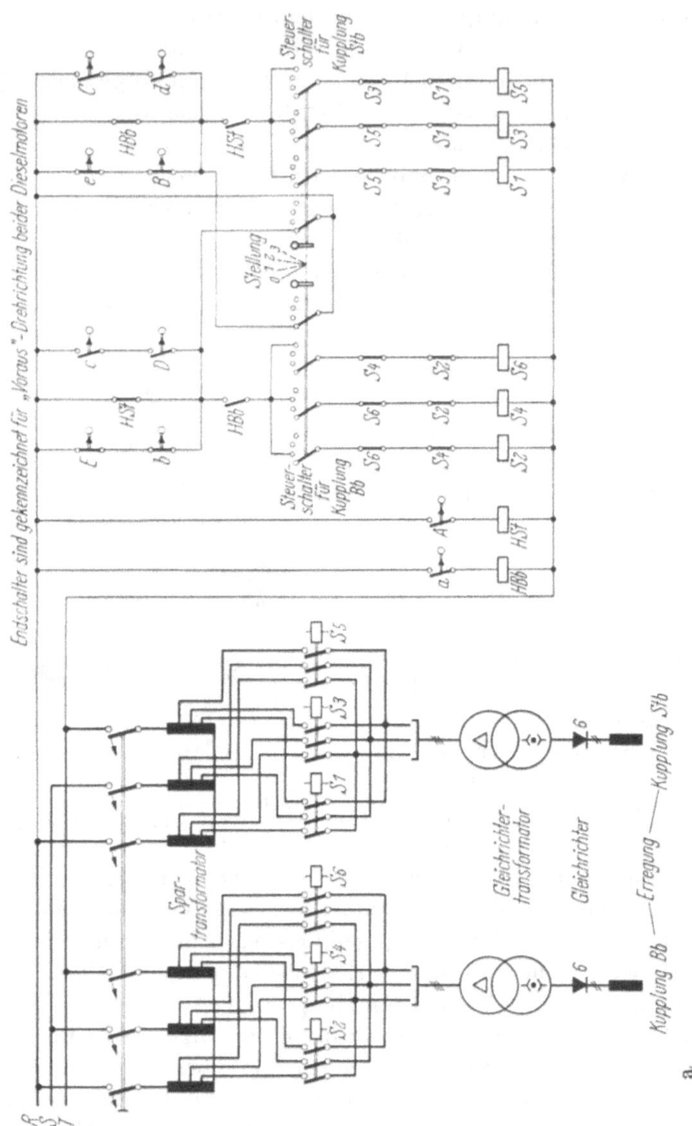

a

werden – ein Gegeneinanderarbeiten der Kupplungen über das Vorgelege ist also ausgeschlossen. Ist der Drehsinn gleichartig, so lassen sich selbstverständlich beide Erregungen gleichzeitig einschalten.

Die Schlupfkupplungen können nur erregt werden, wenn die Dieselmotoren mit einer Füllung arbeiten, die größer als die für Leerlaufbetrieb ist.

Bei Drehzahlen, die unterhalb der Leerlaufdrehzahl liegen, werden die Schlupfkupplungen entregt.

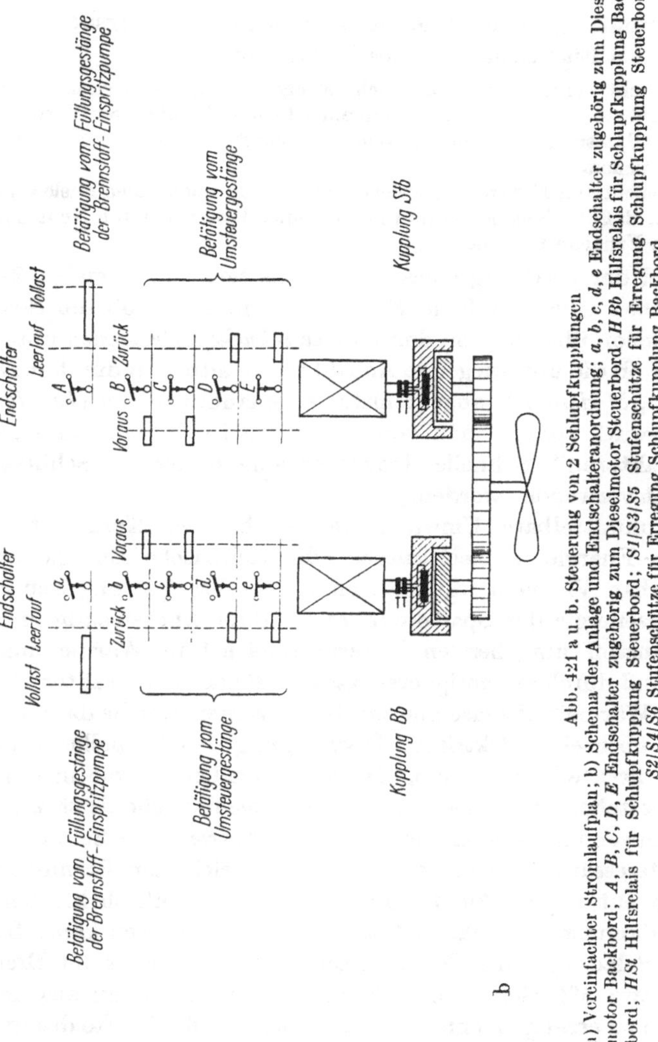

Abb. 421 a u. b. Steuerung von 2 Schlupfkupplungen

a) Vereinfachter Stromlaufplan; b) Schema der Anlage und Endschalteranordnung; *a, b, c, d, e* Endschalter zugehörig zum Dieselmotor Backbord; *A, B, C, D, E* Endschalter zugehörig zum Dieselmotor Steuerbord; *H Bb* Hilfsrelais für Schlupfkupplung Backbord; *HSt* Hilfsrelais für Schlupfkupplung Steuerbord; *S1/S3/S5* Stufenschütze für Erregung Schlupfkupplung Steuerbord; *S2/S4/S6* Stufenschütze für Erregung Schlupfkupplung Backbord

F. Propellerantriebe mit Kernenergie[1]

Die technische Nutzung der Atomenergie basiert derzeit ausschließlich auf der Energiegewinnung aus der *Kernspaltungskettenreaktion.*

[1] Dieser Abschnitt wurde unter Mitwirkung der Abteilung „Reaktorentwicklung" der SSW bearbeitet.

Einige *Isotope* des *Urans* (U^{233}, U^{235}) und des Plutoniums (Pu^{239}, Pu^{241}), von denen in der Natur jedoch nur das U^{235} vorkommt, haben die zur Aufrechterhaltung einer Energie liefernden Spaltungskettenreaktion erforderlichen Eigenschaften eines Kernbrennstoffes:

Es entsteht bei ihrer Spaltung mehr Energie als zur Auslösung der Spaltung benötigt wird; diese Energie entsteht in einer technisch nutzbaren Form.

Die die Spaltung auslösenden *Neutronen* entstehen bei der Spaltung immer wieder von neuem.

Die Ausbeute an Neutronen, welche wieder neue Spaltungen auslösen können, ist so hoch, daß die Kettenreaktion infolge einer Absorption von Neutronen nicht wieder zum Erliegen kommt.

Die bei der Spaltung eines Uranatoms neu entstehenden 2–3 Neutronen haben eine sehr hohe Energie. Je nachdem, ob die Spaltungskettenreaktion überwiegend durch diese *schnellen Neutronen* unterhalten wird, oder ob die überwiegende Anzahl der Spaltungen durch inzwischen in einem „*Moderator*“ abgebremste, sogenannte *thermische Neutronen* ausgelöst wird, spricht man von „schnellen Reaktoren“ und „thermischen Reaktoren“. Schnelle Reaktoren sind bisher für Schiffsantriebe noch nicht verwendet worden.

Eine unmittelbare Umwandlung der bei der Kernspaltung entstehenden Energie in mechanische oder elektrische Energie ist nicht durchführbar. Vielmehr wandelt sich die bei der Spaltung freiwerdende Bewegungsenergie der Spaltprodukte bei ihrer Abbremsung in der den Kernbrennstoff umgebenden Materie zunächst in Wärme um. Diese Wärme muß durch ein geeignetes *Kühlmittel* aus dem Reaktor abgeführt und einer Wärmekraftmaschine zugeleitet werden, welche dann unmittelbar oder über eine elektrische Übertragung den Propeller antreibt. – Für eine direkte Umwandlung der entstehenden Wärme in elektrische Energie bestehen allerdings jetzt schon aussichtsreiche Ansätze.

Die Anwendung der Kernenergie zum Antrieb von Schiffen ist deswegen interessant, weil mit einer – im Vergleich zum Brennstoffbedarf einer konventionellen Antriebsanlage – außerordentlich kleinen Menge von Kernbrennstoffen sehr viel Energie erzeugt werden kann. So reicht z.B. die Beladung eines Druckwasserreaktors mit etwa 3 t Brennstoff, der auf etwa 5% Gehalt an U^{235} angereichert ist, dazu aus, mehr als 10^8 WPSh zu erzeugen, ohne daß dann mehr als die Hälfte des ursprünglichen Gehalts an spaltbarem Material verbraucht wurde. – Ferner ist für die militärische Verwendung von Antrieben mit Kernenergie die Unabhängigkeit von der Versorgung mit Sauerstoff wichtig.

Der Aufbau eines Reaktors wird im wesentlichen durch die Art des verwendeten Kernbrennstoffs, durch sein Kühlmittel und den Moderator bestimmt. Besteht das Kühlmittel aus einer Substanz, die sehr viel leichte Atomkerne enthält, so kann es gleichzeitig als Moderator dienen. Beispiele hierfür sind die mit Wasser (H_2O), Schwerwasser (D_2O) und mit organischen Flüssigkeiten gekühlten Reaktoren. Außer diesen flüssigen Kühlmitteln haben bei stationären Anlagen auch schon Natrium (Na) oder eine NaK-Legierung, Wismut (Bi) oder flüssige Fluoride Verwendung gefunden. Als gasförmige Kühlmittel wurden bisher Kohlendioxyd (CO_2) und Helium (H_2) verwendet.

Bei Anlagen *zum Antrieb von Schiffen* wurden bisher *ausschließlich* wassergekühlte Reaktoren, und zwar nur *Druckwasserreaktoren* (PWR)[1] eingesetzt, die sich in der militärischen und zivilen Schiffahrt gut bewährt haben. Tab. 26 gibt eine Zusammenstellung der bisher bekannt gewordenen Reaktoranlagen auf Überwasserschiffen[2].

Tabelle 26. *Ausgeführte Überwasserschiffe mit Antrieb durch Kernenergie*

Schiffstyp	Indienststellung	Land	Schiffsname	Reaktortyp	Kühlmittel u. Moderator
Eisbrecher	1959	UdSSR	Lenin	PWR	H_2O
Flugzeugträger . . .	1961	USA	Enterprise	PWR	H_2O
schw. Kreuzer . . .	1961	USA	Long Beach	PWR	H_2O
Fregatte	1962	USA	Bainbridge	PWR	H_2O
komb. Fahrgast- und Frachtschiff . . .	1962	USA	Savannah	PWR	H_2O
Fregatte	im Bau	USA	–	PWR	H_2O

Reaktoren, die mit dem in der Natur vorkommenden Element Uran als Brennstoff betrieben werden, bauen – aus Gründen der Neutronenphysik – im Vergleich zu Reaktoren mit angereichertem Brennstoff verhältnismäßig groß und kommen deshalb für die Verwendung auf Schiffen zunächst nicht in Betracht. Dieses „Natururan“, das die Ordnungszahl 92 und das Atomgewicht 238,07 bzw. die Massenzahl 238 hat[3], ist ein Gemisch aus 99,3% U^{238}, 0,7% U^{235} und Spuren von U^{234}. Bei der Produktion des sogenannten *angereicherten Urans* wird in Isotopentrennanlagen ein großer Teil des nicht spaltbaren U^{238} abgetrennt, so daß der Gehalt an U^{235} prozentual steigt. Jedoch auch bei Verwendung dieses angereicherten Urans bedarf es – *unabhängig* von der Leistung des Reaktors – einer gewissen Mindestmasse von Spaltstoffen, der sogenannten *kritischen Masse,* um die Neutronenbilanz der Kettenreaktion gegen den Verlust von Neutronen nach außen positiv, d. h. den Reaktor kritisch zu machen. Damit der Reaktor die verlangte Wärmeleistung bei entsprechend hoher Temperatur erzeugen und eine genügend lange Zeit in Betrieb gehalten werden kann, muß aber die Brennstoffmenge über die kritische Masse noch hinaus wesentlich erhöht werden. Durch diese Erhöhung erhält der Reaktor eine gewisse Überschuß*reaktivität.* Diese muß so groß sein, daß sowohl die Wirkung der während des Abbrandes des

[1] Pressurized Water Reactor.

[2] Auch die mit Kernenergieantrieb versehenen Unterseeboote wurden bisher ausschließlich mit Druckwasserreaktoren ausgerüstet.

[3] Vgl. Periodisches System der Elemente.

Kernbrennstoffs entstehenden, die Neutronen absorbierenden Spaltprodukte als auch die der Temperaturerhöhung kompensiert werden kann. Unter diesen Spaltprodukten spielt das sowohl unmittelbar als auch über eine Zerfallskette entstehende *Xenon* eine besondere Rolle. Da dieses Xenon durch den Neutronenfluß auch wieder abgebaut wird, steigt seine Konzentration nach einer Leistungs*erniedrigung* – besonders natürlich nach einem Schnellschluß des Reaktors – stark an und bedingt eine entsprechend große Absorption von Neutronen. Damit der Reaktor schnelle *Lastwechsel* durchführen kann, muß also die Überschußreaktivität so groß sein, daß diese *Vergiftung* durch *Xenon* jederzeit *überfahren* werden kann. Im allgemeinen erfordert die notwendige Überschußreaktivität bei Druckwasserreaktoren der in Schiffsantrieben verwendeten Leistungsklasse einen Brennstoffeinsatz von 2–4 t und eine Anreicherung auf 3–5% U^{235}; der Druckwasserreaktor der „N. S. Savannah“ arbeitet z.B. mit einer Anreicherung von 4,3% und allerdings einem Brennstoffeinsatz von 7 t.

Um die Leistung des Reaktors regeln zu können, muß in die Neutronenbilanz, die bei gleichmäßigem Betrieb völlig ausgeglichen ist, positiv oder negativ eingegriffen werden. Dies geschieht zumeist durch bewegliche Neutronenabsorber, die sogenannten *Regelstäbe*. Ein Herausziehen der Regelstäbe bewirkt durch Verminderung der Absorption einen Neutronenüberschuß und damit ein – zeitlich exponentielles – Ansteigen der Leistung, ein Hineinschieben eine vergrößerte Absorption und damit ein Abfallen der Leistung. Ein plötzliches Einfallen sämtlicher Regelstäbe bringt die Kettenreaktion augenblicklich zum Erliegen und bewirkt einen „*Schnellschluß*“ des Reaktors. Die Regelstäbe bestehen meist aus Borstahl oder einer Cadmiumlegierung. Diese Materialien vermögen in besonders hohem Maße Neutronen zu absorbieren. Die Regelstäbe werden im allgemeinen elektrisch oder hydraulisch betätigt. Der Schnellschluß des Reaktors muß auch bei Versagen der elektrischen oder hydraulischen Anlagen ausgelöst werden können, wozu die Antriebe der Regelstäbe wegen der an Bord eines Schiffes durch Schräglage oder Seegang möglicherweise mangelnden Schwerkraft mit zusätzlichen Energiespeichern – Federn, Druckluft – ausgerüstet werden.

Beim Spaltprozeß entstehen an durchdringenden Strahlungen Gammastrahlung und Neutronen, zudem sind die Spaltprodukte außerordentlich stark radioaktiv. Auch das Aufbaumaterial des Reaktors und das Kühlmittel im Reaktor wird durch den Neutronenfluß strahlungsmäßig aktiviert. Deshalb muß der Reaktor selbst, aber auch alle anderen Teile der Anlage, die radioaktive Medien enthalten, mit einem *Strahlenschutz* umgeben werden. Die unmittelbare Abschirmung des Reaktors selbst wird als *Primärschild*, die seiner Kreisläufe und Hilfsanlagen als *Sekundärabschirmung* bezeichnet. Abschirmungen gegen die durchdringende Gammastrahlung müssen für eine ausreichende Schwächung der Strahlung möglichst schwer sein, während Abschirmungen gegen Neutronenstrahlung aus Stoffen mit möglichst niedrigem Atomgewicht aufgebaut sein müssen. Daher setzt sich der Primärschild meist aus Stoffen niedrigen und hohen Atomgewichts zusammen, beispielsweise aus Stahl oder Blei *und* Wasser *oder* aus Beton, welcher beide Eigenschaften vereinigt. Die Sekundärabschirmung richtet sich dagegen überwiegend gegen Gammastrahlung und ist daher meist aus einer Eisenbetonmischung aufgebaut. Die Abschirmungen der Reaktoranlage stellen gewichtsmäßig den schwersten Teil dar, wie es aus Tab. 27 hervorgeht.

Tabelle 27. *Prozentuale Gewichtsaufteilung einer Antriebsanlage für 20000 WPS mit Druckwasserreaktor*

	Gewichtsanteil %
Reaktor mit Primärschirm	10,5
Wärmetauscher und Hilfsanlagen innerhalb des Sicherheitsbehälters einschl. Fundamenten	16
Sekundärabschirmung mit Tragkonstruktion	33,5
Hauptturbine mit Kondensator, Getriebe, Ölkühler und „take-home"-Motor	17
Hilfsanlagen einschl. Turbogeneratoren außerhalb des Sicherheitsbehälters mit den zugehörigen Rohrleitungen	23

Die zum *gesundheitlichen Schutz* des Personals vor äußerer Strahlenbelastung und Inhalation verseuchter Atmungsluft zu treffenden Strahlenschutzmaßnahmen bestehen darin, die abgeschirmte Umgebung der Reaktoranlage in sogenannte Strahlenschutzbereiche zu unterteilen, in diesen die „Ortsdosisleistung" zu messen und das in diesen Räumen tätige Personal auf seine „Strahlungsdosis" zu überwachen. Die biologische Strahlungsschädigung wird in „rem" (roentgen equivalent man) gemessen. Die Einheit „rem" bezeichnet – unabhängig von ihrer Energie und der Strahlungsart (α-, β-, γ-, Röntgen- und Neutronenstrahlung) – eine der Dosis „Röntgen" (r) der Röntgenstrahlung bezüglich ihrer gesundheitlichen Schädigung gleichwertige Strahlungsdosis. Davon abgeleitete Größen sind 1/1000 rem = 1 mrem („Millirem") und die „Dosisleistung", d.h. die Dosis je Zeiteinheit (rem/a bzw. rem/Jahr, rem/h, mrem/h). Die Einteilung in die Strahlenschutzbereiche „Überwachungsbereich" und „Kontrollbereich" richtet sich nach den Vorschriften der „Strahlenschutzverordnung"[1]; ihre Abgrenzungen sind durch die Dosisleistung und die wöchentliche Aufenthaltsdauer des dort tätigen Personals bedingt, wie Abb. 422 zeigt. Das im Kontrollbereich tätige Personal muß Dosimeter mit sich führen und regelmäßig auf die erhaltene Dosis überwacht werden, wobei für bestimmte Personenkreise noch be-

[1] Erste Strahlenschutzverordnung, Bundesgesetzblatt 1960/I, Nr. 31.

sondere Vorschriften bestehen. Wegen der räumlichen Enge an Bord eines Schiffes muß der Unterteilung in Strahlenschutzbereiche und der Absicherung ihrer Zugänge besondere Sorgfalt gewidmet werden, wenn die Bewegungsfreiheit des Personals bei der Ausübung seines Dienstes durch die Bedingungen des Strahlenschutzes möglichst uneingeschränkt bleiben soll.

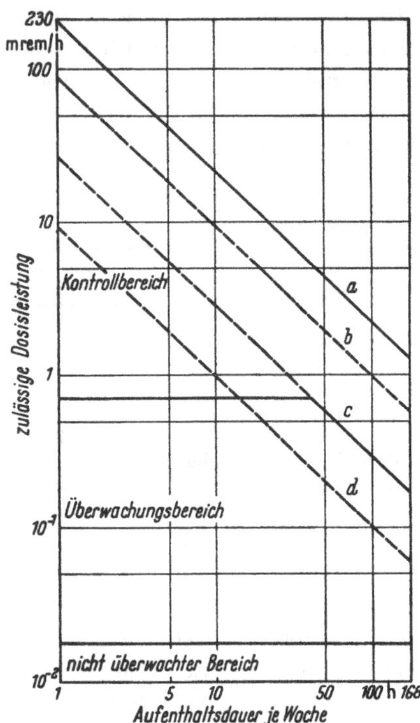

Abb. 422. Vereinfachte graphische Darstellung der Strahlenschutzvorschriften der „Ersten Strahlenschutzverordnung"
a 3 rem/13 Wochen bei beruflich strahlenexponierten Personen; *b* 5 rem/Jahr bei beruflich strahlenexponierten Personen, wenn Lebensalterdosis erreicht; *c* 1,5 rem/Jahr bei beruflich nicht strahlenexponierten Personen; *d* 0,5 rem/Jahr bei Personen unter 18 Jahren

Die grundsätzliche Anordnung und das Schema des *Dampfkreislaufes* des *Druckwasserreaktors* der „Savannah" gehen aus Abb. 423 hervor. Danach tritt der erzeugte Dampf aus dem Wärmeaustauscher mit 35,7 at und 243 °C aus und mit 33,3 at in die Hochdruckstufe der *Dampfturbine* ein, welche zusammen mit dem Niederdruckteil über ein gemeinsames Vorgelege den Propeller antreibt. Durch den *Wärmetauscher* wird der radioaktive Teil des Kreislaufes vom übrigen Teil der Anlage getrennt. Bei Umsteuermanövern, beim Kommando „Halt" oder einer sonstigen schnellen Änderung der Belastung kann überschüssiger Dampf durch eine Überproduktionsleitung (Bypass) vom Wärmetauscher unmittelbar zum Kondensator geführt werden. – Das *Kühlmittel* steht bei einem Druckwasserreaktor unter hohem Druck, bei der „Savannah" z.B. 123 at. Dadurch wird die Bildung von Dampf im Reaktor selbst verhindert und eine wirksame Strömung des Kühlmittels auch nach der Erwärmung aufrecht erhalten.

Auf längere Sicht wird auch die Anwendung von *gasgekühlten Hochtemperatur*reaktoren auf Schiffen erwogen. Derartige Reaktoren sollen z.B. mit Helium oder Kohlendioxyd bei einer Temperatur von 700–800 °C und einem Druck von 30–40 at sowie mit Graphit oder Beryllium als Moderator arbeiten. Das erhitzte Gas wird unmittelbar aus dem Reaktor in eine *Gas*turbine geleitet und von dort wieder dem Reaktor zugeführt.

Als Brennstoff ist Urankarbid oder – wie beim Druckwasserreaktor – Urandioxyd vorgeschlagen, das in Hülsen aus nicht rostendem Stahl oder Grafit (canning) eingebracht wird. Da das gasförmige Kühlmittel unmittelbar vom Reaktor in die Turbine gelangt, muß der Strahlenschutz auch auf diese ausgedehnt werden; zur Zeit ist noch nicht sichergestellt, daß das Kühlmittel keine radioaktiven Verunreinigungen enthält. Da die im geschlossenen Kreislauf arbeitende Gasturbine – im Gegensatz zur Dampfturbine – nicht mit einer Rückwärtsbeschaufelung versehen werden kann, werden derartige Anlagen zur Durchführung von Umsteuervorgängen mit einem elektrischen Propellerantrieb oder einem Verstellpropeller ausgerüstet werden müssen.

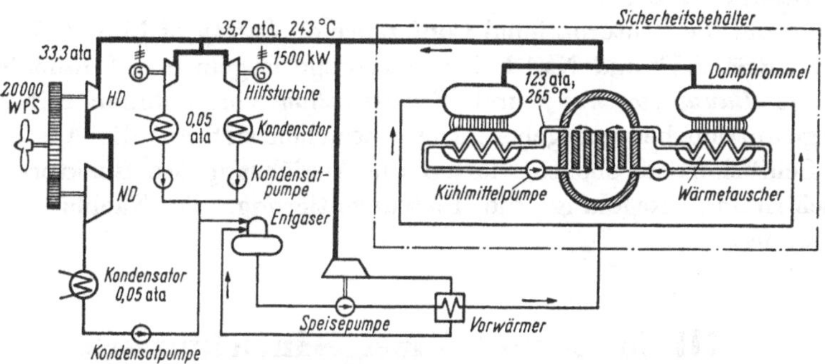

Abb. 423. Vereinfachtes Kreislaufschema des N.S. „Savannah" (nach BUSCH [223])

Die Turbinen für den Antrieb der Generatoren zur *Bordnetzversorgung* sind, wie es auch aus Abb. 423 zu erkennen ist, an den aus dem Reaktor kommenden Dampfkreislauf angeschlossen. Für ein Schiff mit Druckwasserreaktor wird die 2- bis 3fache installierte Leistung der Stromerzeuger benötigt, als sie bei einem Schiff mit einer konventionellen Antriebsanlage üblich ist. Auf der „Savannah" benötigen die Hauptkühlmittelpumpen etwa 50% der verfügbaren Leistung. – Zum Anfahren der Anlage, wenn der Reaktor vollständig außer Betrieb war, werden Dieselaggregate verwendet. Die Leistung wird dann allmählich von den Turbogeneratoren übernommen. – Bei Ausfall der Stromversorgung müssen einige Verbraucher, z. B. die elektrische Heizung für die Druckhaltung, die Kühlmittelumwälzpumpen, die Nachkühlpumpen sofort selbsttätig auf eine andere Stromquelle umgeschaltet werden können. Dazu kann das Bordnetz, das wie üblich in „wichtige" und „unwichtige" Verbraucher unterteilt ist, in zwei voneinander unabhängige Hälften aufgetrennt sein. Auch ein selbsttätig erfolgender Schnellstart der Dieselaggregate kann dazu dienen. Für einige Verbraucher, z.B. die Strahlungsüberwachung und die Regelstabsteuerung muß aber auch die kurze Pause bis zur erfolgten Umschaltung überbrückt werden. Dazu kann z. B.

eine Akkumulatorenbatterie dienen, an welche Gleichstrom-Drehstrom-Umformer angeschlossen werden, von denen mindestens einer ständig läuft. Dieser übernimmt im Normalfall die Dauerladung der Batterie, wobei die Drehstrommaschine als Synchronmotor läuft; bei Netzausfall speist diese das Bordnetz.

Häufig wird neben dem Turbinenantrieb für den Propeller noch ein Hilfsantrieb durch einen Elektromotor vorgesehen – *take home*-Antrieb. Dazu kann z.B. ein Asynchronmotor mit Schleifringläufer verwendet werden, der von den – in ihrer Leistung begrenzten – Dieselgeneratoren gespeist wird. Die Turbine wird bei diesem Notbetrieb ausgekuppelt. – Es kann jedoch auch ein mit Öl gefeuerter Dampfkessel die Hauptturbine mit Dampf versorgen.

Sowohl die „International Conference on Safety of Life at Sea"[1] als auch LRS[2], BV[3] und NV[4] haben vorläufige Regeln und Empfehlungen für die *Bauüberwachung* und *Klassifikation* von Schiffen mit Kernenergieantrieb herausgegeben. Diese beziehen sich auf die Ausführung des Schiffskörpers ebenso wie auf die Ausführung des Reaktors, seine Abschirmung, Regelung, die Instrumentierung, die Nachladeeinrichtungen usw.

III. Meß- und Anzeigeeinrichtungen Befehls- und Meldeanlagen

A. Fernübertragungssysteme

1. Drehmelder

Die mechanische Fernübertragung von Bewegungsvorgängen, Meßwerten, Kommandos oder Zeigerstellungen führt bei größeren Entfernungen an Bord ebenso wie an Land meist zu wenig befriedigenden Lösungen. Daher wird die zu übertragende Größe oder Bewegung vor ihrer Übertragung in einen Winkelwert umgewandelt, falls sie nicht in dieser Form vorgegeben ist und auf Empfänger übertragen, welche die Meßwerte als Zeigerstellungen abbilden. Die Erfassung der Meßgröße und die Übertragung wird zumeist durch Drehmelder vorgenommen. Hierbei wird die vom Geber zu übertragende Meßgröße am Empfänger

[1] Schiffssicherheitsvertrag, Annex C, „Recommendations applicable to Nuclear Ships".

[2] Provisional Rules für the Classification of Nuclear Ships, June 1960.

[3] Entwurf für die Bestimmung von Vorschriften über die Klassifikation der Schiffe mit Antrieb durch Atomenergie.

[4] Preliminary Recommendation for the Design, Construction and Classification of Nuclear Powered Ships.

entweder durch einen Zeiger nachgebildet (Anzeigedrehmelder) oder in Form von Fehlerspannungen zur Steuerung von Steuermotoren u. dgl. abgegriffen (Steuerdrehmelder). Bestimmte Drehmeldertypen finden außerdem einige über die Fernübertragung von Winkelwerten hinausgehende Anwendungen, wie z. B. Fernübertragung von Drehmomenten („elektrische Welle"), Bildung und Fernübertragung von Winkelsummen oder Differenzen (Differentialdrehmelder), Soll- und Istwertgeber in Regelschaltungen, Winkelwertübertragung mit besonderen Anforderungen an Genauigkeit und Drehmoment: Grob-Fein-Anordnungen und Nachlaufsteuerungen.

Die Drehmelder müssen – unabhängig von der zur Verfügung stehenden Speisespannung – folgenden Forderungen genügen:

Unempfindlichkeit gegen Schwankungen der Betriebsspannung in möglichst weiten Grenzen.

Unempfindlichkeit gegen Frequenzschwankungen bei Wechselstromsystemen.

Unempfindlichkeit gegen Isolationsfehler.

Kein Außertrittfallen von Geber und Empfänger.

Eindeutige Einstellung der Anlage nach dem Einschalten – unabhängig von der zufälligen vorherigen Stellung von Geber und Empfänger.

Große Einstellgenauigkeit der Empfänger.

Ausreichende Dämpfung beim Einschwingen der Empfänger auf die Geberstellung (1–2 Überschwingungen).

Es werden im wesentlichen zwei verschiedene Drehmeldersysteme verwendet:

Das Spannungsteilerverfahren (Verhältnisstromprinzip) für Gleichstrom,

das Induktionsprinzip für Wechselstrom.

a) Gleichstromgeräte

Der Geber besteht in der einfachsten Ausführung nach Abb. 424 aus einem ringförmig gewickelten Widerstand R, an den die Spannungsquelle in zwei diametral gegenüberliegenden Punkten a und b angeschlossen wird. Über drei um 120° versetzte Bürsten c, d und e, die auf dem

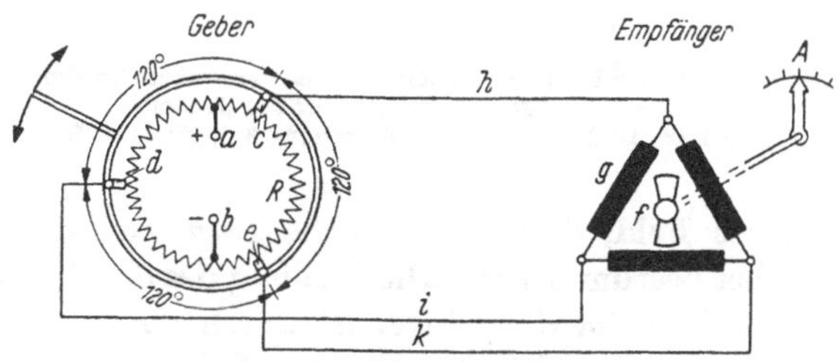

Abb. 424. Wirkungsweise eines Drehmeldersystems für Gleichstrom
a, b Stromzuführung zum Geber; c, d, e Bürsten am Geber; f Anker des Empfängers; g Stator mit dreiphasiger Wicklung im Empfänger; h, i, k Leitungen zwischen Geber und Empfänger; R gewickelter Widerstandsdraht; V Verstellung durch Meßgröße; A Anzeige

Ringwiderstand schleifen, können Teilspannungen abgegriffen werden, deren Größe und Richtung von der Bürstenstellung und damit von dem Wert der zu übertragenden Meßgröße abhängig ist. Diese Teilspannungen werden einer im feststehenden Teil *g* des Empfängers untergebrachten Dreiphasenwicklung zugeführt. Die der Ständerwicklung über die Leitungen *h*, *i*, *k* zugeführten Teilströme ergeben im Empfänger ein ruhen-

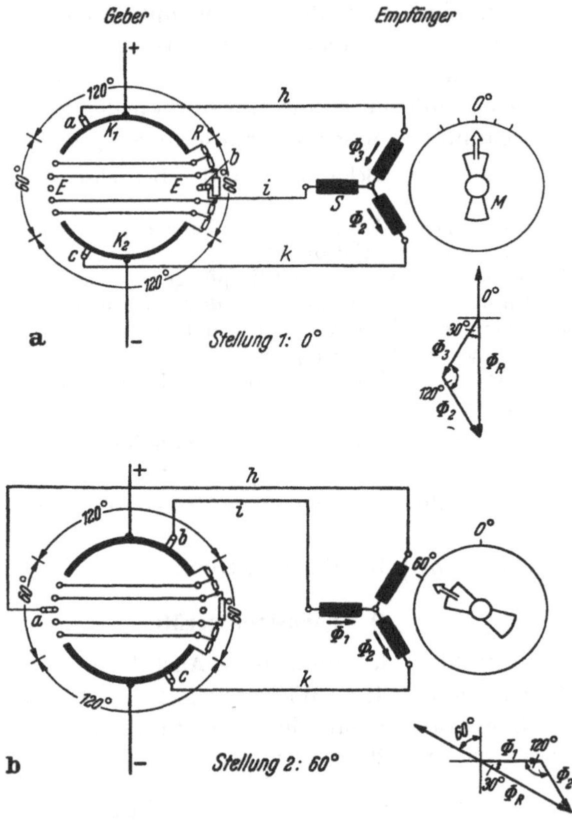

Abb. 425 a–d. Drehmeldersystem für Gleichstrom; Stellung des Ankers im Empfänger in Abhängigkeit von der Bürstenstellung des Gebers
a) Stellung 1:0°; b) Stellung 2:60°; c) Stellung 3:120°; d) Stellung 4:180°

des magnetisches Feld, dessen räumliche Lage von der Stellung der Bürsten im Geber bestimmt wird. Die Stellung des drehbaren permanentmagnetischen Ankers im Empfänger ist durch die räumliche Lage des von den Wicklungen im Ständer erregten Feldes gegeben, so daß die Richtung des auf der Achse des Ankers aufgebrachten Zeigers der Stellung des Gebers entspricht. – Dieses System hat zwar den Vorzug einer stetigen Übertragung des Meßwertes, aber den Nachteil, daß sich die am Geber abgegriffenen Teilspannungen und die damit dem Empfänger zugeführten Teilströme infolge des endlichen Widerstandes der Empfängerwicklungen nicht verhältnisgleich mit dem Verstellwinkel ändern. Dieser Fehler wächst mit der Größe des Widerstandes des Gebers und der Belastung des Gebers durch den oder die Empfänger. Ein Verringern

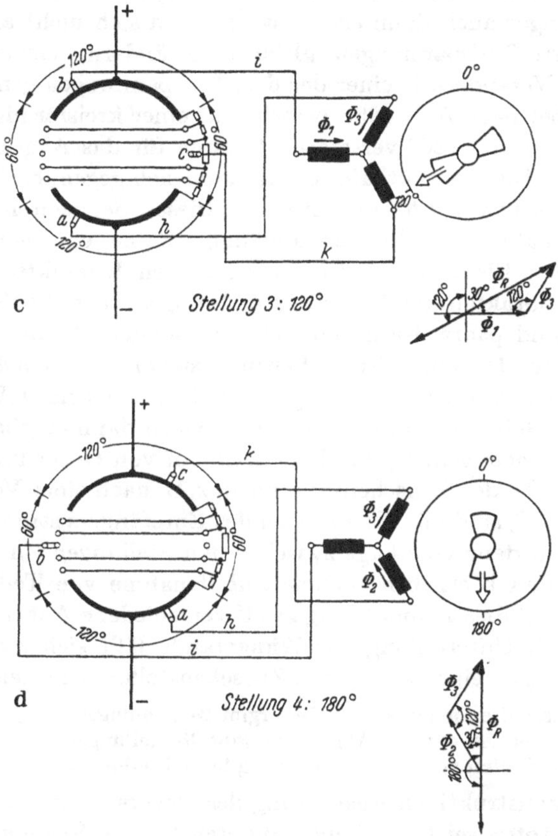

K_1, K_2 Kontaktsegmente; E Einzelkontakte; R Widerstände; M permanenter Magnet (Anker eines Drehmelders); S Statorwicklung; a, b, c Bürsten am Geber; h, i, k Leitungen zwischen Geber und Empfänger; $\Phi_{1,2,3}$ Teilflüsse der Empfängerwicklungen; Φ_R resultierender Fluß der Empfängerwicklungen

dieses Fehlers kann durch Wahl kleinerer Widerstände des Gebers im Verhältnis zum Wicklungswiderstand des Empfängers erreicht werden, jedoch wachsen dabei der Anschlußwert des gesamten Systems und die vom Geber abzuführenden Stromwärmeverluste. – Wird auf eine stetige Änderung der Anzeige verzichtet, so können diese Anzeigefehler durch Anordnen abgestufter Teilwiderstände am Geber vermieden werden, doch nimmt die Zahl der Teilwiderstände mit der Anzahl der verlangten Stellungsanzeigen zu; man erhält dann einen in seinen Abmessungen recht großen Geber.

Durch einen anderen Aufbau des Gebers kann die Zahl der abgestuften Teilwiderstände klein gehalten werden; sie können, falls nur wenige Anzeigestellungen benötigt werden, sogar fortfallen. Der Schaltung liegt der Gedanke zugrunde, daß ein synchroner Lauf von Geber und Empfänger auch dann erzielt wird, wenn sich nicht alle am Geber abgegriffenen Teilspannungen gleichzeitig ändern, vielmehr das abwechselnde Verändern je einer der drei Teilspannungen genügt.

Der Geber nach Abb. 425a besteht aus einer kreisförmigen Kontaktbahn und drei um 120° versetzten Bürsten für das Abgreifen der Teilspannungen. Die Kontaktbahn besitzt zwei sich gegenüberliegende Kontaktsegmente von je 120° und zwischen diesen Segmenten eine von der verlangten Zahl der Stellungen abhängige Reihe von sich über je 60° erstreckenden Einzelkontakten. Zwischen den Kontaktsegmenten und den Einzelkontakten sind Teilwiderstände angeordnet, die Einzelkontakte wiederum sind paarweise miteinander verbunden. In der in Abb. 425a gezeigten Lage des Gebers ist die Leitung i stromlos. In den Abb. 425b, c, d ist der Stromverlauf in den Empfängerwicklungen nach Verstellen der Bürsten im Geber um jeweils 60° und die sich dann ergebende Stellung des Ankers eingezeichnet, um den Gleichlauf von Geber und Empfänger aufzuzeigen. In den Zwischenstellungen, z.B. nach einer Verstellung des Gebers um 30°, sind alle Wicklungen des Empfängers stromführend. Der Anker nimmt dann eine Lage zwischen den Stellungen ein, die sich nach Abb. 425a und b ergeben. – Ohne Zuhilfenahme von Teilwiderständen lassen sich mit dieser Anordnung zwölf verschiedene Ankerstellungen erzielen. Durch Unterteilung der Widerstände läßt sich zwischen diesen Hauptstellungen eine Anzahl von Zwischenstellungen erreichen:

Zwischenschalten je eines Abgriffes ergibt 24 Stellungen.
Zwischenschalten von je 2 Abgriffen ergibt 36 Stellungen.
Zwischenschalten von je 7 Abgriffen ergibt 96 Stellungen.

In der konstruktiven Ausführung des Gebers trägt eine Grundplatte aus Isolierstoff zwei feststehende Bürsten für die Spannungszuführung sowie die drei um 120° versetzten Bürsten für den Abgriff der Teilspannungen. In der Mitte der Grundplatte ist die Kontaktplatte aus Isolierstoff mit den darauf aufgebauten Teilwiderständen drehbar gelagert. Der Geber ist im Hinblick auf die Belastung der Teilwiderstände der Anzahl der angeschlossenen Empfänger anzupassen. Bei Abschalten mehrerer Empfänger kann sich das Anschließen von Ersatzwiderständen als notwendig erweisen, um die Anzeigegenauigkeit der übrigen Empfänger nicht zu beeinträchtigen. Im Empfänger läßt sich bei einem maximalen Drehmoment von etwa 500 cmg und einer Anfangssteilheit von etwa 8 cmg/Grad eine Anzeigegenauigkeit von $\pm 1{,}5°$ erzielen. Die Leistungsaufnahme des Gebers beträgt bei 110 V Speisespannung 20 W, für einen Empfänger etwa 2 W. Bei einer Speisespannung von 220 V

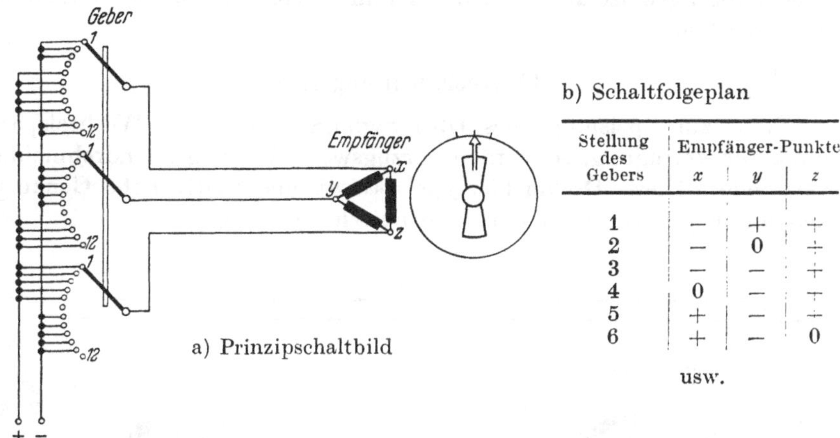

Stellung des Gebers	Empfänger-Punkte		
	x	y	z
1	−	+	+
2	−	0	+
3	−	−	+
4	0	−	+
5	+	−	+
6	+	−	0

usw.

Abb. 426a u. b. Kommandoübertragung nach dem 12-Stellungssystem

wird unter Benutzen eines Vorschaltwiderstandes etwa die doppelte Leistung benötigt.

Kommt man mit zwölf über 360° verteilten Empfängerstellungen aus, so können Kontaktsegmente und Bürsten der vorbeschriebenen Geber durch Schaltkontakte ersetzt werden. Dies geht aus Abb. 426 hervor. Der Schaltfolgeplan erläutert den Zusammenhang zwischen den jeweiligen Stellungen des Gebers und der Lage des Feldes im Empfänger. Bevorzugt wird dieses System für Maschinentelegrafen verwendet.

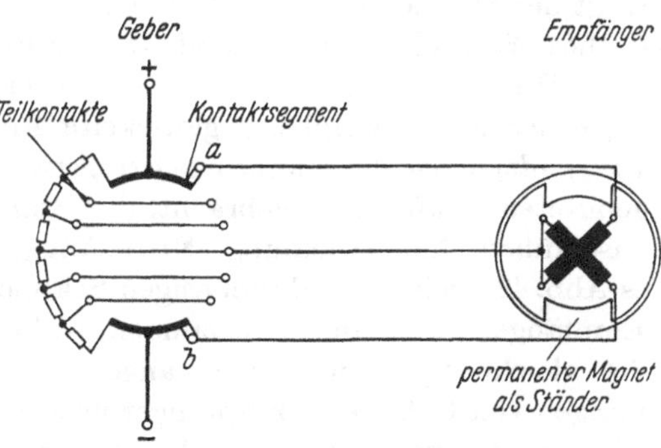

Abb. 427. Schaltung eines Drehmelders nach dem Spannungsteilersystem; Empfänger mit Dauermagnetfeld im Ständer (Bauart Hagenuk)

Bei einer anderen Ausführung werden die Spulen des Empfängers im drehbaren Teil untergebracht, während der Ständer von einem Permanentmagneten gebildet wird. Die Empfängerwicklung kann drei- oder zweiphasig ausgeführt werden. Abb. 427 zeigt ein Ausführungsbeispiel mit zweiphasiger Wicklung. Der Geber weist zwei nur je 90°

einnehmende Kontaktsegmente und auch nur zwei umlaufende Bürsten *a* und *b* auf. – Der Empfänger kann auch an Stelle des permanenten Magneten ein elektromagnetisch erregtes Feld erhalten. Die grundsätzliche Wirkungsweise unterscheidet sich nicht von den aufgezeigten Drehmeldersystemen.

b) Wechselstromgeräte

Steht zur Speisung eines Übertragungssystems eine Wechselspannung zur Verfügung, so werden vorzugsweise Wechselstromdrehmelder verwendet. Diese Drehmeldertype[1] besitzt eine relativ hohe Genauigkeit und ergibt vor allem eine kontinuierliche Anzeige.

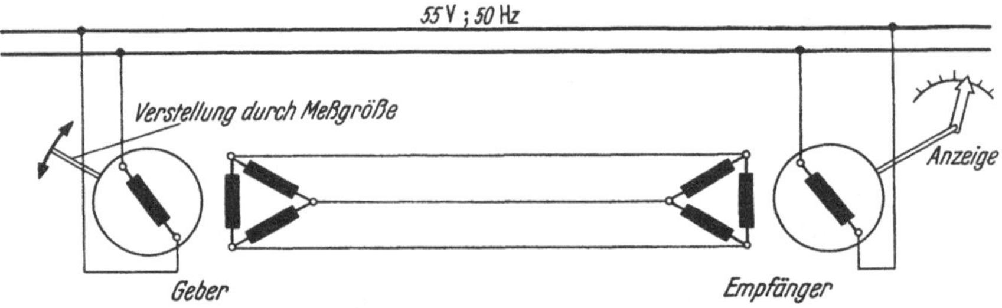

Abb. 428. Schaltung eines Drehmeldersystems für Wechselstrom (Ringfeldtype) zur Übertragung von Winkelwerten

Geber und Empfänger haben gleichen Aufbau. Bei der *Polfeld*type trägt der Ständer ausgeprägte Pole, über deren Wicklungen ein magnetisches Wechselfeld erregt wird. Der Läufer weist zumeist eine in Stern oder Dreieck geschaltete Dreiphasenwicklung auf, doch kommen gelegentlich auch zweiphasig gewickelte Anker zur Anwendung. Bei der *Ringfeld*type ist die einphasige Erregerwicklung nach Abb. 428 in einem genuteten Läufer untergebracht, der Ständer trägt dann die dreiphasig ausgeführte Ankerwicklung. Unabhängig von der Bauart werden, wie es Abb. 428 zeigt, die dreiphasigen Sekundärwicklungen von Geber und Empfänger miteinander verbunden, während die Erregerwicklungen an die gleiche Spannungsquelle angeschlossen sind: Die Anschlußspannungen von Geber und Empfänger müssen in ihrer Größe, Frequenz und Phasenlage übereinstimmen. Im Anker werden durch das Wechselfeld des Primärteiles Spannungen induziert, deren Größe von der Stellung des Ankers im Wechselfeld abhängig ist: Ein Winkelwert wird beim Geber in drei Spannungswerte umgewandelt. Die Wirkungsweise des Empfängers ergibt sich aus der Umkehrung dieses Vorganges: Die Spannungswerte werden in einen Winkelwert umgewandelt.

---

[1] In den USA und anderen Ländern ist die Bezeichnung „Synchro" üblich.

Bei gleicher räumlicher Lage der Läufer von Geber und Empfänger – es werden nur zweipolige Systeme verwendet – haben die im Anker induzierten Spannungen gleiche Größe und die die Anker verbindenden Leitungen führen keinen Strom. Befinden sich die Anker der beiden einphasig erregten Systeme in unterschiedlicher räumlicher Lage, etwa bei Verstellen des Gebers entsprechend dem Wert der Meßgröße, so ändern sich die in den Ankerwicklungen induzierten Spannungen. Die Verbindungsleitungen führen jetzt Ausgleichsströme, die ein Drehmoment erzeugen und den Läufer des Empfängers solange verstellen, bis die einander entsprechenden Spannungen gleich groß geworden sind, also keine Ausgleichsströme mehr auftreten. Die Stellung des Empfängers stimmt dann wieder mit der des Gebers überein, das Drehmoment ist zu Null geworden. Die Größe des Gebers ist der Größe und der Anzahl der angeschlossenen Empfänger anzupassen, um die zum Verstellen mehrerer Empfänger erforderlichen Ausgleichsströme und Drehmomente erzeugen zu können.

Wird in der Anordnung nach Abb. 428 der Empfänger in seiner räumlichen Lage festgehalten und der Läufer des Gebers verstellt, so wächst das aufzubringende Drehmoment annähernd sinusförmig, Abb. 429. Es erreicht seinen Höchstwert (Kippmoment) bei etwa 90°, wird bei 180° zu Null (labiler Punkt) und kehrt danach seine Richtung um. Entsprechendes gilt für einen verstellbaren Empfänger und festgehaltenen Geber. Drehmelder, die für Anzeige und Momenten-Übertragungen benutzt werden, arbeiten innerhalb des stabilen Bereiches. Wird zwischen Geber und Empfänger ein Drehmoment übertragen, so ist hiermit ein Fehlerwinkel verbunden, der mit dem zu übertragenden Drehmoment wächst.

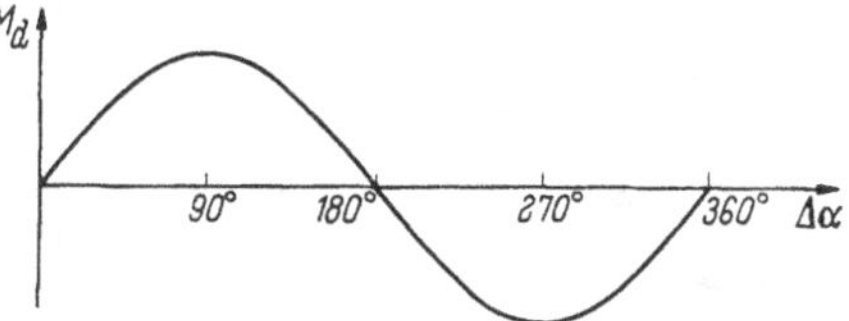

Abb. 429. Drehmomentverlauf eines Empfängers nach Abb. 428 in Abhängigkeit von der Winkeldifferenz $\Delta\alpha$ zwischen Geber und Empfänger

Das Übertragen von Winkelwerten mit wechselstromerregten Drehfeldsystemen ist von Schwankungen der Erregerspannung und Frequenz unabhängig. Die Widerstände der Übertragungsleitungen beeinflussen lediglich die Größe des im Empfänger wirksamen Drehmomentes und damit in geringerem Umfang die Anzeigegenauigkeit. Die Größe des Kippmomentes wird allerdings durch den Widerstand der Verbindungsleitungen zwischen Geber und Empfänger wesentlich beeinflußt. Jeder Drehmelder weist einen durch Unsymmetrieen des magnetischen Kreises und der Wicklung bedingten „elektrischen Fehler" auf, zu dem noch ein durch Lager- und Schleifringreibung verursachter Reibungsfehler hinzukommt. Die Summe beider Fehler ergibt den Anzeigefehler. Die Drehmelder können so gebaut werden, daß die Fehler unterhalb der nachstehend genannten Grenzen bleiben:

elektrischer Fehler 20′, also etwa $1^0/_{00}$ von 360°,
Anzeigefehler 1,5°, also etwa $5^0/_{00}$ von 360°.

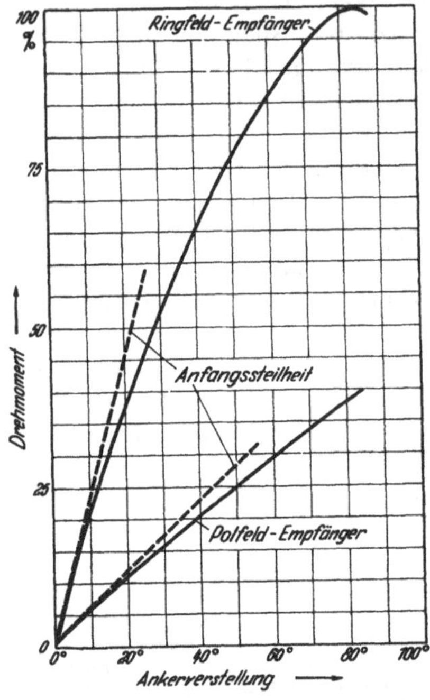

Abb. 430. Zusammenhang zwischen Drehmoment und Winkeldifferenz zwischen Geber und Empfänger von Wechselstrom-Drehmeldern (Ring- und Polfeldtype)

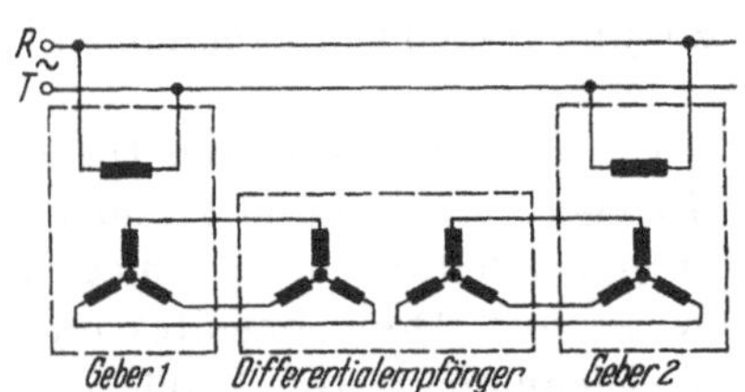

Abb. 431. Schaltung zur Summen- oder Differenzbildung mit Hilfe eines Differentialdrehmelders (nach HEMME [231])

Der Empfängerteil weist bei der Ringfeldtype ein maximales Drehmoment von etwa 900 cmg auf. Die Anfangssteilheit beträgt etwa 15 cmg/Grad. Polfeldsysteme können infolge ihres konstruktiven Aufbaus nur schwer die Genauigkeitswerte der Ringfeldtype erreichen. Abb. 430 zeigt eine Gegenüberstellung der Kennlinien von Ringfeld- und Polfeldtype gleicher Größe; hierbei wurde das Drehmoment der Ringfeldtype mit 100% angenommen.

Die Fernübertragung nach dem Induktionsprinzip läßt sich durch Drehmelder mit Spezialwicklungen erweitern. So kann gemäß Abb. 431 mit zwei Gebern und einem Differentialdrehmelder eine Summen- oder Differenzbildung durchgeführt werden. Der Differentialdrehmelder besitzt sowohl im Ständer wie im Läufer eine in Stern oder Dreieck geschaltete Dreiphasenwicklung und ist sowohl als Geber wie auch als Empfänger in gleicher Weise geeignet. Die notwendige Blindleistung zur Magnetisierung wird ihm über die beiden Drehmelder normaler Bauart zugeführt.

Die Genauigkeit der Drehmelder ist begrenzt; Drehmomente von mehr als 300 cmg werden nur selten direkt mit Drehmeldern übertragen. Ein Erhöhen der Genauigkeit oder auch des übertragbaren Drehmomentes ist durch Anwenden einer 2-Wert-Übertragung oder einer Nachlaufsteuerung zu erreichen, wenn vorausgesetzt werden kann, daß die Meßwerte hinreichend genau abgetastet und in entsprechende Geberverstellungen umgesetzt werden.

So kann z. B. der Feinwert direkt übertragen und der Grobwert mit Hilfe einer Zahnradübersetzung auf der Empfängerseite gebildet werden. Bei dieser Ausführung kann die Grobanzeige ebenso außer Tritt fallen wie bei einer anderen Anordnung, bei der dem Geber ein Getriebe vorgeschaltet wird, um eine Dehnung des zu übertragenden Winkels zu erreichen. Mit einer 2-Wert-Übertragung nach Abb. 432 wird einmal volle Selbstsynchronisation sichergestellt und wie bei der 1-Wert-Übertragung mit Grob-Fein-Anzeige eine höhere Genauigkeit erzielt. Das dem zu erfassenden Meßwert zugeordnete Stellungsverhältnis zwischen Grob- und Feinwert wird hierbei auf der Geberseite durch ein Getriebe gebildet. Die Anordnung benötigt 2 Geber und 2 Empfänger, wobei die Eindeutigkeit der Anzeige durch das Grobsystem sichergestellt, die Genauigkeit durch das Feinsystem erreicht wird.

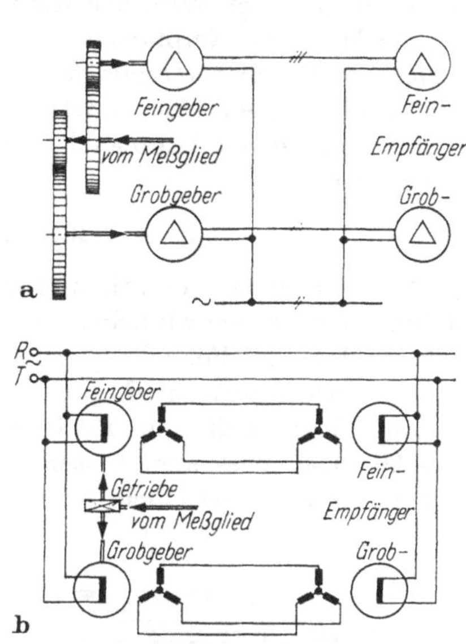

Abb. 432 a u. b. Grob-Fein-Übertragung (selbstsynchronisierend) mit 2 Drehmeldersystemen (nach HEMME [231])
a) mechanischer Aufbau; b) Schaltung

Drehmelder und Leitungsquerschnitte können klein gehalten werden, wenn das Grob-Fein-System verlassen und einer Nachlaufsteuerung nach Abb. 433. der Vorzug gegeben wird. Hier wird nur der Geber an das Netz angeschlossen, die dreiphasigen Ankerwicklungen sind wie bei den anderen Anordnungen miteinander verbunden. Die Ausgangsströme erregen durch die dreiphasige Wicklung des Empfängers ein Wechselfeld, das in der einphasigen Wicklung (bisher Erregerwicklung) eine von der räumlichen Stellung in Größe und Phasenlage abhängige Spannung induziert. Diese Spannung, einem Verstärker zugeführt, erregt in einem zweiphasig ausgeführten Asynchron-

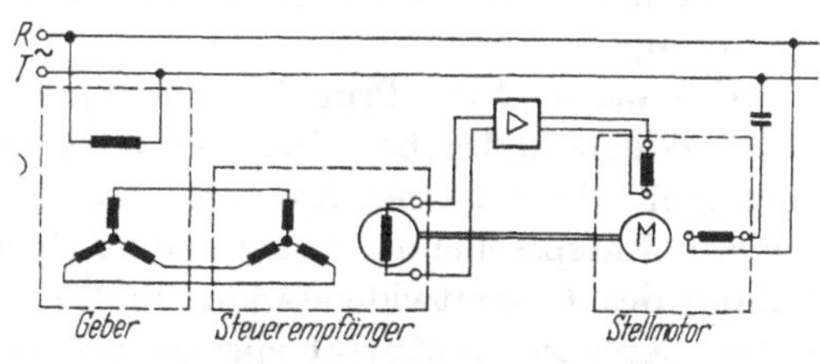

Abb. 433. Nachlaufsteuerung mit Drehmeldern

motor ein Drehfeld, dessen Größe und Drehrichtung von der Stellung der beiden Drehmelder abhängt. Diese Spannung wird zu Null – der Motor kommt damit zum Stehen –, wenn die magnetische Achse der einphasigen Wicklung des Empfängers senkrecht zur Richtung des Wechselfeldes liegt. Wird der Motor über ein Getriebe und ein Stellglied mit der Welle des Empfängers verbunden, so erhält man eine Nachlaufsteuerung, deren Übertragungsgenauigkeit nur noch von den elektrischen und mechanischen Unsymmetrien der Drehmelder abhängig ist. Eine höhere Genauigkeit kann auch hier durch eine „Grob-Fein"-Anordnung erzielt werden.

2. Widerstandsferngeber

Nach einem anderen Prinzip zur Übertragung von Meßwerten, Zeigerstellungen oder Drehwinkeln arbeiten Widerstandsferngeber, die in Bordanlagen dann mit Vorteil angewendet werden, wenn die Meßgrößen lediglich an Anzeigegeräten (Empfängern) dargestellt werden sollen oder nur geringe Verstellkräfte zur Betätigung des Gebers zur Verfügung stehen. Das Übertragungssystem besteht im wesentlichen aus einem Spannungsteiler als Geber und einem Kreuzspulinstrument als Anzeigeempfänger. Der Spannungsteiler und das Meßgerät liegen in den Zweigen einer Brückenschaltung. Das Kreuzspulmeßgerät weist ein großes Richtmoment auf und ist in den Grenzen von etwa $\pm 20\%$ unabhängig von der Nennspannung. Drehspulmeßgeräte benötigen dagegen als Empfänger bei den im Bordbetrieb unvermeidlichen Schwankungen der Netzspannung ein zusätzliches Gerät zum Konstanthalten der Speisespannung.

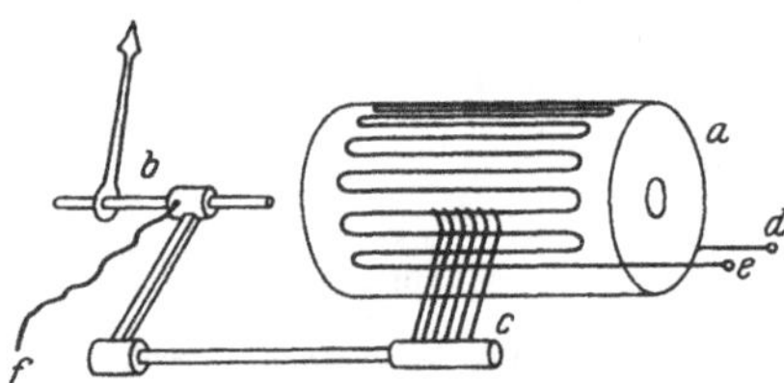

Abb. 434. Widerstandswicklung für Ferngeber
a Widerstandswicklung; *b* Meßwerkachse; *c* Schleifbürste; *d, e, f* Anschlüsse für den Widerstand

Abb. 434 zeigt das Prinzip der Fernübertragung einer Meßgröße durch einen Widerstandsgeber. Die Meßwertachse ist mit einer Schleifbürste gekuppelt, die auf einer feststehenden Wicklung aus Widerstandsdraht schleift. Entsprechend der jeweiligen Zeigerstellung ergibt sich eine Aufteilung des Gesamtwiderstandes in 2 Zweige. Das als Empfänger benutzte Kreuzspulmeßgerät spricht auf das Verhältnis der beiden Teilströme, die die Widerstandszweige führen, an. Der Strom in der einzelnen Spule des Meßwerkes wird durch die Summe aller Widerstände des gesamten Stromkreises bestimmt; in die Eichung sind mithin die Leitungswiderstände einzubeziehen. Durch Abgleichwiderstände kann, wie Abb. 435 zeigt, nicht nur der Einfluß der Leitungswiderstände abgeglichen werden, es ist auch eine Justierung für den gewünschten Skalenbereich sowie ein Vergrößern oder Verengen des Empfangsbereiches möglich. Soll der Geberwert an mehrere Stellen übertragen werden, so sind Mehrfach-

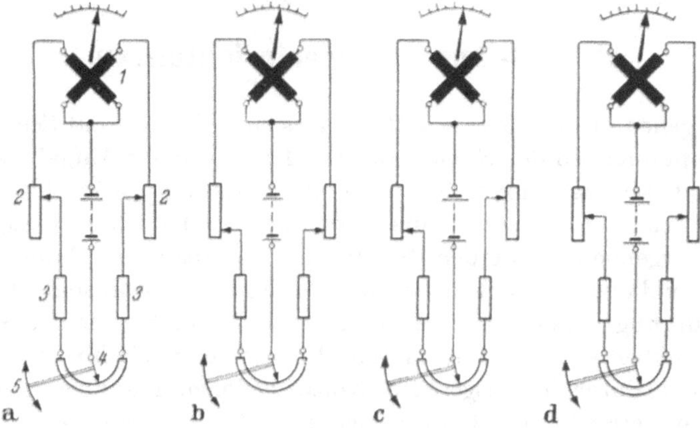

Abb. 435a–d. Kreuzspulübertragungssystem für Anschluß an ein Gleichstromnetz
a) Vergrößern des Skalenwinkels; b) Verkleinern des Skalenwinkels; c) Verstellen des Anzeigebereiches der Skala; d) Justierung für gewünschten Skalenwinkel
1 Kreuzspulmeßgerät; *2* Justierwiderstände; *3* Kabelwiderstände; *4* Widerstandsgeber; *5* Verstellung durch Meßgröße

geber vorzusehen. Der Ferngeber ist dann mit mehreren Widerstandswicklungen bestückt.

Eine sehr robuste Ausführung, die bei grundsätzlich gleicher Schaltung dann verwendet wird, wenn genügend große Verstellkräfte zur Verfügung stehen, ist in Abb. 436 wiedergegeben. Als Geber dient wiederum ein Spannungsteiler, bestehend aus einem gewickelten Widerstandsdraht, auf welchem ein Rollenkontakt entsprechend dem zu übertragenden Drehwinkel gleitet. Die Kontaktrolle, die durch eine Feder gegen den Drahtwiderstand gedrückt wird, ist isoliert auf einem beweglichen Hebel angeordnet, der von einer aus dem Gehäuse herausgeführten Welle angetrieben wird. Die Verbindung zum Rollenkontakt wird über eine flexible Leitung vorgenommen.

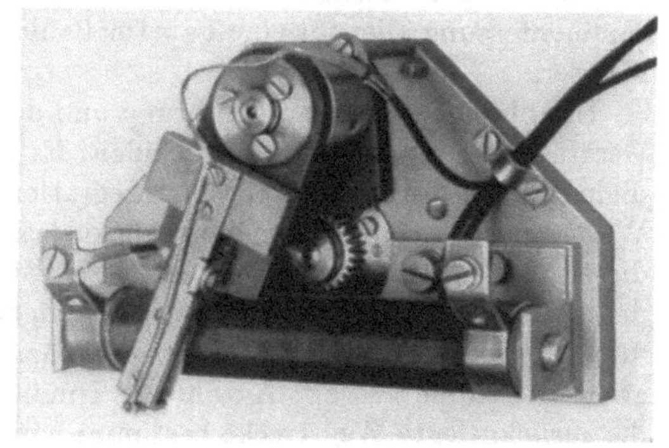

Abb. 436. Widerstandsferngeber für große Verstellkräfte (Bauart S & H)

Widerstandsferngeber werden an Bord von Schiffen vor allem für die Fernanzeige von Wasserständen, bei Fahrtmeßanlagen und zum Teil auch bei Ruderlagezeigern angewendet.

B. Meß- und Anzeigeeinrichtungen

Das genaue Bestimmen des Standortes eines Schiffes auf See ist eine der Hauptaufgaben der Navigation. Die Lösung dieser Aufgabe kann – aufgebaut auf astronomischen oder terrestrischen Beobachtungen – durch Rechnungen, denen Kurs, Zeit und Geschwindigkeit zugrunde liegen, vorgenommen werden. So sind der Kompaß, das Chronometer, das Log und auch das Lot die wichtigsten Navigationshilfsmittel für die Schiffsführung. Das eingebaute Log und das Echolot sowie der Kreiselkompaß haben eine lange technische Entwicklungszeit hinter sich; sie haben heute durch ihre ausgereiften Konstruktionen eine außerordentliche Vollendung erreicht. Die Geräte zeichnen sich durch sehr geringe Störanfälligkeit und große Meßgenauigkeit aus, Eigenschaften, die Voraussetzung für ihren Einsatz als Navigationshilfsmittel sind.

1. Fahrtmeßanlagen

Für eine laufende Geschwindigkeitsanzeige oder stetige Ermittlung der abgelaufenen Wegstrecke sind die lange Zeit verwendeten Schlepploge (z.B. WALKERsches Patentlog) von den fest im Schiff eingebauten Logen abgelöst worden. Unter einem Log wird hierbei allgemein die Zusammenfassung aller für eine Fahrtmeßanlage erforderlichen Geräte verstanden.

Unabhängig von der Ausführung und der räumlichen Anordnung der Geräte sind 2 Typen zu unterscheiden: Es wird entweder die Geschwindigkeit gemessen und durch ein Integrationszählwerk die zurückgelegte Wegstrecke bestimmt oder die zurückgelegte Distanz gemessen und aus dieser über ein Differenzierwerk die Geschwindigkeit ermittelt. Die Geräte der ersten Gruppe erfassen die Geschwindigkeit über den durch eine Meßdüse oder ein Staurohr gemessenen Strömungsdruck, während bei der zweiten Gruppe aus der Anzahl der Umdrehungen eines Meßpropellers die zurückgelegte Wegstrecke bestimmt wird. Beide Gerätetypen messen zwangsläufig die Geschwindigkeit des Schiffes durch das umgebende Wasser, nicht aber die Geschwindigkeit über Grund – ein Kriterium, das allen im Schiff angeordneten Fahrtmeßanlagen eigen ist. Nur die den Dopplereffekt ausnutzenden Schalloge – vorwiegend bei Vermessungsaufgaben eingesetzt – ermitteln die Schiffsgeschwindigkeit über Grund.

a) Messung der Geschwindigkeit

Druckloge. Druckloge bestehen aus der Einrichtung zum Gewinnen des Strömungsdruckes, der dann einem Meßgerät – Fahrtmeßgeber – zugeführt und in eine Geschwindigkeitsanzeige umgewandelt wird. Mit dem Meßgerät, das ohne oder mit einem Verstärkerglied arbeiten kann, ist ein Gebersystem verbunden, welches den gewonnenen Meßwert den Empfängern übermittelt. Der Strömungsdruck wird beim *Bodenlog* einer aus dem Schiff ausfahrbaren Meßdüse entnommen; beim *Stevenlog* wird dagegen der Schiffskörper selbst als Staurohr benutzt. Da aber am Meßort außer dem dynamischen auch der statische Druck der Wassersäule gemessen wird, muß letzterer gesondert an anderer Stelle erfaßt und dem Gesamtdruck entgegengeschaltet werden. Dadurch ergibt sich als Differenzdruck der gesuchte Strömungsdruck, aus dem die Geschwindigkeit bestimmt werden kann.

Bodenlog. Als Einbauort für ein Drucklog ist der Bereich in der Nähe des Schiffsbodens besonders geeignet, da hier der Einfluß der Eigenbewegungen des Schiffes am geringsten ist und sich Seegangseinflüsse nur wenig auswirken, zumal das Bodenlog in einem Bereich von etwa $\pm 10°$ unempfindlich gegen eine Schräganströmung ist. Läßt sich der Einbau des Ausfahrgerätes nur im Bereich des Hinterschiffes ermöglichen, so kann der zulässige Anströmwinkel überschritten werden, wenn Roll- und Gierbewegung gleichsinnig liegen; neben dem sich dann ergebenden Meßfehler wird die Meßdüse Kavitationsangriffen ausgesetzt. Das Bodenlog wird meist als stromlinienförmiger Körper ausgebildet und der zu ermittelnde Gesamtdruck einer in Fahrtrichtung liegenden Anbohrung nach Abb. 437 oder einer größeren muschelförmigen Öffnung nach Abb. 438 entnommen. Der Tiefgangsdruck kann einer Anbohrung des Schiffskörpers in unmittelbarer Nähe des Ausfahrgerätes oder einer weiteren Anbohrung des Ausfahrgerätes selbst entnommen werden; diese Anbohrung ist so anzuordnen, daß keine Störungen durch Wirbelungen auftreten können. Lufteinbrüche in die Meßleitungen bedingen Meßfehler; sie können durch Anordnen von Luftsammlern ausgeschaltet werden. Durch eine andere Ausbildung der Meßdüse wird eine selbsttätige Luftsperre dadurch erreicht, daß nach Abb. 437 die Anbohrungen innerhalb der Düse zunächst zu einer tiefsten Stelle geführt werden, so daß in die Meßleitungen selbst kein neues, mit Luft versetztes Wasser eindringen kann.

Von wesentlichem Einfluß auf die Anzeigegenauigkeit ist die zu wählende Ausfahrlänge für die Meßdüse; bei zu geringen Ausfahrlängen liegt die Düse noch im Bereich des von Rauhigkeit und Bewuchs beeinflußten Reibungsmitstromes, bei zu großen Ausfahrlängen im Verdrängungsstrom. Da die Lage der Grenzschicht (in ihr sollte die Meßöffnung liegen) aber nicht nur von der Schiffsgeschwindigkeit, dem Tiefgang des Schiffes und der Wassertiefe abhängig ist – die zuletzt genannten Einflüsse gewinnen erst bei größeren Schiffen und höheren Geschwindigkeiten wesentlichen Einfluß –, können Anzeigefehler auftreten, die nur durch Meilenfahrten zu erfassen sind.

Die Abweichungen des wirklich herrschenden Strömungs-

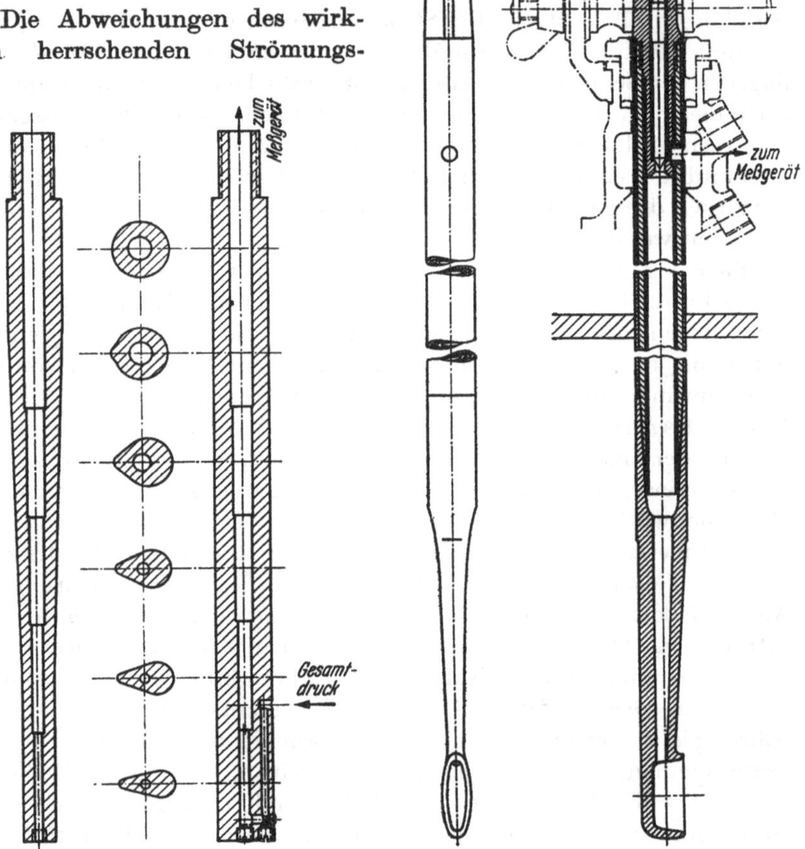

Abb. 437. Ausfahrgerät für ein Bodenlog (Bauart Hoppe)

Abb. 438. Bodenlog (Bauart SAL)

druckes (Kurve *a*) von den theoretischen Werten, wie sie sich in der ungestörten Strömung einstellen würden (Kurve *b*), sind für ein schnelles Fahrzeug der Abb. 439 zu entnehmen.

Stevenlog. Die bei einem Bodenlog möglichen Fehler können die Brauchbarkeit einer auf diesem Meßprinzip beruhenden Fahrtmeßanlage bei größeren Schiffen (etwa über 8000 BRT) und höheren Geschwindigkeiten (etwa ab 20 kn) in Frage stellen, auch dann, wenn zu sehr großen Ausfahrlängen übergegangen wird. Günstiger ist in dieser Beziehung das Stevenlog. Bei diesem wird im Vorsteven des Schiffes nach Abb. 440 eine Bohrung angebracht, welcher der von den vorgenannten Einflüssen

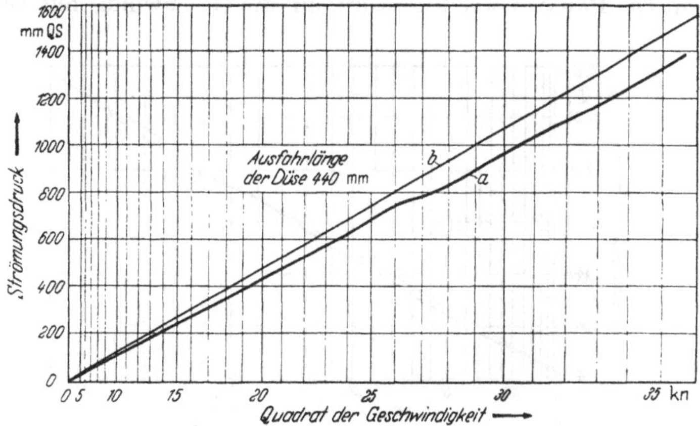

Abb. 439. Druck/Geschwindigkeits-Kennlinie für ein Bodenlog (nach WANGERIN [262])
Schiffsdaten: Rauminhalt etwa 1000 BRT, Länge 114 m, Tiefgang 3,8 m

freie Gesamtdruck entnommen wird. Anbohrungen an der Außenhaut des Schiffes dienen der Entnahme des Tiefgangsdruckes. Der konstruktiven Gestaltung der Buganbohrung stellen sich bei den verschiedenen Vorstevenbauarten durch Anordnen von Staunasen und -taschen keine

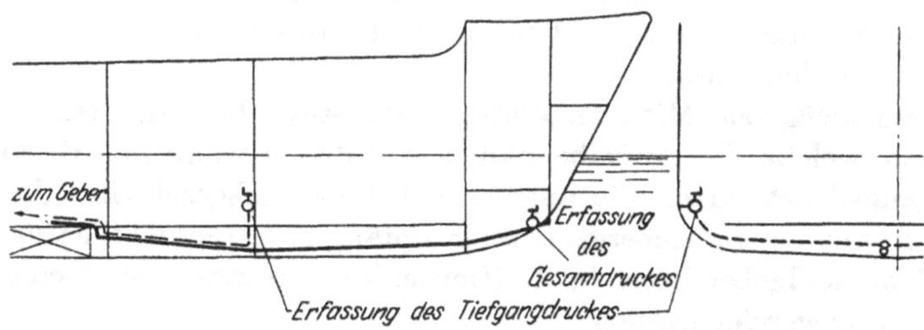

Abb. 440. Stevenlog, Anordnung der Druckentnahmestellen

Schwierigkeiten entgegen. Die seitlichen Anbohrungen sind an Stellen anzuordnen, an denen bei verschiedenen Schiffsgeschwindigkeiten möglichst gleiche statische Drücke herrschen. Die Druckgeschwindigkeitskurve des Stevenlogs weist daher bei nicht konstantem statischen Druck eine Form auf, die nach Abb. 441 mehr oder weniger um den theoretischen Verlauf schwankt.

Seitenlog. Der Einfluß von Schlinger- und Stampfbewegungen auf das Stevenlog und die Eisgefährdung des Bodenlogs führen gelegentlich zum Seitenlog. Bei diesem befinden sich am Vorschiff in einem Bereich, in dem die Grenzschicht noch hinreichend dünn ist, an beiden Schiffsseiten nach vorn offene lange Halbtrichter, die den Gesamtdruck aufnehmen. Die Bauart ist selbstentlüftend, die Geschwindigkeitsverteilung

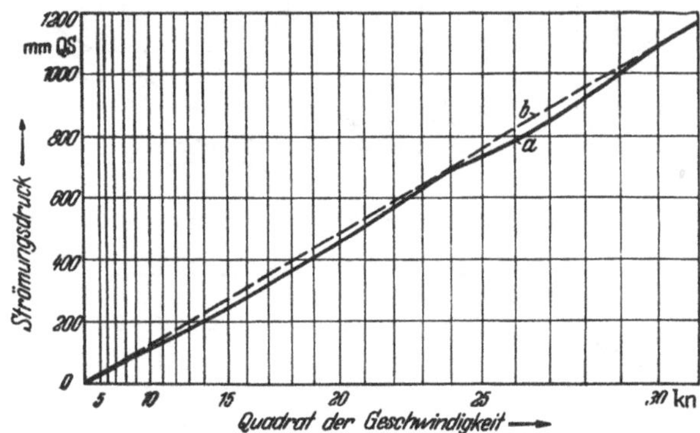

Abb. 441. Druck/Geschwindigkeits-Kennlinie für ein Stevenlog (nach WANGERIN [262])

innerhalb der Grenzschicht, die eine geringe Nebenströmung innerhalb der Stautaschen hervorruft, sorgt für selbsttätiges Freispülen von möglichen Ablagerungen.

Bodenlog und Stevenlog benötigen wegen der Veränderlichkeit der Strömungsverhältnisse in der Nähe der Grenzschicht sowie wegen des Einflusses vorbeilaufender Dünungswellen und den damit verbundenen Druckschwankungen eine Dämpfung, die durch Drosselventile sichergestellt werden kann.

Fahrtmeßgeber. Mit dem Boden- oder Stevenlog sind Meßgeräte verbunden, welche die Aufgabe haben, aus den gewonnenen Gesamt- und Tiefgangsdruckwerten die augenblickliche Schiffsgeschwindigkeit zu ermitteln und sie als Gebergerät an Empfänger weiterzuleiten; sie werden als Fahrtmeßgeber bezeichnet. Hierbei können zwei verschiedene Prinzipien angewendet werden.

Dem Gesamtdruck wirkt in einem Differenz*manometer*gerät der Tiefgangsdruck entgegen. Der Differenzdruck, welcher gleich dem Strömungsdruck ist, betätigt einen Zeiger und gleichzeitig einen elektrischen Ferngeber. Um eine proportionale Teilung der Skala für Geber und Empfänger zu erhalten, wird die quadratische Abhängigkeit der Geschwindigkeit vom Strömungsdruck in eine lineare durch Radizieren umgewandelt. Zum Vereinfachen der Eichung wird diese Radizierung vorwiegend in den mechanischen Teil des Gerätes verlegt.

Auch beim *Membrangerät* wird der Strömungsdruck aus dem Gesamt- und dem Tiefgangsdruck ermittelt.

Manometergeräte. Manometergeräte benutzen Quecksilber als Meßflüssigkeit; sie bestehen aus einem U-Rohr, dem auf der einen Seite der Tiefgangsdruck, auf der anderen Seite der Gesamtdruck zugeführt wird. Auf dem Quecksilberspiegel, dessen Höhe ein Maß für die Geschwindigkeit ist, befindet sich ein Schwimmer, dessen Stellung nach außen durch Zahnstange und Zahnrad auf die Anzeigevorrichtung übertragen wird. Einer fehlerhaften Anzeige bei Schräglage des Schiffes wird durch Verwenden von ineinanderliegenden Rohren begegnet. Das Radizieren wird in den mechanischen Teil verlegt. In der Ausführung nach Abb. 442 wird hierfür in dem Gerät eine Kurvenscheibe verwendet – sie ergibt durch Nacharbeiten auch bei unregelmäßig verlaufender Druckgeschwindigkeitskurve eine proportionale Teilung der Skala –, gegen die sich ein Folgehebel legt. Das Herausführen der Schwimmerbewegung aus dem Druckraum wird unter Verwenden einer praktisch schlupffreien Magnetkupplung durch einen Blindflansch aus nichtmagnetischem Material erreicht.

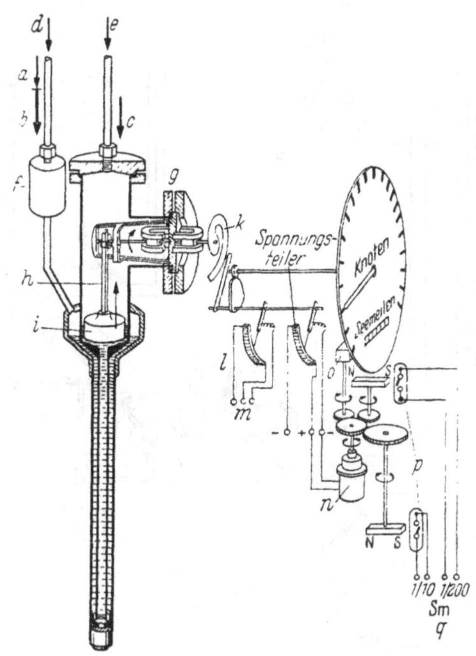

Abb. 442. Fahrtmeßgeber (Bauart H & B) (nach [263]) *a*, *c* Tiefgangsdruck; *b* Strömungsdruck; *d* Zuleitung vom Vorsteven oder Ausfahrgerät; *e* Zuleitung von Entnahmestelle Tiefgangsdruck; *f* Überlaufgefäß; *g* Blindflansch mit magnetischer Kupplung; *h* Zahnstange; *i* Schwimmer; *k* radizierende Kurvenscheibe; *l* Widerstandsferngeber; *m* zum Empfänger (Geschwindigkeitsanzeige); *n* Gleichstrommotor; *o* Rollenzählwerk (Distanzzählwerk); *p* Magnetkontakt; *q* zum Empfänger (Distanzzählwerk)

Der kleine Drehwinkel (90°) der den Folgehebel tragenden Achse, die gleichzeitig das Gebergerät für das Übertragen des Meßwertes auf die Empfänger (Widerstandsgeber, Kreuzspulgerät als Anzeigegerät, vgl. Abb. 435) aufnimmt, wird über ein Zahnsegment und ein Zahnrad auf der Zeigerachse vergrößert. Das Distanzzählwerk wird ebenfalls von der Zeigerwelle betätigt und ein Kontaktsystem zur Fernanzeige der abgelaufenen Distanz benutzt, wobei 1/10-sm-Impulse für die Belange der Navigation und 1/200-sm-Impulse für die Einspeisung des „true motion"-teiles der Radargeräte an die Brückenempfänger gegeben werden.

Membrangeräte. Membrangeräte benötigen im Gegensatz zu den Manometergeräten zumeist eine Hilfsenergie zum Nachsteuern des Meßsystems. Von den verschiedenen, nach diesem Prinzip gebauten Fahrtmeßgebern hat ein Gerät nach Abb. 443 mit elektrisch betätigter Nachlaufsteuerung weite Verbreitung gefunden. Die Membranen sind als Balgsystem ausgebildet, wobei der Boden dieses Systems – durch keine Stopfbuchse behindert – eine dem Strömungsdruck proportionale vertikale Bewegung ausführt. Dabei wird über einen Kniehebel ein Kontakt *e* betätigt, der den in seiner Drehrichtung umkehrbaren Servomotor *f* (Zweiphasenmotor) zum Anlaufen bringt. Dieser verstellt über ein Getriebe eine Kurvenscheibe *g* so lange, bis der Boden des Druckgefäßes über die Druckstange *b* wieder in die Ausgangsstellung zurückgeführt ist. Mit der Drehbewegung der Kurvenscheibe – sie sorgt für eine proportionale Teilung der Skala – wird gleichzeitig der Geber *m* verstellt und somit die Geschwindigkeit an den Empfängern *n* zur Anzeige gebracht.

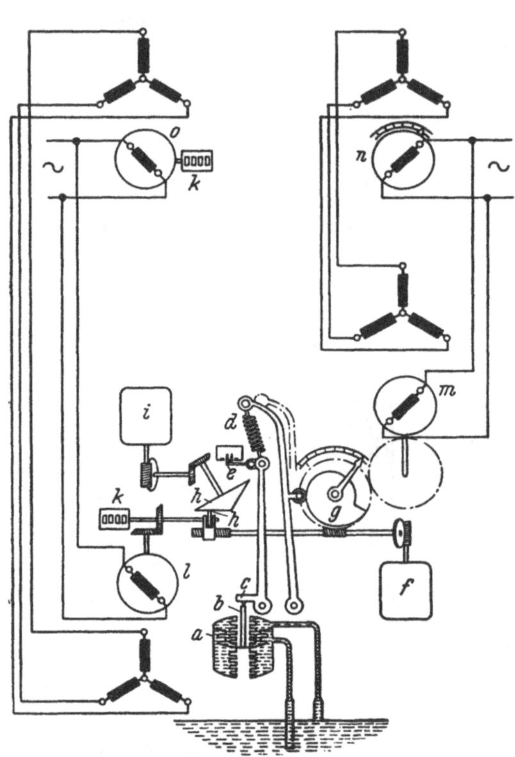

Abb. 443. Fahrtmeßgerät (Bauart SAL)
a Balgsystem; *b* Druckstange; *c* Kniehebel; *d* Feder; *e* Kontaktsystem; *f* Motor für Nachlaufsteuerung; *g* Kurvenscheibe; *h* Reibradgetriebe; *i* Motor für Reibradgetriebe; *k* Distanzzählwerk; *l* Drehfeldgeber für Distanz; *m* Drehfeldgeber für Geschwindigkeit; *n* Empfänger für Geschwindigkeit; *o* Empfänger für Distanz

Die Anzahl der Umdrehungen der Achse, welche die Kurvenscheibe verstellt, sind der Geschwindigkeit proportional. Zur Ermittlung der Distanz dient ein Reibrollen-Integrierwerk, dessen Reibkegel *h* mit gleichbleibender Winkelgeschwindigkeit von dem Motor *i* angetrieben wird. Die Konstanz der Drehzahl des Motors *i* wird durch geeignete Vorwiderstände sichergestellt, die von einem vom Motor selbst angetriebenen Kontrolluhrwerk über Hilfskontakte nach der Prinzipschaltung in Abb. 444 gesteuert wird. Zum Übertragen der ermittelten Distanz wird ebenfalls ein Drehmeldersystem verwendet. Die Nachlaufsteuerung muß eine Folgegeschwindigkeit aufweisen, die größer ist als die Geschwindigkeitsänderung, welche das Schiff bei irgendeiner Änderung der Fahrtstufe erfährt. In Abb. 445 ist das Kontaktsystem für die

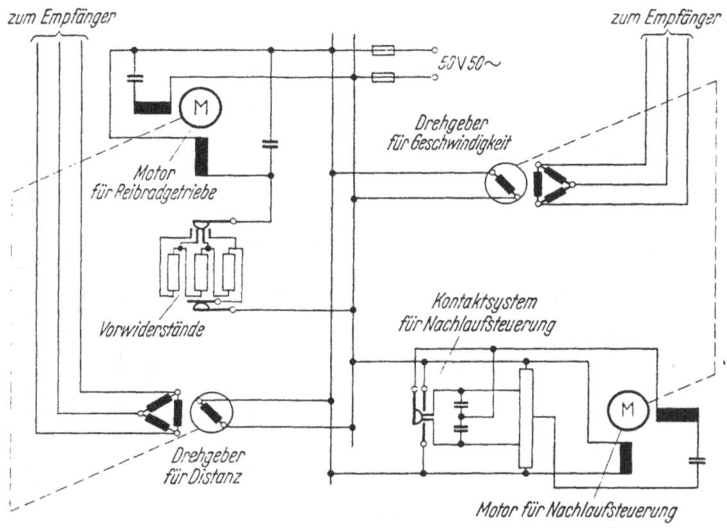

Abb. 444. Schaltung der Nachlaufsteuerung zum SAL-Log

Nachlaufsteuerung durch eine induktive Startvorrichtung ersetzt. Bewegt sich durch eine Änderung des Strömungsdruckes der Kniehebel *c* in Abb. 443, so wird die Lage einer Weicheisenzunge *b* in dem Luftspalt

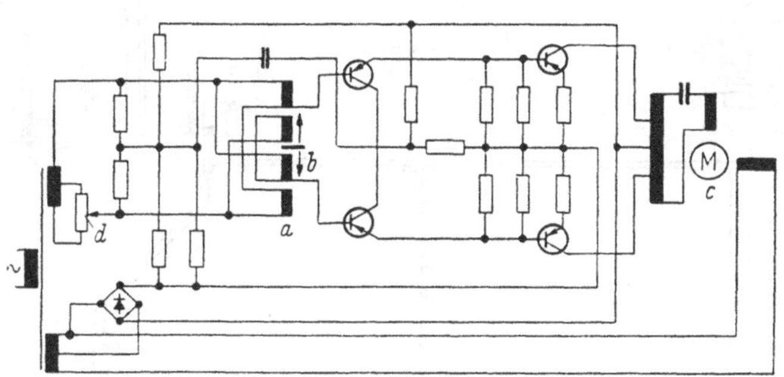

Abb. 445. Schaltplan einer induktiven Startvorrichtung (Bauart SAL)

eines Differentialtransformators *a* verändert, dessen Ausgangsspannung in Größe und Phasenlage proportional der Auslenkung ist. Die Ausgangsspannung wird, um als Eingangsspannung für die Steuerwicklung des

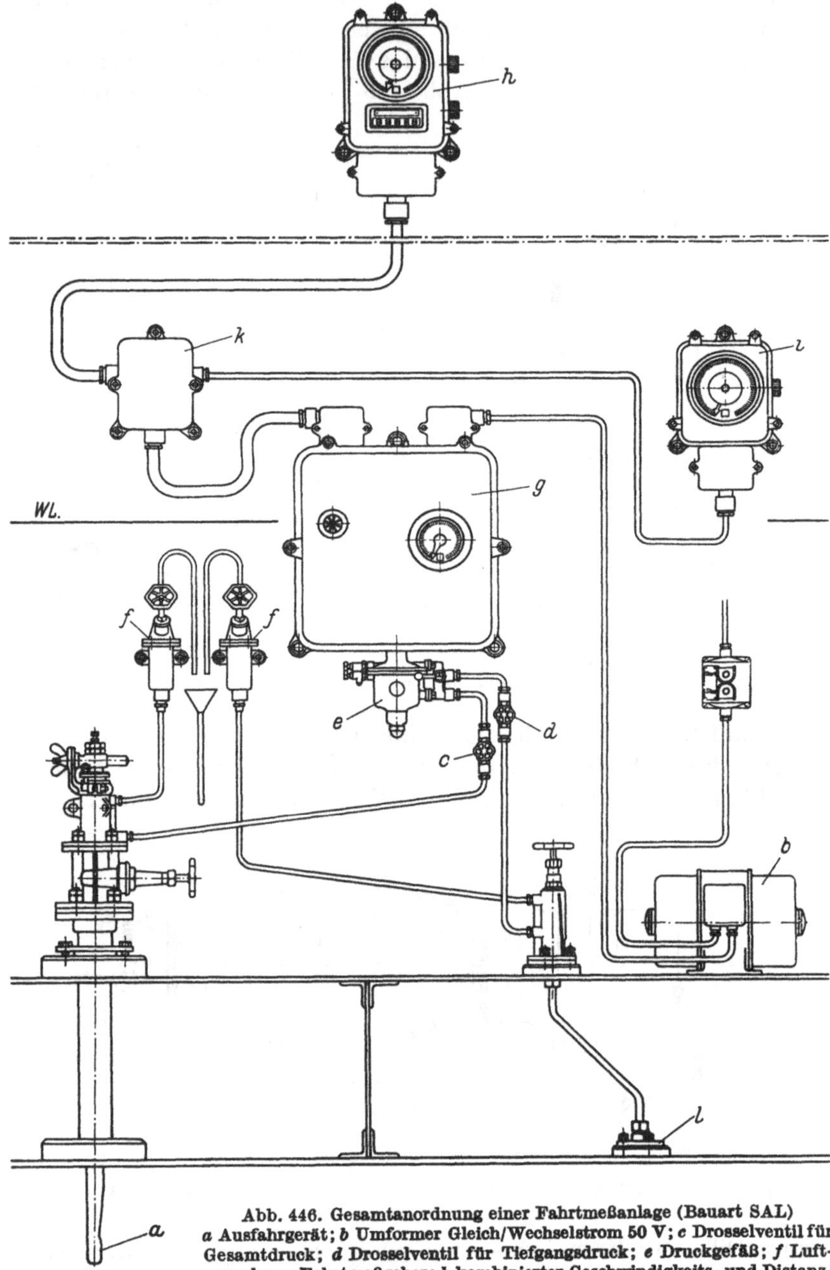

Abb. 446. Gesamtanordnung einer Fahrtmeßanlage (Bauart SAL) *a* Ausfahrgerät; *b* Umformer Gleich/Wechselstrom 50 V; *c* Drosselventil für Gesamtdruck; *d* Drosselventil für Tiefgangsdruck; *e* Druckgefäß; *f* Luftsammler; *g* Fahrtmeßgeber; *h* kombinierter Geschwindigkeits- und Distanzanzeiger, Brückeninstrument; *i* Geschwindigkeitsanzeiger im Maschinenraum; *k* Kabelverteilungskasten mit Sicherungen; *l* statische Bohrung mit Doppelungsplatte

Motors *c* der Nachlaufsteuerung dienen zu können, über einen Transistorverstärker verstärkt, dessen Empfindlichkeit an dem Potentiometer *d* eingestellt werden kann. Der Aufbau einer vollständigen Fahrtmeßanlage ist in Abb. 446 wiedergegeben. Sie kann durch eine ferngesteuerte Betätigungsvorrichtung ergänzt werden, bei der das Einschalten der Anlage, das Betätigen der Luftsammler und einer pneumatischen Vorrichtung zum Ein- und Ausfahren des Staurohres von der Brücke aus vorgenommen wird.

b) Messung der Distanz

Distanzmeßgeräte bestimmen den zurückgelegten Weg eines Schiffes durch Zählen der Umdrehungen eines im Fahrtstrom des Schiffes angeordneten Meßpropellers. Die Schiffsgeschwindigkeit wird dann durch ein Differenzierwerk ermittelt.

Das in Abb. 447 dargestellte Log verwendet einen möglichst in der Grenzschicht liegenden Meßpropeller, der in einer ausfahrbaren, stromlinienförmig ausgebildeten Spier untergebracht ist. Der Propeller ist von einer Schutzumkleidung umgeben, die einmal Beschädigungen der Meßeinrichtung vermeiden soll, zum anderen dafür sorgt, daß das Wasser dem Meßpropeller gleichmäßig zugeführt wird. Innerhalb der Schutzumkleidung ist die eigentliche Meßeinrichtung untergebracht. In einer Ausführung betätigt der Meßpropeller über ein Getriebe Kontaktfedern, denen die Meßspannung durch eine innerhalb der Spier untergebrachte Leitung zugeführt wird. Steigung, Fläche und Durchmesser des Meßpropellers sind so aufeinander abgestimmt, daß

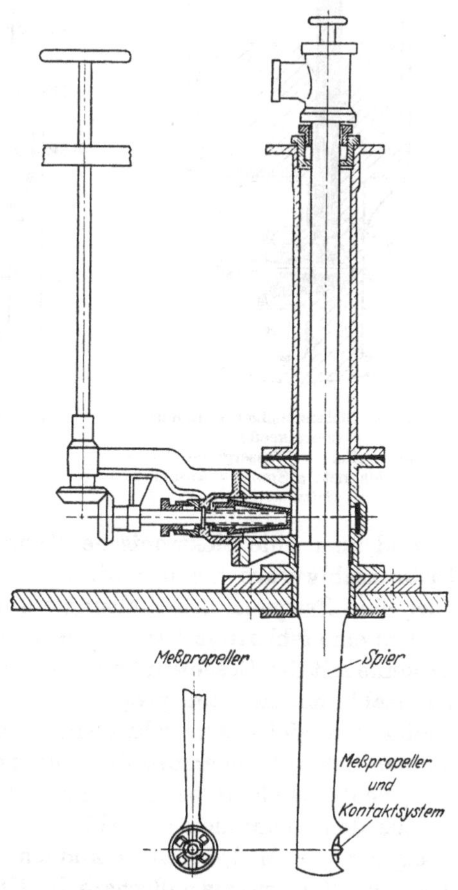

Abb. 447. Distanzmeßgerät; Bauart Chernikeeff (nach Wangerin [262])

nach Zurücklegen einer Strecke von 1/400 sm jeweils der Kontakt geschlossen und das Distanzzählwerk über ein Relais um einen Schritt weiterbewegt wird. Vom gleichen Stromimpuls wird das Differenzierwerk betätigt und so die Geschwindigkeit zur Anzeige gebracht. In der Ausführung nach Abb. 448 rotiert mit dem Meßpropeller, dessen Welle auf wassergeschmierten Lagern läuft, ein permanenter Magnet. Er induziert in der im Schaft liegenden Spule eine praktisch sinusförmige Spannung, deren Frequenz proportional der Schiffsgeschwindigkeit

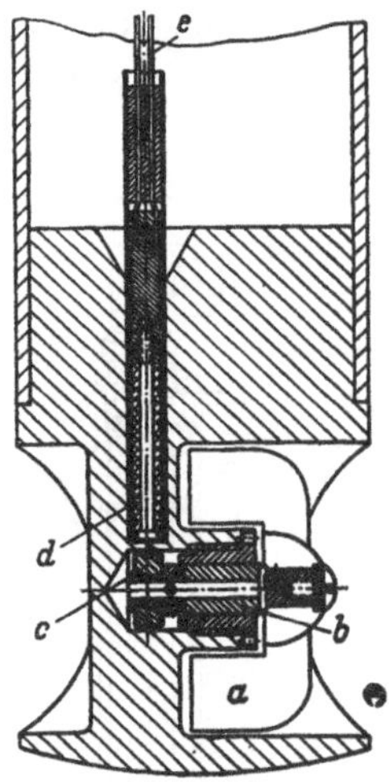

Abb. 448. Distanzmeßgerät (Bauart Chernikeeff)
a Meßpropeller; *b* Wassergeschmiertes Lager; *c* Magnet; *d* Spule; *e* Anschlußleitungen

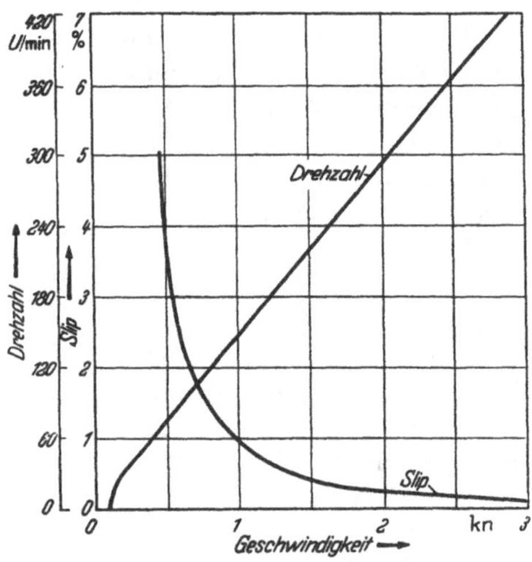

Abb. 449. Kennlinien des Distanzmeßgerätes von Abb. 448 (nach WANGERIN [262])

ist und über eine elektronische Teilungsschaltung zur Betätigung des Distanzzählwerkes benutzt wird. Die Schiffsgeschwindigkeit wird hier über eine Frequenzmeßschaltung ermittelt.

Um eine fehlerfreie Distanzmessung zu erhalten, darf der Meßpropeller keine mit der Geschwindigkeit sich ändernden Fehler aufweisen, seine Drehzahl muß also stets proportional der Geschwindigkeit sein. Wird die Reibung im Meßsystem sehr klein gehalten und der Propeller – um einen kleinen Schlupf sicherzustellen – als hochgängige Schraube ausgebildet, so spricht das Gerät bereits bei sehr kleinen Geschwindigkeiten an, wie es aus den Kennlinien der Abb. 449 hervorgeht. Durch Verändern der Steigung des Meßpropellers können Meßfehler, verursacht durch die Lage des Meßsystems außerhalb der Grenzschicht, zum Teil ausgeglichen werden.

Das Distanzmeßgerät der Abb. 450 benutzt ebenfalls einen Meßpropeller, dem jedoch eine Sekundärströmung, durch die Druckdifferenz von außenbords befindlichen Düsen hervorgerufen, zugeführt wird; der

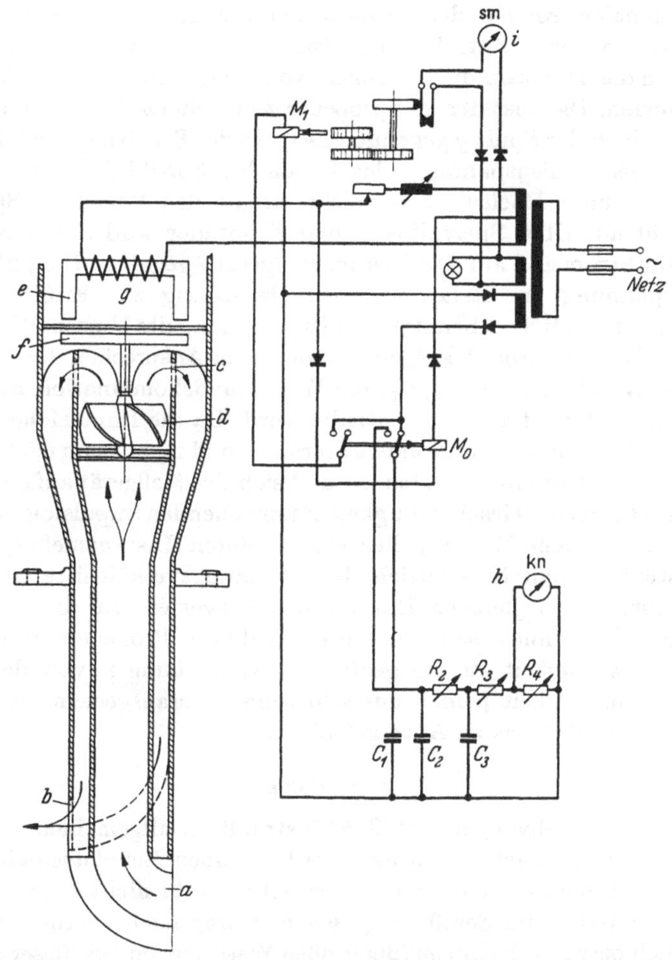

Abb. 450. Prinzipieller Aufbau und Schaltung eines Distanzmeßgerätes (Bauart NEL) *a* Wassereintritt; *b* Wasseraustritt; *c* Durchströmöffnungen; *d* Meßpropeller; *e* fester Eisenkern; *f* drehbarer Eisenkern; *g* Spule; *h* Meßgerät für Geschwindigkeit; *i* Distanzmeßgerät (Zählwerk); M_1, M_0 Relais; R_{2-4} Widerstände; C_{1-3} Kondensatoren

Meßpropeller wird auf diese Weise vor direkten mechanischen Beschädigungen geschützt. In einer durch ein Seeventil absperrbaren Säule sind zwei konzentrische Rohre geführt. Durch die in Fahrtrichtung liegende Öffnung *a* wird die Strömung durch das innere Rohr dem Propeller *d* zugeführt und durch die in ihrem Querschnitt verstellbaren Durchströmungsöffnungen *c* über das äußere Rohr nach außenbords – Öffnungen *b* – geführt.

Zum Übertragen des Meßwertes, d.h. der dem zurückgelegten Weg proportionalen Anzahl der Propellerumdrehungen, wird ein Wechselstromsystem verwendet. Der Blindwiderstand einer Spule wird dabei einer von der Drehzahl des Propellers abhängigen periodischen Änderung unterworfen. Dazu ist der Meßpropeller *d* mit einem Anker *f* verbunden, der dem Joch der Spule *g* gegenüberliegt. In der Schaltung nach Abb. 450 liegt an der Spulenspannung das Relais M_0. Sobald die Spannung am Relais M_0 ihren Höchstwert erreicht, erhält das Relais M_1 Spannung und zieht an. Über Sperrklinken und Zahnräder wird durch Kontaktgeber ein Stromstoß auf das Distanzmeßgerät *i* gegeben. Die pulsierende Gleichspannung am Relais M_0 wird gleichzeitig zur Ermittlung der Schiffsgeschwindigkeit benutzt. Bei Ruhestellung des Umschaltkontaktes wird der Kondensator C_1 aufgeladen, der beim Ansprechen des Relais M_0 über die Kondensatoren C_2, C_3, die Widerstandskombination R_2, R_3, R_4 sowie das Meßgerät *h* wieder entladen wird. Da die Impulsfolge groß ist (400/sm), können sich die Kondensatoren C_2 und C_3 bis zum nächsten Impuls nicht vollständig entladen, so daß sich das Meßgerät auf einen mittleren Wert einer der Geschwindigkeit entsprechenden Impulsfolge einstellt.

Die mit einem Meßpropeller ausgerüsteten Distanzmeßgeräte sind bei festem Einbau hinsichtlich der Strömungsverhältnisse unter dem Schiffskörper den gleichen Einflüssen unterworfen wie die Druckloge. Anzeigefehler können, so lange die Drehzahl des Propellers proportional der Geschwindigkeit ist, ausgeglichen, Abweichungen von der geradlinigen Abhängigkeit jedoch nur sehr schwer herausgeeicht werden. Im allgemeinen führt das zu Anzeigefehlern.

c) Schalloge

Ein Echolotschwinger (vgl. S. 526) strahlt im allgemeinen den Schall genau senkrecht nach unten ab. Werden jedoch Echolotschwinger von großer Richtschärfe benutzt und der Schallstrahl nicht senkrecht nach unten, sondern, vom Schiff aus gesehen, schräg nach voraus gelenkt, so wird auch bis zu verhältnismäßig großen Wassertiefen aus dieser schrägen Richtung der Schall als Echo zurückerhalten. Durch eine genaue Frequenzbestimmung dieses Echos kann aus der Größe der Frequenzveränderung (Dopplerprinzip) die Fahrt des Schiffes über Grund ermittelt werden. Derartige Anlagen haben sich an Bord von Vermessungsschiffen und seegehenden Baggern zur Anzeige der Schiffsgeschwindigkeit als außerordentlich nützlich erwiesen. Insbesondere kommt es bei diesen Baggern darauf an, sehr kleine Fahrtstufen von 0,5–2 kn gegen Grund genau zu ermitteln.

2. Tiefgangsmeßanlagen

Der Tiefgangsdruck einer Fahrtmeßanlage kann zum Bestimmen des Tiefganges eines Schiffes herangezogen werden. Die so erhaltene Anzeige wird bei Fahrt des Schiffes nur dann zuverlässige Werte liefern, wenn der Tiefgangsdruck an der Entnahmestelle von der Schiffsgeschwindigkeit und der Wassertiefe nicht beeinflußt wird. Die Messung selbst wird auf das Prinzip der kommunizierenden Röhren zurückgeführt, wie es aus Abb. 451 hervorgeht. Als Meßflüssigkeit wird Quecksilber benutzt. Der Tiefgang kann nur in dem Spantbereich erfaßt werden, an dem sich die Meßeinrichtung befindet. Vor der Messung selbst ist durch Frischwasserzufluß für Ausgleich der Temperaturunterschiede und das richtige spezifische Gewicht des Seewassers zu sorgen.

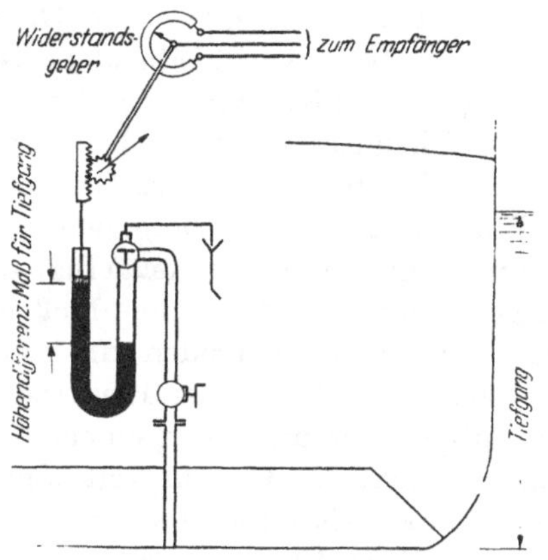

Abb. 451. Wirkungsweise des Tiefgangsmeßgerätes (nach HOPPE [245])

Wird bei stilliegendem Schiff mit dem Tiefgangsmesser eine recht genaue Ablesung erhalten, so ist die Anzeige bei fahrendem Schiff von dem sich vielleicht ändernden Trimm sowie von dem sich am Schiff ausbildenden Wellensystem, das vom Tiefgang selbst, der Wassertiefe sowie der Schiffsgeschwindigkeit abhängig ist, beeinflußt. Es ist daher nicht jeder Einbauort in gleicher Weise zur Entnahme des Tiefgangsdruckes geeignet. Als Beispiel ist in Abb. 452 die Tiefgangsanzeige bei verschiedenen Schiffsgeschwindigkeiten aufgezeichnet, bei dem der Tiefgangsdruck einer ausgefahrenen Meßdüse entnommen wurde. Im allgemeinen wird sich immer ein Ein-

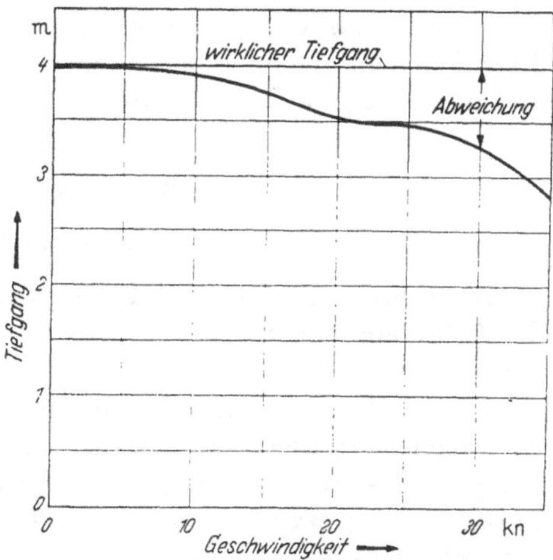

Abb. 452. Abweichung der Tiefgangsanzeige vom wirklichen Tiefgang in Abhängigkeit von der Schiffsgeschwindigkeit

bauort finden lassen, bei dem bis zu mindestens 50% der Höchstgeschwindigkeit des Schiffes der Tiefgang noch richtig erfaßt wird.

Die gerätetechnische Ausbildung des Tiefgangsmessers kann z.B. in Anlehnung an das Manometergerät nach Abb. 442 ohne Radiziereinrichtung vorgenommen werden. Der Tiefgangsdruck wirkt auf eine Quecksilbersäule in einem von der Lage unabhängigen U-Rohr. Auf der Gegenseite wirkt der atmosphärische Druck über ein wassergefülltes Standgefäß mit stets gleichbleibendem Gegendruck, der in der Nullpunktstellung kontrolliert wird. Zur Übertragung des Meßwertes werden dieselben Hilfsmittel benutzt. Eine Beruhigung der Anzeige wird wieder durch geeignete, einstellbare Drosselventile erreicht.

Eine andere Ausführung benutzt ein an Anbohrungen des Schiffsbodens angeschlossenes Meßgefäß, in welchem der Außenbord-Wasserspiegel kommuniziert. In dem Meßgefäß befindet sich eine Meßsäule mit einer Reihe von Elektroden, die von der Wassersäule unmittelbar kurzgeschlossen werden. Diese Elektroden werden von einem Schrittschaltwerk abgetastet und so in einem Empfangsgerät der Tiefgang zur Anzeige gebracht. Die Genauigkeit hängt im wesentlichen von dem Abstand der einzelnen Elektroden ab. Eine ähnliche Meßmethode verwendet im Geberteil Kontaktplatten, wobei die Anzeige durch das Aufleuchten von Glühlampen, die einem bestimmten Tiefgang entsprechen, gegeben wird. Da die Anzapfstellen für die Entnahme des Tiefgangsdruckes hinsichtlich der Druckhöhe von der Geschwindigkeit beeinflußt werden, ergeben diese Wasserstandsmeßmethoden nur bei nicht fahrendem Schiff eine den zu stellenden Anforderungen genügende Anzeige.

3. Kreiselkompaßanlagen

a) Allgemeine Grundlagen

Im Jahre 1852 hatte der Physiker Foucault nachgewiesen, daß sich die Achse eines schnellaufenden Kreisels – unter bestimmten Bedingungen – infolge der Erddrehung in die Meridianebene seines Aufstellungsortes einstellt, wie es in Abb. 453 angedeutet ist. Dr. Anschütz-Kaempfe entwickelte um 1900, auf diesen Erkenntnissen aufbauend, einen Kreiselkompaß. Während der Magnetkompaß im magnetischen Feld der Erde mittels seines Magnetsystems die Richtungsanzeige liefert, erhält der Kreiselkompaß sein Richtmoment von der Rotation der Erde mittels seines – einen oder mehrere Kreisel enthaltenen – Kreiselsystems. Ist die Richtungsanzeige beim Magnetkompaß mit einer von Ort zu Ort wechselnden Mißweisung behaftet, so ist diese beim Kreiselkompaß „rechtweisend“. Physikalisch betrachtet stellt der Kreiselkompaß ein Kreiselpendel dar, bei welchem die Kreiselachse bzw. bei einem Kreiselsystem die *resultierende* Kreiselachse waagerecht angeordnet ist.

Bei den Borderprobungen eines ersten derartigen Gerätes – eines Einkreiselkompasses –, das bereits viele der heute noch beibehaltenen Konstruktionsmerkmale aufwies, ergaben sich eine Reihe von Mängeln. So zeigte sich, daß beim Schlingern eines Schiffes, insbesondere auf den Zwischenkursen, Ablenkungen auftraten, welche die Verwendung dieses Kompasses an Bord überhaupt in Frage stellten. Der Einkreiselkompaß, das ist ein Einkreiselpendel, hat infolge der dynamischen Trägheit des Kreisels bei Erregung um die Ost-West-Achse eine Schwingungszeit von über 60 min, bei Erregung um die Nord-Süd-Achse dagegen nur eine solche von etwa 1 sek. Schlingerbewegungen eines mit Ost-West-Kurs fahrenden Schiffes haben daher auf die Richtungsanzeige des Kreiselkompasses wegen der geringen Schlingerschwingungsdauer von 6–12 sek nur einen geringen Einfluß; ebenso wenig solche bei Nord-Süd-Fahrt, weil hierbei die Schlingerschwingungen parallel zu der Kreiselachse auftreten. Dagegen tritt bei Fahrten auf Zwischenkursen beim Schlingern ein bisweilen zu großen Werten anwachsender Fehler – der Schlingerfehler – auf. Durch Kopplung mehrerer Kreisel miteinander konnte dieser Fehler ausgeschaltet werden. So entstand (1912) der *Drei*kreiselkompaß und später (1928) der *Zwei*kreisel- oder Feinmeßkompaß. Besaß ersterer um seine Nord-Süd-Achse noch eine Schwingungsdauer von etwa 1 min, so konnte die Schwingungszeit bei letzterem auf etwa 15 min erhöht werden.

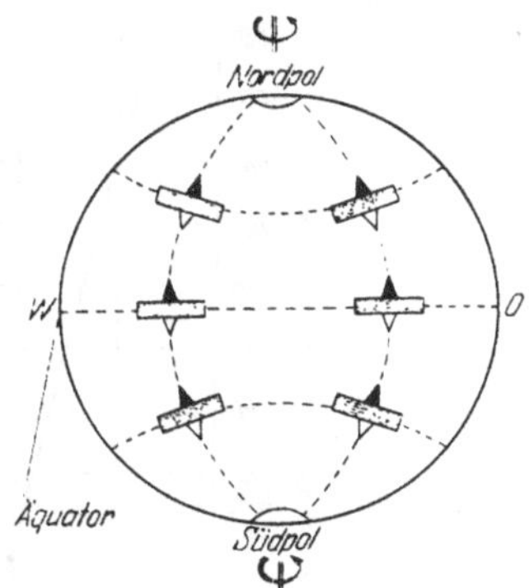

Abb. 453. Einstellung eines Kreisels in den Meridian

Neben den soeben genannten, auf die Arbeiten von Anschütz zurückgehenden Geräten sind besonders die später von Sperry und Brown herausgebrachten Kreiselkompasse zu nennen. Die beiden letzteren Kompasse sind Einkreiselkompasse. Bei diesen Systemen wird der Schlingerfehler durch eine besonders gestaltete Dämpfung vermieden.

Da der Einschwingvorgang der Kreiselachse bzw. derjenigen des resultierenden Kreiselsystems in die Meridianrichtung – wenn sie beim Einschalten nicht zufällig im Meridian liegt – wegen der sehr geringen Reibung in der Lagerung viele Tage dauern würde (die Schwingungsdauer selbst beträgt etwa 84 min), ist eine künstliche Dämpfung notwendig. Diese ist so auszubilden, daß das Einstellvermögen des Kreisels nicht behindert wird. Der Verlauf eines Einschwingvorganges geht aus Abb. 454 hervor. Konstruktion und elektrische Einrichtung haben bei den verschiedenen Kreiselkompaßsystemen eine Reihe von gemeinsamen Merkmalen, die sich wie folgt zusammenfassen lassen:

Konstruktive Ausbildung der mechanischen und elektrischen Teile derart, daß alle Reibungen, die zu Mißweisungen des Kompasses führen können, soweit wie möglich ausgeschaltet werden.

Nachbilden des vom Kreiselsystem eingenommenen Kurses durch genau arbeitende und genügend empfindliche Nachlaufsteuerungen oder Folgeregelungen zur Bestimmung bzw. Anzeige und Übertragung des Schiffskurses.

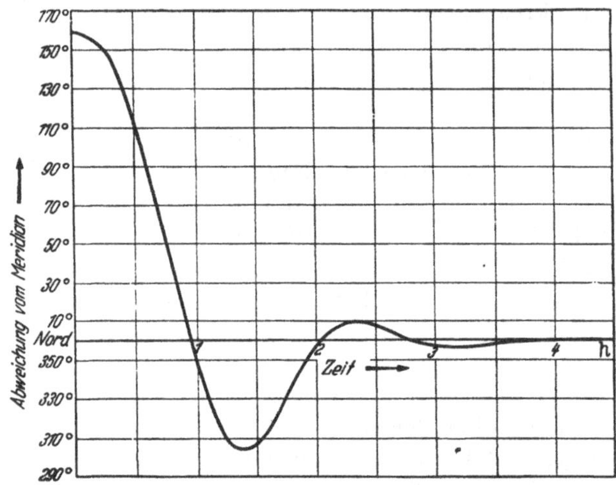

Abb. 454. Einschwingen eines Kreiselkompasses in den Meridian (nach Messungen)

Verstärken und Übertragen des vom Mutterkompaß bestimmten Kurses auf Tochterkompasse.

Überwachen des richtigen Arbeitens der Kompaßanlage in Verbindung mit geeigneten Signaleinrichtungen. Anwenden einer dreiphasigen Wechselspannung mit Frequenzen zwischen 200 und 400 Hz.

b) Zweikreiselkompasse

Mechanischer Aufbau. Das mit dem Schiffsdeck nach Abb. 455 verschraubte Gehäuse *a*, *b* trägt ein Kardansystem, in dem der Mutterkompaß in Federn hängt. Eine Tragplatte *c* bildet den oberen Abschluß eines Flüssigkeitsbehälters *d* (Kompaßkessel), in dem sich die Tragflüssigkeit befindet. Diese besteht aus Wasser und Glyzerin mit einem Zusatz von Benzoesäure (C_6H_5COOH), welche ihr die notwendige Leitfähigkeit verleiht. Eine Hüllkugel, oft auch Nachführung genannt, ist in der Mitte der Tragplatte *c* drehbar um die Vertikalachse angeordnet. Sie trägt an ihrem oberen Ende einen Schleifringkörper, über den die Stromzuführung zu dem nachdrehenden System und der Kreiselkugel vorgenommen wird. In einem zwischen Gehäuseteil *a* und *b* angeordneten ringförmigen Raum *e* sind die elektrischen Bauteile, wie Verstärker mit Signal- und Übertragungseinrichtung sowie Sicherungen und Anschluß-

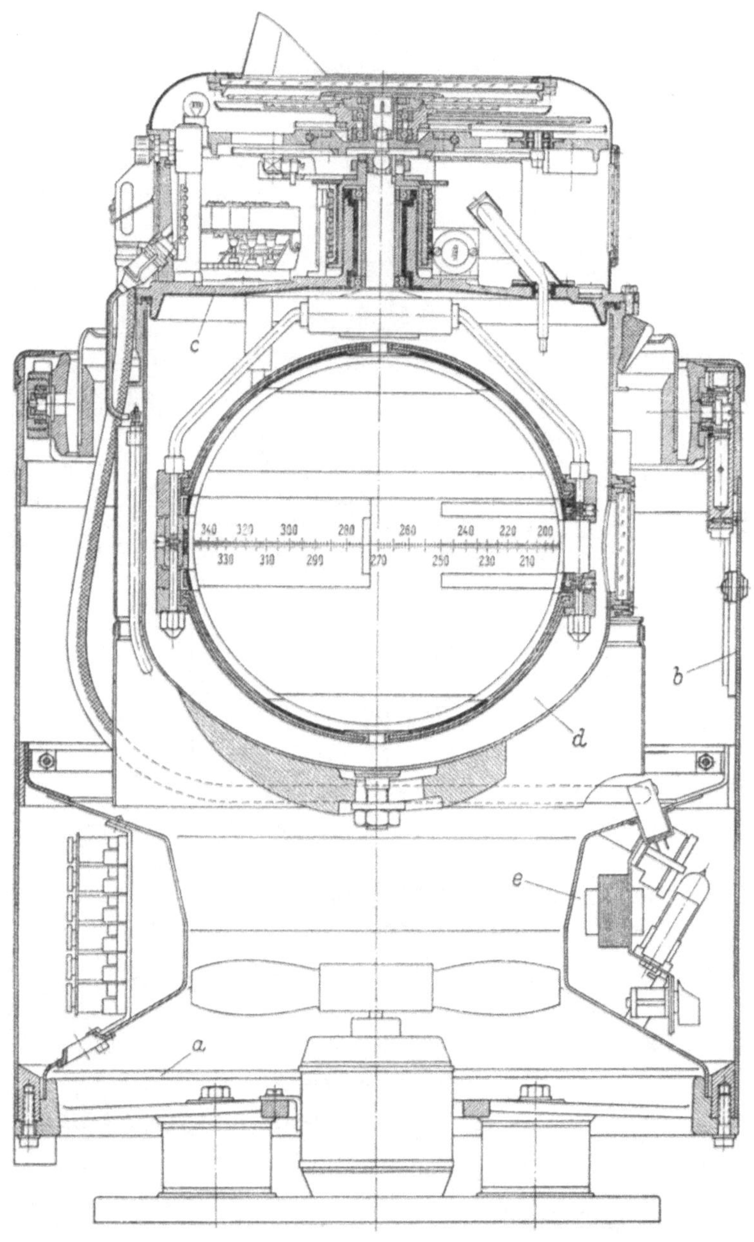

Abb. 455. Mutterkompaß mit Luftkühlung, Längsschnitt (Bauart Anschütz)
a Kompaßgehäuseunterteil; *b* Kompaßgehäuseoberteil; *c* Tragplatte; *d* Kompaßkessel; *e* Raum für elektrische Bauteile

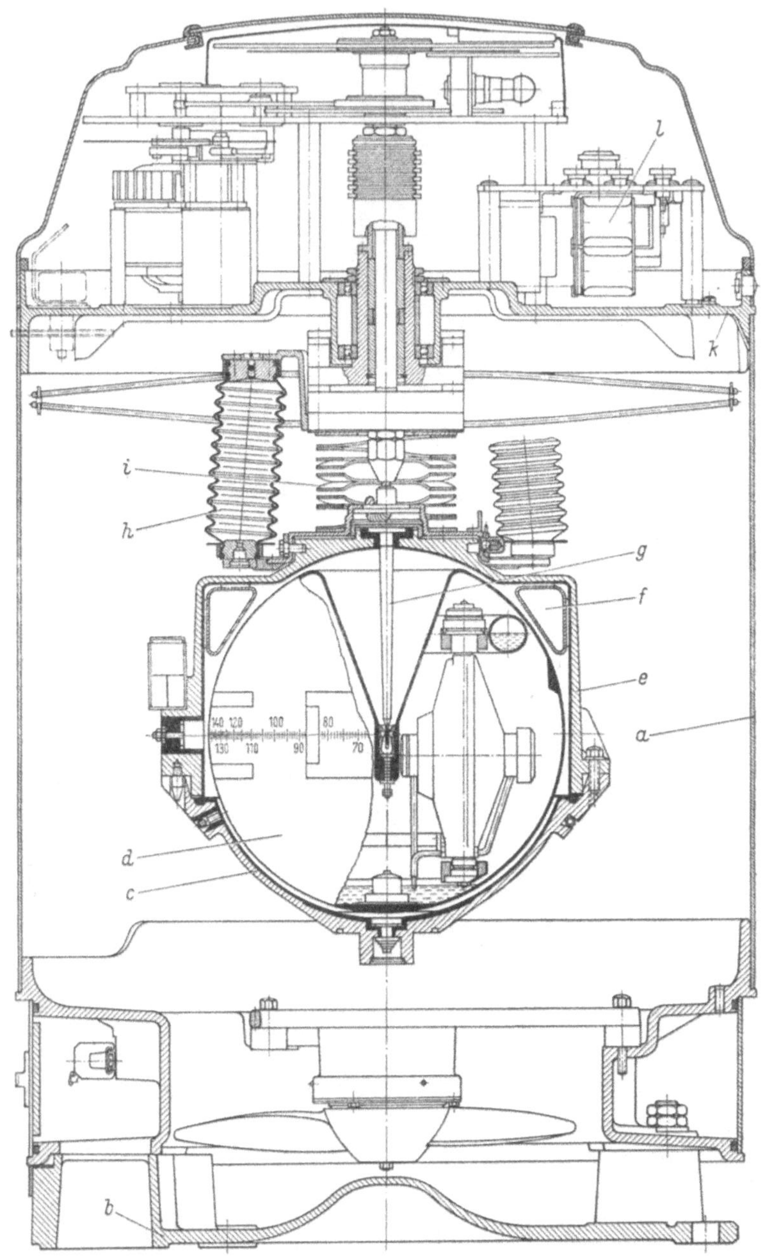

Abb. 456. Mutterkompaß mit Luftkühlung „Navigat" (Bauart Plath)
a Kompaßgehäuseoberteil; *b* Kompaßgehäuseunterteil; *c* Kesselunterteil; *d* Trichterschwimmer; *e* Kesseloberteil; *f* Luftkammerring; *g* Zentrierstift; *h* Faltenbalg, *i* Bandaufhängung; *k* Tragplatte; *l* Raum für elektrische Bauteile

klemmen untergebracht. Die Verlustwärme, die bei laufender Anlage der Tragflüssigkeit ständig entzogen werden muß, wird bei älteren Anlagen über eine Wasserkühlung mittels eines Kühlringes oder bei neueren Konstruktionen durch einen an Kühlrippen des Kompaßkessels vorbeistreichenden Luftstrom abgeführt.

Die Ausführung nach Abb. 456 zeigt eine Reihe gleicher Konstruktionsmerkmale. Auch hier sind die Verstärker-, Nachdreh- und Überwachungsorgane sowie ein großes Doppelrosensystem (360° und 10° Rose) auf der Tragplatte *k* des Kompaßstandes *a*, *b* untergebracht. Der Kompaßkessel *c*, *e* mit der Kreiselkugel *d* – hier mit „Trichterschwimmer" bezeichnet – ist jedoch über eine Bandaufhängung *i* mit der Tragplatte verbunden, da einer punktförmigen Aufhängung der Vorzug gegeben wurde. Damit hängt der Kompaßkessel frei im Kompaßstand und ist der Einwirkung von Schiffsvibrationen beliebiger Richtung entzogen. Um den Kompaßkessel mit dem nordweisenden System beim Schlingern und Stampfen des Schiffes möglichst vertikal zu halten und trotzdem die notwendige Bewegungsfreiheit zu gewähren, sind Kompaßkessel und Tragplatte mittelbar über flüssigkeitsgefüllte Faltenbälge miteinander verbunden, die über ein Ringrohr miteinander in Verbindung stehen. Geeignet bemessene Durchflußöffnungen sorgen für eine aperiodische Dämpfung des zu Bewegungen angeregten Kompaßkessels. Da der Kessel, um ein Verdunsten der Tragflüssigkeit zu verhindern, hermetisch abgeschlossen ist, nimmt ein Luftkammerring *f* den Überschuß der bei Erwärmung sich ausdehnenden Tragflüssigkeit auf.

Das nach Norden weisende System ist in einer Kugel untergebracht, die nach Abb. 455 entweder im Betrieb völlig frei in der Tragflüssigkeit und der sie umschließenden Hüllkugel schwebt oder nach Abb. 456 auf der Trennfläche zweier Tragflüssigkeiten völlig unterschiedlichen spezifischen Gewichtes (untere Tragflüssigkeit: Quecksilber) praktisch reibungslos gelagert ist. Die Kugel enthält 2 Kreisel, deren Achsen in Abb. 457 einen rechten Winkel, in Abb. 458 einen Winkel von 60° bilden. Sie werden z. B. durch einen Lenkermechanismus verbunden und mittels einer Fesselungsfeder *d* in der Mittellage gehalten, wie es aus Abb. 457 hervorgeht. Die Kugel selbst ist mit Wasserstoff gefüllt, wodurch einmal die Reibung der rotierenden Kreisel herabgesetzt und die Wärmeabgabe an die Tragflüssigkeit verbessert, zum anderen das Schmieröl für die Kreisellager und die Metallteile in der Kugel vor Oxydation geschützt werden. Den Lagern wird das Öl aus einem Ölbehälter im unteren Teil der Kugel über Dochte zugeführt. Die äußere Kugeloberfläche ist ebenso wie das Äußere und das Innere der Hüllkugel mit Hartgummi überzogen, wobei einzelne, sich gegenüberstehende Flächen durch Graphitzusatz leitend gemacht sind. Über diese wird der Strom von der Hüllkugel durch die leitende Tragflüssigkeit der Kreiselkugel zugeführt.

Als Kreiselantrieb werden Käfigläufer von Drehstrom-Asynchronmotoren verwendet, deren Ständerwicklungen an die Speisespannung (Frequenz 333 Hz) angeschlossen sind. Im Gegensatz zur sonstigen Gestaltung von Motoren liegt der Ständer im inneren Teil, während die Läuferstäbe außen in einem Blechpaket, das in die Schwungkörper ein-

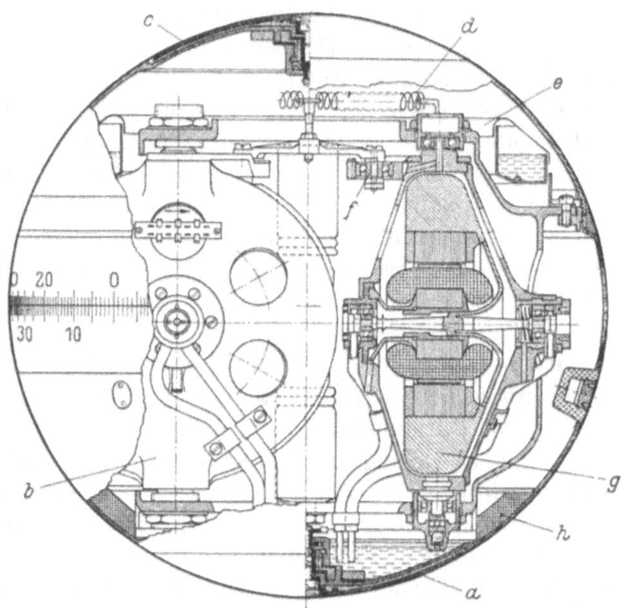

Abb. 457. Kreiselkugel (Bauart Anschütz)
a Untere Stromzuführungskalotte; *b* Kreisel mit Kappe; *c* obere Stromzuführungskalotte; *d* Fesselungsfelder; *e* Dämpfungsgefäß; *f* Lenker; *g* Kreiselschwungkörper; *h* Blasspule

geschrumpft ist, untergebracht sind. Die synchrone Drehzahl der Kreiselmotoren beträgt 20000 U/min.

Zur Dämpfung der Kreiselschwingungen um den Meridian ist ein ringförmiges, in mehrere Abteilungen eingeteiltes Dämpfungsgefäß im oberen Kugelteil untergebracht; diese Dämpfung arbeitet nach Art nichtaktivierter Schlingertanks[1], wobei die Energie durch Reibung in Wärme umgesetzt wird. Die einzelnen Abteilungen sind durch enge Durchflußrohre untereinander verbunden, die so bemessen sind, daß zum Übertreten des Öles von den Abteilungen der Nordhälfte nach denen der Südhälfte etwa die halbe Zeit einer Schwingungsdauer des Kreiselsystems um den Meridian benötigt wird.

Die Zentrierung wird bei der frei schwebenden Kreiselkugel nach Abb. 457 durch eine mit Wechselstrom gespeiste „Blasspule“ erreicht.

[1] Vgl. Schiffsstabilisierung, S. 232.

Diese liegt horizontal im unteren Teil der Kugel und erzeugt ein magnetisches Wechselfeld. In dem Metallkern der gegenüberliegenden Hüllkugel werden von diesem Wechselfeld Wechselspannungen induziert, die Ströme zur Folge haben, die gegenüber dem Strom in der Blasspule um

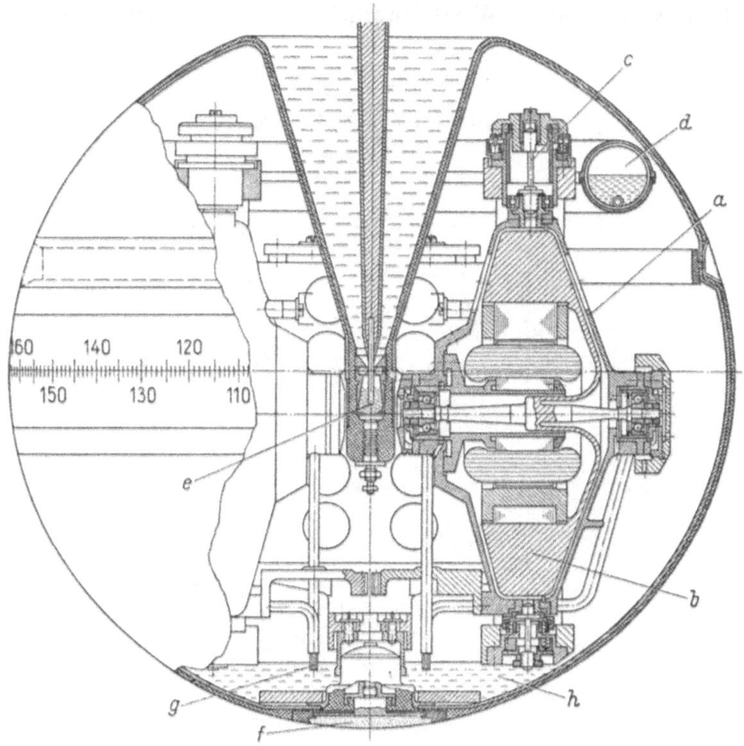

Abb. 458. Trichterschwimmer des „Navigat" (Bauart Plath)
a Kreiselgehäuse; b Kreisel; c Aufhängung Kreiselgehäuse; d Dämpfungsgefäß; e Qecksilbernäpfchen; f unterer Polkontakt; g Öldocht; h Schmieröl

180° in der Phase verschoben sind. Durch diese Spule wird sowohl eine tragende wie auch eine zentrierende Wirkung erzielt, welche die Kugel in der richtigen Mittellage hält.

In der Ausführung nach Abb. 456 und 458 wird die Kugel, die als Trichterschwimmer ausgebildet ist, in ihrem Mittelpunkt durch ein Präzisionslager aus Edelstein und einen Zentrierstift in der gewünschten Lage gehalten. Die trichterförmige Vertiefung gestattet dem Schwimmkörper eine allseitige Neigungsfreiheit von etwa 20° gegen den Zentrierstift.

Arbeitsweise. Kreiselmotoren, Blasspule und Kondensatoren der Ausführung nach Abb. 459 sind mit graphitierten Belägen an der Kugeloberfläche verbunden, den 2 Kugelkalotten und den Äquatorleitbändern.

Diesen gegenüber sind entsprechende leitende Flächen auf der Innenseite der Hüllkugel angeordnet, über welche der Kreiselkugel die zum Betrieb notwendige Dreiphasenspannung zugeführt wird. Für die Nachlaufsteuerung der Hüllkugel befinden sich an dem breiten Äquatorhalbband der Kugel zwei verstärkte Kanten und auf der Innenseite der Hüllkugel Leitstücke, auch Wendeleitstücke oder -kontakte genannt. Die

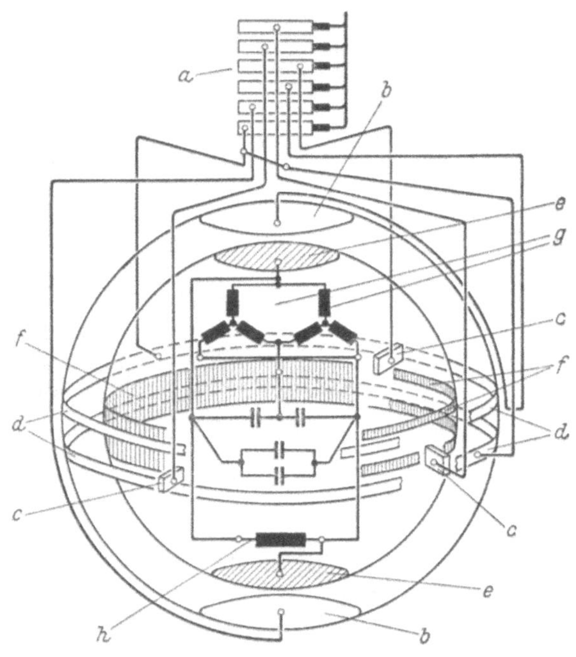

Abb. 459. Kreiselkugel und Hüllkugel, Stromverlauf
a Schleifringkörper; *b* Graphitbelege der Kalotten auf der Hüllkugel; *c* Wendekontakte auf der Hüllkugel; *d* Äquatorbänder auf der Hüllkugel; *e* Kalottenbelege auf der Kreiselkugel; *f* Äquatorbänder auf der Kreiselkugel; *g* Statorwicklungen der Kreiselmotoren; *h* Blasspule in der Kreiselkugel

leitenden Flächen wie auch die Leitstücke sind mit Schleifringen am oberen Hals der Hüllkugel verbunden; über Bürsten wird die Verbindung mit der speisenden Spannung und der Nachlaufsteuerung hergestellt.

Für die Nachlaufsteuerung der Hüllkugel und die Übertragung ihrer Stellung auf die Tochterkompasse – dies kann *mit* oder *ohne* Verstärkung vorgenommen werden – wird bei allen Ausführungen eine Brückenschaltung verwendet, die nach Abb. 460 an 2 Zuleitungen des Drehstromsystems angeschlossen ist. Bei eingeschwungenem Kompaß und konstantem Kurs des Schiffes ist der Flüssigkeitswiderstand zwischen den Wendeleitstücken und den Kanten des Äquatorhalbbandes gleich, wenn diese sich genau gegenüberstehen; an den Außenklemmen der Symmetriedrossel tritt keine Spannung auf. Nimmt das Schiff einen anderen Kurs ein, so ändern sich diese Flüssigkeitswiderstände, da die Kreiselkugel und mit ihr das Äquatorhalbband im Meridian stehen bleibt und somit

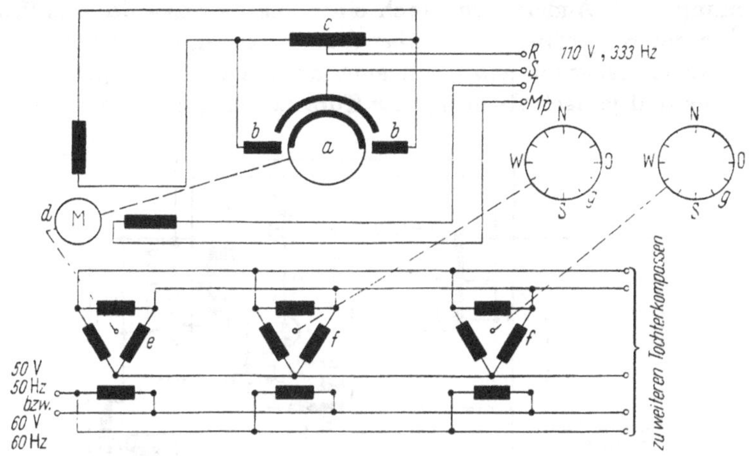

Abb. 460. Nachlaufsteuerung ohne Verstärkung (Bauart Anschütz)
Kreiselkugel; *b* Wendekontakte; *c* Symmetriedrosselspule; *d* Wendemotor; *e* Drehmeldergeber; *f* Drehmelderempfänger (Folgemotor); *g* Drehmelderempfänger (Tochterkompaß)

eine andere Lage gegenüber den vor Anlaufen der Nachlaufsteuerung noch schiffsfesten Leitstücken erhält. Je nach Richtung der Schiffsdrehung tritt an der Drosselspule eine um 180° in der Phase verschobene Wechselspannung auf. Diese bringt einen Zweiphasen-Asynchronmotor mit Wirbelstromläufer – den sogenannten Wendemotor – in der einen oder anderen Richtung zum Laufen. Über ein Getriebe ist der Wendemotor mit der Hüllkugel und einem Drehmeldergeber verbunden. An diesen sind die Empfänger in den Tochterkompassen angeschlossen. Der Wendemotor kommt erst dann zum Stillstand, wenn die Wendeleitstücke der Hüllkugel und die Kanten des Äquatorhalbbandes der Kreiselkugel wieder genau gegenüberstehen. Mit dieser Nachlaufsteuerung wird für den Kompaß eine Genauigkeit von $\pm 3/10°$ erreicht; sie kann durch einen Verstärker (nach Abb. 461) auf etwa ± 3 Bogenminuten gesteigert werden.

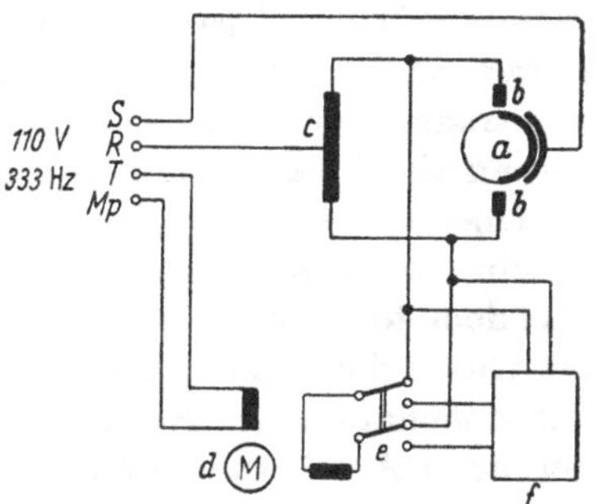

Abb. 461. Nachlaufsteuerung mit Zweiphasenwendemotor (Bauart Anschütz)
a Kreiselkugel; *b* Wendekontakte; *c* Symmetriedrosselspule; *d* Wendemotor; *e* Umschaltrelais; *f* Verstärker

In Abb. 462 ist die Schaltung einer Nachlaufsteuerung mit Röhrenverstärker wiedergegeben. Steht die Hüllkugel der Kreiselkugel genau gegenüber, so führen die Anoden beider Röhren einen gleichgroßen pulsierenden Strom; auf der Sekundärseite des Ausgangsübertragers ist die Spannung Null. Ändert sich durch einen Kurswechsel des Schiffes die Stellung der Kreiselkugel gegenüber der Hüllkugel, so entstehen an der Symmetriedrosselspule und somit auch an den Gittern gegen Null verschiedene und je nach Richtung der Kursänderung des Schiffes um 180°

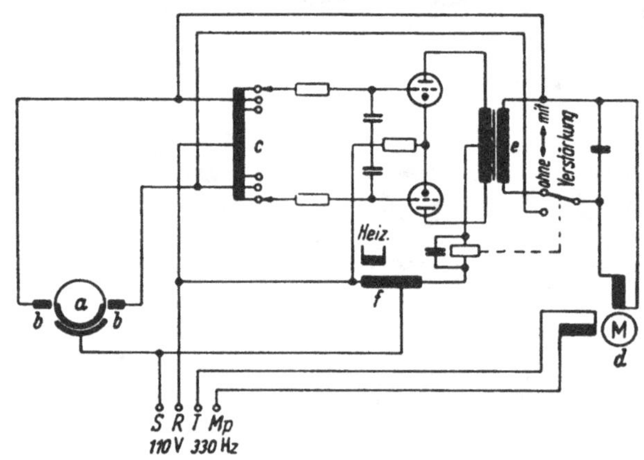

Abb. 462. Nachlaufsteuerung mit Röhrenverstärker (Bauart Anschütz)
a Kreiselkugel; *c* Wendekontakte; *c* Symmetriedrosselspule; *d* Wendemotor; *e* Ausgangsübertrager; *f* Netztransformator

versetzte Wechselspannungen, die zu unterschiedlichen Anodenströmen führen. Diese haben eine Spannung an den Ausgangsklemmen des Endübertragers zur Folge und bringen wieder den Wendemotor zum Laufen. Ein an die Ausgangsklemmen angeschlossener Kondensator vermindert die Oberwellen der Ausgangsspannung. Bei Ausfall des Verstärkers schaltet ein vom Anodenstrom beeinflußtes Relais den Verstärker ab und den Wendemotor unmittelbar auf die Symmetriedrosselspule, die sonst auf die Gitter der Röhren wirkt. Um ein Verkürzen der Einschwingzeit bei Inbetriebnahme der Anlage zu erreichen – in kaltem Zustand berührt bei dieser Ausführung die Kreiselkugel die obere Hüllkugelschale – wird beim Hochfahren der Kreisel die Nachlaufsteuerung zunächst abgeschaltet und erst später, nach etwa 20 min, eingeschaltet. Man vermeidet auf diese Weise ein Mitnehmen der Kreiselkugel bei Drehung der Hüllkugel durch Reibung, die dadurch unter Umständen noch weiter aus dem Meridian gelenkt wird.

Das freie Schweben der Kreiselkugel in der Tragflüssigkeit erfordert das Einhalten einer bestimmten Betriebstemperatur der Tragflüssigkeit, die durch einen Thermostaten überwacht wird. Um eine im Betrieb praktisch gleichbleibende Höhenlage der Kreiselkugel sicherzustellen, ist ihr Auftrieb bei Betriebstemperatur der Tragflüssigkeit etwas geringer als ihr Gewicht. Die abwärts gerichtete Restkraft wird durch die abstoßende Wirkung der Blasspule ausgeglichen. Die Kühlung geschieht auf zweierlei Art:

Durch Wasser, vorzugsweise bei den älteren Anlagen. Hierzu ist ein Wasserbehälter, ein Rückkühler sowie eine Umwälzpumpe erforderlich.

Durch Luft bei den neueren Anlagen. Bei luftgekühlten Anlagen muß für ausreichende Frischluftzufuhr gesorgt werden.

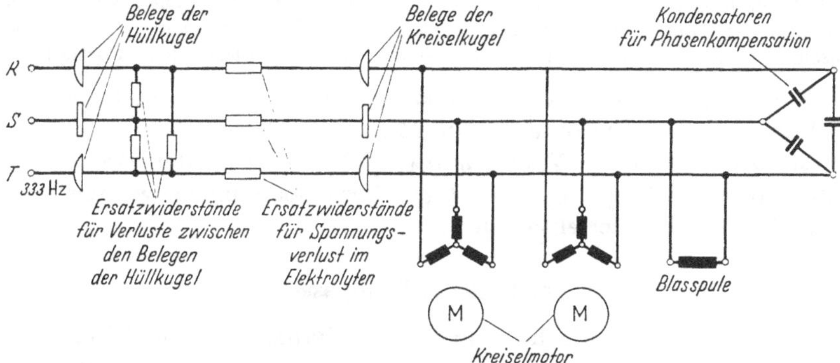

Abb. 463. Phasenkompensation für den Strom der Kreiselkugel (Bauart Anschütz)

Bei beiden Kühlsystemen wird eine zu hohe Temperatur der Tragflüssigkeit durch ein akustisches bzw. optisches Warnsignal gemeldet.

Der in Abb. 455 dargestellte, ebenfalls mit einem Zweikreiselsystem versehene Mutterkompaß arbeitet, ebenso wie der in Abb. 456 gezeigte, mit einer Luftkühlung und gestattet daher eine beliebige Aufstellung an Bord. Um bei Fortfall der Wasserkühlung mit einer Luftkühlung auszukommen, müssen die abzuführenden Verluste, die in der Tragflüssigkeit und der Kreiselkugel entstehen, vermindert werden. Zur Lösung wurden im Grundsatz zwei verschiedene Wege beschritten:

Durch Einbau von Kondensatoren in die Kreiselkugel nach Abb. 459 wird eine Phasenkompensation durchgeführt und damit die Kreiselkugel – von der Hüllkugel aus gesehen – mit einem Leistungsfaktor nahe 1 betrieben, vgl. Abb. 463. Es gehen damit die Spannungsabfälle in der Tragflüssigkeit (Übergangswiderstände: Hüllkugel – Kreiselkugel) zurück. Die Stromwärmeverluste vermindern sich im Verhältnis der Quadrate der Ströme. Da der Spannungsverlust klein wird, kann auch die Nennspannung für das 333-Hz-System herabgesetzt werden. Mit diesen Maßnahmen ist wiederum eine Verminderung der Stromwärmeverluste in den Widerständen der Tragflüssigkeit durch die zwischen den einzelnen Belegen der Hüllkugel fließenden Querströme verbunden. Der Tragflüssigkeitsbehälter, mit Kühlrippen versehen, ist nun in der Lage, die Verlustwärme mit einem von einem

Thermostaten geschalteten Ventilator nach außen abzugeben. Der gleiche Thermostat schaltet über ein anderes Relais einen elektrischen Heizkörper zum Erwärmen der Tragflüssigkeit ein, falls deren Temperatur unter eine bestimmte Grenze absinkt.

Die Stromzuführung wird nach Abb. 456 nicht mehr allein über die Tragflüssigkeit vorgenommen. Die untere Kalotte des Trichterschwimmers ruht auf einer Quecksilberschicht, die nicht nur das Restgewicht der Kreiselkugel trägt, sondern auch die metallische Zuführung eines Stranges des Drehstromsystems übernimmt. Ein zweiter Strang wird über den Zentrierschaft geführt, dessen Pinne ebenfalls in Quecksilber taucht. Der dritte Strang wird, wie bisher, über grafitierte Ringe auf Hüllkugel und Trichterschwimmer den Kreiselmotoren durch Flüssigkeitsleitung zugeführt. Es entstehen damit im Betrieb in der Tragflüssigkeit selbst nur geringe Verluste, so daß ein Abführen der Gesamtverlustwärme durch einen Luftstrom möglich ist. Da der Trichterschwimmer auf einer Quecksilberschicht ruht, ist der Temperaturbereich, innerhalb dessen Trichterschwimmer und Tragflüssigkeit zu halten ist, nicht so eng; zudem kommt die Blasspule in Fortfall.

Zur Speisung dieser Kompaßanlagen wird allgemein ein Drehstromsystem mit einer Spannung von 110 bzw. 120 V, 333 Hz und Einphasenwechselstrom 50 V, 50 Hz bzw. 60 V, 60 Hz für den Drehmeldergeber und die Empfänger benötigt. Diese Spannungen werden einem besonderen Umformer entnommen.

c) Einkreiselkompasse

Zugunsten einer einfachen und robusten Bauart, die eine Beobachtung des Kreisels selbst und seiner Bewegungen auch während des Betriebes zuläßt, ist der von Anschütz angegebene *Ein*kreiselkompaß weiter entwickelt worden.

Bei der Ausführung nach Sperry ist der Kreisel in einem vertikalen Ring gelagert, der seinerseits an einer größeren Zahl von feinen Stahldrähten torsionsfrei in der Spitze des Nachlaufsystems hängt, welches das gesamte Gewicht des Nord-suchenden Elementes aufnimmt. Das Nachlaufsystem („phantom-element") trägt neben einer Quecksilberballistik, deren Achse mit der Ost-West-Achse des „empfindlichen Elementes" übereinstimmt, den Schleifringkörper, über den die Stromzuführung zum Kreisel- wie auch zum Nachlaufsystem vorgenommen wird. Das Drehkreuzelement trägt den beweglichen Teil des Kompasses, es wird in einem Schwingringsystem im geschlossenen Kompaßgehäuse gehalten. Die Stromzuführung zum Kreiselmotor wird vom Nachlaufsystem aus über äußerst flexible Leitungen vorgenommen. – Stehen sich Kreisel- und Nachlaufsystem bei gleichbleibendem Schiffskurs genau gegenüber, so werden nach Abb. 464 in den beiden äußeren Wicklungen eines Übertragers mit E-förmigem Eisenpaket von dem Wechselfeld der auf dem mittleren Schenkel aufgebrachten Wicklung gleiche, aber in Gegenphase liegende Spannungen induziert. Die Erregung der mittleren Wicklung wird über 2 Zuleitungen des Dreiphasensystems (50 V, 210 Hz) vorgenommen. Wird nun durch eine Kursänderung des Schiffes das magnetische Gleichgewicht gestört – in der Ruhestellung verläuft der Fluß symmetrisch über die beiden äußeren Schenkel des Übertragers zu dem am Vertikalring des Nachlaufsystems angebrachten Anker –, so tritt auf der Sekundärseite eine Differenzspannung auf, welche einem Röhren- oder Magnetverstärker zugeführt wird. Die Ausgangsspannung des Ver-

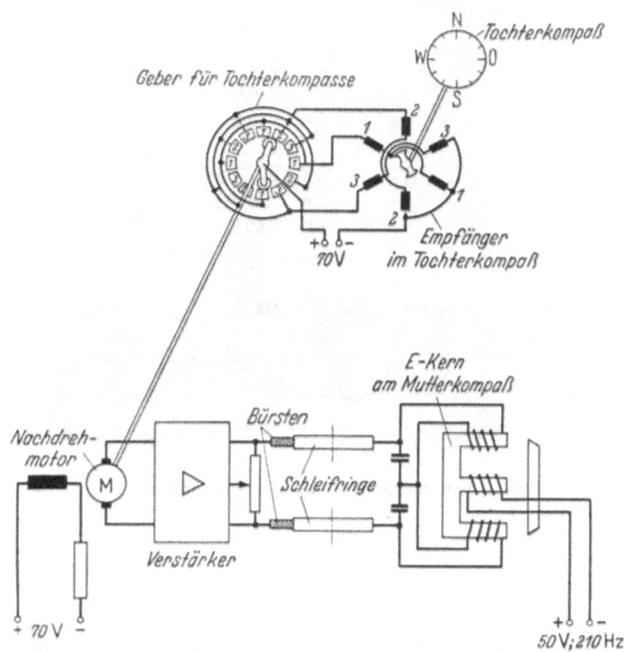

Abb. 464. Nachlaufsteuerung (Bauart Sperry) (nach VRIES [236])

stärkers – ihre Polarität ist von der Richtung der Kursänderung abhängig – ist die Ankerspannung des Nachdrehmotors, der über ein Getriebe das Nachlaufsystem in die Stellung des Nord-weisenden Systems zurückführt.

Ein älterer, auf ähnlichen Konstruktionsmerkmalen aufgebauter Einkreiselkompaß von Brown – er ist noch an Bord vieler Handelsschiffe zu finden – wurde zugunsten eines neuen, von der Bosch Arma Corporation entwickelten Einkreiselkompasses verlassen, der als Arma-Brown-Kompaß Eingang in die Handelsschiffahrt gefunden hat. Das Gerät, durch kleine Abmessungen und niedriges Gewicht ausgezeichnet, nimmt, wie Abb. 465 zeigt, in seinem oberen Teil den Kreisel mit Nachdrehmotoren, im Sockel Schalter, Bedienungsgriffe und die Transistorverstärker[1] auf.

[1] Vgl. Transistoren, S. 107.

Als Betriebsspannungen werden Drehstrom 24 V, 400 Hz und Gleichstrom 24 V benötigt. Obwohl das Kreiselsystem nur ein kleines Meridianrichtmoment aufweist, besitzt der Kompaß als Nord-weisendes System

Abb. 465. Mutterkompaß (Arma-Brown)

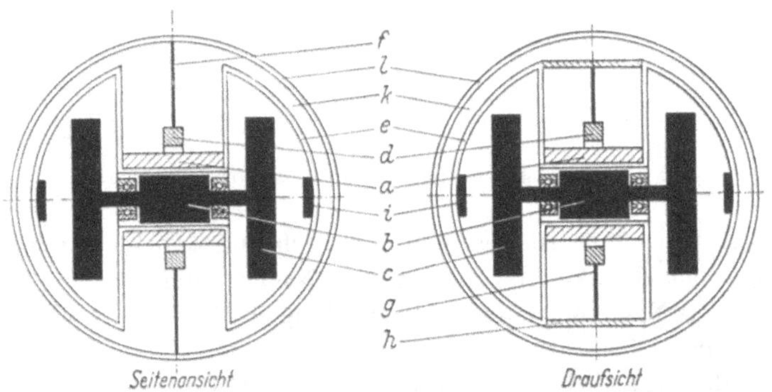

Abb. 466. Prinzipieller Aufbau des Kreiselsystems des Arma-Brown-Kreiselkompasses (nach CHRISTOPH [*234*])
a Kreiselmotor, Stator; *b* Kreiselmotor, Läufer; *c* Kreiselschwungscheibe; *d* Kardanring; *e* Kreiselkugel; *f* Torsionsdraht für vertikale Achse; *g* Torsionsdraht für horizontale Achse; *h* Steg für Torsionsdraht; *i* Weicheisenkern; *k* Tragflüssigkeit; *l* Flüssigkeitstank

eine für Navigationszwecke ausreichende Genauigkeit (größter Fehler $\pm 1/2°$). Durch einfaches Umschalten wird das Gerät zu einem richtunghaltenden Kurskreisel; die Auswanderung beträgt dann höchstens 0,1° in der Stunde.

Wie Abb. 466 schematisch zeigt, trägt die Achse des Kreiselmotors auf beiden Seiten Kreiselschwungscheiben, die mit den abschließenden Hohlschalen und dem Kreiselgehäuse die von einem Kardanring gehaltene und von Torsionsdrähten zentrierte Kreiselkugel bilden. Die Stromversorgung der Kreiselkugel wird über diese Torsionsdrähte und biegsame Silberdraht-Wendelspulen, die konzentrisch um die Torsionsdrähte gewickelt sind, vorgenommen. Ein Schwimmtank, mit einer zähen Flüssigkeit hoher Dichte ausgefüllt, nimmt Kreiselkugel nebst Kardanring auf und hängt an Neigungskardanringen in Endlagern. Deren Achsen stimmen normal mit der Kreiselachse überein und gestatten dem Tank dabei ein freies, aber aperiodisch gedämpftes Schwingen. Eine elektrische, von einem Thermostaten überwachte Heizung sorgt für das Einhalten der richtigen Arbeitstemperatur des im Tank befindlichen Systems. Axial mit der Kreiseldrehachse sind im Tank Spulensätze eingebracht, die in der Kreiselkugel angeordneten, mit 400 Hz Wechselstrom erregten Elektromagneten gegenüberliegen. Jede Bewegung der Kreiselkugel in bezug auf Neigung und Azimut hat in den einen räumlichen Winkel von 90° bildenden Spulensätzen Spannungen zur Folge, die, wie die Blockschaltung Abb. 467 zeigt, einem Verstärker zugeführt und für eine Rückführung des Meßsystems über Folgemotoren mit gleichzeitiger Betätigung eines Drehmeldergebers zur Fernübertragung des Schiffskurses auf Tochterkompasse sorgen. Die Neigung des Schwimmtanks in bezug auf die Horizontale wird über eine ähnliche Meßanordnung („Pendelgerät") ermittelt und den gleichen Verstärkern zugeführt. Die notwendigen Breitengrad- und Geschwindigkeitskorrekturen werden durch Einleiten einer entsprechenden Zusatzspannung gleicher Frequenz in den Meßkreis vorgenommen.

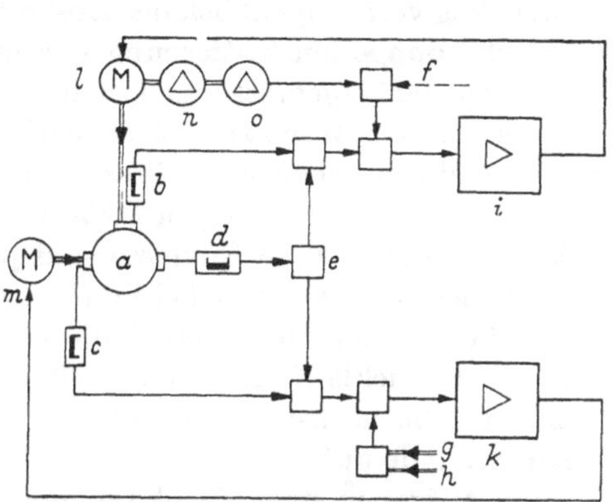

Abb. 467. Schaltung des Arma-Brown-Kompasses (nach [*264*])
a Kreiselsystem; *b* Azimut-Abtastspulen; *c* Neigungs-Abtastspulen; *d* Neigungsschwimmtank (Pendelgerät); *e* Einspielen; *f* Eingang Schiffsgeschwindigkeit (Drehmelderempfänger); *g* Breitengradeinstellung; *h* Neigungsvorspannung; *i* Verstärker für Azimut-Folgeregelung; *k* Verstärker für Neigungs-Folgeregelung; *l* Folgemotor für Azimut; *m* Folgemotor für Neigung; *n* Drehmeldergeber, Grobsystem für 360° Anzeige; *o* Drehmeldergeber, Feinsystem für 10° Anzeige

4. Echolotanlagen

Die Ermittlung der Wassertiefe hat das Bestimmen der Laufzeit einer mit bekannter Geschwindigkeit zum Meeresboden ausgesandten und von diesem reflektierten Schallwelle zur Grundlage. Wird von einem in den Schiffsboden eingebauten Schallsender ein Schallimpuls abgestrahlt, so ist der Weg vom Augenblick des Abstrahlens bis zur Rückkehr des Echos gleich der doppelten Entfernung zwischen Schiff und Meeresboden. Um eindeutige Meßergebnisse zu erhalten, darf sich jeweils immer nur *ein* Impuls auf dem Wege zum Meeresboden und zurück befinden. Wird die Schallgeschwindigkeit v im Wasser als gleichbleibend mit 1500 m/sek angesetzt (sie ist in geringem Maße von der Temperatur und dem Salzgehalt abhängig, diese Einflüsse sind jedoch nur bei erhöhten Anforderungen an die Geräte, z.B. bei Vermessungsaufgaben zu berücksichtigen), so ergibt sich bei einer Tiefe T die höchstzulässige Impulsfolge mit der Hin- und Rücklaufzeit t zu $i = 1/t = v/2\,T$. Bei einer Tiefe von z.B. 125 m ist die höchste Impulsfolge 6. Bei 1000 m treten 0,75 Impulse in einer Sekunde auf.

Die Aufgaben einer Echolotanlage sind wie folgt zu umreißen:

1. Erzeugen und Aussenden der Schallimpulse.
2. Empfang des vom Meeresboden – oder von einem zwischen Schiff und Meeresboden befindlichen Objektes – reflektierten Schallimpulses und Umwandlung in ein elektrisches Signal.
3. Verstärken der Echosignale.
4. Messen der Laufzeit zwischen Aussenden und Empfangen der Schallimpulse.
5. Anzeigen und grafisches Aufzeichnen der Meerestiefe und der zwischen Schiff und Meeresboden befindlichen Objekte.

Beim Bau der meisten im Handelsschiffbau verwendeten Schallsender und -empfänger wird der Magnetostriktionseffekt ausgenutzt: Wird ein Nickelstab bestimmter Form einem magnetischen Wechselfeld ausgesetzt, so ändert er seine Länge. Durch diese Längenänderung ist der Nickelstab befähigt, als Schallquelle zu wirken. Dieser Vorgang ist umkehrbar: Eine auf einen Nickelstab auftreffende Schallwelle kann in einer Wicklung eine Spannung induzieren unter der Voraussetzung, daß dieser Empfangsstab einen Restmagnetismus aufweist. Ein einzelner Nickelstab wirkt ebenso wie das früher verwendete Schlaglot (ein elektromagnetisch betätigter Hammer wurde zum Erzeugen der Schallwellen benutzt) als punktförmiger Schallsender und bildet damit eine kugelförmige Wellenfront. Infolgedessen wird – von Absorptionserscheinungen abgesehen – nur ein sehr kleiner Teil der abgestrahlten Schallenergie als Echo zum Schiff zurückkehren. Es wird daher eine Bündelung des Schalles vorgenommen. In der Ausführung gemäß Abb. 468 wird der Schwinger aus einzelnen Nickelblechen, wie sie Abb. 469 zeigt, ähnlich wie der Eisenkern eines Transformators zusammengesetzt; dieser Flächenstrahler ergibt – ähnlich einem Scheinwerfer – eine scharfe Bündelung der Schallenergie senkrecht zur abstrahlenden Fläche.

In einer anderen Ausführung besteht der Schallsender aus einem Paket dünner ringförmiger Nickelbleche, die durch eine Ringwicklung

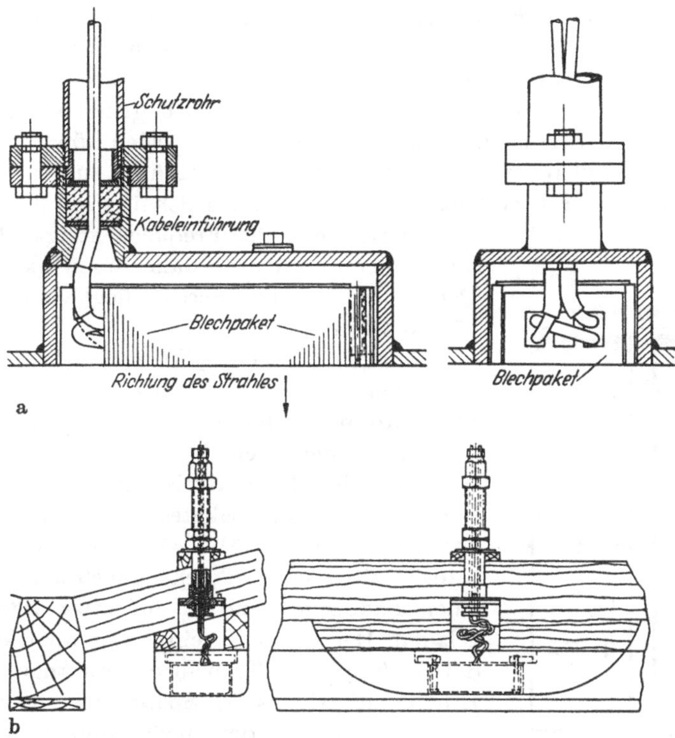

Abb. 468a u. b. Aufbau eines Magnetostriktionsschwingers
a) Für Einbau in ein Eisenschiff (Bauart Elac); b) für Einbau in ein Holzschiff (Fischereifahrzeug) (Bauart Kelvin & Hughes)

zusammengehalten werden; die Wicklung wird gleichzeitig für das Erregen des magnetischen Wechselfeldes benutzt. Unter dem Einfluß dieses Feldes wird der mittlere Durchmesser der einzelnen Nickelbleche abwechselnd größer und kleiner, der Blechkörper schwingt also in radialer Richtung. Durch einen parabolischen Reflektor werden die von den Schwingungen hervorgerufenen Schallwellen zu einem Strahl gebündelt, wobei die gesamte

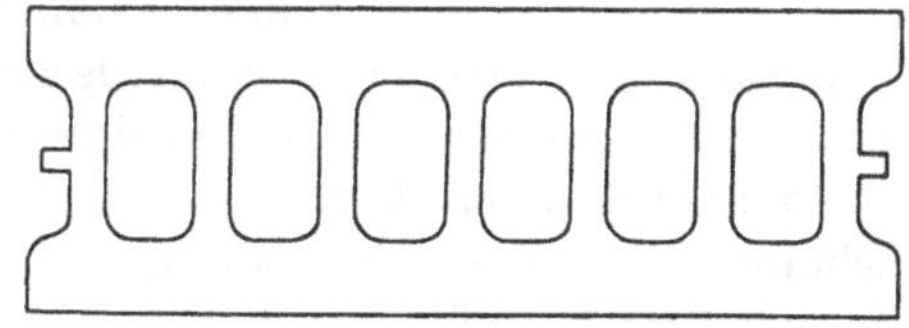

Abb. 469. Blechschnitt für einen Magnetostriktionsschwinger (Bauart Atlas)

Schallenergie als Sendeimpuls zum Meeresboden abgestrahlt wird. Neben Magnetostriktionsschwingern finden in der Handelsschiffahrt in zunehmendem Maße Elektrostriktionsschwinger Eingang. Hierbei wird ein keramischer Körper (Werkstoff z.B. Bariumtitanat oder Bleizirkonat) durch Anlegen einer Wechselspannung geeigneter Frequenz mit Hilfe eines elektrischen Feldes zu mechanischen Schwingungen angeregt.

Beim Erzeugen eines Schallimpulses ist die Wahl der Frequenz von wesentlicher Bedeutung. Im allgemeinen wählt man Frequenzen außerhalb des Hörbereiches des menschlichen Ohres, d.h. gleich oder größer als 15 kHz, also Frequenzen im Ultraschallbereich. Eine höhere Frequenz ergibt meist kleinere Schwingerabmessungen, doch ist zu beachten, daß mit wachsender Frequenz die Absorption des Schalles im Wasser etwa quadratisch mit der Frequenz steigt, die Wahl sehr hoher Frequenzen daher unzweckmäßig ist. Der zumeist benutzte Bereich liegt etwa zwischen 15 und 48 kHz.

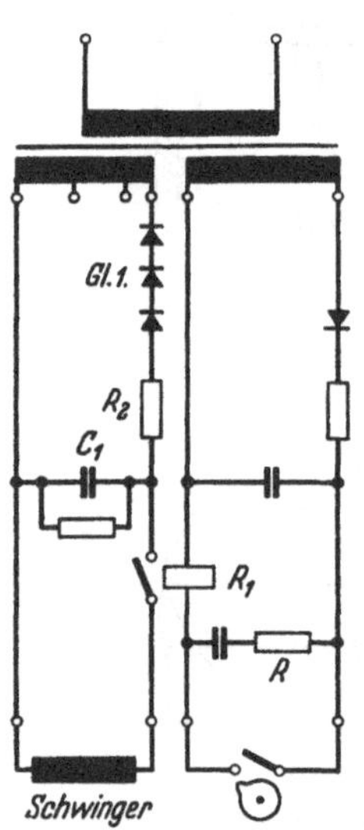

Abb. 470. Grundschaltung für einen Stoßkreis zum Magnetostriktionssender

Um einen Magnetostriktionssender zur Abgabe eines Schallimpulses anzuregen, ist – soweit nicht Röhrensender zur Schwingungserzeugung benutzt werden – ein besonderer Stoßkreis notwendig, wobei dieser Kreis auf die halbe Eigenfrequenz des Nickelpaketes abzustimmen ist. In der Schaltung der Abb. 470 wird ein Kondensator C_1 über einen Trockengleichrichter Gl_1 und einen Ladewiderstand R_2 auf etwa 1000 V aufgeladen. Der Kreis ist einphasig an die Sekundärwicklung eines Transformators angeschlossen. Erhält das Relais R_1 Spannung, so wird der Kondensator mit der niederohmigen Wicklung des Schallsenders verbunden; die im Kondensator gespeicherte Energie wird in den Sender entladen. Die Wicklung des Relais wird über ein Nockenschaltwerk entsprechend der gewünschten Impulsfrequenz erregt; sie ist an die zweite Sekundärwicklung des Transformators angeschlossen, ähnlich dem Hochspannungsteil.

In einer anderen Anordnung gemäß Abb. 471a wird beim Öffnen des Schalters S eine schwingende Entladung der Energie zwischen einem Kondensator C und einer Induktivität L eingeleitet. In der Zeit A–B wird, wie aus Abb. 471b hervorgeht, der Kondensator an die Speisespannung gelegt, ebenso wird im magnetischen Feld der Drosselspule eine bestimmte Energie gespeichert. Zur Zeit B wird der Schalter geöffnet; in der Zeit B–C entlädt sich der Kondensator über die Drosselspule, während in der Zeit C–D die Induktivität die Energie des magnetischen

Feldes auf den Kondensator überträgt. Das Spiel wiederholt sich unter Abnahme der Amplitude der Spannung, bis der ohmsche Widerstand des Kreises die bei Beginn der Entladung gespeicherte Energie aufgezehrt hat. Werden Kapazität, Induktivität und ohmscher Widerstand des Kreises entsprechend bemessen, so entsteht am Kondensator eine Spannung, die weit über der speisenden Spannung liegt. Für das Erregen des Magnetostriktionsschwingers wird der Schwingungskreis so bemessen, daß die Halbperiode der Schwingung (Zeit C–D) der Resonanzfrequenz entspricht.

Als Empfänger wird ein Schwinger gleicher Konstruktion benutzt. Die auf ihn treffenden Schallimpulse induzieren in der Wicklung Wechselspannungen, die über einen Verstärker zur Messung der Wassertiefe herangezogen werden. Häufig wird nur noch ein Schwinger benutzt, der sowohl zum Senden als auch zum Empfang der Schallimpulse dient. Derartige Schwinger erhalten die zum Empfangen der Echosignale notwendige Polarisation (sie ist Voraussetzung für den Empfang eines Impulses der ausgesandten Frequenz) entweder durch eingebaute Permanentmagnete oder durch eine kurzzeitige Gleichstrompolarisierung. Zur Anzeige selbst kann das Aufleuchten einer mit Neon gefüllten Leuchtröhre benutzt werden oder die Tiefe wird laufend auf einem Registrierpapier aufgeschrieben.

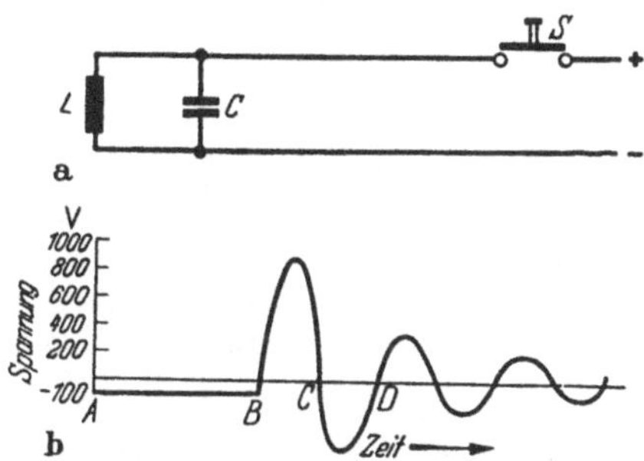

Abb. 471a u. b. Hochspannungsinduktionslader für Magnetostriktionssender (Bauart Kelvin & Hughes)

Das Anzeigegerät nach Abb. 472 enthält einen durch einen Fliehkraftregler o auf gleichbleibender Drehzahl gehaltenen Wechselstrommotor d, welcher die hinter einer feststehenden Tiefenskala befindliche Anzeigescheibe p, auf der das Leuchtrohr b radial angebracht ist, mit gleichbleibender Geschwindigkeit antreibt. Durch Ändern einer Übersetzung, mit der gleichzeitig die Impulsfolge geändert wird, können 2 Meßbereiche gewählt werden, z. B. 125/1000 m oder 200/1000 m. Sobald das Leuchtrohr den Nullpunkt der Skala durchläuft, schließt sich der von einer Nockenscheibe betätigte Impulskontakt e, durch den über das Relais r der Stoßkreis eingeschaltet wird. Der Kondensator g entlädt sich über die Wicklung des Senderschwingers h, der nun einen Schallimpuls abstrahlt. Im Augenblick der Erregung des Schwingers wird die Endröhre des Empfangsverstärkers k durch Anlegen einer negativen Gitterspannung gesperrt, um eine Anzeige durch den unmittelbar auf den Schallempfänger i auftretenden Schallimpuls (Nullschall) zu unterdrücken. In der Zeit, die der Schallimpuls vom Abstrahlen durch den Sender bis zu seiner Rückkehr als Echo am Empfänger benötigt, bewegt sich das Leuchtrohr von der Nullstellung aus um einen Winkel weiter, der der

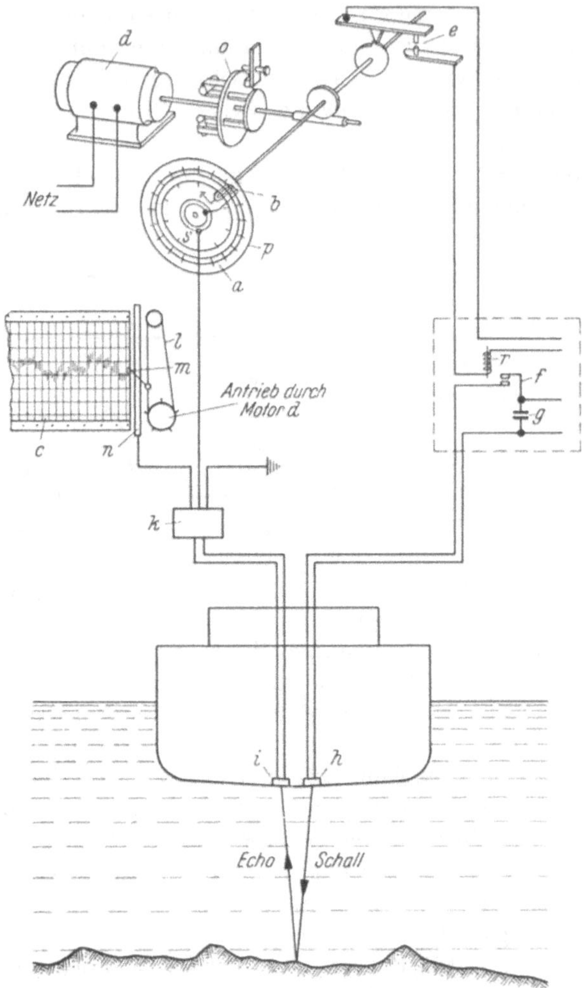

Abb. 472. Schematische Darstellung des Aufbaues einer Echolotanlage mit Lichtanzeige und grafischer Registrierung (Bauart Atlas)
a **Skala;** *b* **Leuchtrohr;** *c* **Registrierpapier;** *d* **Motor;** *e* **Impulskontakt;** *f* **Relaiskontakt;** *g* **Kondensator;** *h* **Sender;** *i* **Empfänger;** *k* **Verstärker;** *l* **Gummiband;** *m* **Schreibdraht;** *n* **Kontaktschiene;** *o* **Fliehkraftregler;** *p* **Anzeigescheibe;** *r* **Relais;** *s* **Schleifringe**

Laufzeit des Schalls und damit der Tiefe das Wassers entspricht. Der vom Empfänger dem Verstärker zugeführte Echoimpuls bringt das Leuchtrohr – es erhält seine Spannung über Kohlebürsten und Schleifringe *s* –

zum Aufleuchten; die Tiefe kann an der Skalenscheibe abgelesen werden. – An Stelle einer umlaufenden Leuchtröhre kann die Lichtquelle unter Fortfall der Schleifringe fest montiert werden. Durch eine umlaufende Lichtführung aus Plexiglas wird das Licht der Anzeigelampe in die Skalenebene umgelenkt.

Mit der Tiefenanzeige kann eine grafische Aufzeichnung der Tiefe verbunden werden. Gemäß Abb. 472 bewegt bei einem kombinierten Gerät der Motor über ein Getriebe ein endloses perforiertes Gummiband *l* gleichförmig über das in Meter eingeteilte Registrierpapier *c*. Das Gummiband trägt einen Schreibdraht *m*, der über eine Kontaktschiene *n* und über das Registrierpapier hinweggezogen wird. Das Anzeigepapier ist auf der Rückseite mit einer Graphitschicht belegt, so daß ein genügend verstärktes Echo – als Spannungsstoß dem Schreibdraht zugeführt – eine Brennfleckmarkierung hinterläßt. Auf dem Papier werden auch Objekte aufgezeichnet, die sich zwischen Schiffsboden und Meeresgrund befinden, z. B. einzelne Fische, Fischschwärme oder auch ein ausgebrachtes Netz. Ein Verändern der Verstärkung erhöht oder vermindert die Schwärzung und damit auch die Breite der Tiefenkurve. In Abb. 473 ist ein Streifen abgebildet, auf dem bei einem Meßbereich von 200–425 m die Tiefenkurve von 275 m an nach größeren Werten hin abfällt. In Abb. 474 sind bei einem Meßbereich von 0–200 m neben der Tiefenkurve Echoaufzeichnungen von einzelnen Fischen wie auch von Fischschwärmen enthalten.

Zwischen der Kontaktgabe und dem Aussenden des Schalls liegt eine kurze Verzögerungszeit, die durch die Ansprechzeit des Stoßkreisrelais bedingt ist und einer Tiefe von etwa 2 m entspricht. Außerdem muß bei der Tiefenmessung der Abstand des Senderschwingers von der Wasseroberfläche, meist gleich dem Tiefgang des Schiffes, berücksichtigt werden. Diese Korrekturen werden durch eine Justierung des Gerätes ausgeglichen. Während des Betriebes wird der Verstärkungsgrad so eingestellt, daß sich eine eindeutige Anzeige ergibt. Bei flachem Wasser wird eine geringere Verstärkung als bei tiefem Wasser benötigt; eine zu große Verstärkung führt zur Anzeige von Doppel- oder Mehrfachechos.

Das vom Empfänger aufgenommene Echo kann auch auf dem Leuchtschirm eines Braunschen Rohres zur Anzeige gebracht werden. Die Wirkungsweise dieser als „Fischlupe“ oder „Fischfinder“ bezeichneten Geräte ist schematisch in Abb. 475 wiedergegeben. Der Motor *a* treibt über ein Vorgelege eine mit 4 Nockenscheiben ausgestattete Welle an. Durch den Kontakt der Nockenscheibe *b* wird im Augenblick des Schließens das im Stoßkreis *f* befindliche Tastrelais gezogen, welches den Impuls für den Ultraschallsender auslöst. Gleichzeitig gibt der Kontakt an Nocke *d* über den Bereichumschalter *g* dem Kippgerät *h*, welches den zeitlich sehr genau abgestimmten senkrechten Lauf des Leuchtpunktes des Kathodenstrahles steuert, den Anstoß zur Ablenkung. Trifft

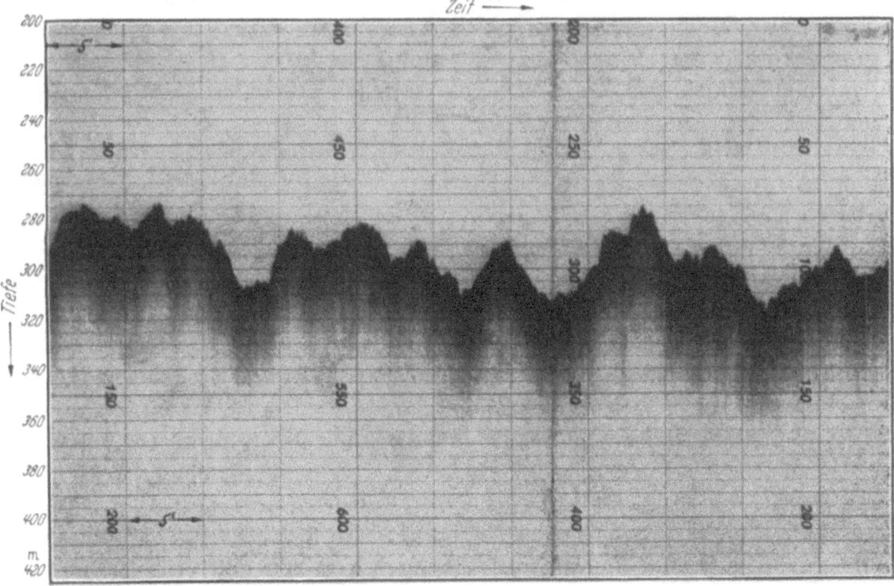

Abb. 473. Tiefenprofil; aufgezeichnet von einem Echografen

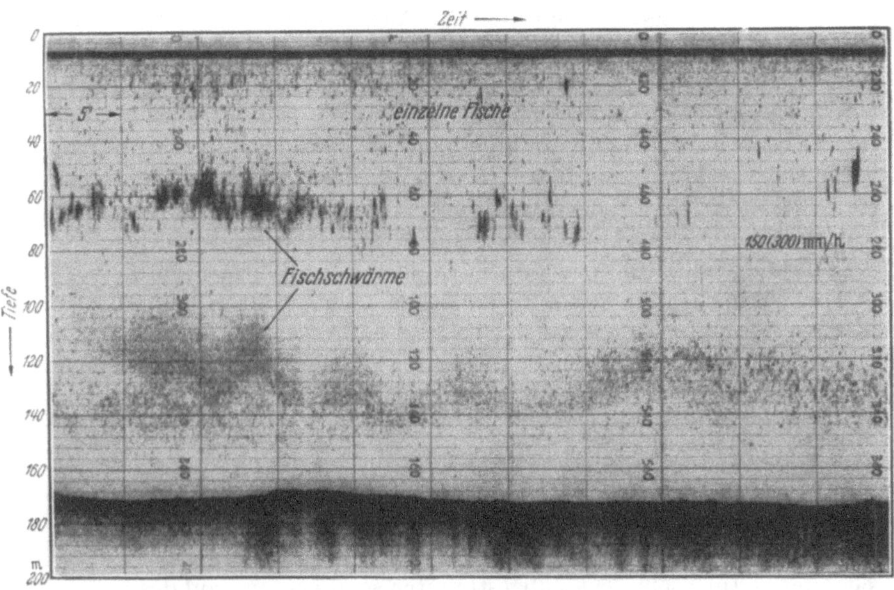

Abb. 474. Echoaufzeichnungen des Meeresbodens und von Fischschwärmen

ein Echo auf den Empfänger *k*, so gelangt dieser Empfangsimpuls über den Verstärker *l* an das andere Ablenkplattenpaar des Rohres, der Leuchtpunkt wird dann zu einem waagerechten Strich auseinandergezogen. Bei Legen des Bereichsumschalters auf den Suchbereich wird der Kontakt an dem Nocken *e* wirksam, gleichzeitig wird durch eine Schaltungsänderung im Kippgerät eine Beschleunigung der senkrechten Bewegung des Kathodenstrahles eingeleitet, so daß auf dem Leuchtschirm nur noch eine kleine Wasserschicht, deren Stärke

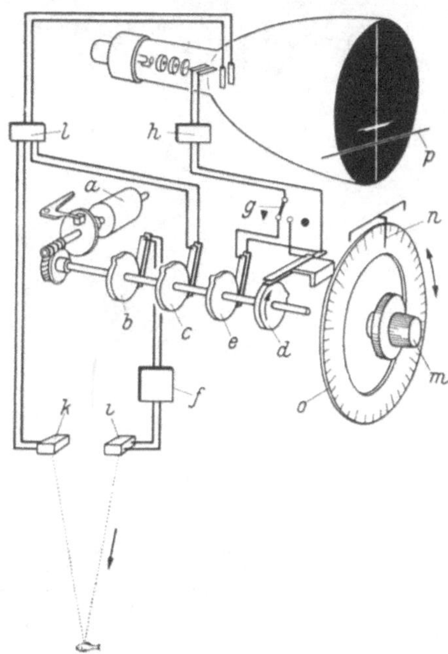

Abb. 475. Wirkschema der „Fischlupe" (Bauart Elac) *a* Motor; *b* Kontakt für Auslösen des Impulses; *c* Kontakt für Sperren des Nullechos; *d* Kontakt für Übersichtsbereich; *e* Kontakt für Suchbereich; *f* Stoßkreis; *g* Bereichumschalter; *h* Kippgerät; *i* Schallsender; *k* Schallempfänger; *l* Verstärker; *m* Einstellknopf für Tiefenskala im Suchbereich; *n* Zeiger zum Ablesen im Suchbereich; *o* Tiefenskala; *p* Meßmarke auf dem Leuchtschirm

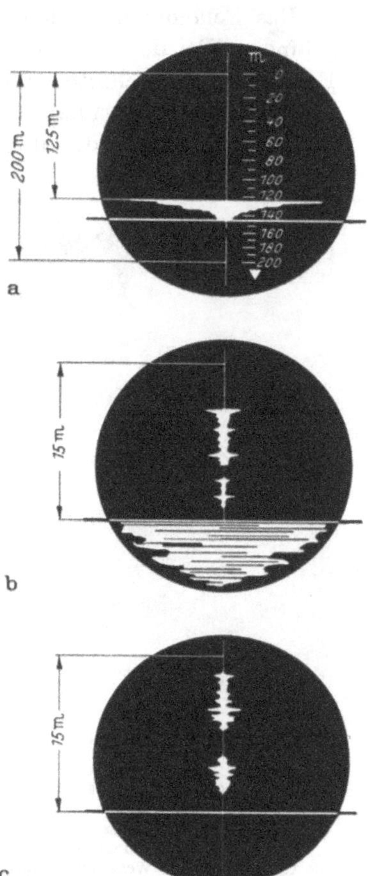

Abb. 476 a–c. Leuchtschirmbilder einer „Fischlupe"
a) Anzeige des Meeresbodens im Übersichtsbereich; b) Fischschwarm über dem Meeresboden; c) Fischschwarm in großem Abstand vom Meeresboden

z. B. 15 m betragen kann, zur Anzeige kommt. Dieser engbegrenzte Suchbereich läßt sich in seiner Tiefenlage im Wasser dadurch beliebig heben und senken, daß die senkrechte Ablenkung des Strahles erst kurz vor dem Empfang des Echos ausgelöst wird. Die Tiefenlage kann über dem Zeiger n auf der Tiefenskala o abgelesen werden. Die Abb. 476 zeigen Aufzeichnungen auf dem Leuchtschirm bei verschiedener Einstellung des Gerätes.

Das Echolotprinzip hat in letzter Zeit neue Anwendungsbereiche gefunden. Bei der Fischerei z.B. erwies es sich als zweckmäßig, einen Echolotschwinger hinten am Netz zu befestigen, um so mit Hilfe des Echolotprinzips die Maulöffnung des Netzes zu kontrollieren. Im Echogramm ist die Menge der in das Netz kommenden Fische zu erkennen, und

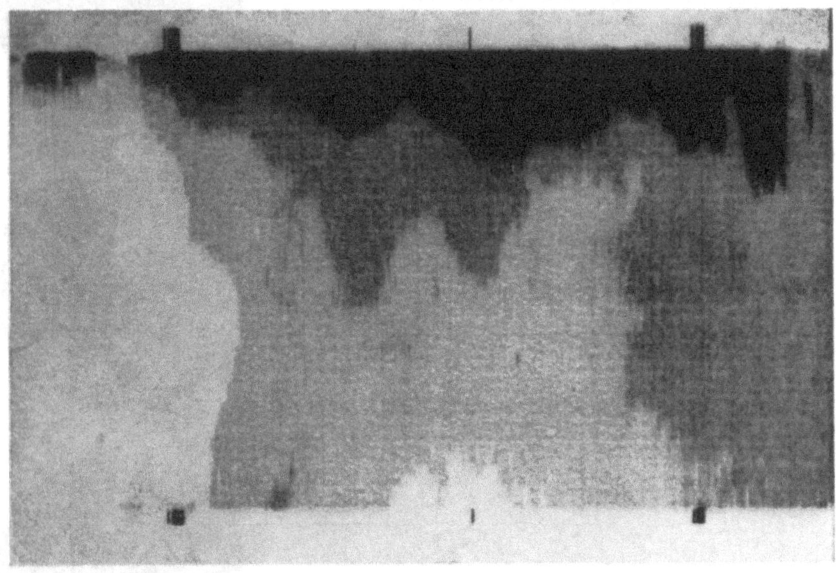

Abb. 477. Registrierung eines Flußbettes mit Bodenkartenschreiber (Bauart Atlas). Registrierbreite 40 m; Längsabstand zwischen den schwarzen Markierungen 200 m. Höhenschichtungen in Abständen von je 1 m. Die tiefschwarzen Flächen stellen die flachsten Gebiete eines Abhanges im Flußbett dar, der bis zu den weiß dargestellten Flächen um 3 × 1 m = 3 m abfällt. Die Grenze zwischen Weiß und hellgrauer Registrierung läßt sich mit einem Regler auf einen beliebigen Tiefenwert einstellen, z.B. die garantierte Mindesttiefe eines Flußbettes

es kann der Abstand des Netzes vom Meeresboden abgelesen und gegebenenfalls geändert werden. Der Vorteil dieser „Netzsonde" hat sich als so groß erwiesen, daß in der Fischerei das nachteilige Verbindungskabel vom Schiff zum Netz in Kauf genommen wird.

Bei der Vermessung von Wasserstraßen wird eine lückenlose Kontrolle des Bodens angestrebt. Zum Erreichen dieses Zieles wird neuerdings nicht nur ein einziges Echolot, das nur das Abtasten einer schmalen Linie erlaubt, sondern eine Vielzahl von Schwingern in einer geraden Linie mit einem Abstand von z.B. 1 m angeordnet, wobei diese Meßlinie von z.B. 40 m Länge quer zur Vorausrichtung und damit zur Fahrt des

Schiffes angeordnet ist. Diese Reihe von Echolotschwingern wird in jeder Sekunde einmal abgetastet, wobei jeder Tiefenwert im Echogramm in einen Schwärzungsgrad umgewandelt wird. Es entstehen dabei flächenmäßige Abbildungen, in denen die Tiefenlinien deutlich zu erkennen sind (s. Abb. 477).

Alle Lotanlagen verlangen einen sorgfältigen Einbau der Sende- und Empfangsschwinger; vor ihnen sollen keine Einbauten, Vorsprünge, Plattenstöße, Entnahmeöffnungen usw. vorhanden sein, die den ebenen und wirbelfreien Verlauf der Wasserströmung stören. Ist der Schiffsboden nicht genügend flach, so sind die Schwinger durch einen Ausbau in der Außenhaut einzusetzen. Sender und Empfänger werden zumeist auf einer Seite des Schiffes in einem Abstand von etwa 0,5–1 m hintereinander angeordnet, der Empfänger liegt meist – in Fahrtrichtung gesehen – vor dem Sender.

Echolotgeräte benötigen im allgemeinen zur Speisung eine Wechselspannung von 220 V, 50 Hz oder 110 V, 60 Hz, die entweder direkt dem Bordnetz oder einem besonderen Umformersatz entnommen wird.

5. Elektrische Schiffsuhren

Eine einheitliche Zeitanzeige ist für große Schiffe, insbesondere Fahrgastschiffe, unerläßlich; die Forderung, an allen Stellen des Schiffes genaue und vor allem übereinstimmende Zeit ablesen zu können, ist nur durch eine elektrische Uhrenanlage sicherzustellen. Neben den durch den Schiffsbetrieb gegebenen allgemeinen Anforderungen, insbesondere die Unempfindlichkeit gegen Schiffsbewegungen und Erschütterungen, muß die dem jeweiligen Standort entsprechende Ortszeit durch Vor- bzw. Nachstellen oder durch vorübergehendes Anhalten der Uhren zuverlässig eingestellt werden können.

Abb. 478. Hauptuhr einer Schiffsuhrenanlage (Bauart Fernsig)
a Kontrolluhr; *b* Hauptuhr; *c* Schalter für „vorwärts“, „normal“, „rückwärts“

Das Verwenden von Synchronuhren setzt ein Drehstrom-Bordnetz oder das Aufstellen eines Umformersatzes voraus. Das Einhalten einer gleichbleibenden Frequenz erfordert allerdings umfangreiche Zusatzeinrichtungen. Schiffsuhrenanlagen werden deshalb vorzugsweise mit Gleichstrom betrieben und aus einer Akkumulatorenbatterie (24 V) gespeist; ihre Kapazität richtet sich nach der Anzahl der angeschlossenen Nebenuhren.

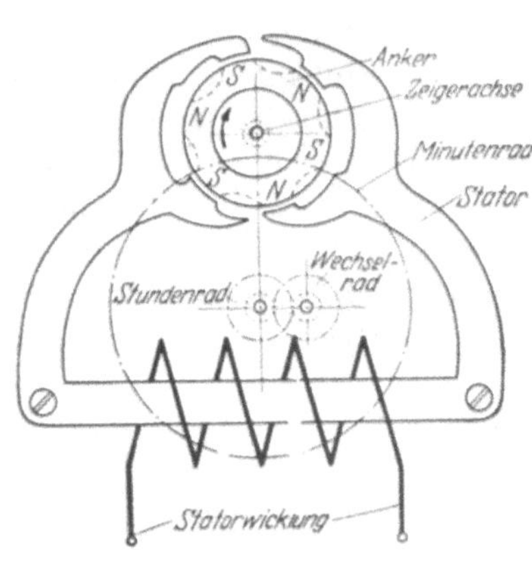

a

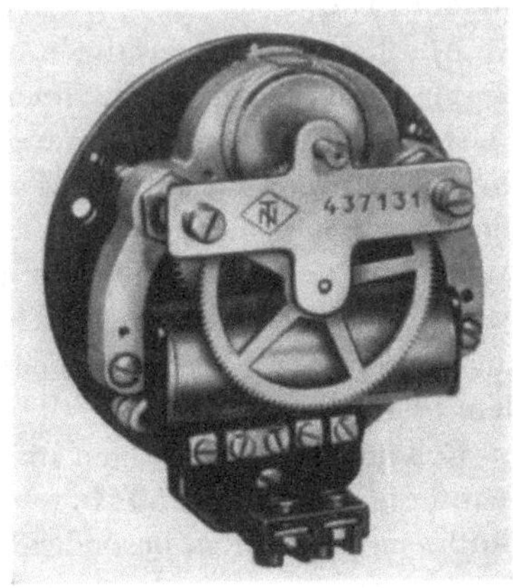

b

c

Abb. 479a–c. Nebenuhrwerk (Bauart Fernsig)
a) Prinzipdarstellung; b) einfaches Nebenuhrwerk; c) Nebenuhrwerk für Vor- und Rücklauf

Die Hauptuhr besitzt, da sich wegen der möglichen Schräglagen des Schiffes Pendeluhren verbieten, ein exakt arbeitendes Gehwerk mit Präzisionsregler; sie wird mit einer vielstündigen Gangreserve und einem elektrischen Aufzugswerk ausgestattet. Ein von der Hauptuhr als Zeitgeber angetriebenes Schaltrad betätigt die Impulskontakte, die zwischen der Stromquelle und den Leitungen zu den Nebenuhren liegen und jede Minute einen Gleichstromimpuls von etwa 1–2 sek Dauer an die Nebenuhrwerke geben. Durch eine Polwechsel-Kontakteinrichtung wird die Richtung der Stromimpulse fortlaufend gewechselt. Die elektromagnetischen Schrittschaltwerke der Nebenuhren folgen den Stromimpulsen und es wird so die Fernübertragung einer einheitlichen genauen Zeit ermöglicht. Das Verstellen der Uhrzeiger wird durch künstlich erzeugte Schnellimpulse von der Hauptuhr aus vorgenommen. Die Nebenuhren arbeiten nur in *einer* Drehrichtung. Wenn jedoch die Zeiger auch rückwärts verstellt werden sollen, so müssen die Schiffsnebenuhren mit 2 Nebenuhrwerken versehen werden.

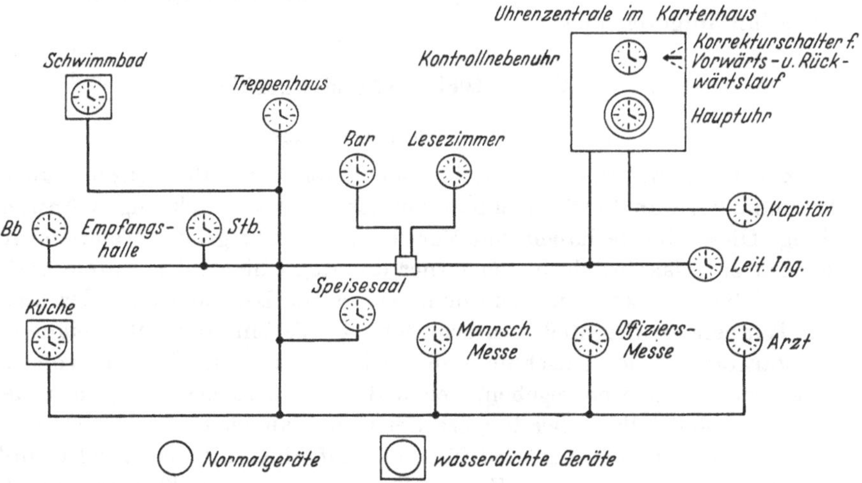

Abb. 480. Schiffsuhrenanlage

Eine Schiffshauptuhr ist in Abb. 478 dargestellt. Sie enthält außer einer Kontrollnebenuhr einen Schalter für das Verstellen der Zeiger. Abb. 479a und b zeigt ein polarisiertes Nebenuhrwerk. Dem sechspolig magnetisierten Anker (permanenter Magnet) stehen vier ausgeprägte Pole des Stators in einer Teilung 60–120–60–120° gegenüber. Diese Ausführung ergibt in 6 Ankerstellungen starke Einstellkräfte, welche der Zeigerachse das notwendige Drehmoment (etwa 150 cmg) erteilen. Zu jedem ausgeprägten Pol des Stators gehört, um 180° versetzt, ein Gegenpol, wodurch ein einseitiger Zug auf die Lager des Ankers vermieden wird. Wird die Statorwicklung von einem Stromimpuls beaufschlagt, welcher gleichnamige Pole gegenüber den Polen des Ankers erzeugt, so bewegt sich dieser in Richtung des Uhrzeigers um 60°. Durch die besondere Formgebung der Pole wird der Luftspalt zwischen Stator und Anker unsymmetrisch; damit ist *eine* Drehrichtung des Ankers bevorzugt festgelegt. Abb. 479c zeigt die Ausführung eines Schiffsnebenuhrwerkes für Vor- und Rücklauf.

In einer anderen Ausführung, die auf den Rücklauf der Nebenuhrwerke verzichtet, besitzt die Hauptuhr neben dem Zeitgeber eine Fortstellkontrolluhr. Ist eine bestimmte Zeitdifferenz auszugleichen, so wird der Zeiger der Kontrolluhr um diese Zeitspanne verstellt. Das kurzzeitige Betätigen eines Kippschalters in der einen oder anderen Richtung leitet das Vorstellen oder Anhalten der Nebenuhren ein, die Kontrolluhr beendet die mit dem Kippschalter vorgegebene Korrektur selbsttätig mit Erreichen der Nullstellung. Ein Rückstellen der angeschlossenen Uhren ist dann nicht mehr erforderlich.

In Abb. 480 ist die Anordnung einer Schiffsuhrenanlage für ein Fahrgastschiff aufgezeichnet.

6. Wärmetechnische Meßgeräte

a) Temperaturmessung

Zur Temperaturmessung finden neben den bekannten Ausdehnungsthermometern an Bord vor allem elektrische Meßeinrichtungen Anwendung. Diese Geräte haben den Vorzug, einen sehr großen Temperaturbereich zu erfassen; sie bieten ferner die Möglichkeit, das Anzeigegerät vom Meßort so weit zu entfernen, wie es die Beobachtung oder auch die Temperatur des Meßortes erfordert. In Verbindung mit geeigneten Verstärkern ist der Anschluß von Tochterinstrumenten sowie von registrierenden Geräten gegeben, welche den Temperaturverlauf einer oder mehrerer Meßstellen über längere Zeiträume aufzeichnen. Ein genaues Erfassen der Temperatur wird für viele Aufgaben, die der Regeltechnik an Bord zufallen, verlangt. Verwendung finden sowohl Thermoelemente als auch Widerstandsthermometer. Beide Meßsysteme haben eine ebenso große Bedeutung für die betriebliche Überwachung der Haupt- und Hilfsmaschinenanlagen wie für die Kontrolle der Temperatur empfindlicher Ladungsgüter – hauptsächlich der Kühlladung –, zumal mit beiden Systemen praktisch der gesamte für Bordmessungen in Betracht kommende Temperaturbereich beherrscht wird. Bei Temperaturen bis zu etwa 550 °C herauf kann der einen oder anderen Meßmethode der Vorzug gegeben werden. Widerstandsthermometer benötigen keine besonderen Zusatzeinrichtungen, wie sie etwa Thermoelemente mit einer gleichbleibenden Temperatur an der Vergleichsstelle erfordern, sie bedürfen aber einer besonderen, vom Bordnetz galvanisch getrennten Spannungsquelle. Thermoelemente können unmittelbar in Verbindung mit einem Drehspulmeßgerät verwendet werden, welches durch eine Spannbandlagerung[1] gegen Erschütterungen praktisch unempfindlich ist. Kreuzspulmeßgeräte, wie sie Widerstandsthermometer erfordern, sind mit dieser Lagerung noch nicht ausgeführt worden.

[1] Vgl. Meßgeräte, S. 165.

Thermoelemente. Thermoelemente erfassen die Temperatur mit Thermopaaren, welche aus 2 Drähten verschiedener Metalle oder Metalllegierungen, die an einem Ende miteinander verlötet oder verschweißt sind, bestehen. Beim Erwärmen der zur Messung benutzten Löt- oder Schweißstelle entsteht eine EMK – die Thermospannung. Ihre Größe hängt von der Temperaturdifferenz zwischen der Meßstelle und der Vergleichsstelle – innerhalb des Stromkreises ist mindestens eine zweite Verbindungsstelle, die als Thermoelement wirkt, vorhanden – sowie von den verwendeten Werkstoffen ab. Aus Abb. 481 ist für die gebräuchlichsten Thermopaare der Zusammenhang zwischen der Thermospannung und der Temperatur zu ersehen. Die Wahl des Werkstoffes wird im wesentlichen durch den zu erfassenden Temperaturbereich bestimmt. Da die Enden der meist kurzen Drähte des Thermopaares bei hohen Temperaturen an der Anschlußstelle ebenfalls eine höhere Temperatur annehmen, werden von diesen Kompensationsleitungen zu einer Vergleichsstelle mit gleichbleibender Temperatur geführt. Diese Ausgleichsleitung besteht entweder aus den gleichen Werkstoffen wie die Schenkel des Thermopaares oder aus Metallen bzw. Metallegierungen, welche die gleiche Thermospannung wie das Thermopaar selbst liefern; sie stellt mithin nur eine Verlängerung der Schenkel des Thermopaares selbst dar. Von der Vergleichsstelle können zum Anzeigegerät, das wegen der geringen Leistung des Thermopaares stets als Drehspulmeßgerät ausgeführt wird, die üblichen Kupferkabel oder Leitungen verlegt werden, wie es aus Abb. 482 hervorgeht. Eine gleichbleibende Temperatur der Vergleichsstelle – sie muß über der höchsten vorkommenden Umgebungstemperatur liegen – kann gegebenenfalls nach Abb. 483 durch elektrische Beheizung in Verbindung mit einem Zweipunktregler (Bimetallregler) erzwungen werden. An der Vergleichsstelle werden dann meist die Ausgleichsleitungen mehrerer Meßstellen zusammengefaßt.

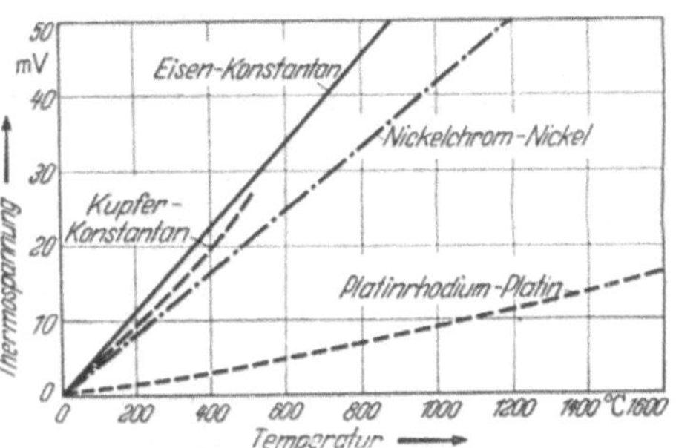

Abb. 481. Zusammenhang zwischen Thermospannung und Temperatur der gebräuchlichsten Thermopaare (Bezugstemperatur 0 °C; Grundwertreihen nach DIN 43710)

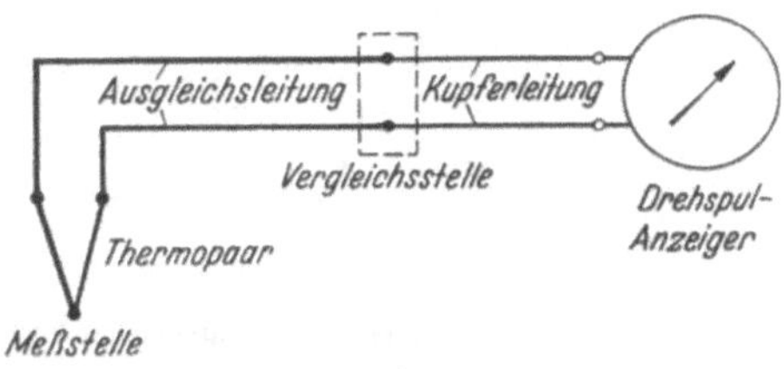

Abb. 482. Thermopaar mit Ausgleichsleitung

Eine andere Möglichkeit der Temperaturkompensation besteht in der Anwendung einer Ausgleichsschaltung mit Hilfe einer „Kompensationsdose“, bei der eine Brückenschaltung mit drei unveränderlichen Widerständen und einem von der Temperatur der Vergleichsstelle abhängigen Widerstand nach Abb. 484 benutzt wird. 2 Eckpunkte der Brücke liegen mit dem Meßgerät in Reihe; die Brücke liefert eine von der Temperatur der Vergleichsstelle abhängige Zusatzspannung von einer solchen Größe, daß deren Einfluß auf die Gesamtthermospannung aufgehoben wird. Für jede Meßstelle ist eine besondere Kompensationsdose vorzusehen, der eine kleine Hilfsspannung zuzuführen ist.

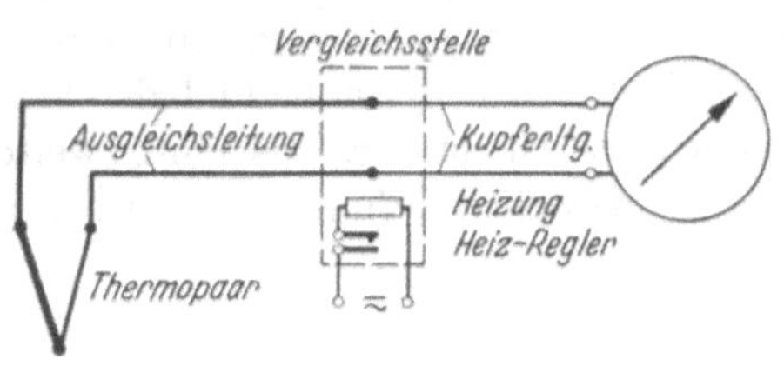

Abb. 483. Thermopaar mit Heizung der Vergleichsstelle

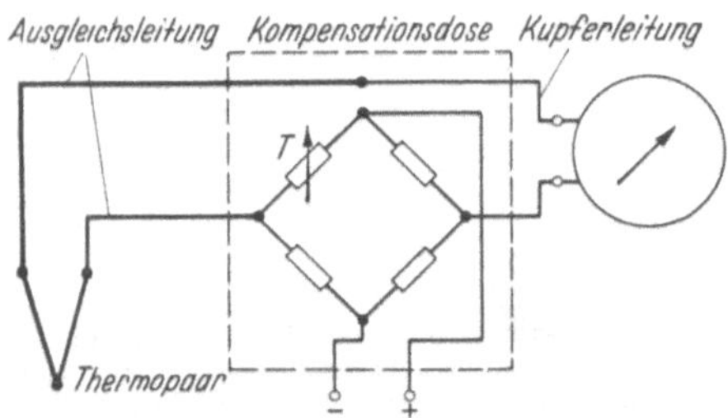

Abb. 484. Thermopaar mit Kompensationsdose (Bauart S & H)

Neben der Möglichkeit, bei einem an das Thermopaar angeschlossenen Instrument den Zeiger im stromlosen Zustand auf die Vergleichstemperatur einzustellen, ist eine selbsttätige Nullpunktverstellung dadurch möglich, daß an dem Federende des Meßwerkes ein Bimetallausgleicher in Form eines Streifens oder einer Spirale angeordnet wird. Im stromlosen Zustand zeigt dann das Meßgerät die Temperatur des Instrumentes an. Um diese mit der Vergleichstemperatur in Übereinstimmung zu bringen, sind die Ausgleichsleitungen bis an die Klemmen des Meßgerätes zu führen.

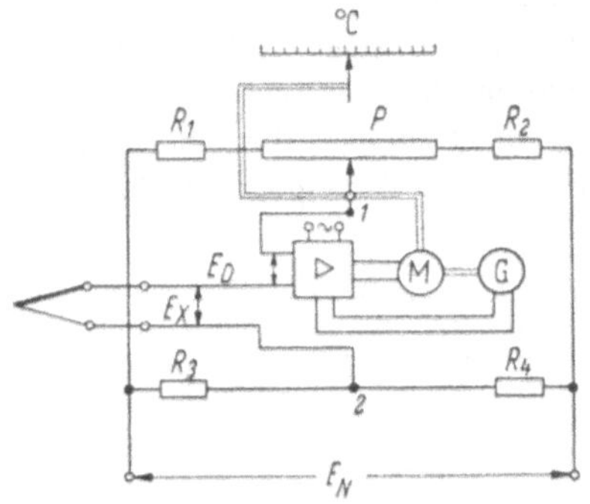

Abb. 485. Schaltung eines selbstabgleichenden Kompensators
E_D Differenzspannung; E_N Normalspannung; E_X Thermospannung; R_1, R_2, R_3, R_4 Brückenwiderstände; P Potentiometer; M Stellmotor; g Tachogenerator

Da die durch Drehspulmeßgeräte erreichbare Genauigkeit gelegentlich nicht ausreicht und oft auch Wert auf ein grafisches Aufzeichnen des Meßwertes gelegt wird, haben selbstabgleichende Kompensatoren – als

Linien- oder Punktschreiber Kompensografen genannt – vielfach Eingang in die Bordmeßtechnik gefunden. In der Schaltung nach Abb. 485 wird der Thermospannung E_x die am selbstabgleichenden Potentiometer abgegriffene Vergleichsspannung entgegengeschaltet; die Differenzspannung E_D steuert über einen Verstärker den Stellmotor M, der je nach der Polarität der Differenzspannung Rechts- oder Linkslauf annimmt und den Potentiometerabgriff mechanisch so lange verstellt, bis die Differenzspannung Null ist. Die Stellung des Potentiometerabgriffes

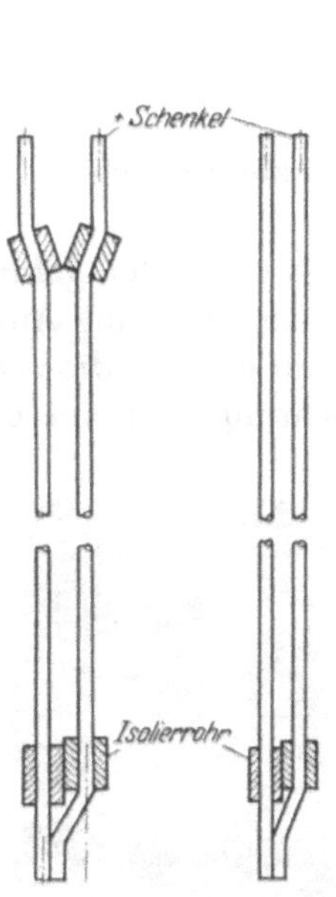

Abb. 486. Aufbau von Thermopaaren (Ausführung nach DIN 43732)

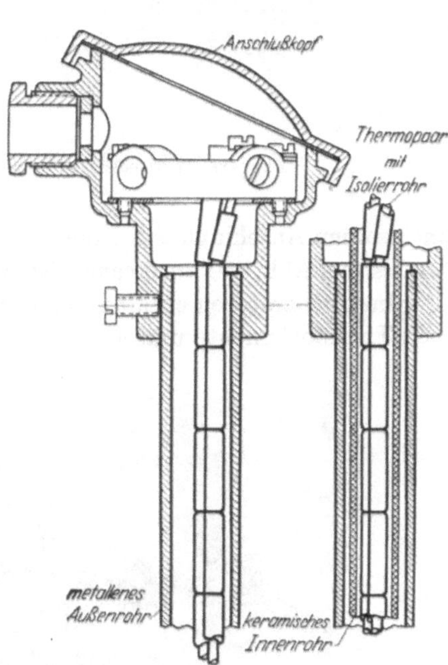

Abb. 487. Thermoelemente mit Schutzrohren (Ausführung nach DIN 43732)

ist damit der Thermospannung proportional. Um ein aperiodisches Abgleichen der Brücke zu erreichen, wird die drehzahlabhängige Spannung eines Tachogenerators G als Gegenkopplungsspannung dem Verstärker zugeführt.

Die Thermopaare nach Abb. 486 erhalten für den Einbau am Meßort Schutzarmaturen nach Abb. 487, denen eine dem Anwendungsfall entsprechende Form und Größe gegeben wird. Durch Schutzrohre aus verschiedenartigen Metallegierungen oder aus keramischen Werkstoffen wird den durch die jeweiligen Betriebsverhältnisse bedingten Beanspruchungen Rechnung getragen.

Für die Messung der Abgastemperaturen von Dieselmotoren wird im allgemeinen für jeden Zylinder, bei doppelt wirkenden Maschinen für jede Kolbenseite sowie für die Auspuffsammelleitung je ein Thermoelement etwa in Ausführung nach Abb. 488 mit eigenem zugeordnetem Meßgerät vorgesehen. Die Thermoelemente erhalten hierbei als Ausgleichsleitung ein Panzerkabel, das über eine Zwischendose zu einem ge-

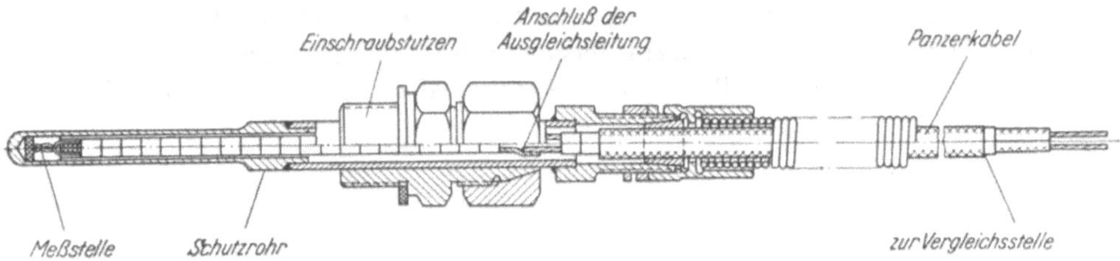

Abb. 488. Thermoelement zur Messung von Abgastemperaturen

meinsamen Anschlußkasten, der die Vergleichsstelle bildet, geführt wird, wie es aus Abb. 489 zu ersehen ist. Hilfsdieselmotoren zum Antrieb der Bordnetzgeneratoren erhalten dagegen meist nur eine auf die verschiedenen Thermoelemente umschaltbare Meßeinrichtung. Auf eine besondere

Abb. 489. Ausgleichsleitungen, Zwischendosen und Vergleichsstelle an einen Dieselmotor angebaut
a **Vergleichsstelle;** *b* **Ausgleichsleitungen;** *c* **Zwischendosen;** *d* **Leitungen zu den Thermoelementen**

Kompensation der Temperatur der Vergleichsstelle wird bei diesen Anlagen in der Regel verzichtet, da die absolute Temperatur der einzelnen Zylinder weniger interessiert als ein Vergleich der Zylindertemperaturen miteinander. Dieser Vergleich läßt zumeist schon einen Schluß auf die Arbeitsweise der Maschine zu.

Widerstandsthermometer. Als Meßgröße dient bei einem Widerstandsthermometer die Änderung des elektrischen Widerstandes bestimmter Metalle mit der Temperatur: Mit steigender Temperatur wächst der

Widerstand, mit fallender Temperatur nimmt er geringere Werte an. Eine derartige Temperaturmeßeinrichtung besteht aus dem Meßwiderstand als Temperaturmeßfühler, einer Widerstandsmeßschaltung, einem in Temperaturgraden geeichten Anzeigegerät sowie einer Spannungsquelle.

Als Temperaturfühler wird in der Regel ein Meßwiderstand aus Platin oder Nickel verwendet; diese Metalle erfüllen in den für den Temperaturmeßbereich vorgesehenen Grenzen die Forderung, daß sich durch die Erwärmung keine bleibende Widerstandsänderung infolge Oxydation einstellt und daß das Meßergebnis von Druck und Feuchtigkeit nicht beeinflußt wird. Für Temperaturen bis zu 180 °C wird zumeist Nickel verwendet, bei Temperaturen bis 550 °C und für sehr genaue Messungen von Temperaturen, die sich nur wenig von der Raumtemperatur unterscheiden, ausschließlich Platin[1]. Der Meßwiderstand wird in Hartglas oder Keramik eingebettet und dann in Thermometereinsätzen eingebaut, wie sie auch für Thermopaare verwendet werden. Zum Einbau in Behälter, Rohrleitungen, Verdampfer, Vorwärmer, Kondensatoren oder Wärmeaustauscher werden diese herausnehmbaren Thermometereinsätze in Schutzrohre eingesetzt, die in Länge, Wandstärke und Werkstoff den jeweiligen Betriebsverhältnissen anzupassen sind.

Die Schaltung der Temperaturmeßeinrichtung richtet sich nach dem verlangten Meßbereich und der geforderten Genauigkeit; meistens finden Kreuzspul- oder Kompensationsschaltungen Anwendung. In Abb. 490 ist

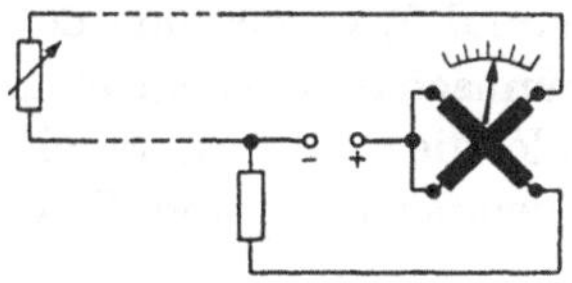

Abb. 490. Widerstandsthermometer in Verbindung mit Kreuzspulgerät

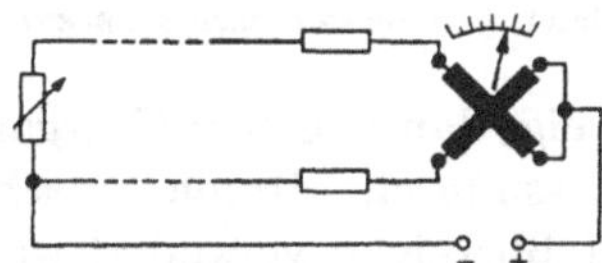

Abb. 491. Dreileiterschaltung für ein Widerstandsthermometer in Verbindung mit Kreuzspulgerät

die einfachste Schaltung wiedergegeben. In einer Zweileiterschaltung führt die eine Spule des Quotientenmeßwerkes einen von der Temperatur der Meßstelle abhängigen Strom, während der Strom durch die andere Spule einen von der Umgebungstemperatur unabhängigen Wert aufweist. Die Anzeige ist von Schwankungen der Betriebsspannung in einem größeren Bereich unabhängig.

Nur kürzere Zuleitungen und größere Leiterquerschnitte elauben es, den Einfluß der sich mit der Temperatur ändernden Zuleitungswiderstände auf die Anzeigegenauigkeit zu vernachlässigen. Dieser Einfluß läßt sich durch

---

[1] Vgl. auch DIN 43760, Grundwerte für Ni- und Pt-Meßwiderstände.

die Dreileiterschaltung nach Abb. 491 praktisch aufheben, da sich durch das Anlegen der Spannungsquelle an den Meßwiderstand die Ströme in beiden Spulen des Quotientenmeßwerkes im gleichen Sinn und um gleiche Beträge ändern.

Zum Erfassen sehr kleiner Temperaturänderungen, insbesondere den für Kühlladungen oft vorgegebenen kleinen Temperaturgrenzen, innerhalb derer die Temperatur zu halten ist, sind Kompensationsschaltungen entwickelt worden. Als Temperaturfühler dient hier wieder ein Meßwiderstand, doch wird die Temperatur nach dem Kompensationsverfahren in einer WHEATSTONEschen Brückenschaltung ermittelt. Die Schaltung nach Abb. 492 mit den temperaturunabhängigen Festwiderständen R_1, R_2, R_3 weist im vierten Brückenzweig außer dem Vorwiderstand R_v den Meßwiderstand R_t auf. Mittels eines Potentiometers P wird die Brücke so abgeglichen, daß das im Diagonalzweig der Brücke liegende Meßgerät M stromlos wird. Ein Maß für die Temperatur ist dann die Stellung des Spannungsteilers, der mit einer Temperaturskala versehen ist. Für jede Meßstelle ist ein Brückenwiderstand R_3 vorgesehen, der Meßstellenumschalter S liegt im Diagonalzweig; damit gehen Übergangswiderstände dieses Schalters nicht in die Messung ein. Durch Umschalten der Widerstände R_p und R_2 können die Meßbereiche verändert werden.

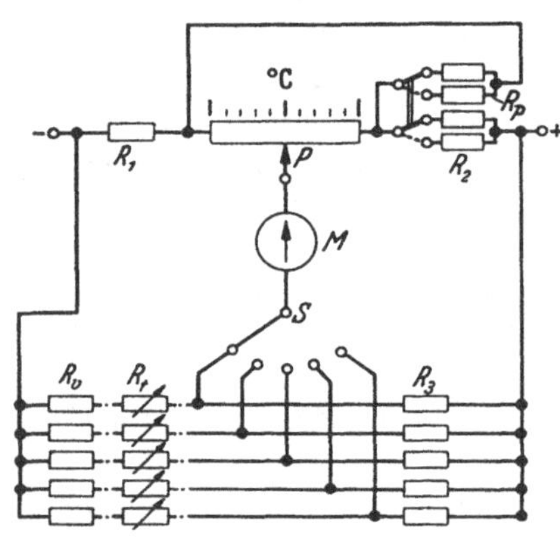

Abb. 492. Kompensationsbrückenschaltung für Widerstandsthermometer (nach SCHELENZ [260])

Wird aber eine Anzeige für jede Meßstelle gefordert, dann ist eine Vielzahl von Meßgeräten notwendig, wie es Abb. 493 für eine große Temperaturüberwachungsanlage für einen Kühlraum zeigt. So wird z. B. in Fruchtladeräumen jedem Laderaum und den Zuluftkanälen jeweils eine Meßeinrichtung zugeordnet, nur für die Abluftkanäle werden, als weniger wichtige Meßstellen, umschaltbare Meßeinrichtungen vorgesehen. In Abb. 494 ist als Ausführungsbeispiel ein Kühlraum-Widerstandsthermometer wiedergegeben. In vielen Fällen wird neuerdings einer selbsttätigen Kompensation der Vorzug gegeben, zumeist in Verbindung mit einer grafischen Aufzeichnung des Temperaturganges, welche die handschriftlichen Aufzeichnungen über die Temperaturverteilung in den zu überwachenden Räumen erübrigt.

Zur Stromversorgung von Temperaturmeßeinrichtungen mit Widerstandsthermometern empfiehlt sich bei Drehstrom-Bordnetzen ein

Wechselstromanschluß über einen Zwischentransformator und Gleichrichter, bei Gleichstrom-Bordnetzen ein besonderer Umformersatz, um die Meßanlage vom Bordnetz galvanisch zu trennen.

Abb. 493. Temperaturüberwachungsanlage für einen Kühlraum

b) Rauchgasprüfanlagen

Die wirtschaftliche Ausnutzung des einem Kessel zugeführten Brennstoffes setzt eine genaue Kenntnis der chemischen Zusammensetzung der Rauchgase voraus. Die in Kesselanlagen oft übliche Analyse der Rauchgase mit dem Orsat-Gerät gestattet zwar eine genaue, aber keine laufende Überwachung des CO_2-Gehaltes der Verbrennungsgase, ebenso wenig können die noch nicht ausgenutzten Bestandteile (CO und H_2) einer laufenden Kontrolle unterworfen werden. Zudem hängt der günstigste CO_2-Gehalt der Verbrennungsgase von der chemischen Zusammensetzung des verwendeten Brennstoffes ab. Zur Gasanalyse werden daher an Bord kontinuierlich arbeitende elektrische Meßgeräte herangezogen. Der Messung liegt zumeist ein Verfahren zum Bestimmen der Wärmeleitfähigkeit zu Grunde; die Wärmeleitfähigkeit selbst wird mit Hilfe elektrisch beheizter Widerstandsdrähte ermittelt, die zu einer WHEATSTONEschen Brücke zusammengeschaltet sind.

Für die Messung wird das Rauchgas durch ein Entnahmegerät am Kesselende nach Abb. 495 über ein keramisches Filter *a* angesaugt und von dort über ein Kreuzstück *b* mit Kondenstopf dem Gasprüfer *c* zugeführt. Zum Ansaugen des Rauchgases wird ein Ansaugegerät mit einer

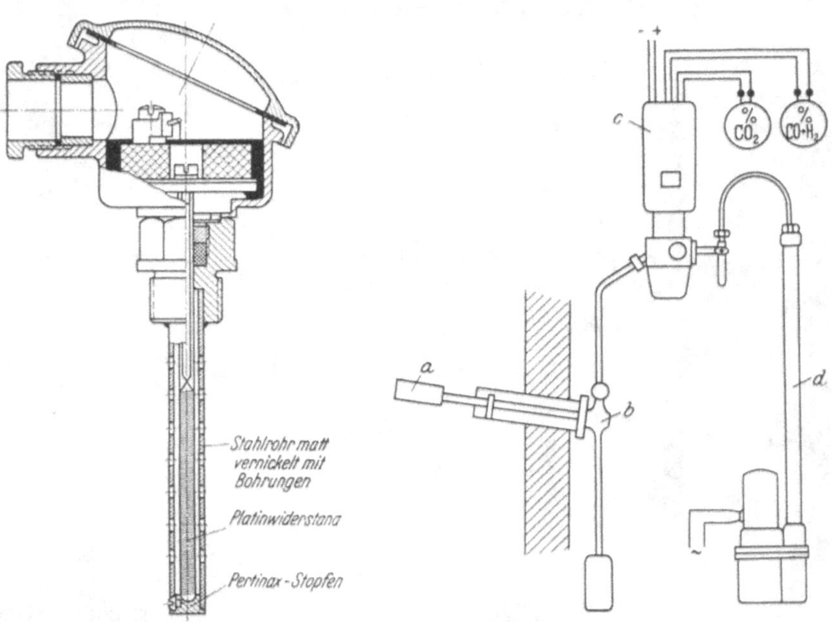

Abb. 494. Widerstandsthermometer mit Platinwicklung (Bauart S & H)

Abb. 495. Elektrischer Gasprüfer (Bauart S & H) *a* Keramisches Filter; *b* Kreuzstück; *c* Gasprüfer; *d* Pumpe

Pumpe *d* vorgesehen. Besonderer Sorgfalt bedarf die Wahl des Werkstoffes und das Verlegen der Rohrleitungen, damit diese nicht durch Korrosion oder mechanische Beanspruchungen brüchig werden und durch Lufteintritt eine falsche Anzeige erhalten wird.

CO_2-Messung. Zur fortlaufenden Ermittlung des CO_2-Gehaltes der Rauchgase wird die geringere Wärmeleitfähigkeit des Kohlendioxyds gegenüber den anderen Bestandteilen der Rauchgase, wie Sauerstoff, Stickstoff und Kohlenoxyd benutzt. Die Gesamtleitfähigkeit des Abgases wird mithin um so kleiner werden, je höher der Gehalt an CO_2 ist. Zur Messung werden dünne Platindrähte (Stärke etwa 40 μ), die elektrisch auf etwa 100 °C erhitzt werden, verwendet. Je 2 Meßdrähte werden dem Meßgas und dem Vergleichsgas (im allgemeinen Luft) in den unter sich gleichen Meß- und Vergleichskammern ausgesetzt. Sie sind gemäß

Abb. 496 zu einer WHEATSTONEschen Brücke zusammengefaßt. Eine Änderung der Zusammensetzung der Rauchgase ändert die Temperatur der Hitzdrähte in den Meßkammern und damit deren Widerstände. Ein in den Diagonalzweig der Brücke geschaltetes Meßgerät bringt diese Widerstandsänderung zur Anzeige; das Gerät kann in Prozent CO_2 geeicht werden. Da die sich ergebenden Temperaturänderungen klein sind, müssen alle Hitzdrähte die gleiche Bezugstemperatur aufweisen. So sind z.B. die Meßkammern nach Abb. 497 in einem starkwandigen Kammerblock aus Messing untergebracht, der dafür sorgt, daß zwischen beliebigen Punkten des Blockes keine Temperaturdifferenz auftritt. Durch Anwenden von engen Kammerbohrungen und senkrechtem Spannen der Hitzdrähte wird eine thermische Konvektion des am Hitzdraht erwärmten Gases vermieden, so daß die Wärme der Hitzdrähte an das Gas ausschließlich durch Wärmeleitung abgegeben wird. In der Ausführung nach Abb. 498 sind die haarnadelförmig gestalteten Hitzdrähte – je zwei von ihnen sind in Bohrungen einer dünnen Glaskapillare eingezogen und mit dieser verschmolzen – axial in den Bohrungen der Meßkammer dem Meßgas oder dem Vergleichsgas ausgesetzt; zwei sich gegenüberliegende Zweige der WHEATSTONEschen Brücke sind jeweils in der-

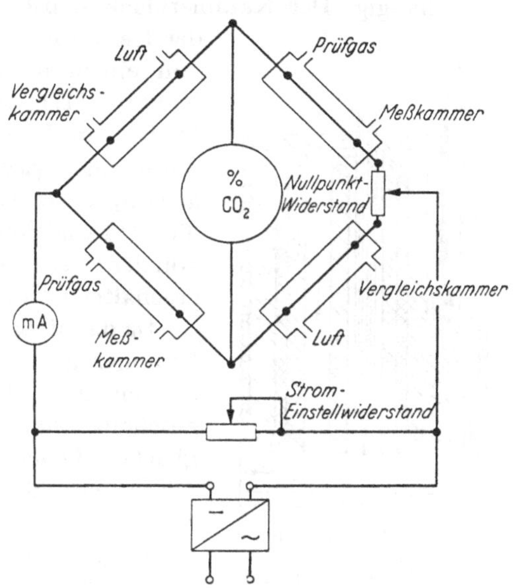

Abb. 496. Prinzipschaltplan eines CO_2-Meßgerätes (Bauart S & H)

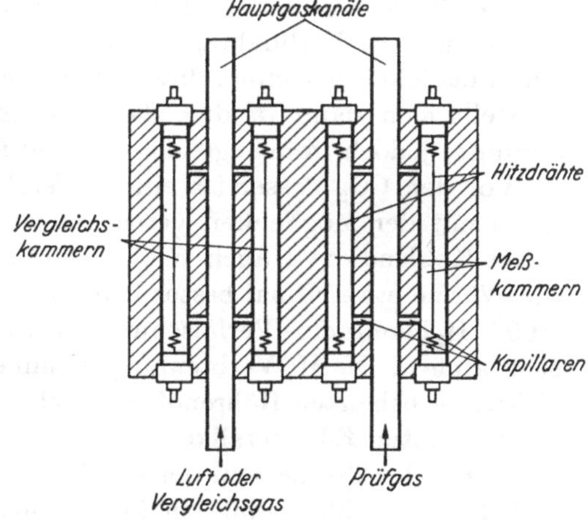

Abb. 497. Meßkammern eines CO_2-Meßgerätes (Bauart S & H)

selben Kapillare untergebracht. Die praktisch konstante Übertemperatur der Drähte sorgt für einen Gasaustausch durch Konvektion; damit wird die Anzeige von der Strömungsgeschwindigkeit des Meßgases weitgehend unabhängig. Der Kammerblock selbst ist als Thermostat ausgebildet, der Heizstrom wird in einer Zweipunktregelung von einem in einer Bohrung untergebrachten Kontaktthermometer beeinflußt. Die noch verbleibenden Temperaturschwankungen werden durch eine Zwischenschicht aus Isolierstoff stark gedämpft, so daß Temperaturfehler, die durch die Abhängigkeit des Temperaturkoeffizienten von der Gaszusammensetzung gegeben sind, ausgeschaltet werden.

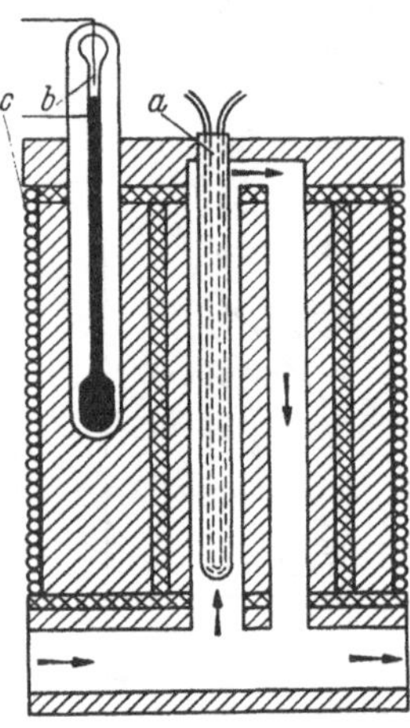

Abb. 498. Wärmeleitkammer für CO_2-Messung, schematische Darstellung; (Bauart H & B nach [237])

Da das Meßgas ebenso wie die zum Vergleich herangezogene Luft stets Wasser enthält, wird der mögliche Wasserdampffehler dadurch ausgeschaltet, daß Rauchgas und Vergleichsgas auf gleichen Feuchtigkeitsgehalt gebracht werden. Die früher üblichen Verfahren: Trocknen von Meß- und Vergleichsgas mit chemischen Mitteln, Aufsättigen beider Gase auf gleiche Feuchte, Unterkühlen des Meßgases durch Frischwasser, sind zugunsten eines Feuchteausgleichs verlassen worden; bei diesen Verfahren wird das feuchte Meßgas mit Hilfe der weniger feuchten Vergleichsluft getrocknet. Da die beiden Gase nicht miteinander in Verbindung gebracht werden dürfen, werden sie durch eine Flüssigkeit getrennt; diese löst nur eine beschränkte Wassermenge, es stellt sich dann in den darüberliegenden Meßkammern eine bestimmte, jedoch immer gleiche relative Feuchte ein.

Vor den CO_2-Messer ist eine H_2-Verbrennungskammer zu schalten, wenn mit der Möglichkeit gerechnet werden muß, daß die Rauchgase außer Kohlendioxyd auch noch Wasserstoff enthalten. Da Wasserstoff die Wärme etwa elfmal besser leitet als CO_2, würde das Auftreten von 0,09% H_2 bereits eine Verfälschung der CO_2-Anzeige um −1 Vol-% CO_2 mit sich bringen. Die H_2-Verbrennungskammer kann z. B. aus einem kleinen, elektrisch beheizten Röhrenofen bestehen, der einen auf Kieselgelkörner aufgebrachten Edelmetallkatalysator für die H_2-Verbrennung enthält.

Neben der Temperatur der Kühlräume ist auf Fruchtschiffen der CO_2-Gehalt der Kühlraumluft zu überwachen, um den Reifungsprozeß des Ladegutes abschätzen zu können. Der CO_2-Gehalt darf nicht höher als 2–10% – je nach Art der Frucht – sein, da sich bei zu kleinem CO_2-Gehalt die Haltbarkeit der Früchte verringert und ein zu hoher Kohlendioxydgehalt zu einem Ersticken der Früchte führt.

$(CO + H_2)$-Messung. Die Anzeige des CO_2-Gehaltes ist zur Beurteilung der Verbrennung nicht eindeutig, da der zahlenmäßig günstigste CO_2-Gehalt sowohl im Gebiet des erwünschten Luftüberschusses wie auch bei starkem Luftmangel auftritt. Um dem Bedienungspersonal das richtige Einstellen der Feuerung zu erleichtern, wird häufig neben der CO_2-Messung gleichzeitig eine Bestimmung des CO-Gehaltes vorgenommen. Zur Messung wird das im Rauchgas befindliche Kohlenoxydgas sowie der unter Umständen noch vorhandene Wasserstoff durch Beimischen von Luft katalytisch verbrannt. Die dabei frei werdende Wärmemenge ist Ausgangspunkt der Messung. Der Aufbau des Meßsystems geht aus Abb. 499 hervor. Es enthält 2 Bohrungen mit ausgespannten Platin- oder Platin-Iridium-Drähten, von denen der eine vom Prüfgas, der andere vom Vergleichsgas umspült wird. Die beiden Drähte bilden nach Abb. 500 wieder Zweige einer Brückenschaltung, wobei der in der Brückendiagonale auftretende Strom ein Maß für den (CO- und H_2)-Gehalt der Rauchgase darstellt. Der untere Teil der Abb. 500 zeigt die mit dem (CO- und H_2-)Meßgerät kombinierte Meßeinrichtung.

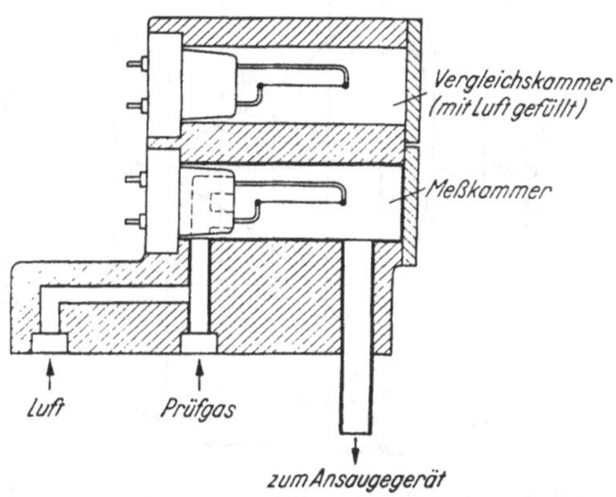

Abb. 499. Hitzdrahtsystem des $(CO + H_2)$-Meßgerätes (Bauart S & H)

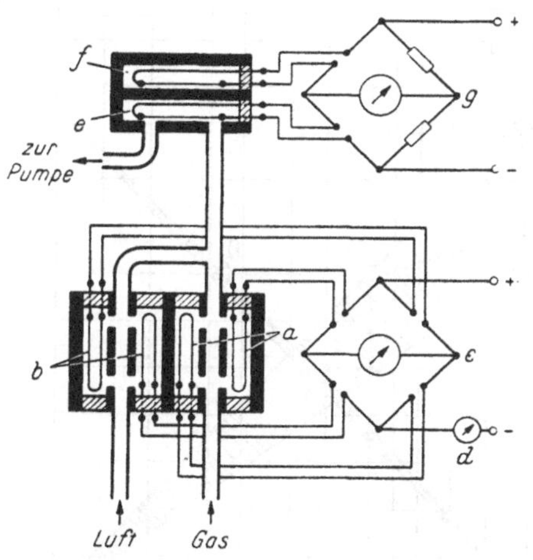

Abb. 500. Prinzipschaltung eines elektrischen Gasprüfers. *a* CO_2-Meßkammern; *b* CO_2-Vergleichskammern; *c* CO_2-Meßbrücke; *d* Kontrollstrommesser; *e* $(CO + H_2)$-Meßkammer; *f* $(CO + H_2)$-Vergleichskammer; *g* $(CO + H_2)$-Meßbrücke

O_2-Messung. Die Anzeige eines CO_2-Meßgerätes ist nicht eindeutig und gestattet nur in Verbindung mit einer zusätzlichen (CO- und H_2-)Messung eine Unterscheidung zwischen Luftüberschuß und Luftmangel. Mit wachsendem Luftüberschuß steigt aber nach Abb. 501 der Sauerstoffgehalt der Rauchgase, er liegt für die verschiedenen Kesselanlagen und den gebräuchlichen Heizölen bei richtiger Verbrennung zwischen 4–6% O_2 und ist um so höher, je niedriger die Abgastemperatur liegt. Ein Unterschreiten dieser Werte ist ein Kennzeichen für Luftmangel. Der günstigste CO_2-Gehalt der Abgase ist zudem von der chemischen Zusammensetzung des Brennstoffes abhängig. Es ist aus diesen Gründen immer vorteilhafter, den Luftüberschuß selbst durch Messen des Sauerstoffgehaltes der Rauchgase zu bestimmen. Wie aus Abb. 502 hervorgeht, bleibt der O_2-Gehalt bei einem bestimmten Luftüberschuß praktisch unabhängig von der Art des Brennstoffes.

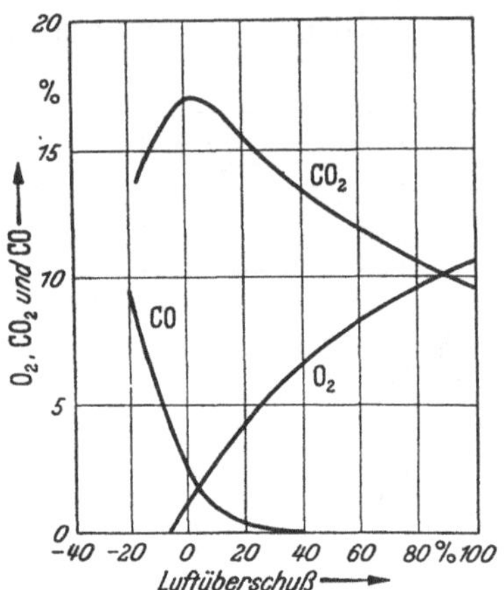

Abb. 501. CO_2-, O_2- und CO-Gehalt der Rauchgase eines Brennstoffes bei veränderlichem Luftüberschuß

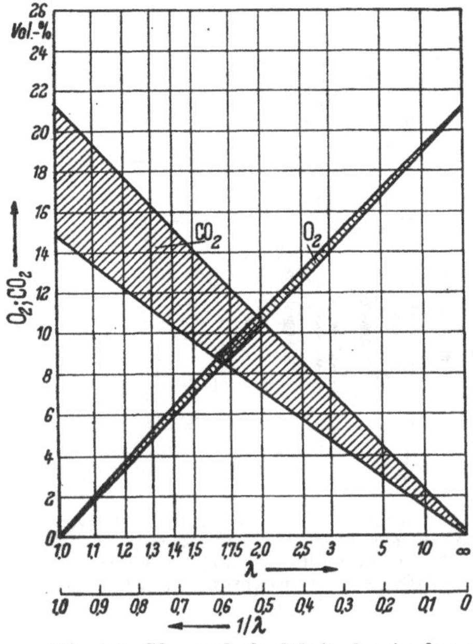

Abb. 502. CO_2- und O_2-Gehalt der trockenen Rauchgase bei vollständiger Verbrennung fester und flüssiger Brennstoffe in Abhängigkeit von der Luftüberschußzahl λ bzw. 1/λ (nach ENGELHARDT [237])

Ein diesen Forderungen Rechnung tragendes Sauerstoffmeßgerät darf, um ein einwandfreies Urteil über die Verbrennung zu erhalten, von anderen Rauchgasbestandteilen nur sehr wenig oder gar nicht beeinflußt werden. Zur physikalischen Gasanalyse wird ein Meßgerät benutzt, das die magnetischen Eigenschaften des Sauerstoffes ausnutzt: O_2 ist paramagnetisch, die übrigen im Rauchgas im allgemeinen vorkommenden Gase sind dagegen diamagnetisch. Außerdem unterscheiden sich die paramagnetischen von den diamagnetischen Gasen dadurch, daß das magnetische Moment des einzelnen Gasmoleküls bei ersteren von der Temperatur abhängt – es wird mit steigender Temperatur kleiner. Diamagnetische Gase dagegen weisen diese Abhängigkeit nicht auf.

Zur Messung werden nun die Kraftwirkungen ausgenutzt, welche auf die Sauerstoffmoleküle in einem magnetischen Feld ausgeübt werden; sie können in einer Meßapparatur nach Abb. 503 erfaßt werden. Ein kräftiger Dauermagnet bildet in einer Meßkammer aus nichtmagnetischem Material ein nicht homogenes Feld aus; an der Stelle des Maximums von *grad* H^2 (H : Feldstärke) befindet sich der elektrisch erhitzte Meßdraht, der so gespannt und verdrillt ist, daß sich alle Kraftwirkungen auf diesen stromdurchflossenen Leiter im magnetischen Feld aufheben. Die sich im Schwerefeld ausbildende Gasströmung wird durch die auf die O_2-Moleküle ausgeübten Kräfte beschleunigt und verstärkt. Diese Erscheinung wird als „magnetischer Wind" bezeichnet. Die vom O_2-Gehalt des Meßgases abhängige Geschwindigkeitszunahme der Gasströmung führt zu einer Temperaturänderung des Hitzdrahtes, die sich in einer Widerstandsänderung äußert und der Messung zugänglich ist. In der praktischen Ausführung liegen z.B. nach Abb. 504 4 Meßkammern mit gleichen

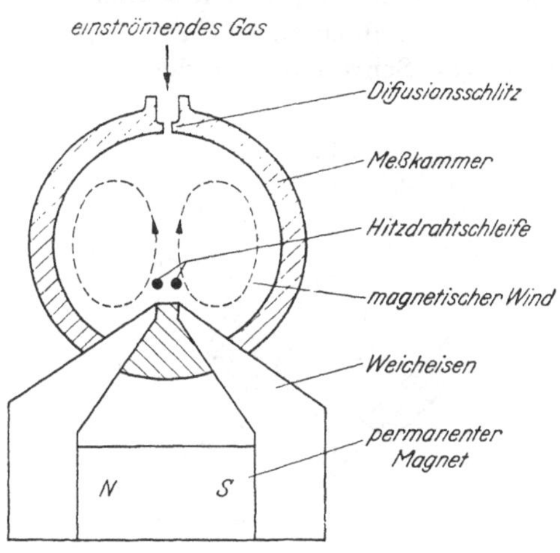

Abb. 503. Anordnung des Magneten und der Hitzdrahtschleife im O_2-Meßgerät (Bauart S & H) (nach NEUMANN [256])

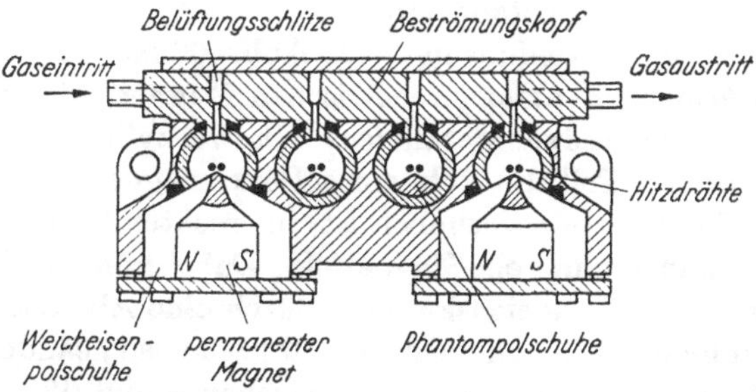

Abb. 504. Schnittbild eines Kammerblockes im O_2-Meßgerät (Bauart S & H) (nach NEUMANN [256])

geometrischen Abmessungen nebeneinander; die beiden äußeren weisen einen Dauermagneten auf, die beiden inneren sind – bei gleichen geometrischen Abmessungen – feldfrei und liefern die Vergleichsgröße.

Das Meßgas bestreicht nacheinander die Meßkammern, wobei es durch einen schmalen Längsschlitz Zugang zu den Meßkammern findet. Die Messung wird in einer Brückenschaltung nach Abb. 505 vorgenommen. Das Meßgerät im Diagonalzweig kann in Prozent O_2 geeicht werden. Für die Unabhängigkeit der Anzeige von Schwankungen der Ein-

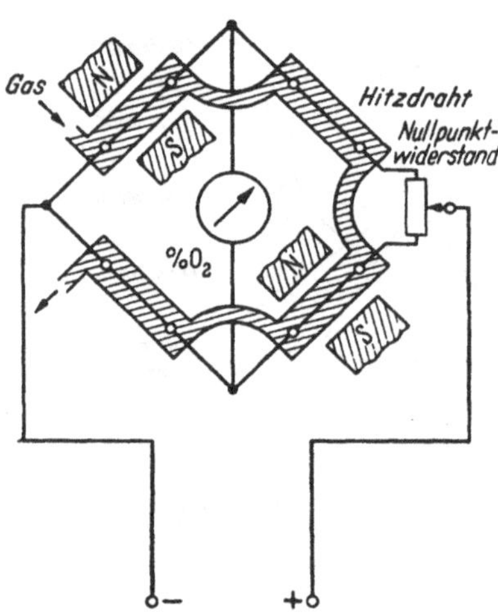

Abb. 505. Prinzipschaltung und Gaslauf im O_2-Meßgerät (Bauart S & H) (nach KRUPP [249])

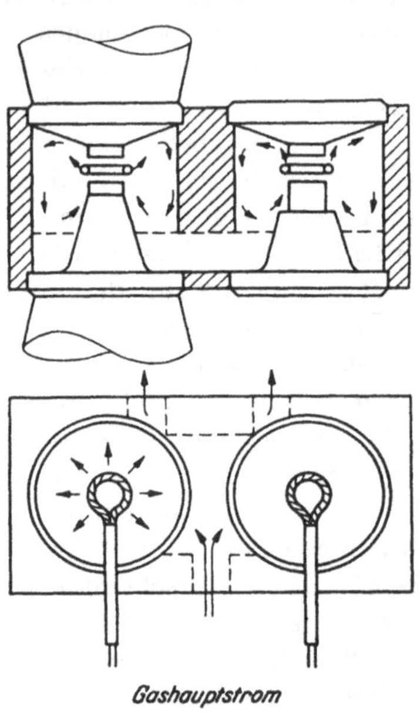

Abb. 506. Anordnung des Hitzdrahtes in der O_2-Meßkammer des „Magnos" (Bauart H & B) (nach ENGELHARDT [237])

gangsspannung sorgt ein besonderes Netzanschlußgerät, das den Strom in den Hitzdrähten konstant hält.

In einer anderen Ausführung nach Abb. 506 ist der gewendelte Hitzdraht ringförmig im axialsymmetrischen Magnetfeld angeordnet. Die Meßkammer, ein massiver Metallblock mit zwei zylindrischen Bohrungen, enthält im linken Teil die Pole eines Dauermagneten, zwischen welche die Zylinderkammer eingeschoben ist, im rechten Teil befindet sich die Vergleichskammer ohne ein Magnetfeld. Dabei können die thermischen Eigenschaften der Vergleichskammer durch eine Abstandsänderung von polschuhähnlichen unmagnetischen Metallteilen so geändert werden, daß für einen bestimmten Sollwert, der zwischen 0 und 6% O_2 liegen kann, die Anzeige druckunabhängig ist.

Wie es die Gesamtanordnung in Abb. 507 zeigt, gehören zur vollständigen Meßeinrichtung außer dem Geber *a* eine Gasentnahmegerät *b* mit keramischem Filter *c* und Kondenstopf *d* sowie ein Ansauggerät *g* zum ständigen Ansaugen des Rauchgases. Zur Reinigung des Gases befindet sich am Gaseintrittsstutzen ein Membranfilter *e* als Feinfilter. Ein Strömungsanzeiger *f* läßt die Betriebsbereitschaft des Gerätes erkennen.

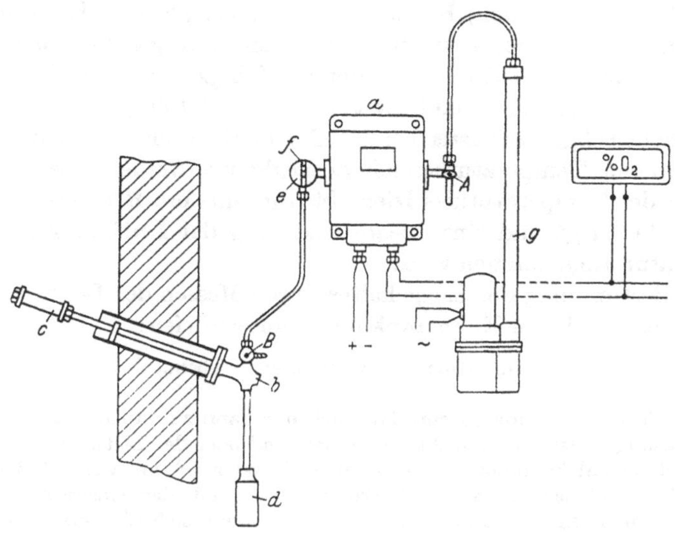

Abb. 507. Gesamtanordnung des magnetischen O_2-Meßgerätes (Bauart S & H)
a Geber; *b* Gasentnahmegerät; *c* keramisches Filter; *d* Kondenstopf; *e* Feinfilter; *f* Strömungsanzeiger; *g* Ansaugegerät

c) Salzgehaltmeßanlagen

In Dampfanlagen, insbesondere in solchen, die mit hohen Drücken arbeiten, ist das Kesselspeisewasser einer laufenden Kontrolle hinsichtlich seines Salzgehaltes zu unterwerfen. Diese wird durch eine chemische Analyse in einer Reihe von Reaktionen durchgeführt. Daneben ist die *laufende* Überwachung des Salzgehaltes im Speisewasserkreislauf unerläßlich, um Salzeinbrüche, z.B. durch Undichtwerden des Kondensators, sofort zur Anzeige zu bringen. Ebenso ist das richtige Arbeiten der Frischwassererzeuger, Wärmeaustauscher und Dampfumformer sowie der Salzgehalt des der Turbine zugeführten Dampfes nach vorausgegangener Kondensation einer laufenden Überwachung zu unterziehen.

Als physikalische Meßgröße dient die mit dem Salzgehalt sich ändernde elektrolytische Leitfähigkeit des Speisewassers. Die Leitfähigkeit einer Lösung – es tritt eine Aufspaltung in Kationen und Anionen auf, die von allen in Lösung gegangenen spaltbaren Salzen, Laugen und Säuren und von der Temperatur der Lösung abhängt – ist eine Funktion der Ionenkonzentration und ihrer Zusammensetzung. Bei stark verdünnten Lösungen, für welche die Meßaufgabe gestellt ist, sind praktisch alle Salzmoleküle in Ionen zerfallen. Es läßt sich somit durch Messen der elektrolytischen Leitfähigkeit annähernd auf den Gesamtgehalt an leitfähigen Bestandteilen schließen. Da es oft wesentlich ist, die relative Änderung eines bestehenden Betriebszustandes zu erkennen und die Leitfähigkeit von Sulfaten, Chloriden, Karbonaten usw. bei gleicher Konzentration nur wenig voneinander abweicht, werden die Anzeigegeräte meist in mg NaCl/l geeicht. Die Abhängigkeit der Leitfähigkeit von der Temperatur (etwa 2,5%/°C bei 20 °C und etwa 0,8%/°C bei 100 °C) kann mit einer für Betriebsmeßgeräte ausreichenden Genauigkeit nur für einen bestimmten mittleren Temperaturbereich ausgeglichen werden, wenn bei der Eichung der Temperaturkoeffizient für die mittlere Betriebstemperatur zu Grunde gelegt und eine lineare Änderung der Leitfähigkeit mit der Temperatur angenommen wird.

Die Bestimmung des Salzgehaltes durch Messen der Leitfähigkeit ist mithin verschiedenen Einschränkungen unterworfen:

Es kann nur die Summe der Leitwerte aller in Lösung befindlichen Salze bestimmt werden.

Eine einzelne Salzkomponente läßt sich nur dann zur Anzeige bringen, wenn in der Lösung andere Salze nicht vorhanden sind oder der Leitwert etwa vorhandener anderer Salzkomponenten konstant bleibt oder sich nur wenig ändert.

Bei Vorhandensein mehrerer Salzkomponenten läßt der gemessene Salzgehalt nur dann einen Rückschluß auf die Lösung zu, wenn sich die einzelnen Salze in ihrem Anteil etwa gleichmäßig ändern.

Um Polarisationserscheinungen, welche das Meßergebnis verfälschen, zu vermeiden, wird die Messung mit Wechselstrom durchgeführt. Zwei in genau festgelegtem Abstand in die Lösung eintauchende Elektroden

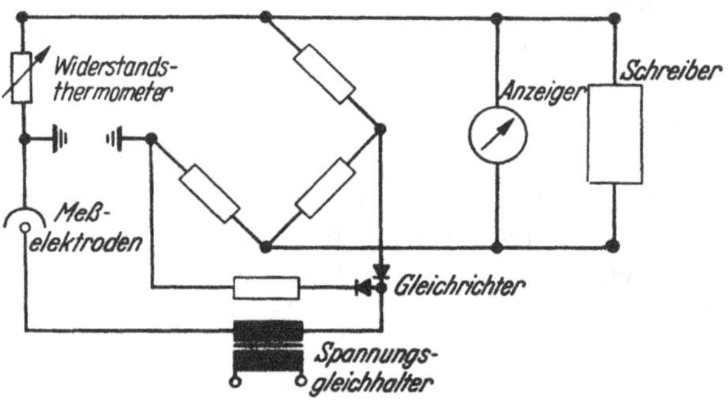

Abb. 508. Prinzipschaltung für Salzgehaltmeßanlage

bilden nach Abb. 508 mit einem an der gleichen Stelle in die Flüssigkeit eintauchenden Widerstandsthermometer den einen Teil einer Brückenschaltung. Die Brücke selbst erhält über eine Gleichrichterschaltung nur Gleichstrom; damit können für die Anzeige Drehspulmeßwerke verwendet werden.

Der Geber nach Abb. 509 besteht aus einer zylinderförmigen mit Durchbrüchen für den Wassereintritt versehenen Käfigelektrode; die Innenelektrode ist konzentrisch angeordnet. Einflüsse von Rohr- oder Kesselwandungen werden dadurch ausgeschaltet, daß die Käfigelektrode über den Geber mit dem Schiffskörper als Masse direkt verbunden ist. Damit ist auch der Meßquerschnitt eindeutig

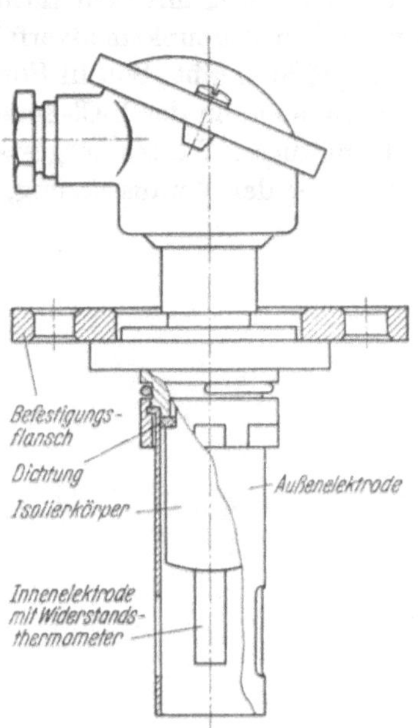

Abb. 509. Geber einer Salzgehaltmeßanlage (Bauart S & H)

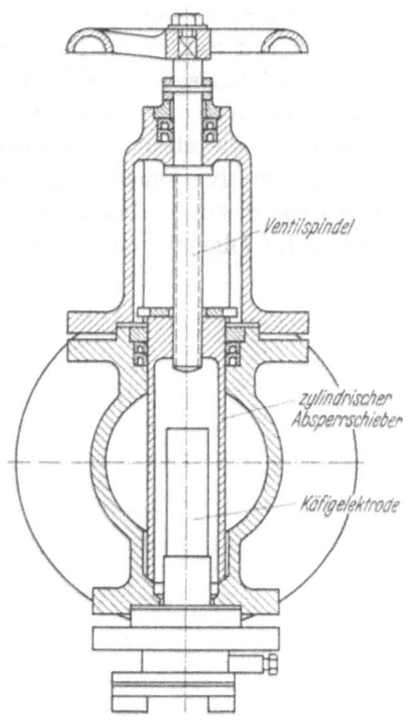

Abb. 510. Einbau des Gebers einer Salzgehaltmeßanlage in eine Rohrleitung (Bauart S & H)

festgelegt. Innerhalb der Innenelektrode findet das Widerstandsthermometer Aufnahme. Die aus V-4-A-Stahl gefertigten Elektroden sind durch einen Steatitkörper gegeneinander isoliert. Um von Schwankungen der speisenden Spannung unabhängig zu sein, ist es notwendig, die Meßspannung konstant zu halten.

Durch eine besondere Konstruktion des Gerätes, wie es aus Abb. 510 ersichtlich ist, kann der Geber auch während des Betriebes ausgebaut werden, ohne daß besondere Umgehungsleitungen und Absperrorgane benötigt werden.

d) Luftfeuchtemessung

Gegenüber Feuchteeinflüssen empfindliche Ladungen erfordern an Bord oftmals umfangreiche Trocknungsanlagen[1]. Andererseits muß der

[1] Vgl. Antriebe für Pumpen und Ventilatoren, S. 216.

Feuchtigkeitsgehalt – der Wasserdampfgehalt der Luft läßt sich in absoluter oder in relativer Feuchte ausdrücken – der Laderaumluft in Fruchtladeräumen in der Nähe der Sättigung liegen, um dem Ladegut nicht unnötig Feuchtigkeit zu entziehen und den damit verbundenen Gewichtsverlust zu vermeiden. Zum Überwachen dieser Trocken- und Spezialladeräume werden in Verbindung mit der Feuchteüberwachung der Außenluft elektrische Feuchtemesser benutzt.

An Bord hat sich die elektrische Feuchtemessung mit dem Lithiumchlorid-Feuchtemesser eingeführt, das nach dem Taupunktmeßverfahren arbeitet und die absolute Feuchte als Meßgröße angibt. Soll in Sonderfällen die relative Feuchte bestimmt werden, so kann der LiCl-Feuchtemesser mit einem Meßzusatz zur Ermittlung dieses Wertes ausgestattet werden. Im allgemeinen genügt es aber, unter der Voraussetzung, daß

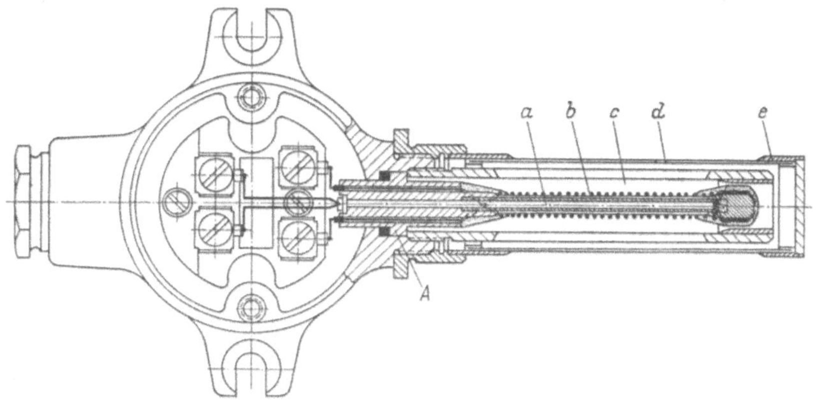

Abb. 511. Lithium-Chlorid Feuchte-Geber (Bauart S & H)
a Widerstandsthermometer; *b* Glasgewebe mit Elektroden; *c* Schutzkorb; *d* Metallsieb; *e* Schutzrohr; *A* Meßeinsatz

die Raumtemperatur in den zu überwachenden Laderäumen verhältnismäßig konstant ist oder nur in geringem Maße schwankt, die absolute Feuchte zu bestimmen und dann die relative Feuchte an Hand von Tabellen zu ermitteln.

Der Feuchtegeber nach Abb. 511 enthält ein in einen Meßeinsatz eingebautes Widerstandsthermometer, über dem sich ein mit LiCl-Lösung getränktes Glasgewebe befindet. In das Gewebe sind zwei nebeneinander liegende Drahtelektroden gewickelt. Wird an diese Elektroden eine Wechselspannung gelegt, so fließt ein Strom durch die LiCl-Lösung, erwärmt sie und läßt das Wasser verdampfen. Mit abnehmender Leitfähigkeit der Lösung verringert sich der Strom, die Temperatur des Meßkörpers fällt etwas ab, und das stark hygroskopische LiCl-Salz nimmt wieder Wasser aus der umgebenden Luft auf. Damit steigt die Leitfähigkeit, der Strom wird größer und das aufgenommene Wasser verdampft wieder. Es stellt sich bald ein Gleichgewichtszustand zwischen dem Wasserdampfgehalt der Luft und der Heizleistung und damit der Temperatur des Meßfühlers ein. Diese Umwandlungstemperatur ist nur von dem Dampfdruck der umgebenden Luft abhängig und daher ein Maß für die absolute Feuchte. Der mit Feuchtegebern dieser Bauart erfaßbare Meßbereich ist in Abb. 512 wiedergegeben und läßt erkennen. welche Taupunkte bei verschiedenen Umgebungstemperaturen gemessen werden können.

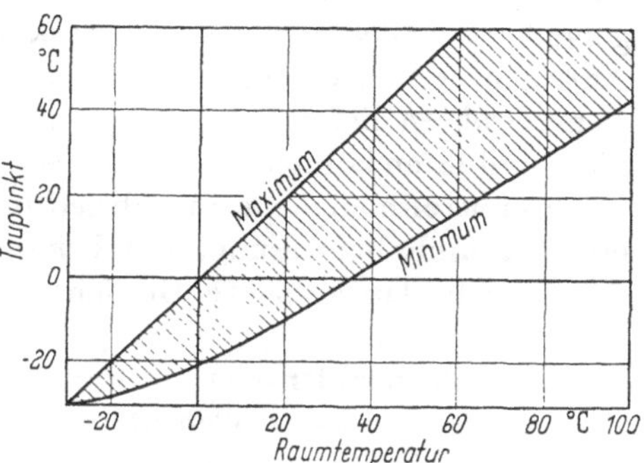

Abb. 512. Meßbereich des LiCl-Gebers für absolute Feuchte

In Abb. 513 ist die Schaltung zur Taupunktmessung wiedergegeben. Die Meßeinrichtung besteht aus dem Geber. dem Meßgerät oder Schreiber – es kann hier auch ein selbstabgleichender Schreiber eingesetzt werden – sowie dem Netzanschlußgerät. Die Meßschaltung entspricht der einer Temperaturmessung mit Widerstandsthermometern; es werden daher die gleichen Meßwerke und Meßschaltungen wie bei Widerstandsthermometern benutzt (vgl. S. 542). Das Anzeigegerät wird in „°C Taupunkt" oder in „g/m³" geeicht. Jedem zu überwachenden Laderaum wird im allgemeinen ein Feuchtegeber zugeordnet. Ein weiterer Geber ist für das Beurteilen der Frischluftzufuhr notwendig. der im Freien oder im Ansaugeschacht einzubauen ist.

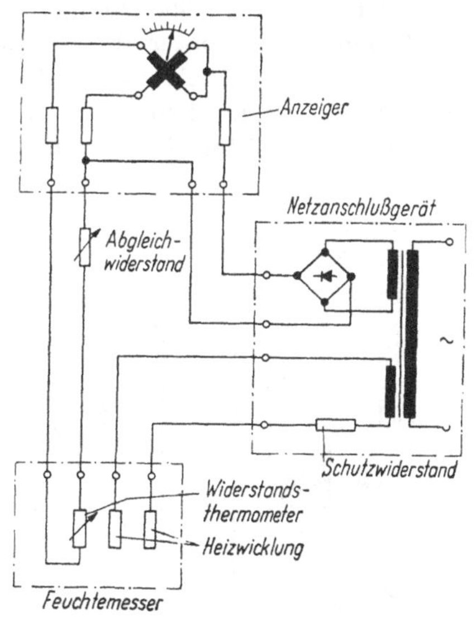

Abb. 513. Grundschaltung zur Taupunktmessung (Messen der absoluten Feuchte)

e) Brennstoffverbrauchsmessung

Zur Ermittlung des Brennstoffverbrauchs von Dieselmotoren oder des Heizölverbrauchs von Kesseln werden an Bord volumetrische Meßmethoden angewandt. Um die dem Motor oder Kessel zugeführte Energie zu erfassen, muß neben dem Heizwert auch das Gewicht des verbrauchten Brennstoffes bestimmt werden. Gravimetrische Messungen haben sich an Bord in Hinblick auf das nicht immer gleiche spezifische Gewicht des gebunkerten Öles und die sehr stark von der Öltemperatur abhängigen Anzeigen, welche die Differenzdruckmeßverfahren an Normblenden und Venturirohren liefern und daher umständliche Korrekturen erfordern, nicht einführen können. Es verbleiben somit zum Erfassen der verbrauchten Brennstoffmenge nur in Rohrleitungen eingebaute Mengenzähler oder eine Tankinhaltsmessung. Bei bekanntem spezifischem Gewicht kann dann auch das gesuchte Gewicht des verbrauchten Brennstoffes berechnet werden.

Ringkolbenzähler oder Ovalradzähler liefern eine Anzeige der Durchflußmenge, an einem Rollenzählwerk kann die Gesamtmenge des in einer bestimmten Zeit verbrauchten Brennstoffes abgelesen werden. Schwankungen der Temperatur und der dynamischen Zähigkeit haben auf die Genauigkeit dieser Zähler, die bei einem maximalen Fehler von $\pm 0{,}5\%$ einen ausreichend großen Meßbereich aufweisen, einen vernachlässigbaren Einfluß. Oft erfordert die Verbrauchsmessung eine Differenzbildung zwischen Vor- und Rücklauf innerhalb des Rohrleitungssystems; es sind dann 2 Zähler vorzusehen, die, um die effektive Fehlmessung klein zu halten, gleichgerichtete Fehler aufweisen müssen.

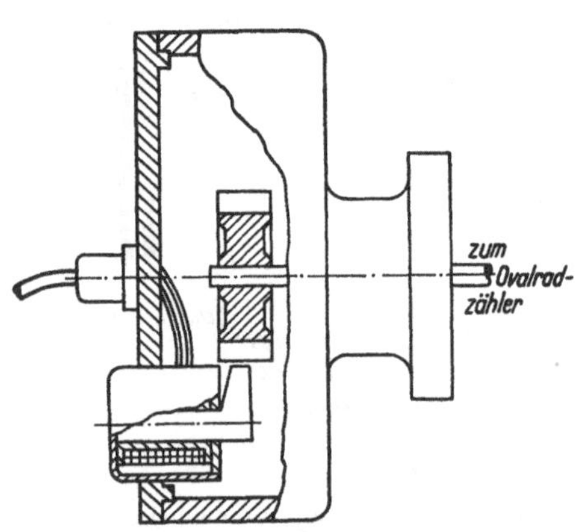

Abb. 514. Impulsgeber zur Fernanzeige des Brennstoffverbrauchs (Bauart Bopp & Reuther/Philips) (nach GRÖBER [242])

Der Anbau normaler zur Fernanzeige dienenden Tachogeneratoren an das rotierende mechanische System dieser Zähler, die eine der Drehzahl verhältnisgleiche Gleich- oder Wechselspannung liefern, die einem z. B. in m³/h geeichten Anzeigeinstrument zugeführt werden könnte, verbietet sich in Hinblick auf die Rückwirkung auf den Zähler und auf die nicht genügende Genauigkeit dieser Übertragungssysteme, die zumeist nicht an die Genauigkeit der Zähler selbst heranreicht. Die Fernübertragung wird deshalb mit einem praktisch leistungslosen induktiven Abgriff vorgenommen. In der Ausführung nach Abb. 514 sind am Umfang einer kleinen Aluminiumscheibe, die von dem Zähler angetrieben wird, feldstarke aber spezifisch leichte Dauermagnete so angebracht, daß die Magnetkanten (Nord- und Südpol) an dem schmalen Polschuh einer Induktionsspule vorbeilaufen. Die abgegebene Wechselspannung, deren Frequenz der Drehzahl des Zählers verhältnisgleich ist, wird zur Triggerung eines elektronischen Drehzahlmessers benutzt, der als Ausgangsspannung eine genau der Drehzahl entsprechende Gleichspannung liefert. Diese Gleichspannung wird auf einen zugehörigen selbsttätigen Kompensator gegeben, dessen Skala in Durchflußmenge je Zeiteinheit geeicht wird. Wird die Fernanzeige einer Differenzmessung zwischen der zugeführten und rückgeführten Brennstoffmenge verlangt, so sind beide Volumenmesser mit Impulsgebern auszustatten. Die Differenz der von den elektronischen Drehzahlmessern gelieferten Gleichspannungen ergibt dann den tatsächlichen Verbrauch und kann von demselben Kompensator angezeigt und registriert werden.

Eine Tankhöhenstandsanzeige setzt die genaue Kenntnis des Tankvolumens in Abhängigkeit von der Tankhöhe voraus, die durch Auslitern des Tanks oder, mit einem mehr oder weniger großen Fehler behaftet, durch Berechnung an Hand von Zeichnungen gewonnen werden kann. Die nicht sehr genaue Werte liefernde pneumatische Tankinhaltsmessung erfaßt mit einem Druckmesser über ein Gaspolster den Druck der Flüssigkeitssäule auf ein bis zum Tankboden reichendes Rohr. Für das Erhalten einer richtigen Anzeige ist es notwendig, zeitweilig, oder besser dauernd, dem pneumatischen System Luft zuzuführen. Mit der Verwendung eines geschlossenen, mit Gas gefüllten Drucksystems (ein nahe dem Tankboden befestigter Kompressionskörper aus dünnwandigem korrosionsfestem Material) kann auf eine besondere Luftzuführung verzichtet werden. Beide Meßsysteme – eine Fernanzeige kann mit Widerstandsgebern oder Differentialtransformatoren vorgenommen werden – sind in ihrer Verwendung auf nicht unter Überdruck stehende Tanks und Behälter beschränkt.

Methoden zur kapazitiven Tankinhaltsmessung nutzen die Änderung der Kapazität zwischen 2 Elektroden aus, die in gleichem Abstand zueinander senkrecht in dem Tank angeordnet sind und zwischen denen sich je nach Tankfüllung mehr oder weniger Flüssigkeit befindet. Durch die gegenüber Luft größere Dielektrizitätskonstante steigt die Kapazität zwischen den Elektroden mit größer werdendem Tankinhalt, die Eintauchtiefe der Sonde ist mithin ein Maß für den Tankinhalt. Für leitende Flüssigkeiten, wie z. B. Wasser, wird als Sonde ein kunststoffisoliertes Metallseil größeren Querschnittes benutzt, während die Flüssigkeit selbst die zweite Elektrode bildet. Für nichtleitende Flüssigkeiten besteht die Meßsonde aus zwei voneinander isoliert angeordneten Stabprofilen (verchromtes Messing), welche durch Stützisolatoren miteinander verbunden und senkrecht zwischen der Tankdecke und dem Tankboden angebracht sind. In der Schaltung Abb. 515 versorgt ein sehr spannungsstabiler transistorisierter Generator eine Brückenschaltung mit der Meßfrequenz (50 kHz), deren einer Zweig aus dem Ausgangstransformator des Generators besteht. Den Meßzweig bildet die Sondenkapazität und ein Normalkondensator, wobei der Normalkondensator die Kapazität der Meßsonden bei leerem Tank besitzt. Die zwischen der Mittelanzapfung des Ausgangstransformators und dem Verstärkereingang liegende Diagonalspannung der Brücke ist somit bei leerem Tank gleich Null. Bei Füllen des Tanks steigt die Kapazität zwischen den Sondenstäben, so daß sich unterschiedliche Teilspannungen an dem Normalkondensator und an der Meßsonde ergeben. Die Differenz dieser Teilspannungen wird dem im

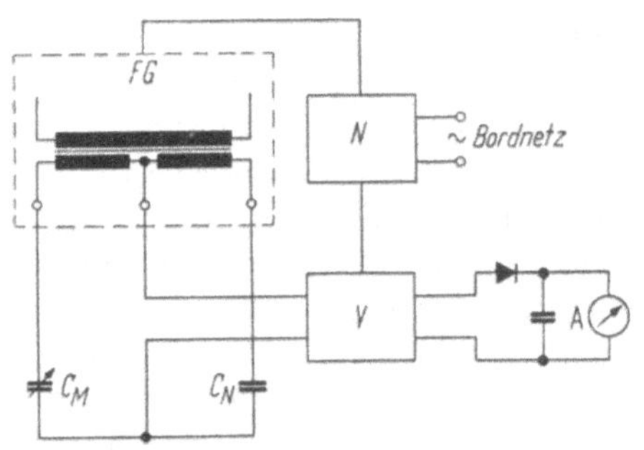

Abb. 515. Schaltung für kapazitive Tankinhaltsmeßanlage für Öl; Blockschaltplan (Bauart Stein Sohn)
N Netzteil; *FG* Meßfrequenzgenerator; C_M Meßsonde; C_N Normalkondensator; *V* Verstärker; *A* Anzeigegerät

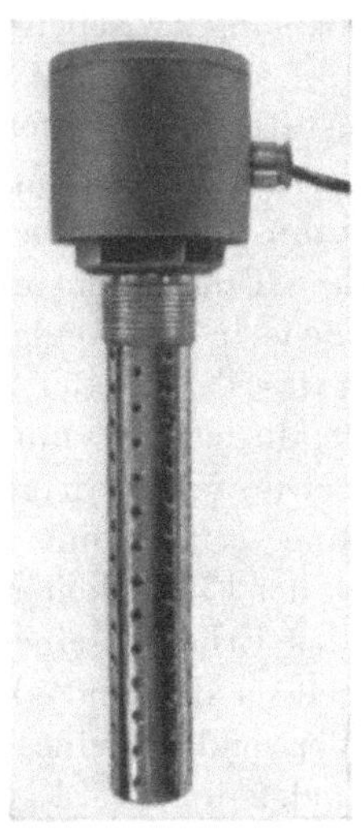

Abb. 516. Meßsonde mit eingebautem transistorisiertem Oszillator zum Grenzwertalarmgeber für Öltanks (Bauart Stein Sohn)

Sondenkopf befindlichen Transistorverstärker zugeführt. An den Ausgang des Verstärkers ist ein Drehspulmeßgerät mit Diodengleichrichter als Anzeigeinstrument für den Tankinhalt angeschlossen. Sowohl der Meßfrequenzgenerator wie auch der Verstärker werden aus einem stabilisierten Netzteil versorgt.

Eine ähnliche Anordnung mit einer kurzen kapazitiv wirkenden Sonde, an geeigneter Stelle an einer Tankwand angebracht, kann als Grenzwert-Alarmgeber benutzt werden. Berührt die Füllflüssigkeit die Sonde, so wird ein elektrischer Impuls ausgelöst, der bei Erreichen oder Unterschreiten eines bestimmten Flüssigkeitsspiegels einen optischen oder akustischen Alarm auslöst. Die Abb. 516 zeigt eine Sonde für nichtleitende Medien; sie besteht aus einem korrosionsfesten Metallstab, über den ein durchlochtes Metallmantelrohr gezogen ist. Der Sondenkopf befindet sich wieder außerhalb des Tanks und enthält einen transistorisierten Oszillator.

7. Drehmoment- und Schubmeßanlagen

Zum Überwachen der Maschinenanlage werden bei einfachen und nicht zu weit verzweigten Anlagen die Meßgeräte, Befehls- und Meldeanlagen am Fahrstand zusammengefaßt. Das Bestreben, im Zuge der Automatisierung des Schiffsbetriebes Personal für das Bedienen der Anlage einzusparen, führte zur Entwicklung von Steuerstrecken und Regelkreisen für einzelne Teilaufgaben und damit häufig zu einer zentralen Überwachung der Antriebsanlage eines Schiffes einschließlich aller Hilfsbetriebe in einem Leitstand, der nun mit allen anzeigenden und schreibenden Geräten, die für die Beurteilung eines wirtschaftlichen Fahrbetriebes notwendig sind, auszustatten ist[1]. Im Rahmen dieser Aufgabe sind Meßeinrichtungen entwickelt worden, die es gestatten, das Drehmoment an der Schiffswelle zu ermitteln und damit – bei bekannter Wellendrehzahl – die an den Propeller abgegebene Leistung zu bestimmen. Zum Beurteilen der Antriebsverhältnisse, insbesondere bei Schiffen, die mit Verstellpropellern ausgerüstet sind, oder die wie Eisbrecher, Seeschlepper und Fischereifahrzeuge mit betriebsmäßig wechselnden Propulsionsverhältnissen arbeiten[2], ist die Ermittlung des Propellerschubes notwendig. In Verbindung mit der Leistungsbestimmung und dem Messen der Schiffsgeschwindigkeit ist es dann möglich, den Propulsionswirkungsgrad $\eta = \frac{v\,S}{n\,M_d}$ anzugeben und einwandfreie Vergleiche mit den Ergebnissen von Modellversuchen zu gewinnen.

Drehmomentmessung

Zum Bestimmen des von einer Welle übertragenen Drehmomentes sind eine Reihe von Meßmethoden entwickelt worden, von denen sich nur wenige für eine Betriebsmessung an Bord als geeignet erwiesen. Von Geräten, die für Probe- und Meßfahrten oder zur Ermittlung von Drehschwingungen eingesetzt werden abgesehen, kommen nur Meßanordnungen in Betracht, die sich auch nachträglich an oder auf der Welle anbauen lassen, da zumeist angeschmiedete Flansche ein Überschieben ungeteilter ringförmiger Geberelemente verbieten. Nur in Ausnahmefällen wird sich das Anordnen einer besonderen Meßwelle in den Zug der Hauptwelle ermöglichen lassen. Als Meßgröße benutzen alle Geräte die beim Übertragen eines Drehmomentes auftretende elastische Verformung und bestimmen den Verdrehungswinkel der Welle

$$\hat{\varphi} = \frac{M_d L}{G I_p}.$$

[1] Vgl. Schiffsleitstände, S. 186; Schalttafeln und Fahrstände, S. 417 sowie Fahrtrichtungs-, Brems- und Erregerschalter; Fahrstände, S. 454.

[2] Vgl. Elektrische Propellerantriebe: Allgemeine Grundlagen, S. 372.

Hierin bedeuten

L die Meßlänge,
G den Gleitmodul,
I_p das polare Trägheitsmoment.

Da der Wellendurchmesser und damit das polare Trägheitsmoment der Welle durch die Vorschriften der Klassifikationsgesellschaften für die Bemessung der Wellen praktisch festliegt, kann nur noch die Meßlänge L frei gewählt werden; sie ist jedoch von dem Meßprinzip und den möglichen Geräteabmessungen abhängig. Von den Meßfehlern, die jedes Meßsystem mit sich bringt und die auch die Genauigkeit, mit der sich die Meßlänge und der Wellendurchmesser bestimmen lassen einschließt abgesehen, ist die genaue Kenntnis des Gleitmoduls Voraussetzung für ein Erfüllen der auch an Betriebmeßgeräte zu stellenden Forderungen der Meßgenauigkeit, insbesondere dann, wenn bei bekannter Wellendrehzahl durch eine Multiplikationsschaltung die von der Hauptmaschine abgegebene Leistung zur Anzeige gebracht werden soll. Für Stähle, aus denen Schiffswellen gefertigt werden, schwankt der Gleitmodul in den Grenzen von 810–850 · 10^3 kg/cm². Bei Annahme eines mittleren Wertes von $G = 830 \cdot 10^3$ kg/cm² wäre somit die Messung mit einer Unsicherheit von $\pm 2{,}5\%$ behaftet (Bezugstemperatur 20 °C). Da noch keine Methoden bekannt sind, die es gestatten, den Gleitmodul einer bearbeiteten Welle genügend genau zu messen, ist die Ermittlung dieses Wertes an Hand von Proben, die z.B. angeschmiedet sein können, unerläßlich und Voraussetzung für den Einsatz von Drehmomentmeßgeräten.

Die Lösung der Aufgabe, den Verdrehungswinkel als Meßgröße von der umlaufenden Welle abzunehmen, muß bei allen Bordmeßgeräten folgenden Forderungen genügen:

Die beim Nenndrehmoment auftretende Torsionsbeanspruchung hat die Meßeinrichtung voll auszusteuern.

Die Meßeinrichtung muß in einem Bereich von 1 : 4 unempfindlich gegen eine Änderung der Wellendrehzahl sein.

Das Meßergebnis muß von zusätzlichen Druck- und Biegebeanspruchungen der Welle unabhängig sein.

Die Gebereinrichtung muß sich auch nachträglich ohne eine Demontage der Welle einbauen lassen; ringförmige Geberelemente haben eine teilbare Geberkonstruktion aufzuweisen.

Fliehkräfte dürfen die auf der Welle angebrachten Meßorgane in ihrer Arbeitsweise nicht beeinträchtigen.

Die verschiedenen Meßsysteme können in eine *wegarme* und eine *wegbehaftete* Messung eingeordnet werden. Die wegarme Messung, die zumeist auf eine Kraftmessung (Dehnung) zurückgeführt wird und mit sehr kleinen Torsionslängen auskommt, kann Schwankungen des Gleitmoduls über der Länge der Welle nicht erfassen. Da der Gleitmodul nur an einem Querschnitt benutzt wird, der Zusammenhang zwischen Meßwert und

Drehmoment aber nur durch eine, zumeist nicht durchführbare statische Eichung ermittelt werden kann, ist er an Hand der Dehnungsmessung mit der damit verbundenen Unsicherheit zu berechnen. Die wegbehaftete Messung, die auf eine Winkelmessung zurückführt, ergibt dann einfache Lösungen, wenn die Verdrehung der Welle unmittelbar zur Messung benutzt werden kann und mit der notwendigen größeren Torsionslänge keine betrieblichen oder konstruktiven Nachteile verbunden sind.

Meßanordnungen mit großen Torsionslängen. In der Anordnung nach Abb. 517a werden über Getriebe zwei mechanisch und elektrisch gleiche Wechselstrom-Tachogeneratoren von der Welle angetrieben, die eine gleiche Drehzahl/Spannungs-Kennlinie aufweisen und bei gleicher Polpaarzahl p und gleichem Übersetzungsverhältnis $\ddot{u}$ des Getriebes auch gleiche Frequenz der Spannung besitzen: Die Spannung der beiden Generatoren ist der Drehzahl verhältnisgleich. Der Phasenwinkel φ, den beide Spannungen bilden, ist proportional dem Torsionswinkel ψ: $\varphi = \ddot{u}\, p\, \psi$. Werden die Spannungen, nach Abgleich über einen Widerstand der Größe nach gleich, nach Abb. 517b in Reihe geschaltet, so ist für $U_1 = U_2$ die Differenzspannung – sinusförmiger Verlauf der Spannungen vorausgesetzt – $U_D = 2\,U \sin\frac{\varphi}{2}$ und für kleine Werte von φ $U_D \sim U\varphi$ ein unmittelbares Maß für die übertragene mechanische Leistung. Soll nur das Drehmoment angezeigt werden, so ist die der Leistung verhältnisgleiche Differenzspannung durch eine der Drehzahl verhältnisgleiche Größe zu dividieren. In der Anordnung nach Abb. 517c wirkt die Differenzspannung auf die Reihenschaltung einer Induktivität und des Innenwiderstandes R_a des Meßgerätes. Kann der innere Widerstand der Generatoren vernachlässigt werden und ist ωL groß gegen R_a, dann ist die Ausgangsspannung U_a proportional dem Drehmoment. Zur Anzeige der Meßgrößen kann sowohl für die Drehzahl als auch für das Drehmoment ein normales Meßgerät benutzt werden, so daß hier keinerlei elektronische Einrichtungen erforderlich sind. Ist der Meßwert auf mehrere

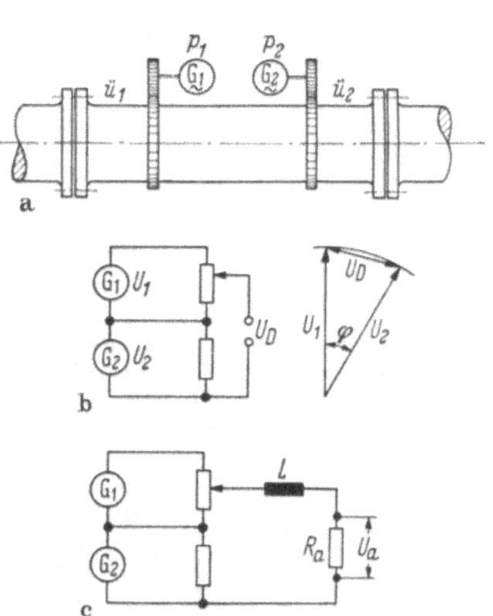

Abb. 517 a–c. Drehmoment- und Leistungsmessung mit Tachogeneratoren (Bauart H & B) (nach W. Oesterlin [259])
a) Mechanische Anordnung der Getriebe auf der Welle und Antrieb der Generatoren (schematisch); b) Bilden einer der Leistung verhältnisgleichen Differenzspannung; c) Ermittlung des Drehmomentes

Empfänger zu übertragen, so ist ein Verstärker in Verbindung mit einem selbstabgleichenden Kompensator vorzusehen.

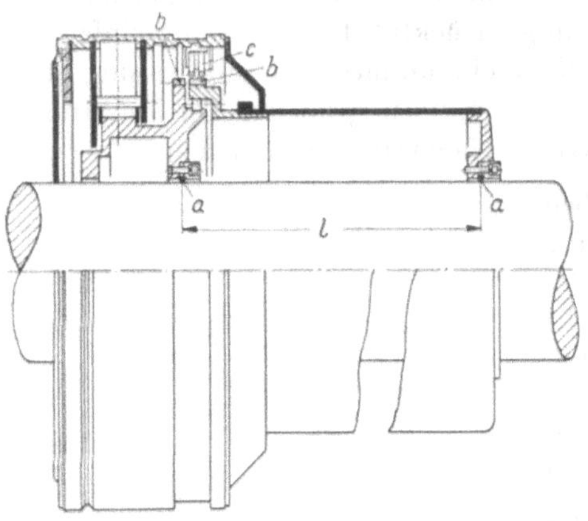

Abb. 518. Drehmomentmeßgrät (Bauart Sfindex) *a* Befestigung der Meßflanschen auf der Welle; *b* Tonräder, mit Meßflansch verbunden; *c* Tonköpfe; *l* Meßlänge

Abb. 519. Drehmomentmeßgeber (Bauart Sfindex)

Die Ausführung nach Abb. 518 weist keine mechanische Verbindung der Meßorgane mit der umlaufenden Welle auf. 2 Tonräder, die an ihrem Umfang eine gleichmäßige Zahnung aufweisen und hinsichtlich der Lage auf der Welle einen Abstand gleich der Meßlänge voneinander besitzen, laufen mit der Welle um. Die um diese Tonräder angeordneten Statoren erhalten, wie Abb. 519 zeigt, mehrere Zahnsegmente mit gleicher Teilung, die so mit dem System eines permanenten Magneten verbunden sind, daß ein geschlossener magnetischer Kreis zwischen Statorsegment und Tonrad gebildet wird. Erleidet die Welle bei Drehung eine Torsionsbeanspruchung, so entstehen in den dem magnetischen Kreis zugeordneten Wicklungen Wechselspannungen, die auch hier um einen dem Torsionswinkel verhältnisgleichen Winkel in der Phase gegeneinander verschoben sind und deren Frequenz durch die Drehzahl und die Zähnezahl der Tonräder gegeben ist. Wie die Blockschaltung Abb. 520 zeigt, werden die Ausgangsspannungen der beiden Tonköpfe so verstärkt, daß die eine Halbwelle der Spannung unterdrückt, die andere in der Amplitude begrenzt wird und die Ausgangsspannungen eine Rechteckform erhalten.

In einer Subtraktionsschaltung werden die Rechteckimpulse – sie haben gleiche Amplitude – miteinander verglichen: Wird kein Drehmoment übertragen, so tritt keine Phasenverschiebung der Impulse auf und die am Ausgang auftretende Spannung ist Null. Tritt eine Phasenverschiebung der beiden Wechselspannungen auf, so ist die Breite des nach der Subtraktion verbleibenden Rechteckimpulses dem Phasenwinkel, also auch dem Drehmoment verhältnisgleich. Zur Drehzahlmessung dienen die von einem der Verstärker gelieferten Rechteckimpulse, deren zeitliche Folge der Frequenz, also der Drehzahl verhältnisgleich ist. Ein

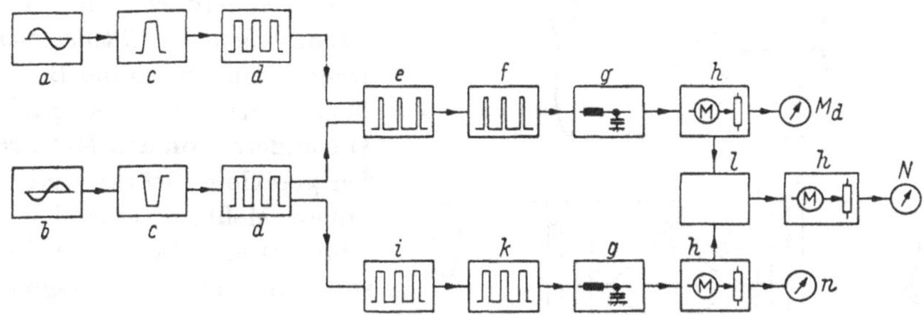

Abb. 520. Blockschaltung zum Drehmoment-, Drehzahl- und Leistungsmeßgerät (Bauart Sfindex) *a*, *b* Spannung der Tonköpfe; *c* Verstärker mit Diodenbegrenzung; *d* Rechteckformer; *e* Subtraktionsschaltung; *f* Leistungsverstärker; *g* Siebglieder mit Nachlaufverstärker; *h* selbstabgleichender Kompensator; *i* monostabiler Multivibrator; *k* Rechteckformer mit Leistungsverstärker; *l* Multiplikationsschaltung

Verstärker liefert eine der Frequenz proportionale Gleichspannung. Das Gerät kann durch eine Leistungsmessung ergänzt werden; mit Hilfe der vom Drehzahlmeßteil gelieferten, der Drehzahl verhältnisgleichen Gleichspannung wird eine Amplitudenmodulation der Drehmomentsignale vorgenommen. Eine Integration dieser modulierten Signale liefert eine Gleichspannung, die der durch die Welle übertragenen Leistung verhältnisgleich ist. Über einen selbstabgleichenden Kompensator können schließlich die Meßwerte registriert werden.

Das „Electric Torsionsmeter“[1] benutzt als Meßglied einen Differentialtransformator; die Spannungszuführung wird ebenso wie die Abnahme der mit einem Drehmoment entstehenden Differenzspannung über Schleifringe vorgenommen.

Meßanordnungen mit kleinen Torsionslängen. In der Schaltung Abb. 521 wird die Torsion, welche die Oberfläche der Welle bei Auftreten eines Drehmomentes erfährt, von Dehnungsmeßstreifen (DMS) erfaßt. Da die größte Dehnung unter einem Winkel von 45° bzw. 135° zur Längsachse der Welle auftritt, werden 4 Dehnungsmeßstreifen sternförmig unter einem Winkel von 45° direkt auf die Welle geklebt und zu einer WHEATSTONEschen Brücke zusammengeschaltet. Diese Anordnung der

[1] Bauart Siemens Brothers, London.

Dehnungsmeßstreifen ergibt eine praktisch vollkommene Kompensation der Biege- und Druckbeanspruchungen, die thermisch bedingten Widerstandsänderungen heben sich auf. Bei Drehung der Welle werden die auf sie wirkenden Kräfte in eine Widerstandsänderung umgesetzt, wobei z.B. die Meßstreifen S_1 und S_3 einen größeren, die Meßstreifen S_2 und S_4 einen kleineren Widerstandswert annehmen. Die zur Speisung der Brücke benötigte Spannung wird gemäß Abb. 522 über Schleifringe zugeführt, die dem Drehmoment verhältnisgleiche Diagonalspannung der Brücke über Schleifringe abgegriffen. Die äußere, von den Meßstreifen gebildete Brücke und die innere Meßbrücke stellen in Abb. 521 eine Doppelbrückenschaltung dar, deren Diagonalausgänge mit den Punkten *a* und *b* an dem Eingang eines Verstärkers liegen. Wird die Geberbrücke durch Auftreten eines Drehmomentes verstimmt, so tritt am Verstärkerausgang eine Spannung auf, die dem Stellmotor *M* zugeführt wird und der den Schleifkontakt *c* – und mit ihm Zeiger und Schreibvorrichtung dieses selbstabgleichenden Kompensators – solange an dem Meßwiderstand R_N entlangführt, bis die innere Brücke abgeglichen ist.

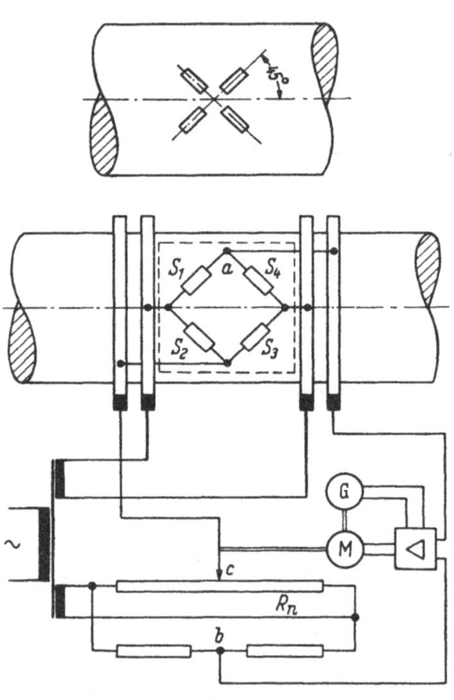

Abb. 521.
Anordnung der Dehnungsmeßstreifen und Meßschaltung für Drehmomentmessung (Bauart Philips) (nach T. FRIESE [*240*] und H. J. NEUMANN [*258*])

Ein mit der Motorwelle gekuppelter Tachogenerator *G* sorgt für eine Gegenkopplungsspannung, durch die eine aperiodische Dämpfung des Abgleichvorganges erreicht wird. Eine Multiplikationsschaltung gestattet auch hier mit Hilfe einer der Drehzahl verhältnisgleichen Gleichspannung die durch die Welle übertragene mechanische Leistung zur Anzeige zu bringen.

Die auf dem magneto-elektrischen Effekt beruhenden Meßverfahren, bei denen die sich unter der Einwirkung einer mechanischen Beanspruchung sich ändernde Permeabilität der Welle ausgenutzt wird, haben den Vorteil einer recht kurzen Meßlänge und einer schleifringlosen Messung, bedingen aber in Hinblick auf den Einfluß der Materialeigenschaften, wie z. B. Magnetisierung, chemische Zusammensetzung, thermische und mechanische Vorbehandlung usw. zumeist eine empirische Eichung der Meßanordnung.

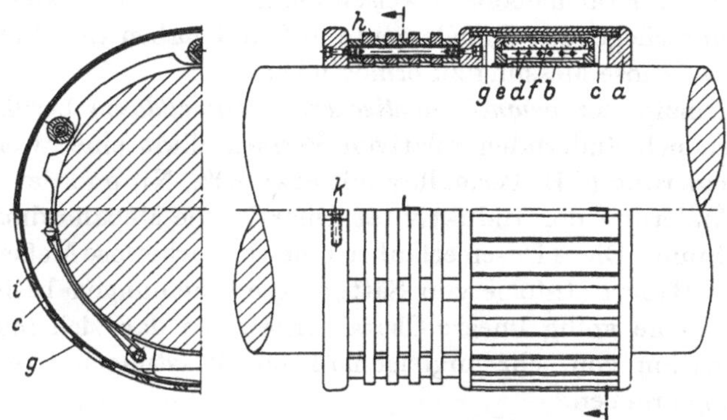

Abb. 522. Drehmoment- und Drehzahlmeßeinrichtung (Bauart Philips)
a Meßkasten auf der Welle; *b* Meßstelle mit Dehnungsmeßstreifen; *c* Meßkastenabdeckung; *d* Lötbrett mit Lötstiften für Anschluß Meßstreifen; *e* Meßkastendichtung; *f* Silicagel-Beutel; *g* Triggerleiste für Drehzahlmessung; *h* Schleifringe; *i* Spannvorrichtung; *k* Verbindung der Tragringe

b) Schubmessung

Schiffswellen werden im Hinblick auf die zu erwartenden Torsionsbeanspruchungen bemessen. Sie werden mithin durch den Schub in so geringem Maße beansprucht, daß die Messung der Wellenstauchung zu keinem zuverlässigen Betriebsmeßgerät führt, zumal die Verschiebung irgendeines auf der Welle angeordneten induktiven oder kapazitiven Aufnehmers durch den maximalen Schub in derselben Größenordnung liegt wie die Längenänderung, die durch einen Temperaturunterschied von 1 °C hervorgerufen wird. Die für wissenschaftliche Untersuchungen zum Erfassen von Schubschwingungen ausgeführten Anordnungen sehen daher umfangreiche und aufwendige Maßnahmen zum Kompensieren des Temperatureinflusses vor, die sich aber für Betriebsmessungen verbieten. Die Schubkraftmessungen können daher nur in dem Drucklager vorgenommen werden, das konstruktiv so auszubilden ist, daß der wirklich herrschende Schub über Druckmeßdosen irgendeiner Bauart auf den Schiffskörper übertragen wird und alle Kraftnebenschlüsse, die ihre Ursache z. B. in der Reibung haben, vermieden werden. Soll der Schub bei Vorwärts- und Rückwärtsfahrt bestimmt werden, so sind auf beiden Seiten des Drucklagers Meßdosen vorzusehen. Man umgeht so die konstruktiven Schwierigkeiten, die sich einer völlig starren Verbindung der Meßdosen mit dem Lager entgegenstellen, um mit den gleichen Meßdosen sowohl die Druck- als auch die Zugkraft messen zu können. Unabhängig von der Bauart der Meßdosen ist die Lastkomponente, die sich aus einer Schräglage der Wellenleitung und der mit ihr verbundenen umlaufenden Antriebsteile ergibt, sowie der Tiefgangsdruck des umgebenden Wassers auf den Querschnitt der Propellerwelle im Stevenrohr bei der Eichung zu berücksichtigen.

Elektrische Kraftmeßdosen weisen keine beweglichen oder einer Abnutzung unterliegenden Bauelemente auf und haben den Vorzug, eine praktisch wegelose Messung zu ermöglichen.

Das Prinzip der *magneto-elastischen Kraftmeßdosen* beruht auf der unter Last sich ändernden relativen Permeabilität einer weichmagnetischen Legierung (z.B. Permalloy mit etwa 80% Ni) und der damit gegebenen Änderung der Induktivität einer in die Meßanordnung eingebrachten Spule. Diese Dosen erlauben eine verstärkerlose Meßeinrichtung einfachster Bauart. Infolge von Sättigungserscheinungen besitzen diese Meßdosen keine völlig lineare Charakteristik, so daß sich insbesondere bei Summation von sehr ungleichmäßigen Belastungen Grenzen ihrer Anwendung ergeben.

Bei der *induktiven Kraftmeßdose* wird die eingeleitete Kraft mittels einer geeigneten Meßfeder in eine proportionale Längenänderung umgewandelt, durch die ein Differentialgeber mit gegenläufiger Induktivitätsänderung betätigt wird. Auch mit diesem Meßprinzip läßt sich, da die Dose in ihrem Aufbau eine eisengeschlossene Drosselspule darstellt, keine völlig lineare Kennlinie erzielen.

Die *Kraftmeßdosen mit Dehnungsmeßstreifen* benutzen ebenfalls die Elastizität eines Stahlkörpers, doch wird hier die Dehnung jedes Längenelementes direkt auf einen Konstantandraht – den Dehnungsmeßstreifen (DMS) – übertragen, der dadurch seinen ohmschen Widerstand ändert. Die Meßdose weist eine völlig lineare Charakteristik auf, sie wird dann mit Vorteil eingesetzt, wenn die Summation von Kräften vorzunehmen ist.

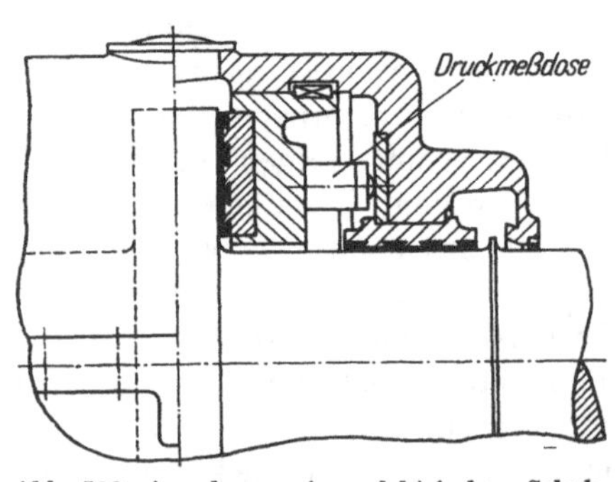

Abb. 523. Anordnung einer elektrischen Schubmeßdose in einem Hauptdrucklager

Da die Schubkraft der Schraube über den Bund der Welle und die Druckmeßdosen auf das Drucklager übertragen wird, sind mindestens 3 Meßdosen im Lager anzuordnen, deren elektrische Ausgangswerte zu summieren sind. Eine nicht über den ganzen Meßbereich lineare Kennlinie der einzelnen Meßdosen führt bei nicht gleicher Verteilung der Schubkraft auf die einzelnen Dosen zu Fehlmessungen. So haben sich für die elektrische Schubmessung praktisch nur Kraftmeßdosen mit Dehnungsmeßstreifen einführen können. In Abb. 523 ist der Einbau einer Meßdose in ein Hauptdrucklager wiedergegeben. Nach Abb. 524 wird das

Meßglied dieser Dose von einem hohlen Stahlzylinder gebildet, der, da er ein hohes Widerstandsmoment besitzt, gegenüber unerwünschten Querkräften recht unempfindlich ist. Um deren Einfluß auf ein Minimum zu reduzieren, ist der Hohlzylinder mit dem äußeren Schutzgehäuse durch eine Ringmembran fest verspannt. Das Schutzgehäuse ist zum Ausschalten von Einflüssen auf die Dehnungsmeßstreifen hermetisch verschlossen, der Innenraum mit getrocknetem Stickstoff gefüllt. Der Meßzylinder ist mit 4 Meßstreifen in Kraftrichtung und 4 Meßstreifen in

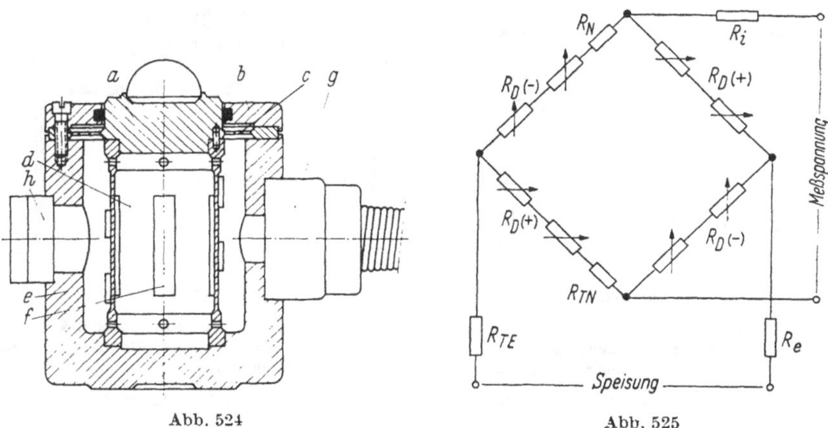

Abb. 524 Abb. 525

Abb. 524. Aufbau einer Kraftmeßdose mit Dehnungsmeßstreifen (Bauart S & H) (nach ENGL [239]) *a* Kugeldruckplatte; *b* Deckplatte; *c* Membran; *d* Hohlzylinder; *e* Dosengehäuse; *f* DM-Streifen; *g* Meßkabelanschluß; *h* Raum für Justierwiderstände

Abb. 525. Schaltung einer Kraftmeßdose mit Dehnungsmeßstreifen (Bauart S & H) $R_{D(+)}$, $R_{D(-)}$ Dehnungsmeßstreifen; R_{TE} Kompensation des Temperatureinflusses auf E-Modul des Meßzylinders; R_{TN}, R_N Kompensation Resteinfluß Temperaturabhängigkeit des Brückengleichgewichtes; R_e Abgleich der Empfindlichkeit der Meßdose (bei Nennlast gleiches Verhältnis von Eingangsspannung zu Ausgangsspannung); R_i Abgleich des Innenwiderstandes der Meßdose

Querrichtung beklebt, von denen die ersten im Lastfall eine Stauchung (Widerstandszunahme), die anderen eine Längsdehnung (Widerstandsabnahme) erfahren. Die Meßstreifen werden nach Abb. 525 zu einer WHEATSTONEschen Brücke zusammengeschaltet, in deren gegenüberliegenden Zweigen je zwei druckbelastete und zwei zugbelastete Streifen angeordnet sind. Die Schaltung enthält außerdem Abgleichwiderstände, um Fertigungstoleranzen auszugleichen, eine Temperaturkompensation sicherzustellen und gleiche Brückenwiderstände aller Dosen gleicher Nennlast zu erreichen. Mit diesen Maßnahmen wird die Austauschbarkeit der Kraftmeßdosen gewährleistet.

Werden an die Schubmessung nicht zu hohe Genauigkeitsansprüche gestellt, so genügt es, die Speisespannung einem magnetisch stabilisierten Spannungs-Konstanthalter zu entnehmen und die Meßspannung über einen Verstärker einem Anzeigeinstrument zuzuführen, wie es Abb. 526 zeigt. Die hohe Meßgenauigkeit der Dehnungsmeßstreifen-Kraftmeßdosen (±0,5%) läßt sich mit Hilfe von selbsttätigen Kompensationsmeßverfahren ausnutzen, bei denen die Meßspannung in jedem Augenblick gegen eine Vergleichsspannung abgeglichen wird.

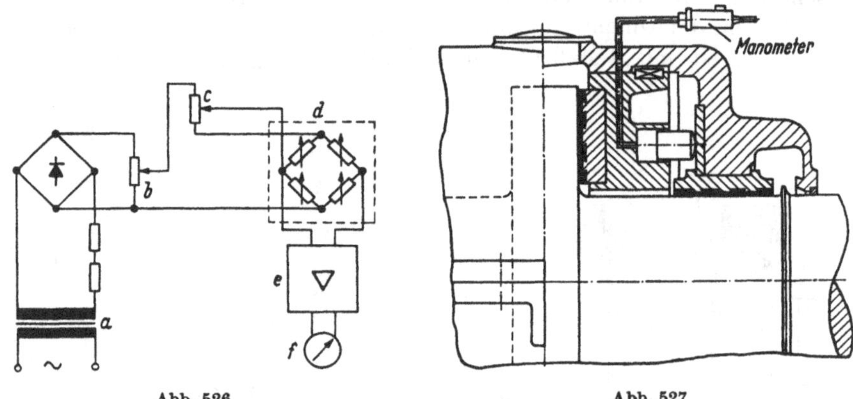

Abb. 526 Abb. 527

Abb. 526. Schubmessung mit DMS-Kraftmeßdosen, Ausschlagverfahren (Bauart S & H)
a Magnetischer Spannungskonstanthalter; *b* Speisespannungsabgleich; *c* Nullpunkteinstellung; *d* DMS-Kraftmeßdose; *e* Verstärker; *f* Anzeigeinstrument

Abb. 527. Anordnung einer hydraulischen Schubmeßdose in einem Hauptdrucklager

Die Schubkraft kann, wie Abb. 527 zeigt, auch hydraulisch gemessen werden. Hierbei werden an Stelle der elektrischen Kraftmeßdosen Kolben in das Lager zum Übertragen der Schubkraft eingebaut, die gegen eine inkompressible Flüssigkeit wirken. Der Flüssigkeitsdruck ist ein Maß für

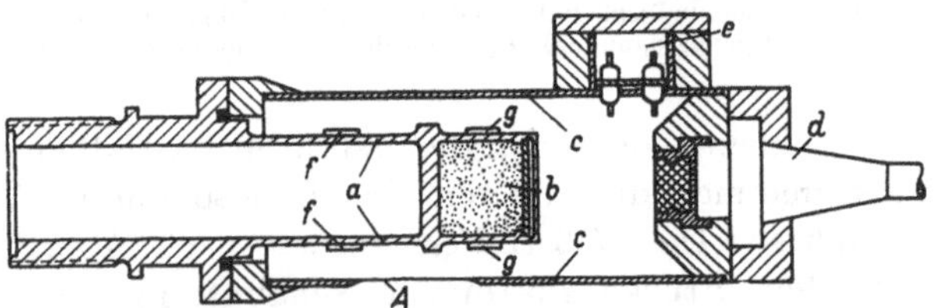

Abb. 528. Schnitt durch ein Dehnungsmeßstreifenmanometer (Bauart S & H) (nach K. Horn [246])
a Aktiver Teil der Hohlzylindermeßfeder; *b* inaktiver Teil mit Silicagelfüllung; *c* Schutzgehäuse mit Bruchsicherung bei A; *d* Anschlußkabel; *e* Raum für Abgleichwiderstände; *f* aktive Dehnungsmeßstreifen; *g* inaktive Dehnungsmeßstreifen

die Schubkraft und kann z.B. einem Manometer zugeführt werden, an dem der Schub direkt abgelesen wird. Ein elektrisches Manometer mit Dehnungsmeßstreifen genügt auch sehr hohen Ansprüchen an Meßgenauigkeit, Linearität und Stabilität und ermöglicht eine Fernanzeige der Schubkraft. Diese Manometer bestehen im allgemeinen aus einer

Meßfeder, die unter dem Einfluß des zu bestimmenden Druckes elastisch verformt wird. Diese Materialverformung wird, wie Abb. 528 zeigt, Dehnungsmeßstreifen aufgezwungen. Temperatureinflüsse werden durch weitere „passive" Meßstreifen, die auf einem „inaktiven" Zylindermantel aufgeklebt sind und mit den „aktiven" Meßstreifen und den notwendigen Abgleichwiderständen eine WHEATSTONEsche Brücke bilden (Abb. 529),

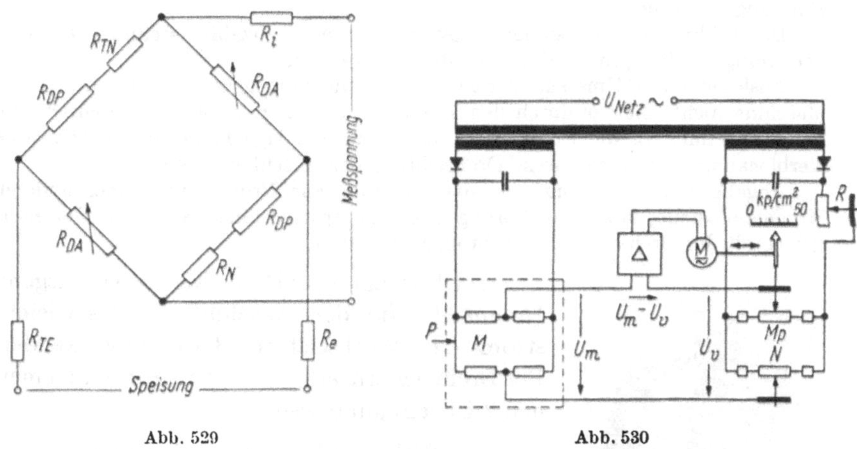

Abb. 529 Abb. 530

Abb. 529. Vollständige Innenschaltung eines Dehnungsmeßstreifenmanometers (Bauart S & H) (nach K. HORN [*246*])
R_{DA} Aktive Dehnungsmeßstreifen; R_{DP} passive Dehnungsmeßstreifen; R_{TE} Kompensation des Temperatureinflusses auf E-Modul des Meßzylinders; R_{TN}, R_N Kompensation Resteinfluß Temperaturabhängigkeit des Brückengleichgewichtes; R_e Abgleich der Empfindlichkeit des Manometers (bei Nenndruck gleiches Verhältnis von Eingangsspannung zu Ausgangsspannung; R_i Abgleich Innenwiderstand des Manometers

Abb. 530. Schaltung für die elektrische Druckmessung mit Dehnungsmeßstreifenmanometer im Kompensationsverfahren mit selbsttätigem Abgleich der Meßspannungen (Bauart S & H)
P Meßdruck; M Manometer mit Dehnungsmeßstreifen; U_M Meßspannung; U_V Vergleichsspannung; M_p Meßpotentiometer; N Nullpunkteinstellung; R Abgleich der Speisespannungen für M und M_p

kompensiert. Zur Anzeige des Schubs kann ein Ausschlagverfahren ähnlich Abb. 526 oder auch ein Kompensationsverfahren nach Abb. 530 angewendet werden.

C. Befehls- und Meldeanlagen

Die Befehls- und Meldeanlagen werden an Bord allgemein als „B- und M-Anlagen" bezeichnet.

1. Maschinentelegrafen

Der Maschinentelegraf dient der Übermittlung von Befehlen für Fahrtstufen und Fahrtrichtung und speziellen Kommandos der Schiffsführung von einer Befehlsstelle (Kommandobrücke, Peildeck, Reservesteuerstand) zum Maschinenraum. Die Anlage hat folgenden Forderungen zu genügen:

Befehlsgabe von der Brücke oder einer anderen Kommandostelle an die Maschine.

Quittieren des Kommandos durch die Maschine; die Quittung ist an der Befehlsstelle anzuzeigen.

Auslösen von Signalmitteln, die solange ansprechen, bis das Kommando vom Empfänger richtig quittiert ist.

Durchführen von Umsteuermanövern und der Drehzahlverstellung bei Fernbedienung der Hauptmaschinen von der Brücke aus[1].

Auslösen eines Umsteueralarms, solange die vorgegebene Drehrichtung der Maschine nicht mit der durch den Maschinentelegrafen befohlenen Drehrichtung übereinstimmt. An die Stelle der Umsteueralarmanlage kann eine mechanische Verblockung gegen eine falsche Drehrichtung der Maschine treten.

Abgabe einer Meldung von der Maschine zur Brücke oder einer anderen Kommandostelle, falls eine Störung in der Hauptmaschinenanlage ein Heruntergehen mit der Drehzahl oder ein Stoppen erfordert.

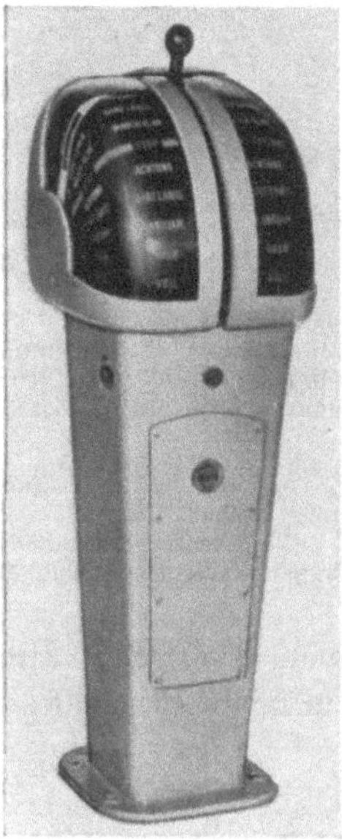

Als Übertragungssysteme werden vorwiegend Drehmelder für den Anschluß an das Gleichstrom- oder Wechselstrom-Bordnetz verwendet. Bei Drehmeldern erhält die Anlage im allgemeinen 2 Übertragungswege:

Richtung Brücke – Maschine
Richtung Maschine – Brücke.

Es sind mithin zwei voneinander unabhängige Befehlswege vorhanden. Für andere Stellen, z.B. für den Kesselraum, werden gelegentlich Mitleseempfänger vorgesehen, sie enthalten kein Gebersystem. Vor allem kleinere Schiffe erhalten auch Telegrafen mit Glühlampenanordnungen und vereinfachter Rückmeldung.

Abb. 531. Geber eines Maschinentelegrafen (Bauart Hagenuk)

Der Geber für die Brücke wird, soweit nicht der Einbau in ein Brückenpult vorgenommen wird, auf eine freistehende Säule, wie es Abb. 531 zeigt, aufgesetzt; er besitzt 2 Befehlsscheiben und einen Einstellhebel. Für Zweischraubenschiffe werden 2 Einstellhebel, die unabhängig voneinander betätigt werden können, vorgesehen; jede Befehlsscheibe ist dann einer Schraubenwelle zugeordnet. Die Bewegung des Einstellhebels, der mit einer der Kommandozahl entsprechenden Rastung versehen ist, dient zur Verstellung des Drehmeldergebers. Im Geber ist eine Schnarre als Ruf- und Kontrollmittel vorgesehen. Durch Verstellen des Gebers oder Emp-

[1] Vgl. Hilfseinrichtungen für die Hauptmaschinen, S. 224.

fängers wird dieses Kontrollmittel solange wirksam, bis die eine Meldung oder einen Befehl gebende Stelle die Quittung empfangen hat. Eine Glimmlampe zeigt die Betriebsbereitschaft der Anlage an; eine in ihrer Helligkeit einstellbare Beleuchtung ergänzt die elektrische Einrichtung des Gebers.

Abb. 532. Empfänger eines Maschinentelegrafen für Gleichstrom (Bauart S & H)

Die Empfänger im Maschinenraum – meist für Wandbefestigung nach Abb. 532 ausgebildet – enthalten bei zwei voneinander unabhängigen Befehlswegen annähernd die gleichen Bauelemente wie die Geber. Die Alarmeinrichtung des Empfängers wird wie die des Gebers durch Relais betätigt. Für die Umsteuerkontrolle, die auch für mechanische Maschinentelegrafen gefordert wird, werden, wie Abb. 533 zeigt, zwei korrespondierende Arbeitskontakte der Umsteuerkontrolleinrichtung im Empfänger und an der Maschinensteuerung betätigt. Diese schließen den Stromkreis für eine Alarmeinrichtung.

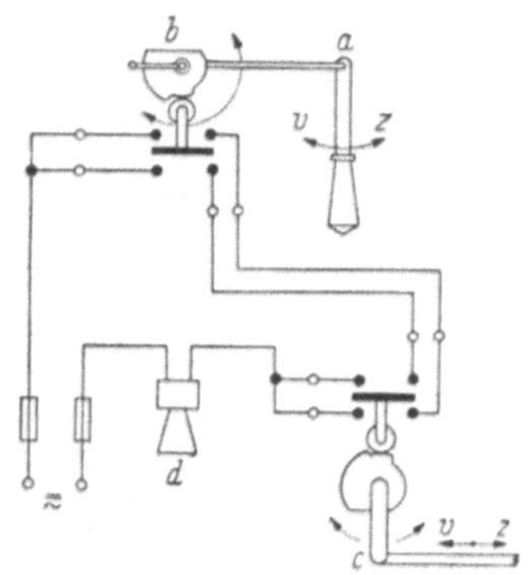

Abb. 533. Umsteueralarmeinrichtung (Bauart Sckell)
a Hebel am MT-Empfänger; *b* Kontaktgerät am Empfänger; *c* Kontaktgerät am Motor; *d* Hupe

Gehören zu einem Empfänger im Maschinenraum mehrere Geber, so muß der Geber, von dem aus die Befehle erteilt werden sollen, auf den Empfänger geschaltet und die übrigen Geber abgeschaltet werden, da ein Parallelbetrieb von mehreren Gebern mit dem Empfänger im Maschinenraum nicht möglich ist, ohne daß der Empfang falscher Befehle die Folge wäre. Durch einen Umschaltkasten werden die Gebersysteme der nichtbenutzten Befehlsstellen abgeschaltet; die Quittungsempfänger bleiben dagegen bei allen Gebern eingeschaltet, so daß auch bei diesen der vom Empfänger quittierte Befehl erkennbar ist. Durch eine Relaiskombination kann ein selbsttätiges Umschalten derart vorgesehen werden, daß das Empfangssystem im Maschinenraum selbsttätig in dem Augen-

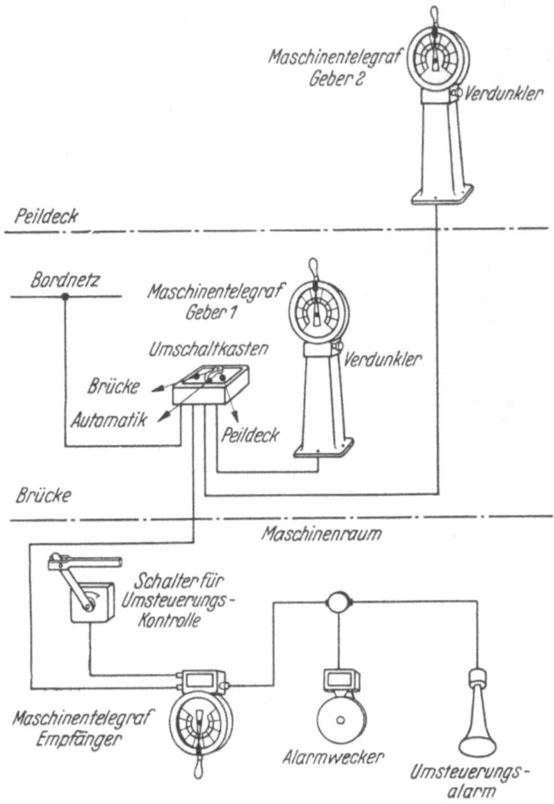

Abb. 534. Aufbau einer Maschinentelegrafenanlage (nach KRENZLIN/DOGIGLI [*273*])

blick auf das Gebersystem des bedienten Gebers geschaltet wird, wenn einer der Gebereinstellhebel bewegt wird.

Bei Anlagen mit 2 Kommandostellen auf der Brücke können die Geräte durch Ketten- oder Drahtzüge mechanisch miteinander gekuppelt werden. Es ist dann nur *ein* Gebersystem erforderlich, das entweder unmittelbar durch den Geberbefehl des einen Gerätes oder mittelbar über die Drahtzüge des anderen Gerätes verstellt wird.

Abb. 534 zeigt den Aufbau einer Maschinentelegrafenanlage. Die vollständige Schaltung eines Maschinentelegrafen ist für Gleichstromüber-

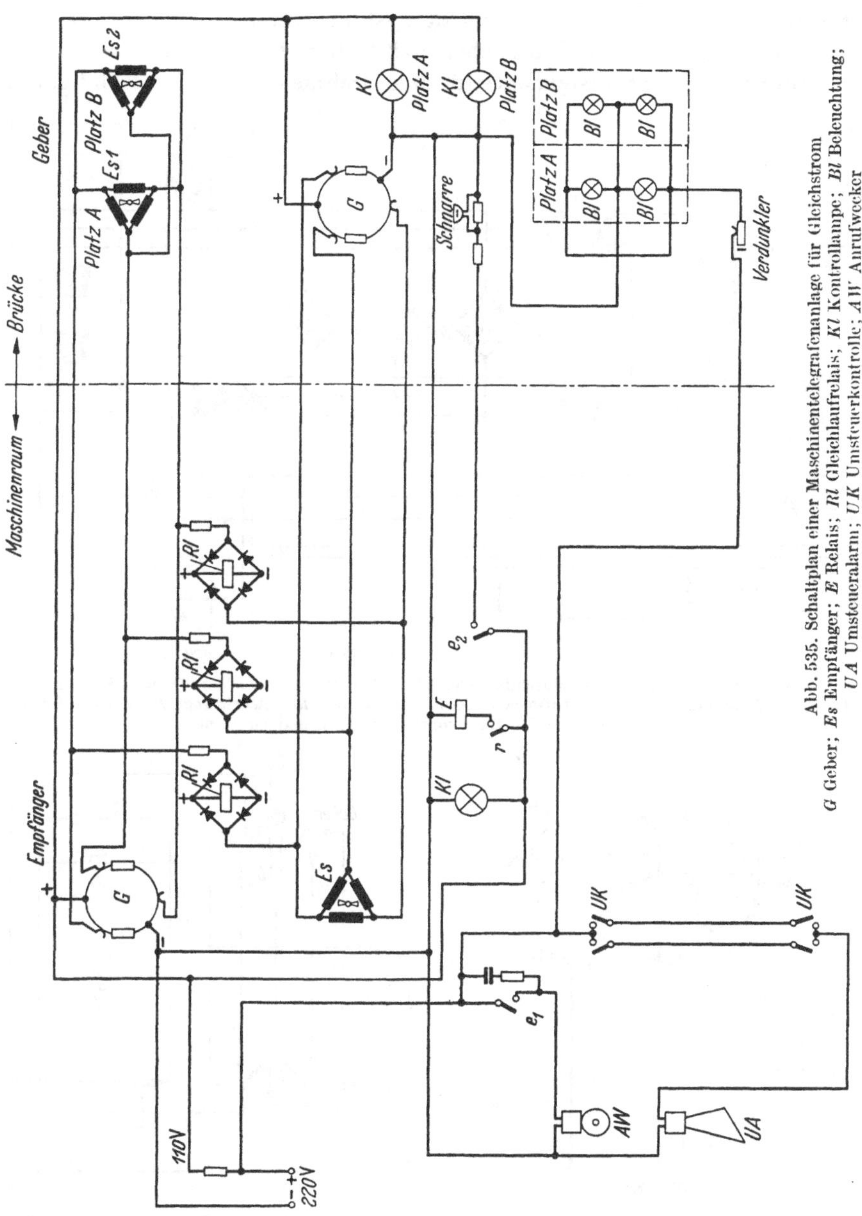

Abb. 535. Schaltplan einer Maschinentelegrafenanlage für Gleichstrom
G Geber; *Es* Empfänger; *E* Relais; *Rl* Gleichlaufrelais; *Kl* Kontrollampe; *Bl* Beleuchtung; *UA* Umsteueralarm; *UK* Umsteuerkontrolle; *AW* Anrufwecker

tragung in Abb. 535 und für Wechselstromübertragung in Abb. 536 wiedergegeben. Beide Schaltungen benutzen zum Überwachen der Quittungsgabe ein Gleichlaufrelais, das über ein Signalrelais die Alarmmittel schaltet. Die Ausführung gemäß Abb. 537 verwendet für den Maschinentelegrafen ebenfalls ein Drehmeldersystem, verzichtet aber auf eine Übersetzung zwischen Geberhebel und Geber. Es wird dann eine Verdopplung der Kontaktsegmente für den Drehmeldergeber notwendig, um

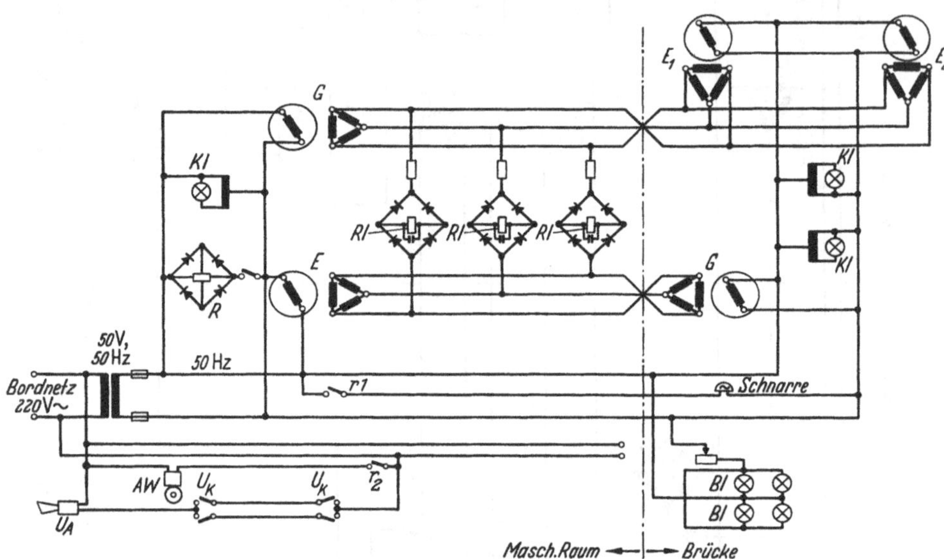

Abb. 536. Schaltplan einer Maschinentelegrafenanlage für Wechselstrom (Bauart S & H)
G Geber; *E* Empfänger; *AW* Anrufwecker; *Kl* Kontrollampe; *Bl* Beleuchtung; *Rl* Gleichlaufrelais; *R* Relais; U_K Umsteuerkontrolle; U_A Umsteueralarm

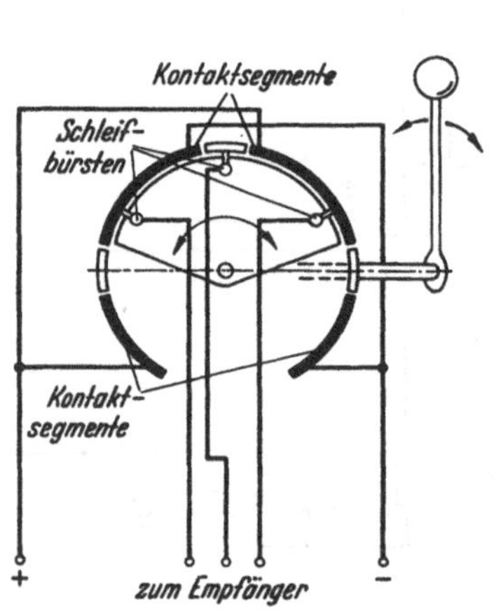

Abb. 537. Geber für Maschinentelegraf mit verkürztem Befehlsweg (Bauart Sckell)

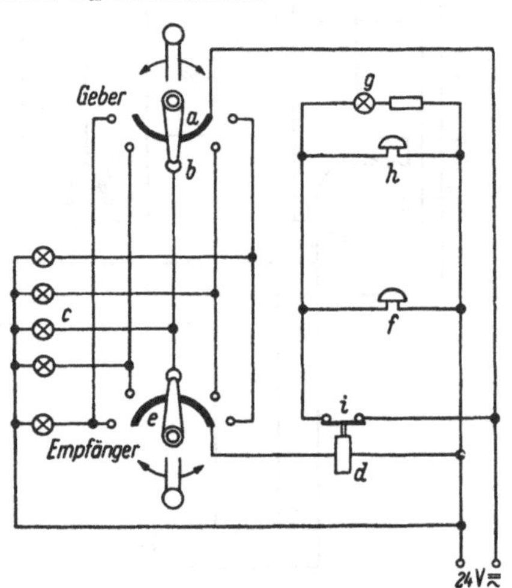

Abb. 538. Schaltplan für einen Leuchtfeldtelegrafen (Bauart Sckell)
a Kontaktfeder, Geber; *b* Kontakt, Geber; *c* Glühlampe; *d* Relais; *e* Kontaktfeder, Empfänger; *f* Glocke; *g* Signallampe, Brücke; *h* Summer, Brücke; *i* Relaiskontakt

für die Befehlsgabe mit einem Bogen von 180° auszukommen. Entsprechend umfaßt die Skala des Gerätes nur einen Bogen von 180°.

Als Beispiel für einen Maschinentelegrafen mit Leuchtfeldanzeige und vereinfachter Rückmeldung ist in Abb. 538 die Schaltung eines Lampentelegrafen wiedergegeben. Durch Betätigen des Hebels am Geber wird über die Kontaktfeder *a* der Stromkreis über einen der im Kreis angeordneten Kontakte geschlossen; jedem Kommando ist ein bestimmter Kontakt zugeordnet. So steht z.B. der Kontakt *b* über ein Kabel mit der Glühlampe *c* in Verbindung, die im Empfänger hinter dem Kommandoleuchtfeld angeordnet ist und so das gewählte Kommando anzeigt. Mit den übrigen Kontakten sind in gleicher Weise Glühlampen verbunden. Wird der Befehl vom Empfänger quittiert, d.h. der Empfängerhebel auf das aufleuchtende Feld gelegt, so wird das Relais *d* über die mit dem Empfängerhebel verbundene Kontaktfeder *e* an Spannung gelegt. Damit werden die Anrufmittel (Glocke *f* im Maschinenraum, Signallampe *g* und Summer *h* im Geber auf der Brücke) durch Öffnen des Kontaktes *i* stromlos. Die Anrufmittel sprechen mithin bis zur richtigen Quittungsgabe an. Soll von der Maschine eine andere Fahrstufe oder „Stop" nach der Brücke gemeldet werden, so sprechen nach Betätigen des Quittungshebels im Maschinenraum auf der Brücke wie auch im Maschinenraum die Signalmittel an. Durch Umlegen des Kommandohebels auf der Brücke werden die Signalmittel erst dann stromlos, wenn der Hebel auf das von der Maschine gewünschte Kommando eingestellt ist. – Aus Sicherheitsgründen liegen unter den einzelnen Schriftplatten im Empfänger zwei oder drei parallelgeschaltete Glühlampen, die zudem für eine höhere Spannung als die Nennspannung bemessen sind.

In gleicher Weise wie Maschinentelegrafen arbeiten:

Kesseltelegrafen (Verbindung Maschinenraum–Kesselraum)
Ankertelegrafen (Verbindung Brücke–Vorschiff)
Verholtelegrafen (Verbindung Brücke–Vorschiff und Achterschiff)
Rudertelegrafen (Verbindung Brücke–Handsteuerstelle)

Sie unterscheiden sich von den Maschinentelegrafen lediglich durch ihren Verwendungszweck und deshalb durch die Zahl und Art der Kommandos. Sie werden meistens mit nur *einem* Befehlsweg ausgerüstet.

2. Ruderlagezeiger

Elektrisch oder hydraulisch angetriebene Ruderanlagen benötigen zur selbsttätigen und ständigen Anzeige des Ruderwinkels eine Einrichtung, die der Schiffsführung und dem Rudergänger zeigt, ob die Ist-Stellung des Ruderblattes mit der vorgegebenen Soll-Stellung übereinstimmt. Nach den Vorschriften des GL ist der Einbau einer derartigen Anlage, unabhängig von der Ausführung der Rudersteuerung[1], vorzusehen.

[1] Vgl. Ruderanlagen, S. 304.

Abb. 539 zeigt den Aufbau einer vollständigen Ruderlagezeiger-Anlage. Der Ruderlagegeber, dessen Aufbau aus Abb. 540 hervorgeht, wird vom Ruderschaft angetrieben, also von dem Teil der Ruderanlage, der auch

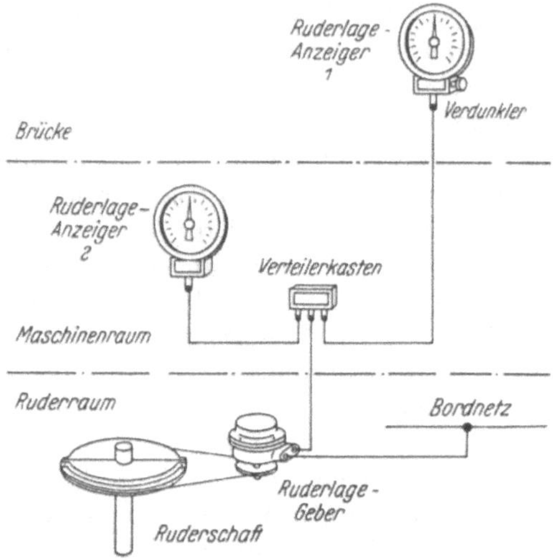

Abb. 539. Aufbau einer Ruderlagezeiger-Anlage (nach KRENZLIN/DOGIGLI [273])

beim Umschalten auf Handbetrieb stets mit dem Ruder verbunden bleibt. Das Verstellen des Gebers wird entweder über einen Seiltrieb bzw. Kettenzug oder ein Kupplungsgestänge vorgenommen. Um die Skala

Abb. 540. Geber für Ruderlagezeiger (Bauart S & H)

des Anzeigegerätes voll auszunutzen, wird eine Übersetzung (meist 1 : 3,75) gewählt, die bei einem Seiltrieb oder Kettenzug durch Wahl von Scheiben verschiedener Durchmesser, bei einem Kupplungsgestänge durch ein in den Geber eingebautes Übersetzungsgetriebe vorgenommen wird. Gelegentlich wird an den Ruderlagegeber noch ein Dehnungsgetriebe angebaut; mit ihm wird eine etwa zehnmal so große Übersetzung zwischen Ruderschaft und Geber im Bereich der Nullage gegenüber dem Bereich der Hartlagen erzielt. Es ergibt sich dann eine Skala des Anzeigegerätes, wie sie in Abb. 541 wiedergegeben ist; im Bereich der Mittschiffslage sind

Abb. 541. Anzeigegerät für eine Ruderlagezeiger-Anlage mit nicht linearer Skala für Geber mit Dehnungsgetriebe (Bauart S & H)

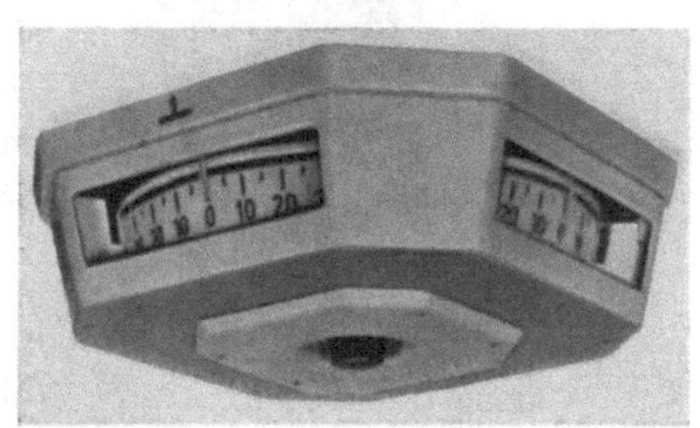

Abb. 542. Ruderlagezeiger für Deckenaufhängung (Bauart S & H)

bereits kleinste Bewegungen des Ruders erkennbar. Für die Anzeige großer Ruderwinkel, wie sie bei Aktivrudern[1] und bei Binnenschiffen vorkommen, sind von der Normalausführung abweichende Konstruktionen für Ruderwinkel bis 100° entwickelt worden. Um der Schiffsführung auf räumlich ausgedehnten Brücken und Steuerständen das Erkennen der Ruderlage von praktisch jedem Standort aus ohne Sichtbehinderung zu ermöglichen, kann außer dem Empfänger für den Rudergänger ein Anzeigegerät an der Decke nach Abb. 542 angeordnet werden, das insgesamt 4 Anzeigeskalen aufweist.

Zum Erfassen und Übertragen der Ruderlage dienen vornehmlich Drehmelder. Bei Gleichstrom-Bordnetzen können die hierfür geeigneten Drehmeldersysteme unmittelbar oder über einen Vorwiderstand an das Bordnetz angeschlossen werden. Um bei Drehstrom-Bordnetzen die für Wechselstromdrehmelder benötigte Spannung zu erhalten, wird der Anschluß über einen Zweiwicklungstransformator vorgenommen.

3. Umdrehungsfernzeiger

Die Drehzahl umlaufender Wellen von Maschinen wird an Bord bevorzugt auf elektrischem Wege gemessen. Dadurch ist eine Anzeige der Dreh-

[1] Vgl. Propellerantriebe mit Ruderwirkung, S. 461.

zahl in jeder auf Schiffen in Betracht kommenden Entfernung von der umlaufenden Welle möglich. Um von einer Fremdspeisung, also vom Bordnetz oder einer Batterie unabhängig zu sein, werden zumeist Tachogeneratoren verwendet, deren Feld von einem hochkoerzitiven Magnetstahl geliefert wird und an die eine oder mehrere Anzeigegeräte mit Drehspulmeßwerken angeschlossen werden.

Abb. 543. Gleichstromgeber für Umdrehungsanzeige (Bauart S & H)

Gleichstromgeber lassen nicht nur die Drehzahl, sondern auch die Drehrichtung der zu beobachtenden Welle erkennen. Ein sich in einem magnetischen Feld gleichbleibender Größe drehender Gleichstromanker gibt bei unveränderter Belastung eine Klemmenspannung ab, die in ihrer Polarität von der Drehrichtung abhängt und in ihrer Größe der Drehzahl verhältnisgleich ist.

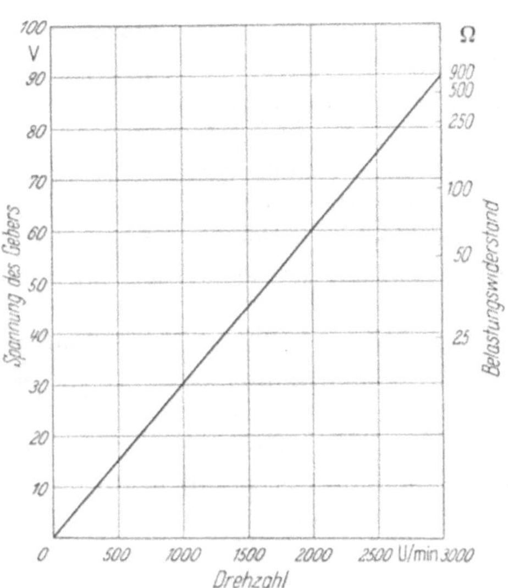

Abb. 544. Eichkennlinie eines Gleichstromgebers

Der Drehzahlgeber, von dem in Abb. 543 eine Ausführung gezeigt ist, wird durch einen kräftigen Dauermagneten erregt, der zu genauen Einstellung der Klemmenspannung mit einem einstellbaren magnetischen Nebenschluß ausgerüstet ist. Da die Klemmenspannung des Gebers unter Last von der Anzahl der angeschlossenen Anzeigegeräte abhängig ist, sind im Gehäuse des Gebers Ersatzwiderstände angeordnet, die dann eingeschaltet werden, wenn die Anzahl der angeschlossenen Empfänger kleiner als der Sollwert ist (gleiche Innenwiderstände der Anzeigegeräte vorausgesetzt). Die Eichkennlinie eines Gleichstromgebers ist in Abb. 544 wiedergegeben. Als Anzeiger wird ein Unipolarmeßwerk benutzt, dessen Skalenlänge einem Winkel von 260° entspricht. Im Gehäuse des Anzeigers ist ein Potentiometer untergebracht, durch den eine vielleicht nach längerer Betriebszeit sich einstellende geringe Fehlanzeige auszugleichen ist und unterschiedliche Kabellängen zwischen dem Geber und den einzelnen Empfängern abgeglichen werden können.

Wechselstromgeber gestatten eine von der Drehrichtung unabhängige Drehzahlanzeige. Es wird ein Wechselstrom-Drehzahlgeber benutzt, dessen Läufer ein permanenter Magnet mit hoher Koerzitivkraft ist. Die an der feststehenden Ankerwicklung abgegriffene Spannung ist in ihrer Größe und Frequenz verhältnisgleich der Drehzahl der Welle. Spannung und Frequenz werden mit Spannungs- bzw. Frequenzmessern zur Anzeige gebracht, deren Skalen in Umdrehungen je Minute geeicht werden. Für die Spannungsmessung werden mit Rücksicht auf einen geringen Eigenverbrauch Drehspulmeßgeräte der Güteklasse 1,5 mit vorgeschaltetem Meßgleichrichter verwendet. Zungenfrequenzmesser haben neben ihrer robusten Bauart den Vorteil einer hohen und stets gleichbleibenden Genauigkeit, können aber nicht den gesamten Anzeigebereich umfassen. Die Vorzüge beider Meßsysteme lassen sich in einem Anzeiger derart vereinen, daß ein Zungenmeßwerk mit einer kleinen Anzahl von Zungen für die genaue Anzeige der Betriebsdrehzahl und ein Zeigermeßwerk für den gesamten Bereich von Null an vorgesehen wird.

Die Vorzüge der von der Drehrichtung abhängigen Anzeige des Gleichstromsystems und der kontaktlosen Geber des Wechselstromsystems lassen sich in einer Drehzahlanzeige mittels eines Zweiphasen-Drehzahlgebers vereinigen. Der Zweiphasen-Tachogenerator der Abb. 545 liefert zwei um 90° in der Phase verschobene Wechselspannungen, deren Phasenfolge von der Drehrichtung des Gebers abhängt und die in einer Gleichrichterbrücke eine phasenabhängige Gleichrichtung erfahren. Der nicht über die Kondensatoren fließende Strom ergibt in den Spulen des Doppeldrehspulinstrumentes zwei sich aufhebende gegensinnige Drehmomente. Die zweite, um 90° und durch die in Reihe liegenden Kondensatoren in der Phasenlage über 90° verschobene Spannung addiert sich in dem einen, subtrahiert sich aber in dem anderen Stromkreis geometrisch von der ersten Spannung. Somit entsteht in beiden Spulen eine Stromdifferenz, die einen der Drehzahl verhältnisgleichen Ausschlag zur Folge hat. Kehrt sich die Drehrichtung um, so ist damit auch wegen der veränderten Phasenfolge der Geberspannungen eine Umkehrung der Stromdifferenzbildung verbunden, das

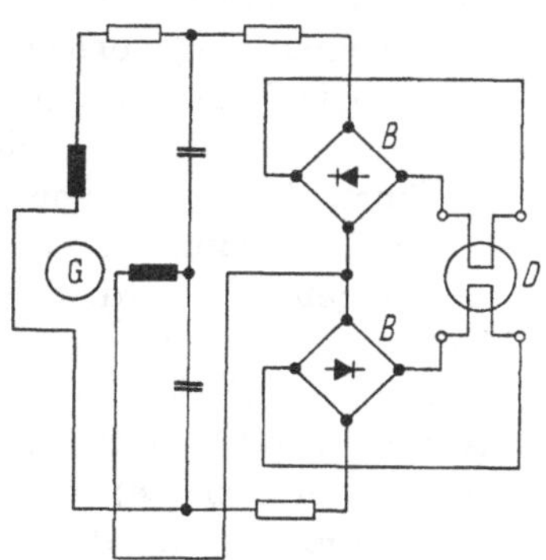

Abb. 545. Zweiphasen-Drehzahlgeber für drehrichtungsabhängige Drehzahlanzeige (Ausführung H & B) *G* Zweiphasengenerator; *D* Doppeldrehspulinstrument; *B* Gleichrichter in Brückenschaltung

Anzeigeinstrument wird einen Ausschlag in entgegengesetzter Richtung aufweisen.

Unabhängig von dem gewählten System wird der Geber entweder unmittelbar mit der Welle gekuppelt oder von dieser über eine Kette (maximale Umfangsgeschwindigkeit etwa 10 m/sek) oder einen Keilriemen (bis zu einer Umfangsgeschwindigkeit von 20 m/sek) angetrieben. Beim Kettenantrieb bleibt das Übersetzungsverhältnis konstant, während es beim Keilriemenantrieb von der Spannung des Riemens und einem etwaigen Schlupf abhängig ist. Das Übersetzungsverhältnis zwischen Antriebswelle und Drehzahlgeberwelle wird vorzugsweise so gewählt, daß der höchsten Drehzahl der Antriebswelle eine Drehzahl von 1500 U/min des Gebers entspricht.

Wird für die Drehzahlmessung eine Fremdspeisung in Kauf genommen, so kann die Fernanzeige auch unter Verwenden von Wechselstrom-Drehmeldern vorgenommen werden. Als Meßfühler dient hierbei eine federgefesselte Magnetscheibe bzw. Magnettrommel, die in Abhängigkeit von der Drehzahl ausgelenkt wird. Mit der Magnetscheibe wird der Rotor des Drehmeldergebers mechanisch gekuppelt.

Die Drehzahlmessung kann auch auf eine Frequenzmessung zurückgeführt werden, bei der eine Anzahl von Weicheisenstäben gleichmäßig auf den Umfang der Welle verteilt angebracht wird, die bei Drehung der Welle an einem induktiven Aufnehmer (Induktionsspule mit Dauermagnetkern) vorbeilaufen. Die in dem Geber induzierte Wechselspannung ist in ihrer Frequenz der Wellendrehzahl verhältnisgleich. Diese Spannung wird einem nachgeschalteten elektronischen Drehzahlmesser zugeführt, der sie in eine der Frequenz proportionale Gleichspannung umformt, die dann von einem in U/min geeichten Drehspulmeßgerät zur Anzeige gebracht wird. Dieses Meßsystem wird an Bord vielfach in Verbindung mit Leistungsmeßanlagen angewandt[1] und empfiehlt sich immer dann, wenn sich der Anbau eines normalen Tachogenerators aus mechanischen Gründen (z.B. sehr hohe Drehzahl der Welle, räumlich sehr beengte Verhältnisse) verbietet.

Die Anzeiger auf der Brücke werden – soweit nicht für Pulteinbau vorgesehen – in einem wasserdichten Rundgehäuse untergebracht. Hinter einer transparenten Skala wird eine Lampe für die Innenbeleuchtung vorgesehen, die an das Bordnetz angeschlossen wird und mittels eines am Gehäuse angeordneten Widerstandes verdunkelt werden kann.

4. Fernsprechanlagen

Eine Fernsprechverbindung benötigt neben dem Übertragungsweg – der Leitung – elektroakustische Wandler, also Übertragungsglieder, wel-

[1] Vgl. Drehmomentmessung, S. 561.

che in der Lage sind, Schallenergie in elektrische Energie umzuwandeln (Mikrofon, Schallempfänger) und umgekehrt die vom Mikrofon gelieferte elektrische Energie in Schallenergie umzuformen (Telefon, Schallsender).

Das Kohlemikrofon ist gegenüber anderen Typen dadurch ausgezeichnet, daß es eine verhältnismäßig große Energie liefert; es benötigt aber zur Speisung eine Batterie oder ein Netzanschlußgerät. Batterielose Fernsprechverbindungen haben dagegen den Vorzug eines einfachen Schaltungsaufbaues und der Unabhängigkeit von einer Stromquelle. Sie verwenden magnetische Systeme zum Erzeugen und Empfangen der Sprechströme. Auch bei Ausfall der allgemeinen Stromversorgung bleiben sie betriebsbereit, was gerade für Schiffsanlagen von entscheidender Wichtigkeit sein kann. Deshalb sind batterielose Fernsprechanlagen für die Verständigung zwischen den wichtigsten, der Navigation und dem maschinentechnischen Betrieb dienenden Räumen nach GL vorgeschrieben, die gegebenenfalls noch durch Sprachrohre mit magnetischem System ergänzt werden können. Dazu treten für die Befehlsübermittlung an bestimmte Stellen an und unter Deck die laut sprechenden Wechselsprechanlagen. Neben batterielosen Fernsprechanlagen werden auch die an Land üblichen Fernsprecheinrichtungen für den allgemeinen Nachrichtenaustausch auf Schiffen verwendet. Während die batterielosen Fernsprecher ihrer Aufgabe entsprechend nur den Besatzungsmitgliedern zur Verfügung stehen, dienen diese Schiffs-Verkehrs-Fernsprechanlagen sowohl der Besatzung als auch den Fahrgästen. Sie können entweder mit Handvermittlung oder als Wählanlagen arbeiten. In beiden Fällen läßt sich das Schiff während einer Liegezeit im Hafen mit dem öffentlichen Fernsprechnetz verbinden. Auf See können ankommende Funkgespräche über die Vermittlung zu den Schiffsanschlüssen durchgeschaltet werden.

a) Batterielose Fernsprecher

Wirkungsweise und Aufbau. Die für die batterielosen Fernsprechanlagen benutzten Sprachübertragungssysteme besitzen entweder eine Spule, die im Feld eines permanenten Magneten schwingt, oder einen Anker, der durch seine Schwingungen das Feld eines derartigen Magneten verändert und damit in einer auf den Polen untergebrachten feststehenden Wicklung wechselnde Spannungen induziert.

Bei dem Mikrofon gemäß Abb. 546a bewegt sich der aus hochwertigem Magnetweicheisen bestehende Anker, der über einen starren Verbindungsstift mit der akustischen Membran verbunden ist, durch den Schalldruck einer Schallwelle beaufschlagt, vor den Polen eines mit Spulen versehenen Magnetsystems: Durch die Flußänderung wird in den Spulen eine Wechselspannung induziert. Das gleiche System kann auch als besonders lautstarkes Telefon benutzt werden: Der Anker überträgt seine Bewegung auf die Membran, wenn auf ihn eine Kraftwirkung durch das sich ändernde magnetische Feld ausgeübt wird.

a

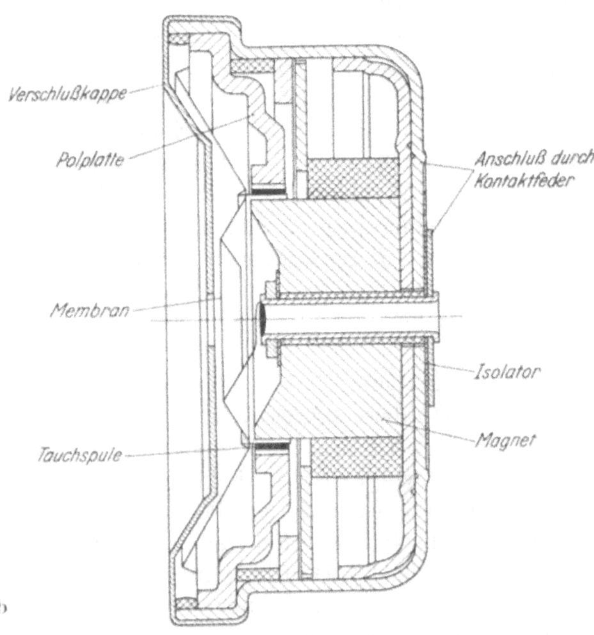

b

Abb. 546a u. b. Mikrofon
a) Ansicht (Bauart S & H); b) Schnittbild (Bauart Fernsig)

Bei einer anderen Ausführung nach Abb. 546b besteht das Mikrofon – ebenso wie das Telefon – aus einem Magnetsystem und einer Tauchspule, die mit der Membran verbunden ist. Das Magnetsystem wird durch einen permanenten Ringmagneten, einen Polkern und eine Polplatte gebildet. Die Tauchspule schwingt im Takt der auftreffenden Schallwellen, in ihren Windungen entstehen beim Schneiden der magnetischen Kraftlinien des im Ringspalt vorhandenen Feldes Wechselspannungen. Die Membran wird von einer Aussparung am Rande der Polplatte aufgenommen und von der Verschlußkappe fest gegen die Polplatte gedrückt. Ist der Stromkreis der Tauchspule, in dem sich auch die Spule des Telefons befindet, geschlossen, so regt der beim Besprechen des Mikrofons auftretende Wechselstrom, welcher den Schallschwingungen genau nachgebildet wird, die Membran des Telefons zu Schwingungen an.

Auch ein ähnlich dem in Abb. 546a dargestellten Mikrofon aufgebautes kleineres System kann als Hörkapsel benutzt werden. Der Ringmagnet-

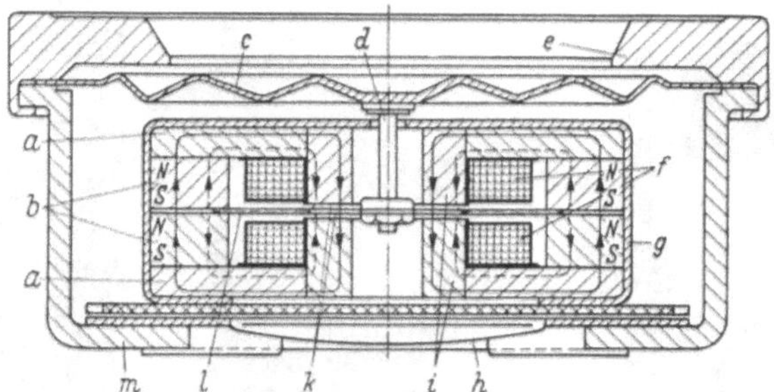

Abb. 547. Schnitt durch einen Ringmagnethörer (Bauart S & H) (nach [270])
a Holzplatte; *b* Ringmagnet; *c* akustische Membran; *d* Verbindungsstange; *e* Klemmring; *f* Erregerspule; *g* Messinghülse; *h* Kontaktplatte; *i* Polschuh; *k* Luftspalt; *l* magnetische Membran; *m* Gehäuse; →— Gleichfluß; →— Wechselfluß

hörer nach Abb. 547 weist eine zwischen zwei ringförmigen Magneten in der magnetisch neutralen Zone eingeklemmte Antriebsmembran (magnetische Membran) auf, bei dem sich in der radialen Ausdehnung der magnetischen Membran die Gleichflüsse aufheben. Wird an die beiden auf den Polschuhen aufgebrachten zylindrischen Erregerspulen die von einem Mikrofon gelieferte Wechselspannung gelegt, so wird ein Wechselfluß erregt, der den Gleichfluß in dem einen Luftspalt verstärkt, in dem anderen schwächt. Auf beide Seiten der Antriebsmembran wirken nun sich unterstützende Kräfte ein, welche die Membran auslenken. Die Bewegung der Antriebsmembran wird durch eine Stange auf die akustische Membran übertragen.

Diese nach dem magnetischen oder elektrodynamischen Prinzip arbeitenden Systeme haben auch bei großem Schalldruck im Gegensatz zu Kohlemikrofonen nur geringe nichtlineare Verzerrungen. Ihre ausgezeichneten akustischen Eigenschaften gewährleisten eine klare und fehlerfreie Verständigung selbst in geräuschvollen Räumen und an Deck.

Der geringe Gleichstromwiderstand der Spulen sichert auch bei Nebenschlüssen und schadhaftem Kabelnetz noch eine gute Sprachübertragung.

Zur Ausnutzung der Sprachlautstärke sollen die Systeme einen möglichst geringen Abstand vom Mund haben, um die Nutzlautstärke vor der Membran zu steigern und der Einwirkung von Störgeräuschen zu begegnen. Deshalb sind die Handapparate mit besonders geformten Sprechtrichtern versehen. Zum Zwecke einer besseren Verständlichkeit

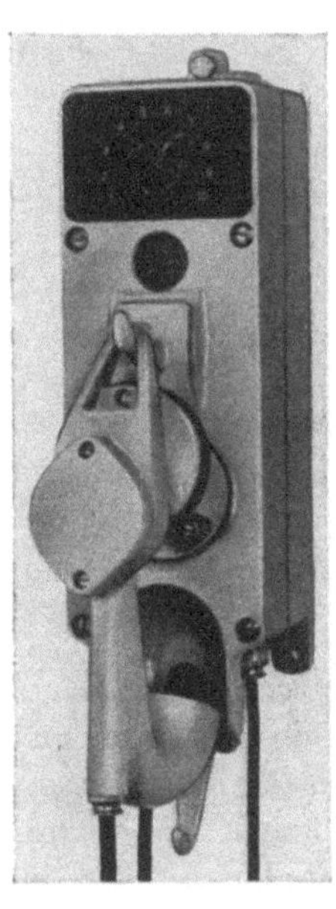

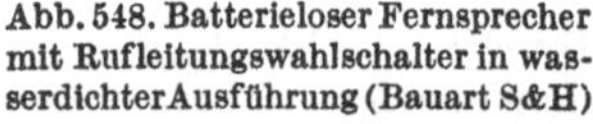

Abb. 548. Batterieloser Fernsprecher mit Rufleitungswahlschalter in wasserdichter Ausführung (Bauart S&H)

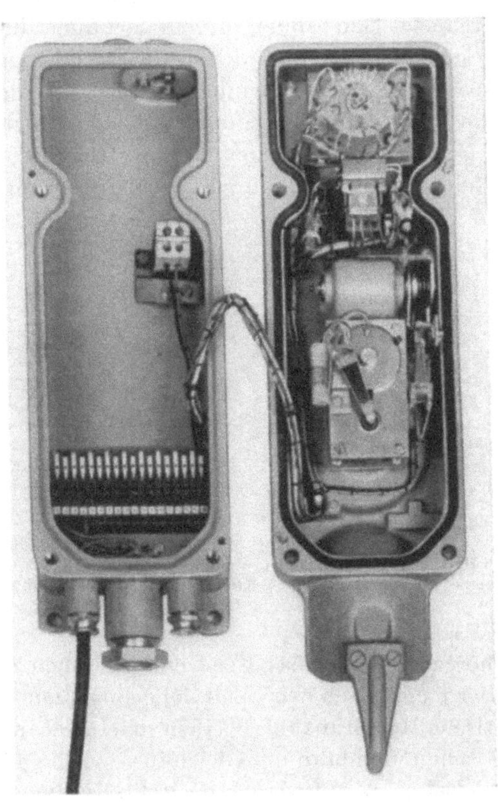

Abb. 549. Batterieloser Fernsprecher nach Abb. 548 in geöffnetem Zustand (Bauart S & H)

werden in geräuscherfüllten Räumen zusätzliche Handhörer (Zweithörer) verwendet und gegebenenfalls auch gut abdichtende Gummimuscheln auf den Hörern angebracht. In Räumen mit einem sehr hohen Geräuschpegel (110–115 Phon) läßt sich eine weitere Verbesserung der Sprachverständlichkeit durch Zuordnen eines Transistorverstärkers zur Empfangseinrichtung erreichen. Die Abb. 548 und 553 zeigen wasserdichte Wandfernsprecher; Abb. 549 vermittelt einen Eindruck von der gedrängten Bauweise des Gerätes. Die Ansicht eines nichtwasserdichten

Tischfernsprechers für Kajüten, Kammern, Büroräume usw. geht aus Abb. 550 hervor.

Schaltung. Aus Sicherheitsgründen werden die an Bord vorgesehenen Fernsprechverbindungen zumeist in Einzelanlagen unterteilt, wie es aus dem Verkehrs- und Kabelplan der Abb. 551 hervorgeht. Für Anlagen größeren Umfangs werden dagegen Geräte mit Rufleitungswahlschalter verwendet, wobei sich sämtliche Teilnehmer gemäß Abb. 552 untereinander anrufen können. Auch in diese Anlagen lassen sich Geräte ohne Rufleitungswahlschalter einordnen, wenn nur der Anruf eines einzigen Teilnehmers gewünscht wird. Diese Anlagen besitzen nur *eine* gemeinsame Sprechleitung. Sollen mehrere Gespräche zugleich geführt werden, sind Linienwählergeräte notwendig. Zum Vermeiden eines Übersprechens zwischen den einzelnen Sprechwegen ist dann ein paariges Fernsprechkabel zu verlegen. Als Rufstromquelle werden Kurbelinduktoren verwendet, die bei den Geräten nach Abb. 548 erst nach Abheben des Hörers betätigt werden können. Als Anrufmittel dienen z.B. lautstarke Wecker nach Abb. 553, es kann aber auch der Rufstrom des Induktors auf das Mikrofon als dem empfindlicheren elektroakustischen Wandler der Gegenstelle zugeleitet werden und dort einen durchdringenden Heulton von etwa 500 Hz auslösen. Diese Art des Rufes unterscheidet sich von anderen Läutesignalen, wie sie vielfach in Maschinenräumen üblich sind und hebt sich deutlich aus dem Geräuschpegel heraus. Hierfür ist das Gerät der Abb. 548 gebaut. Neben diesen Anrufmitteln kann ein Anrufrelais entweder das Einschalten einer fremdgespeisten Hupe oder eines Stark-

Abb. 550. Tischfernsprecher für batterielose Fernsprechanlagen (Bauart S & H)

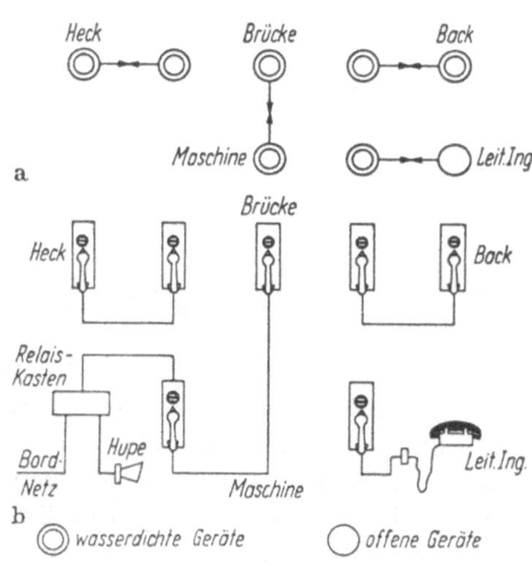

Abb. 551a u. b. Aufbau einer Schiffsfernsprechanlage mit Einzelverbindungen
a) Verkehrsplan; b) Kabelplan

stromweckers bewirken oder auch zur Betätigung vorhandener Flackerlichtsignale bzw. optischer Anruftafeln herangezogen werden, wenn sehr hohe Ruflautstärken verlangt oder der Ruf an mehreren Stellen auch außerhalb des Raumes vernommen werden soll. Zur optischen Kennzeichnung des Anrufes sind die Schiffsfernsprecher mit einem Schauzeichen ausgerüstet, das bei Einzelanlagen immer dann notwendig wird,

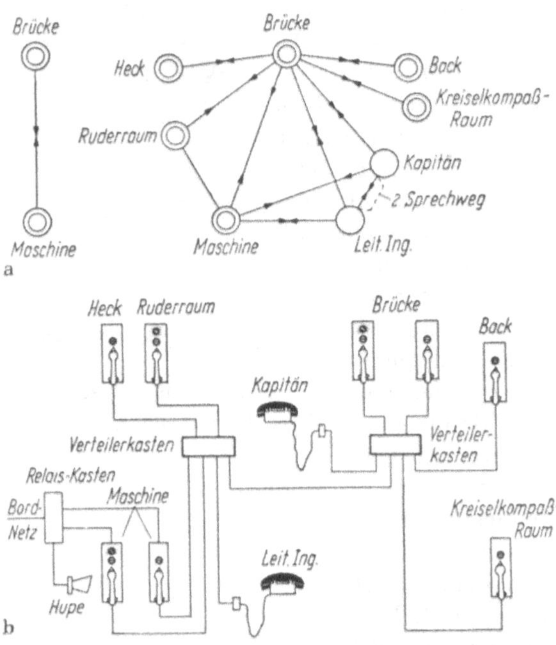

Abb. 552a u. b
Aufbau einer Schiffsfernsprechanlage mit Rufleitungswahlschaltern und Einzelverbindungen
a) Verkehrsplan; b) Kabelplan

wenn auf einer Station, z. B. der Brücke, mehrere Geräte nebeneinander angeordnet sind. Anrufrelais und Schauzeichen können, wie z. B. bei den Ausführungen nach Abb. 548 und 550, konstruktiv vereinigt werden, wobei das Schauzeichen auch nach Beendigung des Rufes sichtbar bleibt und somit ein Anruf auch nachträglich noch zu erkennen ist.

Für die Verbindung von zwei einzelnen Sprechstellen ist die Schaltung und der Stromverlauf sowie die Wirkungsweise der Abb. 554 zu entnehmen. Will z. B. Station I die Station II anrufen, so nimmt der Anrufende auf Station I den Hörer ab und schließt damit den Hakenumschalter *hu*. Bei Betätigen des Induktors *I* gelangt der Rufstrom über die Leitung 1 und den geschlossenen Induktorkontakt *i* auf das Mikrofon der Station II. Es ertönt dort der Heulton. Gleichzeitig spricht auf

Station II das Fallklappenrelais FK an und zeigt den gewählten Apparat an. Nimmt der Angerufene der Station II den Hörer ab, so schließt sich der Hakenumschalter *hu*; Mikrofon und Hörer liegen jetzt parallel an den Leitungen 1 und 2 und es kann wechselseitig gesprochen und gehört werden. Sollen von einer Sprechstelle aus jedoch wahlweise Verbindungen mit mehreren Teilnehmern hergestellt werden können, so ist die Fernsprechstation mit dem schon erwähnten Rufleitungswahlschalter auszurüsten. Vor Betätigen des Anrufmittels ist der Wähler, wie aus Abb. 555 hervorgeht, auf den gewünschten Teilnehmer zu schalten.

Die dargestellten Schaltungen wahren, da nur eine gemeinsame Sprechleitung vorgesehen ist, nicht das Gesprächsgeheimnis, wenn auch bei eingehängtem Handapparat das Mikrofon kurzgeschlossen ist und damit im Raum eines Teilnehmers geführte Gespräche nicht mitgehört werden können. Oft wird aber für die Verbindung von 2 Teilnehmern die Möglichkeit zur Führung

Abb. 553. Batterieloser Fernsprecher mit Rufleitungswahlschalter in wasserdichter Ausführung (Bauart Hagenuk)

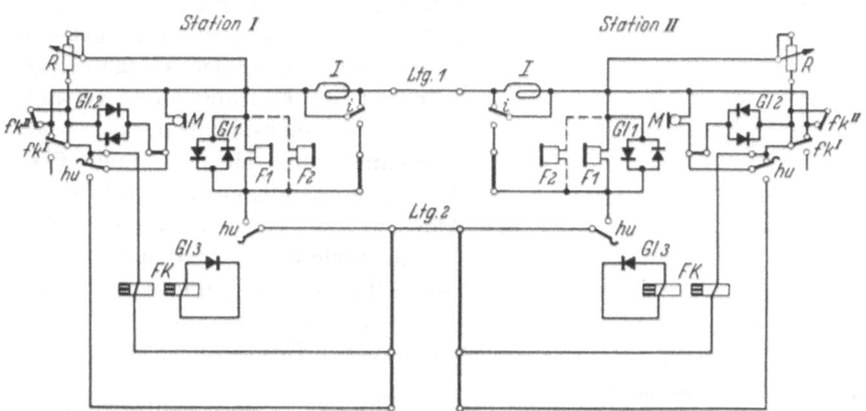

Abb. 554. Schaltplan einer batterielosen Fernsprechanlage zur Verbindung von 2 Sprechstellen mit 2 Anrufmitteln (Bauart S & H)

M Mikrofon; F_1 Fernhörer; F_2 zweiter Hörer; *hu* Hakenumschalter; *I* Induktor; *i* Kontakt am Induktor; *FK* Fallklappenrelais; *fk* Kontakte am Fallklappenrelais; *R* Widerstand zur Einstellung der Ruflautstärke; $Gl_{1,2,3}$ Gleichrichter

von vertraulichen Gesprächen verlangt. Dann werden die Sprech- und Hörsysteme nach dem Zustandekommen eines Gespräches zwischen diesen Teilnehmern durch Betätigen einer besonderen Sprechtaste an

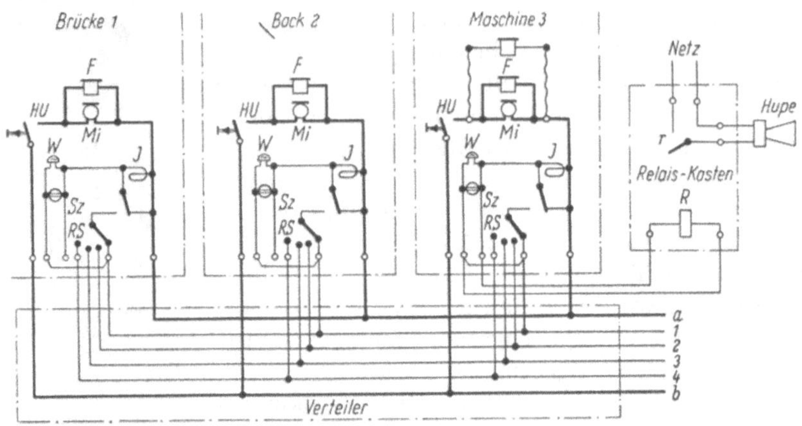

Abb. 555. Schaltung einer batterielosen Fernsprechanlage mit 4 Sprechstellen (Bauart Hagenuk) *a, b* **gemeinsame Sprechleitung;** *1, 2, 3, 4* **Rufleitungen;** *RS* **Rufleitungswahlschalter;** *Mi* **Mikrofon;** *F* **Hörer;** *HU* **Hakenumschalter;** *W* **Wecker;** *J* **Induktor;** *Sz* **Schauzeichen;** *R* **Relais;** *r* **Relaiskontakt für Hupe**

beiden Geräten, wie es Abb. 556 zeigt, von der Gemeinschaftsleitung getrennt und über eine besondere Doppelleitung miteinander verbunden. Durch Einhängen des Handapparates wird die Sprechtaste wieder in die Ruhelage gebracht und damit Sprech- und Hörsystem wieder an die gemeinsame Sprechleitung der Anlage gelegt. Während der Führung eines vertraulichen Gespräches bleiben aber beide Teilnehmer für ein Gespräch über die Gemeinschaftsleitung anrufbereit. Abb. 550 zeigt einen nicht wasserdichten batterielosen Tischfernsprecher mit zwölfteiligem Rufleitungswahlschalter und Sondersprechweg zum Führen von vertraulichen Gesprächen.

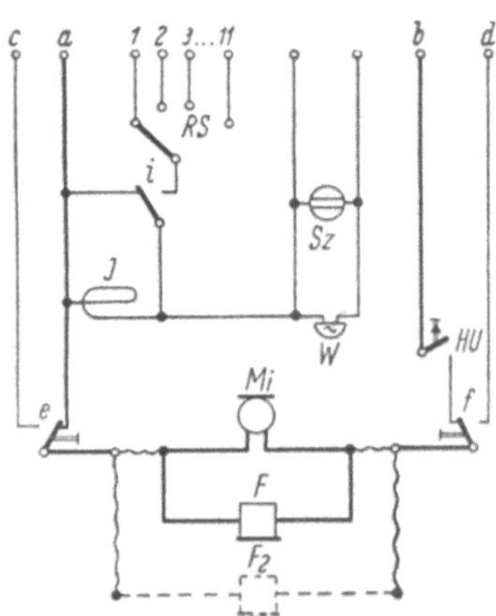

Abb. 556. Schaltung eines Fernsprechgerätes mit Sondersprechleitung
a, b **Gemeinsame Sprechleitung;** *c, d* **Sondersprechleitung;** *e, f* **Sprechtaste für Sondergespräche;** *RS* **Rufleitungswahlschalter;** *1, 2, 3–11* **Anschluß für Rufleitungen;** *J* **Induktor;** *i* **Kontakt am Induktor;** *Sz* **Schauzeichen;** *W* **Wecker;** *Mi* **Mikrofon;** *F* **Hörer;** F_2 **zweiter Hörer**

b) Wechselsprechanlagen

Wechselsprechanlagen ermöglichen wechselseitige Gespräche über eine lautsprechende Verbindung zwischen der Schiffsführung auf der Brücke und einer oder mehreren Nebenstellen gleichzeitig auf oder unter Deck. Sie werden dann mit Vorteil eingesetzt, wenn eine schnelle und unmittelbare, insbesondere eine keine Bedienung fordernde Einrichtung gewünscht wird: Die Befehle oder Meldungen werden unmittelbar gehört und ebenso unmittelbar bestätigt; der Angerufene braucht seine Tätigkeit nicht zu unterbrechen, um ein Gerät zu bedienen. Ganz allgemein können mit diesen Anlagen die wichtigsten Stellen des Schiffes von der Schiffsführung angesprochen werden, wie sich auch umgekehrt die Außenstellen an die Schiffsführung wenden können. Wechselsprechanlagen werden oft mit der an Bord meistens ohnehin vorhandenen Musik-Lautsprecher-Anlage kombiniert.

Die übliche Wechselsprechanlage umfaßt neben einem Verstärker die Hauptstation auf der Brücke, von welcher die Gesprächsführung gesteuert wird, sowie mehrere Unterstationen mit Mikrofonlautsprechern für Back, Heck, Maschinenfahrstand, Notruderstand, Peildeck, Kapitänskajüte usw. Bei der Station im Maschinenraum ist ein besonderes geräuschkompensiertes Mikrofon erforderlich. Die Hauptstation kann bei großen Schiffen durch eine über Stecker anschließbare tragbare Brückennockstation ergänzt werden, welche die Aufgabe der Hauptstation dann übernimmt, wenn das Schiff von der Brückennock aus gefahren wird. Um große Flächen beschallen und Lotsenfahrzeuge, Schlepper usw. aus größerer Entfernung anrufen zu können, wird gelegentlich ein Lautsprecher hoher Leistung drehbar auf dem Peildeck angeordnet.

Die in Abb. 557 dargestellte Schaltung einer Wechselsprechanlage enthält neben der Hauptstation 2 Steckdosen für das Mikrofon auf der Brückennock der Stb- und Bb-Seite sowie Mikrofonlautsprecher auf Back und Heck. Mit dem Linienwahlschalter am Brückenlautsprecher wird die gewünschte Außenstelle eingeschaltet. Grundsätzlich sind zwei verschiedene Betriebsarten der Anlage wählbar. Bei eingeschaltetem Verstärker ist im Ruhezustand kein Sprechen oder Hören möglich; um von der Brücke aus die gewünschte Außenstelle zu erreichen, muß die Sprechtaste am Brückenlautsprecher oder am Nockmikrofon betätigt werden. Hierbei sprechen die beiden Relais E und A an, schalten den Brückenlautsprecher oder das Nockmikrofon auf den Eingang des Verstärkers und den Ausgang des Verstärkers auf den Lautsprecher der angerufenen Stelle. Soll von der Außenstelle aus die Brücke angesprochen werden, so muß ein Druckknopf in der Nähe des Lautsprechers betätigt werden. Damit sprechen die Relais H oder B an, legen den Mikrofonlautsprecher auf den Eingang, den Brückenlautsprecher auf den Ausgang des Verstärkers. Diese Betriebsweise ist vor allem für solche Fälle gedacht, bei denen z.B. auf der Back ein Ausguck steht, der nur in Einzelfällen eine Meldung an die Brücke zu geben hat. Sie hat außerdem den Vorteil, daß der

Brückenlautsprecher bei nicht gedrückter Sprechtaste bei den Außenstellen absolut ruhig ist.

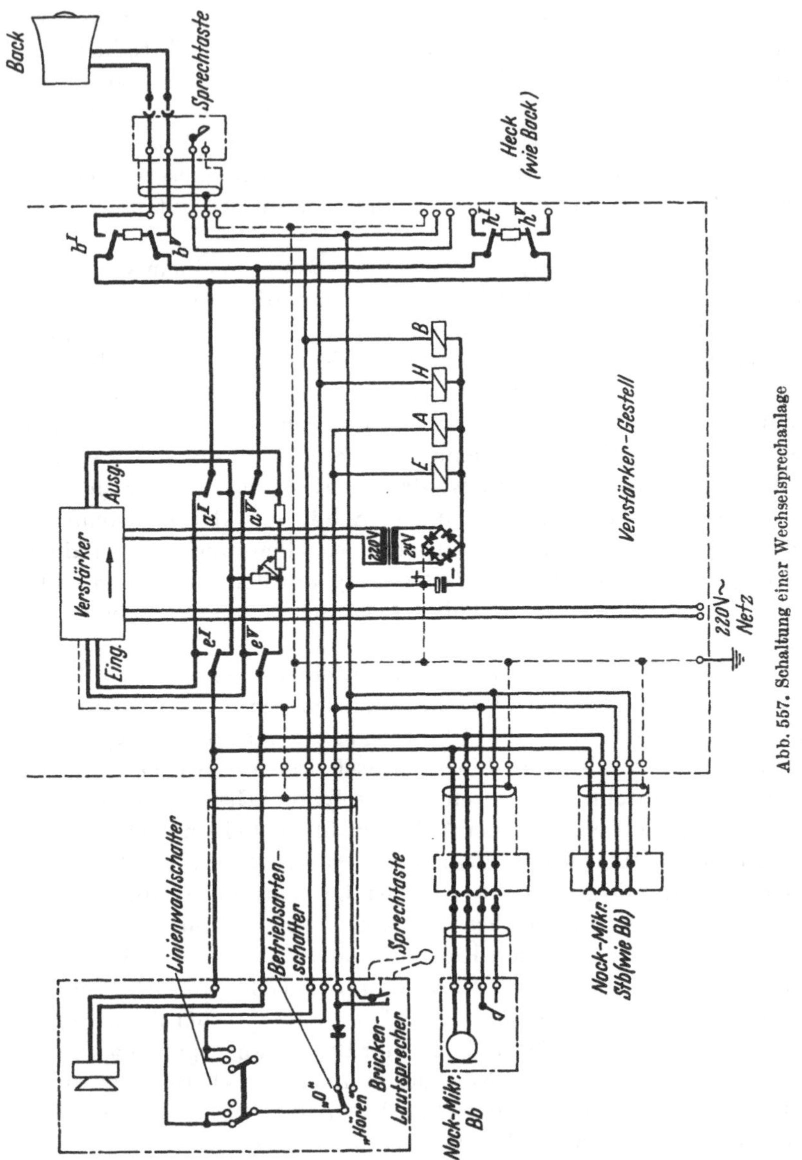

Abb. 557. Schaltung einer Wechselsprechanlage

Wird der Betriebsartenschalter in die Stellung „Hören" gelegt, so wird die Anlage in Richtung „Außenstelle-Brücke" ständig eingeschaltet und nur beim Drücken der Sprechtaste am Brückenlautsprecher oder am Nockmikrofon die Sprechrichtung umgekehrt. Hierbei kann der Sprechende an der Außenstelle den als Mikrofon wirkenden Lautsprecher auch aus einiger Entfernung besprechen, ohne einen Druckknopf betätigen zu müssen. Sind mehrere Außenstellen vorhanden, so werden weitere Relais mit der Schaltung für *H* und *B* angeordnet.

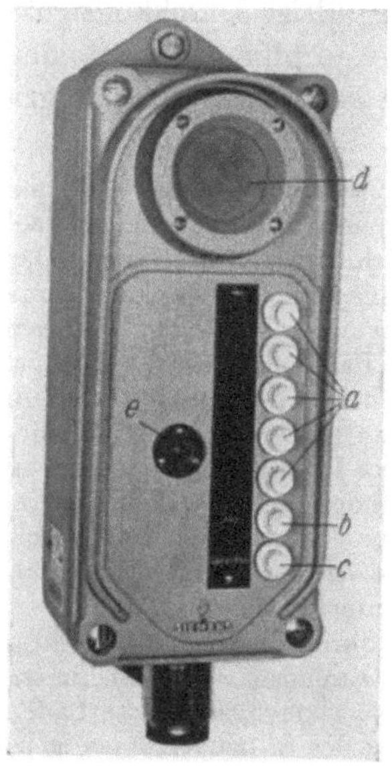

Abb. 558 Abb. 559

Abb. 558. Wasserdichte Wechselsprechstelle (Brückensprechstelle), Transistorverstärker in das Gehäuse eingebaut (Bauart S & H)
a Drucktasten zur Wahl der Sprechverbindung (Tasten halten nach dem Drücken selbst und lösen sich gegenseitig aus); *b* Auslösetaste; *c* Sprechtaste; *d* Mikrofonlautsprecher, gegen Feuchtigkeit unempfindlich (wasserfeste Kunststoffmembran); *e* Kontrollampe (leuchtet nach Wahl der Sprechverbindung auf)

Abb. 559. Mikrofonlautsprecher für eine Wechselsprechanlage (Bauart S & H)

In der Schaltung Abb. 557 ist ein Röhrenverstärker vorgesehen; die Wechselsprechanlage ist für den Anschluß an ein Wechselstrom-Bordnetz entworfen. Die in Abb. 558 dargestellte Brückensprechstelle ist mit einem Transistorverstärker ausgerüstet (Anschluß an 24-V-Batterie); zur Wahl der Sprechverbindungen sind hier Drucktasten gewählt worden.

Abb. 559 zeigt einen Mikrofonlautsprecher für Oberdeckaufstellung, der an besonders gefährdeten Stellen noch mit einem zusätzlichen Strahlwasserschutz (Schutzart P 44 nach DIN 40050) versehen werden kann.

5. Feuermeldeeinrichtungen

Im Schiffssicherheitsvertrag sind über Feuerschutz, Feueranzeige und Feuerlöschen in den Teilen D und F ausführliche Angaben enthalten, die sich auf Fahrgastschiffe und im begrenzten Umfang auch auf Frachtschiffe beziehen. Dabei wird bei den Fahrgastschiffen noch zwischen solchen mit weniger oder mehr als 36 Fahrgästen unterschieden.

Eine der wichtigsten Einrichtungen für die Sicherheit eines Schiffes ist mithin die Melde- und Überwachungsanlage zum Schutz gegen Feuer, die im Hinblick auf ihre Bedeutung eine sorgfältige Durchkonstruktion und Montage an Bord erfahren muß. Zur Bekämpfung von Bränden an Bord von Schiffen, insbesondere auf Fahrgastschiffen, lassen sich grundsätzlich 3 Möglichkeiten unterscheiden:

Für den Bau der Inneneinrichtungen werden überhaupt keine oder nahezu keine brennbaren Werkstoffe verwendet. Nicht brennbare Werkstoffe sind solche, die nicht entflammbar sind und die auch beim Erhitzen auf 75 °C keine Dämpfe oder Gase in einer Menge entwickeln, die durch eine kleine Zündflamme zum Entflammen gebracht werden können. Alle übrigen Werkstoffe werden als brennbar angesehen. Daneben gibt es „schwer entflammbare Baustoffe", welche die Ausbreitung eines Brandes behindern oder in ausreichendem Maße einschränken können. – Das Bekämpfen von Bränden beschränkt sich dann im wesentlichen auf die Maschinenräume, wo z. B. durch Undichtwerden oder Reißen von Rohrleitungen Öl auf heiße Maschinenteile auftreffen und sich entzünden kann. Das Verhindern von Bränden durch bauliche Maßnahmen ist damit aus Kostengründen praktisch auf wenige Fahrgastschiffe beschränkt. Aber auch bei Anwenden dieser Maßnahmen kann nicht auf eine Feuermeldeeinrichtung verzichtet werden.

Ein Brandherd leitet von sich aus selbsttätig durch Feuermeldeeinrichtungen die Löschmaßnahmen ein: Sprinkleranlagen oder Einlassen eines Löschmittels in die gefährdeten Räume. Dazu werden meist Kohlendioxydgas für die Lade- und Maschinenräume – nach vorhergehender Warnung des in den Räumen sich aufhaltenden Personals – bzw. Dampf oder Schaum für die Tanks benutzt.

Verzicht auf eine selbsttätige Brandbekämpfung und Durchführung des Feuerlöschens durch einen bestimmten Personenkreis – auf Frachtschiffen die „Wache", auf großen Fahrgastschiffen die „Feuerwache".

Zur selbsttätigen Feuermeldung sind verschiedene Systeme entwickelt worden, die ihre Funktion von den mannigfachen Begleiterscheinungen eines entstehenden Brandes ableiten. Sie werden entsprechend ihrem Verwendungszweck und ihren betrieblichen Eigenarten an Bord eingesetzt. Daneben sind die von Hand zu betätigenden *Druckknopfmelder*[1] in ausreichender Zahl im Schiff – vor allem an allgemein zugänglichen Orten, insbesondere in den Gängen und Treppenhäusern (Fluchtwegen) – gut sichtbar anzubringen. Diese enthalten einen Druckknopf, der die Meldung auch bei nur kurzer Betätigung sicher abgeben kann. Die Melder sind durch rote (an Oberdeck blaue), nicht abschaltbare Hinweislampen kenntlich zu machen, die an den Meldern selbst oder auch getrennt darüber anzuordnen sind und ihre Speisung aus dem Notstromnetz erhalten.

Zur selbsttätigen Anzeige von entstehenden Bränden werden die verschiedenen, mit einem Brand verbundenen thermischen, optischen und

[1] Vgl. auch DIN 14656 und DIN 89001.

chemischen Erscheinungen herangezogen. Die einfachste Form einer Feuermeldeeinrichtung ist der Schmelzlotmelder. Dieser besteht aus zwei in einem Gehäuse eingebauten Metallfedern, die an einem Ende voneinander isoliert am Gehäusedeckel befestigt sind und am anderen Ende durch ein leicht schmelzendes Lot zusammengehalten werden. Beim Überschreiten einer Umgebungstemperatur von etwa 70 °C schmilzt das Lot, das Auseinanderspringen der Federn wird zum Auslösen des Feueralarms benutzt.

Maximalmelder lösen bei einer bestimmten, mit einer Toleranz von etwa ±5 °C einstellbaren Ansprechtemperatur (etwa 20–100 °C) den Alarm aus. Der Melder enthält einen Bimetallstreifen[1], der bei Erreichen der Ansprechtemperatur einen Kontakt betätigt. Diese Bauform hat den Vorzug, daß sie durch den großen Einstellbereich in Räumen mit niedriger wie auch hoher Durchschnittstemperatur verwendet werden kann und daß sie mit dem Verschwinden des auslösenden Impulses und nach dem Abkühlen wieder anzeigebereit ist.

Diese Maximalmelder können für einen erhöhten Feuerschutz mit einem Differentialmelder kombiniert werden, welcher – unabhängig von der Ausgangstemperatur – auf einen zeitlich kurzen Temperatur*anstieg* (mindestens 6 °C/min) anspricht. Derartige Einrichtungen eignen sich, da sie von den Temperaturunterschieden der Zonen und Jahreszeiten unabhängig sind, besonders für Schiffe, die auf ihrer Reise verschiedene klimatische Zonen berühren.

Zum Schutz von Räumen, die während der Fahrt kaum zugänglich sind – Laderäume – oder in denen keine selbsttätig wirkenden Melder angebracht werden können, wird die mit einem Brand verbundene Rauchentwicklung zum Auslösen eines Alarms verwendet. Für diese Rauchmelder wird ein elektrooptisches System benutzt. Rohre mit verhältnismäßig kleiner lichter Weite führen von den zu überwachenden Räumen zu einer zentralen Überwachungsstelle; dieser wird mittels eines Ventilators Luft aus den zu überwachenden Räumen zugeführt. Bei Rauchentwicklung tritt eine Trübung der angesaugten Luft ein, die über einen Lichtstrahl optisch beobachtet werden kann. Für eine selbsttätige Meldung wird der Lichtstrahl auf eine lichtelektrische Zelle geleitet, die bei einer Rauchentwicklung den Alarm auslöst.

Ionisationsmelder sprechen auf die gasförmigen Verbindungen an, die bei einem Schwelvorgang auch dann gebildet werden, wenn am Brandherd noch keine Flammenbildung oder Rauchentwicklung auftritt. In eine Ionisationskammer, von der umgebenden Luft durch ein Drahtgitter getrennt, ist ein radioaktives Präparat eingebracht, das die Luft zwischen 2 Elektroden in gewissem Maße für den elektrischen Strom leitend macht. Der auftretende Ionisationsstrom ist abhängig von der

[1] Vgl. Motorschalter, Motorschutzschalter und Thermowächter, S. 151.

angelegten Spannung und der Strahlungsquelle; er erreicht bei der Sättigungsspannung einen nahezu konstanten Wert. Dringen die bei einer unvollkommenen Verbrennung entstehenden Teilchen, deren Größe und Masse die in der Luft vorhandenen Gasmoleküle um vieles übersteigt, in die Kammer ein, so erfährt der Ionisationsstrom eine Verminderung. Diese Änderung des an sich schon sehr kleinen Ionisationsstromes (etwa 10^{-9} A) wird durch Vorschalten eines Widerstandes in eine Spannungsänderung überführt. An Stelle eines ohmschen Widerstandes kann eine zweite Ionisationskammer, die im Sättigungsbereich arbeitet und gegen den Zutritt der Schwelgase weitgehend abgeschlossen ist, vorgesehen werden. Diese Anordnung hat den Vorteil, daß der nach außen wirksame Widerstand infolge der Sättigung beinahe unendlich groß ist und daß bei geeigneter Ausbildung der beiden Kammern witterungsabhängige Schwankungen des Luftdruckes, der Lufttemperatur und der Luftfeuchtigkeit weitgehend unwirksam sind. Als Anzeigeorgan wird eine spezielle Relaisröhre in Form einer gasgefüllten Kaltkathodentriode (Glimmrelais) verwendet. Die Abb. 560 zeigt die Prinzipschaltung des Ionisationsfeuermelders. Parallel zu dem durch die beiden Ionisationskammern I, II gebildeten Spannungsteiler liegt das Glimmrelais *G*,

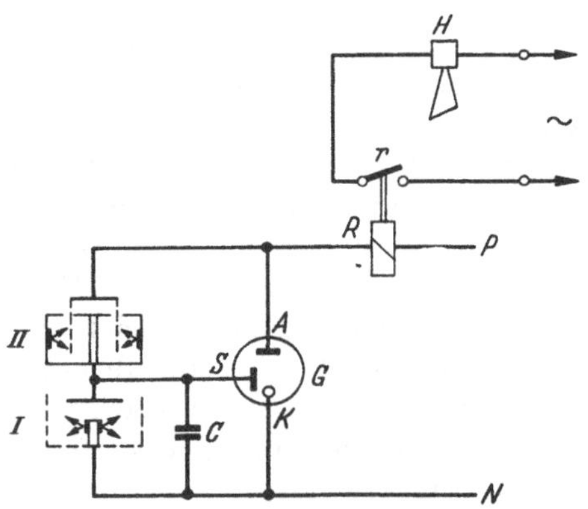

Abb. 560. **Schaltung einer Ionisationsfeuermeldeanlage (Bauart S & H) (nach LANGENBERGER [275])** *I* Ionisationskammer (Prüfkammer); *II* Ionisationskammer (Vergleichskammer); *C* Kondensator; *G* Glimmrelais; *A*, *K*, *S* Elektroden des Glimmrelais; *R* Relais; *r* Relaiskontakt; *H* Hupe

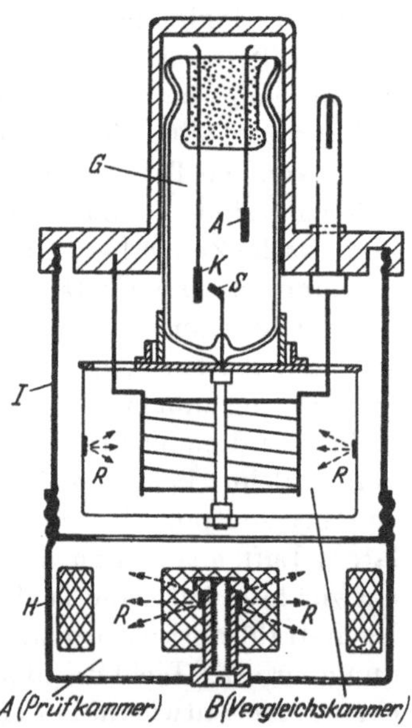

Abb. 561. **Aufbau eines Ionisationsfeuermelders nach Abb. 560 (Bauart S & H)** *I*, *II* Ionisationskammern; *G* Glimmrelais mit Anode *A*, Kathode *K* und Steuerelektrode *S*; *H* Gitterhaube; *J* Schutzhaube; *R* Radiumpräparat

wobei die Steuerelekrode *S* mit dem Mittelpunkt der beiden Kammern verbunden ist. Zwischen Steuerelektrode und Kathode *K* liegt ein Kondensator *C*, der sich im Moment der Zündung über die Steuerstrecke entlädt. Eine Widerstandsänderung der Kammer I, durch auftretende Verbrennungsgase hervorgerufen, äußert sich als Spannungsanstieg an der Kammer I und bewirkt die Zündung des Glimmrelais, sobald die Zündspannung der Steuerstrecke S–K erreicht wird. Der nun zur Anode A fließende Strom bewirkt den Anzug des Relais R, dessen Kontakte die Feuermeldeanlage in Tätigkeit setzen. In der praktischen Ausführung nach Abb. 561 bilden die beiden Ionisationskammern und das Glimmrelais eine Einheit. Die Eigenkapazität zwischen Steuerelektrode und Kathode ist dabei so bemessen, daß auf einen besonderen Kondensator verzichtet werden kann. Die Geräte werden an eine genau einzuhaltende Gleichspannung von 220 V angeschlossen.

Ionisationsfeuermelder haben den Vorzug, daß sie bereits ansprechen, bevor durch das Auftreten einer Flamme eine nenneswerte Erhöhung der Umgebungstemperatur oder eine merkliche Rauchentwicklung auftritt. Sie können mit Vorteil an die Stelle der lichtelektrischen Zelle der Rauchmeldeanlagen treten und an der zentralen Überwachungsstelle, in der die Rohre zusammenlaufen, unmittelbar in die Rohrleitungen eingebaut werden.

Die einzelnen Melder werden zu Meldegruppen zusammengefaßt, wobei die einzelne Gruppe sich nur über einen Brandabschnitt oder eine wasserdichte Abteilung erstrecken darf und nicht mehr als zwei übereinanderliegende Decks umfassen soll. Die Anzahl der einzubauenden selbsttätigen Melder hängt von der Größe und Höhe der Räume ab. Als Richtlinie für Räume mit normaler Deckshöhe gilt ein Wärmemelder je Raum und 20 m^2 Fläche, ein Rauchmelder je Raum und 40–70 m^2 Fläche. Selbsttätige Feuermelder können mit räumlich benachbarten Handfeuermeldern in einer Gruppe zusammengefaßt werden, wobei die Anzahl der Melder je Gruppe – um im Alarmfall das Auffinden des Brandherdes nicht zu erschweren – 20 Melder in einer Schleife nicht überschreiten soll. Die einzelnen Melder werden durch Leitungen mit der Empfangseinrichtung verbunden und bewirken bei ihrem Ansprechen eine Veränderung des stationären Ruhezustandes in dem Stromkreis (Stromverstärkung oder Stromschwächung), wodurch der Alarm ausgelöst wird. Zumeist wird die Ruhestromschaltung verwendet; sie gestattet eine selbsttätige Überwachung des Betriebszustandes der Leitung. Ein Drahtbruch in der Leitung wird durch Abfallen eines Relais angezeigt.

In der Schaltung der Abb. 562 ist in der dargestellten Schleife neben einigen Schmelzlotmeldern ein Druckknopfmelder angeordnet. Zur Inbetriebnahme der Anlage wird über den Kippschalter *Sche* die Wicklung *1* des Relais M an Spannung gelegt. Relais M spricht an, Kontakt m_1 schließt den Stromkreis für die Schleife. Damit zieht Relais S an, so daß für den Ruhestrom der Schleife die beiden Wege über m_1 und s_1 geschlossen sind. Die Kontakte m_2, m_3 und s_2 gehen in die Arbeitsstellung: Signallampen und Alarmmittel sind stromlos. Nach Loslassen des Schalters wird M über die Wicklung *3* vom Ruhestrom gehalten. Beim Ansprechen eines Melders geht der Schleifenstrom zurück. Die Erregung *3* des Relais M überwiegt; der Abgleichwiderstand AW ist so eingestellt,

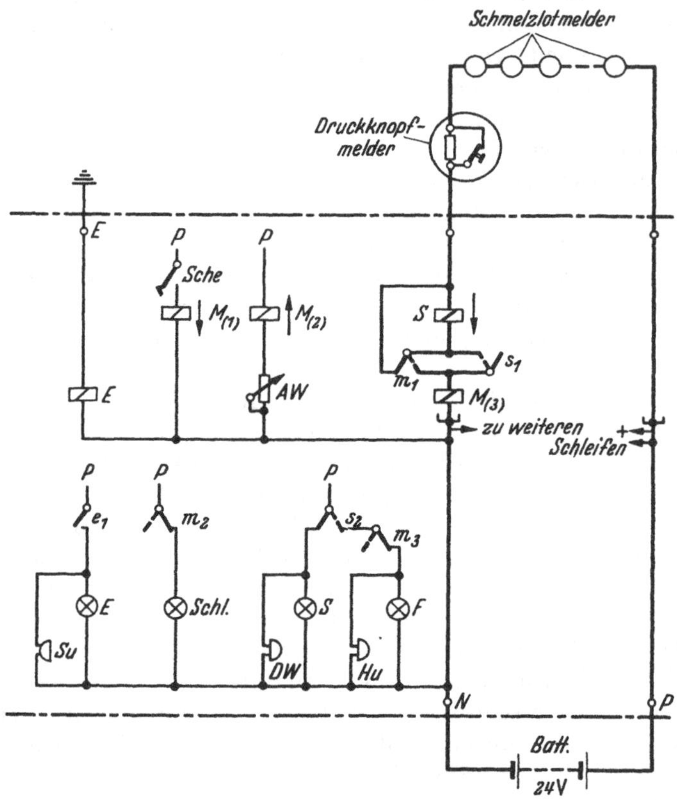

Abb. 562. Schaltung einer Feuermeldeanlage (Bauart Fernsig)

daß das Relais nun abfällt. Der Stromkreis für S bleibt über m_1 geschlossen. Gleichzeitig kehrt m_3 in die Ruhestellung zurück: Die Signallampe F für Feueralarm leuchtet auf, die Hupe ertönt. Die Signallampe *Schl* erhält Spannung über m_2 und zeigt die meldende Schleife an. Tritt in der Schleife ein Drahtbruch auf, so fallen M und S ab. Damit spricht die Signallampe S für Drahtbruch ebenso wie der Wecker DW an; die Signallampe *Schl* zeigt die Schleife an, in welcher der Drahtbruch aufgetreten ist. Ein Erdschluß bringt das Relais E zum Ansprechen, Signallampe E für Erdschluß und der Summer erhalten über e_1 Spannung und zeigen den Erdschluß an. Ein Überprüfen der Anlage wird durch Nachahmen der die Auslösung bewirkenden Einflüsse vorgenommen: Einlegen eines Widerstandes in den Schleifenkreis für die Feuermeldung, Unterbrechen des Schleifenstromes für Drahtbruch, Einlegen eines Erdschlusses für die Erdschlußmeldung. Diese Prüfeinrichtungen wurden der Übersichtlichkeit halber nicht in der Schaltung wiedergegeben, ebenso

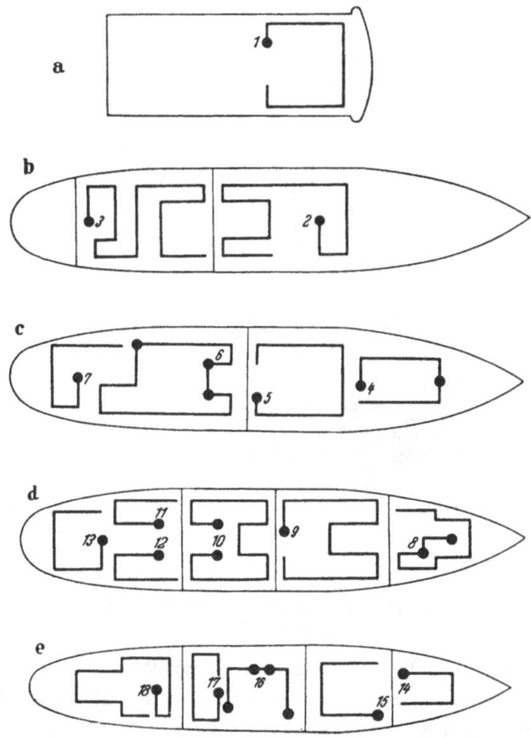

Abb. 563a–e. Schleifenführung bei einer Feuermeldeanlage
a) Bootsdeck; b) Promenadendeck; c) Oberdeck; d) Hauptdeck; e) A-Deck

nicht die besonderen Alarmeinrichtungen für Ausfall der Speisung oder Ansprechen der Sicherungen.

Für die Speisung der Anlage, deren Leitungsnetz zweipolig und vom Schiffskörper isoliert zu verlegen ist, sind zwei voneinander unabhängige Stromquellen (zumeist 24 V) vorzusehen; eine von ihnen muß eine Akkumulatorenbatterie sein, deren Kapazität so zu bemessen ist, daß für die Feuermeldeanlage eine Betriebsbereitschaft über 7 Tage gewährleistet ist. Falls keine Pufferschaltung mit einem Ladegleichrichter oder einem Umformer vorgesehen wird, ist eine Wechselbatterie bereitzustellen.

Die Schleifenführung auf einem Fahrgastschiff ist in Abb. 563 dargestellt. Alle Meldeeinrichtungen werden mit einer Feuermeldetafel verbunden, die im allgemeinen auf der Brücke Aufstellung findet oder in einem ständig besetzten Kontrollraum untergebracht wird. Abb. 564 zeigt eine derartige zentrale Empfangseinrichtung für ein Fahrgastschiff, bei der neben den Signallampen für die einzelnen Schleifen auch das Deck und bei einer Feuermeldung die Abteilung durch ein Leuchtfeld

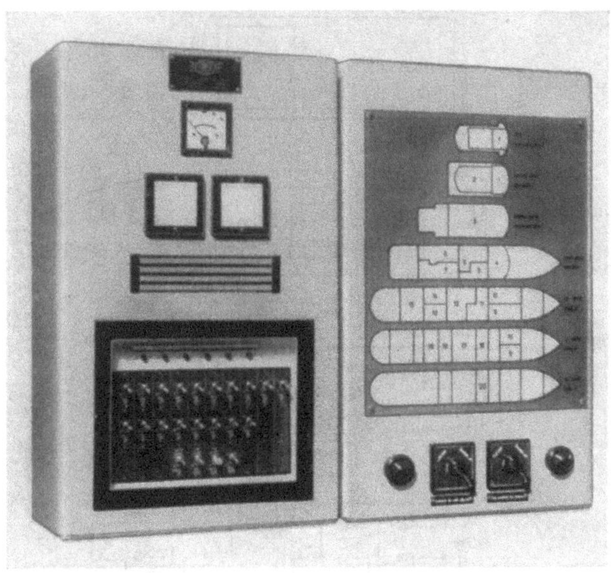

Abb. 564. Zentrale Überwachungsstation für die Feuermeldeanlage eines Fahrgastschiffes (Bauart Fernsig)

gekennzeichnet sind. Die zentrale Empfangseinrichtung (Schutzart P 32) muß in dem Temperaturbereich zwischen -10 °C und $+50$ °C und bei Spannungsschwankungen von -10 bis $+20\%$ einwandfrei arbeiten. Eine bei der zentralen Empfangseinrichtung eingehende Feuermeldung muß im Maschinenraum akustisch und optisch zur Anzeige gebracht werden.

Unabhängig von der Art der Feuermelder können mit dem Auslösen eines Alarms Schutzmaßnahmen eingeleitet werden, wie: Inbetriebnahme der Feuerlöschpumpe; Abstellen der Ventilatoren, die Luft in die von einem Brand betroffene Abteilung fördern oder aus ihr absaugen; Schließen der Feuerschottüren.

6. Schottendicht-Alarmanlagen[1]

Nach dem Schiffssicherheitsvertrag müssen beim Schließen der Schotten akustische Warnsignale gegeben werden. Aus Sicherheits-

[1] Vgl. Schottenschließeinrichtungen, S. 333.

gründen ist bereits eine gewisse Zeit (etwa 30–60 sek) vor dem eigentlichen Schließvorgang ein Signal zu geben. Das Schließen der Schotten wird von einem Steuerschalter auf der Brücke eingeleitet, der gleichzeitig eine ausreichende Zeit vor der Schließbewegung der Türen die akustischen Alarmmittel an den einzelnen Schotten einschaltet. Der Steuerschalter schaltet lediglich den Alarm ein: sind die Türen in Bewegung, so übernehmen dort angebrachte Endschalter die weitere Kontaktgabe, über die der Alarm auch bei Erreichen der Endlage abgeschaltet

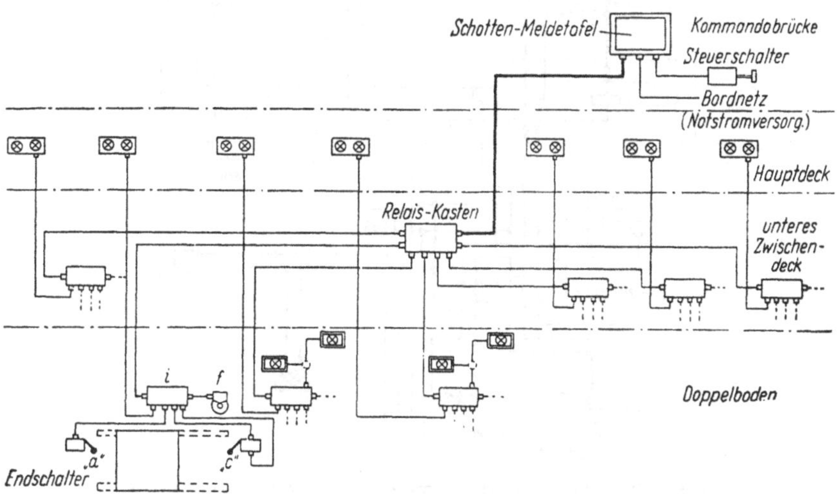

Abb. 565. Aufbau einer Schotten-Überwachungs- und Alarmanlage (Bauart S & H)

wird. Im allgemeinen werden zur Signalgabe Wecker benutzt. Der Alarm wird bis zum vollständigen Schließen der Türen gegeben, auch dann, wenn die Türen örtlich von Hand betätigt werden; eine Vorwarnung ist dann nicht erforderlich. Der Aufbau einer Schotten-Überwachungs- und Alarmanlage ist der Abb. 565 zu entnehmen.

Zum Überwachen der Stellung der einzelnen Schottentüren ist auf der Brücke in der Nähe des Steuerschalters eine Meldetafel angebracht. Jeder Schottentür sind zwei verschiedenfarbige Lampen zugeordnet. Eine offene Tür wird durch eine rote Lampe, eine geschlossene Tür durch eine grüne Lampe angezeigt. Befindet sich eine Tür nicht in einer Endlage, so leuchtet keine der beiden Signallampen. Eine Prüftaste ermöglicht eine Kontrolle der Lampen auf ihre Betriebsbereitschaft, wie es aus dem Schaltplan Abb. 566 hervorgeht. Oberhalb des Schottendecks ist für jede Tür eine Handschließeinrichtung vorzusehen. Parallel zur Brückenmeldetafel zeigt auch hier für jede Tür je eine rote und grüne Kontrolllampe den Zustand „offen“ oder „geschlossen“ an. Die Anlage wird aus der Notstrombatterie des Schiffes gespeist.

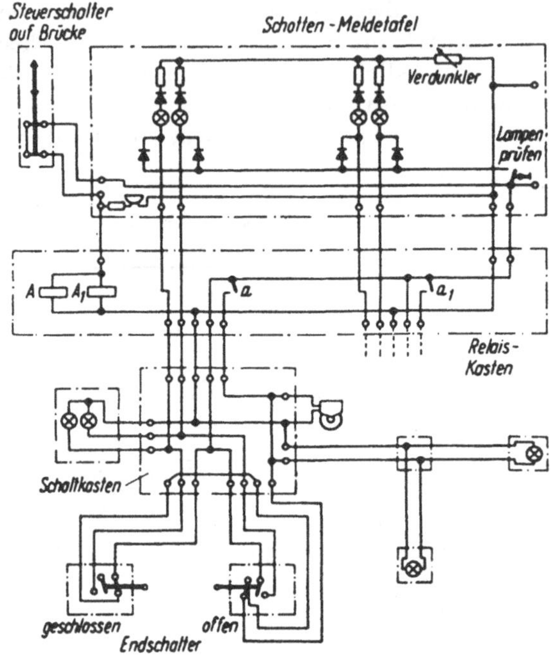

Abb. 566. Schaltung einer Schotten-Überwachungs- und Alarmanlage (Bauart S & H)

7. Lichtsignalrufanlagen

Lichtsignalrufanlagen in Kammern, Messen, Aufenthaltsräumen usw. sind auf Fahrgastschiffen unentbehrlich, werden aber auch auf den meisten Trockenfrachtern und Tankern vorgesehen. Beim Betätigen einer Ruftaste ertönt im Aufenthaltsraum des Personals ein Summer; eine Lampe oberhalb des Raumes, von dem der Ruf ausgeht, läßt den Ruf sichtbar werden. Um dem Personal das Auffinden des Rufenden in den oft langen Gängen und den übereinanderliegenden Decks zu erleichtern, wird der Ruf zumeist durch Hinweislampen ergänzt. Oft wird noch eine Kontrolltafel im Raum des Oberstewards angeordnet. Die Ruflampe kann nur durch eine Abstelltaste gelöscht werden, die sich in Höhe des Raumes befindet, von dem der Ruf gegeben wurde.

Nach der Schaltung in Abb. 567 werden bei Betätigen der Ruftaste durch den Fahrgast in der Kammer 1 über das Relais 1, dessen Kontakte bis zum Betätigen der Abstelltaste im Gang geschlossen bleiben, die verschiedenen Ruf- und Hinweislampen eingeschaltet:

Die Ruflampe im Gang über der Tür des Raumes, von dem der Ruf ausgeht.
Die Hinweislampe für die Anzeige der Richtung in dem zugehörigen Gang.
Die Hinweislampe für die Anzeige des Decks, in dem der aufzusuchende Raum liegt.

Auf der Empfangsmeldetafel leuchtet die dem Raum zugeordnete Lampe L auf, gleichzeitig ertönt der Summer, welchem der Anruf einer Gruppe von 10–12 Räumen zugeordnet ist. Beim Ausschalten des Summers durch die Abstelltaste in der Meldetafel zieht das Relais $S1$ an, das

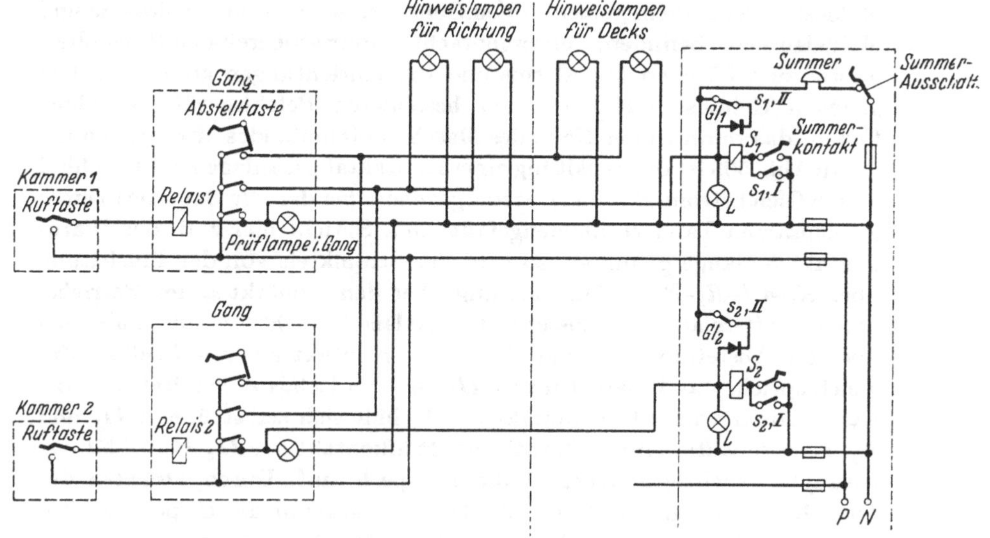

Abb. 567. Schaltung einer Lichtsignalrufanlage (Bauart S & H)

sich über den Kontakt $s_1 I$ hält, bis der Ruf an der Kammertür durch die dort befindliche Abstelltaste gelöscht wird. Mit Betätigen dieser Abstelltaste erlöschen auch die verschiedenen Ruf- und Hinweislampen. Die Gleichrichter $Gl_{1,2}$ verhindern Fehlverbindungen.

Oft werden in den Kammern mehrere Anruftasten vorgesehen, z.B. „Steward“, „Stewardess“. Die Armatur oberhalb der Kammertür erhält dann mehrere Ruflampen; dazu kommen die zugehörigen Abstelltasten.

8. Kontaktalarmanlagen

Die Kontaktalarmanlagen haben die Aufgabe, das Maschinenpersonal durch eine selbsttätige Alarmanlage auf Unregelmäßigkeiten und Gefahren im Betrieb der Maschinenanlage aufmerksam zu machen, wie z.B. zu niedriger Öl- oder Frischwasserdruck für den Hauptmotor, zu geringer Treibölinhalt im Brennstofftank usw. An den der Überwachung durch die selbsttätige Alarmanlage zugeordneten Stellen werden Kontaktmanometer, -thermometer, Schwimmerschalter, Luftschütze usw. angeordnet, die beim Schließen des Kontaktes die Alarmanlage in Tätigkeit setzen. Die Schaltung ist dabei so zu entwerfen, daß nur sehr kurzzeitig auftretende Impulse nicht zum Auslösen des Alarms führen; andererseits ist ein einwandfreies Schalten auch bei etwas unsicherer Kontaktgabe sicherzustellen. Derartige Einrichtungen gewinnen im Zuge der Automatisierung des Schiffsbetriebes für die dabei erforderlichen Fernüberwachungsanlagen an Bedeutung.

Die Meldeeinrichtungen von Kontaktalarmanlagen werden für alle Meldestellen in einem gemeinsamen Gehäuse, in dem sich Relaissätze und Meldelampen befinden, untergebracht. Betriebsbereitschaftsschalter, Taster zum Löschen des Alarms und Prüfeinrichtungen können in dem gleichen Gehäuse oder in einem besonderen Befehlsgerät Aufnahme finden, das dann in der Nähe des Maschinenfahrstandes anzuordnen ist.

In Abb. 568 ist die Schaltung einer Kontaktalarmanlage zum Anschluß an ein Gleichstrom-Bordnetz wiedergegeben, bei der alle Bauteile in einer gemeinsamen Tafel zusammengefaßt sind. Spricht hier z. B. der Warnkontakt K_1 lange genug an, so wird der Stromkreis von der Plusleitung über K_1–$a\ I$–R_3–E zur Minusleitung über den Kontakt s_2 des Betriebsbereitschaftsrelais geschlossen; das Relais E zieht an und hält sich über die Abstelltaste für die Hupe, den Kontakt $e\ I$–R_3–E selbst. Zugleich spricht das Relais A über $e\ II_1$ an. Das Relais A schaltet über $a\ I$ das Relais E vom Alarmkontakt K_1 ab, hält sich selbst über $a\ II_1$ und K_1. Es ertönt die Hupe (Plusleitung–Prüfkontakt O–$e\ II_2$–Hupe–Minusleitung). Gleichzeitig leuchtet die Lampe L_1 auf. Durch Drücken der Abstelltaste fällt das Relais E ab, damit verstummt die Hupe. Die Störung wird aber weiterhin durch das Leuchten der Lampe L_1 angezeigt, bis der Warnkontakt K_1 sich lange genug öffnet, um das Relais A abfallen zu lassen.

Die Vorwiderstände, Kondensatoren und Widerstände der Relaiswicklungen sind so aufeinander abgestimmt, daß einmal der Strom an den Alarmkontakten möglichst klein ist, zum anderen diese Kontakte eine längere Zeit schließen oder öffnen müssen, um die Anlage zum Ansprechen zu bringen. Die Bereitschaftslampe zeigt die Betriebsbereitschaft der Anlage an. Zum Überprüfen des richtigen Arbeitens der Relais und Meldelampen dient der Prüfschalter, über den die Plusleitung nacheinander an die E-Relais gelegt werden kann. Damit sprechen dann die A-Relais an, die zugeordneten Meldelampen leuchten auf; die Stromzuführung der Hupe ist aber ebenso wie die zur Bereitschaftslampe über den Nullkontakt des Prüfschalters unterbrochen. Nach Durchdrehen aller Stellungen und Überprüfen aller Relaissätze, angezeigt durch das Leuchten der zugehörigen Lampen, wird der Nullkontakt wieder erreicht. Die Bereitschaftslampe leuchtet auf. Gleichzeitig ertönt die Hupe, die nach Betätigen der Abstelltaste verstummt.

In Hinblick auf die Elektrolytkondensatoren C, die parallel zu den Relaissätzen liegen, ist die Anlage noch mit einem besonderen Betriebsbereitschaftrelais S versehen, welches nur bei richtigem Anschluß über

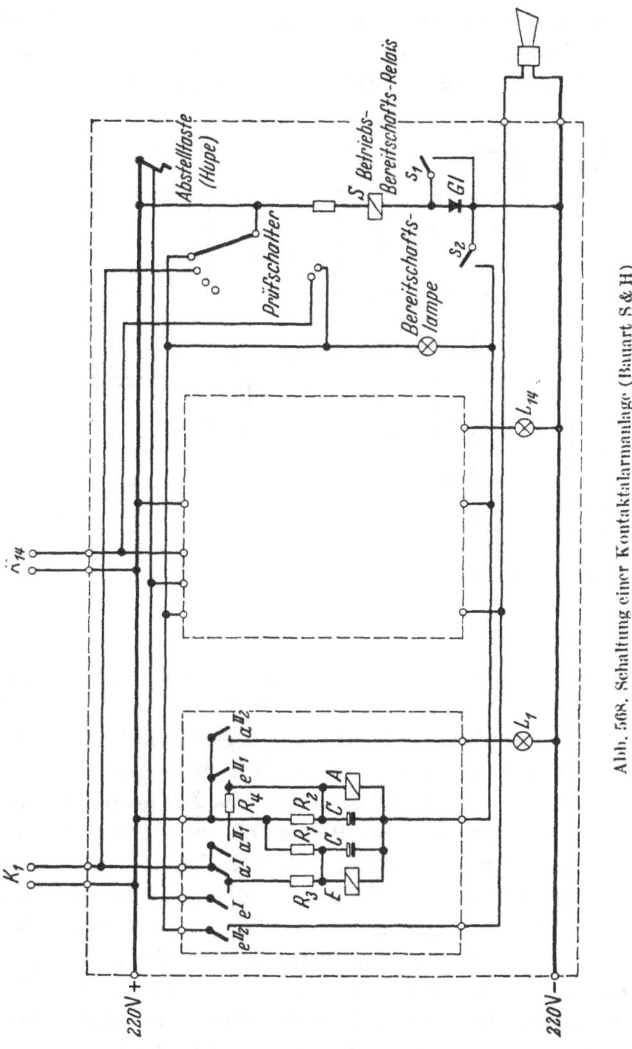

Abb. 568. Schaltung einer Kontaktalarmanlage (Bauart S & H)

den Gleichrichter *Gl* anspricht. Es schaltet dann über den Kontakt s_1 den Gleichrichter ab und setzt über s_2 die Anlage unter Spannung.

Die beschriebene Anlage kann auch über einen Zwischentransformator und eine Gleichrichterbrückenschaltung – unter Fortfall des Betriebsbereitschaftsrelais – an ein Wechselstrom-Bordnetz angeschlossen werden.

Die Schaltung in Abb. 569, für den Anschluß an ein Wechselstromnetz entworfen, weist neben der Störungsmeldetafel ein besonderes Befehlsgerät (*I*) mit einer Betriebsanzeigelampe und 2 Druckknopftastern zum Abstellen des Alarms, des Blinklichtes und zum Prüfen der Anlage auf. Eine Störung wird wiederum durch Schließer (*II*) im Überwachungsgerät – Kontaktmanometer usw. – gemeldet und löst über das Relais *A 1*, *A 2* ... und *H* die Alarmmittel (Hupe, Sirene, Flackerlichtanlage) aus, die

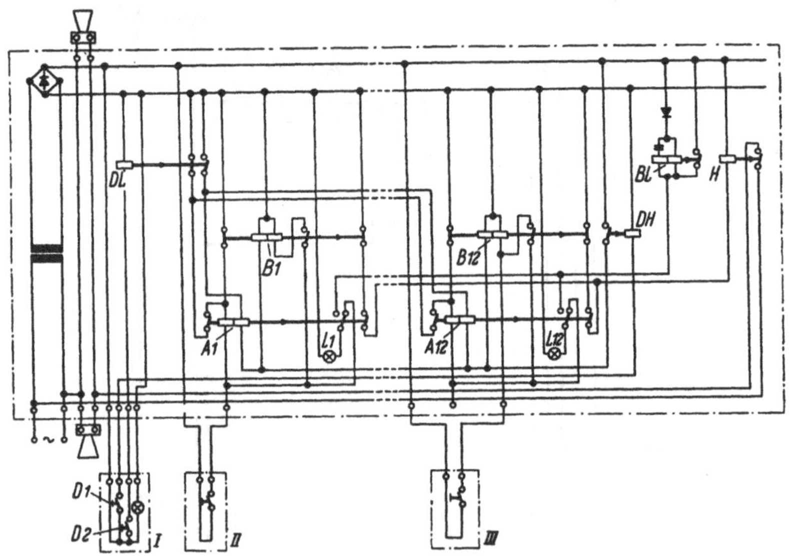

Abb. 569. Schaltplan einer Störungsmeldetafel mit getrenntem Befehlsgerät zum Anschluß an ein Wechselstromnetz (Bauart SSW)

über den Druckknopftaster *D1* im Befehlsgerät und das Relais *B1*, *B2* ... und *DH* abgestellt werden können. Das dann noch weiterleuchtende Blinklicht *L1*, *L2* ..., über das Blinkrelais *BL* gespeist, wird über den Druckknopftaster *D2* und das Relais *DL* auf Dauerlicht umgeschaltet. Die Schaltung ist derart verblockt, daß ein Umschalten des Blinklichtes auf Dauerlicht erst nach Abschalten der Alarmmittel möglich ist. Ebenso wenig kann eine Störungsmeldung willkürlich oder irrtümlich völlig abgeschaltet werden, da das Dauerlicht, solange die Störung besteht, eingeschaltet bleibt. Eine neue Störung ist stets durch das Blinklicht eindeutig erkennbar. Durch Anschluß des Relais *B1*, *B2* ... an den Meldekontakt (*III*) wird das Relais *A 1*, *A 2* ... zum Auslösen des Alarms umgangen, so daß eine Betriebsmeldung „Ein" durch Dauerlicht zur Anzeige gebracht wird. Zum Prüfen der Anlage werden durch gleichzeitiges Betätigen der Druckknopftaster *D1* und *D2* im Befehlsgerät alle Lampen zum Blinken gebracht, wobei sämtliche Relais bis auf das Alarmrelais *H* zwangsläufig betätigt und mitgeprüft werden.

Schrifttumsverzeichnis

zur Einleitung und den Teilen I-III

Nach Kapiteln und dort alphabetisch nach Verfasser geordnet[1]

Einleitung

[1] BÖRNSEN, H. A.: Vollautomatische Schiffsmaschinenanlagen. Hansa 99 (1962) H. 14 u. 18, 1513–1514 u. 1904–1906.

[2] BREITENSTEIN, CH.: Zur Frage der Automatisierung. Schiff u. Hafen 15 (1963) H. 3, 257–260.

[3] JUNGE, C.: Advances in Geophysics. Bd. 4, New York: Academic Press 1958, 20–29.

[4] MERICAS, E. C.: Engineering Control System for Marine Power Plants. Marine Engineering/Log 67 (1962) H. Okt./Nov., 16/17 u. 40.

[5] SIEMENS, A.: Die Automatisierung in der heutigen Industrie – ihre Möglichkeiten und Grenzen. Universitas 12 (1957) H. 11, 1137–1146.

[6] STILLWAGON, MENTZ, HAVERSTICK, PODOLSKY: Some Aspects of Automation for Ships. Westinghouse Electric Corporation, April 1961.

[7] WATSON, G. O.: Marine Electricity at the crossroads. Shipbuild. Shipp. Rec. International Design and Equipment (1962) 17–22.

[8] – Automatisierung des Schiffsbetriebes auf dem Motorfrachter „Kinkasan Maru". Hansa 99 (1962) H. 13, 1359–1361.

[9] – Centralised machinery control. The Marine Engineer and Naval Architect (1962) 1069–1071.

[10] – Motortanker „Koei Maru". Hansa 100 (1963) H. 5, 494–495.

I. A. Das allgemeine Bordnetz

[11] GRAY, D.: Consideration of Lloyd's Rules for Electrical Equipment of Ships. The Motor Ship, 42 (1962) 582–585.

[12] GRÜTZEMACHER, W.: Baugruppen elektrischer Schiffsanlagen. Schiff u. Hafen 14 (1962) H. 3, 226-232.

[13] HARDERS, W.: Messungen an der elektrischen Anlage auf dem Motorschiff „Melilla". Siemens-Z. 28 (1954) H. 9, 408–415.

[14] HARZ, H.: Schnell- u. Stoßerregung von Synchronmaschinen über Gleichrichter in Stromtransformatorschaltung. ETZ 56 (1935) H. 30, 833–837.

[15] KAUL, E.: Energieverteilung auf großen Schiffen. Hansa 98 (1961) H. 23, 2519–2523.

[16] KLEIN, W.: 50 Jahre elektrische Schiffsladewinden. Siemens-Z. 36 (1962) H. 5, 420.

[17] KOSACK, H.-J.: Die Starkstromtechnik auf Handelsschiffen. Die Entwicklung der Starkstromtechnik bei den Siemens-Schuckertwerken, 1953, 469–480.

[18] – Elektrische Stromerzeuger auf Handelsschiffen. Hansa 89 (1954) H. 46/47 u. 51/52, 1565–1569 u. 1779–1782.

[1] Jede Arbeit ist nur einmal angeführt, wenn sie sich auch auf den Inhalt mehrerer Kapitel bezieht.

[19] Kosack, E., u. C. v. Kissling: Schaltungsbuch für Gleich- und Wechselstromanlagen. Berlin-Göttingen-Heidelberg: Springer 1954.

[20] Krebs, W.: Die Aufstellung der Energiebilanz für Schiffe. Schiffbautechnik 5 (1955) H. 5, 141–147.

[21] Mahr, O.: Die Entstehung der Dynamomaschine. Berlin-Göttingen-Heidelberg: Springer 1941.

[22] v. Rziha, E., u. R. Genthe: Starkstromtechnik, Bd. 1. Berlin: W. Ernst & Sohn 1955.

[23] Schirmer, E., u. G. Seiffert: Elektrische Maschinen auf Handelsschiffen. Z. VDI 96 (1954) H. 11/12, 355–363.

[24] Simons, K.: Das Flackern des Lichtes in elektrischen Beleuchtungsanlagen. ETZ 38 (1917) H. 37, 453ff.

[25] Treu, P.: Über das Synchronisieren von Drehstrom-Synchron-Generatoren in Schiffsanlagen. Schiffbautechnik 11 (1961) H. 4, 214–218.

[26] Vogler, W.: Die E-Anlage des Zement-Transportschiffes MS „Vencemos I". Schiff u. Hafen 7 (1955) H. 8, 493–497.

[27] – u. H. Lütge: Synchronisiereinrichtungen für Drehstrom-Bordnetz-Generatoren. Schiff u. Hafen 10 (1958) H. 6, 481–492.

[28] – Einrichtungen für das selbsttätige Synchronisieren und Parallelschalten von Drehstrom-Bordnetzgeneratoren. Schiff u. Hafen 11 (1959) H. 10, 895–899.

[29] Wangerin, A.: Messungen auf dem Drehstrom-Trockenfrachter „Cap-Blanco" Schiff u. Hafen 7 (1955) H. 11, 756–763.

[30] Wark, K.: Ausgleichsströme dreifacher Betriebsfrequenz bei Schiffskörperrückleitung. Schiff u. Hafen 13 (1961) H. 9, 871–874.

I. B. Energiewandler und -verstärker; Energiespeicher

[31] Augustin, A.: Neuartige Steuer- und Regelverfahren bei Decksmaschinen und Bordnetzanlagen. Hansa 99 (1962) H. 12, 1245–1552.

[32] – Aufbau und Funktion der Bauelemente des kontaktlosen LOGISTAT-Systems. AEG-Mitt. 49 (1959) 598–606.

[33] Balkow, J., H. Löwel u. F. Reitwiessner: Steuerbare Silizium-Gleichrichter. ETZ 12 (1960) H. 19, 455–457.

[34] Bleisteiner, G., u. W. v. Mangoldt: Handbuch der Regelungstechnik. Berlin-Göttingen-Heidelberg: Springer 1961.

[35] Bongart: Auswahl und Betrieb von Drehtransformatoren. Elektroanzeiger, 1955, H. 19, 167–168.

[36] v. Dobbler, C.: Magnetfelder und Kennlinien der Zwischenbürstenmaschinen Elektrotechnik und Maschinenbau 70 (1953) H. 18, 401–403.

[37] Faust, W.: Gesteuerte Silizium-Stromrichter. BBC-Nachr. 1961, 670–674.

[38] Haier, U.: Die Querfeldverstärkermaschine im Betrieb. Regelungstechnik 53 (1959) H. 7, 153–158.

[39] Kafka, W.: Der Magnetverstärker. Siemens-Z. 27 (1953) H. 2, 62–72.

[40] Kübler, E.: Konstantstrom, Verstärker- und Regelmaschinen für Gleichstrom (Metadyne, Amplidyne, Rototrol). ETZ 72 (1951) H. 21, 620–628.

[41] Kümmel, F.: Regel-Transduktoren. Berlin-Göttingen-Heidelberg: Springer 1961.

[42] Lang, A.: Begriffe, Benennungen und Schaltzeichen der Transduktortechnik. AEG-Mitt. 49 (1959) H. 8/9, 333–338.

[43] Loocke, G.: Elektrische Maschinenverstärker. Berlin-Göttingen-Heidelberg: Springer 1958.

[44] Mende, G.: Betrachtungen zur Entwicklung des Transistors. ETZ/B 11 (1959) H. 8, 334–338.

[45] MONATH, L.: Die Entwicklung der Gleichstrom-Querfeldmaschine. ETZ 63 (1942) H. 1/2, 23–30.

[46] NECHLEBA, F.: Die Rapidyne, ein moderner Maschinenverstärker. ETZ/A 77 (1956) H. 11, 326–329.

[47] NITSCHE, E.: Der Siliziumgleichrichter. Elektronische Rundschau 11 (1957) H. 7, 197–199.

[48] – u. F. POKORNY: Der Siliziumgleichrichter in der Stromrichtertechnik. ETZ/A 80 (1959) H. 15, 506–512.

[49] PFAFFENBERGER, J.: Die Technik des Siliziumgleichrichters. Siemens-Z. 32 (1958) H. 3, 115–122.

[50] Siemens Formel- und Tabellenbuch, 2. Aufl., Erlangen 1960.

[51] SPENKE, E.: Silizium als Baustoff für Leistungsgleichrichter. Siemens-Z. 32 (1958) H. 3, 110–115.

[52] – Leistungsgleichrichter auf Halbleiterbasis. ETZ/A 79 (1958) H. 22, 867–875.

[53] v. STENGEL, H.: Wirkungsweise und Anwendungen des Magnetverstärkers. Technische Rundschau (Bern) 49 (1957) H. 30.

[54] Telefunken-Fachbuch, Der Transistor, 2. Aufl., München: Francis-Verlag 1960.

[55] VOGLER, W., u. H. LÜTGE: Anordnung von Transformatoren für die Speisung größerer Sekundärnetze auf Handelsschiffen. Schiff u. Hafen 9 (1957) H. 5, 387–395.

[56] WITTE, E., u. F. SCHULZ-BALDES: Blei- und Stahlakkumulatoren für Fahrzeugantriebe und Schiffsbetriebe. Wiesbaden: Krauskopf-Verlag 1957.

[57] ZENNECK, H.: Erfahrungen mit Siliziumgleichrichtern. Siemens-Z. 32 (1958 H. 3, 122–128.

[58] – u. M. TSCHERMAK: Das SIMATIC-System – eine Neuentwicklung für Steuerungen. Siemens-Z. 33 (1959) H. 10, 593–598.

I. C. Kabel- und Leitungsnetz

[59] BREITENSTEIN, CH.: Marine-Kunststoff-Kabel, Kunststoffe 30 (1940) H. 2, 29–34.

[60] – Schiffskabelnormung und -entwicklung. Schiff u. Hafen 15 (1963) H. 3, 246–249.

[61] – Neue Kabel-Normblätter. Schiff u. Hafen 11 (1959) H. 5, 398–400.

[62] HÜBNER, H.: Technische und wirtschaftliche Vorzüge der Schiffskabel mit Butylkautschuk-Isolierung. Siemens-Z. 35 (1961) H. 4, 286–287.

[63] JESSEN, TH.: Ein- oder zweipolige Verlegung elektrischer Leitungsnetze auf Schiffen. Hansa 90 (1953) H. 45, 1849–1853.

[64] KREBS, W.: Der Einfluß von Stromart und Spannung auf Schiffskabelnetze. Schiffbautechnik 4 (1954) H. 6, 206–208.

[65] LÜTGENS, C.: Einpolige Verlegung der Schiffskörperrückleitung und Schiffsicherheitsvertrag. Schiff u. Hafen 13 (1961) H. 3, 201–203.

[66] MARKIEWICZ, H.: Neue Vorschläge zur Berechnung und Belastung von Schiffskabeln. Sonderdruck aus dem Tagungsbericht des III. Internationalen Kolloquiums für Elektrotechnik, Ilmenau 1960.

[67] MAYER, H.: Schiffskabel. Schiff u. Hafen 13 (1961) H. 3, 206–209.

[68] MEYER, C.: Elektrische Leitungsanlagen auf Handelsschiffen. Schiff u. Hafen 2 (1950) H. 3, 66–67.

[69] – Ausführungsarten elektrischer Leitungsanlagen auf Handelsschiffen. Schiff u. Hafen 4 (1952) H. 7, 251–255.

[70] VOGLER, W.: Überwachung des Isolationszustandes von elektrischen Anlagen auf Schiffen. Schiff u. Hafen 7 (1955) H. 10, 645–654.

[71] – Mit Bytulkautschuk isolierte Schiffskabel. Siemens-Z. 33 (1959) H. 4, 271.
[72] – Einrichtungen zur Überwachung des Isolationszustandes von ungeerdeten Drehstrom-Bordnetzen. Schiff u. Hafen 11 (1959) H. 9, 825–829.

I. D. Schaltanlagen

[73] Krebs, W.: Soll man an Bord Elektrizitätszähler einbauen? Schiff u. Hafen 13 (1961) H. 7, 625.
[74] Reiss, A.: Niederspannungs-Leistungsschalter in Kompaktbauweise. AEG-Mitt. 51 (1961) H. 3/4, 91–94.
[75] Schuh, R.: Elektrische Betriebs-Meßtechnik an Bord. Hansa 99 (1962) H. 2, 222–224.

I. E. Motorische Verbraucher

[76] Berckmüller, H.-K.: Eine neue Reihe geschlossener Drehstrommotoren. Siemens-Z. 30 (1956) H. 4, 207–208.
[77] Börnsen, H. A.: Selbstreinigende Separatoren. Hansa 91 (1954) H. 34/35, 1566–1568.
[78] Bohn, E.: Neuzeitliche Anlasser von elektromotorischen Antrieben auf Schiffen. ETZ 62 (1941) H. 50/51, 969–975.
[79] Donner, B., u. W. Rieprich: Stabilisierung durch Flossen. Schiff u. Hafen 13 (1961) H. 3, 198–200.
[80] Falkenberg, H.: Probleme bei Ladeölpumpen mit elektrischem Antrieb. Schiff u. Hafen 12 (1960) H. 1, 26–30.
[81] Genthe, R.: Die Ladewinde auf Schiffen mit Drehstromzentrale. Dissertation an der TH Berlin 1938.
[82] Greiner, E.: Anlagen zur Bekämpfung der Schlingerbewegungen an Schiffen. Hansa 93 (1956) H. 46/47, 2231–2236.
[83] Greiss, J.: Betriebserfahrungen mit Heckfängern. Hansa 98 (1961) H. 23, 2495–2496.
[84] Greve, E.: Deckshilfsmaschinen auf neuzeitlichen Autotransportschiffen. Hansa 98 (1961) H. 6, 589–593.
[85] – Neuerungen auf dem Gebiet der Schiffsladeeinrichtungen. Schiff u. Hafen 13 (1961) H. 9, 869–871.
[86] – Rationalisierung des Stückgutumschlages auf Seeschiffen. Hansa 100 (1963) H. 10, 1033–1038.
[87] Grossenbach, H.: Elektrische Ausrüstungen für Bordkrane auf Drehstromschiffen. Schiff u. Hafen 14 (1962) H. 5, 441–447.
[88] Hahnel, K.: Motorschutz durch Sensotherm. Siemens-Z. 33 (1959) H. 4, 242–243.
[89] Harders, W.: Anlaufverhältnisse elektrischer Motoren im Schiffsbetrieb. ETZ/B 6 (1954) H. 7, 244–248.
[90] – Ankerwinden und Verholspille mit Drehstrom-Käfigläufermotoren. Hansa 95 (1958) H. 16/17, 798–800.
[91] – Automatische Verholwinden mit Drehstrom-Käfigläuferantrieb. Schiff u. Hafen 10 (1958) H. 8, 660–662.
[92] – Drehstromantriebe mit Käfigläufermotoren für Decksmaschinen. Siemens-Z. 32 (1958) H. 9, 631–642.
[93] – Doppelsteuerungen für Drehstrom-Ladewinden. Schiff u. Hafen 13 (1961) H. 9, 865–868.
[94] – Bordkrane mit Antrieb durch Drehstrommotoren mit Käfigläufer. Siemens-Z. 33 (1959) H. 4. 268–271.
[95] – Ein neuartiger Drehstrom-Greiferbordkran. Siemens-Z. 37 (1963) H. 4, 308 a.

[96] Heil, W.: Elektrische Antriebe auf Schiffen. Berlin: VDE-Verlag, VDE-Buchreihe 1960.

[97] Heinsohn, H.: Heckfänger und ihre Fangeinrichtungen. Hansa 98 (1961) H. 23, 2488–2491.

[98] Hickmott, B.: Air cleaning system for bulk carriers. Shipbuild. Shipp. Rec. 88 (1956) H. 8, 245–246.

[99] Hoffmann, H., u. R. Herrmann: Schlingerdämpfungsanlagen. Schiff u. Hafen 6 (1954) H. 9, 533–536.

[100] Hollmann, W.: Die Bedeutung der Schiffselektrotechnik für die Entwicklung der Fischerei. Schiff u. Hafen 13 (1961) H. 9, 823–828.

[101] Jung, H.: Elektrische Antriebe für Fischnetzwinden. AEG-Mitt. 42 (1952) H. 1/2, 48–52.

[102] – Elektrische Antriebe auf Fischereifahrzeugen. Fischwirtschaft (1954) H. 2, 28–30.

[103] Kolb, J.: Kombinationstechnik bei Drehstrom-Ladewinden. Schiff u. Hafen 15 (1963) H. 3, 250–256.

[104] Kosack, H.-J.: Starkstromtechnik auf Handelsschiffen. Hansa 91 (1954) H. 9/10 u. 15/16, 404–409 u. 657–664.

[105] – Neuere Entwicklungen der Schiffselektrotechnik. Schiff u. Hafen 10 (1958) H. 11, 933–941.

[106] Kussy, W.: Elektrische Antriebe von Hebezeugen und Transportanlagen. Berlin: Technischer Verlag Herbert Cram 1954, 203–211.

[107] Landmann, C.: Technische Gesichtspunkte über moderne große Eisbrecher. Hansa 98 (1961) H. 25, 2704–2711.

[108] Mersmann, E., u. R. Westermayer: Schiffsstabilisierungsanlage ELEKTROFIN, Betriebsergebnisse. Siemens-Z. 37 (1963) H. 3, 157–161.

[109] Müller, F.: Wird der Motor zu warm? Deutsches Elektrohandwerk 30 (1955) H. 13, EM 11/32–11/36.

[110] Niemann, H.: Über die Korrosion von Tankern und deren Bekämpfung in Cargocaire-Anlagen. Schiff u. Hafen 6 (1954) H. 7, 437–441.

[111] Prinzing, O.: Schiffskältetechnik. Handbuch der Werften. Hamburg: Schiffahrts-Verlag „Hansa" 1952, 114–132.

[112] – Untersuchung über die Luftführung in Ladungskühlräumen. Schiff u. Hafen 11 (1959) H. 11, 1041–1043.

[113] Rampf, U.: Schwerölmotorbetrieb an Bord. Hansa 93 (1956) H. 31/32, 1556 bis 1558.

[114] Sallow, A., u. C. H. Lindholm: Neuer elektrischer Bordwippkran. ASEA-Z. (1962) H. 1, 17–22.

[115] Scheidler, D., A. Schiff u. H. Leo: Fahrgastschiff „Bremen". Schiff u. Hafen 11 (1959) H. 11, 969–987.

[116] Schirmer, E.: Elektrische Regel- und Steuerungsaufgaben bei Schiffshilfsanlagen. Hansa 88 (1951) H. 22, 865–869.

[117] – Elektrische Ladewinden auf Handelsschiffen. Siemens-Z. 25 (1951) H. 5, 258–265.

[118] – Elektrische Zeitsteuerungen für Ruderanlagen. Schiff u. Hafen 4 (1952) H. 11, 464–466.

[119] – Drehstrom-Ladewinden auf Handelsschiffen. Hansa 91 (1954) H. 17/18, 735–740.

[120] – Schwergutwinden auf Seeschiffen. Hansa 91 (1954) H. 37/39, 1663–1666.

[121] Stiglitz, J., u. G. Schmieding: Dieselelektrischer Polareisbrecher „Moskva". Schiff u. Hafen 12 (1960) H. 11, 963–975.

[122] Stummer, W.: Neue Wege zu besseren Schiffsladegeräten. Schiff u. Hafen 15 (1963) H. 2, 149–157.

[123] Tiedemann, H., u. Alber zum Felde: „Constantia". Hansa 98 (1961) H. 15, 1500–1506.

[124] Utesch, F.: Neue Winden auf Heckfängern. Hansa 98 (1961) H. 19, 1995 bis 1996.

[125] Westermayer, R.: Die Flossenstabilisierungsanlage „ELEKTROFIN" auf dem Zweischraubenfahrgastschiff „Wappen von Hamburg". Schiff u. Hafen 14 (1962) H. 9, 791–794.

[126] Wiedemann, G., u. M. Bahr: Verwendung des Bordkrans auf Tonnenlegern. Schiff u. Hafen 8 (1966), H. 8, 679–682.

[127] Big first for Oceanic and Sperry. Marine Eng. Log 61 (1956) Heft Oktober, 68–70.

[128] Schlingerdämpfungsanlagen, System „Denny Brown". Hansa 87 (1950) H. 48, 1565–1566.

[139] Bericht von Hass, G.: nach „The Shipping World", Bd. CXLIII, H. 3, 516 v. 28. 12. 60: Das „Velle"-Umschlags-System. Schiff u. Hafen 13 (1961) H. 3, 250–252.

[130] The Flume Stabilization System. The Mot. Ship 10 (1962) H. 502, 87–88.

[131] Advanced cargo handling equipment on new cargo liner. Shipbuild. and Shipp. Rec. 96 (1963) 496–497.

[132] Magromatic, The modern cargo handling system. Mac Gregor News Nr. 28 (1963).

I. F. Elektrische Schutzeinrichtungen für den Schiffskörper

[133] Breitenstein, Ch.: Schiffselektrotechnik. Z. VDI 103 (1961) H. 32, 1611 bis 1613.

[134] Engell, H.-J.: „Kathodischer Schutz am Schiff und im Hafen. Schiff u. Hafen 12 (1960) Sonderheft Korrosionstagung, 50–54.

[135] Katz, W.: Anwendung platinierter Titan-Anoden für den kathodischen Schutz. Schiff u. Hafen, Sonderheft Korrosionstagung 1960, 60–64.

[136] Pourbaix, M.: Bedingungen für den kathodischen Korrosionsschutz von Metallen. Werkstoff und Korrosion 11 (1960) H. 12, 761–766.

[137] Sperling, A.: Elektrischer Korrosionsschutz. Siemens-Z. 35 (1961) H. 5, 400–406.

[138] Vossnack, J. E.: Erfahrungen im Kampf gegen Oberflächenrauhigkeit und Korrosion am Unterwässerschiff. Schiff u. Hafen, Sonderheft Korrosionstagung 1960, 36–49.

[139] Waldron, L. J., u. M. H. Peterson: Magnesium Anodes for the Cathodic Protection of Naval Vessels. Corrosion (National Association of Corrosion Engineers). 17, July 1961, 125–127.

I. G. Beleuchtung

[140] Dietrich, F.: Schiffe, Meere, Häfen. München: Paul Müller 1954.

[141] Kosack, H.-J.: 75 Jahre Schiffselektrotechnik. Schiff u. Hafen 6 (1954) H. 2, 108–110.

[142] Krebs, W., u. E. Riemann: Lichttechnische Grundlagen zum Entwurf der Innenbeleuchtung von Schiffen. Schiffbautechnik 8 (1958) H. 3, 1033 bis 1042.

[143] Ruf, J.: Grundzüge der Beleuchtung an Bord von Schiffen. Schiff u. Hafen 15 (1963) H. 3, 260–268.

[144] Spieser, R.: Handbuch für Beleuchtung, 3. Aufl. Basel: Wepf & Co. 1950.

I. H. Elektrowärme

[145] Fischmeister, V.: Elektrische Raumheizung auf Schiffen. Elektrowärme 11 (1941) H. 2, 33–39.

[146] Seiffert, H.: Wirtschaftsgeräte und Elektrowärme. Schiff u. Hafen 8 (1956) H. 2, 100.

II. A. Allgemeine Grundlagen

[147] Baker, L.: Some Factores in the Selection of Machinery for Cargo Liners. Shipbuild. Shipp. Rec. 85 (1955) H. 5, 146–147.

[148] Burkhardt, J. E.: Marine Engineering, Society of Naval-Architects und Marine Engineers, 1, Kap. 1.

[149] Feilcke, H.: Projektierungsgesichtspunkte für die Primäranlage beim dieselelektrischen Schiffsantrieb. MTZ 21 (1960) H. 11, 457–460.

[150] Heil, W.: Entwicklungsstand der elektrischen Propellerantriebe. Jb. der STG 49 (1955) 415–437.

[151] – u. A. Wangerin: Elektrischer Schiffsantrieb, seine Eigenschaften, Anwendungsmöglichkeiten und Ausführungen. Handbuch der Werften. Hamburg: Schiffahrtsverlag „Hansa" 1958, 192–254.

[152] Hoffmann, H.: Behandlung der Umsteuerprobleme bei geregelten Schiffspropeller-Antrieben mit der Integrieranlage. VDE-Buchreihe „Elektrische Antriebe auf Schiffen". Berlin: VDE-Verlag 1960.

[153] Kurzel-Runtscheiner, E.: Josef Ressel – Leben und Leistung eines Pioniers der Schraubenschiffahrt. Z. des Österr. Ing. und Arch.-Ver. 102 (1957) H. 19/20, 226–228.

[154] Mitzlaff, G.: Neues vom elektrischen Schiffsantrieb. Jb. der STG 40 (1939) 145–205.

[155] Schmidt, E.: Schnellaufende Hochleistungs-Dieselmotoren. Schrift von „The Institution of Mechanical Engineers". James Clayton Lecture 1960.

[156] Schuster, S.: Schiffspropeller. Z. VDI 102 (1960) H. 32, 1560–1561.

[157] Völker, H.: Die Entwicklung der Schiffspropeller. Z. des Österr. Ing. und Arch.-Ver. 102 (1957) H. 19/20, 231–233.

[158] Wendel, K.: Handbuch der Werften. Hamburg: Schiffahrtsverlag „Hansa" 1954.

II. B. Propellerantriebe mit Gleichstromübertragung

[159] Bölin, G.: Moderna havsisbrytare i. Östersjön. Tekn. T. (1958), 1025–1032.

[160] Heesch, C.: Die Wahl des Dieselelektrischen Antriebs (Das dieselelektrische Seebäderschiff „Wappen von Hamburg"). Schiff u. Hafen 7 (1955) H. 7, 414 bis 418.

[161] Heil, W.: Elektrische Antriebe für Schiffsschrauben. AEG-Mitt. 42 (1952) H. 1/2, 5–21.

[162] – Die dieselelektrische Fahr- und Bordnetzanlage (Das dieselelektrische Seebäderschiff „Wappen von Hamburg"). Schiff u. Hafen 7 (1955) H. 7, 419–425.

[163] Hollmann, W.: Die Bedeutung der Schiffselektrotechnik für die Entwicklung der Fischerei. Schiff u. Hafen 13 (1961) H. 9, 823–828.

[164] Jakoby, O.: Motortrawler „Carl Kämpf", ein elektrotechnisch interessanter Neubau. Schiff u. Hafen 9 (1957) H. 11, 959–963.

[165] Jung, H.: Die elektrischen Maschinen und Geräte (Das dieselelektrische Seebäderschiff „Wappen von Hamburg"). Schiff u. Hafen 7 (1955) H. 7, 433–441.

[166] de Kat, K.: Elektrischer Antrieb von Sonderschiffen. Hansa 97 (1960) H. 39/40, 2008–2012.

[167] – Einige Betrachtungen über den elektrischen Propellerantrieb von Schiffen. Hansa 97 (1960) H. 8/9, 433–440.

[168] KNIFFLER, A.: Die Fahr, -Manövrier- und Bordnetzanlagen des Hochseefährschiffes „Theodor Heuß". Die Bundesbahn 31, (1957) H. 20, 1555–1564.
[169] KOCH, E.: Die elektrischen Anlagen der „Süderholm" und „Norderholm". Hansa 92 (1955) H. 46/48, 2046–2050.
[170] KOHLBECK, R.: Moderne Dieselmotor-Trawler. MAN-Dieselmot. Nachr.1953, H. 28, 13–22.
[171] KOSACK, H.-J., u. W. BREITWIESER: Elektrische Schiffspropellerantriebe mit Gleichstrom. Schiff u. Hafen 3 (1951) H. 1, 2–7.
[172] LANGE, H.: Der elektrische Propellerantrieb mit Gleichstromübertragung. Schiffstechnik 2 (1954) H. 6, 22–30.
[173] – Studie über den Einsatz elektrischer Propellerantriebe auf Kriegsschiffen. Schiff u. Hafen 9 (1957) H. 3, 205–210.
[174] OELERT, W.: Das Eisenbahnfährschiff „Theodor Heuß" und seine schiffbaulichen und maschinellen Einrichtungen. Die Bundesbahn 31 (1957) H. 20, 1538–1554.
[175] – „Theodor Heuß", das neue Eisenbahn- und Auto-Fährschiff der „Deutschen Bundesbahn". Schiff u. Hafen 9 (1957) H. 11, 891–923.
[176] PAULSSEN V. BECK, H. CHR., u. O. JAKOBY: Elektrische Anlagen der Laderaumsaugbagger „Rudolf Schmidt" und „Johannes Gährs". Schiffstechnik 8 (1961) H. 43, 206–218.
[177] – Auswahl der elektrischen Schaltung und Sonderprobleme bei der Planung dieselelektrischer Bordnetzanlagen auf Saugbaggern. Schiff u. Hafen 14 (1962) H. 3, 212–214.
[178] RASPER, L.: „Ramsis" – ein leistungsfähiger dieselelektrischer Schleppkopfladeraumsaugbagger für die Suez Canal Authority. Schiff u. Hafen 12 (1960) H. 9, 795–801.
[179] – Diesel-electric Machinery for Distant-Water Trawlers. The Mot. Ship 42 (1962) H. 500, 556.
[180] SCHMIEDING, G., u. H. ZAHN: Schlepper für die Unterweser-Reederei Bremen. Hansa 98 (1961) H. 21, 2246–2250.
[181] SCHULTHES, C.: Der elektrische Schiffsantrieb. Jb. der STG 34 (1933) 73–165.
[182] STIGLITZ, J.: Eisbrecher und ihre Antriebe. Siemens-Z. 36 (1962) H. 2, 111 bis 119.
[183] – u. G. SCHMIEDING: Dieselelektrischer Polareisbrecher „Moskva". Schiff u. Hafen 12 (1960) H. 11, 963–975.
[184] VELTE, W.: Elektrischer Gleichstrom-Schraubenzusatzantrieb. Schiff u. Hafen 13 (1961) H. 9, 832–833.
[185] Diesel-electric trawler „Cape Trafalgar". Shipbuild. Shipp. Rec. 90 (1957) H. 16, 503–506.

II. C. Propellerantriebe mit Drehstromübertragung

[186] BAHL, J.: Schiffselektrotechnik, I: Elektrische Hauptantriebe. Schiffbau, Schiffahrt und Hafenbau 42 (1941) H. 17, 269–277. (1942) H. 9, 201.
[187] BLEICKEN, B.: Das dieselelektrische Frachtschiff „Wuppertal". Z. VDI 81 (1937) H. 15, 424–430.
[188] – Elektroschiff „Patria". Werft Reed. Hafen 19 (1938) H. 21, 319–324.
[189] EICHHORN, H.: Drehstrom-Propellerantrieb mit Asynchronmotoren. Schiffstechnik 4 (1956/57), 27–30.
[190] GOLDSMITH, L. M.: The High-Pressure, High-Temperature Turbo-Electric-Tanker „J. W. van Dyke". Mar. Engng. Shipp. Rev. (1938) H. 12, 548–558.
[191] GRAHAM, L. W. W.: The AEJ Propulsion System for the liner „Canberra". AEJ-Eng. 1 (1961) H. 5, 180–187.

[192] Harms, H.: „Canberra". Schiff u. Hafen 13 (1961) H. 8, 717–727.
[193] Hollmann, W.: Neuzeitliche Gestaltung des Schraubenzusatzantriebes. Schiff u. Hafen 8 (1956) H. 11, 966–968.
[194] Johns, J.: Die dieselelektrische Antriebsanlage des Elektroschiffes „Falkenstein". Hansa 90 (1953) H. 46/47, 1937–1943.
[195] – Neuartige Drehstrom-Schrauben-Zusatzantriebe und -Hauptantriebe für Fischereifahrzeuge. Jahresheft der „Deutschen Fischwirtschaft" 1958.
[196] – Drehstrom-Schraubenzusatzantriebe für Fischereifahrzeuge. Schiff u. Hafen 13 (1961) H. 9, 829–832.
[197] Karnatz, H., J. Johns u. K. Schmidt: Das Dieselelektroschiff „Elisabeth Schulte". Hansa 93 (1956) H. 35/36, 1677–1691.
[198] Klamt, J.: Elektrische Schiffsschraubenantriebe mit Drehstrom unter besonderer Berücksichtigung der Umsteuerverhältnisse. Schiffstechnik 2 (1954) H. 7, 60–70.
[199] Kosack, H.-J.: Schaltungen elektrischer Propellerantriebe mit Drehstromübertragung. Schiff u. Hafen 3 (1951) H. 9, 323–327.
[200] Mey, F.: Der turboelektrische Schraubenantrieb des Schnelldampfers „Potsdam". Siemens-Z. 17 (1937) H. 5, 218–222.
[201] Raymund, H.: Umsteuerversuche mit dem Elektroschiff. Schiffbau, Schifffahrt u. Hafenbau 41 (1940) H. 16, 218.
[202] Tittel, J.: Schwingungsuntersuchungen beim dieselelektrischen Schiffsantrieb. VDE-Fachber. 11 (1939) H. 11, 160–163.
[203] Wasmund, J. A.: Series-Versus Parallel-Connected Generators for Multiple-Engine D-C Diesel-Electric-Ship-Propulsion Systems. Trans. AIEE, Par. II, Applications and Industry 73 (1954) H. July, 135–140.
[204] Propulsion System of the „Auris". Shipbuild. Shipp. Rec. 72 (1948) 314.
[205] Turbo-electric Oil-Tanker „Helix". Engineering 176 (1953) H. 4581, 619–621.
[206] The French Line (Compagnie Generale Transatlantique) Quadruple crew Turboelectric North Atlantic Steamship „Normandie", The Shipbuilder and Marine Engine Builder, Souvenir 1955, 1–154.

II. D. Propellerantriebe mit Ruderwirkung

[207] Jastram, H.: Bugstrahlruder. Jb. der STG 52 (1958) 220–240.
[208] Kiene, R.: „Helgoland". Werft Reed. Hafen 20 (1939) H. 17, 265–276.
[209] Pehrsson-Mende: KaMeWa Controllable-Pitch Bow Thruster. Mar. Eng. Log. 66 (1961) H. 9, 106.
[210] Tiegler, H., u. G. Lehmann: Die größte Schwimmkrananlage der Welt. Werft Reed. Hafen 24 (1943) H. 1/2, 2–30.
[211] Waas, H.: Der Tonnenleger „Walter Körte". Hansa 95 (1958) H. 16/17, 719 bis 729.
[212] Zacharias, F.: Bugstrahlruder erhöht Manövriereigenschaften. VDI-Nachr. 14 (1960) H. 4, 4.

II. E. Schlupfkupplungen

[213] Arnemo, H.: Beachtenswerte Schiffsschraubenantriebe für eine Frachtschiffbaureihe. ASEA-Z. 7 (1962) H. 1, 10–16.
[214] Barthel, F.: Motortrawler „Taldir". Hansa 95 (1958) H. 21/22, 1003–1011.
[215] Klamt, J.: Elektrische Schlupfkupplungen zum Antrieb von Schiffsschrauben ETZ/B 6 (1954) H. 7, 273–276.
[216] – Elektrische Schlupfkupplungen für Schiffsantriebe. Techn. Mitt. 51 (1958) H. 8, 388–392.
[217] – Berechnung und Bemessung elektrischer Maschinen. Berlin-Göttingen-Heidelberg: Springer 1962.

[218] KRITZER, R.: Zur Berechnung der Drehschwingungen in Dieselmotoranlagen mit Schlupfkupplungen. MWM-Nachr. B (1956) H. 2.

[219] v. LASSBERG: „MS Tannstein" und „MS Torstein". MAN-Dieselmot. Nachr. (1956), H. 33, 14–17.

[220] LEMCKE, G.: Magnetische Schlupfkupplungen für Schiffsantriebe. Jb. der STG 49 (1955) 438–454.

[221] LINDNER, H.: Induktionskupplungen – neue Perspektive bei Antrieben. Elektrie 15 (1961) H. 5, 157–159.

II. F. Kernenergieantriebe

[222] BRAUN, W., u. K. H. OTTE: Ein Tankschiff mit Kernenergieantrieb. Siemens-Z. 37 (1963) H. 4, 305–307.

[223] BUSCH, J.: „Savannah", das erste Passagier-Frachtschiff mit Kernenergieantrieb. Hansa 96 (1959) H. 30/31, 1555–1572.

[224] DARDRUP, H.: Die Entwicklung von Kernenergieantrieben für Handelsschiffe. Hansa 97 (1960) H. 47/48, 2401–2405.

[225] FINKELNBURG, W.: Anwendungsmöglichkeiten der Atomkernenergie in der Industrie und Schiffahrt. Jb. der STG 50 (1956), 83–92.

[226] GEARY, N. S.: „Savannah"-Electrical System in First Merchant Nuclear Reactor System. Trans. AIEE. Pap. 1962.

[227] ILLIES, K.: Kernenergie für Schiffsantriebe. Z. VDI 101 (1959) H. 32, 1469 bis 1483.

[228] – Die Aussichten der Kernenergie-Anwendung für Schiffsantriebe. Jb. der STG 55 (1961) 124–141.

[229] – Kernenergie für den Antrieb von Seeschiffen. Hansa 98 (1961) H. 23, 2375 bis 2381.

[230] KLIEFOTH, W.: Der gasgekühlte Reaktor. Atomkernenergie 4 (1959) H. 5, 196–201.

III. A. Fernübertragungssysteme

[231] HEMME, F.: Der Drehmelder, ein Bindeglied zwischen Mechanik und Elektrotechnik. Feinwerktechnik 64 (1960) H. 4.

[232] PALM, A.: Elektrische Meßgeräte und Meßeinrichtungen. Berlin-Göttingen-Heidelberg: Springer 1948.

[233] VOCHT, R.: Drehfeldsysteme und ihre Anwendungsgebiete. Regelungstechnik 3 (1955) H. 11, 282–287.

III. B. Meß- und Anzeigeeinrichtungen

[234] CHRISTOPH, P.: Der Arma-Brown-Kreiselkompaß. Aufbau und Eigenschaften. Deutsche Hydrographische Zeitschrift 14 (1961) H. 3, 98–111.

[235] DAHLE, O.: Der Ringtorduktor, ein Momentmeßgerät ohne Schleifring, geeignet für industrielle Messung und Regelung. ASEA-Z. 5 (1960) H. 4, 155–165.

[236] DE VRIES, J.: Gyrokompassen. Amsterdam: N. V. Drukkerij en Uitgeverij, J. F. Duwaer en Zonen 1951.

[237] ENGELHARDT, H.: Fortschritte in der technischen Gas- und Flüssigkeitsanalyse. Transactions of Instruments and Measurements Conference. Stockholm 1952, 357–366.

[238] – Neue Sauerstoff-Registriergeräte. Dechema-Monographien Bd. 35, 154–159.

[239] ENGL, W.: Mechanische Probleme bei elektrischen Kraftmeßdosen. ATM II, 1960, R 13–R 17.

[240] FRIESE, T.: Schraubenschub- und Drehmomentmessungen auf Schiffen. Industrie-Elektronik 1956, Nr. 5/6, 3–7.

[241] GAEDE, K.: Ertragssteigerung beim Schwimmtrawler durch Einsatz moderner Echolotverfahren. Hansa 96 (1959) 38/39, 2051–2054.

[242] GRÖBER, C.: Anwendung der Kompensatoren bei der Durchflußmessung von Stoffen in geschlossenen Rohrleitungen mit Volumen- oder Mengenzählern. Industrie-Elektronik 1956, H. 2/3, 35–36.

[243] HOPPE, H.: Ship's Speed Meters. Trans. Instn. Engrs. Shipb. Scotl. (1938), 408–542.

[244] – Messungen mit dem Fahrt- und Schubmesser. Jb. der STG 45 (1951) 236 bis 239.

[245] – Tiefgangsmessungen an Bord von Schiffen. Jb. der STG 47 (1953) 400–407.

[246] HORN, K.: Wirkungsweise und Schaltungstechnik elektrischer Dehnungsmeßstreifen-Manometer. Siemens-Z. 35 (1961) H. 5, 363–368.

[247] HUNSINGER, W.: Temperaturmessung mit Thermoelementen. Archiv für Technisches Messen. III, (1958), 57–60.

[248] JENSEN, H.: Simplex-Schublager und Simplex-Propellerschubmesser. Schiff u. Hafen 14 (1962) H. 2, 141–143.

[249] KAULFERSCH, H., u. F. SCHUBERT: Der Kompensograph 192 × 288. Siemens-Z. 34 (1960) H. 10, 601–605.

[250] KRUPP, H.: Magnetische Sauerstoff-Messung mit Hitzdrahtanordnung. Chemie-Ingenieur-Technik (1955), H. 2, 79–83.

[251] LÜBBERS, K.: Messung flüssiger Brennstoffe auf Schiffen. Schiff u. Hafen 8 (1956) H. 9, 788–790.

[252] MAASS, H.: Anforderungen der Unterwasserschalltechnik an den Kriegs- und Handelsschiffbau. Jb. der STG 55 (1961) 69–76.

[253] MELDAU, H.: Der Anschütz-Kreiselkompaß. Bremen: Arthur Geist 1936.

[254] MURBACH, E.: Ein neuartiger elektronischer Drehmomentmesser. Schweizerischer Elektrotechnischer Verein, Bulletin 1955, Nr. 26.

[255] NAUMANN, A.: Die Gasentnahme für industrielle Analysegeräte. Siemens-Z. 35 (1961) H. 5, 407–415.

[256] – Ein Sauerstoffmesser auf magnetischer Grundlage. Siemens-Z. 26 (1952) H. 3, 134–140.

[257] NEUMANN, H. J.: Bestimmung des Gleitmoduls von Schiffswellenmaterial. Hansa 96 (1959) H. 30/31, 1623–1626.

[258] – Leistungsmessung auf Schiffen. Hansa 93 (1956) H. 37/38, 1808–1811.

[259] OESTERLIN, W.: Verfahren der mechanischen Leistungsmessung. ATM Lieferung 196, 105–106; Lieferung 198 (1952), 147–150.

[260] SCHELENZ, J.: Temperatur- und CO_2-Überwachung von Laderäumen auf Kühlschiffen. ETZ/B 6 (1954) H. 7, 257–261.

[261] WALTER, H.: Die Brücke als Zentrale des Bagger- und Fahrbetriebs und ihre besonderen Einrichtungen. Schiffstechnik 8 (1961) H. 43, 228–234.

[262] WANGERIN, A.: Fahrtmeßanlagen auf Schiffen. Schiffstechnik 1 (1952) H. 1, 32–44.

[263] Stevenlog-Bodenlog. Druckschrift der Hartmann & Braun A. G. Frankfurt (Main) 1961.

[264] Arma Brown Gyro Compass Equipment Manual. Druckschrift der S. H. Brown Ltd., Watford-Herts, England, 1961.

[265] Taschenbuch für Messen und Regeln in der Wärme- und Chemietechnik. Karlsruhe: Siemens & Halske A. G. 1956.

[266] Philips Taschenbuch für die elektronische Meßtechnik. München: Franzis-Verlag 1960.

[267] Die physikalische Gasanalyse, Allgemeine Grundlagen. Druckschrift der Hartmann & Braun A. G., Frankfurt (Main) 1960.

III. C. Befehls- und Meldeanlagen

[268] Brünnert, O., u. H. Hoffmann: Ein magnetisches Mikrophon- und Telephonsystem für batterielose Fernsprechanlagen. ETZ/A (1952) H. 17, 550 bis 553.

[269] Dehn, H.: Batterielose Fernsprechanlagen für Schiffahrt und Industriebetriebe. Siemens-Z. 30 (1956) H. 10. 515–520.

[270] Gosewinkel, M., u. H. Kosekel: Der Ringmagnethörer, ein lautstarkes Telephon mit breitem Frequenzband. Fernmeldetechnische Zeitschrift 6 (1953) H. 2.

[271] Halm, H.-P.: Der Ionisationsfeuermelder. Elektronik 6 (1957) H. 7, 205–207.

[272] Karmann, R., u. H. Hoffmann: Der Ringanker-Hörer, eine universell anwendbare Fernsprech-Hörkapsel. Siemens-Z. 33 (1959) H. 3, 154–158.

[273] Krenzlin, H., u. H. Dogioli: Elektrische Signal-, Kommando- und Fernmeldeanlagen auf Schiffen. ETZ/B 6 (1954) H. 7, 277–279.

[274] Lange, J.: Batterielose Fernsprecher für Schiffe. Hansa 87 (1950) H. 9, 318 bis 320.

[275] Langenberger, A.: Ein neuer Apparat zur Feststellung und Meldung von Brandausbrüchen. Technische Mitteilungen PTT 3 (1945).

[276] Oesterlin, W.: Verfahren und Geräte zur Messung der Drehzahl. ATM Lieferung 308/309/311.

[277] Theater, H.: Vorteilhafte Kombination mechanischer, elektrischer und hydraulischer Elemente am Beispiel von Schottenschließ- und Ruderanlagen. Hansa 97 (1960) H. 16/17, 795–798.

[278] Ein rasch ansprechendes Feuermeldesystem für Schiffe. Hansa 91 (1954) H. 50/51, 2267.

Sachverzeichnis

Die Ziffern geben die Seiten an, auf denen wesentliche Erläuterungen zu dem jeweiligen Begriff enthalten sind; Seiten, auf denen der Begriff – gegebenenfalls als Anwendungsbeispiel – lediglich erwähnt ist, sind nicht aufgeführt.

Zeitfracht Medien GmbH
Ferdinand-Jühlke-Straße 7
99095 Erfurt, Deutschland
produktsicherheit@kolibri360.de